“十三五”国家重点出版物出版规划项目

名校名家基础学科系列
Textbooks of Base Disciplines from Top Universities and Experts

材料力学

魏 媛 李 锋 主编

机 械 工 业 出 版 社

本书是为高等工科院校、综合性大学及其独立学院编写的材料力学教材，适用于工科各专业的材料力学课程教学，也可作为工程师的实用参考书。

本书内容新颖，论述和编排上有独特的风格，重视培养学生以简单而富有逻辑的方式去分析问题并应用基本原理去解决实际问题的能力。

全书共十五章，包括绪论、轴向拉伸和压缩、扭转和剪切、弯曲内力、弯曲强度、弯曲变形、应力及应变分析和强度理论、组合变形构件的强度计算、实验应力分析、能量法、超静定结构、动载荷、交变应力、压杆稳定、杆件的塑性变形。每章都配有大量例题和习题，并在书后给出了习题答案。另外，书后附有平面图形的几何性质以及型钢表。

本书配有供教师使用的多媒体课件、教案、期末考试试卷等丰富的教学资源，教师可在机械工业出版社教育服务网（www. cmpedu. com）上注册后免费下载。

图书在版编目（CIP）数据

材料力学/魏媛，李锋主编. —北京：机械工业出版社，2019. 9（2023. 12 重印）

“十三五”国家重点出版物出版规划项目. 名校名家基础学科系列

ISBN 978-7-111-63331-0

Ⅰ. ①材… Ⅱ. ①魏… ②李… Ⅲ. ①材料力学－高等学校－教材 Ⅳ. ①TB301

中国版本图书馆 CIP 数据核字(2019)第 155219 号

机械工业出版社（北京市百万庄大街 22 号　邮政编码 100037）

策划编辑：张金奎　责任编辑：张金奎

责任校对：郑　婕　封面设计：鞠　杨

责任印制：张　博

北京中科印刷有限公司印刷

2023 年 12 月第 1 版第 5 次印刷

184mm×260mm · 26 印张 · 646 千字

标准书号：ISBN 978-7-111-63331-0

定价：67. 00 元

电话服务		网络服务
客服电话：	010-88361066	机　工　官　网：www. cmpbook. com
	010-88379833	机　工　官　博：weibo. com/cmp1952
	010-68326294	金　　书　　网：www. golden- book. com
封底无防伪标均为盗版		机工教育服务网：www. cmpedu. com

前　言

本书贯彻习近平总书记关于教育的重要论述和党的教育方针，坚持为党育人、为国育才的初心使命，紧密围绕立德树人根本任务，构建“全员育人、全程育人、全方位育人”工作体系，从教学目标、教学内容、教学计划的宏观设定以及具体教学手段、教学技巧的微观设计两个层面，指导教师将价值观引导于知识传授和能力培养之中，帮助学生塑造正确的世界观、人生观、价值观，切实提升人才培养质量。

材料力学课程是工科院校重要的技术基础课，是构筑工程技术根基的基础知识，通过揭示杆件强度、刚度、稳定性等知识的核心意涵，为未来机械和结构工程师的设计之路打下坚实基础。

随着现代知识结构的迅速发展，新材料、新技术和新方法的不断涌现，对教师和学生的素质、能力和知识结构都提出了更新更高的要求。为适应现代化教学手段，我们总结多年来的教学实践经验，力求吸取当今国内外材料力学的精华，从教学实际出发，既注重理论教学，又紧密联系工程实际，力求解决实际问题而不是简单地给出力学模型，培养和提高学生将实际工程问题转化成力学计算问题的能力。

本书是一本较现代的教材，内容新颖，论述和编排上有自己的风格。作为材料力学的基础教材，本书重视培养学生以简单而富有逻辑的方式去分析问题并应用基本原理去解决问题的能力。理论部分讲授由浅入深，循序渐进。首先强调对基本概念、基本原理和基本方法的正确理解和掌握，然后通过例题讲述工程应用和解题技巧。基于丰富的教学经验，作者对教学内容和讲解顺序做了精心安排。每章分为若干节，先讲理论，再讲应用例题，然后有供学生复习的思考题，最后给出大量习题。习题按由易到难的顺序编排，所有习题在书末都附有答案。书中插图力求真实，以更有效地帮助读者理解材料力学教学内容。

本书具有较大的专业覆盖面，全书共包括 15 章内容及附录，各章节皆配有分析思考题和习题，书末附有习题答案。教师可根据不同教学学时、不同专业适当选取讲授内容。打＊号的内容可供个别专业的学生选用，也可供专业技术人员进一步拓宽知识参考。

本书由魏媛、李锋主编，周立明、郭桂凯、麻凯、房玉强参编。魏媛负责全书的统稿定稿工作。书中插图由魏媛绘制。

本书承蒙吉林大学孟广伟教授细心审阅，谨在此表示衷心感谢。

编者希望本书能够得到工科院校广大师生的喜爱，鉴于编者的学识、水平尚有限，肯请读者多提宝贵意见，也请学者专家不吝赐教，以使教材质量得到进一步提高和完善。有建议者请与吉林大学机械与航空航天工程学院力学系魏媛联系（微信号：wxid_hatpcpf0156612）。

编　者

2019 年 2 月

目录

第1章 绪论

1.1 材料力学的任务

机械或工程结构都是由构件或零件组成的。当机械或工程结构工作时，其构件都将受到外载荷的作用。在外载荷作用下，构件的尺寸和形状将发生变化，称为变形。当外载荷超过一定限度时，构件将发生“破坏”。为了保证机械或工程结构能正常工作，构件应有足够的能力负担起应当承受的载荷，构件的这种**承载能力**主要由以下三方面来衡量：

（1）**构件应有足够的强度** 例如，冲床的曲轴在工作冲压力作用下不应折断；储气罐或氧气瓶，在规定压力下不应爆破。可见，所谓强度是指构件在载荷作用下抵抗破坏的能力。

（2）**构件应有足够的刚度** 例如，变速箱齿轮轴不应产生过大的变形，以免造成齿轮和轴承的不均匀磨损以及产生噪声；对于机床的主轴，即使其有足够的强度，但若变形过大，将会影响工件的加工精度。因而，所谓刚度是指构件在载荷作用下抵抗变形的能力。

（3）**构件应有足够的稳定性** 有些受压力作用下的细长直杆，如内燃机中的挺杆、千斤顶中的螺杆等，为了保持其正常工作，要求这类杆件始终保持原有的直线平衡状态，保持不被压弯。所以，所谓稳定性是指构件保持原有平衡状态的能力。

在设计构件时，若构件的横截面尺寸过小，或截面形状不合理，或材料选用不当，则不能满足上述要求，从而影响机械或工程结构正常工作。反之，如构件的横截面尺寸过大，选用材料各项力学指标过高，虽满足了上述要求，但材料的承载能力未能得到充分发挥，不仅浪费了材料，而且增加了成本和重量。这里存在着安全与经济之间的矛盾。材料力学的任务就在于力求合理地解决这种矛盾。确切地说：材料力学的任务就是在满足强度、刚度和稳定性的要求下，以最经济的代价，为构件确定合理的截面形状和尺寸，选择适宜的材料，为构件设计提供必要的理论基础和计算方法。

在实际工程结构中，一般来说，构件都应有足够的强度、刚度和稳定性，但就某一个具体构件而言，对强度、刚度和稳定性的要求往往是有所侧重的。强度要求是大多数构件所必须满足的基本要求，刚度要求对于不同类型构件有不同的要求，而稳定性问题只是在一定的受力状态下才会发生。例如，氧气瓶以强度要求为主，车床主轴以刚度要求为主，而内燃机中的挺杆则以稳定性要求为主。此外，对于某些特殊构件，还往往有相反的要求。例如，为保证机器不致超载，当载荷到达某一极限值时，要求安全销立即破坏；又如车辆中的缓冲弹簧，在保证强度的要求下，力求有较大的变形，以发挥缓冲和减振作用。

研究构件的强度、刚度和稳定性时，还应了解材料在外力作用下表现出的变形和破坏等方面的性能，即材料的力学性质，而材料的力学性质要由实验来测定。此外，经过简化得出的理论是否可信，还有一些还没有理论解的问题，都需要借助实验方法来解决。所以，实验分析和理论研究是材料力学解决问题的基本方法。

1.2 可变形固体的性质及其基本假设

各种构件一般均由固体材料制成。固体在外力作用下会发生变形，变形固体的性质是多方面的，研究的角度不同，其侧重面也不一样。研究构件的强度、刚度和稳定性时，常抓住一些与问题有关的主要因素，忽略一些次要因素，对变形固体做某些基本假设，把它抽象成理想模型。材料力学中对变形固体做如下假设。

1. 连续性假设

认为组成固体的物质毫无空隙地充满了固体的几何空间。从物质结构来说，组成固体的粒子之间实际上并不连续，但它们之间所存在的空隙与构件的尺寸相比极其微小，可以忽略不计。这样就可以认为固体在其整个几何空间内是连续的。根据这一假设，物体内的一些物理量可以表示为各点坐标的连续函数，从而有利于建立相应的数学模型。

2. 均匀性假设

认为固体内各处的力学性质都是完全相同的。就工程上使用最多的金属来说，组成金属的各晶粒的力学性质并不完全相同，而且是无规则的排列，但固体的力学性质是各晶粒力学性质的统计平均值，所以，可以认为各部分的力学性质是均匀的。

3. 各向同性假设

认为固体在各个方向上的力学性质完全相同。具备这种属性的材料称为各向同性材料。就金属的单一晶粒来说，在不同方向上，其力学性质并不一样。但金属物体包含着数量极多的晶粒，而且各晶粒又是杂乱无章地排列的，这样在各个方向上的力学性质就接近相同了。各种金属材料、玻璃等都可认为是各向同性材料。在今后的讨论中，一般都把固体假设为各向同性的。在各个方向上具有不同力学性质的材料，称为各向异性材料，如木材、胶合板等。

根据均匀性和各向同性假设，可以用一个参数描写各点在各个方向上的某种力学性能。

4. 小变形条件

固体受力后将产生变形，当外力不超过某一限度时，外力解除后变形可完全消失，这种变形称为**弹性变形**。若力与变形之间服从线性规律，且产生的变形为弹性变形，则称之为线弹性变形。当外力超过一定限度时，外力解除后仅有部分变形消失，其余部分变形不能消失而残留下来，称此残留变形为**塑性变形**，也称为永久变形或残余变形。

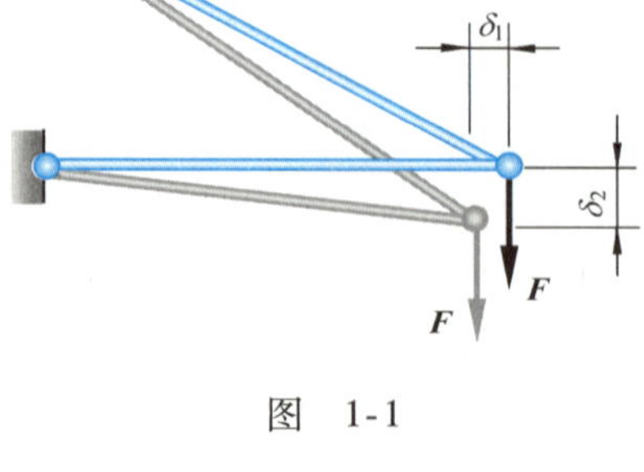

图 1-1

材料力学主要是研究构件在线弹性范围内的变形问题，该变形的大小远小于构件原始尺寸。这样，在研究构件的平衡和运动时，就可忽略构件的变形，而按变形前的原始尺寸分析计算。例如在图 1-1 中，简易吊车的各杆因受力而变形，引起支架几何形状和外力位置的变化。但由于 δ_1 和 δ_2 都远小于吊车构件的尺寸，所以在计算各杆受力时，仍然可用吊车变形前的几何形状和尺寸。

1.3 内力、截面法和应力的概念

1.3.1 内力的概念　截面法

物体因受力而变形，其内部各部分之间因相对位置改变而引起的相互作用就是**内力**。我们知道，即使不受外力，物体的各质点之间，依然存在着相互作用的力。材料力学中的内力，是指在外力作用下，上述相互作用力的变化量。所以是物体内部各部分之间因外力而引起的附加相互作用力，即“附加内力”。这样的内力随外力的增加而加大，到达某一限度时就会引起构件破坏，因而它与构件的强度是密切相关的。

在材料力学中，求内力的方法称为**截面法**。具体求法如下：为了显示出构件在外力作用下 $m-m$ 截面上的内力，用平面假想地把构件分成Ⅰ、Ⅱ两部分（图 1-2a）。任取其中的一部分，例如Ⅱ，作为研究对象。在部分Ⅱ上作用的外力有 F_3 和 F_4，欲使Ⅱ保持平衡，则Ⅰ必然有力作用于Ⅱ的 $m-m$ 截面上，并与Ⅱ所受外力平衡，如图 1-2b 所示。根据作用与反作用定律可知，Ⅱ必然也以大小相等、方向相反的力作用于Ⅰ上。上述Ⅰ与Ⅱ之间相互作用的力就是构件在 $m-m$ 截面上的内力。按照连续性假设，在 $m-m$ 截面上各处都有内力作用，所以内力是分布于截面上的一个分布内力系。今后把这个分布内力系向截面上某一点简化后得到的主矢和主矩，称为截面上的内力。

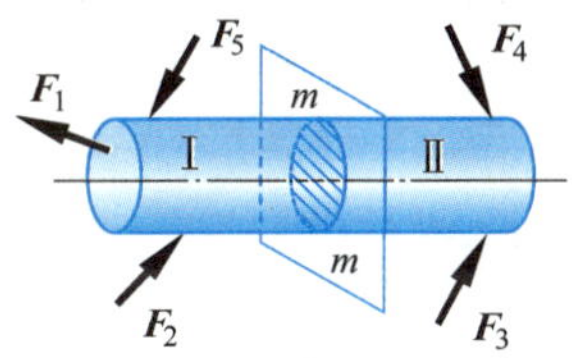

a)

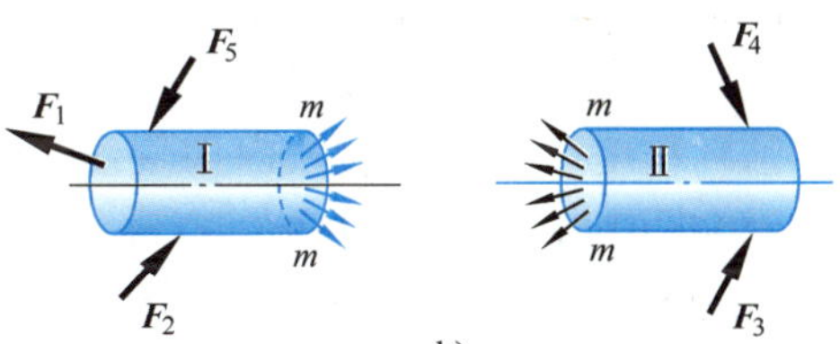

b)

图　1-2

对所研究的部分Ⅱ来说，外力 F_3、F_4 和 $m-m$ 截面上的内力一起构成平衡力系，根据平衡条件就可以确定 $m-m$ 截面上的内力。

上述求内力的截面法，可归纳为（截、取、代、平）4 个步骤：

- **截**　欲求构件某截面上的内力，就沿该截面假想地把构件截成两部分；
- **取**　任取其中一部分为研究对象，并弃去另一部分；
- **代**　以作用于该截面上的未知内力主矢和主矩代替弃去部分对保留部分的作用；
- **平**　建立保留部分的平衡方程，并根据平衡方程确定未知内力主矢和主矩的大小和方向。

【例 1-1】　钻床如图 1-3a 所示，试确定在力 F 作用下的 $m-m$ 截面上的内力。

解：• 截：沿 $m-m$ 截面假想地把钻床截成两部分。

• 取：取上半部分为研究对象，如图 1-3b 所示，并以截面形心 O 为原点选取图示坐标系。

- 代：由于外力将使上半部分沿 y 轴方向移动并绕 O 点转动，为使其保持平衡，在截面 $m-m$ 上以过 O 点的内力 F_N和力偶矩 M 代替下部分对上部分的作用力。
- 平：注意到 F、F_N与 M 为一平面力偶系，由平衡方程

$$\sum F_y=0 \quad F-F_N=0$$

$$\sum M_O=0 \quad Fa-M=0$$

求得内力 F_N和 M 分别为

$$F_N=F,\ M=Fa$$

所得 F_N、M 均为正值，说明假设的内力方向正确。

需要注意的是：应用截面法求内力时，不能使用“力的平移定理”对外力和外力偶做平移，这是因为构件不是刚体。

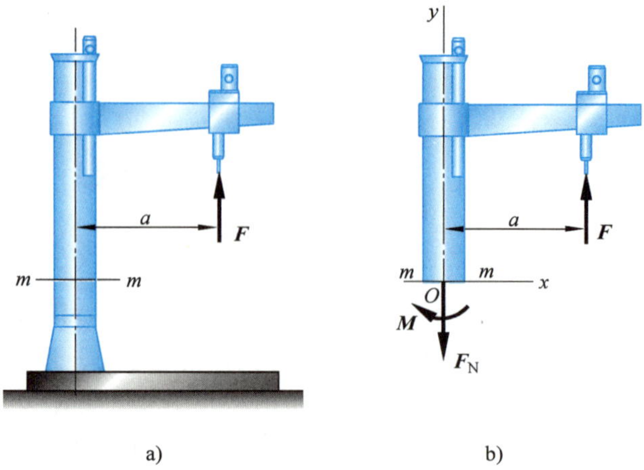

图 1-3

1.3.2 应力的概念

前面所研究的内力是截面上分布内力系向形心及坐标轴简化的结果，它只能说明所研究部分的截面上内力和外力的平衡关系，但不能说明分布内力系在截面内某一点处作用的强弱程度。为此，引入内力集度的概念。设在图 1-4 所示受力构件的 $m-m$ 截面上，围绕 C 点取微小面积 ΔA（图 1-4a），ΔA 上分布内力的合力为 $\Delta \boldsymbol{F}$。$\Delta \boldsymbol{F}$ 的大小和方向与 C 点的位置和 ΔA 的大小有关，$\Delta \boldsymbol{F}$ 与 ΔA 的比值为

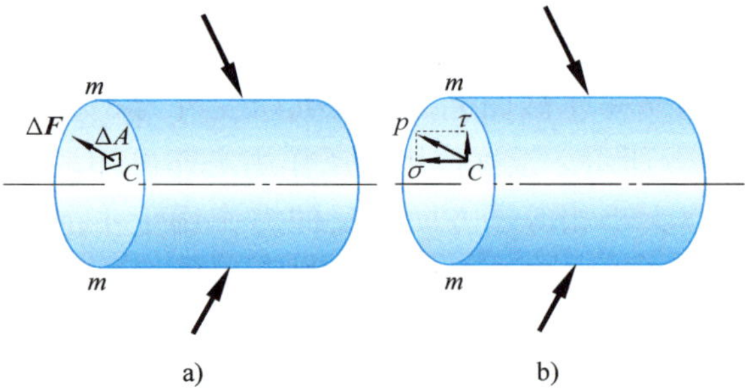

图 1-4

$$\boldsymbol{p}_m=\frac{\Delta \boldsymbol{F}}{\Delta A}$$

$\boldsymbol{p}_m$ 是一个矢量，代表在 ΔA 范围内单位面积上内力的平均集度，称为平均应力，随着 ΔA 的逐渐缩小，$\boldsymbol{p}_m$的大小和方向都将逐渐变化。当 ΔA 无限趋于零时，$\boldsymbol{p}_m$的极限为

$$\boldsymbol{p}=\lim_{\Delta A\to 0}\boldsymbol{p}_m=\lim_{\Delta A\to 0}\frac{\Delta \boldsymbol{F}}{\Delta A}=\frac{\mathrm{d}\boldsymbol{F}}{\mathrm{d}A}$$

称 $\boldsymbol{p}$ **为 $m-m$ 面上 C 点的应力**，它是分布内力系在 C 点的集度，反映内力系在 C 点处作用的强弱程度，$\boldsymbol{p}$ 是一个矢量，一般说既不与截面垂直，也不与截面相切。通常把应力 p 分解成垂直于截面的分量 σ 和相切于截面的分量 τ（图 1-4b），并把 **σ 称为正应力，τ 称为切应力**。

在国际单位制中，应力的单位是 Pa（帕），$1\text{Pa}=1\text{N/m}^2$。由于这个单位太小，使用不便，工程上通常使用 MPa（兆帕），$1\text{MPa}=10^6\text{Pa}$；GPa（吉帕），$1\text{GPa}=10^9\text{Pa}$。

1.4 变形与应变的概念

构件在外力作用下尺寸和形状都将发生改变，将此称为**变形**。构件在变形的同时，其上

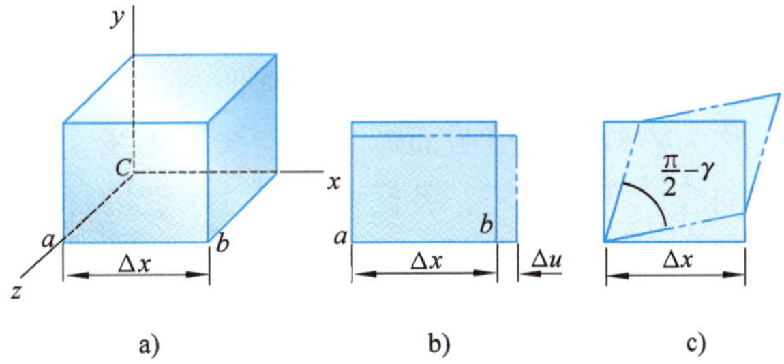

图 1-5

的点、面相对于初始位置也要发生变化，这种位置的变化称为位移。为了研究构件截面上内力分布规律，就必须对构件内任一点处的变形进行深入研究。为此，设想把构件分割成无数微小的正六面体（图1-5a），此微小正六面体在各边缩小为无穷小时，称为**单元体**。构件变形后，其任一单元体棱边的长度及两棱边间夹角都将发生变化，把这些变形后的单元体组合起来，就形成变形后的构件形状，反映出构件整体变形。

图1-5a表示从受力构件的某一点 C 的周围取出的单元体，其与 x 轴平行的 ab 边的长度变化为 Δu，如图1-5b所示，则

$$\varepsilon_{x,\mathrm{m}}=\frac{\Delta u}{\Delta x}$$

表示 ab 上每单位长度的平均伸长（或缩短），称为平均线应变。当 Δx 趋近于零时，则 $\varepsilon_{x,\mathrm{m}}$ 的极限为

$$\varepsilon_x=\lim_{\Delta x\to 0}\frac{\Delta u}{\Delta x}=\frac{\mathrm{d}u}{\mathrm{d}x}$$

ε_x 即为 C 点处沿 x 方向的线应变，它表示一点处沿某一方向长度改变的程度。同理，可以定义该点处沿 y 方向和 z 方向的线应变 ε_y 和 ε_z。线应变的符号规定为：伸长的线应变为正，反之为负。

物体变形后，其任一单元体不但棱边的长度改变，而且原来相互垂直的两条棱边的夹角也将发生变化（图1-5c），其改变量 **γ 称为 C 点在 xy 平面内的切应变或角应变**。切应变的符号规定为：原来是直角的角度增大时的切应变为正，反之为负。

线应变 ε 和角应变 γ 是度量构件内一点处变形程度的两个基本量，它们的量纲都为1。

1.5 杆件变形的基本形式

实际构件的形状各不相同。通常把构件的形式进行某些简化，然后按构件的几何形状分类研究。构件大致上可以归纳为四类，即板、壳、块体和杆（图1-6）。

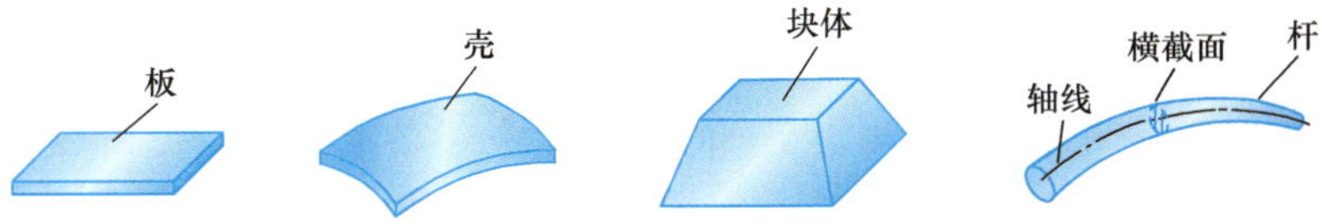

图 1-6

如果构件一个方向的尺度（厚度）远小于其他两个方向的尺度，就把平分这种厚度的面称为中面。中面为平面的构件称为**板**（或平板）。中面为曲面的构件则称为**壳**。板和壳在石油与化工容器、船舶、飞机及现代建筑中用的比较多。如果3个方向的尺度相差不多（属于同量级），则称为**块体**。一些机械上的铸件就是块体。板、壳和块体这类构件的力学分析

一般在弹性力学中讨论。

凡是一个方向的尺度远大于其他两个方向尺度的构件称为**杆**。垂直于杆件长度方向的截面，称为**横截面**，横截面形心的连线为**轴线**。如果杆的轴线是直线，则此杆称为**直杆**；如轴线为曲线，则称**曲杆**。各横截面尺寸不变的杆，称**等截面杆**，否则称为变截面杆，工程中比较常见的是等截面直杆，简称**等直杆**。材料力学所研究的主要对象就是等直杆。工程上常见的很多构件都可以简化为杆件，如连杆、传动轴、立柱、丝杆、吊钩等。某些实际构件，如齿轮的轮齿、曲轴的轴颈等，并不是典型的杆件，但在近似计算或定性分析中也可简化为杆。

杆件在各种外力作用下，可能发生各种各样的变形。但如果对杆件的变形仔细分析，就可以把杆件的变形归纳为 4 种基本变形中的一种，或者某几种基本变形的组合。这 4 种基本变形形式是：

1. 轴向拉伸或压缩

在一对大小相等、方向相反、作用线与杆件轴线重合的外力作用下，杆件沿轴线方向发生伸长或缩短，这种变形形式称为轴向拉伸或压缩。例如，图 1-7a 表示一简易吊车在载荷 F 作用下，AC 杆受到拉伸（图 1-7b），而 BC 杆受到压缩（图 1-7c）。起吊重物的钢索、桁架中的杆件、液压油缸的活塞杆等，它们的变形都属于轴向拉伸（或压缩）变形。

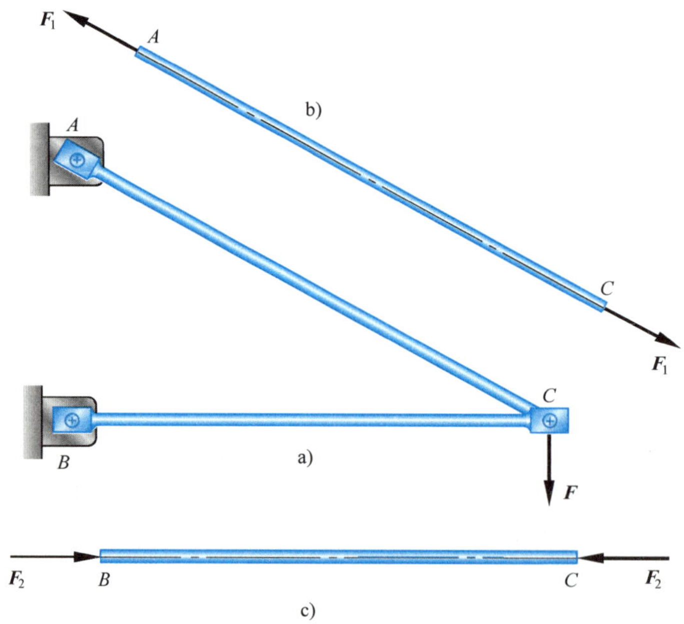

图 1-7

2. 剪切

在一对相距很近的大小相等、方向相反的横向外力作用下，横截面沿外力作用方向发生相对错动，这种变形形式称为剪切（图 1-8）。例如机械中常用的联接件——键、销钉、螺栓等都产生剪切变形。

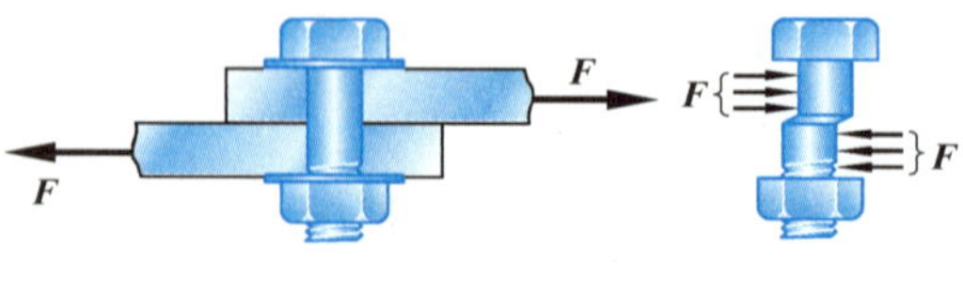

图 1-8

3. 扭转

在一对大小相等、转向相反、作用面垂直于杆轴线的外力偶矩作用下，任意两个横截面绕轴线相对转动，这种变形形式称为扭转。例如图1-9所示汽车转向轴AB，在工作时发生扭转变形。汽车的传动轴、电机和水轮机的主轴等，都是受扭杆件。

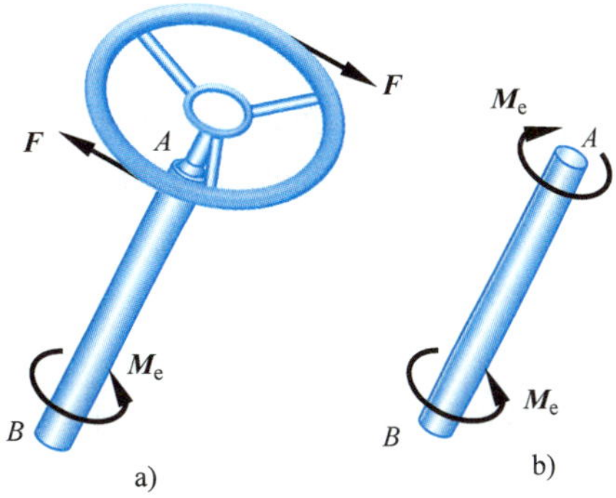

图 1-9

4. 弯曲

在一对大小相等、转向相反、作用面与杆的纵向平面重合的外力偶矩作用（图1-10a）或杆件承受垂直于轴线的横向力（图1-10b、c）时，其轴线由直线变为曲线，这种变形形式称为弯曲。这是工程中常见的弯曲变形之一。火车轮轴（图1-10b、c）、桥式起重机的大梁、各种传动轴以及车刀等的变形，都属于弯曲变形。

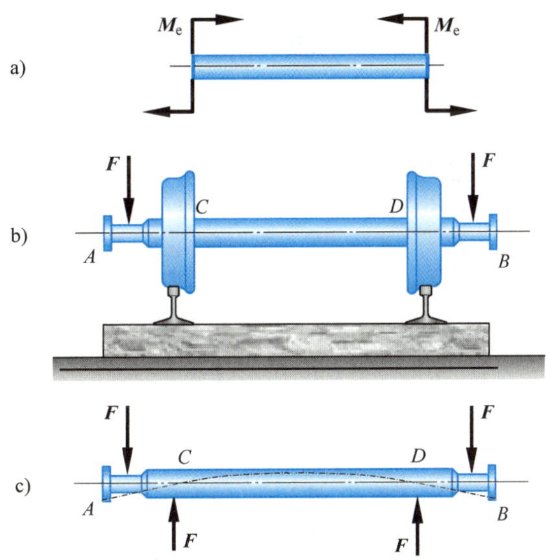

图 1-10

在工程实际中，还有一些杆件同时发生几种基本变形。例如车床主轴工作时发生弯曲、扭转和压缩三种基本变形（图1-11）；钻床立柱同时发生拉伸和弯曲两种基本变形（图1-3）。这种情况称为组合变形。在本书中，首先讨论四种基本变形的强度及刚度计算，然后再讨论组合变形。

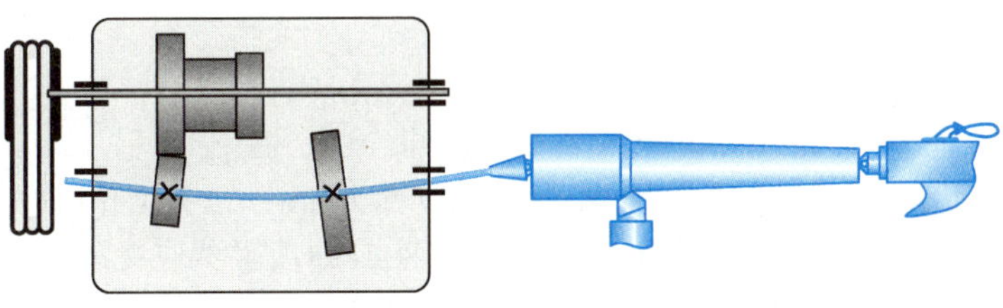

图 1-11

分析思考题

1-1 什么是构件的强度、刚度和稳定性？

1-2 材料力学的基本任务是什么？

1-3 材料力学中有哪些基本假设？为什么做这些基本假设？

1-4 什么是弹性变形、塑性变形和线弹性变形？

1-5　举例说明小变形原理及其在材料力学中的应用。

1-6　材料力学中内力的概念是什么？确定内力的方法是什么？简述截面法求内力的步骤。

1-7　一点处的应力是如何定义的？在什么特殊条件下才能把应力理解为单位面积上的内力？

1-8　什么是线应变？什么是切应变？在什么条件下才能把线应变理解为单位长度的伸长或缩短？

1-9　材料力学主要研究的对象是哪类构件？杆件的基本变形形式有哪几种？

习　题

1-1　指出题 1-1 图 a、b、c 所示几种情况下的切应变 γ。

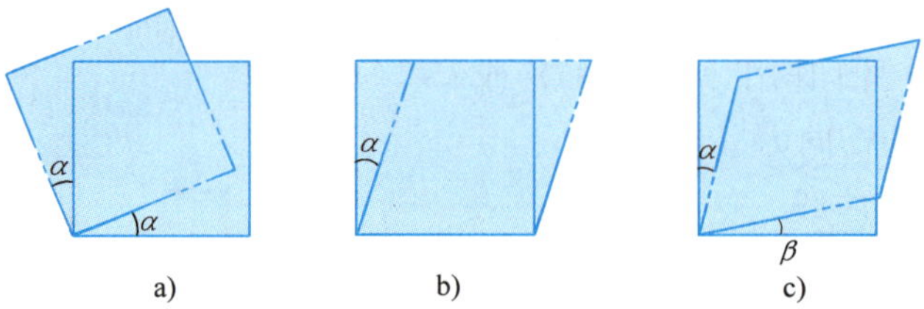

题 1-1 图

1-2　求题 1-2 图所示结构 $m-m$ 和 $n-n$ 两截面上的内力。

1-3　在题 1-3 图所示简易吊车的横梁上，力 F 可以左右移动。求截面 1－1 和 2－2 上的内力及其最大值。

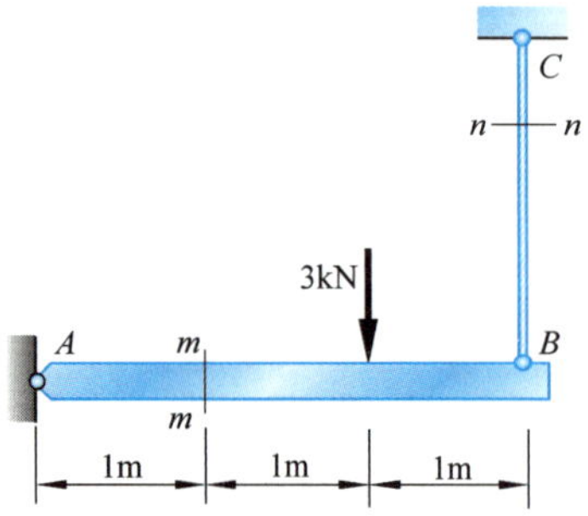

题 1-2 图

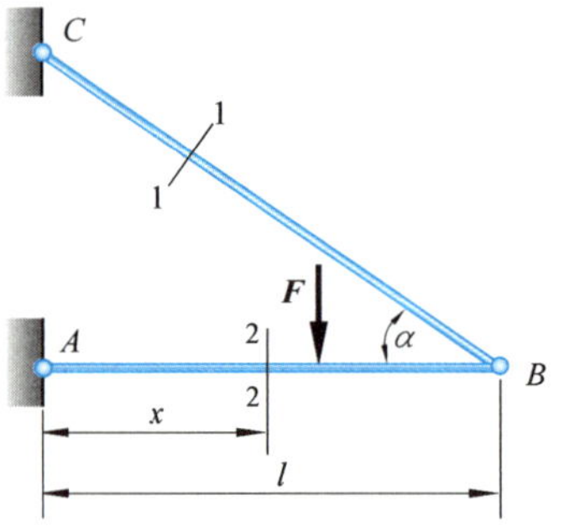

题 1-3 图

1-4　如题 1-4 图所示，拉伸试件上 A、B 两点的距离 l 称为标距。受拉力作用后，用变形仪量出两点距离的增量为 $\Delta l=5\times10^{-2}$mm。若 $l=100$mm，试求 A、B 两点间的平均线应变 $\varepsilon_{x,\mathrm{m}}$。

1-5　题 1-5 图所示为转轴，轮子 2 的半径为 r，圆周力 F 垂直向下，已知输入的力偶矩为 M_e，试求截面Ⅰ－Ⅰ及Ⅱ－Ⅱ的内力。

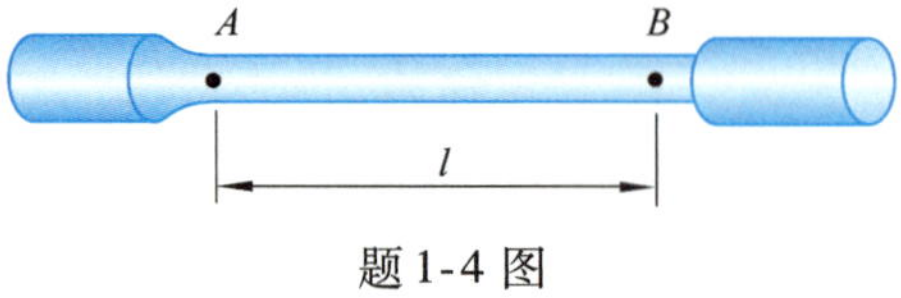

题 1-4 图

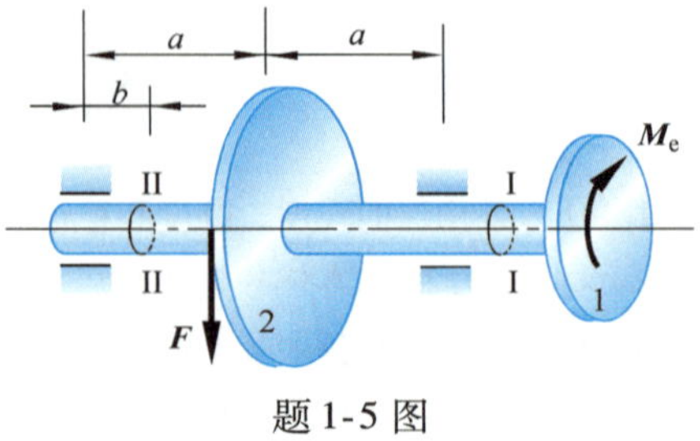

题 1-5 图

1-6 题1-6图所示三组受力构件中，图b是把图a中的F、M_e移动的结果。试说明F、M_e移动后A端的约束力有无变化？杆件各截面的内力有无变化？为什么？

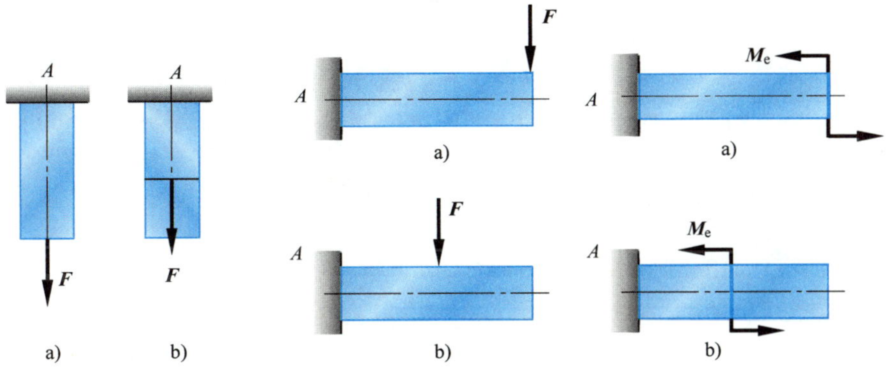

题1-6图

第2章 轴向拉伸和压缩

2.1 轴向拉伸和压缩的概念及实例

在工程实际中，经常会遇到承受拉伸或压缩的杆件。例如液压传动机构中的活塞杆在油压和工作阻力作用下受拉（图2-1a），内燃机的连杆在燃气爆发冲程中受压（图2-1b）。此外，如起重机钢索在起吊重物时，拉床的拉刀在拉削工件时，都承受拉伸；千斤顶的螺杆在顶起重物时，则承受压缩。至于桁架中的杆件，则不是受拉便是受压。

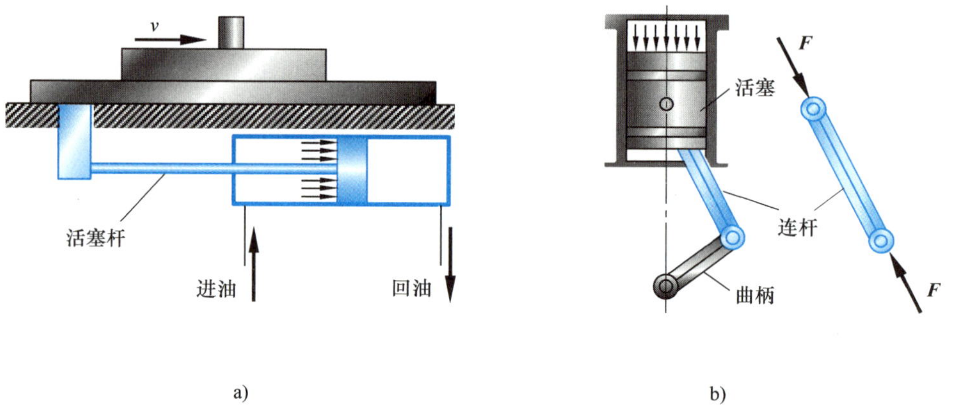

图 2-1

这些受拉或受压的杆件虽外形各有差异，加载方式也并不相同，但它们的共同特点是：作用于杆件上的外力合力的作用线与杆件的轴线重合，杆件沿着轴线方向伸长或缩短。所以，若把这些杆件的形状和受力情况简化（不考虑其端部的具体加载方式），都可以表示成图2-2所示的受力简图。图中双点画线表示变形后的形状。

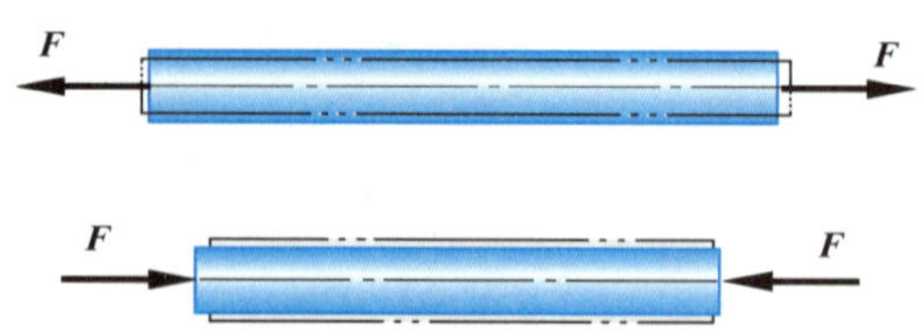

图 2-2

2.2 轴向拉伸（或压缩）时横截面上的内力和应力

2.2.1　横截面上的内力

1. 应用截面法求内力

为了确定拉（压）杆横截面上的内力，我们采用截面法（图 2-3）。即：

（1）**截**　假想地将杆件沿横截面 $m-m$ 截成两部分（图 2-3a）；

（2）**取**　取 $m-m$ 截面左段（或右段）作为研究对象；

（3）**代**　在 $m-m$ 截面上用分布内力的合力 F_N 代替其左右两部分之间的相互作用（图 2-3b 或 c）；

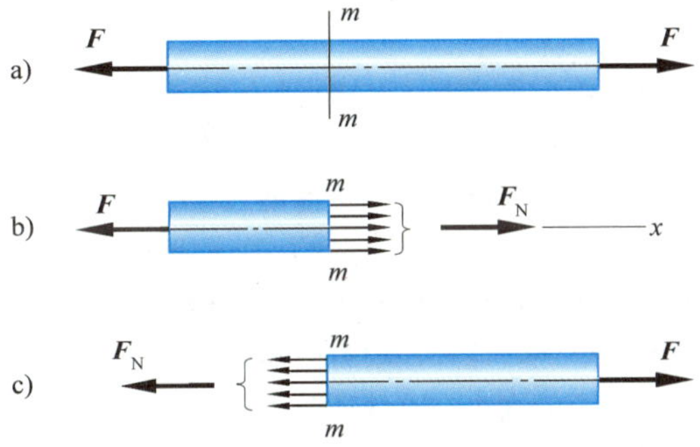

图　2-3

（4）**平**　由 $m-m$ 截面左段（或右段）的平衡条件 $\sum F_x=0$，得

$$F_N-F=0$$

$$F_N=F$$

平衡方程中的 F_N 为正值，说明所设 F_N 的方向正确；反之，如果求得的 F_N 得负值，说明 F_N 的方向与所设方向相反。

2. 内力的符号规定

因为外力 F 的作用线与杆的轴线重合，分布内力的合力 F_N 的作用线也必然与杆的轴线重合，所以把轴向拉（压）杆的内力 F_N 称为**轴力**，并规定拉伸时的轴力为正，压缩时的轴力为负。

3. 内力图

若沿杆件轴线作用的外力多于两个，则在杆件各部分的横截面上，其轴力将有所不同。为了形象直观地表示轴力沿杆件轴线的变化情况，可绘制出轴力随横截面位置变化的图线，称为**轴力图**。

关于轴力图的绘制，下面用例题来说明。

【例 2-1】　图 2-4a 为一防压手压铆机的示意图。作用于活塞杆上的力分别简化为 $F_1=2.62\text{kN}$，$F_2=1.3\text{kN}$，$F_3=1.32\text{kN}$，计算简图如图 2-4b 所示。这里 F_2 和 F_3 分别是以压强 p_2 和 p_3 乘以作用面积得出的。试求活塞杆横截面 1－1 和 2－2 上的轴力，并绘制活塞杆的轴力图。

解： ● 利用截面法求各横截面上的轴力

沿截面 1－1 假想地将活塞杆截成两段，取出左段，假定轴力 F_{N1} 为拉力，并画出其受力图（图 2-4c）。由左段的平衡方程 $\sum F_x=0$，得

$$F_1+F_{N1}=0$$

得

$$F_{N1}=-F_1=-2.62\text{kN}\text{（压力）}$$

同理，可以计算横截面 2－2 上的轴力 F_{N2}，由截面 2－2 右段（图 2-4d）的平衡方程 $\sum F_x=0$，得

$$F_{N2}+F_3=0$$

得

$$F_{N2}=-F_3=-1.32\text{kN}\ (\text{压力})$$

• 绘制轴力图

选取一个坐标系，其横坐标 x 表示横截面的位置，纵坐标 F_N 表示相应截面上的轴力，便可用图线表示出沿活塞杆轴线轴力变化的情况（图 2-4e）。这种图线即为轴力图（或 F_N 图）。在轴力图中，将拉力绘在 x 轴的上侧，压力绘在 x 轴的下侧。这样，轴力图不仅显示出杆件各段内轴力的大小，而且还可表示出各段内的变形是拉伸还是压缩。

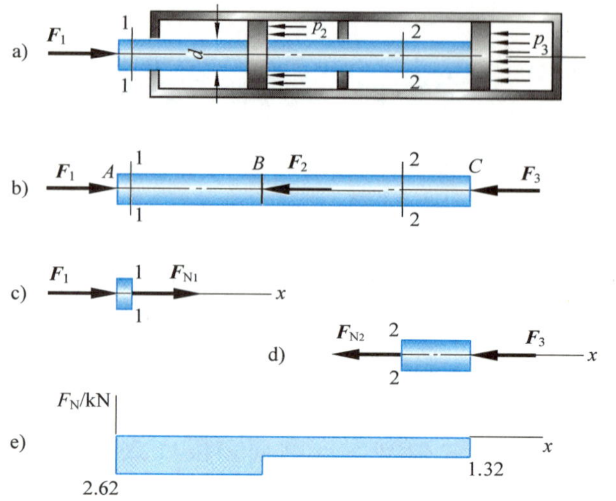

图　2-4

轴力图有下面几个特点：

（1）有集中外力 $\boldsymbol{F}$ 作用处，F_N 图有突变，其 |突变值| $=F$。

（2）无外力作用段，F_N 图为水平线。

（3）均布载荷作用段，F_N 图为斜直线（图 2-26c）。

（4）F_N 图为封闭图形。

2.2.2　横截面上的应力

对于轴向拉（压）杆件，只知道横截面上的轴力并不能判断杆件是否有足够的强度。例如，用同一材料制成的粗细不同的两根杆，在相同的拉力作用下，两杆的轴力自然是相同的，但当拉力逐渐增大时，细杆必定先被拉断。这说明拉杆的强度不仅与轴力的大小有关，而且与横截面的面积有关。所以必须用横截面上的应力来比较和判断杆件强度。

在拉（压）杆的横截面上，与轴力 F_N 对应的应力是正应力 σ。根据连续性假设，横截面上到处都存在着内力。若以 A 表示横截面面积，则微分面积 $\mathrm{d}A$ 上的内力元素 $\sigma\mathrm{d}A$ 组成一个垂直于横截面的平行力系，其合力就是轴力 F_N。于是，得静力关系

$$F_N=\int_A\sigma\mathrm{d}A \qquad (*)$$

只靠式（*）的关系是不能确定应力 σ 的，只有知道 σ 在横截面上的分布规律后，才能完成式（*）的积分。所以，应力 σ 仅由静力平衡方程不能求解，即求解应力是超静定问题。

1. 实验观察

为了求得 σ 的分布规律，必须从研究杆件的变形入手。拉伸变形前，在等直杆的侧面画上垂直于杆轴线的直线 ab 和 cd（图 2-5）。拉伸变形后，发现 ab 和 cd 仍为直线，且仍然垂直于杆轴线，只是分别平行地移至 $a'b'$ 和 $c'd'$。即加力后观察到所有的线段都发生的是平移。

2. 推理、假设

由横向线段的平移，可推论出整个横截面的平移。根据这一现象，提出如下的假设：变

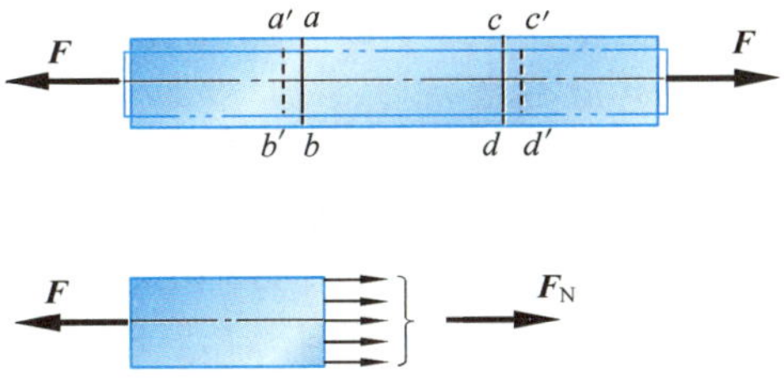

图　2-5

形前原为平面的横截面，变形后仍保持为平面，且仍然垂直于轴线。这就是著名的**平面假设**。由这一假设可以推断拉杆所有纵向纤维的伸长相等。

3. 静力平衡

由于材料是均匀的，各纵向纤维的性质相同，因而其受力也就一样。所以，杆件横截面上的内力是均匀分布的，即在横截面上各点处的正应力都相等，σ 等于常量。于是由式（∗）可得出

$$F_N = \int_A \sigma \mathrm{d}A = \sigma \int_A \mathrm{d}A = \sigma A$$

$$\boxed{\sigma = \frac{F_N}{A}} \tag{2-1}$$

这就是拉杆横截面上正应力 σ 的计算公式。当 F_N 为压力时，它同样可用于压应力的计算。对正应力符号规定：拉应力为正，压应力为负。

4. 关于式（2-1）的几点说明：

（1）使用式（2-1）时，要求外力的合力作用线必须与杆件轴线重合。

（2）若轴力沿轴线变化，可先作轴力图，再由式（2-1）分别求出不同截面上的应力。

（3）当杆件横截面的尺寸也沿轴线缓慢变化时（图 2-6），式（2-1）可近似写成

$$\sigma(x) = \frac{F_N(x)}{A(x)}$$

式中，$\sigma(x)$、$F_N(x)$ 和 $A(x)$ 分别表示应力、轴力和面积都是横截面位置（坐标 x）的函数。

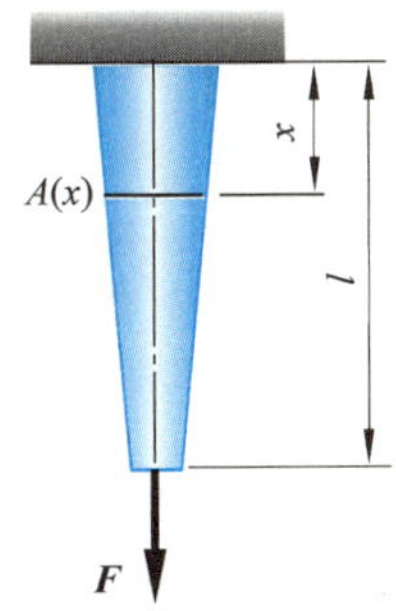

图　2-6

（4）因平面假设仅在轴向拉、压的均质等直杆距外力作用点稍远处才成立，故式（2-1）只在距外力作用点稍远处才适用。

在外力作用点附近区域内，应力分布比较复杂，式（2-1）不适用，但**圣维南（Saint－Venant）原理**指出：若杆端两种载荷在静力学上是等效的，则离端部稍远处横截面上应力的差异甚微。根据这个原理，图 2-7a、b 和 c 中所示杆件，虽然两端外力的分布方式不同，但由于它们是静力等效的，则除靠近杆件两端的部分区域外，在离两端略远处（约等于横截面的高度），三种情况的应力分布是完全一样的。所以，无论在杆件两端按哪种方式加力，只要其合力与杆件轴线重合，就可以把它们简化成相同的计算简图（图 2-2），在距杆端截面略远处都可用式（2-1）计算应力。

图　2-7

【例 2-2】　汽车离合器踏板如图 2-8 所示。踏板受到压力 $F_1 = 400\mathrm{N}$，拉杆的直径 $D = 9\mathrm{mm}$，杠杆臂长 $L = 330\mathrm{mm}$，$l = 56\mathrm{mm}$，试求拉杆横截面上的应力。

解：• 求拉杆上的外力 F_2 及轴力 F_N

由 $\sum M_A=0$，得

$$F_1L=F_2l$$

$$F_2=\frac{F_1L}{l}=\frac{400\times330\times10^{-3}}{56\times10^{-3}}\text{N}=2\ 357\text{N}$$

由截面法可知，拉杆的轴力 $F_N=F_2$。

• 求横截面上的正应力

横截面上的正应力为

$$\sigma=\frac{F_N}{A}=\frac{F_2}{\frac{\pi}{4}D^2}=\frac{2\ 357\times4}{\pi(9\times10^{-3})^2}\text{Pa}=37.1\times10^6\text{Pa}=37.1\text{MPa}$$

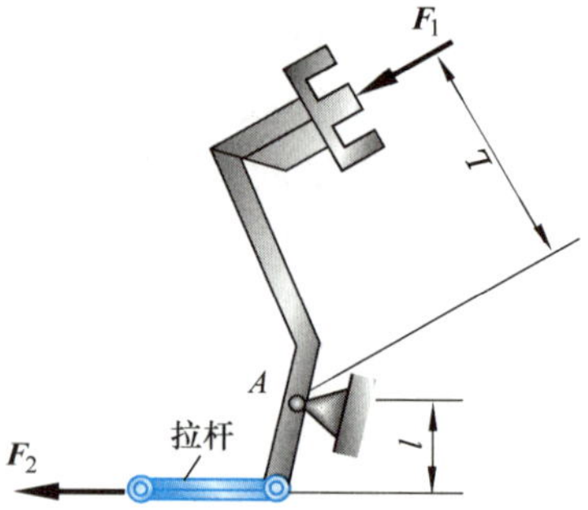

图 2-8

【例 2-3】 图 2-9a 为一悬臂吊车的简图，斜杆 AB 为直径 $d=20$mm 的钢杆，载荷 $F=15$kN。当 F 移到 A 点时，求斜杆 AB 横截面上的应力。

解：• 求轴力 F_N

当载荷 F 移到 A 点时，斜杆 AB 受到的拉力最大，设其值为 $F_{N,max}$。根据横梁（图 2-9c）的平衡条件 $\sum M_C=0$，得

$$F_{N,max}\sin\alpha l_{AC}-Fl_{AC}=0$$

$$F_{N,max}=\frac{F}{\sin\alpha}$$

由 $\triangle ABC$ 求出

$$\sin\alpha=\frac{l_{BC}}{l_{AB}}=\frac{0.8}{\sqrt{0.8^2+1.9^2}}=0.388$$

代入 $F_{N,max}$ 的表达式，得

$$F_{N,max}=\frac{F}{\sin\alpha}=\frac{15}{0.388}\text{kN}=38.7\text{kN}$$

斜杆 AB 的轴力为

$$F_N=F_{N,max}=38.7\text{kN}$$

• 求横截面上的正应力

AB 杆横截面上的应力为

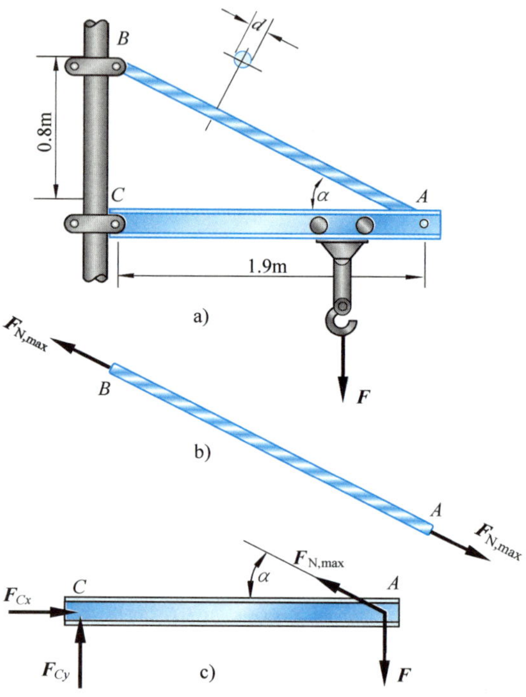

图 2-9

$$\sigma=\frac{F_N}{A}=\frac{38.7\times10^3}{\frac{\pi}{4}(20\times10^{-3})^2}\text{Pa}$$
$$=123\times10^6\text{Pa}=123\text{MPa}$$

2.3 直杆轴向拉伸（或压缩）时斜截面上的应力

前面讨论了直杆轴向拉伸或压缩时横截面上正应力的计算，今后将用这一应力作为强度计算依据。但对不同材料的试验表明，拉（压）杆的破坏并不都是沿横截面发生，有时却是沿斜截面发生的。为了更全面地研究拉（压）杆的强度，应进一步讨论斜截面上的应力。

设直杆的轴向拉力为 F（图 2-10a），横截面面积为 A，由式（2-1）可求得横截面面积的正应力 σ 为

$$\sigma = \frac{F_N}{A} = \frac{F}{A} \tag{a}$$

设与横截面成 α 角的斜截面 $k-k$ 的面积为 A_α，A 与 A_α 之间的关系应为

$$A_\alpha = \frac{A}{\cos\alpha} \tag{b}$$

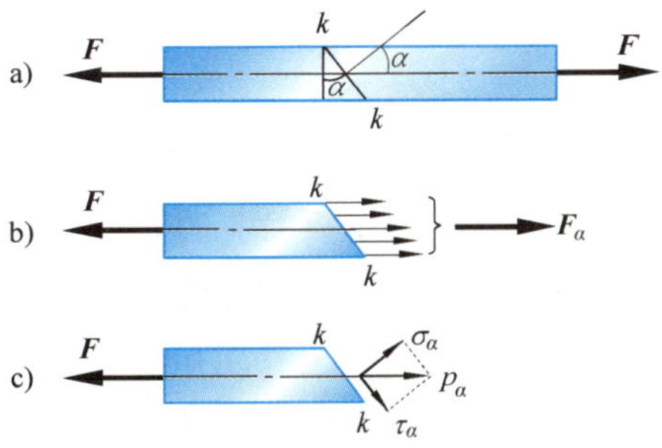

图　2-10

由截面法可知，斜截面 $k-k$ 上的内力（图 2-10b）为

$$F_\alpha = F$$

仿照证明横截面上正应力均匀分布的方法，可知斜截面上的应力 p_α 也是均匀分布的，于是有

$$p_\alpha = \frac{F_\alpha}{A_\alpha} = \frac{F}{A_\alpha} \tag{c}$$

由（b）、（c）两式可得

$$p_\alpha = \frac{F}{A}\cos\alpha = \sigma\cos\alpha \tag{d}$$

把应力 p_α 分解成垂直于斜截面的正应力 σ_α 和相切于斜截面的切应力 τ_α（图 2-10c），得到

$$\boxed{\sigma_\alpha = p_\alpha\cos\alpha = \sigma\cos^2\alpha} \tag{2-2}$$

$$\boxed{\tau_\alpha = p_\alpha\sin\alpha = \frac{\sigma}{2}\sin2\alpha} \tag{2-3}$$

对切应力的符号规定：绕选取的保留部分内任一点成顺时针力矩的切应力为正，反之为负。

从式（2-2）和式（2-3）可见，σ_α 和 τ_α 都是 α 的函数，所以斜截面的方位不同，截面上的应力也就不同，σ_α 和 τ_α 的极值分别在以下情况取得：

（1）当 $\alpha = 0°$ 时，斜截面即为垂直于轴线的横截面，其正应力达到最大值，为

$$\sigma_{max} = \sigma$$

即轴向拉（压）杆横截面上的正应力最大，为 σ；横截面的切应力 $\tau = 0$。

（2）当 $\alpha = 45°$ 时，切应力 τ_α 达到最大值，为

$$\tau_{max} = \frac{\sigma}{2}$$

即轴向拉（压）杆在 45°斜截面上切应力最大，为最大正应力的 1/2；45°斜截面上正应力为

$$\sigma_{45°} = \frac{\sigma}{2}$$

（3）当 $\alpha = 90°$ 时，正应力 σ_α 和切应力 τ_α 都为零，即与轴线平行的纵向面上没有应力。

2.4 材料在轴向拉伸和压缩时的力学性质

在对构件进行强度计算时，除计算其工作应力外，还应了解材料的力学性质。所谓**材料的力学性质**主要是指材料在外力作用下表现出的变形和破坏方面的特性。

材料的力学性质主要由试验的方法来测定。通常是在室温下，以缓慢平稳加载方式进行，这样的加载试验也称为常温、静载试验。

低碳钢和铸铁是工程中广泛使用的材料，其力学性质又比较典型，下面将主要以低碳钢和铸铁为塑性材料和脆性材料的代表，介绍材料在拉伸和压缩时的力学性质。

2.4.1 材料在拉伸时的力学性质

为了便于比较不同材料的试验结果，采用国家标准[㊀]统一规定的标准试件。在试件上取 l 长作为试验段称为标距，见图 2-11，对圆截面试件，标距 l 与直径 d 有两种比例，即 $l=10d$ 和 $l=5d$，分别称为 10 倍试件和 5 倍试件；对于矩形截面试件，标距 l 与横截面面积 A 之间的关系规定为 $l=11.3\sqrt{A}$和 $l=5.65\sqrt{A}$。关于试件的形状、加工精度、试验条件等在国家试验标准中都有具体规定。

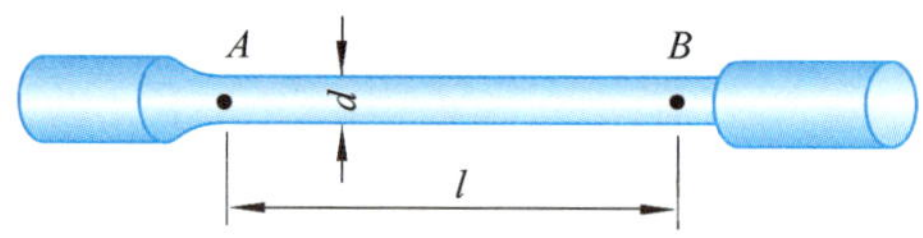

图 2-11

试验时使试件受轴向拉伸，观察试件从开始受力直到拉断的全过程，了解试件受力与变形之间的关系，以测定材料力学性质的各项指标。

1. 低碳钢在拉伸时的力学性质

低碳钢一般是指含碳量在 0.3% 以下的碳素钢，这类钢材在拉伸试验中的力学性能最为典型。试验时，把试件装在试验机上，然后缓慢加载。对应着每一个拉力 F，都测出了试件标距 l 的伸长量 Δl。这样，以纵坐标表示拉力 F，横坐标表示伸长量 Δl，绘出表示 F 和 Δl 关系的曲线，如图 2-12 所示，称为拉伸图或 $F-\Delta l$ 曲线。

$F-\Delta l$ 曲线与试件的尺寸有关。为了消除试件尺寸的影响，把拉力 F 除以试件横截面的原始面积 A，得出试件横截面上的正应力 $\sigma=F/A$；同时，把伸长量 Δl 除以标距的原始长度 l，得到试件在工作段内的应变 $\varepsilon=\Delta l/l$。以 σ 为纵坐标，ε 为横坐标，作图表示 σ 与 ε 的关系（图 2-13），称为应力－应变图或 $\sigma-\varepsilon$ 曲线。

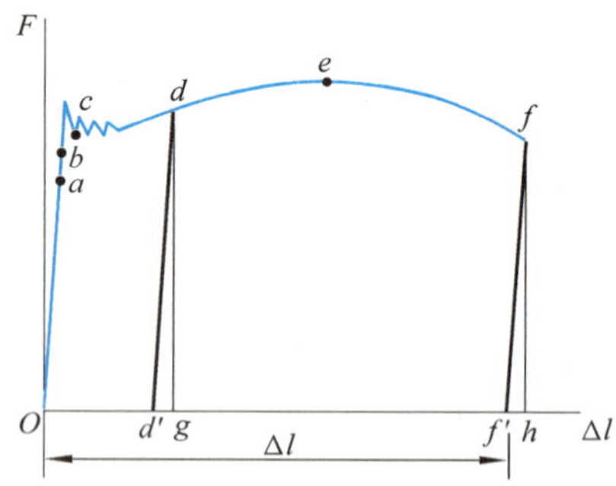

图 2-12

根据试验结果，低碳钢的力学性质大致如下：

（1）**弹性阶段** 在拉伸的初始阶段，σ 与 ε 的关系为直线 Oa，这表示在这一阶段内 σ 与 ε 成正比，即

$$\sigma\propto\varepsilon$$

或者把它写成等式

㊀ 中华人民共和国国家标准《金属材料拉伸试验》GB/T 228.1—2010。

$$\boxed{\sigma = E\varepsilon} \tag{2-4}$$

这就是拉伸或压缩时的胡克（Hooke）定律。式中，E 为与材料有关的比例常数，称为**弹性模量**，它表示材料的弹性性质，体现材料抵抗弹性变形的能力，E 的值可通过试验测定。因为应变 ε 量纲为一，故 E 的量纲与 σ 相同。由式（2-4），并从 $\sigma-\varepsilon$ 曲线的直线部分看出

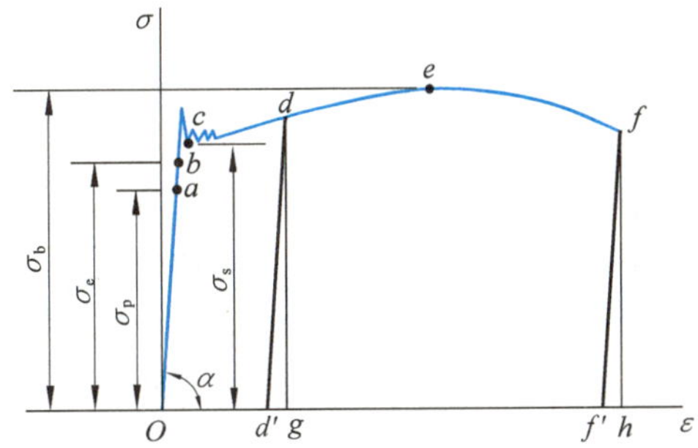

图　2-13

$$E = \frac{\sigma}{\varepsilon} = \tan\alpha$$

所以 E 是直线 Oa 的斜率。直线 Oa 的最高点 a 所对应的应力，用 σ_p来表示，称为**比例极限**。可见，当应力低于比例极限时，应力与应变成正比，材料服从胡克定律。应力超过比例极限后，从 a 点到 b 点，σ 与 ε 之间的关系不再是直线，但变形仍然是弹性，即解除拉力后变形将完全消失。b 点所对应的应力是材料只出现弹性变形的极限值，称为**弹性极限**，用 σ_e来表示。在 $\sigma-\varepsilon$ 曲线上，a、b 两点非常接近，所以工程上对弹性极限和比例极限并不严格区分。

在应力大于弹性极限后，如再解除拉力，则试件变形的一部分随之消失，但还遗留下一部分不能消失的变形，前者是弹性变形，而后者就是塑性变形或残余变形。

（2）**屈服阶段**　当应力超过 b 点增加到某一数值时，应变有非常明显的增加，而应力先是下降，然后做微小的波动，在 $\sigma-\varepsilon$ 曲线上出现接近水平线的小锯齿形线段。这种应力基本保持不变，而应变显著增加的现象，称为屈服或流动。在屈服阶段内的最高应力和最低应力分别称为上屈服点和下屈服点。上屈服点的数值与试件形状、加载速度等因素有关，一般是不稳定的。下屈服点则有比较稳定的数值，能够反应材料的性能，通常把下屈服点称为屈服点或**屈服极限**，用 σ_s来表示。

表面磨光的试件屈服时，表面将出现与轴线大致成 45°倾角的条纹（图 2-14），这是由于材料内部晶格之间相对滑移而形成的，称为**滑移线**。因为拉伸时在与轴线成 45°倾角的斜截面上，切应力为最大值，可见屈服现象的出现与最大切应力有关。

图　2-14

材料屈服时出现了显著的塑性变形，而构件出现塑性变形将影响机器的正常工作，所以屈服极限 σ_s是衡量材料强度的重要指标。

（3）**强化阶段**　过屈服阶段后，材料又恢复了抵抗变形的能力，要使它继续变形必须增加拉力。这种现象称为材料的强化。在图 2-13 中，强化阶段中的最高点 e 所对应的应力 σ_b，是材料所能承受的最大应力，称为**强度极限或抗拉极限**。它是衡量材料强度的另一重要指标。在强化阶段中，试件的横向尺寸明显的缩小，其变形绝大部分是塑性变形。

（4）**局部变形阶段**　过 e 点后，在试件的某一局部范围内，横向尺寸突然急剧缩小，形成**颈缩现象**（图 2-15a）。由于在颈缩部分横截面面积迅速减小，使试件继续伸长所需要的拉力也相应减小，在应力－应变图中，用横截面原始面积 A 算出的应力 $\sigma = F/A$ 随之下降，降落到 f 点（图 2-13），试件被拉断（图 2-15b），断口为“杯口状”（图 2-15c）。

（5）**伸长率和断面收缩率**　试件拉断后，由于保留了塑性变形，试件长度由原来的 l 变

为 l_1。用百分比表示的比值

$$\delta = \frac{l_1 - l}{l} \times 100\% \tag{2-5}$$

称为**伸长率**。塑性变形（$l_1 - l$）越大，δ 也就越大。因此，伸长率是衡量材料塑性的指标。低碳钢的伸长率很高，平均为 20% ~ 30%，这说明低碳钢的塑性性能很好。

工程上通常按伸长率的大小把材料分成两大类，$\delta \geq 5\%$ 的材料称为塑性材料，如碳钢、黄铜、铝合金等；而 $\delta < 5\%$ 的材料称为脆性材料，如灰铸铁、玻璃、陶瓷等。

原始横截面面积为 A 的试件，拉断后颈缩处的最小截面面积为 A_1，用百分比表示的比值

$$\Psi = \frac{A - A_1}{A} \times 100\% \tag{2-6}$$

称为**断面收缩率**。Ψ 也是衡量材料塑性的指标。

a)

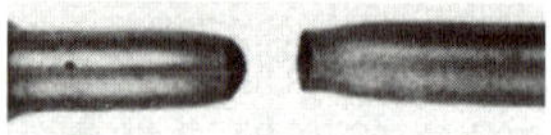
b)

c)

图 2-15

（6）**卸载定律及冷作硬化** 在低碳钢的拉伸试验中，如把试件拉到超过屈服点的 d 点（图 2-13），然后逐渐卸掉拉力，应力和应变关系将沿着斜直线 dd' 回到 d' 点，斜直线 dd' 近似平行于 Oa。这说明：在卸载过程中，应力和应变按直线规律变化，且在卸载过程中的弹性模量和加载时相同，这就是**卸载定律**。拉力完全卸掉后，在应力－应变图中，$d'g$ 表示消失了的弹性应变 ε_e，而 Od' 表示残余的塑性应变 ε_p，而且总应变 $\varepsilon = \varepsilon_e + \varepsilon_p$。

卸载后，如在短期内再次加载，则应力和应变大致上沿卸载时的斜直线 $d'd$ 变化，直到 d 点后，又沿曲线 def 变化。可见在再次加载时，直到 d 点以前材料的变形是弹性的，过 d 点后才开始出现塑性变形。比较图 2-13 中的 $Oabcdef$ 和 $d'def$ 两条曲线，可见在第二次加载时，其比例极限得到了提高，但塑性变形和伸长率却有所降低，这种现象称为**冷作硬化**。冷作硬化现象经退火后又可消除。

工程上常利用冷作硬化来提高材料的弹性极限，如起重用的钢索和建筑用的钢筋，常用冷拔工艺以提高强度。又如对某些零件进行喷丸处理，使其表面发生塑性变形，形成冷硬层，以提高零件表面层的强度。但另一方面，零件初加工后，由于冷作硬化使材料变脆变硬，给下一步加工造成困难，且容易产生裂纹，往往就需要退火，以消除冷作硬化的影响。

2. 其他塑性材料在拉伸时的力学性质

工程上常用的塑性材料，除低碳钢外，还有中碳钢、某些高碳钢和合金钢、铝合金、青铜、黄铜等。图 2-16 中是几种塑性材料的 $\sigma - \varepsilon$ 曲线。其中有些材料，如 Q345 钢和低碳钢一样，有明显的弹性阶段、屈服阶段、强化阶段和局部变形阶段。有些材料，如 20Cr 没有屈服阶段和局部变形阶段，只有弹性阶段和强化阶段。

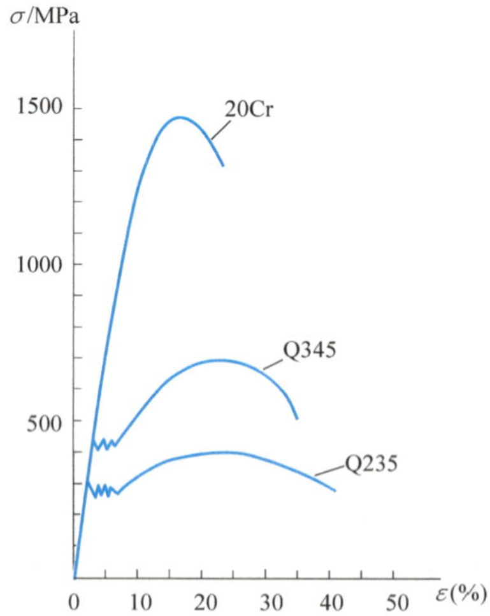

图 2-16

对于没有明显屈服阶段的塑性材料，通常以产生 0.2% 的塑性应变所对应的应力作为屈服强度或**条件屈服强度**，用 $\sigma_{0.2}$ 来表示（图 2-17）。

在各类碳素钢中，随含碳量的增加，屈服点和强度极限相应提高，但伸长率降低。例如合金钢、工具钢等高强度钢，其屈服点较高，但塑性性质却较差。

3. 铸铁在拉伸时的力学性质

灰铸铁拉伸时的应力－应变关系是一段微弯曲线，如图 2-18a 所示，没有明显的直线部分，没有屈服和颈缩现象，拉断前的应力和应变都很小，伸长率也很小，断口平齐，如图 2-18b所示，是典型的脆性材料。

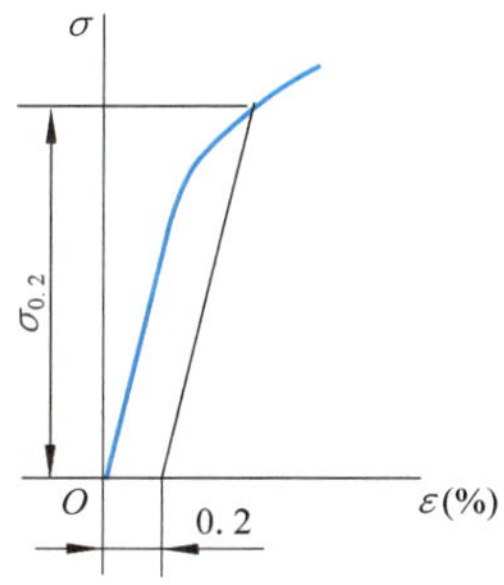

图　2-17

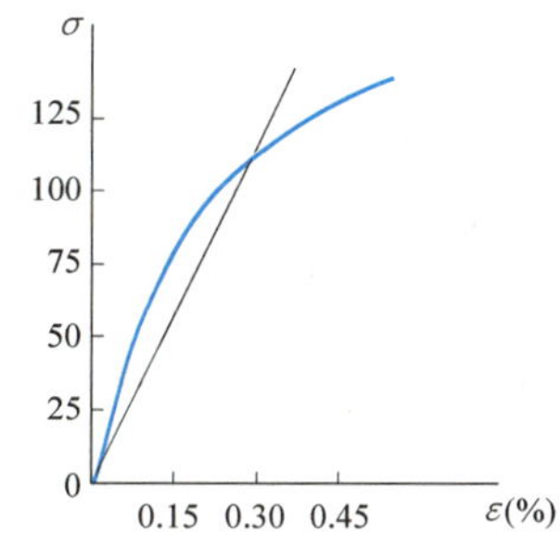

a)

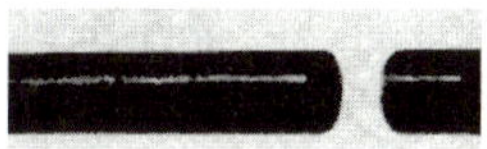

b)

图　2-18

由于铸铁的 $\sigma-\varepsilon$ 曲线没有明显的直线部分，弹性模量 E 的数值随应力的大小而变。但在工程中铸铁的拉应力不能很高，而在较低的拉应力下，则可近似地认为服从胡克定律。通常取 $\sigma-\varepsilon$ 曲线的割线代替曲线的开始部分，并以割线的斜率作为弹性模量，称为**割线弹性模量**。如图 2-18a 所示。

铸铁拉断时的最大应力即为强度极限。因为没有屈服现象，强度极限 σ_b 是衡量强度的唯一指标。铸铁等脆性材料的抗拉强度很低，所以不宜作为抗拉零件。

铸铁经球化处理成为球墨铸铁后，力学性质有显著变化，不但有较高的强度，还有较好的塑性性能。国内不少工厂成功地用球墨铸铁代替钢材制造曲轴、齿轮等零件。

2.4.2　材料在压缩时的力学性质

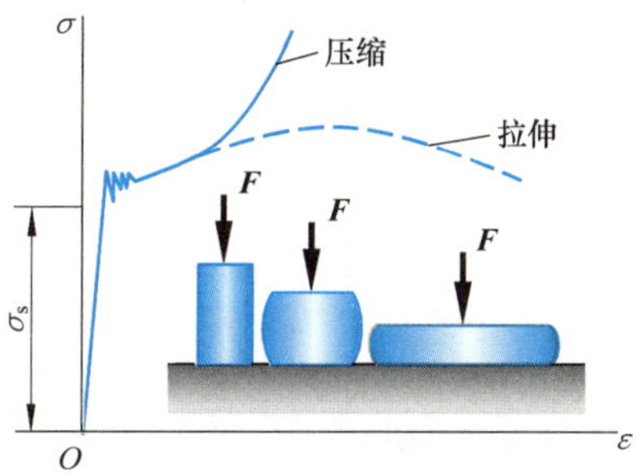

图　2-19

金属的压缩试件，一般制成很短的圆柱，以免被压弯。圆柱高度为直径的 1.5 ~3 倍。混凝土、石料等则制成立方体。

低碳钢压缩时的 $\sigma-\varepsilon$ 曲线如图 2-19 所示。试验表明：低碳钢压缩时的弹性模量 E 和屈服极限 σ_s 都与拉伸时大致相同。屈服阶段以后，试件越压越扁，横截面面积不断增大，试件抗压能力也继续增高，因而得不到压缩时的强度极限。由于可从拉伸试验测定低碳钢压缩时的主要性能，所以不一定要进行压缩试验。

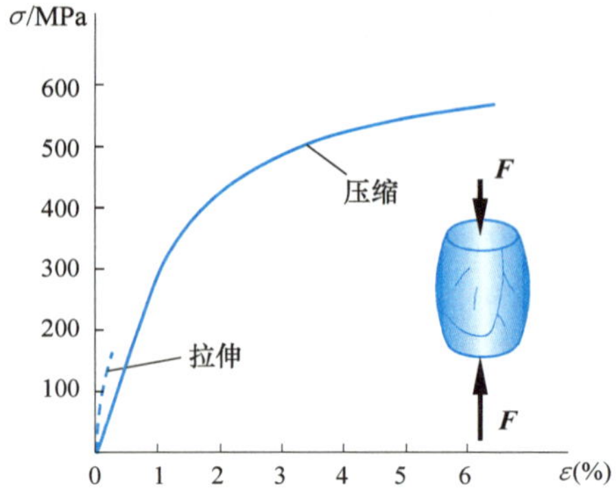

图 2-20

铸铁压缩时的 $\sigma-\varepsilon$ 曲线如图 2-20 所示。试件在较小的变形下突然破坏，破坏断面与轴线大致成 45°～55°倾角，这表明试件沿斜截面因剪切而破坏。铸铁的抗压强度比抗拉强度高 4～5 倍。其他脆性材料，如混凝土、石料等，抗压强度也远高于抗拉强度。

脆性材料抗拉强度低、塑性性能差，但抗压能力强，而且价格低廉，宜作为抗压零件的材料。铸铁坚硬耐磨，易于浇铸成形状复杂的零部件，广泛应用于铸造机床床身、机座、缸体及轴承座等受压零部件。因此，其压缩试验比拉伸试验更为重要。

2.4.3 材料的塑性和脆性及其相对性

塑性材料和脆性材料是根据常温、静载下拉伸试验所得的伸长率的大小来区分的。在力学性质上的主要差别是：塑性材料的塑性指标较高，常用的强度指标是屈服点 σ_s（因此时出现明显的塑性变形而不能正常工作），而且在拉伸和压缩时的屈服点值近似相同；脆性材料的塑性指标很低，其强度指标是强度极限 σ_b，而且拉伸强度极限很低，压缩强度极限很高。

材料是塑性的还是脆性的，并不是一成不变的，它是相对的。在常温、静载下具有良好塑性的材料，在低温、冲击载荷下可能表现出脆性性质。

随着材料科学的发展，许多材料都同时具有塑性材料和脆性材料的某些优点。汽车、机械、航天等多个行业中广泛采用工程塑料代替某些金属材料，不但降低了成本，而且减轻了结构的自重。球墨铸铁、合金铸铁已广泛用于制造曲轴、连杆、变速箱、齿轮等重要部件。这些材料不但具有成本低、耐磨和易浇注成形的优点，而且具有较高的强度和良好的塑性性能。几种常用材料的主要力学性能列于表 2-1 中。

表 2-1　几种常用材料的主要力学性能

材料名称	牌号	σ_s/MPa	σ_b/MPa	δ_5/%[①]	备注
碳素结构钢	Q215	215	335～450	26～31	对应旧牌号 A2
	Q235	235	375～500	21～26	对应旧牌号 A3
	Q255	255	410～550	19～24	对应旧牌号 A4
	Q275	275	490～630	15～20	对应旧牌号 A5
优质碳素结构	25	275	450	23	25 号钢
	35	315	530	20	35 号钢
	45	355	600	16	45 号钢
	55	380	645	13	55 号钢
低合金高强度结构钢	Q345	345	510	21	
	Q390	390	530	18	
合金结构钢	20Cr	540	835	10	20 铬
	40Cr	785	980	9	40 铬
	30CrMnSi	885	1 080	10	30 铬锰硅

（续）

材料名称	牌号	σ_s/MPa	σ_b/MPa	δ_5/%①	备注
铸钢	ZG200－400 ZG270－500	200 270	400 500	25 18	
灰铸铁	HT150 HT250		150② 250②		σ_b为$\sigma_{t,b}$ σ_b为$\sigma_{t,b}$
铝合金	ZA12	274	412	19	硬铝

注：① δ_5为标距 $l=5d$ 标准试样的伸长率。

② σ_b为拉伸强度极限。

2.5 许用应力　安全系数　强度条件

由脆性材料制成的构件，在拉力作用下，当变形很小时就会突然断裂；塑性材料制成的构件，在拉断之前已出现明显的塑性变形，由于不能保持原有的形状和尺寸，它已不能正常工作。因此，可以把断裂和出现明显的塑性变形统称为破坏，这些破坏现象都是强度不足造成的。因此，下面主要讨论轴向拉（压）时杆件的强度问题。

2.5.1　许用应力和安全系数

我们把材料破坏时的应力称为**极限应力**，用 σ_u表示。脆性材料断裂时的应力是强度极限 σ_b，因此，对于脆性材料取强度极限 σ_b作为极限应力；塑性材料屈服时出现明显的塑性变形，此时的应力是屈服极限，故对于塑性材料取屈服点 σ_s（或 $\sigma_{0.2}$）为其极限应力。

为了保证构件有足够的强度，构件在载荷作用下，最大的实际工作应力显然应低于其极限应力，而在强度计算中，为了保证构件正常、安全地工作，并具有必要的强度储备，把极限应力除以一个大于 1 的系数，并将结果称为**许用应力**，用［σ］表示，即

$$[\sigma]=\frac{\sigma_u}{n}=\begin{cases}\dfrac{\sigma_s}{n_s} & \text{塑性材料} \quad (2\text{-}7)\\[2ex] \dfrac{\sigma_b}{n_b} & \text{脆性材料} \quad (2\text{-}8)\end{cases}$$

式中，大于 1 的系数 n_s或 n_b称为**安全系数**。

由式（2-7）和式（2-8）可以看出，许用应力的规定实质上是如何选择适当的安全系数。因为安全系数一方面考虑给构件必要的强度储备（如构件工作时可能遇到不利的工作条件和意外事故）、构件的重要性以及损坏时引起后果的严重性等。另一方面考虑在强度计算中有些量本身就存在着主观认识和客观实际间的差异，如材料的均匀程度、载荷的估计是否准确、实际构件的简化和计算方法的精确程度、对减轻自重和提高机动性的要求等。可见在确定安全系数时，要综合考虑到多方面的因素，对具体情况要做具体分析，很难做统一的规定。不过，人类对客观事物的认识总是逐步地从不完善趋向完善，随着原材料质量的日益提高、制造工艺和设计方法的不断改进，以及对客观世界认识的不断深化，安全系数的选择必将日益趋向合理。许用应力和安全系数的具体数据，有关业务部门有一些规范可供参考。目前一般机械制造中，在静载的情况下，对塑性材料可取 $n_s=1.2\sim2.5$；对于脆性材料，由

于其均匀性较差，且破坏突然发生，有更大的危险性，所以，取 $n_b=2\sim3.5$，甚至取到3 ~9。

2.5.2 强度条件及其应用

为了保证构件安全可靠地正常工作，必须使构件内最大工作应力不超过材料的许用应力，即

$$\boxed{\sigma_{\max}\leqslant[\sigma]} \tag{2-9}$$

式（2-9）称为**强度条件**。对于轴向拉压等直杆，式（2-9）可简写为

$$\boxed{\sigma_{\max}=\frac{F_{N,\max}}{A}\leqslant[\sigma]} \tag{2-10}$$

强度条件是判别构件是否满足强度要求的准则。这种强度计算的方法是工程上普遍采用的许用应力法。运用这一强度条件可以解决以下三类强度计算问题。

（1）**强度校核** 若已知构件尺寸、载荷及材料的许用应力，则可用强度条件式(2-10)，校核构件是否满足强度要求。

（2）**设计截面** 若已知构件所承受的载荷及材料的许用应力，则可由强度条件式(2-10)，得

$$A\geqslant\frac{F_{N,\max}}{[\sigma]}$$

由此确定出构件所需要的横截面面积。

（3）**确定许可载荷** 若已知构件的尺寸和材料的许用应力，可由强度条件式（2-10），得

$$F_{N,\max}\leqslant A[\sigma]$$

由此可以确定构件所能承担的最大轴力，进而确定结构的许可载荷。

下面我们用例题说明上述三种类型的强度计算问题。

【例 2-4】 铸工车间吊运铁水包的吊杆的横截面尺寸如图 2-21 所示。吊杆材料的许用应力 $[\sigma]=80\text{MPa}$。铁水包自重为 8kN，最多能容 30kN 重的铁水。试校核吊杆的强度。

解： • 计算吊杆轴力

因为总载荷由两根吊杆来承担，故每根吊杆的轴力应为

$$F_N=\frac{F}{2}=\frac{30+8}{2}\text{kN}=19\text{kN}$$

• 校核吊杆强度

吊杆横截面上的应力是

$$\sigma_{\max}=\frac{F_N}{A}=\frac{19\times10^3}{25\times50\times10^{-6}}\text{Pa}=15.2\times10^6\text{Pa}=15.2\text{MPa}$$

$$\sigma_{\max}<[\sigma]$$

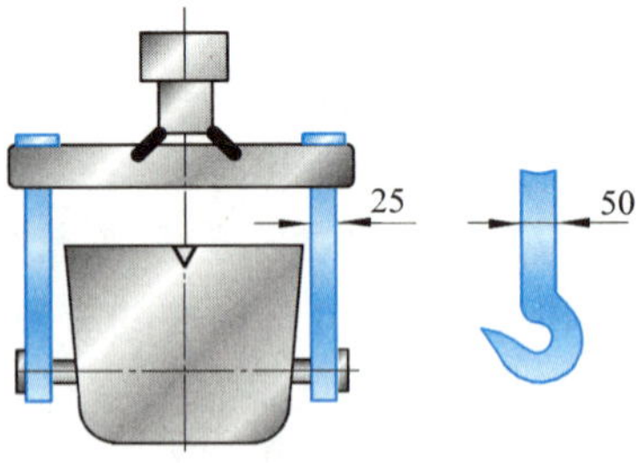

图 2-21

故吊杆满足强度条件。

【例 2-5】 某冷镦机的曲柄滑块机构如图 2-22a，镦压时连杆 AB 接近水平位置，镦压力 $F=3.78\text{MN}$。连杆横截面为矩形，高与宽之比 $h/b=1.4$（图 2-22b），材料的许用应力 $[\sigma]=90\text{MPa}$，试设计截面尺寸 h 和 b。

解： • 计算连杆轴力

由于镦压时连杆近于水平，连杆所受压力近似等于镦压力 F，则轴力为

$$F_N = F = 3.78\text{MN}$$

• 设计截面尺寸

根据强度条件式（2-10）

$$\sigma_{max} = \frac{F_N}{A} \leqslant [\sigma]$$

所以

$$A \geqslant \frac{F_{N,max}}{[\sigma]} = \frac{3.78\times10^6}{90\times10^6}\text{m}^2 = 420\times10^{-4}\text{m}^2 = 420\text{cm}^2$$

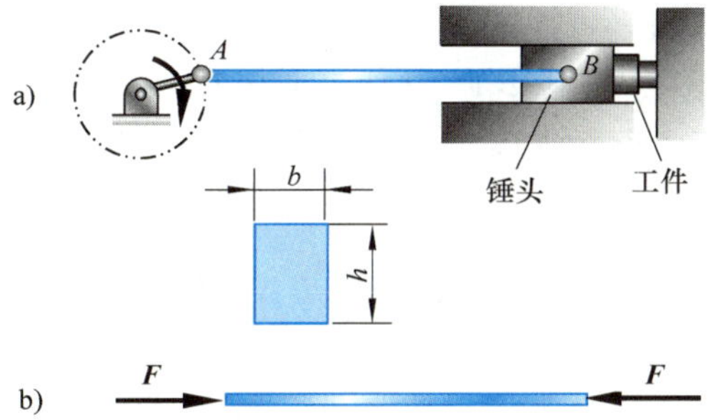

图　2-22

注意到连杆截面为矩形，且 $h = 1.4b$，故

$$A = bh = 1.4b^2 = 420\text{cm}^2$$

$$b = \sqrt{\frac{420}{1.4}}\text{cm} = 17.32\text{cm}$$

$$h = 1.4b = 14\times17.32\text{cm} = 24.3\text{cm}$$

取 $b = 174\text{mm}$，$h = 244\text{mm}$。

考虑到冷镦机工作时会发生较强烈的冲击现象，另外还需考虑失稳问题（第 14 章），故本例采用的许用应力较低。

【例 2-6】 一个三角架（图 2-23a）的斜杆 AB 由两根 80×80×7 等边角钢组成，横杆 AC 由两根 10 号槽钢组成，材料为 Q235 钢，许用应力 $[\sigma]=120\text{MPa}$，求结构的许可载荷 $[F]$。

解： • 确定各杆的内力

由截面法，截取研究对象，如图 2-23b 所示，在这里假设 F_{N1} 为拉力，F_{N2} 为压力。由平衡条件，有

$$\sum F_y = 0 \quad F_{N1}\sin30° - F = 0$$

$$\sum F_x = 0 \quad F_{N2} - F_{N1}\cos30° = 0$$

得 $$F_{N1} = 2F,\ F_{N2} = \sqrt{3}F$$

• 确定许可载荷

由书末附录 B 的型钢表查得斜杆 80×80×7 等边角钢横截面面积 $A_1 = 10.86\times2\text{cm}^2 = 21.7\text{cm}^2$，横杆 10 号槽钢横截面面积 $A_2 = 12.74\times2 = 25.48\text{cm}^2$。

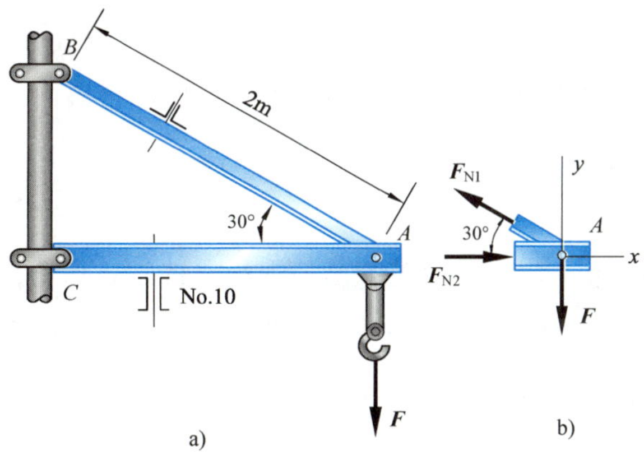

图　2-23

由强度条件式（2-10），对于 AB 杆，有

$$\sigma_{1,max} = \frac{F_{N1}}{A_1} = \frac{2F_1}{A_1} \leqslant [\sigma]$$

得

$$F_1 \leqslant \frac{[\sigma]}{2}A_1 = \frac{1}{2}\times120\times10^6\times21.7\times10^{-4}\text{N} = 130\times10^3\text{N} = 130\text{kN}$$

同理，对于 AC 杆，有

$$\sigma_{2,max} = \frac{F_{N2}}{A_2} = \frac{\sqrt{3}F_2}{A_2} \leqslant [\sigma]$$

$$F_2 \leqslant \frac{[\sigma]}{\sqrt{3}}A_2 = \frac{1}{\sqrt{3}}\times120\times10^6\times25.48\times10^{-4}\text{N} = 176.7\times10^3\text{N} = 176.7\text{kN}$$

结构的许可载荷 $[F]=\min\{F_1, F_2\}=130\text{kN}$

这里只考虑了受压杆 AC 的强度，没有考虑其稳定性问题（在第 14 章中讨论）。

2.6 轴向拉伸(或压缩)时的变形

2.6.1 纵向变形和横向变形

杆件在轴向拉伸（或压缩）时，除了产生轴向伸长（或缩短）之外，其横向尺寸也相应地缩小（或增大），前者称为纵向变形，后者称为横向变形。

设等直杆的原长为 l（图 2-24），横截面面积为 A，在轴向拉力 F 作用下，长度由 l 变为 l_1，轴向伸长量为

$$\Delta l = l_1 - l$$

因杆件沿着轴向方向为均匀变形，因此杆件沿轴线方向的**纵向应变**为

$$\varepsilon = \frac{\Delta l}{l}$$

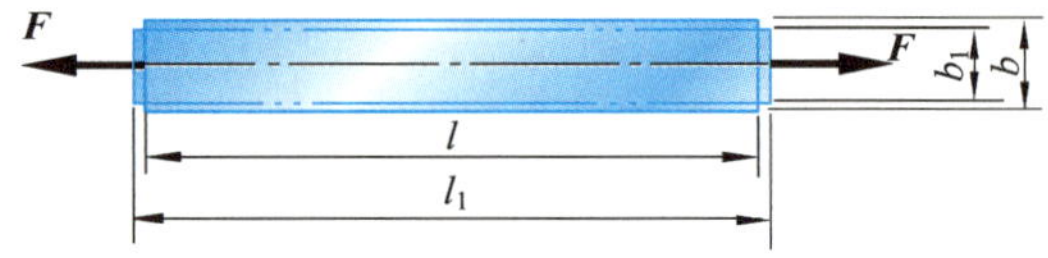

图 2-24

若杆件变形前的横向尺寸为 b，变形后为 b_1，同理，**横向应变**为

$$\varepsilon' = \frac{\Delta b}{b} = \frac{b_1 - b}{b}$$

实验结果表明：当应力不超过比例极限时，横向应变 ε' 与纵向应变 ε 之比的绝对值是一个常数，即

$$\mu = \left|\frac{\varepsilon'}{\varepsilon}\right|$$

常数 μ 称为横向变形系数或**泊松**（Poisson）**比**，它是一个量纲为一的量。

因为当杆件轴向伸长时横向缩小，而轴向缩短时横向增大，所以 ε' 和 ε 的符号是相反的，且有以下关系

$$\varepsilon' = -\mu\varepsilon$$

泊松比 μ 和弹性模量 E 一样，是材料固有的弹性常数，表 2-2 中摘录了几种常用材料的 E 和 μ 的值。

表 2-2 几种常用材料的 E 和 μ 的值

材料名称	E/GPa	μ
碳钢	196 ~ 216	0.24 ~ 0.28
合金钢	186 ~ 206	0.25 ~ 0.30
灰铸铁	78.5 ~ 157	0.23 ~ 0.27
铜及其合金	72.6 ~ 128	0.31 ~ 0.42
铝合金	70	0.33

2.6.2 胡克定律

前面曾指出：当应力不超过材料的比例极限时，应力与应变成正比，这就是**胡克定律**，

即

$$\sigma = E\varepsilon$$

将 $\sigma = F_N/A$ 和 $\varepsilon = \Delta l/l$ 代入上式，得

$$\boxed{\Delta l = \frac{F_N l}{EA}} \tag{2-11}$$

这是胡克定律的另一种表达式。它表示：当应力不超过比例极限时，杆件的伸长 Δl 与轴力 F_N 和杆件原长 l 成正比，与弹性模量 E 和横截面面积 A 成反比。以上结果同样可以用于轴向压缩的情况。

从式（2-11）还可以看出，对于长度相同，受力相等的杆件，EA 越大则变形 Δl 越小，所以 EA 称为杆件的**抗拉（或抗压）刚度**。

关于式（2-11）有两点说明：

（1）当杆件的轴力 F_N、横截面面积 A 和弹性模量 E 沿杆轴线分段为常数时，则在每一段上应用式（2-11），然后叠加，即

$$\boxed{\Delta l = \sum_{i=1}^{n} \frac{F_{N_i} l_i}{E_i A_i}} \tag{2-12}$$

（2）当杆件的轴力 $F_N(x)$ 或横截面面积 $A(x)$ 沿轴线是连续变化时，可先在微段 dx 上应用式（2-11），然后积分，即

$$\boxed{\Delta l = \int_l \frac{F_N(x)}{EA(x)} dx} \tag{2-13}$$

【例 2-7】　图 2-25a 所示钢杆，已知 $F_1 = 50\text{kN}$，$F_2 = 20\text{kN}$，$l_1 = 120\text{mm}$，$l_2 = l_3 = 100\text{mm}$，横截面面积 $A_{1-1} = A_{2-2} = 500\text{mm}^2$，$A_{3-3} = 250\text{mm}^2$，材料的弹性模量 $E = 200\text{GPa}$。求 B 截面的水平位移和杆内最大纵向线应变。

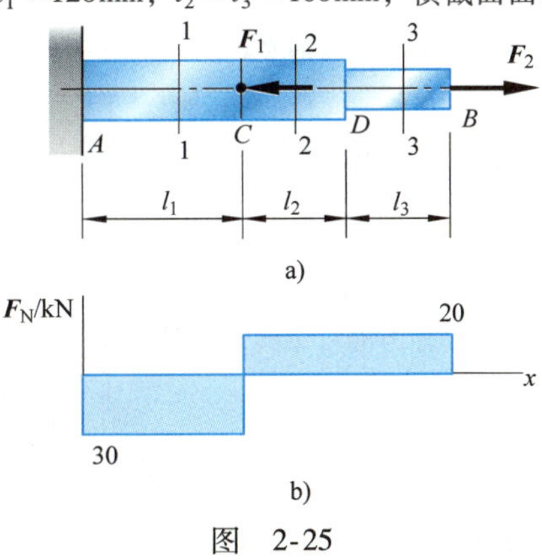

图　2-25

解： • 计算各段轴力，并画出轴力图

用截面法，可分别求出杆件各段的轴力

$$F_{N1} = -30\text{kN}\ (压)$$

$$F_{N2} = 20\text{kN}\ (拉)$$

$$F_{N3} = 20\text{kN}\ (拉)$$

其轴力图如图 2-25b 所示。

• 计算 B 截面的水平位移

B 截面水平位移是由各段纵向变形引起的，因此 AB 杆的纵向变形量即为 B 截面的水平位移。由图 2-25 可知，杆件各段的轴力及横截面面积分段为常数，故用式（2-12）可得

$$\Delta l = \sum_{i=1}^{3} \frac{F_{N_i} l_i}{E_i A_i} = \Delta l_1 + \Delta l_2 + \Delta l_3$$

$$\Delta l_1 = \frac{F_{N_1} l_1}{E_1 A_1} = \frac{-30 \times 10^3 \times 120 \times 10^{-3}}{200 \times 10^9 \times 500 \times 10^{-6}}\text{m} = -3.6 \times 10^{-5}\text{m}$$

$$\Delta l_2 = \frac{F_{N_2} l_2}{E_2 A_2} = \frac{20 \times 10^3 \times 100 \times 10^{-3}}{200 \times 10^9 \times 500 \times 10^{-6}}\text{m} = 2.0 \times 10^{-5}\text{m}$$

$$\Delta l_3 = \frac{F_{N_3} l_3}{E_3 A_3} = \frac{20 \times 10^3 \times 100 \times 10^{-3}}{200 \times 10^9 \times 250 \times 10^{-6}}\text{m} = 4.0 \times 10^{-5}\text{m}$$

所以 B 截面水平位移是杆件各段纵向变形的总和，即

$$\Delta_{BH}=\Delta l=\Delta l_1+\Delta l_2+\Delta l_3=0.024\text{mm}$$

- 计算杆内最大纵向线应变

由于杆件内各段轴力，横截面面积分段为常数，故各段的变形互不相同，其纵向应变也不相同。各段的纵向应变分别为

$$\varepsilon_1=\frac{\Delta l_1}{l_1}=\frac{-3.6\times10^{-5}}{120\times10^{-3}}=-3.0\times10^{-4}$$

$$\varepsilon_2=\frac{\Delta l_2}{l_2}=\frac{2.0\times10^{-5}}{100\times10^{-3}}=2.0\times10^{-4}$$

$$\varepsilon_3=\frac{\Delta l_3}{l_3}=\frac{4.0\times10^{-5}}{100\times10^{-3}}=4.0\times10^{-4}$$

因此，杆内最大纵向线应变为

$$\varepsilon_{\max}=\varepsilon_3=4.0\times10^{-4}$$

【例 2-8】 等直杆 CB 受集中力 F 和自重作用，如图 2-26a 所示，已知杆的横截面面积为 A，材料的弹性模量为 E，材料单位体积重量为 γ，试求等直杆 CB 内最大正应力和总伸长量。

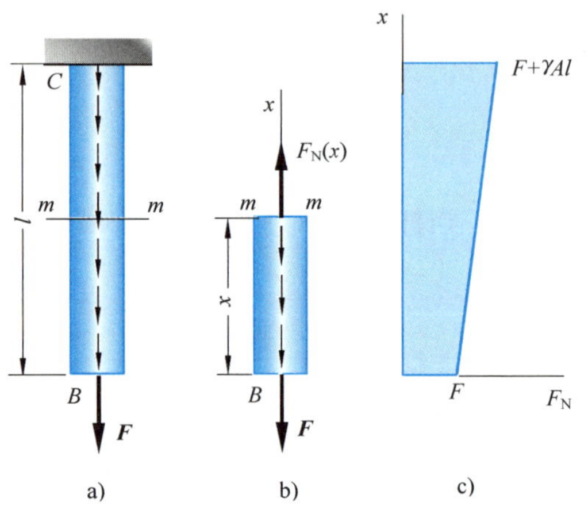

图 2-26

解： • 确定危险截面的轴力，并求出其应力

杆件在自重和 F 力作用下，各截面的轴力是变化的。为此，假想在距下端为 x 的任一截面 $m-m$ 上把杆件截开，并取下半部分为研究对象，如图 2-26b 所示，由平衡方程可得

$$F_N(x)=F+\gamma Ax \tag{a}$$

由此可见 $F_N(x)$ 是 x 的线性函数，其轴力图为一斜直线（图 2-26c），最大轴力发生在固定端，其值为

$$F_{N,\max}=F+\gamma Al$$

最大正应力发生在最大轴力所在截面，其值为

$$\sigma=\frac{F_{N,\max}}{A}=\frac{F}{A}+\gamma l \tag{b}$$

- 计算总伸长量

由于轴力沿杆轴线是连续变化的，因此，应用胡克定律式（2-13），可得总伸长量为

$$\Delta l=\int_l\frac{F_N(x)}{EA}\mathrm{d}x=\int_0^l\frac{F+\gamma Ax}{EA}\mathrm{d}x=\frac{Fl}{EA}+\frac{\gamma l^2}{2E} \tag{c}$$

从式（a）~式（c）中可以看出，当物体承受多个载荷作用时，其内力、应力、变形等物理量等于相应的单个载荷所引起的物理量的叠加，这就是叠加原理。叠加原理一般适用于线弹性材料，关于这方面内容将在后面的章节中继续讨论。

2.7 轴向拉伸（或压缩）时的弹性变形能

2.7.1 变形能的概念和功能原理

弹性体在外力作用下将发生弹性变形，外力将在相应的位移上做功。与此同时，外力所

做的功将转变为储存在弹性体内的能量。当外力逐渐减小时，变形也逐渐恢复，弹性体又将释放出储存的能量而做功。这种在外力作用下，因弹性变形而储存在弹性体内的能量称为**弹性变形能**或**应变能**。例如，内燃机气阀开启时，气阀弹簧因受摇臂压力作用发生压缩变形而储存能量，当压力逐渐减小时，弹簧变形逐渐恢复，弹簧又释放出能量为关闭气阀而做功。

如果忽略变形过程中的其他能量（如热能、动能等）的损失，可以认为储存在弹性体内的变形能 U 在数值上等于外力所做的功 W，即

$$U = W$$

这就是**功能原理**。

2.7.2　轴向拉伸（或压缩）杆的变形能和比能

现在讨论直杆轴向拉伸或压缩时的变形能计算。设受拉杆件上端固定（图 2-27a），作用于下端的拉力 F 缓慢地由零增加到 F，在应力小于比例极限的范围内，拉力 F 与伸长 Δl 的关系是一条斜直线，如图 2-27b 所示，在逐渐加力的过程中，当拉力为 F_1 时，杆件的伸长为 Δl_1。如果再增加一个 dF_1，杆件相应的变形增量为 $d(\Delta l_1)$。于是，已经作用于杆件上的 F_1 因位移 $d(\Delta l_1)$ 而做功，且所做的功为

$$dW = F_1 d(\Delta l_1)$$

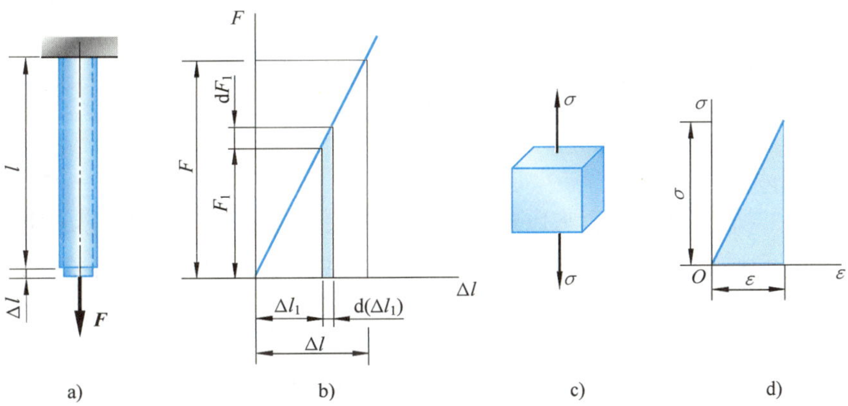

图　2-27

容易看出 dW 等于图 2-27b 中画阴影线部分的微分面积。把拉力 F 看作是一系列 dF_1 的积累，则拉力 F 所做的总功 W 应为上述微分面积的总和，即 W 等于 $F-\Delta l$ 曲线下面的面积。因为在弹性范围内，$F-\Delta l$ 曲线为一斜直线，故有

$$W = \frac{1}{2}F\Delta l$$

根据功能原理，外力 F 所做的功在数值上等于杆件内部储存的变形能。因此拉杆的弹性变形能 U 为

$$U = W = \frac{1}{2}F\Delta l$$

由胡克定律 $\Delta l = \dfrac{F_N l}{EA}$ 及 $F_N = F$，弹性变形能 U 应为

$$\boxed{U = W = \frac{1}{2}F\Delta l = \frac{F_N^2 l}{2EA}} \tag{2-14}$$

变形能的单位和外力功的单位相同，都是J（焦耳）。

关于式（2-14）有两点说明：

（1）当杆件的轴力 F_N、横截面面积 A 和弹性模量 E 沿杆轴线分段为常数时，则在每一段上应用式（2-14），然后将各段变形能相加，即

$$\boxed{U = \sum_{i=1}^{n} \frac{F_{Ni}^2 l_i}{2E_i A_i}} \tag{2-15}$$

（2）当杆件的轴力 $F_N(x)$ 或横截面面积 $A(x)$ 沿轴线是连续变化时，可先在微段 dx 上应用式（2-14），然后积分，即

$$\boxed{U = \int_0^l \frac{F_N^2(x)}{2EA}dx} \tag{2-16}$$

若对轴向拉伸（或压缩）杆取单元体表示（图2-27c），在线弹性范围内，其应力-应变关系如图2-27d所示，单位体积所储存的变形能为

$$u = \frac{1}{2}\sigma\varepsilon = \frac{\sigma^2}{2E} = \frac{E\varepsilon^2}{2} \tag{2-17}$$

u 称为比能或应变能密度，其单位是 J/m^3。

由式（2-17）可以求出拉伸（或压缩）杆的变形能

$$U = \iiint_V u dV \tag{2-18}$$

式中，V 为构件的体积。

当结构上只有一个力做功时，可以利用功能原理求出力的作用点沿着力作用线方向上的位移。关于计算任意结构在任意载荷作用下，其任意截面或任意点沿着任意方向上的位移，将在第10章讨论。

【例2-9】 简易起重机如图2-28所示。BD 杆为无缝钢管，外径为90mm，壁厚为2.5mm，杆长 $l=3m$，弹性模量 $E=210GPa$。BC 是两条横截面面积为171.82mm² 的钢索，弹性模量 $E_1=177GPa$，$F=30kN$。若不考虑立柱的变形，试求 B 点的垂直位移。

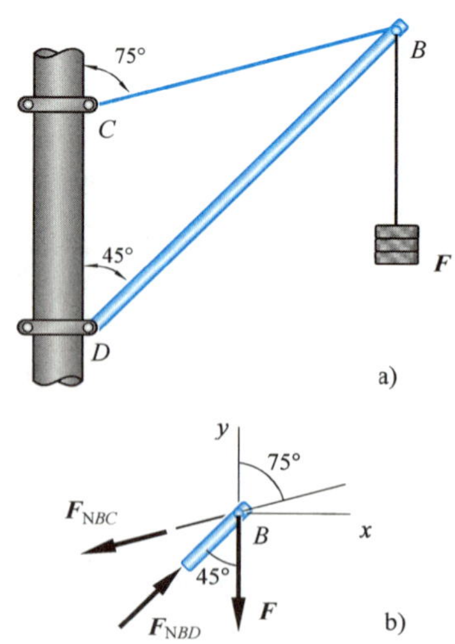

图 2-28

解： • 求各杆的轴力

由截面法，取图2-28b所示部分作为研究对象，由平衡条件，得

$$\sum F_x = 0 \quad F_{NBD}\sin 45° - F_{NBC}\sin 75° = 0$$

$$\sum F_y = 0 \quad F_{NBD}\cos 45° - F_{NBC}\cos 75° - F = 0$$

得

$$F_{NBC} = 1.41F, \quad F_{NBD} = 1.93F$$

• 求杆系变形能

BC 杆和 BD 杆的横截面面积分别为

$$A_1 = 2 \times 171.82 mm^2 = 344 mm^2$$

$$A = \frac{\pi}{4}(90^2 - 85^2) mm^2 = 687 mm^2$$

已知 BD 杆长 $l=3\text{m}$，由 $\triangle BCD$，求出 BC 杆长度 $l_1=2.2\text{m}$，因此，杆系的变形能为

$$U=U_{BC}+U_{BD}=\frac{F_{\mathrm{N}BC}^2 l_1}{2E_1A_1}+\frac{F_{\mathrm{N}BD}^2 l}{2EA}=\left(\frac{1.41^2 l_1}{2E_1A_1}+\frac{1.93^2 l}{2EA}\right)F^2$$

- 应用功能原理求位移

把简易起重机看作是由 BC 和 BD 两杆组成的简单弹性杆系，当载荷 F 从零开始缓慢地作用于杆系上时，F 与 B 点垂直位移 δ 的关系是线性的，F 所做的功为

$$W=\frac{1}{2}F\delta$$

F 所做的功在数值上应等于杆系的变形能，亦即等于 BC 和 BD 两杆变形能的总和，故

$$\frac{1}{2}F\delta=\left(\frac{1.41^2 l_1}{2E_1A_1}+\frac{1.93^2 l}{2EA}\right)F^2$$

$$\delta=\left(\frac{1.41^2 l_1}{E_1A_1}+\frac{1.93^2 l}{EA}\right)F=\left(\frac{1.41^2\times 2.2}{177\times10^9\times344\times10^{-6}}+\frac{1.93^2\times3}{210\times10^9\times687\times10^{-6}}\right)\times30\times10^3\text{m}$$

$$=14.93\times10^{-8}\times30\times10^3\text{m}=4.48\times10^{-3}\text{m}$$

2.8 杆件拉伸、压缩的超静定问题

2.8.1 超静定的概念

在以前所研究的杆系问题中，支反力或内力等未知力都可由静力平衡方程求得，这种单凭静力平衡方程就能确定出全部未知力的问题称为静定问题（图 2-29），而相应的结构称为**静定结构**。

为了提高结构的强度和刚度，有时需要在静定结构基础之上增加一些约束。如图 2-30 所示，此结构是在图 2-29 所示静定结构基础上增加 AC 杆后成为三杆汇交桁架。这样一来，此结构未知力的个数变为 3 个，但平衡方程仍然只有 2 个，显然无法单凭静力平衡方程求得全部未知力。这种由静力平衡方程不能确定出全部未知力的问题称为超静定问题。相应的结构称为**超静定结构**，而把超过独立平衡方程数目的未知力个数称为超静定次数。

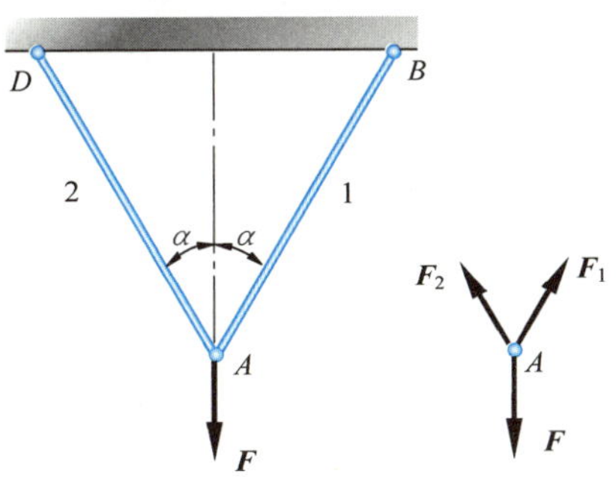

图　2-29

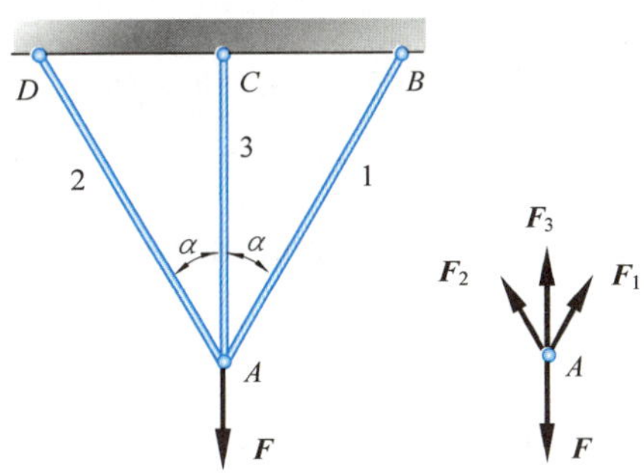

图　2-30

2.8.2 超静定问题的解法

由超静定问题的定义可知，所谓超静定问题就是未知力数目多于独立平衡方程的数目。

因此，求解超静定问题的关键就是要建立补充方程，使得独立平衡方程数目加上补充方程数目正好等于未知力数目，从而使问题得到解决。这需要从研究变形入手，通过变形和内力的关系建立补充方程。

下面通过例题来说明超静定问题的解法和步骤。

【例 2-10】 由三根杆组成的结构如图 2-31a 所示。设 1、2 两杆的长度、横截面面积及材料均相同，即 $l_1 = l_2$，$A_1 = A_2$，$E_1 = E_2$；3 杆的长度为 l，横截面面积为 A_3，弹性模量为 E_3。1、2 两杆与 3 杆的夹角均为 α。试求在 F 力作用下三根杆的轴力。

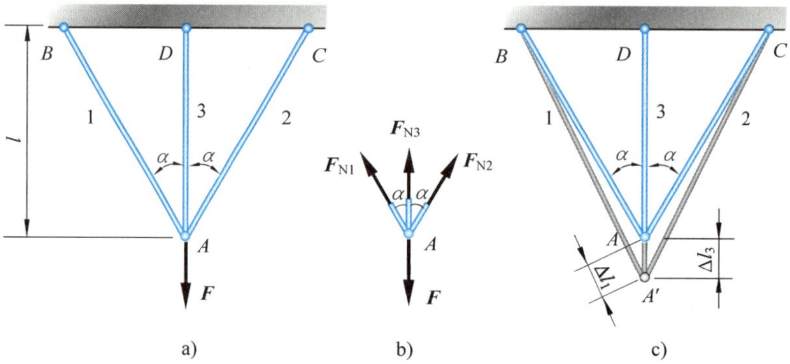

图 2-31

解：从图 2-31a 中不难看出，在 F 力作用下，A 点必然下降。又由于 1、2 两杆抗拉（压）刚度相同且左、右对称，故 A 点必沿铅垂方向下降。为此，我们假设结构变形如图 2-31c 所示。由变形图可知，这时三根杆都伸长。利用截面法，取图 2-31b 所示部分作为研究对象，此时三根杆的轴力均为拉力。

- 平衡方程　由图 2-31b 所示的受力图，可得

$$\sum F_x = 0 \quad F_{N1}\sin\alpha - F_{N2}\sin\alpha = 0 \tag{a}$$

$$\sum F_y = 0 \quad F_{N3} + F_{N1}\cos\alpha + F_{N2}\cos\alpha - F = 0 \tag{b}$$

在式（a）、式（b）中包含有 F_{N1}、F_{N2} 和 F_{N3}，三个未知力，故此为一次超静定。

- 变形几何方程　由图 2-31c 所示的变形图，根据小变形条件原理，可明显看出

$$\Delta l_3\cos\alpha = \Delta l_1 = \Delta l_2 \tag{c}$$

- 物理方程　根据内力和变形之间的物理关系，即胡克定律，可得

$$\Delta l_1 = \frac{F_{N1}l_1}{E_1A_1},\ \Delta l_2 = \frac{F_{N2}l_2}{E_2A_2},\ \Delta l_3 = \frac{F_{N3}l_3}{E_3A_3} \tag{d}$$

将式（d）代入式（c），即得所需的补充方程

$$\frac{F_{N3}l}{E_3A_3}\cos\alpha = \frac{F_{N1}\dfrac{l}{\cos\alpha}}{E_1A_1} \tag{e}$$

将式（a）、式（b）、式（e）联立求解，可得

$$F_{N1} = F_{N2} = \frac{F}{2\cos\alpha + \dfrac{E_3A_3}{E_1A_1\cos^2\alpha}} \tag{f}$$

$$F_{N3} = \frac{F}{1 + 2\dfrac{E_1A_1}{E_3A_3}\cos^3\alpha} \tag{g}$$

从结果可以看出，超静定问题中，杆件的内力不仅与载荷有关，而且与杆件的刚度有关，即与材料性质、杆件的截面有关。任一杆件刚度的改变都将引起各杆内力的重新分配，这是与静定结构的最大差别。

上述的解题方法和步骤，对一般超静定问题都是适用的。可总结归纳如下：

（1）根据静力学平衡条件列出所有的独立平衡方程。

（2）根据变形协调条件列出变形几何方程。

（3）根据力与变形间的物理关系建立物理方程。

（4）将物理方程代入几何方程中，得到补充方程，然后与平衡方程联立求解。

【例 2-11】 图 2-32a 所示一平行杆系 1、2、3 悬吊着横梁 AB（AB 梁可视为刚体），在横梁上作用着载荷 F，如果杆 1、2、3 的长度、截面面积、弹性模量均相同，分别设为 l、A、E。试求 1、2、3 三杆的轴力。

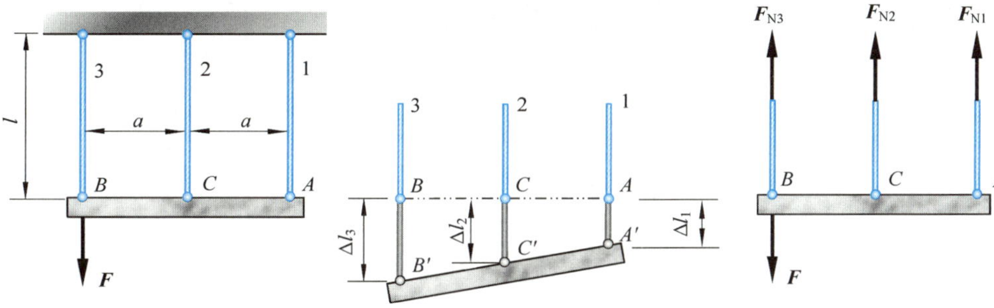

图　2-32

解：在载荷 F 作用下，假设一种可能变形，如图 2-32b 所示，则此时杆 1、2、3 均伸长，其伸长量分别为 Δl_1、Δl_2、Δl_3，与之相对应，杆 1、2、3 的轴力分别为拉力，如图 2-32c 所示。则根据图 2-32b、c，可得

- 平衡方程

$$\sum F_y = 0 \quad F_{N1} + F_{N2} + F_{N3} - F = 0 \tag{a}$$

$$\sum M_B = 0 \quad F_{N1} \cdot 2a + F_{N2} \cdot a = 0 \tag{b}$$

在式（a）、式（b）中包含着 F_{N1}、F_{N2}、F_{N3}，三个未知力，故为一次超静定。

- 变形几何方程（图 2-32b）

$$\Delta l_1 + \Delta l_3 = 2\Delta l_2 \tag{c}$$

- 物理方程

$$\Delta l_1 = \frac{F_{N1} l}{EA},\ \Delta l_2 = \frac{F_{N2} l}{EA},\ \Delta l_3 = \frac{F_{N3} l}{EA} \tag{d}$$

将式（d）代入式（c）中，即得所需的补充方程

$$\frac{F_{N1} l}{EA} + \frac{F_{N3} l}{EA} = 2\frac{F_{N2} l}{EA} \tag{e}$$

将式（a）、式（b）、式（e）联立求解，可得

$$F_{N1} = -\frac{F}{6},\ F_{N2} = \frac{F}{3},\ F_{N3} = \frac{5F}{6} \tag{f}$$

此题中求得 1 杆的轴力为负，说明与假设的相反，为压力。另外，假设各杆的轴力是拉

力还是压力，要与预先假设的变形关系图中所反映的杆的伸长或缩短保持一致性，即拉力对应伸长变形，压力对应缩短变形，即**力与变形的一致性**。

上面例题中的变形假设只是一种可能性，它不是唯一的，只要假设的变形不与约束发生矛盾即可（但不能假设成特殊情况，比如，假设“各杆伸长相同”就是错误的）。对于图 2-32所示结构，还可以做图 2-33 所示假设，请读者自行完成后面的计算。

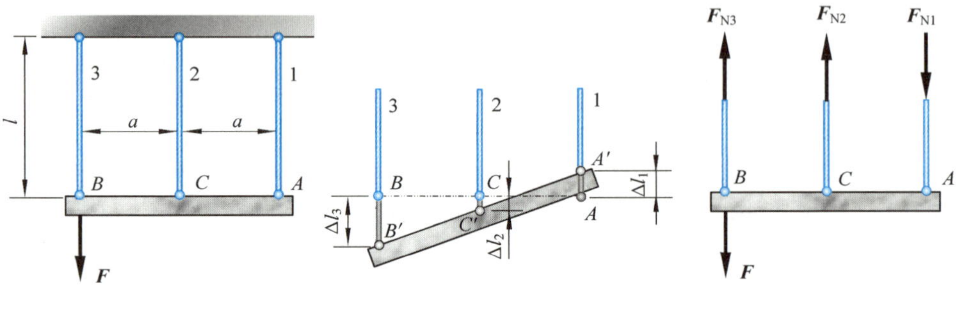

图 2-33

2.8.3 装配应力

在机械制造和结构工程中，零件或构件尺寸在加工过程中存在微小误差是难以避免的。在静定结构中，这种误差只不过会造成结构几何形状的微小改变，不会引起内力的改变（图 2-34a）。但对超静定结构，加工误差却往往要引起内力。图 2-34b 所示结构中，3 杆比原设计长度短了 δ，若将三根杆强行装配在一起，必然导致 3 杆被拉长，1、2 杆被压短，最终位置如图 2-34b 所示。这样，装配后 3 杆内引起拉应力，1、2 杆内引起压应力。这种在未加载之前因装配而引起的应力称为**装配应力**。

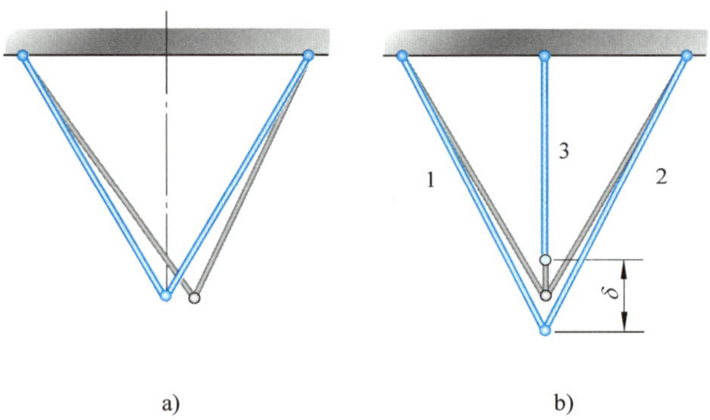

图 2-34

装配应力的计算方法与解超静定问题的方法相同。

【例 2-12】 如图 2-35a 所示结构，设 1、2 两杆材料、横截面面积和长度均相同，即 $E_1=E_2$，$A_1=A_2$，$l_1=l_2$；3 杆的横截面面积为 A_3，弹性模量为 E_3，杆长设计长度为 l，但在加工时，3 杆的实际尺寸比设计长度短了 δ（$\delta \ll l$）。试求将三杆强行装配在一起后，各杆所产生的装配应力。

解： 由于 3 杆比原设计长度短了 δ，若将三根杆强行装配在一起，则必然导致 3 杆被拉长，而 1、2 杆被压短，变形如图 2-35a 所示。这时三根杆的受力如图 2-35b 所示，即 1、2 两杆受压力，3 杆受拉力。因此，可得：

- 平衡方程

$$\sum F_x = 0 \quad F_{N1}\sin\alpha - F_{N2}\sin\alpha = 0 \tag{a}$$

$$\sum F_y = 0 \quad F_{N3} - F_{N1}\cos\alpha - F_{N2}\cos\alpha = 0 \tag{b}$$

- 变形几何方程

从图 2-35a 中可以看出

$$\Delta l_3+\Delta=\Delta l_3+\frac{\Delta l_1}{\cos\alpha}=\delta \qquad \text{(c)}$$

- 物理方程

$$\Delta l_1=\frac{F_{N1}l_1}{E_1A_1}=\frac{F_{N1}\dfrac{l}{\cos\alpha}}{E_1A_1} \qquad \text{(d)}$$

$$\Delta l_3=\frac{F_{N3}l_3}{E_3A_3}=\frac{F_{N3}l}{E_3A_3} \qquad \text{(e)}$$

注意在计算 Δl_3时，杆 3 的原长为$l-\delta$，但由于$\delta \ll l$，故以l代替$l-\delta$。

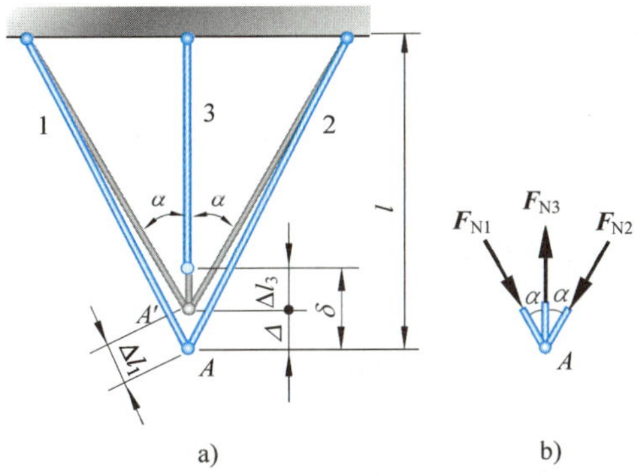

图 2-35

将式（d）和式（e）代入式（c），再与式（a）、式（b）联立求解，可得

$$F_{N1}=F_{N2}=\frac{F_{N3}}{2\cos\alpha}$$

$$F_{N3}=\frac{E_3A_3\delta}{l\left(1+\dfrac{E_3A_3}{2E_1A_1\cos^3\alpha}\right)}$$

将F_{N1}、F_{N2}、F_{N3}值分别除以杆的截面面积，即可得到三杆的装配应力。如三根杆的材料、截面面积都相同，设$E=200\text{GPa}$，$\alpha=30°$，$\delta/l=1/1\,000$，则可计算出$\sigma_1=\sigma_2=65.3\text{MPa}$（压），$\sigma_3=112.9\text{MPa}$（拉）。

从以上计算结果中可看出，制造误差δ/l虽很小，但装配后仍要引起相当大的装配应力。因此，装配应力的存在对于结构往往是不利的，工程中要求制造时保证足够的加工精度，来降低有害的装配应力。但有时却又要利用它，如机械制造中的紧配合就是根据需要有意识地使其产生适当的装配应力。

【例 2-13】 内燃机缸盖螺栓、连杆大头螺栓及工程中的很多螺栓都要受到预紧时的轴向拉力，被联接件受到相等的轴向压力。设螺栓的预拉力为F_{N1}，横截面面积为A_1，弹性模量为E_1；被连接件用一套筒代表，预压力为F_{N2}，横截面面积为A_2，弹性模量为E_2，长度为l，如图 2-36 所示。求把螺母拧进 1/4 圈时螺栓所受到的预压力F_{N1}。

解： 根据图 2-36 所示，可得

- 平衡方程 $F_{N1}=F_{N2}$ (a)
- 变形几何方程

在螺母拧进 1/4 圈时，螺栓伸长Δl_1，同时套筒缩短Δl_2，为了保证二者变形后的协调关系，则必须有如下的协调方程（图 2-36）

$$\Delta l_1+\Delta l_2=\frac{h}{4}(h\text{ 为螺距}) \qquad \text{(b)}$$

- 物理方程

$$\Delta l_1=\frac{F_{N1}l}{E_1A_1},\ \Delta l_2=\frac{F_{N2}l}{E_2A_2} \qquad \text{(c)}$$

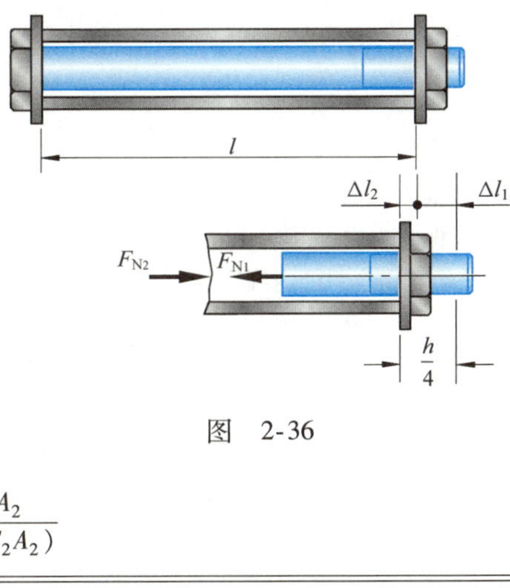

图 2-36

将式（a）、式（b）和式（c）联立求解，得

$$F_{N1}=F_{N2}=\frac{hE_1E_2A_1A_2}{4l(E_1A_1+E_2A_2)}$$

2.8.4 温度应力

温度变化将引起物体的膨胀或收缩。静定结构由于可以自由变形，温度均匀变化时不会引起构件的内力变化，也就不会引起应力。但对超静定结构，由于它具有多余约束，温度变化将引起内力的改变，从而引起应力。这种由于温度变化而引起的应力称为**温度应力**或**热应力**。计算温度应力的方法与解超静定问题的方法相同。不同之处在于杆件的变形应包括弹性变形和由温度引起的变形两部分。

【例 2-14】 图 2-37 中 AB 为一装在两个刚性支承间的杆件。设杆 AB 长为 l，横截面面积为 A，材料的弹性模量为 E，线膨胀系数为 α。试求温度升高 ΔT 时杆内的温度应力。

解：温度升高以后，杆将伸长（图 2-37b），但因刚性支承的阻挡，使杆不能伸长，这就相当于在杆的两端加了压力。设两端的压力分别为 F_1 和 F_2。

- 平衡方程

$$F_1 = F_2 = F \tag{a}$$

两端压力虽相等，但 F 值未知，故为一次超静定。

- 变形几何方程

因为支承是刚性的，故与这一约束情况相适应的变形谐调条件是杆的总长度不变，即 $\Delta l = 0$。但杆的变形包括由温度引起的变形和轴向压力引起的弹性变形两部分，故变形几何方程为

$$\Delta l = \Delta l_{\mathrm{T}} - \Delta l_{\mathrm{N}} = 0 \tag{b}$$

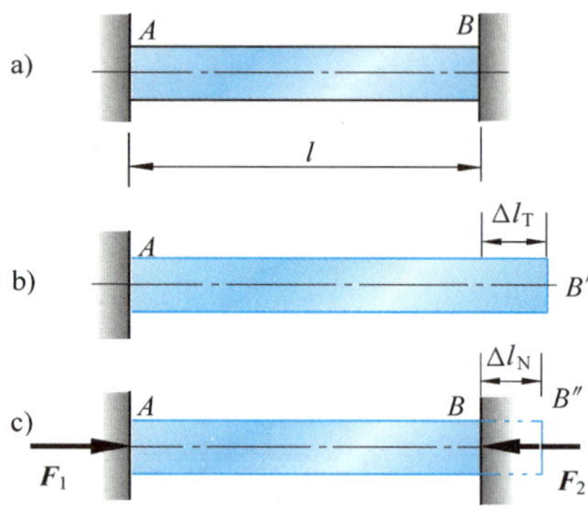

图 2-37

式中，Δl_{T}表示由温度升高引起的变形；Δl_{N}表示由轴力 F_{N}（$F_{\mathrm{N}} = F$）引起的弹性变形。这两个变形都取绝对值。

- 物理方程

利用线膨胀定律和胡克定律，可得

$$\Delta l_{\mathrm{T}} = \alpha \Delta T l,\ \Delta l_{\mathrm{N}} = \frac{F_{\mathrm{N}} l}{EA} \tag{c}$$

将式（c）代入式（b），可得温度内力 F_{N} 为

$$F_{\mathrm{N}} = \alpha EA\Delta T \tag{d}$$

由此得温度应力为

$$\sigma = \frac{F_{\mathrm{N}}}{A} = \alpha E\Delta T \tag{e}$$

结果为正，说明假定杆受轴向压力是正确的。故该杆温度应力是压应力。

若杆的材料是钢，其 $\alpha = 12.5 \times 10^{-6}/℃$，$E = 200\mathrm{GPa}$，当温度升高 $\Delta T = 40℃$时，杆内温度应力由式（e）算得为

$$\begin{aligned}\sigma &= \alpha E\Delta T = 12.5 \times 10^{-6} \times 200 \times 10^{9} \times 40\mathrm{Pa}\\ &= 100 \times 10^{6}\mathrm{Pa} = 100\mathrm{MPa}\ (\text{压应力})\end{aligned}$$

由此可见温度应力是比较严重的。

为了避免过高的温度应力，在钢轨铺设时必须留有空隙；在热力管道中有时要增加伸缩节，如图 2-38 所示。

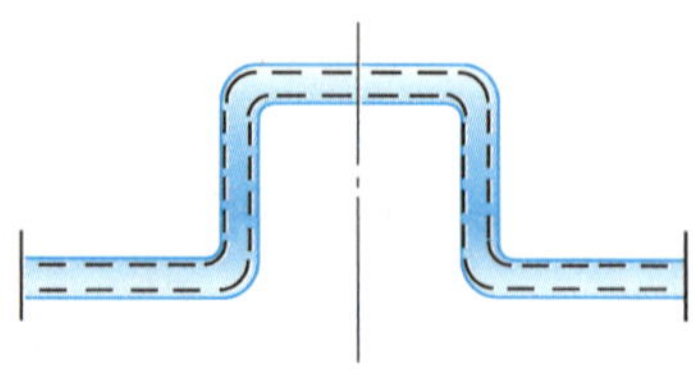

图 2-38

【例 2-15】 在图 2-39a 中，设横梁 AB 为刚体，钢杆 AD 的 $E_1 = 200\mathrm{GPa}$，$l_1 = 330\mathrm{mm}$，$A_1 = 100\mathrm{mm}^2$，$\alpha_1 = 12.5 \times 10^{-6}/℃$；铜杆 BE 的 $E_2 = 100\mathrm{GPa}$，$l_2 = 220\mathrm{mm}$，$A_2 = 200\mathrm{mm}^2$，$\alpha_2 = 16.5 \times 10^{-6}/℃$。求温度升

高 30℃时两杆的轴力。

解：设结构最终变形如图 2-39a 中虚线所示，其中 Δl_1 和 Δl_2 为 AD、BE 两杆的最终变形，它分别包含了内力和温度变化引起的变形，其各杆受力如图 2-39b 所示，则有：

- 平衡方程

$$\sum M_C = 0 \quad 240F_{N1} + 150F_{N2} = 0 \tag{f}$$

- 变形几何方程：

$$\frac{\Delta l_1}{\Delta l_2} = \frac{240}{150} = \frac{8}{5} \tag{g}$$

- 物理方程

$$\Delta l_1 = \frac{F_{N1} l_1}{E_1 A_1} + \alpha_1 \Delta T l_1,\ \Delta l_2 = \frac{F_{N2} l_2}{E_2 A_2} - \alpha_2 \Delta T l_2 \tag{h}$$

将式（h）代入式（g），经整理得

$$124 + 0.0165F_{N1} = 1.6 \times (0.011F_{N2} - 109) \tag{i}$$

联立求解式（f）、式（i），得

$$F_{N1} = -6.68\text{kN},\ F_{N2} = 10.7\text{kN}$$

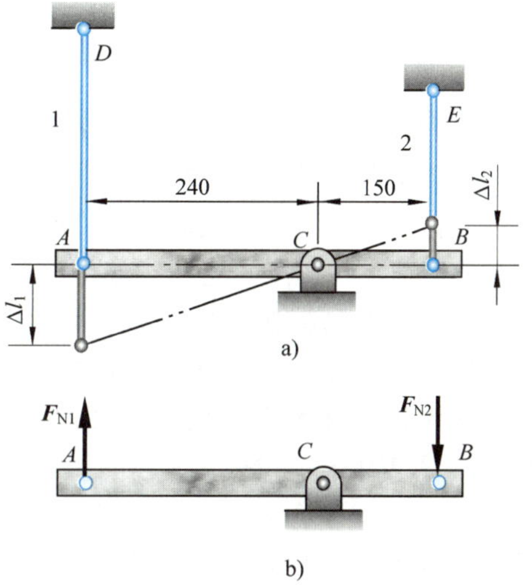

图　2-39

求得 F_{N1} 为负号，说明真实内力与假设的相反，即 1 杆为压力；F_{N2} 为正号，说明假设方向与实际情况一致。

2.9 应力集中的概念

2.9.1 应力集中现象和理论应力集中系数

等截面直杆受轴向拉伸或压缩时，横截面上的应力是均匀分布的。但由于实际需要，有些零件必须有切口、切槽、油孔、螺纹、轴肩等，以致在这些部位上截面尺寸发生突然变化。实验结果和理论分析表明，在零件尺寸突然改变处的横截面上，应力并不是均匀分布的。例如开有圆孔和带有切口的板条（图 2-40），当其受轴向拉伸时，在圆孔和切口附近的局部区域内，应力将急剧增加，但在离开这一区域稍远处，应力就迅速降低而趋于均匀。这种因杆件外形突然变化而引起局部应力急剧增大的现象，称为**应力集中**。

设发生应力集中的截面上的最大应力为 σ_{max}，同一截面上的平均应力为 σ_m，则比值

$$K = \frac{\sigma_{max}}{\sigma_m} \tag{2-19}$$

K 称为**理论应力集中系数**。它反映了应力集中的程度，是一个大于 1 的系数。

实验结果表明：截面尺寸改变得越急剧，角越尖，孔越小，应力集中的程度就越严重。因此，在设计构件时应尽可能避免带尖角的孔和槽，在阶梯轴的轴肩处要用圆弧过渡，以

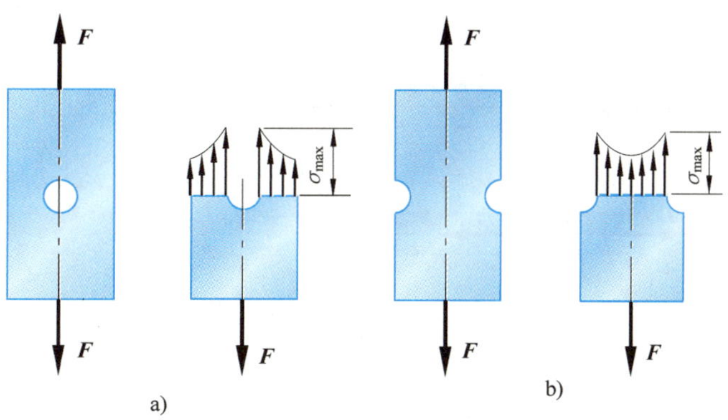

图　2-40

减缓应力集中。

2.9.2 应力集中对构件强度的影响

在静载荷（载荷从零缓慢增加到一定值后保持恒定）作用下，应力集中对构件强度的影响随材料性质而异，因为不同材料对应力集中的敏感程度不同。塑性材料制成的构件在静载荷下可以不考虑应力集中的影响。因为塑性材料有屈服阶段，当局部最大应力达到屈服点 σ_s 时（图 2-41a），该处应力不再增大。继续增加的外力由截面上尚未屈服的材料来承担，使截面上相邻的其他点的应力相继增大到屈服点（图 2-41b）。这就使截面上应力趋于平均，降低了应力不均匀程度，限制了最大应力的数值。而脆性材料制成的构件即使在静载荷作用下，也应考虑应力集中对强度的影响。因为脆性材料没有屈服阶段，应力集中处的最大应力一直增加到强度极限 σ_b，在该处首先产生裂纹，直至断裂破坏。但对灰铸铁，其内部组织的不均匀性和缺陷是产生应力集中的主要因素，而构件外形或截面尺寸改变所引起的应力集中就成为次要因素，对构件的强度不一定会造成明显的影响。因此，在设计灰铸铁构件时，可以不考虑局部应力集中对强度的影响。

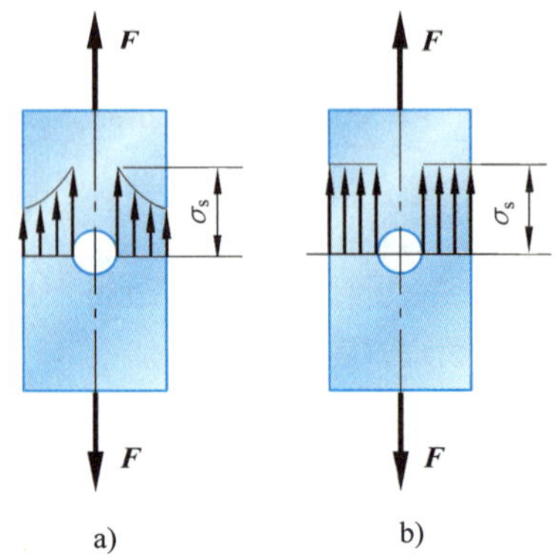

图 2-41

在动载荷（载荷随时间变化）作用下，不论是塑性材料还是脆性材料，都应考虑应力集中对构件强度的影响，它往往是构件破坏的根源，这一问题将在第 13 章讨论。

分析思考题

2-1 有一直杆，其两端在力 F 作用下处于平衡（思考题 2-1 图 a），如果对该杆应用静力学中“力的可传性原理”，可得另外两种受力情况，如思考题 2-1 图 b、c 所示。试问：

（1）对于图示的三种受力情况，直杆的变形是否相同？

（2）力的可传性原理是否适用于变形体？

2-2 试辨别思考题 2-2 图中杆件哪些属于轴向拉伸或轴向压缩。

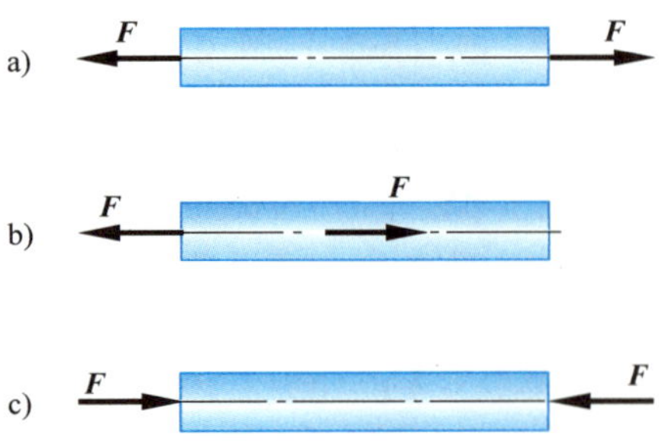

思考题 2-1 图

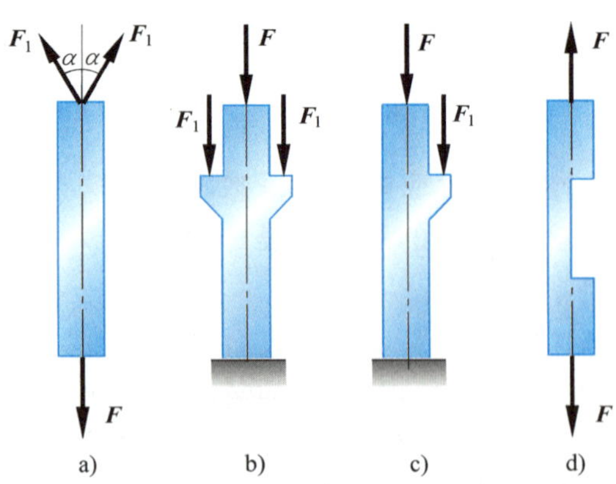

思考题 2-2 图

2-3　何谓截面法？试叙述用截面法确定杆件内力的方法和步骤。

2-4　一拉杆由钢和铝两种材料组成，如思考题 2-4 图所示。设其横截面面积分别为 A_1 和 A_2，试求截面 1－1 和 2－2 的轴力。由计算结果是否可得出结论：轴力与材料、截面尺寸无关？

2-5　如思考题 2-5 图所示托架，若 AB 杆的材料选用铸铁，AC 杆的材料选用低碳钢。分析这样选材是否合理？为什么？

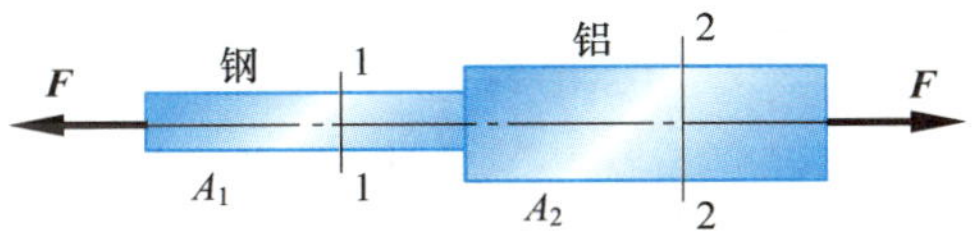

思考题 2-4 图

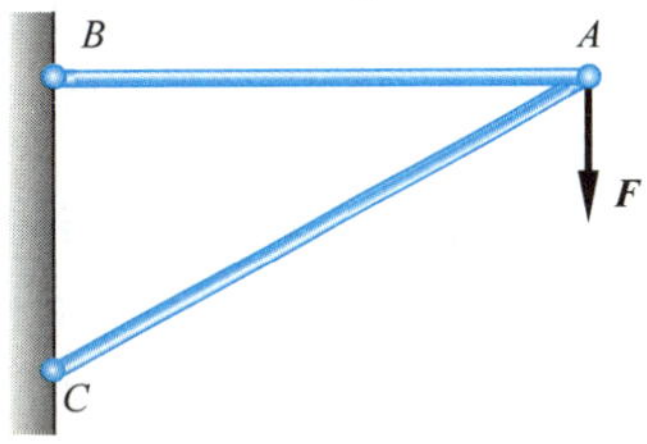

思考题 2-5 图

2-6　如思考题 2-6 图所示 $\sigma-\varepsilon$ 曲线中的三种材料 1、2、3，指出：（1）哪种材料的强度高？（2）哪种材料的刚度大（在弹性范围内）？（3）哪种材料的塑性好？

2-7　什么是条件屈服强度？思考题 2-7 图所示确定 $\sigma_{0.2}$ 的方法对不对？如果不对，应该怎样改正？

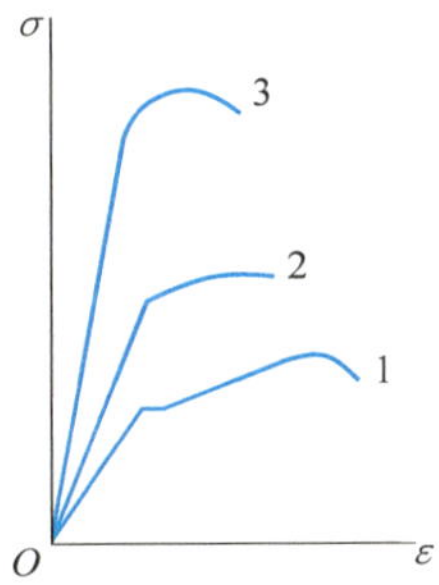

思考题 2-6 图

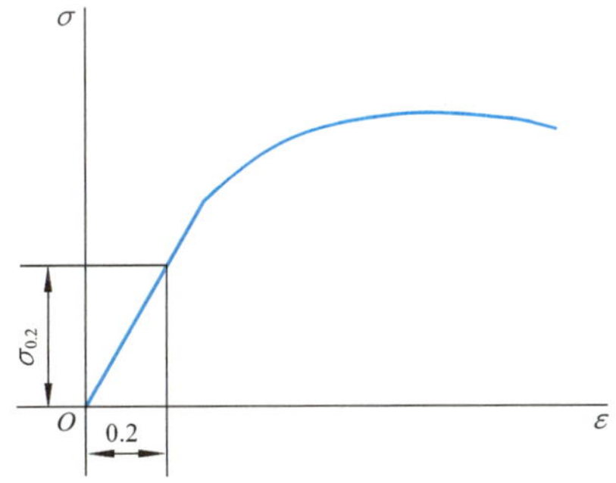

思考题 2-7 图

2-8　如何理解许用应力、安全系数、工作应力、极限应力的物理意义？

2-9　拉、压胡克定律有几种表达式？其应用条件是什么？

2-10　泊松比 μ、弹性模量 E 和杆件截面的抗拉（压）刚度 EA 的物理意义是什么？

2-11　两杆材料不同，但其横截面面积 A、长度 l 及轴力均相同，试问两杆的应力是否相等？强度是否相同？绝对变形是否相等？

2-12　钢的弹性模量 $E_1=200\text{GPa}$，铝的弹性模量 $E_2=71\text{GPa}$，试比较在同一应力下哪种材料的应变大？在同一应变下哪种材料的应力大？

2-13　灰铸铁试件在拉伸时沿（　　）方向破坏，是最大（　　）应力所致使之（　　）坏；在压缩时沿（　　）方向破坏，是最大（　　）应力所致使之（　　）坏。从而说明灰铸铁抗压、抗剪、抗拉性能间的关系。

2-14　等直杆受力如思考题 2-14 图所示，试问 $A-A$ 截面上的正应力是否可以用 $\sigma=F/A$ 来计算。

2-15　杆件在轴向拉、压时，其横截面变形前为平面，变形后仍为平面，而且横截面的形状和大小也不变。这种说法对不对？为什么？

2-16　材料为低碳钢的拉伸试件，加载至强化阶段的某一点 f 后卸载，如思考题 2-16 图 a 所示，试指出图中代表弹性变形和塑性变形的线段。材料的应力－应变图如思考题 2-16 图 b 所示，试指出图中哪一线段表示伸长率？

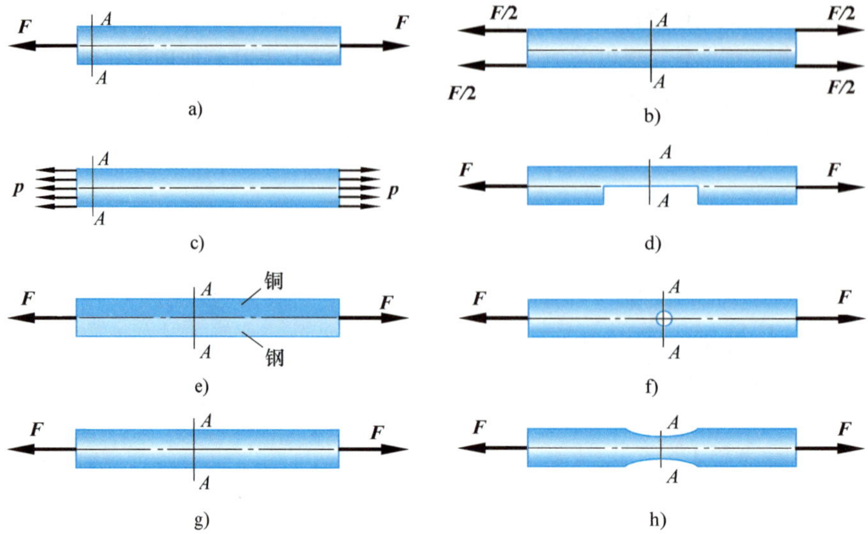

思考题 2-14 图

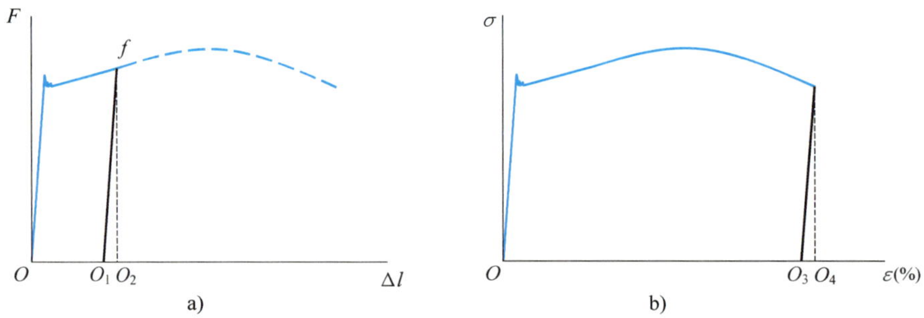

思考题 2-16 图

习　题

2-1　试求题 2-1 图所示各杆 1－1、2－2、3－3 截面上的轴力，并绘制轴力图。

2-2　在题 2-2 图所示结构中，若钢拉杆 BC 的横截面直径为 10mm，$F = 7.5\text{kN}$，试求拉杆内的应力。设由 BC 连接的 1 和 2 两部分均为刚体。

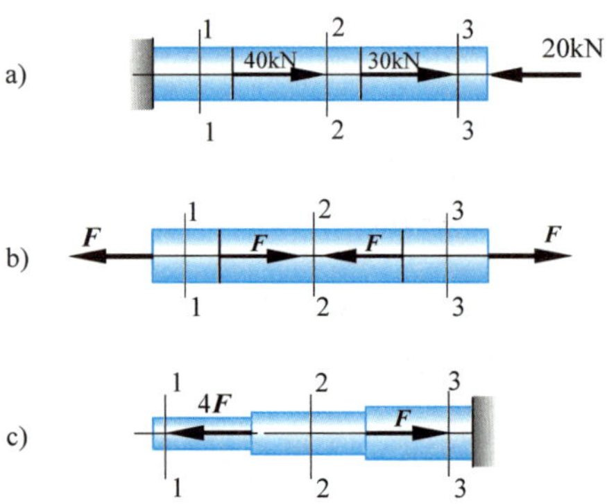

题 2-1 图

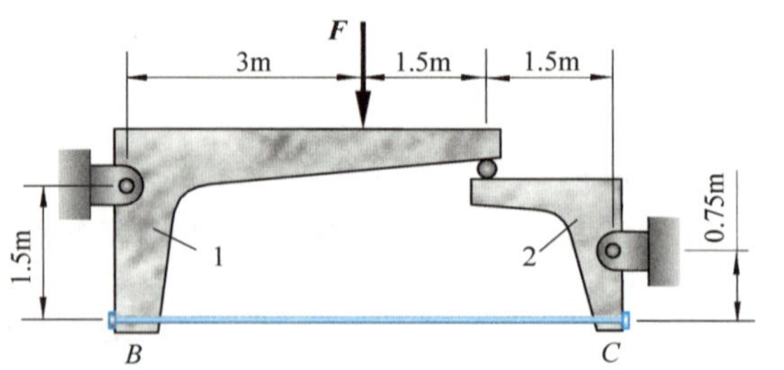

题 2-2 图

2-3　作用于题 2-3 图所示零件上的拉力为 $F=38\text{kN}$，试问零件内最大拉应力发生于哪个截面上？并求其值。

2-4　一吊环螺钉如题 2-4 图所示，其外径 $d=48\text{mm}$、内径 $d_1=42.6\text{mm}$，吊重 $F=50\text{kN}$。求螺钉横截面上的应力。

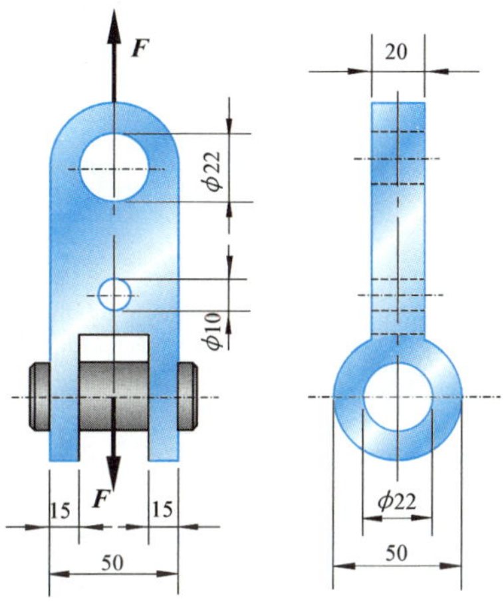

题 2-3 图

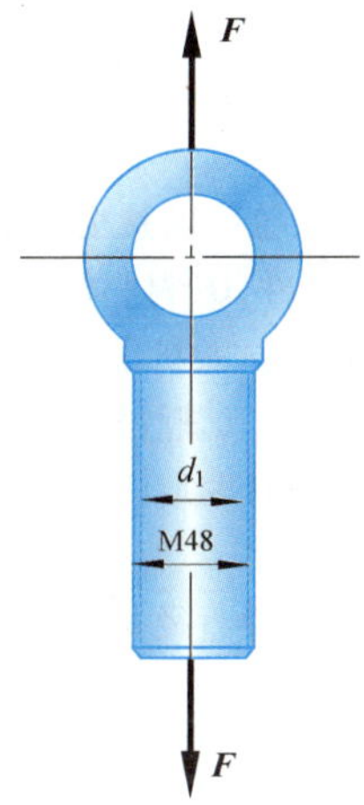

题 2-4 图

2-5　题 2-5 图所示结构中，1、2 两杆的横截面直径分别为 10mm 和 20mm，试求两杆内的应力。设两根横梁皆为刚体。

2-6　直径为 1cm 的圆杆，在拉力 $F=10\text{kN}$ 的作用下，试求最大切应力，并求与横截面夹角为 $\alpha=30°$ 的斜截面上的正应力及切应力。

2-7　油缸盖与缸体采用 6 个螺栓联接，如题 2-7 图所示。已知油缸内径 $D=350\text{mm}$，油压 $p=1\text{MPa}$，若螺栓材料的许用应力为 $[\sigma]=40\text{MPa}$，求螺栓的内径。

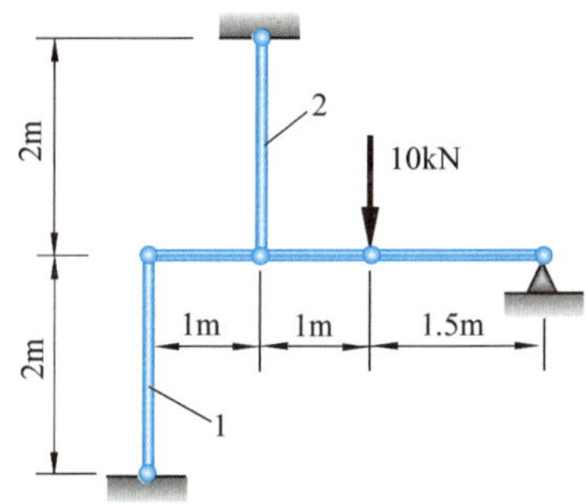

题 2-5 图

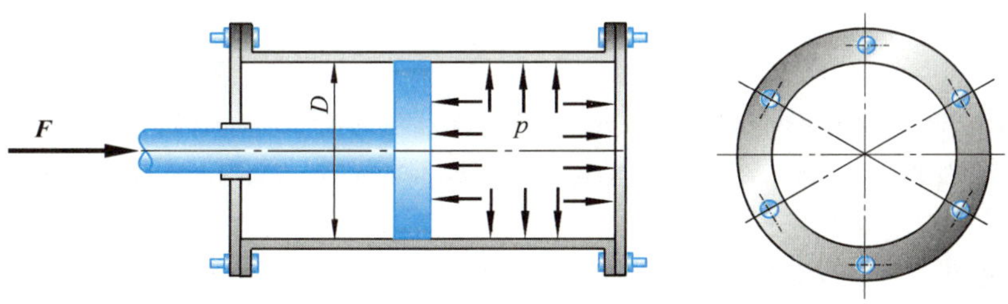

题 2-7 图

2-8　如题 2-8 图所示双杠杆夹紧机构，需产生一对 20kN 的夹紧力，试求水平杆 AB 及二斜杆 BC 和 BD 的横截面直径。已知三杆的材料相同，$[\sigma]=100\text{MPa}$，$\alpha=30°$。

2-9　如题 2-9 图所示，卧式拉床的油缸内径 $D=186\text{mm}$，活塞杆直径 $d=65\text{mm}$，材料为 20Cr，经过热处理后，$[\sigma]_{杆}=130\text{MPa}$。缸盖由六个 M20 的螺栓与缸体联接，M20 螺栓的内径 $d=17.3\text{mm}$，材料为 35 号钢，经热处理后 $[\sigma]_{螺}=110\text{MPa}$。试按活塞杆和螺栓的强度确定最大油压 p。

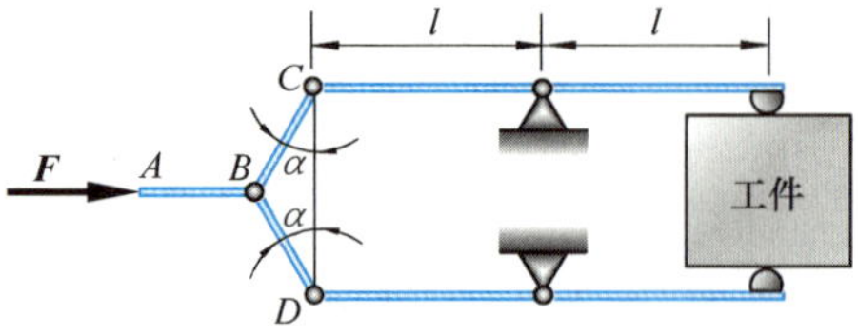

题 2-8 图

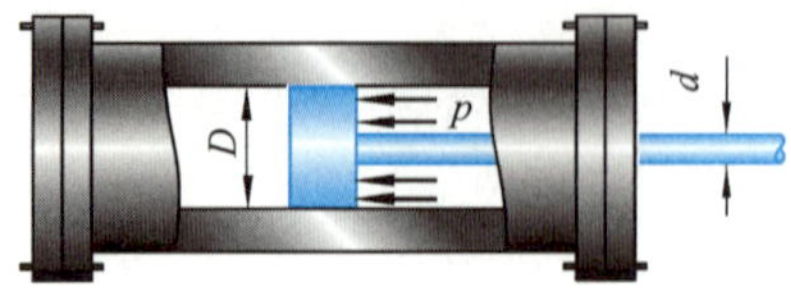

题 2-9 图

2-10　某拉伸试验机的结构示意图如题 2-10 图所示。设试验机的 CD 杆与试件 AB 材料同为低碳钢，其 $\sigma_p=200\text{MPa}$，$\sigma_s=240\text{MPa}$，$\sigma_b=400\text{MPa}$。试验机最大拉力为 100kN。

（1）用这一试验机进行拉断试验时，试件直径最大可达多大？

（2）若设计时取试验机的安全系数 $n=2$，则 CD 杆的截面面积为多少？

（3）若试件直径 $d=1\text{cm}$，今欲测弹性模量 E，则所加载荷最大不能超过多少？

2-11　在题 2-11 图所示简易吊车中，BC 为钢杆，AB 为木杆。木杆 AB 的横截面面积 $A_1=100\text{cm}^2$，许用应力 $[\sigma]_{木}=7\text{MPa}$，钢杆 BC 的横截面面积 $A_2=6\text{cm}^2$，许用应力 $[\sigma]_{钢}=160\text{MPa}$，试求许可吊重 F。

2-12　如题 2-12 图所示变截面直杆，已知：$A_1=8\text{cm}^2$，$A_2=4\text{cm}^2$，$E=200\text{GPa}$，求杆的总伸长 Δl。

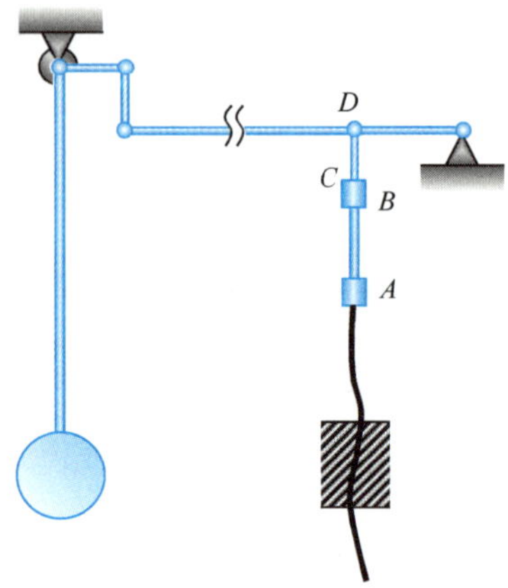

题 2-10 图

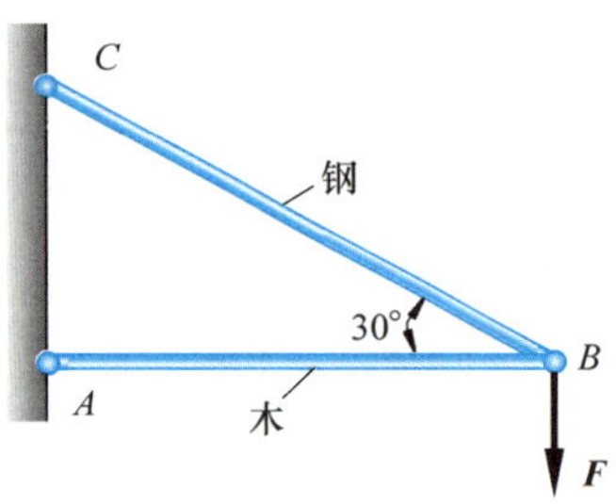

题 2-11 图

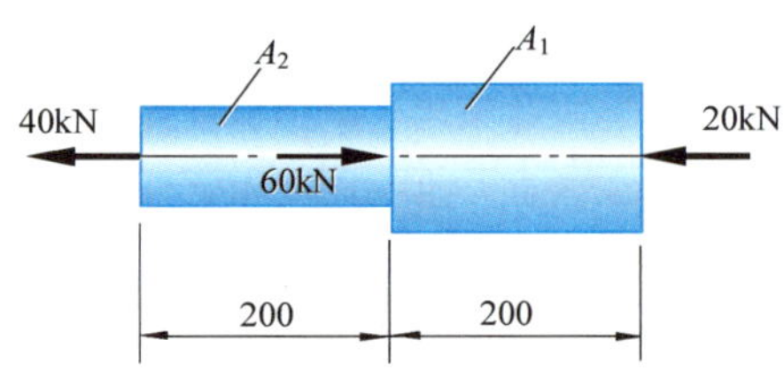

题 2-12 图

2-13　一钢试件，$E=200\text{GPa}$，比例极限 $\sigma_p=200\text{MPa}$，直径 $d=1.0\text{cm}$，在标距 $l=10\text{cm}$ 之内用放大 500 倍的引伸仪测量变形，试问：当引伸仪上的读数为伸长 2.5cm 时，试件沿轴线方向的线应变 ε、横截面上的应力 σ 及所受拉力 F 各为多少？

2-14　如题 2-14 图所示为由两种材料组成的等截面杆，ABC 横截面面积为 A，AB 段单位体积重量为 γ_1，弹性模量为 E_1，长为 l_1；BC 段单位体积重量为 γ_2，弹性模量为 E_2，长为 l_2。求：（1）在自重作用下杆的最大长度 l_{max}；（2）C 点的垂直位移。

2-15　题 2-15 图所示杆系中，BC 和 BD 两杆的材料相同，且抗拉和抗压许用应力相等，同为 $[\sigma]$。为使杆系使用的材料最省，试求夹角 θ 的值。

2-16　题 2-16 图所示结构中，BD 为刚体，AB 为铜杆，CD 为钢杆，两杆的横截面面积分别为 A_1、A_2，弹性模量分别为 E_1、E_2。如要求 BD 始终保持水平位置，x 应取何值？

2-17　如题 2-17 图所示，设横梁 $ABCD$ 为刚体。横截面面积为 76.36mm^2 的钢索绕过无摩擦的滑轮。设 $F=20\text{kN}$，试求钢索内的应力和 C 点的垂直位移。设钢索的 $E=177\text{GPa}$。

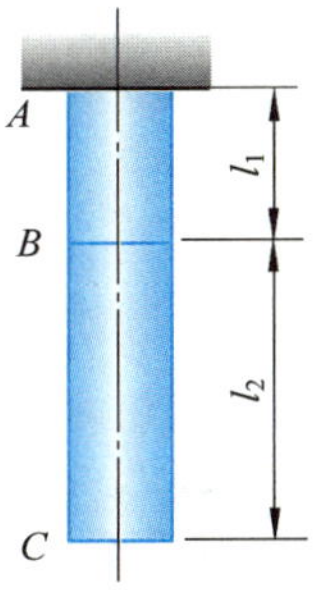

题 2-14 图

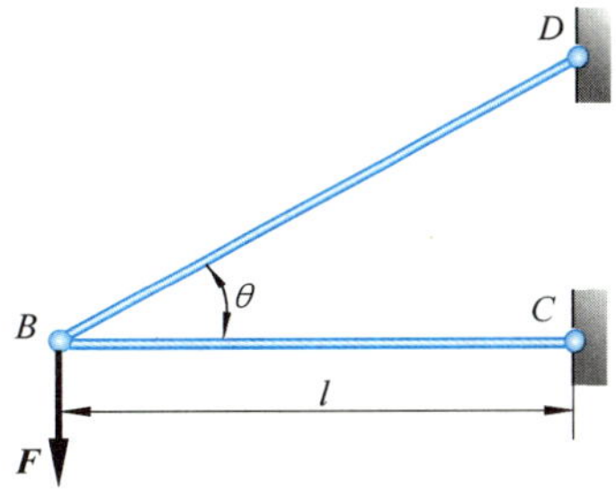

题 2-15 图

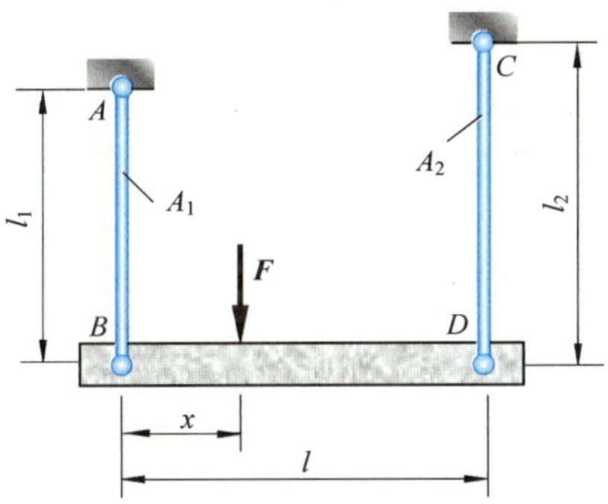

题 2-16 图

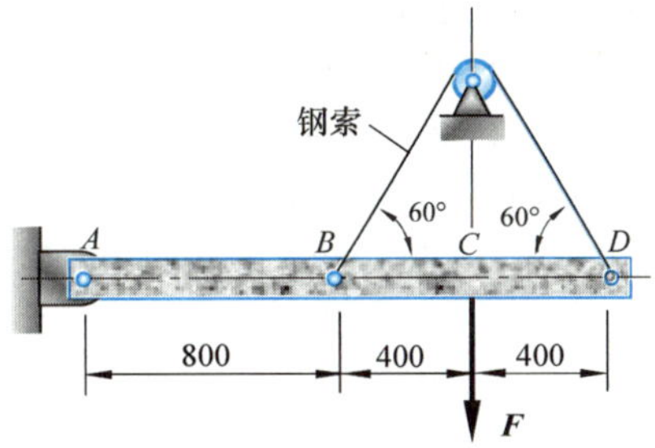

题 2-17 图

2-18　钢制受拉杆件如题 2-18 图所示，其横截面面积 $A=200\text{mm}^2$，$l=5\text{m}$，$F=32\text{kN}$，单位体积的重量为 76.5kN/m^3。如不计自重，试计算杆件的变形能 U 和比能 u；如考虑自重影响，试计算杆件的变形能，并求比能的最大值。设 $E=200\text{GPa}$。

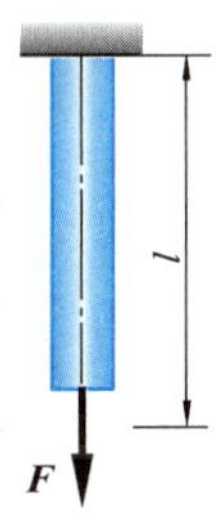

题 2-18 图

2-19　在题 2-19 图所示简单杆系中，设 AB 和 AC 分别为直径是 10mm 和 12mm 的圆截面杆，$E=200\text{GPa}$，$F=10\text{kN}$。试求 A 点的垂直位移。

2-20　由五根钢杆组成的杆系如题 2-20 图所示。各杆横截面面积均为 500mm^2，$E=200\text{GPa}$。设沿对角线 AC 方向作用一对 20kN 的力，试求 A、C 两点的距离改变量。

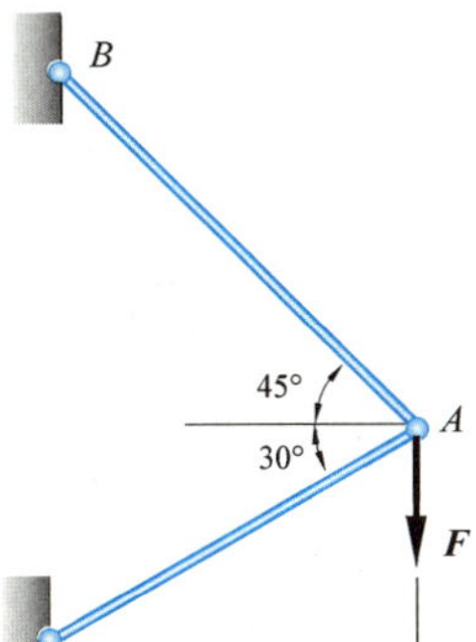

题 2-19 图

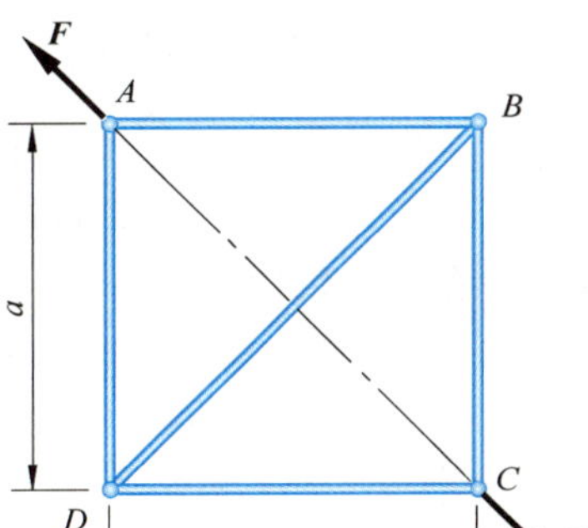

题 2-20 图

2-21　如题 2-21 图所示，两根材料不同但截面尺寸相同的杆件，同时固定联接于两端的刚性板上，且

$E_1>E_2$。若使两杆都为均匀拉伸，试求拉力 F 的偏心距 e。

2-22　已知题 2-22 图所示杆 1、2 的 E、A 相同，横梁 AB 的变形不计，试求两杆内力。

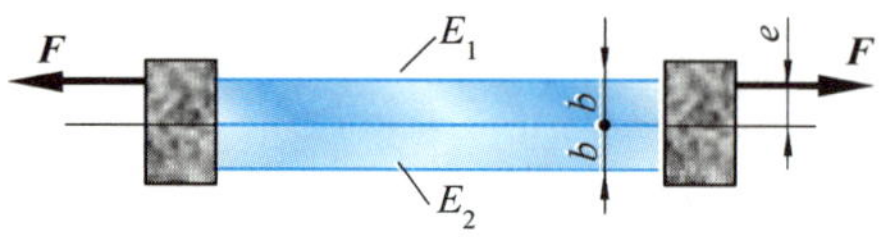

题 2-21 图

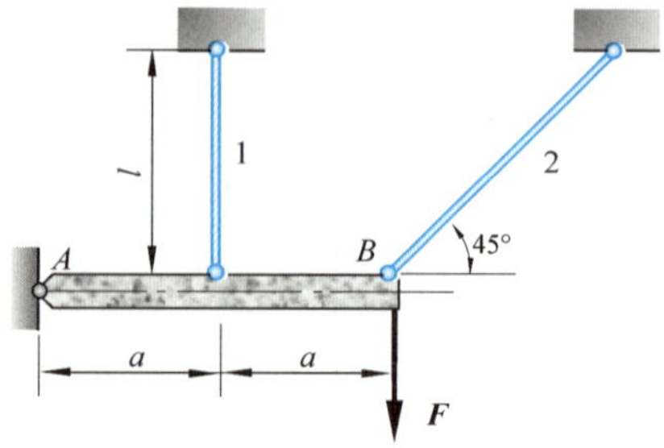

题 2-22 图

2-23　如题 2-23 图所示，打入黏土的木桩长为 L，横截面面积为 A，顶上载荷为 F。设载荷全由摩擦力承担，且沿木桩单位长度内的摩擦力 f 按抛物线 $f=Ky^2$ 变化，这里 K 为常数。若 $F=420\text{kN}$，$L=12\text{m}$，$A=640\text{cm}^2$，$E=10\text{GPa}$。试确定常数 K，并求木桩的缩短。

2-24　如题 2-24 图所示，木制短柱的四角用 4 个 40×40×4 的等边角钢加固。已知角钢的许用应力 $[\sigma]_{钢}=160\text{MPa}$，$E_{钢}=200\text{GPa}$；木材的许用应力 $[\sigma]_{木}=12\text{MPa}$，$E_{木}=10\text{GPa}$。试求许可载荷 F。

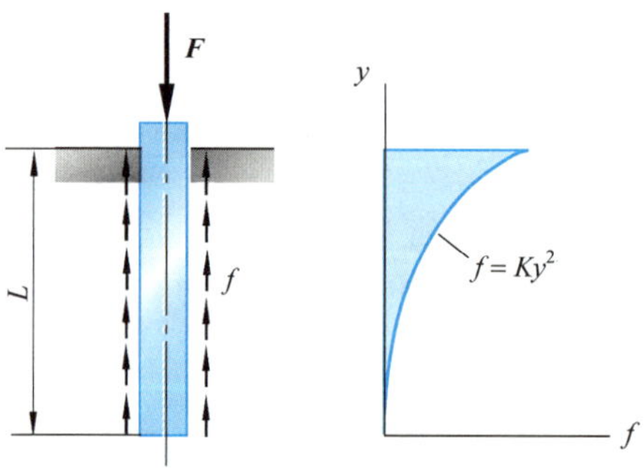

题 2-23 图

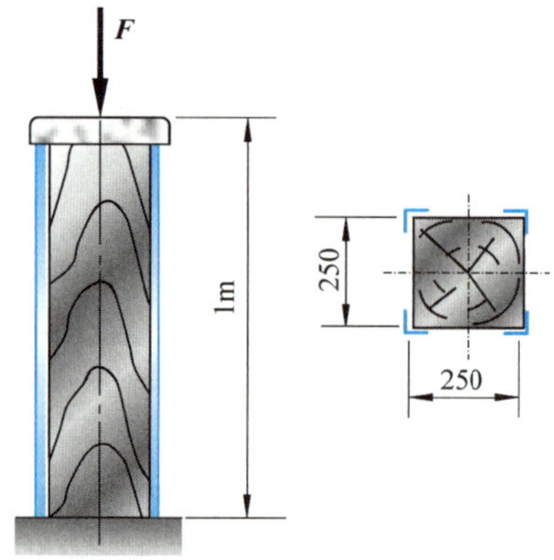

题 2-24 图

2-25　已知题 2-25 图所示结构中各杆的 E、A 均相同，外力 F 作用于 3 杆中点，试求各杆的内力。

2-26　在题 2-26 图所示结构中，假设 AC 梁为刚杆，杆 1、2、3 的横截面面积相等，材料相同。试求三杆的轴力。

2-27　如题 2-27 所示，阶梯形钢杆的两端在 $t_1=5℃$ 时被固定，杆件上下两段的横截面面积分别是 $A_{上}=5\text{cm}^2$，$A_{下}=10\text{cm}^2$。当温度升高至 $t_2=25℃$ 时，试求杆内各部分的温度应力。设钢材的线膨胀系数 $\alpha=12.5\times10^{-6}/℃$，$E=200\text{GPa}$。

2-28　如题 2-28 图所示，钢杆 1、2、3 的截面面积 $A=2\text{cm}^2$，长度 $l=1\text{m}$，弹性模量 $E=200\text{GPa}$，若在制造时杆 3 短了 $\delta=0.08\text{cm}$，试计算安装后杆 1、2、3 中的内力。

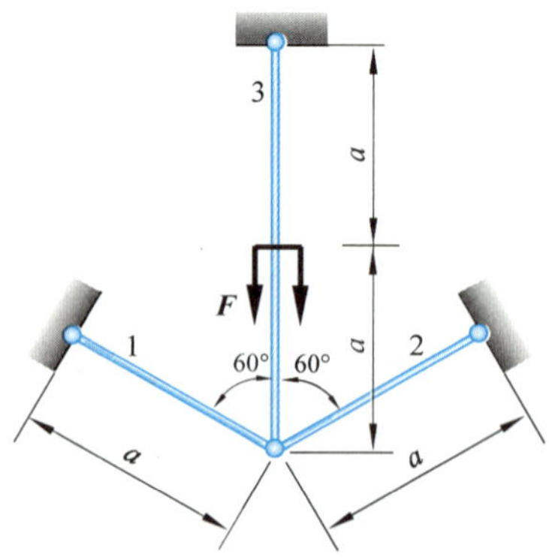

题 2-25 图

2-29　如题 2-29 图所示一阶梯形杆，其上端固定，下端与刚性底面留有空隙 $\Delta=0.08\text{mm}$。上段是铜的，$A_1=40\text{cm}^2$，$E_1=100\text{GPa}$；下段是钢的，$A_2=20\text{cm}^2$，$E_2=200\text{GPa}$。在两段交界处，受向下的轴向载荷

F，试问：（1）F 力等于多少时，下端空隙恰好消失；（2）$F=500\text{kN}$ 时，各段内的应力值。

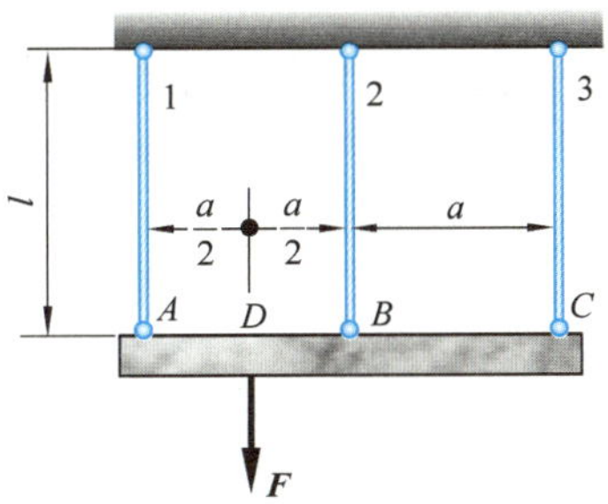

题 2-26 图

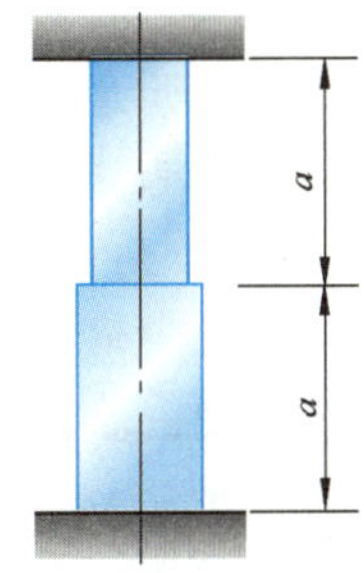

题 2-27 图

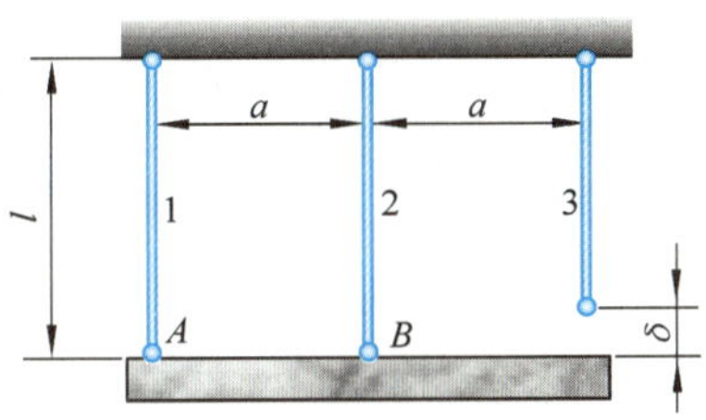

题 2-28 图

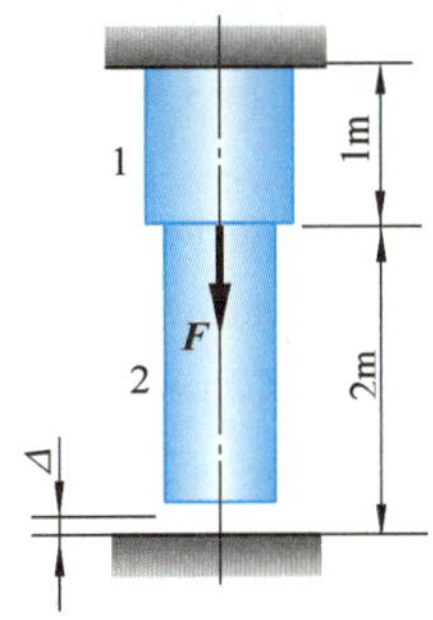

题 2-29 图

2-30　在题 2-30 图所示结构中，杆 1、杆 2 的抗拉刚度同为 E_1A_1，杆 3 为 E_3A_3。杆 3 的长度为 $l+\delta$，其中 δ 为加工误差，且 $\delta \ll l$，试求将杆 3 装入 AC 位置后，1、2、3 三杆的内力。

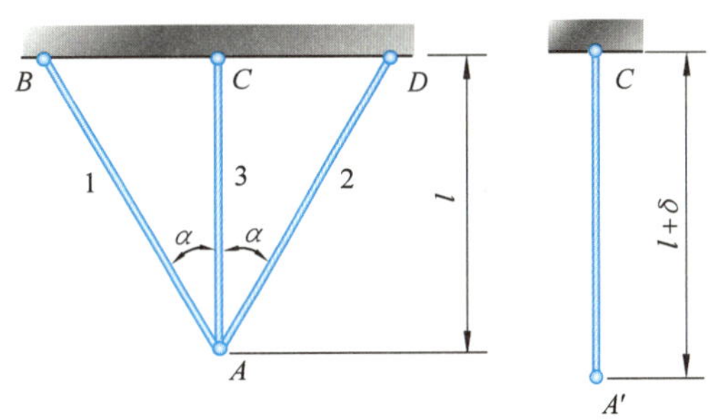

题 2-30 图

2-31　如题 2-31 图所示阶梯形钢杆，于温度 $t_0=15℃$ 时两端固定在绝对刚硬的墙壁上。当温度升高至 $55℃$ 时，求杆内的最大应力。已知 $E=200\text{GPa}$，$\alpha=12.5\times10^{-6}/℃$，$A_1=2\text{cm}^2$，$A_2=1\text{cm}^2$。

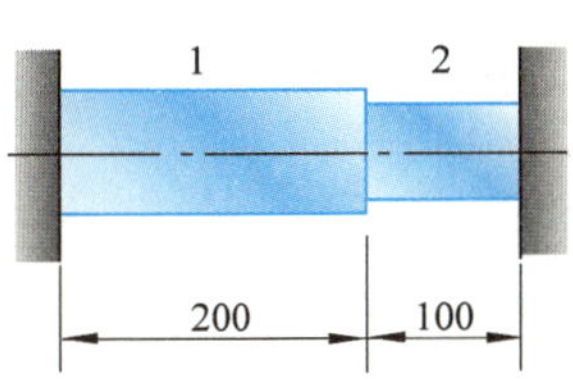

题 2-31 图

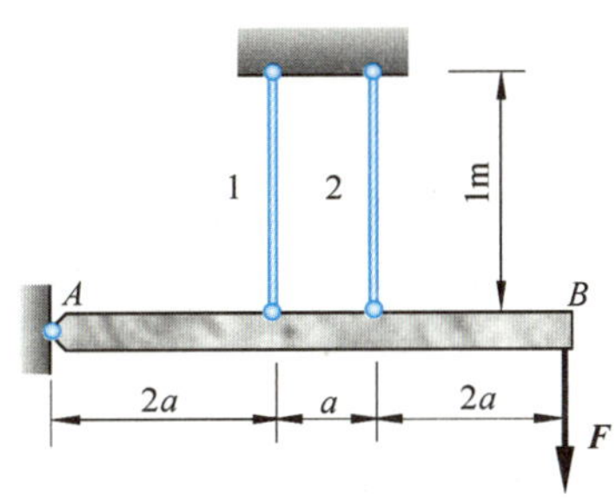

题 2-32 图

2-32　如题 2-32 图所示，梁 AB 悬于钢杆 1、2 上，并受载荷 $F=20\text{kN}$ 作用，杆 1 与杆 2 的截面面积各为 $A_1=2\text{cm}^2$，$A_2=1\text{cm}^2$。若 AB 梁的重量及变形均略去不计，求当温度升高 $100℃$，两钢杆内的应力。已知 $a=50\text{cm}$，$E=200\text{GPa}$，$\alpha=12.5\times10^{-6}/℃$。

2-33　题 2-33 图所示结构中的三角形板 ABC 可视为刚性板，1、2 两杆的 E、A、α（线膨胀系数）均相同，当作用有外力 F，且温度升高 ΔT 时，试求 1、2 两杆的内力。

2-34　题 2-34 图所示结构中 CD 为刚性杆，AB 为直径 $d=20\text{mm}$ 的圆截面钢杆，其弹性模量 $E=200\text{GPa}$，$a=1\text{m}$，现测得 AB 杆的纵向线应变 $\varepsilon=7\times10^{-4}$，求此时载荷 F 的数值及 D 截面的竖向位移 ΔD。

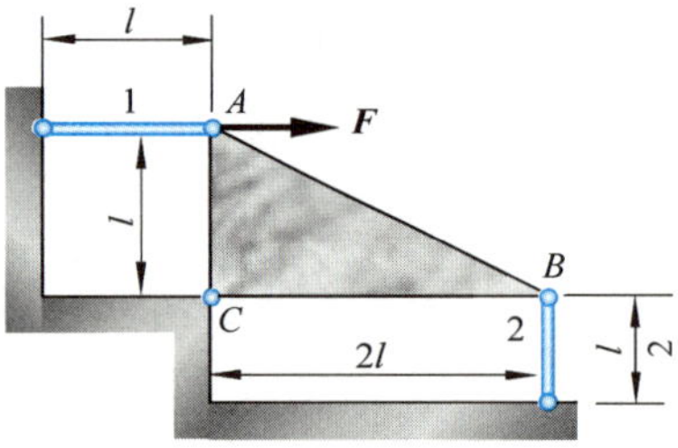

题 2-33 图

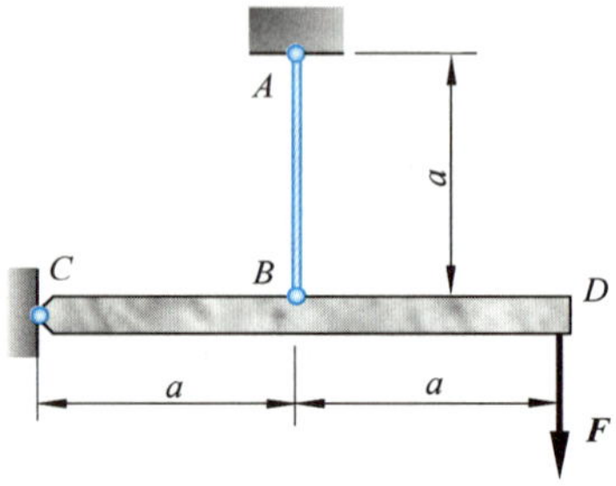

题 2-34 图

2-35　如题 2-35 图所示，刚性横梁 AB 悬挂于三根平行杆上。$l=2\text{m}$，$F=40\text{kN}$，$a=1.5\text{m}$，$b=1\text{m}$，$c=0.25\text{m}$，$\delta=0.2\text{mm}$。1 杆由黄铜制成，$A_1=2\text{cm}^2$，$E_1=100\text{GPa}$，$\alpha_1=16.5\times10^{-6}/℃$；2 杆和 3 杆由碳钢制成，$A_2=1\text{cm}^2$，$A_3=3\text{cm}^2$，$E_2=E_3=200\text{GPa}$，$\alpha_2=\alpha_3=12.5\times10^{-6}/℃$。设温度升高 20℃，试求各杆的应力。

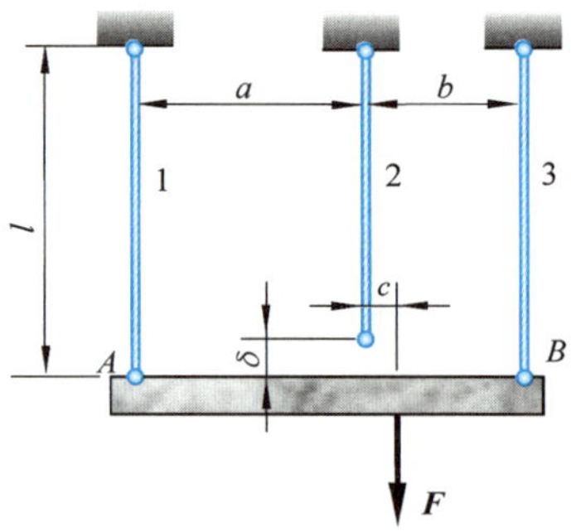

题 2-35 图

第 3 章 扭转和剪切

3.1 扭转的概念和实例

在工程中经常会遇到一些承受扭转的构件，以汽车转向轴为例（图 3-1），轴的上端受到经由方向盘传来的力偶作用，下端则又受到来自转向器的阻抗力偶作用。再以攻丝时丝锥的受力情况为例（图 3-2），通过铰杠把力偶作用于丝锥的上端，丝锥下端则受到工件的阻抗力偶作用。这些实例都是在杆件的两端作用两个大小相等、方向相反，且作用平面垂直于杆件轴线的力偶，致使杆件的任意两个横截面都发生绕轴线的相对转动，这就是**扭转变形**。

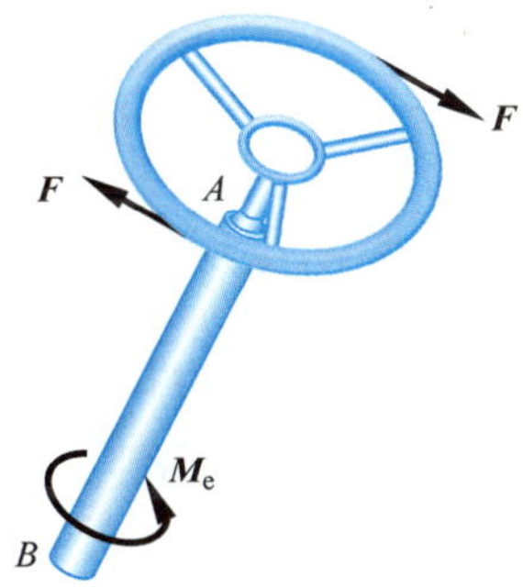

图 3-1

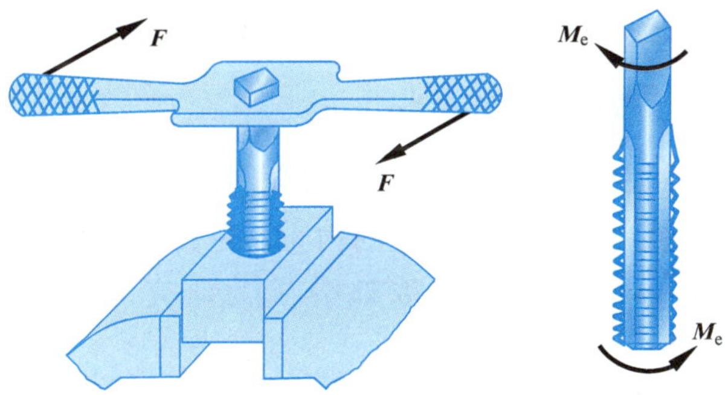

图 3-2

工程实际中，有很多构件，如车床的光杆、搅拌机轴、汽车传动轴等，都是受扭构件。还有一些轴类零件，如电动机主轴、水轮机主轴、机床传动轴等，除扭转变形外还有弯曲变形，属于组合变形。工程中把以扭转为主要变形的杆件称为轴，圆形截面的轴称为圆轴。

本章主要研究圆轴扭转，这是工程中最常见的情况，又是扭转中最简单的问题。对于非圆截面杆的扭转，则只做简单的介绍。

3.2 外力偶矩的计算　扭矩和扭矩图

3.2.1 外力偶矩的计算

在研究轴的强度和刚度时，应该先研究作用于轴上的外力偶矩和横截面上的内力，进而研究其应力和变形。

作用于轴上的外力偶矩往往不是直接给出的，给出的经常是轴所传送的功率和轴的转速。例如在图 3-3 所表示的传动系统中，由电动机的转速和功率，可以求出传动轴 AB 的转速及通过带轮输入的功率。功率由带轮传到 AB 轴上，再经右端的齿轮输送出去。设通过带轮给 AB 轴输入的功率为 P（单位：kW），因为 1kW = 1 000N · m/s，所以输入 P 个 kW 就相当于在每秒钟内输入数量为

$$W = P \times 1\,000\ (\mathrm{N \cdot m}) \tag{a}$$

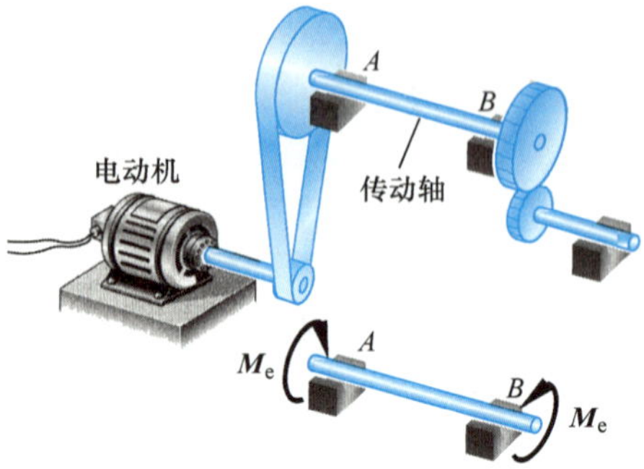

图 3-3

的功。电动机是通过带轮以力偶矩 M_e 作用于 AB 轴上的，若 AB 轴的转速为每分钟 n 转，则力偶矩 M_e 在每秒内完成的功应为

$$W = M_e \cdot 2\pi \cdot \frac{n}{60}\ \mathrm{N \cdot m} \tag{b}$$

因为 M_e 所完成的功也就是经带轮给 AB 轴输入的功，所以（a）、（b）两式应该相等，这样得出计算外力偶矩 M_e 的公式为

$$\boxed{\{M_e\}_{\mathrm{N \cdot m}} = 9\,549\,\frac{\{P\}_{\mathrm{kW}}}{\{n\}_{\mathrm{r/min}}}} \tag{3-1}$$

3.2.2 横截面上的内力

作用于轴上的所有外力偶矩都已知时，即可用截面法研究横截面上的内力。如图 3-4a 所示圆轴，求 $n-n$ 截面上的内力。先假想地将轴沿 $n-n$ 截面截开，取部分Ⅰ为研究对象（图 3-4b），根据部分Ⅰ应处于平衡状态的要求，在截面 $n-n$ 上的分布内力应由一个内力偶矩 M_x 来代替，由部分Ⅰ的平衡条件 $\sum M_x = 0$，可求出

$$M_x - M_e = 0$$

即
$$M_x = M_e$$

M_x 称为截面 $n-n$ 上的**扭矩**，它是Ⅰ、Ⅱ两部分在 $n-n$ 截面上相互作用的分布内力系的合力偶矩。

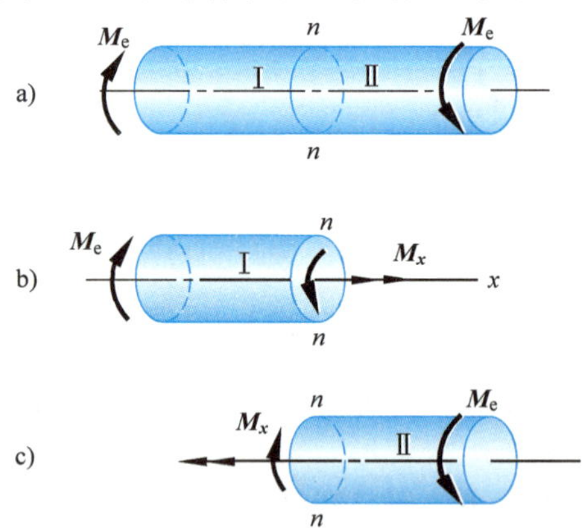

图 3-4

如果取部分Ⅱ为研究对象（图 3-4c），仍可得到 $M_x = M_e$ 的结果，其方向则与前者相反。为了使无论用部分Ⅰ或部分Ⅱ求出的同一截面上的扭矩大小相等且符号相同，扭矩 M_x 的符号规定如下：按右手螺旋法则把 M_x 表示为矢量（图 3-5a、b），当矢量方向与截面外法线方向一致时，M_x 为正；反之为负。根据这一规则，对图 3-4 中截面 $n-n$ 上的扭矩 M_x，无论取部分Ⅰ还是部分Ⅱ来研究，都是正的。

3.2.3 扭矩图

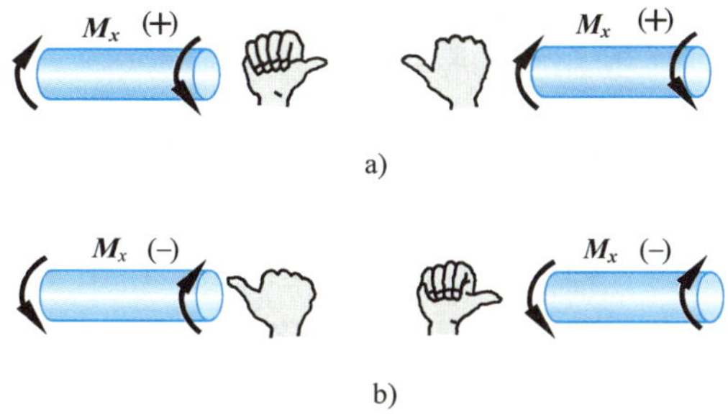

图 3-5

若作用于轴上的外力偶多于两个，则轴上每一段的扭矩值也不相同。为了清楚地表示各横截面上的扭矩沿轴线的变化情况，通常以横坐标表示截面的位置，纵坐标表示相应截面上的扭矩大小，从而得到扭矩随截面位置而变化的图线，称为**扭矩图**。下面举例说明扭矩的计算和扭矩图的绘制。

【例 3-1】 传动轴如图 3-6a 所示，主动轮 A 输入功率 $P_A = 50\text{kW}$，从动轮 B、C、D 输出功率分别为 $P_B = P_C = 15\text{kW}$、$P_D = 20\text{kW}$，轴的转速为 $n = 300\text{r/min}$。试画出轴的扭矩图。

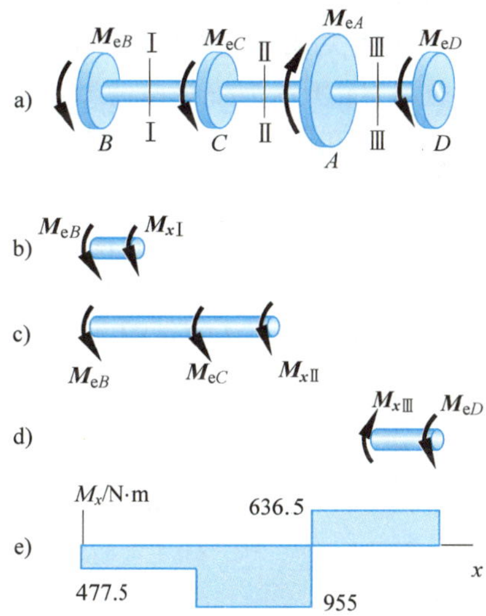

图 3-6

解：● 求出各轮上的外力偶矩

由式（3-1）可求得各轮上的外力偶矩

$$M_{eA} = 9\ 549 \times \frac{50}{300}\text{N} \cdot \text{m} = 1\ 591.5\text{N} \cdot \text{m}$$

$$M_{eB} = M_{eC} = 9\ 549 \times \frac{15}{300}\text{N} \cdot \text{m} = 477.5\text{N} \cdot \text{m}$$

$$M_{eD} = 9\ 549 \times \frac{20}{300}\text{N} \cdot \text{m} = 636.5\text{N} \cdot \text{m}$$

● 利用截面法，求各段内的扭矩

对于 BC 段，沿截面Ⅰ－Ⅰ假想地将轴截成两段，取出左段，假定扭矩 $M_{x\text{I}}$ 为正，如图 3-6b 所示，由平衡方程

$$M_{x\text{I}} + M_{eB} = 0$$

得

$$M_{x\text{I}} = -M_{eB} = -477.5\text{N} \cdot \text{m}$$

同理，在 CA 段内，由图 3-6c 可得

$$M_{x\text{II}} + M_{eC} + M_{eB} = 0$$

$$M_{x\text{II}} = -M_{eC} - M_{eB} = -955\text{N} \cdot \text{m}$$

在 AD 段内（图 3-6d），

$$M_{x\text{III}} - M_{eD} = 0$$

$$M_{x\text{III}} = M_{eD} = 636.5\text{N} \cdot \text{m}$$

● 绘制扭矩图

根据所得数据，把各截面上的扭矩沿轴线变化的情况用图 3-6e 表示出来，就是扭矩图。从图中看出，最大扭矩发生于 CA 段内，且 $|M_{x,\max}| = 955\text{N} \cdot \text{m}$。

● 讨论

同一根轴，若把主动轮 A 安置于轴的一端，例如放在右端，则轴的扭矩图将如图 3-7 所示。这时，轴内最大扭矩为 $|M_{x,\max}| = 1\ 591.5\text{N} \cdot \text{m}$。可见，传动轴上主动轮和从动轮安置的位置不同，轴所承受的最大扭矩也就不同。两者相比，显然图 3-6a 所示布局比较合理。

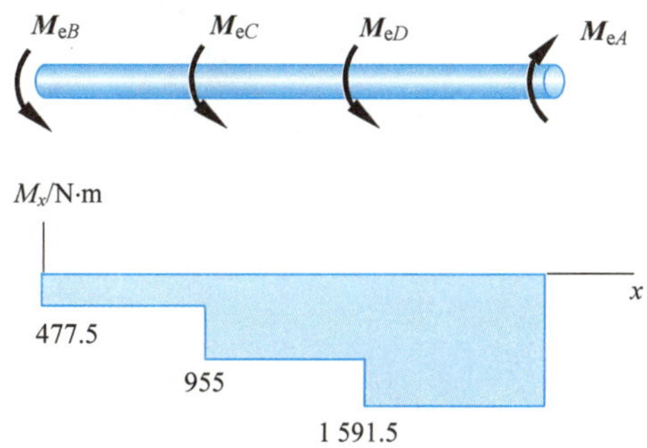

图 3-7

3.2.4 扭矩图的特点

(1) 在轴上有集中外力偶 M_e 作用处，扭矩 M_x 图有突变，$|\text{突变值}| = M_e$；

(2) 轴无外力偶作用段，扭矩 M_x 图为水平线；

(3) 轴上有均布载荷作用段，扭矩 M_x 图为斜直线；

(4) 扭矩 M_x 图为封闭图形。

3.3 薄壁圆筒的扭转 纯剪切

3.3.1 薄壁圆筒扭转时的切应力

在研究受扭杆件的应力和应变之前，先研究薄壁圆筒扭转，了解有关切应力、切应变以及两者之间关系等基本概念。

图 3-8a 所示为一等厚薄壁圆筒，其厚度 t 远小于平均半径 r（$t \leqslant r/10$）。受扭前在表面上用圆周线和纵向线画上方格（图 3-8a），扭转变形后（图 3-8b），由于截面 $n-n$ 对截面 $m-m$ 的相动转动，使方格左、右两边发生相对错动，但两边之间的距离不变，圆筒的半径长度也不变。这表明，圆筒横截面和包含轴线的纵向截面上都无正应力，在横截面上只有相切于截面的切应力 τ，它组成与外力偶矩 M_e 相平衡的内力系。因筒壁很薄，可认为沿厚度 t 方向剪应力不变。又因在同一圆周上各点情况完全相同，切应力也就相等（图 3-8c）。根据方格两边相对错动的变形情况可知，切应力方向应垂直于半径。这样，横截面上内力系对 x 轴的力矩是

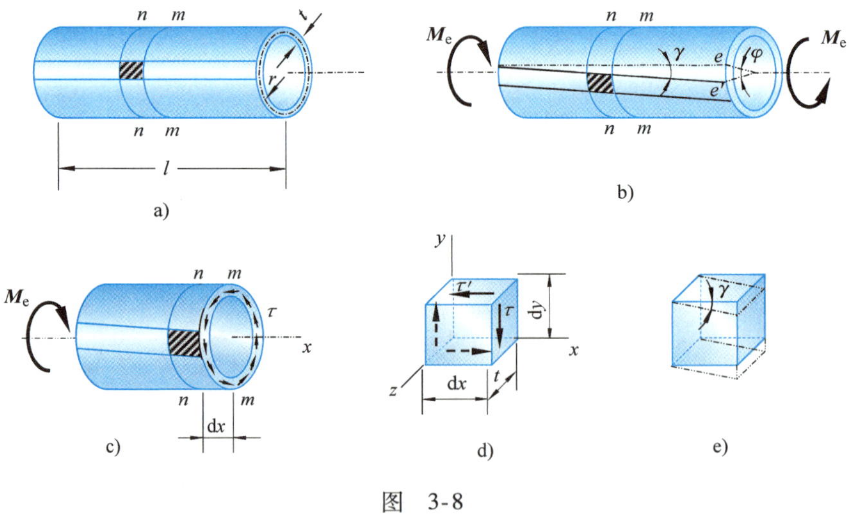

图 3-8

$$2\pi rt \cdot \tau \cdot r = 2\pi r^2 t\tau$$

由 $m-m$ 截面以左部分的平衡方程 $\sum M_x = 0$，得

$$M_e = 2\pi r^2 t\tau$$

由此求出

$$\boxed{\tau=\frac{M_e}{2\pi r^2 t}} \tag{3-2}$$

3.3.2 切应力互等定理

用相邻两个横截面和两纵向面，从圆筒中取出边长分别为 dx、dy 和 t 的单元体（图 3-8d），单元体左、右两侧面是圆筒横截面的一部分，其上只有切应力 τ，且大小相等、方向相反，τ 可由式（3-2）计算，于是组成一个力偶矩为 $(\tau t dy)dx$ 的力偶。为保持平衡，单元体的上、下两个侧面上必须有切应力 τ'，并组成力偶以与力偶 $(\tau t dy)dx$ 相平衡。由 $\sum F_x=0$ 知，上、下两个面上存在着大小相等、方向相反的切应力 τ'，于是组成力偶矩为 $(\tau' t dx)dy$ 的力偶。由平衡方程 $\sum M_z=0$，得

$$(\tau t dy)dx=(\tau' t dx)dy$$

于是求得

$$\boxed{\tau=\tau'} \tag{3-3}$$

式（3-3）表明：在两个相互垂直的平面上，切应力必然成对存在，且数值相等；两者都垂直于两个平面的交线，方向则共同指向或共同背离这一交线。这就是**切应力互等定理**。

3.3.3 剪切胡克定律

在图 3-8d 所示单元体的四个侧面上，只有切应力而无正应力，这种情况称为**纯剪切**。纯剪切单元体的相对两侧面将发生微小的相对错动（图 3-8e），使原来互相垂直的两个棱边的夹角改变了一个微量 γ，这正是第 1 章第 4 节中定义的切应变。由图 3-8b 可见，γ 正是表面纵向线变形后的倾角。若 φ 为圆筒两端的相对扭转角，l 为圆筒的长度，在小变形情况下，有 $ee'=\gamma l=r\varphi$，则切应变 γ 应为

$$\gamma=\frac{r\varphi}{l} \tag{a}$$

根据薄壁圆筒的扭转试验可得扭转时的 $M_e-\varphi$ 图（图 3-9a），再根据 $M_e-\varphi$ 图可由式（3-2）和式（a）绘出 $\tau-\gamma$ 图（图 3-9b）。由图 3-9b 可看出：当切应力低于材料的剪切比例极限时，切应力 τ 与切应变 γ 成正比，这就是**剪切胡克定律**，其解析式可以写成

$$\tau=G\gamma \tag{3-4}$$

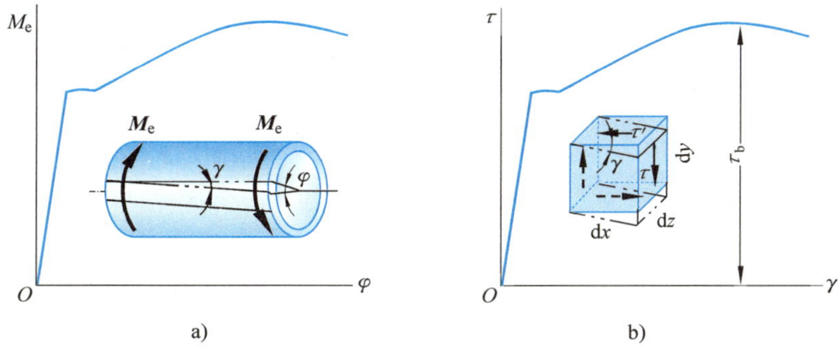

图 3-9

式中，G 称为材料的**剪变模量**。因为 γ 量纲为一，故 G 的量纲与 τ 相同。钢材的 G 值约为 80GPa。

对各向同性材料，可以证明弹性模量 E、泊松比 μ 和剪变模量 G 三者之间存在下列关系：

$$\boxed{G=\frac{E}{2(1+\mu)}} \tag{3-5}$$

由式（3-5）可知，三个弹性常数 E、G、μ 中，只要知道任意两个，即可求另外一个。

3.4 圆轴扭转时的应力与强度条件

3.4.1 圆轴扭转时横截面上的应力

与薄壁圆筒相似，在小变形条件下，圆轴在扭转时也只有切应力。由应力定义可知，横截面上的应力必然组成该截面上的内力。如果知道应力在横截面上的分布规律，就能够求出每一点的应力。因此，下面将从变形几何关系和物理关系得到切应力在横截面上的变化规律，然后再通过静力学关系来求解圆轴扭转时横截面的切应力。

1. 变形几何关系

为了观察圆轴的扭转变形，在圆轴表面画上许多纵向线和周向线，形成许多小方格（图 3-10a），在外力偶矩 M_e作用下，轴表面的变形情况和薄壁圆筒扭转时一样，各圆周线绕轴线相对地转了一个角度，但大小、形状和相邻圆周线间的距离都不变。在小变形情况下，纵向线仍近似地是直线，只是倾斜了一个微小的角度。变形前表面上的方格，变形后错动为菱形（图 3-10b）。

根据观察到的变形现象，可做下述基本假设：变形前为平面的横截面，变形后仍为平面，且形状和大小都不变，变形后半径仍保持为直线，且相邻两截面间距不变，只是任意两横截面绕轴线相对地旋转了一个角度。这就是圆轴扭转的**刚性平面假设**。根据这一假设导出的应力和变形的计算公式符合试验结果，且与弹性力学一致，说明此假设是正确的。

在图 3-10c 中，φ 表示圆轴两端截面的相对转角，称为**扭转角**。用相邻的横截面 $p-p$ 和 $q-q$ 从轴中取出长为 $\mathrm{d}x$ 微段，并放大为图 3-10d。若两截面间相对扭转角为 $\mathrm{d}\varphi$，则根据平面假设，横截面 $q-q$ 像刚性平面一样，相对于 $p-p$ 绕轴线旋转了一个 $\mathrm{d}\varphi$ 角度，半径 Oa 转到 Oa'。于是，表面方格 $abcd$ 的 ab 边相对于 cd 边发生了微小的错动，错动的距离为

$$aa'=R\mathrm{d}\varphi$$

原为直角的 $\angle adc$ 角度发生了改变，改变量为

$$\gamma=\frac{\overline{aa'}}{\overline{ad}}=R\frac{\mathrm{d}\varphi}{\mathrm{d}x} \tag{a}$$

这就是圆截面边缘上 a 点处的切应变。显然，γ 发生在垂直于半径 Oa 的平面内。

同理，可求得图 3-10d 所示的距圆心为 ρ 处的切应变为

$$\gamma_\rho=\rho\frac{\mathrm{d}\varphi}{\mathrm{d}x} \tag{b}$$

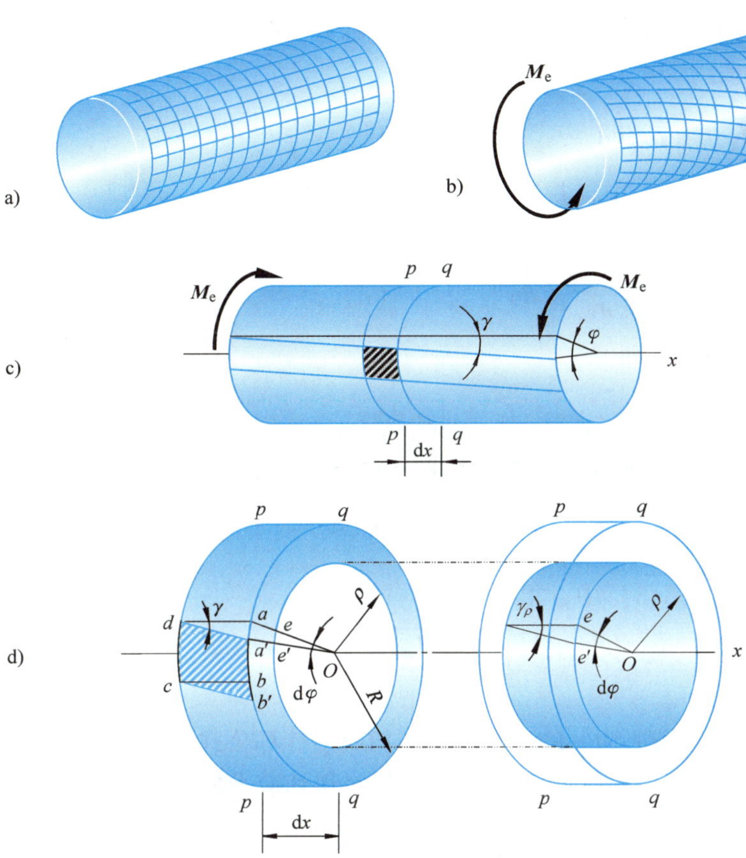

图　3-10

与 γ 一样，γ_ρ 也发生在垂直于半径 Oa 的平面内。在（a）、（b）两式中，$\mathrm{d}\varphi/\mathrm{d}x$ 是扭转角 φ 沿 x 轴的变化率。对于任一给定 x 的截面来说，它是常量。因此，式（b）表明，横截面上任意点的切应变与该点到圆心的距离 ρ 成正比。

2. 物理关系

以 τ_ρ 表示横截面上距圆心为 ρ 处的切应力，则由剪切胡克定律可得

$$\tau_\rho = G\gamma_\rho = G\rho\frac{\mathrm{d}\varphi}{\mathrm{d}x} \tag{3-6}$$

这表明，横截面上任意点的切应力 τ_ρ 与该点到圆心的距离 ρ 成正比。因为 γ_ρ 发生于垂直于半径的平面内，所以 τ_ρ 也与半径垂直。如再注意到切应力互等定理，则在纵向截面和横截面上，沿半径切应力的分布如图 3-11 所示。

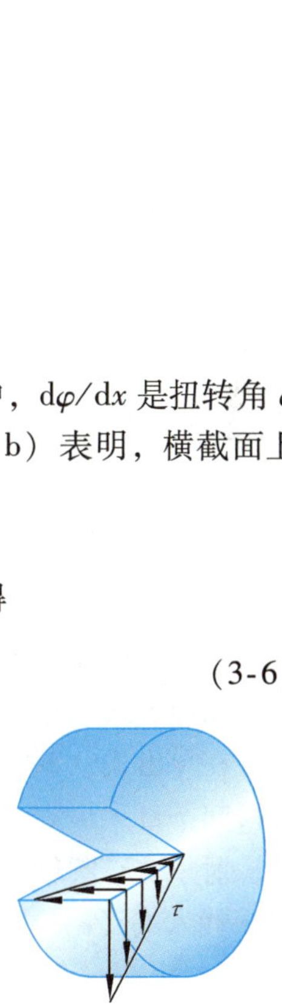

图　3-11

3. 静力关系

式（3-6）虽然已经求得了表示切应力分布规律的公式，但因式中 $\mathrm{d}\varphi/\mathrm{d}x$ 尚未求出，所以仍然无法用它计算切应力，这就要利用静力关系来解决。

在横截面上取微分面积 $\mathrm{d}A$，则 $\mathrm{d}A$ 上的微内力 $\tau_\rho\mathrm{d}A$ 对圆心的力偶为 $\rho\tau_\rho\mathrm{d}A$（图 3-12），

通过积分得到横截面上内力系对圆心的力偶矩为 $\int_A \rho\tau_\rho \mathrm{d}A$，该力偶矩就是该横截面上的扭矩 M_x，即

$$M_x = \int_A \rho\tau_\rho \mathrm{d}A \tag{c}$$

图 3-12

将式（3-6）代入式（c）中，并注意到 $\mathrm{d}\varphi/\mathrm{d}x$ 为常数，于是有

$$M_x = \int_A \rho\tau_\rho \mathrm{d}A = G\frac{\mathrm{d}\varphi}{\mathrm{d}x}\int_A \rho^2 \mathrm{d}A \tag{d}$$

用 I_P 表示式（d）中的积分，即

$$I_P = \int_A \rho^2 \mathrm{d}A \tag{e}$$

并称 I_P 为横截面对圆心的**极惯性矩**，它只与横截面的尺寸有关。这样式（d）可写成

$$\frac{\mathrm{d}\varphi}{\mathrm{d}x} = \frac{M_x}{GI_P} \tag{3-7}$$

将式（3-7）代入式（3-6）中，得

$$\boxed{\tau_\rho = \frac{M_x\rho}{I_P}} \tag{3-8}$$

式（3-8）即为横截面上距圆心为 ρ 的任意点处的切应力计算公式。

显然，在圆截面的边缘上，ρ 达到最大值 R，这时得切应力的最大值

$$\tau_{\max} = \frac{M_x R}{I_P} \tag{f}$$

引用记号

$$W_P = \frac{I_P}{R} \tag{g}$$

W_P 称为抗扭截面模量（系数），则最大切应力公式可写成

$$\boxed{\tau_{\max} = \frac{M_x}{W_P}} \tag{3-9}$$

式（3-8）和式（3-9）是以平面假设为基础导出的。试验结果表明，只有对等截面圆轴，平面假设才是正确的，所以上式只适用于等直圆轴。此外，在导出上式时使用了胡克定律，因而公式只适用于 $\tau_{\max}$ 小于剪切比例极限的情况。

在导出式（3-8）和式（3-9）时，引入了截面极惯性矩 I_P 和抗扭截面模量 W_P，现在计算这两个量。

对于实心圆轴（图 3-13），在横截面内取环形微分面积 $\mathrm{d}A$，代入式（e）中，得

$$I_P = \int_A \rho^2 \mathrm{d}A = \int_0^R \rho^2 2\pi\rho \mathrm{d}\rho$$

$$= \frac{\pi R^4}{2} = \frac{\pi D^4}{32} \tag{3-10}$$

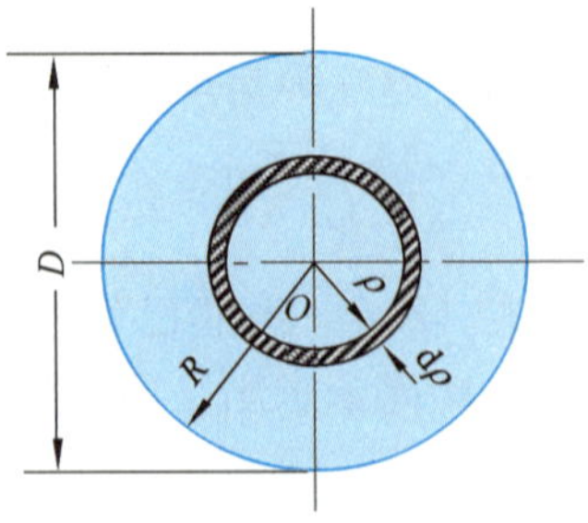

图 3-13

式中，D 为圆截面的直径。由此求出

$$W_P = \frac{I_P}{R} = \frac{I_P}{D/2} = \frac{\pi D^3}{16} \tag{3-11}$$

对于空心圆轴（图 3-14），有

$$I_P = \int_A \rho^2 dA = \int_{d/2}^{D/2} \rho^2 2\pi\rho d\rho$$

$$= \frac{\pi(D^4 - d^4)}{32} = \frac{\pi D^4}{32}(1-\alpha^4) \tag{3-12}$$

$$W_P = \frac{I_P}{R} = \frac{I_P}{D/2} = \frac{\pi D^3}{16}(1-\alpha^4) \tag{3-13}$$

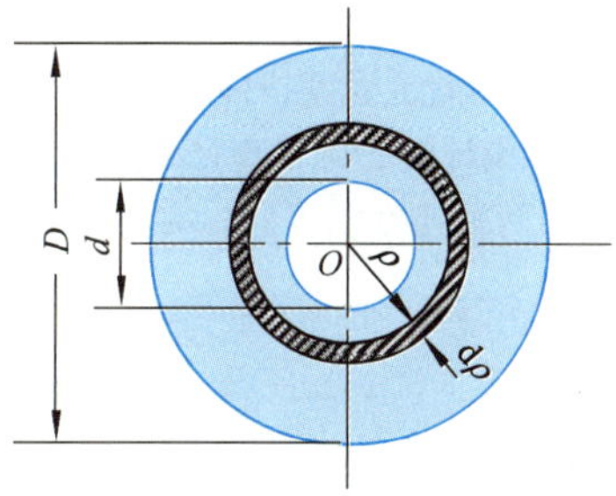

图　3-14

式中，$\alpha = d/D$，d 和 D 分别为空心圆截面的内径和外径。

3.4.2　圆轴扭转时的强度条件

建立圆轴扭转强度条件时，应使轴内的最大工作切应力不超过材料的许用切应力，故强度条件为

$$\boxed{\tau_{max} \leqslant [\tau]} \tag{3-14}$$

对于等直圆轴，最大扭转切应力一定发生在 $M_{x,max}$ 截面上的最外边缘各点，这时式（3-14）可写成

$$\boxed{\tau_{max} = \frac{M_{x,max}}{W_P} \leqslant [\tau]} \tag{3-15}$$

对于变截面轴，如阶梯轴、圆锥形杆等，由于 W_P 不是常量，所以，最大切应力 τ_{max} 不一定发生在最大扭矩 $M_{x,max}$ 所在截面。这时要综合考虑 M_x 和 W_P，求出 $\tau = M_x/W_P$ 的极值。

根据圆轴扭转时的强度条件，同样可以解决强度计算中的三类问题，即：强度校核；设计截面；求许可载荷。

在静载荷的情况下，扭转许用切应力［τ］与许用拉应力［σ］之间有如下的关系：

钢材：$[\tau] = (0.5 \sim 0.6)[\sigma]$

铸铁：$[\tau] = (0.8 \sim 1.0)[\sigma_t]$

其中，［σ_t］为拉伸许用应力。

【例 3-2】　某汽车的主传动轴 AB（图 3-15）用优质碳素钢的电焊钢管制成，钢管外径 $D = 76\text{mm}$，壁厚 $t = 2.5\text{mm}$，轴传递的转矩 $M_e = 1.98\text{kN}\cdot\text{m}$，材料的许用切应力［$\tau$］= 100MPa，（1）试校核轴的扭转强度；（2）若将空心轴改为强度相同的实心轴，试设计轴的直径，并比较实心轴和空心轴的重量。

解：● 校核空心轴的强度

由题意可知

$$M_{x,max} = M_e = 1.98\text{kN}\cdot\text{m}$$

$$\alpha = \frac{d}{D} = \frac{D-2t}{D} = \frac{76 - 2\times 2.5}{76} = 0.935$$

$$W_P = \frac{\pi D^3}{16}(1-\alpha^4) = 20.3\text{cm}^3$$

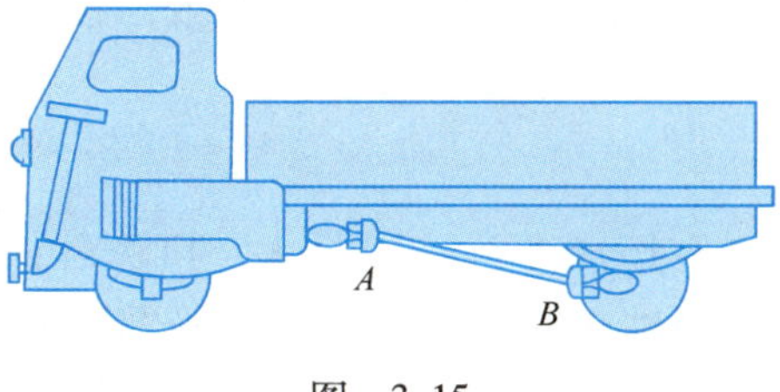

图　3-15

由强度条件式（3-15）可得

$$\tau_{\max}=\frac{M_{x,\max}}{W_{P}}=\frac{1.98\times10^{3}}{20.3\times10^{-6}}\text{Pa}=97.5\text{MPa}<[\tau]$$

所以 AB 轴满足强度条件。

- 设计实心圆轴直径 D_1

因两轴强度相等，故实心圆轴的最大切应力也应等于97.5MPa，即

$$\tau_{\max}=\frac{M_{x,\max}}{W_{P}}=\frac{1.98\times10^{3}\text{kN}\cdot\text{m}}{\dfrac{\pi D_1^3}{16}}=97.5\times10^{6}\text{Pa}$$

$$D_1=\sqrt[3]{\frac{1.98\times10^{3}\times16}{\pi\times97.5\times10^{6}}}\text{m}=0.046\,9\text{m}=46.9\text{mm}$$

- 比较两轴的重量

因两轴的材料、长度均相同，故两轴重量之比即为两轴横截面面积之比，即

$$\frac{A_{空}}{A_{实}}=\frac{\dfrac{\pi}{4}(D^2-d^2)}{\dfrac{\pi}{4}D_1^2}=\frac{76^2-71^2}{46.9^2}=0.334$$

可见在载荷相同的条件下，空心轴的重量只为实心轴的33%。采用空心轴可减轻重量和节约材料。这是因为横截面上切应力沿半径按线性规律分布，圆心附近的应力很小，材料没有充分发挥作用。若把轴心附近的材料向边缘移置而做成空心轴，则 I_P 和 W_P 都增大，可提高轴的强度。从强度的观点看，空心截面是轴的合理截面，而且在工程中已得到广泛应用。在汽车、飞机及其他行走机械中采用空心轴，还可以减轻重量，提高运行速度。当然，在设计中是否采用空心截面，还要考虑到结构要求、制造加工成本等许多因素。

3.5 圆轴扭转时的变形与刚度条件

3.5.1 两横截面间绕轴线的相对扭转角

由式（3-7）可知

$$d\varphi=\frac{M_x}{GI_P}dx \tag{a}$$

式中，$d\varphi$ 表示相距为 dx 的两横截面之间的相对扭转角。沿轴线 x 积分，即可求得相距为 l 的两横截面之间绕轴线的相对扭转角为

$$\varphi=\int_l d\varphi=\int_0^l\frac{M_x}{GI_P}dx \tag{b}$$

当两截面之间的扭矩 M_x 为常数，且圆轴为等直轴，则式（b）化为

$$\boxed{\varphi=\frac{M_x l}{GI_P}} \tag{3-16}$$

式（3-16）表明，GI_P 越大，扭转角 φ 越小，因此 GI_P 称为圆轴的**抗扭刚度**。

当轴在各段的扭矩 M_x 或极惯性矩 I_P 分段为常数时，可分段计算各段的相对扭转角，然后代数叠加，因此式（3-16）变为

$$\varphi = \sum_{i=1}^{n} \frac{M_{xi} l_i}{G_i I_{Pi}} \tag{3-17}$$

当扭矩或横截面沿轴线 x 连续变化时，可先求 dx 微段的相对扭转角 dφ，然后积分求得长为 l 的两截面间相对扭转角，即

$$\varphi = \int_0^l \frac{M_x(x)}{GI_P(x)} dx \tag{3-18}$$

3.5.2　刚度条件

有些轴类零件，为了能正常工作，除要求满足强度条件外，还应将其变形限制在一定范围内，即要求具有一定的刚度。例如，发动机的凸轮轴扭转角过大，会影响气阀的开、闭时间；车床主轴的扭转变形过大，将引起主轴的扭转振动，从而影响工件的加工精度和表面粗糙度。所以，轴类零件还应满足刚度条件。一般来说，凡是精度要求较高或需要限制振动的机械，都要考虑轴的刚度。因为扭转角 φ 与轴的长度 l 有关，为了消除长度的影响，用扭转角 φ 对 x 的变化率 $\theta = d\varphi/dx$ 来表示轴扭转变形的程度，称为**单位长度扭转角**，单位为 rad/m（弧度/米）。由式（3-7）可知有

$$\theta = \frac{d\varphi}{dx} = \frac{M_x}{GI_P} \tag{3-19}$$

轴类零件扭转的刚度条件是限制最大的单位长度扭转角不得超过许用单位长度扭转角 $[\theta]$，即

$$\theta_{max} \leqslant [\theta] \tag{3-20}$$

工程中 $[\theta]$ 的单位习惯上用度/米，记为（°）/m。用式（3-19）得到的扭转角的单位是 rad/m，因此必须乘以 180/π 转换为（°）/m。对于等直圆轴，刚度条件式（3-20）可写为

$$\theta_{max} = \frac{M_{x,max}}{GI_P} \cdot \frac{180}{\pi} \leqslant [\theta] \tag{3-21}$$

各种轴类零件的 $[\theta]$ 值可从有关规范的手册中查到。利用圆轴扭转的刚度条件式（3-21），同样可以用来解决工程中的三类计算，即：设计截面尺寸、计算许可载荷及刚度校核。

必须强调：对于圆轴扭转，其强度条件和刚度条件是并重的，在设计计算中往往要同时考虑。

【例 3-3】　如图 3-16a 所示，传动轴的转速为 208r/min，主动轮 A 输入的功率 $P_A = 6$kW，两从动轮 B、C 输出的功率分别为 $P_B = 4$kW、$P_C = 2$kW。轴的许用切应力 $[\tau] = 30$MPa，许用扭转角 $[\theta] = 1$（°）/m，剪切弹性模量 $G = 80$GPa。试按强度条件和刚度条件设计轴的直径 d。

解：• 计算外力偶矩、画扭矩图

$$M_{eA} = 9\,549\frac{P_A}{n} = 9\,549 \times \frac{6}{208} \text{N} \cdot \text{m} = 275.4 \text{N} \cdot \text{m}$$

$$M_{eB} = 9\,549\frac{P_B}{n} = 9\,549 \times \frac{4}{208} \text{N} \cdot \text{m} = 183.6 \text{N} \cdot \text{m}$$

$$M_{eC} = 9\,549\frac{P_C}{n} = 9\,549 \times \frac{2}{208} \text{N} \cdot \text{m} = 91.8 \text{N} \cdot \text{m}$$

用截面法可求出 BA 和 AC 段内的扭矩，其扭矩图如图 3-16b 所示，最大扭矩为 $M_{x,\max}=183.6\text{N}\cdot\text{m}$。

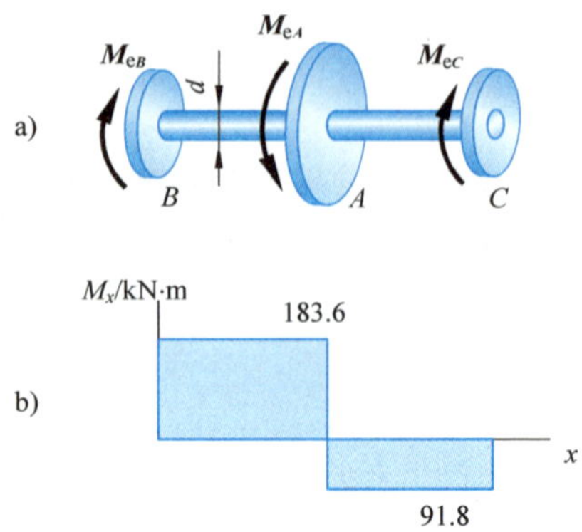

图 3-16

- 根据强度条件设计直径 d_1

由强度条件式（3-15），可知

$$\tau_{\max}=\frac{M_{x,\max}}{W_P}=\frac{M_{x,\max}}{\frac{\pi d^3}{16}}\leqslant[\tau]$$

故求得

$$d_1\geqslant\sqrt[3]{\frac{16M_{x,\max}}{\pi[\tau]}}=\sqrt[3]{\frac{16\times182.6}{\pi\times30\times10^6}}\text{m}=31.5\times10^{-3}\text{m}$$

- 根据刚度条件设计直径 d_2

由刚度条件式（3-21），可知

$$\theta_{\max}=\frac{M_{x,\max}}{GI_P}\cdot\frac{180}{\pi}=\frac{M_{x,\max}}{G\frac{\pi d_2^4}{32}}\cdot\frac{180}{\pi}\leqslant[\theta]$$

故求得

$$d_2\geqslant\sqrt[4]{\frac{32M_{x,\max}\cdot180}{G\pi^2[\theta]}}=\sqrt[4]{\frac{32\times183.6\times180}{80\times10^9\cdot\pi^2\cdot1}}\text{m}=34\times10^{-3}\text{m}$$

为了同时满足强度和刚度要求，传动轴的直径应取两者中较大的一个，即

$$d=\max\{d_1,d_2\}=34\times10^{-3}\text{m}=34\text{mm}$$

3.5.3 扭转超静定问题

在工程实际中，经常会遇到扭转超静定问题，它的解法与拉、压超静定问题解法一样。下面将举例来说明。

【例 3-4】 设有 A、B 两个凸缘的圆轴（图 3-17a），在扭转力偶矩 M_e 作用下发生了变形。这时把一个薄壁圆筒与轴的凸缘焊接在一起，然后解除 M_e（图 3-17b）。设轴和筒的抗扭刚度分别是 G_1I_{P1} 和 G_2I_{P2}，试求轴内和筒内的扭矩。

解：由于筒与轴的凸缘焊接在一起，外加扭转力偶矩 M_e 解除后，圆轴必然力图恢复其扭转变形，而圆筒则阻抗其恢复。这就使得在轴内和筒内分别出现扭矩 M_{x1} 和 M_{x2}。假想用横截面把轴与筒切开，因这时已无外力偶矩，平衡方程为

$$M_{x1}-M_{x2}=0 \qquad \text{(a)}$$

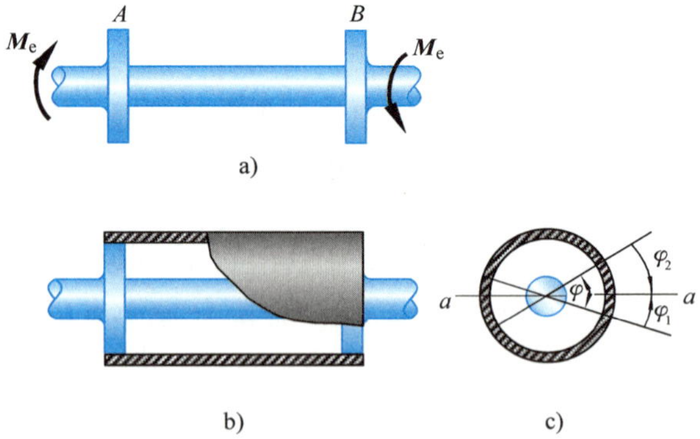

图 3-17

仅由式（a）不能解出两个扭矩，所以这是一个超静定问题，应再寻求一个变形协调方程。

焊接前轴在 M_e 作用下的扭转角为

$$\varphi=\frac{M_el}{G_1I_{P1}} \qquad \text{(b)}$$

这就是凸缘 B 的水平直径相对于 A 转过的角度（图 3-17c）。在筒与轴相焊接并解除 M_e 后，因受筒的阻抗，轴的上述变形不能完全恢复，最后协调的位置为 aa。这时圆轴余留的扭转角为 φ_1，而圆筒的扭转角为 φ_2。显然，变形几何方程为

$$\varphi_1+\varphi_2=\varphi$$

利用式（3-16）和式（b），可将上式写成

$$\frac{M_{x1}l}{G_1I_{P1}}+\frac{M_{x2}l}{G_2I_{P2}}=\frac{M_el}{G_1I_{P1}} \tag{c}$$

由式（a）、式（c）解出

$$M_{x1}=M_{x2}=\frac{M_eG_2I_{P2}}{G_1I_{P1}+G_2I_{P2}}$$

3.5.4　圆轴扭转时的弹性变形能和比能

若作用于等直圆轴上的外力偶矩 M_e 从零开始慢慢增加到最终值（图 3-18a）。在线弹性范围内，扭转角 φ 与外力偶矩 M_e 之间的关系是一条斜直线（图 3-18b）。则此时外力偶矩 M_e 所做的功为

$$W=\frac{1}{2}M_e\varphi$$

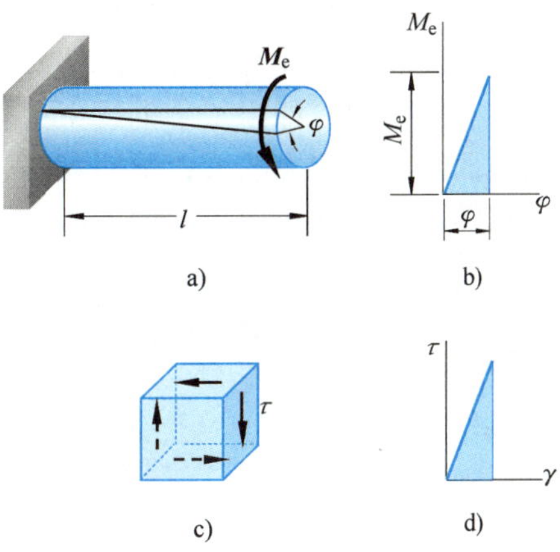

图　3-18

根据功能原理，弹性体的变形能 U 在数值上等于外力所做的功 W，且利用式（3-16），则有

$$U=W=\frac{1}{2}M_e\varphi=\frac{M_e^2l}{2GI_P}=\frac{M_x^2l}{2GI_P} \tag{3-22}$$

当轴各段的扭矩 M_x 或极惯性矩 I_P 分段为常数时，可分段计算其变形能然后叠加，即

$$U=\sum_{i=1}^{n}\frac{M_{xi}^2l_i}{2GI_{Pi}} \tag{3-23}$$

当扭矩 M_x 沿轴线连续变化，或轴的横截面面积连续变化时，可先求 dx 微段内的变形能，然后积分求整个杆内的变形能，即

$$U=\int_l\frac{M_x^2(x)}{2GI_P(x)}\mathrm{d}x \tag{3-24}$$

若对扭转圆轴取单元体（图 3-18c），在线弹性范围内，其应力 - 应变关系如图 3-18d 表示，则单位体积内储存的弹性变形能为

$$u=\frac{1}{2}\tau\gamma=\frac{\tau^2}{2G}=\frac{G\gamma^2}{2} \tag{3-25}$$

式（3-25）在形式上与拉、压时的比能公式是相似的。

3.6　非圆截面杆扭转的概念

3.6.1　非圆截面杆和圆截面杆扭转时的区别

在工程上还可能遇到非圆截面杆的扭转，例如农业机械用方形截面作传动轴，曲轴的曲柄做成矩形截面的。

我们知道，圆轴受扭后横截面仍保持为平面。而非圆截面杆受扭后，横截面则由原来的平面变为曲面（图 3-19），这一现象称为**截面翘曲**。它是非圆截面杆扭转的一个重要特征。

对于非圆截面杆的扭转，平面假设已不成立。因此，圆轴扭转时的应力、变形公式对非圆截面杆均不适用。

非圆截面杆件的扭转可分为**自由扭转**和**约束扭转**。等直杆在两端受扭转力偶矩作用，且其翘曲不受任何限制的情况，属于自由扭转。这种情况下杆件各横截面的翘曲程度相同，纵向纤维的长度无变化，故横截面上没有正应力而只有切应力。图3-20a 即表示工字钢的自由扭转。若由于约束条件或受力条件的限制，造成杆件各横截面的翘曲程度不同，这势必引起相邻两截面间纵向纤维的长度改变，于是横截面上除切应力外还有正应力。这种情况称为约束扭转。图3-20b 即为工字钢约束扭转的示意图。对于工字钢、槽钢等薄壁杆件，约束扭转时横截面上的正应力较大，不能忽略。但一些实体杆件，如截面为矩形或椭圆形的杆件，因约束扭转而引起的正应力数值很小，与自由扭转并无太大差别。

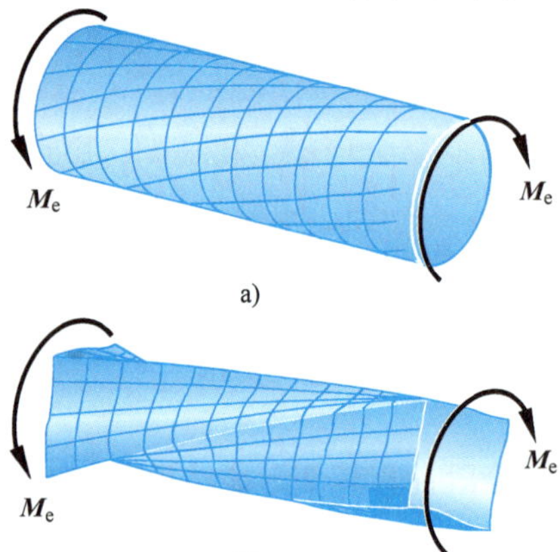

图 3-19

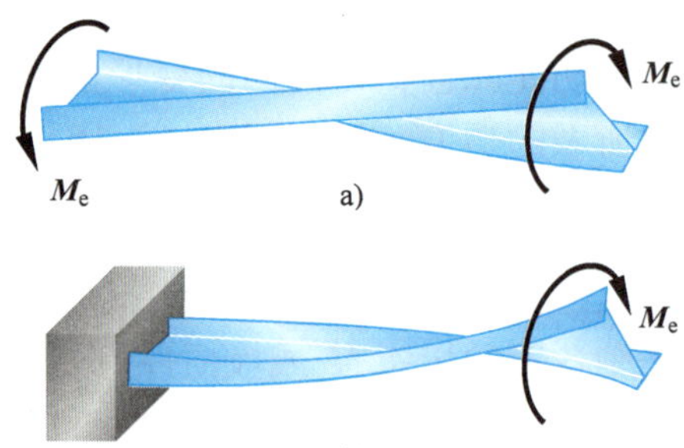

图 3-20

3.6.2 矩形截面杆的扭转

非圆截面杆的自由扭转，一般在弹性力学中讨论。这里将直接引用弹性力学的一些主要结果。

根据切应力互等定理可以证明，杆件扭转时横截面上切应力的分布具有以下两个特点：

1. 横截面上边缘各点的切应力方向都与截面周边相切

若边缘各点的切应力不与周边相切，则可以分解为：边界切线方向的分量 τ_t 和法线方向的分量 τ_n（图3-21）。根据切应力互等定理，τ_n 应与杆件自由表面上的切应力 τ_n' 相等，但自由表面上不可能有 τ_n'，故 $\tau_n=\tau_n'=0$。因此，周边各点只能有沿边界切线方向的切应力 τ_t。

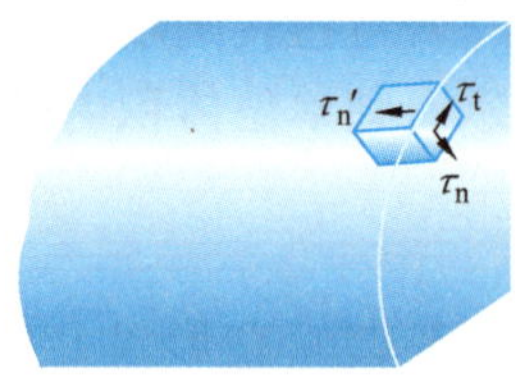

图 3-21

2. 横截面凸角处的切应力一定为零

如果凸角处有切应力（图3-22），则可分解为沿 ab 边和 ac 边法线分量 τ_1 和 τ_2。同上证明，τ_1 和 τ_2 皆应等于零，故凸角处的切应力一定为零。

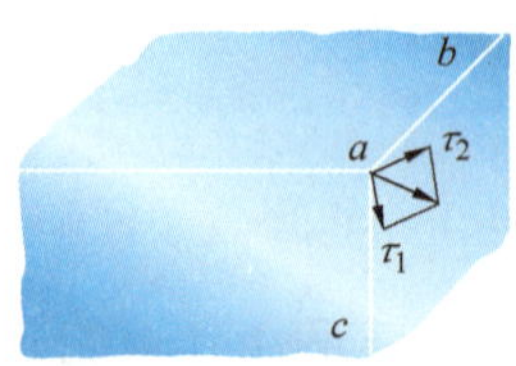

图 3-22

根据以上两个特点，矩形截面杆扭转时，横截面上切应力分布如图3-23 所示，边缘各点的切应力形成与边界相切的顺流，而四个角点上的切应力等于零，方向与扭矩 M_x 一致。最大切应力发生于矩形长边的中点，且按下式计算：

$$\tau_{\max}=\frac{M_x}{\alpha hb^2} \tag{3-26}$$

式中，α 是一个与比值 h/b 有关的系数，其数值已列入表 3-1 中。

短边中点的切应力 τ_1 是短边上的最大切应力，并按以下公式计算：

$$\tau_1=\nu\tau_{\max} \tag{3-27}$$

式中，$\tau_{\max}$ 是长边中点的最大切应力；系数 ν 与比值 h/b 有关，已列入表 3-1 中。

杆件两端相对扭转角 φ 的计算公式为

$$\varphi=\frac{M_x l}{G\beta hb^3}=\frac{M_x l}{GI_t} \tag{3-28}$$

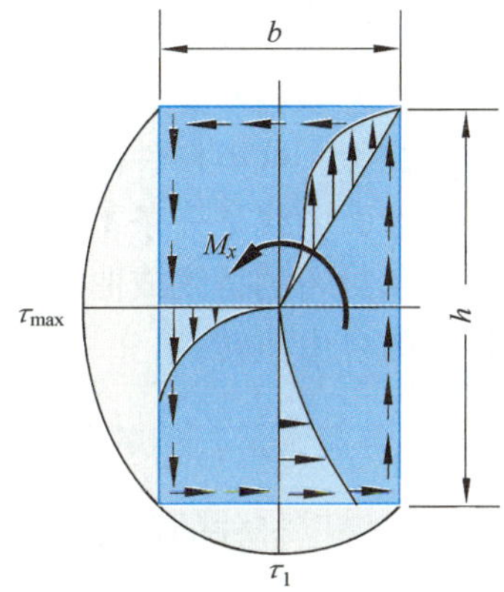

图　3-23

式中，$GI_t=G\beta hb^3$，也称为杆件的抗扭刚度；β 也是与比值 h/b 有关的系数，已列入表 3-1 中。

表 3-1　矩形截面杆扭转时的系数 α、β 和 ν

h/b	1.0	1.2	1.5	2.0	2.5	3.0	4.0	6.0	8.0	10.0	∞
α	0.208	0.219	0.231	0.246	0.258	0.267	0.282	0.299	0.307	0.313	0.333
β	0.141	0.166	0.196	0.229	0.249	0.263	0.281	0.299	0.307	0.313	0.333
ν	1.000	0.930	0.858	0.796	0.767	0.753	0.745	0.743	0.743	0.743	0.743

当 $h/b>10$ 时，截面成为狭长矩形。这时 $\alpha=\beta\approx1/3$。如以 δ 表示狭长矩形的短边的长度，则式（3-26）和式（3-28）化为

$$\tau_{\max}=\frac{M_x}{\frac{1}{3}h\delta^2} \tag{3-29}$$

$$\varphi=\frac{M_x l}{G\frac{1}{3}h\delta^3} \tag{3-30}$$

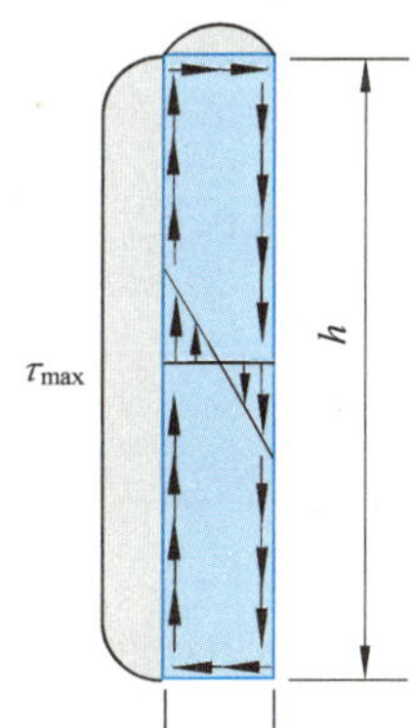

图　3-24

在狭长矩形截面上，扭转切应力的变化规律如图 3-24 所示。虽然最大切应力在长边的中点，但沿长边各点切应力实际上变化不大，接近相等，在靠近短边处才迅速减小为零。

【例 3-5】　某柴油机曲轴的曲柄截面 I－I 可以认为是矩形的（图 3-25）。在实用计算中，其扭转切应力近似地按矩形截面杆受扭计算。若 $b=22\text{mm}$，$h=102\text{mm}$，已知曲柄所受扭矩为 $M_x=281\text{N}\cdot\text{m}$，试求这一矩形截面上的最大切应力。

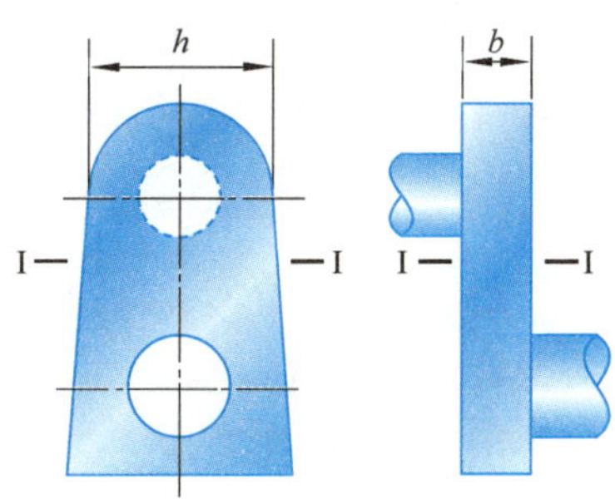

图　3-25

解： 由截面 I－I 的尺寸求得

$$\frac{h}{b}=\frac{102}{22}=4.64$$

查表 3-1，并利用插入法，求出 $\alpha=0.287$。于是，由式（3-26）得

$$\tau_{\max}=\frac{M_x}{\alpha hb^2}=\frac{281}{0.287\times102\times10^{-3}\times(22\times10^{-3})^2}\text{Pa}=19.8\text{MPa}$$

3.7 薄壁杆件的自由扭转

为减轻结构本身重量，工程上常采用各种轧制型钢，如工字钢、槽钢等；也经常使用薄壁管状杆件。这类杆件的壁厚远小于横截面的其他两个尺寸（高和宽），称为薄壁杆件。若杆件的截面中线是一条不封闭的折线或曲线（图3-26a），则称为**开口薄壁杆件**。若截面中线是一条封闭的折线或曲线（图3-26b），则称为**闭口薄壁杆件**。本节只讨论开口和闭口薄壁杆件的自由扭转。

3.7.1 开口薄壁杆件的自由扭转

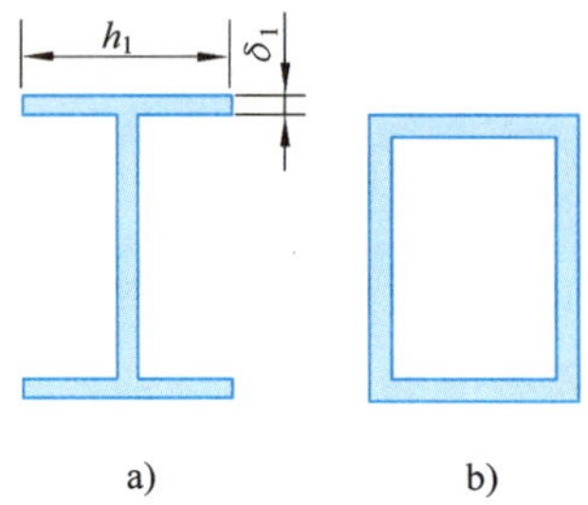

图 3-26

开口薄壁杆件的横截面可看作是由若干个狭长矩形组成的（图3-26a）。自由扭转时假设横截面在其本身平面内形状不变，即在变形过程中，横截面在其自身平面内的投影只做刚性平面运动。因此，变形过程中，整个横截面和组成截面的各部分的扭转角相等。若以 φ 表示整个截面的扭转角，以 φ_1、φ_2、…、φ_i、…分别代表各组成部分的扭转角，则有

$$\varphi = \varphi_1 = \varphi_2 = \cdots = \varphi_i = \cdots \tag{a}$$

若以 M_x 表示整个截面上的扭矩，M_{x1}、M_{x2}、…、M_{xi}、…分别表示截面各组成部分上的扭矩，则有

$$M_x = M_{x1} + M_{x2} + \cdots + M_{xi} + \cdots = \sum_{i=1}^{n} M_{xi} \tag{b}$$

由狭长矩形计算公式（3-30）有

$$\varphi_1 = \frac{M_{x1} l}{G \frac{1}{3} h_1 \delta_1^3}, \varphi_2 = \frac{M_{x2} l}{G \frac{1}{3} h_2 \delta_2^3}, \cdots, \varphi_i = \frac{M_{xi} l}{G \frac{1}{3} h_i \delta_i^3}, \cdots \tag{c}$$

由式（c）解出 M_{x1}、M_{x2}、…、M_{xi}、…，代入式（b），并注意到由式（a）表示的关系，得到

$$M_x = \varphi \frac{G}{l}\left(\frac{1}{3}h_1\delta_1^3 + \frac{1}{3}h_2\delta_2^3 + \cdots + \frac{1}{3}h_i\delta_i^3 + \cdots\right) = \varphi \frac{G}{l} \sum_{i=1}^{n} \frac{1}{3} h_i \delta_i^3 \tag{d}$$

引用记号

$$I_t = \sum_{i=1}^{n} \frac{1}{3} h_i \delta_i^3 \tag{e}$$

则由式（d）可得

$$\varphi = \frac{M_x l}{G I_t} \tag{3-31}$$

式中，GI_t 为抗扭刚度；φ 为 l 长两端截面间相对扭转角。式（3-31）就是计算开口薄壁杆件相对扭转角的公式。

在组成截面的任一狭长矩形上，长边各点的切应力可由式（3-29）计算，即

$$\tau_i = \frac{M_{xi}}{\frac{1}{3} h_i \delta_i^2} \tag{f}$$

由于 $\varphi_i=\varphi$，由式（c）及式（3-31）得

$$\frac{M_{xi}l}{G\frac{1}{3}h_i\delta_i^3}=\frac{M_xl}{GI_t}$$

由此解出 M_{xi}，代入式（f）得出

$$\tau_i=\frac{M_x\delta_i}{I_t} \tag{3-32}$$

由式（3-32）看出，当 δ_i 为最大时，切应力 τ_i 达到最大值。故 $\tau_{\max}$ 发生在宽度最大的狭长矩形的长边上，且

$$\tau_{\max}=\frac{M_x\delta_{\max}}{I_t} \tag{3-33}$$

沿截面的边缘，切应力与边界相切，形成顺流（图 3-27），因而在同一厚度线的两端，切应力方向相反。

计算槽钢、工字钢等开口薄壁杆件的 I_t 时，应对式（e）略加修正，这是因为在这些型钢截面上，各狭长矩形连接处有圆角，翼缘内侧有斜率，这就增加了杆件的抗扭刚度。修正公式为

$$I_t=\eta\sum_{i=1}^{n}\frac{1}{3}h_i\delta_i^3$$

式中，η 为修正系数。角钢 $\eta=1.00$，槽钢 $\eta=1.12$，T 字钢 $\eta=1.15$，工字钢 $\eta=1.20$。

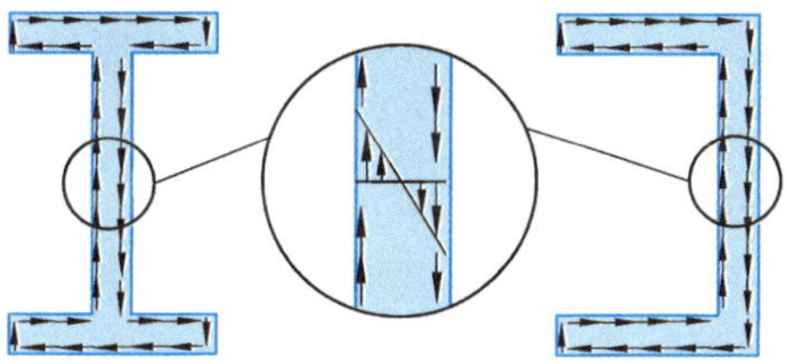

图 3-27

中线为曲线的开口薄壁杆件（图 3-28），计算时可将截面展直，作为狭长矩形截面处理。

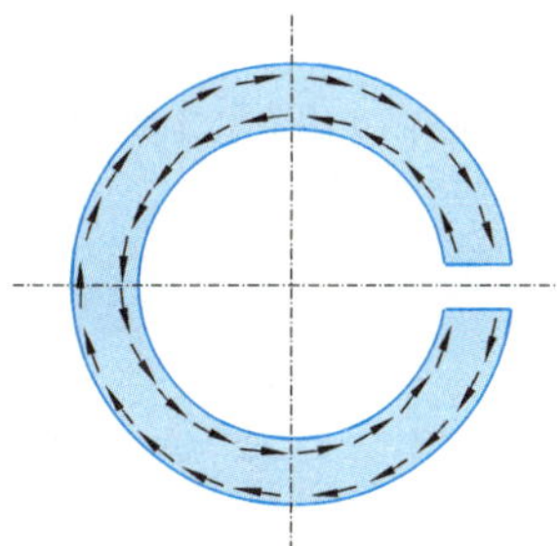

图 3-28

3.7.2 闭口薄壁杆件的自由扭转

关于闭口薄壁杆件，我们仅讨论横截面只有内外两个边界的单孔薄壁管形杆件（图 3-29a）。杆件壁厚 δ 沿截面中线可以是变化的，但与杆件的其他尺寸相比总是很小，因此可以认为沿厚度 δ 切应力均匀分布。

这样，沿截面中线每单位长度内的剪力就可以写成 $\tau\delta$，且 $\tau\delta$ 与截面中线相切。用两个相邻的横截面和两个任意纵向截面从杆中取出一部分 $abcd$（图 3-29b）。若截面在 a 点的厚度为 δ_1，切应力为 τ_1；而在 d 点厚度和应力分别为 δ_2 和 τ_2。根据切应力互等定理，在纵向面 ab 和 cd 上的剪力应分别为

$$F_{Q1}=\tau_1\delta_1\Delta x$$
$$F_{Q2}=\tau_2\delta_2\Delta x$$

自由扭转时，横截面上无正应力，bc 和 ad 两侧面上没有平行于杆件轴线的力。将作用于 $abcd$ 部分上的力向杆件轴线方向投影，由平衡条件可知

$$F_{Q1}=F_{Q2}$$
$$\tau_1\delta_1\Delta x=\tau_2\delta_2\Delta x$$

故有　　　$\tau_1\delta_1=\tau_2\delta_2$

a 和 d 是横截面上的任意两点，这说明在横截面上的任意点，切应力与壁厚的乘积不变。若以 t 代表这一乘积，则

$$t=\tau\delta=\text{常量} \tag{3-34}$$

t 称为**剪力流**。沿截面中线取微分长度 $\mathrm{d}s$，在中线长为 $\mathrm{d}s$ 的微分面积上剪力为 $\tau\delta\mathrm{d}s=t\mathrm{d}s$，它与截面中线相切。若对截面内的 O 点取矩，则整个截面上内力对 O 点的矩即为截面上的扭矩，于是有

$$M_x=\int_s t\mathrm{d}s\cdot\rho=t\int_s\rho\mathrm{d}s$$

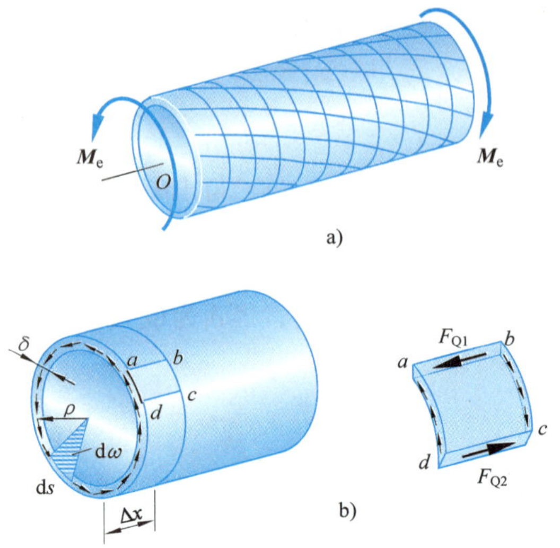

图　3-29

式中，ρ 为由 O 点到截面中线的切线的垂直距离；$\rho\mathrm{d}s$ 等于图 3-29b 中画阴影线的三角形面积 $\mathrm{d}\omega$ 的两倍，所以积分 $\int_s\rho\mathrm{d}s$ 是截面中线所围面积 ω 的两倍，即

$$M_x=2t\omega$$
$$t=\frac{M_x}{2\omega} \tag{3-35}$$

由于 $t=\tau\delta$ 是常量，故在 δ 最小处，切应力最大，即

$$\tau_{\max}=\frac{t}{\delta_{\min}}=\frac{M_x}{2\omega\delta_{\min}} \tag{3-36}$$

现在讨论闭口薄壁杆件自由扭转的变形。由式（3-34）求得横截面上一点处的切应力为

$$\tau=\frac{t}{\delta}=\frac{M_x}{2\omega\delta} \tag{3-37}$$

由式（3-25），单位体积的变形能 u 为

$$u=\frac{\tau^2}{2G}=\frac{M_x^2}{8G\omega^2\delta^2}$$

在杆件内取 $\mathrm{d}V=\delta\mathrm{d}x\mathrm{d}s$ 的单元体，$\mathrm{d}V$ 内的变形能为

$$\mathrm{d}U=u\mathrm{d}V=\frac{M_x^2}{8G\omega^2\delta}\mathrm{d}x\mathrm{d}s$$

整个闭口薄壁杆件的变形能应为

$$U=\iiint_V u\mathrm{d}V=\int_l\left[\oint\frac{M_x^2}{8G\omega^2\delta}\mathrm{d}s\right]\mathrm{d}x=\frac{M_x^2 l}{8G\omega^2}\oint\frac{\mathrm{d}s}{\delta}$$

外加扭转力偶矩在端截面的角位移（扭转角）上做功。在线弹性范围内，外力偶矩 M_e 与扭转角 φ 成正比，它们的关系是一条斜直线。M_e 做功等于斜直线下的面积，即

$$W=\frac{1}{2}M_e\varphi$$

在自由扭转的情况下，横截面上的扭矩 M_x 与外加扭转力偶矩 M_e 相等。又由功能原理，有

$U=W$，便可求得

$$\varphi = \frac{M_x l}{4G\omega^2}\oint \frac{\mathrm{d}s}{\delta} \tag{3-38}$$

若杆件的壁厚δ不变，式（3-38）化为

$$\varphi = \frac{M_x lS}{4G\omega^2\delta} = \frac{M_x l}{GI_t} \tag{3-39}$$

式中，$S=\oint \mathrm{d}s$ 是截面中线的长度；$I_t = 4\omega^2\delta/S$。

【例3-6】 截面为圆环形的开口和闭口薄壁杆件（图3-30），设两杆具有相同的平均直径d和壁厚δ，截面上的扭矩M_x也相同。试比较两者的扭转强度和刚度。

解：• 对于环形闭口薄壁截面，可求得

$$\omega = \frac{1}{4}\pi d^2,\ S = \pi d$$

则根据式（3-37）和式（3-39）得

$$\tau_1 = \frac{M_x}{2\omega\delta} = \frac{2M_x}{\pi d^2\delta}$$

$$\varphi_1 = \frac{M_x lS}{4G\omega^2\delta} = \frac{4M_x l}{G\pi d^3\delta}$$

• 对于环形开口薄壁截面，在计算其应力和变形时，可以把环形展直，作为狭长矩形看待。这时$h=\pi d$，则由式（3-29）和式（3-30），有

$$\tau_2 = \frac{M_x}{\frac{1}{3}h\delta^2} = \frac{3M_x}{\pi d\delta^2}$$

$$\varphi_2 = \frac{M_x l}{G\frac{1}{3}h\delta^3} = \frac{3M_x l}{G\pi d\delta^3}$$

• 比较其强度和刚度，在M_x和l相同的情况下，两者应力和相对扭转角之比为

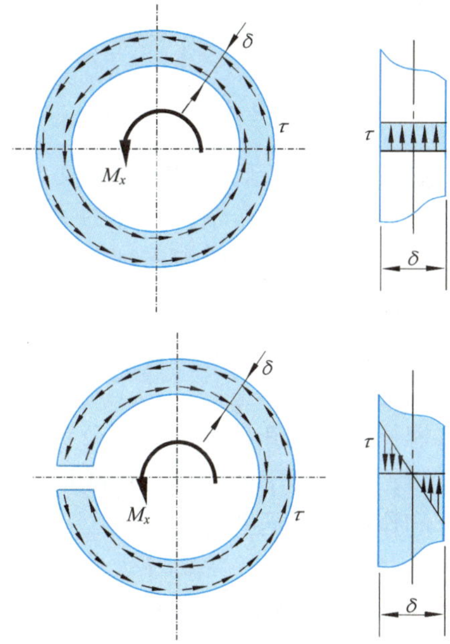

图 3-30

$$\frac{\tau_2}{\tau_1} = \frac{3}{2}\frac{d}{\delta}$$

$$\frac{\varphi_2}{\varphi_1} = \frac{3}{4}\left(\frac{d}{\delta}\right)^2$$

由于$d>>\delta$（一般情况下$d/\delta>10$），所以开口薄壁杆件的应力和变形都远大于同样情况下的闭口薄壁杆件。也就是说，在相同情况下闭口薄壁杆件的强度和刚度都比开口薄壁杆件要大。

3.8 剪切和挤压的实用计算

3.8.1 剪切构件的受力和变形特点

在工程中，机械和结构物的各组成部分通常用螺栓（图3-31a）、键、销钉（图3-32a）、

铆钉等联接件来联接。这类构件的**受力特点**是：作用于构件两侧面上外力的合力大小相等、方向相反，且作用线相距很近（图3-31b），其**变形特点**是：位于两力间的截面 $A-A'$（剪切面）发生相对错动。这种变形形式称为**剪切变形**。

由图3-31c可见，剪切变形只发生在受剪构件的某一局部，而且外力也作用在此局部附近，因此，其受力和变形都比较复杂。在设计计算中对这类构件采用实用计算方法。这种方法是根据剪切破坏的实际情况，做出较为粗略的、大体上能反映实际情况的假设，从而导出简单实用的近似计算公式。

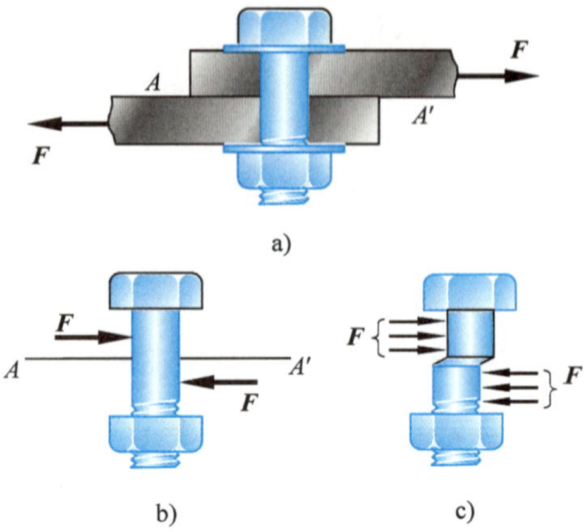

图　3-31

3.8.2　剪切的实用计算

如图3-32所示，当销钉受拉力 F 时，其受力简图如图3-32b所示，当外力 F 增大到一定值时，销钉可能沿 $B-B'$ 截面被剪断，这个截面称为**剪切面**。

为了校核销钉在剪切面上的强度，首先根据截面法确定剪切面上的内力。为此，沿 $B-B'$ 截面将螺栓假想截开，取下半部分为研究对象（图3-32c），用平行于截面 $B-B'$ 的剪力 F_Q 代替上半部分的作用，根据平衡条件得

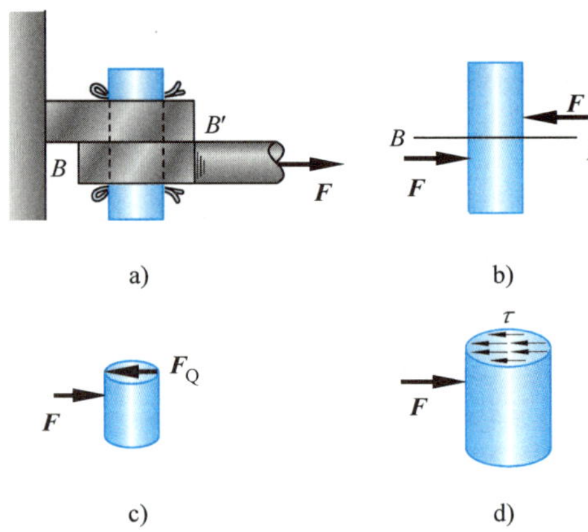

图　3-32

$$F_Q=F$$

假定剪力 F_Q 所对应的切应力在剪切面上均匀分布（图3-32d），则剪切面上的切应力为

$$\boxed{\tau=\frac{F_Q}{A}} \tag{3-40}$$

式中，A 为剪切面面积。

因此，剪切强度条件为

$$\boxed{\tau=\frac{F_Q}{A}\leqslant[\tau]} \tag{3-41}$$

许用切应力 $[\tau]$ 采用下述方法来确定：取与实际工作构件完全相同的试件（材料、尺寸、受力情况、装配方法都相同），由剪切试验测得剪断试件时的剪力 F_{Qb}，按切应力均匀分布的公式（3-40）求得剪切强度极限 $\tau_b=F_{Qb}/A$，再除以适当的安全系数即可得到 $[\tau]$。各种材料的 $[\tau]$ 可以从有关设计规范中查到。

根据以上强度条件，便可进行强度计算。应该指出，实际问题中，有些零件往往有两个剪切面，这种情况称为**双剪切**，其强度计算方法与前述方法相同，只是在两个剪切面上都有剪力。图3-33a所示的活塞销就有两个剪切面（图3-33b），每个剪切面上的剪力 $F_Q=F/2$，

此时剪切面上的切应力为

$$\tau=\frac{F_Q}{A}=\frac{F}{2A}$$

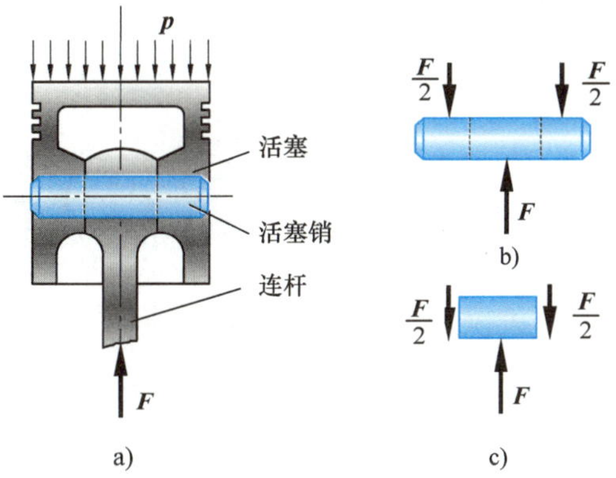

图 3-33

3.8.3 挤压的实用计算

在外力作用下，联接件和被联接构件之间由于接触面较小而传递的压力较大，这就可能把联接件的接触面压成局部塑性变形，导致联接松动而失效，这种破坏方式称为**挤压破坏**。如图 3-34 所示，当螺栓孔被压成长圆孔时，螺栓也可能被压成扁圆柱。所以对联接构件除进行剪切强度计算外，还应进行挤压强度计算。

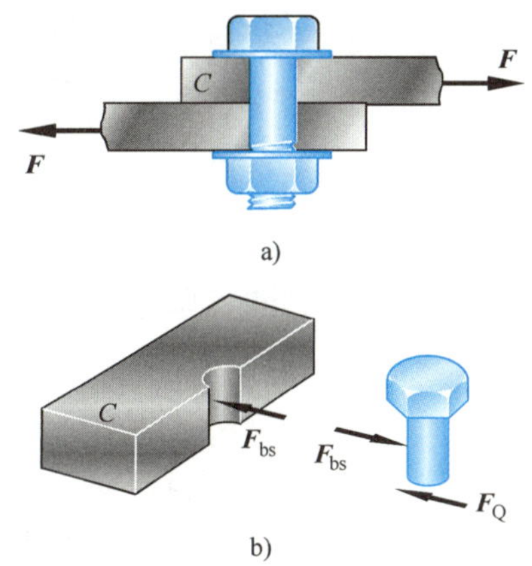

图 3-34

挤压面上的应力分布一般比较复杂，工程上也采用实用计算的方法。假定在挤压面上应力均匀分布，以 F_{bs} 表示挤压面上的挤压力，以 A_{bs}表示挤压面积，于是挤压面上的挤压应力为

$$\boxed{\sigma_{bs}=\frac{F_{bs}}{A_{bs}}} \tag{3-42}$$

相应的挤压强度条件是

$$\boxed{\sigma_{bs}=\frac{F_{bs}}{A_{bs}}\leqslant[\sigma_{bs}]} \tag{3-43}$$

式中，$[\sigma_{bs}]$ 为材料的许用挤压应力，可以从有关设计规范中查到。

当接触面为圆柱面（如螺栓、销钉和铆钉与孔间的接触面）时，挤压应力的分布如图 3-35a 所示，最大应力在圆柱面的中点。实用计算中，以圆孔或圆钉的直径平面面积 td（图 3-35b 中画阴影线的面积）除挤压力 F_{bs}所得应力大致与实际最大应力接近。因此，这时 A_{bs}取为 td。当联接件与被联接构件的接触面为平面时（如图 3-36 所示的键联接），A_{bs}就是接触面的面积。

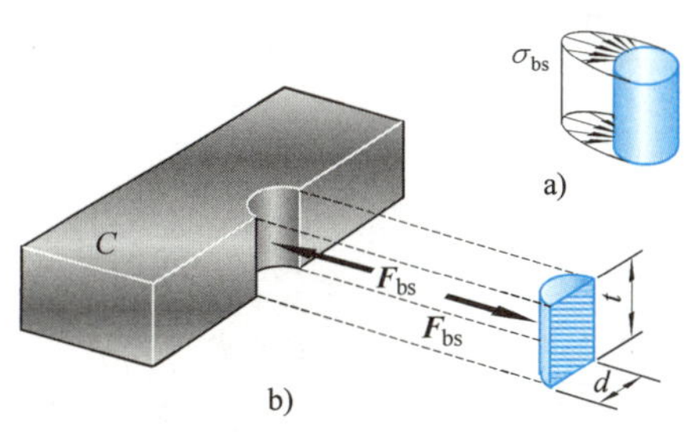

图 3-35

【例 3-7】 图 3-36a 表示齿轮用平键与轴联接（图中只画出了轴与键，没有画出齿轮）。已知轴的直径 $d=70\text{mm}$，键的尺寸为 $b\times h\times l=20\text{mm}\times12\text{mm}\times100\text{mm}$，传递的扭转力偶矩 $M_e=2\text{kN}\cdot\text{m}$，键的许用应力 $[\tau]=60\text{MPa}$，$[\sigma_{bs}]=100\text{MPa}$。试校核键的强度。

解：● 校核键的剪切强度

将平键沿 $n-n$ 截面分成两部分，并把 $n-n$ 以下部分和轴作为一个整体来考虑（图 3-36b）。因为假设在 $n-n$ 截面上切应力均匀分布，故 $n-n$ 截面上的剪力 F_Q为

$$F_Q=A\tau=bl\tau$$

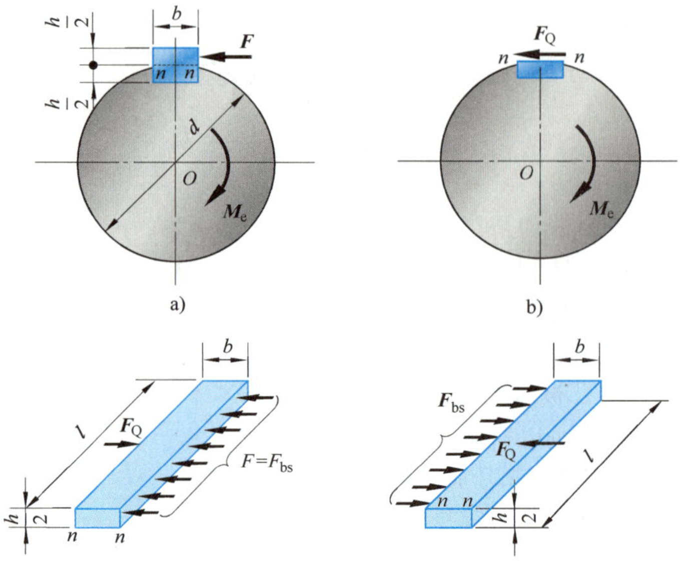

图 3-36

对轴心 O 取矩，由平衡方程 $\sum M_O=0$，得

$$F_Q\frac{d}{2}=bl\tau\frac{d}{2}=M_e$$

故有

$$\tau=\frac{2M_e}{bld}=\frac{2\times 2\,000}{20\times 100\times 70\times 10^{-9}}\text{Pa}=28.6\times 10^6\text{Pa}=28.6\text{MPa}<[\tau]$$

可见平键满足剪切强度条件。

- 校核键的挤压强度

考虑键在 $n-n$ 截面以上（图 3-36c）或以下（图 3-36d）部分的平衡，在 $n-n$ 截面上的剪力 $F_Q=bl\tau$，挤压力为

$$F_{bs}=A_{bs}\sigma_{bs}=\frac{h}{2}l\sigma_{bs}$$

投影于水平方向，由平衡方程得

$$F_Q=F_{bs}\quad 或\quad bl\tau=\frac{h}{2}l\sigma_{bs}$$

由此求得

$$\sigma_{bs}=\frac{2b\tau}{h}=\frac{2\times 20\times 28.6\times 10^6}{12}\text{Pa}=95.3\times 10^6\text{Pa}=95.3\text{MPa}<[\sigma_{bs}]$$

故平键也满足挤压强度条件。

【例 3-8】 两轴以凸缘相联接（图 3-37a），沿直径 $D=150\text{mm}$ 的圆周上对称地分布着四个联接螺栓来传递力偶 M_e。已知 $M_e=2500\text{N}\cdot\text{m}$，凸缘厚度 $h=10\text{mm}$，螺栓材料为 Q235 钢，许用切应力 $[\tau]=80\text{MPa}$，许用挤压应力 $[\sigma_{bs}]=200\text{MPa}$。试设计螺栓的直径。

解： • 螺栓受力分析

因螺栓对称排列，故每个螺栓受力相同。假想沿凸缘接触面切开，考虑右边部分的平衡（图 3-37b），由 $\sum M_O=0$，有

$$M_e-4F_Q\frac{D}{2}=0$$

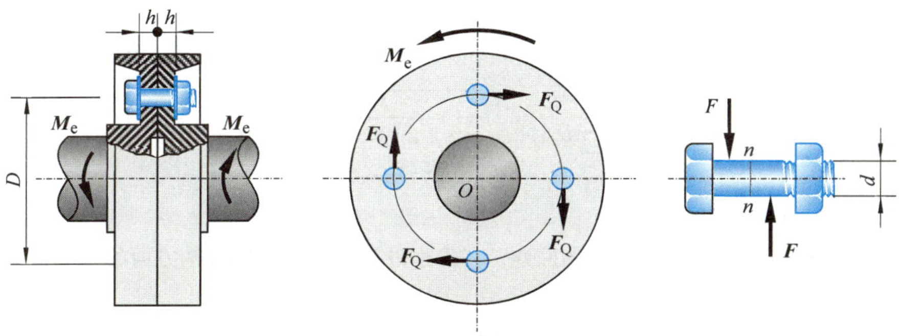

图　3-37

则
$$F_Q=\frac{M_e}{2D}=\frac{2\ 500}{2\times15\times10^{-2}}\text{N}=8\ 330\text{N}$$

F_Q为螺栓受剪面 $n-n$（图 3-37c）的剪力。即凸缘传给螺栓的作用力 $F=F_Q$。

- 设计螺栓直径

根据式（3-41），可得

$$\tau=\frac{F_Q}{A}=\frac{F_Q}{\frac{\pi}{4}d^2}\leqslant[\tau]$$

$$d_1\geqslant\sqrt{\frac{4F_Q}{\pi[\tau]}}=\sqrt{\frac{4\times8\ 330}{\pi\cdot80\times10^6}}\text{m}=0.011\ 5\text{m}=11.5\text{mm}$$

螺栓承受的挤压力 $F_{bs}=F=8\ 330\text{N}$，挤压面面积 $A_{bs}=hd$，则根据式（3-43），可得

$$\sigma_{bs}=\frac{F_{bs}}{A_{bs}}=\frac{F_{bs}}{hd}\leqslant[\sigma_{bs}]$$

$$d_2\geqslant\frac{F_{bs}}{[\sigma_{bs}]h}=\frac{8\ 330}{200\times10^6\times0.01}\text{m}=0.004\ 17\text{m}=4.17\text{mm}$$

螺栓直径应选取较大的，即 $d=\max\{d_1, d_2\}=11.5\text{mm}$。

按照工程规范，可取公称直径 $d=12\text{mm}$ 的标准螺栓。

一部机器在工作中难免发生超载现象，机器的主要零件将面临破坏危险，这时最好只破坏不贵重的零件或次要零件，也就是把某个次要零件的强度设计成整个机器中最薄弱的环节。当机器超载时，由于这个零件被破坏，使载荷不能继续增加以保全其他主要零部件，如轴、齿轮等。下面列举的安全销就是按这种考虑设置的。

【例 3-9】　图 3-38 为车床光杠的安全销。已知 $D=20\text{mm}$，安全销材料为 45 号钢，剪切强度极限 $\tau_b=360\text{MPa}$。为保证光杠安全，传递的力矩 M_e不能超过 120N · m。试设计安全销直径 d。

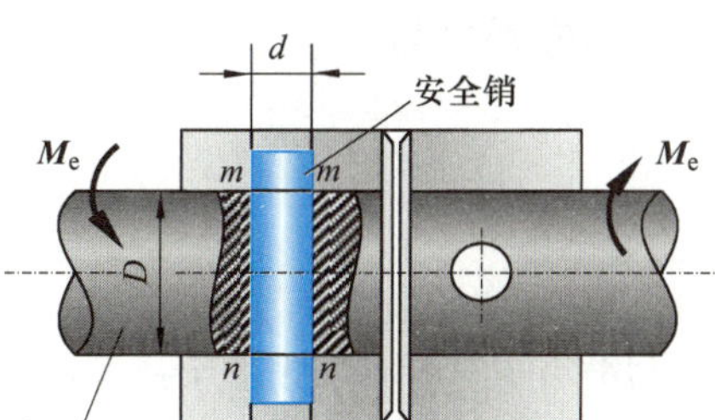

图　3-38

解： 安全销有两个受剪面 $m-m$ 和 $n-n$，受剪面上的剪力 F_Q组成一力偶，其力偶臂为 D，所以 $F_Q=M_e/D$，按剪断条件，当光杠传递的力矩 M_e 超过 120N · m 时，切应力应超过剪切强度极限：

$$\tau = \frac{F_Q}{A} = \frac{M_e/D}{\pi d^2/4} \geqslant \tau_b$$

$$d \leqslant \sqrt{\frac{4M_e}{\pi D \tau_b}} = \sqrt{\frac{4 \times 120}{\pi \cdot 2 \times 10^{-2} \times 360 \times 10^6}}\ \text{m}$$

$$= 4.6 \times 10^{-3}\text{m} = 4.6\text{mm}$$

取安全销直径 $d = 4.6\text{mm}$。

安全销的设计是一项非常严格和重要的问题，在工程设计中尚需考虑其他方面的影响，必要时需借助实验来精确设计。

3.9 密圈圆柱螺旋弹簧的应力和变形

弹簧是工程中常见的构件，种类也很多，主要是利用其变形较大的特点来满足一定的要求。本节主要研究工程中应用较广的圆柱形密圈螺旋弹簧。它可以用于缓冲减振，例如车辆轴上的弹簧和轿车前、后桥上的弹簧；又可用于控制机械运动，例如凸轮机构中的压紧弹簧、内燃机中的气阀弹簧等；也可以测量力的大小，例如弹簧秤中的弹簧。

螺旋弹簧簧丝的轴线是一条空间螺旋线（图 3-39a），其应力和变形的精确分析比较复杂。但当螺旋角 α 很小时，例如 $\alpha < 5°$，便可忽略 α 的影响，近似地认为簧丝的横截面与弹簧轴线在同一平面内。一般将这种弹簧称为密圈螺旋弹簧。此外，当簧丝横截面的直径 d 远小于弹簧圈的平均直径 D 时，还可以略去簧丝曲率的影响，近似地用直杆公式计算。本节就是在上述简化的基础上，讨论密圈螺旋弹簧的应力和变形。

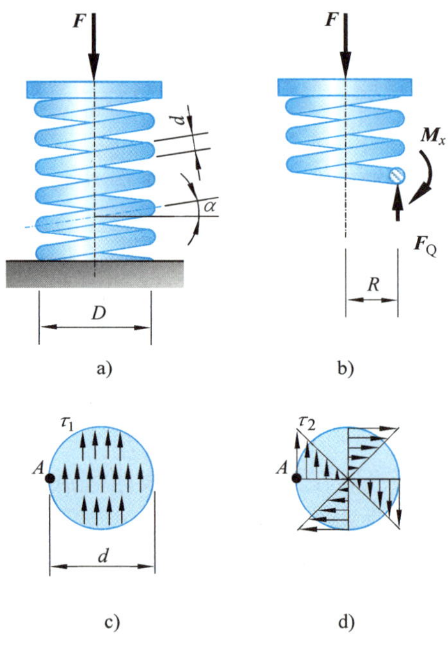

图 3-39

3.9.1 弹簧丝横截面上的应力

为了研究簧丝横截面上的应力，先根据截面法确定横截面上的内力。假想用任意横截面将簧丝截开，取上半部分为研究对象（图 3-39b）。为了保持取出的上半部分的平衡，在横截面上要求有一个通过截面形心的剪力 F_Q 和一个力偶矩 M_x。根据平衡方程可知

$$F_Q = F$$

$$M_x = \frac{FD}{2} = FR \tag{a}$$

式中，F_Q 为簧丝横截面上的剪力；M_x 为横截面上的扭矩；D 为弹簧的平均直径。

与剪力 F_Q 对应的切应力 τ_1，按实用计算的方法，认为均匀分布于横截面上（图 3-39c），即

$$\tau_1 = \frac{F_Q}{A} = \frac{4F_Q}{\pi d^2} \tag{b}$$

与扭矩 M_x 对应的切应力 τ_2，认为与等直圆轴扭转切应力相同（图 3-39d），其最大值为

$$\tau_{2,\max} = \frac{M_x}{W_P} = \frac{16FR}{\pi d^3} \tag{c}$$

簧丝横截面上任意点的总应力，应是剪切和扭转两种切应力的矢量和。在靠近轴线内侧 A 点处，总应力达到最大值，即

$$\tau_{\max} = \tau_1 + \tau_{2,\max} = \frac{4F_Q}{\pi d^2} + \frac{16FR}{\pi d^3} = \frac{16FR}{\pi d^3}\left(\frac{d}{2D} + 1\right) \tag{d}$$

当 $\frac{D}{d} \geqslant 10$ 时，$\frac{d}{2D} \leqslant 0.05$，此时可不考虑剪切而只考虑扭转的影响，式（d）可简化为

$$\tau_{\max} = \frac{16FR}{\pi d^3} = \frac{8FD}{\pi d^3} \tag{3-44}$$

式（3-44）是计算簧丝应力的近似公式，在考虑了簧丝曲率的影响以及剪切切应力 τ_1 并非均匀分布等因素后，计算最大切应力的修正公式为

$$\tau_{\max} = \left(\frac{4c-1}{4c-4} + \frac{0.615}{c}\right)\frac{8FD}{\pi d^3} = k\frac{8FD}{\pi d^3} \tag{3-45}$$

式中，$c = D/d$ 称为**弹簧指数**；$k = \frac{4c-1}{4c-4} + \frac{0.615}{c}$，称为**曲度系数**，它是对于近似公式(3-44)的一个修正系数，表 3-2 中的 k 值就是由式（3-45）算出的。由表 3-2 中数值可见，c 越小则 k 越大。

表 3-2　螺旋弹簧的曲度系数 k

c	4	4.5	5	5.5	6	6.5	7	7.5	8	8.5	9	9.5	10	12	14
k	1.40	1.35	1.31	1.28	1.25	1.23	1.21	1.20	1.18	1.17	1.16	1.15	1.14	1.12	1.10

簧丝的强度条件是

$$\tau_{\max} \leqslant [\tau] \tag{e}$$

式中，$\tau_{\max}$是按式（3-44）或式（3-45）求出的最大切应力；［τ］是材料的许用切应力。弹簧材料一般是弹簧钢，其［τ］的数值颇高。

3.9.2　弹簧的变形

弹簧的变形是指弹簧在轴向压力（或拉力）作用下，沿其轴线方向的总缩短（或伸长）量 λ（图 3-40a）。在弹性范围内，压力 F 与变形 λ 成正比，即 F 与 λ 的关系是一条斜直线（图 3-40b）。当外力从零增加到最终值时，它所做的功等于斜直线下的面积，即

$$W = \frac{1}{2}F\lambda \tag{f}$$

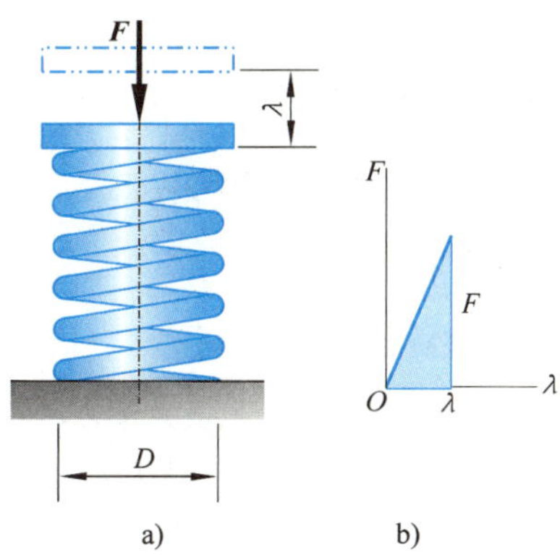

图　3-40

现在计算储存在弹簧簧丝内的弹性变形能。若只考虑簧丝内的扭转变形能，据式（3-22）有

$$U=\frac{M_x^2 l}{2GI_P}$$

式中，$M_x=FR$；l 为簧丝长度，若弹簧内的有效圈数为 n，则 $l=2\pi Rn$。代入上式得

$$U=\frac{M_x^2 l}{2GI_P}=\frac{(FR)^2 2\pi Rn}{2GI_P} \tag{g}$$

根据功能原理，外力所做的功应等于储存于弹簧内的弹性变形能，即 $W=U$，于是，有

$$\frac{1}{2}F\lambda=\frac{(FR)^2 2\pi Rn}{2GI_P}$$

而 $I_P=\frac{\pi d^4}{32}$，整理得

$$\lambda=\frac{64FR^3 n}{Gd^4} \tag{3-46}$$

此式即为计算弹簧变形的近似公式。若引用记号

$$K=\frac{Gd^4}{64R^3 n}$$

则式（3-46）可写成

$$\lambda=\frac{F}{K} \tag{3-47}$$

式中，K 为弹簧抵抗变形的能力，称为弹簧刚度，K 越大则变形 λ 越小。

从式（3-46）看出，λ 与 d^4 成反比，如希望弹簧有较好的减振和缓冲作用，又要求它有较大变形和比较柔软时，应使簧丝直径 d 尽可能小一些。于是相应的 τ_{max} 的数值也就增高，这就要求弹簧材料有较高的 $[\tau]$。此外，根据式（3-46），增加圈数 n 和加大平均直径 D，都可以取得增加 λ 的效果。

【例 3-10】 某柴油机的气阀弹簧，簧圈平均半径 $R=59.5\text{mm}$，簧丝横截面直径 $d=14\text{mm}$，有效圈数 $n=5$。材料的 $[\tau]=350\text{MPa}$，$G=80\text{GPa}$。弹簧工作时总压缩变形（包括预压变形）为 $\lambda=55\text{mm}$。试校核弹簧的强度。

解： 由式（3-46）

$$\lambda=\frac{64FR^3 n}{Gd^4}$$

求出弹簧所受压力 F 为

$$F=\frac{\lambda Gd^4}{64R^3 n}=\frac{55\times10^{-3}\times80\times10^9\times(14\times10^{-3})^4}{64\times(59.5\times10^{-3})^3\times5}\text{N}=2\ 510\text{N}$$

由 R 及 d 求出

$$c=\frac{D}{d}=\frac{2R}{d}=\frac{2\times59.5}{14}=8.5$$

由表 3-2 查出弹簧的曲度系数 k 为 1.17，求

$$\tau_{max}=k\frac{8FD}{\pi d^3}=1.17\times\frac{8\times2\ 510\times59.5\times2\times10^{-3}}{\pi\times(14\times10^{-3})^3}\text{Pa}=325\text{MPa}<[\tau]$$

弹簧满足强度要求。

分析思考题

3-1 圆轴扭转的受力特点与变形特点是什么?

3-2 扭矩符号是如何规定的?

3-3 剪切的受力特点与变形特点是什么?

3-4 用切应力互等定理证明思考题 3-4 图所示截面上 1、2 两点的切应力必为零及 3、4 点的切应力必与周边相切。

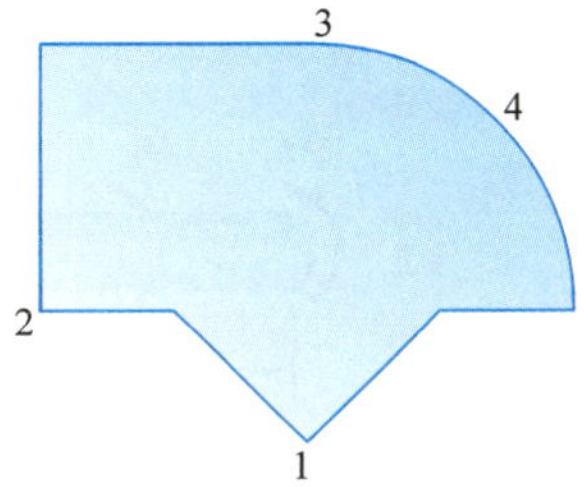

思考题 3-4 图

3-5 思考题 3-5 图所示单元体上的切应力是否符合切应力互等定理?为什么?

3-6 一空心圆轴的截面尺寸如思考题 3-6 图所示,它的极惯性矩 I_P 和抗扭截面模量 W_P 是否可按下式计算?

$$I_P = \frac{\pi D^4}{32} - \frac{\pi d^4}{32}, \quad W_P = \frac{\pi D^3}{16} - \frac{\pi d^3}{16}$$

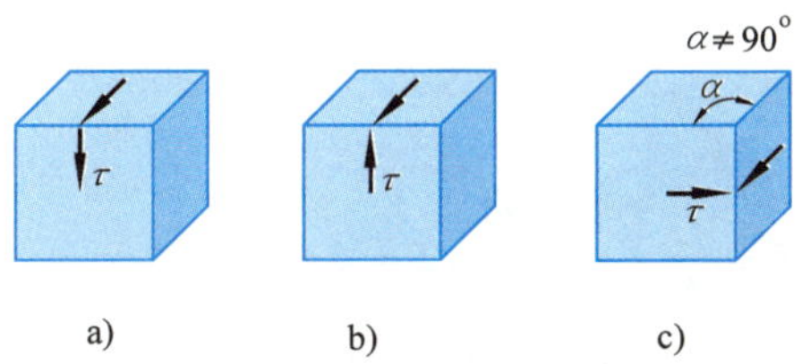

思考题 3-5 图

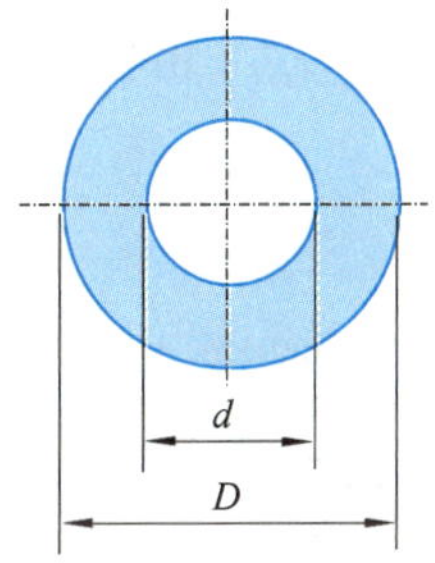

思考题 3-6 图

3-7 思考题 3-7 图中所画切应力分布图是否正确? M_x 为圆轴横截面上的扭矩。

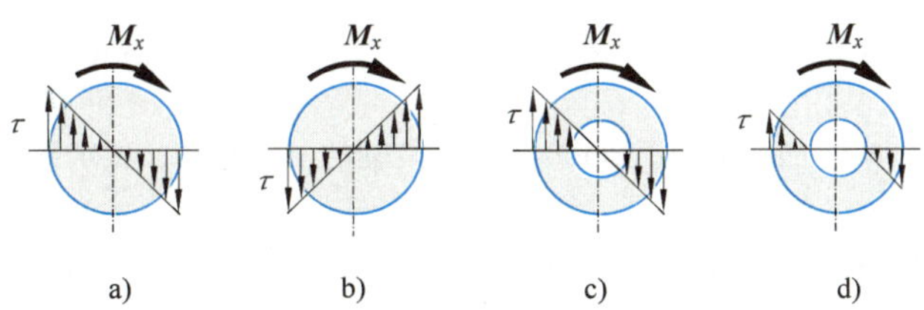

思考题 3-7 图

3-8 直径 d 和长度 l 都相同而材料不同的两根轴,在相同的扭矩作用下,它们的最大切应力 τ_{max} 是否相同?扭转角 φ 是否相同,为什么?

3-9 试从应力分布的角度说明空心圆轴比实心圆轴能更充分地发挥材料的作用。

3-10 非圆截面杆扭转与圆轴扭转的本质区别是什么?

3-11 为什么一般减速器中的低速轴均比高速轴的直径大?

习题

3-1 绘制题 3-1 图所示各圆轴的扭矩图。

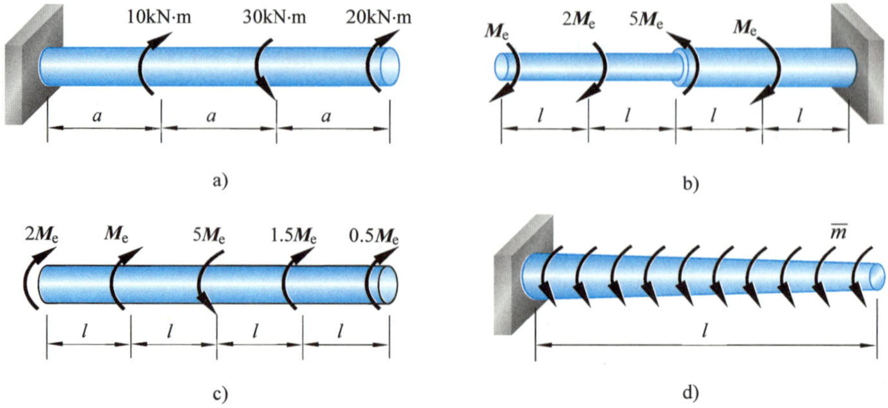

题 3-1 图

3-2　求题 3-2 图所示圆轴 1－1 和 2－2 截面的扭矩。从强度的观点看，三个轮子怎样布置才比较合理？

3-3　题 3-3 图所示传动轴的直径 $d=10\text{cm}$，材料的剪切弹性模量 $G=80\text{GPa}$，$a=0.5\text{m}$，试：(1) 画扭矩图；(2) 求 τ_{max}，并指出 τ_{max} 发生在何处？(3) 求 C、D 两截面间的扭转角 φ_{CD} 与 A、D 两截面间的扭转角 φ_{AD}。

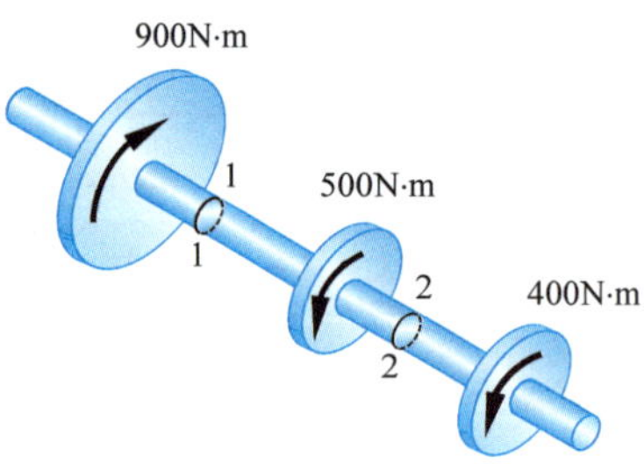

题 3-2 图

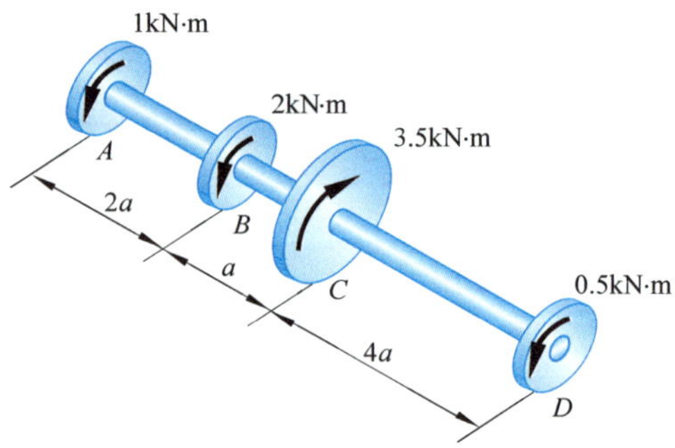

题 3-3 图

3-4　已知轴传递的功率（如题 3-4 图所示），若两段轴的 τ_{max} 相同，试求此两段轴的直径之比及两段轴的扭转角之比。

3-5　发电量为 15 000kW 的水轮机主轴如题 3-5 图所示，已知 $D=550\text{mm}$，$d=300\text{mm}$，正常转速 $n=250\text{r/min}$，材料的许用切应力 $[\tau]=50\text{MPa}$。试校核水轮机主轴的强度。

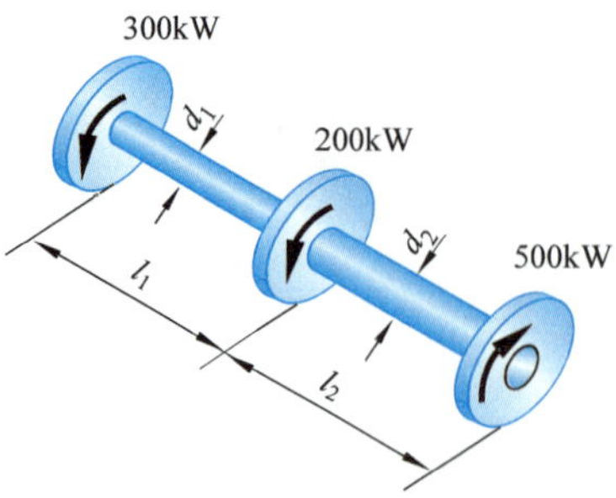

题 3-4 图

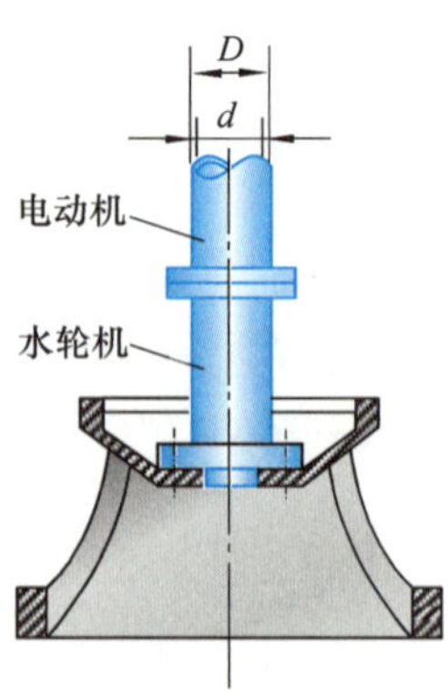

题 3-5 图

3-6　题 3-6 图所示 AB 轴的转速 $n=120\text{r/min}$，从 B 轮输入功率 $P=40\text{kW}$，此功率的一半通过锥齿轮传给垂直轴 C，另一半由水平轮 H 输出。已知 $D_1=60\text{cm}$，$D_2=24\text{cm}$，$d_1=10\text{cm}$，$d_2=8\text{cm}$，$d_3=6\text{cm}$，$[\tau]=20\text{MPa}$。试对各轴进行强度校核。

3-7　题 3-7 图所示阶梯形圆轴直径分别为 $d_1=4\text{cm}$，$d_2=7\text{cm}$，轴上装有三个皮带轮。已知由轮 3 输入的功率为 $P_3=30\text{kW}$，轮 1 输出的功率为 $P_1=13\text{kW}$，轴做匀速转动，$n=200\text{r/min}$，材料的剪切许用切应力 $[\tau]=60\text{MPa}$，$G=80\text{GPa}$，许用单位长度扭转角 $[\theta]=2\ (°)/\text{m}$。试校核轴的强度和刚度。

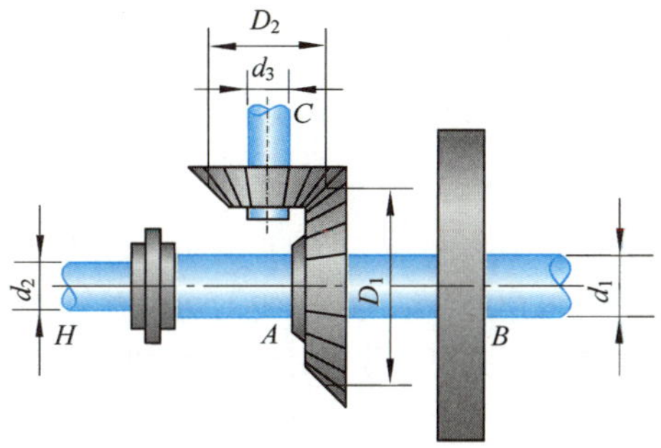

题 3-6 图

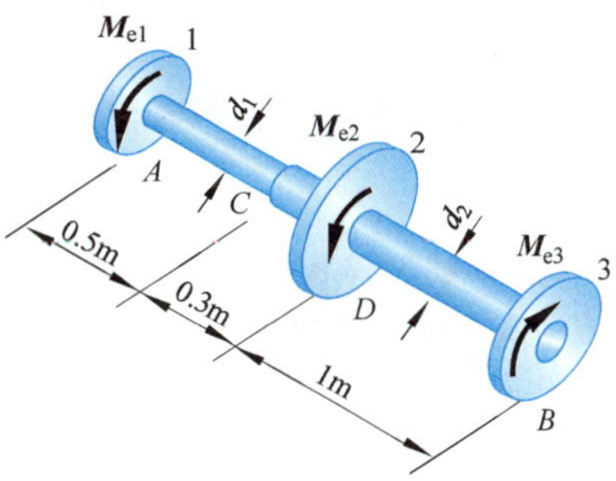

题 3-7 图

3-8　如题 3-8 图所示绞车同时由两人操作，若每人加在手柄上的力都是 $F=200\text{N}$，已知轴的许用切应力 $[\tau]=40\text{MPa}$，试按强度条件初步估算 AB 轴的直径，并确定最大起重量 G。

3-9　机床变速箱第Ⅱ轴如题 3-9 图所示，轴所传递的功率为 $P=5.5\text{kW}$，转速 $n=200\text{r/min}$，材料为 45 号钢，$[\tau]=40\text{MPa}$，试按强度条件初步设计轴的直径。

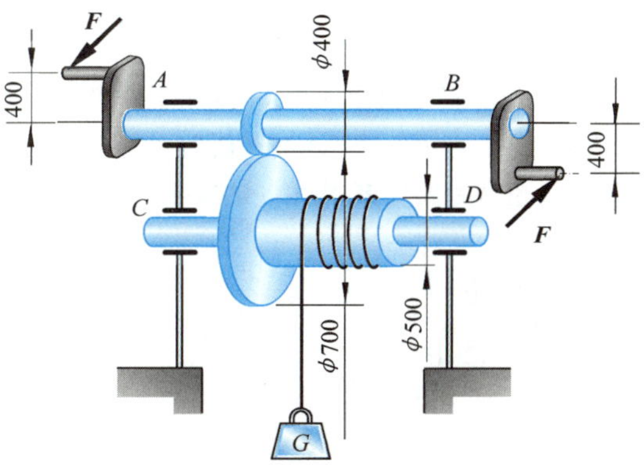

题 3-8 图

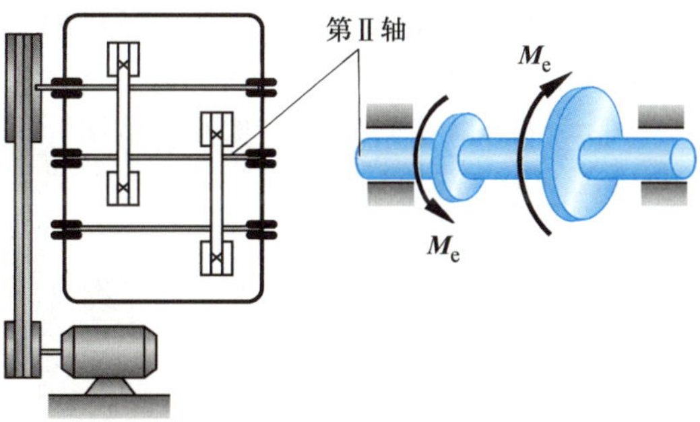

题 3-9 图

3-10　桥式起重机如题 3-10 图所示，若传动轴传递的力偶矩 $M_e=1.08\text{kN}\cdot\text{m}$，材料的许用应力 $[\tau]=40\text{MPa}$，$G=80\text{GPa}$，同时规定 $[\theta]=0.5\ (°)/\text{m}$。试设计轴的直径。

3-11　实心轴和空心轴通过牙嵌离合器连接在一起，如题 3-11 图所示。已知轴的转速 $n=100\text{r/min}$，传递的功率 $P=7.5\text{kW}$，材料的许用应力 $[\tau]=40\text{MPa}$。试选择实心轴直径 d_1 和内外径比值为 1/2 的空心轴的外径 D_2。

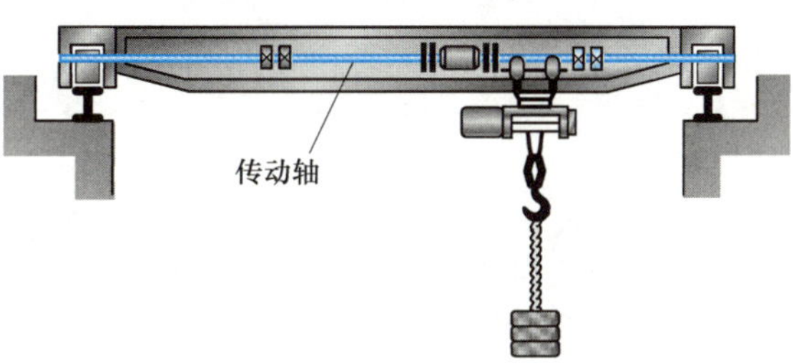

题 3-10 图

3-12　题3-12图所示传动轴的转速为 $n=500\text{r/min}$，主动轮1输入功率 $P_1=367.75\text{kW}$，从动轮2、3分别输出功率 $P_2=147.1\text{kW}$、$P_3=220.65\text{kW}$。已知 $[\tau]=70\text{MPa}$，$[\theta]=1\ (°)/\text{m}$，$G=80\text{GPa}$。(1) 试确定 AB 段的直径 d_1 和 BC 段的直径 d_2；(2) 若 AB 和 BC 两段选用同一直径，试确定直径 d；(3) 主动轮和从动轮应如何安排才比较合理?

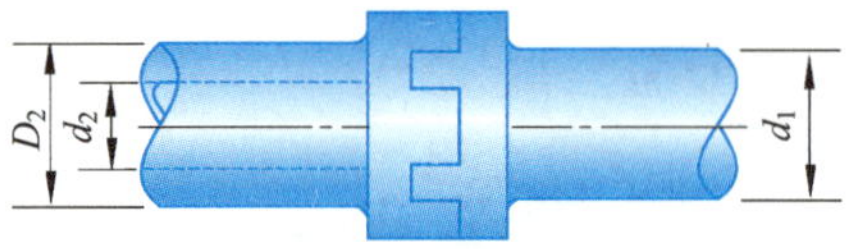

题3-11图

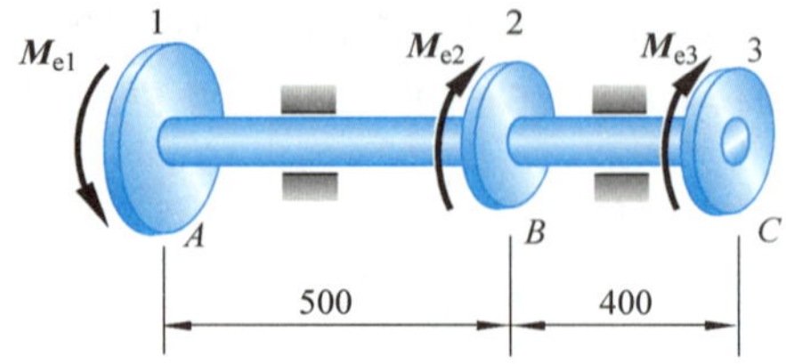

题3-12图

3-13　如题3-13图所示，用相距为 l 的两个横截面 ABE、CDF 和包含轴线的纵向面 $ABCD$，从直径为 d 的受扭圆轴（图a）中截出一部分，如图b所示。根据切应力互等定理，纵向截面上的切应力 τ' 已示于图中。这一纵向截面上的内力系最终将组成一个力偶矩。试问它与这一截出部分上的什么内力平衡?

3-14　圆截面杆 AB 的左端固定，如题3-14图所示，承受一集度为 $\overline{m}$ 的均布力偶矩作用。试导出计算截面 B 的扭转角的公式。

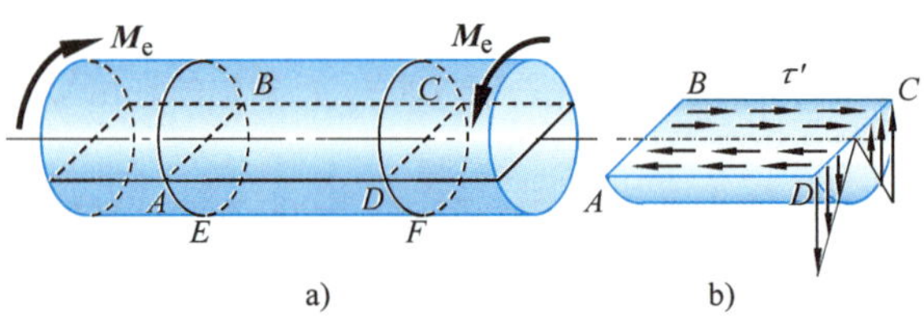

题3-13图

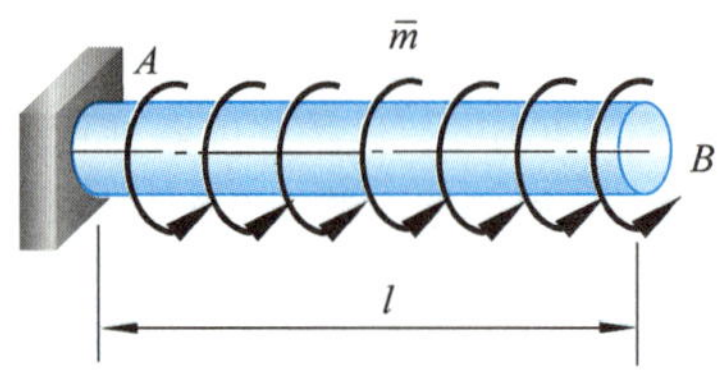

题3-14图

3-15　题3-15图所示钻头横截面直径为20mm，在顶部受均匀的阻抗扭矩 $\overline{m}$（N·m/m）的作用，许用切应力 $[\tau]=70\text{MPa}$。(1) 求许可的 M_e；(2) 若 $G=80\text{GPa}$，求上端对下端的相对扭转角。

3-16　两端固定的圆轴 AB 如题3-16图所示，在截面 C 上受扭转力偶矩 M_e 作用。试求两固定端的反作用力偶矩 M_A 和 M_B。

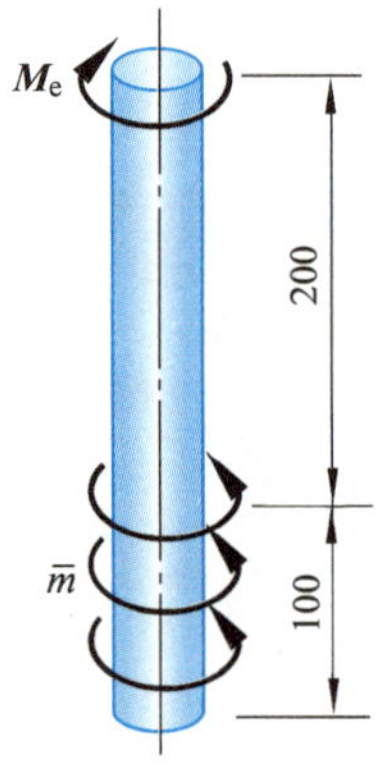

题3-15图

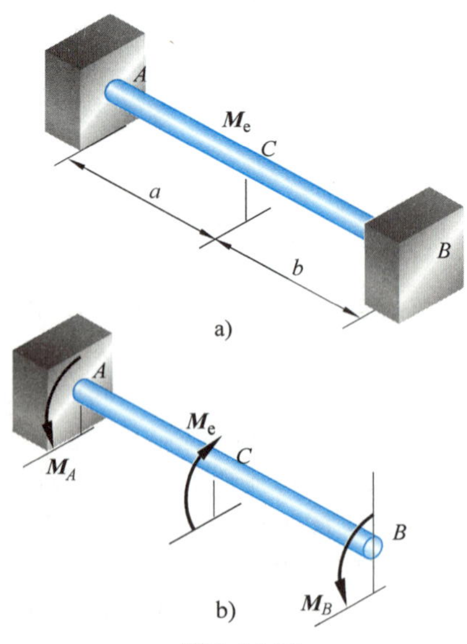

题3-16图

提示：轴的受力图如题 3-16 图 b 所示。若以 φ_{AC} 表示截面 C 对 A 端的转角，φ_{CB} 表示 B 对 C 的转角，则 B 对 A 的转角 φ_{AB} 应是 φ_{AC} 和 φ_{CB} 的代数和。但因 B、A 两端皆是固定端，故 φ_{AB} 应等于零，于是得变形协调方程 $\varphi_{AC}+\varphi_{CB}=0$

3-17　设有截面为圆形、方形和矩形的三根杆。已知截面尺寸如题 3-17 图所示，承受相同的扭矩 $M_x=2.5\text{kN}\cdot\text{m}$，试求三根杆内的最大切应力，并计算其比值。

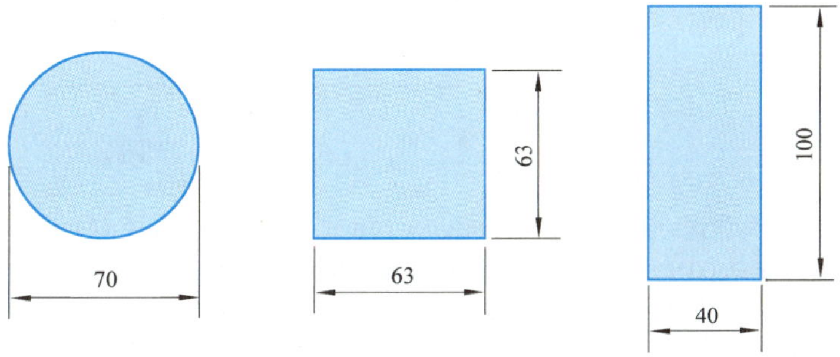

题 3-17 图

3-18　已知某内燃机曲柄危险截面的扭矩 $M_x=900\text{N}\cdot\text{m}$，截面尺寸如题 3-18 图所示。试求该截面长边中点的 τ_{max} 和短边中点的 τ_1。

3-19　如题 3-19 图所示闭口薄壁截面杆，材料的许用切应力 $[\tau]=60\text{MPa}$，试按强度条件求解：（1）杆能承受多大扭矩？（2）若在杆上开一平行于轴线的窄缝成为开口薄壁截面，杆能承受多大的扭矩？

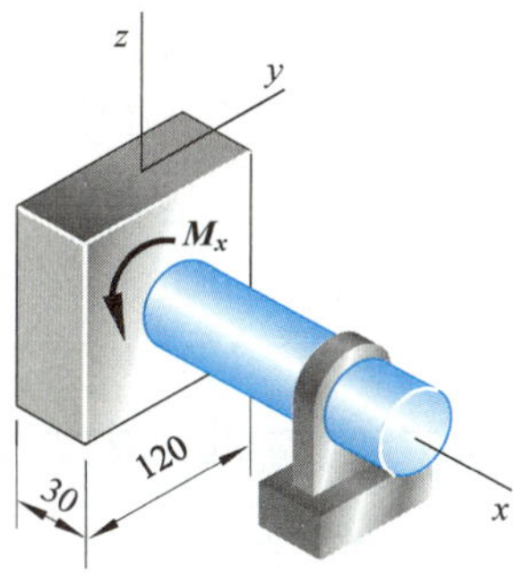

题 3-18 图

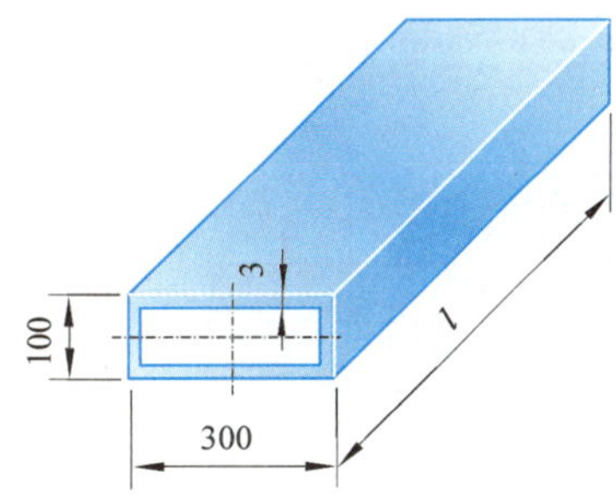

题 3-19 图

3-20　拖拉机通过方轴带动悬挂在后面的旋耕机。方轴的转速 $n=720\text{r/min}$，传递的最大功率 $P=25\text{kW}$，截面为 $30\text{mm}\times30\text{mm}$，材料的 $[\tau]=100\text{MPa}$。试校核方轴的强度。

3-21　有一矩形截面的钢杆，其横截面尺寸为 $100\text{mm}\times50\text{mm}$，长度 $l=2\text{m}$，在杆的两端作用着一对力偶矩。若材料的 $[\tau]=100\text{MPa}$，$G=80\text{GPa}$，杆件的许可单位长度扭转角为 $[\theta]=2\ (°)/\text{m}$，试求作用于杆件两端的力偶矩的许可值。

3-22　题 3-22 图所示 T 字形薄壁截面杆长为 $l=2\text{m}$，材料的 $G=80\text{GPa}$，受纯扭矩 $M_x=200\text{N}\cdot\text{m}$ 的作用。试求：（1）最大切应力及扭转角；（2）作图表示沿截面的周边和厚度切应力分布的情况。

3-23　题 3-23 图所示某火箭炮平衡机的扭杆是用六片截面尺寸为 $75\text{mm}\times12\text{mm}$ 的钢板叠在一起而组成的，受扭部分的长度为 $l=1\ 084\text{mm}$。已知材料的许用切应力 $[\tau]=900\text{MPa}$，$G=80\text{GPa}$，扭杆的最大扭转角为 60°，校核扭杆的强度。（提示：扭杆的每一片都可以看作是独立的杆件。）

3-24　外径为 120mm、厚度为 5mm 的薄壁圆杆，在扭矩 $M_x=4\text{kN}\cdot\text{m}$ 的作用下，试按下列两种方式计算切应力：（1）按闭口薄壁杆件扭转的近似理论计算；（2）按空心圆截面杆扭转的精确理论计算。

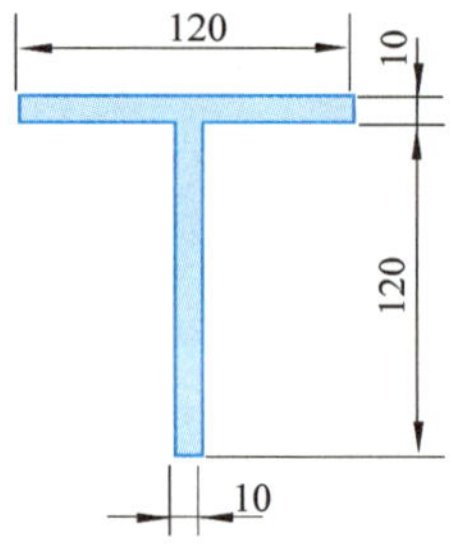

题 3-22 图

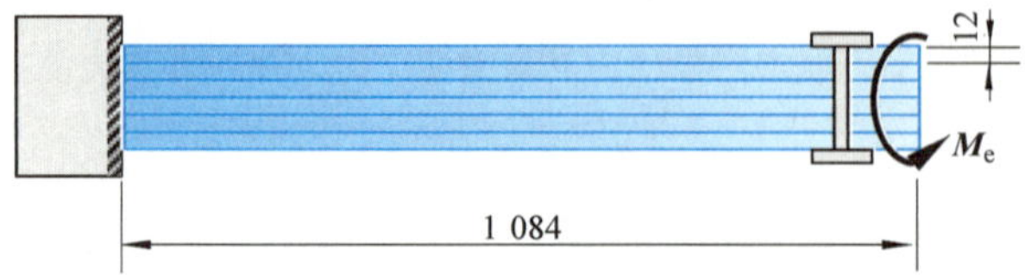

题 3-23 图

3-25 圆柱形密圈螺旋弹簧，簧丝横截面直径 $d=18$mm，弹簧平均直径 $D=125$mm，弹簧材料的 $G=80$GPa。如弹簧所受拉力 $F=500$N，试求：(1) 簧丝的最大切应力；(2) 弹簧需要几圈才能使它的伸长等于 6mm。

3-26 油泵分油阀门的弹簧丝直径 $d=2.25$mm，簧圈外径 18mm，有效圈数 $n=8$，轴向压力 $F=89$N，弹簧材料的 $G=82$GPa。试求弹簧丝的最大切应力及弹簧的变形 λ。

3-27 圆柱形密圈螺旋弹簧的平均直径 $D=300$mm，簧丝横截面直径 $d=30$mm，有效圈数 $n=10$，受力前弹簧的自由长度为 400mm，材料的 $[\tau]=140$MPa，$G=82$GPa。试确定弹簧所能承受的压力（注意弹簧可能的压缩量）。

3-28 一螺栓将拉杆与厚为 8mm 的两块盖板相联接，如题 3-28 图所示。各零件材料相同，许用应力均为 $[\sigma]=80$MPa，$[\tau]=60$MPa，$[\sigma_{bs}]=160$MPa。若拉杆的厚度 $t=15$mm，拉力 $F=120$kN，试设计螺栓直径 d 及拉杆宽度 b。

3-29 木榫接头如题 3-29 图所示。已知 $b=12$cm，$h=35$cm，$c=4.5$cm，$F=40$kN。试求接头的剪切和挤压应力。

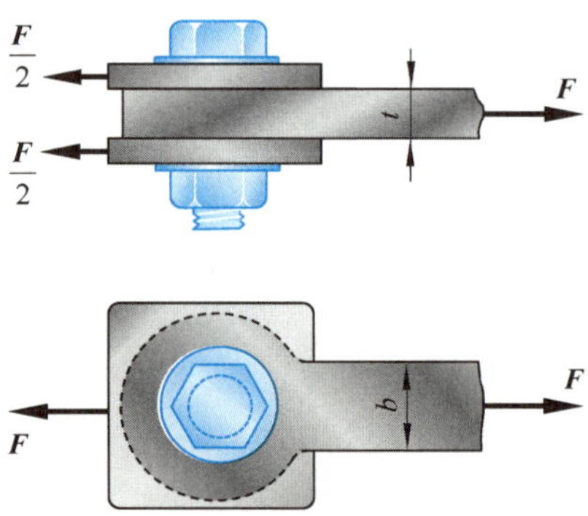

题 3-28 图

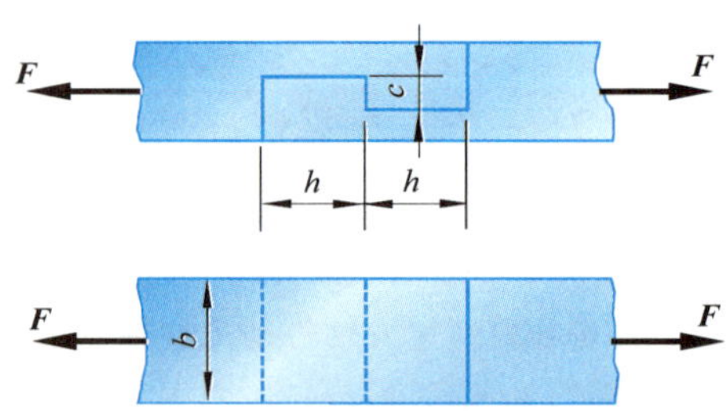

题 3-29 图

3-30 题 3-30 图所示钢板厚度 $t=10$mm，已知其剪切极限应力为 $\tau_u=300$MPa。若用压力机将钢板冲出直径 $d=25$mm 的孔，问需要多大的冲剪力？

3-31 题 3-31 图所示机床花键轴有 8 个齿。轴与轮的配合长度 $l=60$mm，外力偶矩 $M_e=4$kN·m。轮与轴的挤压许用应力为 $[\sigma_{bs}]=140$MPa，试校核花键轴的挤压强度。

3-32 一带肩杆件如题 3-32 图所示。若杆材料的 $[\sigma]=160$MPa，$[\tau]=100$MPa，$[\sigma_{bs}]=320$MPa，试求许可载荷。

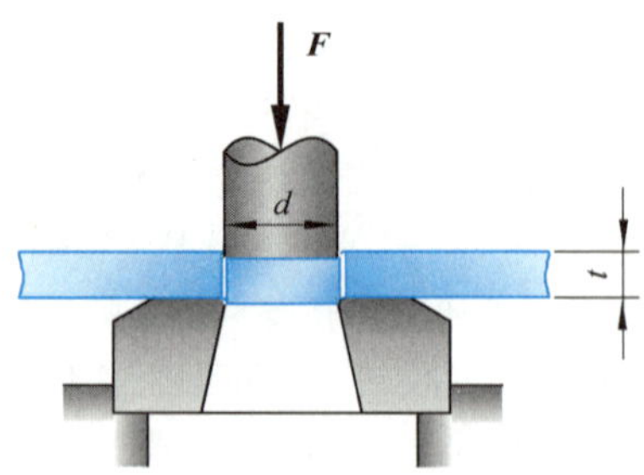

题 3-30 图

3-33　如题 3-33 图所示螺钉受拉力 F 作用，已知材料的剪切许用应力［τ］和拉伸许用应力［σ］之间的关系约为：［τ］=0.6［σ］。试求螺钉直径 d 与钉头高度 h 的合理比值。

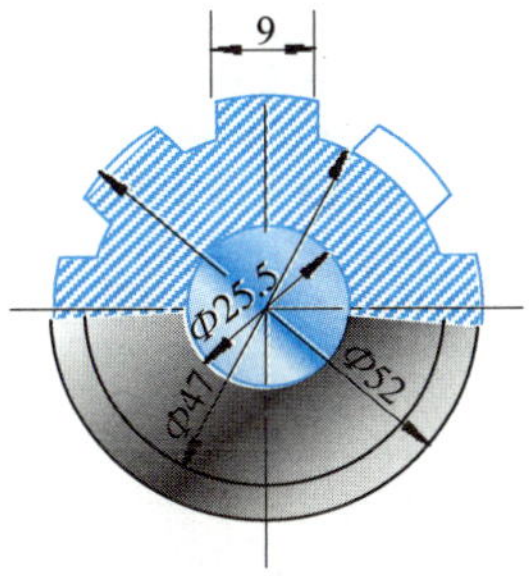

题 3-31 图

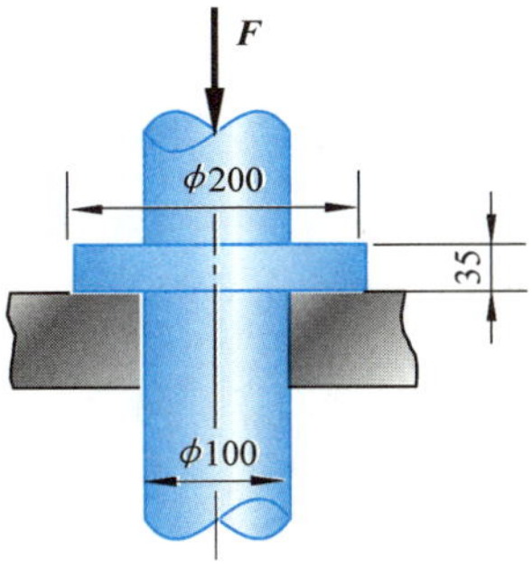

题 3-32 图

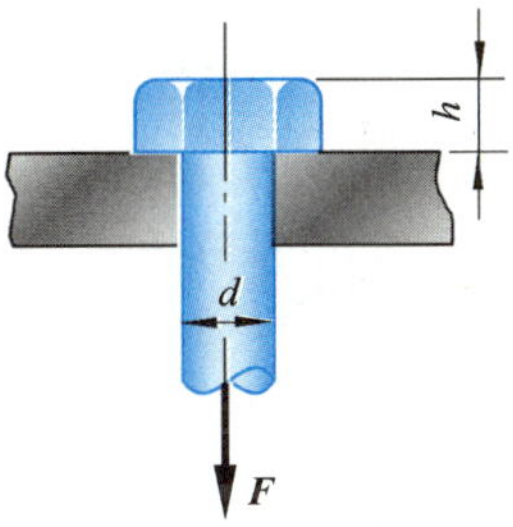

题 3-33 图

第4章 弯曲内力

4.1 平面弯曲的概念和实例

在工程中经常遇到像桥式起重机的大梁（图4-1a）、火车轮轴（图4-1b）等杆件，它们的受力特点是：作用于这些杆件上的外力都垂直于杆件的轴线，外力偶的作用平面通过或平行于轴线；变形特点是：使杆件轴线由直线变为曲线。这种形式的变形称为**弯曲变形**。工程上习惯把以弯曲为主要变形的杆称为**梁**。梁是一种常见的构件，在各类工程结构中都占有重要地位。

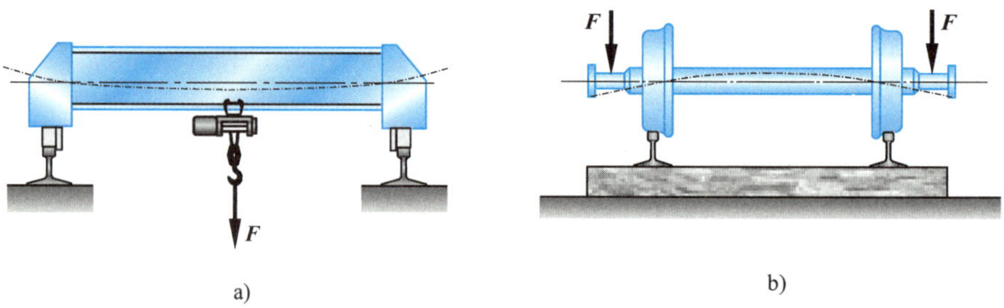

图 4-1

工程中经常使用的梁的横截面都至少有一根对称轴（图4-2a），此对称轴与梁的轴线所组成的平面称为梁的**纵向对称面**。当作用于梁上的所有外力都在纵向对称面内时（图4-2b），弯曲变形后的轴线也位于这个对称面内，这种弯曲称为**对称弯曲**。对称弯曲时，载荷作用平面与弯曲变形所在平面（变形前后的轴线所组成的面）相重合或平行，因此这种弯曲也称为**平面弯曲**，它是弯曲问题中最常见，而且是最基本的情况。

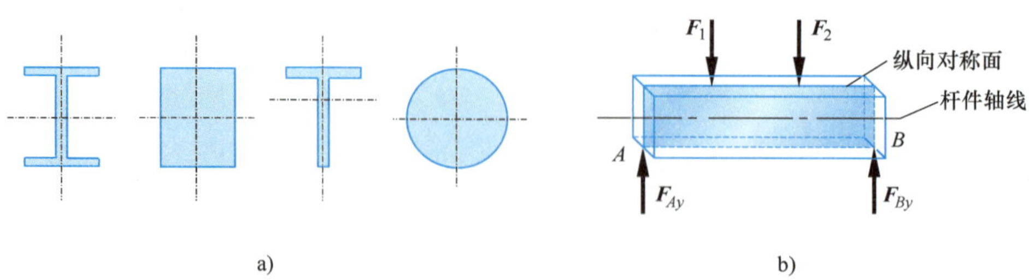

图 4-2

本章主要讨论平面弯曲时横截面上的内力，关于弯曲的应力和变形问题将在后面两章讨论。

4.2 梁的支座及载荷的简化

4.2.1 支座的几种基本形式

梁支座的结构虽然各不相同，但根据它所能提供的约束力，可简化为以下三种典型形式。

（1）**固定铰支座**　如图 4-3a 所示的钢板弹簧的右端，钢板弹簧只能绕销轴 *B* 转动，而不允许有水平和竖直方向的移动，故简化为固定铰支座。

（2）**可动铰支座**　如图 4-3a 所示的钢板弹簧，它的左端可绕销轴 *A* 转动，也允许有微小水平位移（因销轴 *A* 本身也可绕销轴 *C* 转动），但铅垂方向的位移受到约束，故把它简化为可动铰支座。

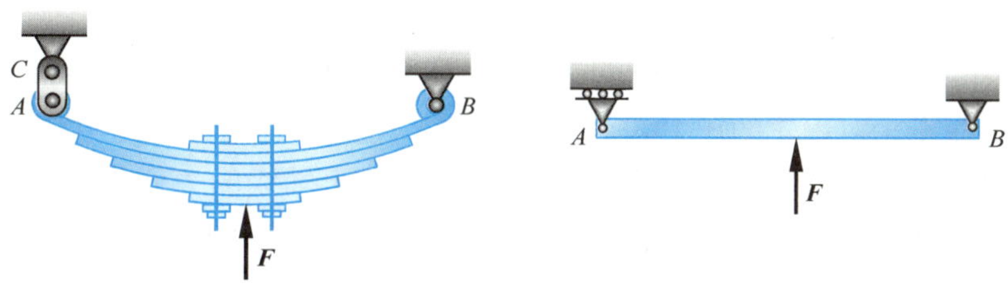

a)　　　b)

图　4-3

钢板弹簧的简化结果如图 4-3b 所示。这种一端为固定铰支座，一端为可动铰支座的梁称为**简支梁**。梁支座间的距离称为梁的跨度。图 4-1b 所示的火车轮轴的简化结果如图 4-4 所示，这种两端（或一端）伸出支座之外的梁，称为**外伸梁**。

图　4-4

（3）**固定端**　如图 4-5a 所示冲床的轴承架为一悬臂，其左端与机体铸成一体，因此，悬臂左端接近于绝对固定，即不允许悬臂在固接处有相对移动，也不允许有相对转动，这种形式的支座称为固定支座，或简称为固定端（图 4-5b）。这种一端为固定端，另一端为自由端的梁，称为**悬臂梁**。

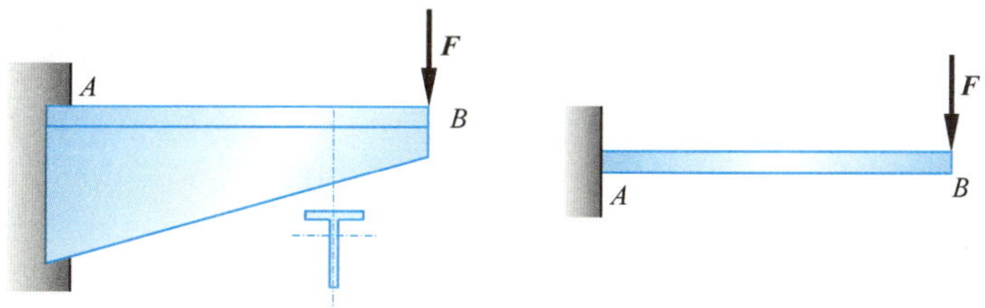

a)　　　b)

图　4-5

对工程实际中梁的支承进行简化时，通常需要根据每个支承对梁的约束能力来判定该支承接近于那一种理想支座。图4-6a是传动轴的示意图，轴的两端为短滑动轴承。在轴向传动力作用下将引起轴的弯曲变形，这将使两端横截面发生角度很小的偏转。由于支承处的间隙等原因，短滑动轴承并不能约束轴端部横截面绕 z 轴或 y 轴的微小偏转。这样就可把短滑动轴承简化成铰支座。又因轴肩与轴承的接触限制了轴线方向的位移，故可将两轴承中的一个简化成固定铰支座，另一个简化成可动铰支座（图4-6b）。

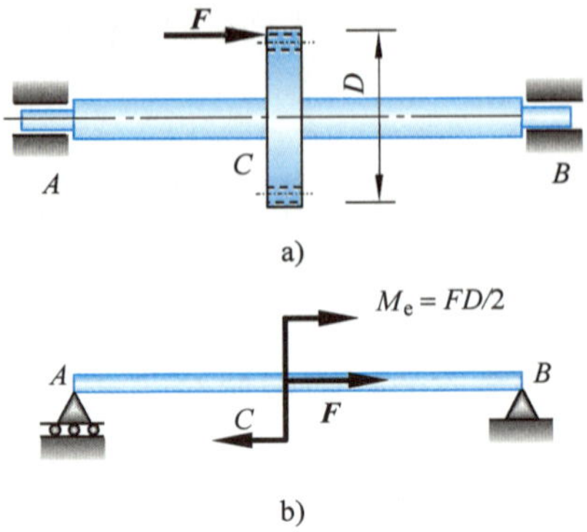

图 4-6

4.2.2 载荷的简化

作用在梁上的外力是各种各样的，经简化和抽象归纳起来可分为集中力、集中力偶和分布力。

(1) **集中力** 当外力作用的范围远小于梁轴线长度时，可将外力看作是作用于一点处的集中力，如火车车轮对钢轨的压力。

(2) **集中力偶** 若在梁的轴线上某一处有矢量垂直于轴线的力偶作用，该力偶称为集中力偶。如图4-6a中，在计算轴的变形时，将轴向传动力 F 向轴线简化，在轴上除受轴向外力 F 外，还有一个矢量垂直于轴线的外力偶 $M_e=FD/2$（图4-6b）。该力偶即为集中力偶，其常用单位为N·m或kN·m。

(3) **分布力** 当外力的作用是在一定范围内时，如房梁的自重作用（图4-7a）、水对水坝的作用等（图4-7b），这些外力都是沿着梁轴线方向分布作用的，其分布范围与梁的轴线长度是同一数量级，故不能简化成集中力，而必须抽象为分布力。分布力又可以分为均匀分布和任意函数分布，工程中最常见是均匀分布和线性分布（图4-7a、b）。分布力的集度 q 常用单位是N/m或kN/m。

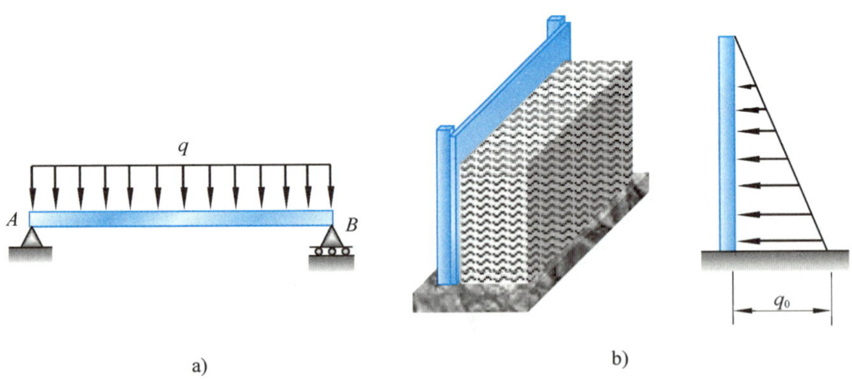

图 4-7

4.2.3 静定梁的基本形式

经过对支座和载荷的简化，可得到各种不同形式梁的计算简图，其基本形式有简支梁（图4-3b）、外伸梁（图4-4）和悬臂梁（图4-5b）。

以上三种梁，其支座约束力皆可用静力学平衡方程来确定，故统称为**静定梁**。至于支座约束力不能完全由静力学平衡方程确定的，则称为超静定梁，将在第11章中讨论。

4.3 平面弯曲时梁横截面上的内力——剪力和弯矩

为了计算梁的应力和变形，首先应该确定梁在外力作用下任意横截面上的内力。为此，应先根据平衡条件求得静定梁在载荷作用下的全部约束力。当作用在梁上的全部外力（包括载荷和支座约束力）均为已知时，用截面法就可以求出任意截面上的内力。

现以图4-8a所示的简支梁为例，设 F、M_e 和 q 为作用于梁上的载荷，F_{Ay} 和 F_{By} 为支座约束力。根据求内力的截面法，为了显示出任一横截面上的内力，沿截面 $n-n$ 假想地把梁**截**成两部分，并**取**左段为研究对象（图4-8b），作用在左段上的力，除外力 F 和 F_{Ay} 外，在截面 $n-n$ 上还有右段对它作用的内力（图4-8b），用主矢 F_{Qn-n} 和主矩 M_{n-n} **代**替 $n-n$ 面上的分布内力。由于原来的梁处于平衡状态，所以梁的左段仍应处于**平**衡状态。把这些内力和左段上的外力投影于 y 轴，其总和应等于零。一般来说，这就要求 $n-n$ 截面上有一个与横截面相切的内力 F_{Qn-n}，由

$$\sum F_y = 0 \quad F_{Ay} - F - F_{Qn-n} = 0$$

得

$$F_{Qn-n} = F_{Ay} - F \qquad \text{(a)}$$

F_{Qn-n} 称为横截面 $n-n$ 上的**剪力**，它是与横截面相切的分布内力系的合力，若把左段上的所有外力和内力对截面 $n-n$ 的形心 C 取矩，其力矩总和应等于零。一般来说，这就要求在截面 $n-n$ 上有一个内力偶矩 M_{n-n}，由

$$\sum M_C = 0 \quad M_{n-n} + F(x-a) - F_{Ay}x = 0$$

得

$$M_{n-n} = F_{Ay}x - F(x-a) \qquad \text{(b)}$$

M_{n-n} 称为横截面 $n-n$ 上的**弯矩**，它是与横截面垂直的分布内力系的合力偶矩。剪力和弯矩同为梁横截面上的内力。

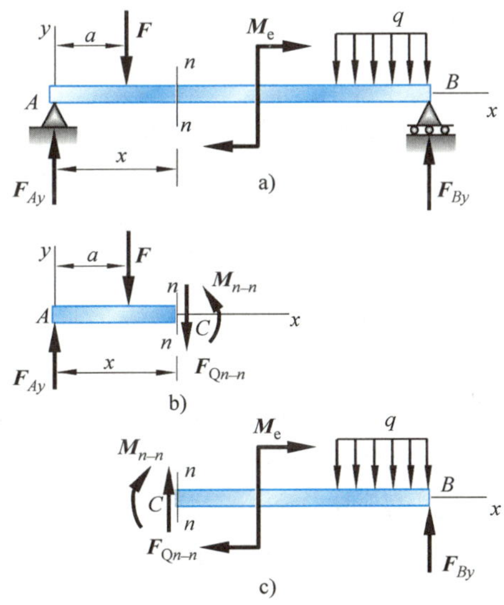

图 4-8

从（a）、（b）两式还可以看出，在数值上，剪力 F_{Qn-n} 等于截面 $n-n$ 以左所有外力在垂直于梁轴线方向（y 轴）上投影的代数和，在方向上与外力投影和的方向相反；弯矩 M_{n-n} 等于截面 $n-n$ 以左所有外力对截面形心 C 力矩的代数和，在方向上与外力对形心 C 的力矩代数和相反。所以，内力 F_{Qn-n} 和 M_{n-n} 可根据截面 $n-n$ 左侧的外力来计算。

如取右段为研究对象（图4-8c），用相同的方法也可以求得截面 $n-n$ 上的内力 F_{Qn-n} 和 M_{n-n}。根据作用与反作用原理可知，右段梁在同一横截面 $n-n$ 的剪力 F_{Qn-n} 和弯矩 M_{n-n}，在数值上分别与式（a）和式（b）相等，但方向相反。

为了使上述两种算法得到的同一截面上的剪力和弯矩，不仅数值相同而且符号也一致，把剪力和弯矩的符号规则与梁的变形联系起来，规定如下：在图4-9a所示变形情况下，即截面 $n-n$ 的左段相对右段向上错动时截面 $n-n$ 上的剪力规定为正，反之为负（图4-9b）。

在图 4-9c 所示变形情况下，即在截面 $n-n$ 处弯曲变形向下凸时，截面 $n-n$ 上的弯矩规定为正，反之为负（图 4-9d）。

为了使所求得的剪力和弯矩的符号符合于前述规定，按此规律列剪力计算式时，凡截面左侧梁上所有向上的外力，或截面右侧梁上所有向下的外力，都将产生正的剪力，故均取正号；反之为负。在列弯矩计算式时，凡截面左侧梁上外力对截面形心之矩为顺时针转向，或截面右侧外力对截面形心之矩为逆时针转向，都将产生正的弯矩，故均取正号；反之为负。这个规则可以概括为**“左上右下，剪力为正；左顺右逆，弯矩为正”**的口诀。

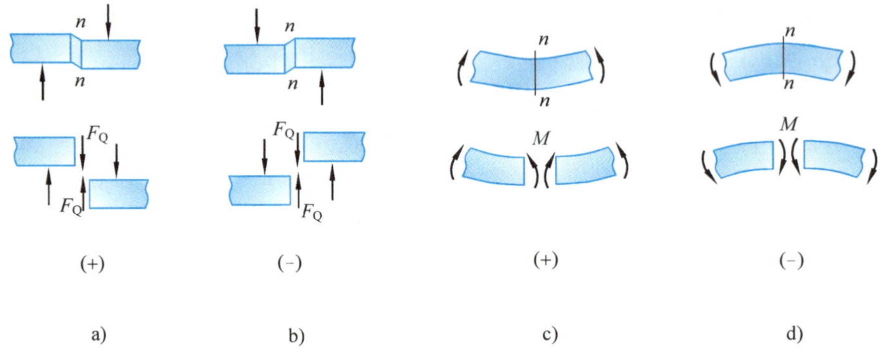

图 4-9

利用上述规律，以后求弯曲内力时，可简化截面法的步骤，方法如下：

(1) 任意横截面上的剪力，等于作用在该截面左侧（或右侧）梁上全部外力在 y 轴上投影（左侧向上为正，向下为负；右侧向下为正，向上为负）的代数和。

(2) 任意横截面上的弯矩，等于作用在该截面左侧（或右侧）梁上全部外力对此截面形心力矩（左侧顺时针矩为正，逆时针矩为负；右侧逆时针矩为正，顺时针矩为负）的代数和。

【例 4-1】 图 4-10a 所示简支梁受集中力 $F=ql$、集中偶 $M_e=ql^2/8$ 和均布载荷 q 作用。试求 D 截面上的剪力和弯矩。

解：由整个梁的静力平衡方程

$$\sum M_B=0 \quad -F_{Ay}l-M_e+F\cdot\frac{l}{2}+\frac{ql}{2}\cdot\frac{l}{4}=0$$

$$\sum M_A=0 \quad F_{By}l-\frac{ql}{2}\cdot\frac{3l}{4}-F\cdot\frac{l}{2}-M_e=0$$

求得梁支座约束力为

$$F_{Ay}=\frac{ql}{2}(\uparrow),\ F_{By}=ql(\uparrow)$$

为求 D 截面上的剪力和弯矩，假想在 D 截面截开，取左段梁为研究对象（图 4-10b），利用简便方法，可直接得

$$F_{QD}=F_{Ay}-F-\frac{ql}{4}=\frac{ql}{2}-ql-\frac{ql}{4}=-\frac{3}{4}ql$$

$$M_D=F_{Ay}\cdot\frac{3}{4}l+M_e-F\cdot\frac{l}{4}-\frac{ql}{4}\cdot\frac{l}{8}=\frac{7}{32}ql^2$$

当然，求 D 截面上的剪力和弯矩时，也可取 D 截面右段梁为研究对象（图 4-10c）。显然，此题取右段作为研究对象

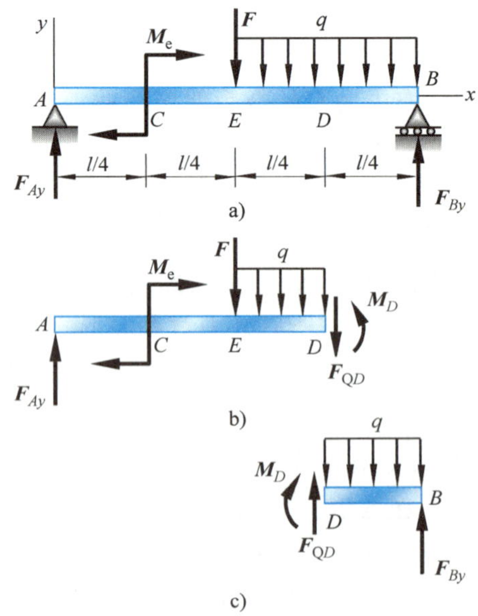

图 4-10

计算更简单。

4.4 剪力方程和弯矩方程 剪力图和弯矩图

从前面的讨论看出，一般情况下，梁横截面上的剪力和弯矩随截面位置不同而变化。若以横坐标 x 表示横截面在梁轴线上的位置，则各横截面上的剪力和弯矩皆可表示为 x 的函数，即

$$F_Q = F_Q(x), \quad M = M(x)$$

上面的函数表达式分别称为梁的**剪力方程**和**弯矩方程**。

与绘制轴力图或扭矩图一样，也用图线表示梁的各横截面上剪力 F_Q 和弯矩 M 沿轴线变化的情况，这种图线分别称为**剪力图**和**弯矩图**。绘图时以平行于梁轴线的横坐标 x 表示横截面的位置，以纵坐标表示相应横截面上的剪力 F_Q 或弯矩 M 的数值，取定比例尺，标出特征值。

下面用例题说明列出剪力方程和弯矩方程以及绘制剪力图和弯矩图的方法。

【例 4-2】 如图 4-11a 所示简支梁受集中力 F 作用。试列出它的剪力方程和弯矩方程，并绘制剪力图和弯矩图。

解：• 求支座约束力

由整体平衡方程 $\sum M_B = 0$，$\sum M_A = 0$，求得支座约束力为

$$F_{Ay} = \frac{Fb}{l}(\uparrow), \quad F_{By} = \frac{Fa}{l}(\uparrow)$$

• 列 F_Q、M 方程

由于集中力作用于 C 点，梁在 AC 和 CB 两段内的剪力和弯矩不能用同一方程来表示，应分段考虑。

在 AC 段内取距 A 点为 x_1 的任意横截面，该截面上的 F_Q 和 M 分别为

$$F_Q(x_1) = F_{Ay} = \frac{Fb}{l} \quad (0 < x_1 < a) \tag{a}$$

$$M(x_1) = F_{Ay}x_1 = \frac{Fb}{l}x_1 \quad (0 \leqslant x_1 \leqslant a) \tag{b}$$

在 CB 段内取距 B 点为 x_2 的任意横截面，该截面上的 F_Q 和 M 分别为

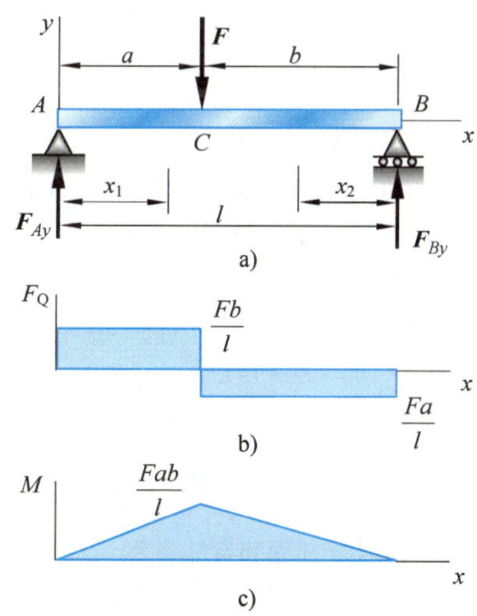

图 4-11

$$F_Q(x_2) = -F_{By} = -\frac{Fa}{l} \quad (0 < x_2 < b) \tag{c}$$

$$M(x_2) = F_{By}x_2 = \frac{Fa}{l}x_2 \quad (0 \leqslant x_2 \leqslant b) \tag{d}$$

• 绘制 F_Q、M 图

由（a)、(c）两式可知，左、右两段梁的剪力图各为一条平行于 x 轴的直线。由（b)、(d）两式可知，左、右两段梁的弯矩图各为一条斜直线。根据这些方程绘出的剪力图和弯矩图如图 4-11b、c 所示。

由图可见，在 $a < b$ 的情况下，AC 段梁任一横截面上的剪力值为最大，$|F_Q|_{max} = Fb/l$；**在集中荷载作用处左、右两侧截面上的剪力值有突变，|突变值| = 集中载荷**。集中荷载作用处横截面上的弯矩值为最

大，$|M|_{max}=Fab/l$。

【例 4-3】 如图 4-12a 所示简支梁受集中力偶 M_e 作用。试列出它的剪力方程和弯矩方程，并绘制剪力图和弯矩图。

解：● 求支座约束力

由整体平衡方程 $\sum M_B=0$，$\sum M_A=0$，求得支座约束力为

$$F_{Ay}=\frac{M_e}{l}(\downarrow),\ F_{By}=\frac{M_e}{l}(\uparrow)$$

● 列 F_Q、M 方程

由于集中力偶作用于 C 点，梁在 AC 和 CB 两段内的剪力和弯矩不能用同一方程来表示，应分段考虑。

在 AC 段内取距 A 点为 x_1 的任意横截面，该截面上的 F_Q 和 M 分别为

$$F_Q(x_1)=-\frac{M_e}{l}\quad(0<x_1<a)\tag{e}$$

$$M(x_1)=-\frac{M_e}{l}x_1\quad(0\leqslant x_1\leqslant a)\tag{f}$$

右起列 BC 段内力方程

$$F_Q(x_2)=-\frac{M_e}{l}\quad(0<x_2<b)\tag{g}$$

$$M(x_2)=\frac{M_e}{l}x_2\quad(0\leqslant x_2\leqslant b)\tag{h}$$

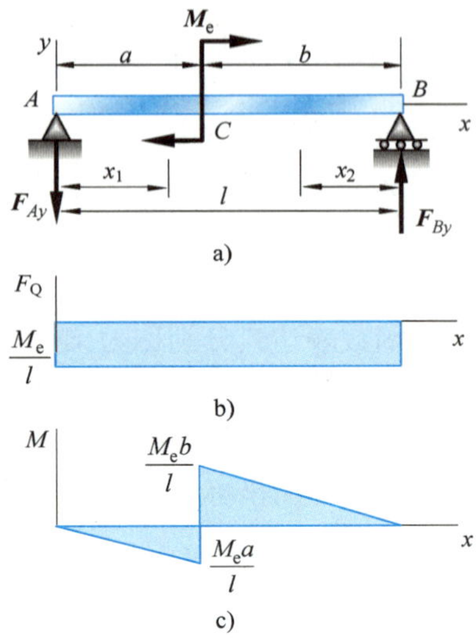

图 4-12

● 绘制 F_Q、M 图

由(e)、(g)两式可知，整个梁的剪力图是一条平行于 x 轴的直线（图 4-12b）。由(f)、(h)两式可知，左、右两段梁的弯矩图各为一条斜直线（图 4-12c）。由图可见，**在集中力偶作用处，左、右两侧截面的弯矩值有突变，|突变值|=集中力偶**。若 $a>b$，则最大弯矩发生在集中力偶作用处的左侧横截面上，$|M|_{max}=M_ea/l$。

【例 4-4】 一简支梁 AB 受均布载荷 q 作用（图 4-13a）。列出梁的剪力方程和弯矩方程，并绘制剪力图和弯矩图。

解：● 求支座约束力

由于结构的对称性，显然有

$$F_{Ay}=F_{By}=\frac{ql}{2}(\uparrow)$$

● 列剪力方程和弯矩方程

取距 A 点为 x 的任意横截面，该截面上的 F_Q 方程和 M 方程分别为

$$F_Q(x)=\frac{ql}{2}-qx\quad(0<x<l)\tag{i}$$

$$M(x)=\frac{ql}{2}x-\frac{q}{2}x^2\quad(0\leqslant x\leqslant l)\tag{j}$$

● 绘制 F_Q、M 图

由式(i)可知，剪力图是一斜直线，只要确定出两点即可画出这一斜直线（图 4-13b）。

由式(j)可知，弯矩图是一抛物线，至少要三点才能画出这条曲线。为此，计算三个特殊点

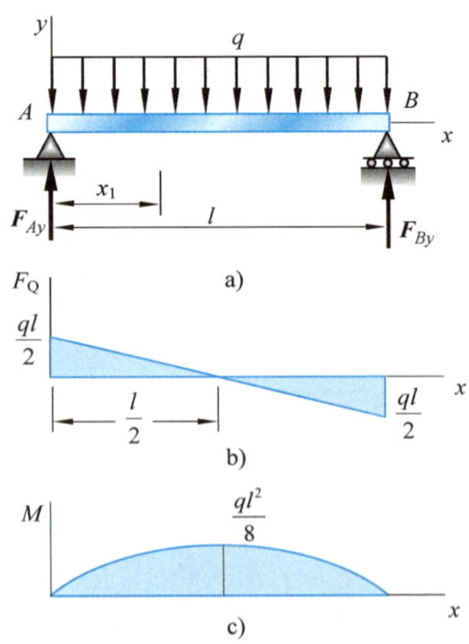

图 4-13

$$x=0,\quad M(0)=0$$
$$x=l,\quad M(l)=0$$

另外要看其有没有极值，为此对 $M(x)$ 求导，有

$$M'(x)=\frac{ql}{2}-qx \tag{k}$$

令 $M'(x)=0$，得 $x=\frac{l}{2}$时，有极大值 $M\left(\frac{l}{2}\right)=\frac{ql^2}{8}$。

再由二阶导数 $M''(x)=-q$，说明 M 图是一上凸的抛物线，画出 M 图如图 4-13c 所示。

由式（k）可以看出 $M'(x)=F_Q(x)$；若将式（i）取一阶导，有 $F'_Q(x)=q$，这些关系不是偶然的巧合。关于这一点将在下一节中详细讨论。

从以上几个例题中可以看出，在集中力作用截面两侧，剪力有一突然变化，变化的数值就等于集中力。在集中力偶作用截面两侧，弯矩有一突然变化，变化的数值就等于集中力偶矩。这种现象的出现，使得在集中力和集中力偶作用处的横截面上，剪力和弯矩没有确定的数值。但事实上并非如此。这是因为：所谓集中力不可能“集中”作用于一点，它实际上是分布于一个微段 Δx 内的分布力经简化后得出的结果（图 4-14a）。若在 Δx 范围内把载荷看作是均布的，则剪力将连续地从 F_{Q1}变到 F_{Q2}（图 4-14b）。对集中力偶作用的截面，也可作同样的解释。

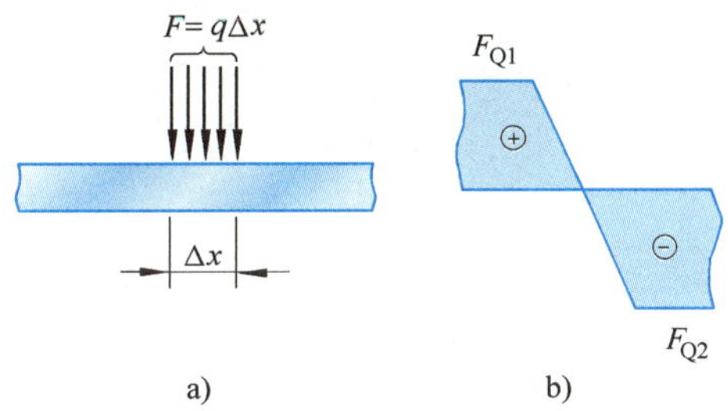

图 4-14

4.5 分布载荷集度、剪力和弯矩间的关系及其应用

在上节中介绍了根据剪力方程和弯矩方程来绘制剪力图和弯矩图，但是该方法在梁上外力不连续处（即在集中力、集中力偶作用处和分布载荷开始或结束处），梁的剪力方程和弯矩方程一般应该分段。这样，当梁上作用的载荷较多时，绘制剪力图和弯矩图的工作量较大。

另外，在上节各例题中，若将 $M(x)$ 的表达式对 x 取导数，就得到剪力 $F_Q(x)$；如再将 $F_Q(x)$ 的表达式对 x 取导数，则得到分布载荷的集度 $q(x)$，这一现象并不是偶然的。实际上，在分布载荷集度、剪力和弯矩之间存在着一些普遍的导数关系。下面将推导出这些普遍关系，并利用它们之间的相互关系，在不写出各段的剪力方程和弯矩方程的情况下，便可直接绘制剪力图和弯矩图。

考虑图 4-15a 所示在载荷作用下的梁。以梁的左端为坐标原点，选取坐标系如图所示。梁上分布载荷的集度 $q(x)$ 是 x 的连续函数，并将向上作用的分布载荷 $q(x)$（与 y 轴方向一致）规定为正。从梁中取出长为 dx 的微段，并放大为图 4-15b。微段左边截面上的剪力和弯矩分别是 $F_Q(x)$ 和 $M(x)$。当坐标有一增量 dx 时，$F_Q(x)$ 和 $M(x)$ 的相应增量分别是 $dF_Q(x)$ 和 $dM(x)$。所以，微段右边截面上的剪力和弯矩分别为 $F_Q(x)+dF_Q(x)$和 $M(x)+dM(x)$。根据符号规则，微段 dx 上的各内力皆为正值，且在 dx 微段内没有集中力和集中力

偶。由于梁处于平衡状态，故截出的一段也应处于平衡状态。这样，根据平衡方程 $\sum F_y=0$，得

$$F_Q(x)-[F_Q(x)+dF_Q(x)]+q(x)dx=0$$

由此导出

$$\frac{dF_Q(x)}{dx}=q(x) \tag{4-1}$$

对微段右边截面形心 C 取矩，由平衡方程 $\sum M_C=0$，得

$$M(x)+dM(x)-M(x)-F_Q(x)dx-q(x)dx\cdot\frac{dx}{2}=0$$

略去二阶微量 $q(x)dx\cdot dx/2$，又可得到

$$\frac{dM(x)}{dx}=F_Q(x) \tag{4-2}$$

式（4-2）再对 x 取导数，并利用式（4-1），即可得到

$$\frac{d^2M(x)}{dx^2}=q(x) \tag{4-3}$$

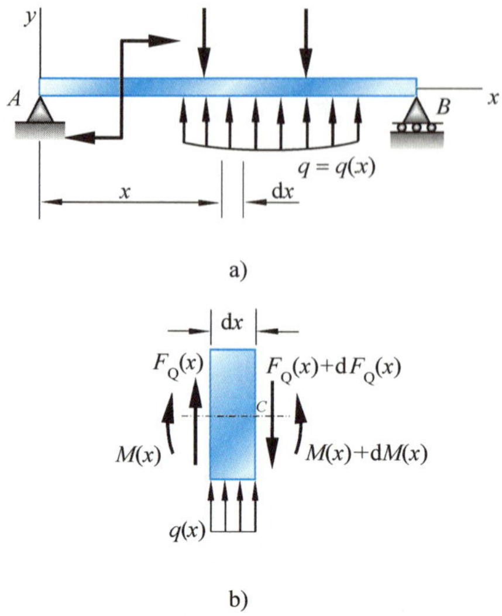

图 4-15

式（4-1）~式（4-3）表示了直梁的 $q(x)$、$F_Q(x)$ 和 $M(x)$ 之间的导数关系。根据上述导数关系，容易得出下面一些推论：

（1）在梁的某一段内，若无分布载荷作用，即 $q(x)=0$，由 $dF_Q(x)/dx=q(x)=0$ 可知，在这一段内 $F_Q(x)$ 为常数，即剪力图是平行于 x 轴的直线。又由 $dM(x)/dx=F_Q(x)=$ 常数可知，$M(x)$ 是 x 的一次函数，弯矩图是斜直线［当 $F_Q(x)=0$ 时，$M(x)=$ 常数，弯矩图为水平线］。

（2）在梁的某一段内，若作用均布载荷，即 $q(x)=$ 常数，则由 $d^2M(x)/dx^2=dF_Q(x)/dx=q(x)=$ 常数可知，在这一段内 $F_Q(x)$ 是 x 的一次函数，$M(x)$ 是 x 的二次函数。因而剪力图是斜直线，弯矩图是二次抛物线。

若均布载荷 $q(x)$ 是向下作用的，则因向下的 $q(x)$ 为负，故 $d^2M(x)/dx^2=q(x)<0$，这表明弯矩图应为向上凸的抛物线；反之，若均布载荷 $q(x)$ 是向上作用的，则弯矩图应为向下凸的抛物线。

（3）在梁的某一截面上，若 $dM(x)/dx=F_Q(x)=0$，则在这一截面上弯矩取极值（极大值或极小值），即弯矩的极值发生在剪力为零的截面上。

（4）利用导数关系式（4-1）和式（4-2），设 $q(x)$ 及 $F_Q(x)$ 在 x_1 与 x_2 之间是连续函数，经积分得

$$F_Q(x_2)-F_Q(x_1)=\int_{x_1}^{x_2}q(x)dx \tag{4-4}$$

$$M(x_2)-M(x_1)=\int_{x_1}^{x_2}F_Q(x)dx \tag{4-5}$$

式（4-4）、式（4-5）表明，对于图 4-15 所示的坐标系，当 $x_2>x_1$ 时，任意两截面上的剪力之差，等于该两截面间载荷图的面积；任意两截面上的弯矩之差，等于该两截面间剪

力图的面积。以上所述的关系，亦称为“**面积增量法**”，此方法可用于剪力图和弯矩图的绘制与校核。

（5）在集中力作用截面的左、右两侧，剪力图有一突然变化，变化量为集中力的数值；在集中力偶作用的左、右两侧，弯矩图有一突然变化，变化量为集中力偶矩的数值；剪力和弯矩突变的方向分别与集中力和集中力偶的方向一致（从左往右看）。

现将上述的均布载荷、剪力和弯矩之间的关系以及剪力图、弯矩图的一些特征汇总整理为表 4-1，以供参考。

表 4-1　梁在均布载荷、集中力和集中力偶作用下剪力图和弯矩图的特征

外力	载荷图	剪力图 $F_Q(x)$ 特征	弯矩图 $M(x)$ 特征
无载荷作用段	$q=0$ 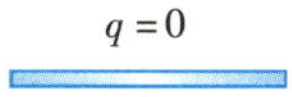	$F_Q(x)=c$，与轴线平行 	$M(x)=cx+a$，一般为斜直线  c>0 或 c<0
均布载荷作用段	$q>0$ 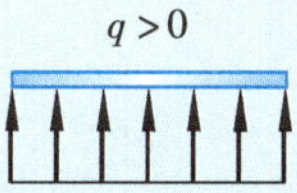	$F_Q(x)=qx+a$，为斜直线 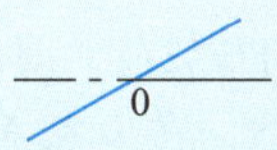 从左向右向上斜	$M(x)=qx^2/2+ax+b$，为二次抛物线  向下凸，且在 $F_Q=0$ 处取得极值
	$q<0$ 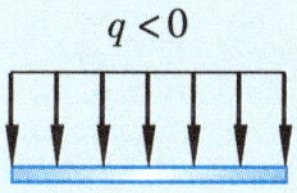	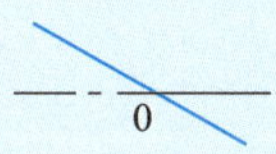 从左向右向下斜	 向上凸，且在 $F_Q=0$ 处取得极值
集中力作用截面	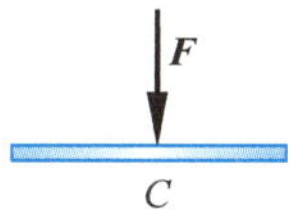	在 C 截面处有突变，突变值为 F，突变方向与 F 的作用方向一致 	在 C 截面处有折角 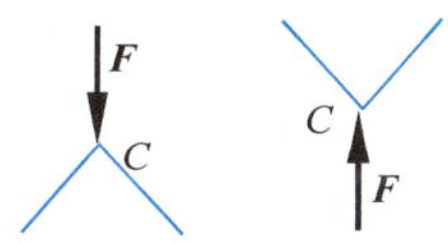
集中力偶作用截面	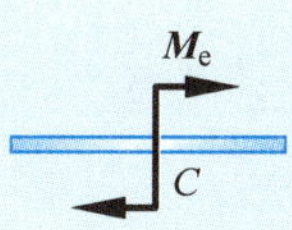	C 左右向无变化 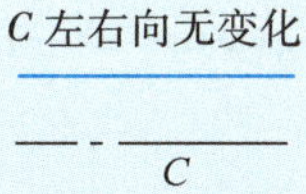	C 截面处有突变，突变值为 M_e，突变方向为 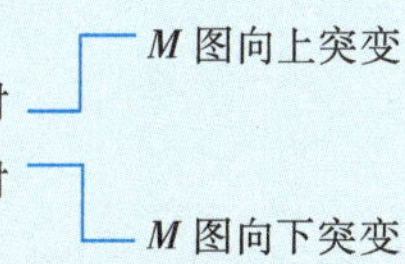 M_e 顺时针时——M 图向上突变；M_e 逆时针时——M 图向下突变

注：1. 上述规律要求从左向右绘制剪力图和弯矩图。

2. 在图中标出集中力、集中力偶、分布载荷的起始和终点处截面的 F_Q、M 值，以及 $F_Q=0$ 截面处的 M 值。

【例 4-5】　外伸梁及其受力如图 4-16a 所示。已知 $M_e=ql^2$，$F=ql$，试绘制梁的剪力图和弯矩图。

解： 将集中力（包括支座约束力）、集中力偶作用处和分布荷载开始或结束处的 A、B、C、D、E 作为控制截面，控制截面把梁分为 CA、AD、DE、EB 四段，然后分段作图。

- 求支座约束力

由整体平衡方程 $\sum M_B=0$，$\sum M_A=0$，求得支座约束力为

$$F_{Ay}=\frac{3}{2}ql(\uparrow),\ F_{By}=\frac{1}{2}ql(\uparrow)$$

• 绘制 F_Q 图

由于整个梁仅有 DE 段为均布载荷，因此 DE 段剪力图为斜直线，其余各段为水平线。各控制截面的剪力为

$$F_{QC^+}=F_{QA^-}=-ql$$

$$F_{QA^+}=F_{QA^-}+F_{Ay}=-ql+\frac{3}{2}ql=\frac{1}{2}ql$$

$$F_{QD}=F_{QA^+}=\frac{1}{2}ql$$

$$F_{QE}=\frac{1}{2}ql+\int_{2l}^{3l}q(x)\mathrm{d}x=\frac{1}{2}ql-ql=-\frac{1}{2}ql$$

$$F_{QB^-}=F_{QE}=-\frac{1}{2}ql$$

其中，F_{QC^+} 和 F_{QA^-} 分别表示 C 截面右侧剪力和 A 截面左侧剪力；其余的符号含义类似。绘制剪力图如图 4-16b 所示。

• 绘制 M 图

同理，由于整个梁仅有 DE 段为向下的均布载荷，因此 DE 段弯矩图为上凸的抛物线，其余各段为斜直线，在 D 截面作用有集中力偶，因此 D 截面左右两侧弯矩图有突变。各控制截面的弯矩为

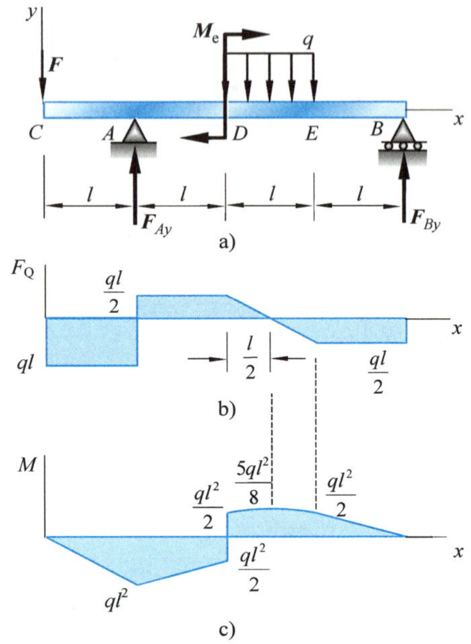

图 4-16

$$M_C=0$$

$$M_A=M_C+\int_0^l F_Q(x)\mathrm{d}x=0-ql\cdot l=-ql^2$$

$$M_{D^-}=M_A+\int_l^{2l}F_Q(x)\mathrm{d}x=-ql^2+\frac{1}{2}ql\cdot l=-\frac{1}{2}ql^2$$

$$M_{D^+}=M_{D^-}+M_e=-\frac{1}{2}ql^2+ql^2=\frac{1}{2}ql^2$$

距 D 截面右侧 $l/2$ 处剪力值 F_Q 为零，因此该截面弯矩 M 有极值，为

$$M_{\max}=M_{D^+}+\int_{2l}^{\frac{5}{2}l}F_Q(x)\mathrm{d}x=\frac{1}{2}ql^2+\frac{1}{2}\cdot\frac{1}{2}ql\cdot\frac{l}{2}=\frac{5}{8}ql^2$$

E、B 截面弯矩分别为

$$M_E=M_{\max}+\int_{\frac{5}{2}l}^{3l}F_Q(x)\mathrm{d}x=\frac{5}{8}ql^2-\frac{1}{2}\cdot\frac{1}{2}ql\cdot\frac{l}{2}=\frac{1}{2}ql^2$$

$$M_B=M_E+\int_{3l}^{4l}F_Q(x)\mathrm{d}x=\frac{1}{2}ql^2-\frac{1}{2}ql\cdot l=0$$

绘制弯矩图如图 4-16c 所示。

【例 4-6】 组合梁（子母梁）AD 受力如图 4-17a 所示，已知 $M_e=ql^2/2$，$F=2ql$，试绘制梁的剪力图和弯矩图。

解：•求支座约束力

由于中间铰允许其左右两部分梁有相对转动，所以它只传递力而不传递力矩，又由于无水平方向外载荷，故若从铰链 C 处将梁拆开，则铰链 C 处只有竖直方向上的约束力 F_{CV}。

以子梁 CD 为研究对象，由平衡方程 $\sum M_D=0$，$\sum M_C=0$，求得约束力为

$$F_{Cy}=\frac{3}{4}ql(\uparrow),\ F_{Dy}=\frac{5}{4}ql(\uparrow)$$

根据作用力与反作用力，可得

$$F'_{Cy}=F_{Cy}=\frac{3}{4}ql(\downarrow)$$

然后以母梁 AC 为研究对象，由平衡方程 $\sum F_y=0$ 和 $\sum M_A=0$ 分别得到

$$F_{Ay}=-\frac{5}{4}ql(\downarrow),\ M_A=\frac{1}{2}ql^2(\leftarrow\!\lrcorner)$$

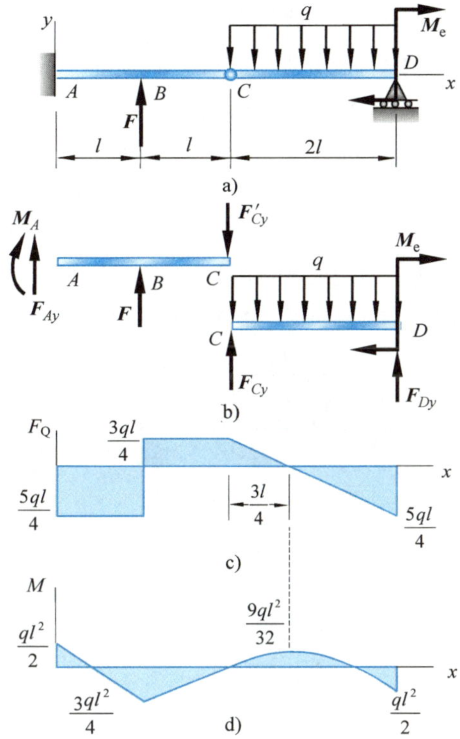

图 4-17

- 绘制 F_Q 图

由于整个梁仅有 CD 段为均布载荷，因此 CD 段剪力图为斜直线，其余各段为水平线。各控制截面的剪力分别为

$$F_{QA+}=F_{QB-}=-\frac{5}{4}ql$$

$$F_{QB+}=F_{QC}=\frac{5ql}{4}+F=-\frac{5ql}{4}+2ql=\frac{3}{4}ql$$

$$F_{QD-}=F_{QC}-\int_{2l}^{4l}q(x)\,\mathrm{d}x=\frac{3}{4}ql-2ql=-\frac{5}{4}ql$$

绘制剪力图如图 4-17c 所示。

- 绘制 M 图

同理，由于整个梁仅有 CD 段为向下的均布载荷，因此 CD 段弯矩图为上凸的抛物线，其余各段为斜直线，在 A、D 截面作用有集中力偶，因此 A、D 截面左右两侧弯矩图有突变。各控制截面的弯矩为

$$M_{A+}=\frac{1}{2}ql^2$$

$$M_B=M_{A+}+\int_0^l F_Q(x)\,\mathrm{d}x=\frac{1}{2}ql^2-\frac{5ql}{4}\cdot l=-\frac{3}{4}ql^2$$

$$M_C=M_B+\int_l^{2l}F_Q(x)\,\mathrm{d}x=-\frac{3}{4}ql^2+\frac{3ql}{4}\cdot l=0$$

距 C 截面右侧 $3l/4$ 处剪力为零，因此该截面弯矩有极值，为

$$M_{\max}=M_C+\int_{2l}^{\frac{11}{4}l}F_Q(x)\,\mathrm{d}x=0+\frac{1}{2}\cdot\frac{3}{4}ql\cdot\frac{3l}{4}=\frac{9}{32}ql^2$$

D 截面左侧弯矩为

$$M_{D-}=M_{\max}+\int_{\frac{11}{4}l}^{4l}F_Q(x)\,\mathrm{d}x=\frac{9}{32}ql^2-\frac{1}{2}\cdot\frac{5}{4}ql\cdot\frac{5l}{4}=-\frac{1}{2}ql^2$$

绘制弯矩图如图 4-17d 所示。

4.6 用叠加法绘制弯矩图

在材料力学中，当材料服从胡克定律，且构件的变形为小变形时，则构件在外载荷作用下，其内力、应力、应变和变形都是载荷的线性函数，故此时可以用叠加原理。

材料力学中的叠加原理可叙述如下：**对于线弹性材料，由几个载荷共同作用下所引起的某一物理量（如内力、应力、应变或变形），等于每一个载荷单独作用下所引起的该物理量的叠加。**叠加原理在材料力学中应用很广。应用叠加原理的一般条件为：需要计算的某一物理量（如内力、应力、变形等）必须是载荷的线性齐次式，而且应力小于比例极限。

下面，将通过例题介绍用叠加法绘制弯矩图的具体步骤，即当梁上有几个载荷共同作用时，可以先分别画出每一载荷单独作用时梁的弯矩图，然后将同一截面相应的各纵坐标代数叠加，即得到梁在所有载荷共同作用时的弯矩图。

【例 4-7】 图 4-18a 所示的简支梁受均布载荷 q 和集中力 F 共同作用。若已知 $F=ql$，试按叠加法绘制梁的弯矩图。

解：首先把梁上的载荷分成均布载荷 q 和集中力 F 单独作用（图 4-18b、c），然后分别画出 q 及 F 单独作用时的弯矩图（图 4-18e、f）。将相应的纵坐标叠加，就得到 q 和 F 共同作用时的弯矩图（图 4-18d）。

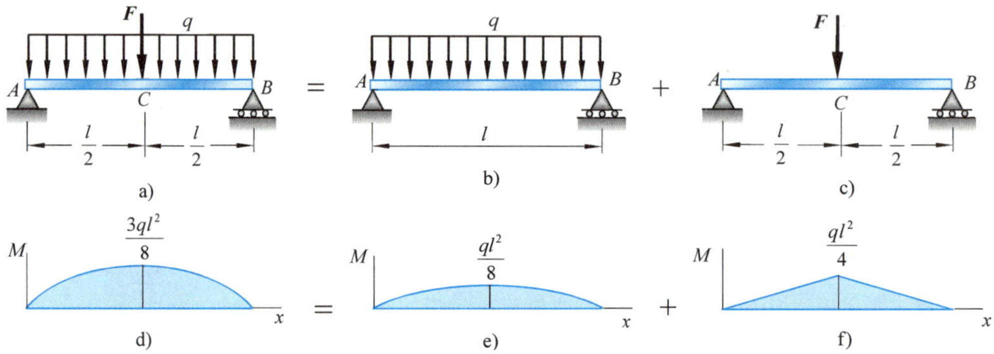

图 4-18

【例 4-8】 用叠加法绘制图 4-19a 所示梁的弯矩图，已知 $F=ql$。

解：首先把梁上的载荷分成均布载荷 q 和集中力 F 的单独作用（图 4-19b、c），绘制 M 图（图 4-19e、f），然后将 q、F 引起的 M 图相应的纵坐标叠加，就得到 q、F 共同作用时的弯矩图（图 4-19d）。这种做法显然把一个复杂的问题化为几个简单问题的叠加，从而带来很大的方便。

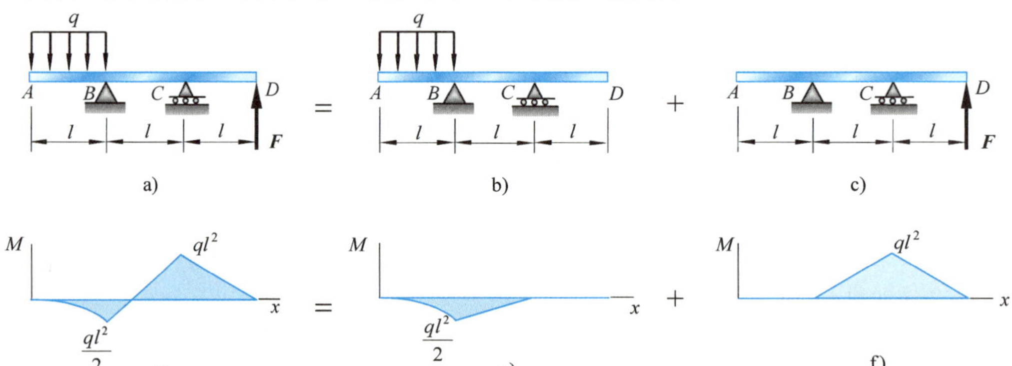

图 4-19

4.7 平面刚架和曲杆的弯曲内力

4.7.1 平面刚架的弯曲内力

某些机器的机身或机架的轴线是由几段直线组成的折线，如液压机机身、钻床床架、轧钢机机架等。这种机架的每两个组成部分在其联接处夹角不变，即两部分在联接处不能有相对转动，这种联接称为**刚节点**。在图4-20a中的节点A即为刚节点，各部分由刚节点联接成的框架结构称为**刚架**。平面刚架任意横截面上的内力，一般有剪力、弯矩和轴力。支座约束力和内力可由静力平衡方程确定的刚架称为静定刚架。下面用例题说明静定刚架弯矩图的绘制。至于轴力图或剪力图，需要时也可按相似的方法绘制。

【例4-9】　绘制图4-20a所示刚架的弯矩图。

解：● 求支座约束力

$$F_{Ay}=\frac{F}{2}(\downarrow)\ F_{Bx}=F(\leftarrow),F_{By}=\frac{F}{2}(\uparrow)$$

● 列出弯矩方程

$$M(x_1)=Fx_1\qquad(0\leqslant x_1\leqslant a)$$

$$M(x_2)=\frac{F}{2}x_2\qquad(0\leqslant x_2\leqslant 2a)$$

● 绘制弯矩图

在绘制刚架的弯矩图时，约定把弯矩图画在杆件弯曲变形凹入的一侧，亦即画在纤维受压的一侧（根据弯矩的符号规定，**直梁的弯矩图就是画在纤维受压一侧**）。因弯矩方程为线性函数，M图为斜直线，对于CA段，显然右侧受压，AB段可按直梁来确定，绘出M图（图4-20b）。

由图4-20c可以看出，在平面刚架的刚节点处，两侧的弯矩M值总是相等的。

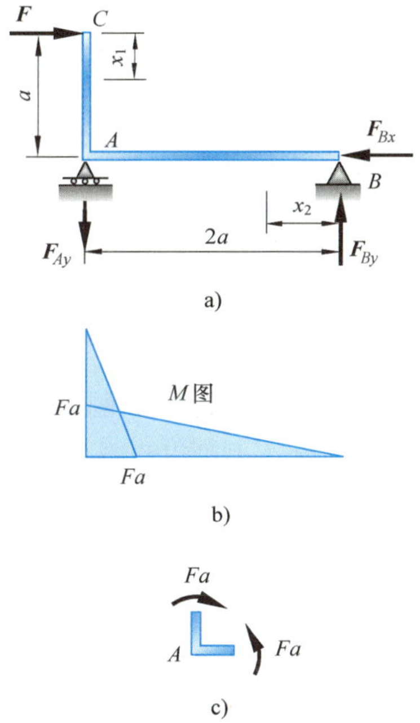

图　4-20

【例4-10】　绘制图4-21a所示刚架的弯矩图，已知$M_e=qa^2$。

解：● 求支座约束力

根据平衡方程，求得支座约束力为

$F_{Ay}=qa(\uparrow)$，$F_{Bx}=2qa(\rightarrow)$，$F_{By}=qa(\downarrow)$

● 列弯矩方程，并绘制M图

在横杆AC段内，把坐标原点取在A点，则取截面1－1以左的外力来计算弯矩，得

$$M(x_1)=F_{Ay}x_1=qax_1\quad(0\leqslant x_1\leqslant a)$$

在竖杆BC段范围内，把坐标原点取在C点，则求任意截面2－2上的弯矩时，取截面2－2以上的外力来计算，得

$$M(x_2)=F_{Ay}a-\frac{qx_2^2}{2}=qa^2-\frac{qx_2^2}{2}\quad(0\leqslant x_2<2a)$$

在BC段，C截面右侧受压，而B截面左侧受压，且当$x_2=\sqrt{2}a$时，$M(x_2)=0$，故刚架的弯矩图如图4-21b所示。

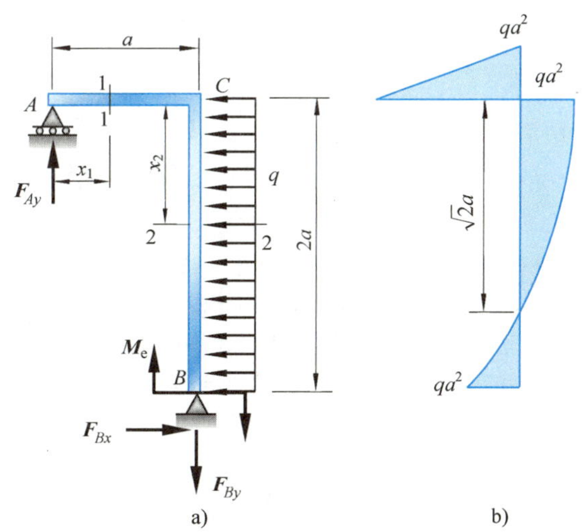

图　4-21

4.7.2 平面曲杆的弯曲内力

某些构件，如活塞环、链环、拱等，一般都有一纵向对称面，其轴线是一平面曲线，工程上称之为**平面曲杆**或**平面曲梁**。当载荷作用于纵向对称面内时，曲杆将发生弯曲变形。这时横截面上的内力一般也有弯矩、剪力和轴力。现以轴线为圆周1/4的曲杆（图4-22a）为例，说明内力的计算。以圆心角为φ的横截面（径向截面）$m-m$将曲杆分成两部分，$m-m$截面以右部分如图4-22b所示，把作用于这一部分上的各力分别投影于轴线在$m-m$截面处的切线和法线方向，并对$m-m$截面的形心取矩，根据平衡方程，容易求得

$$F_N(\varphi)=F\sin\varphi$$
$$F_Q(\varphi)=-F\cos\varphi$$
$$M(\varphi)=-FR\sin\varphi$$

关于内力的符号，规定为：引起拉伸变形的轴力F_N为正；使轴线曲率增加的弯矩M为正；以剪力F_Q对所考虑的一段曲杆内任一点取矩，若力矩为顺时针方向，则剪力F_Q为正。按照这一符号规定，在图4-22b中，所有内力（F_N、F_Q、M）皆为正。

绘制弯矩图时，将M画在轴线的法线方向，并画在杆件受压的一侧（参看例4-9），如图4-22c所示。也可以绘制曲杆的剪力图和轴力图，这里就不再详细讨论了。

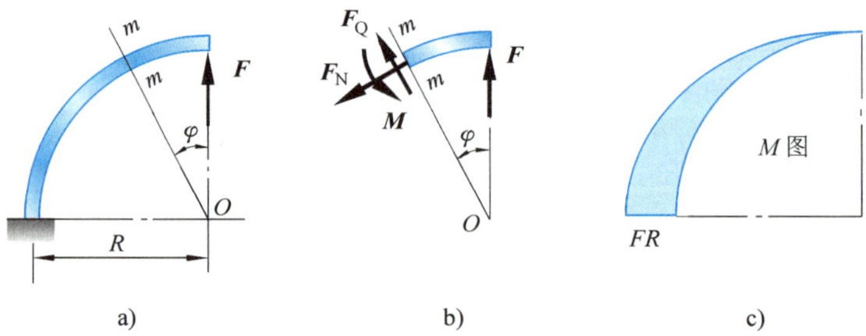

图 4-22

分析思考题

4-1 何谓平面弯曲？它有什么特点？发生平面弯曲的充分条件是什么？

4-2 怎样理解在集中力作用截面，剪力图有突变？在集中力偶作用截面，弯矩图有突变？

4-3 载荷集度q、剪力F_Q和弯矩M三者之间的导数关系是如何建立的？其物理意义和几何意义是什么？在建立上述关系时，载荷集度与坐标轴的取向有何意义？

4-4 应用叠加法，需要熟练掌握基本静定梁在载荷单独作用下的弯矩图。下面给出常用的几种情况（思考题4-4图）。

4-5 若结构正对称，载荷也正对称，则剪力图和弯矩图有什么对称关系？若结构正对称，载荷反对称，则剪力图和弯矩图有什么对称关系？

4-6 带有梁间铰的梁或刚架，梁间铰处的内力有何特点？

4-7 根据剪力图绘制弯矩图是否唯一？在什么情况下是唯一的？在什么情况下不唯一？根据弯矩图绘制剪力图是否唯一？

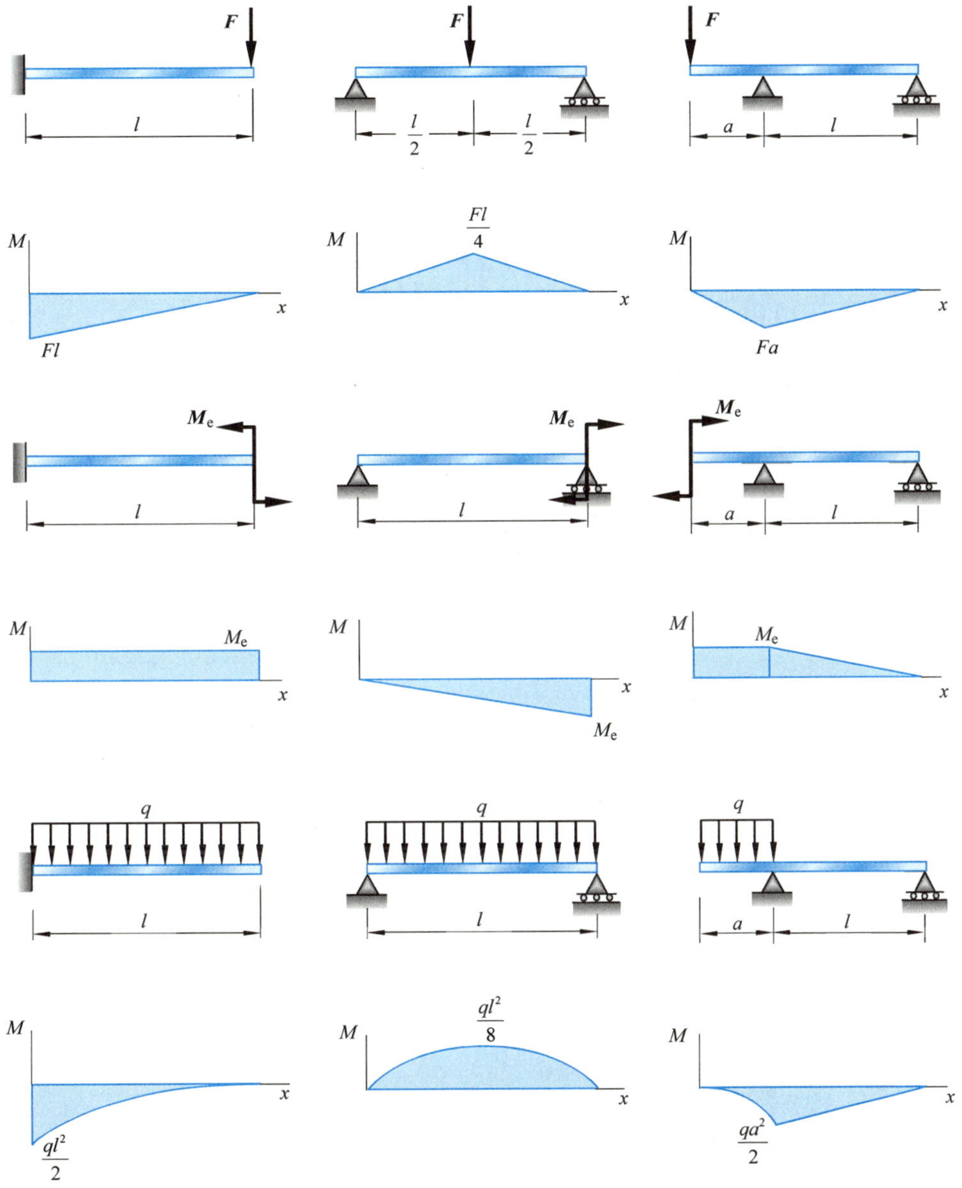

思考题4-4图

习题

4-1　已知题4-1图所示各梁的 q、F、M_e和尺寸 a，$F=qa$，$M_e=qa^2$。试：（1）列出梁的剪力方程和弯矩方程；（2）绘制剪力图和弯矩图；（3）指出 $|F_Q|_{max}$和 $|M|_{max}$。

4-2　求题4-2图所示各梁中指定截面上的内力。设1-1、2-2、3-3各截面无限趋近于梁上 A、B、C、D各截面，其中 F、q、a 均为已知。

4-3　利用 $q(x)$、$F_Q(x)$ 和 $M(x)$ 之间的关系，直接绘制题4-3图所示各梁的剪力图和弯矩图。

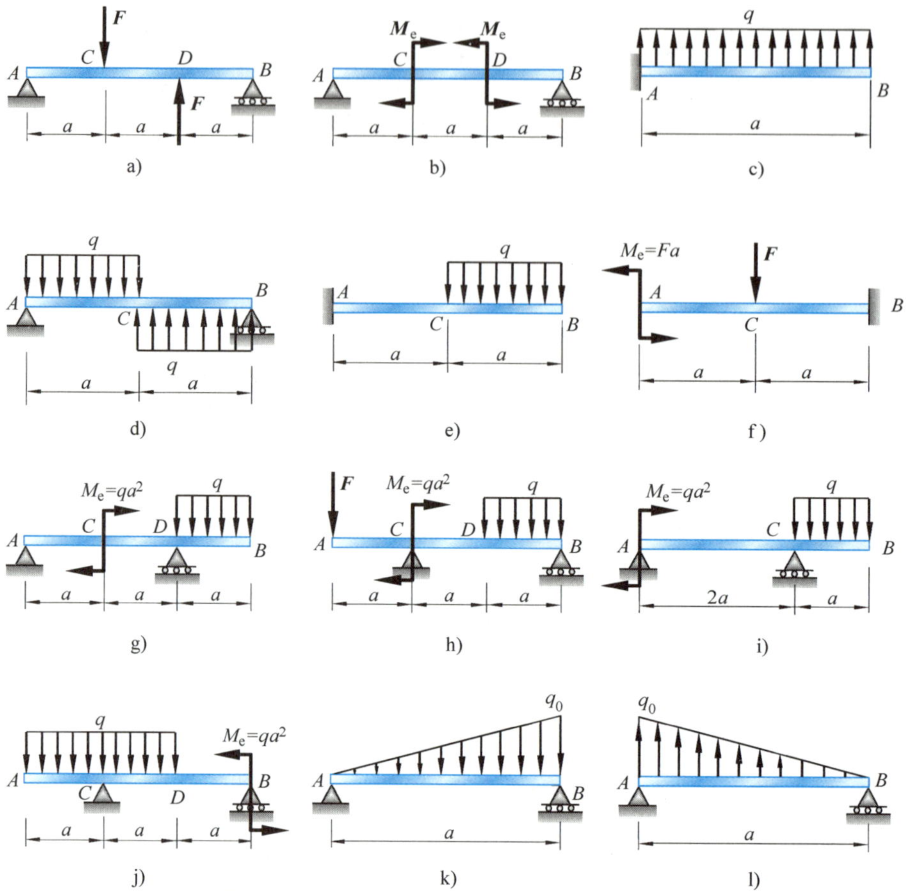

题 4-1 图

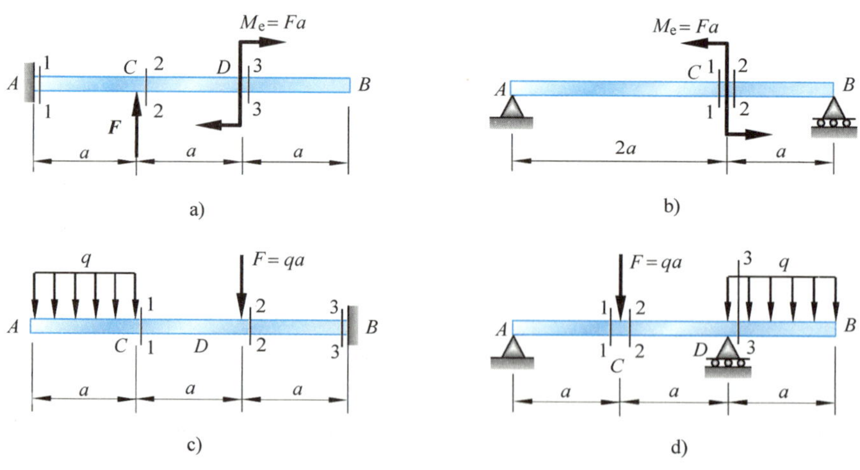

题 4-2 图

4-4　试绘制题 4-4 图所示多跨（带梁间铰）静定梁的剪力图和弯矩图，并设 $F=qa$，$M_e=qa^2$。

4-5　梁的尺寸及受力如题 4-5 图所示，试讨论：

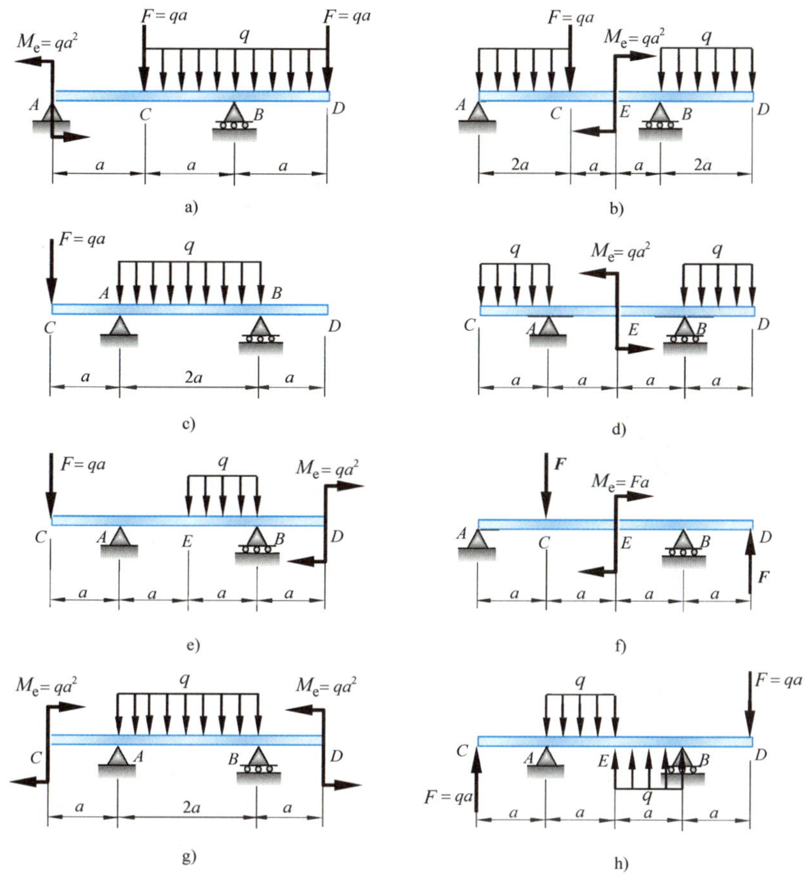

题 4-3 图

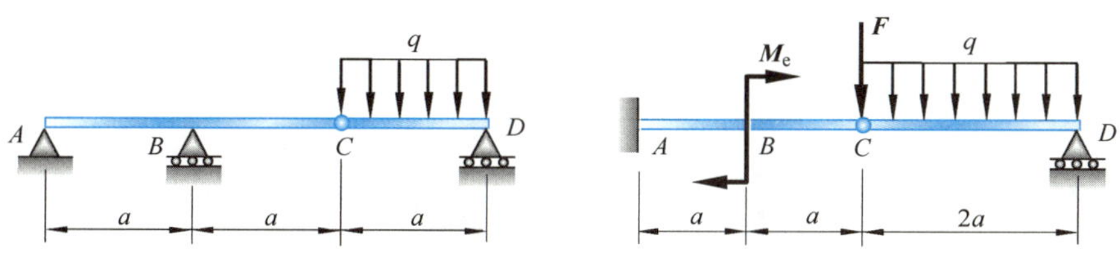

题 4-4 图

（1）集中力 $F=qa$ 分别作用在梁间铰 D 的左侧、右侧或正好作用在铰上，对梁的剪力图和弯矩图有何影响？

（2）集中力偶 $M_e=qa^2$ 分别作用在梁间铰 D 的左侧、右侧，对梁的剪力图和弯矩图有何影响？

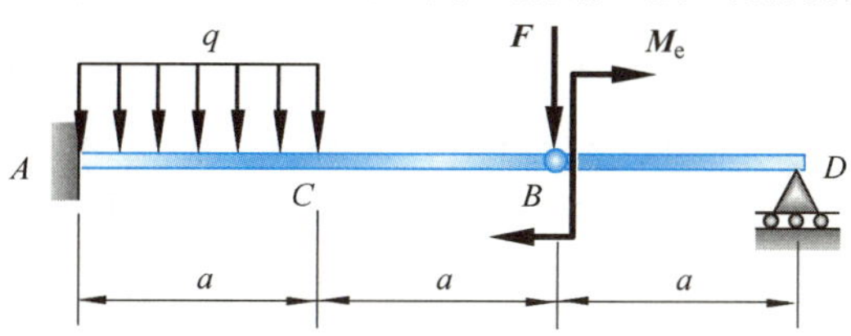

题 4-5 图

4-6　试绘制题4-6图所示刚架的弯矩图。

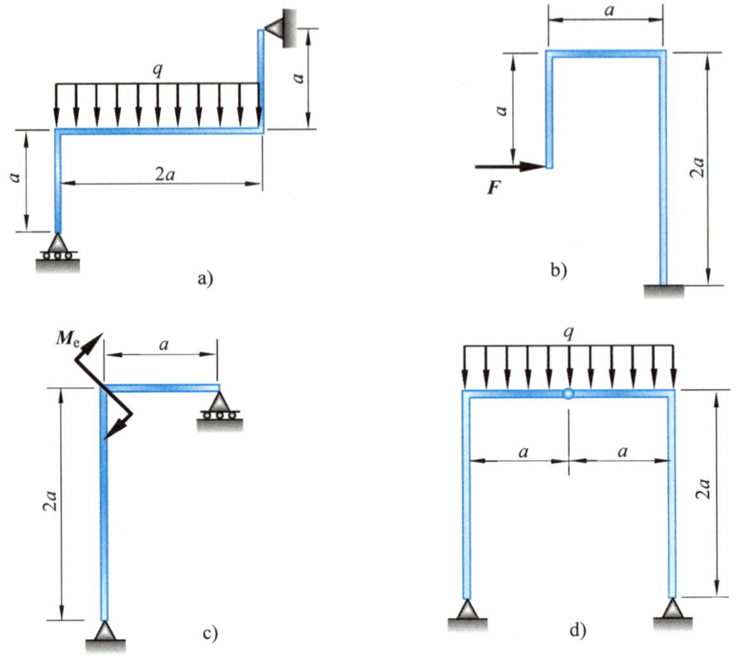

题4-6图

4-7　用叠加法绘出题4-7图所示各梁的弯矩图，设 $F=qa$，$M_e=Fa=qa^2$。

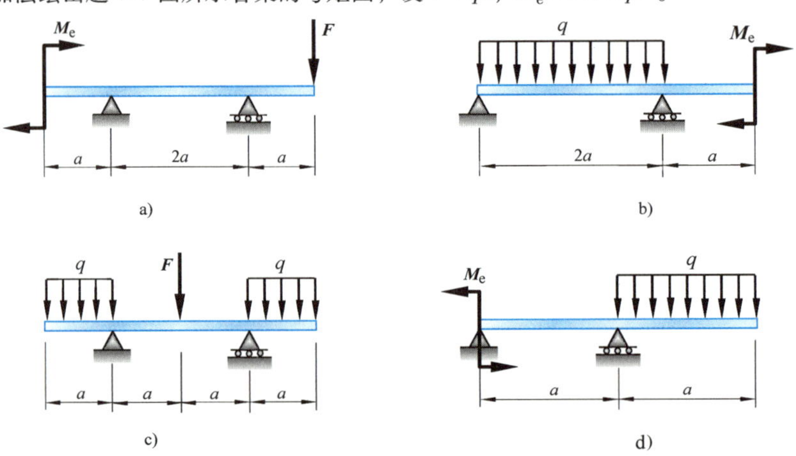

题4-7图

4-8　载荷 F 无冲击地在梁上移动（题4-8图），试求：(1) F 在任意位置时的支座约束力；(2) $|F_Q|_{max}$ 和 $|M|_{max}$ 的值及其所发生的位置。

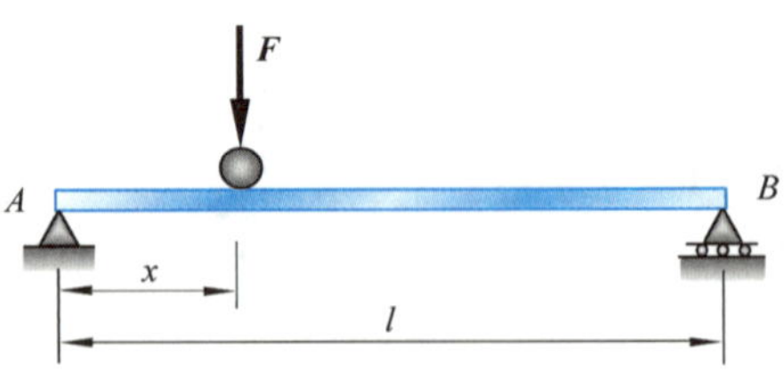

题4-8图

4-9 写出题4-9图所示杆的内力（轴力、剪力和弯矩）方程式，设曲杆部分的轴线皆为圆弧形。

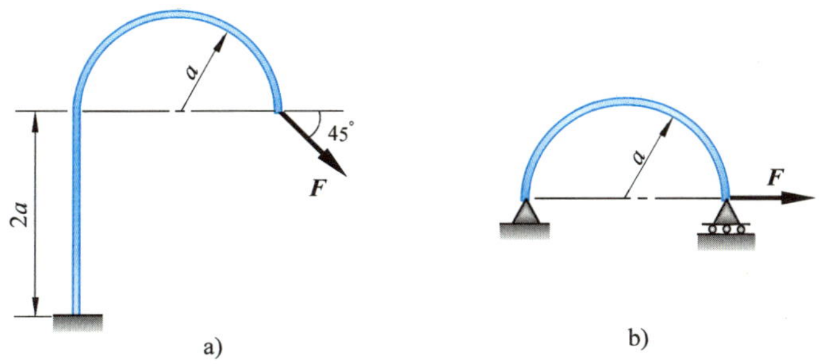

题4-9图

4-10 设梁的剪力图如题4-10图所示，试绘制弯矩图及载荷图，已知梁上没有作用集中力偶。

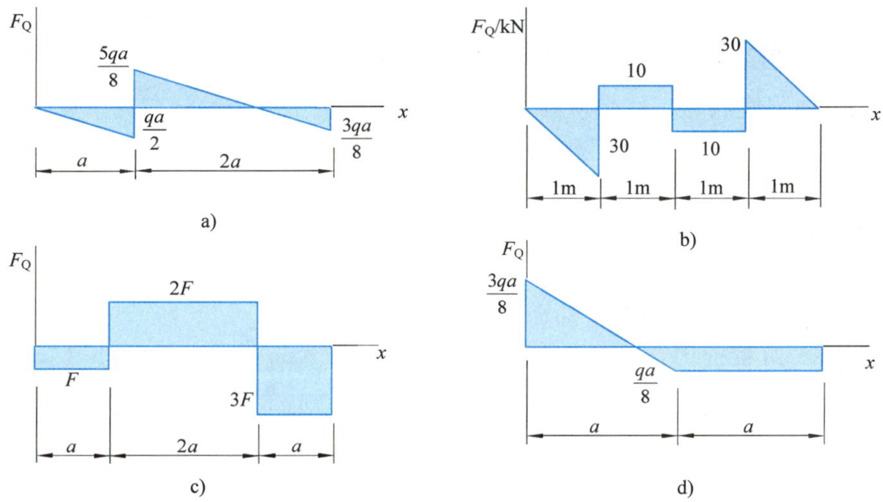

题4-10图

4-11 已知梁的弯矩图如题4-11图所示，试绘制梁的载荷图和剪力图。

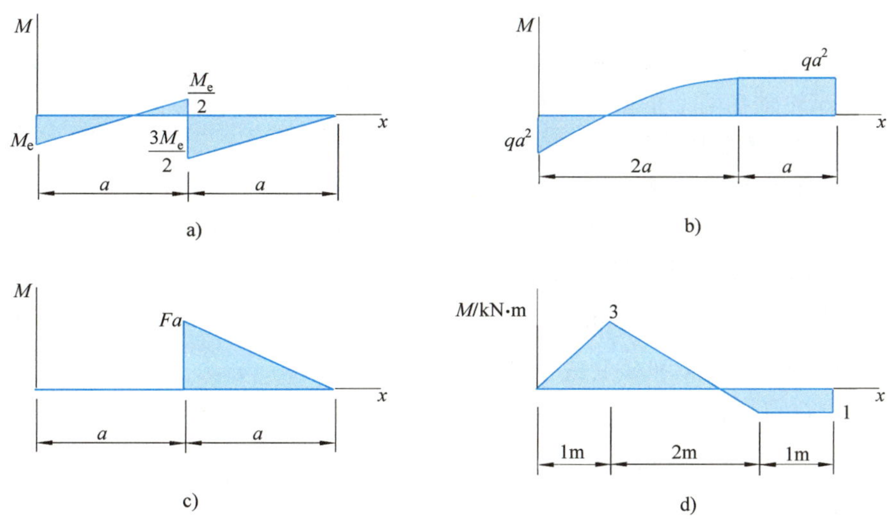

题4-11图

第5章 弯曲强度

5.1 纯弯曲及其变形

为了解决弯曲强度问题，就必须首先研究其梁横截面上的应力分布规律及其计算方法。

在第4章第3节中已知，平面弯曲（设在 xy 平面内）时梁横截面上一般作用有两种内力——剪力 F_Q 和弯矩 M_z，而且弯矩 M_z 是与横截面垂直的分布内力系的合力偶矩，F_Q 是与横截面相切的分布内力系的合力，所以弯矩 M_z 只与横截面上的正应力 σ 相关，剪力 F_Q 只与切应力 τ 相关。

在图5-1a中，简支梁上的两个外力 F 对称地作用于梁的纵向对称面内，其计算简图、剪力图和弯矩图分别示于图5-1b、c和d中。从图中看出，在 AC 段和 DB 段内，梁的各个横截面上既有弯矩又有剪力，因而在横截面上既有正应力又有切应力，这种情况称为**横力弯曲**。在 CD 段内，梁的各个横截面上剪力等于零，而弯矩为常量，这时在横截面上就只有正应力而无切应力，这种情况称为**纯弯曲**。例如，在图4-1b中，火车轮轴在两个车轮之间的一段就是纯弯曲。纯弯曲是弯曲理论中最基本的情况。

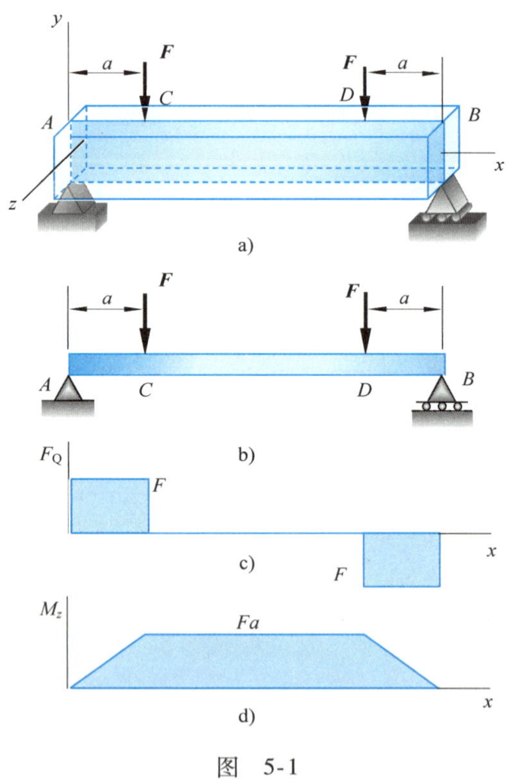

图 5-1

为了分析纯弯曲的变形规律，可通过实验并观察其变形现象。实验前，在梁的侧面上作纵向线（$\overline{aa}$ 和 $\overline{bb}$），并作垂直于纵向线的横向线（如 $\overline{ab}$），如图5-2a所示，然后使梁发生纯弯曲变形。变形后纵向线 $\overline{aa}$ 和 $\overline{bb}$ 变成圆弧线 $\widehat{aa}$ 和 $\widehat{bb}$（图5-2b），但横向线 $\overline{ab}$ 仍保持为直线，它们相对旋转一个角度后，仍然垂直于圆弧线 $\widehat{aa}$ 和 $\widehat{bb}$。根据这样的实验结果，可以假设：变形前原为平面的梁的横截面变形后仍保持为平面，且仍然垂直于变形后的梁轴线，这就是弯曲变形的**平面假设**。

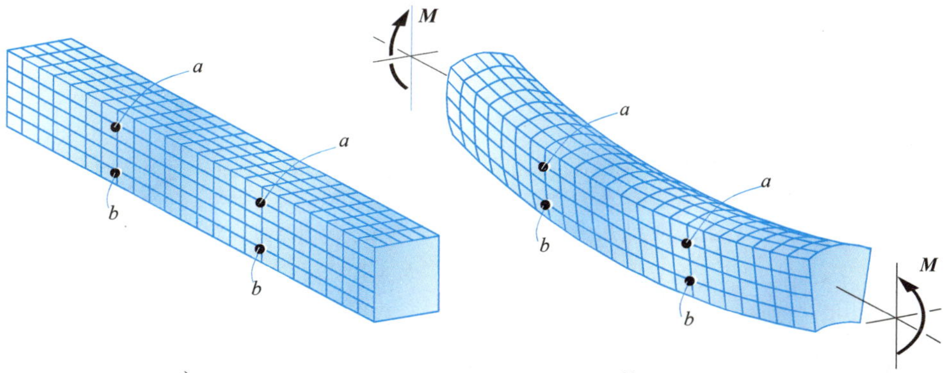

图 5-2

设想梁是由无数层纵向纤维组成的。发生弯曲变形后，例如发生图5-3所示下凸的弯曲。必然要引起靠近底面的纤维伸长，靠近顶面的纤维缩短，由于变形的连续性，中间必定有一层纤维的长度不变，这一层纤维称为**中性层**。中性层与横截面的交线称为**中性轴**。在中性层上、下两侧的纤维，如一侧伸长，则另一侧必然缩短。显然，中性轴把横截面分成两个区域，其中一个区域受到拉伸，而另一个区域受到压缩，这就形成了各横截面在弯曲时绕中性轴发生转动。由于梁上的载荷都作用于梁的纵向对称面内，梁的整体变形应对称于纵向对称面，就是要求中性轴与纵向对称面垂直。

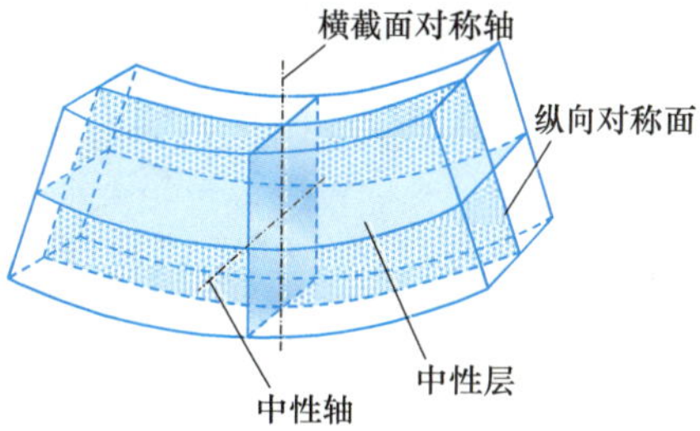

图 5-3

此外，根据实验结果，假设：各纵向纤维之间并无相互作用的正应力，即梁的所有纵向纤维都是单向拉伸或压缩。

以上研究了纯弯曲变形的规律，根据以上假设得到的理论结果，在长期的实践中，符合实际情况，经得住实践的检验，且与弹性理论的结果相一致。

5.2 纯弯曲时梁横截面上的正应力

同推导圆轴扭转时横截面上的切应力公式一样，研究纯弯曲时梁横截面上的正应力也是超静定问题，同样需要从几何关系、物理关系和静力关系三个方面入手。

1. 变形几何关系

设纯弯曲变形前和变形后分别如图5-4a、b所示。以梁横截面的纵向对称轴为 y 轴，且向下为正（图5-4c），以 z 轴为中性轴，但中性轴的位置尚待确定。根据平面假设，变形前相距 $\mathrm{d}x$ 的两个横截面，变形后相对旋转了一个角度 $\mathrm{d}\theta$，并仍保持为平面。

这就使得距中性层为 y 的纵向纤维 $\overline{bb}$ 的长度变为

$$\widehat{b'b'}=(\rho+y)\,\mathrm{d}\theta$$

式中，ρ 为中性层 $o'o'$ 的曲率半径。

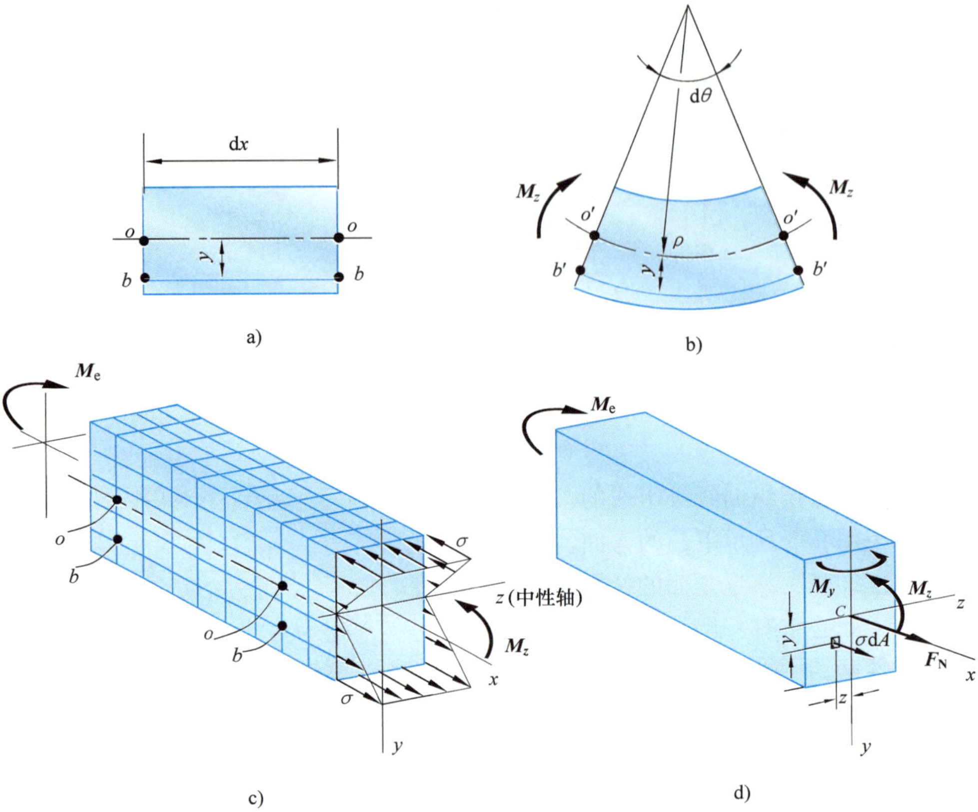

图 5-4

纤维$\overline{bb}$的原长为 $\mathrm{d}x$，且有$\overline{bb}=\mathrm{d}x=\overline{oo}$，因为变形前、后中性层纤维$\overline{oo}$的长度不变，故有

$$\overline{bb}=\mathrm{d}x=\overline{oo}=\widehat{o'o'}=\rho\mathrm{d}\theta$$

根据应变的定义，求得纤维$\overline{bb}$的应变为

$$\varepsilon=\frac{\widehat{b'b'}-\overline{bb}}{\overline{bb}}=\frac{(\rho+y)\mathrm{d}\theta-\rho\mathrm{d}\theta}{\rho\mathrm{d}\theta}=\frac{y}{\rho} \tag{a}$$

可见，纵向纤维的线应变与它到中性层的距离成正比。

2. 物理关系

因纵向纤维之间无正应力，每一纤维都是单向拉伸或压缩，且假设材料拉伸及压缩的弹性模量相等（$E_t=E_c=E$），则当应力不超过比例极限时，由胡克定律得

$$\sigma=E\varepsilon=E\frac{y}{\rho} \tag{b}$$

这表明：在横截面上，任意点的正应力与该点到中性轴的距离成正比，其分布规律如图 5-4c 所示。

3. 静力关系

上面虽已找到了应变和应力的分布规律，但其中的曲率半径及中性轴位置尚未确定，它们可通过静力关系求出。

如图5-4d所示，考虑微面积 dA 上的微内力 σdA，它构成垂直于横截面的空间平行力系，将所有微内力 σdA 向截面形心平移，得到一个主矢和一个主矩，主矢和主矩可分解成三个内力分量，即平行于 x 轴的轴力 F_N、对 y 轴和 z 轴的力偶矩 M_y 和 M_z，它们分别为

$$F_N = \int_A \sigma dA, \quad M_y = \int_A z\sigma dA, \quad M_z = \int_A y\sigma dA$$

在纯弯曲情况下，截面的轴力 F_N 及绕 y 轴的矩 M_y 均为零，而绕 z 轴的矩 M_z 即是横截面的弯矩 M_z，因此有

$$F_N = \int_A \sigma dA = 0 \tag{c}$$

$$M_y = \int_A z\sigma dA = 0 \tag{d}$$

$$M_z = \int_A y\sigma dA = M_z \tag{e}$$

将式（b）代入式（c），得

$$F_N = \int_A \sigma dA = \int_A E\frac{y}{\rho}dA = \frac{E}{\rho}\int_A y dA = \frac{E}{\rho}S_z = 0 \tag{f}$$

由于 $E/\rho \neq 0$，故必有 $S_z = 0$，即整个截面对中性轴的静矩为零。因此，**中性轴（z 轴）通过截面形心**。

将式（b）代入式（d），得

$$M_y = \int_A z\sigma dA = \int_A zE\frac{y}{\rho}dA = \frac{E}{\rho}\int_A zy dA = \frac{E}{\rho}I_{yz} = 0 \tag{g}$$

由于 y 轴是横截面的对称轴，必然有 $I_{yz} = 0$，所以式（g）是自然满足的。

将式（b）代入式（e），得

$$M_z = \int_A y\sigma dA = \int_A E\frac{y^2}{\rho}dA = \frac{E}{\rho}\int_A y^2 dA = \frac{E}{\rho}I_z$$

由此可得

$$\boxed{\frac{1}{\rho} = \frac{M_z}{EI_z}} \tag{5-1}$$

式中，$1/\rho$ 为梁轴线变形后的曲率。

式（5-1）表明：相同弯矩作用下，EI_z 越大，则曲率 $1/\rho$ 越小，故称 **EI_z 为截面的抗弯刚度**。

将式（5-1）代入式（b），得

$$\boxed{\sigma = \frac{M_z y}{I_z}} \tag{5-2}$$

一般用式（5-2）计算正应力时，M_z 与 y 均代以绝对值，而正应力的拉、压由观察弯曲变形直接判定。因为，以中性层为界，梁在凸出的一侧受拉，在凹入的一侧受压。

需要说明的是：在导出式（5-1）和式（5-2）时，为了方便，把梁截面画成矩形，但在推导过程中，并未涉及矩形截面的几何特征。所以，只要梁有一纵向对称面，且载荷作用于这个平面内，公式就可适用。

5.3 横力弯曲时梁横截面上的正应力　弯曲正应力的强度条件

对于横力弯曲，由于横截面上同时存在剪力 F_Q 和弯矩 M_z，因此横截面上不仅有正应力 σ，而且有切应力 τ。而由于 τ 的存在，使横截面在变形之后不再保持为平面，但进一步的分析表明（见本章第 5 节）：只要梁的跨度与截面高度之比大于或等于 5（$l/h \geqslant 5$），仍用式（5-2）来计算横力弯曲时的 σ，误差较小，因此，横力弯曲的一般条件下仍可用式（5-2）来进行计算。

为了建立弯曲强度条件，需要计算危险点的最大工作正应力。

5.3.1 塑性材料构件的最大工作应力

一般由于塑性材料抗拉和抗压强度相等，故只需计算其 $|\sigma|_{max}$。据式（5-2），有

$$|\sigma|_{max} = \frac{|M_z|_{max} \cdot |y|_{max}}{I_z}$$

式中，$|M_z|_{max}$ 所在截面常称为梁的危险截面；而离中性轴最远的 $|y|_{max}$ 处点便称为横截面上的危险点。

若令

$$W_z = \frac{I_z}{|y|_{max}} \tag{5-3}$$

则构件的最大工作正应力

$$|\sigma|_{max} = \frac{|M_z|_{max}}{W_z} \tag{5-4}$$

式中，W_z 为**抗弯截面系数**，它与截面的几何形状有关，其量纲为［长度］^{3}。

若截面是高为 h、宽为 b 的矩形（图 5-5a），则当 z 轴是中性轴时

$$W_z = \frac{I_z}{|y|_{max}} = \frac{bh^3/12}{h/2} = \frac{bh^2}{6} \tag{5-5}$$

当 y 轴是中性轴时

$$W_y = \frac{I_y}{|z|_{max}} = \frac{hb^3/12}{b/2} = \frac{hb^2}{6} \tag{5-6}$$

若截面是直径为 d 的圆形（图 5-5b），则

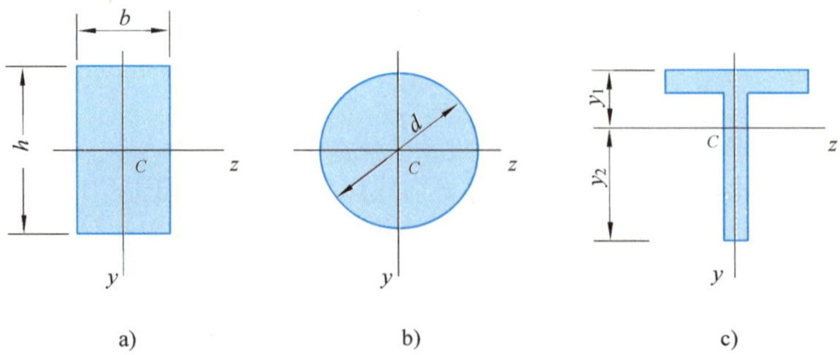

图 5-5

$$W_y = W_z = \frac{\pi d^4/64}{d/2} = \frac{\pi d^3}{32} \tag{5-7}$$

一些常见型钢截面的 W 可由本书末的附录表查出。

5.3.2 脆性材料构件的最大工作应力

由于脆性材料抗拉强度和抗压强度不同，所以当中性轴是对称轴时，只需计算危险截面上的最大工作拉应力 $\sigma_{t,max}$ 即可，其计算公式与式（5-4）相同。若中性轴是非对称轴时，一般需要分别计算其最大工作拉应力 $\sigma_{t,max}$ 和最大工作压应力 $|\sigma_c|_{max}$。若其弯矩图中同时有正、负弯矩，则应分别取其 $+M_{z,max}$ 及 $|-M_z|_{max}$ 作为危险截面，取中性轴两侧边缘点为危险点。如对图 5-5c 的截面，若 y_1 为受拉边边缘点到中性轴的距离，y_2 为受压边边缘点到中性轴的距离，则构件的最大工作正应力

$$\sigma_{t,max} = \frac{|M_z|_{max} \cdot y_1}{I_z} \tag{5-8}$$

$$|\sigma_c|_{max} = \frac{|M_z|_{max} \cdot y_2}{I_z} \tag{5-9}$$

5.3.3 弯曲正应力强度条件

对于塑性材料构件，其弯曲正应力强度条件为

$$\sigma_{max} = \frac{|M_z|_{max}}{W_z} \leqslant [\sigma] \tag{5-10}$$

对于脆性材料构件，其弯曲正应力强度条件为

$$\sigma_{t,max} = \frac{|M_z|_{max} \cdot y_1}{I_z} \leqslant [\sigma_t] \tag{5-11}$$

$$|\sigma_c|_{max} = \frac{|M_z|_{max} \cdot y_2}{I_z} \leqslant [\sigma_c] \tag{5-12}$$

其中，许用应力 $[\sigma]$ 应根据弯曲实验来测定破坏时的极限应力 σ_u，再除以规定的安全系数 n 来获得，其数值稍高于同材料在轴向拉、压时的许用值。工程中常取轴向拉、压时的许用应力作为相同材料的弯曲许可应力，这是偏于安全和保守的。

有了强度条件，就可用来进行截面尺寸设计、校核强度及求许可载荷的计算，其一般计算步骤是：

（1）根据梁平面弯曲的受力情况作受力简图，并绘出其 M_z 图，由此确定危险截面。

（2）根据截面形状及尺寸确定形心位置，再据载荷作用平面确定中性轴位置，计算对中性轴的 I_z，确定危险点的 y_{max} 或计算 W_z。

（3）根据强度条件可设计截面尺寸、校核强度或确定许可载荷。

【例 5-1】 在 18 号工字梁上作用着可移动载荷 F，如图 5-6a 所示。为了提高梁的承载能力，试确定 a 和 b 的合理数值及相应的许可载荷。设 $[\sigma]=160\text{MPa}$，$l=12\text{m}$。

解：• 当 F 移动至最左段时

$$M_{max1} = Fa$$

如图 5-6b 所示。

- 当 F 移动至最右段时

$$M_{max2}=Fb$$

如图5-6c所示。欲使 a、b 最合理，即

$$M_{max1}=M_{max2}, \quad Fa=Fb$$

得

$$a=b$$

- 当 F 移动至两支座中点时

弯矩最大值为

$$M_{max3}=\frac{F(l-a-b)}{4}=\frac{F(l-2a)}{4}$$

如图5-6d所示。为了提高梁的承载能力，正负弯矩应相等，即

$$M_{max1}=M_{max3}, \quad \frac{F(l-2a)}{4}=Fa$$

解得

$$a=b=2\text{m}$$

- 由强度条件

$$\sigma_{max}=\frac{M_{max}}{W_z}\leqslant[\sigma]$$

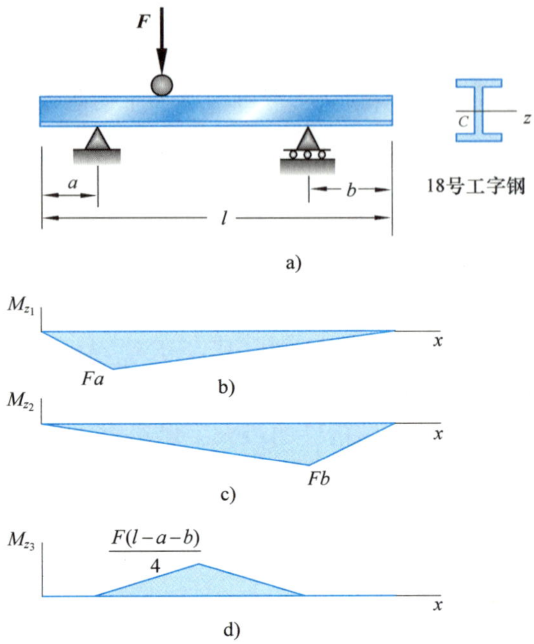

图 5-6

此时 $M_{max}=Fa$，查表，18号工字钢的 $W_z=185\times10^{-6}\text{m}^3$。因此，许可载荷为

$$F\leqslant\frac{[\sigma]W_z}{a}=\frac{160\times10^6\times185\times10^{-6}}{2}\text{N}=14.8\times10^3\text{N}=14.8\text{kN}$$

即 $[F]=14.8\text{kN}$。

【例5-2】 图5-7a为简易天车的计算简图，天车起重量为 $G_1=50\text{kN}$，电葫芦自重 $G_2=6.5\text{kN}$，q 为梁的自重。跨度 $l=10\text{m}$，梁的许用应力 $[\sigma]=140\text{MPa}$，试选择一合适的工字钢截面。

解： 分析　由于在没有选定工字钢型号之前，梁的自重是未知的。可以这样来处理：考虑到在一般机械中，梁的自重与其承受的载荷相比要小得多，因此可先按 $F=G_1+G_2$ 来初选截面，然后再按 G_1、G_2、q 共同作用时来校核强度。

- 绘制弯矩图 M_{zF}，确定危险截面

由 F 作用而引起的 M_{zF} 图如图5-7b所示，其最大弯矩

$$M_{zF,max}=\frac{1}{4}Fl=\frac{1}{4}(G_1+G_2)l$$

$$=\frac{1}{4}\times(50+6.5)\times10\text{kN}\cdot\text{m}$$

$$=141.25\text{kN}\cdot\text{m}$$

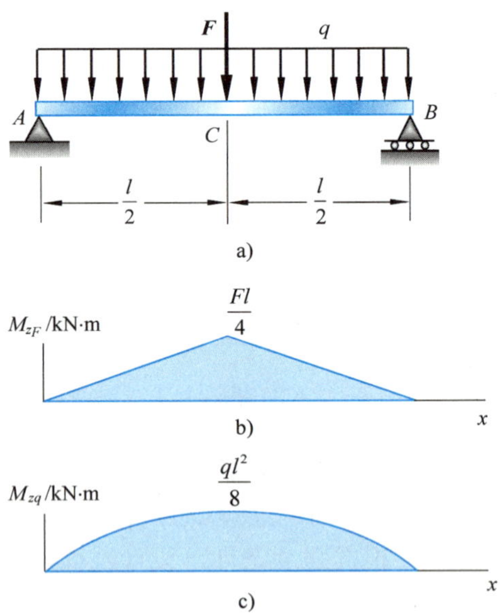

图 5-7

- 设计截面，选择工字梁型号

由强度条件式（5-10）有

$$\sigma_{max}=\frac{M_{zF,max}}{W_z}\leqslant[\sigma]$$

于是有

$$W_z \geqslant \frac{M_{zF,\max}}{[\sigma]} = \frac{141.25 \times 10^3}{140 \times 10^6}\mathrm{m}^3$$
$$= 1.009 \times 10^{-3}\mathrm{m}^3 = 1\ 009\mathrm{cm}^3$$

根据工字钢的型钢表，取一个比 $W_z = 1\ 009\mathrm{cm}^3$ 稍大的工字钢，由附录 B 查得 40a 号工字钢的 $W_z = 1\ 090\mathrm{cm}^3$，其理论质量为 67.6kg/m。因此，自重 $q = 67.6 \times 10\mathrm{N/m} = 676\mathrm{N/m}$，绘出 q 引起的弯矩图（图 5-7c），其最大弯矩为

$$M_{zq,\max} = \frac{1}{8}ql^2 = \frac{1}{8} \times 67.6 \times 10 \times 10^2\mathrm{N \cdot m} = 8.45 \times 10^3\mathrm{N \cdot m} = 8.45\mathrm{kN \cdot m}$$

梁中央截面的总弯矩为

$$M_{z总} = M_{zF,\max} + M_{zq,\max} = 149.7\mathrm{kN \cdot m}$$

故考虑自重后的总应力为

$$\sigma_{\max} = \frac{M_{z总}}{W_z} = \frac{149.7 \times 10^3}{1\ 090 \times 10^{-6}}\mathrm{Pa} = 137.34\mathrm{MPa} < [\sigma]$$

即梁的强度满足要求，可选用 40a 号工字钢。

【例 5-3】 T 形截面铸铁梁的载荷和截面尺寸如图 5-8a 所示。$F_1 = 9\mathrm{kN}$，$F_2 = 4\mathrm{kN}$，铸铁的许用拉应力为 $[\sigma_t] = 30\mathrm{MPa}$，许用压应力为 $[\sigma_c] = 160\mathrm{MPa}$。已知截面对形心轴 z 的惯性矩为 $I_z = 763\mathrm{cm}^4$，且 $y_1 = 52\mathrm{mm}$。试校核梁的强度。

解： • 绘制弯矩图 M_z，确定危险截面

由静力平衡方程求出梁的支座约束力为

$$F_{Ay} = 2.5\mathrm{kN}, \quad F_{By} = 10.5\mathrm{kN}$$

绘制弯矩图（图 5-8b）。最大正弯矩在截面 C 处，$M_C = 2.5\mathrm{kN \cdot m}$。最大负弯矩在截面 B 处，$M_B = -4\mathrm{kN \cdot m}$。

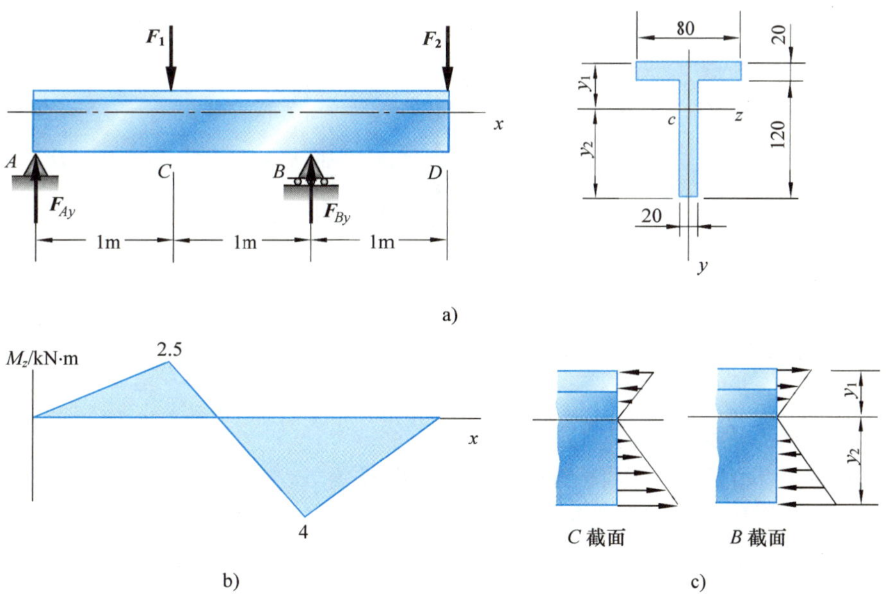

图　5-8

由于 T 形截面此时中性轴是不对称的，且材料是铸铁，所以 B、C 截面都是危险截面，要对 B、C 截面分别进行校核。

• 强度计算

对于 B 截面，因为是负弯矩，中性轴上部受拉、下部受压（图 5-8c），且由式（5-8）、式（5-9）有

$$\sigma_{t,max}=\frac{|M_{Bz}|\cdot y_1}{I_z}=\frac{4\times10^3\times52\times10^{-3}}{763\times10^{-8}}\text{Pa}=27.2\text{MPa}$$

$$|\sigma_c|_{max}=\frac{|M_{Bz}|\cdot y_2}{I_z}=\frac{4\times10^3\times(120+20-52)\times10^{-3}}{763\times10^{-8}}\text{Pa}=46.2\text{MPa}$$

对于 C 截面，虽然 $M_{Cz}<|M_{Bz}|$，但 M_{Cz}是正弯矩，其 $\sigma_{t,max}$发生于截面的下边缘各点（图 5-8c），而这些点到中性轴的距离却比较远，因而就有可能发生比 B 截面还要大的拉应力，其数值为

$$\sigma_{t,max}=\frac{M_{Cz}\cdot y_2}{I_z}=\frac{2.5\times10^3\times(120+20-52)\times10^{-3}}{763\times10^{-8}}\text{Pa}=28.8\text{MPa}$$

从以上结果看出，无论是 $\sigma_{t,max}$还是 $|\sigma_c|_{max}$均未超过相应的许用应力，故满足强度条件。

对于 C 截面的上边缘各点，不需要校核。请读者自行分析原因。

5.4 横力弯曲时梁横截面上的切应力　弯曲切应力的强度条件

横力弯曲时，梁横截面上既有弯矩又有剪力，因而横截面上既有正应力又有切应力。在弯曲问题中，一般说正应力是强度计算的主要因素，但在某些情况下，例如跨度较短、截面较窄而高的梁，其切应力就可能有相当大的数值，这时有必要进行切应力的强度校核。

不同于弯曲正应力，切应力的分布规律与其横截面的形状有密切关系，下面讨论几种工程中常见截面的弯曲切应力。

5.4.1 矩形截面梁

设有一高为 h、宽为 b 的矩形截面梁（图 5-9a），若 $h>b$，在横力弯曲下，由切应力互等定理，可对横截面上切应力的分布做如下假设（图 5-9b）：

（1）横截面上任一点处的切应力 τ 的方向平行剪力 F_Q；

（2）切应力沿截面宽度 b 均匀分布，即离中性轴等距的各点的切应力相等。

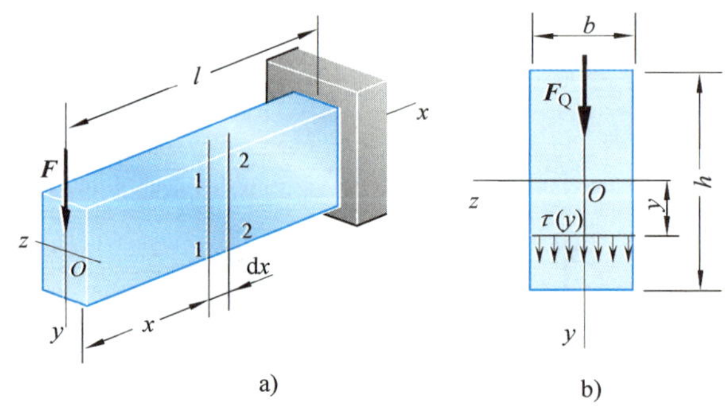

图 5-9

下面推导矩形截面梁的切应力公式。

首先用横截面 1-1 和 2-2 从图 5-9 所示梁中取长为 dx 的微段（图 5-10a）。该两截面上的剪力 F_Q 相等，弯矩分别为 M_z 和 $M_z+\mathrm{d}M_z$，由弯矩引起的正应力（图 5-10b）分别为 $\sigma(x)$和 $\sigma(x+\mathrm{d}x)$，而由剪力引起的切应力方向如图 5-10c 所示。再在距中性轴为 y 处，将此微段梁沿平行中性层的平面截开，研究其下边部分（图 5-10d）。此微块的受力情况为：前、后及底面均为自由表面；左、右两侧横截面的正应力相应的法向内力 F_{N1}、F_{N2}，且 $F_{N2}>F_{N1}$（图 5-10e），在其顶面必有切应力 τ'相对应的剪力 dF_x；由互等定理可知，左、右横截面上有切应力 τ，且 $\tau=\tau'$（图 5-10f）。

由平衡方程 $\Sigma F_x=0$，得

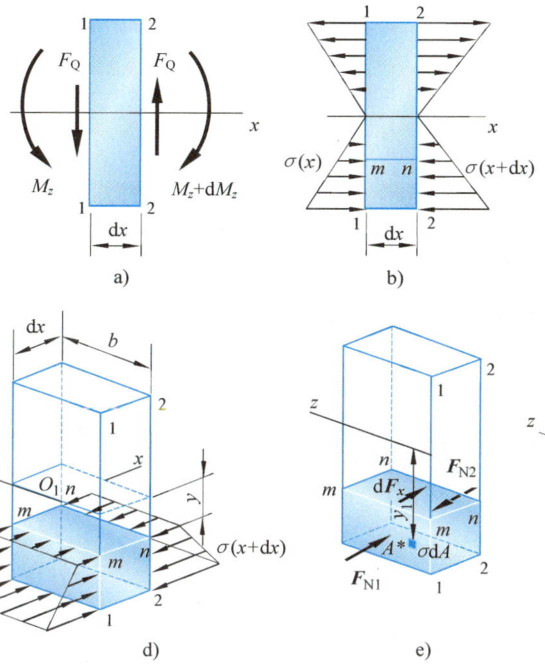

图　5-10

$$F_{N2} - F_{N1} - dF_x = 0 \tag{a}$$

式中，F_{N1}为 1-1 面上的法向内力，有

$$F_{N1} = \int_{A^*} \sigma dA = \int_{A^*} \frac{M_z y_1}{I_z} dA = \frac{M_z}{I_z} \int_{A^*} y_1 dA = \frac{M_z}{I_z} S_z^* \tag{b}$$

其中，$S_z^* = \int_{A^*} y_1 dA$ 为横截面的部分面积 A^* 对中性轴的静矩，也就是距中性轴为 y 的横线 mm（图 5-10e）以下的面积对中性轴的静矩。同理，可求得 2-2 面上的法向内力

$$F_{N2} = \frac{M_z + dM_z}{I_z} S_z^*$$

在顶面 $mmnn$ 上，切向内力系的合力为

$$dF_x = \tau' b dx$$

将 F_{N1}、F_{N2}和 dF_x 代入式（a），得

$$\frac{M_z + dM_z}{I_z} S_z^* - \frac{M_z}{I_z} S_z^* - \tau' b dx = 0$$

简化后有

$$\tau' = \frac{dM_z}{dx} \frac{S_z^*}{I_z b}$$

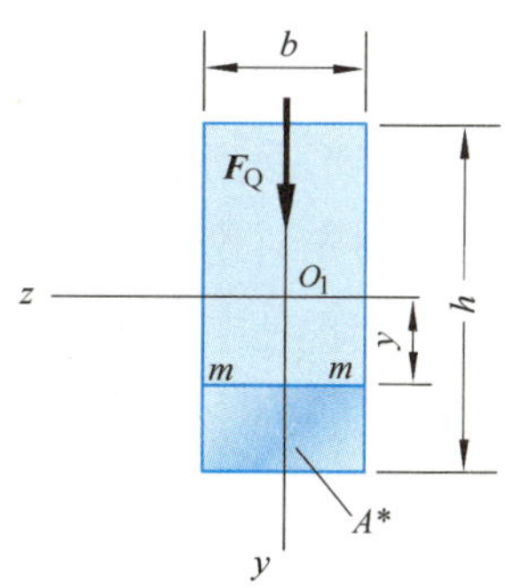

图　5-11

由式（4-2），$\frac{dM_z}{dx} = F_Q$，于是上式化为

$$\tau' = \frac{F_Q S_z^*}{I_z b}$$

由 $\tau=\tau'$，即得矩形截面梁横截面上距中性轴为 y 的各点处切应力计算公式为

$$\boxed{\tau=\frac{F_Q S_z^*}{I_z b}} \tag{5-13}$$

式中，F_Q 为横截面上的剪力；I_z 为整个横截面对中性轴 z 的惯性矩；b 为横截面上所求切应力处的宽度；S_z^* 为横截面上切应力 τ 所在横线至边缘部分的面积对中性轴的静矩，如图 5-11 所示。

为了具体地说明矩形截面梁的切应力沿横截面高度的分布规律，可以将静矩 S_z^* 用坐标 y 表示。由图 5-12a 面积 A^* 对 z 轴的静矩 $S_z^* = \int_{A^*} y_1 \mathrm{d}A$，由图 5-12a 可表示为

$$S_z^* = A^* y_C^* = b\left(\frac{h}{2}-y\right)\left[\frac{h}{2}-\frac{1}{2}\left(\frac{h}{2}-y\right)\right]=\frac{b}{2}\left(\frac{h^2}{4}-y^2\right)$$

将上式代入式（5-13）中，可得

$$\tau=\frac{F_Q}{2I_z}\left(\frac{h^2}{4}-y^2\right) \tag{c}$$

此式表明，矩形截面梁的切应力 τ 沿截面高度方向按二次抛物线规律变化（图 5-12b）。当 $y=\pm h/2$ 时，即在横截面的上、下边缘处，$\tau=0$；当 $y=0$ 时，即在中性轴上，切应力有最大值，其值为

$$\tau_{\max}=\frac{F_Q}{2I_z}\frac{h^2}{4}=\frac{F_Q h^2}{8\times\frac{bh^3}{12}}=\frac{3}{2}\frac{F_Q}{bh}$$

或写成

$$\boxed{\tau_{\max}=\frac{3}{2}\frac{F_Q}{A}} \tag{5-14}$$

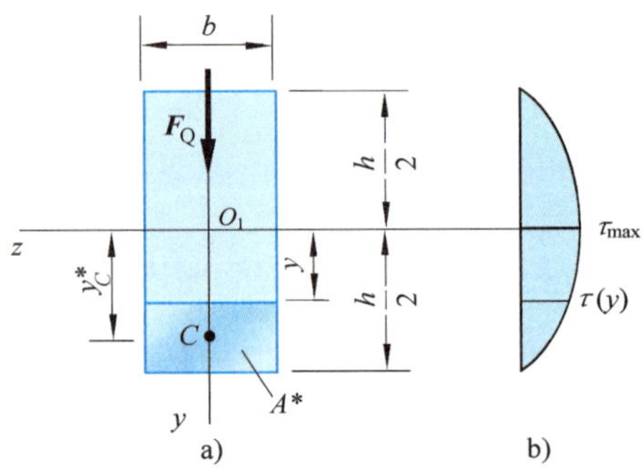

图 5-12

式中，$A=bh$ 为矩形截面的面积。此式说明，横力弯曲时矩形截面梁横截面上的最大切应力值为平均切应力的 1.5 倍。

5.4.2 工字形截面梁

工字形截面如图 5-13 所示，其上、下的水平矩形称为**翼缘**，中间的垂直矩形称为**腹板**。

下面先讨论腹板的弯曲切应力。设剪力 F_Q 沿 y 轴方向，在距中性轴为 y 的腹板各点上，τ 均匀分布，其方向与 F_Q 相同，其值可以通过式（5-13）求解，只需注意此处的 S_z^* 应为图 5-13a 所示阴影面积对中性轴的静矩。即

$$\begin{aligned}S_z^* &= B\left(\frac{H}{2}-\frac{h}{2}\right)\left[\frac{h}{2}+\frac{1}{2}\left(\frac{H}{2}-\frac{h}{2}\right)\right]+d\left(\frac{h}{2}-y\right)\left[y+\frac{1}{2}\left(\frac{h}{2}-y\right)\right]\\ &=\frac{B}{8}(H^2-h^2)+\frac{d}{2}\left(\frac{h^2}{4}-y^2\right)\end{aligned}$$

因而

$$\tau_{腹}=\frac{F_Q}{I_z d}\left[\frac{B}{8}(H^2-h^2)+\frac{d}{2}\left(\frac{h^2}{4}-y^2\right)\right] \tag{5-15}$$

可见，在腹板上$\tau_{腹}$沿其高度也是按抛物线规律分布的，如图5-13b所示。最大切应力发生在中性轴上。在式（5-15）中，令$y=0$，得

$$\tau_{max}=\frac{F_Q}{I_zd}\left[\frac{BH^2}{8}-(B-d)\frac{h^2}{8}\right]$$

在$y=\pm h/2$处，即腹板与翼缘交接处的切应力最小，即

$$\tau_{min}=\frac{F_Q}{I_zd}\left[\frac{BH^2}{8}-\frac{Bh^2}{8}\right]$$

由τ_{max}与τ_{min}的表达式可看出，因$d\ll B$，所以τ_{max}与τ_{min}的差别并不大，可认为腹板上的弯曲切应力是近似均匀分布的。

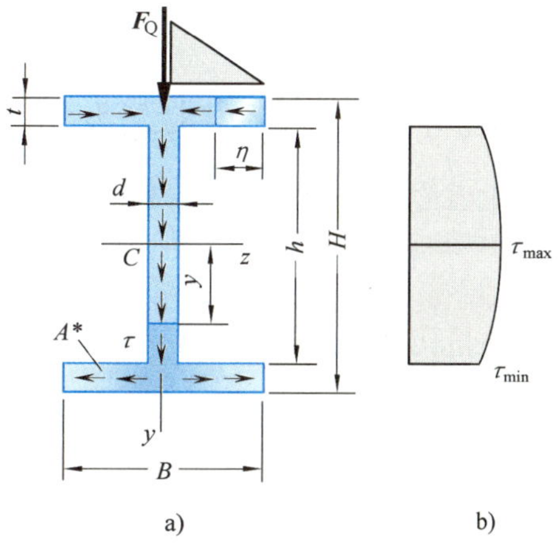

图 5-13

对于工程上常用的标准工字钢，其$I_z/S^*_{z,max}$的数值可直接由型钢表得出。因此，这时只需将此比值代入式（5-13）便可算出τ_{max}，而不必据式（5-15）去计算，即

$$\tau_{max}=\frac{F_QS^*_{z,max}}{I_zd}$$

若将图5-13b的腹板切应力分布图的面积乘以腹板的厚度d，这便是腹板上切应力的合力，即$\int_{-\frac{h}{2}}^{\frac{h}{2}}\tau d\mathrm{d}y$。对于标准的工字型钢，此积分约等于$(0.95\sim0.97)F_Q$。也就是说，弯曲时腹板承担了剪力$F_Q$的绝大部分。又因为腹板上的$\tau$是近似均匀分布的，便有

$$\boxed{\tau_{腹}\approx\frac{F_Q}{hd}=\frac{F_Q}{A_{腹}}} \tag{5-16}$$

在翼缘上，也应有平行于F_Q的切应力分量，但分布情况比较复杂，而且数量很小，并无实际意义，所以通常并不进行计算。此外，翼缘上还有平行于冀缘宽度B的切应力分量。它与腹板内的切应力比较，一般也是次要的。如需计算时，可仿照在矩形截面中所用的方法来求得，其分布规律如图5-13a所示。

若将翼缘和腹板上的切应力方向都画出来，则整个横截面上τ组成切应力流，如图5-13a所示。

工字梁翼缘的全部面积都在离中性轴最远处，每一点的正应力都比较大。所以翼缘负担了截面上的大部分弯矩。

5.4.3 圆形截面梁

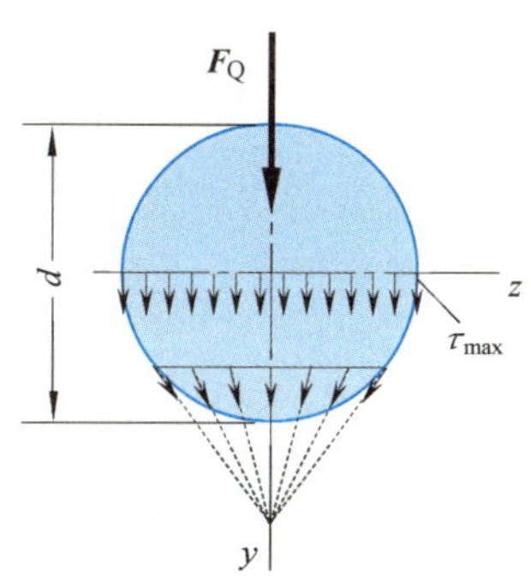

图 5-14

由切应力互等定理可知，位于截面圆周上各点的切应力必与圆周相切。因此，对于圆形截面梁，已经不能再假设截面上各点的切应力都平行于剪力F_Q。但研究结果表明：最大切应力仍发生在中性轴上，并可认为沿中性轴均匀分布（图5-14），其值为

$$\tau_{max} = \frac{F_Q S^*_{z,max}}{I_z d} \tag{d}$$

式中，d 为直径；$I_z = \frac{\pi d^4}{64}$；$S^*_{z,max}$为半圆形截面对中性轴的静矩，由于半圆形截面的形心离中性轴距离为 $4R/3\pi$（见附录例 A-1），因此

$$S^*_{z,max} = A^* y^*_C = \frac{\pi R^2}{2}\frac{4R}{3\pi} = \frac{2R^3}{3} \tag{e}$$

将上述各量代入式（d），最后得到

$$\boxed{\tau_{max} = \frac{4}{3}\frac{F_Q}{A}} \tag{5-17}$$

式中，A 为圆形截面面积。可见，圆形截面最大切应力为平均切应力的 4/3 倍。

5.4.4 闭口的矩形和圆环形薄壁截面梁

如图 5-15a、b 所示的薄壁截面，在横力弯曲下，且 F_Q 沿 y 轴方向作用，则弯曲切应力与周边相切和沿任一厚度 t 均匀分布的结论仍成立，故推导式（5-13）的方法仍然相同。在中性轴处，两种截面梁的切应力都有最大值，为

$$\tau_{max} = \frac{F_Q S^*_{z,max}}{I_z 2t}$$

式中，$S^*_{z,max}$为中性轴以下或以上横截面面积对中性轴的静矩，此图中阴影面积为对称于 y 轴而取的。

对图 5-15a　　$S^*_{z,max} = 2tS \cdot \frac{h}{2} = htS$

对图 5-15b　　$S^*_{z,max} = 2\int_0^{\theta} R\mathrm{d}\alpha \cdot t \cdot R\cos\alpha = 2R^2 t\sin\theta$

两种截面的 τ_{max} 所在位置和 τ 的分布规律如图 5-15a、b 所示。

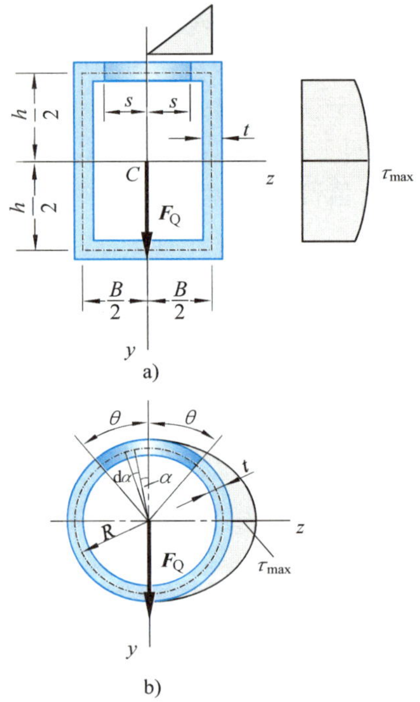

图　5-15

5.4.5 弯曲切应力强度条件

对于横力弯曲下的等直梁，其横截面上一般既有弯矩又有剪力。梁除保证正应力强度外，还需满足切应力强度要求。

一般来说，τ_{max}发生在 $F_{Q,max}$所在截面的中性轴上，即

$$\tau_{max} = \frac{F_{Q,max} S^*_{z,max}}{I_z b} \tag{5-18}$$

式中，$S^*_{z,max}$为中性轴以下（或以上）横截面面积对中性轴的静矩；b 为中性轴处的截面厚度。

由于在中性轴上各点的正应力为零，故中性轴各点处的应力状态为纯剪切，其强度条件为

$$\tau_{max} \leqslant [\tau] \tag{5-19}$$

对于细长梁，强度的控制因素通常是弯曲正应力。满足弯曲正应力强度条件的梁一般说都能满足切应力的强度条件。只有在以下条件下才需要对切应力进行强度校核：

（1）短梁或集中力离支座较近的梁；

（2）木梁；

（3）经焊接、铆接或胶合而成的梁，对焊缝、铆钉或胶合面等一般还要依据弯曲切应力强度条件进行剪切强度计算；

（4）薄壁截面梁或非标准的型钢截面。

【例5-4】 如图5-16a所示矩形截面悬臂梁，在自由端受集中力F作用。设F、b、h、l均为已知，求σ_{max}/τ_{max}。

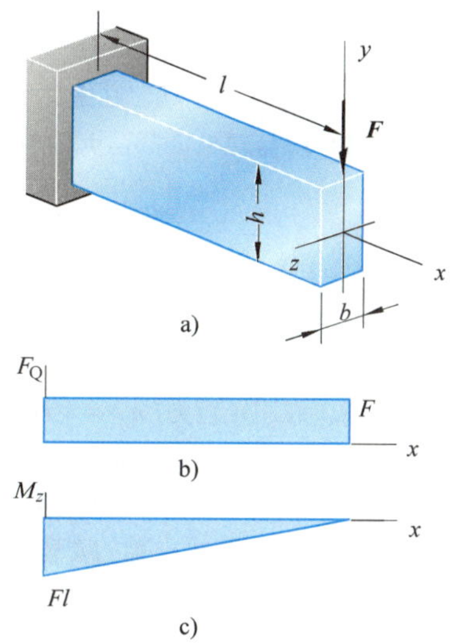

图 5-16

解： • 绘制梁的F_Q、M_z图（图5-16b、c）

• 求σ_{max}

由图5-16c知，σ_{max}发生在固定端的上边缘点，且有

$$\sigma_{max}=\frac{M_{z,max}}{W_z}=\frac{Fl}{\frac{1}{6}bh^2}=\frac{6Fl}{bh^2}$$

• 求τ_{max}

τ_{max}发生在任一横截面的中性轴上，据式（5-14）有

$$\tau_{max}=\frac{3}{2}\frac{F_Q}{A}=\frac{3}{2}\frac{F}{bh}$$

• 求σ_{max}/τ_{max}

$$\frac{\sigma_{max}}{\tau_{max}}=\frac{\frac{6Fl}{bh^2}}{\frac{3}{2}\frac{F}{bh}}=4\frac{l}{h}$$

当$l/h=5$时，$\sigma_{max}/\tau_{max}=20$。意味着此时的弯曲切应力强度是次要的。

【例5-5】 图5-17a所示为由两个相同材料的矩形截面重叠而成的梁。设工作时两重叠梁间无摩擦力，因而能各自独立弯曲。图5-17b则在靠自由端处有一直径为d的紧固螺栓，因而能使重叠梁成为一整体而弯曲。求两种情况下的最大弯曲正应力及图5-17b所示情况下螺栓横截面上的剪力。

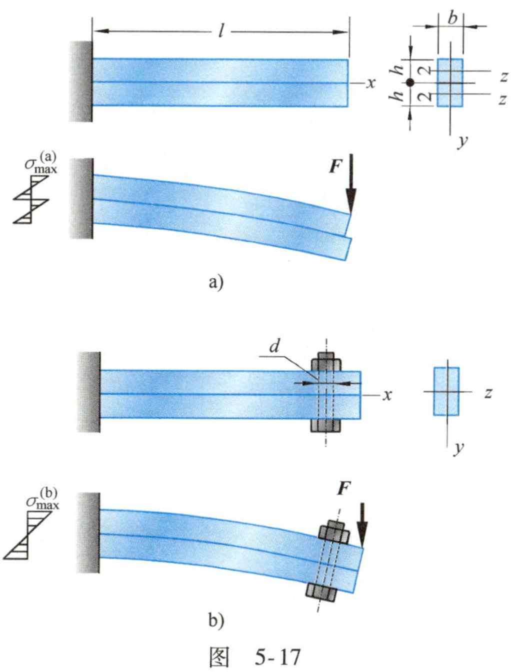

图 5-17

解： • 求解$\sigma_{max}^{(a)}$

因两叠梁的材料及尺寸均相同，故在力F作用下，每梁的弯曲变形应相同，因而各梁在自由端受到的外力均应为$F/2$。即对其中任一个梁的固定端处，有$M_{max}^{(a)}=Fl/2$，而$\sigma_{max}^{(a)}$为

$$\sigma_{max}^{(a)}=\frac{M_{max}^{(a)}}{W_z}=\frac{\frac{1}{2}Fl}{\frac{1}{6}b\left(\frac{h}{2}\right)^2}=\frac{12Fl}{bh^2}$$

其应力分布如图5-17a所示。

• 求解$\sigma_{max}^{(b)}$

对图 5-17b 所示情况，因为两根矩形梁是作为一整体而弯曲，故有 $M_{max}^{(b)}=Fl$，其 $\sigma_{max}^{(b)}$ 为

$$\sigma_{max}^{(b)}=\frac{M_{max}^{(b)}}{W_z}=\frac{Fl}{\frac{1}{6}bh^2}=\frac{6Fl}{bh^2}$$

其应力分布情况如图 5-17b 所示。

比较两种情况下的 σ_{max} 知 $\sigma_{max}^{(a)}/\sigma_{max}^{(b)}=2$，可见图 5-17b 形式具有更好的抗弯能力。

下面来求图 5-17b 所示情况下螺钉的剪力 F_{Qx}。

由于图 5-17b 所示情况下梁是作为一个整体而弯曲，故在横截面的中性轴处（即两层接合处）有垂直于中性轴的 τ_{max}：

$$\tau_{max}=\frac{3}{2}\frac{F_{Qy}}{A}=\frac{3}{2}\frac{F}{bh}$$

根据切应力互等定理，在中性层面上（即两叠梁的接触面），也应作用有均匀分布的 τ_{max}，它的合力（水平方向）应与螺栓横截面上的剪力 F_{Qx} 相平衡，即

$$F_{Qx}=\tau_{max}\cdot bl=\frac{3}{2}\frac{F}{bh}\cdot bl=\frac{3}{2}\frac{Fl}{h}$$

【例 5-6】 图 5-18a 所示横截面为 20a 号工字钢的简支梁，承受集中载荷 F_1 和 F_2 共同作用。已知 $a=0.3\text{m}$，$b=0.4\text{m}$，$l=2.1\text{m}$，载荷 $F_1=50\text{kN}$，$F_2=100\text{kN}$，许用正应力 $[\sigma]=160\text{MPa}$，许用切应力 $[\tau]=80\text{MPa}$。试校核梁的强度。

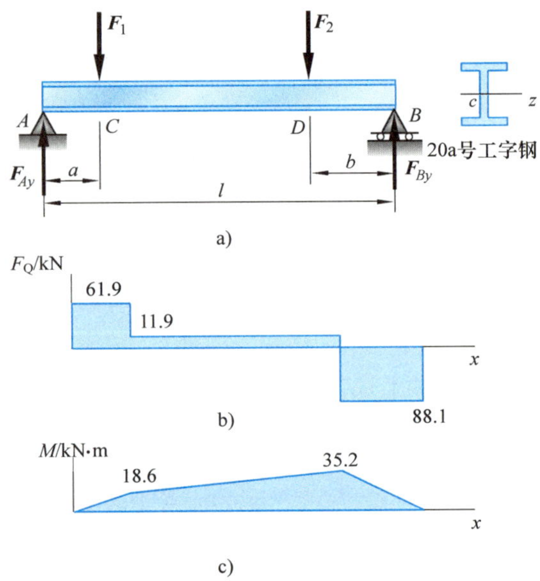

图 5-18

解： • 绘制内力图，确定危险截面

由静力平衡方程求出梁的支座约束力为

$F_{Ay}=61.9\text{kN}$，　$F_{By}=88.1\text{kN}$

绘出梁的剪力图和弯矩图分别如图 5-18b、c 所示。

• 按弯曲正应力强度进行校核

查表对于 20a 号工字钢得到 $W_z=237\text{cm}^3$，因此

$$\sigma_{max}=\frac{M_{max}}{W_z}=\frac{35.2\times10^3}{237\times10^{-6}}\text{Pa}=148.5\text{MPa}<[\sigma]$$

• 按弯曲切应力强度进行校核

查表，对于 20a 号工字钢，$I_z/S_{z,max}^*=17.2\text{cm}$，板厚度 $d=7\text{mm}$，因此

$$\tau_{max}=\frac{F_{Q,max}S_{z,max}^*}{I_zd}=\frac{F_{Q,max}}{d}\frac{1}{I_z/S_{z,max}^*}=\frac{88.1\times10^3}{7\times10^{-3}}\times\frac{1}{17.2\times10^{-2}}\text{Pa}=73\text{MPa}<[\tau]$$

由此可见，该梁同时满足弯曲与剪切强度要求。

5.5 纯弯曲理论对某些问题的扩充

在本章第 2 节中曾提到，纯弯曲理论可以扩展到比较广阔的领域。这里只讨论其中的两个问题，一是关于扩展到横力弯曲的问题；二是扩展到由两种或两种以上材料所构成的组合梁的弯曲问题。

5.5.1 扩展到横力弯曲问题

这里主要研究切应力对弯曲正应力的影响问题。横力弯曲时，截面上的切应力并非均匀分布，因而，沿截面高度各点的切应变也各不相同。以矩形截面为例，由本章第4节知沿截面高度的弯曲切应力是按抛物线规律分布的，即

$$\tau=\frac{F_Q}{2I_z}\left(\frac{h^2}{4}-y^2\right)$$

由剪切胡克定律，其相应切应变 γ 为

$$\gamma=\frac{\tau}{G}=\frac{F_Q}{2GI_z}\left(\frac{h^2}{4}-y^2\right)$$

即切应变沿截面高度也是按抛物线规律而变化的。因此，变形前沿截面高度的各单元体（图5-19a）变形后如图5-19b所示。在顶面和底面处 $\gamma=0$，在中性层上 γ 达最大值。

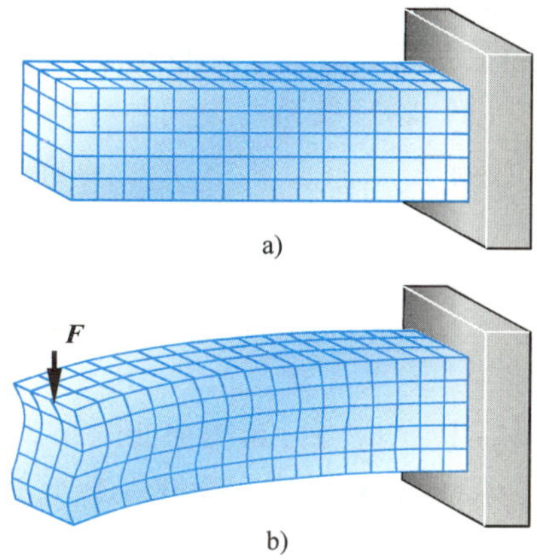

图 5-19

由于 γ 沿截面高度的变化，使变形前为平面的横截面，在变形以后不可能再保持为平面，有的地方鼓出来，有的地方凹进去，形成一曲面，称为**截面的翘曲**。

截面由切应力而引起的翘曲，对纯弯曲正应力式（5-2）是否有影响？影响有多大？首先来讨论 F_Q 为常数的情况。此时由于 F_Q 不变，相邻两截面上的 τ 在截面不变的条件下也就相同，因此其翘曲程度也相同。纵向纤维 AB（图5-20a）两端因翘曲而引起的轴向位移 u 也就相等（图5-20b）。这样任意纵向纤维 AB 的长度不因截面翘曲而变化，因而也不会有附加的线应变和正应力，即此时式（5-2）仍是完全正确的。

若相邻两截面的 F_Q 是变化的，则其翘曲程度也就不同（图5-20c），故 AB 两端的位移 u 和 u' 也就不相等。这样一来，AB 的长度也就发生了变化，势必引起附加线应变 ε 和附加正应力，因而对式（5-2）就一定有影响。但对于 l/h 比较大的梁，正如例5-4所讨论的，影响不会太大。弹性力学的精确分析表明，当 $l/h\geqslant 5$时，其影响小于1.7%，因而此时用式（5-2）来计算正应力，其误差完全在工程允许的范围之内。

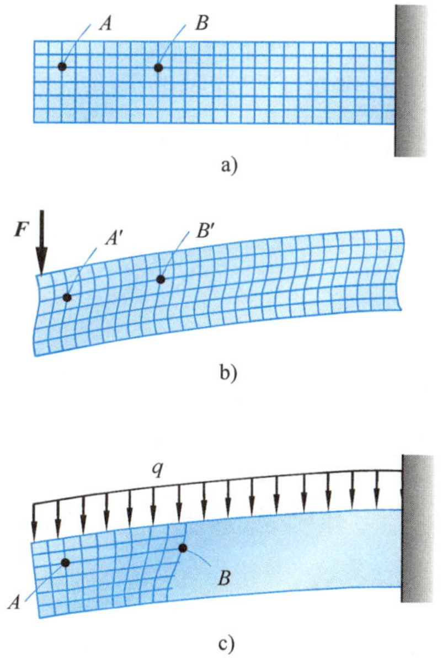

图 5-20

5.5.2 组合梁的弯曲正应力

由两种或两种以上的不同材料所构成的梁称为组合梁。工程上常见的钢筋混凝土梁、夹层梁及双金属梁都是组合梁。对于等截面的组合梁，纯弯曲时横截面保持为平面的结论仍成立，故本章第2节的分析方法完全适用。下面以图5-21a所示的两种材料的矩形截面组合梁为例来进行分析。

(1) 几何关系 以截面对称轴为 y 轴，设弯矩 M_z 作用在 xOy 平面内或与其平行，则中性轴 z 一定与 y 垂直。根据横截面在变形后仍为平面的结论，横截面上任一点处的轴向线应变为

$$\varepsilon=\frac{y}{\rho} \tag{a}$$

式中，ρ 为中性层的曲率半径；y 为横截面上任一点到中性轴 z 的距离。中性轴 z 的位置待定。截面上各点的线应变分布规律如图 5-21b 所示。

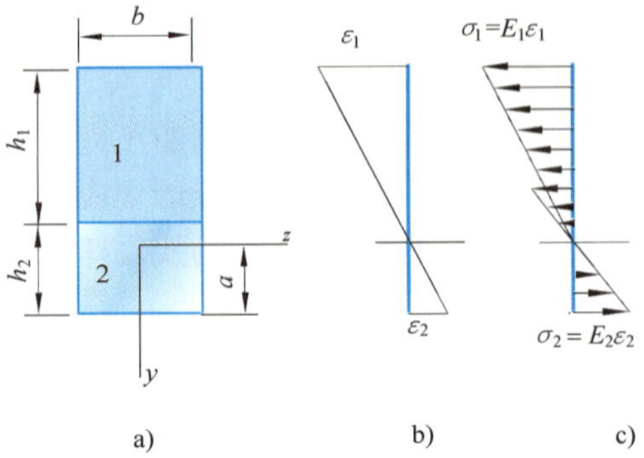

图 5-21

(2) 物理关系 设两种材料的弹性模量分别为 E_1 和 E_2，且设 $E_2>E_1$，则在比例极限以内时，对材料 1 和材料 2，其正应力分别为

$$\begin{cases}\sigma_{x_1}=E_1\dfrac{y}{\rho}\\[2ex]\sigma_{x_2}=E_2\dfrac{y}{\rho}\end{cases} \tag{b}$$

截面上的正应力分布规律如图 5-21c 所示。注意在材料相交处各材料的 σ_x 不同。

(3) 静力关系 设材料 1 所占面积为 A_1，材料 2 所占面积为 A_2。将式（b）代入方程 $F_N=\int_A\sigma\mathrm{d}A$ 得

$$F_N=\int_{A_1}\sigma_{x_1}\mathrm{d}A_1+\int_{A_2}\sigma_{x_2}\mathrm{d}A_2=\frac{E_1}{\rho}\int_{A_1}y\mathrm{d}A_1+\frac{E_2}{\rho}\int_{A_2}y\mathrm{d}A_2=\frac{E_1}{\rho}S_z^{A_1}+\frac{E_2}{\rho}S_z^{A_2}=0$$

故有

$$E_1S_z^{A_1}+E_2S_z^{A_2}=0 \tag{c}$$

式（c）确定了中性轴的位置。因 $E_1\neq E_2$，故此时的中性轴是不过截面形心的。

由方程 $M_y=\int_A z\sigma\mathrm{d}A=0$，将式（b）代入得

$$M_y=\int_{A_1}z\sigma_{x_1}\mathrm{d}A_1+\int_{A_2}z\sigma_{x_2}\mathrm{d}A_2=\frac{E_1}{\rho}\int_{A_1}yz\mathrm{d}A_1+\frac{E_2}{\rho}\int_{A_2}yz\mathrm{d}A_2=\frac{E_1}{\rho}I_{yz}^{A_1}+\frac{E_2}{\rho}I_{yz}^{A_2}=0$$

故有

$$E_1I_{yz}^{A_1}+E_2I_{yz}^{A_2}=0 \tag{d}$$

式中，$I_{yz}^{A_1}$、$I_{yz}^{A_2}$ 分别为 A_1、A_2 对 y、z 轴的惯性积。因 y 轴是对称轴，故 $I_{yz}^{A_1}$ 及 $I_{yz}^{A_2}$ 一定为零，即此时式（d）是自然满足的。

又由方程 $M_z=\int_A y\sigma\mathrm{d}A$，将式（b）代入得

$$M_z=\int_{A_1}y\sigma_{x_1}\mathrm{d}A_1+\int_{A_2}y\sigma_{x_2}\mathrm{d}A_2=\frac{E_1}{\rho}\int_{A_1}y^2\mathrm{d}A_1+\frac{E_2}{\rho}\int_{A_2}y^2\mathrm{d}A_2=\frac{E_1}{\rho}I_{1z}+\frac{E_2}{\rho}I_{2z} \tag{e}$$

由式（e）可得

$$\frac{1}{\rho}=\frac{M_z}{E_1I_{1z}+E_2I_{2z}} \tag{f}$$

式中，I_{1z}、I_{2z} 分别为面积 A_1、A_2 对中性轴 z 的惯性矩。将式（f）代入式（b），便得

$$\begin{cases}\sigma_{x_1}=\dfrac{M_zE_1y}{E_1I_{1z}+E_2I_{2z}}\\ \sigma_{x_2}=\dfrac{M_zE_2y}{E_1I_{1z}+E_2I_{2z}}\end{cases}\tag{5-20}$$

由以上讨论可知，与单一材料的梁相比，因物理关系的变化，使组合梁横截面的中性轴已不通过整个截面的形心，而正应力计算公式中，又有两种材料弹性模量比值的影响。

作为例子，设图5-21a中 $h_1=h_2=h/2$，$E_2=2E_1$，又设中性轴 z 距下边缘的距离为 a。

先来求中性轴的位置，据式（c）

$$E_1S_z^{A_1}+E_2S_z^{A_2}=E_1b\,\frac{h}{2}\left[-\left(h-a-\frac{h}{4}\right)\right]+2E_1b\,\frac{h}{2}\left(a-\frac{h}{4}\right)=0$$

由此解出 $a=5h/12$。

再计算 I_{1z}、I_{2z}。由平行移轴公式

$$I_{1z}=\frac{b\left(\dfrac{h}{2}\right)^3}{12}+b\,\frac{h}{2}\left(\frac{5}{12}h-\frac{h}{4}\right)^2=\frac{7}{288}bh^3$$

$$I_{2z}=\frac{b\left(\dfrac{h}{2}\right)^3}{12}+b\,\frac{h}{2}\left(h-\frac{5}{12}h-\frac{h}{4}\right)^2=\frac{19}{288}bh^3$$

若 M_z 为正，则最大拉应力 σ_t 发生在下边缘处；而最大压应力 σ_c 发生在上边缘处，在式（5-20）σ_{x_2}的计算式中，令 $y=a=5h/12$，得

$$\sigma_t=\frac{M_z2E_1\,\dfrac{5}{12}h}{E_1\,\dfrac{7}{288}bh^3+2E_1\,\dfrac{19}{288}bh^3}=\frac{3M_z}{16bh^2}$$

在 σ_{x_1} 中，令 $y=7h/12$，得

$$\sigma_c=\frac{M_zE_1\,\dfrac{7}{12}h}{E_1\,\dfrac{7}{288}bh^3+2E_1\,\dfrac{19}{288}bh^3}=\frac{15M_z}{56bh^2}$$

5.6 弯曲中心

横力弯曲时，只有当横向力通过截面的某一点时，才可使梁只弯而不扭。把梁只弯而不扭时横向力应通过的截面某点称为**弯曲中心**，也称**剪心**。

对于工程中常用如角钢、槽钢等开口薄壁截面，因其抗扭能力很差，因此确定其弯曲中心的位置具有重要意义。下面以槽钢为例加以说明。

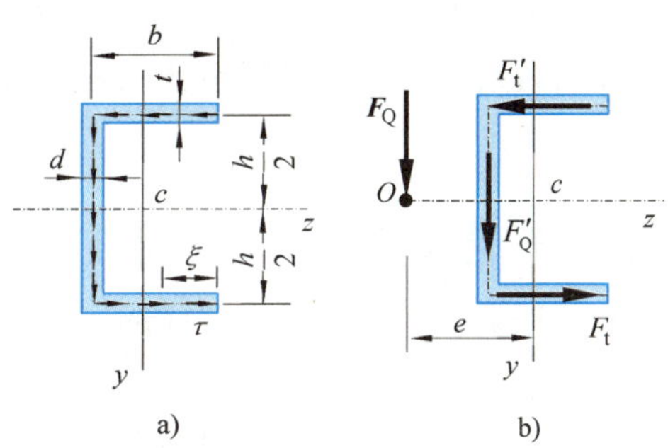

图 5-22

如图5-22所示，槽钢下翼缘距边缘为 ξ 处的

切应力为

$$\tau = \frac{F_Q S_z^*}{I_z t} = \frac{F_Q \xi th/2}{I_z t} = \frac{F_Q \xi h}{2I_z}$$

然后，由积分求得作用在下翼缘的切应力合力 F_t 为

$$F_t = \int_{A_1} \tau \mathrm{d}A = \int_0^b \frac{F_Q \xi h}{2I_z} t \mathrm{d}\xi = \frac{F_Q b^2 ht}{4I_z}$$

式中，A_1 为下翼缘的面积。上翼缘的切应力合力 F_t' 与上翼缘的合力 F_t 等值反向。

同工字梁相似，槽钢腹板上的切应力合力 F_Q' 近似等于梁横截面的剪力 F_Q，即$F_Q' = F_Q$。

F_t'、F_t 以及 F_Q' 构成了平面任意力系。由力系简化原理知，该平面任意力系可简化为一个主矢（主矩为零），这个简化中心 O 就是弯曲中心。

F_t'、F_t 以及 F_Q' 的合力就是截面的剪力 F_Q（主矢），其大小和方向与腹板的 F_Q' 相同，但合力 F_Q 作用点（简化中心）O 则与 F_Q' 相隔一段距离 e（见图 5-22b），由 $\sum M_O = 0$ 得 $F_Q' e = F_t h$。因此，有

$$e = \frac{F_t h}{F_Q'} = \frac{F_Q b^2 h^2 t/4I_z}{F_Q} = \frac{b^2 h^2 t}{4I_z}$$

当外力 F 通过横截面上剪力 F_Q 的作用点 O 时，梁将只弯而不扭，因此图 5-22b 中 O 点即为槽钢截面的弯曲中心。

弯曲中心的位置只取决于截面的形状与尺寸，因而它是截面重要的几何性质之一。当截面有一个对称轴时，弯心一定在该对称轴上，如图 5-23c 所示的截面；若截面有两个对称轴，如图 5-23a、b 所示，则其弯心一定在此两对称轴的交点上。对于图 5-23d 所示图形，其弯心在两矩形中线的交点上，这是因为它是两矩形中弯曲切应力合力的交点，因而也就是总剪力的作用点。对于实心的截面或闭口薄壁截面，其弯心一般离截面形心较近，且这类截面的抗扭刚度一般都比较大。所以对这类截面，可将形心近似地视为弯心。根据以上分析，横力弯曲时，**只产生平面弯曲的条件是：横向力通过弯心，且载荷作用平面应与形心主惯性平面相平行。**

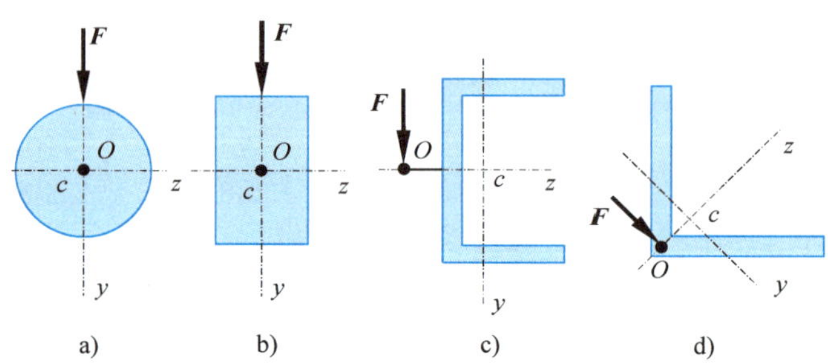

图 5-23

5.7 提高梁弯曲强度的主要措施

在工程实际中，常提出这样的问题：为了节省材料或减轻梁的自重，如何以较少的材料消耗，使梁获得较高的强度？

由于平面弯曲时，在一般情况下弯曲正应力是控制梁强度的主要因素。设梁在 xy 平面内弯曲，z 轴为中性轴，根据弯曲正应力的强度条件

$$\sigma_{max}=\frac{M_{z,max}}{W_z}\leqslant[\sigma]$$

可知，为了提高弯曲强度，可从合理安排受力情况以减少 $M_{z,max}$ 及合理设计截面形状以提高 W_z 两方面着手，下面分别进行讨论。

5.7.1 合理安排梁的受力情况

1. 合理设计和布置支座

对于长度为 l 且在均布载荷作用下的梁，分别考虑图5-24a、b、c所示的悬臂梁、简支梁及外伸梁，则其产生的最大弯矩明显不同。

对图5-24a $\qquad M_{z,max}=\frac{1}{2}ql^2=0.5ql^2$

对图5-24b $\qquad M_{z,max}=\frac{1}{8}ql^2=0.125ql^2$

对图5-24c $\qquad M_{z,max}=\frac{1}{40}ql^2=0.025ql^2$

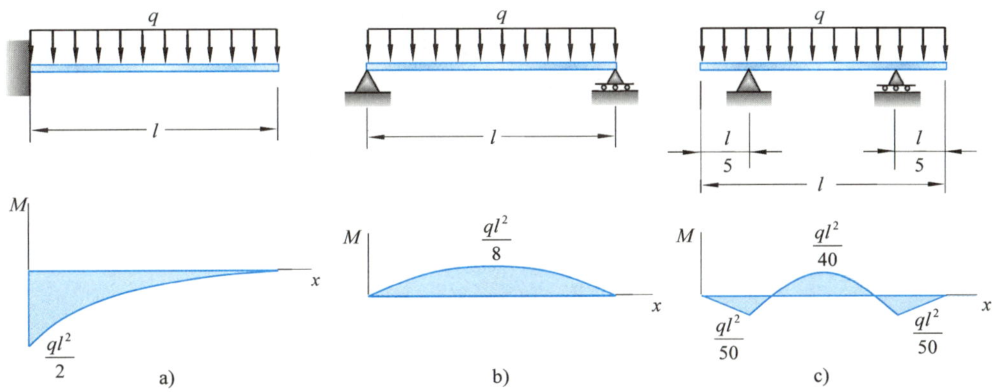

图 5-24

可见，此时简支梁的最大弯矩是悬臂梁的1/4，而两端伸出0.2l的外伸梁的最大弯矩是简支梁的1/5，因此合理设计支座并恰当安排支座的位置，便可有效地提高梁的承载能力。图5-25所示储气罐体，其支座均设置为外伸梁形式，就是应用了以上分析的道理。

图 5-25

如将梁的支座设计成超静定梁，也可有效地提高其承载能力（见第11章）。

2. 将集中载荷适当分散

如图5-26a所示在梁中点受集中力 F 作用的简支梁，其最大弯矩为 $Fl/4$；若在梁上增加一根副梁，将 F 分为到支座距离为 $l/4$ 的两个集中力（图5-26b），则其最大弯矩仅为 $Fl/8$，减少了一半。同样，若将载荷 F 按均布载荷作用于梁上（图5-24b），也可降低最大弯矩，因而提高了梁的承载能力。

3. 集中载荷尽量靠近支座

如将图5-26a所示的作用在梁中点的集中力 F 安置在距左端为 $l/8$ 处（图5-26c），则其

最大弯矩减小到 $7Fl/64$，因而也就提高了梁的抗弯强度。

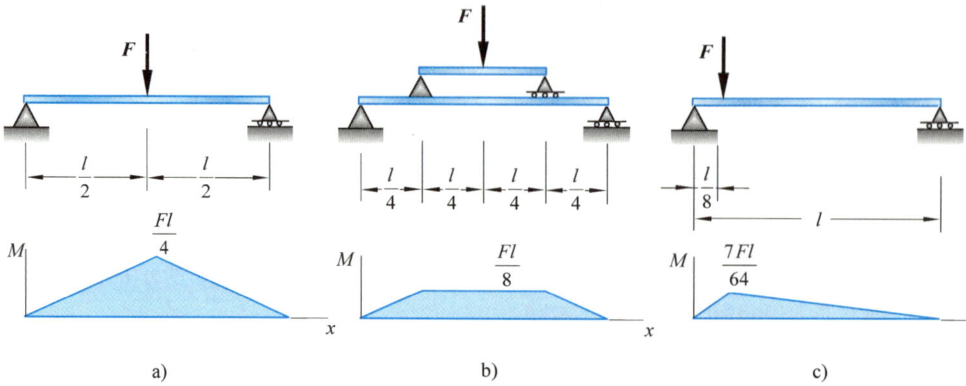

图 5-26

5.7.2 合理设计截面

梁的合理截面形状应该是：在不加大横截面面积的条件下，尽量使 W_z 大一些，即应使比值 W_z/A 大一些，则这样的截面就既合理、又经济。例如，对圆形（直径为 d）、正方形（边长为 a）及矩形（高为 h，宽为 b）三种截面，其 W_z/A 分别为

$$\text{圆形} \quad \frac{W_z}{A}=\frac{\pi d^3}{32}\Big/\frac{\pi d^2}{4}=0.125d$$

$$\text{正方形} \quad \frac{W_z}{A}=\frac{a^3}{6}\Big/a^2=0.167a$$

$$\text{矩形} \quad \frac{W_z}{A}=\frac{bh^2}{6}\Big/bh=0.167h$$

当三者面积相等时，$0.125d<0.167a$，$a<h$，故矩形截面比正方形截面合理，而正方形截面又比圆形截面合理。因为一方面根据弯曲正应力的分布规律，距中性轴越远，则正应力越大，因此，作用于梁上的载荷主要是由梁上远离中性层的材料来承担，而在中性层附近的材料却没有充分发挥其作用。故合理的截面应该是将较多的材料分布到离中性轴较远的地方，而在中性层附近只需留有少量材料。圆形截面恰恰不符合以上规则，而矩形截面却要好一些。另一方面，从截面的几何性质来看，由于有较多的材料分布在离中性轴较远的地方，使截面对中性轴的惯性矩增加，其 W_z 也就提高了。

根据以上的分析，若将矩形截面中在中性轴附近的材料移到距中性轴较远处（图 5-27a、b），使截面成为工字形及槽形，则它们又要比矩形截面更为合理。因此工程上一些主要承受弯曲的截面常用工字形及槽形等截面。

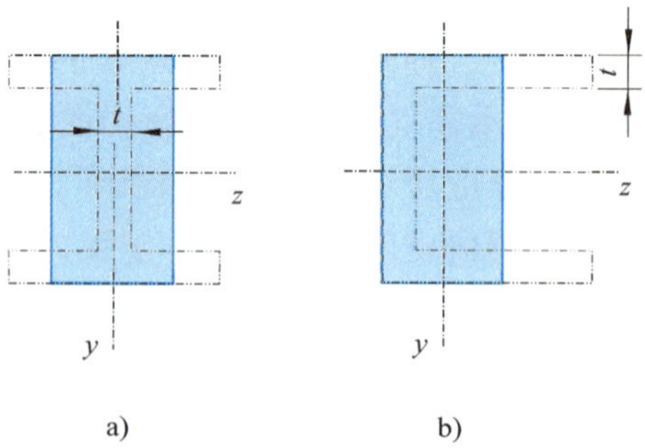

图 5-27

同样，若将圆形截面改作成同面积的空心圆截面（图 5-28a）；将正方形及矩形截面改成同面积的箱形截面（图 5-28b），同样可有效地提高梁的抗弯强度。

需要注意：在提高 W_z 的过程中，不可将矩形截面的宽度取得太小；也不可将空心圆、工字形、箱形及槽形截面的壁厚 t 取得太小，否则可能出现失稳的问题。另外对于矩形、工字形及槽形等截面，由于截面对两个形心主轴的惯性矩是不相等的，所以还有一个合理安放的问题。正确的安放位置应该是使载荷作用平面垂直于 I_{max} 所在的轴（图5-27所示的 z 轴）。

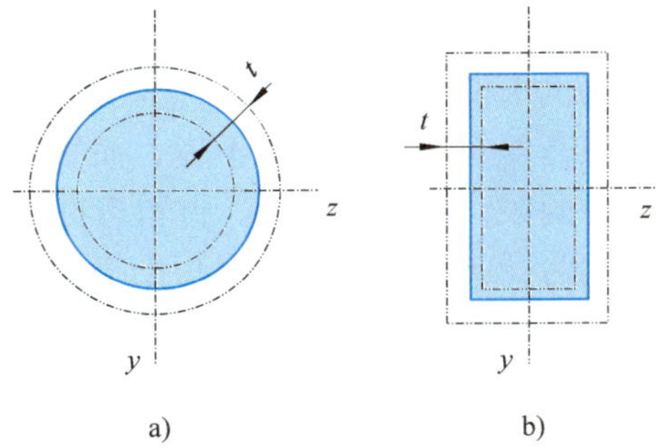

图 5-28

合理的截面形状还与材料的特性有关。对于抗拉与抗压强度相同的大部分塑性材料，应使截面的中性轴对称，这样就使截面上距中性轴两边最远点处受到的拉、压应力数值相等，因而同时达到许用应力值。而对于抗拉、压强度不同的脆性材料，则宜采用中性轴偏于受拉一侧的截面形状，如图5-29所示的截面，对这些截面，如使

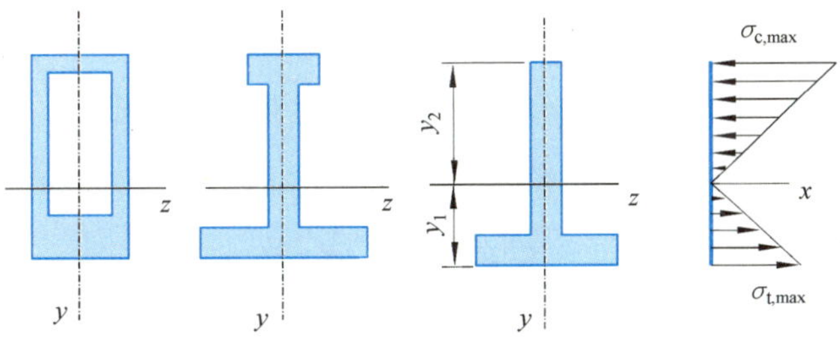

图 5-29

$$\frac{\sigma_{t,max}}{\sigma_{c,max}}=\frac{M_{z,max}\cdot y_1}{I_z}\bigg/\frac{M_{z,max}\cdot y_2}{I_z}=\frac{y_1}{y_2}=\frac{[\sigma_t]}{[\sigma_c]}$$

即应使截面上距中性轴最小距离的边缘点受到的是拉应力，而中性轴另一侧则受到压应力，且应使 $\sigma_{t,max}$ 及 $\sigma_{c,max}$ 同时达到各自的许用应力时，这样的截面才是合理的。

5.7.3 等强度梁的概念

在进行梁的强度计算时，一般是根据危险截面上的 $M_{z,max}$ 来设计 W_z，然后取其他各横截面的尺寸和形状都与危险截面相等，这就是通常的等截面梁。等截面梁各个截面的最大应力并不相等，这是因为除危险截面外的其他截面上作用的弯矩 $M_z(x)$ 都要小于 $M_{z,max}$，故其最大应力也就小于危险截面上的 σ_{max}。因而在载荷作用下，只有 $M_{z,max}$ 作用面上的 σ_{max} 才可能达到或接近材料的许用应力 $[\sigma]$，而梁的其他截面的材料便没有充分发挥作用。为了节约材料，减轻梁的自重，可把其他截面的抗弯截面系数 $W_z(x)$ 取得小一些，如使各横截面上危险点的应力都同时达到许用应力，则称该梁为**等强度梁**。

等强度梁的截面是沿轴线变化的，所以是变截面梁。变截面梁横截面上的正应力仍可近似地用等截面梁的公式来计算，故根据等强度梁的要求，应有

$$\sigma_{max}=\frac{M_z(x)}{W_z(x)}=[\sigma]$$

即

$$W_z(x)=\frac{M_z(x)}{[\sigma]} \tag{5-21}$$

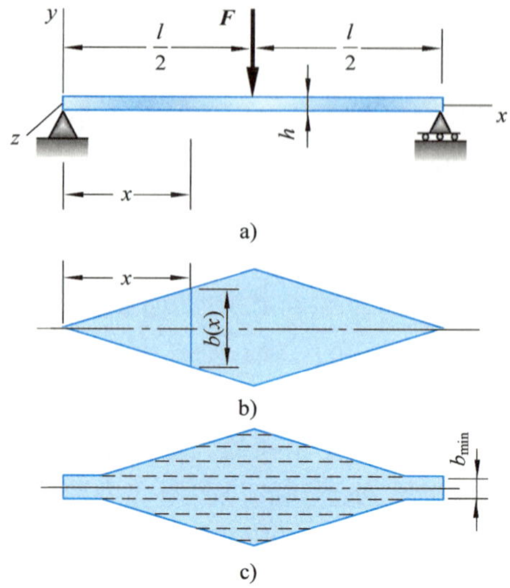

图　5-30

下面以图 5-30a 所示中点受集中力 F 作用的简支梁为例来说明等强度梁的计算。设梁的截面为矩形，其高度 h 在全长保持不变，而宽度 b 是截面位置 x 的函数，即 $b=b(x)$。材料弯曲的正应力的许用应力为 $[\sigma]$，切应力的许用应力为 $[\tau]$。由于载荷是对称的，故只需考虑梁一半长度的计算即可。由式（5-21）得

$$W_z(x)=\frac{b(x)h^2}{6}=\frac{M_z(x)}{[\sigma]}=\frac{\frac{1}{2}Fx}{[\sigma]}$$

有

$$b(x)=\frac{3F}{[\sigma]h^2}x \tag{a}$$

据式（a）得出的截面宽度 $b(x)$ 如图 5-30b 所示，此时梁的两端，其宽度为零，这显然是不符合实际的。因为在靠近支座的两端，尽管弯矩很小，但截面承受的剪力 $F_Q=F/2$，因此，剪切强度成为决定截面尺寸的主要控制因素。设据剪切强度条件所需要的最小截面宽度为 b_{min}，则

$$\tau_{max}=\frac{3}{2}\frac{F_Q}{A}=\frac{3}{2}\frac{\frac{F}{2}}{b_{min}h}=[\tau]$$

考虑式（b）后的截面宽度如图 5-30c 所示。

由此得

$$b_{min}=\frac{3F}{4h[\tau]} \tag{b}$$

将图 5-30c 所示的等强度梁按虚线切成若干狭条，再将各狭条叠置起来，并使其略微拱起，这就成为汽车及其他行走车辆上经常使用的叠板弹簧，如图 5-31 所示。等强度梁不但使梁的重量减轻，而且使之产生的变形比等截面梁要大（将在第 6 章论述），因而有良好的减振性能，这正是叠板弹簧所要求的。

以上所述的矩形截面等强度梁是按照宽度变化而高度不变来计算的。若按 $b=$ 常数，高度 $h=h(x)$ 来进行计算，则用完全相同的方法可求得

$$h(x)=\sqrt{\frac{3Fx}{b[\sigma]}} \tag{c}$$

$$h_{min}=\frac{3F}{4b[\tau]} \tag{d}$$

由（c）、（d）两式所确定的等强度梁高度变化情况如图 5-32a 所示。工程上特别是厂房建筑中广泛使用的“鱼腹梁”（图 5-32b）便是按照等宽变高的方法设计出来的等强度梁。

工程上常见的阶梯轴（图 5-33）也近似地满足等强度的要求。

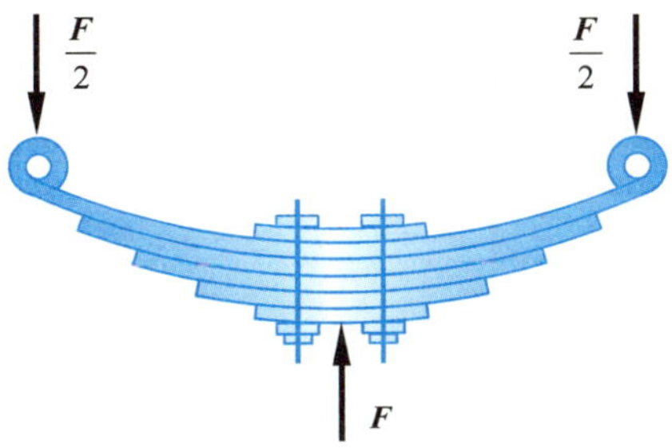

图　5-31

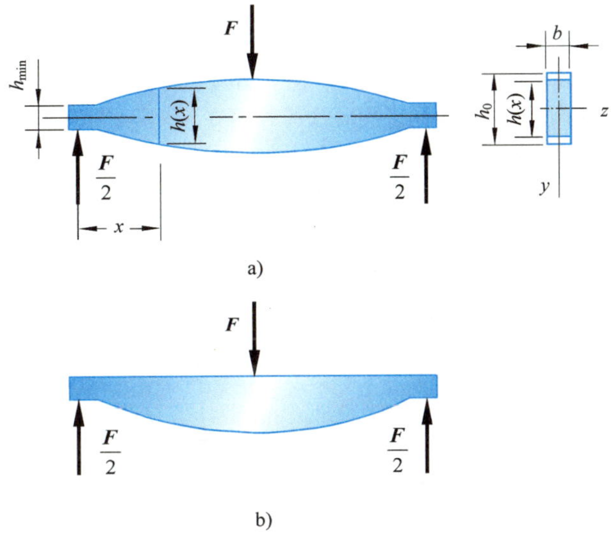

图　5-32

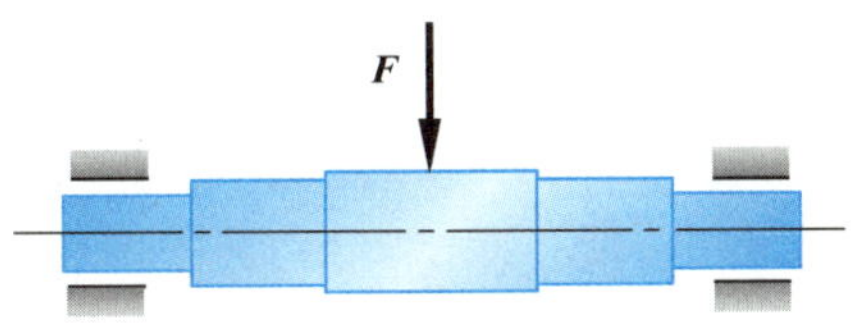

图　5-33

分析思考题

5-1　何谓中性层？何谓中性轴？其位置如何确定？

5-2　截面形状及尺寸完全相同的两根静定梁，一根为钢材，另一根为木材，若两梁所受的载荷也相同，问它们的内力图是否相同？横截面上的正应力分布规律是否相同？两梁对应点处的纵向线应变是否相同？

5-3　纯弯曲时的正应力公式的应用范围是什么？它可推广应用于什么情况？

5-4　梁弯曲时，只要变形前的横截面在变形后仍保持为平面，则 $\sigma = M_z y / I_z$ 就一定成立，这种说法对否？若变形前的横截面在变形后不保持为平面，则 $\sigma = M_z y / I_z$ 就一定不成立，这种说法对否？

5-5　从弯曲切应力公式的推导过程和常见截面弯曲切应力的分布规律可知，一般情况下中性轴上切应力最大。如思考题 5-5 图所示截面，z 轴为中性轴，最大切应力是否也位于中性轴上？指出最大切应力所在位置。

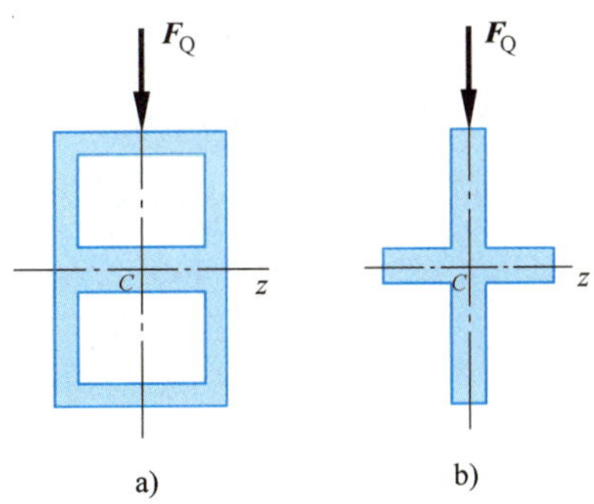

思考题 5-5 图

5-6　在弯曲切应力公式 $\tau = \dfrac{F_Q S_z^*}{I_z b}$ 中，为什么 S_z^* 是部分截面对中性轴的静矩，而 I_z 却是整个截面对中性轴的惯性矩？试由公式的推导过程来说明。

5-7　把四块相同厚度的木板用钉子钉成一个同样形状的箱形梁，提出思考题5-7图a、b两种方案。b、h及钉子间距s均相同。横向载荷作用在xy平面内，从钉子的强度来考虑，哪一种设计方案更好一些？

5-8　一简支梁的矩形空心截面系由钢板折成，然后焊成整体。试问思考题5-8图a、b、c所示3种焊缝中，哪种最好？哪种最差？为什么？

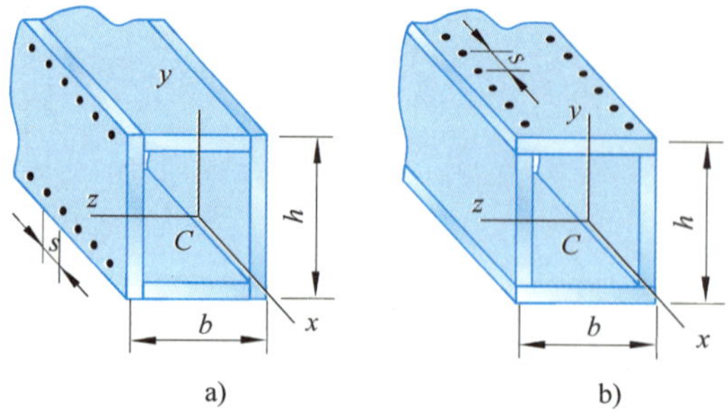

思考题5-7图

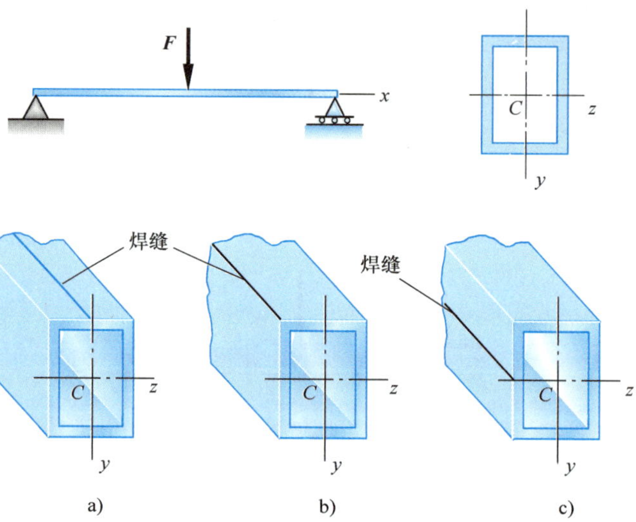

思考题5-8图

5-9　设梁的横截面如思考题5-9图所示，试问此截面对z轴的惯性矩和抗弯截面系数是否可按下式计算，为什么？

$$I_z=\frac{BH^3}{12}-\frac{bh^3}{12},\quad W_z=\frac{BH^2}{6}-\frac{bh^2}{6}$$

5-10　对于思考题5-10图所示的正方形截面，为什么说只要横向力F过形心，梁就产生平面弯曲？当α角不同时其弯曲正应力σ_{max}是否相等？

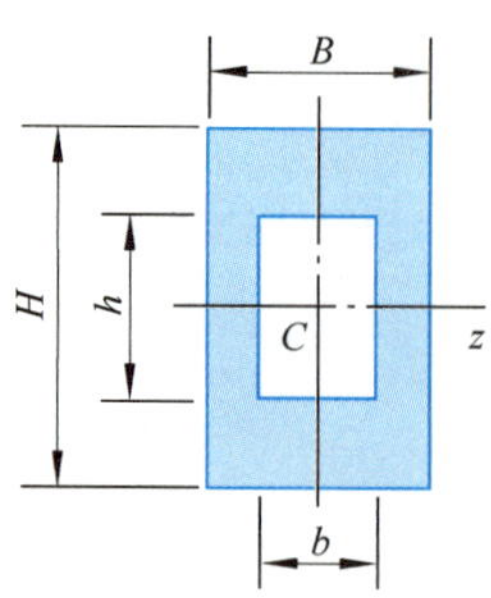

思考题5-9图

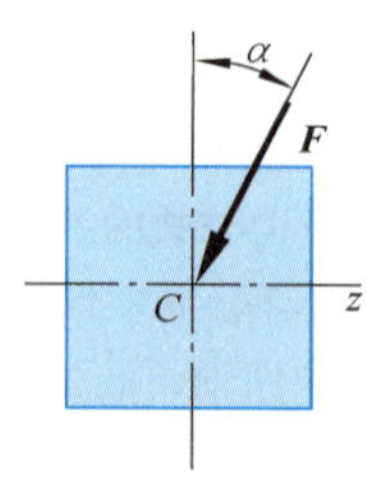

思考题5-10图

习题

5-1 把直径 $d=1\text{mm}$ 的钢丝绕在直径为 2m 的卷筒上，试计算该钢丝中产生的最大应力。设 $E=200\text{GPa}$。

5-2 简支梁承受均布载荷，$q=2\text{kN/m}$，$l=2\text{m}$，如题5-2图所示。若分别采用截面面积相等的实心和空心圆截面，且 $D_1=40\text{mm}$，$d_2/D_2=3/5$，试分别计算它们的最大正应力。并问空心截面比实心截面的最大正应力减小了百分之几？

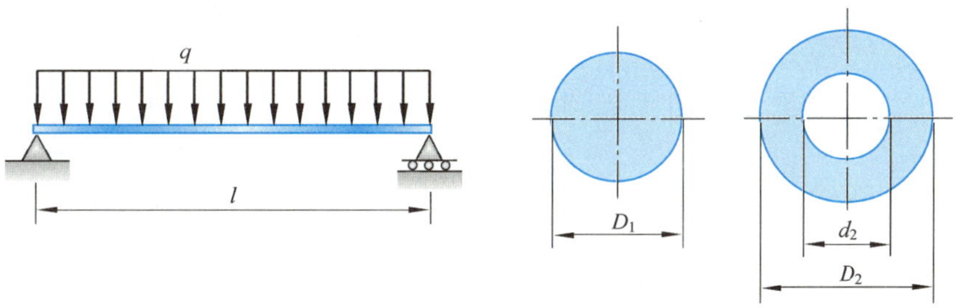

题5-2图

5-3 某起重机大梁 AB 的跨度 $l=16\text{m}$。原来按起重量 $F=100\text{kN}$ 设计，如题5-3图a所示。今欲吊运 $F_1=150\text{kN}$ 的重物，为此将 F_1 分为两个相等的力，并分别施加于距两端为 x 处（题5-3图b）。试求 x 的最大值是多少？设大梁自重及弯曲切应力强度均不予考虑。

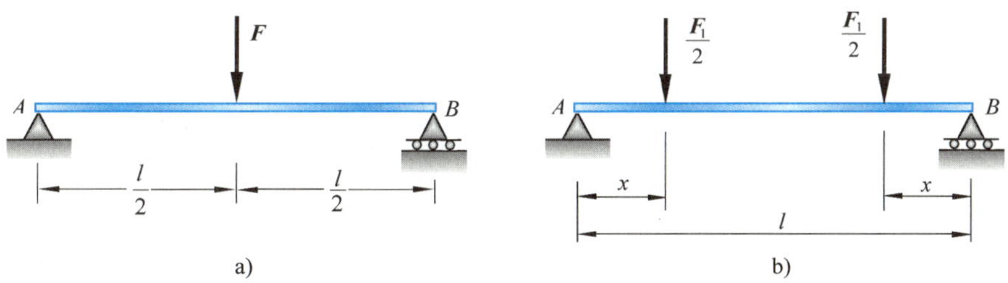

题5-3图

5-4 题5-4图a所示简支梁在中点受力 F 作用时其 σ_{max} 正好等于材料的许用应力 $[\sigma]$。今 $F_1>F$，但使 F_1 按均布载荷作用于 b 的长度上（题5-4图b）。求 b 的最小值是多少？最大的 F_1 是多少？

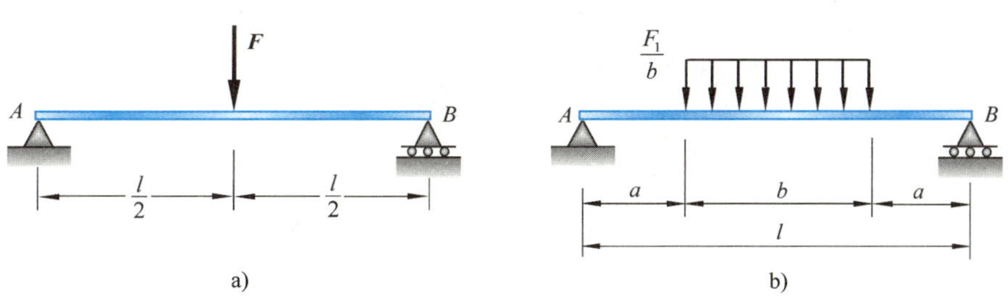

题5-4图

5-5 由三块材料相同的木板胶合而成的悬臂梁如题5-5图所示，$F=3\text{kN}$，$l=1\text{m}$。试求胶合面1、2上的切应力和总的剪力。

5-6 割刀在切割工件时，受到 $F=1\text{kN}$ 的切削力的作用。割刀尺寸如题 5-6 图所示。试求割刀内最大弯曲正应力。

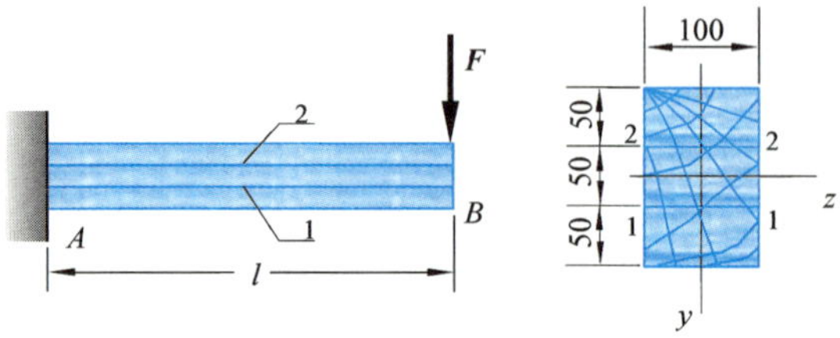

题 5-5 图

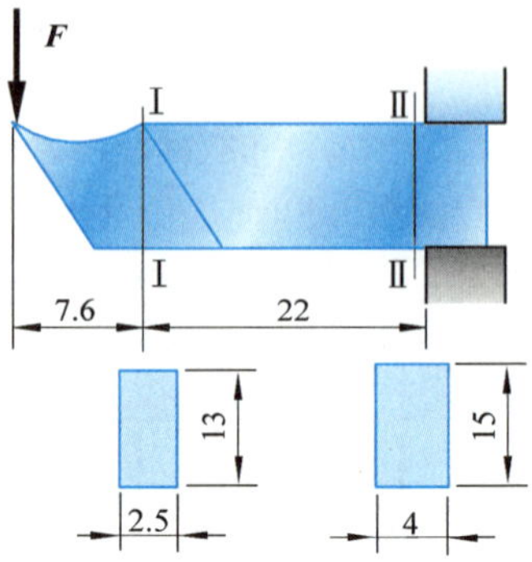

题 5-6 图

5-7 梁的 T 形横截面如题 5-7 图所示，z 为中性轴。截面上受向下的剪力 $F_Q=100\text{kN}$，$I_z=11\ 340\times10^{-8}\text{m}^4$。试画出该截面上弯曲切应力的分布图、切应力流，并求最大切应力。

5-8 一圆轴如题 5-8 图所示，其外伸部分为空心管状，$F_1=4\text{kN}$，$F_2=3\text{kN}$。试绘制弯矩图，并求轴内的最大正应力。

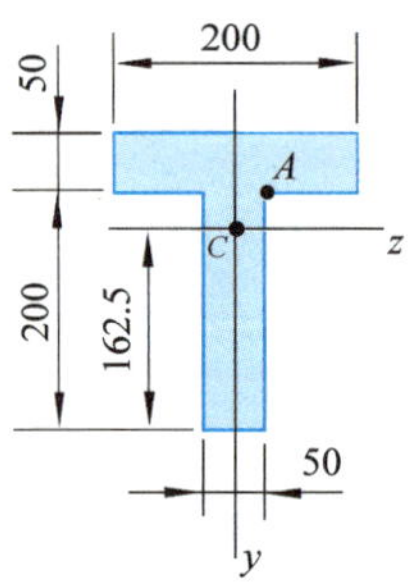

题 5-7 图

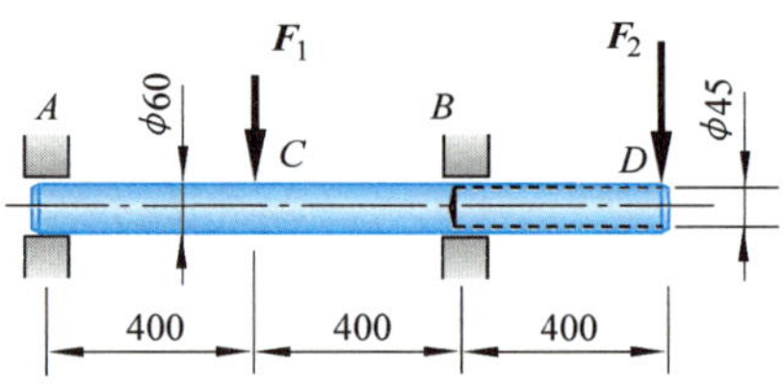

题 5-8 图

5-9 一外伸梁如题 5-9 图所示，梁为 16a 号槽钢所制成，$F_1=3\text{kN}$，$F_2=6\text{kN}$。试求梁的最大拉应力和最大压应力，并指出其所作用的截面和位置。

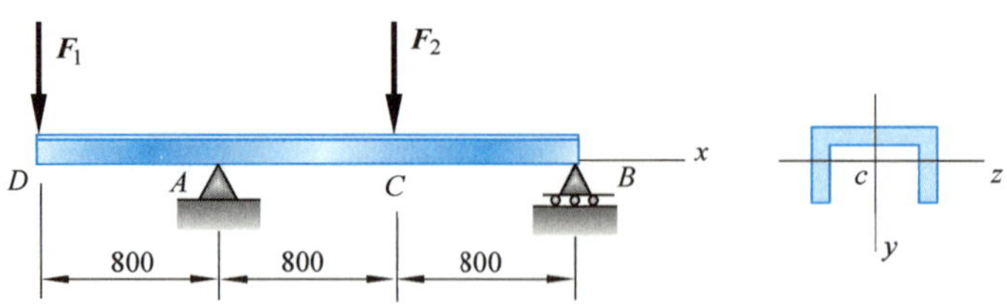

题 5-9 图

5-10 由 50a 号工字钢制成的简支梁如题 5-10 图所示，$q=30\text{kN/m}$。已知 $[\sigma]=80\text{MPa}$，$[\tau]=50\text{MPa}$，试校核其弯曲强度。

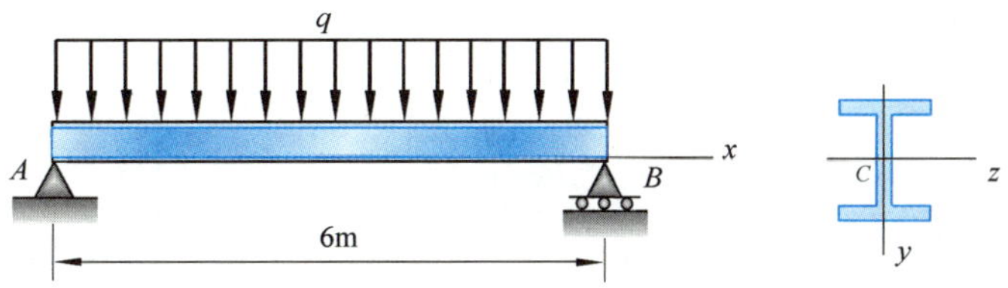

题5-10图

5-11 压板的尺寸和受载如题5-11图所示，$F=15.4\text{kN}$，材料的$\sigma_s=380\text{MPa}$，取规定的安全系数$n=1.5$。试校核压板的强度。

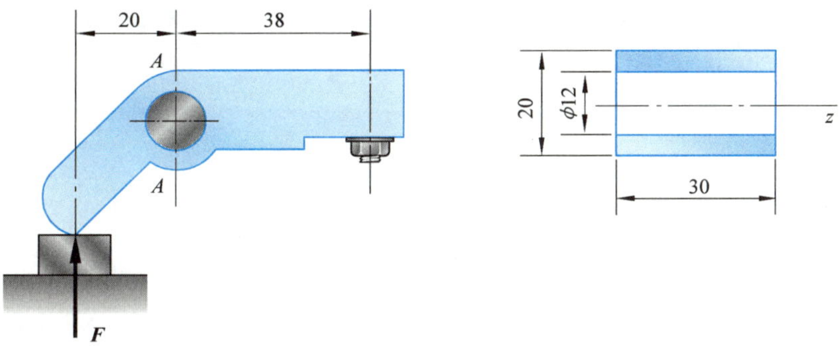

题5-11图

5-12 题5-12图所示为一承受纯弯曲的铸铁梁，其截面为⊥形，材料的拉伸和压缩许用应力之比$[\sigma_t]/[\sigma_c]=1/4$。求水平翼板的合理宽度$b$。

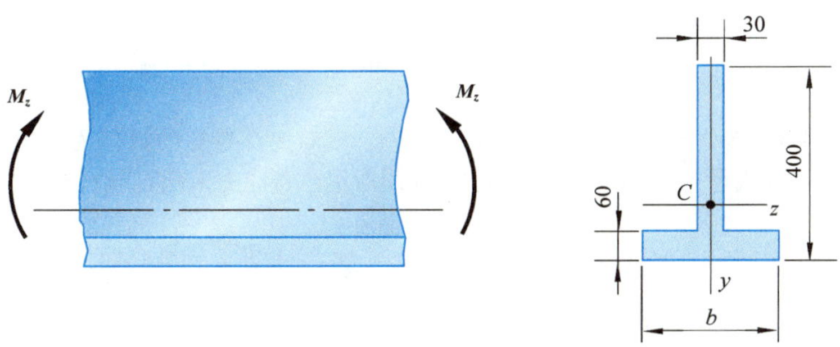

题5-12图

5-13 ⊥形截面铸铁悬臂梁，尺寸及载荷如题5-13图所示。若材料的拉伸许用应力$[\sigma_t]=40\text{MPa}$，压缩许用应力$[\sigma_c]=160\text{MPa}$，截面对形心轴z的惯性矩$I_z=10\ 180\text{cm}^4$，$h_1=9.64\text{cm}$，试计算该梁的许可载荷$[F]$。

5-14 当20b号槽钢受纯弯曲变形时，测出A、B两点间长度的改变为$\Delta l=27\times10^{-3}\text{mm}$，材料的$E=200\text{GPa}$，如题5-14图所示。试求梁截面上的弯矩$M_z$。

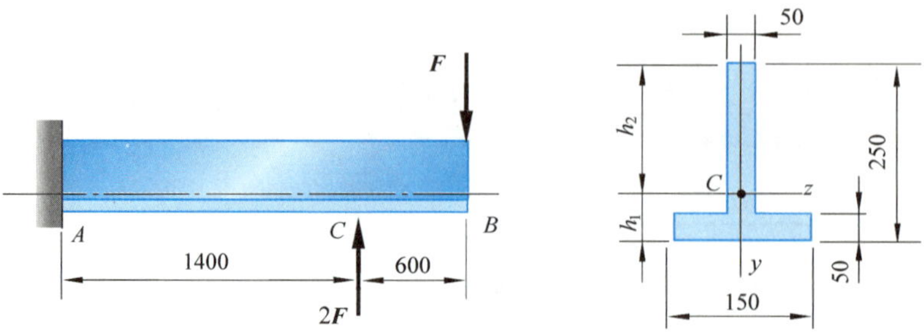

题 5-13 图

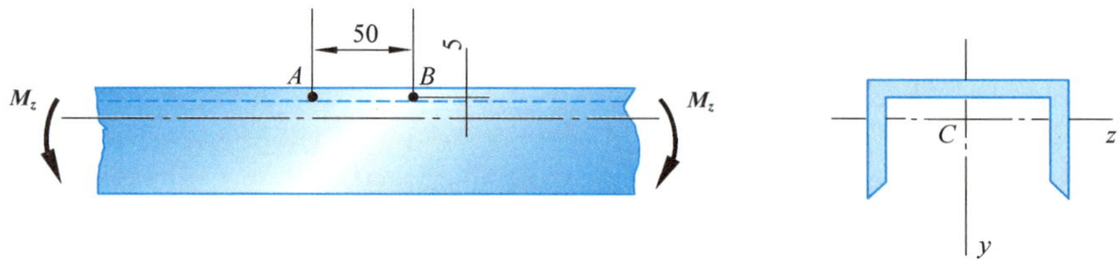

题 5-14 图

5-15 矩形截面梁的尺寸及载荷如题 5-15 图所示。$q_0=10\text{kN/m}$，试求 1-1 截面上，在画阴影线的面积内，由 $\sigma \mathrm{d}A$ 组成的内力系的合力。

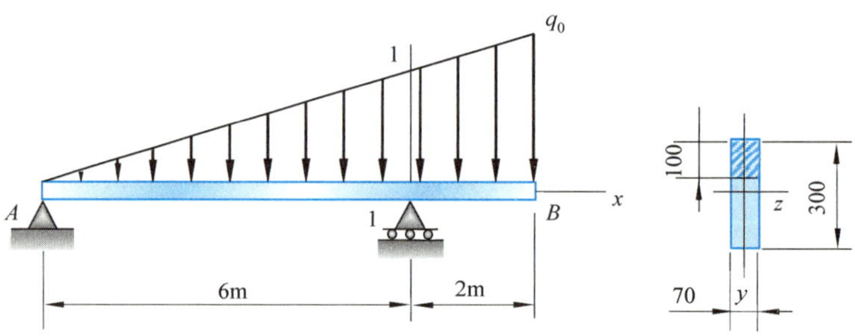

题 5-15 图

5-16 设梁的横截面为矩形，高 300mm，宽 150mm，截面上正弯矩的数值为 240kN · m。材料的抗拉弹性模量 E_t 为抗压弹性模量 E_c 的 1.5 倍，如题 5-16 图所示。若应力未超过材料的比例极限，试求最大拉应力及最大压应力。

5-17 如题 5-17 图所示，截面为矩形，其宽度 b、长度 l、载荷 q 均为已知，材料的许用应力为 $[\sigma]$。求使梁的重量为最轻时的 l_1、h_1 和 h_2 是多少？

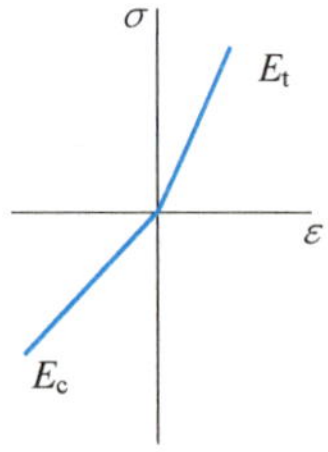

题 5-16 图

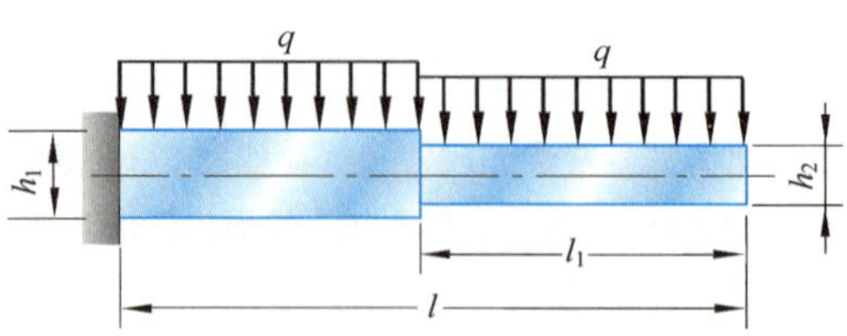

题 5-17 图

5-18 试计算题5-18图所示16号工字形梁截面内的最大正应力和最大切应力，其中 $F_1=10\text{kN}$，$F_2=20\text{kN}$。

5-19 若圆环形截面梁的壁厚 t 远小于平均半径 R_0，试求截面上的最大切应力。设剪力 F_Q 已知。

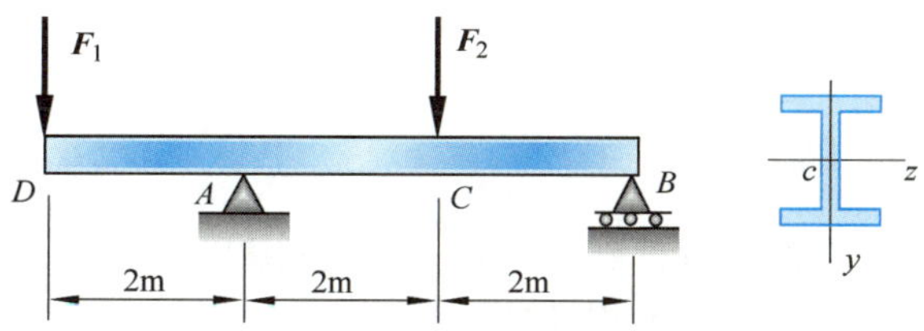

题5-18图

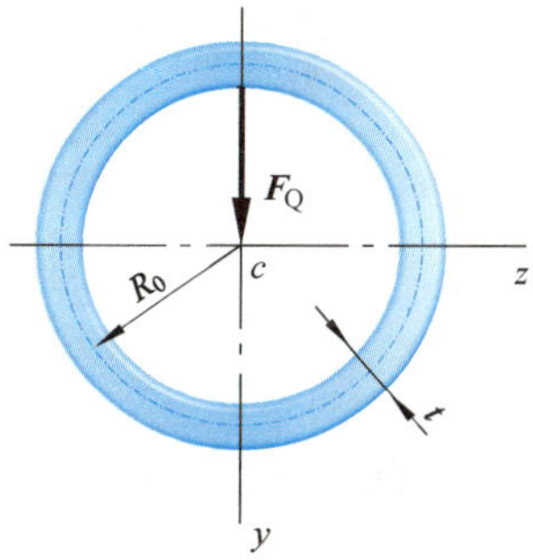

题5-19图

5-20 如题5-20图所示，起重机下的梁由两根工字钢组成，起重机自重 $G=50\text{kN}$，起重量 $F=10\text{kN}$，许用应力 $[\sigma]=160\text{MPa}$，$[\tau]=100\text{MPa}$，$l=10\text{m}$，$a=4\text{m}$，$b=1\text{m}$。若暂不考虑梁的自重，试按正应力强度条件选定工字钢型号，然后再按切应力强度条件进行校核。

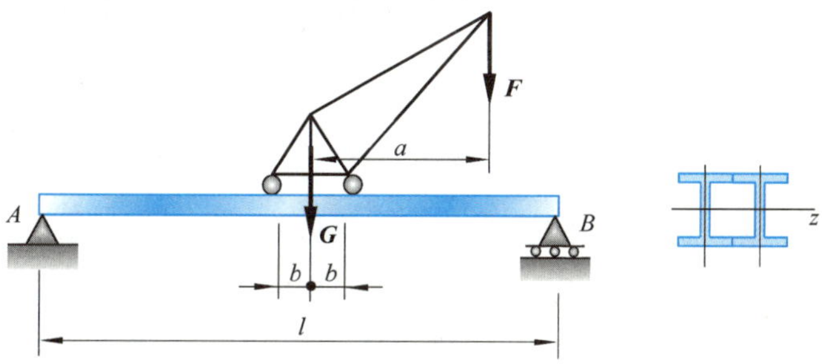

题5-20图

5-21 题5-21所示为一受均布载荷的外伸钢梁，已知 $q=12\text{kN/m}$，$l=2\text{m}$，材料的许用应力 $[\sigma]=160\text{MPa}$。试选择此梁的工字钢型号。

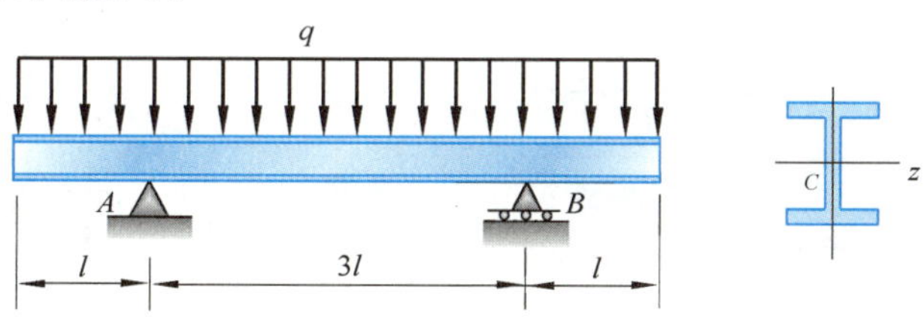

题5-21图

5-22 如题5-22所示，为改善载荷分布，在主梁 AB 上安置辅助梁 CD。设主梁和辅助梁的抗弯截面模量分别为 W_1 和 W_2，材料相同，试求辅助梁的合理长度 a。

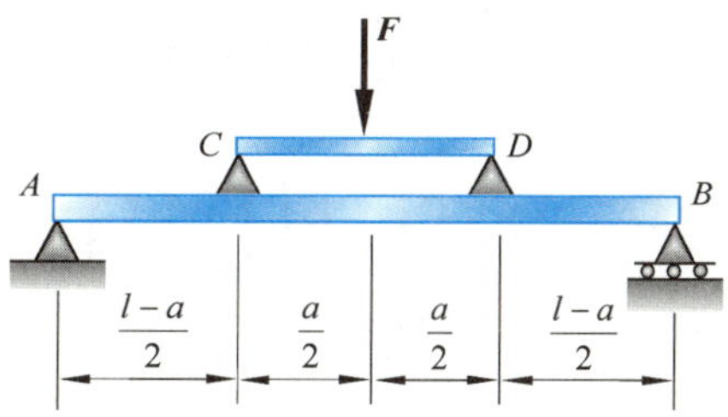

题5-22图

5-23 由三根材料相同的木板胶合而成的外伸梁截面尺寸如题5-23图所示，$l=1\text{m}$，$b=100\text{mm}$，$h=50\text{mm}$。若胶合面上的许用切应力为 $[\tau]_{胶}=0.34\text{MPa}$，木材的许用弯曲正应力为 $[\sigma]=10\text{MPa}$，许用切应力为 $[\tau]=1\text{MPa}$，载荷 F 可在 AC 内无冲击移动，试求许可载荷 $[F]$。

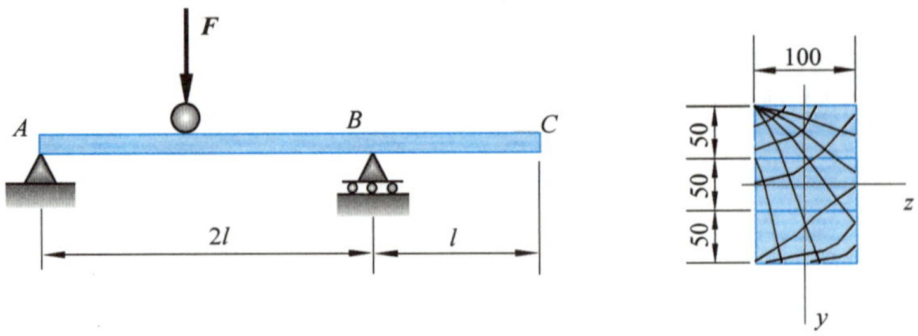

题 5-23 图

5-24 用螺钉将四块木板联接而成的箱形梁如题 5-24 图所示。每块木板的横截面皆为 150mm × 25mm，$l = 1\text{m}$，若每一螺钉的许可剪力为 1.6kN，$F = 5.5\text{kN}$，试确定螺钉的间距 s。

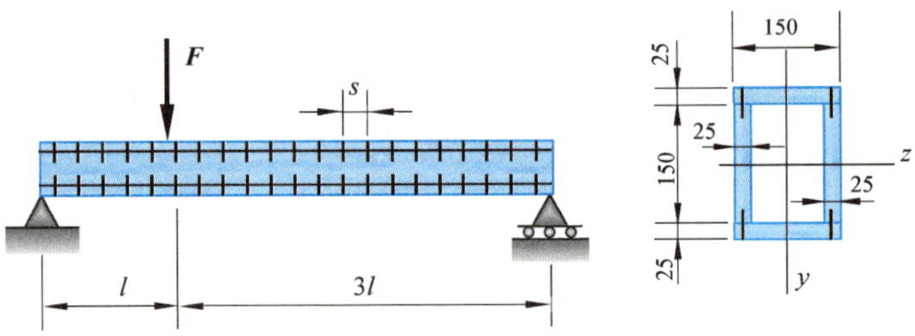

题 5-24 图

5-25 题 5-25 图所示梁由两根 36a 工字钢铆接而成，铆钉的间距为 $s = 150\text{mm}$，直径 $d = 20\text{mm}$，许用切应力$[\tau] = 90\text{MPa}$，梁横截面上的剪力 $F_Q = 40\text{kN}$。试校核铆钉的剪切强度。

5-26 由钢板与木材制成的组合简支梁，横截面如题 5-26 图所示。梁的跨长 $l = 3\text{m}$，在梁的中央作用一向下的集中载荷 $F = 10\text{kN}$。木材与钢板固接为一整体，不能相对滑动。已知木材的弹性模量为 $E_1 = 10\text{GPa}$，钢材的弹性模量为 $E_2 = 210\text{GPa}$，求木材及钢板中的最大正应力。

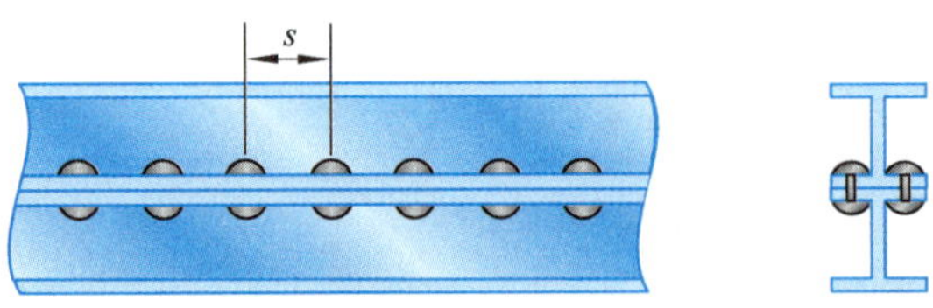

题 5-25 图

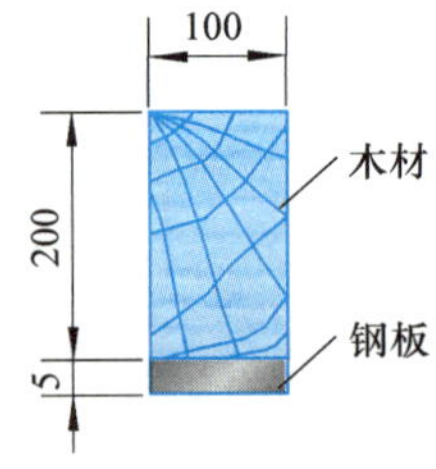

题 5-26 图

5-27 均布载荷作用下的简支梁由圆管及实心圆杆套合而成，如题 5-27 图所示，变形后两杆仍密切接触。两杆材料的弹性模量分别为 E_1 和 E_2，且 $E_1 = 2E_2$。试求两杆各自承担的弯矩。

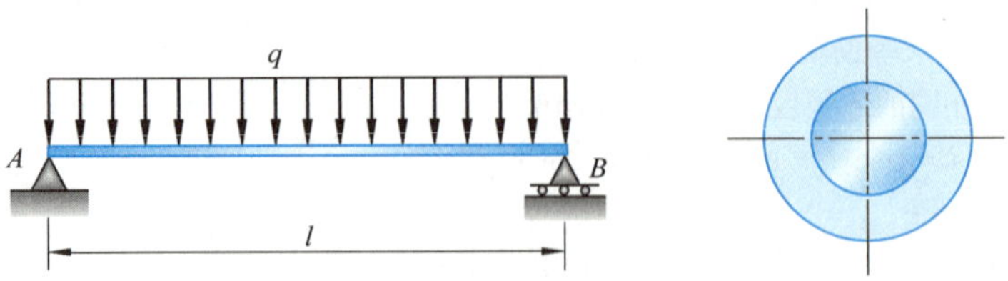

题 5-27 图

5-28 如题5-28图所示 F_Q 过弯曲中心 A，试说明在腹板上的水平切应力为零。

5-29 试确定题5-29图所示箱形开口截面的弯曲中心 A 的位置，其壁厚及开口切缝都很小。

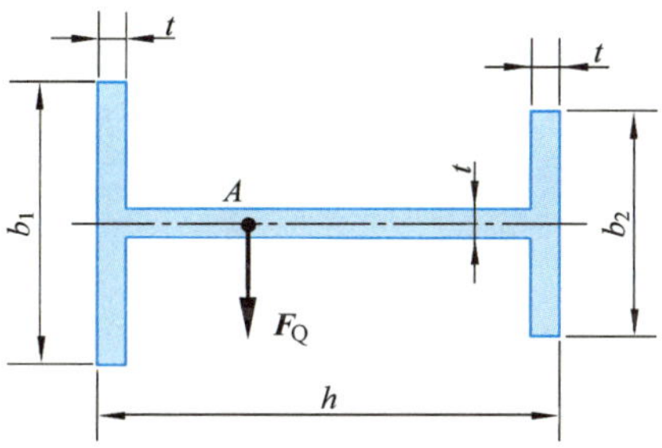

题5-28图

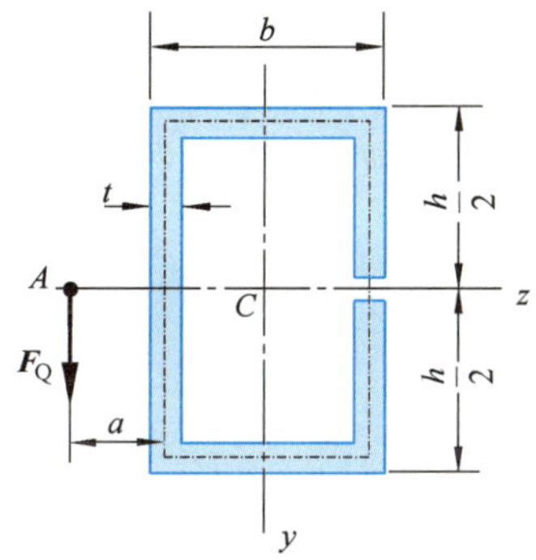

题5-29图

5-30 在题5-30图a中，若以虚线所示的纵向面和横向面从梁中截出一部分，如题5-30图b所示，试求在纵向面 $abcd$ 上由 τdA 组成的内力系的合力，并说明它与什么力平衡。

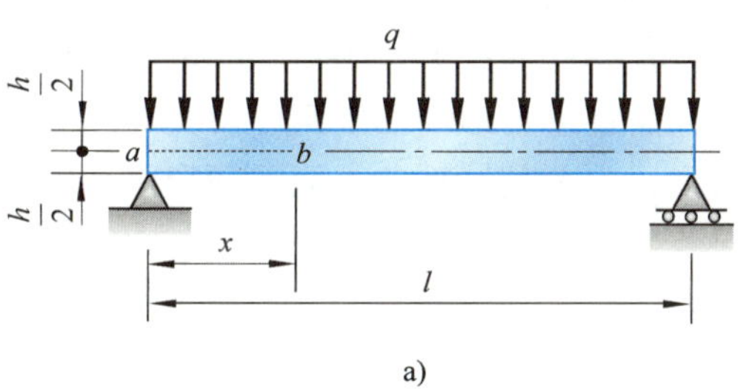

题5-30图

5-31 如题5-31图所示，在18号工字梁上作用着可移动的载荷 F，为提高梁的承载能力，试确定 a 和 b 的合理数值及相应的许可载荷。设 $[\sigma]=160\text{MPa}$，$l=12\text{m}$。

5-32 我国《营造法式》中，对矩形截面梁给出的尺寸比例是 $h:b=3:2$。试用弯曲正应力强度证明：从圆木锯出的矩形截面梁（题5-32图），上述尺寸比例接近最佳比值。

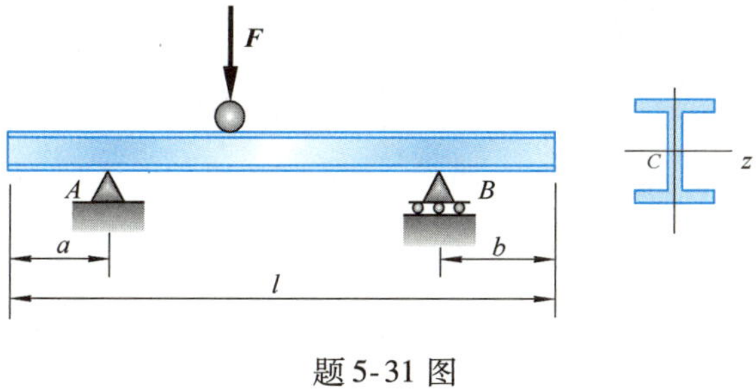

题5-31图

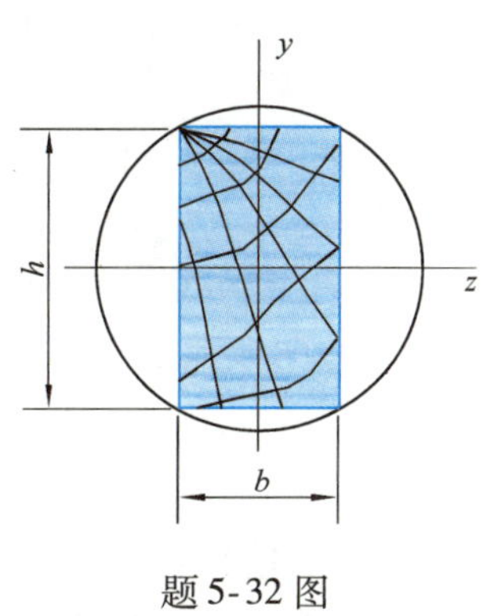

题5-32图

5-33 在均布载荷作用下的等强度悬臂梁，其横截面为矩形，且宽度 b 为常量。试求截面高度 h 沿梁轴线的变化规律。

第 6 章 弯曲变形

6.1 概述

6.1.1 工程实例

在工程实际中，对某些受弯杆件除有强度要求外，还要对其变形有限制，即要求其具有一定的刚度。以图 6-1 所示车床主轴为例，若其变形过大，则将影响齿轮的啮合和轴承的配合，造成磨损不匀，产生噪声，降低寿命，而且还会影响加工精度。又如图 6-2 所示吊车大梁，当变形过大时，将使梁上小车行走困难，出现爬坡现象，而且还会引起梁的严重振动。

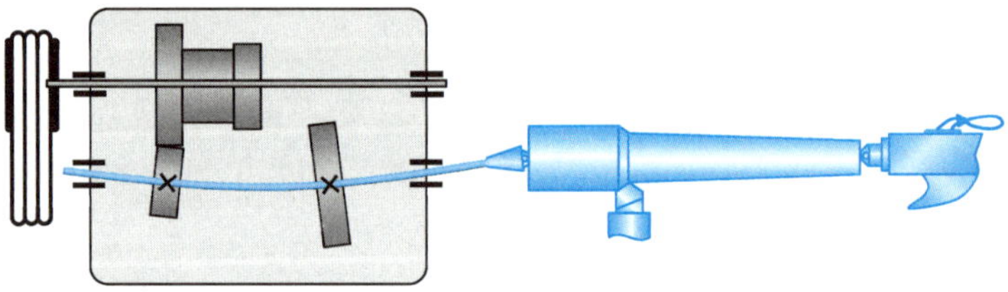

图 6-1

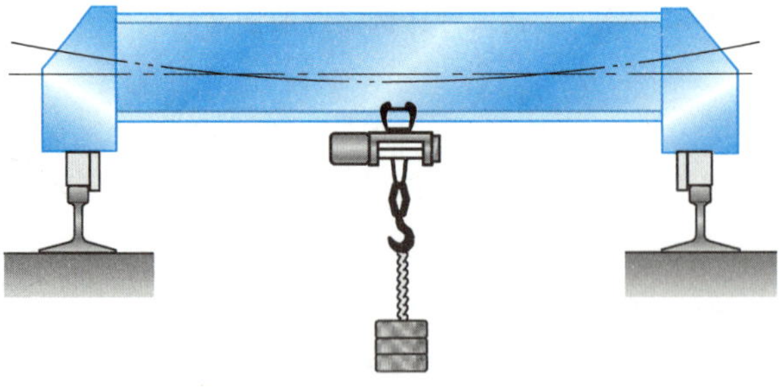

图 6-2

可以看出，有些构件的变形虽然在弹性范围内，但超过了允许数值，会造成构件不能正常工作。所以，对弯曲变形造成的危害要加以控制。

工程中虽然常常要限制弯曲变形，要求弹性变形不能过大，但在有些情况下，常常又要利用弯曲变形达到某些目的。如图 6-3 所示汽车上的叠板弹簧，需要较大的变形，才能起到缓冲、减振作用。再如图6-4所示弹簧扳手，要有较大的弯曲变形，才可能使测出的扭转力矩更加准确。

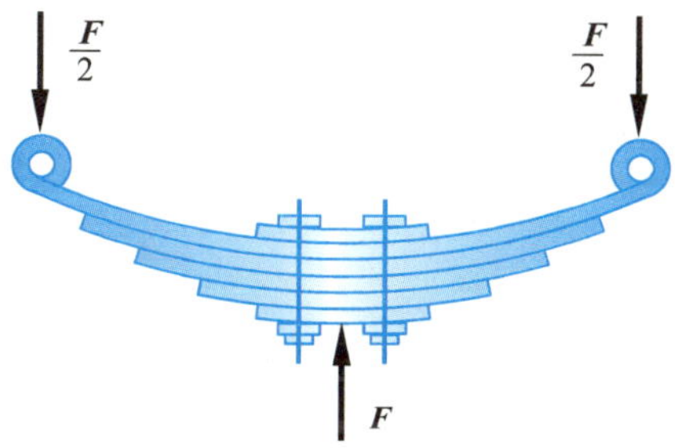

图 6-3

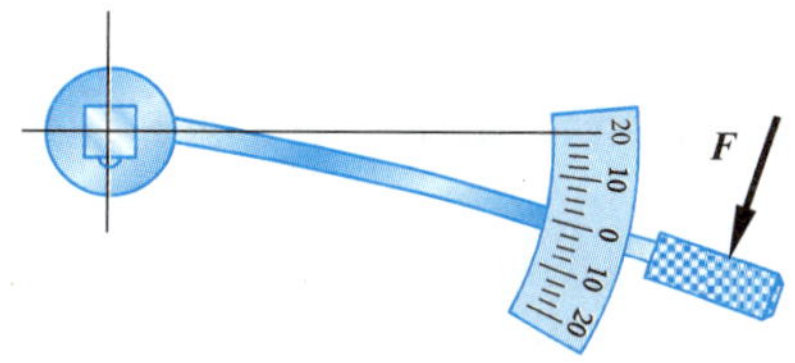

图 6-4

在工程实际中，我们要利用弯曲变形有利的一面，同时要对有害的一面加以控制。弯曲变形的计算除用于解决弯曲刚度问题外，还用于求解超静定结构和振动问题。

6.1.2 表示弯曲变形的物理量

杆件轴线的曲率发生变化称为**弯曲变形**。现以直杆为例，定义平面弯曲时衡量弯曲变形的物理量。

1. 挠度

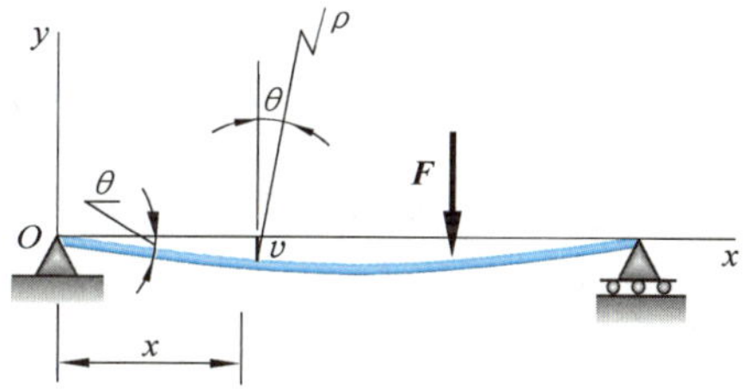

图 6-5

为了表示弯曲变形，以变形前梁的轴线为 x 轴，垂直向上的轴为 y 轴（图6-5）。若 xy 平面为梁的主形心惯性平面，且载荷作用在该平面内则为平面弯曲，故变形后梁的轴线将成为 xy 平面内的一条曲线，称为**挠曲线**。v 代表坐标为 x 的横截面的形心沿 y 轴方向的位移，称为**挠度**。在图6-5所示坐标系中，规定向上的挠度为正。这样挠曲线的方程可以写成

$$v=f(x) \tag{6-1}$$

在工程实际问题中，梁的挠度 v 一般都远小于跨度，故挠曲线是一条非常平坦的曲线，所以任一截横截面的形心在 x 方向的位移一般情况下可以略去不计。

2. 转角

在弯曲变形的过程中，梁的横截面相对其原来位置所转过的角度 θ，称为该截面的**转角**。在图示坐标系下，规定逆时针的转角为正，转角方程可以写成

$$\theta=\theta(x)$$

6.1.3 挠度、转角间的关系

挠度和转角是度量弯曲变形的两个基本量。根据平面假设，梁的横截面在变形前垂直于 x 轴，弯曲变形后仍垂直于挠曲线。所以，截面转角 θ 就是挠曲线的法线与 y 轴的夹角，它应与挠曲线的倾角（挠曲线切线与 x 轴的夹角）相等。又因挠曲线是一条非常平坦的曲线，

故 θ 很小（工程中 $\theta \approx 1^\circ \sim 2^\circ$），因而有

$$\theta \approx \tan\theta = \frac{\mathrm{d}v}{\mathrm{d}x} = f'(x) \tag{6-2}$$

即截面转角 θ 近似地等于挠曲线上与该截面对应点切线的斜率。

6.2 挠曲线的微分方程　刚度条件

6.2.1 挠曲线的近似微分方程

1. 从力学方面

由式（5-1）知，纯弯曲时中性层的曲率为

$$\frac{1}{\rho} = \frac{M}{EI}$$

横力弯曲时，曲率为

$$\frac{1}{\rho(x)} = \frac{M(x)}{EI} \tag{a}$$

2. 从数学方面

$$\frac{1}{\rho} = \pm \frac{\dfrac{\mathrm{d}^2 v}{\mathrm{d}x^2}}{\left[1 + \left(\dfrac{\mathrm{d}v}{\mathrm{d}x}\right)^2\right]^{3/2}}$$

因为 $\mathrm{d}v/\mathrm{d}x$ 为转角，其数值很小，在上式右边的分母中，$(\mathrm{d}v/\mathrm{d}x)^2$ 与 1 相比可以略去不计，故有近似式

$$\frac{1}{\rho} = \pm \frac{\mathrm{d}^2 v}{\mathrm{d}x^2} \tag{b}$$

3. 综合力学、数学两方面

由（a）、（b）两式，得

$$\pm \frac{\mathrm{d}^2 v}{\mathrm{d}x^2} = \frac{M(x)}{EI} \tag{c}$$

根据弯矩符号的规定，当挠曲线下凸时，M 为正（图 6-6），另一方面，在所选定的坐标系中向下凸的曲线的二阶导数 $\mathrm{d}^2 v/\mathrm{d}x^2$ 也为正。反之，当挠曲线向上凸时，M 为负，而 $\mathrm{d}^2 v/\mathrm{d}x^2$ 也为负。所以，式（c）等号两端的符号是一致的，这样，可将式（c）写成

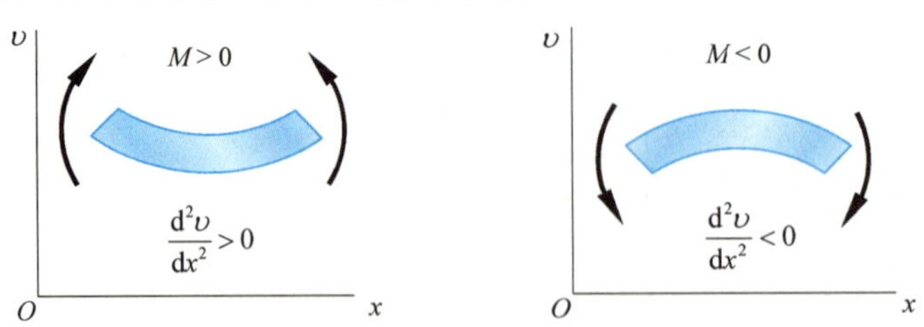

图 6-6

$$\frac{d^2 v}{dx^2}=\frac{M(x)}{EI} \tag{6-3}$$

这就是**挠曲线的近似微分方程**。

6.2.2 梁弯曲的刚度条件

工程中根据不同的需要，常应限制梁的最大挠度和最大转角（或特定截面的挠度和转角）使其不超过某一规定数值。即

$$|f|_{max}\leqslant[f] \tag{6-4}$$

$$|\theta|_{max}\leqslant[\theta] \tag{6-5}$$

式中，$|f|_{max}$和$|\theta|_{max}$为梁的最大挠度和最大转角；[f] 和 [θ] 则为规定的许可挠度和转角，这便是梁的刚度条件。

6.3 用积分法求弯曲变形

6.3.1 两次积分

对于等直梁，EI 为常数，式（6-3）可写成 $EIv''(x)=M(x)$。两边乘以 dx，积分得转角方程为

$$EI\theta(x)=EIv'(x)=\int M(x)dx+C \tag{a}$$

再积一次分得挠曲线方程为

$$EIv(x)=\int[\int M(x)dx]dx+Cx+D \tag{b}$$

式中，C、D 为积分常数。

6.3.2 确定积分常数的条件

当梁仅需列出一段挠曲线方程时，将出现两个积分常数，当梁需列出 n 段方程时，将出现 $2n$ 个积分常数，必须写出 $2n$ 个确定积分常数的条件才能完全确定挠度和转角方程。

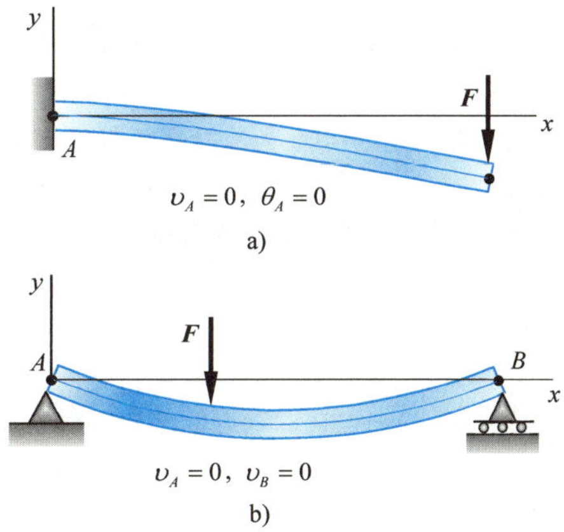

图 6-7

1. 支撑条件

在梁的支座处，挠度或转角是已知的。

(1) 刚性支撑 刚性支撑即认为支座处的变形相对梁的变形可以不计。如在图6-7a所示的固定端支撑处，其挠度和转角均应为零；在图6-7b的铰链支撑处，挠度应等于零。

(2) 弹性支撑 当支座为弹簧（图6-8a）或为杆件（图6-8b）时，支座处的变形是不能略去。不过，这些弹性支撑处的变形根据梁的受力情况是可以求出的。

2. 连续条件

(1) 挠度连续 挠曲线应该是一条连续光滑的曲线，即其挠度是连续的，不应有图6-9a所示 C 截面左右挠度不等的情况。

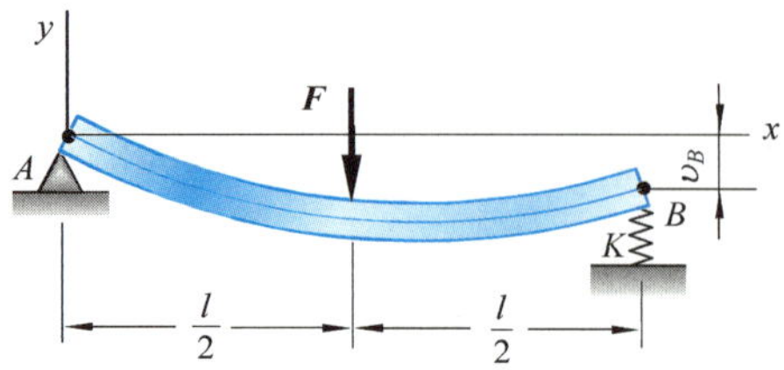

$\upsilon_A=0,\ \upsilon_B=-|\Delta k|=-\dfrac{F}{2K}$

a)

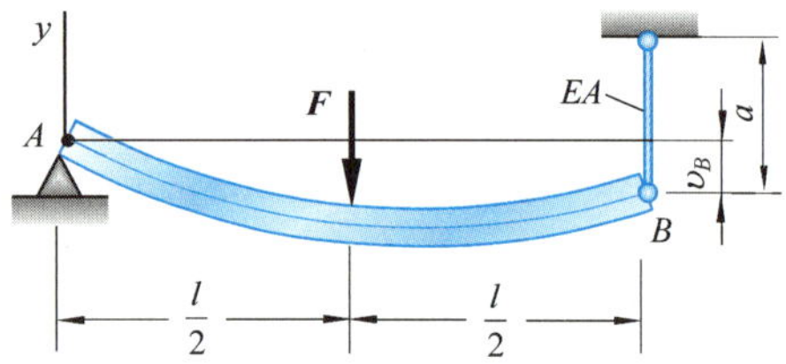

$\upsilon_A=0,\ \upsilon_B=-|\Delta l|=-\dfrac{Fa}{2EA}$

b)

图 6-8

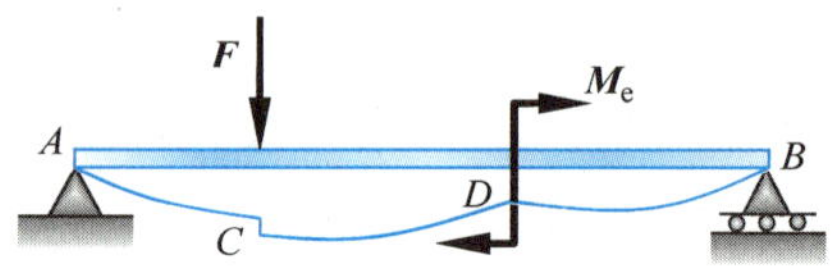

a)

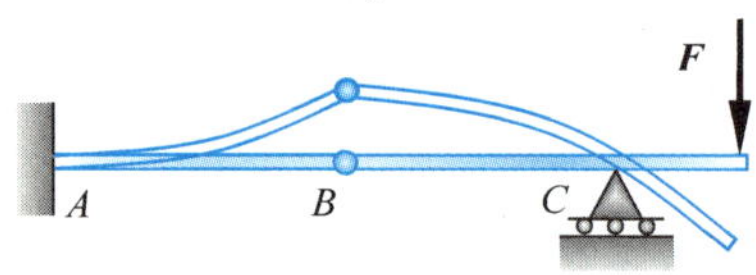

$\upsilon_A=0,\ \upsilon_C=0,\ \upsilon_C^-=\upsilon_C^+$

$\theta_A=0,\ \upsilon_B^-=\upsilon_B^+,\ \theta_C^-=\theta_C^+$

b)

图 6-9

(2) 转角连续 同一截面的转角应是相等的，即转角应是连续的，挠曲线是光滑的。不能有图6-9a 所示 D 截面左右转角不等的情况。

注意：对于具有中间铰的组合梁，在中间铰左右两截面的挠度依然应相等，但转角可不等（图6-9b）。

支撑条件和连续条件统称为**边界条件**，根据全部的边界条件就可以确定出全部的积分常数，即可求出**挠度方程**和**转角方程**，这种求梁挠度和转角的方法称为**积分法**。

【例6-1】 图6-10a 为镗刀在工件上镗孔的示意图。为保证镗孔精度，镗刀杆的弯曲变形不能过大。设径向切削力 $F=200\text{N}$，镗刀杆直径 $d=10\text{mm}$，外伸长度 $l=50\text{mm}$。材料的弹性模量 $E=210\text{GPa}$。求镗刀杆上安装镗刀头的截面 B 的转角和挠度。

解： • 挠曲线微分方程

镗刀杆可简化为悬臂梁（图6-10b）。选取坐标系如图，任意截面上的弯矩为

$$M(x)=-F(l-x)$$

由式（6-3），得挠曲线近似微分方程

$$EI\upsilon''=M(x)=-F(l-x) \tag{c}$$

• 转角方程，挠曲线方程

积分式（c），得

$$EI\upsilon'=\frac{1}{2}Fx^2-Flx+C \tag{d}$$

$$EI\upsilon=\frac{1}{6}Fx^3-\frac{1}{2}Flx^2+Cx+D \tag{e}$$

由边界条件确定 C、D。

在固定端 A，转角和挠度均应等于零，即 $x=0$ 时

$$v_A = 0 \tag{f}$$

$$v_A' = \theta_A = 0 \tag{g}$$

把边界条件式（f）、式（g）分别代入式（d）、式（e），得

$$C = EI\theta_A = 0$$

$$D = EIv_A = 0$$

将积分常数 C 和 D 代回式（d）、式（e），得转角方程和挠曲线方程分别为

$$EIv' = \frac{1}{2}Fx^2 - Flx \tag{h}$$

$$EIv = \frac{1}{6}Fx^3 - \frac{1}{2}Flx^2 \tag{i}$$

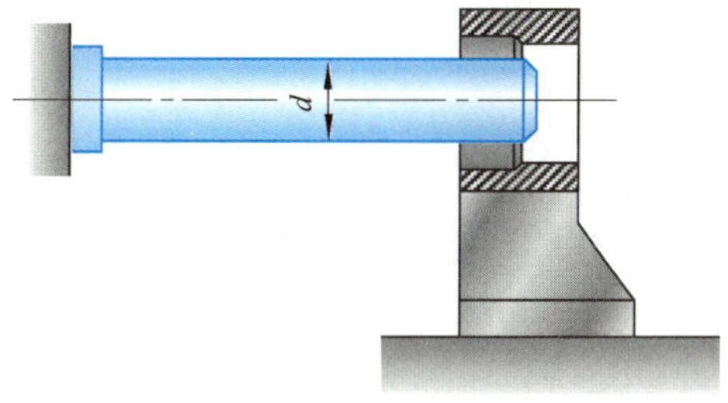

a)

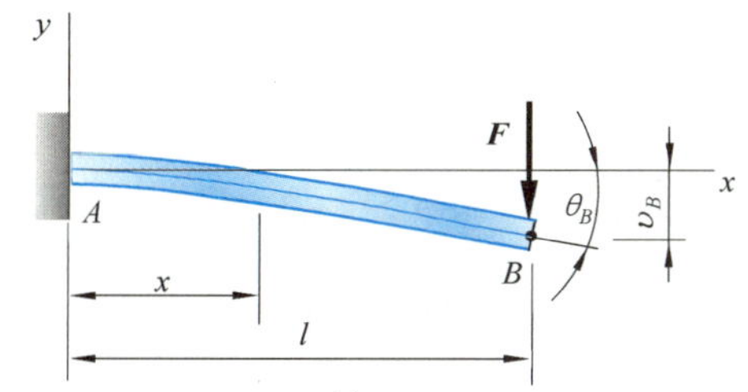

b)

图　6-10

- 求 θ_B、v_B

将 $x=l$ 代入（h）、（i）两式，得截面 B 的转角和挠度分别为

$$\theta_B = v'_B = -\frac{Fl^2}{2EI}(\curvearrowright)$$

$$f_B = v_B = -\frac{Fl^3}{3EI}(\downarrow)$$

θ_B 为负，表示截面 B 的转角是顺时针的；f_B 为负，表示 B 点的挠度是向下的。

由 θ_B 及 f_B 的表达式可看出，为了减少 θ_B 及 f_B 以提高镗孔的精度，首先应尽量减小镗杆的伸出长度 l；其次，镗杆的直径应取得较大以提高 I 数值；而镗孔时的加工量不宜过大以使 F 较小。

若令 $F=200\text{N}$，$E=210\text{GPa}$，$l=50\text{mm}$，$d=10\text{mm}$，则

$$I = \frac{\pi d^4}{64} = \frac{\pi}{64}\times 10^4\text{mm}^4 = 491\text{mm}^4$$

得到

$$\theta_B = -0.002\,42\text{rad}$$

$$f_B = -0.080\,5\text{mm}$$

从例 6-1 可以看出，积分常数 C 和 D 具有明显的力学意义，即分别是坐标原点处的转角和挠度的 EI 倍。关于这一点，也可以从本节中式（a）和式（b）看出，由于以 x 为自变量，在坐标原点即 $x=0$ 处的定积分 $\int_0^0 M(x)\,\mathrm{d}x$ 和 $\int_0^0\left[\int_0^0 M(x)\,\mathrm{d}x\right]\mathrm{d}x$ 恒等于零，因此积分常数

$$C = EI\,v'\big|_{x=0},\qquad D = EI\,v\big|_{x=0}$$

【例 6-2】 桥式起重机的大梁可以简化成简支梁，试讨论在自重载荷 q 作用下，简支梁的弯曲变形（图 6-11）。

解： • 挠曲线微分方程

由对称性可知，梁的支座约束力相等，且为

$$F_{Ay} = F_{By} = \frac{ql}{2}$$

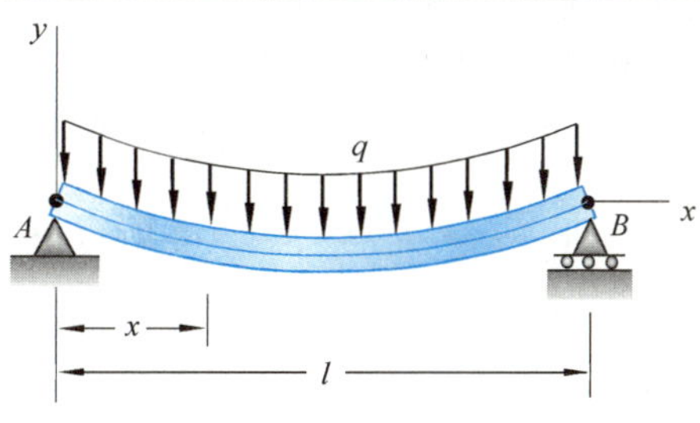

图　6-11

则任意横截面上的弯矩为

$$M(x) = F_{Ay}x - \frac{q}{2}x^2 = \frac{ql}{2}x - \frac{q}{2}x^2$$

故挠曲线近似微分方程为

$$EIv'' = M(x) = \frac{ql}{2}x - \frac{q}{2}x^2 \tag{j}$$

- 转角方程，挠曲线方程

积分式（j），得

$$EIv' = \frac{ql}{4}x^2 - \frac{q}{6}x^3 + C \tag{k}$$

$$EIv = \frac{ql}{12}x^3 - \frac{q}{24}x^4 + Cx + D \tag{l}$$

C、D 由以下边界条件来确定：

当 $x=0$ 时，$v_A=0$

当 $x=\frac{l}{2}$时，$v'\left(\frac{l}{2}\right)=0$（根据对称性）

把以上两个边界条件分析代入式（k）和式（l）中，可得

$$C = -\frac{ql^3}{24}, \quad D=0$$

于是得转角方程及挠度方程

$$EIv' = \frac{ql}{4}x^2 - \frac{q}{6}x^3 - \frac{ql^3}{24}$$

$$EIv = \frac{ql}{12}x^3 - \frac{q}{24}x^4 - \frac{ql^3}{24}x$$

- 求最大挠度 f_{max}，最大转角 θ_{max}

由于梁中点转角为零，即$\left.\frac{dv}{dx}\right|_{x=\frac{l}{2}}=0$，故最大挠度发生在梁中点，即

$$f_{max} = v\big|_{x=\frac{l}{2}} = -\frac{5ql^4}{384EI}$$

最大转角发生在 B、A 两截面，它们数值相等，符号相反，且为

$$\theta_{max} = \theta_B = -\theta_A = \frac{ql^3}{24EI}$$

【例 6-3】 内燃机中的凸轮轴或某些齿轮轴，可以简化成在集中力 F 作用下的简支梁。如图 6-12 所示，试讨论这一简支梁的弯曲变形。

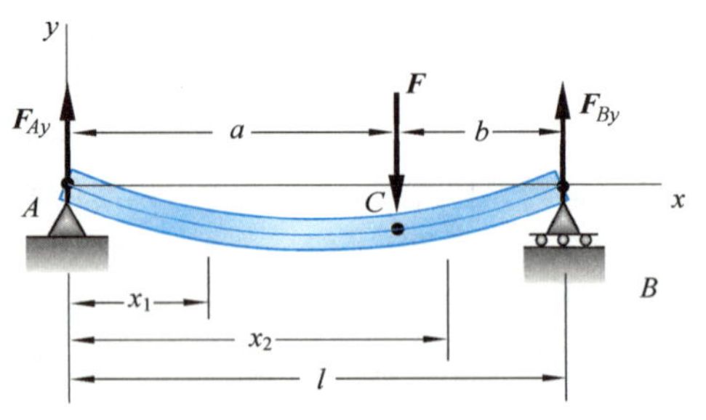

图 6-12

解： • 求转角方程，挠曲线方程

利用平衡方程，求得支座约束力为

$$F_{Ay} = \frac{Fb}{l}, \quad F_{By} = \frac{Fa}{l}$$

根据载荷情况，应分两段列出弯矩方程，即

AC 段 $\quad M_1 = \frac{Fb}{l}x_1 \quad (0 \leqslant x_1 \leqslant a)$

CB 段 $\quad M_2 = \frac{Fb}{l}x_2 - F(x_2 - a) \quad (a \leqslant x_2 \leqslant l)$

由此，挠曲线的近似微分方程也应分成两段来积分。在 CB 段积分时，为了能使确定积分常数的运算得到

简化，对含有（x_2-a）一项应以（x_2-a）为自变量，而不要把括号打开。最终积分结果如下：

AC 段（$0\leqslant x_1\leqslant a$）		CB 段（$a\leqslant x_2\leqslant l$）	
$EIv_1''=M_1=\frac{Fb}{l}x_1$		$EIv_2''=M_2=\frac{Fb}{l}x_2-F(x_2-a)$	
$EIv_1'=\frac{Fb}{l}\frac{x_1^2}{2}+C_1$	(m)	$EIv_2'=\frac{Fb}{l}\frac{x_2^2}{2}-F\frac{(x_2-a)^2}{2}+C_2$	(o)
$EIv_1=\frac{Fb}{l}\frac{x_1^3}{6}+C_1x_1+D_1$	(n)	$EIv_2=\frac{Fb}{l}\frac{x_2^3}{6}-F\frac{(x_2-a)^3}{6}+C_2x_2+D_2$	(p)

以上积分中出现的 4 个积分常数，需要 4 个条件来确定。由于挠曲线应该是一条光滑连续的曲线，因此，在 AC 和 CB 两段的交界截面 C 处，两段应有相同的转角和挠度，即

$$x_1=x_2=a\text{ 时，}v_1'=v_2',\ v_1=v_2$$

在式（m）~式（p）中，令 $x_1=x_2=a$，并利用上述的连续性条件，可得

$$C_1=C_2,\ D_1=D_2$$

此外，梁在 A、B 两端的边界条件为

$$x_1=0\text{ 时，}v_1=0 \tag{q}$$

$$x_2=l\text{ 时，}v_2=0 \tag{r}$$

将式（q）代入式（n），得

$$D_1=D_2=0$$

将式（r）代入式（p），得

$$C_1=C_2=-\frac{Fb}{6l}(l^2-b^2)$$

把所求得的 4 个积分常数代回式（m）~式（p），得转角方程和挠度方程如下：

AC 段（$0\leqslant x_1\leqslant a$）		CB 段（$a\leqslant x_2\leqslant l$）	
$EIv_1'=-\frac{Fb}{6l}(l^2-b^2-3x_1^2)$	(s)	$EIv_2'=-\frac{Fb}{6l}\left[(l^2-b^2-3x_2^2)+\frac{3l}{b}(x_2-a)^2\right]$	(u)
$EIv_1=-\frac{Fbx_1}{6l}(l^2-b^2-x_1^2)$	(t)	$EIv_2=-\frac{Fb}{6l}\left[x_2(l^2-b^2-x_2^2)+\frac{l}{b}(x_2-a)^3\right]$	(v)

- 求最大转角 $\theta_{\max}$，最大挠度 $f_{\max}$

最大转角：在式（s）中令 $x_1=0$，在式（u）中令 $x_2=l$，得梁在 A、B 两端的截面转角分别为

$$\theta_A=-\frac{Fb}{6EIl}(l^2-b^2)=-\frac{Fab(l+b)}{6EIl}$$

$$\theta_B=\frac{Fab(l+a)}{6EIl}$$

当 $a>b$ 时，$\theta_B=\theta_{\max}$。

最大挠度 $f_{\max}$：当 $\theta=\mathrm{d}v/\mathrm{d}x=0$ 时，v 有极值，所以应首先确定转角 θ 为零的截面位置。因 θ_A 为负，又有式（u）中令 $x_2=a$，可求得截面 C 的转角为

$$\theta_C=\frac{Fab(a-b)}{3EIl}$$

如 $a>b$，则 θ_C 为正。根据挠曲线的光滑连续性，$\theta=0$ 的截面必然在 AC 段内。令式（s）等于零，得

$$\frac{Fb}{6l}(l^2-b^2-3x_0^2)=0$$

$$x_0=\sqrt{\frac{l^2-b^2}{3}} \tag{w}$$

x_0 即为挠度取最大值的截面位置。将 x_0 代入式（t），求得最大挠度为

$$f_{\max}=v_1\big|_{x_1=x_0}=-\frac{Fb}{9\sqrt{3}EIl}\sqrt{(l^2-b^2)^3} \tag{$*$}$$

当集中力 F 作用于跨度中点时，$a=b=l/2$，由式（w）得 $x_0=l/2$，即最大挠度发生于跨度中点，据式（*）得其值为 $f_{\max}=\frac{Fl^3}{48EI}$，这由挠曲线的对称性也可直接看出。另一种极端情况是集中力 F 无限接近于右端支座，以至 b^2 与 l^2 相比可以省略。于是由式（w）及式（*）得

$$x_0=\frac{l}{\sqrt{3}}$$

$$f_{\max}=-\frac{Fbl^2}{9\sqrt{3}EI}$$

可见即使在这种极端情况下，其最大挠度仍发生在跨度中点附近。故可以用跨度中点的挠度来近似地代替最大挠度。在式（t）中令 $x=l/2$，求得跨度中点的挠度为

$$f_{l/2}=-\frac{Fb}{48EI}(3l^2-4b^2)$$

在上述极端情况下，集中力 F 无限靠近支座 B，则有

$$f_{l/2}\approx-\frac{Fb}{48EI}3l^2=-\frac{Fbl^2}{16EI}$$

这时用 $f_{l/2}$ 代表 $f_{\max}$ 所引起的误差为

$$\Delta=\frac{f_{\max}-f_{l/2}}{f_{\max}}=2.65\%$$

可见在简支梁中，只要挠曲线上无拐点，便可用跨度中点的挠度来代替最大挠度，且不会引起很大误差。

积分法的优点是可以求得转角和挠度的普遍方程。但当只需要确定某些特殊截面的转角和挠度时，积分法就显得过于麻烦。为此，将梁在某些简单载荷作用下的变形列入表 6-1 中，以便直接查用，而且利用这些表格，还可比较方便地用叠加法解决一些弯曲变形问题。

表 6-1　梁在简单载荷作用下的变形

序号	梁的简图	挠曲线方程	端截面转角	最大挠度
1	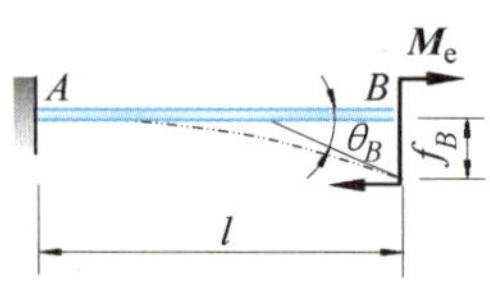	$v=-\frac{M_ex^2}{2EI}$	$\theta_B=-\frac{M_el}{EI}$	$f_B=-\frac{M_el^2}{2EI}$
2	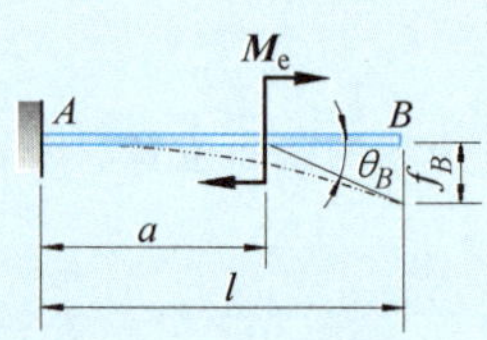	$v=-\frac{M_ex^2}{2EI}(0\leqslant x\leqslant a)$ $v=-\frac{M_ea}{EI}\left[(x-a)+\frac{a}{2}\right](a\leqslant x\leqslant l)$	$\theta_B=-\frac{M_ea}{EI}$	$f_B=-\frac{M_ea}{EI}\left(l-\frac{a}{2}\right)$
3	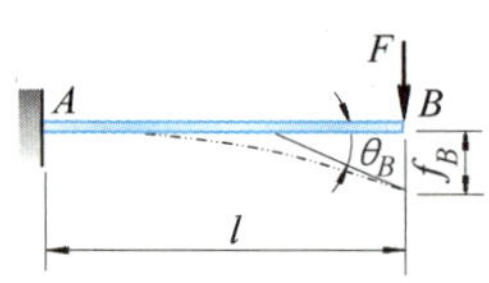	$v=-\frac{Fx^2}{6EI}(3l-x)$	$\theta_B=-\frac{Fl^2}{2EI}$	$f_B=-\frac{Fl^3}{3EI}$

（续）

序号	梁的简图	挠曲线方程	端截面转角	最大挠度
4	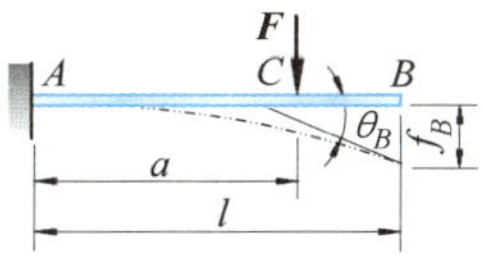	$v=-\frac{Fx^2}{6EI}(3a-x)\ (0\leqslant x\leqslant a)$ $v=-\frac{Fa^2}{6EI}(3x-a)\ (a\leqslant x\leqslant l)$	$\theta_B=-\frac{Fa^2}{2EI}$	$f_B=-\frac{Fa^2}{6EI}(3l-a)$
5	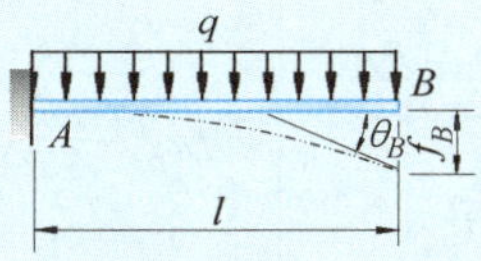	$v=-\frac{qx^2}{24EI}(x^2-4lx+6l^2)$	$\theta_B=-\frac{ql^3}{6EI}$	$f_B=-\frac{ql^4}{8EI}$
6	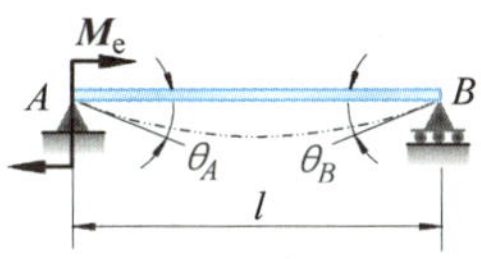	$v=-\frac{M_e x}{6EIl}(l-x)(2l-x)$	$\theta_A=-\frac{M_e l}{3EI}$ $\theta_B=\frac{M_e l}{6EI}$	$x=\left(1-\frac{1}{\sqrt{3}}\right)l$, $f_{max}=-\frac{M_e l^2}{9\sqrt{3}EI}$ $x=\frac{l}{2}$, $f_{l/2}=-\frac{M_e l^2}{16EI}$
7	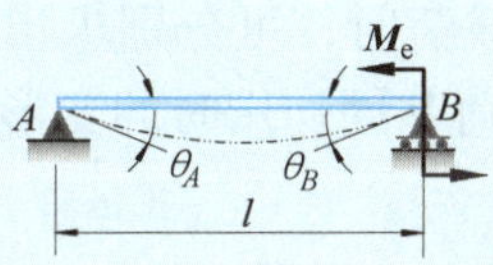	$v=-\frac{M_e x}{6EIl}(l^2-x^2)$	$\theta_A=-\frac{M_e l}{6EI}$ $\theta_B=\frac{M_e l}{3EI}$	$x=\frac{l}{\sqrt{3}}$, $f_{max}=-\frac{M_e l^2}{9\sqrt{3}EI}$ $x=\frac{l}{2}$, $f_{l/2}=-\frac{M_e l^2}{16EI}$
8	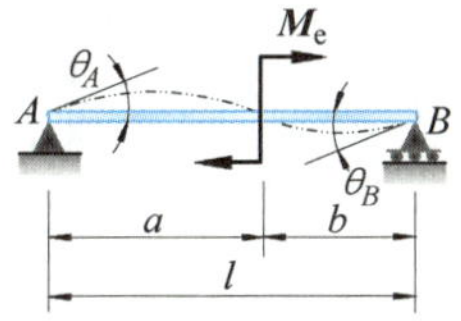	$v=\frac{M_e x}{6EIl}(l^2-3b^2-x^2)$ $(0\leqslant x\leqslant a)$ $v=\frac{M_e}{6EIl}[-x^3+3l(x-a)^2$ $+(l^2-3b^2)x]\ (a\leqslant x\leqslant l)$	$\theta_A=\frac{M_e}{6EIl}(l^2-3b^2)$ $\theta_B=\frac{M_e}{6EIl}(l^2-3a^2)$	
9	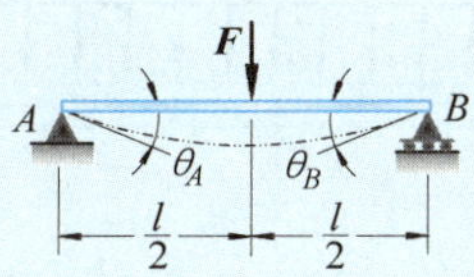	$v=-\frac{Fx}{48EI}(3l^2-4x^2)$ $\left(0\leqslant x\leqslant\frac{l}{2}\right)$	$\theta_A=-\theta_B=-\frac{Fl^2}{16EI}$	$f=-\frac{Fl^3}{48EI}$
10	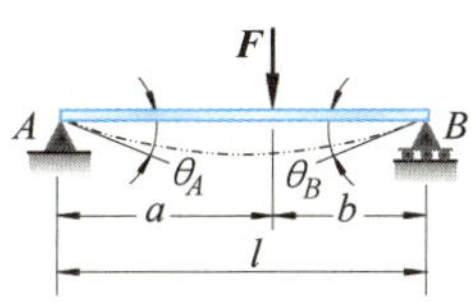	$v=-\frac{Fbx}{6EIl}(l^2-x^2-b^2)$ $(0\leqslant x\leqslant a)$ $v=-\frac{Fb}{6EIl}\left[\frac{l}{b}(x-a)^3\right.$ $\left.+(l^2-b^2)x-x^3\right]$ $(a\leqslant x\leqslant l)$	$\theta_A=-\frac{Fab(l+b)}{6EIl}$ $\theta_B=\frac{Fab(l+a)}{6EIl}$	设 $a>b$， 在 $x_0=\sqrt{\frac{l^2-b^2}{3}}$ 处： $f_{max}=-\frac{Fb(l^2-b^2)^{3/2}}{9\sqrt{3}EIl}$ 在 $x=\frac{l}{2}$ 处： $f_{l/2}=-\frac{Fb(3l^2-4b^2)}{48EI}$

（续）

序号	梁的简图	挠曲线方程	端截面转角	最大挠度
11	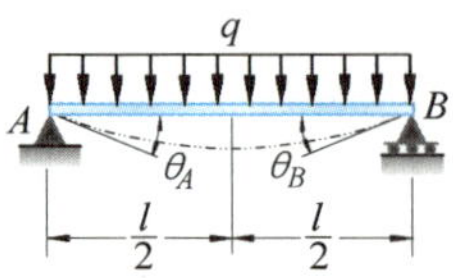	$v=-\frac{qx}{24EI}(l^3-2lx^2+x^3)$	$\theta_A=-\theta_B=-\frac{ql^3}{24EI}$	$f=-\frac{5ql^4}{384EI}$
12	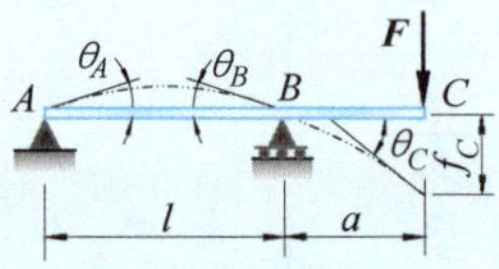	$v=\frac{Fax}{6EIl}(l^2-x^2)\ (0\leqslant x\leqslant l)$ $v=-\frac{F}{6EI}(x-l)\cdot$ $[a(3x-l)-(x-l)^2]\ (l\leqslant x\leqslant l+a)$	$\theta_A=\frac{\theta_B}{-2}=\frac{Fal}{6EI}$ $\theta_C=-\frac{Fa}{6EI}(2l+3a)$	$f_C=-\frac{Fa^2}{3EI}(l+a)$

6.4 用叠加法求弯曲变形

在弯曲变形很小，且材料服从胡克定律的情况下，挠曲线近似微分方程（6-3）是弯矩的线性函数，弯矩与载荷的关系也是线性的。因此，对应于几种不同的载荷，弯矩可以叠加，因而方程（6-3）的解也可叠加，即：当梁上同时作用几个载荷时，可分别求出每一载荷单独作用时引起的变形，然后把所得的变形叠加，即为这些载荷共同作用时的变形。这就是计算**弯曲变形的叠加法**。

【例 6-4】 桥式起重机大梁受自重 q 及吊重 F 作用，其计算简图如图 6-13a 所示。试求大梁跨度中点的挠度和 A 截面的转角。

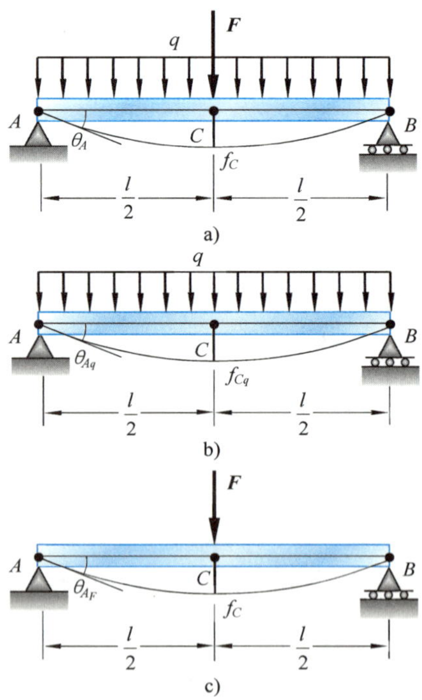

图 6-13

解：大梁的变形是均布载荷 q 和集中力 F 共同引起的。在均布载荷 q 单独作用下（图 6-13b），大梁跨度中点 C 的挠度和 A 截面的转角由表 6-1 第 11 栏查得为

$$(f_C)_q=-\frac{5ql^4}{384EI},\quad (\theta_A)_q=-\frac{ql^3}{24EI}$$

在集中力 F 单独作用下（图 6-13c），大梁跨度中点 C 处的挠度和 A 截面的转角由表 6-1 第 9 栏查得为

$$(f_C)_F=-\frac{Fl^3}{48EI},\quad (\theta_A)_F=-\frac{Fl^2}{16EI}$$

将载荷 q（图 6-13b）和集中力 F（图 6-13c）单独作用引起的变形叠加，得图 6-13a 所示大梁跨度中点 C 的挠度和 A 截面的转角分别为

$$f_C=(f_C)_q+(f_C)_F=-\frac{5ql^4}{384EI}-\frac{Fl^3}{48EI}\quad(\downarrow)$$

$$\theta_A=(\theta_A)_q+(\theta_A)_F=-\frac{ql^3}{24EI}-\frac{Fl^2}{16EI}\quad(\hookleftarrow)$$

【例 6-5】 车床主轴如图 6-14a 所示，已知工作时径向切削力 $F_1=2\text{kN}$，齿轮啮合处的径向力 $F_2=1\text{kN}$，主轴外径 $D=$

8cm，内径 $d=4\text{cm}$，$l=40\text{cm}$，$a=20\text{cm}$，C 处的许用挠度 $[f]=0.000\,1l$，轴承 B 处的许用转角 $[\theta]=0.001\text{rad}$，轴材料的弹性模量 $E=200\text{GPa}$，试校核其刚度。

解： • 计算变形 f_C，θ_B

将主轴简化为如图6-14b所示的外伸梁，外伸部分的横截面近似地视为与主轴相同。主轴横截面的惯性矩为

$$I=\frac{\pi D^4}{64}(1-\alpha^4)$$

$$=\frac{\pi\cdot 8^4}{64}\left[1-\left(\frac{1}{2}\right)^4\right]=188\text{cm}^4$$

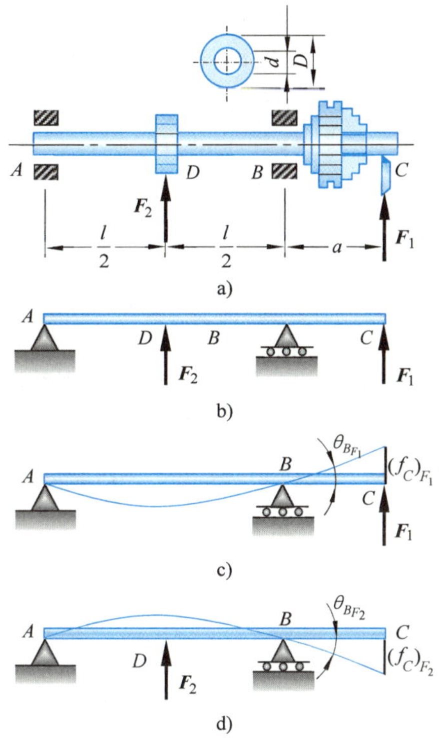

图　6-14

（1）由表6-1第12栏查出，因 F_1 在 C 处引起的挠度和在 B 处引起的转角（图6-14c）分别为

$$(f_C)_{F_1}=\frac{F_1a^2}{3EI}(l+a)$$

$$=\frac{2\,000\times0.2^2}{3\times210\times10^9\times188\times10^{-8}}(0.4+0.2)\text{m}$$

$$=40.6\times10^{-6}\text{m}$$

$$(\theta_B)_{F_1}=\frac{F_1al}{3EI}$$

$$=\frac{2\,000\times0.2\times0.4}{3\times210\times10^9\times188\times10^{-8}}\text{rad}$$

$$=13.54\times10^{-5}\text{rad}$$

（2）根据简支梁中点受集中力的情况，由表6-1第9栏查得，因 F_2 在 B 处引起的转角和在 C 处引起的挠度（图6-14d）分别为

$$(\theta_B)_{F_2}=-\frac{F_2l^2}{16EI}=-\frac{1\,000\times0.4^2}{16\times210\times10^9\times188\times10^{-8}}\text{rad}=-2.53\times10^{-5}\text{rad}$$

$$(f_C)_{F_2}=(\theta_B)_{F_2}\cdot a=-2.53\times10^{-5}\times0.2\text{m}=-5.06\times10^{-6}\text{m}$$

（3）C 处的总挠度为

$$f_C=(f_C)_{F_1}+(f_C)_{F_2}=(40.6\times10^{-6}-5.06\times10^{-6})\text{m}=35.5\times10^{-6}\text{m}$$

（4）B 处的总转角为

$$\theta_B=(\theta_B)_{F_1}+(\theta_B)_{F_2}=(13.54\times10^{-5}-2.53\times10^{-5})\text{rad}=11.01\times10^{-5}\text{rad}$$

• 校核刚度

主轴的许用挠度和许用转角分别为

$$[f]=0.000\,1l=0.000\,1\times0.4\text{m}=40\times10^{-6}\text{m}$$

$$[\theta]=0.001\text{rad}=10^{-3}\text{rad}$$

可见 $f_C<[f]$，$\theta_B<[\theta]$，故主轴满足刚度条件。

【例6-6】 一简支梁受力如图6-15a所示，求跨度中点 C 的挠度。

解： 此题若用积分法求解，需要分三段积分，故计算起来是比较烦琐的。现在用叠加法求解。

由变形的对称性看出，$F_{Ay}=F_{By}=F$。跨度中点截面 C 的转角为零，挠曲线在 C 点的切线是水平的。

故可以把梁的 CB 段看成是悬臂梁（图 6-15b），自由端 B 的挠度 $|f_B|$ 也就等于原来 AB 梁的跨度中点挠度 $|f_C|$，而 $|f_B|$ 可用叠加法求出。

由叠加原理可知，图 6-15b 中两个载荷共同作用下引起的 B 点挠度。等于两个载荷分别单独作用时，引起 B 点挠度的代数和（图 6-15c、d）。

由表 6-1 第 3 栏可知，由作用在 B 点载荷所引起 B 点挠度为

$$f'_B=\frac{F\left(\frac{l}{2}\right)^3}{3EI}=\frac{Fl^3}{24EI}\quad(\uparrow)$$

由作用在 D 点载荷所引起 B 点的挠度为

$$f''_B=f_D+\theta_D\frac{l}{4}=\frac{F\left(\frac{l}{4}\right)^3}{3EI}+\frac{F\left(\frac{l}{4}\right)^2}{2EI}\frac{l}{4}=\frac{5Fl^3}{384EI}\quad(\downarrow)$$

叠加 f'_B 和 f''_B，得 B 点最终挠度为

$$f_B=f'_B-f''_B=\frac{11Fl^3}{384EI}\quad(\uparrow)$$

因此有

$$|f_C|=|f_B|=\frac{11Fl^3}{384EI}$$

显然 C 点挠度向下。

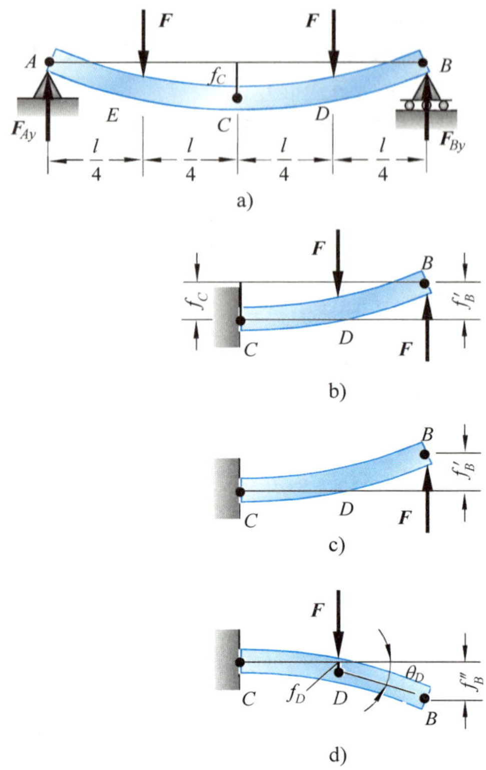

图 6-15

6.5 提高梁弯曲刚度的主要措施

从挠曲线的近似微分方程及其积分可以看出，弯曲变形与弯矩 M 的大小、梁的长度 l、横截面的抗弯刚度 EI 等有关。所以要提高弯曲刚度，就应该从考虑以上各因素入手。

6.5.1 改善结构形式，减小弯矩的数值

1. 合理设计和布置支座

弯矩是引起弯曲变形的主要因素，所以，减小弯矩也就提高了弯曲刚度。例如带轮采用卸荷装置（图 6-16）后，皮带拉力经滚动轴承传给箱体，它对传动轴不再引起弯矩，也就消除了它对传动轴弯曲变形的影响。

对于如图 6-17a 的简支梁，若使两端支座内移 $2l/9$，使成为图 6-17b 所示的外伸梁，则由于梁内弯矩的减小，使 f_{max} 由 $\frac{5ql^4}{384EI}$ 降至 $\frac{0.11ql^4}{384EI}$，因而显著地提高了梁的刚度。保存于巴黎的国际标准米尺，就是按这种方式安放的。

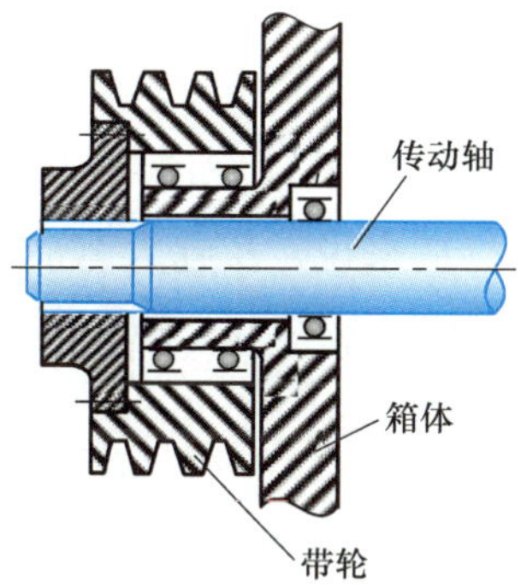

图 6-16

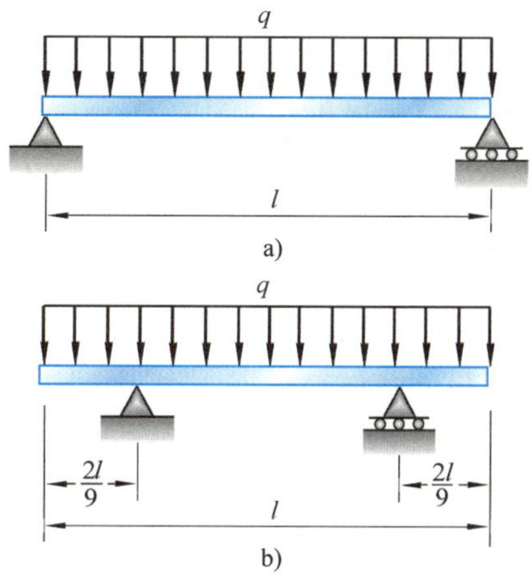

图 6-17

2. 将集中载荷适当分散

在工程实际中，若能把集中力变成分布力，也可以取得减小弯矩降低弯曲变形的效果。例如简支梁在跨度中点作用集中力 F 时，最大挠度为 $f_{max}=\dfrac{Fl^3}{48EI}$（表 6-1 第 8 栏）；如果将集中力 F 代以均布载荷，且使 $ql=F$，则最大挠度为 $f_{max}=\dfrac{5ql^4}{384EI}$（表 6-1 第 11 栏），仅为集中力 F 作用时的 62.5%。

作用于梁上的集中力，应尽量靠近支座，以减小弯矩，降低弯曲变形。

3. 尽量缩小跨度

缩小跨度是减小弯曲变形的有效方法。以上的例子表明，在集中力作用下，挠度与跨度 l 的三次方成正比。如跨度缩短一半，则挠度减为原来的 1/8，故对刚度的提高是非常显著的。所以工程上对镗刀杆（例 6-1）的外伸长度都有一定的规定，以保证镗孔的精度要求。在长度不能缩短的情况下，可采取增加支承的方法来提高刚度。例如前面提到的镗刀杆，若外伸部分过长，可在端部加装尾架（图 6-18）。车削细长工件时，除了用尾顶针外，有时还用中心架（图 6-19）或跟刀架。工件或传动轴增加支承后，都将使这些杆件由原来的静定梁变为超静定梁（见第 11 章）。

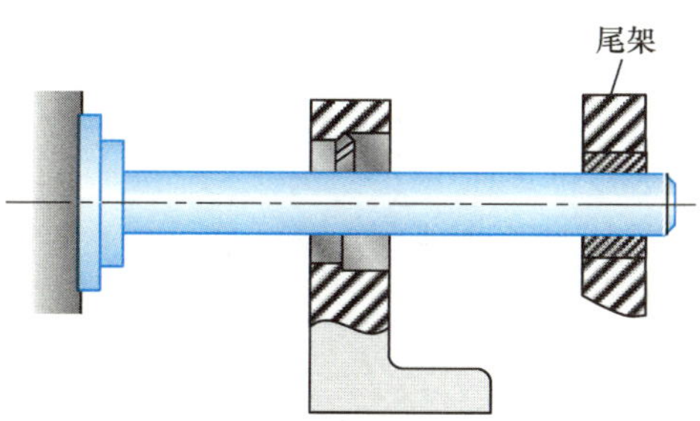

图 6-18

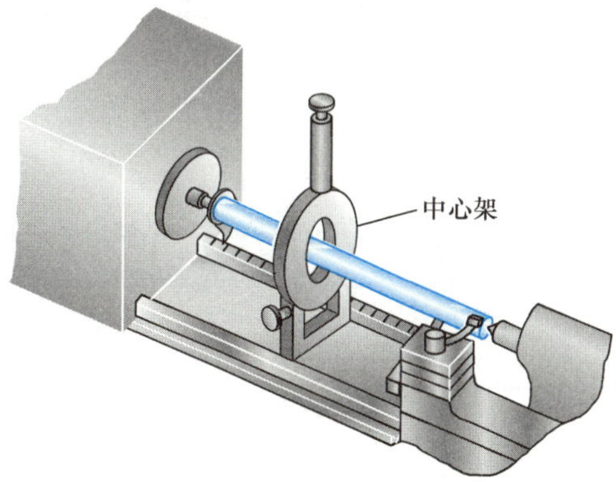

图 6-19

6.5.2 选择合理的截面形状

上章在提高梁强度的措施中，关于采用合理截面形状的讨论，基本上对提高梁的刚度也适用，主要是指面积不变的情况下，增大 I 的数值。

6.5.3 合理选材

弯曲变形还与材料的弹性模量 E 有关。对于 E 不同的材料来说，E 越大弯曲变形越小。但因为各种钢材的弹性模量 E 大致相同，所以为提高弯曲刚度而采用高强度钢材，并不会达到预期的效果。

分析思考题

6-1　写出思考题 6-1 图所示各梁确定积分常数的全部条件。（K 为弹簧刚度）

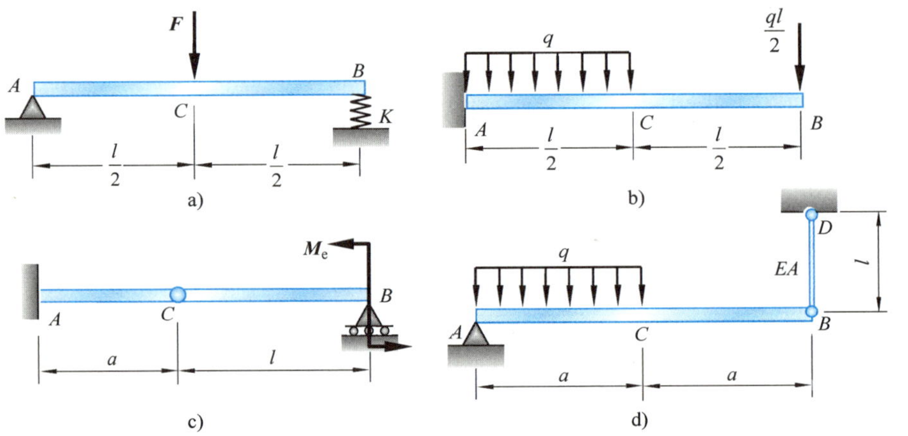

思考题 6-1 图

6-2　思考题 6-2 图所示各梁的抗弯刚度 EI_z 均为常数。试分别画出其挠曲线的大致形状。

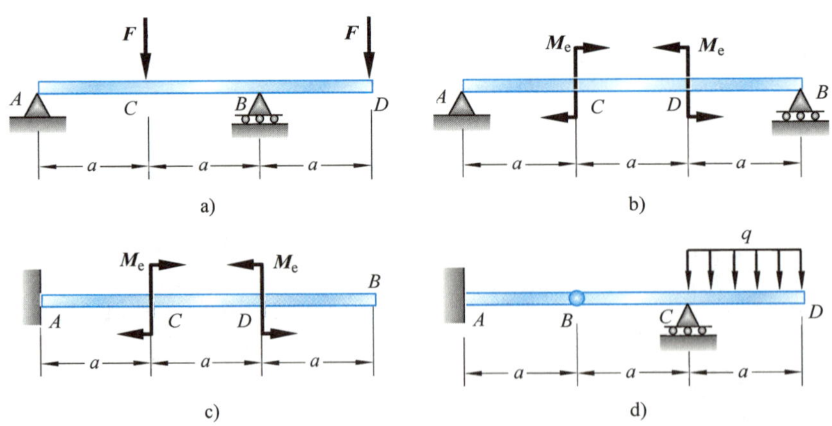

思考题 6-2 图

6-3 梁的变形与弯矩有什么关系？正弯矩产生正挠度，负弯矩产生负挠度；弯矩最大的地方挠度最大，弯矩为零的地方挠度为零。这种说法对吗？

6-4 两悬臂梁，其横截面和材料均相同，在梁的自由端作用有大小相等的集中力，但一梁的长度为另一梁的2倍，试问长梁自由端的挠度和转角各为短梁的几倍？

6-5 从公式 $1/\rho = M/(EI_z)$ 来看，在纯弯曲情况下梁的曲率是常数，挠曲线应是一段圆弧，但从表6-1（1）中所表示的纯弯曲梁的挠曲线的方程来看，却是一段抛物线？为什么？

6-6 若梁上某一横截面上的弯矩 $M = 0$，则该截面的转角 θ 和挠度 v 也等于零，这种说法对否？

习题

6-1 用积分法求题6-1图所示各梁的挠曲线方程，A 截面转角 θ_A 及跨度中点挠度 $f_{l/2}$。设 EI = 常数。

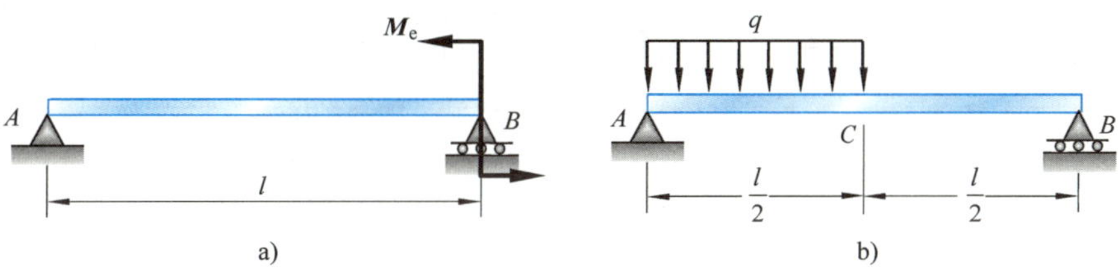

题6-1图

6-2 用叠加法求题6-2图所示外伸梁在外伸端 A 处的挠度和转角。设 EI = 常数。

6-3 阶梯状变截面的外伸梁如题6-3图所示。试用叠加法求外伸端的挠度。

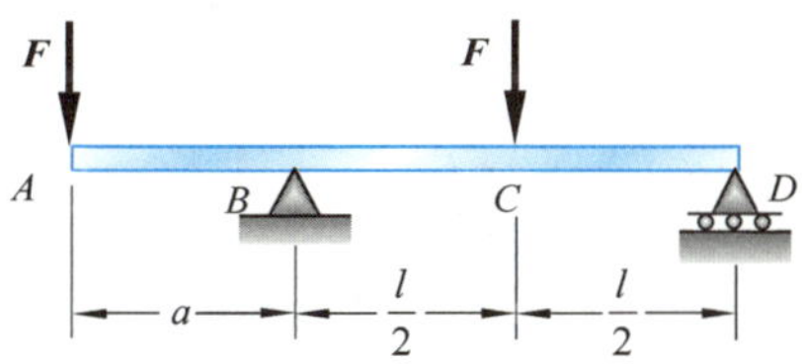

题6-2图

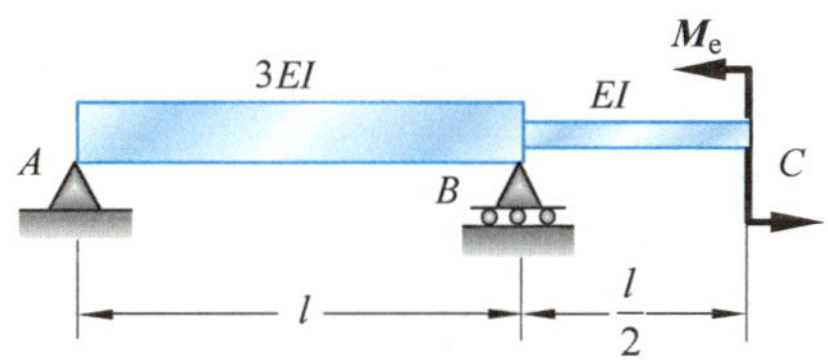

题6-3图

6-4 题6-4图所示简支梁受三角形分布载荷作用，EI = 常数，用积分法求 θ_A、θ_B，并求 f_{max}。

6-5 如题6-5图所示梁 B 截面置于弹簧上，弹簧刚度为 K，求 A 点处挠度。已知梁的 EI = 常数。

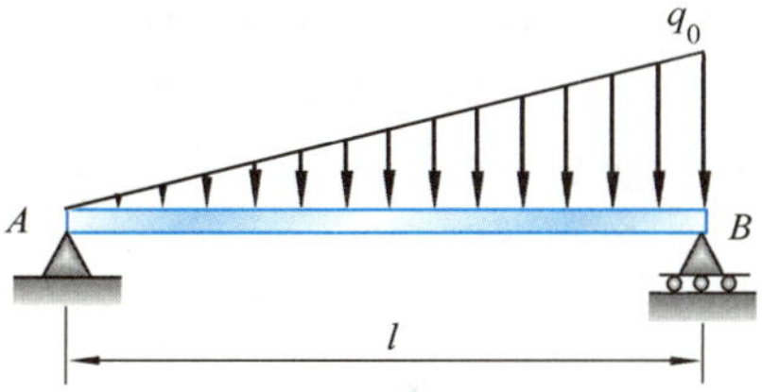

题6-4图

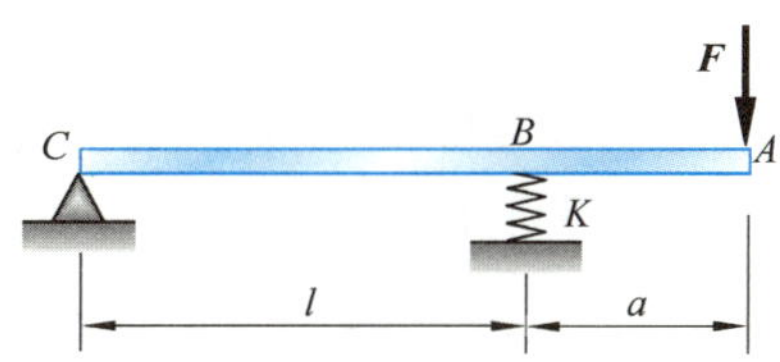

题6-5图

6-6 用叠加法求题6-6图所示梁的 f_A 及 θ_B，已知 EI = 常数，$M_e = ql^2/2$。

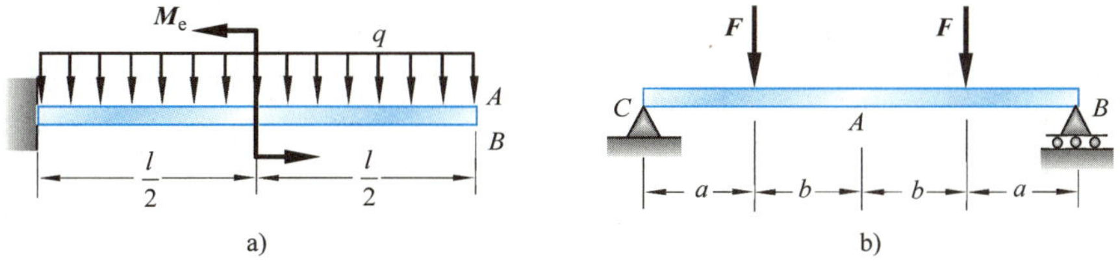

题6-6图

6-7 用叠加法求题6-7图所示梁的最大挠度和转角。

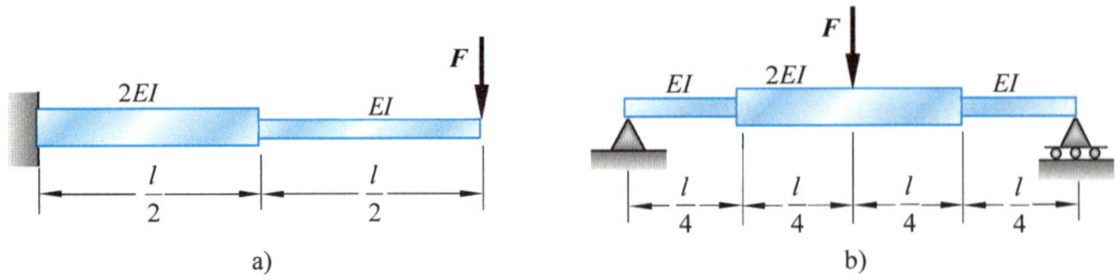

题6-7图

6-8 求题6-8图所示各梁中间铰 C 点的挠度 f_C 和 B 截面的转角 θ_B，已知 $EI=$常数。

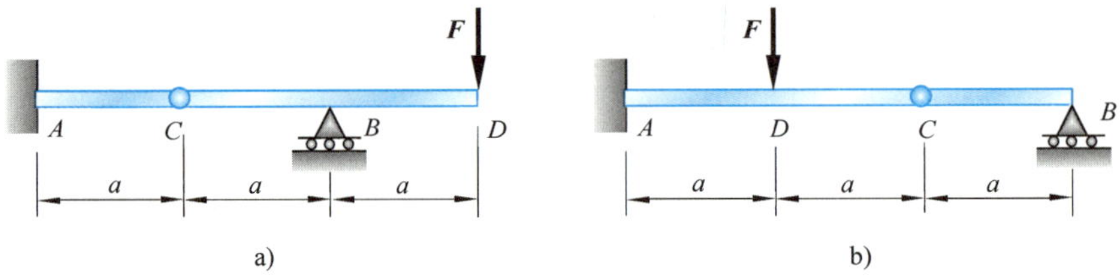

题6-8图

6-9 求使如题6-9图所示悬臂梁 B 处挠度为零时 a/l 的值。设梁的 $EI=$常数。

6-10 题6-10图有两个相距为 $l/4$ 的活动载荷 F 缓慢地在长为 l 的等截面简支梁上移动，试确定梁中央处的最大挠度 $|f|_{max}$。

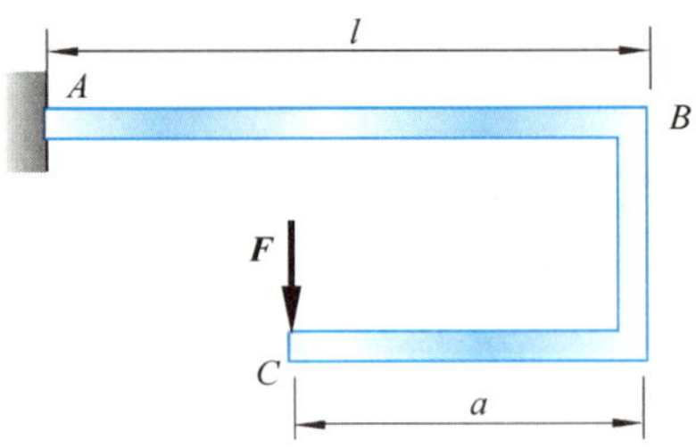

题6-9图

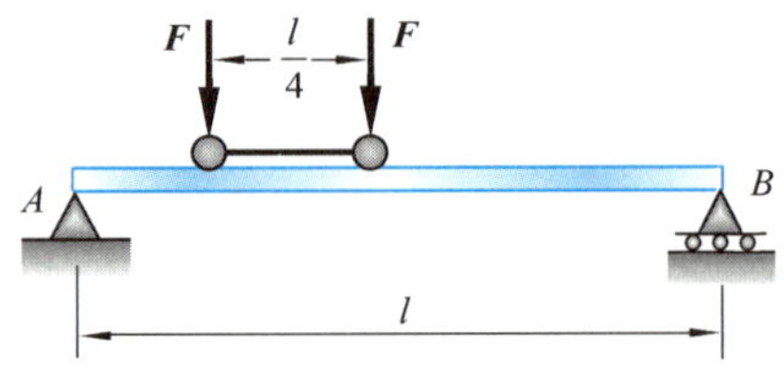

题6-10图

6-11 如题6-11图所示，直角拐 AB 与 AC 轴刚性连接，A 处为一轴承，允许 AC 轴的端截面在轴承内自由转动，但不能上下移动。已知 $F=60\text{N}$，$E=210\text{GPa}$，$G=0.4E$。试求截面 B 的垂直位移。

6-12 如题6-12图所示，刚架 BCDJ 用铰与悬臂梁的自由端 B 相接，EI 相同，且等于常数。若不计结构的自重，试求力 F 作用点 J 的位移。

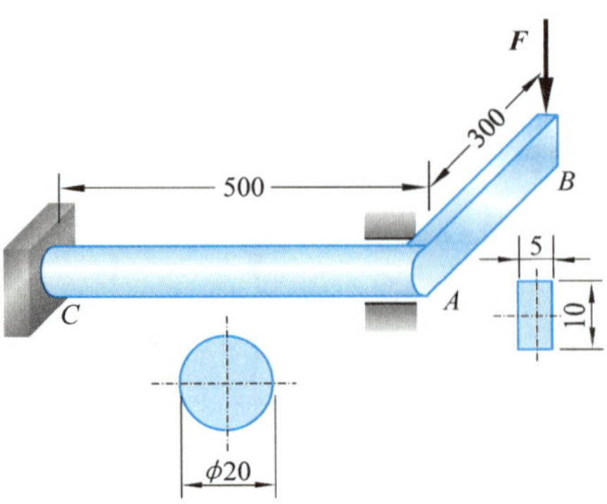

题6-11图

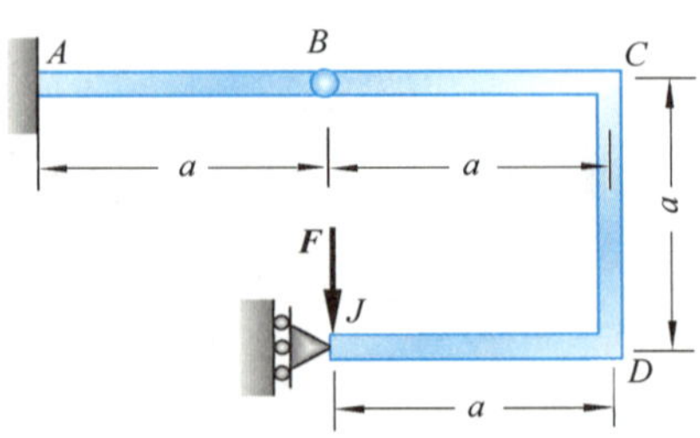

题6-12图

6-13 已知梁的挠曲线方程为

$$v(x) = -\frac{q_0 x}{360EIl}(3x^4 + 50l^2x^2 - 180l^3x + 65l^4)$$

式中，EI、l、q_0 均为常数。试画出该梁所承受的载荷图。

6-14 已知梁的挠曲线方程为

$$v(x) = \frac{qa^2}{12EI}\left(lx - \frac{x^3}{l}\right) \quad (0 \leqslant x \leqslant l)$$

$$v(x) = -\frac{qa^2}{12EI}\left[\frac{x^3}{l} - \frac{(2l+a)(x-l)^3}{al} + \frac{(x-l)^4}{2a^2} - lx\right] \quad (l \leqslant x \leqslant l+a)$$

式中，EI、l、q、a 为常数。试画出该梁所承受的载荷图。

6-15 如题6-15图所示一滚轮在梁上滚动，欲使其在梁上恰好走一条水平线，问需把梁预先弯成什么形状？（设 EI = 常数）

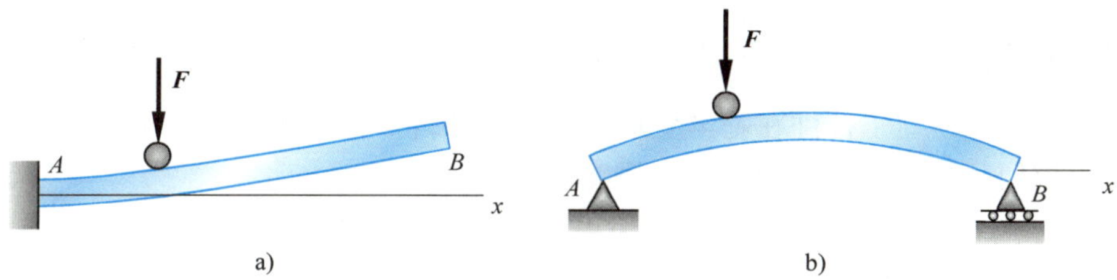

题6-15图

6-16 如题6-16图所示桥式起重机的最大起吊载荷为 $F = 20\text{kN}$，起重机大梁为32a号工字钢，$E = 200\text{GPa}$，$l = 8.76\text{m}$，规定 $[f] = l/500$。校核大梁的刚度。

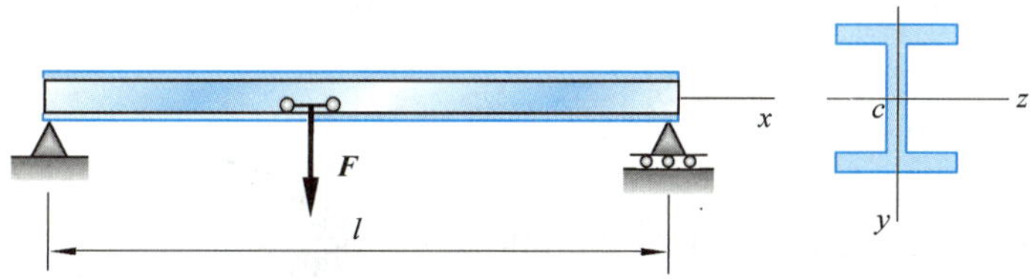

题6-16图

6-17 如题6-17图所示，单位长度重量为 q，抗弯刚度为 EI 的均匀钢条放置在水平刚性平面上，钢条的一端伸出水平一小段 CD。若伸出长度为 a，试求钢条翘起而不与水平面接触的 BC 段的长度 b。

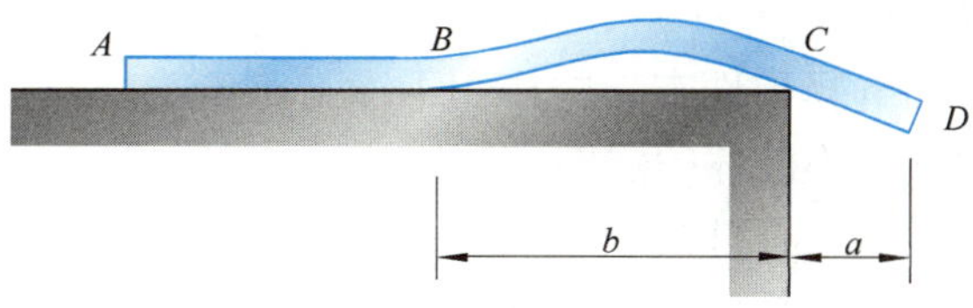

题6-17图

第 7 章 应力及应变分析　强度理论

7.1 应力状态概述

现在，我们已经建立了杆件在基本变形下的强度条件。

杆件轴向拉伸压缩、纯弯曲变形时的强度条件式

$$\sigma_{\max} \leqslant [\sigma]$$

扭转变形时的强度条件式

$$\tau_{\max} \leqslant [\tau]$$

横力弯曲时的强度条件式

$$\sigma_{\max} \leqslant [\sigma],\ \tau_{\max} \leqslant [\tau]$$

这些强度条件具有同一特点，其中最大工作应力点沿横截面方位或只有正应力 $\sigma_{\max}$ 或只有切应力 $\tau_{\max}$。

现考察图 7-1a 所示工字钢梁在危险截面 D 处的应力。

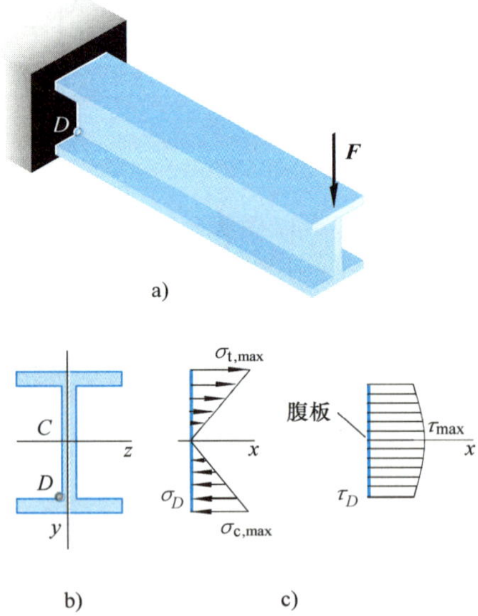

图　7-1

从危险截面（固定端）的正应力的分布图和切应力的分布图 7-1c 可以看出，D 点在横截面上既有正应力 σ_D 又有切应力 τ_D，不能用杆件在横力弯曲时的强度条件校核其强度。而 D 点的正应力和切应力都比较大，那么，如何判断 D 点是否安全，即如何建立 D 点强度条件呢?

从根本上说，只有正确解释构件在力的作用下产生破坏的原因，才能建立其不破坏的强度条件。

我们已经掌握了基本变形下杆件的横截面应力状况，有效地解释了基本变形下杆件沿横截面产生破坏的原因。

但无论是实验结果还是工程实践都表明，很多杆件的破坏面并不是沿横截面，有一些构件的破坏面甚至不是平面。例如低碳钢拉伸试验，当拉应力达到屈服阶段时，试件表面出现 45°滑移线，当应力达到强度极限后试件产生颈缩，最后断

裂，断口呈杯口状；又如铸铁扭转实验，试件的断裂面近似为45°螺旋面。在第2章中分析了构件在拉伸（压缩）变形下的**斜截面应力**，分析结果对于解释构件的破坏原因起到了至关重要的作用，而正确解释构件的破坏原因是建立强度条件的重要依据。

现在要解释组合变形构件的破坏原因，并建立这些构件的强度条件，同样需要了解构件内各点在各个方位截面的应力状况。

对杆件在拉伸（压缩）、扭转及弯曲变形时内力及横截面应力分析表明，杆件内不同位置的点在其横截面上有不同的应力，即一点处的横截面应力是该点坐标的函数。而就同一点而言，通过这一点的截面有不同的方位，截面上的应力也会随其方位的不同而变化。通过一点处不同方位截面上的应力的集合，称为这**一点处的应力状态**。

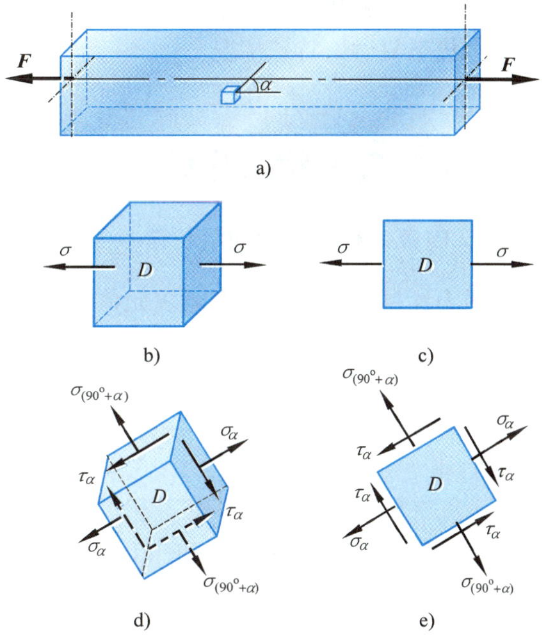

图　7-2

以直杆拉伸为例（图7-2a），设想围绕D点以纵横六个面从杆件内截取**单元体**（第1章第4节），如图7-2b所示，其平面图表示为图7-2c。单元体的左右两侧面是横截面的一部分，其面上的应力皆为$\sigma=\dfrac{F}{A}$。单元体的上、下、前、后面都是平行于轴线的纵向面，面上都没有应力。但如图7-1d的方式截取单元体，使其四个侧面虽与纸面垂直，但与杆件轴线既不平行也不垂直，称其为斜截面，平面图表示为图7-2e。在这四个面上不仅有正应力还有切应力，随着方位α的改变，会得到不同方位的σ_α和τ_α（第2章第3节）。这些σ_α和τ_α的集合就是D点处的应力状态。

围绕构件内的某一点取出的单元体（图7-3），一般在三个方向的尺寸均为无穷小，可以认为在其每个面上的应力都是均匀的；且在单元体内相互平行的截面上，应力都是相同的。所以可以用这样的单元体代表一点处的应力状态。

研究一点处的不同截面上的应力状态的变化情况，就是**应力分析**的内容。

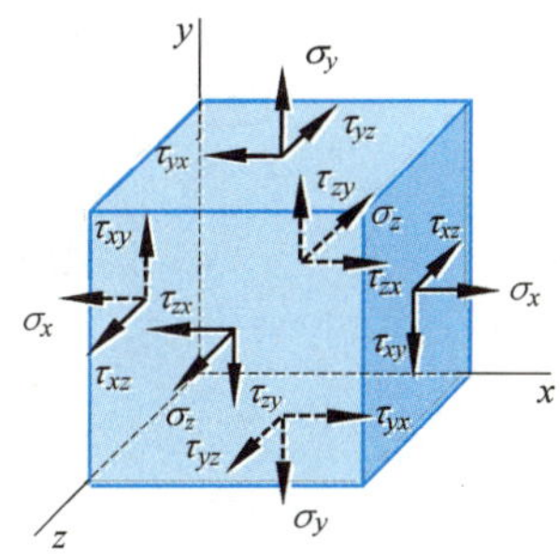

图　7-3

在图7-2b中，单元体的相互垂直的三个面上都无切应力，这种切应力等于零的面称为**主平面**，主平面上的正应力称为**主应力**。一般说，通过受力构件内的任意点一定可以找到三个相互垂直的主平面，因而每一个点都有三个主应力。规定三个主应力用σ_1、σ_2、σ_3表示，三者的顺序按代数值大小排列，即$\sigma_1\geqslant\sigma_2\geqslant\sigma_3$。

大量工程实践表明，造成构件破坏的诸多因素都与主应力有关，因此，求解主应力数值和确定其方位是应力分析的主要任务之一。

为了方便研究，在应力分析中，把应力状态分成三种情况：若三个主应力中只有一个不等于零，称为**单向应力状态**（图 7-2b）；若三个主应力中有两个不等于零，称为**二向应力状态**或**平面应力状态**；若三个主应力皆不等于零，则称为**三向应力状态**或**空间应力状态**。

一般情况下，把区别于**单向应力状态**和**纯剪切**应力状态（第 3 章第 3 节）的二向应力状态和三向应力状态称作**复杂应力状态**。

关于单向应力状态已在第 2 章第 3 节中详细讨论过，下面主要分析二向应力状态，对于三向应力状态只讨论特殊情况。

7.2 二向应力状态分析

7.2.1 二向应力状态分析的解析法

在受力构件中取出某一点的单元体，其为二向应力状态的一般情况（图 7-4a），由于是平面应力状态，可用图 7-4b 表示。其中应力分量 σ_x、σ_y、τ_{xy}和 τ_{yx}已知。

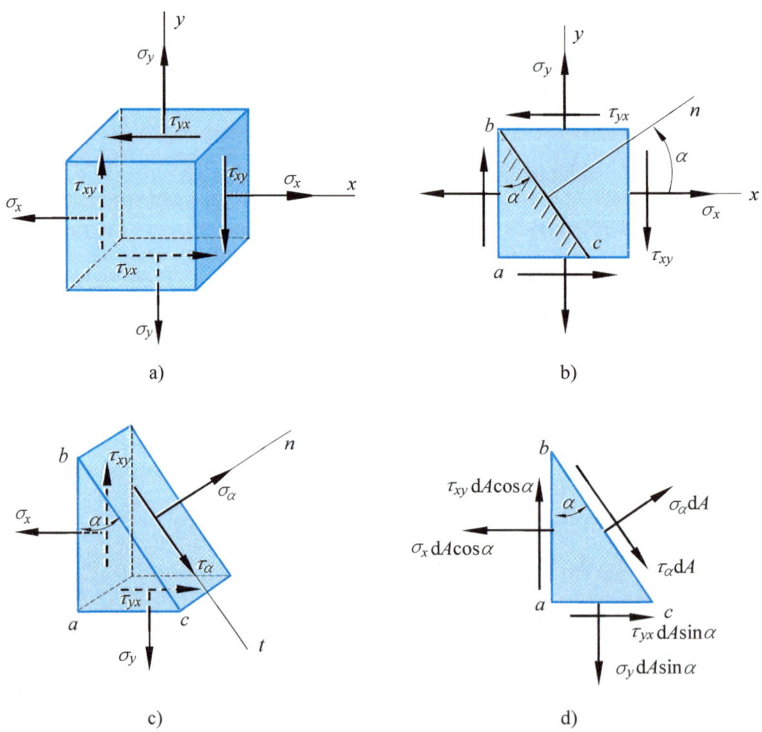

图 7-4

1. 斜截面的应力 σ_α 和 τ_α

取任意平行于 z 轴的斜截面 bc，其法线 n 与 x 轴的夹角为 α（图 7-4b）。规定由 x 轴转到外法线 n，逆时针转向时 α 为正。现应用截面法，求斜截面上的正应力 σ_α 和切应力 τ_α。

以截面 bc 将单元体分成两部分，取 abc 部分作为研究对象（图 7-4c），作受力分析。设

斜截面 bc 的面积为 $\mathrm{d}A$（图 7-4d），则 ab 的面积为 $\mathrm{d}A\cos\alpha$，ac 的面积为 $\mathrm{d}A\sin\alpha$。可得 bc、ab 和 ac 面的受力分析图（图 7-4d），将各面的力分别向法线 n 和切线 t 投影，得平衡方程

$$\sum F_{\mathrm{n}}=0 \qquad \sigma_\alpha \mathrm{d}A+(\tau_{xy}\mathrm{d}A\cos\alpha)\sin\alpha-(\sigma_x \mathrm{d}A\cos\alpha)\cos\alpha$$

$$+(\tau_{yx}\mathrm{d}A\sin\alpha)\cos\alpha-(\sigma_y \mathrm{d}A\sin\alpha)\sin\alpha=0$$

$$\sum F_{\mathrm{t}}=0 \qquad \tau_\alpha \mathrm{d}A-(\tau_{xy}\mathrm{d}A\cos\alpha)\cos\alpha-(\sigma_x \mathrm{d}A\cos\alpha)\sin\alpha$$

$$+(\tau_{yx}\mathrm{d}A\sin\alpha)\sin\alpha+(\sigma_y \mathrm{d}A\sin\alpha)\cos\alpha=0$$

根据切应力互等定理，τ_{xy} 和 τ_{yx} 在数值上相等，以 τ_{xy} 代换 τ_{yx}，并简化上列两个平衡方程，可得

$$\boxed{\sigma_\alpha=\frac{\sigma_x+\sigma_y}{2}+\frac{\sigma_x-\sigma_y}{2}\cos 2\alpha-\tau_{xy}\sin 2\alpha} \tag{7-1}$$

$$\boxed{\tau_\alpha=\frac{\sigma_x-\sigma_y}{2}\sin 2\alpha+\tau_{xy}\cos 2\alpha} \tag{7-2}$$

以上两式表明，斜截面上的应力 σ_α 和 τ_α 随 α 的改变而变化，即 σ_α 和 τ_α 都是 α 的函数。利用式（7-1）、式（7-2）便可确定正应力和切应力的数值，并确定它们所在平面的方位。

2. 主应力 σ_1、σ_2、σ_3

将式（7-1）对 α 求导数，得

$$\frac{\mathrm{d}\sigma_\alpha}{\mathrm{d}\alpha}=-2\left(\frac{\sigma_x-\sigma_y}{2}\sin 2\alpha+\tau_{xy}\cos 2\alpha\right) \tag{a}$$

若 $\alpha=\alpha_0$ 时，能使导数 $\frac{\mathrm{d}\sigma_\alpha}{\mathrm{d}\alpha}=0$，则在 α_0 所确定的截面上，正应力即为极大值或极小值，以 α_0 代入式（a），并令其等于零，得

$$\frac{\sigma_x-\sigma_y}{2}\sin 2\alpha_0+\tau_{xy}\cos 2\alpha_0=0 \tag{b}$$

由此得出

$$\boxed{\tan 2\alpha_0=-\frac{2\tau_{xy}}{\sigma_x-\sigma_y}} \tag{7-3}$$

由式（7-3）可求出相差 90°的两个角度 α_0，它们确定两个相互垂直的平面，其中一个是最大正应力所在的平面，另一个是最小正应力所在的平面。比较式（7-2）和式（b），可见满足式（b）的 α_0 角恰好使 $\tau_\alpha=0$。也就是说，在切应力等于零的平面上，正应力为极大值或极小值。因为切应力为零的平面是主平面，主平面上的正应力是主应力，所以**主应力就是极大或极小正应力**。从式（7-3）求出 $\sin 2\alpha_0$ 和 $\cos 2\alpha_0$，代入式（7-1），即可求出极大和极小正应力

$$\boxed{\begin{matrix}\sigma_{\max}\\ \sigma_{\min}\end{matrix}=\frac{\sigma_x+\sigma_y}{2}\pm\sqrt{\left(\frac{\sigma_x-\sigma_y}{2}\right)^2+\tau_{xy}^2}} \tag{7-4}$$

现在讨论的是平面应力状态，即已知有一个主应力等于零的情况，将求得的 $\sigma_{\max}$、$\sigma_{\min}$ 与等于零的主应力按代数值大小排序，其中代数值最大的是 σ_1，代数值最小的是 σ_3，即

$\sigma_1 \geqslant \sigma_2 \geqslant \sigma_3$。

请注意，使用式（7-3）、式（7-4）时，如约定用 σ_x 表示两个正应力中代数值较大的一个，即 $\sigma_x \geqslant \sigma_y$，则式（7-3）确定的两个角度 α_0 中，绝对值较小的一个即是 $\sigma_{\max}$ 所在的方位。

3. 平面内极值切应力

由式（7-2）可确定切应力的极值及其所在平面位置。为此将式（7-2）对 α 求导得

$$\frac{\mathrm{d}\tau_\alpha}{\mathrm{d}\alpha} = (\sigma_x - \sigma_y)\cos 2\alpha - 2\tau_{xy}\sin 2\alpha$$

若 $\alpha = \alpha_1$ 时，能使导数 $\frac{\mathrm{d}\tau_\alpha}{\mathrm{d}\alpha} = 0$，则在 α_1 所确定的斜截面上，切应力为极大值或极小值，以 α_1 代入上式，并令其等于零，得

$$(\sigma_x - \sigma_y)\cos 2\alpha_1 - 2\tau_{xy}\sin 2\alpha_1 = 0$$

由此可得

$$\boxed{\tan 2\alpha_1 = \frac{\sigma_x - \sigma_y}{2\tau_{xy}}} \tag{7-5}$$

由式（7-5）可求出相差90°的两个角度 α_1，它们确定两个相互垂直的平面，分别作用着**平面内最大切应力**和**最小切应力**。根据切应力互等定理，这两个极值切应力大小相等，符号相反。将式（7-5）代入式（7-2），可得平面内切应力的极大值和极小值

$$\left.\begin{matrix}\tau_{\max}\\ \tau_{\min}\end{matrix}\right\} = \pm\sqrt{\left(\frac{\sigma_x - \sigma_y}{2}\right)^2 + \tau_{xy}^2} \tag{7-6}$$

比较式（7-3）和式（7-5），可见

$$\tan 2\alpha_0 = -\frac{1}{\tan 2\alpha_1}$$

所以有

$$2\alpha_1 = 2\alpha_0 \pm \frac{\pi}{2}, \quad \alpha_1 = \alpha_0 \pm \frac{\pi}{4}$$

即极大和极小切应力所在面与主平面的夹角为45°。

应该指出，式（7-6）中的 $\tau_{\max}$、$\tau_{\min}$ 仅表示 σ_x、σ_y 和 τ_{xy} 所在平面内的极大、极小切应力，并不一定是单元体的最大和最小切应力。

最大切应力被认为与塑性材料构件的破坏有关，因此是应力分析的重要内容，关于单元体最大切应力将在三向应力状态分析中讨论。

【例 7-1】 讨论圆轴扭转时的应力状态，并分析铸铁构件扭转破坏的原因（图 7-5a）。

解： 圆轴扭转时，横截面边缘处切应力最大，其数值为

$$\tau = \frac{M_e}{W_p}$$

在圆轴的表面，按图 7-5b 所示取出单元体 *ABCD*（图 7-5c），则

$$\sigma_x = \sigma_y = 0, \quad \tau_{xy} = \tau$$

这正是第 3 章第 3 节所讨论的纯剪切应力状态。把上式代入式（7-4），得

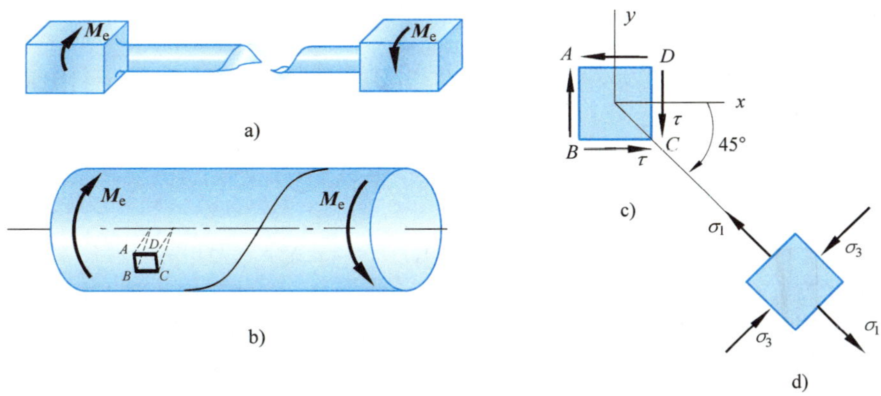

图　7-5

$$\left.\begin{matrix}\sigma_{max}\\ \sigma_{min}\end{matrix}\right\} = \frac{\sigma_x+\sigma_y}{2} \pm \sqrt{\left(\frac{\sigma_x-\sigma_y}{2}\right)^2+\tau_{xy}^2} = \pm\tau$$

得

$$\sigma_1=\sigma_{max}=\tau,\qquad \sigma_2=0,\qquad \sigma_3=\sigma_{min}=-\tau$$

由式（7-3），得

$$\tan 2\alpha_0 = -\frac{2\tau_{xy}}{\sigma_x-\sigma_y} = -\infty$$

所以

$$2\alpha_0 = -90°\ 或\ -270°$$

$$\alpha_0 = -45°\ 或\ -135°$$

由 $\alpha_0=-45°$（顺时针方向）确定的主平面上的主应力为 σ_1，而由 $\alpha_0=-135°$确定的主平面上的主应力为 σ_3（图 7-5d）。

圆截面铸铁试件扭转时，表面各点 σ_{max}所在的主平面连成倾角为45°的螺旋面（图 7-5b）。这是由于铸铁抗拉强度较低，试件将沿这一螺旋面因拉伸而发生断裂破坏（图 7-5a）。

【例 7-2】 图 7-6a 为横力弯曲梁，求得 $m-n$ 上的弯矩 M 及剪力 F_Q 后，由式（5-2）和式（5-13）可算出截面上一点 A 处的弯曲正应力和切应力分别为 $\sigma=-70\text{MPa}$，$\tau=50\text{MPa}$（图 7-6b）。试确定 A 点的主应力及主平面的方位，并讨论 $m-n$ 截面其他点应力状态。

解： 在 A 点处截取单元体如图 7-6d 所示。求主平面方位时，注意到式（7-3）中 $\sigma_x \geqslant \sigma_y$，故选定 x 轴方向垂直向上，$\sigma_x=0$，$\sigma_y=-70\text{MPa}$，$\tau_{xy}=-50\text{MPa}$，由式（7-3），得

$$\tan 2\alpha_0 = -\frac{2\tau_{xy}}{\sigma_x-\sigma_y} = -\frac{2\times(-50)}{0-(-70)} = 1.429$$

所以

$$2\alpha_0 = 55°\ 或\ 2\alpha_0 = 235°$$

$$\alpha_0 = 27.5°\ 或\ \alpha_0 = 117.5°$$

从 x 轴逆时针方向转 27.5°，确定 σ_{max}所在的主平面；逆时针转 117.5°，确定 σ_{min}所在另一主平面（图 7-6d）。

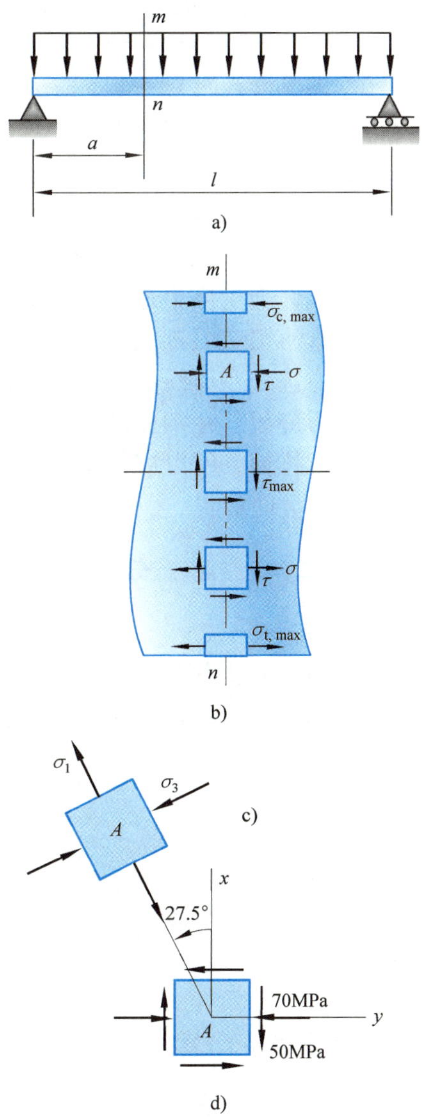

图　7-6

由公式（7-4），得

$$\left.\begin{matrix}\sigma_{max}\\ \sigma_{min}\end{matrix}\right\} = \frac{\sigma_x+\sigma_y}{2} \pm \sqrt{\left(\frac{\sigma_x-\sigma_y}{2}\right)^2+\tau_{xy}^2} = \left[\frac{0-70}{2} \pm \sqrt{\left(\frac{0-(-70)}{2}\right)^2+(-50)^2}\right]\text{MPa}$$

$$= \left.\begin{matrix}26\text{MPa}\\ -96\text{MPa}\end{matrix}\right\}$$

可得主应力

$$\sigma_1 = \sigma_{max} = 26\text{MPa}, \quad \sigma_2 = 0, \quad \sigma_3 = \sigma_{min} = -96\text{MPa}$$

主应力及主平面的方位如图 7-6c 所示。

$m-n$ 面上的其他点的应力状态都可用相同的方法进行分析。由内力分析知，$m-n$ 面的弯矩、剪力皆为正，根据其面上的正应力和切应力的分布，可确定其上边缘点为单向压缩，下边缘点为单向拉伸，则横截面即为主平面；中性轴处点的应力状态为纯剪切，主平面与梁轴线成 ±45°，这与图 7-5b 表示的单元体相同。从上边缘到下边缘，各点的应力状态如图 7-6b 所示。

在求出梁截面上一点主应力的方向后，把其中一个主应力的方向延长与相邻横截面相交，求出交点的主应力方向，再将其延长与下一个相邻横截面相交。以此类推，将得到一条折线，它的极限将是一条曲线。在这样的曲线上，任一点的切线即代表该点的主应力方向，这种曲线称为主应力迹线。经过每一点有两条相互垂直的主应力迹线。图 7-7 表示梁内的两组主应力迹线，虚线为主压应力迹线，实线为主拉应力迹线。在钢筋混凝土梁中，钢筋的作用是抵抗拉伸，所以应使钢筋尽可能沿主拉应力迹线的方向放置。

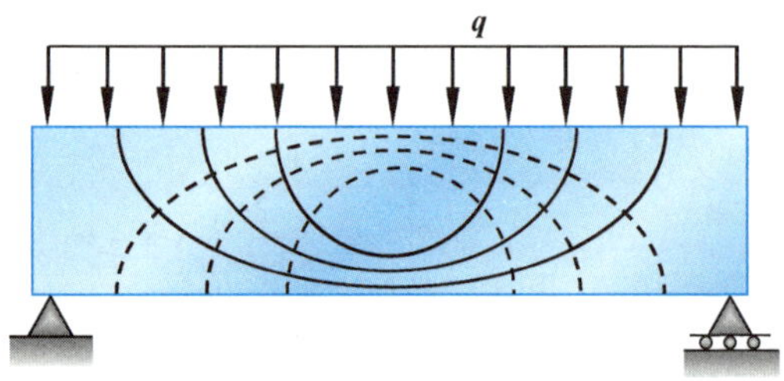

图 7-7

7.2.2 二向应力状态分析的图解法

1. 原理

二向应力状态下求任意斜截面的应力式（7-1）和式（7-2）可以看作是以 α 为参数的参数方程，为消去 α，将两式改写成

$$\sigma_\alpha - \frac{\sigma_x+\sigma_y}{2} = \frac{\sigma_x-\sigma_y}{2}\cos2\alpha - \tau_{xy}\sin2\alpha$$

$$\tau_\alpha = \frac{\sigma_x-\sigma_y}{2}\sin2\alpha + \tau_{xy}\cos2\alpha$$

将以上两式等号两边平方，然后相加，得

$$\left(\sigma_\alpha - \frac{\sigma_x+\sigma_y}{2}\right)^2 + \tau_\alpha^2 = \left(\frac{\sigma_x-\sigma_y}{2}\right)^2 + \tau_{xy}^2 \tag{c}$$

因为 σ_x、σ_y、τ_{xy} 皆为已知量，所以式（c）是一个以 σ_α、τ_α 为变量的圆周方程。

若以横坐标表示 σ、纵坐标表示 τ，则圆心的横坐标为 $\frac{\sigma_x+\sigma_y}{2}$，纵坐标为零。圆周半径为$\sqrt{\left(\frac{\sigma_x-\sigma_y}{2}\right)^2+\tau_{xy}^2}$，此圆称为**应力圆**，也称为**莫尔圆**。

2. 应力圆的作法及应用

现以图 7-8a 所示二向应力状态为例，说明应力圆的作法。按一定比例尺确定 X 点和 Y 点坐标（图 7-8b），X 点的坐标代表以 x 为法线面上的正应力 σ_x 和切应力 τ_{xy}，Y 点的坐标代表以 y 为法线面上的正应力 σ_y 和切应力 τ_{yx}，τ_{yx} 为负，故 Y 的纵坐标也为负。连接 XY，与横坐标交于 C 点。以 C 点为圆心，以 CX 为半径作圆，圆心 C 的纵坐标为零，横坐标为 $\frac{\sigma_x+\sigma_y}{2}$，圆半径 CX 为$\sqrt{\left(\frac{\sigma_x-\sigma_y}{2}\right)^2+\tau_{xy}^2}$。这个圆就是上面推导的应力圆。

（1）利用应力圆可确定二向应力状态单元体斜截面的应力 σ_α 和 τ_α（图 7-8）。

在单元体上，从 x 轴逆时针转 α 角，转到斜截面的法线 n 方向（图 7-8a），那么在应圆的圆周上，从 X 点（代表以 x 轴为法向面的应力）也按逆时针转 2α 的圆心角，得到 N 点（图 7-8b），则 N 点的坐标就是斜截面上的 σ_α 和 τ_α。如果从 x 轴按顺时针方向转 α 角到斜截面法线 n，那么在应力圆上，从 X 点出发也要按顺时针方向转 2α 圆心角得到 N 点，即可得斜截面应力 σ_α 和 τ_α。

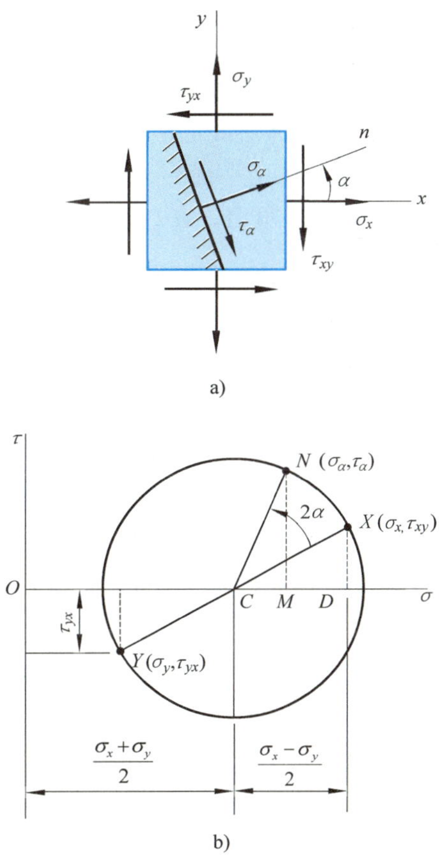

图　7-8

下面证明这个结论。N 点的坐标是

$$\begin{aligned}\overline{OM}&=\overline{OC}+\overline{CN}\cos(\angle XCD+2\alpha)\\&=\overline{OC}+\overline{CN}\cos\angle XCD\cos2\alpha\\&\quad-\overline{CN}\sin\angle XCD\sin2\alpha\end{aligned}\tag{d}$$

$$\begin{aligned}\overline{MN}&=\overline{CN}\sin(\angle XCD+2\alpha)\\&=\overline{CN}\sin\angle XCD\cos2\alpha\\&\quad+\overline{CN}\cos\angle XCD\sin2\alpha\end{aligned}\tag{e}$$

因为$\overline{CN}=\overline{CX}$同为圆的半径，故有

$$\overline{CN}\cos\angle XCD=\overline{CX}\cos\angle XCD=\overline{CD}=\frac{\sigma_x-\sigma_y}{2}$$

$$\overline{CN}\sin\angle XCD=\overline{CX}\sin\angle XCD=\overline{DX}=\tau_{xy}$$

将以上两式代入式（d）和式（e），即可求得

$$\overline{OM}=\frac{\sigma_x+\sigma_y}{2}+\frac{\sigma_x-\sigma_y}{2}\cos2\alpha-\tau_{xy}\sin2\alpha$$

$$\overline{MN}=\frac{\sigma_x-\sigma_y}{2}\sin2\alpha+\tau_{xy}\cos2\alpha$$

比较式（7-1）和式（7-2），可见

$$\overline{OM}=\sigma_\alpha,\qquad \overline{MN}=\tau_\alpha$$

这说明，N 点坐标代表法线倾角为 α 的斜截面上的应力。

（2）利用应力圆可确定二向应力状态单元体的主应力和主平面方位（图 7-9）。

图示 7-9a 所示应力圆圆周上的 A 点和 B 点的纵坐标（切应力 τ）为零，所以点 A 和点 B 代表的法向面为主平面。计算出 A 点和 B 点的横坐标，分别为

$$\overline{OA}=\frac{\sigma_x+\sigma_y}{2}+\sqrt{\left(\frac{\sigma_x-\sigma_y}{2}\right)^2+\tau_{xy}^2}$$

$$\overline{OB}=\frac{\sigma_x+\sigma_y}{2}-\sqrt{\left(\frac{\sigma_x-\sigma_y}{2}\right)^2+\tau_{xy}^2}$$

比较式（7-4），可知 A 点的横坐标是 σ_{max}，B 点的横坐标是 σ_{min}，由此确定了主应力的大小。图 7-9a 所示应力圆中，有

$$\sigma_1=\sigma_{max},\ \sigma_2=\sigma_{min},\ \sigma_3=0$$

再来确定主平面的方位。从应力圆圆周上的 X 点（以 x 轴为法线的截面）顺时针转圆心角$\angle XCA$ 到 A 点（主平面）（图 7-9a），根据符号规定，$\angle XCA$ 是负值，在$\triangle XCD$ 中，有

$$\tan\angle XCD=-\frac{\tau_{xy}}{\dfrac{\sigma_x-\sigma_y}{2}}=-\frac{2\tau_{xy}}{\sigma_x-\sigma_y}$$

比较式（7-3），可得 $2\alpha_0=\angle XCA$，α_0 就是单元体的主平面法线方位，在单元体上，由 x 轴顺时针量取 α_0，就确定了 σ_1 所在主平面法线的方位（图 7-9b）。

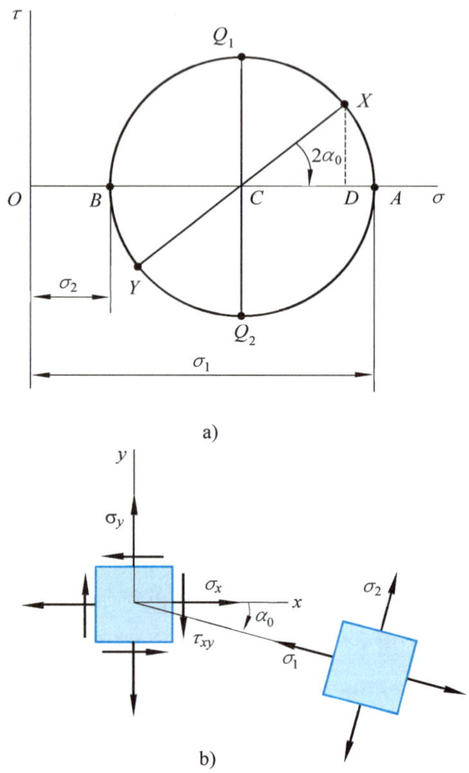

图 7-9

（3）利用应力圆可确定单元体在 xOy 平面内的极值切应力及其所在截面的法线方位（图 7-9a）。

应力圆圆周上的 Q_1 点和 Q_2 点的纵坐标分别是

$$\overline{CQ_1}=\overline{CX}=\sqrt{\left(\frac{\sigma_x-\sigma_y}{2}\right)^2+\tau_{xy}^2}$$

$$\overline{CQ_2}=-\overline{CX}=-\sqrt{\left(\frac{\sigma_x-\sigma_y}{2}\right)^2+\tau_{xy}^2}$$

比较式（7-6），可见

$$\overline{CQ_1}=\tau_{max},\ \overline{CQ_2}=\tau_{min}$$

故 Q_1 点和 Q_2 点的纵坐标分别是 xOy 平面内**切应力的极大值**和**极小值**。在应力圆上，从主平面 A 点逆时针转圆心角 90°到 τ_{max}所在面 Q_1 点，在单元体上从 σ_1 方向逆时针转 45°，即是 xOy 平面内 τ_{max}所在面的法线方向。

【例 7-3】 已知图 7-10a 所示单元体的 $\sigma_x=80\text{MPa}$，$\sigma_y=-40\text{MPa}$，$\tau_{xy}=-60\text{MPa}$。试用应力圆求主应力，并确定主平面方位。

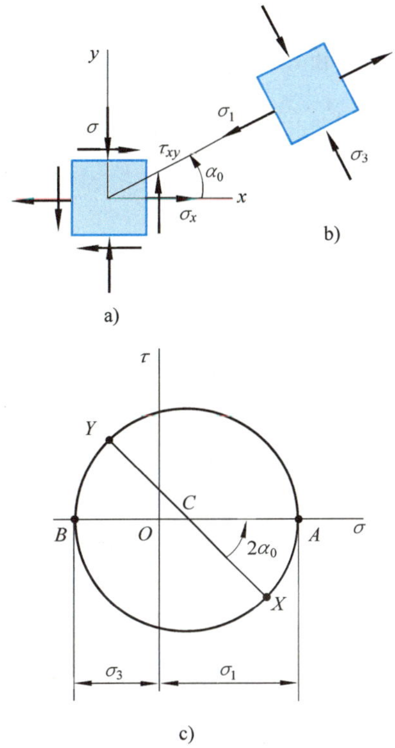

图　7-10

解： • 求主应力 σ_1、σ_2、σ_3

选定比例尺。如图 7-10c 所示，以 σ_x = 80MPa，τ_{xy} = −60MPa为坐标确定 X 点；以 σ_y = −40MPa，τ_{yx} = 60MPa 为坐标确定 Y 点。连接 X、Y，与 σ 轴交于 C 点，以 C 为圆心，以$\overline{CY}$为半径画应力圆。按所用比例尺量出

$$\sigma_{max} = \overline{OA} = 105\text{MPa},\qquad \sigma_{min} = \overline{OB} = -65\text{MPa}$$

得主应力

$$\sigma_1 = 105\text{MPa},\ \sigma_2 = 0,\ \sigma_3 = 65\text{MPa}。$$

• 确定主平面方位 α_0

在应力圆上，由 X 点逆时针转过 $\angle XCA = 2\alpha_0 = 45°$，得 $\alpha_0 = 22.5°$；在单元体上，从 x 轴以逆时针方向量取 22.5°，即确定 σ_1 所在主平面的法线方向（图 7-10b）。

【例 7-4】 在横力弯曲（图 7-6）、弯曲和扭转组合变形、拉伸（压缩）扭转组合变形构件中，常有图 7-11a 所示单元体的应力状态，设 σ 和 τ 为已知，试确定主应力及主平面的方位。

解： • 解析法求主应力

已知 $\sigma_x = \sigma$，$\sigma_y = 0$，$\tau_{xy} = \tau$，$\tau_{yx} = -\tau$，由式（7-4），得

$$\left.\begin{matrix}\sigma_{max}\\ \sigma_{min}\end{matrix}\right\} = \frac{\sigma}{2} \pm \sqrt{\left(\frac{\sigma}{2}\right)^2 + \tau^2}$$

显然有

$$\sigma_1 = \frac{\sigma}{2} + \sqrt{\left(\frac{\sigma}{2}\right)^2 + \tau^2}$$

$$\sigma_2 = 0$$

$$\sigma_3 = \frac{\sigma}{2} - \sqrt{\left(\frac{\sigma}{2}\right)^2 + \tau^2}$$

由式（7-3）可求出

$$\tan 2\alpha_0 = -\frac{2\tau_{xy}}{\sigma_x - \sigma_y} = -\frac{2\tau}{\sigma}$$

由此确定主平面的方位（图 7-11b）。

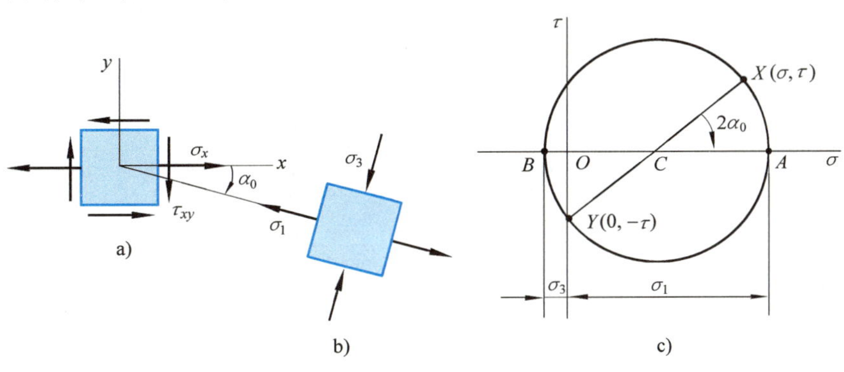

图　7-11

• 图解法求主应力

如图 7-11a 所示，以 $\sigma_x=\sigma$，$\tau_{xy}=\tau$ 为坐标确定 X 点；以 $\sigma_y=0$，$\tau_{yx}=-\tau$ 为坐标确定 Y 点。连接 X、Y，与 σ 轴交于 C 点，以 C 为圆心，以$\overline{CX}$为半径画应力圆如图 7-11 所示，可得

$$\sigma_1=\overline{OA}=\overline{OC}+\overline{CA}=\frac{\sigma}{2}+\sqrt{\left(\frac{\sigma}{2}\right)^2+\tau^2}$$

$$\sigma_2=0$$

$$\sigma_3=\overline{OB}=\overline{CB}+\overline{OC}=\frac{\sigma}{2}-\sqrt{\left(\frac{\sigma}{2}\right)^2+\tau^2}$$

在应力圆上由 X 点顺时针方向量出 $2\alpha_0$，在单元体中从 x 轴也沿顺时针方向量取 α_0，即确定 σ_1 所在主平面的法线方向（图 7-11b）。

显然，两种方法得到结果相同。且当 $\sigma>0$ 时，总有 $\sigma_1>0$，$\sigma_2\equiv0$，$\sigma_3<0$。

7.3 三向应力状态分析

前面讨论了二向应力状态下的应力分析，这一节对三向应力状态做一简单介绍，其中某些结论在建立复杂应力状态的强度条件时将要用到。

7.3.1 三向应力状态应力圆

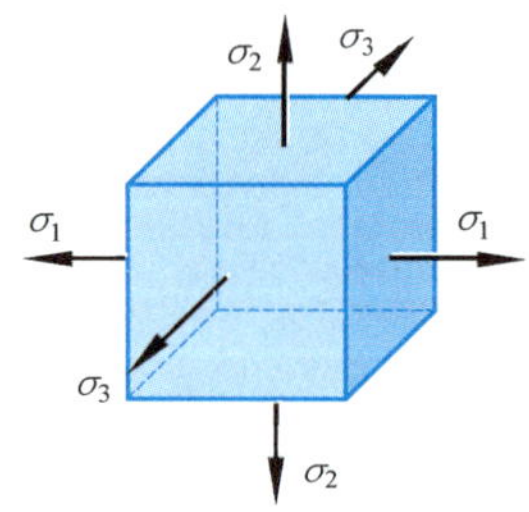

图 7-12

设从受力构件的某点取出一主单元体如图 7-12 所示，3 个主应力（$\sigma_1\geqslant\sigma_2\geqslant\sigma_3$）均不为零。

现在用 3 种特殊的斜截面切割单元体。

先讨论与 σ_2 平行的某一斜截面 dee_1d_1 的应力情况（图 7-13a），此斜截面上的应力只取决于 σ_1 和 σ_3，而与 σ_2 无关，因为单元体上、下面上的应力 σ_2 与此截面平行，所以只利用图 7-13b中的（图 7-13a的俯视图）就可以求出 dee_1d_1 面上的应力。对应图 7-13b 的应力圆可由 σ_1、σ_3 画出，即图 7-14 所示的 A_1A_3 圆，所有与 σ_2 平行的截面上的应力皆可由 A_1A_3 圆周上点的坐标确定。

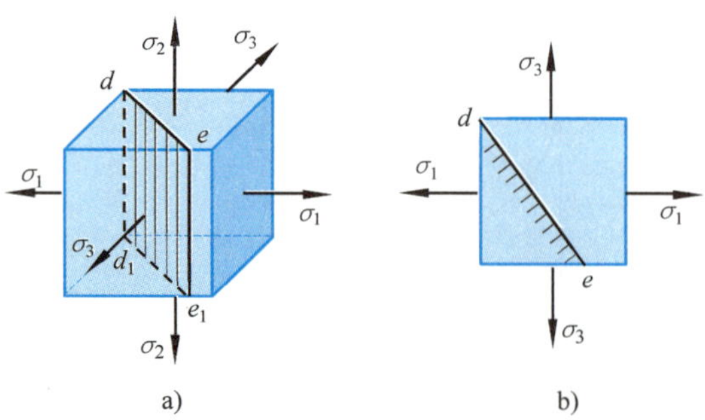

图 7-13

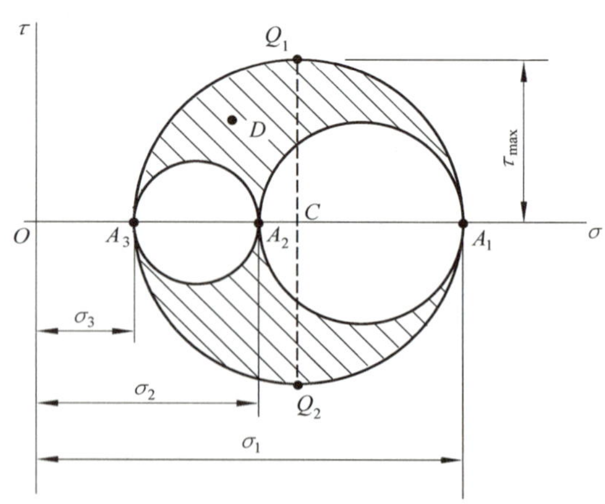

图 7-14

同理，与 σ_1 平行的各斜截面（图 7-15）上的应力可由图 7-14 所示应力圆 A_2A_3 圆周上

点的坐标确定；与 σ_3 平行的各斜截面（图 7-16）上的应力可由图 7-14 所示应力圆 A_1A_2 圆周上点的坐标确定。

进一步研究表明，与 σ_1、σ_2、σ_3 三个主应力方向皆不平行的斜截面上的应力情况由图 7-14 中画阴影范围内的点的坐标确定。

事实上，对于图 7-12 所示的三向应力状态，总可以画出图 7-14 所表示的三个应力圆，称作**三向应力圆**。

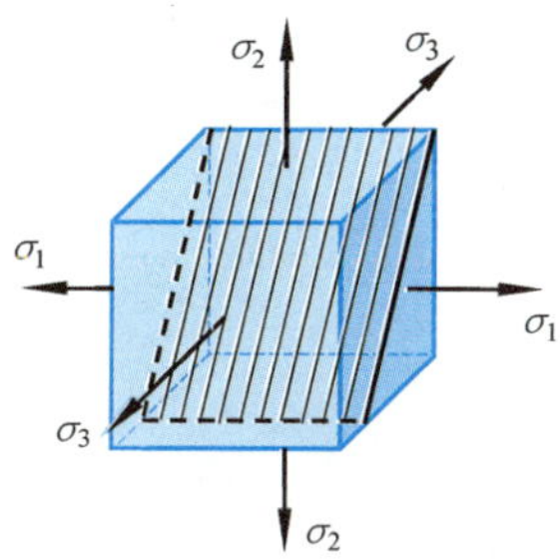

图　7-15

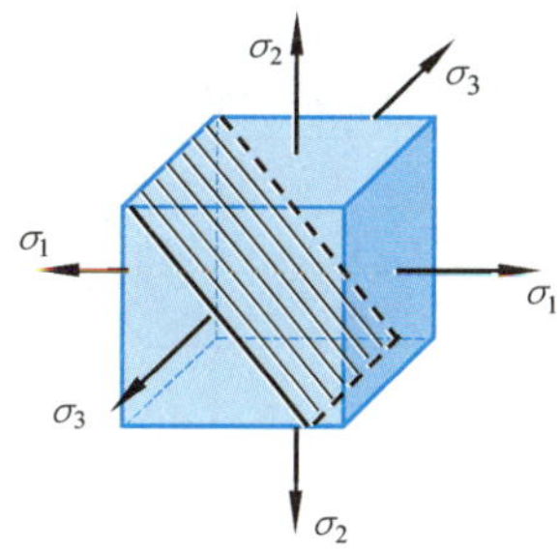

图　7-16

7.3.2　最大正应力 σ_{max} 和最大切应力 τ_{max}

图 7-14 所示三向应力圆代表了一点（三向应力状态）各个方向的应力，其中最大、最小正应力作用截面必然与最大的应力圆 A_1A_3 上的点对应。显然，跟点 A_1、A_3 对应的主应力 σ_1、σ_3 分别代表单元体中的最大正应力 σ_{max} 和最小正应力 σ_{min}：

$$\boxed{\begin{aligned}\sigma_{max} &= \sigma_1\\ \sigma_{min} &= \sigma_3\end{aligned}} \tag{7-7}$$

从最大应力圆 A_1A_3 的圆心 C 作 σ 轴的垂线交圆 A_1A_3 于 Q_1 和 Q_2 两点，其中点 Q_1 代表正最大切应力 τ_{max}，点 Q_2 代表负最大切应力 τ_{min}（其代数值最小），它们的绝对值相等，均等于最大应力圆 A_1A_3 的半径，即

$$\boxed{\tau_{max} = \frac{\sigma_1 - \sigma_3}{2}} \tag{7-8}$$

从点 A_1 沿圆 A_1A_3 逆时针转 90°到点 Q_1，顺时针转 90°到点 Q_2，因此，在单元体（图 7-17）上，最大切应力 τ_{max} 作用截面与 σ_1 作用面顺时针转过 45°，τ_{min} 作用截面与 σ_1 作用面逆时针转过 45°。

7.3.3　三向应力圆在二向应力状态的中的应用

二向应力状态是三向应力状态的一种特殊情况，即有一个主应力等于零，因此可以通过画出三向应力圆研究二向应力状态。例如图 7-18a 所示的二向应力状态，根据 3 个主应力 σ_1、σ_2 和 $\sigma_3 = 0$ 可画出 3 个应力圆（图 7-18b）。由三向应力圆可直接求出 $\sigma_{max} = \sigma_1$，$\tau_{max} = \dfrac{\sigma_1}{2}$。

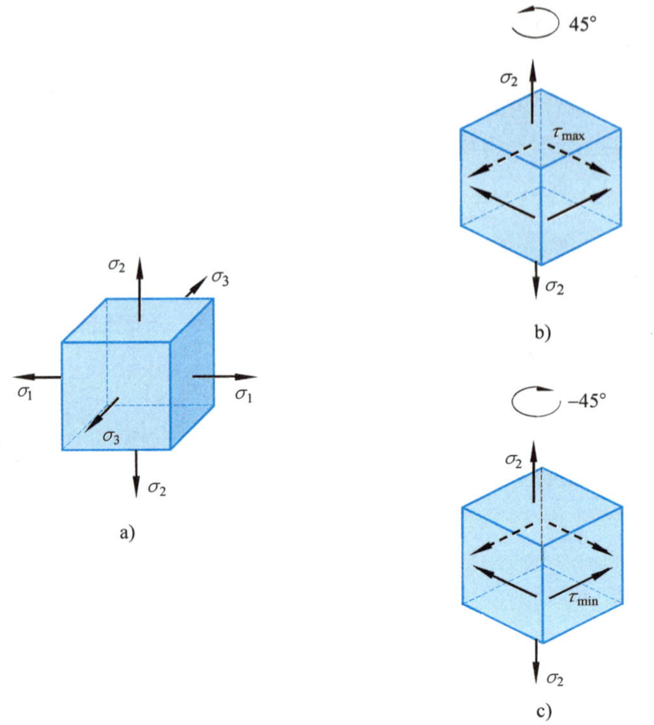

图 7-17

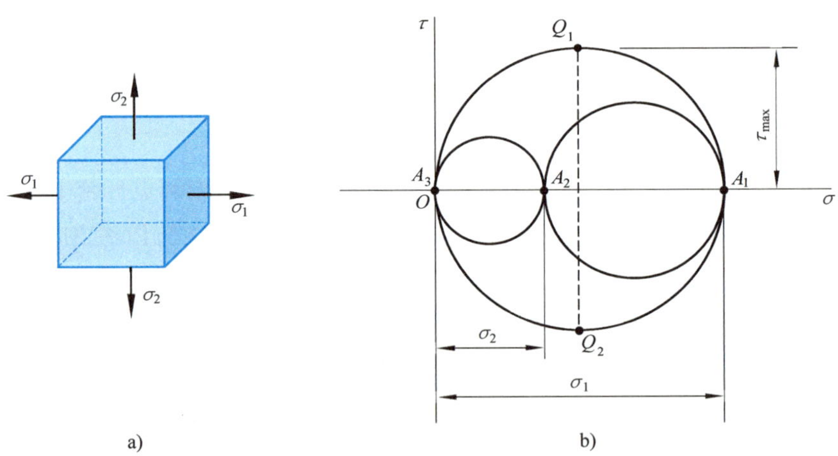

图 7-18

7.3.4 已知一个主应力及与之平行的斜截面的应力状态，求另两个主应力

以已知主应力 σ_2 及与之平行的斜截面的应力状态为例，由于平行于 σ_2 的斜截面的应力与 σ_2 无关，只受 σ_1 和 σ_3 的影响，这表明，在这类斜截面上的应力是由 σ_1 和 σ_3 所确定的应力圆 A_1A_3 圆周上点的坐标（图 7-18）；反过来，也可以由此斜截面的应力状态画出应力圆，而这个应力圆就是圆 A_1A_3，在应力圆 A_1A_3 上可确定 σ_1 和 σ_3。当然，σ_1 和 σ_3 也可用解析法求得。

应用解析法求另外两个主应力时，因为它们与已知的主应力无关，不妨设已知主应力为

z 方向，然后可以直接应用式（7-4）求出另外 2 个主应力，比较 3 个主应力代数值的大小，从而确定 3 个主应力 σ_1、σ_2 和 σ_3。

【例 7-5】 如图 7-19a 所示单元体（应力单位为 MPa），试求主应力、最大切应力，画出其三向应力圆草图。

解：• 已知一个主应力 60MPa，求另外两个主应力和最大切应力

注意到图 7-19 中所有与主应力 $\sigma_z=60\text{MPa}$ 平行的斜截面的应力与 σ_z 无关(图 7-19b)，可应用二向应力状态主应力计算公式（7-4）。已知 $\sigma_x=70\text{MPa}$，$\sigma_y=0$，$\tau_{xy}=50\text{MPa}$（图 7-19b），则

$$\left.\begin{matrix}\sigma_{\max}\\ \sigma_{\min}\end{matrix}\right\}=\frac{\sigma_x+\sigma_y}{2}\pm\sqrt{\left(\frac{\sigma_x-\sigma_y}{2}\right)^2+\tau_{xy}^{\ 2}}$$

$$=\left[\frac{70-0}{2}\pm\sqrt{\left(\frac{70+0}{2}\right)^2+50^2}\right]\text{MPa}=\left\{\begin{matrix}26\text{MPa}\\ -96\text{MPa}\end{matrix}\right.$$

按主应力的大小规定，$\sigma_1\geqslant\sigma_2\geqslant\sigma_3$，得

$$\sigma_1=60\text{MPa},\ \sigma_2=26\text{MPa},\ \sigma_3=-96\text{MPa}$$

$$\tau_{\max}=\frac{\sigma_1-\sigma_3}{2}=\frac{60-(-96)}{2}\text{MPa}=78\text{MPa}$$

• 画三向应力圆

如图 7-20b，由 3 个主应力 60MPa、26MPa、−96MPa 在 σ 轴上确定 3 个点，分别构成 3 个应力圆，即可得三向应力圆草图。最大应力圆半径就是 $\tau_{\max}$。

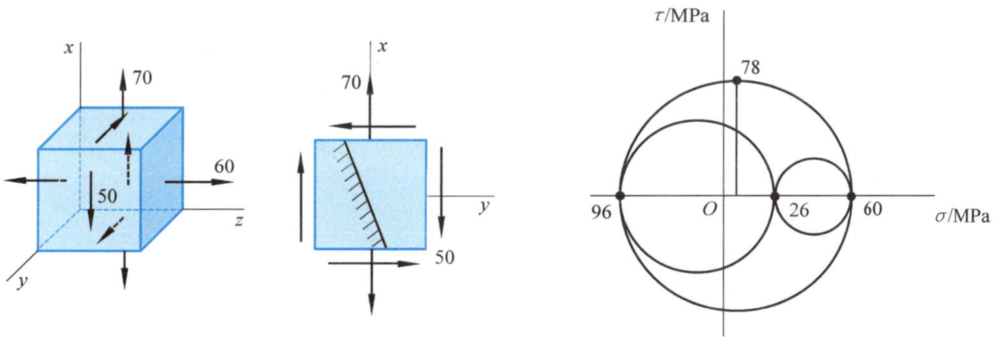

a)　　b)　　c)

图 7-19

【例 7-6】 薄壁压力容器如图 7-20 所示。容器壁厚 t 远小于它的直径 D（譬如，$t<\frac{D}{20}$）。容器内压力为 p，试求容器壁主应力和最大切应力，并画出三向应力圆。

图 7-20

解：• 将薄壁压力容器分成两部分，一部分为直筒（图 7-21a），另一部分为两侧半球（图 7-21d）。

• 在直筒壁上取单元体，如图 7-21a 所示。σ'为轴向应力，σ''为径向应力。σ'和 σ''所在面都是主平面。这是因为，σ'所在纵向面是轴对称面，故没有切应力，σ''所在截面就是轴向拉伸的横截面，也没有切应力。

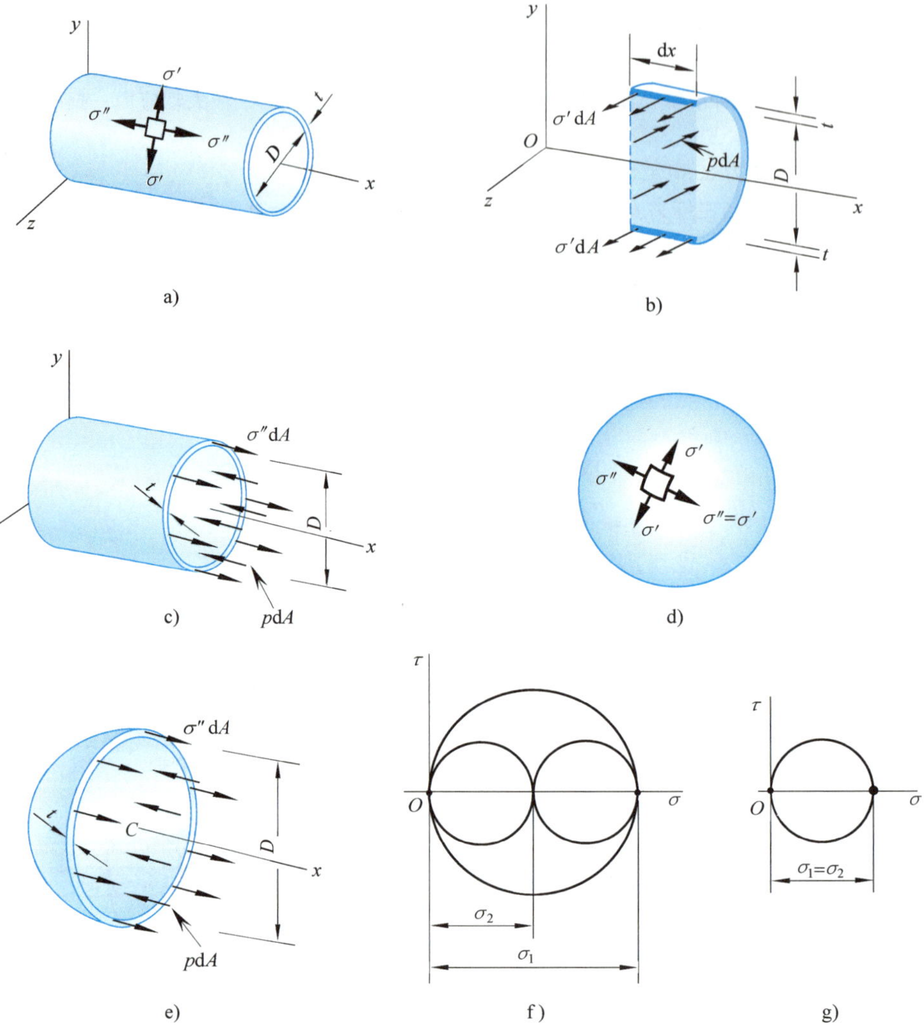

图　7-21

• 求径向应力（图 7-21b）

由

$$\sum F_z = 0, \quad \sigma'(2t\mathrm{d}x) - p(D\mathrm{d}x) = 0$$

解得

$$\sigma' = \frac{pD}{2t}$$

• 求轴向应力（图 7-21c）

由

$$\sum F_x = 0, \quad \sigma''(\pi Dt) - p\left(\frac{\pi D^2}{4}\right) = 0$$

解得

$$\sigma'' = \frac{pD}{4t}$$

在垂直于图 7-21a 所示单元体方向上，有作用于内壁的压力 p 和作用于外壁的大气压力，它们都远小于 σ'和 σ''，可以认为等于零。因此，此单元体可以作为二向应力状态：

$$\sigma_1=\frac{pD}{2t},\ \sigma_2=\frac{pD}{4t},\ \sigma_3=0$$

$$\tau_{max}=\frac{\sigma_1-\sigma_3}{2}=\frac{pD}{4t}$$

- 在半球部分（图 7-21d）取的单元体，其相对于球心中心对称，故

$$\sigma'=\sigma''$$

- 求应力 σ'（图 7-21e）

由
$$\Sigma F_x=0,\quad \sigma''(\pi Dt)-p\left(\frac{\pi D^2}{4}\right)=0$$

解得
$$\sigma'=\sigma''=\frac{pD}{4t}$$

显然半球部分单元体也是二向应力状态：

$$\sigma_1=\sigma_2=\frac{pD}{4t},\ \sigma_3=0$$

$$\tau_{max}=\frac{\sigma_1-\sigma_3}{2}=\frac{pD}{8t}$$

- 分别画出圆筒（图 7-21a）的三向应力圆（图 7-21f）和半球（图 7-21d）的三向应力圆（图 7-21g）

从杆件的扭转和弯曲等问题看出，最大应力往往发生在构件表层，这是因为构件表面一般为自由表面，既无切应力也无主应力，即有一主应力等于零，因而从构件表层取出的单元体就接近二向应力状态，这是最有实用意义的情况。

7.4 平面应力状态下的应变分析

大量实验和工程实践表明，有些构件的破坏与其上某点的最大线应变有关。研究构件内任一点不同方向的线应变和切应变、最大线应变及其方位，就是**应变分析**。工程实际中，常常采用实测的方法研究构件的变形和应力。一般是用应变仪测出构件表面一点处沿某些方向的应变，然后再确定该点处的最大线应变及其方向。这就要研究平面应力状态下一点处在该平面内的应变随方向不同而改变的规律。

7.4.1 已知构件一点处的应变 ε_x、ε_y 和 γ_{xy}，确定任意方向的线应变 ε_α 和切应变 γ_α

设相对于 xOy 坐标系的应变分量 ε_x、ε_y 和 γ_{xy} 为已知（图 7-22），且规定伸长的线应变和使直角（$\angle xOy$）增大的切应变为正，图中的线应变和切应变皆为正值。若将坐标系逆时针旋转 α 角（逆时针 α 角为正），得到新坐标系 $x'Oy'$，现在要确定沿 x' 方向的线应变 ε_α 和 $x'Oy'$ 角的切应变 γ_α。图 7-22a、b、c 分别表示了 ε_x、ε_y 和 γ_{xy} 对线段 ds 长度变化的影响，叠加这些影响，得到 ds 的伸长为

$$d(\Delta l)=\varepsilon_x dx\cos\alpha+\varepsilon_y dy\sin\alpha-\gamma_{xy}dx\sin\alpha$$

将上式除以 ds，得到沿 x' 方向的线应变为

$$\varepsilon_\alpha=\frac{d(\Delta l)}{ds}=\varepsilon_x\frac{dx}{ds}\cos\alpha+\varepsilon_y\frac{dy}{ds}\sin\alpha-\gamma_{xy}\frac{dx}{ds}\sin\alpha \tag{a}$$

将关系式 $dx/ds=\cos\alpha$、$dy/ds=\sin\alpha$ 代入式（a），进行整理后得

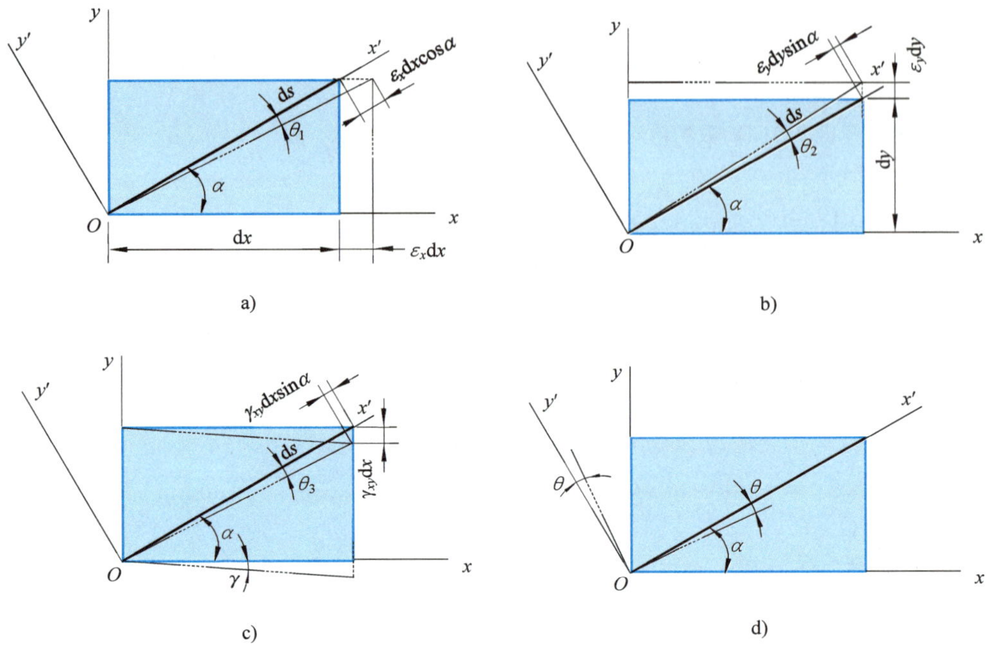

图 7-22

$$\boxed{\varepsilon_\alpha=\frac{\varepsilon_x+\varepsilon_y}{2}+\frac{\varepsilon_x-\varepsilon_y}{2}\cos2\alpha-\frac{\gamma_{xy}}{2}\sin2\alpha} \tag{7-9}$$

用同样方法可以求得坐标系 $x'Oy'$ 的切应变 γ_α。从图 7-22a 看出，由应变 ε_x 引起的 α 角的改变为

$$\theta_1=\frac{\varepsilon_x \mathrm{d}x\sin\alpha}{\mathrm{d}s}=\varepsilon_x\cos\alpha\sin\alpha$$

同理可以求得由 ε_y 和 γ_{xy} 引起的 α 角度改变分别为

$$\theta_2=\frac{\varepsilon_y \mathrm{d}y\cos\alpha}{\mathrm{d}s}=\varepsilon_y\sin\alpha\cos\alpha$$

$$\theta_3=\frac{\gamma_{xy} \mathrm{d}x\cos\alpha}{\mathrm{d}s}=\gamma_{xy}\cos^2\alpha$$

根据叠加原理，并注意到 θ_2 与其余两个角度的转向相反，于是得到沿 x' 方向微分线段 $\mathrm{d}s$ 相对 x 轴的角度改变为

$$\theta=\theta_1-\theta_2+\theta_3=(\varepsilon_x-\varepsilon_y)\cos\alpha\sin\alpha+\gamma_{xy}\cos^2\alpha$$

如以 $\alpha+\pi/2$ 代表上式中的 α，便可得到沿 y' 方向的微分线段相对 x 轴的角度改变为

$$\theta'=-(\varepsilon_x-\varepsilon_y)\cos\alpha\sin\alpha+\gamma_{xy}\sin^2\alpha$$

由图 7-22d 看出，从 θ 中减去 θ' 即为直角 $x'Oy'$ 的角度改变，而这一角度改变就是切应变 γ_α，所以

$$\gamma_\alpha=\theta-\theta'=2(\varepsilon_x-\varepsilon_y)\cos\alpha\sin\alpha+\gamma_{xy}(\cos^2\alpha-\sin^2\alpha)$$

将上式略加改变，可改写成

$$\frac{\gamma_\alpha}{2}=\frac{\varepsilon_x-\varepsilon_y}{2}\sin 2\alpha+\frac{\gamma_{xy}}{2}\cos 2\alpha \tag{7-10}$$

在已知 ε_x、ε_y、γ_{xy}时，可利用式（7-9）、式（7-10）确定 ε_α 及 γ_α。

7.4.2　已知一点处 ε_x、ε_y 和 γ_{xy}，确定该点主应变及其方向

将式（7-9）、式（7-10）与式（7-1）、式（7-2）进行比较，可见这两组公式完全相似。应变分析中的 ε_x、ε_y 和 ε_α 相当于应力分析中的 σ_x、σ_y 和 σ_α；而应变分析中的$\frac{\gamma_{xy}}{2}$和$\frac{\gamma_\alpha}{2}$则相当于应力分析中的 τ_{xy}和 τ_α。正是由于这种相似关系，在应力分析中由式（7-1）和式（7-2）导出的那些结论，在应变分析中由式（7-9）和式（7-10）也同样可以得到。例如，对应于应力分析中的主应力和主平面，在应变分析中，通过一点一定存在两个互相垂直的方向，在这两个方向上，线应变为极值而切应变等于零，这样的极值线应变称为**主应变**。将式（7-3）中的各个应力代之以相对应的应变，便可得出确定主应变方向的公式为

$$\tan 2\alpha_0=-\frac{\gamma_{xy}}{\varepsilon_x-\varepsilon_y} \tag{7-11}$$

同理由式（7-4）可以得出计算主应变的公式为

$$\left.\begin{matrix}\varepsilon_{\max}\\ \varepsilon_{\min}\end{matrix}\right\}=\frac{\varepsilon_x+\varepsilon_y}{2}\pm\sqrt{\left(\frac{\varepsilon_x-\varepsilon_y}{2}\right)^2+\left(\frac{\gamma_{xy}}{2}\right)^2} \tag{7-12}$$

在已知 ε_x、ε_y 和 γ_{xy}时，便可根据式（7-11）和式（7-12）来确定主应变的方向和大小。

7.4.3　应变圆

用上述的相似关系与用应力圆来表示一点处的应力状态相似，也可以用应变圆来表示一点处的应变状态。在应力分析中使用应力圆的图解法，也可以推广为应变分析中使用应变圆的图解法。作应变圆时以横坐标表示线应变，纵坐标表示切应变的 1/2。由于问题显而易见，所以对应变圆的图解法不再过多陈述，可直接使用。

7.4.4　应变分析在工程中的应用

工程中常常是利用在所研究对象表面上一点处测量其应变来确定该点处的主应变，再利用广义胡克定律算出主应力。但由式（7-11）和式（7-12）可知，要确定一点处的主应变必须先知道该点处的 3 个应变分量 ε_x、ε_y 和 γ_{xy}。在测试技术中用应变仪测定线应变比较简单，而测定切应变则很困难。所以工程中一般是先测出一点处在 3 个选定方向 α_1、α_2、α_3 上的线应变 ε_{α_1}、ε_{α_2}、ε_{α_3}，然后由式（7-9）得

$$\left.\begin{aligned}\varepsilon_{\alpha_1}&=\frac{\varepsilon_x+\varepsilon_y}{2}+\frac{\varepsilon_x-\varepsilon_y}{2}\cos 2\alpha_1-\frac{\gamma_{xy}}{2}\sin 2\alpha_1\\ \varepsilon_{\alpha_2}&=\frac{\varepsilon_x+\varepsilon_y}{2}+\frac{\varepsilon_x-\varepsilon_y}{2}\cos 2\alpha_2-\frac{\gamma_{xy}}{2}\sin 2\alpha_2\\ \varepsilon_{\alpha_3}&=\frac{\varepsilon_x+\varepsilon_y}{2}+\frac{\varepsilon_x-\varepsilon_y}{2}\cos 2\alpha_3-\frac{\gamma_{xy}}{2}\sin 2\alpha_3\end{aligned}\right\} \tag{7-13}$$

式中，ε_{α_1}、ε_{α_2}、ε_{α_3}已直接测出，为已知量。解式（7-13）便可求得 ε_x、ε_y 和 γ_{xy}，再由式（7-11）、式（7-12）求得主应变及其方向。

在工程实际中，为了简化计算，可以把 α_1、α_2、α_3 取为便于计算的数值。例如选取 3 个应变片的方向分别为 $\alpha_1=0°$，$\alpha_2=45°$，$\alpha_3=90°$，这就得到图 7-23a 所示的直角应变花，其主应变的数值及方向可用下式计算：

$$\left.\begin{matrix}\varepsilon_{max}\\ \varepsilon_{min}\end{matrix}\right\}=\frac{\varepsilon_{0°}+\varepsilon_{90°}}{2}\pm\frac{\sqrt{2}}{2}\sqrt{(\varepsilon_{0°}-\varepsilon_{45°})^2+(\varepsilon_{45°}-\varepsilon_{90°})^2} \tag{7-14}$$

$$\tan 2\alpha_0=\frac{2\varepsilon_{45°}-\varepsilon_{0°}-\varepsilon_{90°}}{\varepsilon_{0°}-\varepsilon_{90°}} \tag{7-15}$$

也有选取 $\alpha_1=0°$，$\alpha_2=60°$，$\alpha_3=120°$等角应变花（图 7-23b、c），其主应变的数值及方向可用下式计算：

$$\left.\begin{matrix}\varepsilon_{max}\\ \varepsilon_{min}\end{matrix}\right\}=\frac{\varepsilon_{0°}+\varepsilon_{60°}+\varepsilon_{120°}}{3}\pm\frac{\sqrt{2}}{3}\sqrt{(\varepsilon_{0°}-\varepsilon_{60°})^2+(\varepsilon_{60°}-\varepsilon_{120°})^2+(\varepsilon_{120°}-\varepsilon_{0°})^2} \tag{7-16}$$

$$\tan 2\alpha_0=\frac{\sqrt{3}(\varepsilon_{60°}-\varepsilon_{120°})}{2\varepsilon_{0°}-\varepsilon_{60°}-\varepsilon_{120°}} \tag{7-17}$$

关于直角应变花的计算将用例题说明。

最后指出，以上应变分析未曾涉及材料的性质，只是纯几何上的关系，所以，在小变形的前提下，这些关系无论是对线弹性变形还是非线弹性变形都是正确的。

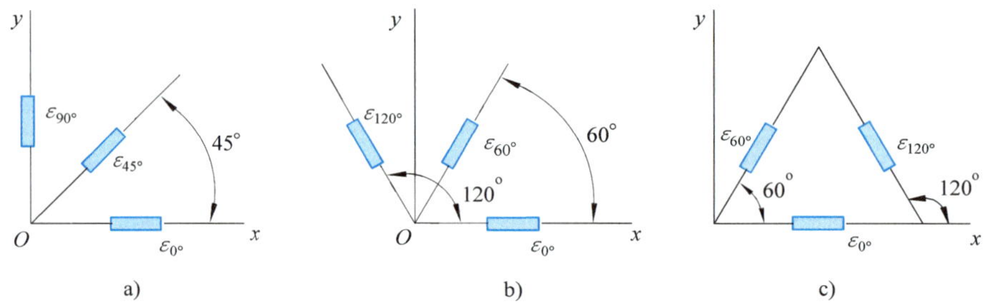

图 7-23

【例 7-7】 用直角应变花（图 7-23a）测得某构件表面上一点处的 3 个线应变为 $\varepsilon_{0°}=-300\times10^{-6}$，$\varepsilon_{45°}=-200\times10^{-6}$，$\varepsilon_{90°}=200\times10^{-6}$，试求主应变及其方向。

解： • 求 ε_x、ε_y、γ_{xy}

在式（7-13）中，令 $\alpha_1=0°$，$\alpha_2=45°$，$\alpha_3=90°$，则

$$\varepsilon_{0°}=-300\times10^{-6}=\frac{\varepsilon_x+\varepsilon_y}{2}+\frac{\varepsilon_x-\varepsilon_y}{2}$$

$$\varepsilon_{45°}=-200\times10^{-6}=\frac{\varepsilon_x+\varepsilon_y}{2}-\frac{\gamma_{xy}}{2}$$

$$\varepsilon_{90°}=200\times10^{-6}=\frac{\varepsilon_x+\varepsilon_y}{2}-\frac{\varepsilon_x-\varepsilon_y}{2}$$

联立 3 个方程求得

$$\varepsilon_x=-300\times10^{-6},\ \varepsilon_y=200\times10^{-6},\ \gamma_{xy}=300\times10^{-6}$$

• 求主应变 ε_1、ε_3 及其方向

由式（7-12）及式（7-11）可求得主应变及方向为

$$\left.\begin{matrix}\varepsilon_{max}\\ \varepsilon_{min}\end{matrix}\right\}=\frac{-300+200}{2}\pm\sqrt{\left(\frac{-300-200}{2}\right)^2+\left(\frac{300}{2}\right)^2}=\left\{\begin{matrix}242\times10^{-6}\\ -342\times10^{-6}\end{matrix}\right.$$

$$\tan2\alpha_0=-\frac{300}{-300-200}=0.6$$

$$\alpha_0=15°30' \quad 或 \quad \alpha_0=105°30'$$

在 $\alpha_0=105°30'$ 的方向上，存在主应变 $\varepsilon_1=242\times10^{-6}$；在 $\alpha_0=15°30'$ 方向上，存在主应变 $\varepsilon_3=-342\times10^{-6}$。此题也可直接代入式（7-14）及式（7-15）求出主应变。

- 作应变圆并用图解法求主应变及其方向

按一定的比例尺取 $\varepsilon-\frac{\gamma}{2}$ 坐标系（图 7-24b），取 X 点坐标

$$\varepsilon_x=-300\times10^{-6},\quad \frac{\gamma}{2}=150\times10^{-6},$$

Y 点坐标

$$\varepsilon_y=200\times10^{-6},\quad -\frac{\gamma_{xy}}{2}=-150\times10^{-6},$$

以 XY 为直径作圆即为应变圆。应变圆上的 A 点的横坐标即为 ε_1，B 点的横坐标即为 ε_3。由 X 到 A 的圆心角为 $2\alpha_0=211°$，故从 x 量起，在 $\alpha_0=105°30'$ 的方向上存在主应变 ε_1（图 7-24a）。

也可根据 $\varepsilon_{0°}$、$\varepsilon_{45°}$、$\varepsilon_{90°}$ 直接作应变圆，具体方法这里就不再介绍了。

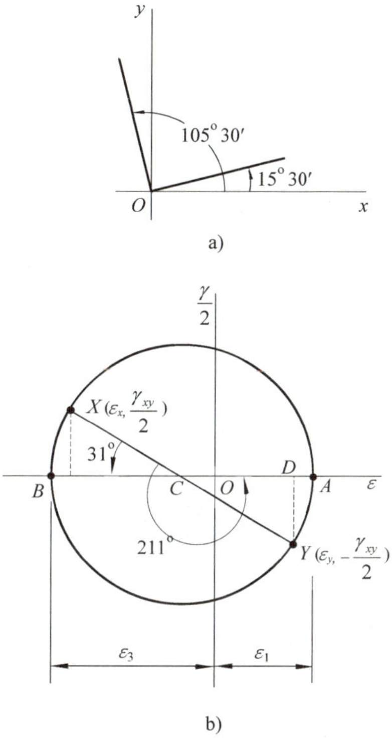

图　7-24

7.5 广义胡克定律

在单向拉、压时，线弹性范围内的应力与应变关系为

$$\sigma=E\varepsilon \tag{a}$$

这就是单向应力状态下的胡克定律。同时，轴向线应变 ε 和横向线应变 ε' 之间的关系为

$$\varepsilon'=-\mu\varepsilon \tag{b}$$

在纯剪切情况下，切应力不超过比例极限时，切应力和切应变之间也服从剪切胡克定律

$$\tau=G\gamma \tag{c}$$

本节将研究复杂应力状态下应力与应变之间的关系，称为**广义胡克定律**。

7.5.1 广义胡克定律

普遍情况下，描述一点处应力状态需要 18 个应力分量（图 7-25）。考虑到切应力互等定理和两平行平面上的正应力相等，这 18 个应力分量独立的只有 6 个。这种普遍情况可以看作是 3 组单向拉伸和 3 组纯剪切的组合（图 7-26）。对于各向同性材料，当变形很小且在线弹性范围内可以证明线应变 ε_x、ε_y、ε_z 只与正应力 σ_x、σ_y、σ_z 有关；切应变 γ_{xy}、γ_{yz}、γ_{zx} 只与切应力 τ_{xy}、τ_{yz}、τ_{zx} 有关。这样，就可以利用式（a）~式（c）求出各应力分量各自对应的应变，然后再进行叠加。例如 x 方向的线应变为

$$\varepsilon_x=\frac{\sigma_x}{E}-\mu\frac{\sigma_y}{E}-\mu\frac{\sigma_z}{E}=\frac{1}{E}[\sigma_x-\mu(\sigma_y+\sigma_z)]$$

用同样方法可求出 y 和 z 方向的线应变 ε_y 和 ε_z。最后得到

$$\left.\begin{aligned}\varepsilon_x&=\frac{1}{E}[\sigma_x-\mu(\sigma_y+\sigma_z)]\\\varepsilon_y&=\frac{1}{E}[\sigma_y-\mu(\sigma_z+\sigma_x)]\\\varepsilon_z&=\frac{1}{E}[\sigma_z-\mu(\sigma_x+\sigma_y)]\end{aligned}\right\}\tag{7-18}$$

至于切应变和切应力之间的关系仍然如式（c）所表示，且与正应力分量无关。

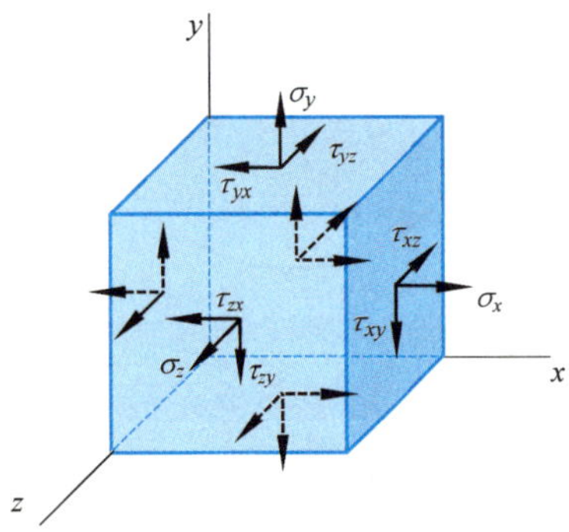

图　7-25

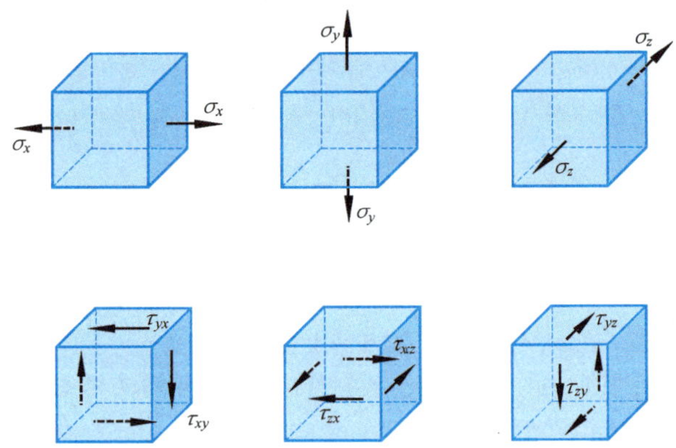

图　7-26

这样，在 xy、yz、zx 三个面内的切应变分别是

$$\gamma_{xy}=\frac{\tau_{xy}}{G},\quad \gamma_{yz}=\frac{\tau_{yz}}{G},\quad \gamma_{zx}=\frac{\tau_{zx}}{G}\tag{7-19}$$

式（7-18）和式（7-19）称为广义胡克定律。

当单元体周围的 6 个面皆为主平面时，x、y、z 的方向分别与 σ_1、σ_2、σ_3 的方向一致，这时

$$\sigma_x=\sigma_1,\quad \sigma_y=\sigma_2,\quad \sigma_z=\sigma_3$$
$$\tau_{xy}=0,\quad \tau_{zy}=0,\quad \tau_{zx}=0$$

所以，用主应力和相应应变来表达的广义胡克定律为

$$\left.\begin{aligned}\varepsilon_1&=\frac{1}{E}[\sigma_1-\mu(\sigma_2+\sigma_3)]\\\varepsilon_2&=\frac{1}{E}[\sigma_2-\mu(\sigma_3+\sigma_1)]\\\varepsilon_3&=\frac{1}{E}[\sigma_3-\mu(\sigma_1+\sigma_2)]\end{aligned}\right\}\tag{7-20}$$

$$\gamma_{xy}=\gamma_{yz}=\gamma_{zx}=0\tag{7-21}$$

式（7-21）表明，在 3 个坐标平面内的切应变等于零，故坐标 x、y、z 的方向就是主应变的方向，也就是主应变和主应力的方向是重合的。式（7-20）中的 ε_1、ε_2、ε_3 都是主应变，用实测的方法求出其值后，代入广义胡克定律即可解出主应力。由于主应力 $\sigma_1\geqslant\sigma_2\geqslant\sigma_3$，

必有主应变 $\varepsilon_1 \geqslant \varepsilon_2 \geqslant \varepsilon_3$。

上述广义胡克定律只适用于小变形范围内的各向同性线弹性材料。

7.5.2　体积应变与应力分量间的关系

图 7-27 所示为主单元体，边长分别是 dx、dy 和 dz。变形前六面体的体积为

$$V = \mathrm{d}x\mathrm{d}y\mathrm{d}z$$

变形后六面体的 3 个棱边分别变为

$$\mathrm{d}x + \varepsilon_1 \mathrm{d}x = (1 + \varepsilon_1)\mathrm{d}x$$

$$\mathrm{d}y + \varepsilon_2 \mathrm{d}y = (1 + \varepsilon_2)\mathrm{d}y$$

$$\mathrm{d}z + \varepsilon_3 \mathrm{d}z = (1 + \varepsilon_3)\mathrm{d}z$$

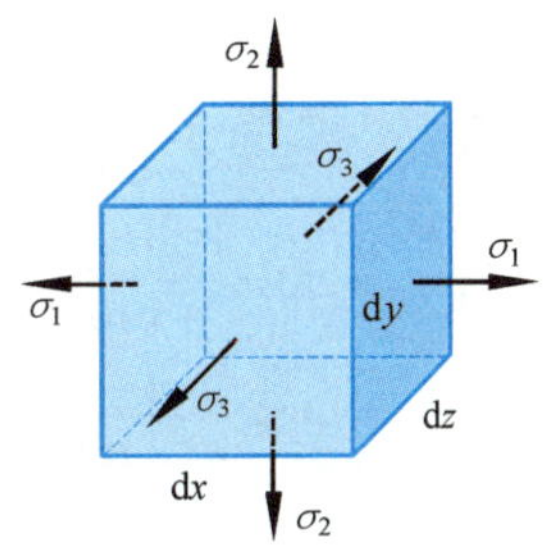

图　7-27

于是变形后的体积为

$$V_1 = (1 + \varepsilon_1)(1 + \varepsilon_2)(1 + \varepsilon_3)\mathrm{d}x\mathrm{d}y\mathrm{d}z$$

展开上式并略去含有高阶微量的各项，得

$$V_1 = (1 + \varepsilon_1 + \varepsilon_2 + \varepsilon_3)\mathrm{d}x\mathrm{d}y\mathrm{d}z$$

单位体积的体积改变为

$$\theta = \frac{V_1 - V}{V} = \varepsilon_1 + \varepsilon_2 + \varepsilon_3$$

θ 也称为体积应变。将式（7-20）代入上式整理后得

$$\theta = \varepsilon_1 + \varepsilon_2 + \varepsilon_3 = \frac{1 - 2\mu}{E}(\sigma_1 + \sigma_2 + \sigma_3)$$

将上式改写成以下形式：

$$\theta = \frac{3(1 - 2\mu)}{E} \cdot \frac{\sigma_1 + \sigma_2 + \sigma_3}{3} = \frac{\sigma_m}{K} \tag{7-22}$$

式中，$K = \dfrac{E}{3(1 - 2\mu)}$，称为**体积弹性模量**；$\sigma_m = \dfrac{\sigma_1 + \sigma_2 + \sigma_3}{3}$，为 3 个主应力的平均值。

式（7-22）说明：

（1）体积应变 θ 只与 3 个主应力之和有关，3 个主应力之间的比例对 θ 并无影响。所以，无论是作用 3 个不相等的主应力，或是代之以它们的平均应力 σ_m，体积应变仍然是相同的。

（2）体积应变 θ 与切应力无关。

（3）体积应变 θ 与 3 个主应力的平均值 σ_m 成正比，也称为**体积胡克定律**。

7.5.3　广义胡克定律的应用

广义胡克定律在工程中得到广泛的应用。根据广义胡克定律，已知应变分量可以求应力分量，已知应力分量也可求应变分量。事实上，只要取互相正交的 3 个坐标轴 x、y、z，在式（7-18）中的 6 个分量 σ_x、σ_y、σ_z、ε_x、ε_y、ε_z，只要已知任意 3 个量都可以求出另外 3 个量。

【例 7-8】　图 7-28a 所示槽型刚体内，放置一边长为 10mm 的正立方体铝块，铝块与槽壁间紧密接触无

间隙。铝的弹性模 $E=70\text{GPa}$，$\mu=0.33$，铝块上表面受到 $F=6\text{kN}$ 的压力。求其3个主应力及主应变。

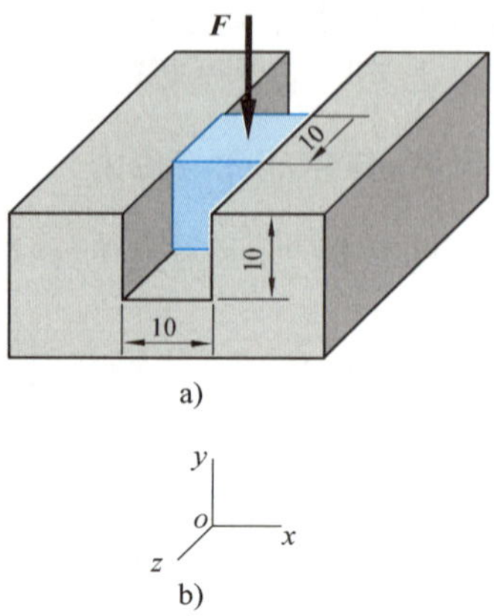

图 7-28

解： • 建立坐标系如图7-28b。正立方体铝块各面皆没有切应力，故 x、y、z 面都是主平面

• 根据受力情况易知，在 x 方向上 $\varepsilon_x=0$，z 方向上 $\sigma_z=0$，y 方向受轴向压缩

$$\sigma_y=\frac{F}{A}=\frac{6\times10^3}{(10\times10^{-3})^2}\text{Pa}=60\text{MPa}$$

• 将 $\varepsilon_x=0$，$\sigma_z=0$，$\sigma_y=-60\text{MPa}$ 代入式（7-18），得

$$0=\frac{1}{70\times10^9}[\sigma_x-0.33\times(-60\times10^6+0)]$$

$$\varepsilon_y=\frac{1}{70\times10^9}[-60\times10^6-0.33\times(0+\sigma_x)]$$

$$\varepsilon_z=\frac{1}{70\times10^9}[0-0.33\times(\sigma_x-60\times10^6)]$$

解得 $\sigma_x=-19.8\text{MPa}$，$\varepsilon_y=-0.764\times10^{-3}$，$\varepsilon_z=0.376\times10^{-4}$

• 按主应力和主应变的排序规定，得

$$\sigma_1=0,\quad \sigma_2=-19.8\text{MPa},\quad \sigma_3=-60\text{MPa}$$

$$\varepsilon_1=0.376\times10^{-3},\quad \varepsilon_2=0,\quad \varepsilon_3=-0.764\times10^{-3}$$

【例7-9】 矩形截面外伸梁受力如图7-29a所示，材料的 $E=200\text{GPa}$，$\mu=0.3$，$l=1\text{m}$，$b=60\text{mm}$，$h=90\text{mm}$。现测得 A 点处 $\varepsilon_{-45°}=200\mu\varepsilon$，已知 $F_1=80\text{kN}$，求解 F 值。

解： • 取出 A 点，画出其原始单元体（图7-29b）

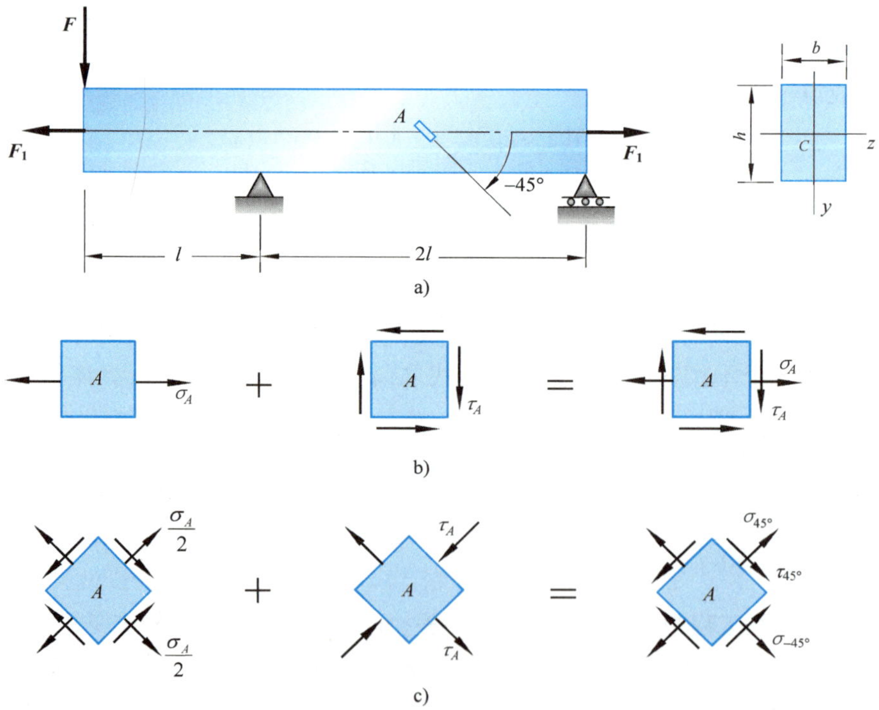

图 7-29

杆件在 $\boldsymbol{F}_1$、$\boldsymbol{F}$ 作用下产生拉伸和弯曲组合变形。由截面法得，A 点所在横截面的轴力 $F_N = F_1$、剪力 $F_Q = F/2$。对 A 点进行应力分析，在 A 点横截面有 F_N 引起的正应力 σ_A（单向应力状态）、F_Q 引起的弯曲切应力 τ_A（A 点在中性轴处，为纯剪切应力状态）。

于是

$$\sigma_A = \frac{F_N}{A} = \frac{F_1}{bh}, \qquad \tau_A = \frac{3}{2}\frac{F_Q}{A} = \frac{3F}{4bh}$$

应用叠加法可得到 A 点应力状态（图 7-29b），则

$$F = \frac{4bh}{3}\tau_A \tag{d}$$

- 分析 A 点 ±45°方向上的应力情况（图 7-29c）

分别求出单向应力状态和纯剪切应力状态下 45°和 −45°的正应力，再应用叠加法（图 7-29c），得

$$\sigma_{45°} = \frac{\sigma_A}{2} - \tau_A, \qquad \sigma_{-45°} = \frac{\sigma_A}{2} + \tau_A$$

- 应用广义胡克定律

$$\varepsilon_{-45°} = \frac{1}{E}[\sigma_{-45°} - \mu(\sigma_{45°} + 0)]$$

$$E\varepsilon_{-45°} = \frac{\sigma_A}{2} + \tau_A - \mu\left(\frac{\sigma_A}{2} - \tau_A\right)$$

整理得

$$\tau_A = \frac{E\varepsilon_{-45°} - \frac{\sigma_A}{2}(1-\mu)}{1+\mu} = \frac{E\varepsilon_{-45°} - \frac{F_1}{2bh}(1-\mu)}{1+\mu}$$

- 计算 F 值

将上式代入式（d），有

$$F = \frac{4bh}{3}\cdot\frac{E\varepsilon_{-45°} - \frac{F_1}{2bh}(1-\mu)}{1+\mu} = \frac{4bh\cdot E\varepsilon_{-45°} - 2F_1(1-\mu)}{3(1+\mu)}$$

$$= \frac{4\times60\times90\times10^{-6}\times200\times10^{9}\times200\times10^{-6} - 2\times80\times10^{3}\times(1-0.3)}{3\times(1+0.3)}\text{N}$$

$$= 192.8\text{kN}$$

【例 7-10】　直径 $d = 100\text{mm}$ 的实心圆轴（图 7-30a），受轴向力 $\boldsymbol{F}$ 和外力偶矩 $\boldsymbol{M}_e$ 的作用。测得轴的表面上某点 A 处沿轴向线应变 $\varepsilon_{0°} = 5\times10^{-4}$，与轴线成 −45°方向的线应变 $\varepsilon_{-45°} = 4\times10^{-4}$，试求力 $\boldsymbol{F}$ 和力矩 $\boldsymbol{M}_e$ 的大小。设材料的弹性模量 $E = 200\text{GPa}$，泊松比 $\mu = 0.3$。

解：• 取出 A 点单元体（图 7-30b）

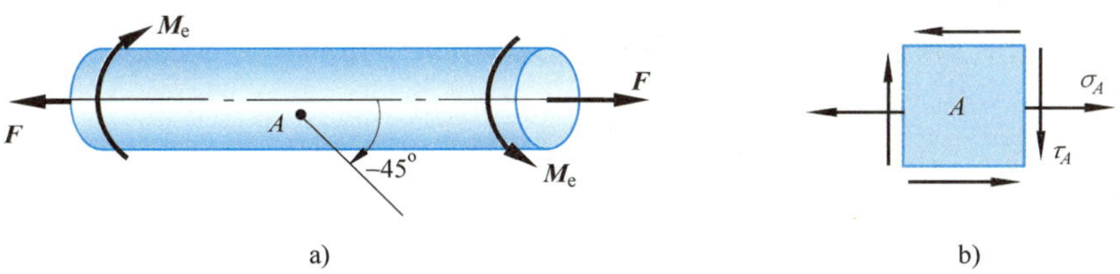

图　7-30

圆轴产生拉伸和扭转组合变形。圆轴扭转时，A 点在横截面只有 τ，属纯剪应力状态；$\boldsymbol{F}$ 产生拉伸，为单向应力状态。

取出 A 点的单元体如图 7-30b，其中

$$\sigma_A = E\varepsilon_{0^\circ} = 200 \times 10^9 \times 5 \times 10^{-4}\text{Pa} = 100\text{MPa} = \frac{F}{A} \tag{e}$$

$$\tau_A = \frac{M_x}{W_P} = \frac{M_e}{W_P} \tag{f}$$

- 分析 A 点 ±45°方向上的应力

设 $\sigma_x = \sigma_A$，$\sigma_y = 0$，$\tau_{xy} = \tau_A$，代入式（7-1），分别求 α 等于45°和 −45°的应力，得

$$\sigma_{45^\circ} = \frac{\sigma_A}{2} - \tau_A, \quad \sigma_{-45^\circ} = \frac{\sigma_A}{2} + \tau_A$$

- 应用广义胡克定律

$$\varepsilon_{-45^\circ} = \frac{1}{E}[\sigma_{-45^\circ} - \mu(\sigma_{45^\circ} + 0)]$$

$$E\varepsilon_{-45^\circ} = \frac{\sigma_A}{2} + \tau_A - \mu\left(\frac{\sigma_A}{2} - \tau_A\right)$$

整理得

$$\tau_A = \frac{E\varepsilon_{-45^\circ} - \frac{\sigma_A}{2}(1-\mu)}{1+\mu}$$

- 计算 F 和 M_e 值

将上式代入式（f），有

$$\frac{E\varepsilon_{-45^\circ} - \frac{\sigma_A}{2}(1-\mu)}{1+\mu} = \frac{M_e}{W_P}, \quad W_P = \frac{\pi d^3}{16}$$

得

$$M_e = \frac{\pi d^3[E\varepsilon_{-45^\circ} - \frac{\sigma_A}{2}(1-\mu)]}{16(1+\mu)}$$

$$= \frac{\pi \times (100 \times 10^{-3})^3 \times [200 \times 10^9 \times 4 \times 10^{-4} - 50 \times 10^6 \times (1-0.3)]}{16 \times (1+0.3)}\text{N} \cdot \text{m}$$

$$= 6.8\text{kN} \cdot \text{m}$$

由式（e），得

$$F = \sigma_A \cdot A = 100 \times 10^6 \times \frac{\pi \times (100 \times 10^{-3})^2}{4}\text{N} = 785\text{kN}$$

7.6 复杂应力状态的变形比能

前面得到，弹性体（应力不超过比例极限，应力与应变为线性关系）在单向拉、压应力状态以及纯剪切应力状态下，变形比能分别为

$$u = \frac{1}{2}\sigma\varepsilon \tag{a}$$

$$u = \frac{1}{2}\tau\gamma \tag{b}$$

7.6.1 三向应力状态变形比能

在三向应力状态下，弹性体的变形能与外力所做的功在数值上仍相等。它只取决于外力和变形的最终值，而与加力次序无关。设单元体的 3 个主应力 σ_1、σ_2、σ_3 同时由零开始按比例增加到最终值，在线弹性情况下，每一主应力与相应的主应变 ε_1、ε_2、ε_3 之间仍保持

线性关系，因而与每一主应力相应的比能仍可按式（a）计算。于是三向应力状态下的比能为

$$u=\frac{1}{2}\sigma_1\varepsilon_1+\frac{1}{2}\sigma_2\varepsilon_2+\frac{1}{2}\sigma_3\varepsilon_3 \tag{7-23}$$

注意上式不是叠加法，因为式中主应变 ε_1、ε_2、ε_3 不是由于主应力 σ_1、σ_2、σ_3 的单独作用，而是3个主应力共同作用下产生的。利用式（7-18），将上式中的主应变用主应力表示，可得到三向应力状态变形比能的表达式为

$$u=\frac{1}{2E}[\sigma_1^2+\sigma_2^2+\sigma_3^2-2\mu(\sigma_1\sigma_2+\sigma_2\sigma_3+\sigma_3\sigma_1)] \tag{7-24}$$

7.6.2 体积改变比能与形状改变比能

变形比能的计算不满足叠加原理，但可以证明，一般情形下，物体变形时，同时包含了体积改变和形状改变，而且总变形比能包含着相互独立的两种变形比能，即

$$u=u_{\mathrm{v}}+u_{\mathrm{d}} \tag{7-25}$$

式中，u_{v} 表示由体积改变而储存的比能，称为体积改变比能；u_{d} 表示由形状改变而储存的比能，称为形状改变比能；u 表示单元体的全部比能。

设图7-31a所示单元体的3个主应力 σ_1、σ_2、σ_3 不相等，其主应力表示为图7-31b、c两组应力分量之和。显然，图7-31b所示单元体只有体积改变，而图7-31c所示单元体只有形状改变。根据式（7-24）可以得到图7-31b单元体的体积改变比能为

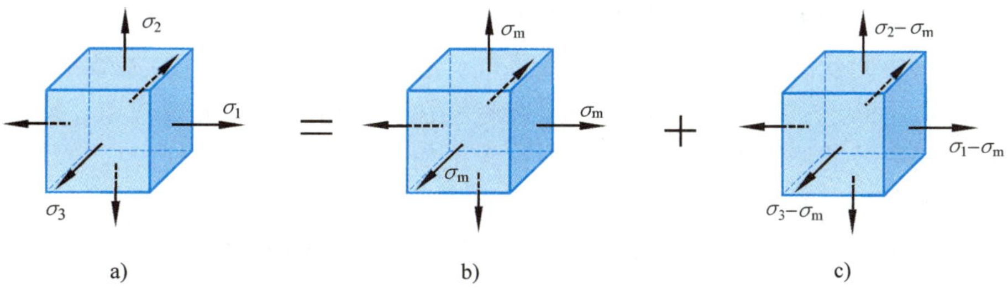

图 7-31

$$u_{\mathrm{v}}=\frac{1}{2E}[3\sigma_{\mathrm{m}}^2-2\mu(3\sigma_{\mathrm{m}}^2)]=\frac{1-2\mu}{6E}(\sigma_1+\sigma_2+\sigma_3)^2 \tag{7-26}$$

由式（7-25）、式（7-26）可得到图7-31c单元体的形状改变比能为

$$u_{\mathrm{d}}=u-u_{\mathrm{v}}=\frac{1+\mu}{6E}[(\sigma_1-\sigma_2)^2+(\sigma_2-\sigma_3)^2+(\sigma_3-\sigma_1)^2] \tag{7-27}$$

【例7-11】 证明各向同性线弹性材料的3个弹性常数 E、G、μ 间的关系式为 $G=\frac{E}{2(1+\mu)}$。

证明：取图7-32a所示纯剪切单元体，按纯剪切计算变形比能为

$$u=\frac{1}{2}\tau\gamma=\frac{\tau^2}{2G} \tag{c}$$

而该单元体的3个主应力（图7-32b）为

$$\sigma_1=\tau,\ \sigma_2=0,\ \sigma_3=-\tau \tag{d}$$

按复杂应力状态下的变形比能公式（7-24），得到变形比能为

$$u=\frac{1}{2E}[\sigma_1^2+\sigma_2^2+\sigma_3^2-2\mu(\sigma_1\sigma_2-\sigma_2\sigma_3-\sigma_3\sigma_1)]$$

将式（d）代入上式，得 $$u=\frac{1+\mu}{E}\tau^2 \tag{e}$$

比较式（c）和式（e），按两种方法计算的变形比能相等，即

$$\frac{\tau^2}{2G}=\frac{1+\mu}{E}\tau^2$$

于是，得 $$G=\frac{E}{2(1+\mu)}$$

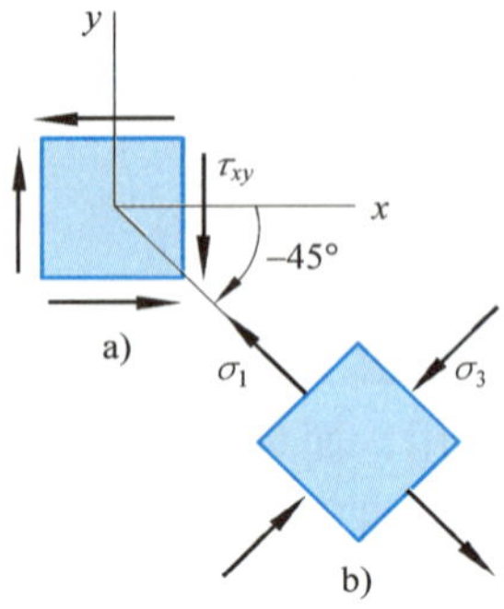

图 7-32

7.7 强度理论概述

前面通过拉、压试验和纯剪切试验得到了单向应力状态和纯剪切应力状态材料失效的极限应力，建立了单向拉、压正应力强度条件和纯剪切应力强度条件。但工程上的构件受力是多种多样的，危险点所处的状态也不仅仅是单向应力状态和纯剪切应力状态，更多构件的危险点处于复杂应力状态。工程上，不可能对各种各样的受力构件的各种应力状态都去做实验，这样就无法直接根据复杂应力状态下构件破坏的实验结果，建立其强度条件。

7.7.1 强度理论的提出

实验表明，材料的失效形式不仅与材料性能有关，而且与材料中危险点所处的应力状态有关。相同材料不同受力下材料的失效形式不同；相同受力不同材料的失效形式也不一样。长期以来，通过不断地试验、实践和分析研究材料在各种情况下的失效现象，探索材料的失效规律，从而对失效的原因做一些**假说**，即：无论何种材料，也无论何种应力状态，只要失效形式相同，便是相同的失效原因引起的。从而可利用单向拉伸下的实验结果，建立复杂应力状态下的强度条件。这种关于材料破坏规律的假说，称为**强度理论**。

7.7.2 材料的强度失效形式

材料在常温、静载下的**强度失效形式**主要是**断裂和屈服（流动）**两种基本形式。通过对材料断裂或屈服的原因进行分析，直接应用单向拉伸的实验结果，建立材料在各种应力状态下的断裂和屈服失效的判据，从而建立相应的强度条件。

7.7.3 强度理论的发展

强度理论既然是一些推测材料破坏原因的假说，其正确与否，适用于什么情况，都必须经过生产实践来检验。这里只介绍工程中常用的几种强度理论，这些强度理论在常温、静载下，适用于均匀、连续、各向同性的材料。目前强度理论远不止以下介绍的几种，现有的各种强度理论还不能圆满地解决所有的强度问题，在这方面仍有待于研究、发展。

7.8 四种常用强度理论

7.8.1 四种常用强度理论

材料破坏的主要形式有两种（屈服与断裂）。相应地强度理论也分成两类：一类是解释断裂破坏的，有最大拉应力理论和最大伸长线应变理论；另一类是解释屈服破坏的，有最大切应力理论和形状改变比能理论。

1. 第一类破坏——断裂破坏理论

(1) 最大拉应力理论（第一强度理论） 这一理论认为最大拉应力是引起断裂的主要因素，即认为无论是什么应力状态，只要最大拉应力达到与材料性质有关的某一极限值，材料就发生断裂破坏。由于最大拉应力的极限值与应力状态无关，于是就可用单向应力状态的实验确定这一极限值。单向拉伸只有 $\sigma_1(\sigma_2=\sigma_3=0)$，而当 σ_1 达到强度极限 σ_b 时，材料发生断裂。于是，根据这一理论得到的断裂准则为

$$\sigma_{max}=\sigma_1=\sigma_b \tag{a}$$

将极限应力 σ_b 除以安全系数 n_b，得到许用应力 $[\sigma]$，所以按第一强度理论建立的强度条件是

$$\boxed{\sigma_1\leqslant[\sigma]} \tag{7-28}$$

铸铁等脆性材料在单向拉伸时，断裂发生于拉应力最大的横截面，脆性材料的扭转也是沿拉应力最大的斜截面发生断裂。这些都与最大拉应力理论相符，但这一理论没有考虑其他两个应力的影响，而且对于没有拉应力的应力状态也无法应用。

(2) 最大伸长线应变理论（第二强度理论） 这一理论认为最大伸长线应变是引起断裂的主要因素，即认为无论是什么应力状态，只要最大伸长线应变 ε_1 达到与材料性质有关的某一极限值，材料就发生断裂破坏。ε_1 的极限值既然与应力状态无关，就可由单向拉伸试验来确定。设单向拉伸直到断裂仍可用胡克定律计算应变，则拉断时最大伸长线应变的极限值就为 $\varepsilon_u=\sigma_b/E$。于是，根据这一理论得到的断裂准则为

$$\varepsilon_1=\frac{\sigma_b}{E} \tag{b}$$

由广义胡克定律

$$\varepsilon_{max}=\varepsilon_1=\frac{1}{E}[\sigma_1-\mu(\sigma_2+\sigma_3)]$$

将上式代入式（b）得到断裂准则为

$$\sigma_1-\mu(\sigma_2+\sigma_3)=\sigma_b$$

将 σ_b 除以安全系数 n_b 得到许用应力 $[\sigma]$，于是，按第二强度理论建立的强度条件是

$$\boxed{\sigma_1-\mu(\sigma_2+\sigma_3)\leqslant[\sigma]} \tag{7-29}$$

石料或混凝土等脆性材料受轴向压缩时，如在试验机与试块的接触面上加添润滑剂以减小摩擦力的影响，试块将沿平行于压力的方向裂开，裂开的方向也就是垂直于 ε_1 的方向。铸铁在拉、压二向应力状态且压应力较大时，实验结果也与这一理论接近。但在一般情况

下，它并不比第一强度理论更符合实验结果，而且计算也不及前者简单。对某些脆性材料如岩石等，虽然第二强度理论与实验结果大致相符，但未被金属材料的试验所证实。

2. 第二类破坏——屈服破坏理论

(1) 最大切应力理论（第三强度理论）　这一理论认为最大切应力是引起材料屈服的主要因素，即认为无论是什么应力状态，只要最大切应力 τ_{max} 达到与材料性质有关的某一极限值，材料就发生屈服。在单向拉伸下，当45°截面上 $\tau_{max}=\sigma_s/2$ 时出现屈服，可见，$\sigma_s/2$ 就是导致屈服的最大切应力的极限值。因为此极限值与应力状态无关，所以不论什么应力状态，只要 τ_{max} 达到 $\sigma_s/2$，材料就出现屈服。而在一般情况下，$\tau_{max}=\dfrac{\sigma_1-\sigma_3}{2}$，于是得到屈服准则（也称屈雷斯卡 Tresca 准则）为

$$\frac{\sigma_1-\sigma_3}{2}=\frac{\sigma_s}{2} \tag{c}$$

或

$$\sigma_1-\sigma_3=\sigma_s$$

将 σ_s 除以安全系数得到 $[\sigma]$，因此，第三强度理论所建立的强度条件是

$$\boxed{\sigma_1-\sigma_3\leqslant[\sigma]} \tag{7-30}$$

最大切应力理论较为圆满地解释了塑性材料的屈服现象。如低碳钢拉伸时，沿与轴线成45°方向出现滑移线，是沿材料内部这一方向滑移的痕迹，而沿此方向的斜面上切应力也恰为最大值。塑性材料钢和铜的薄管试验都证明了屈服准则，即上面分析的关系是正确性。由于第三强度理论概念明确，形式简单，与实验结果又大致吻合，所以在机械工程中得到广泛应用。但此理论忽略了中间应力 σ_2 的影响。因而所得结果与第四强度理论相比，有一定误差，而与实验结果相比则偏于安全。

(2) 形状改变比能理论（第四强度理论）　这一理论认为形状改变比能是引起屈服的主要因素，即认为无论是什么应力状态，只要形状改变比能 u_d 达到与材料性质有关的某一极限值，材料就发生屈服。单向拉伸下屈服应力为 σ_s，相应的形状改变比能由式（7-27）求出为$\dfrac{1+\mu}{6E}(2\sigma_s^2)$，这就是导致屈服的形状改变比能的极限值。任意应力状态下，只要形状改变比能 u_d 达到上述极限值，材料便发生屈服破坏，故形状改变比能的屈服准则［也称密赛斯（Mises）准则］为

$$u_d=\frac{1+\mu}{6E}(2\sigma_s^2) \tag{d}$$

在任意应力状态下，由式（7-27）有

$$u_d=\frac{1+\mu}{6E}[(\sigma_1-\sigma_2)^2+(\sigma_2-\sigma_3)^2+(\sigma_3-\sigma_1)^2]$$

代入式（d）整理后得到屈服准则为

$$\sqrt{\frac{1}{2}[(\sigma_1-\sigma_2)^2+(\sigma_2-\sigma_3)^2+(\sigma_3-\sigma_1)^2]}=\sigma_s$$

把 σ_s 除以安全系数得许用应力 $[\sigma]$，于是按第四强度理论所建立的强度条件是

$$\boxed{\sqrt{\frac{1}{2}[(\sigma_1-\sigma_2)^2+(\sigma_2-\sigma_3)^2+(\sigma_3-\sigma_1)^2]}\leqslant[\sigma]} \tag{7-31}$$

几种塑性材料如钢、铜、铝的薄管试验表明，第四强度理论的屈服准则与实验资料相当吻合，比第三强度理论更符合实验结果，工程中应用也比较广泛。

7.8.2 相当应力及强度条件

综合以上4个强度理论的强度条件，可把4个强度理论的强度条件写成以下统一的形式：

$$\sigma_r \leqslant [\sigma]$$

式中，σ_r 称为相当应力，它是由3个主应力按一定形式组合而成的。4个强度理论的相当应力分别为

$$\left.\begin{aligned} \sigma_{r1} &= \sigma_1 \\ \sigma_{r2} &= \sigma_1 - \mu(\sigma_2 + \sigma_3) \\ \sigma_{r3} &= \sigma_1 - \sigma_3 \\ \sigma_{r4} &= \sqrt{\frac{1}{2}[(\sigma_1 - \sigma_2)^2 + (\sigma_2 - \sigma_3)^2 + (\sigma_3 - \sigma_1)^2]} \end{aligned}\right\} \tag{7-32}$$

7.8.3 强度理论的选择

一般来说，处于复杂应力状态并在常温、静载下的脆性材料（铸铁、石料、混凝土、玻璃等）多发生断裂破坏，所以通常采用第一或第二强度理论。而塑性材料（碳钢、铜、铝等）则多发生屈服破坏，所以应该采用第三或第四强度理论。

在大多数情况下根据材料来选择强度理论是合适的。但材料的脆性和塑性还与应力状态有关，例如三向拉伸或压缩应力状态，将会影响材料产生不同的破坏形式，因此，也要注意到在少数特殊情况下，还需按可能发生的破坏形式和应力状态选择适宜的强度理论。例如在三向拉伸且3个主应力值很接近时，不论是脆性材料还是塑性材料，都会发生断裂破坏，应该选用第一或第二强度理论；而在三向压缩且3个主应力很接近时，不管是什么材料则都将出现塑性变形，应选用第三或第四强度理论。此外，像铸铁这类脆性材料，在二向拉伸以及在二向拉、压应力状态且拉应力较大时，宜选用第一强度理论；而在二向拉、压应力状态且压应力较大时，宜选用第二强度理论。

【例7-12】 图7-33a所示简支梁，已知 $F=32\text{kN}$，$a=1\text{m}$，$[\sigma]=160\text{MPa}$，$[\tau]=100\text{MPa}$。试选择一工字钢截面，并对所选工字钢梁作主应力强度校核。

解：• 绘制梁的内力图如图7-33b所示

• 判定危险截面

根据 F_Q、M_z 图，危险截面在 E、C 两截面。E 截面弯矩最大，$M_{max} = 48\text{kN}\cdot\text{m}$；$C$ 截面剪力最大，$F_{Q,max}=40\text{kN}$。

• 根据弯曲正应力强度条件选择工字钢截面

在危险截面 E 处，上、下边缘点 g（危险点）（图7-33c）的弯曲正应力最大，危险点处是单向应力状态，强度条件为

$$\sigma_{max} = \frac{M_{max}}{W_z} \leqslant [\sigma]$$

即

$$W_z \geqslant \frac{M_{max}}{[\sigma]} = \frac{48\times10^3}{160\times10^6}\text{m}^3 = 3\times10^{-4}\text{m}^3 = 300\text{cm}^3$$

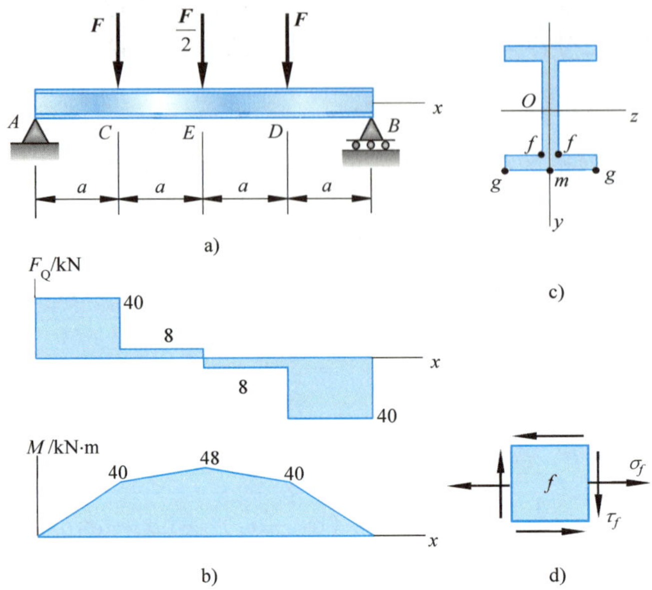

图 7-33

由型钢表可选出 22a 号工字钢，其 $W_z=309\text{cm}^3$，$I_z=3\ 400\text{cm}^4$，$I_z/S_{z,\max}=18.9\text{cm}$，$b=0.75\text{cm}$。

- 危险截面 E 上的危险点 f 强度校核

因为 E 截面 $F_Q=8\text{kN}$，小于 $F_{Q,\max}$，故不需要校核其中性轴 O 处的最大切应力（图 7-33c）。上、下边缘点 g 的正应力满足强度条件（上一步），不必校核。而 E 截面上的 f 点的既有正应力（较大），又有切应力，故应进行强度校核。取 f 点的应力状态如图 7-33d 所示，其应力分别为

$$\sigma_{E,f}=\frac{M_{\max}y_f}{I_z}=\frac{48\times10^3\times(11-1.23)\times10^{-2}}{3\ 400\times10^{-8}}\text{Pa}=138\times10^6\text{Pa}=138\text{MPa}$$

$$\tau_{E,f}=\frac{F_{Q,E}S_z^*}{I_zb}=\frac{8\times10^3\times(11\times1.23\times10.39)\times10^{-6}}{3\ 400\times10^{-8}\times0.75\times10^{-2}}\text{Pa}=4.4\times10^6\text{Pa}=4.4\text{MPa}$$

f 点 $\sigma_x=\sigma_{E,f}$，$\sigma_y=0$，$\tau_{xy}=\tau_{E,f}$，求主应力得

$$\left.\begin{matrix}\sigma_{\max}\\\sigma_{\min}\end{matrix}\right\}=\frac{\sigma_x+\sigma_y}{2}\pm\sqrt{\left(\frac{\sigma_x-\sigma_y}{2}\right)^2+\tau_{xy}^2}=\frac{\sigma_{E,f}}{2}\pm\sqrt{\left(\frac{\sigma_{E,f}}{2}\right)^2+\tau_{E,f}^2}$$

显然有

$$\sigma_1=\frac{\sigma_{E,f}}{2}+\sqrt{\left(\frac{\sigma_{E,f}}{2}\right)^2+\tau_{E,f}^2}$$

$$\sigma_2=0$$

$$\sigma_3=\frac{\sigma_{E,f}}{2}-\sqrt{\left(\frac{\sigma_{E,f}}{2}\right)^2+\tau_{E,f}^2}$$

代入第四强度理论的强度条件

$$\sigma_{r4}=\sqrt{\frac{1}{2}[(\sigma_1-\sigma_2)^2+(\sigma_2-\sigma_3)^2+(\sigma_3-\sigma_1)^2]}\leqslant[\sigma]$$

得到

$$\sigma_{r4}=\sqrt{\sigma_{E,f}^2+3\tau_{E,f}^2}=\sqrt{138^2+34.4^2}\times10^6\text{Pa}=138.2\text{MPa}<[\sigma]$$

故 E 截面 f 点安全。

截面上的 m 点正应力最大，又有水平方向切应力，也应进行主应力校核，其计算方法与 f 点相似，建

议读者自己完成。

- 危险截面 C 上危险点的主应力校核

C 截面上 $F_{Q,max}=40kN$，工字钢属薄壁截面，应对最大切应力的 O 点进行切应力强度校核。O 点弯曲切应力强度条件是

$$\tau_{max}=\frac{F_{Q,max}\cdot S_z^*}{I_z b}=\frac{F_{Q,max}}{b\cdot I_z/S_z^*}=\frac{40\times10^3}{0.75\times18.9\times10^{-4}}\text{Pa}=28.2\times10^6\text{Pa}=28.2\text{MPa}<[\tau]$$

故 C 截面上 O 点满足切应力强度。

再对 C 截面上 f 点进行主应力校核。此时有

$$\frac{\sigma_{E,f}}{M_{max}}=\frac{\sigma_{C,f}}{M_C},\qquad \frac{\tau_{E,f}}{F_{Q,E}}=\frac{\tau_{C,f}}{F_{max}}$$

解得

$$\sigma_{C,f}=115\text{MPa},\qquad \tau_{C,f}=22\text{MPa}$$

代入第四强度理论的强度条件，得

$$\sigma_{r4}=\sqrt{\sigma_{C,f}^2+3\tau_{C,f}^2}=\sqrt{115^2+3\times22^2}\times10^6\text{Pa}=121\text{MPa}<[\sigma]$$

综上所述，选择22a号工字钢满足强度要求。

---

*7.9 莫尔强度理论和双剪切应力强度理论简介

7.9.1 莫尔强度理论

莫尔强度理论是以各种应力状态下材料的综合实验结果为依据而建立的。这一理论认为，材料以屈服或断裂（剪断）的形式破坏主要是由于某一截面上的切应力达到一定限度，同时还与该截面上的正应力有关，也就是取决于三向应力圆中的最大应力圆。单向拉伸实验时破坏应力为屈服点 σ_s 或强度极限 σ_b。在 $\sigma-\tau$ 平面内，以破坏应力为直径作应力圆 OA'（图7-34），此圆称**极限应力圆**。同样，由单向压缩实验所确定的极限应力圆 OB'，纯剪切实验确定的极限应力圆是以 OC' 为半径的圆。对于任意应力状态，都可以根据主应力 σ_1 和 σ_3 确定出其相应为半径的圆。对于任意应力状态，都可以根据主应力 σ_1 和 σ_3 确定出其相应的极限应力圆（如图7-34中的 $E'D'$）。于是，在 $\sigma-\tau$ 平面内可得到一系列的极限应力圆，这些应力圆的包络线 $G'F'$ 与材料性质有关，但对同一种材料则是唯一的。

对于任一点处假设已知应力状态 σ_1、σ_2、σ_3，如果由 σ_1 和 σ_3 所确定的应力圆在上述包络线之内，则该点处就不会发生破坏；如恰与包络线相切，则该点处将发生破坏。

在工程中，为了利用有限的实验数据近似地确定包络线，常以单向拉、压的两个极限应力圆的公切线代替包络线，再除以安全系数，便得到图7-35所示的情况。图中 $[\sigma_t]$ 和 $[\sigma_c]$ 分别为材料的抗拉和抗压许用应力。若由 σ_1 和 σ_3 所确定的应力圆在公切线 ML 和 $M'L'$ 之内，则安全；若与公切线相切，便是许可状态的最高极限。由图7-34所示的几何关系便可得到莫尔理论的强度条件（推导从略）

$$\sigma_1-\frac{[\sigma_t]}{[\sigma_c]}\sigma_3\leqslant[\sigma_t] \tag{7-33}$$

仿照式（7-32），可得到莫尔理论的相当应力为

$$\sigma_{rM}=\sigma_1-\frac{[\sigma_t]}{[\sigma_c]}\sigma_3$$

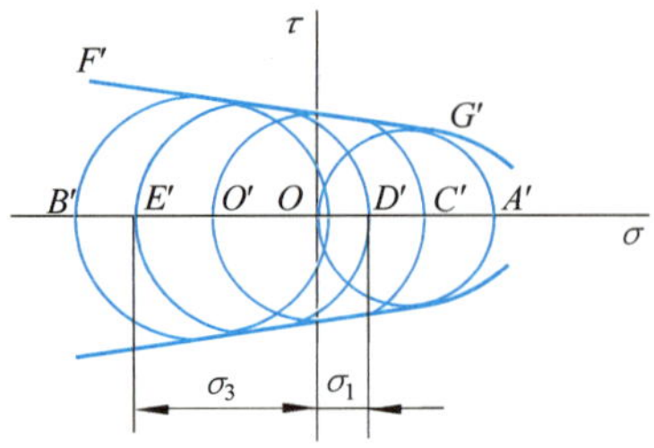

图 7-34

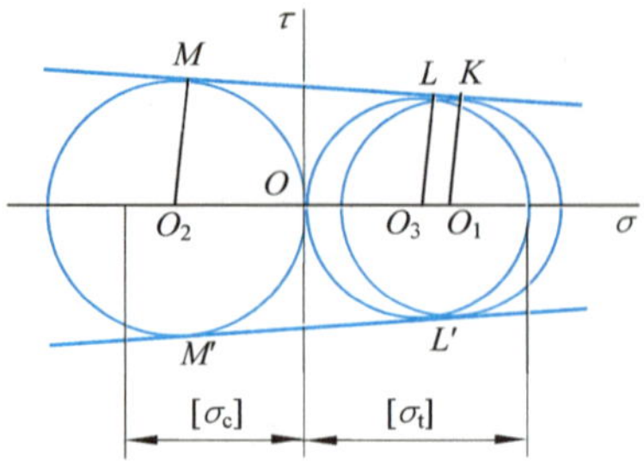

图 7-35

对于抗拉和抗压强度相等的材料，因$[\sigma_t]=[\sigma_c]$，式（7-33）化为

$$\sigma_1-\sigma_3\leqslant[\sigma]$$

这就是最大切应力理论的强度条件。可见，与第三强度理论相比，莫尔强度理论考虑了材料抗拉和抗压强度不相等的情况，适用于脆性材料的断裂破坏和低塑性材料的流动破坏。此外，莫尔强度理论没考虑中间应力σ_2的影响，这是其不足之处。

7.9.2 双剪切应力强度理论简介

前面介绍的几种强度理论都是外国人提出的，这里简单介绍中国学者俞茂宏教授于1961年揭示的双剪切应力强度理论的强度条件。

从三向应力圆（图7-14）可以求得3个极值切应力（也称为主切应力）如下：

$$\tau_{12}=\frac{\sigma_1-\sigma_2}{2},\quad \tau_{23}=\frac{\sigma_2-\sigma_3}{2},\quad \tau_{13}=\frac{\sigma_1-\sigma_3}{2}$$

从以上三式可见，最大切应力的数值恒等于其他2个主切应力之和，即3个主切应力中只有2个是独立的。双剪切应力强度理论认为：决定材料屈服的主要因素是单元体中2个较大的主切应力。也就是说，不论是什么应力状态，只要单元体中2个较大的主切应力之和$\tau_{13}+\tau_{12}$（或$\tau_{13}+\tau_{23}$）达到材料在单向拉伸下发生屈服时的值，材料就发生屈服。将屈服条件引入安全系数后，可以得到双切应力理论的强度条件是

$$当\ \sigma_2\leqslant\frac{\sigma_1+\sigma_3}{2}时，\quad \sigma_1-\frac{\sigma_2+\sigma_3}{2}\leqslant[\sigma]$$

$$当\ \sigma_2\geqslant\frac{\sigma_1+\sigma_3}{2}时，\quad \frac{\sigma_1+\sigma_2}{2}-\sigma_3\leqslant[\sigma]$$

对于材料力学中常见的应力状态，双剪切应力强度理论与实验的符合程度要比第三、第四强度理论更好。该理论适用于拉、压屈服极限相等的材料，对于拉、压屈服极限不等的材料和脆性材料，俞茂宏在著作《强度理论》一书中进一步给出了广义双剪切应力强度理论，这里不再赘述。

【例 7-13】 根据强度理论，建立纯剪切应力状态的强度条件，并导出材料许用切应力$[\tau]$与许用拉应力$[\sigma]$间的关系。

解： 由例 7-3 的讨论可知，纯剪切是拉、压二向应力状态，且有

$$\sigma_1=\tau,\quad \sigma_2=0,\quad \sigma_3=-\tau$$

- 对于塑性材料，第三强度理论的强度条件是

$$\sigma_{r3}=\tau-(-\tau)\leqslant[\sigma]$$

即

$$\tau\leqslant\frac{1}{2}[\sigma]$$

而剪切的强度条件是

$$\tau\leqslant[\tau]$$

比较以上两式，可见$[\tau]$与$[\sigma]$间的关系为

$$[\tau]=\frac{1}{2}[\sigma]=0.5[\sigma]$$

按第四强度理论，纯剪切时的强度条件为

$$\sigma_{r4}=\sqrt{\frac{1}{2}[(\tau-0)^2+(0+\tau)^2+(-\tau-\tau)^2]}=\sqrt{3}\tau\leqslant[\sigma]$$

而剪切的强度条件是$\tau\leqslant[\tau]$，可见$[\tau]$与$[\sigma]$间的关系为

$$[\tau]=\frac{[\sigma]}{\sqrt{3}}=0.557[\sigma]\approx0.6[\sigma]$$

因此，对于塑性材料，$[\tau]$与$[\sigma]$间的关系是$[\tau]=(0.5\sim0.6)[\sigma]$。利用上述关系，可以根据材料的许用拉应力$[\sigma]$来确定其许用切应力值。

- 对于脆性材料，按第一强度理论的强度条件有

$$\sigma_{r1}=\tau\leqslant[\sigma_t]$$

再与剪切强度条件$\tau\leqslant[\tau]$相比较可以得到

$$[\tau]\leqslant[\sigma_t]$$

按莫尔强度理论的强度条件有

$$\sigma_{rM}=\tau-\frac{[\sigma_t]}{[\sigma_c]}(-\tau)\leqslant[\sigma]$$

对铸铁一类脆性材料，可取$[\sigma_t]/[\sigma_c]=0.25\sim0.5$，同理可得到

$$[\tau]=(0.7\sim0.8)[\sigma]$$

因此，脆性材料$[\tau]$与$[\sigma]$间的关系是$[\tau]=(0.8\sim1.0)[\sigma]$。

分析思考题

7-1 什么叫一点处的应力状态？为何要研究一点处的应力状态？怎样来研究一点处的应力状态？

7-2 什么叫主平面、主应力？主应力与正应力有什么区别？

7-3 在单元体中，在最大正应力所作用的平面上有无切应力？在最大切应力所作用的平面上有无正应力？

7-4 在单元体中，最大切应力作用平面与主平面间的相互位置存在什么关系？

7-5 广义胡克定律的适用条件是什么？

7-6 根据应力圆说明以下结论：（1）切应力互等定理；（2）主应力是正应力的极值；（3）$\tau_{max}=\frac{\sigma_1-\sigma_3}{2}$其所在平面与主平面成45°角。

7-7 主应变与线应变有何区别？主应变与主应力的方向是否一致？

7-8 什么是强度理论？为什么要建立强度理论？建立强度理论的依据是什么？说明各强度理论的应用范围。

7-9 说明冬季自来水管因结冰胀裂，但管内冰却没被压坏的原因。

7-10 根据已知 A、B 点的应力圆（思考题 7-10 图），试画出杆的各种载荷图。

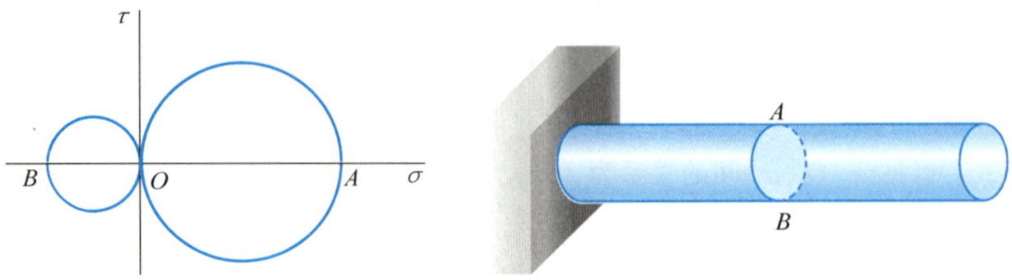

a) b)

思考题 7-10 图

7-11 构件受力如思考题 7-11 图所示。试求：(1) 确定危险截面和其上危险点的位置；(2) 用单元体表示各危险点处的应力状态，并写出各应力的计算公式。

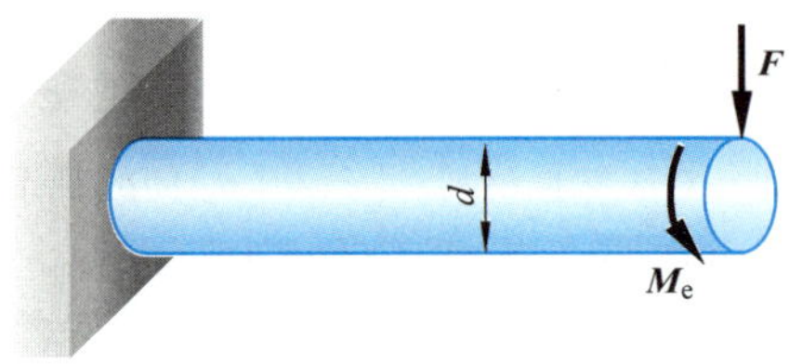

思考题 7-11

7-12 应力圆与单元体一一对应关系是什么？

7-13 分别画出单向拉伸、单向压缩、纯切应力状态所对应的应力圆。

7-14 分别画出低碳钢在拉伸、压缩、扭转破坏试验中试件的破坏面，用应力状态解释其破坏原因。

7-15 分别画出铸铁在拉伸、压缩、扭转破坏试验中试件的破坏面，用应力状态解释其破坏原因。

7-16 弹性体受力后，某一方向有正应力，该方向就一定有线应变，这种说法对否？为什么？

习题

7-1 求题 7-1 图所示各单元体的主应力和最大切应力之值。

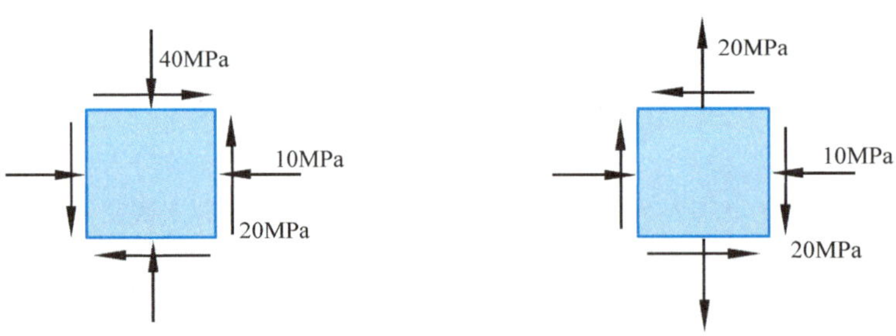

a) b)

题 7-1 图

7-2 先求题 7-2 图 a、b 所示单元体 45°面上的应力，然后根据叠加法求图 c 单元体 45°面上的应力。

7-3 求题 7-3 图所示圆截面杆危险点的主应力。已知 $F_1=4\pi$ kN，$F_2=60\pi$ kN，$M_e=4\pi$ kN·m，$l=0.5$m，$d=10$cm。

7-4 一圆轴受力如题 7-4 图所示，已知固定端截面上的最大弯曲正应力 $\sigma=40$MPa，最大扭转切应力 $\tau=30$MPa。试：(1) 用单元体画出 A、B、C、D 各点处的应力状态；(2) 求 A 点的主应力和最大切应力。

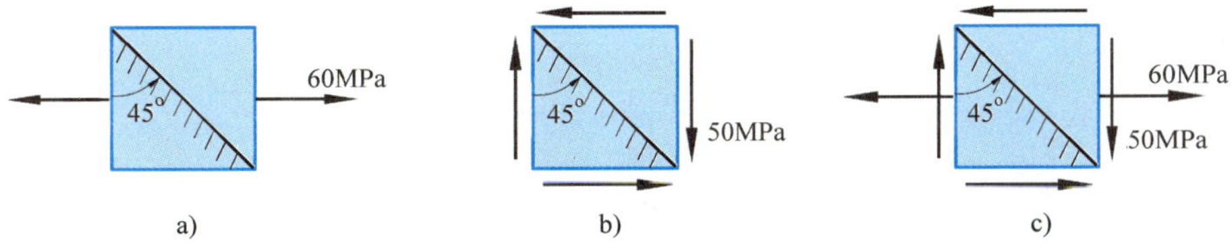

题 7-2 图

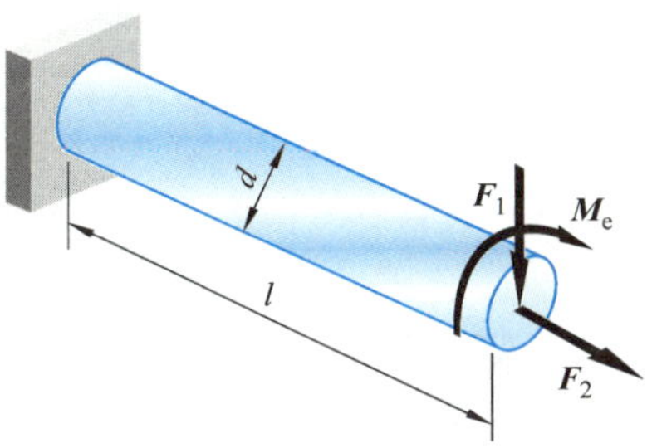

题 7-3 图

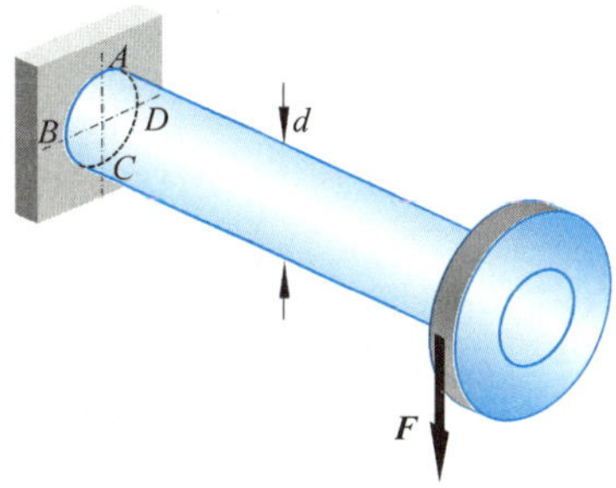

题 7-4 图

7-5　题 7-5 图所示圆轴受弯扭组合变形，$M_1=M_2=150\text{N}\cdot\text{m}$，$d=50\text{mm}$。（1）画出 A、B、C 三点的单元体；（2）计算 A、B 点的主应力值。

7-6　如题 7-6 图所示工字形截面梁 AB，截面的惯性矩 $I_z=72.56\times10^{-6}\text{m}^4$，求固定端截面翼缘和腹板交界处 D 点的主应力。已知 $F=50\text{kN}$，$l=0.75\text{m}$。

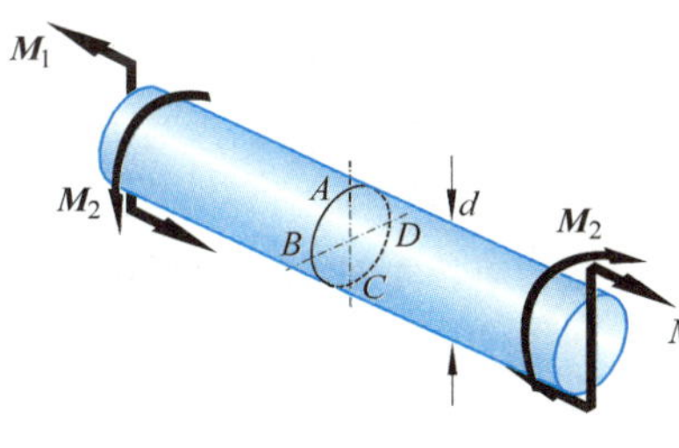

题 7-5 图

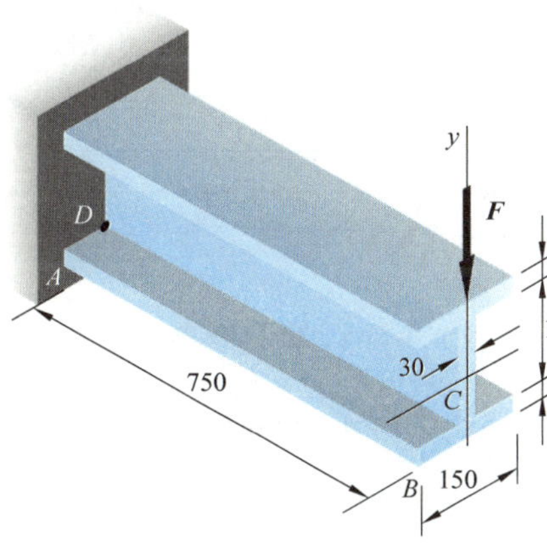

题 7-6 图

7-7　矩形截面梁的尺寸及受力如题 7-7 图所示，$F=256\text{kN}$，$l=1\text{m}$，$h=200\text{mm}$，$b=120\text{mm}$。求：（1）画出 $n-n$ 面上 5 个点的原始单元体；（2）用图解法画出 5 个点的主单元体。

7-8　如题 7-8 图所示单元体，已知 $\sigma_x=120\text{MPa}$，$\tau_{xy}=60\text{MPa}$，材料的 $\mu=0.25$。如果 $\varepsilon_y=0$，求 σ_y。

7-9　某点应力状态如题 7-9 图所示，画出应力圆草图。并指出单元体 45°面上应力所对应力圆上的点，并在单元体上标出正应力、切应力的方向。

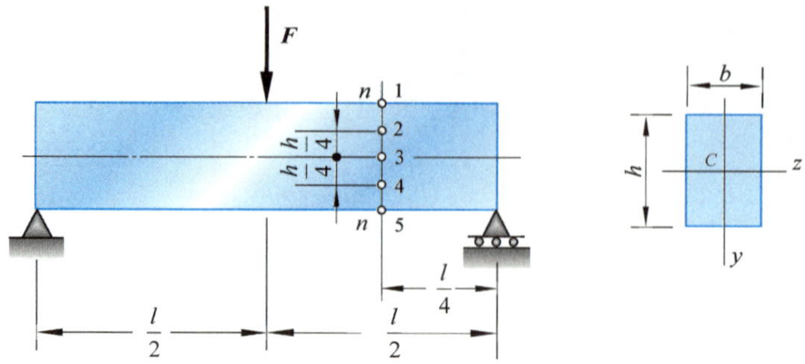

题 7-7 图

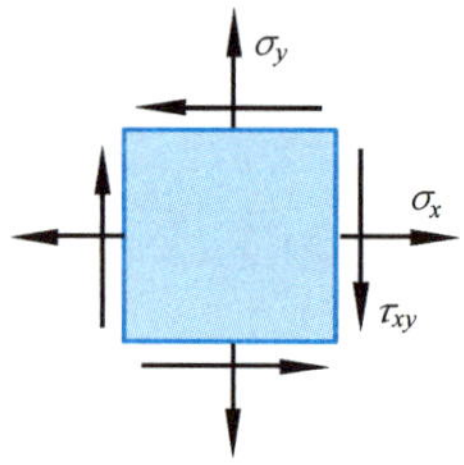

题 7-8 图

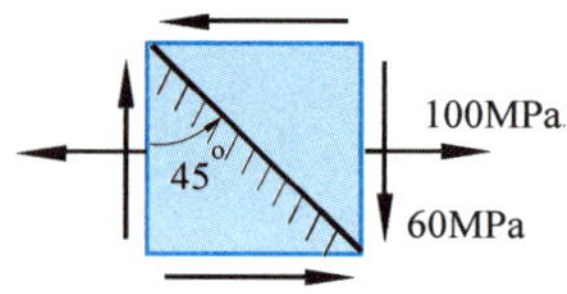

题 7-9 图

7-10　题 7-10 图所示受力杆件中，已知 $F=20\text{kN}$，$M_e=0.8\text{kN}\cdot\text{m}$，直径 $d=40\text{mm}$。试求外表面上 B 点的主应力。

7-11　题 7-11 图所示为某危险点的应力状态，已知 $\sigma=50\text{MPa}$，$\tau=20\text{MPa}$，$E=200\text{GPa}$，$\mu=0.3$，求最大线应变。

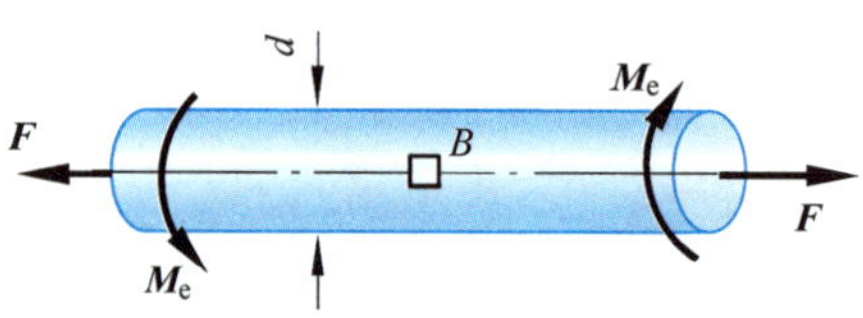

题 7-10 图

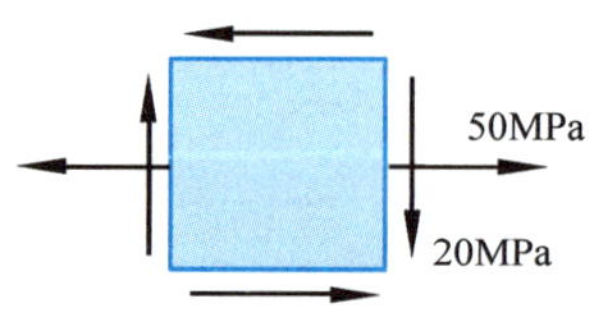

题 7-11 图

7-12　求题 7-12 图所示各应力状态的主应力和最大切应力（应力单位为 MPa），并画出相应的三向应力圆。

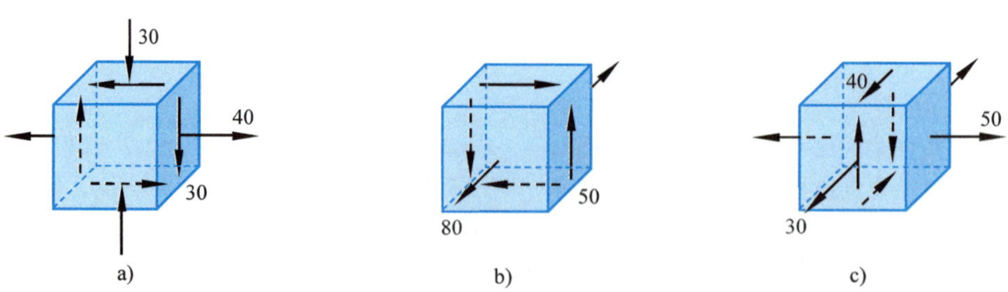

题 7-12 图

7-13　如题 7-13 图所示，一直径 $d=2\text{cm}$ 的实心圆轴，在轴的两端加力矩 $M_e=126\text{N}\cdot\text{m}$。在轴的表面

上某点 A 处测出沿与轴线成45°方向的线应变 $\varepsilon_{45°}=5.0\times10^{-4}$，试求此圆轴的剪切弹性模量 G。

7-14 由实验测得圆轴表面上一点处与母线成45°方向（题7-14图）的线应变 $\varepsilon_x=360\times10^{-6}$，以及在与之垂直方向上的线应变 $\varepsilon_y=-360\times10^{-6}$。若材料的弹性模量 $E=210\text{GPa}$，横向变形系数 $\mu=0.28$，试求该点处的正应力 σ_x 和 σ_y。

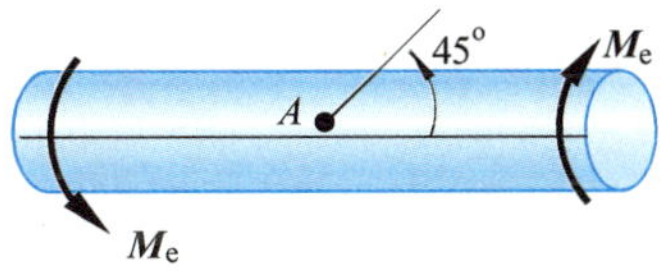

题 7-13 图

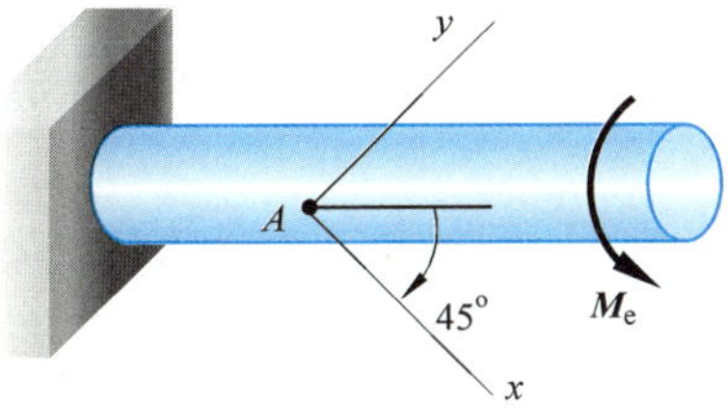

题 7-14 图

7-15 如题7-15图所示，边长为10mm的钢制正立方体置于尺寸相同的钢模内，顶面受到 $F=7\text{kN}$ 的压力，材料的 $\mu=0.3$。若不计钢模变形和二者间的摩擦力，求正立方体的主应力。

7-16 题7-16图a、b所示为同一材料的两个单元体。若材料的屈服极限 $\sigma_s=275\text{MPa}$，试根据第三强度理论求两个单元体同时进入屈服状态时拉应力 σ 与切应力 τ 的值。

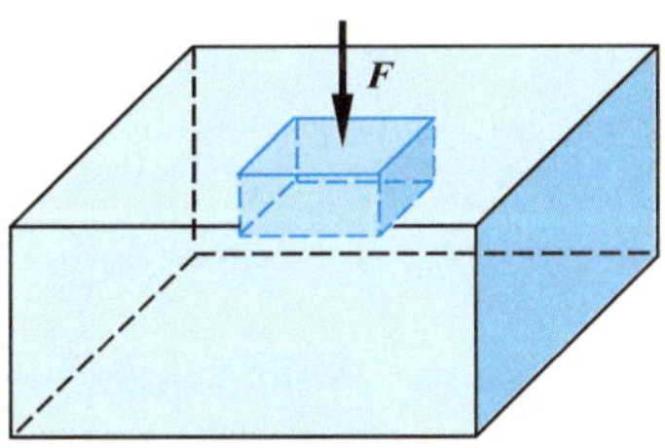

题 7-15 图

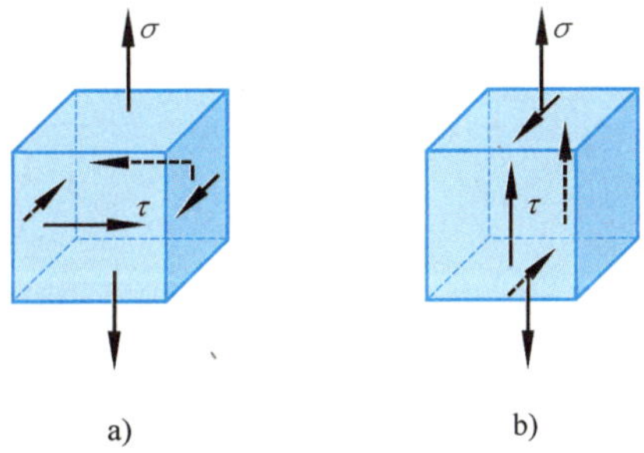

题 7-16 图

7-17 No.28a工字钢梁受力如题7-17图所示。用应变仪测得 K 点处与轴线成45°方向的线应变 $\varepsilon_{45°}=-2.6\times10^{-5}$，若 $E=200\text{GPa}$，$\mu=0.3$，求此时梁所受的载荷 $\boldsymbol{F}$ 值。

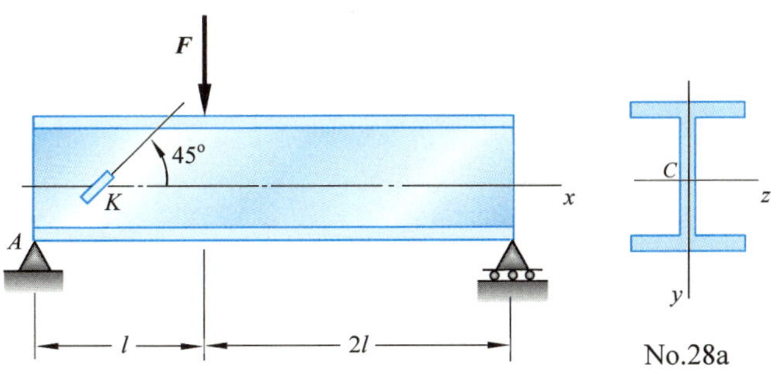

题 7-17 图

7-18 矩形截面梁受力如题7-18图所示，现测得 K 点沿与轴线成 −45°方向的线应变 $\varepsilon_{-45°}$。若 E、μ 及 b、h 均为已知，求 A 端的支座约束力 $\boldsymbol{F}_{Ay}$。

7-19 平均直径 $D=1.8\text{m}$、壁厚 $t=14\text{mm}$ 的圆柱形容器，承受内压作用，若已知容器为钢制，其屈服应力 $\sigma_s=400\text{MPa}$，取安全系数 $n_s=6.0$，试确定此容器所能承受的最大内压力 p。

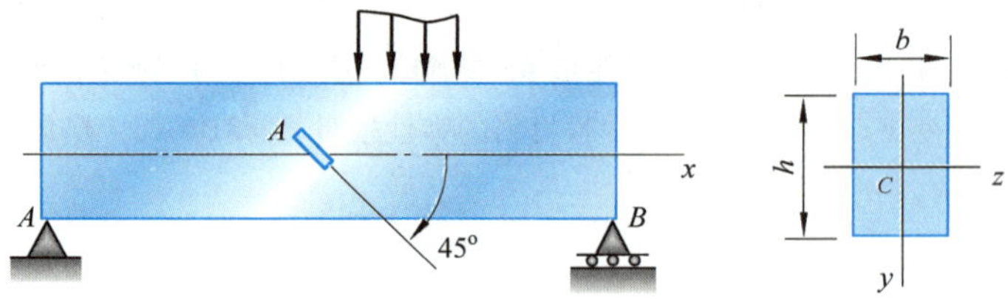

题 7-18 图

第 8 章
组合变形构件的强度计算

8.1 组合变形和叠加原理

前面几章分别讨论了杆件的轴向拉伸（压缩）、剪切、扭转和弯曲等基本变形。在工程实际问题中，构件在载荷作用下往往发生两种或两种以上的基本变形。例如，图 8-1a 表示小型压力机的框架。为分析框架立柱的变形，将外力向立柱的轴线简化（图 8-1b），可以看出，立柱承受了由 F 产生的拉伸变形和由 $M = Fa$ 产生的弯曲变形。这种在外力作用下，构件同时产生两种或两种以上基本变形组合的情况称作**组合变形**。本章讨论组合变形构件的强度计算。

对于组合变形构件，在线弹性范围内，小变形条件下，可先将载荷简化成若干组力系，使每一组力系只产生一种基本变形；分别计算构件在每一种基本变形下的内力，再根据几种基本变形的内力情况，判断危险截面的位置；分别计算危险截面上由每一种基本变形产生的应力，将所得结果叠加，判断出危险点的位置，同时，给出危险点的应力状态；最后，根据危险点的应力状态及构件的材料，选取合适的强度理论，进行强度计算。这就是**叠加原理**，也称为**力的独立作用原理**。

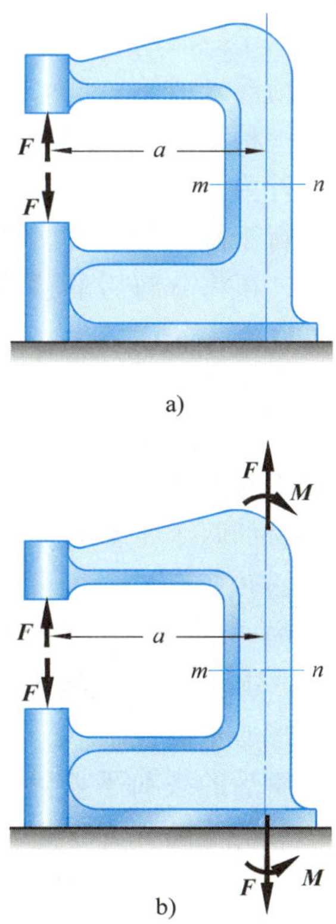

图 8-1

叠加原理的成立，要求内力、应力与外力呈线性关系，同时，需满足小变形条件，使得原始尺寸原理成立。

本章将讨论工程中经常遇到的几种组合变形问题：(1) 两个相互垂直平面弯曲的组合（斜弯曲）；(2) 拉伸（压缩）与弯曲的组合及偏心拉伸或压缩；(3) 弯曲与扭转的组合及拉伸、弯曲与扭转的组合。

与剪切变形组合在一起的组合变形构件较少，密圈螺旋弹簧是扭转和剪切变形的组合（3.9 节），其强度计算的方法与其他组合变形相同。

用叠加法解决组合变形构件的强度计算可归纳为下面 4 个步骤：

(1) 外力分析 目的是将组合变形分解成若干个基本变形。

有些组合变形问题中，作用在杆件上的载荷很明显地可分为几组，每组载荷只产生一种基本变形，如图 8-2 所示构件。有些构件的载荷则并不直接对应着基本变形，如图 8-3 所示杆件。这种情况下，需要对载荷进行简化。

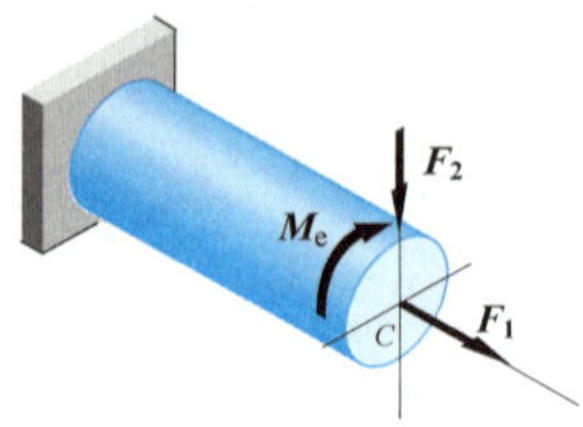

图 8-2

对于截面有对称轴的杆件，如圆形、矩形截面杆等，可先将载荷在其作用面内沿着平行于对称轴的方向进行分解，再将分解后的载荷平移到截面形心；这样，载荷就会被分成若干组，使得每组只对应一种基本变形。以图 8-3a 所示构件为例，先将 F_2 分解到 y 轴和 z 轴，得

$$F_y = F_2\cos\varphi, \quad F_z = F_2\sin\varphi$$

再分别将 F_1、F_y 和 F_z 平移到截面形心 C（图 8-3b），则

$$M_x = F_y a = F_2 a\cos\varphi$$

$$M_y = F_1 a$$

原有载荷被分成了 4 组，分别引起 4 种基本变形：由 F_1 产生的拉伸、由 M_x 产生的扭转、由 F_y 产生以 z 轴为中性轴的平面弯曲，以及由 F_z 和 M_y 共同产生的以 y 轴为中性轴的平面弯曲，4 个基本变形的组合。

对于截面没有对称轴的杆件，分成两种情况来讨论。

一种是实体截面杆。以图 8-3c 所示杆件为例，先将载荷 F 在其作用面沿着平行于截面**形心主惯性轴** y、z 的方向分解，再将分解后的载荷平移到截面**形心 C**（图 8-3d），有

$$F_y = F\cos\varphi, \quad F_z = F\sin\varphi,$$

$$M_x = F_y a = Fa\cos\varphi$$

载荷 F 被分成 3 组：F_y、F_z 分别引起相互垂直的两个平面弯曲 M_z、M_y；M_x 则产生扭转变形。

另一种是开口薄壁杆件，例如图 8-3e所示梁，先将载荷 F 沿着平行于截面形心主惯性轴 y、z 的方向分解，再将分解后的载荷平移到弯曲中心 O，这样，载荷可被分为 3 组，分别产生扭转（M_x）和相互垂直的两个平面弯曲（M_z 和 M_y），如图 8-3f 所示。

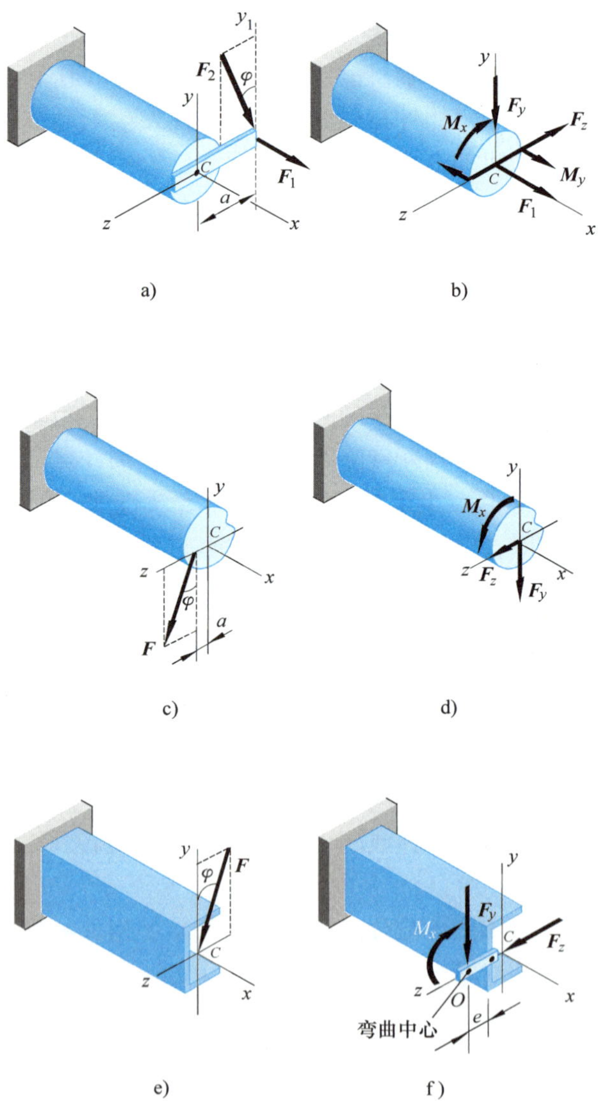

图 8-3

（2）内力分析 目的是确定危险截

面的位置。

计算组合变形中每一种基本变形的内力，并分别画出这些基本变形的内力图；对于等截面杆件，最大内力所在截面，即危险截面的位置，同时可得到各基本变形在危险截面的最大内力值。

(3) 应力分析 目的是判断危险点的位置，并确定危险点的应力状态。

应用各基本变形在危险截面的应力分布，判断危险点的位置；取出危险点的单元体，并进行应力分析，求出危险点的主应力。

(4) 强度计算 根据危险点的应力状态和构件的材料，选择合适的强度理论进行强度计算。根据强度条件可做校核构件的强度、设计截面的尺寸、确定许可载荷的计算。

从叠加法的实施步骤可以看出，这是一个先“分解”再“叠加”的过程。“叠加”是在第三步应力分析完成的。显然，所谓“叠加”是各基本变形在危险点产生应力的叠加。应该注意：首先，同一点的应力才能叠加在一起；另外，对杆件而言，在取危险点的单元体时，须包含**横截面**，此时危险点为平面应力状态，且横截面上的正应力和切应力都可用相应的公式计算，而单元体在**纵向面**上的正应力都等于零（拉压、扭转和弯曲变形都可得到这一结论）；单元体各面的切应力需满足切应力互等定理。

8.2 斜弯曲

如图 8-4a 所示梁，外力 F 与对称轴 y（形心主轴）成一角度 φ，这种情况下，变形后梁的轴线将不再位于外力所在平面内，这种弯曲变形称为**斜弯曲**。下面来分析斜弯曲梁的强度。

1. 外力分析

将外力 F 沿截面的两个对称轴 y 轴和 z 轴分解，得

$$F_y = F\cos\varphi, \qquad F_z = F\sin\varphi$$

可以把 F_y 和 F_z 看作是独立作用，它们分别产生以 z 轴为中性轴和以 y 轴为中性轴的平面弯曲。所以，斜弯曲就是两个相互垂直的平面弯曲的组合。

2. 内力分析

分别画出弯矩图 M_z（图 8-4b）和 M_y（图 8-4c）。显然，固定端截面 M_z 和 M_y 绝对值最大，由此判断固定端是危险截面：

$$|M_z|_{\max} = F_y l = Fl\cos\varphi, \qquad M_{y,\max} = F_z l = Fl\sin\varphi$$

3. 应力分析

在危险截面上，$|M_z|_{\max}$、$M_{y,\max}$引起的应力分布分别如图 8-4d、e 所示，将$|M_z|_{\max}$和$M_{y,\max}$产生的正应力“叠加”，即代数相加。可直接判断出，危险截面上的 A 点和 B 点都是“危险点”。取出 A、B 的单元体（图 8-4f、g），A 点受最大拉应力 $\sigma_{t,\max}$，B 点受最大压应力 $\sigma_{c,\max}$，因为矩形截面对称，所以

$$\sigma_{t,\max} = |\sigma_c|_{\max} = \sigma_{\max}$$

$$\sigma_{\max} = \frac{|M_z|_{\max}}{W_z} + \frac{M_{y,\max}}{W_y} = \frac{Fl\cos\varphi}{bh^2/6} + \frac{Fl\sin\varphi}{hb^2/6}$$

$$= \frac{6Fl\cos\varphi}{bh^2} + \frac{6Fl\sin\varphi}{hb^2}$$

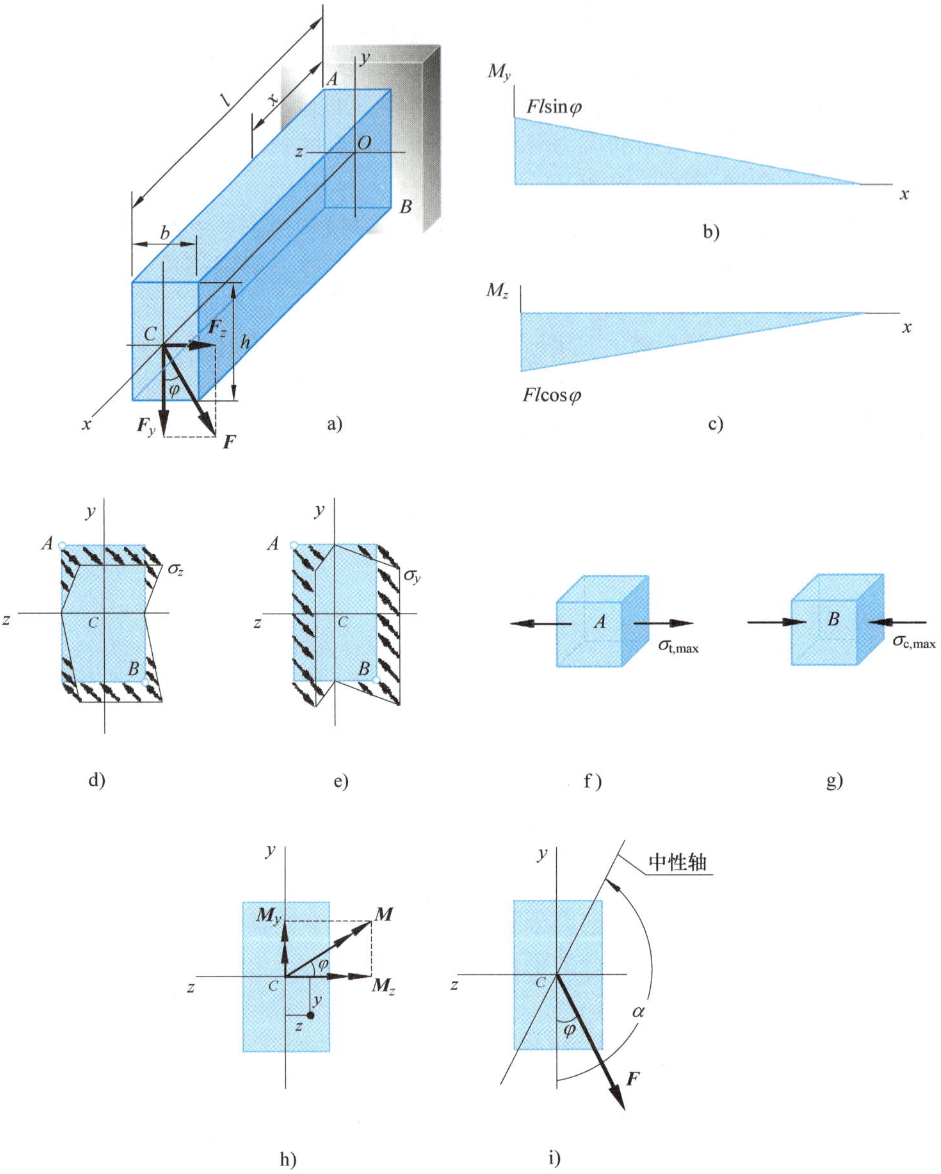

图 8-4

由于弯曲切应力较小，一般不考虑。

4. 强度计算

因为危险点 A 和 B 都是单向应力状态，可以直接应用单向应力状态的强度条件

$$\sigma_{\max} \leqslant [\sigma]$$

本例中梁截面为矩形，因此危险点的位置易确定在棱角处。对于没有外棱角的截面，需先确定截面中性轴的位置，才能确定危险点的位置。

5. 中性轴位置的确定

所谓中性轴，是在弯曲变形梁的横截面上，正应力等于零的各点连线。即在中性上$\sigma=0$。

在距自由端为 x 的截面处（图 8-4a），由分力 F_y、F_z 单独作用时所产生的弯矩分别为

$$M_z=F_yx=Fx\cos\varphi=M\cos\varphi$$

$$M_y=F_zx=Fx\sin\varphi=M\sin\varphi$$

式中，$M(=Fx)$是由力 $\boldsymbol{F}$ 产生的 x 截面的合成弯矩，如图 8-4h 所示。

在 x 截面上任取一点，设其坐标为（y，z），如图 8-4h 所示，由叠加法可知，其正应力

$$\sigma=\frac{M_zy}{I_z}+\frac{M_yz}{I_y}=\frac{M\cos\varphi\cdot y}{I_z}+\frac{M\sin\varphi\cdot z}{I_y}=M\left(\frac{y\cos\varphi}{I_z}+\frac{z\sin\varphi}{I_y}\right)$$

可见，任一点的正应力 σ 是坐标 y、z 的函数，若设中性轴上各点的坐标为（y_0，z_0），则有

$$\sigma=M\left(\frac{y_0\cos\varphi}{I_z}+\frac{z_0\sin\varphi}{I_y}\right)=0$$

因为 $M\neq0$，故

$$\frac{\cos\varphi}{I_z}y_0+\frac{\sin\varphi}{I_y}z_0=0$$

由上式可知，中性轴是通过截面形心的一条直线（图 8-4i）。设中性轴与 y 轴夹角为 α，则中性轴的斜率为

$$\tan\alpha=\frac{z_0}{y_0}=-\frac{I_y}{I_z}\cdot\frac{1}{\tan\varphi}$$

因为矩形截面的 $I_z\neq I_y$，所以 $\tan\alpha\tan\varphi\neq-1$，即 α 与 φ 相差不是 90°（图 8-4i）。因此，力 $\boldsymbol{F}$ 的作用方向与中性轴不垂直，故发生斜弯曲。

对于圆形、正方形等 $I_z=I_y$ 的截面，则 $\tan\alpha\tan\varphi=-1$，即 α 与 φ 相差 90°，说明力 $\boldsymbol{F}$ 的作用方向与中性轴垂直，即过形心的任意横向力都会产生平面弯曲。

中性轴把截面划分成拉伸和压缩两个区域，当截面形状没有明显外棱角时（图 8-5），为找出最大拉应力、最大压应力的作用点，可在截面边缘作平行于中性轴的切线，切点 A、B 即为距中性轴最远的点，也就是危险点。

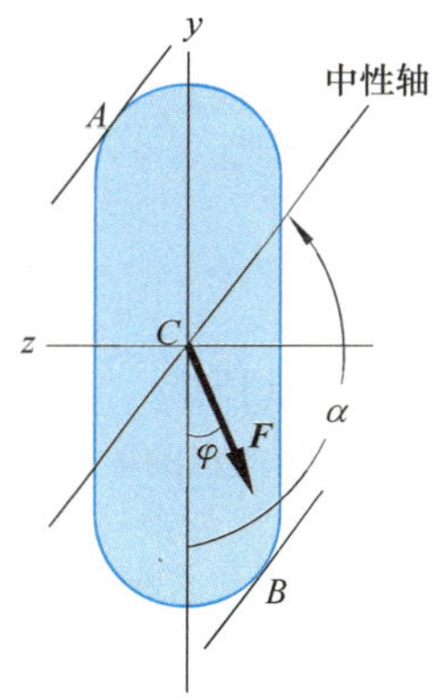

图　8-5

【例 8-1】 图 8-6a 所示桥式起重吊车的大梁材料为 25a 号工字钢，$[\sigma]=160\text{MPa}$，$l=4\text{m}$，$F=20\text{kN}$，行进时由于惯性使载荷 F 偏离纵向对称面一个角度 φ，若 $\varphi=15°$，试校核梁的强度，并与 $\varphi=0°$的情况进行比较。

解： • 外力分析

将 F 分别向 y、z 轴分解，得

$$F_y=F\cos\varphi,\quad F_z=F\sin\varphi,$$

显然，F_y 产生以 z 轴为中性轴的平面弯曲 M_z，F_z 产生以 y 轴为中性轴的平面弯曲 M_y，因此吊车大梁发生两个相互垂直平面弯曲的组合变形，即斜弯曲。

• 内力分析

分别画出弯矩图 M_y 和 M_z，如图 8-6b、c 所示，大梁中点所在截面两个方向的弯矩都是最大的，因此是危险截面。最大弯矩分别为

$$M_{y,\max}=\frac{F_z l}{4}=\frac{Fl\sin15°}{4}$$
$$=\frac{1}{4}\times20\times10^3\times4\times\sin15°\text{N}\cdot\text{m}$$
$$=5\ 176.4\text{N}\cdot\text{m}$$

$$|M_z|_{\max}=\frac{F_y l}{4}=\frac{Fl\cos15°}{4}$$
$$=\frac{1}{4}\times20\times10^3\times4\times\cos15°\text{N}\cdot\text{m}$$
$$=19\ 328.5\text{N}\cdot\text{m}$$

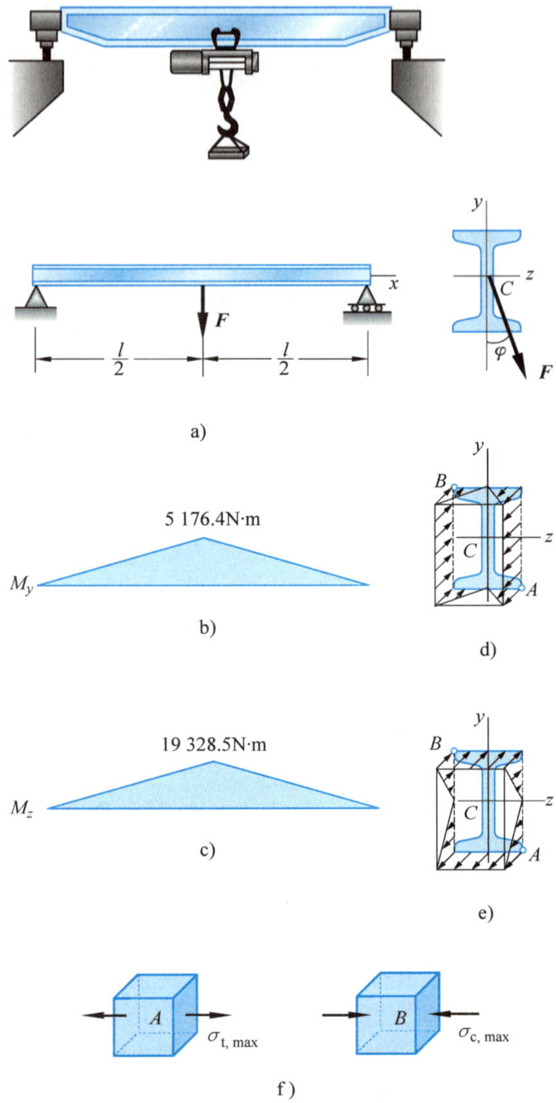

图 8-6

- 应力分析

由 $M_{y,\max}$、$M_{z,\max}$ 所引起的危险截面的应力分布分别如图 8-6d、e 所示。将 $M_{y,\max}$ 和 $M_{z,\max}$ 产生的正应力代数相加，可直接判断出：危险截面上的 A 点和 B 点就是“危险点”。A 点受最大拉应力，B 点受最大压应力，且数值相等。取出单元体 A 和 B（图 8-6f）。

由附录 B 型钢表查得 25a 号工字钢的两个抗弯截面模量分别为

$$W_y=48.3\text{cm}^3,\ W_z=402\text{cm}^3$$

得

$$\sigma_{\max}=\frac{M_{y,\max}}{W_y}+\frac{|M_z|_{\max}}{W_z}$$
$$=\frac{5\ 176.4}{48.3\times10^{-6}}+\frac{19\ 328.5}{402\times10^{-6}}\text{Pa}$$
$$=155\text{MPa}$$

- 强度计算

A 点和 B 点的单元体都是单向应力状态，同时注意到吊车大梁为钢材料，抗拉、抗压性能相同，故只需校核抗拉点 A 即可。应用单向应力状态的强度条件，得

$$\sigma_{\max}=155\text{MPa}<[\sigma]=160\text{MPa}$$

吊车大梁满足强度要求。

若载荷 F 不偏离梁的纵向对称面，即 $\varphi=0°$，则

$$\sigma_{\max}=\frac{|M_z|_{\max}}{W_z}=\frac{Fl}{4W_z}=\frac{20\times10^3\times4}{4\times402\times10^{-6}}\text{Pa}=50\text{MPa}$$

与此相比较，可以看出若载荷偏离一个较小的角度 φ，就会使吊车大梁内的应力超过正常工作时的 2 倍。超出的这部分应力是由 z 方向分力产生的弯矩 M_y 引起的，这是因为 W_y 比 W_z 小很多，才使得这个方向力产生的应力较大。为避免这一现象产生，最好将大梁做成 W_y 和 W_z 相差较小的箱型截面。

【例 8-2】 试求图 8-7a、b 所示梁内的最大正应力。

解： • 外力分析

图 8-7a、b 所示梁受力相同，易判断：F_1 产生平面弯曲 M_y、F_2 产生平面弯曲 M_z。

- 内力分析

两个梁的内力图相同。分别画出弯矩图 M_y 和 M_z（图 8-7c、d）。

图 8-7a、b 所示两个梁在固定端截面沿两个方向的弯矩皆最大，因此固定端截面是危险截面：

$$|M_y|_{max}=2F_1l,\quad |M_z|_{max}=F_2l$$

- 应力分析

（1）对于图 8-7a 所示梁，由应力分布可得，A 点为最大拉应力，B 点为最大压应力，且两应力数值相等：

$$\sigma_{max}=\frac{|M_y|_{max}}{W_y}+\frac{|M_z|_{max}}{W_z}=\frac{2F_1l}{hb^2/6}+\frac{F_2l}{bh^2/6}$$

$$=\frac{6l}{bh}\left(\frac{2F_1}{b}+\frac{F_2}{h}\right)$$

（2）对于图 8-7b 所示梁，其固定端由 $M_{z,max}$、$M_{y,max}$ 引起的应力分布分别如图 8-7e、f 所示。$M_{z,max}$ 引起的最大应力为 E、D 两点，$M_{y,max}$ 引起的最大应力为 G、H 两点。将两图中的正应力叠加，得不到最大应力，也就是不能判断危险点的位置。

圆形截面具有一特性，即通过圆心的任意直线都是对称轴（形心主惯性轴）。利用这一性质，可将作用在危险截面的弯矩 $M_{y,max}$、$M_{z,max}$ 合成为一个弯矩，合成后的弯矩 M_{max} 仍作用于对称面内，产生平面弯曲（图 8-7g）：

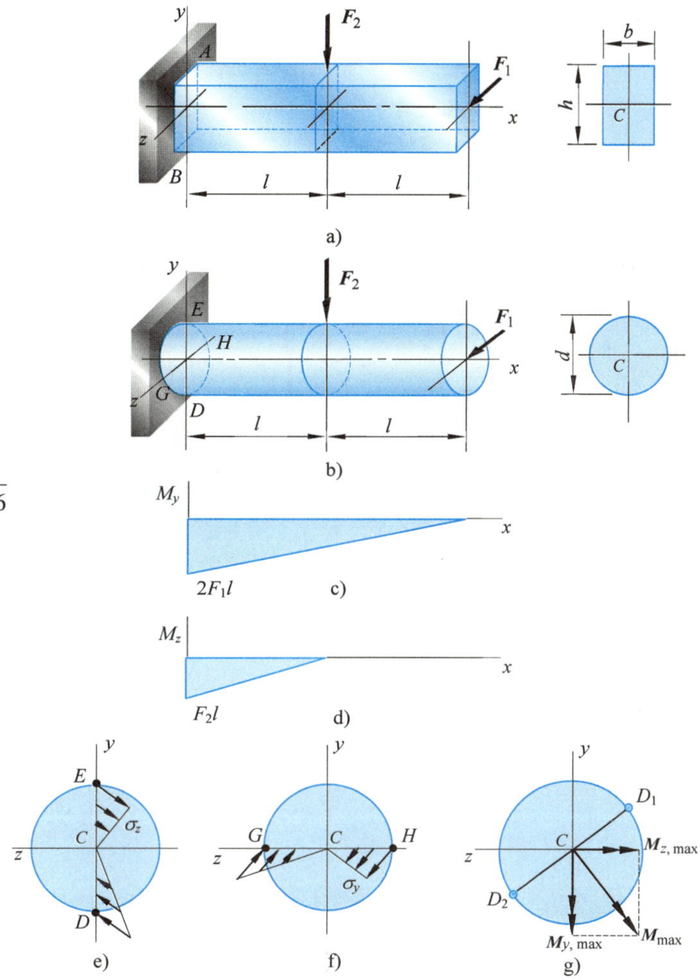

图　8-7

$$M_{max}=\sqrt{M_{y,max}^2+M_{z,max}^2}$$

危险点为圆截面边缘点 D_1、D_2（图 8-7g），最大应力值为

$$\sigma_{max}=\frac{M_{max}}{W}=\frac{\sqrt{M_{y,max}^2+M_{z,max}^2}}{W_z}=\frac{32}{\pi d^3}\sqrt{(2F_1l)^2+(F_2l)^2}=\frac{32l}{\pi d^3}\sqrt{4F_1^2+F_2^2}$$

由此例题可得出一个重要结论：圆形截面杆在其横截面发生两个相互垂直平面弯曲的组合时，需将两个弯矩先合成为一个弯矩，再按平面弯曲问题进行计算。

8.3　拉伸（压缩）与弯曲的组合　偏心压缩和截面核心

8.3.1　拉伸（压缩）与弯曲的组合

拉伸或压缩与弯曲的组合变形是工程中常见情况。以图 8-8a 所示结构的矩形截面梁 AB

为例，载荷 F 作用于 xOy 平面内，BC 是两根钢索，现在来分析梁 AB 的强度。

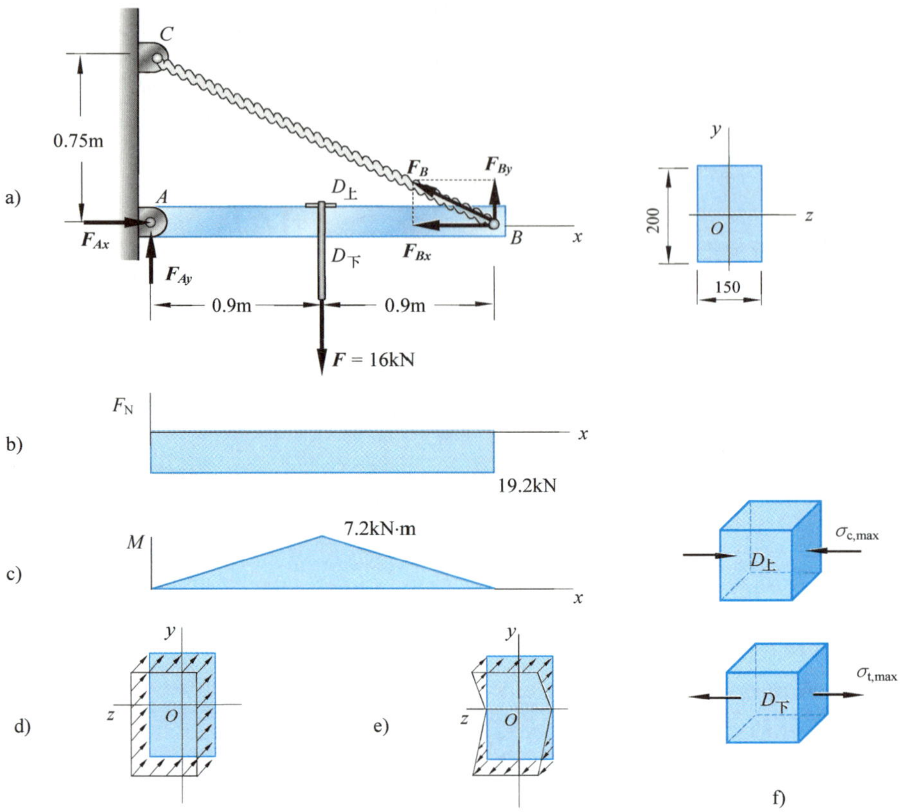

图 8-8

1. 外力分析

梁 AB 受力如图 8-8a 所示。把力 F_B 沿 x、y 轴分解成 F_{Bx}、F_{By}。F_{Ax}、F_{Bx} 引起压缩变形，载荷 F 与 F_{Ay}、F_{By} 引起弯曲变形，所以梁 AB 产生压缩与弯曲的组合变形。

2. 内力分析

分别画出产生压缩变形的轴力图 F_N（图 8-8b）和产生弯曲变形的弯矩图 M（图 8-8c）。可判断出 $\boldsymbol{F}$ 作用的 D 截面是危险截面：

$$|F_N|_{max}=19.2\text{kN},\qquad M_{max}=7.2\text{kN}\cdot\text{m}$$

3. 应力分析

在危险截面上，由 $F_{N,max}$、M_{max} 引起的应力分布分别如图 8-8d、e 所示。将 $F_{N,max}$ 和 M_{max} 产生的正应力“叠加”，即代数相加，可以看出，上表面各点的压应力绝对值最大，显然是危险点。取上表面各点单元体如图 8-8f 所示，有

$$\sigma_上=|\sigma_c|_{max}=\frac{|F_N|_{max}}{A}+\frac{M_{max}}{W_z}=\left(\frac{19.2\times10^3}{200\times150\times10^{-6}}+\frac{7.2\times10^3}{150\times200^2\times10^{-9}/6}\right)\text{Pa}=7.84\text{MPa}$$

下表面各点的应力

$$\sigma_下=\frac{M_{max}}{W_z}-\frac{|F_N|_{max}}{A}=\left(\frac{7.2\times10^3}{150\times200^2\times10^{-9}/6}-\frac{19.2\times10^{-3}}{200\times150\times10^{-6}}\right)\text{Pa}=6.56\text{MPa}$$

取 D 截面表面各点单元体如图 8-8f 所示。计算结果表明，下表面点的是拉应力。

4. 强度计算

危险截面上表面点和下表面点都是单向应力状态（图 8-8f），若梁 AB 为塑性材料，则只需校核上表面点（应力绝对值最大处）的强度，即

$$|\sigma_c|_{max} \leqslant [\sigma]$$

若梁 AB 为脆性材料，则下表面点和上表面点强度需分别校核

$$\sigma_{下} = \sigma_{t,max} \leqslant [\sigma_t]$$

$$|\sigma_c|_{max} \leqslant [\sigma_c]$$

8.3.2 偏心压缩和截面核心的概念

脆性材料的抗拉强度远低于抗压强度，当这类材料，如砖、石或混凝土短柱在承受偏心压力作用下时，整个截面不应出现拉应力，而只受压应力的作用。这就对偏心载荷的作用位置提出了限制。

偏心压缩总可以简化为压缩与弯曲的组合。对于拉应力的危险点，当压缩引起的压应力等于弯曲引起的最大拉应力时，可据此求出不产生拉应力时偏心距的极限值。应用第 8.3.1 节的结果，其条件式为

$$\sigma_{t,max} = \frac{M}{W} - \frac{F_N}{A} \leqslant 0$$

对于圆截面杆（图 8-9a），用上式计算不产生拉应力的极限偏心距，于是有

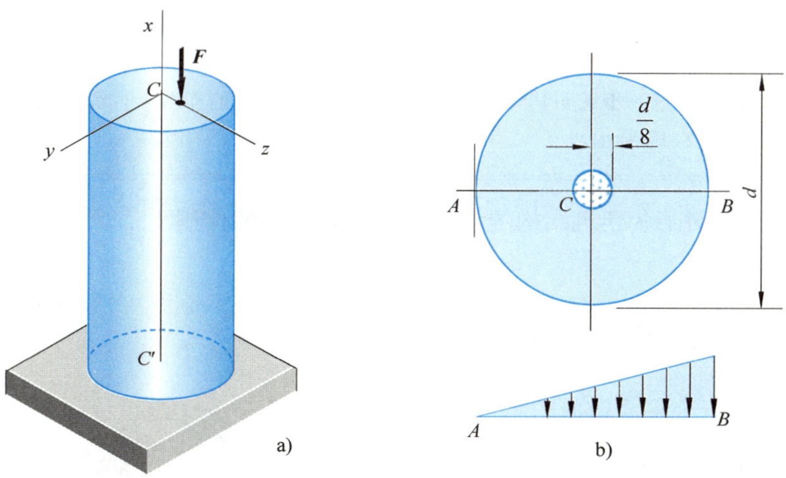

图 8-9

$$\sigma_{t,max} = \frac{Fe}{\frac{\pi d^3}{32}} - \frac{F_N}{\frac{\pi d^2}{4}} \leqslant 0$$

得

$$e \leqslant \frac{d}{8}$$

也就是说，当偏心距 $e = d/8$ 时，中性轴（正应力等于零）的位置必与圆截面周边上的 A 点相切，应力分布如图 8-9b 所示。由此可进一步推断，欲使中性轴的位置处与周边轮廓相切，

则外力 $\boldsymbol{F}$ 必作用在半径为 $d/8$ 的同心圆周上。这样，当偏心压力 $\boldsymbol{F}$ 作用在半径为 $d/8$ 的圆周范围内，在杆的横截面上将不可能产生拉应力，而只产生压应力。

对任一种横截面都有一个封闭区域，当压力 $\boldsymbol{F}$ 作用在这一封闭区域内时，截面上只有压应力，这个封闭区称为**截面核心**。截面核心只取决于截面的形状和尺寸，故它也属于截面的几何性质。

【例 8-3】 求矩形截面杆（图 8-10）的截面核心。

解： 若 AC 边拉应力为零（中性轴），截面其他点皆为受压，则

$$\sigma_{t,\max}=\frac{M_y}{W_y}-\frac{F_N}{A}\leqslant 0$$

即

$$\frac{Fe}{\frac{bh^2}{6}}-\frac{F_N}{bh}\leqslant 0$$

$$e\leqslant\frac{h}{6}$$

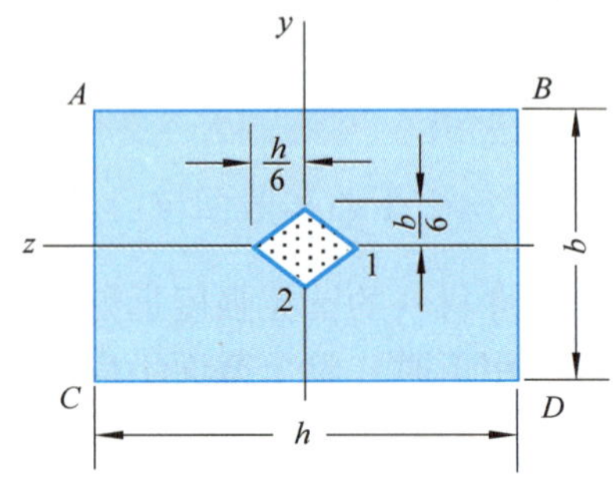

图 8-10

若中性轴与 AB 边重合，截面其他点皆为受压，则

$$\sigma_{t,\max}=\frac{M_z}{W_z}-\frac{F_N}{A}\leqslant 0$$

即

$$\frac{Fe}{\frac{hb^2}{6}}-\frac{F_N}{bh}\leqslant 0$$

$$e\leqslant\frac{b}{6}$$

当中性轴过 A 点时，可进一步证明其外载荷作用点在 1 点和 2 点的连线上。综合两个方向，最后得到一个菱形的截面核心如图 8-10 所示。

截面核心的计算对某些建筑结构的设计起到非常重要的作用。

8.4 扭转与其他变形的组合

8.4.1 圆轴扭转与一个平面弯曲的组合

扭转与弯曲的组合是机械工程中最为常见，也是非常重要的一种组合变形情况。现以电机轴的外伸段为例，讨论杆件受扭转与弯曲组合时的强度计算。电机轴的外伸端装一带轮（图 8-11），两边的带拉力不等，设松边和紧边的拉力分别为 $\boldsymbol{F}_1$ 和 $\boldsymbol{F}_2$（$F_2>F_1$），轮的自重暂不考虑。

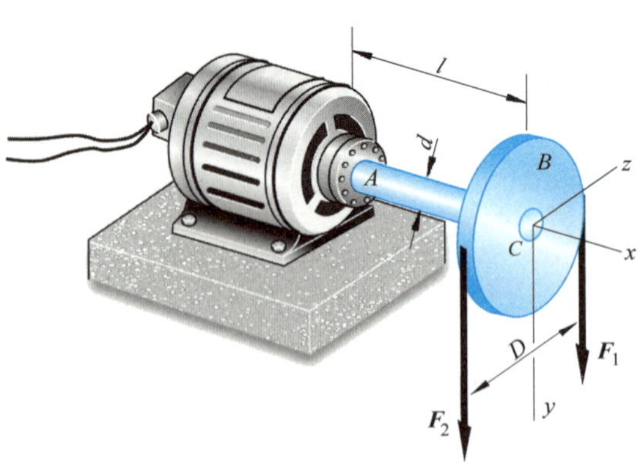

图 8-11

1. 外力分析

先把皮带拉力 $\boldsymbol{F}_1$ 和 $\boldsymbol{F}_2$ 分别向作用面的截面形心 C 平移，即在 B 截面得到一个作用在 C 点的竖直力和一个作用在 B 截面的力偶，即

$$F = F_1 + F_2$$

$$M_e = (F_2 - F_1)\frac{D}{2}$$

然后画出轴 AB 的受力简图（图 8-12a）。力偶 $\boldsymbol{M}_e$ 使轴发生扭转，力 $\boldsymbol{F}$ 使轴在 xy 面内发生弯曲，所以轴 AB 受扭转与弯曲的联合作用。

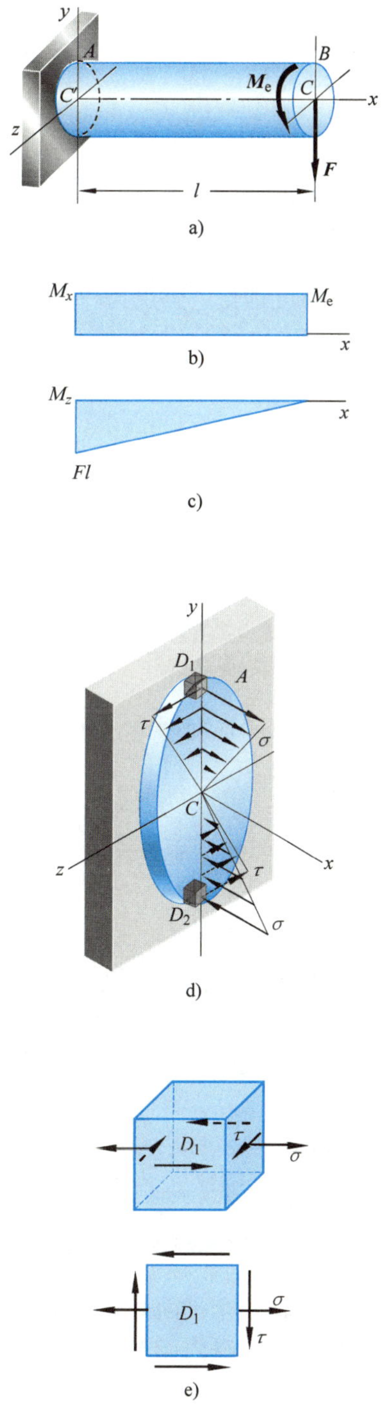

图 8-12

2. 内力分析

画内力图以确定危险截面。根据受力简图，绘出扭矩图（图 8-12b）和弯矩图（图 8-12c）（横向力 $\boldsymbol{F}$ 引起剪力一般可略去）。由两个内力图可看出，固定端 A 截面是轴的危险截面。危险截面上的弯矩和扭矩值（均取绝对值）分别为

$$M_{z,\max} = F \cdot l, \qquad M_{x,\max} = M_e$$

3. 应力分析

分析危险截面上的应力分布及大小，确定危险点。为确定危险截面 A 上的危险点，画出 A 截面上的应力分布图（图 8-12d）。由于弯曲时的中性轴是 z 轴，距 z 轴最远的 D_1、D_2 两点分别有最大拉应力和最大压应力，其值为

$$\sigma = \frac{M_{z,\max}}{W} \tag{a}$$

由于扭转产生的切应力在周边上有最大值

$$\tau = \frac{M_{x,\max}}{W_P} \tag{b}$$

故 D_1 和 D_2 点的正应力 σ 和切应力 τ 同时达到最大值，所以是危险截面 A 上的危险点。D_1 和 D_2 点应力数值相等，但作用方向不同。因此只在 D_1 点取出单元体即可，其应力状态如图 8-12e 所示。

4. 强度计算

危险点 D_1、D_2 均属二向应力状态，因此必须根据强度理论建立强度条件。因为材料的破坏形式不仅取决于危险点的应力状态，还与材料的性质有关，所以，对于塑性材料来说，应采用第三或第四强度理论。由于塑性材料的抗拉和抗压强度是相等的，则危险点 D_1 和 D_2 中只需校核一点（如 D_1 点）的强度即可，首先求 D_1 点的

主应力。由主应力公式有

$$\left.\begin{matrix}\sigma_{max}\\ \sigma_{min}\end{matrix}\right\}=\frac{\sigma}{2}\pm\sqrt{\left(\frac{\sigma}{2}\right)^2+\tau^2}=\frac{\sigma}{2}\pm\frac{1}{2}\sqrt{\sigma^2+4\tau^2} \tag{c}$$

显然

$$\left.\begin{aligned}\sigma_1&=\frac{\sigma}{2}+\frac{1}{2}\sqrt{\sigma^2+4\tau^2}\\ \sigma_2&=0\\ \sigma_3&=\frac{\sigma}{2}-\frac{1}{2}\sqrt{\sigma^2+4\tau^2}\end{aligned}\right\} \tag{d}$$

按第三强度理论，强度条件为

$$\sigma_{r3}=\sigma_1-\sigma_3\leqslant[\sigma]$$

将式（d）中的主应力代入上式，整理得

$$\boxed{\sigma_{r3}=\sqrt{\sigma^2+4\tau^2}\leqslant[\sigma]} \tag{8-1}$$

将式（a）、式（d）代入式（8-1），并注意对圆截面有 $W_P=2W_z=2W$（W 为圆截面对任意形心轴的抗弯截面系数），于是对于塑性材料制成的圆轴，在扭转与弯曲组合变形下的强度条件为

$$\boxed{\sigma_{r3}=\frac{1}{W}\sqrt{M_{max}^2+M_{x,max}^2}\leqslant[\sigma]} \tag{8-2}$$

若按第四强度理论，强度条件为

$$\sigma_{r4}=\sqrt{\frac{1}{2}[(\sigma_1-\sigma_2)^2+(\sigma_2-\sigma_3)^2+(\sigma_3-\sigma_1)^2]}\leqslant[\sigma]$$

将式（d）中的主应力代入上式，得出

$$\boxed{\sigma_{r4}=\sqrt{\sigma^2+3\tau^2}\leqslant[\sigma]} \tag{8-3}$$

将式（a）、式（b）代入得圆轴在扭转与弯曲组合变形下，按第四强度理论计算的强度条件为

$$\boxed{\sigma_{r4}=\frac{1}{W}\sqrt{M_{max}^2+0.75M_{x,max}^2}\leqslant[\sigma]} \tag{8-4}$$

注意：式（8-2）、式（8-4）只适用于受扭转与弯曲组合的圆轴（实心或空心截面）。式中的 M_{max}、$M_{x,max}$ 为危险截面上的弯矩、扭矩。

8.4.2 圆轴扭转与两个平面弯曲的组合

圆轴在两个平面内发生平面弯曲与扭转的组合（图 8-13a），对圆形截面的轴而言，包含轴线的任意纵向面都是纵向对称面，所以只要弯矩作用面通过圆形截面的轴线均产生平面弯曲。这里 q 引起垂直平面内的弯曲（M_z 图），力 $\boldsymbol{F}$ 引起水平平面内的弯曲（M_y 图）。另外，轴还受扭矩作用（M_x 图），如图 8-13b ~ d 所示。危险截面显然为固定端截面 A，其内

力分别为

扭矩 $$M_{x,\max}=M_e$$

xy 平面内的弯矩 $$M_{z,\max}=\frac{ql^2}{2}$$

xz 平面内的弯矩 $$M_{y,\max}=Fl$$

而 $M_{z,\max}$引起的正应力危险点为上、下边缘两点，$M_{y,\max}$引起的正应力危险点为前、后两点。对圆截面轴，把 $M_{y,\max}$和 $M_{z,\max}$合成后，合成弯矩作用面仍然为纵向对称面，即为平面弯曲（图 8-13e）。这时，扭矩 $M_{x,\max}$与合成弯矩 $M_{\max}$产生扭转与弯曲的组合，仍可按圆轴扭转与弯曲组合的公式计算。

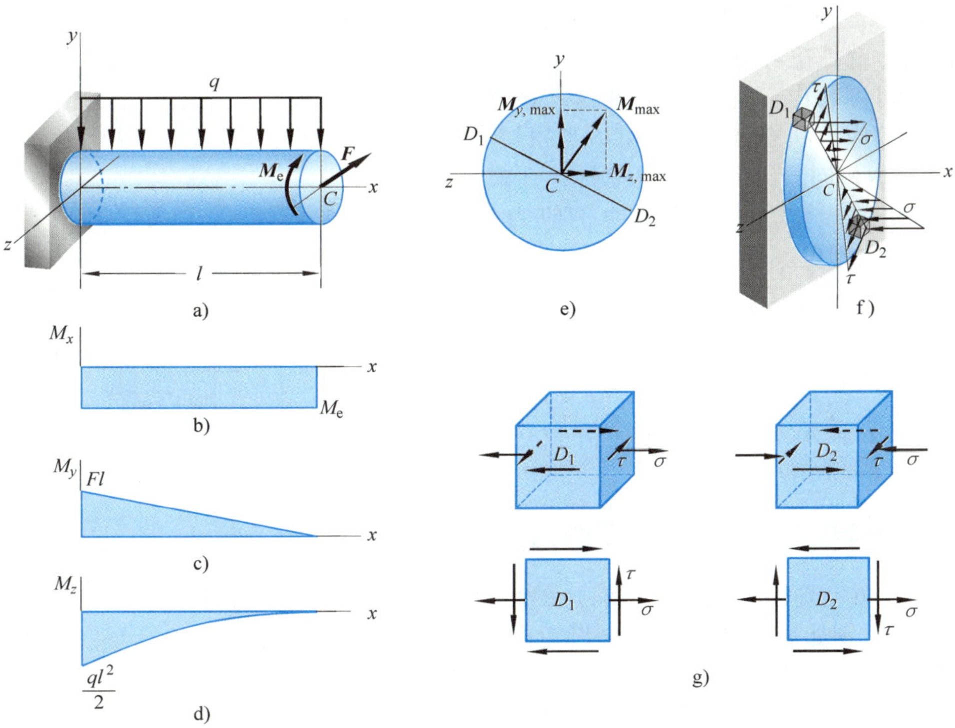

图 8-13

在危险截面上，扭矩 $M_{x,\max}$产生的切应力在周边达到最大值

$$\tau=\frac{M_{x,\max}}{W_P}$$

合成弯矩 $M_{\max}$要用矢量合成的方法求出

$$M_{\max}=\sqrt{M_{y,\max}^2+M_{z,\max}^2}$$

而合成弯矩 $M_{\max}$引起的弯曲正应力，在 D_1 和 D_2 点上达到最大值，其值为

$$\sigma=\frac{M_{\max}}{W}$$

沿截面的直径 D_1D_2，如图 8-13e 所示。正应力和切应力的分布如图 8-13f 所示。显然 D_1、D_2 点为危险点，D_1、D_2 点处的应力状态如图 8-13g 所示。这和前面讨论过的扭转与弯曲组合的应力状态相同，因此，对塑性材料，若采用第三强度理论，则

$$\sigma_{r3}=\sqrt{\sigma^2+4\tau^2}=\sqrt{\left(\frac{M_{max}}{W}\right)^2+4\left(\frac{M_{x,max}}{W_P}\right)^2}$$
$$=\frac{1}{W}\sqrt{M_{x,max}^2+M_{y,max}^2+M_{z,max}^2}\leqslant[\sigma]$$

对圆截面杆在任意两平面内的平面弯曲，总可以将其分解为互相垂直平面内的两个平面弯曲变形，然后如同上述的方法求解。

8.4.3 圆轴扭转与拉伸（压缩）的组合

圆轴受扭转与拉伸（压缩）的组合作用，如图8-14a所示。这种组合变形也是工程中常见的，例如钻杆的受力就是扭转与压缩的组合。由内力图（图8-14b、c）可判断出，所有横截面的危险程度相同。由于危险点的应力状态（图8-14d）与扭转和弯曲组合变形时完全相同，因此，对塑性材料，式（8-1）、式（8-3）仍然成立，只要把弯曲正应力换成拉伸（压缩）正应力即可。即

$$\sigma_{r3}=\sqrt{\sigma^2+4\tau^2}$$
$$=\sqrt{\left(\frac{F_{N,max}}{A}\right)^2+4\left(\frac{M_{x,max}}{W_P}\right)^2}\leqslant[\sigma]$$

注意：由于 A 与 W_P 不再有倍数关系，故式（8-2）、式（8-4）不再适用。

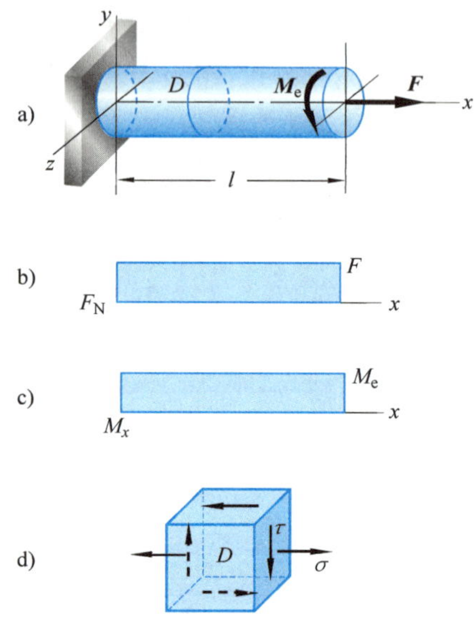

图 8-14

8.4.4 圆轴扭转与弯曲、拉伸（压缩）的组合

圆轴受扭转与弯曲、拉伸（压缩）的组合作用，如图8-15所示。例如装有斜齿轮或伞齿轮的传动轴的受力都可以简化为此种组合变形，其危险点（如 D 点）处应力状态与弯扭组合变形时完全相同，因此，式（8-1）、式（8-3）仍然成立，只是公式里的 σ 是弯曲正应力和拉伸（压缩）正应力的代数和，而 τ 是同一点的切应力。因此，按第三强度理论，其强度条件为

$$\sigma_{r3}=\sqrt{\sigma^2+4\tau^2}$$
$$=\sqrt{\left(\frac{|M|_{max}}{W}+\frac{|F_N|_{max}}{A}\right)^2+4\left(\frac{M_{x,max}}{W_P}\right)^2}$$
$$\leqslant[\sigma]$$

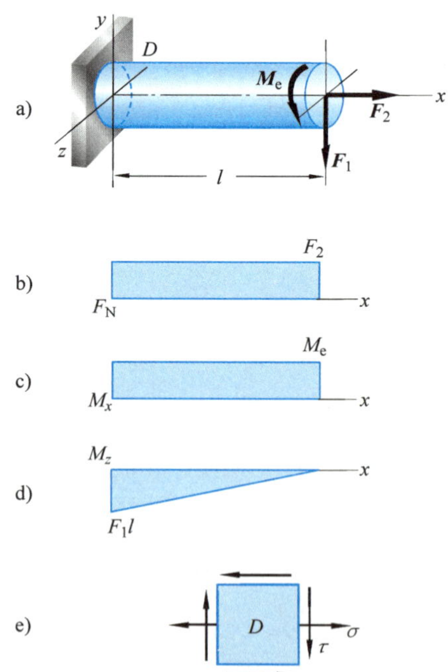

图 8-15

8.4.5 脆性材料或低塑性材料的弯、扭组合变形

此时的危险点只需取 D_1 点（见图8-12）。可选用

莫尔强度理论建立强度条件

$$\sigma_{rM}=\sigma_1-\frac{[\sigma_t]}{[\sigma_c]}\sigma_3\leqslant[\sigma_t]$$

将主应力代入上式，有

$$\sigma_{rM}=\frac{1}{2}[(1-\nu)\sigma+(1+\nu)\sqrt{\sigma^2+4\tau^2}]\leqslant[\sigma_t] \tag{8-5}$$

式中，$\nu=\dfrac{[\sigma_t]}{[\sigma_c]}$。

若为圆截面的扭转和弯曲的组合变形，则

$$\sigma_{rM}=\frac{1}{2W}[(1-\nu)M_{max}+(1+\nu)\sqrt{M_{max}^2+M_{x,max}^2}]\leqslant[\sigma_t] \tag{8-6}$$

注意：某些承受扭转与弯曲组合变形的杆件，其截面并非圆形，例如，曲轴曲柄的截面就是矩形的，计算方法也就略有不同（参见例 8-6）。

【例 8-4】 传动轴 AD 如图 8-16a 所示，已知 C 轮上的带拉力方向都是铅直的，D 轮上的带拉力方向都是水平的，轴的材料为 45 号优质碳素钢，许用应力$[\sigma]=120\text{MPa}$，不计自重，试选择实心轴的直径 d。

解： • 外力分析

将两个轮子上的带拉力向轮 C、D 轮心简化，可得轴 AD 的受力简图（图 8-16b）。其中

$$F_C=F_D=(10+4)\times10^3\text{N}=14\text{kN}$$

$$M_C=M_D=(10-4)\times10^3\times\frac{500}{2}\times10^{-3}\text{N}\cdot\text{m}$$

$$=1\,500\text{N}\cdot\text{m}=1.5\text{kN}\cdot\text{m}$$

由图可知，轴的变形为扭转和两个互相垂直平面的平面弯曲的组合。

• 内力分析

根据外力作用分别绘出轴 AD 的扭矩图 M_x（图 8-16c）和两个互相垂直平面上的弯矩图 M_y、M_z（图 8-16d、e），然后将每一截面上的两个弯矩 $M_y(x)$、$M_z(x)$按矢量合成，可得合成弯矩 $M(x)$，即

$$M(x)=\sqrt{M_y^2(x)+M_z^2(x)}$$

各截面的合成弯矩 $M(x)$并不一定在同一平面内，但对圆截面来说，不论 $M(x)$的方向如何，都将产生平面弯曲，而且在计算最大弯曲正应力时，只用其合成弯矩的大小而无需考虑它的方向。因此，可将各截面的合成弯矩按其数值绘制在一个平面上而不会影响强度计算的结果，合成弯矩图为图 8-16f。可以证明，合成弯矩 $M(x)$不是直线便是凹形的曲线。所以只需计算各极值弯矩截面的合成弯矩，找出最大值来确定出危险截面，而合成弯矩图 $M(x)$一般不需画出。

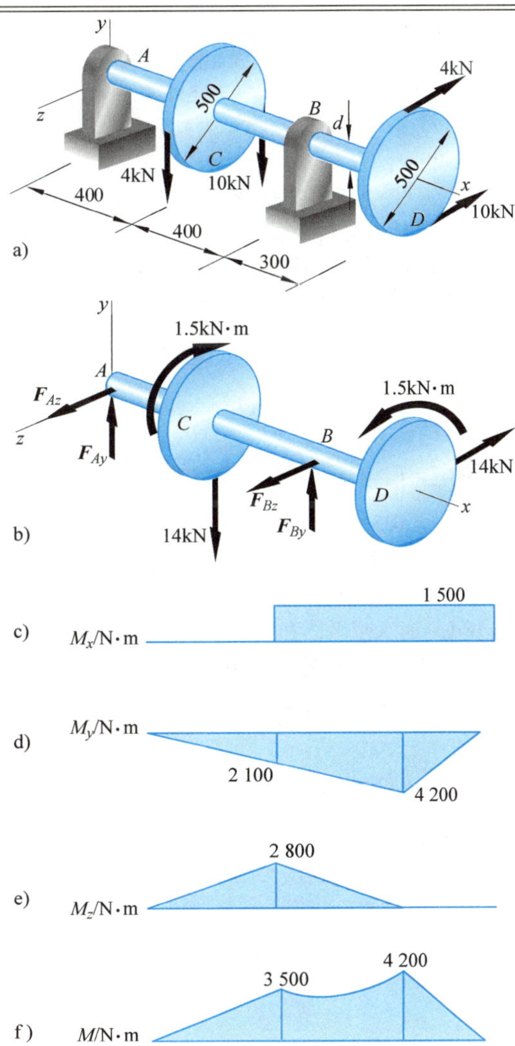

图　8-16

由扭矩图（图 8-16c）和合成弯矩图（图 8-16f）可知，B 截面为危险截面，在该截面上的弯矩和扭矩值分别为

$$M_{\max}=4\ 200\mathrm{N\cdot m},\ M_{x,\max}=1\ 500\mathrm{N\cdot m}$$

• 利用强度条件设计截面直径 d

对塑性材料可采用第三强度理论计算。由圆轴扭转和弯曲组合的强度条件

$$\sigma_{r3}=\frac{1}{W}\sqrt{M_{\max}^2+M_{x,\max}^2}\leqslant[\sigma]$$

得

$$W\geqslant\frac{1}{[\sigma]}\sqrt{M_{\max}^2+M_{x,\max}^2}$$

$$\frac{\pi d^3}{32}\geqslant\frac{1}{[\sigma]}\sqrt{M_{\max}^2+M_{x,\max}^2}$$

$$d\geqslant\sqrt[3]{\frac{32}{\pi[\sigma]}\sqrt{M_{\max}^2+M_{x,\max}^2}}=\sqrt[3]{\frac{32}{\pi\times120\times10^6}\sqrt{4\ 200^2+1\ 500^2}}\ \mathrm{m}$$

$$=72.3\times10^{-3}\mathrm{m}$$

根据机械加工取整取偶的原则，取 $d=74\mathrm{mm}$。

也可以按第四强度理论来设计，留给读者去比较。

【例 8-5】 斜齿轮传动轴如图 8-17 所示，已知左端斜齿轮上的圆周力 $F_t=4.55\mathrm{kN}$，轴向力 $F_x=1.22\mathrm{kN}$，径向力 $F_r=1.72\mathrm{kN}$；右端直齿轮上的圆周力 $F_t'=14.49\mathrm{kN}$，径向力 $F_r'=5.25\mathrm{kN}$；若轴的直径 $d=4\mathrm{cm}$，钢材的 $[\sigma]=210\mathrm{MPa}$，试校核轴的强度。

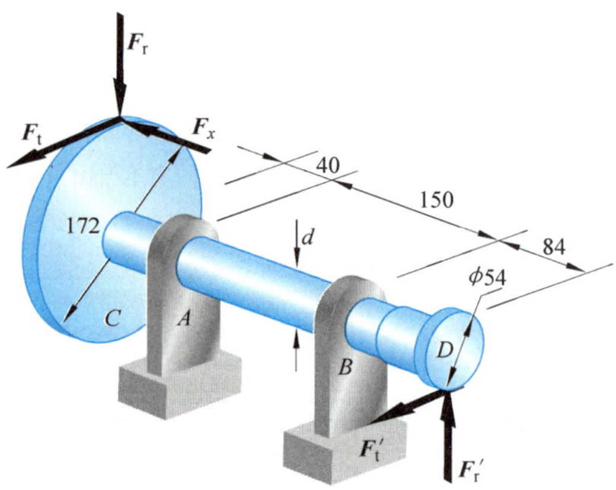

图 8-17

解： • 外力分析

将作用在斜齿轮和直齿轮上的力向轴线 C、D 处简化，可得传动轴轴的计算简图如图 8-18a 所示。其中

$$M_e=F_t\cdot\frac{172}{2}\mathrm{mm}=F_t'\cdot\frac{54}{2}\mathrm{mm}$$

$$=4.55\times10^3\times\frac{172}{2}\times10^{-3}\mathrm{N\cdot m}=391\mathrm{N\cdot m}$$

$$M_{Cz}=F_x\cdot\frac{172}{2}\mathrm{mm}=1.22\times10^3\times\frac{172}{2}\times10^{-3}\mathrm{N\cdot m}$$

$$=105\mathrm{N\cdot m}$$

• 内力分析

根据传动轴的受力情况，可相应地绘出其内力图。其中，图 8-18b 为轴力图，图 8-18c 为扭矩图；图 8-18d、e 为水平平面和垂直平面内的弯矩图。

由此可见，传动轴 CD 为拉伸、扭转与弯曲的组合变形情况。从内力图上可以看出，传动轴的危险截面为 B 截面左侧。B 截面的合成弯矩为

$$M_{\max}=\sqrt{M_{By}^2+M_{Bz}^2}$$

$$=\sqrt{444^2+1\ 217^2}\mathrm{N\cdot m}=1\ 296\mathrm{N\cdot m}$$

• 应力分析

B 截面上的最大正应力为

$$\sigma=\frac{M_{\max}}{W}+\frac{F_N}{A}$$

$$=\left(\frac{1\ 296}{\frac{\pi\cdot4^3}{32}\times10^{-6}}+\frac{1\ 220}{\frac{\pi\cdot4^2}{4}\times10^{-4}}\right)\mathrm{Pa}$$

$$=207.3\times10^6\mathrm{Pa}=207.3\mathrm{MPa}$$

B 截面上的最大切应力为

$$\tau=\frac{M_{max}}{W_P}=\frac{391}{\frac{\pi\cdot 4^3}{16}\times 10^{-6}}\text{Pa}$$
$$=31.1\times 10^6\text{Pa}=31.1\text{MPa}$$

- 强度校核

根据第四强度理论，有

$$\sigma_{r4}=\sqrt{\sigma^2+3\tau^2}=\sqrt{207.3^2+3\times 31.1^2}\text{MPa}=214.2\text{MPa}$$

显然 $\sigma_{r4}>[\sigma]$，但 $\frac{\sigma_{r4}-[\sigma]}{[\sigma]}\times 100\%=\frac{214.2-210}{210}\times 100\%=2\%<5\%$，故该轴还可以正常工作。

【例 8-6】 单缸柴油机曲轴简化为图 8-19a 所示的结构。主轴颈 $d_1=56\text{mm}$，连杆轴颈 $d=48\text{mm}$，曲柄臂简化为矩形截面，$h=70\text{mm}$，$b=28\text{mm}$，$r=60\text{mm}$，$l_1=74\text{mm}$，$l_2=144\text{mm}$，$l_3=36\text{mm}$。输入的功率 $P=9.27\text{kW}$，轴的转速 $n=100\text{r/min}$，不计重力及惯性力的作用，设连杆轴颈中点受的切向力为 F_t，径向力为 F_r，且 $F_r=F_t/2$。曲轴的材料为碳钢，$[\sigma]=120\text{MPa}$，试校核曲轴的强度。

解： • 外力分析

画出曲轴的计算简图（图 8-19b），计算外力偶矩：

$$M_e=9\,549\times\frac{P}{n}=9\,549\times\frac{9.27}{100}\text{N}\cdot\text{m}=885\text{N}\cdot\text{m}$$

计算切向力 F_t、径向力 F_r：

$$F_t=\frac{M_e}{r}=\frac{885}{60\times 10^{-3}}\text{N}=14\,750\text{N}$$

$$F_r=\frac{F_t}{2}=7\,375\text{N}$$

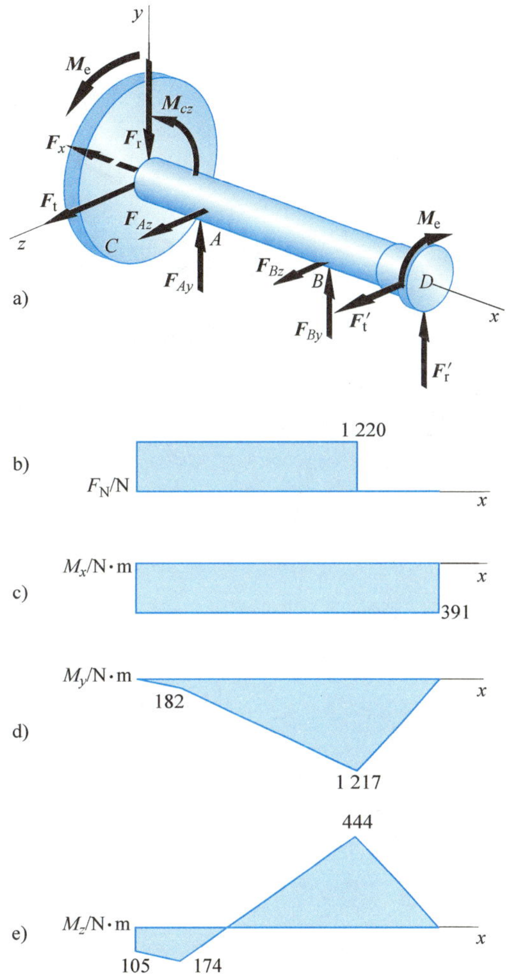

图 8-18

再由平衡方程计算支座约束力：在 xOy 平面

$$F_{Ay}=\frac{F_r(l_3+l_2)}{l_1+2l_3+l_2}=\frac{14\,750\times(36+144)}{74+2\times 36+144}\text{N}=4\,578\text{N}$$

$$F_{By}=\frac{F_r(l_1+l_3)}{l_1+2l_3+l_2}=\frac{14\,750\times(74+36)}{74+36\times 2+144}\text{N}=2\,797\text{N}$$

在 xOz 平面

$$F_{Az}=\frac{F_t(l_3+l_2)}{l_1+2l_3+l_2}=9\,155\text{N},\quad F_{Bz}=\frac{F_t(l_1+l_3)}{l_1+2l_3+l_2}=5\,595\text{N}$$

- 内力分析

画出内力图（图 8-20）。不计弯曲切应力（故未画剪力图），弯矩图画在纤维受压侧。根据内力图确定危险截面：

（1）轴颈以 DB 段的左端（1-1）截面最危险，受扭转和两向弯曲

$$M_{1x}=M_e=885\text{N}\cdot\text{m}$$
$$M_{1y}=F_{Bz}l_2=806\text{N}\cdot\text{m}$$
$$M_{1z}=F_{By}l_2=403\text{N}\cdot\text{m}$$

（2）连杆轴颈以 CD 段中间（2-2）截面 K 最危险，受扭转和两向弯曲

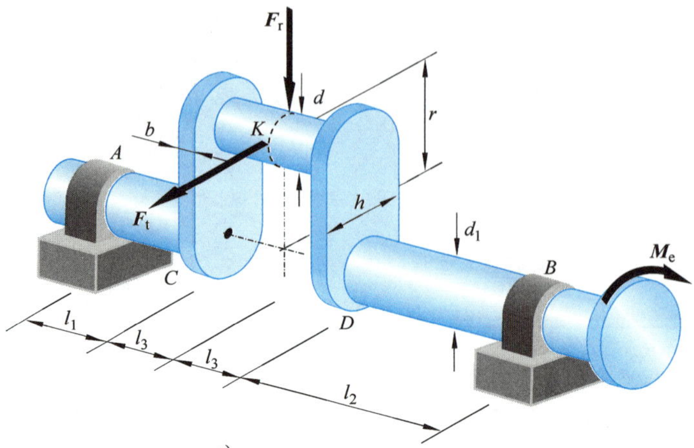

F_r
d
r
b
K
A
F_t
h
d_1
M_e
B
C
D
l_1
l_3
l_3
l_2

a)

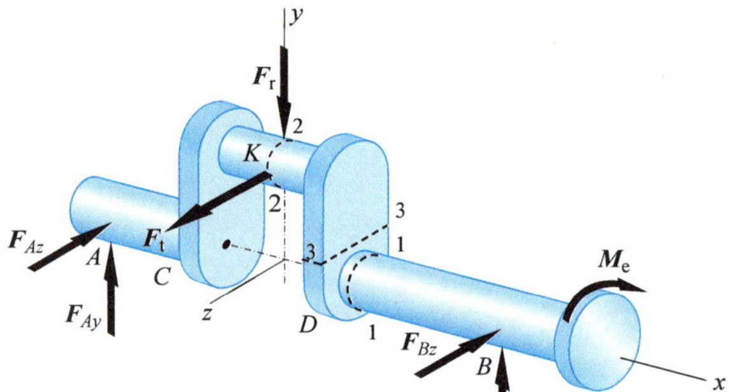

y
F_r
2
K
2
3
1
F_Az
A
F_t
3
M_e
F_Ay
C
z
D
1
F_Bz
B
x
F_By

b)

图 8-19

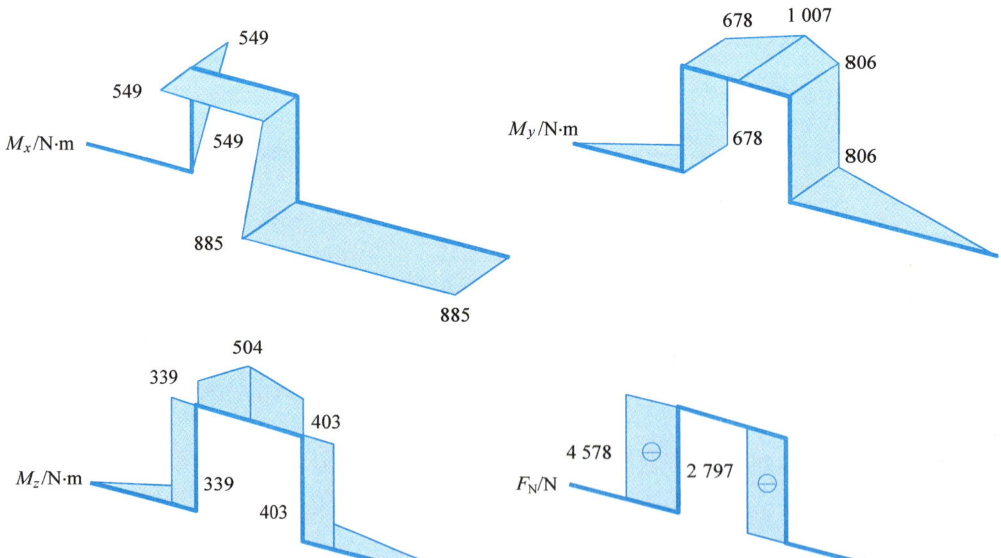

549
549
M_x/N·m
549
885
885
678
1 007
806
M_y/N·m
678
806
504
339
403
M_z/N·m
339
403
4 578
2 797
F_N/N

图 8-20

$$M_{2x}=F_{Az}r=549\text{N}\cdot\text{m}$$
$$M_{2y}=F_{Az}(l_1+l_3)=1\ 007\text{N}\cdot\text{m}$$
$$M_{2z}=F_{Ay}(l_1+l_3)=504\text{N}\cdot\text{m}$$

（3）曲柄臂以 D 侧的下端（3－3）截面最危险，受扭转、两向弯曲及压缩

$$M_{3y}=F_{Bz}l_2=806\text{N}\cdot\text{m},\quad M_{3x}=M_e=885\text{N}\cdot\text{m},$$
$$M_{3z}=F_{By}l_2=403\text{N}\cdot\text{m},\quad F_{3\text{N}}=F_{By}=2\ 797\text{N}$$

- 强度校核

（1）主轴颈（1－1）截面的强度计算

因主轴颈处于两向弯曲与扭转的组合变形，可用第三强度理论计算

$$\sigma_{r3}=\frac{1}{W_1}\sqrt{M_{1y}^2+M_{1z}^2+M_{1x}^2}=\frac{32}{\pi d_1^3}\sqrt{M_{1y}^2+M_{1z}^2+M_{1x}^2}$$
$$=\frac{32}{\pi\cdot(56\times10^{-3})^3}\sqrt{806^2+403^2+885^2}\text{Pa}$$
$$=\frac{32\times1263}{\pi\cdot(56\times10^{-3})^3}=73.7\times10^6\text{Pa}=73.7\text{MPa}<[\sigma]$$

所以，主轴颈满足强度条件。

（2）连杆轴颈（2－2）截面的强度计算

如同主轴颈的计算，仍用第三强度理论计算

$$\sigma_{r3}=\frac{1}{W_2}\sqrt{M_{2y}^2+M_{2z}^2+M_{2x}^2}=\frac{32}{\pi d^3}\sqrt{M_{2y}^2+M_{2z}^2+M_{2x}^2}$$
$$=\frac{32}{\pi\cdot(48\times10^{-3})^3}\sqrt{1\ 007^2+504^2+549^2}\text{Pa}$$
$$=\frac{32\times1\ 253}{\pi\cdot(48\times10^{-3})^3}\text{Pa}=115\times10^6\text{Pa}=115\text{MPa}<[\sigma]$$

可见连杆轴颈也满足强度计算。

（3）曲柄臂（3－3）截面的强度计算

曲柄臂的危险截面为矩形截面，且受扭转、两向弯曲及轴力作用（这里不计剪力 F_Q）。为确定危险点的位置，画出曲柄臂上（3－3）截面的应力分布图（图 8-21）。根据应力分布图，可以判定出可能的危险点有 D_1、D_2、D_3 三点。

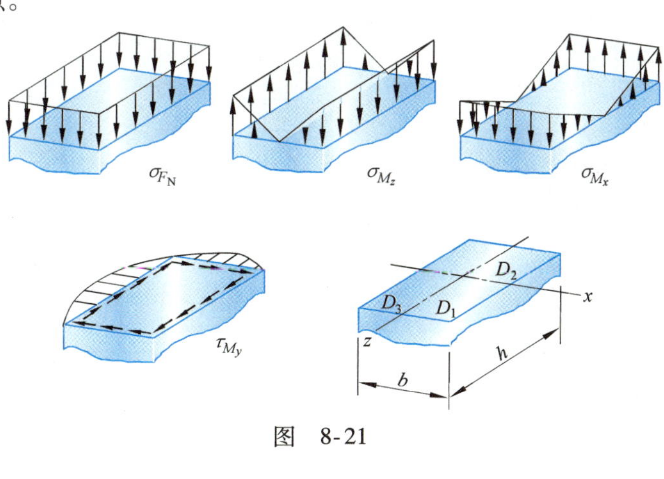

图　8-21

对 D_1 点进行应力分析。由于 D_1 点处于单向压缩，所以为正应力的代数叠加，即

$$\sigma=\frac{M_{3x}}{W_{3x}}+\frac{M_{3z}}{W_{3z}}+\frac{F_{3\text{N}}}{A_3}=\left(\frac{885}{28\times70^2\times10^{-9}/6}+\frac{403}{70\times28^2\times10^{-9}/6}+\frac{2\ 797}{28\times70\times10^{-6}}\right)\text{Pa}=84.13\text{MPa}<[\sigma]$$

所以 D_1 点安全。

对 D_2 点进行应力分析。由于 D_2 点有扭转切应力，查表 3-1 得

$$\alpha = 0.258,\ \gamma = 0.767$$

$$\tau = \frac{M_{3y}}{\alpha h b^2} = \frac{5\,595 \times 0.144}{0.258 \times 70 \times 28^2 \times 10^{-9}}\text{Pa} = 56.8\text{MPa}$$

D_2 点的正应力为轴向力和绕 z 轴的弯矩共同引起的，即

$$\sigma = \frac{M_{3z}}{W_{3z}} + \frac{F_{3N}}{A_3} = \left(\frac{403}{70 \times 28^2 \times 10^{-9}/6} + \frac{2\,797}{28 \times 70 \times 10^{-6}}\right)\text{Pa} = 45.43\text{MPa}$$

由于 D_2 点处于二向应力状态，故选第三强度理论计算

$$\sigma_{r3} = \sqrt{\sigma^2 + 4\tau^2} = \sqrt{45.43^2 + 4 \times 56.8^2}\text{MPa} = 122.3\text{MPa}$$

$\sigma_{r3} > [\sigma]$，但 $\dfrac{\sigma_{r4} - [\sigma]}{[\sigma]} \times 100\% = \dfrac{122.3 - 120}{120} \times 100\% = 1.9\% < 5\%$。所以 D_2 点也满足强度条件。

对于 D_3 点

$$\tau' = \gamma\tau = 0.767 \times 56.8\text{MPa} = 43.57\text{MPa}$$

$$\sigma' = \frac{M_{3x}}{W_{3x}} + \frac{F_{3N}}{A_3} = \left(\frac{885}{28 \times 70^2 \times 10^{-9}/6} + \frac{2\,797}{28 \times 70 \times 10^{-6}}\right)\text{Pa} = 40.1\text{MPa}$$

由于 D_3 点的切应力和正应力比 D_2 点的均小，故曲柄臂也满足强度条件，该曲轴是安全的。

分析思考题

8-1　什么叫组合变形？当构件处于组合变形时，其强度计算的理论依据是什么？

8-2　在组合变形问题的分析过程中，在哪些情况下需将力向形心（或弯曲中心）平移；在哪些情况下需将力分解；又在什么情况下需求合成弯矩？

8-3　产生平面弯曲的必要条件是什么？

8-4　斜弯曲与平面弯曲二者的区别是什么？

8-5　什么是偏心拉伸或压缩？它与轴向拉伸或压缩有何区别？它与拉弯组合有何区别？

8-6　悬臂梁的截面形状如思考题 8-6 图所示 6 种情况。若作用于自由端的载荷 $\boldsymbol{F}$ 垂直于梁的轴线，且其作用方向如图示。指出各梁将产生什么变形（C 为形心）？

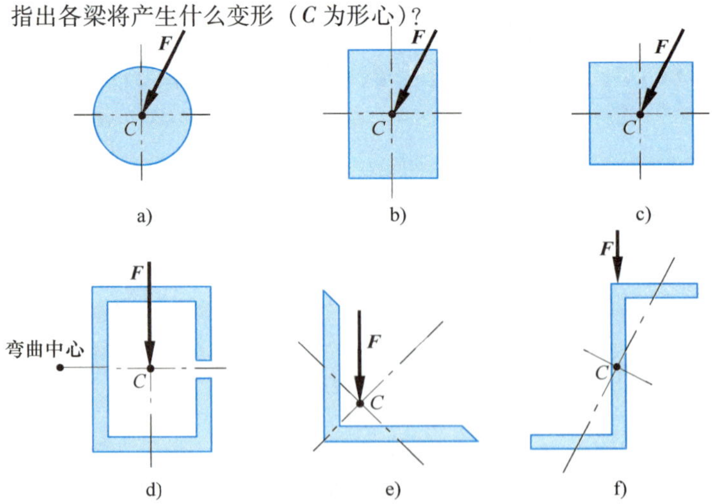

思考题 8-6 图

8-7　一圆截面杆受扭转与拉（压）的组合变形，同受扭转与弯曲的组合变形时相比，内力和应力有什么区别？危险点的应力状态有什么区别？建立其强度条件时又有什么相同和不同之处？

8-8　对思考题8-8图所示受力结构，在强度计算时，给出两种强度条件式，指出哪一个是正确的。

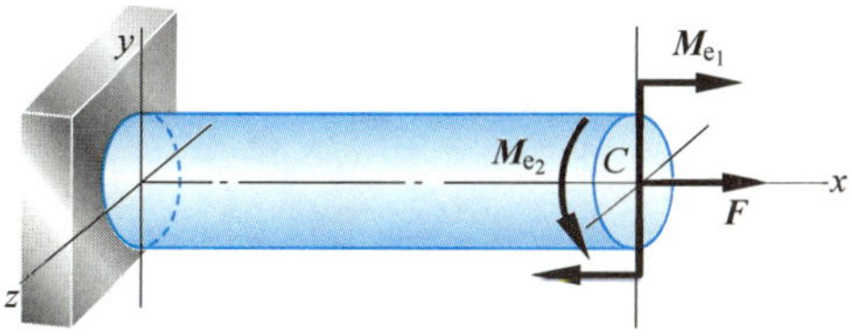

思考题8-8图

$$\sigma_{r3} = \frac{F}{A} + \sqrt{\left(\frac{M_{e1}}{W}\right)^2 + \left(\frac{M_{e2}}{W_P}\right)^2} \leqslant [\sigma] \tag{a}$$

$$\sigma_{r3} = \sqrt{\left(\frac{F}{A} + \frac{M_{e1}}{W}\right)^2 + 4\left(\frac{M_{e2}}{W_P}\right)^2} \leqslant [\sigma] \tag{b}$$

习　题

8-1　设有悬臂梁，载荷作用如题8-1图所示，当截面分别为（a）矩形，（b）正方形，（c）圆形时，分别求最大正应力。

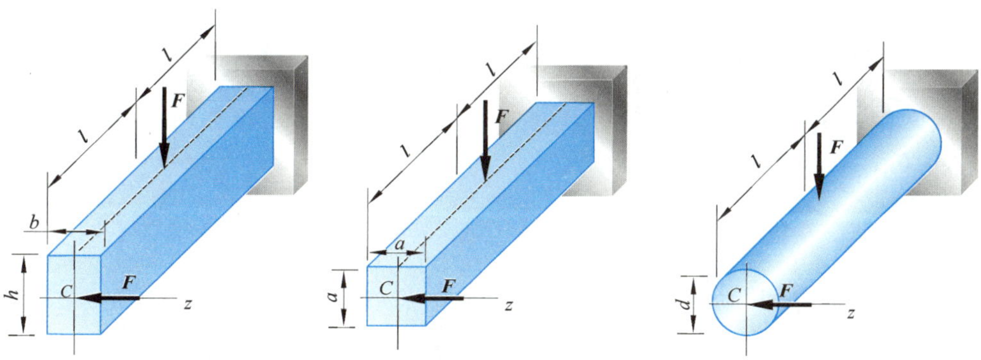

题8-1图

8-2　正方形截面杆上有一切槽，如题8-2图所示，使横截面面积减少了一半，求切槽处的最大拉应力是未切槽时的几倍？

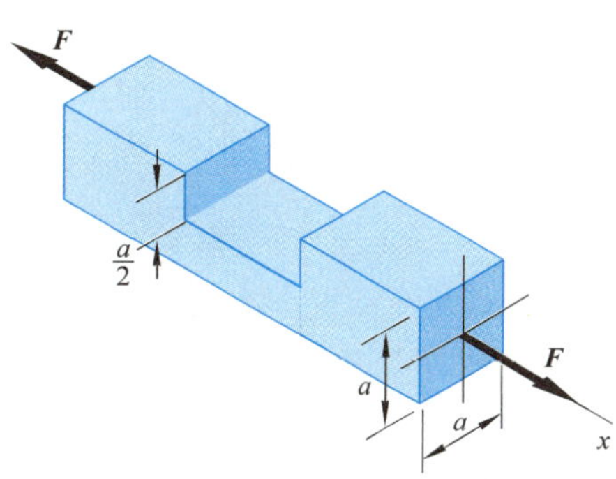

题8-2图

8-3　斜杆AB的横截面为边长10cm的正方形，若$F=3\text{kN}$，试分别求出题8-3图a、b、c所示约束下杆AB的最大拉应力和最大压应力。

8-4　矩形截面杆尺寸如题8-4图所示，杆上表面受水平方向均布载荷作用，载荷集度（单位长度所受的力）为q，材料的弹性模量为E，求最大拉应力及下表面纤维总长度的改变量。

8-5　如题8-5图所示起重机，最大吊重$G=8\text{kN}$，若AB杆为工字钢，材料为Q235钢，$[\sigma]=100\text{MPa}$，试选择工字钢型号。

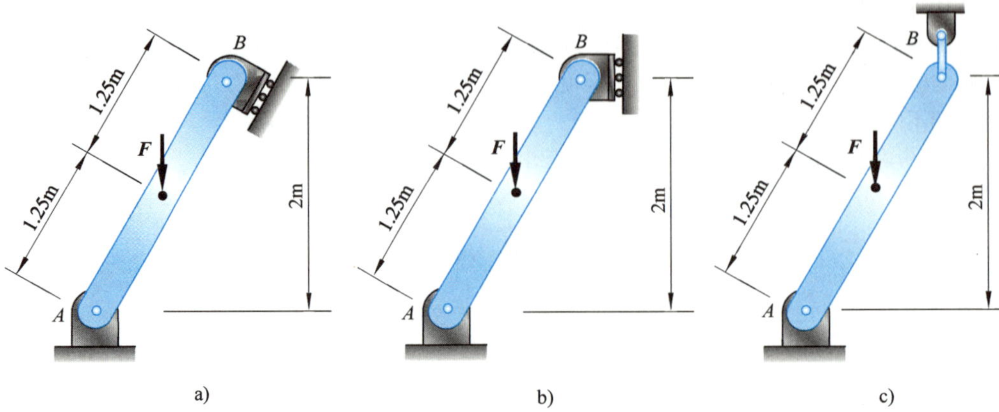

题 8-3 图

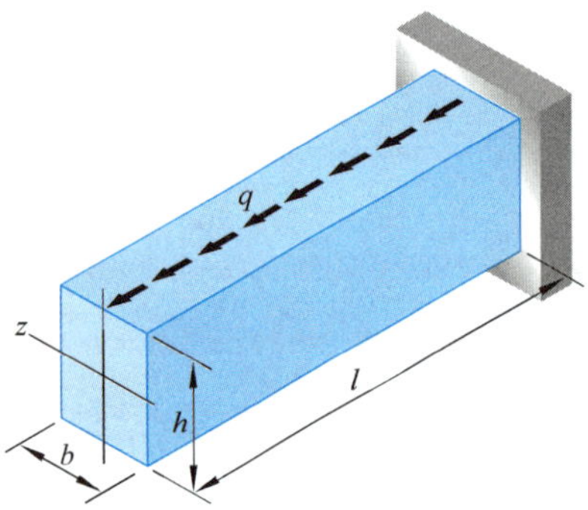

题 8-4 图

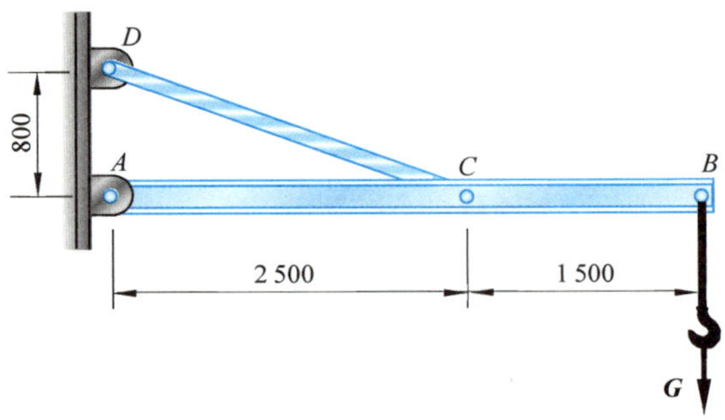

题 8-5 图

8-6 如题 8-6 图所示结构，折杆 AB 与直杆 BC 的横截面面积均为 $A=42\text{cm}^2$，$W_y=W_z=420\text{cm}^3$，$[\sigma]=100\text{MPa}$。求此结构的许可载荷 $[F]$。

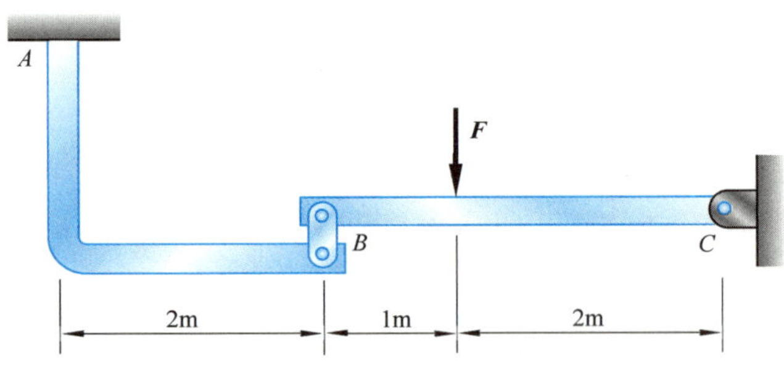

题 8-6 图

8-7 如题 8-7 图所示预应力简支梁，已知：$q=20\text{kN/m}$，$F=1500\text{kN}$，$e=80\text{mm}$。求：(1) 梁内最大拉应力及最大压应力，并绘出危险截面上正应力分布图；(2) 设 F、q 值不变，欲使最大拉应力为零，有何办法？

8-8 如题 8-8 图所示传动轴，已知带拉力 $F_1=5\text{kN}$，$F_2=2\text{kN}$，带轮直径 $D=160\text{mm}$；直齿轮的节圆直径 $d_0=100\text{mm}$，压力角 $\alpha=20°$，轴的许用应力 $[\sigma]=80\text{MPa}$。试按第三强度理论设计轴的直径 d。

8-9 装有斜齿轮的轴 AB，其跨度 $l=120\text{mm}$，直径 $d=30\text{mm}$，许用应力 $[\sigma]=45\text{MPa}$。齿轮上的圆周

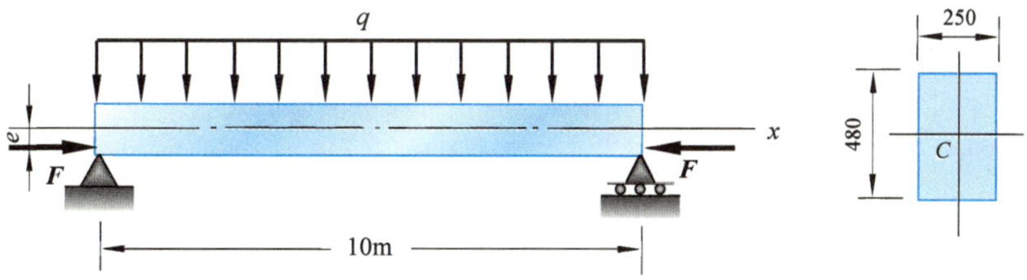

题 8-7 图

力 $F_t=2kN$，径向力 $F_r=0.74kN$，轴向力 $F_x=0.35kN$，斜齿轮的节圆直径 $D=100mm$。试按第四强度理论校核轴的强度。

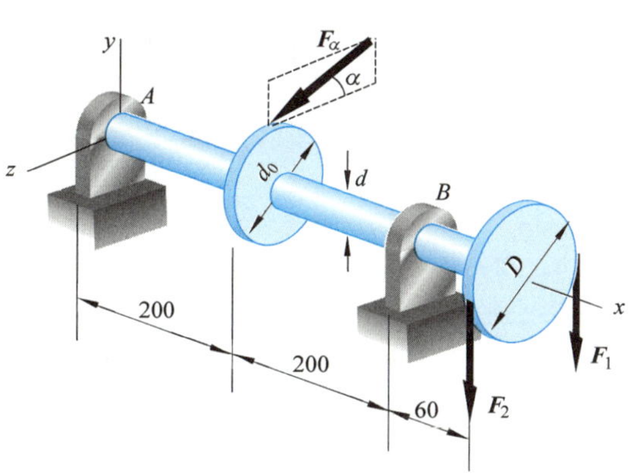

题 8-8 图

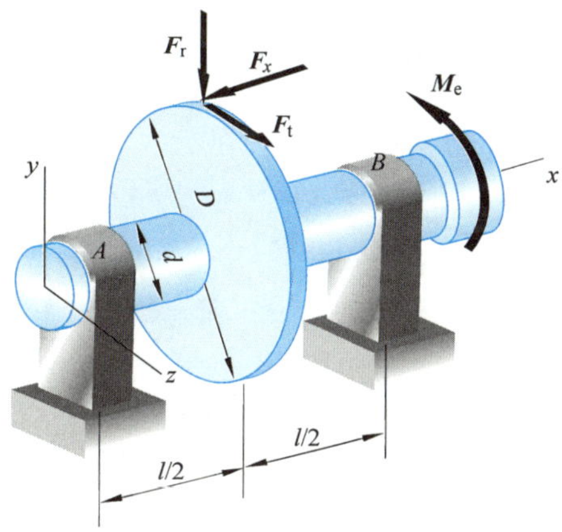

题 8-9 图

8-10　如题 8-10 图所示传动轴，直径 $d=80mm$，转速 $n=110r/min$，传递的功率 $P=11.77kW$，带轮直径 $D=660mm$，紧边带拉力为松边的三倍。设许用应力 $[\sigma]=70MPa$，试按第三强度理论计算外伸臂长度的许可值 $[l]$。

8-11　如题 8-11 图所示，电动机的功率 $P=9.8kW$，其轴的转速 $n=800r/min$，带传动轮的直径 $D=25cm$，其重量 $G=700N$，带拉力 $F_1=2F_2$，轴伸出段长度 $l=1.2m$，材料为 Q235 钢，$[\sigma]=100MPa$。试选择轴的直径 d。

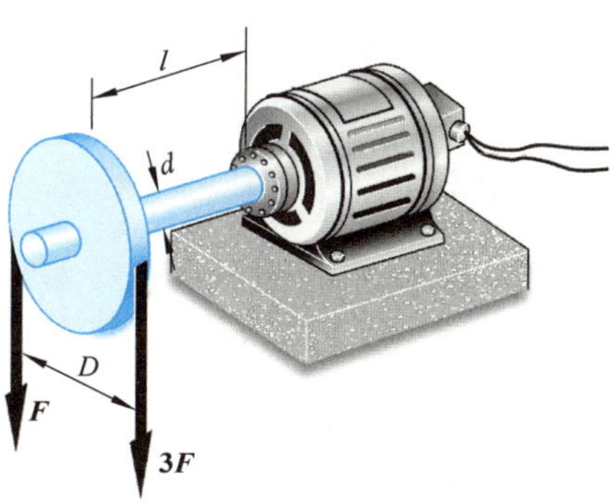

题 8-10 图

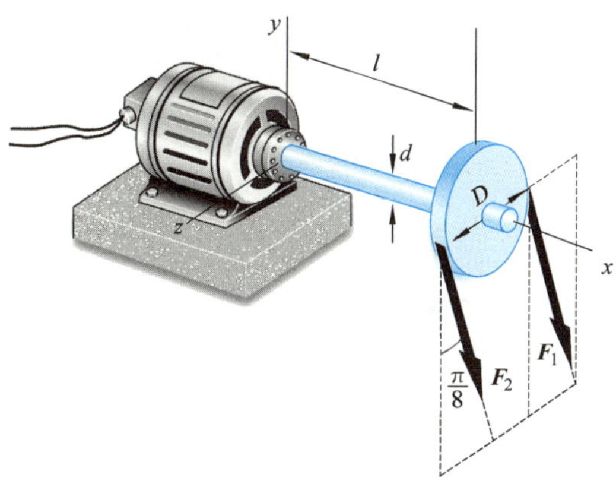

题 8-11 图

8-12　题 8-12 图为某精密磨床砂轮轴的示意图。已知电动机功率 $P=3\text{kW}$，转子转速 $n=1\ 400\text{r/min}$，转子重量 $G_1=101\text{N}$。砂轮直径 $D=250\text{mm}$，砂轮重量 $G_2=275\text{N}$。磨削力 $F_y:F_z=3:1$，砂轮轴直径 $d=50\text{mm}$，材料为轴承钢，$[\sigma]=60\text{MPa}$。(1) 试用单体表示出危险点的应力状态，并求出主应力和最大切应力；(2) 校核轴的强度。

8-13　如题 8-13 图所示带轮传动轴，传递功率 $P=7\text{kW}$，转速 $n=200\text{r/min}$，带轮重量 $G=1.8\text{kN}$。带拉力 $F_1=2F_2$，左端齿轮上啮合力 F_n 与齿轮节圆切线的夹角（压力角）为 20°，轴的材料为 Q275 钢，其 $[\sigma]=80\text{MPa}$。试分别在忽略和考虑带轮重量的两种情况下，设计轴的直径 d。

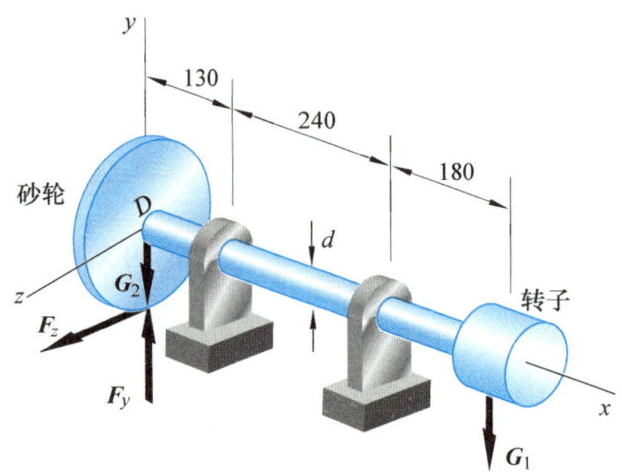

题 8-12 图

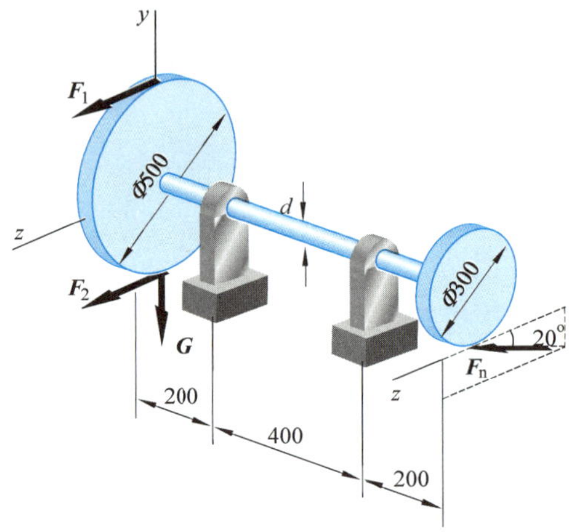

题 8-13 图

8-14　题 8-14 图为某型水轮机主轴的示意图。水轮机组的输入功率为 $P=37\ 500\text{kW}$，转速 $n=150\text{r/min}$，已知轴向推力 $F=4\ 800\text{kN}$，转轮重 $G_1=390\text{kN}$；主轴的内径 $d=340\text{mm}$，外径 $D=750\text{mm}$，自重 $G_2=285\text{kN}$。主轴材料为 45 号优质碳素钢，其许用应力为 $[\sigma]=80\text{MPa}$。试校核主轴的强度。

8-15　题 8-15 图为操纵装置水平杆，截面为空心圆形，内径 $d=24\text{mm}$，外径 $D=30\text{mm}$。材料为 Q235 普通碳素钢，$[\sigma]=100\text{MPa}$，控制片受力 $F_1=600\text{N}$。试校核杆的强度。

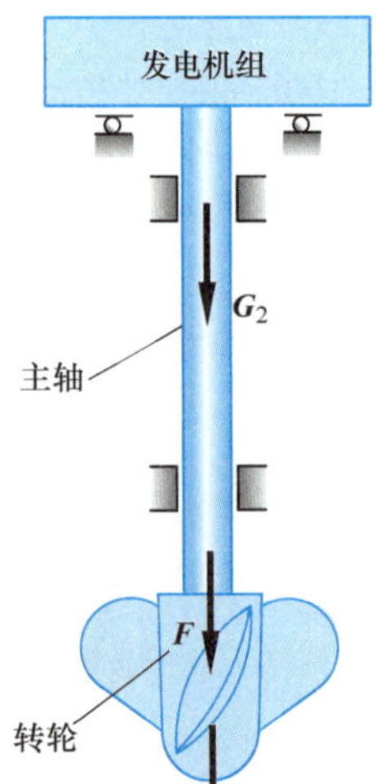

题 8-14 图

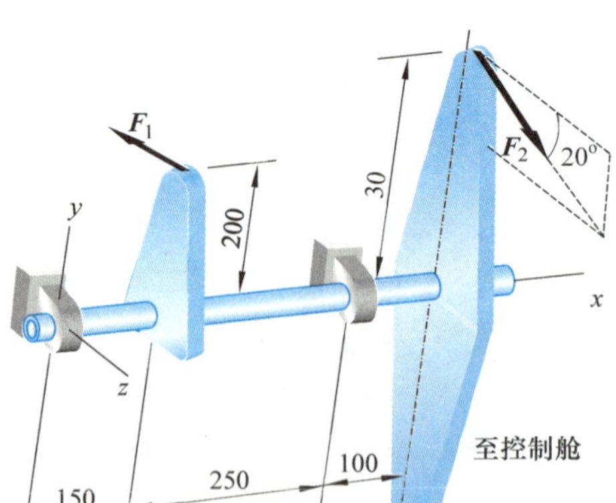

题 8-15 图

8-16　一等直钢轴尺寸、受力如题 8-16 图所示。轴材料的许用应力 $[\sigma]=60\text{MPa}$，若轴传递的功率

$P=18.38\text{kW}$，转速 $n=120\text{r/min}$，试设计轴的直径。

8-17　一端固定的半圆形曲杆，尺寸及受力如题 8-17 图所示。$F=1\text{kN}$，其横截面为正方形，边长 $b=3\text{cm}$。画出危险截面上的应力分布图和危险点的应力状态；并按第三强度理论求危险点的相当应力（设直杆的公式仍可使用）。

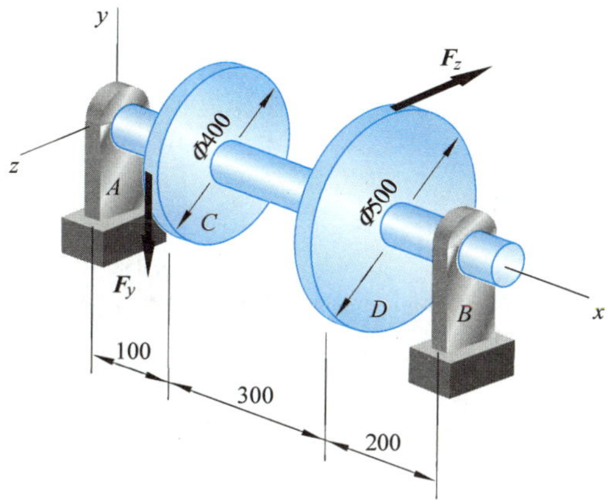

题 8-16 图

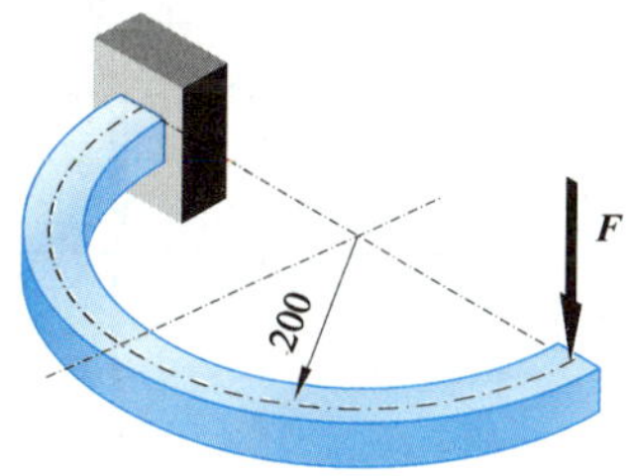

题 8-17 图

8-18　一圆截面平面直角曲柄尺寸、受力如题 8-18 图所示。曲柄直径为 40mm，$F_x=3\text{kN}$，$F_y=1\text{kN}$，$F_z=1\text{kN}$，材料的许用应力 $[\sigma]=120\text{MPa}$。试校核 AB 段的强度。

8-19　传动轴如题 8-19 图所示。$F_1=5\text{kN}$，$F_2=2\text{kN}$，$F_3=2.5\text{kN}$。轴材料的许用应力 $[\sigma]=120\text{MPa}$，试设计轴的直径 d。

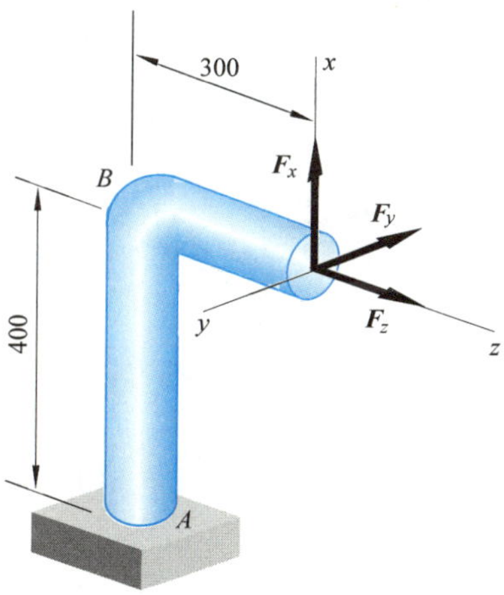

题 8-18 图

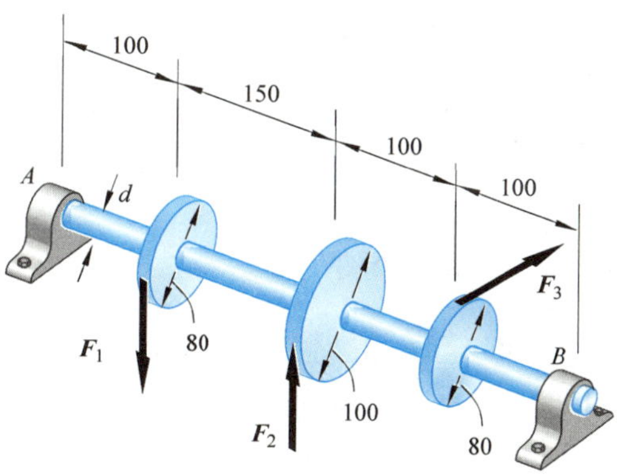

题 8-19 图

8-20　悬臂吊车的计算简图如题 8-20 图所示，横梁由两根 20b 号槽钢组成，材料的许用应力 $[\sigma]=120\text{MPa}$，最大吊重 $G=40\text{kN}$，设重物位于横梁的中点，校核横梁的强度。并讨论该位置是否是梁受力的最不利位置。

8-21　矩形截面的铝合金杆承受偏心压力如题 8-21 图所示。若杆侧面上 A 点处的纵向线应变 $\varepsilon=500\times10^{-6}$，材料的弹性模量 $E=70\text{GPa}$，试求载荷 $\boldsymbol{F}$ 的值。

8-22　等直圆截面直角折杆尺寸、受力如题 8-22 图所示。已知杆的直径 $d=8\text{cm}$，$F_y=10\text{kN}$，$F_z=20\text{kN}$，材料为 Q275 钢，许用应力 $[\sigma]=160\text{MPa}$，试校核其强度。

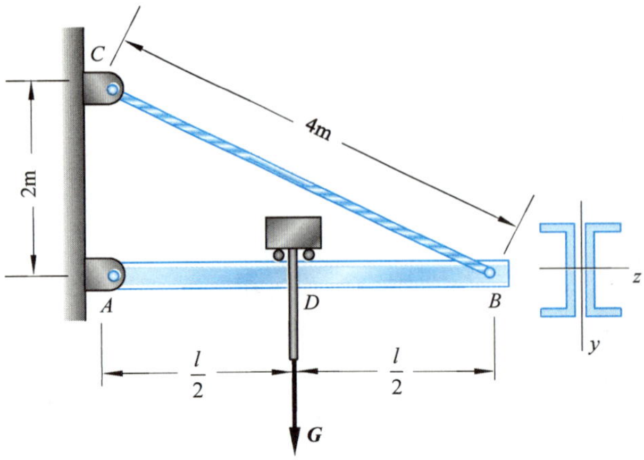

题 8-20 图

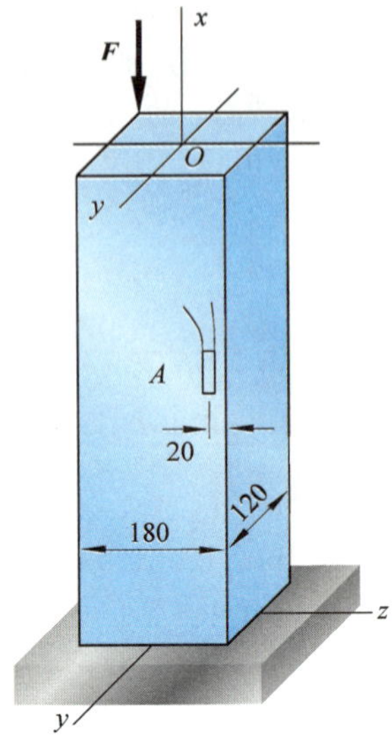

题 8-21 图

8-23　钢制平面直角曲拐 ABC 尺寸、受力如题 8-23 图所示。已知 $q=2.5\pi$ kN/m，$F_x=ql$，材料的许用应力 $[\sigma]=160$MPa，AB 段为圆截面，且 $l=10d$，试设计 AB 段的直径 d。

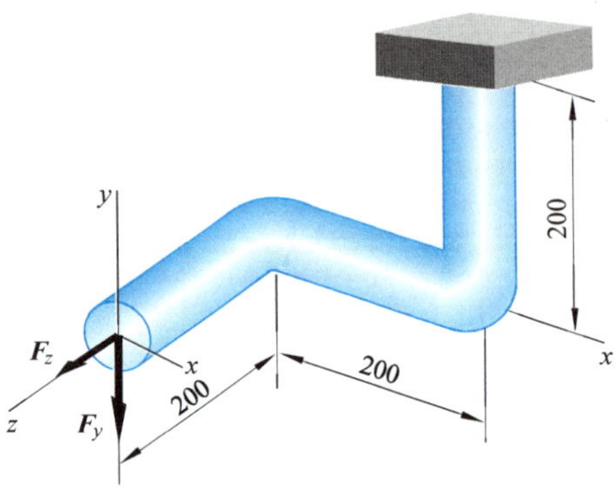

题 8-22 图

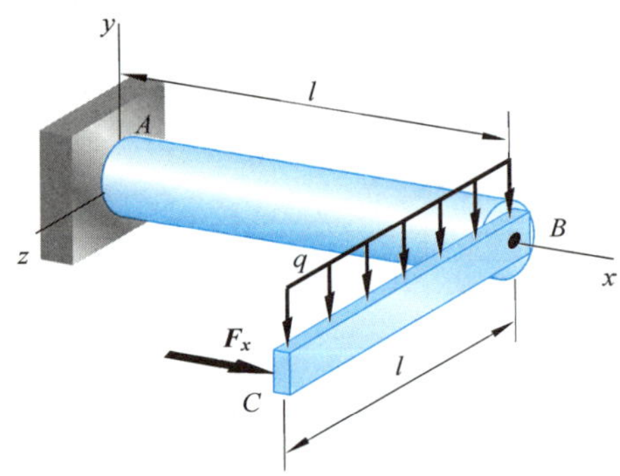

题 8-23 图

第 9 章 实验应力分析

9.1 概述

实验应力分析是变形体力学的重要组成部分。在工程实际中，对某些重要构件，除利用已有的理论公式进行分析计算外，有时还要通过实验的方法进行验证。因为理论计算不可避免地要对实际构件的几何形状、受力条件等进行一些必要的简化，所得结果是否符合实际情况必须通过实验来检验。此外，有些结构和构件形状很不规则，承受的载荷也比较复杂，对这类结构进行合理设计时，必须知道它的应力分布情况。对于复杂的结构和构件，想用材料力学和弹性理论求得理论解答是比较困难的，可以遵循以下两个途径：（1）用近似的计算方法（如目前广泛采用的有限单元法）；（2）借助实验应力分析的方法。即使采用近似的计算方法，其计算结果的可靠性也要通过实验来进行验证。

利用实验方法寻找结构的应力分布，可以直接在实际结构上进行测量，也可以在模型上进行测量，然后再换算到实际结构上去。因为结构处在实际使用中，所以在实际结构上测定应力最能反映真实情况。如果在模型上测定应力，可以通过不同的模型（代表结构的不同设计方案）比较它们的应力分布，以便从强度、刚度方面选择最合理的结构设计方案。这些就是实验应力分析的目的。

目前最常用的实验测定应力的方法有两种：一种是用电阻应变片测应力（简称为电测法）；一种是用光弹性方法测应力（简称为光测法）。此外还有其他测量应力的方法，如脆性涂层法、X 射线法、比拟法、全息法等。本章只介绍电测法的基本原理及其应用。

9.2 电测应力分析的基本原理

9.2.1 转换原理

构件受力后，内部出现应力并产生一定的变形。应力虽不能直接测定，但是变形是可以测量的。在一般情况下，即使变形很小，也总可通过精密仪器准确测出。例如承受轴向拉伸的直杆，如果把沿杆轴线方向的纵向应变 ε 测出，根据单向胡克定律 $\sigma=E\varepsilon$ 即可将杆横截面上的正应力 σ 求出（但必须预先知道材料的弹性模量 E）。从这个简例可看出，所谓测量应力实质上是测量应变，反求应力。

通常构件在弹性范围内的应变是很小的，约为$10^{-3}\sim10^{-5}$数量级。应变片电测法在工程上广泛地用来测量构件的应变。它的测量系统主要由电阻应变片、电阻应变仪和记录器三部分组成。电阻应变片将被测构件的应变转换为电阻的变化，电阻应变仪将此电阻变化转换为应变读数或转换为电压（或电流）的变化，然后由记录器记录下来，经过换算得到应变值。

9.2.2 电阻应变片

电阻应变片通常简称为应变片，它是应变片电测法中使用的应变转换元件。电阻应变片有多种形式，常用的是丝绕式（图9-1a）和金属箔式的（图9-1b）。对于前者，一般采用0.02～0.05mm直径的镍铬或镍铜（也称康铜）合金丝绕成栅式，用胶水贴在两层绝缘的薄纸或塑料片（基底）中，在丝栅的两端焊接直径为0.15～0.18mm的镀锡的铜线（引出线），用来连接测量导线。箔式应变片一般用厚度0.003～0.01mm康铜或镍铬等箔材经腐蚀等工序制成电阻箔栅，然后焊接引出线，涂以覆盖胶层。目前由于腐蚀技术的发展能保证箔栅形状和尺寸的精确，因此同一批号的箔式应变片，其性能比较稳定。

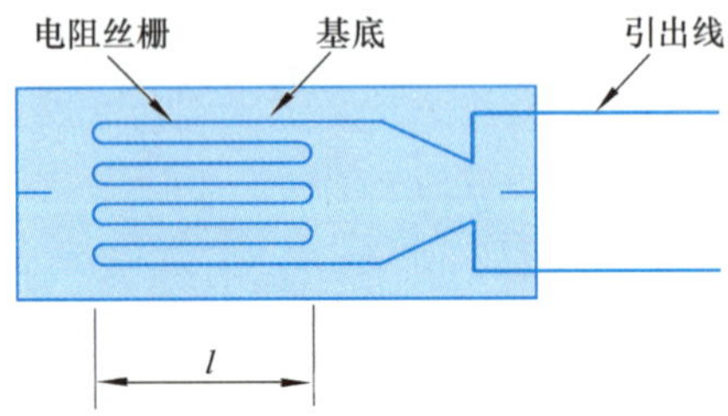

a)

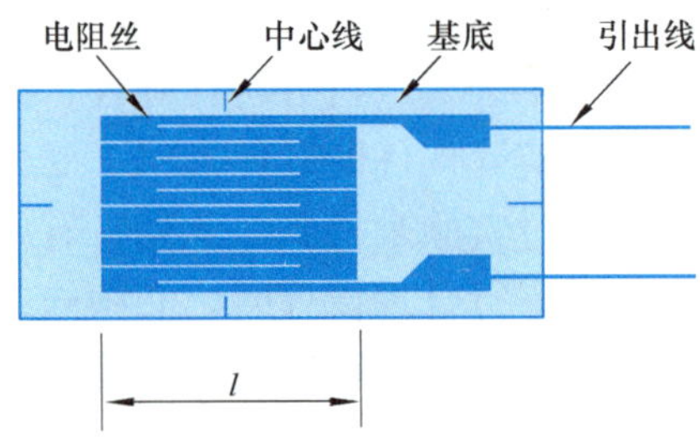

b)

图 9-1

欲测量构件上某点沿某一方向的应变，首先在构件未受力前用特制胶水将应变片贴在测量点上，使应变片的长度l沿指定方向。当构件受力时，应变片即随构件粘贴处材料一起发生变形。应变片的电阻由原来的R值改变为$R+\Delta R$（因为电阻丝的长度和横截面均发生变化）。从实验知，电阻变化率$\Delta R/R$与测点指定方向的应变ε成正比，即

$$\frac{\Delta R}{R}=K\varepsilon \tag{9-1}$$

式中，K为应变片的**灵敏系数**。对于选定的应变片，它是一个常量，其值由生产厂家标定给出。式（9-1）说明$\Delta R/R$与ε成正比，如果能测出变形后应变片的电阻变化率$\Delta R/R$，即可得出构件在测点沿指定方向的应变。为了使测定的数值精确，必须利用专门的仪器来测量，这种专门的仪器称为电阻应变仪。该仪器可将应变片的电阻变化率加以放大并直接转换为应变值由读数表盘上示出。

电阻应变片的长度l称为标距。通常l为1～20mm。沿构件表面如变形均匀或变形变化比较平缓（对应着应力梯度小），则可采用大标距；如变形在小范围变动较大（对应着应力梯度大），则应采用小标距。目前应变片的最小标距为0.2mm，应变片的原始电阻一般为50～200Ω，通常为120Ω，灵敏系数K一般为2左右。

9.2.3 测量原理及电阻应变仪

首先利用应变片将被测构件的应变转换为电阻变化率$\Delta R/R(=K\varepsilon)$，然后用电桥（即

惠斯顿电桥）来测量应变。电桥是电阻应变仪的重要组成部分，通过电桥，将此电阻变化率再转换为电压的变化，然后再将此电压变化输给放大器加以放大。

根据电源的性质，电桥分为直流电桥和交流电桥两类。目前在电阻应变仪中大多采用交流电桥。由于这类电桥的转换原理及其基本公式都与直流电桥的相似，故只研究直流电桥的基本特性。

电桥如图 9-2 所示，R_1、R_2、R_3、R_4 为桥臂电阻。这里 R_1、R_2、R_3、R_4 可以是 4 个相同的电阻应变片，或者其中 R_1 和 R_2 是电阻应变片，而 R_3 和 R_4 是装于电阻应变仪内的固定电阻。在电桥 A、C 端有供桥电源，其电压为 E。B、D 为电桥的输出端，输出电压为 ΔU。

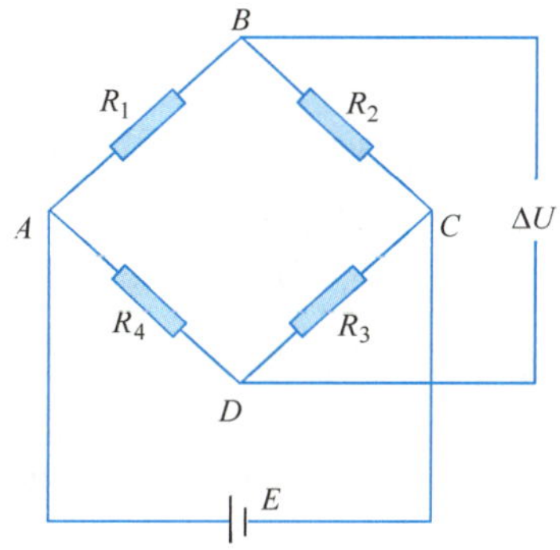

图 9-2

下面讨论一个最普遍的电桥电路。设 4 个桥臂电阻 R_1、R_2、R_3 和 R_4 均为应变片，每个应变片均感受应变。

根据分压原理，在 ABC 支路 R_1 上的电压降为

$$U_{AB}=E\frac{R_1}{R_1+R_2} \tag{a}$$

在 ADC 支路 R_4 上电压降为

$$U_{AD}=E\frac{R_4}{R_3+R_4} \tag{b}$$

由式（a）、式（b）得到电桥的输出电压为

$$\Delta U=U_{AB}-U_{AD}=E\frac{R_1R_3-R_2R_4}{(R_1+R_2)(R_3+R_4)} \tag{9-2}$$

由式（9-2）可知，要使电桥平衡，即电桥的输出电压为零，则桥臂电阻必须满足

$$R_1R_3=R_2R_4 \tag{9-3}$$

为了保证测量的精度，在测试前应先将电桥调平衡，即满足式（9-3），使电桥没有输出（$\Delta U=0$）。当被测构件变形时，贴在构件上的应变片 R_1、R_2、R_3 和 R_4 分别感受应变 ε_1、ε_2、ε_3 和 ε_4，各片的电阻值相应发生变化，其变化量分别为 ΔR_1、ΔR_2、ΔR_3 和 ΔR_4。因而电桥的输出电压为

$$\Delta U=E\frac{(R_1+\Delta R_1)(R_3+\Delta R_3)-(R_2+\Delta R_2)(R_4+\Delta R_4)}{(R_1+\Delta R_1+R_2+\Delta R_2)(R_3+\Delta R_3+R_4+\Delta R_4)} \tag{c}$$

展开式（c），同时注意到电桥初始处于平衡状态，即满足 $R_1R_3=R_2R_4$，并考虑到 $\Delta R/R$ 一般很小（只有千分之几），$\Delta R/R$ 的二次项可略去。在分母中略去 ΔR，于是电桥的输出电压可以用下面的线性关系表示，即

$$\Delta U=\frac{E}{4}\left(\frac{\Delta R_1}{R_1}-\frac{\Delta R_2}{R_2}+\frac{\Delta R_3}{R_3}-\frac{\Delta R_4}{R_4}\right) \tag{9-4}$$

若所用各应变片的灵敏系数均为 K，则电桥输出电压 ΔU 和应变片感受到的应变之间的关系可表示为

$$\Delta U=\frac{EK}{4}(\varepsilon_1-\varepsilon_2+\varepsilon_3-\varepsilon_4) \tag{9-5}$$

式中，$EK/4$ 为一常数因子，故应变仪中指针的偏转通过一定的标定可给出

($\varepsilon_1 - \varepsilon_2 + \varepsilon_3 - \varepsilon_4$)值，即应变仪的输出读数 ε_r 为

$$\boxed{\varepsilon_r = \varepsilon_1 - \varepsilon_2 + \varepsilon_3 - \varepsilon_4} \tag{9-6}$$

实际中，电阻应变片因弹性变形而产生的电阻改变量很小，通过指示仪表的信号也很微弱。一般在指示仪表前装置放大器，使电桥输出端的信号放大几万倍，再由指示仪表显示出来。

式（9-4）~式（9-6）都是电桥转换原理的基本关系式，它们表明：

（1）电桥的输出电压 ΔU（即指示器指针的偏转）与桥臂电阻的变化率 $\Delta R/R$ 或应变片所感受的应变 ε 呈线性关系（在一定的应变范围）。利用上述线性关系，可从电桥输出量的大小来确定应变值。如果贴有应变片 R_1（称为工作臂或工作片）的测点发生应变 ε_1，而其余桥臂 R_2、R_3 和 R_4 不感受任何应变，那么 $\varepsilon_2 = \varepsilon_3 = \varepsilon_4 = 0$，这时应变指示器可以直接测出应变 ε_1。

（2）各个桥臂电阻的变化率 $\Delta R/R$ 或应变 ε 对 ΔU 的影响是线性叠加的，相邻桥臂符号相反，相对桥臂符号相同，这个特性很重要。

（3）根据上述特性，利用电桥中相邻的工作臂，可以消除等值同号的应变成分；利用电桥中相对的工作臂，可以消除等值异号的应变成分（均不影响电桥的平衡）。利用这一重要特性，通过正确地组成电桥来消除误差，可达到提高测量精度，从而解决温度补偿等许多实际问题。

9.2.4 应变仪输出应变的方法

用电阻应变仪测量应变时，输出应变 ε_r 的方法通常有两种。

1. 平衡式应变仪的零读数法

零读数法其原理可用图 9-3 来说明。图 9-3 中的 MN 是电桥中装设的滑线变阻器，设桥臂 R_1 为贴在构件测点上的应变片，当构件未受力时滑线变阻器触头处于中点 D，电桥处于平衡状态，测量指针在零位。当构件受力后，只有工作片 R_1 发生 ΔR_1 的改变，其余桥臂的电阻未发生变化，此时电桥失去平衡，BD 间产生一电位差，测量指针偏转。要使电桥保持平衡，调节滑动变阻器，让触头移到 D' 点，使电阻 R_3 减少 Δr，同时使 R_4 增加 Δr，直至 BD' 间电位差等于零，指针又回到零位，则电桥重新处于平衡状态。设此时电阻调节值为 Δr，则 R_3 改变为 $R_3 - \Delta r$，R_4 随之改变为 $R_4 + \Delta r$，根据电桥平衡条件可写成

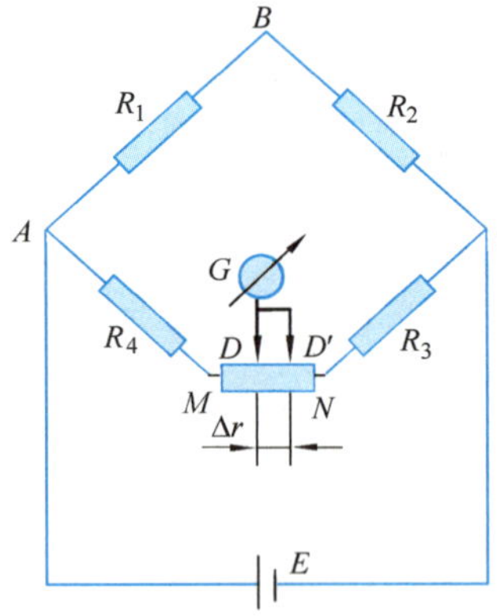

图 9-3

$$(R_1 + \Delta R_1)(R_3 - \Delta r) = R_2(R_4 + \Delta r)$$

展开上式，略去高阶小量 $\Delta R_1 \Delta r$，得到

$$\Delta R_1 = \frac{R_1 + R_2}{R_3}\Delta r \tag{d}$$

式（d）说明 ΔR_1 与 Δr 成正比。经过一定的标定，在滑动变阻器的刻度盘上即可读出应变值。实际上使用电阻应变仪测应变时，在第一次电桥调平衡时滑动变阻器刻度盘上读数与受力后第二次调平衡时刻度盘上指针所指的读数之差即直接给出测点的应变值。此外，表盘上

零点一侧刻出拉应变，另一侧刻出压应变，故由指针的偏离方向可定出应变的符号。

2. 数字应变仪的读数方法

数字应变仪测量电桥的组成与平衡式应变仪相同。使用前应调节“平衡”电位器，使表头显示“ ±0 000”。将灵敏系数指针指在 K 值上，反复“校正”，再进行平衡。测量时如按下“×1”，应变分辨率为 $1\mu\varepsilon(1\mu\varepsilon = 1\times10^{-6})$，但量程较小；“×10”的量程扩大 10 倍，分辨率为 $10\mu\varepsilon$。数字显示表头中显示的数字即为应变读数 ε_r。

9.2.5 温度补偿

在测量时，粘贴了应变片的被测构件总是处在一定温度的环境中。应变片由于温度改变而产生的电阻变化相当于应变片产生应变输出。这种由于温度变化而引起的应变输出，一是由应变片电阻栅材料本身的电阻温度系数引起的，二是由于电阻栅材料与被测构件材料的线膨胀系数不同所引起的。它们的总效果使应变片产生了附加应变 ε_t，因而使测量结果包含了温度产生的应变值，而不单单是构件由载荷所引起的真实应变。这给实验结果带来相当大的误差，故必须设法消除由于温度变化而引起的测量误差。根据电桥电路特性，可给出一种消除温度影响的简便方法，这就是桥路补偿法，或称为温度补偿片法。

设桥臂 AB 上所接的 R_1 是粘贴在被测构件上的应变片（工作片），与 AB 臂相邻的 BC 臂上接的 R_2 是与 R_1 阻值相等、灵敏系数和电阻温度系数也都对应相等的另一电阻应变片。此应变片粘贴到与被测构件材料相同但不承受载荷的物体上，并且和被测构件处于相同温度环境中，故称它为**温度补偿片**。R_3 和 R_4 是应变仪内部的固定电阻，且 $R_3 = R_4$。当构件不受力时电桥处于平衡，因为 $R_1 = R_2$，$R_3 = R_4$。由于环境的温度发生变化，R_1 和 R_2 将感受相同的温度改变，因此由于温度改变而引起的电阻改变 ΔR_T 也相同，即邻臂 R_1 和 R_2 的电阻均由原来的 R 变为 $R+\Delta R_T$。根据电桥电路的特性，可知电桥的平衡并不因温度变化而被破坏，也就是说，此时由温度变化而引起的附加应变不会反映到应变仪的读数中去，而使应变片的温度效应被补偿了。此时由应变仪读出的应变便消除了温度的影响。

9.3 测量电桥的接法及其应用

实际测试时，为达到预期的目的，应拟定合理的测试方案。测试方案主要是根据测试的目的和要求对被测构件进行受力分析，先找出最大应力区及最大应力点的位置，确定测点位置，然后，根据测点的应力状态及温度补偿等，考虑布片方案及接线方式。通过各种不同接法可以达到 3 个目的：（1）实现温度补偿；（2）从复杂变形中测出所需的应变成分；（3）扩大读数，以减小读数误差。利用电阻应变仪测量应变时，可在图 9-2 电桥的 4 个桥臂上接相同的应变片，这种接法称为**全桥接法**。如果 R_1 和 R_2 接上两个相同的应变片，而 R_3 和 R_4 是应变指示仪内部的固定电阻，这种接法称为**半桥接法**。现在举例说明这两种接法的应用。

【例 9-1】 纯弯曲杆件的应力测量如图 9-4a、b 所示，材料的弹性模量为 E。要求测定最大弯曲应力，试确定布片方案及接线方法。

解：● 第一方案，采用半桥接线

如图9-4b、c所示，把贴在杆件上、下表面且平行于轴线的应变片作为R_1和R_2，R_1和R_2的应变成分分别为

$$\varepsilon_{R_1}=\varepsilon_M+\varepsilon_T,\quad \varepsilon_{R_2}=-\varepsilon_M+\varepsilon_T$$

这时，仪器上的读数值为

$$\varepsilon_r=\varepsilon_{R_1}-\varepsilon_{R_2}=(\varepsilon_M+\varepsilon_T)-(-\varepsilon_M+\varepsilon_T)=2\varepsilon_M$$

故杆件上、下表面的轴向应变为

$$\varepsilon_M=\frac{\varepsilon_r}{2}$$

由胡克定律得杆件的最大弯曲应力为

$$\sigma_M=E\varepsilon_M=\frac{E\varepsilon_r}{2}$$

按照这一方案，读数ε_r是实际应变ε_M的2倍，所以提高了测量的灵敏度，当杆件上、下表面的温度相同时就消除了温度的影响，但当杆件上、下表面的温度不同时（例如野外测量中的光照差异），这一方案不能消除温度的影响，应采用第二方案。

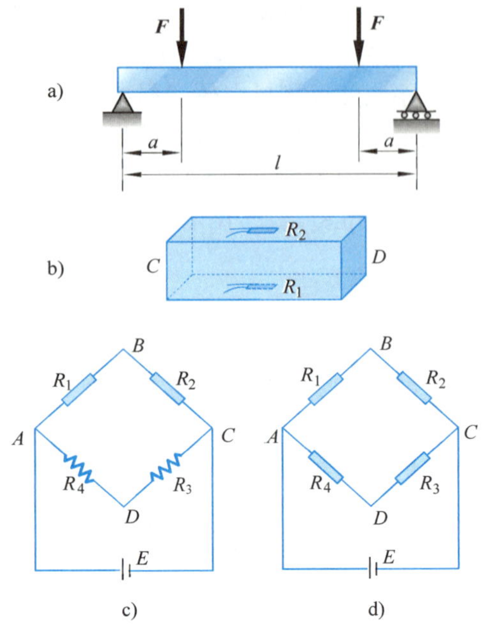

图 9-4

- 第二方案，采用全桥接线

设杆上面的温度为T_1，下面的温度为T_2，此时R_1和R_2的应变成分分别为

$$\varepsilon_{R_1}=\varepsilon_M+\varepsilon_{T_1},\quad \varepsilon_{R_2}=-\varepsilon_M+\varepsilon_{T_2}$$

另取R_3和R_4（与R_1和R_2同一规格）作为温度补偿片分别粘贴在补偿块上（补偿块材料与梁相同），R_3和R_4由温度引起的应变分别为ε_{T_2}、ε_{T_1}。如图9-4d所示，这时，仪器读数值为

$$\begin{aligned}\varepsilon_r&=\varepsilon_1-\varepsilon_2+\varepsilon_3-\varepsilon_4=\varepsilon_{R_1}-\varepsilon_{R_2}+\varepsilon_{R_3}-\varepsilon_{R_4}\\&=(\varepsilon_M+\varepsilon_{T_1})-(-\varepsilon_M+\varepsilon_{T_2})+\varepsilon_{T_2}-\varepsilon_{T_1}=2\varepsilon_M\end{aligned}$$

由此求得杆件上、下表面轴向应变ε_M及弯曲应力σ_M分别为

$$\varepsilon_M=\frac{\varepsilon_r}{2},\quad \sigma_M=E\varepsilon_M=\frac{E\varepsilon_r}{2}$$

【例9-2】 图9-5a所示为一机架立柱，通过应变测量来求出机架工作时立柱所承受的偏心载荷$\boldsymbol{F}$。试讨论应变片布片方案和接法。

解： • 分析表明，立柱在$\boldsymbol{F}$作用下引起拉伸和弯曲组合变形（图9-5b），欲测$\boldsymbol{F}$需测出拉伸引起的应变形ε_{F_N}而消除弯曲变形引起的应变ε_M；同时要消除温度应变。

- 在立柱左、右两侧各粘贴同一规格的应变片R_a和R_b，其应变成分分别为

$$\varepsilon_{R_a}=\varepsilon_{F_N}+(-\varepsilon_M)+\varepsilon_{T_1},\quad \varepsilon_{R_b}=\varepsilon_{F_N}+\varepsilon_M+\varepsilon_{T_2}$$

显然，将R_a和R_b接入对臂，ε_{R_a}与ε_{R_b}两个应变相加，可以消除弯曲变形引起的应变，但不能消除温度应变。

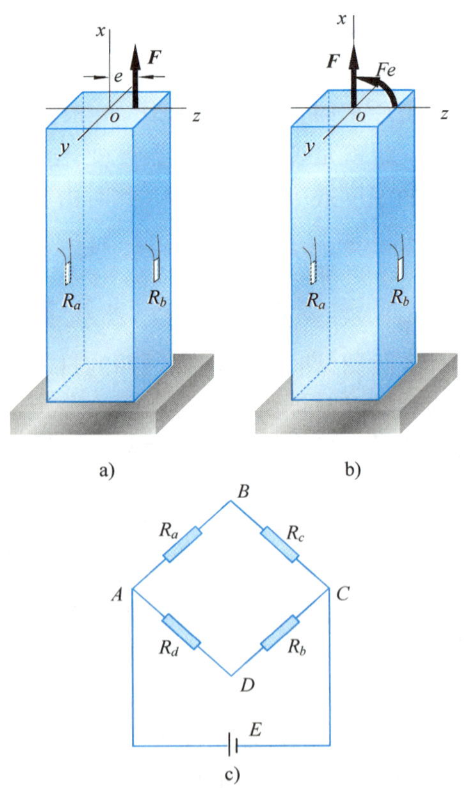

图 9-5

- 另取两个应变片R_c和R_d作为温度补偿片（与R_a和R_b同一规格），分别粘贴在补偿块上（补偿块材料与立柱相同），R_c和R_d由温度引起的应变分别为ε_{T_1}、ε_{T_2}。如

图 9-5c所示，这时仪器读数值为

$$\begin{aligned}\varepsilon_r &= \varepsilon_1 - \varepsilon_2 + \varepsilon_3 - \varepsilon_4 = \varepsilon_{R_a} - \varepsilon_{R_c} + \varepsilon_{R_b} - \varepsilon_{R_d} \\ &= [\varepsilon_{F_N} + (-\varepsilon_M) + \varepsilon_{T_1}] - \varepsilon_{T_1} + (\varepsilon_{F_N} + \varepsilon_M + \varepsilon_{T_2}) - \varepsilon_{T_2} \\ &= 2\varepsilon_{F_N}\end{aligned}$$

整理得

$$\varepsilon_{F_N} = \frac{\varepsilon_r}{2}$$

轴力 $\boldsymbol{F}$ 引起的应变 ε_{F_N}测出，代入胡克定律，得

$$\sigma_{F_N} = E\varepsilon_{F_N} = \frac{E\varepsilon_r}{2}$$

偏心载荷 $F = F_N = \sigma_{F_N}A = E\varepsilon_{F_N}A = \dfrac{EA\varepsilon_r}{2}$，$A$ 为立柱横截面面积。利用应变片的不同接法（读者自己考虑应如何组成电桥）也可测出弯曲应变 ε_M，从而定出载荷的偏心距 e。

9.4 二向应力状态主方向已知时的应力测定

若测点为二向应力状态，且其主应力方向已知时，可在该点的两个主应力方位贴上应变片，测出相应的两个线应变极值（主应变）ε_{max}和 ε_{min}，即可测量正应力极值（主应力）σ_{max}和 σ_{min}。

根据广义胡克定律公式

$$\varepsilon_{max} = \frac{1}{E}(\sigma_{max} - \mu\sigma_{min})$$

$$\varepsilon_{min} = \frac{1}{E}(\sigma_{min} - \mu\sigma_{max})$$

联立两式解出两个主应力

$$\sigma_{max} = \frac{E}{1-\mu^2}(\varepsilon_{max} + \mu\varepsilon_{min})$$

$$\sigma_{min} = \frac{E}{1-\mu^2}(\varepsilon_{min} + \mu\varepsilon_{max}) \tag{9-7}$$

只要在测点沿两个主应力方位分别粘贴两个应变片，测出它们的应变 ε_{max}和 ε_{min}，代入式（9-7）即可测定主应力 σ_{max}和 σ_{min}。然后根据 $\varepsilon_1 \geqslant \varepsilon_2 \geqslant \varepsilon_3$、$\sigma_1 \geqslant \sigma_2 \geqslant \sigma_3$ 的规定，来确定 ε_{max}、ε_{min}；σ_{max}、σ_{min}分别为第几主应变和主应力。这里需要预先测定构件材料的弹性模量 E 和泊松比 μ。

【例 9-3】 设圆截面直杆承受力矩 M_e 作用，如需测定最大切应力和主应力，试确定布片和接桥方案，并导出所求应力与读数间关系式，设 E、μ 已知。

解：• 确定危险点，并判断危险点的主应力方位

圆轴扭转时，表面任意点 A 产生最大扭转切应力，并为纯切应力状态，主应力（主应变）方向与轴线成 ±45°（图 9-6b），且

$$\sigma_1 = -\sigma_3 = \tau_A$$

• 确定布片、接桥方案

在 A 点处沿主方向贴 4 个应变片（图 9-6a），并把 4 个应变片接成全桥电路（图 9-6c）。显然有

$$\varepsilon_{R_2} = -\varepsilon_{R_1},\ \varepsilon_{R_3} = \varepsilon_{R_1},\ \varepsilon_{R_4} = \varepsilon_{R_2} = -\varepsilon_{R_1}$$

故电阻应变仪的读数应为

$$\varepsilon_r = \varepsilon_{R_1} - \varepsilon_{R_2} + \varepsilon_{R_3} - \varepsilon_{R_4} = 4\varepsilon_{R_1}$$

而 ε_{R_1} 即为主应变 ε_1（注意：主应变与主应力方位一致），所以

$$\varepsilon_1 = \varepsilon_{R_1} = \frac{\varepsilon_r}{4}$$

另外主应变

$$\varepsilon_3 = \varepsilon_{R_2} = -\varepsilon_{R_1} = -\varepsilon_1$$

代入主应力公式，有

$$\sigma_1 = -\sigma_3 = \frac{E}{1-\mu^2}(\varepsilon_1 + \mu\varepsilon_3) = \frac{E}{1+\mu}\varepsilon_1 = \frac{E}{4(1+\mu)}\varepsilon_r$$

而
$$\tau_{\max} = \tau_A = \sigma_1 = \frac{E}{4(1+\mu)}\varepsilon_r$$

采用上述布片、接桥方案从应变仪测出的读数 ε_r 是 R_1 片上实际应变 ε_{R_1} 的 4 倍，这样不仅提高了测量精度，而且可以自动补偿温度的影响。

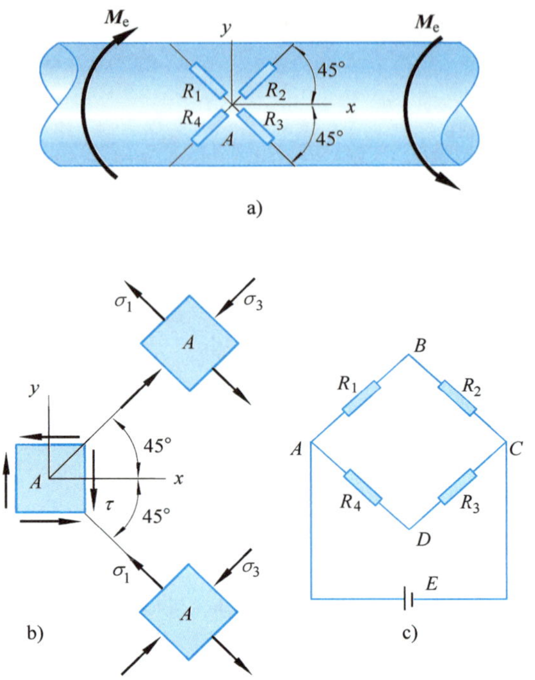

图 9-6

【例 9-4】 拉、扭和弯曲组合变形的直杆（图 9-7），截面为圆形，直径为 d。材料的弹性模量为 E，泊松比 μ。要求测出轴力 $\boldsymbol{F}_N$、扭矩 $\boldsymbol{M}_x$ 和弯矩 $\boldsymbol{M}$，试确定布片和接线方案，导出 F_N、M_x、M 与读数间的关系式。

解：• 测量轴力 F_N

分别在圆杆直径 pq 的两端，沿杆件的轴线方向贴上应变片 R_a（上表面）和 R_b（下表面），其应变成分分别为

$$\varepsilon_{R_a} = \varepsilon_{F_N} + \varepsilon_M + \varepsilon_{T_1},\quad \varepsilon_{R_b} = \varepsilon_{F_N} + (-\varepsilon_M) + \varepsilon_{T_2}$$

显然，将 R_a 和 R_b 接入对臂，ε_{R_a} 与 ε_{R_b} 两应变相加，可以消除弯曲变形引起的应变 ε_M，另取 R_c 和 R_d 作为温度补偿片，$\varepsilon_{R_c} = \varepsilon_{T_1}$，$\varepsilon_{R_d} = \varepsilon_{T_2}$。采用图 9-7b 所示全桥接线。杆件受力后，电阻应变仪的读数应为

$$\begin{aligned}\varepsilon_r &= \varepsilon_1 - \varepsilon_2 + \varepsilon_3 - \varepsilon_4 = \varepsilon_{R_a} - \varepsilon_{R_c} + \varepsilon_{R_b} - \varepsilon_{R_d} \\ &= (\varepsilon_{F_N} + \varepsilon_M + \varepsilon_{T_1}) - \varepsilon_{T_1} + (\varepsilon_{F_N} - \varepsilon_M + \varepsilon_{T_2}) - \varepsilon_{T_2} \\ &= 2\varepsilon_{F_N}\end{aligned}$$

$$\varepsilon_{F_N} = \frac{\varepsilon_r}{2}$$

可得轴力 $F_N = \sigma_{F_N}A = E\varepsilon_{F_N}\dfrac{\pi d^2}{4} = \dfrac{E\pi d^2\varepsilon_r}{8}$

• 测量弯矩 M

显然，只要将 R_a 和 R_b 接入相邻两臂（R_d 与 R_b

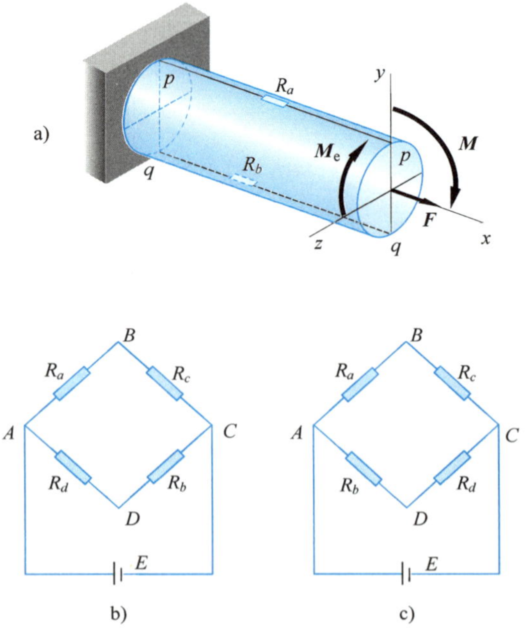

图 9-7

对换位置)，便可以消除轴向拉伸引起的应变 ε_{F_N}，如图 9-7c 所示。这时，仪器的读数为

$$
\begin{aligned}
\varepsilon_r &= \varepsilon_1 - \varepsilon_2 + \varepsilon_3 - \varepsilon_4 = \varepsilon_{R_a} - \varepsilon_{R_c} + \varepsilon_{R_d} - \varepsilon_{R_b} \\
&= (\varepsilon_{F_N} + \varepsilon_M + \varepsilon_{T_1}) - \varepsilon_{T_1} + \varepsilon_{T_2} \\
&\quad - (\varepsilon_{F_N} - \varepsilon_M + \varepsilon_{T_2}) \\
&= 2\varepsilon_M
\end{aligned}
$$

$$\varepsilon_M = \frac{\varepsilon_r}{2}$$

故得弯矩

$$M = \sigma_M W_z = E\varepsilon_M \frac{\pi d^3}{32} = \frac{E\pi d^3 \varepsilon_r}{64}$$

- 测量扭矩 M_x

布片方案接线方式与例 9-3 相同。建议读者自行导出扭矩 M_x 的计算式。

通过以上各例可以看出，半桥接线使用比较方便；全桥接线便于温度影响的自动补偿，便于消除其他变形因素的影响。

9.5 二向应力状态主方向未知时的应力测定

设测点为二向应力状态（图 9-8），如果它的主方向未知，就无法直接测定该点的主应变，可以通过测量 3 个方向的应变求出主应力及方向。

在实测中，若采用直角应变花（图 9-9），由式（7-13）容易求得

$$
\begin{aligned}
\varepsilon_x &= \varepsilon_{0^\circ} \\
\varepsilon_y &= \varepsilon_{90^\circ} \\
\gamma_{xy} &= \varepsilon_{0^\circ} + \varepsilon_{90^\circ} - 2\varepsilon_{45^\circ}
\end{aligned} \tag{a}
$$

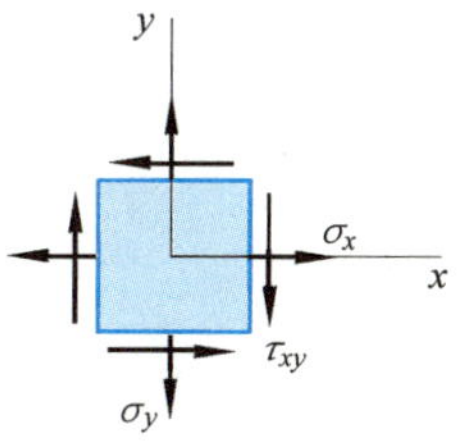

图　9-8

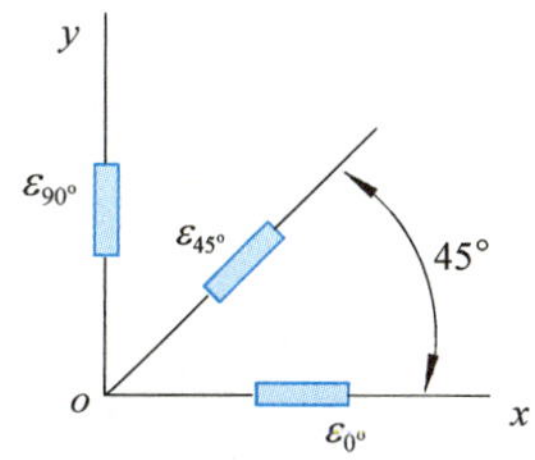

图　9-9

式（7-15）和式（7-14）给出了主应变的方向与大小分别为

$$\tan 2\alpha_0 = \frac{2\varepsilon_{45^\circ} - \varepsilon_{0^\circ} - \varepsilon_{90^\circ}}{\varepsilon_{0^\circ} - \varepsilon_{90^\circ}} \tag{b}$$

$$\left.\begin{matrix}\varepsilon_{max} \\ \varepsilon_{min}\end{matrix}\right\} = \frac{\varepsilon_{0^\circ} + \varepsilon_{90^\circ}}{2} \pm \frac{\sqrt{2}}{2}\sqrt{(\varepsilon_{0^\circ} - \varepsilon_{45^\circ})^2 + (\varepsilon_{45^\circ} - \varepsilon_{90^\circ})^2} \tag{c}$$

由式（9-7）求得该点的主应力为

$$\left.\begin{matrix}\sigma_{max}\\ \sigma_{min}\end{matrix}\right\}=\frac{E(\varepsilon_{0^\circ}+\varepsilon_{90^\circ})}{2(1-\mu)}\pm\frac{\sqrt{2}E}{2(1+\mu)}\sqrt{(\varepsilon_{0^\circ}-\varepsilon_{45^\circ})^2+(\varepsilon_{45^\circ}-\varepsilon_{90^\circ})^2} \tag{9-8}$$

主应力的方向也就是主应变的方向，可由式（b），即式（7-15）确定。

若采用等角应变花（图9-10），由式（7-13）可求得

$$\left.\begin{aligned}\varepsilon_x&=\varepsilon_{0^\circ}\\ \varepsilon_y&=\frac{1}{3}(2\varepsilon_{60^\circ}+2\varepsilon_{120^\circ}-\varepsilon_{0^\circ})\\ \gamma_{xy}&=-\frac{2}{\sqrt{3}}(\varepsilon_{60^\circ}-\varepsilon_{120^\circ})\end{aligned}\right\} \tag{d}$$

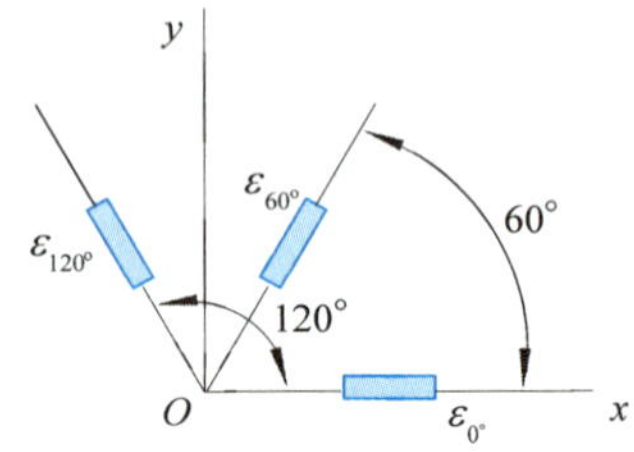

图 9-10

式（7-17）和式（7-16）给出了主应变的方向与大小分别为

$$\tan 2\alpha_0=\frac{\sqrt{3}(\varepsilon_{60^\circ}-\varepsilon_{120^\circ})}{2\varepsilon_{0^\circ}-\varepsilon_{60^\circ}-\varepsilon_{120^\circ}} \tag{e}$$

$$\left.\begin{matrix}\varepsilon_{max}\\ \varepsilon_{min}\end{matrix}\right\}=\frac{\varepsilon_{0^\circ}+\varepsilon_{60^\circ}+\varepsilon_{120^\circ}}{3}\pm\frac{\sqrt{2}}{3}\sqrt{(\varepsilon_{0^\circ}-\varepsilon_{60^\circ})^2+(\varepsilon_{60^\circ}-\varepsilon_{120^\circ})^2+(\varepsilon_{120^\circ}-\varepsilon_{0^\circ})^2} \tag{f}$$

由式（9-7）求出该点主应力为

$$\left.\begin{matrix}\sigma_{max}\\ \sigma_{min}\end{matrix}\right\}=\frac{E}{3(1-\mu)}(\varepsilon_{0^\circ}+\varepsilon_{60^\circ}+\varepsilon_{120^\circ})\pm\frac{\sqrt{2}E}{3(1+\mu)}\sqrt{(\varepsilon_{0^\circ}-\varepsilon_{60^\circ})^2+(\varepsilon_{60^\circ}-\varepsilon_{120^\circ})^2+(\varepsilon_{120^\circ}-\varepsilon_{0^\circ})^2} \tag{9-9}$$

主应力的方向可由式（e），即式（7-17）确定。

【例9-5】 弯扭组合变形下的圆轴表面某一点的应力状态（图9-11a），用直角应变花测得表面应变值为 $\varepsilon_{0^\circ}=-300\times10^{-6}$，$\varepsilon_{45^\circ}=-200\times10^{-6}$，$\varepsilon_{90^\circ}=200\times10^{-6}$。已知圆轴材料为Q235钢，弹性模量 $E=200\text{GPa}$，泊松比 $\mu=0.3$，试求该点的主应力。

解： 由式（b），即式（7-15）确定主应力的方向

$$\tan 2\alpha_0=\frac{2\varepsilon_{45^\circ}-\varepsilon_{0^\circ}-\varepsilon_{90^\circ}}{\varepsilon_{0^\circ}-\varepsilon_{90^\circ}}=\frac{2\times(-200)+300-200}{-300-200}=0.6$$

得
$$2\alpha_0=31^\circ\text{或}211^\circ,\quad \alpha_0=15^\circ30'\text{或}105^\circ30'$$

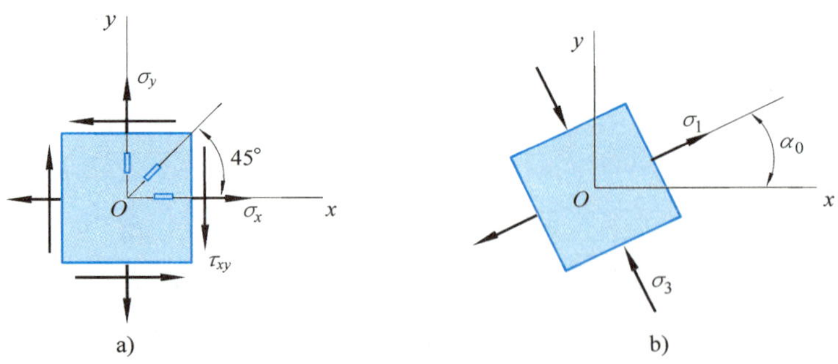

图 9-11

由式（9-8）计算出极值正应力为

$$\left.\begin{matrix}\sigma_{max}\\ \sigma_{min}\end{matrix}\right\}=\frac{E(\varepsilon_{0^\circ}+\varepsilon_{90^\circ})}{2(1-\mu)}\pm\frac{\sqrt{2}\times200\times10^9\text{Pa}}{2(1+\mu)}\sqrt{(\varepsilon_{0^\circ}-\varepsilon_{45^\circ})^2+(\varepsilon_{45^\circ}-\varepsilon_{90^\circ})^2}$$

$$=\left[\frac{200\times10^{9}\times(-300+200)\times10^{-6}}{2\times(1-0.3)}\pm\frac{\sqrt{2}\times200\times10^{9}}{2\times(1+0.3)}\sqrt{(-300+200)^{2}+(-200-200)^{2}}\right]\text{Pa}$$

$$=\begin{cases}30.7\text{MPa}\\-59.1\text{MPa}\end{cases}$$

则主应力为 $\sigma_1=30.7\text{MPa},\quad\sigma_2=0,\quad\sigma_3=-59.1\text{MPa}$

主单元体如图 9-11b 所示。

上面讲述了电测法的基本原理及电桥接法，对于具体的应用必须到实验室进行实验。

电测法的主要优点是：

- 灵敏度高。目前的应变仪可以精确地分辨出 1 个微应变（$1\mu\varepsilon=1\times10^{-6}$），对于承受单向应力的钢构件来说相当于 0.2MPa 的应力值。
- 应变片尺寸小且粘贴牢固。目前箔式应变片的最小标距可达 0.2mm，可以用来测量局部应力。
- 既可作静态测量，也可用于动态测量。动态测量时，能够比较精确地进行实验研究，只是使用的仪器有所不同。
- 可在高温、低温、高压、液态等比较恶劣的环境下测定应变。例如测取压强达几百个兆帕下的容器内壁的应变。在静载下目前有适用于 700℃的高温应变片，电测法可以从接近绝对零度（液氦容器应力测量 −272.2℃）到 +1 000℃的范围内成功地使用。
- 可进行遥测。如果与无线电遥测技术结合起来，可以满足一些特别的测试要求。

电测法的缺点是：只能测部件表面应变；测量结构整体的应力分布时，需要很多测点，工作量较大；对应力集中的测量尚不够精确；测量用仪器、导线很多，在现场实测中易受环境（如温度、电磁）的干扰。

分析思考题

9-1 在电测法实验中为什么要采用温度补偿？

9-2 在扭转测量扭矩的电测实验中，在圆轴表面的一个测点粘贴 2 枚与圆轴轴线成 ±45°的应变片，或 4 枚成 45°的应变片，测量结果有什么不同？用 1 枚成 45°的应变片，能否测定扭矩？

9-3 测弯矩时，可用两枚纵向片组成相互补偿电路。也可只用 1 枚纵向片，外补偿电路。两种方法何者较好？

9-4 主应力测量中，直角应变花是否可沿任意方向粘贴？

习题

9-1 一截面面积 $A=3\text{cm}^2$ 的受拉杆件，用电阻应变仪测得其纵向应变 $\varepsilon=860\times10^{-6}$，材料为钢，$E=210\text{GPa}$，求此拉杆所受的轴力。

9-2 对某一内燃机连杆进行应力测定，材料的 $E=210\text{GPa}$，测出其最窄截面处沿连杆方向的应变 $\varepsilon=-886\times10^{-6}$，试求该测点的应力。

9-3 一透平机圆盘采用紧配合套于一轴上，在圆盘与轴的配合处沿半径方向和切线方向各贴一电阻应变片，当圆盘转动时测出径向应变 $\varepsilon_r=-200\times10^{-6}$，环向应变 $\varepsilon_\theta=+500\times10^{-6}$，圆盘材料的弹性模量

$E=200\text{GPa}$，泊松比 $\mu=0.25$，试计算测点的径向应力和环向应力。

9-4　如题 9-4 图所示船舶推进轴，截面为空心圆，外径 $D=30\text{cm}$，内径 $d=15\text{cm}$，此推进轴承受扭矩与轴向压力的联合作用，利用半桥接法来测定扭矩。设由电阻应变仪测出的读数是 $\varepsilon_r=800\times10^{-6}$，试求此轴承受的扭矩。轴的材料为钢，弹性模量 $E=200\text{GPa}$，泊松比 $\mu=0.25$。

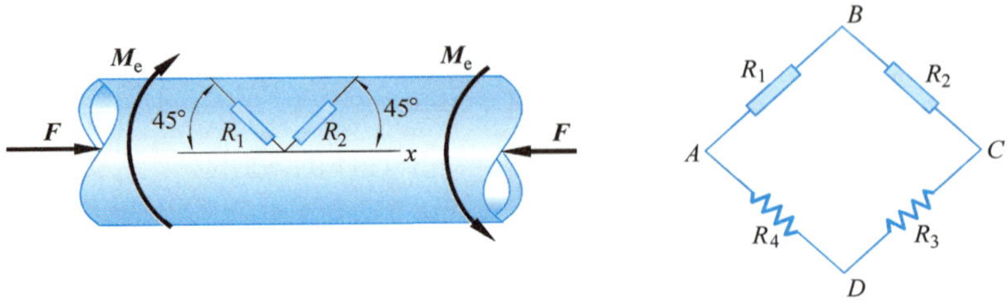

题 9-4 图

9-5　如题 9-4 所示的船舶推进轴，采用如题 9-5 图所示的贴片，利用温度补偿片接半桥来测量轴向压力，设测出的读数为 $\varepsilon_r=-100\times10^{-6}$，试求此轴所受的轴向压力，已知材料的 $E=200\text{GPa}$。

9-6　在受力机件贴一个等角 60°应变花，测得 $\varepsilon_{0°}=285\times10^{-6}$，$\varepsilon_{60°}=-20\times10^{-6}$，$\varepsilon_{120°}=-100\times10^{-6}$。机件材料的 $E=200\text{GPa}$，$\mu=0.3$，求测点的主应力大小及其与应变花零度片所夹的角度。

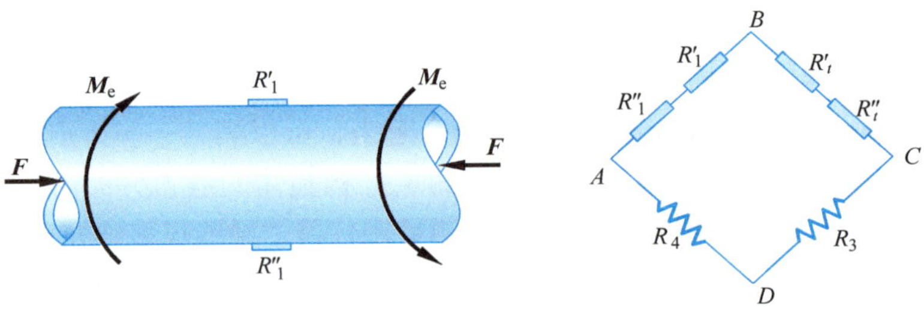

题 9-5 图

9-7　一机械零件，在其上某点用直角应变花测出的应变值为 $\varepsilon_{0°}=-58.3\times10^{-6}$，$\varepsilon_{45°}=-203\times10^{-6}$，$\varepsilon_{90°}=-412\times10^{-6}$。零件材料为铸铁，$E=155\text{GPa}$，$\mu=0.25$，试求测点的主应力大小及其与应变花零度片间的夹角。

9-8　如题 9-8 图所示工字形截面梁，在其某一截面的上、下翼缘沿纵向贴两个电阻应变片，采用半桥接法，由应变仪测出的读数 $\varepsilon_r=1\,120\times10^{-6}$。已知材料的弹性模量 $E=200\text{GPa}$，试求测点的弯曲应力。

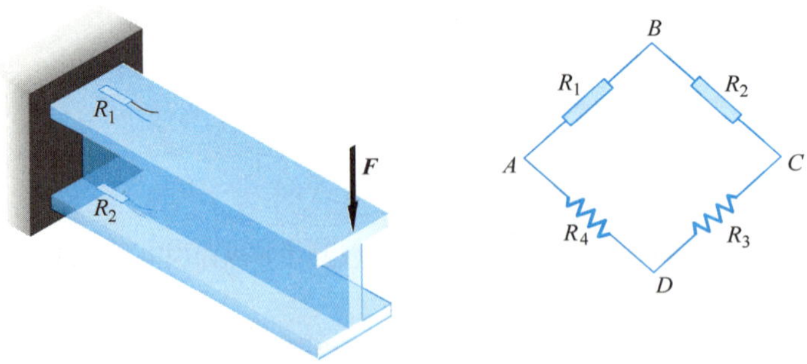

题 9-8 图

9-9　如题 9-9 图所示受拉杆件，在其表面纵、横两个方向上各贴一电阻应变片 R_1、R_2，采用半桥接法，由应变仪上测出的读数 $\varepsilon_r = 550 \times 10^{-6}$，试求测点的的拉应力。已知材料的弹性模量 $E = 200\text{GPa}$，泊松比 $\mu = 0.25$。（提示：$\varepsilon_{R_2} = -\mu\varepsilon_{R_1}$）

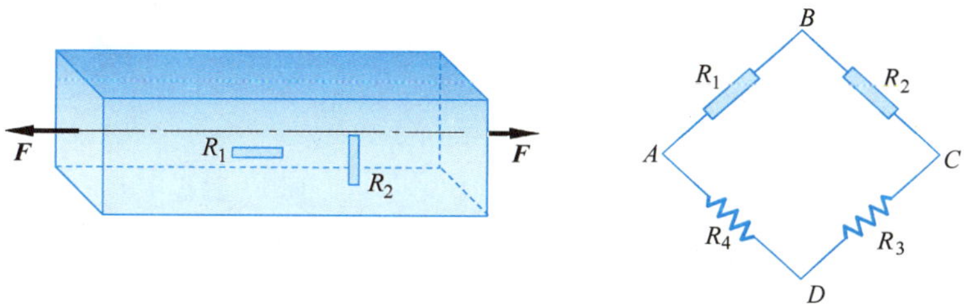

题 9-9 图

9-10　平面刚架承受着在其平面内的载荷作用，如题 9-10 图所示。在 D 截面处的内外侧各粘贴着一个与轴线平行的应变片。在载荷作用下测得半桥接线（R_a、R_b 为邻臂）时应变仪读数为 $-1\ 830 \times 10^{-6}$，全桥接线（R_a、R_b 为对臂）时的读数为 $-1\ 020 \times 10^{-6}$。接线时应变片 R_a 接在应变仪的 AB 桥路上。已知立柱为 45a 号工字钢，材料的 $E = 210\text{GPa}$，试求载荷 $\boldsymbol{F}_1$ 及 $\boldsymbol{F}_2$ 的数值。

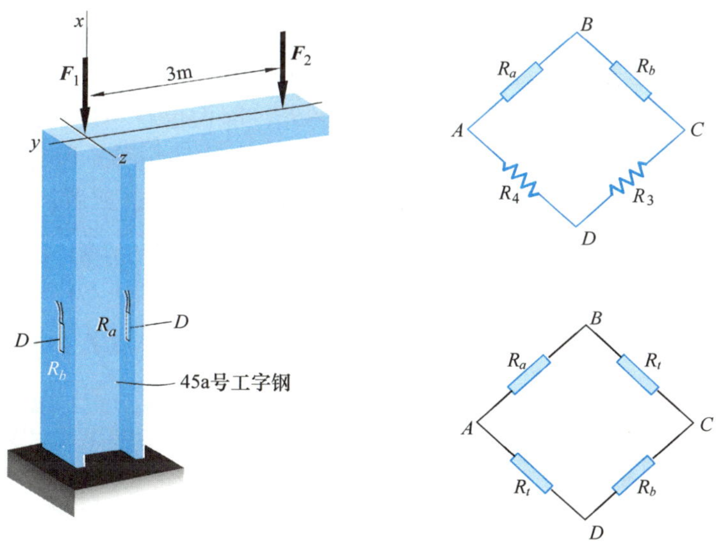

题 9-10 图

9-11　等直圆轴受扭转力矩 $\boldsymbol{M}_e$ 和轴向拉力 $\boldsymbol{F}$ 作用，欲用电测法确定 $\boldsymbol{M}_e$ 和 $\boldsymbol{F}$ 之值，试问最少要贴几片电阻片且如何布置？请画出布片图并写出 $\boldsymbol{M}_e$ 和 $\boldsymbol{F}$ 与测得应变值的关系。材料的弹性常数 E 及轴的直径 d 均为已知。

第 10 章 能量法

10.1 概述

10.1.1 问题的提出

前面在计算杆件的变形或位移时，采用的方法多是根据静力平衡关系、几何关系、物理关系来计算的，这种方法通常称为基本方程法。另外，前面也曾利用功能原理的原始公式，对结构中仅有一个主动力作用时，求力作用点沿力作用方向的位移。但对于工程中经常遇到的一些比较复杂的结构，如图 10-1 所示的桁架、刚架、曲杆等，或者简单结构在多个力作

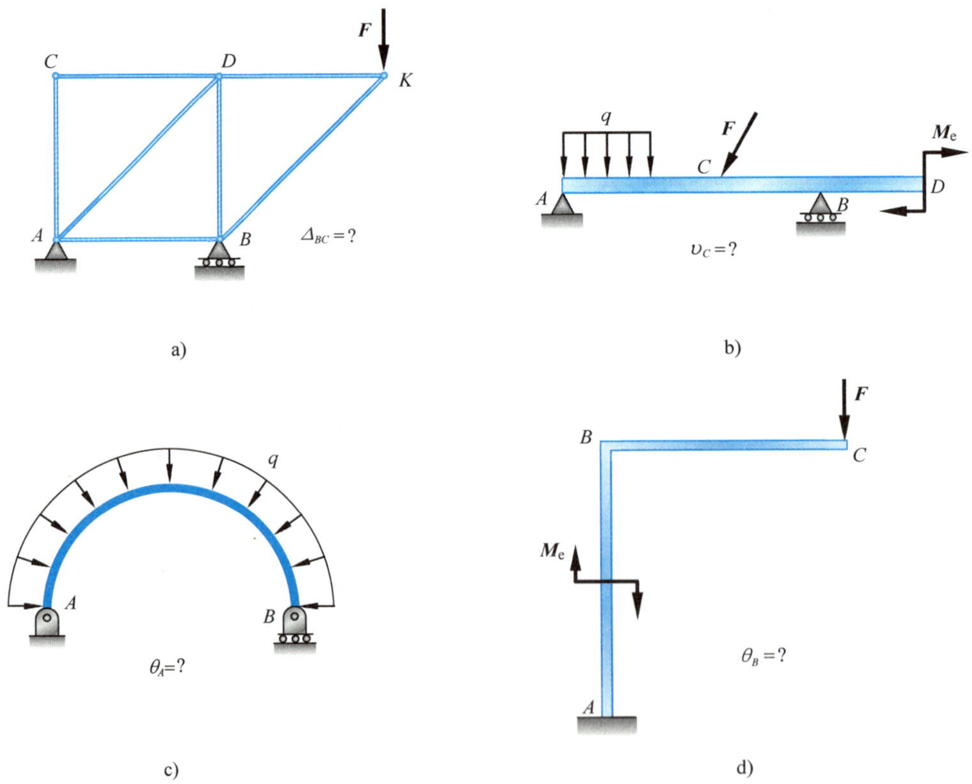

图 10-1

用下，即任意载荷作用下，求任意截面沿任意方向的位移时（图10-1），用前面介绍的方法计算很繁杂，有些问题甚至无法解决。因此，本章将介绍一种计算位移时普遍适用的方法——**能量法**。

10.1.2 能量法的依据

变形固体在外力作用下，力作用点沿力作用方向产生了位移，外力因此而做功；另一方面，弹性体因变形而储存了能量，从而具备了做功的能力。这种因变形而储存的能量叫变形能。若外力从零开始缓慢地增加到最终值，变形中的每一瞬间弹性体都处于平衡状态，动能和其他能量的变化甚小可以忽略不计，于是由能量守恒可知，弹性体的变形能 U 在数值上等于外力所做的功 W，即

$$\boxed{U=W} \tag{10-1}$$

此关系式称为**功能原理**。在弹性范围内，变形能是可逆的，即当外力逐渐解除时，变形能又可全部转变为功。超过弹性范围时，固体的塑性变形能将耗散一部分能量，变形能不能全部转变为功。

依据功能原理可导出一系列与能量有关的计算方法，称为**能量法**。用能量法求解任意结构的变形和位移及解超静定结构都是非常简便的。某些原理、方法，如虚功原理、单位载荷法，并不局限于线弹性问题，也可适用于非线弹性和塑性问题，应视具体问题选择适宜的方法。

10.2 杆件变形能的计算

杆件变形能计算公式是本章所讨论的能量法的基础。下面首先简单地综述杆件在基本变形下的变形能计算公式，进一步将得出杆件在组合变形情况下变形能的计算公式。

10.2.1 杆件基本变形的变形能

前面讨论了在线弹性范围内，杆件基本变形下的变形能计算，这些变形能的计算公式见表10-1。

由表10-1可见，杆件基本变形的变形能可综合表达为

$$\boxed{U=W=\frac{1}{2}F\delta=\begin{cases}\displaystyle\int_l \frac{(\text{广义内力})^2}{2(\text{刚度})}\mathrm{d}x & \text{当内力或刚度为变量时}\\ \displaystyle\frac{(\text{广义内力})^2 l}{2(\text{刚度})} & \text{当内力和刚度为常量时}\end{cases}} \tag{10-2}$$

式中，广义内力指与具体基本变形相应的内力；刚度指各种基本变形下相应的杆件的刚度；F 表示广义力；δ 表示广义位移。广义力可以是力或力偶，也可以是相对力或相对力偶；广义位移则是与广义力相对应的。相对力在相对线位移上做功，相对力偶在相对的角位移上做功。总之，F 与 δ 的乘积应为功的量纲。

10.2.2 变形能的特点

（1）变形能为弹性变形能，对线弹性材料，变形能是外力或位移的二次齐次函数；

表 10-1　杆件基本变形的弹性变形能

基本变形形式	变形简图	外力功 W	弹性变形能 U		备　注
			内力或刚度为变量时	内力与刚度均为常量时	
轴向拉、压	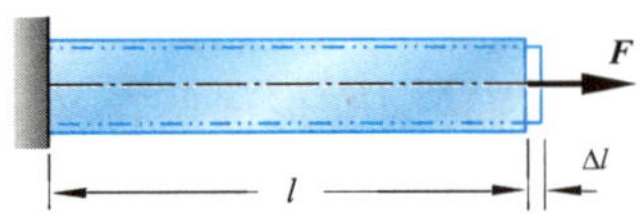	$\frac{1}{2}F\Delta l$	$\int_l \frac{F_N^2(x)}{2EA(x)}dx$	$\frac{F_N^2 l}{2EA}$	若杆件的内力与刚度在各段内为常数，或由 n 根直杆组成的桁架，可用求和的方法计算 $U=\sum_{i=1}^{n}\frac{F_{Ni}^2 l_i}{2EA_i}$
圆轴扭转	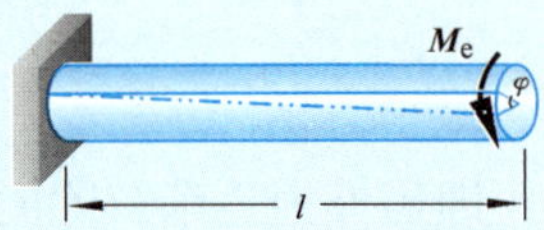	$\frac{1}{2}M_e\varphi$	$\int_l \frac{M_x^2(x)}{2GI_P(x)}dx$	$\frac{M_x^2 l}{2GI_P}$	仅对圆截面杆
平面弯曲	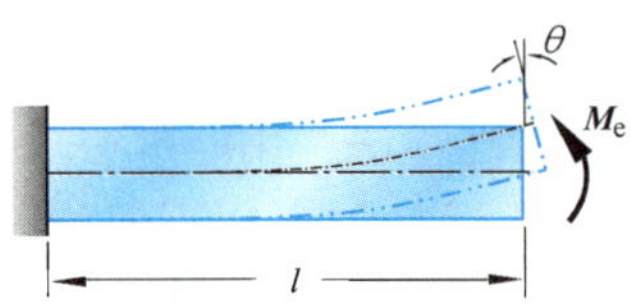 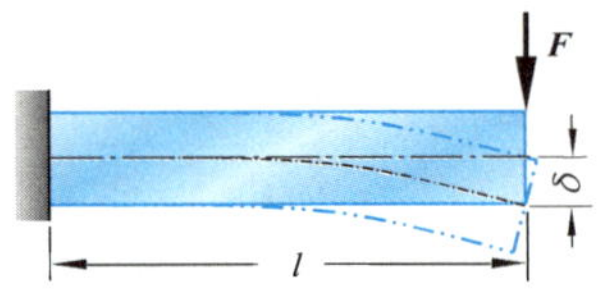	$\frac{1}{2}M_e\theta$ $\frac{1}{2}F\delta$	$\int_l \frac{M^2(x)}{2EI(x)}dx$	$\frac{M^2 l}{2EI}$	横力弯曲情况下，有 n 个力作用时，应用克拉贝依隆原理（见 10.2.3），$W=\sum_{i=1}^{n}\frac{1}{2}F_i\delta_i$ 忽略剪力产生的变形能

（2）变形能恒为正值；

（3）变形能的大小与加载的次序无关，仅取决于载荷和位移的最终值；

（4）变形能不能用叠加法计算。

10.2.3　变形能的普遍表达式——克拉贝依隆原理

以上综述了杆件几种基本变形下变形能的计算，现在推广到一般情况。设作用于物体上的外力为 $\boldsymbol{F}_1$，$\boldsymbol{F}_2$，$\boldsymbol{F}_3$，…，且设物体的约束条件使它除因变形而引起的位移外，不可能有整体的刚性位移（图 10-2）。用 δ_1，δ_2，δ_3，…分别表示外力作用点沿外力方向的位移。这里的外力和位移是指广义力和广义位移。前面曾经指出，弹性体在变形过程中储存的变形能只取决于外力和位移的最终值，而与加力的次序无关。这样，在计算变形能时就可假设 $\boldsymbol{F}_1$，$\boldsymbol{F}_2$，$\boldsymbol{F}_3$，…按相同的比例从零开始逐渐增加到最终值。若变形很小，材料是线弹性的，且弹性位移与外力之间的关系也是线性的，则位移 δ_1，δ_2，δ_3，…也将与外力按相同的比例增加。在计算载荷做功时用

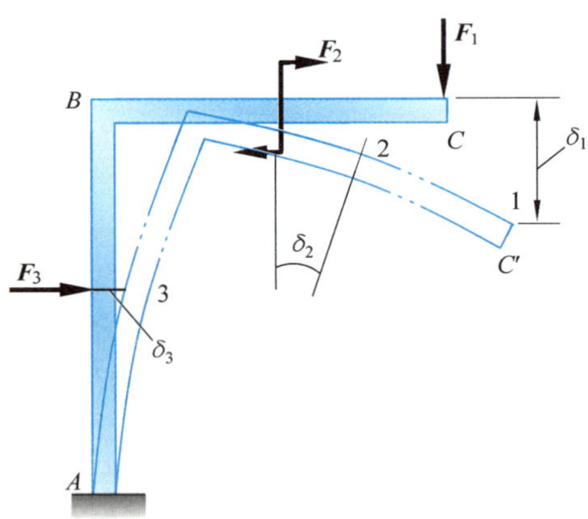

图　10-2

到的是相应位移。对于集中载荷，相应位移指的是载荷作用点沿载荷方向的分位移而不是总位移；对于集中力偶，则相应位移指的是角位移，即力偶作用截面的转角。例如图 10-2 中结构变形后 C 点移到 C'点，而 $\boldsymbol{F}_3$力只在总位移 CC'沿 $\boldsymbol{F}_3$方向的分位移 δ_3（即是力 $\boldsymbol{F}_3$的相应位移）上做功。当上述比例关系存在时，即位移与载荷是线性关系，故 δ_3可写为

$$\delta_3 = K_1F_1 + K_2F_2 + K_3F_3 = F_3\left(K_1\frac{F_1}{F_3} + K_2\frac{F_2}{F_3} + K_3\right) \tag{10-3}$$

式中，K_1、K_2、K_3均为常数（决定于具体结构）。在比例加载的过程中 F_1/F_3和 F_2/F_3也是常数，故 δ_3表达式中圆括弧中的诸项和是一个常数，所以 δ_3与 F_3是线性关系。参照图 10-3 可知 $\boldsymbol{F}_3$力所做的功是 $F_3\delta_3/2$；同理，力偶 $\boldsymbol{F}_2$在相应位移即角位移 δ_2上所做的功为 $F_2\delta_2/2$。将所有载荷所做的功相加，便得到结构的变形能，即

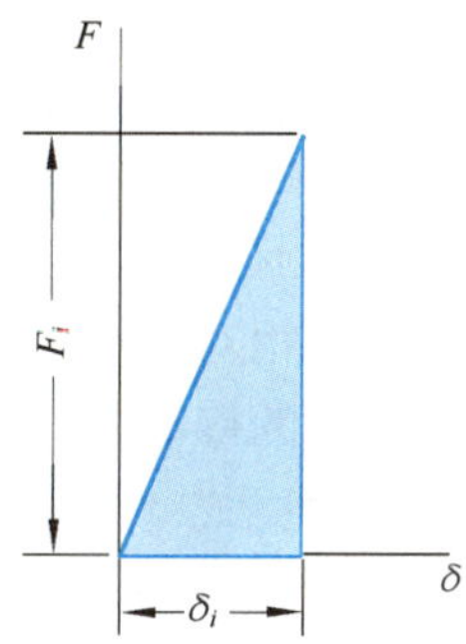

图 10-3

$$\boxed{U = \frac{1}{2}\sum_{i=1}^{n}F_i\delta_i = \frac{1}{2}F_1\delta_1 + \frac{1}{2}F_2\delta_2 + \cdots + \frac{1}{2}F_n\delta_n} \tag{10-4}$$

它表明线弹性体的变形能等于每一个外力与其相应位移乘积的 1/2 的总和。这一结论也称为**克拉贝依隆原理**。

因为位移 δ_1，δ_2，δ_3，…与 $\boldsymbol{F}_1$，$\boldsymbol{F}_2$，$\boldsymbol{F}_3$，…之间是线性关系，如果把式（10-4）中的位移用外力来代替，变形能就成为外力的二次齐次函数。同理，如把外力用位移来代替，变形能就成为位移的二次齐次函数，因此，变形能不能用叠加的方法来计算。

将克拉贝依隆原理应用于三向应力状态的主单元体。设其主应力为 σ_1、σ_2、σ_3，主应变为 ε_1、ε_2、ε_3，则据克氏定理有

比能 $$u = \frac{1}{2}\sigma_1\varepsilon_1 + \frac{1}{2}\sigma_2\varepsilon_2 + \frac{1}{2}\sigma_3\varepsilon_3$$

而变形能 $$U = \int_V u\mathrm{d}V$$

10.2.4 组合变形杆件变形能的计算

设于线弹性杆件中取出长为 dx 的微段（图 10-4），其两端横截面上有轴力 $F_{\mathrm{N}}(x)$，弯矩 $M(x)$ 和扭矩 $M_x(x)$。对所分析的微段来说，这些都是相对外力。设两个端截面的相对轴向线位移为 $\mathrm{d}(\Delta l)$，相对转角为 $\mathrm{d}\theta$，相对扭转角为 $\mathrm{d}\varphi$，且内力与相对位移是线性关系。由式（10-4），微段内的变形能为

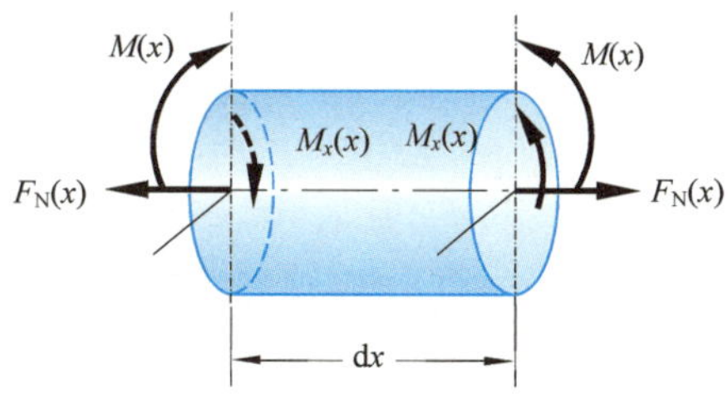

图 10-4

$$\mathrm{d}U = \frac{1}{2}F_{\mathrm{N}}(x)\mathrm{d}(\Delta l) + \frac{1}{2}M(x)\mathrm{d}\theta + \frac{1}{2}M_x(x)\mathrm{d}\varphi$$

在小变形条件下，轴力 $F_{\mathrm{N}}(x)$在弯矩引起的转角 dθ 和扭矩引起的扭转角 dφ 上不做功；弯矩 $M(x)$在轴力引起的轴向位移 $\mathrm{d}(\Delta l)$和扭矩引起的扭转角 dφ 上不做功；扭矩 $M_x(x)$在轴力引起的轴向位移 $\mathrm{d}(\Delta l)$和弯矩引起的转角 dθ 上不做功。这样，$\mathrm{d}(\Delta l)$只与 $F_{\mathrm{N}}(x)$有关，dθ 只与 $M(x)$有关，dφ 只与 $M_x(x)$有关，对于线弹性结构，杆件的拉伸、弯曲和扭转变形

分别是

$$d(\Delta l)=\frac{F_N(x)}{EA}dx,\quad d\theta=\frac{M(x)}{EI}dx,\quad d\varphi=\frac{M_x(x)}{GI_P}dx$$

于是有

$$dU=\frac{F_N^2(x)}{2EA}dx+\frac{M^2(x)}{2EI}dx+\frac{M_x^2(x)}{2GI_P}dx$$

将上述等式两边积分，可求出整个杆件在组合变形时的变形能

$$\boxed{U=\int_l\frac{F_N^2(x)}{2EA}dx+\int_l\frac{M^2(x)}{2EI}dx+\int_l\frac{M_x^2(x)}{2GI_P}dx}\tag{10-5}$$

这里都是相对力在相对位移上做功。式（10-5）中第三项仅适用于圆截面，对非圆截面要进行相应的修改。

注意：式（10-5）并不是利用叠加的方法得到的，而是在几种载荷共同作用时，当一种载荷在另外一种载荷引起的位移上不做功，各载荷做功相互独立而不互相影响的条件下，计算几种外力功之和得到的。

必须强调，克拉贝依隆原理只能用于线弹性结构，对于非线性结构（变形和载荷之间呈非线性关系），因为变形 δ_i 和载荷 $\boldsymbol{F}_i$ 之间不存在线性关系，$\boldsymbol{F}_i$ 做的功不是 $F_i\delta_i/2$，所以式（10-4）不成立。

对非线性弹性固体，变形能在数值上仍然等于外力所做的功，但力与位移关系以及应力和应变的关系都不是线性的（图 10-5）。仿照线弹性的情况，变形能和变形比能分别是

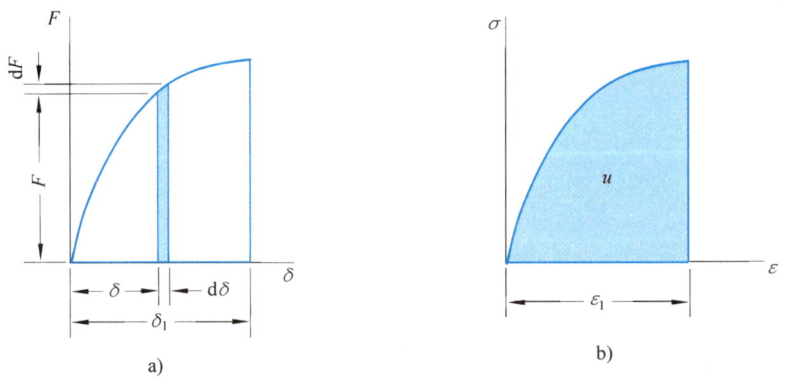

图　10-5

$$\left.\begin{aligned}U&=W=\int_0^{\delta_1}F\,d\delta\\u&=\int_0^{\varepsilon_1}\sigma\,d\varepsilon\end{aligned}\right\}$$

由于 $F-\delta$ 和 $\sigma-\varepsilon$ 的关系都不是斜直线，所以以上积分不能得出式（10-4）中的系数 1/2。积分由 $F-\delta$、$\sigma-\varepsilon$ 之间的具体关系而定。

本章所讨论的问题中，如无特别说明，都假定材料是线弹性的。

【例 10-1】 结构尺寸、受力如图 10-6 所示，已知 $\boldsymbol{F}$、$\overline{m}$、l、d、E、G，求变形能 U。

解： 此杆为组合变形，先计算各段的内力。从杆右端起列出内力方程

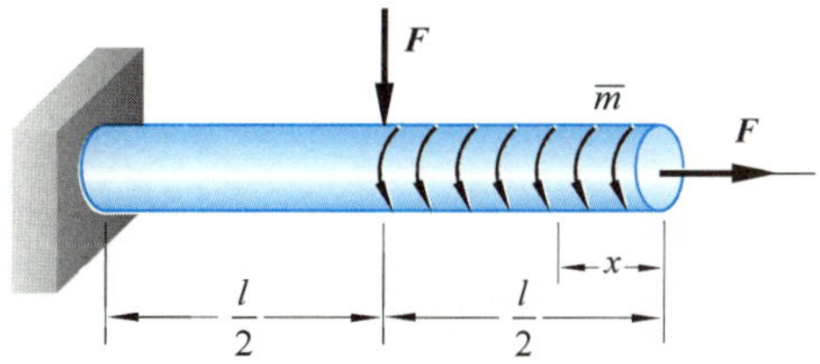

图　10-6

$$F_N(x)=F \quad (0<x<l)$$
$$M_1(x)=0 \quad \left(0\leqslant x\leqslant \frac{l}{2}\right)$$
$$M_2(x)=-F\left(x-\frac{l}{2}\right) \quad \left(\frac{l}{2}<x\leqslant l\right)$$
$$M_{1x}(x)=\overline{m}x \quad \left(0\leqslant x\leqslant \frac{l}{2}\right)$$
$$M_{2x}(x)=\overline{m}\cdot\frac{l}{2} \quad \left(\frac{l}{2}<x\leqslant l\right)$$

由式（10-5）有

$$\begin{aligned}U &= \int_l \frac{F_N^2(x)}{2EA}dx + \int_l \frac{M^2(x)}{2EI}dx + \int_l \frac{M_x^2(x)}{2GI_P}dx \\ &= \int_0^l \frac{F^2}{2EA}dx + \int_{\frac{l}{2}}^l \frac{F^2\left(x-\frac{l}{2}\right)^2}{2EI}dx + \int_0^{\frac{l}{2}} \frac{(\overline{m}x)^2}{2GI_P}dx + \int_{\frac{l}{2}}^l \frac{\left(\overline{m}\frac{l}{2}\right)^2}{2GI_P}dx \\ &= \frac{F^2 l}{2EA} + \frac{F^2 l^3}{48EI} + \frac{\overline{m}^2 l^3}{12GI_P} = \frac{2F^2 l}{E\pi d^2} + \frac{4F^2 l^3}{3E\pi d^4} + \frac{8\,\overline{m}^2 l^3}{3G\pi d^4}\end{aligned}$$

得变形能

$$U=\frac{2F^2 l}{E\pi d^2}+\frac{4F^2 l^3}{3E\pi d^4}+\frac{8\,\overline{m}^2 l^3}{3G\pi d^4}$$

【例 10-2】 圆截面直角折杆如图 10-7 所示，在力 $\boldsymbol{F}$ 作用下，求 C 点的垂直位移。材料的弹性常数为 E、G 已知。

解： • 当结构中只有一个力（做功力）作用，且只计算该力作用点沿力方向上的位移时，可直接利用功能原理 $U=W$ 来求出该位移。

• 仍以杆轴线为 x 轴列各段内力方程，并计算各段的变形能

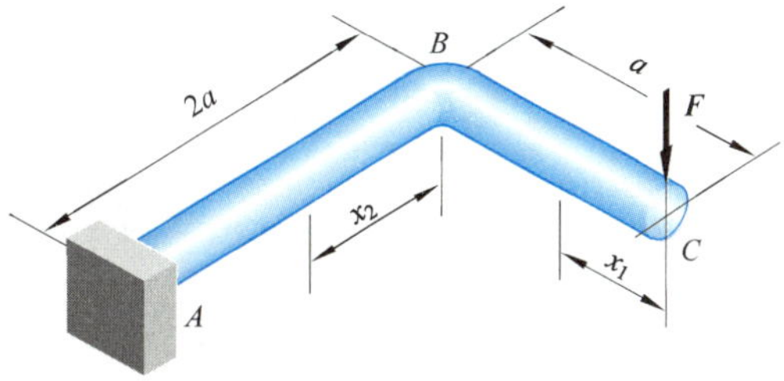

图　10-7

BC 段

$$M_1(x)=-Fx_1$$
$$U_{BC}=\int_0^a \frac{M_1^2(x)}{2EI}dx = \frac{1}{2EI}\int_0^a(-Fx_1)^2dx=\frac{F^2a^3}{6EI}$$

AB 段　$M_2(x)=-Fx_2$，$M_x(x)=Fa$

$$\begin{aligned}U_{AB} &= \int_0^{2a}\frac{M_2^2(x)}{2EI}dx+\int_0^{2a}\frac{M_x^2(x)}{2GI_P}dx \\ &= \frac{1}{2EI}\int_0^{2a}(-Fx_2)^2dx+\frac{1}{2GI_P}\int_0^{2a}(Fa)^2dx \\ &= \frac{4F^2a^3}{3EI}+\frac{F^2a^3}{GI_P}\end{aligned}$$

总变形能

$$U=U_{AB}+U_{BC}=\frac{3F^2a^3}{2EI}+\frac{F^2a^3}{GI_P}$$

• 外力功

$$W=\frac{1}{2}Ff_C$$

• 由 $W=U$，有

$$\frac{1}{2}Ff_C=\frac{3F^2a^3}{2EI}+\frac{F^2a^3}{GI_P}$$

$$f_C=\frac{3Fa^3}{EI}+\frac{2Fa^3}{GI_P}=\frac{64Fa^3}{\pi d^4}\left(\frac{3}{E}+\frac{1}{G}\right)(\downarrow)$$

【例 10-3】 截面为圆形，轴线为半圆形的平面曲杆如图 10-8 所示，作用于 A 端的集中力 $\boldsymbol{F}$ 垂直于轴线所在的平面。试求 $\boldsymbol{F}$ 力作用点的垂直位移。E、G 已知。

解：• 可取旋转坐标系，仍以杆轴线为 x 轴。设任意横截面 $m-n$ 的位置由圆心角 φ 来确定。由曲杆的视图（图 10-8）可知，截面 $m-n$ 上的弯矩和扭矩分别为

$$M=FR\sin\varphi,\quad M_x=FR(1-\cos\varphi)$$

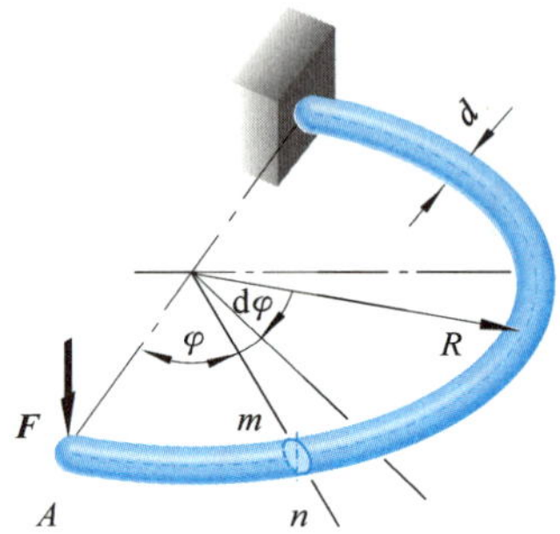

图 10-8

• 求曲杆的变形能 U

对横截面尺寸远小于半径 R 的曲杆，变形能计算可借用直杆公式。这样，微段 $R\mathrm{d}\varphi$ 内变形能是

$$\begin{aligned}\mathrm{d}U&=\frac{M^2R}{2EI}\mathrm{d}\varphi+\frac{M_x^2R}{2GI_P}\mathrm{d}\varphi\\&=\frac{F^2R^3\sin^2\varphi}{2EI}\mathrm{d}\varphi+\frac{F^2R^3(1-\cos\varphi)^2}{2GI_P}\mathrm{d}\varphi\end{aligned}$$

积分求得整个曲杆的变形能 U 为

$$U=\int_0^\pi\frac{F^2R^3\sin^2\varphi}{2EI}\mathrm{d}\varphi+\int_0^\pi\frac{F^2R^3(1-\cos\varphi)^2}{2GI_P}\mathrm{d}\varphi=\frac{F^2R^3\pi}{4EI}+\frac{3F^2R^3\pi}{4GI_P}$$

• 求外力的功 W

若 $\boldsymbol{F}$ 力作用点沿 $\boldsymbol{F}$ 方向的位移为 f_A，在变形过程中，集中力 $\boldsymbol{F}$ 所做的功应为

$$W=\frac{1}{2}Ff_A$$

• 由 $U=W$，得

$$\frac{1}{2}Ff_A=\frac{F^2R^3\pi}{4EI}+\frac{3F^2R^3\pi}{4GI_P}$$

则

$$f_A=\frac{FR^3\pi}{2EI}+\frac{3FR^3\pi}{2GI_P}=\frac{16FR^3}{d^4}\left(\frac{2}{E}+\frac{3}{G}\right)(\downarrow)$$

例 10-2、例 10-3 都是只有一个主动力（做功力）作用。如果求力作用点沿力作用方向的位移，则只需根据功能原理的原始表达式 $U=W$ 即可求得。但是，如果结构上有多个主动力（做功力）作用，而欲求其中某一载荷处的相应位移；或者只有一个做功力，但欲求的位移不是载荷作用点的相应位移，而是任意点沿任意方向的位移，只用功能原理的原始形式就不够了。下面将导出相应的计算方法。

10.3 单位载荷法 莫尔积分

设线弹性结构变形如图 10-9a 所示，欲求任意截面 A 沿任意方向 $a-a$ 的位移 $\boldsymbol{\Delta}$。设刚架结构在外力 $\boldsymbol{F}$、M_e、$q(x)$ 作用下任意截面 x 的弯矩为 $M(x)$，变形能

$$U=\int_l\frac{M^2(x)}{2EI}\mathrm{d}x\tag{a}$$

欲求位移 Δ，在 A 截面，沿 $a-a$ 方向加一载荷（为计算方便取作单位力 **1**），如图10-9b所示。设单位力 **1** 作用下任意截面 x 的弯矩为 $\overline{M}(x)$，变形能

$$\overline{U}=\int_l \frac{\overline{M}^2(x)}{2EI}\mathrm{d}x \tag{b}$$

利用变形能与加载次序无关的性质，采用不同的加载次序计算变形能。

方法一：先加单位力 **1**，此时结构的变形能为 $\overline{U}$；在此变形基础上再加载荷 $\boldsymbol{F}$、M_e、$q(x)$，变形能增加了 U，同时，单位力 **1** 要在 $\boldsymbol{F}$、M_e、$q(x)$ 产生的位移 Δ（图 10-9a）上做功 $1\cdot\Delta$，故结构的总变形能为

$$U_{总}=\overline{U}+U+1\cdot\Delta \tag{c}$$

方法二：设结构在外力 $\boldsymbol{F}$、M_e、$q(x)$ 及单位力 **1** 共同作用下，结构任意截面 x 的弯矩为

$$M_{总}=M(x)+\overline{M}(x)$$

则总变形能为

$$U_{总}=\int_l \frac{[M(x)+\overline{M}(x)]^2}{2EI}\mathrm{d}x \tag{d}$$

两种方法计算的变形能应相等，即

$$\overline{U}+U+1\cdot\Delta=\int_l \frac{[M(x)+\overline{M}(x)]^2}{2EI}\mathrm{d}x \tag{e}$$

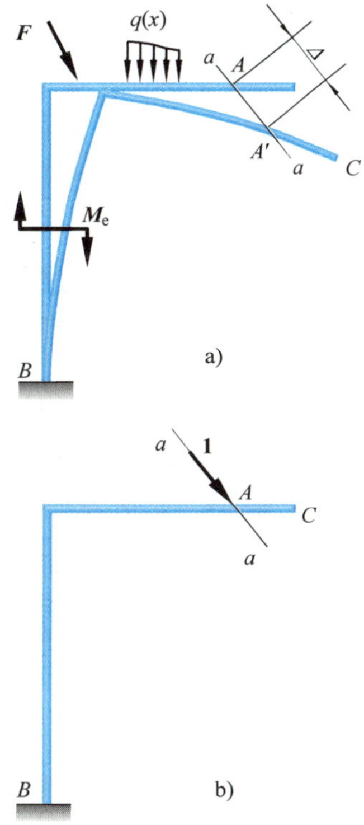

图 10-9

整理式（e）有

$$1\cdot\Delta=\int_l \frac{M(x)\overline{M}(x)}{EI}\mathrm{d}x \tag{f}$$

等号两端除以单位力 **1**，有

$$\boxed{\Delta=\int_l \frac{M(x)\overline{M}(x)}{EI}\mathrm{d}x} \tag{10-6}$$

上式称为计算结构位移的**单位载荷法**，也称**莫尔定理**或**莫尔积分**。式中，Δ 为线位移或角位移；$M(x)$为结构中原载荷引起的弯矩；$\overline{M}(x)$为所加单位力 **1** 引起的弯矩。欲求某处的线位移，就在那里加单位力 **1**；求角位移时，加单位力偶 **1**；求相对线位移时，加一对相对单位力 **1**；求相对角位移时，加一对相对单位力偶 **1**。若求得 Δ 结果为正，说明位移的方向与所设单位力 **1** 方向相同；结果为负，说明位移的方向与所设单位力 **1** 方向相反。

几点说明：

（1）分段原则。式（10-6）的积分式中 $M(x)$、$\overline{M}(x)$是同一段杆为连续函数的定积分。当内力方程 $M(x)$或 $\overline{M}(x)$及抗弯刚度 EI 发生变化时，均需分段积分，即

$$\Delta=\sum_{i=1}^{n}\int_{l_i}\frac{M_i(x)\overline{M}_i(x)}{EI_i}\mathrm{d}x$$

（2）式（10-6）是以平面刚架为例，而且没有考虑剪力、轴力的作用，但公式不失一般性。

1）对只有轴力的拉（压）杆件，计算位移的单位载荷法可写成

$$\Delta = \sum_{i=1}^{n} \frac{F_{Ni}\overline{F}_{Ni}l_i}{EA_i} \tag{10-7}$$

2）对于受扭杆件，莫尔积分可写成

$$\Delta = \sum_{i=1}^{n} \int_{l_i} \frac{M_{xi}(x)\overline{M}_{xi}(x)}{GI_{Pi}}\mathrm{d}x \tag{10-8}$$

3）对于组合变形构件，其横截面上一般存在有轴力 F_N、剪力 F_Q、弯矩 M 和扭矩 M_x。若略去剪力 F_Q 对变形的影响，则莫尔积分可写成

$$\Delta = \sum \int_l \frac{F_N(x)\overline{F}_N(x)}{EA}\mathrm{d}x + \sum \int_l \frac{M(x)\overline{M}(x)}{EI}\mathrm{d}x + \sum \int_l \frac{M_x(x)\overline{M}_x(x)}{GI_P}\mathrm{d}x \tag{10-9}$$

（3）应用莫尔积分时必须注意：

1）$M(x)$、$F_N(x)$、$M_x(x)$是结构上真实载荷引起的内力，$\overline{M}(x)$、$\overline{F}_N(x)$、$\overline{M}_x(x)$是单位力 **1** 引起的内力，它们在每段应有同一坐标原点；

2）只有相同种类的内力方程才能相乘。对于两向弯曲梁来说，只有同一平面内的$M(x)$方程和 $\overline{M}(x)$方程才能相乘；

3）非圆截面杆扭转，式（10-8）、式（10-9）中的 I_P 应改为 I_t；

4）对于小曲率的曲杆，直杆公式仍然适用。

5）莫尔积分式只适用于线弹性结构。

【例 10-4】 图 10-10a 所示为全梁受均布载荷 q 作用的等截面简支梁。计算此梁中点 D 的挠度和支座 A 截面的转角，剪力对弯曲变形的影响可忽略不计。

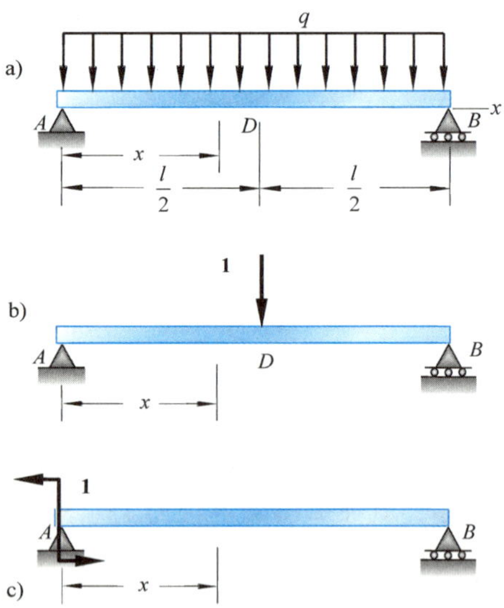

图 10-10

解： • 在载荷作用下，任意 x 截面的弯矩 $M(x)$ 表达式为

$$M(x) = \frac{ql}{2}x - \frac{qx^2}{2} \quad (0 \leqslant x \leqslant l)$$

• 为求梁中点 D 处的挠度 f_D，可在该点处施加向下的单位力 **1**（图 10-10b），由此单位力作用所引起的 x 截面弯矩表达式为

$$\overline{M}(x) = \frac{1}{2}x \quad \left(0 \leqslant x \leqslant \frac{l}{2}\right)$$

将 $M(x)$方程和 $\overline{M}(x)$代入式（10-6），并注意需分段积分，但因载荷和单位力 **1** 作用下弯矩对梁中点的对称性，因此

$$f_D = \Delta = \int_l \frac{M(x)\overline{M}(x)}{EI}\mathrm{d}x$$

$$= 2\int_0^{\frac{l}{2}} \frac{x}{2EI}\left(\frac{ql}{2}x - \frac{qx^2}{2}\right)\mathrm{d}x = \frac{5ql^4}{384EI}(\downarrow)$$

结果为正值，表示挠度 f_D 的指向与单位力的指向一致，即向下。

• 为求左支座 A 截面的转角 θ_A，可在该截面处施加单位力偶 **1**，其转向取逆时针（图 10-10c）。由此单位力偶作用所引起的 x 截面弯矩表达式为

$$\overline{M}(x) = \frac{x}{l} - 1 \quad (0 < x \leqslant l)$$

将此 $\overline{M}(x)$ 和 $M(x)$ 代入式（10-6），积分后得

$$\theta_A=\Delta=\int_l \frac{M(x)\overline{M}(x)}{EI}\mathrm{d}x=\int_0^l \frac{1}{EI}\left(\frac{ql}{2}x-\frac{qx^2}{2}\right)\left(\frac{x}{l}-1\right)\mathrm{d}x=-\frac{ql^3}{24EI}\ (\curvearrowleft)$$

结果为负值，表示转角 θ_A 的转向与单位力偶 **1** 的方向相反，即为顺时针转向。

【例 10-5】　图 10-11a 所示为一简单桁架，其各杆的 EA 都相等，求节点 B 和 D 的相对位移。

解： 由于各杆的 EA 都相等，应用式（10-7）时只须计算 $\sum F_{\mathrm{N}i}\overline{F}_{\mathrm{N}i}l_i$。应用理论力学中的节点法可求出在载荷 $\boldsymbol{F}$ 作用下引起的各杆轴力 $F_{\mathrm{N}i}$。

● 求 B 点和 D 点的相对位移，可在 B 点和 D 点加一对单位力 **1**（图 10-11b），求出由此单位力 **1** 引起的轴力 $\overline{F}_{\mathrm{N}i}$。为了清楚起见，把计算结果列入表 10-2 中。

$F_{\mathrm{N}i}$ 和 $\overline{F}_{\mathrm{N}i}$ 中，正号表示拉力，负号表示压力。由式（10-7）得 B、D 点的相对位移为

$$\overline{\Delta}_{BD}=\sum_{i=1}^{5}\frac{F_{\mathrm{N}i}\overline{F}_{\mathrm{N}i}l_i}{EA}=(\sqrt{2}+4)\frac{Fl}{2EA}=2.71\frac{Fl}{EA}$$

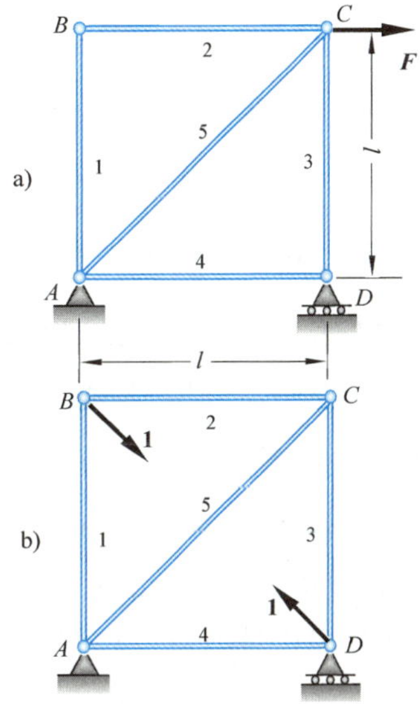

图　10-11

表 10-2　相对位移计算用表

杆号	$F_{\mathrm{N}i}$	$\overline{F}_{\mathrm{N}i}$	l_i	$F_{\mathrm{N}i}\overline{F}_{\mathrm{N}i}l_i$
1	0	$-\frac{\sqrt{2}}{2}$	l	0
2	0	$-\frac{\sqrt{2}}{2}$	l	0
3	$-F$	$-\frac{\sqrt{2}}{2}$	l	$\frac{\sqrt{2}}{2}Fl$
4	0	$-\frac{\sqrt{2}}{2}$	l	0
5	$\sqrt{2}F$	1	$\sqrt{2}l$	$2Fl$
$\sum F_{\mathrm{N}i}\overline{F}_{\mathrm{N}i}l_i=(\sqrt{2}+4)\frac{Fl}{2}$				

【例 10-6】　活塞环在切口处承受一对力 $\boldsymbol{F}$ 的作用，如图 10-12a 所示。试求切口处 A、B 截面的相对转角。设圆环的平均半径为 R，抗弯刚度 EI = 常数（忽略剪力及轴力的影响）。

解： ● 先求出载荷作用所产生的内力

由于圆环的对称性，只需列出一半。圆环任意截面 φ 处的弯矩方程为

$$M(\varphi)=-FR(1-\cos\varphi)$$

● 欲求 A、B 截面的相对转角，可在 A、B 截面加一对在大小相同、方向相反的单位力偶 **1**

如图 10-12b 所示，由单位力偶产生的弯矩方程为

$$\overline{M}(\varphi)=-1$$

● 由式（10-6），以 $M(\varphi)$ 代 $M(x)$、$\overline{M}(\varphi)$ 代 $\overline{M}(x)$、$R\mathrm{d}\varphi$ 代 $\mathrm{d}x$，于是求得 A、B 截面的相对转角为

$$\theta_{AB}=2\int_0^{\pi}\frac{M(\varphi)\overline{M}(\varphi)}{EI}R\mathrm{d}\varphi=\frac{2}{EI}\int_0^{\pi}FR(1-\cos\varphi)R\mathrm{d}\varphi=\frac{2\pi FR^2}{EI}$$

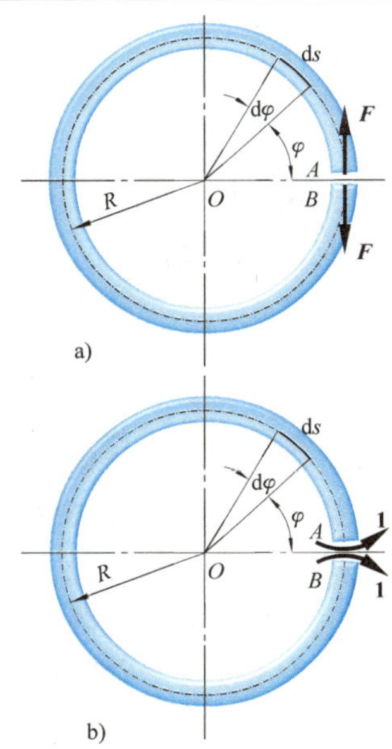

图　10-12

10.4 计算莫尔积分的图形互乘法

在等截面直杆的情况下，莫尔积分中的 EI（或 GI_P）为常量，可以提到积分号外，以弯曲为例，这就只需要计算积分 $\int_l M(x)\overline{M}(x)\mathrm{d}x$ 即可。由数学知识可知，在 $M(x)$ 和 $\overline{M}(x)$ 两个函数中，只要有一个是线性的，此积分就可简化为图形互乘的代数运算。$\overline{M}(x)$ 是由单位力或单位力偶引起的弯矩，故沿杆长方向的 $\overline{M}(x)$ 图常是由几段折线组成（即为线性函数）的；$M(x)$ 图一般可能为曲线。因此，$\int_l M(x)\overline{M}(x)\mathrm{d}x$ 的 运算可简化为代数运算。

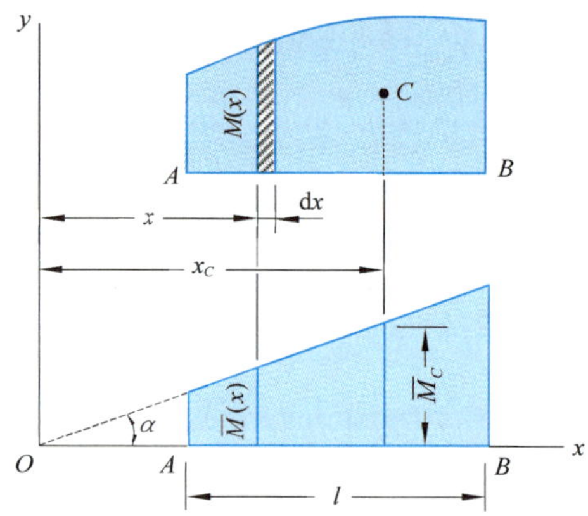

图 10-13

设直杆 AB 段内的 $M(x)$ 图为曲线，$\overline{M}(x)$ 图为一斜直线，它的倾角为 α（图10-13）。则 $\overline{M}(x)$ 图中任意点的纵坐标为 $\overline{M}(x)=x\tan\alpha$，这样，积分 $\int_l M(x)\overline{M}(x)\mathrm{d}x$ 可写为

$$\int_l M(x)\ \overline{M}(x)\mathrm{d}x = \tan\alpha\int_l xM(x)\mathrm{d}x \qquad \text{(a)}$$

式中，$M(x)\mathrm{d}x$ 是 $M(x)$ 图中画阴影线的微分面积；而 $xM(x)\mathrm{d}x$ 则是上述微面积对 y 轴的静矩。故积分 $\int_l xM(x)\mathrm{d}x$ 就是 $M(x)$ 图的面积对 y 轴的静矩。若以 ω 代表 $M(x)$ 图的面积，x_C 代表 $M(x)$ 图的形心到 y 轴的距离，则

$$\int_l xM(x)\mathrm{d}x = \omega x_C$$

这样式（a）化为

$$\int_l M(x)\overline{M}(x)\mathrm{d}x = \omega x_C\tan\alpha = \omega\overline{M}_C \qquad \text{(b)}$$

式中，$\overline{M}_C$ 是 $M(x)$ 图的形心 C 所对应的 $\overline{M}(x)$ 图的纵坐标。利用式（b）所表示的结果，在等截面直梁的情况下，式（10-6）可以写成

$$\Delta = \int_l \frac{M(x)\overline{M}(x)}{EI}\mathrm{d}x = \sum\frac{\omega_i\overline{M}_{Ci}}{EI} \qquad (10\text{-}10)$$

以上对莫尔积分的简化运算称为**计算莫尔积分的图形互乘法**（维列沙金法），简称为**图乘法**。需要注意此种方法仅是一种简化计算的手段，即把莫尔积分转化为图乘的代数运算，其公式的实质是莫尔定理。

以上是以弯曲为例推导的公式。当然，图乘法也适用于其他种类的变形。

对于桁架等受轴向拉压的直杆

$$\Delta = \sum\frac{\omega_i\overline{F}_{NCi}}{EA_i} \qquad (10\text{-}11)$$

式中，$\omega_i=F_{Ni}l_i$；$\overline{F}_{NCi}=\overline{F}_{Ni}$。所以，式（10-11）也可写成

$$\Delta = \sum_{i=1}^{n} \frac{F_{\mathrm{N}i}\overline{F}_{\mathrm{N}i}l_i}{EA_i}$$

此式即为莫尔定理的式（10-7）。

对于圆轴扭转

$$\Delta = \sum_{i=1}^{n} \frac{\omega_i \overline{M}_{xCi}}{GI_{\mathrm{P}i}} \tag{10-12}$$

对于圆截面杆的组合变形，图乘法的一般表达式为

$$\boxed{\Delta = \sum_{i=1}^{n} \frac{F_{\mathrm{N}i}\overline{F}_{\mathrm{N}i}l_i}{EA_i} + \sum_{i=1}^{n} \frac{\omega_i \overline{M}_{Ci}}{EI_i} + \sum_{i=1}^{n} \frac{\omega_i \overline{M}_{xCi}}{GI_{\mathrm{P}i}}} \tag{10-13}$$

式中，n 为分段数。

必须指出：只有相同种类的内力图在相应段内才能互乘，对于两向弯曲梁来说，只有同一平面内的 $M(x)$ 图和 $\overline{M}(x)$ 图才能互乘。

在实际应用中，常见的内力图不外乎是矩形、直角三角形和二次抛物线，它们的面积和形心位置只需根据矩形来记忆（图 10-14），其中抛物线顶点的切线平行于基线或与基线重合。

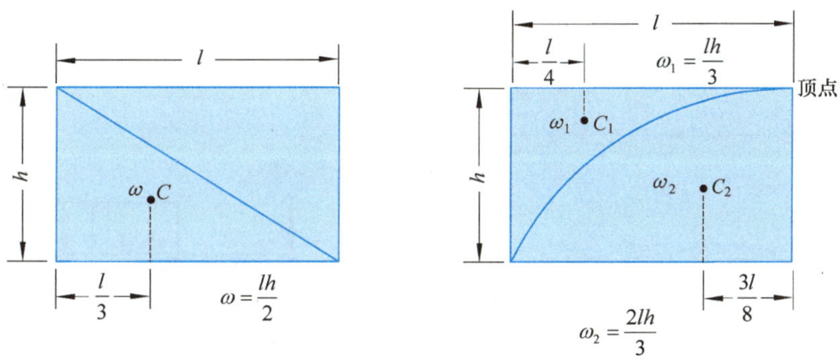

图　10-14

若内力图为梯形或任意三角形，则总可分成矩形和直角三角形来计算。对任意曲线形的内力图不宜用图乘法计算。

几点说明（以弯曲为例）：

（1）$M(x)$ 图和 $\overline{M}(x)$ 图均有正、负，同侧互乘为正，异侧互乘为负；

（2）$M(x)$ 图有正、负，$\overline{M}(x)$ 图有折点，EI 不等时，式（10-10）需分段计算；只要有一项需要分段，就必须分段计算，然后将各段的互乘结果求代数和。

（3）为了计算上的方便，有时可以应用叠加原理，将弯矩图分成几部分，对每一部分使用图乘法，然后求其总和；如果是几个载荷作用，可分别绘出每一个载荷引起的弯矩图，然后利用图乘法和叠加法求其总和。

（4）一般说，形式为 $\int F(x)f(x)\mathrm{d}x$ 的积分，只要 $F(x)$ 和 $f(x)$ 中有一个是线性的，就可用图乘法；若当二者均为线性时，可以互换。对某些问题用 $\overline{M}(x)$ 图的面积 $\overline{\omega}$ 乘以 $\overline{M}(x)$ 图的形心对应 M 图的纵坐标 M_C 可以使计算简单化（参见例 10-10）。

【例 10-7】 用图乘法计算例 10-4。

解：● 首先绘出载荷作用下的弯矩图 M（图 10-15b）

● 为求梁中点 D 处的挠度 f_D，在 D 点处加向下的单位力 **1**（图 10-15c），并绘出此单位力作用下的弯矩图 $\overline{M}_1$（图 10-15d）。利用图乘法时需注意，$\overline{M}$ 图有折点，需分段使用图乘法，但该题有对称性，简化计算有

$$f_D = \sum \frac{\omega_i \overline{M}_{Ci}}{EI_i} = \frac{2}{EI} \cdot \frac{2}{3} \cdot \frac{l}{2} \cdot \frac{ql^2}{8} \cdot \frac{5l}{32} = \frac{5ql^4}{384EI}(\downarrow)$$

● 为求左支座 A 截面的转角 θ_A，在该截面处加单位力偶 **1**（图 10-15e），并绘出单位力偶作用下的弯矩图 $\overline{M}_2$（图 10-15f）。此时不需分段，由图乘法有

$$\theta_A = \sum \frac{\omega_i \overline{M}_{Ci}}{EI_i} = -\frac{1}{EI} \cdot \frac{2}{3} \cdot \frac{ql^2}{8} \cdot l \cdot \frac{1}{2} = -\frac{ql^3}{24EI}(\curvearrowleft)$$

显然利用图乘法简化了积分运算。

【例 10-8】 求外伸梁（图 10-16a）A 端的转角。

解：● 作梁在外力作用下的弯矩图（图 10-16b）。为易于用图乘法计算，分别绘出 $\boldsymbol{F}$ 和 q 引起的弯矩图 M_F、M_q，再利用叠加法计算其总和。

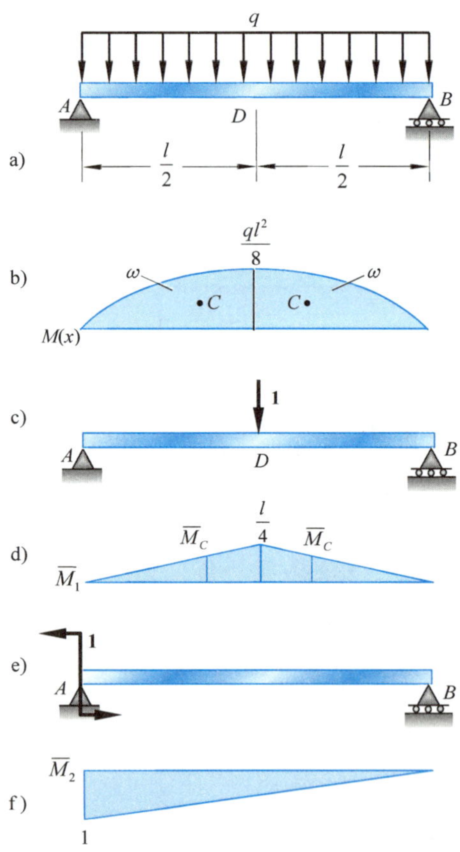

图 10-15

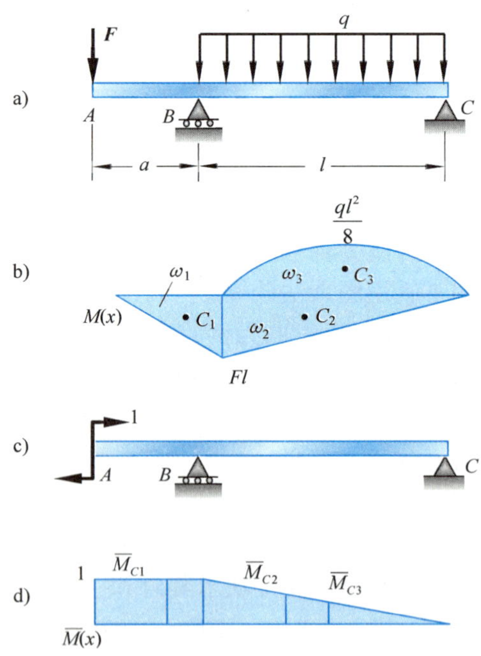

图 10-16

● 为求 A 端的转角，在截面 A 上作用上单位力偶矩 **1**（图 10-16c）。并绘出单位力偶矩 **1** 作用下的弯矩图 $\overline{M}$（图 10-16d）。

• 利用式（10-10），对弯矩图的每一部分分别应用图乘法，然后求其总和。并注意 M 图与 $\overline{M}$ 图同侧互乘为正，异侧互乘为负。于是有

$$\theta_A = \sum \frac{\omega_i \overline{M}_{Ci}}{EI_i} = \frac{1}{EI}\left(-\frac{1}{2}\cdot Fa\cdot a\cdot 1-\frac{1}{2}\cdot Fa\cdot l\cdot\frac{2}{3}+\frac{2}{3}\cdot\frac{ql^2}{8}\cdot l\cdot\frac{1}{2}\right)=-\frac{Fa^2}{EI}\left(\frac{1}{2}+\frac{l}{3a}\right)+\frac{ql^3}{24EI}$$

θ_A包含两项，分别代表载荷 $\boldsymbol{F}$ 即 q 的影响。第一项前面的负号，表示 A 端因 $\boldsymbol{F}$ 引起的转角与单位力偶 **1** 方向相反；第二项前面的正号，表示因载荷 q 引起的转角与单位力偶 **1** 方向相同。

【例 10-9】 图 10-17a 所示刚架的自由端 A 作用有集中载荷 $\boldsymbol{F}$，刚架各段的抗弯刚度已在图中标出，若不计轴力和剪力对位移的影响，试计算 A 点的垂直位移 Δ_{Ay} 及截面 B 的转角 θ_B。

解： • 利用图乘法，首先绘出载荷 $\boldsymbol{F}$ 作用下的弯矩图 M（图 10-17b）

• 计算 A 点的垂直位移

在 A 点加垂直向下的单位力 **1**（图 10-17c），并绘出单位力 **1** 作用下的弯矩图 $\overline{M}_1$（图 10-17d）。由图乘法式（10-10）有

$$\Delta_{Ay} = \sum \frac{\omega_i \overline{M}_{Ci}}{EI_i} = \frac{1}{EI_1}\cdot\frac{1}{2}Fa\cdot a\cdot\frac{2}{3}a+\frac{1}{EI_2}\cdot Fa\cdot l\cdot a=\frac{Fa^3}{3EI_1}+\frac{Fla^2}{EI_2}(\downarrow)$$

如考虑轴力对 A 点垂直位移的影响，由图乘法，再画出载荷引起的轴力图（图 10-17e）和单位力引起的轴力图（图 10-17f）。则 A 点因轴力引起的垂直位移是

$$\Delta'_{Ay}=\frac{F_N\overline{F}_{NC}l}{EA}=\frac{1}{EA}\cdot F\cdot l\cdot 1=\frac{Fl}{EA}(\downarrow)$$

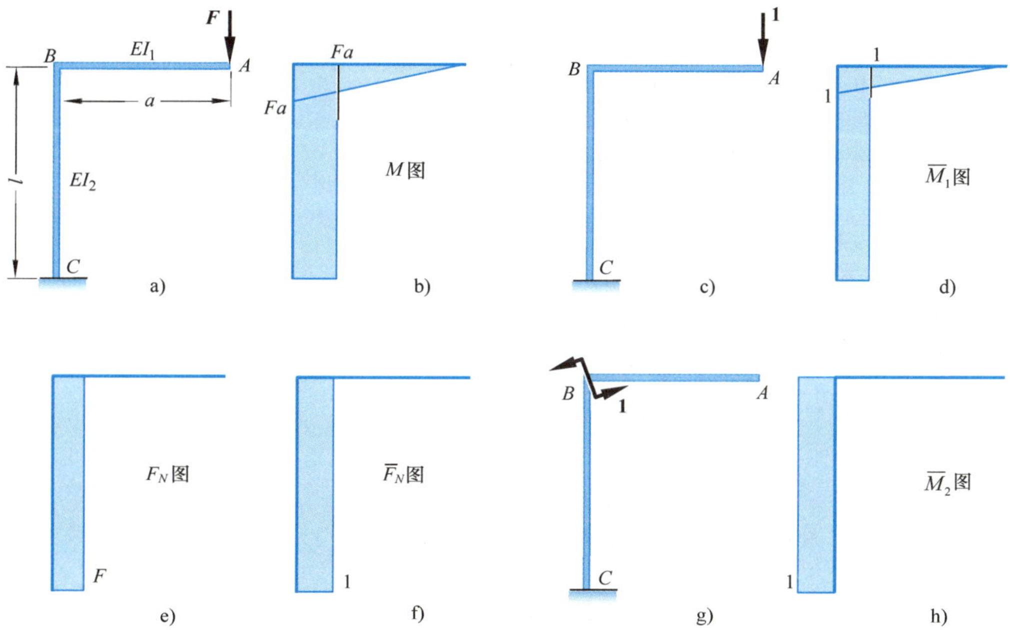

图　10-17

为了便于比较讨论，设刚架横杆和竖杆长度相等，横截面相同，即 $a=l$，$I_1=I_2=I$，这样，A 点因弯矩引起的垂直向下位移是

$$\Delta_{Ay}=\frac{4Fl^3}{3EI}(\downarrow)$$

Δ'_{Ay}与 Δ_{Ay}之比为

$$\frac{\Delta'_{Ay}}{\Delta_{Ay}}=\frac{3}{4}\left(\frac{i}{l}\right)^2$$

一般说，$(i/l)^2$是一个很小的数值，例如当横截面是边长为 b 的正方形，且设 $l=10b$ 时，$(i/l)^2=1/1\ 200$，以上比值变为

$$\frac{\Delta'_{Ay}}{\Delta_{Ay}}=\frac{3}{4}\left(\frac{i}{l}\right)^2=\frac{1}{1\ 600}$$

显然与 Δ_{Ay} 相比，Δ'_{Ay} 可以省略。这就说明，计算梁以及刚架的弯曲变形时，一般可以略去轴力的影响。

- 计算截面 B 的转角 θ_B

这需要在截面 B 上加一个单位力偶矩 **1**（图 10-17g），并绘出单位力偶 **1** 引起的弯矩图 $\overline{M}_1$（图 10-17h），与载荷引起的弯矩图 M（图 10-17b）互乘，即为截面 B 的转角

$$\theta_B=\frac{\omega\overline{M}_C}{EI}=-\frac{1}{EI_2}\cdot Fa\cdot l\cdot 1=-\frac{Fla}{EI_2}\ (\curvearrowleft)$$

结果中负号表示 θ_B 的方向与所加单位力偶矩 1 的方向相反。

【例 10-10】 图 10-18a 所示平面刚架，问 x 为多少时，A 点的竖直位移为零（$EI=$常数）。

解： • 绘出载荷作用下的弯矩图 M（图 10-18b）

- 欲使 A 点的竖直方向位移为零，可在 A 点处沿竖直方向加单位力 **1**（图 10-18c），并绘出单位力 **1** 作用下的弯矩图 $\overline{M}_1$（图 10-18d）。
- 求 A 点的竖直位移，然后令其为零即可求出 x 值。

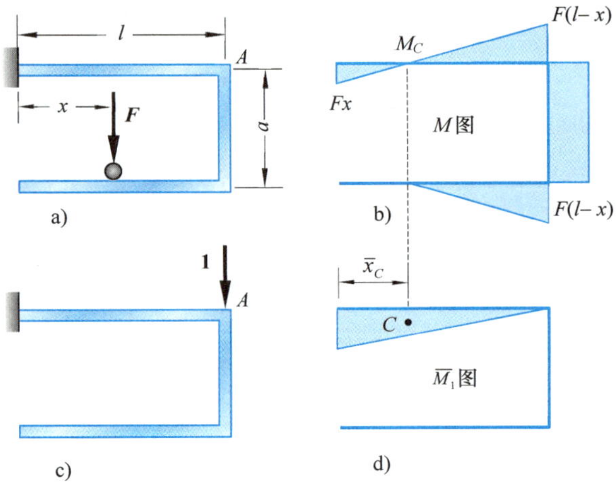

图 10-18

显然，M 图有正、负，需要分段计算。但是这里 M 图、$\overline{M}_1$ 图均为线性，可以利用互换性，而且 $\overline{M}_1$ 图都在一侧，M 图无折点，所以计算时不需分段，即

$$v_A=\sum_{i=1}^{n}\frac{\omega_i\overline{M}_{C_i}}{EI_i}=\frac{\overline{\omega}M_C}{EI}=0$$

这里 $\overline{\omega}\neq 0$，只有 $M_C=0$，而 $M_C=0$ 点即为载荷作用点，M_C 为 $\overline{M}$ 图的形心对应 M 图的纵坐标的值，而 $\overline{M}$ 图的形心位置显然有 $\bar{x}_C=\frac{l}{3}$。即

$$\bar{x}_C=\frac{l}{3}\text{时，}\quad v_A=0$$

这里充分利用了 M 图和 $\overline{M}$ 图的特点。某些时候，当 M 图和 $\overline{M}$ 图均为线性时，合理地利用互换性可以简化计算。

10.5 卡氏（Castigliano）定理

10.5.1 卡氏第二定理

设弹性体在支座约束下无任何刚体位移（图10-19）。$\boldsymbol{F}_1$，$\boldsymbol{F}_2$，…，$\boldsymbol{F}_i$，…为作用于结构上的外力，沿诸力作用方向的位移分别为 δ_1，δ_2，…，δ_i，…。结构在变形过程中，外力

$\boldsymbol{F}_1$，$\boldsymbol{F}_2$，…，$\boldsymbol{F}_i$，…所做的功等于弹性体的变形能 U。变形能 U 表达为 $\boldsymbol{F}_1$，$\boldsymbol{F}_2$，…，$\boldsymbol{F}_i$，…的函数，即

$$U=f(F_1,F_2,\cdots,F_i,\cdots) \tag{a}$$

若上述外力中的任一个力 $\boldsymbol{F}_i$ 有一增量 $\mathrm{d}F_i$，其余不变，则变形能 U 的相应增量为 $\frac{\partial U}{\partial F_i}\mathrm{d}F_i$。于是弹性体的变形能成为

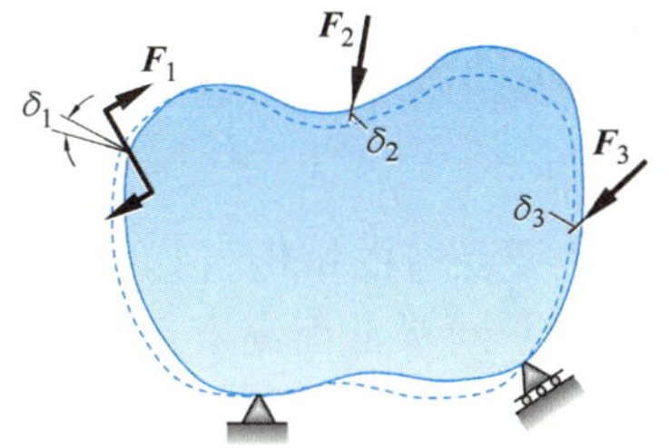

图 10-19

$$U+\frac{\partial U}{\partial F_i}\mathrm{d}F_i \tag{b}$$

因为弹性体变形能与加力次序无关，故可以把外力作用的次序改变为先作用 $\mathrm{d}F_i$，然后再作用 $\boldsymbol{F}_1$，$\boldsymbol{F}_2$，…，$\boldsymbol{F}_i$，…。设材料服从胡克定律，且各外力引起的变形很小，不相互影响。当首先作用 $\mathrm{d}F_i$时，其作用点沿 $\mathrm{d}F_i$方向的位移为 $\mathrm{d}\delta_i$，变形能为$\frac{1}{2}\mathrm{d}F_i\cdot\mathrm{d}\delta_i$。作用 $\boldsymbol{F}_1$，$\boldsymbol{F}_2$，…，$\boldsymbol{F}_i$，…时，尽管弹性体上已经有 $\mathrm{d}F_i$存在，但 $\boldsymbol{F}_1$，$\boldsymbol{F}_2$，…，$\boldsymbol{F}_i$，…的效应并不因预先已经作用了 $\mathrm{d}F_i$而变化，因而这些力所做的功仍然等于 U。不过，在 $\boldsymbol{F}_1$，$\boldsymbol{F}_2$，…，$\boldsymbol{F}_i$，…作用过程中，在 $\boldsymbol{F}_i$的方向（即 $\mathrm{d}F_i$的方向）发生了位移 δ_i，因而 $\mathrm{d}F_i$又完成了功 $\mathrm{d}F_i\cdot\delta_i$，这样，按第二种次序加力，弹性体的变形能为

$$\frac{1}{2}\mathrm{d}F_i\cdot\mathrm{d}\delta_i+U+\mathrm{d}F_i\cdot\delta_i \tag{c}$$

两种加力方法变形能应相等，即式（b）与式（c）相等：

$$\frac{1}{2}\mathrm{d}F_i\cdot\mathrm{d}\delta_i+U+\mathrm{d}F_i\cdot\delta_i=U+\frac{\partial U}{\partial F_i}\mathrm{d}F_i$$

略去二阶微量 $\mathrm{d}F_i\cdot\mathrm{d}\delta_i/2$，即得

$$\boxed{\delta_i=\frac{\partial U}{\partial F_i}} \tag{10-14}$$

可见，若将结构的变形能 U 表示为载荷 $\boldsymbol{F}_1$，$\boldsymbol{F}_2$，…，$\boldsymbol{F}_i$，…的函数，则变形能对任一载荷 F_i的偏导数，等于 F_i作用点沿 F_i作用方向的位移 δ_i。这便是**卡氏第二定理**，通常称为**卡氏定理**。

上述证明可直接推广到 $\boldsymbol{F}_i$是力偶矩的情况，这时 δ_i是对应于力偶矩的角位移。所以，可以把式（10-14）中的 F_i和 δ_i看作是广义力和广义位移。此外，从推导过程看出，卡氏定理只适用于线弹性结构。

10.5.2 线弹性体各类变形下的卡氏定理表达式

（1）在横力弯曲情况下，变形能 $U=\int_l\frac{M^2(x)}{2EI}\mathrm{d}x$

由卡氏定理，得

$$\delta_i=\frac{\partial U}{\partial F_i}=\frac{\partial}{\partial F_i}\left(\int_l\frac{M^2(x)}{2EI}\mathrm{d}x\right)$$

其中积分是对 x 的，而求导则是对 F_i的，所以可将积分符号里的函数先对 F_i求导，然后再

积分，故有

$$\boxed{\delta_i = \int_l \frac{M(x)}{EI} \cdot \frac{\partial M(x)}{\partial F_i} \mathrm{d}x} \tag{10-15}$$

其他主要受弯的结构（如刚架），也可按上式计算变形。

（2）对横截面高度远小于轴线曲率半径的平面曲杆，弯曲变形能可仿照直梁写成

$$U = \int_s \frac{M^2(s)}{2EI} \mathrm{d}s$$

式中，s 为沿曲杆轴线的曲线弧长。应用卡氏定理得

$$\delta_i = \frac{\partial U}{\partial F_i} = \int_l \frac{M(s)}{EI} \cdot \frac{\partial M(s)}{\partial F_i} \mathrm{d}s \tag{10-16}$$

（3）桁架的每根杆件都是拉伸或压缩变形，每根杆件的变形能都可用公式 $U_j = \frac{F_{\mathrm{N}j}^2 l_j}{2EA_j}$ 计算。若桁架共有 n 根杆件，则桁架的整体变形能应为

$$U = \sum_{j=1}^{n} \frac{F_{\mathrm{N}j}^2 l_j}{2EA_j}$$

应用卡氏定理，得

$$\delta_i = \frac{\partial U}{\partial F_i} = \sum_{j=1}^{n} \frac{F_{\mathrm{N}j} l_j}{EA_j} \cdot \frac{\partial F_{\mathrm{N}j}}{\partial F_i} \tag{10-17}$$

（4）如果有圆截面杆受扭矩 $M_x(x)$ 而产生的变形能，仿照前面的计算，同样有

$$U = \int_l \frac{M_x^2(x)}{2GI_{\mathrm{P}}} \mathrm{d}x$$

应用卡氏定理得

$$\delta_i = \frac{\partial U}{\partial F_i} = \int_l \frac{M_x(x)}{GI_{\mathrm{P}}} \cdot \frac{\partial M_x(x)}{\partial F_i} \mathrm{d}x \tag{10-18}$$

若求非圆截面杆件的扭转变形，将上式中的 I_{P} 改为 I_{t} 即可。

（5）对于组合变形时，计算位移的卡氏定理表达式为

$$\boxed{\delta_i = \frac{\partial U}{\partial F_i} = \int_l \frac{F_{\mathrm{N}}(x)}{EA} \cdot \frac{\partial F_{\mathrm{N}}(x)}{\partial F_i} \mathrm{d}x + \int_l \frac{M(x)}{EI} \cdot \frac{\partial M(x)}{\partial F_i} \mathrm{d}x + \int_l \frac{M_x(x)}{GI_{\mathrm{P}}} \cdot \frac{\partial M_x(x)}{\partial F_i} \mathrm{d}x} \tag{10-19}$$

式中，第三项仅适用于圆截面杆件，对非圆截面杆，该项应作相应修改。

以上各式中 δ_i、F_i 分别为广义位移和与之相对应的广义力。

【例 10-11】 用卡氏定理解例 10-3。

解： 由于 A 点刚好有力 $\boldsymbol{F}$ 作用，由式（10-19），有

$$f_A = \frac{\partial U}{\partial F} = \int_s \frac{M(s)}{EI} \cdot \frac{\partial M(s)}{\partial F} \mathrm{d}s + \int_s \frac{M_x(s)}{GI_{\mathrm{P}}} \cdot \frac{\partial M_x(s)}{\partial F} \mathrm{d}s$$

由例 10-3 知

$$M(\varphi) = FR\sin\varphi, \qquad \frac{\partial M(\varphi)}{\partial F} = R\sin\varphi$$

$$M_x(\varphi) = FR(1-\cos\varphi), \qquad \frac{\partial M_x(\varphi)}{\partial F} = R(1-\cos\varphi)$$

于是 A 点的垂直位移为

$$f_A = \frac{\partial U}{\partial F} = \int_s \frac{M(s)}{EI} \cdot \frac{\partial M(s)}{\partial F}\mathrm{d}s + \int_s \frac{M_x(s)}{GI_P} \cdot \frac{\partial M_x(s)}{\partial F}\mathrm{d}s$$
$$= \int_0^{\pi} \frac{M(\varphi)}{EI} \cdot \frac{\partial M(\varphi)}{\partial F}R\mathrm{d}\varphi + \int_0^{\pi} \frac{M(\varphi)}{GI_P} \cdot \frac{\partial M(\varphi)}{\partial F}R\mathrm{d}\varphi$$
$$= \int_0^{\pi} \frac{FR^3 \sin^2\varphi}{EI}\mathrm{d}\varphi + \int_0^{\pi} \frac{FR^3\ (1-\cos\varphi)^2}{GI_P}\mathrm{d}\varphi$$
$$= \frac{FR^3\pi}{2EI} + \frac{3FR^3\pi}{2GI_P}$$
$$= \frac{16FR^3}{d^4}\left(\frac{2}{E} + \frac{3}{G}\right)(\downarrow)$$

这里结果为正值，表示位移的方向与 $\boldsymbol{F}$ 同向。

【例 10-12】 图 10-20 表示一半径为 R 的圆弧曲杆，$\angle AOB = \pi/2$，试用卡氏定理求 B 截面的竖直位移 Δ_{V_B} 和转角 θ_B。杆的抗弯刚度 EI 为常数。

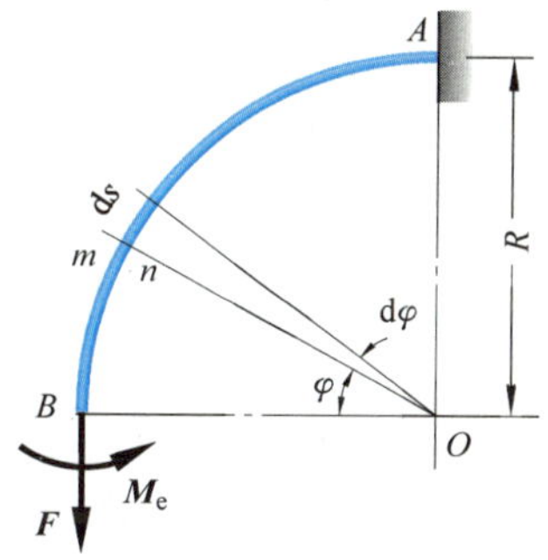

图 10-20

解：• 计算 B 截面的竖直位移 Δ_{V_B}

曲杆任意截面 φ 角处的弯矩方程为

$$M(\varphi) = M_e + FR(1-\cos\varphi)$$

对其求导得

$$\frac{\partial M(\varphi)}{\partial F} = R(1-\cos\varphi)$$

代入式（10-16），有

$$\Delta_{V_B} = \int_s \frac{M(s)}{EI} \cdot \frac{\partial M(s)}{\partial F}\mathrm{d}s$$
$$= \int_0^{\frac{\pi}{2}} \frac{1}{EI}[M_e + FR(1-\cos\varphi)] \cdot R(1-\cos\varphi)R\mathrm{d}\varphi$$
$$= \frac{M_eR^2}{EI}\left(\frac{\pi}{2}-1\right) + \frac{FR^3}{EI}\left(\frac{3\pi}{4}-2\right)$$

• 计算 B 截面的转角 θ_B

由 $\dfrac{\partial M(\varphi)}{\partial M_e} = 1$，得

$$\theta_B = \int_s \frac{M(s)}{EI} \cdot \frac{\partial M(s)}{\partial M_e}\mathrm{d}s = \int_0^{\frac{\pi}{2}} \frac{1}{EI}[M_e + FR(1-\cos\varphi)] \cdot R\mathrm{d}\varphi = \frac{M_eR\pi}{2EI} + \frac{FR^2}{E}\left(\frac{\pi}{2}-1\right)$$

10.5.3 用卡氏定理计算位移时需注意的问题

（1）用卡氏定理求结构某处的位移时，该处需要有与所求位移相应的载荷。如在例 10-12 中，求 f_A，而 A 点刚好有一个力 $\boldsymbol{F}$ 作用。在例 10-13 中，求 Δ_{V_B}，B 处有与其相对应的载荷 $\boldsymbol{F}$；求 θ_B，B 截面有与其相对应的力偶 M_e。如需计算某处的位移，而该处并无与位移相应的载荷，则可采取附加力法（详见例 10-14）。

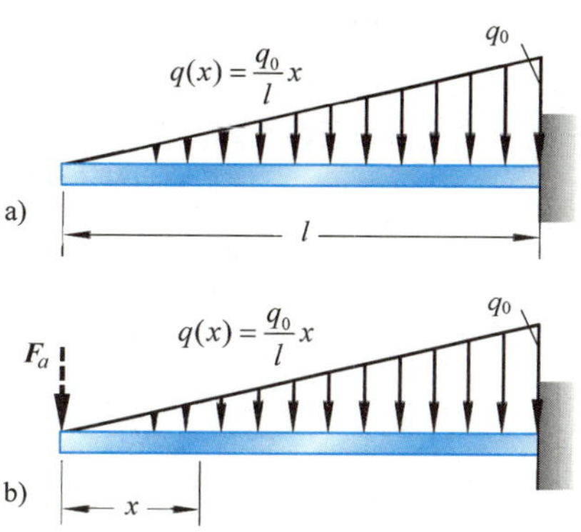

图 10-21

（2）若结构上在不同点同时作用相同的力（如 $\boldsymbol{F}$），欲求某一力 $\boldsymbol{F}_i$ 方向的位移 δ_i，则应对 δ_i 处的外力 $\boldsymbol{F}$ 作特殊的记号 $\boldsymbol{F}_i$。在计算 $\partial M(x)/\partial F_i$ 时，对 $M(x)$ 中的诸力，除 $\boldsymbol{F}_i$ 外，其他的力均视为常数。求完偏导数后即可将各力还原（详见例 10-14）。

【例 10-13】 计算图 10-21a 所示梁在全梁上受线性变化的分布载荷作用时，悬臂梁自由端的挠度。EI = 常数（不计弯曲切应力的影响）。

解：现要利用卡氏定理来确定梁自由端的挠度，但该处没有与之相应的集中力，因此，应在自由端加上个虚设的外力 F_a（见图 10-21b）。此梁在分布载荷 $q(x)$ 和虚设外力 F_a 共同作用下的弯矩方程及其对 F_a 的偏导数分别为

$$M(x) = -\frac{1}{6}\frac{q_0}{l}x^3 - F_a x$$

$$\frac{\partial M(x)}{\partial F_a} = -x$$

由于 F_a 是虚设的，在代入积分公式之前，可令 $F_a = 0$，于是，只有 $q(x)$ 作用时，梁自由端的挠度为

$$f_A = \int_l \left[\frac{M(x)}{EI} \cdot \frac{\partial M(x)}{\partial F_a}\right]_{F_a=0} \mathrm{d}x$$

$$= \int_0^l \frac{1}{EI} \cdot \frac{q_0}{6l}x^4 \mathrm{d}x = \frac{q_0 l^4}{30EI}\ (\downarrow)$$

结果为正，表示 f_A 的方向与虚设力 F_a 方向一致。

【例 10-14】 图 10-22a 所示为悬臂梁受力，EI 为常量，试求 C 点的挠度。

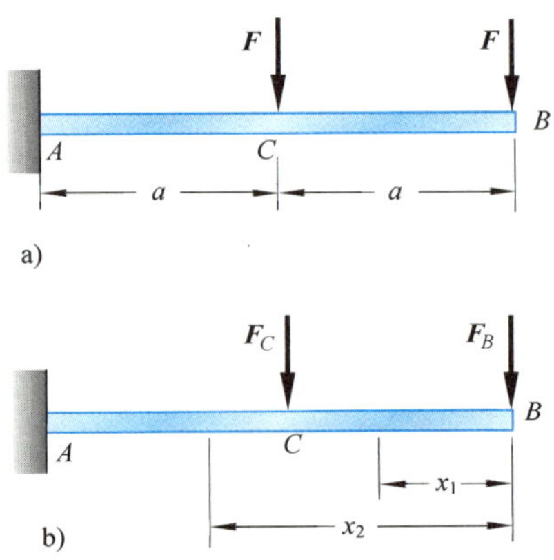

图 10-22

解：应用卡氏定理

$$f_C = \frac{\partial U}{\partial F} \quad 或 \quad f_C = \int_l \frac{M(x)}{EI} \cdot \frac{\partial M(x)}{\partial F}\mathrm{d}x$$

但需特别注意，本例中有两个集中力 $\boldsymbol{F}$，据卡氏定理要求，弹性变形能 U 或弯矩方程 $M(x)$ 只能对与 f_C 相应的集中力 $\boldsymbol{F}$ 求偏导数，而不能同时对 B 点的集中力 $\boldsymbol{F}$ 求偏导数，二集中力不可混淆。因此，可设 B 点的集中力为 $\boldsymbol{F}_B$、C 点的集中力为 $\boldsymbol{F}_C$（图 10-22b）以示区别，然后列出弯矩方程。

在 BC 段 $\quad M(x_1) = -F_B x_1 \quad (0 \leqslant x_1 \leqslant a)$

$$\frac{\partial M(x_1)}{\partial F_C} = 0$$

在 CA 段 $\quad M(x_2) = -F_B x_2 - F_C(x_2 - a) \quad (a \leqslant x_2 < 2a)$

$$\frac{\partial M(x_2)}{\partial F_C} = -(x_2 - a)$$

积分之前可将各力还原，将上述结果代入卡氏定理，有

$$f_C = \int_l \frac{M(x)}{EI} \cdot \frac{\partial M(x)}{\partial F_C}\mathrm{d}x$$

$$= \int_0^a \frac{M(x_1)}{EI} \cdot \frac{\partial M(x_1)}{\partial F_C}\mathrm{d}x + \int_a^{2a} \frac{M(x_2)}{EI} \cdot \frac{\partial M(x_2)}{\partial F_C}\mathrm{d}x$$

$$= 0 + \frac{1}{EI}\int_a^{2a}[Fx_2(x_2 - a) + F(x_2 - a)^2]\mathrm{d}x = \frac{7Fa^3}{6EI}(\downarrow)$$

由以上例题可以看出，卡氏定理中的$\frac{\partial M(x)}{\partial F_i}=\overline{M}(x)$，这里$\overline{M}(x)$是$F_i=1$时的弯矩。因为在弯矩$M(x)$的表达式中，与载荷$F_i$有关的项可以写成$F_i\cdot\overline{M}(x)$，

即
$$M(x)=F_i\cdot\overline{M}(x)$$
故有
$$\frac{\partial M(x)}{\partial F_i}=\overline{M}(x)$$
于是
$$\delta_i=\frac{\partial U}{\partial F_i}=\int_l\frac{M(x)}{EI}\cdot\frac{\partial M(x)}{\partial F_i}\mathrm{d}x=\int_l\frac{M(x)\overline{M}(x)}{EI}\mathrm{d}x$$
可见卡氏第二定理与莫尔积分表达式实质是一样的。

10.6 互等定理

对线弹性结构，利用功能原理可以导出功的互等定理和位移互等定理，它们在结构分析中具有重要作用。

10.6.1 影响系数

为了研究问题方便，首先介绍一下影响系数的概念。以图 10-23a 所示弯曲变形的平面刚架为例（不考虑轴力、剪力对刚架变形的影响）。设刚架在 1、2 两点承受力 $\boldsymbol{F}_1$、$\boldsymbol{F}_2$作用，并在 1、2 两点沿力 $\boldsymbol{F}_1$、$\boldsymbol{F}_2$方向产生位移Δ_1、Δ_2。

设在刚架的 1 点沿力 $\boldsymbol{F}_1$方向作用一单位力（图 10-23b），这时在 1 点沿 $\boldsymbol{F}_1$方向的位移记作δ_{11}，在 2 点沿 $\boldsymbol{F}_2$方向的位移记作δ_{21}，δ_{11}和δ_{21}称为**影响系数**，又称**柔度系数**。该系数的第一个下标表示位移发生的位置及其方向；第二个下标表示产生此位移的单位力作用点及其方向，即引起位移的原因。如δ_{21}表示在 1 点作用有沿 $\boldsymbol{F}_1$力方向的单位力引起 2 点沿力 $\boldsymbol{F}_2$方向的位移。同理在图 10-23c 中，δ_{12}和δ_{22}分别表示在 2 点作用有沿力 $\boldsymbol{F}_2$方向的单位力，引起 1 点沿力 $\boldsymbol{F}_1$方向和 2 点沿力 $\boldsymbol{F}_2$方向的位移。

在线弹性结构的情况下，力与变形之间为线性关系。利用影响系数，图 10-23a 中由于 $\boldsymbol{F}_1$、$\boldsymbol{F}_2$两力在 1、2 两点沿 $\boldsymbol{F}_1$、$\boldsymbol{F}_2$方向的位移Δ_1、Δ_2可表示为

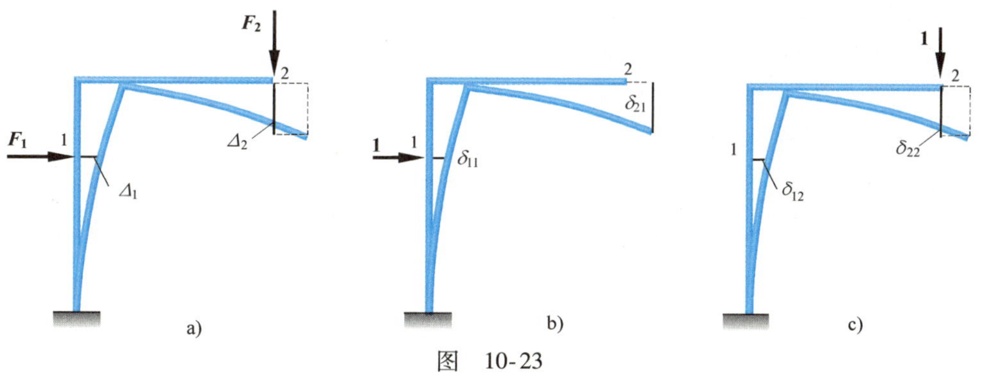

图 10-23

$$\left.\begin{aligned}\Delta_1&=\Delta_{11}+\Delta_{12}=\delta_{11}F_1+\delta_{12}F_2\\\Delta_2&=\Delta_{21}+\Delta_{22}=\delta_{21}F_1+\delta_{22}F_2\end{aligned}\right\}\qquad(a)$$

其中第一式中的Δ_{11}表示力$\boldsymbol{F}_1$引起1点沿$\boldsymbol{F}_1$方向的位移，也就等于在1点作用沿$\boldsymbol{F}_1$方向的单位力引起1点的位移δ_{11}乘以F_1；位移Δ_{12}表示力$\boldsymbol{F}_2$引起1点沿$\boldsymbol{F}_1$方向的位移，也就等于在2点作用沿$\boldsymbol{F}_2$方向的单位力引起1点的位移δ_{12}乘以F_2。第二式中符号的意义以此类推。

10.6.2 互等定理

以图10-23a所示刚架为例，设力$\boldsymbol{F}_1$单独作用时为第一力系（图10-24a），力$\boldsymbol{F}_2$单独作用时为第二力系（图10-24b）。根据变形能与加载次序无关的性质，按两种方法加载，计算图10-23a结构的变形能。

方法一：先加$\boldsymbol{F}_1$后加$\boldsymbol{F}_2$。先加$\boldsymbol{F}_1$时，在$\boldsymbol{F}_1$方向产生位移Δ_{11}，$\boldsymbol{F}_1$完成的功为$F_1\Delta_{11}/2$；此时2点虽也有位移，但该处无力作用。然后再加$\boldsymbol{F}_2$，$\boldsymbol{F}_2$方向产生位移Δ_{22}，$\boldsymbol{F}_2$完成的功为$F_2\Delta_{22}/2$。这时1点沿$\boldsymbol{F}_1$方向有位移Δ_{12}，而$\boldsymbol{F}_1$已作用在1点，故$\boldsymbol{F}_1$又完成功$F_1\Delta_{12}$。（注意：此项功没有1/2的系数，是因为后加$\boldsymbol{F}_2$时$\boldsymbol{F}_1$已作用在1点，属常力做功。）$\boldsymbol{F}_1$、$\boldsymbol{F}_2$共同作用的变形能为

$$U=\frac{1}{2}F_1\Delta_{11}+\frac{1}{2}F_2\Delta_{22}+F_1\Delta_{12} \tag{b}$$

方法二：先加$\boldsymbol{F}_2$后加$\boldsymbol{F}_1$。只需将式（b）中的下标1、2互换，即为$\boldsymbol{F}_2$、$\boldsymbol{F}_1$共同作用的变形能

$$U=\frac{1}{2}F_2\Delta_{22}+\frac{1}{2}F_1\Delta_{11}+F_2\Delta_{21} \tag{c}$$

显然（b）、（c）两式相等，即

$$\boxed{F_1\cdot\Delta_{12}=F_2\cdot\Delta_{21}} \tag{10-20}$$

这就是**功的互等定理**。它表明，载荷$\boldsymbol{F}_1$在$\boldsymbol{F}_2$引起的相应位移上所做的功$F_1\Delta_{12}$，与载荷$\boldsymbol{F}_2$在$\boldsymbol{F}_1$引起的相应位移上所做的功$F_2\Delta_{21}$相等。若从广义的概念出发，可把功的互等定理表述为：结构的第一力系在第二力系引起的弹性位移上所做的功，等于第二力系在第一力系引起的弹性位移上所做的功。若引入影响系数

$$\Delta_{12}=\delta_{12}F_2,\quad \Delta_{21}=\delta_{21}F_1$$

代入式（10-20），并消去公因子F_1、F_2，得到

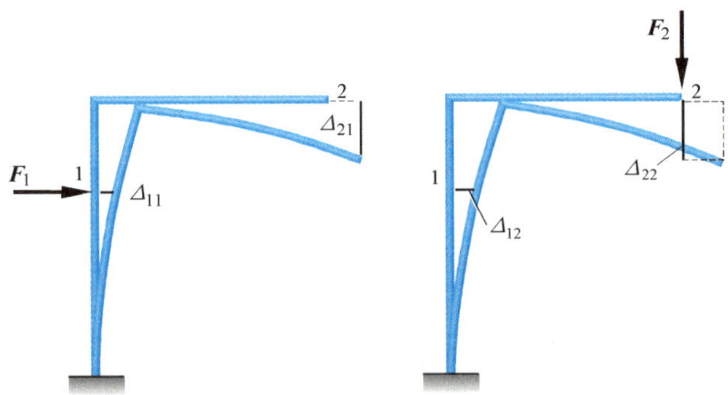

a) 第一力系　　b) 第二力系

图 10-24

$$\boxed{\delta_{12}=\delta_{21}} \tag{10-21}$$

这就是**位移互等定理**。影响系数的这一特点，在结构分析中有着重要的作用。

如果$F_1=F_2$，则式（10-20）化为

$$\Delta_{12}=\Delta_{21} \tag{10-22}$$

也称**位移互等定理**。它表明，1 点由于作用在 2 点的载荷所引起的位移 Δ_{12}，等于 2 点由于作用在 1 点的同一载荷所引起的位移 Δ_{21}。

10.6.3 几点说明

（1）互等定理仅适用于线弹性结构；

（2）功的互等定理中的功称为诱导功；

（3）证明以上两个互等定理时，采用了刚架的例子，但这并不失一般性。因在推导过程中，并没有利用过刚架的特点，所以只要材料服从胡克定律，变形很小，即力和位移呈线性关系的结构，如曲梁、桁架、扭轴、板壳等，互等定理都是成立的；

（4）在推导上述定理时，载荷 $\boldsymbol{F}$ 应理解为广义力，位移 Δ 应理解为广义位移，因此，把集中力换为力偶矩、线位移换为角位移，结论仍然是正确的。但需注意，如果第一力系载荷 $\boldsymbol{F}$ 与第二力系的力偶矩 $\boldsymbol{M}_e$ 在数值上相等，即 $F=M_e$（数值上），则功的互等定理依然成立，即

$$F\Delta_{12}=M_e\theta_{21}$$

而位移互等定理仅在数值上相等，即

$$\Delta_{12}=\theta_{21}\quad（数值上）$$

称为**广义位移互等定理**；

（5）若二力系中除约束力外载荷不止一个以及组合变形的结构，且不论结构是静定还是超静定的，互等定理都是成立的。

利用功的互等定理和位移互等定理来证明某些问题或计算某些结构的位移、变形往往是很方便的。

【例 10-15】 装有尾顶针车削工件可简化成超静定梁，如图 10-25a 所示，试利用互等定理求解 B 处支座约束力。

解： • 解除支座 B，把工件看作是悬臂梁。把工件上作用的切削力 $\boldsymbol{F}$ 和支座约束力 $\boldsymbol{F}_B$ 作为第一组力（图 10-25b）

• 设想在同一悬臂梁的 B 处作用单位力 $X=1$（图 10-25c）并作为第二组力；

• 第一组力在第二组力引起的位移上所做的功为 $F\delta_{12}+F_B\delta_{22}$，第二组力在第一组力引起的位移上所做的功等于零（因为第一组力在第二组力 $\boldsymbol{X}$ 作用点 B 处引起的位移等于零，如图 10-25a 所示）。

• 应用互等定理

$$F\delta_{12}-F_B\delta_{22}=0 \qquad (*)$$

查表 6-1（或应用能量法），得

$$\delta_{12}=\frac{a^2}{6EI}(3l-a),\quad \delta_{22}=\frac{l^3}{3EI}$$

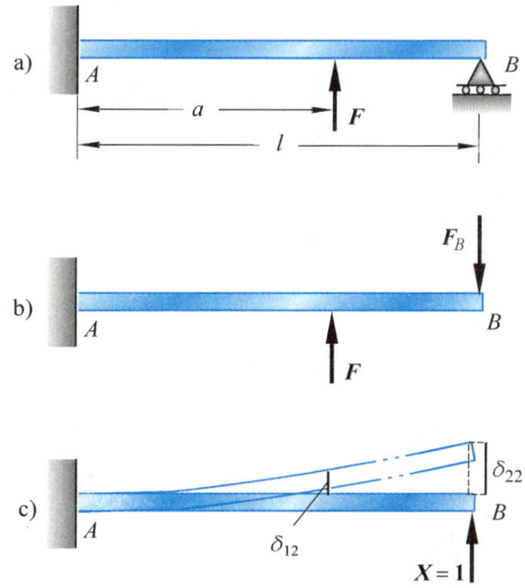

图 10-25

将 δ_{12}、δ_{22} 代入式（$*$），

$$\frac{Fa^2}{6EI}(3l-a)-\frac{F_Bl^3}{3EI}=0$$

由此得出

$$F_B=\frac{Fa^2}{2l^3}(3l-a)$$

---

*10.7 虚功原理

在理论力学中曾介绍过质点和质点系的虚功原理（或称虚位移原理），这一原理也是变形体力学的一个基本原理。

10.7.1 实功和虚功

实功——力在自身引起的位移上所做的功。这时的力与相应位移之间不是彼此独立的量，此位移与做功的力有关，称为实位移。

虚功——力在与自身无因果关系的位移上所做的功。做功的力与相应位移之间是相互独立的量，此位移与做功的力无关，称为虚位移。

图 10-26 所示杆件在外力作用下处于平衡状态。图中实线表示的曲线为轴线的真实变形。若由其他因素（如温度的变化或其他的外力等）引起杆件变形，使其位移变到虚线所表示的位置，这种位移称为虚位移。虚位移只表示是其他因素造成的位移，以区别于杆件因原有外力引起的位移。虚位移是在杆件平衡位置上再增加的位移，在产生虚位移的过程中，杆件上原有的外力及内力保持不变，且始终是平衡的。必须强调指出，虚位移应满足边界条件和连续条件，并符合小变形要求。例如，在支座上虚位移应等于零；虚位移 $\boldsymbol{v}^*(x)$ 应是连续函数。又因虚位移符合小变形要求，它不改变原有外力的效应，故建立平衡方程时，可用杆件变形前的位置和尺寸。满足了这些要求的任一位移都可作为虚位移，这样，也可以把满足上述这些要求的假想位移作为虚位移。由于它满足了上述要求，仍然是杆件实际上可能发生的位移。在变形体产生虚位移时，会引起微段的虚变形。杆件上原有外力在虚位移上所做的功称为外力虚功；杆件的内力在虚变形上所做的功称为**内力虚功**。

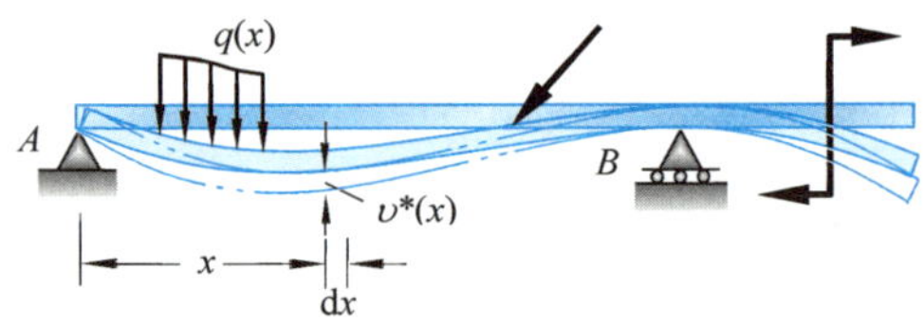

图 10-26

10.7.2 虚功原理

下面以图 10-26 所示弯曲变形的梁为例来证明变形体的虚功原理。设此梁承受真实载荷（广义力）$\boldsymbol{F}_1$、$\boldsymbol{F}_2$及 $q(x)$，这些实际载荷与 B 端的约束力组成一平衡力系。设给定 AB 梁满足边界条件的虚位移，所有载荷作用点均有沿其作用方向的相应虚位移 $\boldsymbol{v}_1^*$，$\boldsymbol{v}_2^*$，…，$\boldsymbol{v}^*(x)$。现在来计算真实力在虚位移上所做的虚功。根据功的特点，可以按不同的途径来计算。

第一条路径：从整体来考虑，计算所有外力（包括载荷和支座约束力）对于虚位移所做的虚功。事实上，支座 B 处不可能有虚位移，否则就与支座的约束条件不相符。所以，外力在虚位移上所做的虚功应为

$$W_e = F_1\boldsymbol{v}_1^* + F_2\boldsymbol{v}_2^* + \cdots + \int_l q(x)\boldsymbol{v}^*(x)\mathrm{d}x + \cdots \tag{a}$$

第二条路径：取微段来考虑，计算诸力在虚位移过程中所做的虚功。设想把杆件分成无穷多微段，从中取出任一 dx 微段 $abcd$（图 10-27）。在虚位移过程中，梁所受的外力及内力

保持不变，微段 $abcd$ 将变到 $a'b'c'd'$ 的位置（图 10-27）。此微段上有外力 $q(x)$、内力（轴力 F_N、剪力 F_Q 和弯矩 M）在此虚位移上完成虚功。先让微段 $abcd$ 做刚体虚位移（包括刚体的移动和转动）后，再使微段 $abcd$ 虚变形到虚位移给定的最终状态 $a'b'c'd'$。由于作用于微段上的力系（包括外力和内力）是一个平衡力系，根据质点系的虚位移原理，这一平衡力系在刚性虚位移上做功的总和等于零，因而只剩下在虚变形中所做的功。微段的虚变形可以分解成：两端截面的轴向相对位移 $\mathrm{d}(\Delta l)^*$、转角 $\mathrm{d}\theta^*$、相对错动 $\mathrm{d}\lambda^*$（图 10-27），于是微段在虚变形中的虚功只有两端截面上的内力做功，即

$$\mathrm{d}W=\mathrm{d}W_i=F_N\mathrm{d}(\Delta l)^*+M\mathrm{d}\theta^*+F_Q\mathrm{d}\lambda^* \tag{b}$$

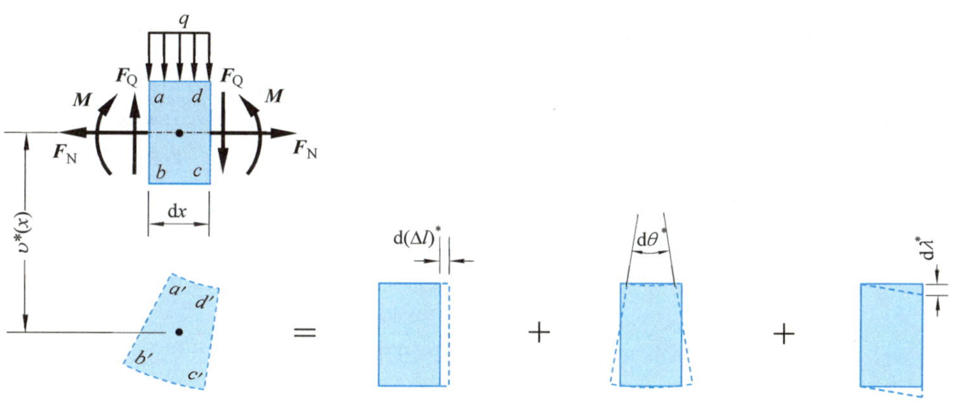

图　10-27

总虚功为

$$W=W_i=\int_l F_N\mathrm{d}(\Delta l)^*+\int_l M\mathrm{d}\theta^*+\int_l F_Q\mathrm{d}\lambda^* \tag{c}$$

按两种途径计算的总虚功应相等，即

$$\boxed{W_e=W_i} \tag{10-23}$$

$$F_1v_1^*+F_2v_2^*+\cdots+\int_l q(x)v^*(x)\mathrm{d}x+\cdots=\int_l F_N\mathrm{d}(\Delta l)^*+\int_l M\mathrm{d}\theta^*+\int_l F_Q\mathrm{d}\lambda^* \tag{10-24}$$

这表明，在虚位移中，外力所做的虚功等于内力在相应虚变形上所做的虚功，这就是虚功原理。也可把式（10-24）右边看作是相应于虚位移的变形能。这样，虚功原理表明，在虚位移中，外力所做的虚功等于杆件的虚变形能。

10.7.3　几点说明

（1）以上公式是以弯曲变形的梁为例导出的，但其不失一般性。若以 $\boldsymbol{F}_1,\boldsymbol{F}_2,\cdots,\boldsymbol{F}_i,\cdots$ 表示杆件上的外力（广义力），$\boldsymbol{v}_1^*,\boldsymbol{v}_2^*,\cdots,\boldsymbol{v}_i^*,\cdots$ 表示外力作用点沿外力方向的虚位移（广义虚位移），设在广义力作用下引起杆件微段的内力为：弯矩 $\boldsymbol{M}$、扭矩 $\boldsymbol{M}_x$、轴力 $\boldsymbol{F}_N$ 和剪力 $\boldsymbol{F}_Q$，微段由虚位移引起的虚变形为：两截面的相对转角 $\mathrm{d}\theta^*$、相对扭转角 $\mathrm{d}\varphi^*$、轴向相对位移 $\mathrm{d}(\Delta l)^*$、相对错动 $\mathrm{d}\lambda^*$。则外力在虚位移中所做的虚功为

$$W_e = F_1 v_1^* + F_2 v_2^* + \cdots + F_i v_i^* + \cdots = \sum F_i v_i^* \tag{d}$$

内力在虚变形下所做的虚功为

$$W_i = \int_l M\mathrm{d}\theta^* + \int_l M_x \mathrm{d}\varphi^* + \int_l F_N \mathrm{d}(\Delta l)^* + \int_l F_Q \mathrm{d}\lambda^* \tag{e}$$

所以虚功原理的普遍表达式可写为

$$\boxed{\sum F_i v_i = \int_l M\mathrm{d}\theta^* + \int_l M_x \mathrm{d}\varphi^* + \int_l F_N \mathrm{d}(\Delta l)^* + \int_l F_Q \mathrm{d}\lambda^*} \tag{10-25}$$

在一般情况下不计剪力 $\boldsymbol{F}_Q$ 的影响，所以等式右端第四项常略去。

（2）在推导虚功原理的过程中并未涉及结构材料的性质，因此虚功原理对于线性结构（外力与变形之间呈线性关系）与非线性结构（外力与变形之间的关系是非线性的）均适用，在不同的条件下可导出相应的计算式。

【例 10-16】 试求图 10-28 所示桁架各杆的内力。设三根杆的横截面面积、材料均相同，且是线弹性结构。（刚度 EA 为已知）

解： 按照桁架的约束条件，只有节点 A 有两个自由度。在当前情况下，由于对称，A 点只可能有垂直位移 v。由此引起杆 1 和杆 2 的伸长分别为

$$\Delta l_1 = v, \quad \Delta l_2 = v\cos\alpha$$

杆 3 的伸长与杆 2 相等，内力也相同。由胡克定律求出三杆的内力分别为

$$F_{N1} = \frac{EA}{l}v, \quad F_{N2} = F_{N3} = \frac{EA}{l_2}v\cos\alpha = \frac{EA}{l}v\cos^2\alpha \tag{f}$$

设节点 A 有一垂直的虚位移 δv（图中未画出）。对这一虚位移，外力虚功是 $F\delta v$。杆 1 因虚位移 δv 引起的伸长是 $(\Delta l_1)^* = \delta v$，杆 2 和杆 3 的伸长是 $(\Delta l_2)^* = \delta v\cos\alpha$。计算内力虚功时，注意到每根杆件只受拉伸，且共有三杆，所以式（10-25）的右端只剩下第三项，且应求三杆内力虚功的总和。杆 1 的内力 $\boldsymbol{F}_{N1}$ 沿轴线不变，故内力虚功为

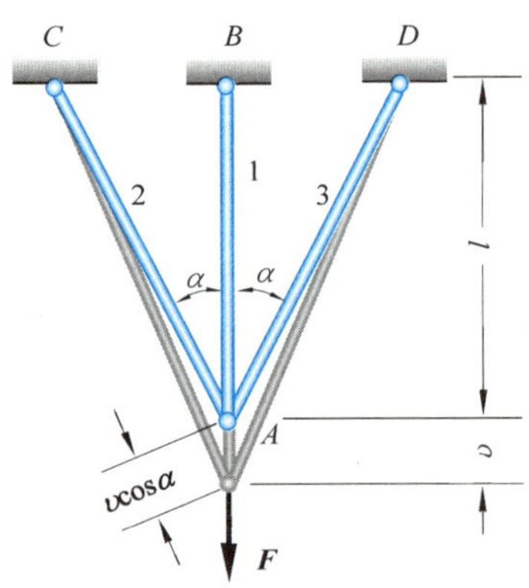

图 10-28

$$\int_l F_{N1}\mathrm{d}(\Delta l)^* = F_{N1}\int_l \mathrm{d}(\Delta l)^* = F_{N1}(\Delta l_1)^* = \frac{EA}{l}v\delta v$$

同理可以求出杆 2 和杆 3 的内力虚功同为

$$F_{N2}(\Delta l_2)^* = \frac{EA}{l}v\cos^3\alpha\delta v$$

整个桁架的内力虚功为

$$F_{N1}(\Delta l_1)^* + 2F_{N2}(\Delta l_2)^* = \frac{EAv}{l}(1 + 2\cos^3\alpha)\delta v$$

由虚功原理，内力虚功应等于外力虚功，即

$$\frac{EAv}{l}(1 + 2\cos^3\alpha)\delta v = F\delta v$$

消 δv，可将上式写成

$$\frac{EAv}{l}(1 + 2\cos^3\alpha) - F = 0 \tag{g}$$

由此解出

$$v = \frac{Fl}{EA(1 + 2\cos^3\alpha)}$$

把 v 代回式（f）即可求出

$$F_{N1}=\frac{F}{1+2\cos^3\alpha},\quad F_{N2}=F_{N3}=\frac{F\cos^2\alpha}{1+2\cos^3\alpha}$$

本例作为拉（压）超静定问题在第 2 章已求解过。那里是以杆件内力为基本未知量，补充方程为变形协调条件。这里要注意到在式（f）中，EAv/l 和 $EAv\cos^2\alpha/l$ 分别是杆 1 和杆 2 的内力 F_{N1} 和 F_{N2} 在垂直方向的投影。式（g）事实上是节点 A 的平衡方程，相当于 $\sum F_y=0$。所以，以位移 v 为基本未知量，通过虚功原理得出的补充方程式（g）是静力平衡方程。

利用虚功原理也容易导出单位载荷法，而且能说明单位载荷法的物理实质，以弯曲为例，把虚设的单位力 1 当作真实力，把真实变形当作虚位移，即

$$1\cdot\Delta=\int_l\overline{M}(x)\mathrm{d}\theta$$

即

$$\Delta=\int_l\overline{M}(x)\mathrm{d}\theta \tag{10-26}$$

对于组合变形构件，略去剪力对变形的影响，单位载荷法的一般表达式为

$$\Delta=\sum\int_l\overline{F}_N(x)\mathrm{d}(\Delta l)+\sum\int_l\overline{M}(x)\mathrm{d}\theta+\sum\int_l\overline{M}_x(x)\mathrm{d}\varphi \tag{10-27}$$

而且不涉及应力－应变关系，故不仅适用于线弹性结构，且可适用于非线性结构。

【例 10-17】 图 10-29a 所示为一简支梁，集中力 $\boldsymbol{F}$ 作用于跨度中点。材料的应力－应变关系为 $\sigma=C\sqrt{\varepsilon}$，其中 C 为常量，ε 和 σ 皆取绝对值。试求集中力 $\boldsymbol{F}$ 作用点 D 的垂直位移。

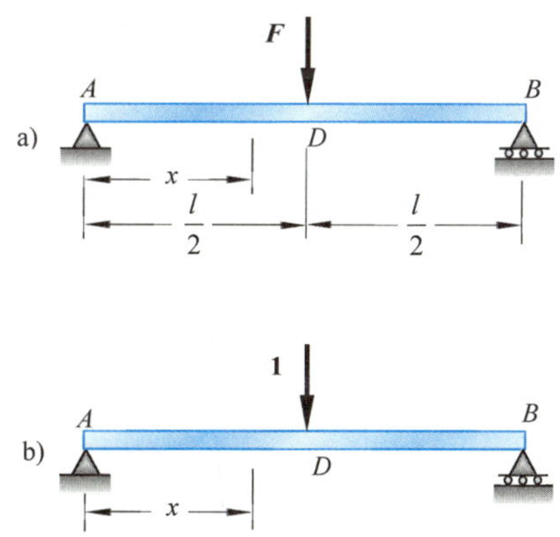

图　10-29

解： • 首先研究梁的变形，以求出式（10-26）中 $\mathrm{d}\theta$ 的表达式。

弯曲变形时，梁内离中性层为 y 处的应变是

$$\varepsilon=\frac{y}{\rho}$$

式中，$1/\rho$ 为挠曲线的曲率。由应力－应变关系得

$$\sigma=C\varepsilon^{\frac{1}{2}}=C\left(\frac{y}{\rho}\right)^{\frac{1}{2}}$$

横截面上的弯矩应为

$$M=\int_A y\sigma\mathrm{d}A=C\left(\frac{1}{\rho}\right)^{\frac{1}{2}}\int_A y^{\frac{1}{2}}\mathrm{d}A \tag{h}$$

引入记号

$$I^*=\int_A y^{\frac{1}{2}}\mathrm{d}A$$

则由式（h）可以得出

$$\frac{1}{\rho}=\frac{M^2}{(CI^*)^2}$$

由于 $1/\rho=\mathrm{d}\theta/\mathrm{d}x$，且 $M(x)=Fx/2$，则有

$$\mathrm{d}\theta=\frac{1}{\rho}\mathrm{d}x=\frac{M^2\mathrm{d}x}{(CI^*)^2}=\frac{F^2x^2\mathrm{d}x}{4(CI^*)^2}$$

• 设在 D 点沿 $\boldsymbol{F}$ 力方向作用一单位力 **1**（图 10-29b），这时弯矩 $\overline{M}(x)$ 为

$$\overline{M}(x)=\frac{x}{2}$$

- 将 $d\theta$ 及 $\overline{M}(x)$ 的表达式代入式（10-26），积分后得

$$\Delta_D=\int_l \overline{M}(x)\mathrm{d}\theta=2\int_0^{\frac{l}{2}}\frac{F^2x^3}{8(CI^*)^2}\mathrm{d}x=\frac{F^2l^4}{256(CI^*)^2}$$

分析思考题

10-1 举例说明，变形能不能用叠加法计算。

10-2 建立能量法的依据是什么？

10-3 莫尔积分中的单位力 **1** 起什么作用？它的单位是什么？用任意力代替是否可以？

10-4 变形体的虚位移原理（虚功原理）与刚体的虚位移原理有什么联系和区别？

10-5 试比较莫尔积分和卡氏定理的异同点？

10-6 图乘法的使用条件是什么？使用时应注意什么问题？

10-7 用莫尔积分求位移时，若所得结果为正，为什么位移方向就与单位力 **1** 方向相同？

10-8 什么叫功的互等定理？什么叫位移互等定理？应用时有什么条件限制？

10-9 能量法中的哪些公式可以用来解非线性问题？哪些公式只能解线弹性问题？

10-10 在卡氏定理中，虚设的附加力 F_i 和 M_{ei} 起什么作用？在对它求偏导数后又令它为零，为什么还要把它加上去？

10-11 简支梁受力如思考题 10-11 图所示，试问是否可以由卡氏定理来求 D 点的挠度，即 $f_D=\frac{\partial U}{\partial F}$？

10-12 如思考题 10-12 图所示直角平面刚架，在 B 点的两个垂直方向分别作用载荷 $\boldsymbol{F}$，问 $f_D=\frac{\partial U}{\partial F}$ 代表什么？

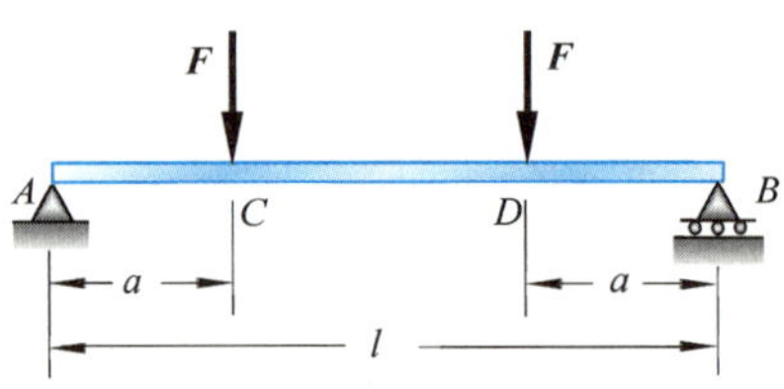

思考题 10-11 图

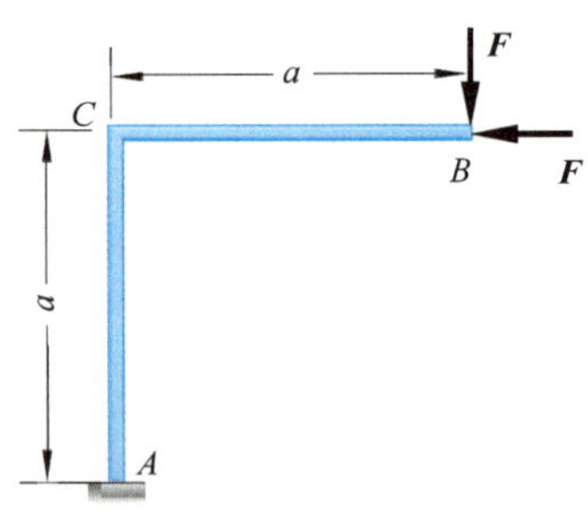

思考题 10-12 图

习题

10-1 题 10-1 图所示桁架各杆的材料相同，截面面积相等，EA 已知，试求在力 $\boldsymbol{F}$ 作用下，桁架的变形能。

10-2 传动轴受力情况如题 10-2 图所示，轴的直径 $d=4\text{cm}$，材料的 $E=210\text{GPa}$，$G=80\text{GPa}$，试计算轴的变形能。

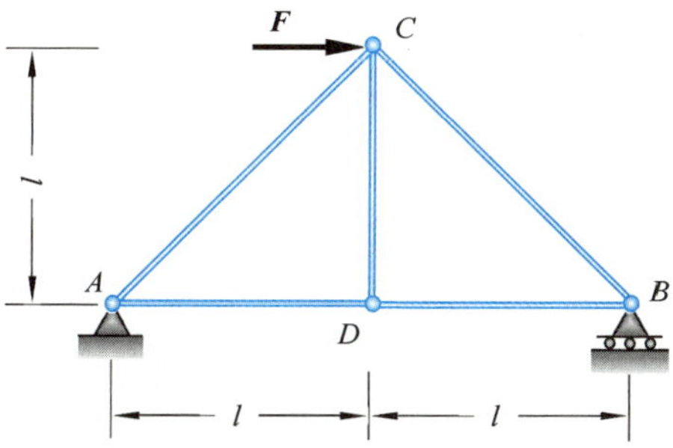

题 10-1 图

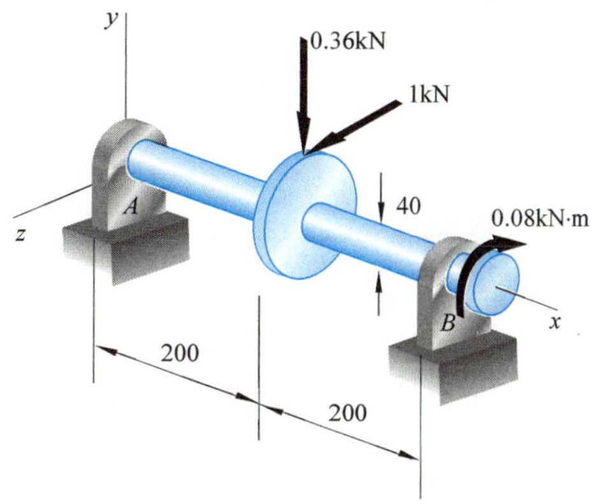

题 10-2 图

10-3 车床主轴如题 10-3 图所示，其抗弯刚度 EI 可以作为常量，试求在载荷 $\boldsymbol{F}$ 作用下，截面 C 的挠度和轴承 B 处的截面转角。

10-4 试求题 10-4 图所示梁截面 D 的挠度和转角。

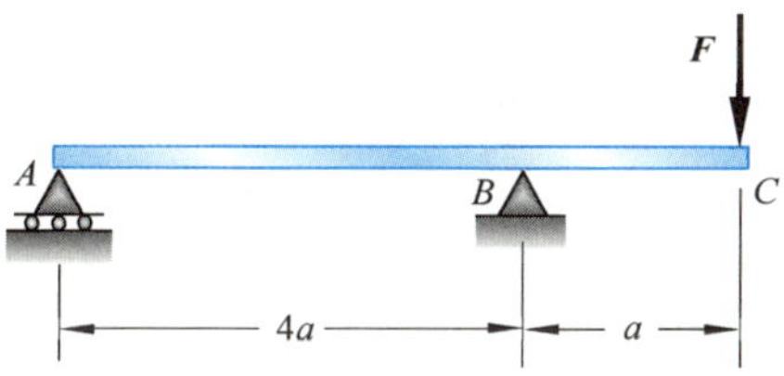

题 10-3 图

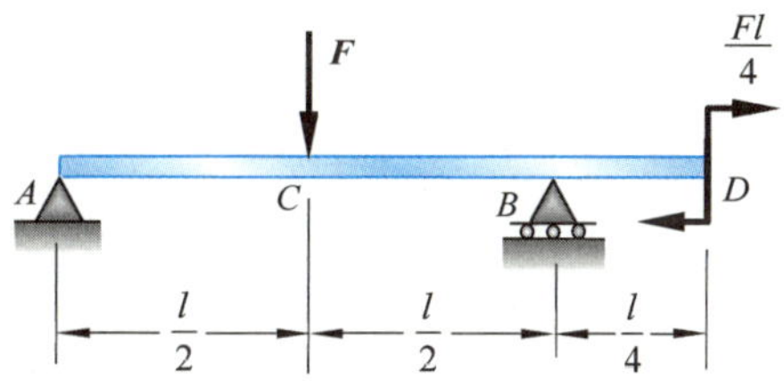

题 10-4 图

10-5 利用图乘法及叠加法求题 10-5 图所示梁 C 截面挠度。$EI=$ 常数。

10-6 在题 10-6 图所示外伸梁中，$F_1=qa/4$，$F_2=qa$，$EI=$ 常数。试求跨中截面 C 的挠度及 B 端截面的转角。

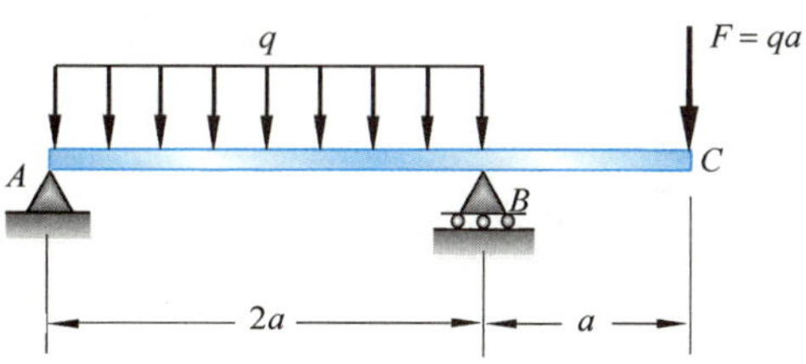

题 10-5 图

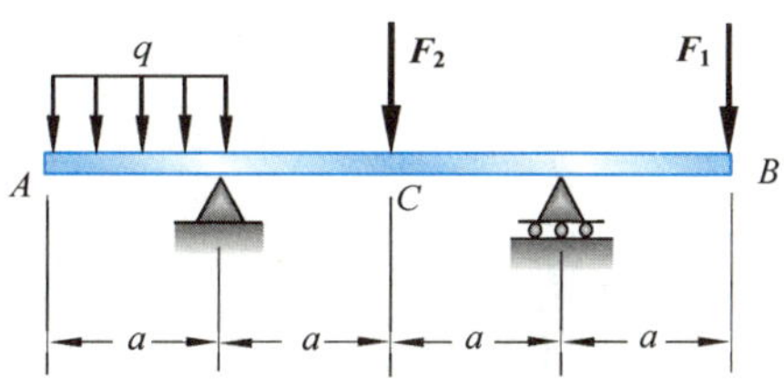

题 10-6 图

10-7 题 10-7 图所示桁架中各杆的 EA 都相同，求节点 A 的水平位移。

10-8 题 10-8 图所示桁架各杆刚度 EA 相同，试求节点 C 处的水平位移和垂直位移。

10-9 梁 ABC 和 CD 在 C 端以铰相连（题 10-9 图）。试求 C 铰两侧梁截面的相对转角。设 $EI=$ 常量。

10-10 已知题 10-10 图所示刚架 AC 和 CD 两部分的 $I=3\ 000\text{cm}^4$，$E=200\text{GPa}$。试求截面 D 的垂直位移和转角。$F=10\text{kN}$，$l=1\text{m}$。

10-11 求题 10-11 图所示刚架 A 点的水平位移。已知 $E=210\text{GPa}$，$I=24\times10^3\text{cm}^4$。

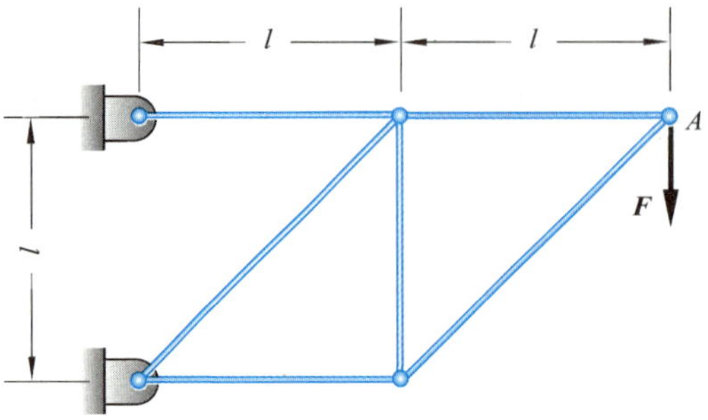

题 10-7 图

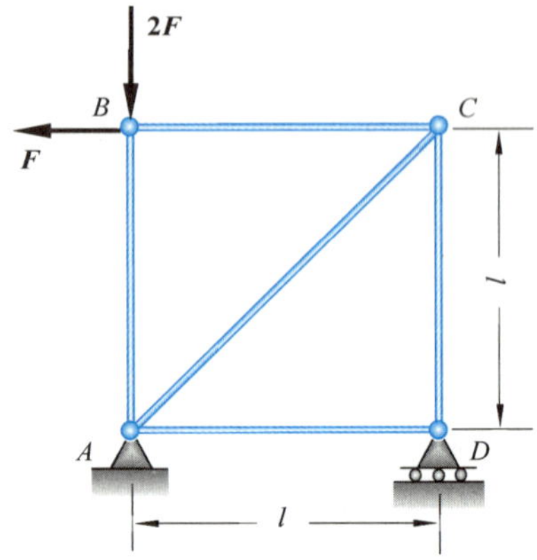

题 10-8 图

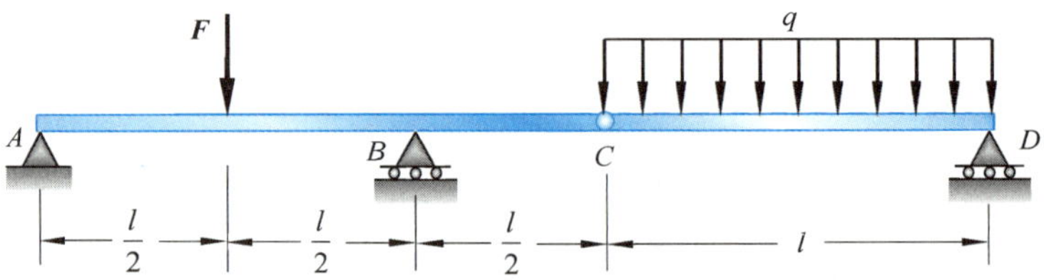

题 10-9 图

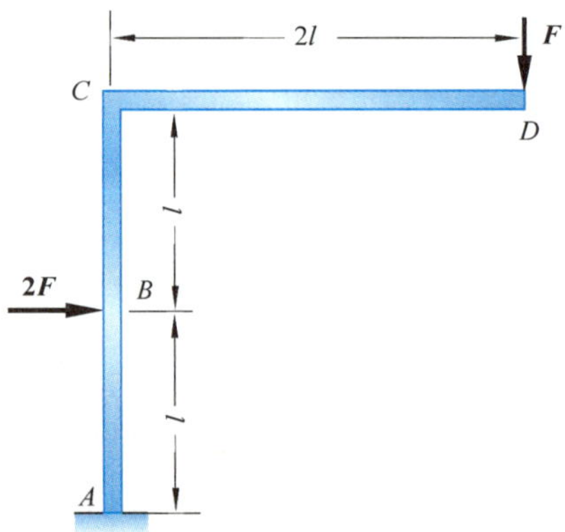

题 10-10 图

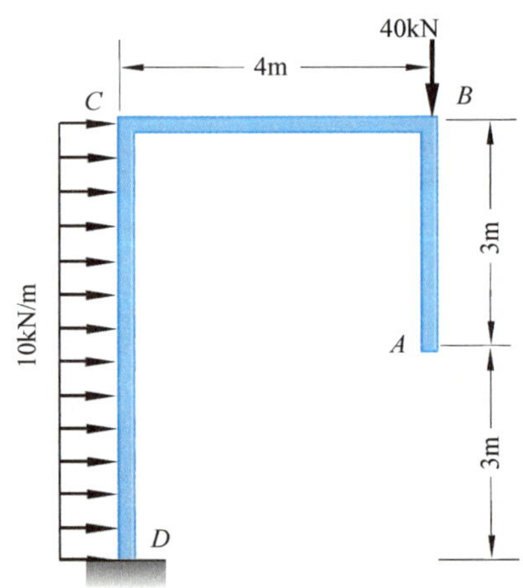

题 10-11 图

10-12　缺口圆环，EI = 常数，$\Delta\theta$ 为微小角度（题 10-12 图）。问怎样加力才能使这两个截面恰好密合？

10-13　平均半径为 R 的细圆环，截面为圆形，其直径为 d（题 10-13 图）。材料的 E、G 已知。$\boldsymbol{F}$ 力垂直于圆环中线所在的平面。试求两个 $\boldsymbol{F}$ 力作用点的相对位移。

10-14　由杆系及梁组成的混合结构如题 10-14 图所示。设 F、l、E、杆 DM 和 DN 的截面面积 A、梁 BD 的惯性矩 I 均为已知。试求 C 点垂直位移。

10-15　题 10-15 图所示简易吊车的吊重 $F = 2.83\text{kN}$。撑杆 AC 长为 2m，截面的惯性矩为 $I = 8.53 \times 10^6\text{mm}^4$。拉杆 BD 的截面面积为 600mm^2。如撑杆只考虑弯曲的影响，试求 C 点的垂直位移。设 E =

200GPa。

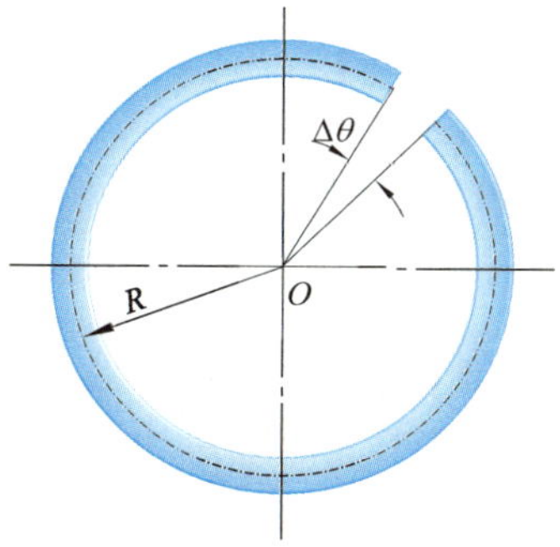

题 10-12 图

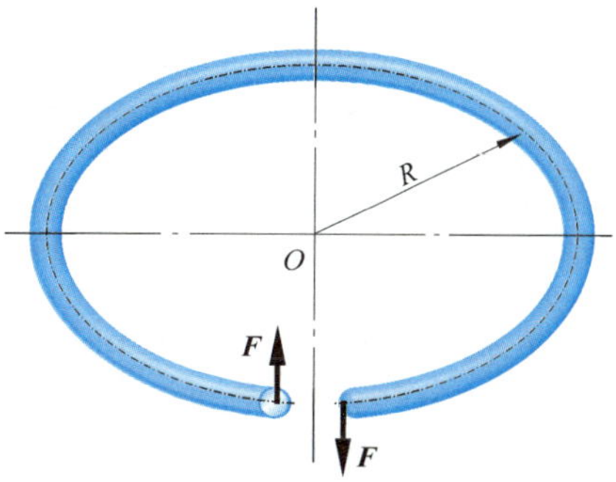

题 10-13 图

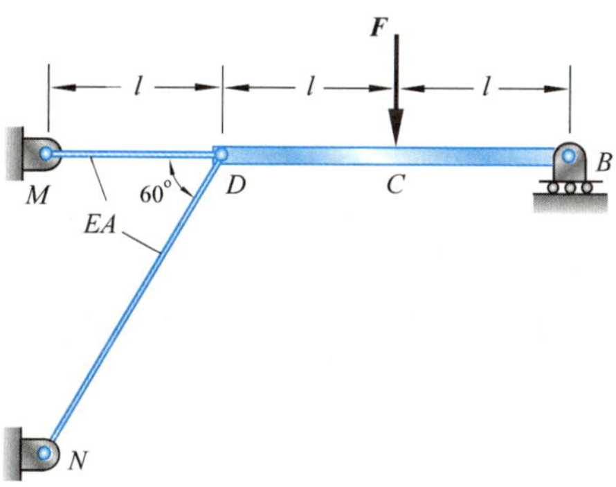

题 10-14 图

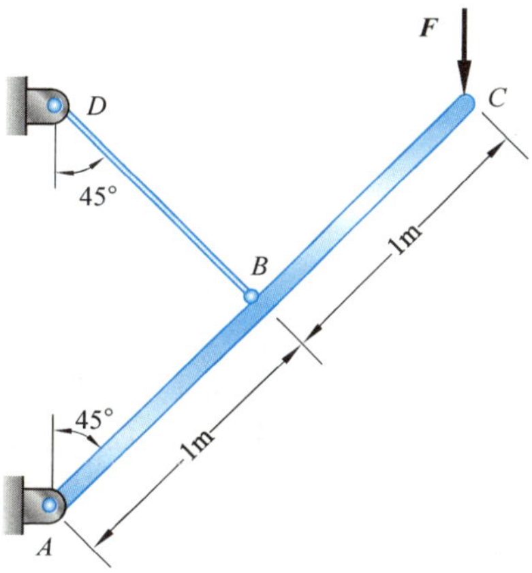

题 10-15 图

10-16 如题 10-16 图所示，圆截面曲柄轴 ABC，截面直径为 d，AB、BC 长度均为 a，外力偶 M_e 作用于 C 点，求 C 点处沿 y 方向线位移和绕 z 轴的转角。材料的 E、G 已知。

10-17 圆截面空间刚架，受力如题 10-17 图所示，各段杆长均为 a，直径 d，材料的 E、G 已知，求 A 点沿 y 方向的线位移。

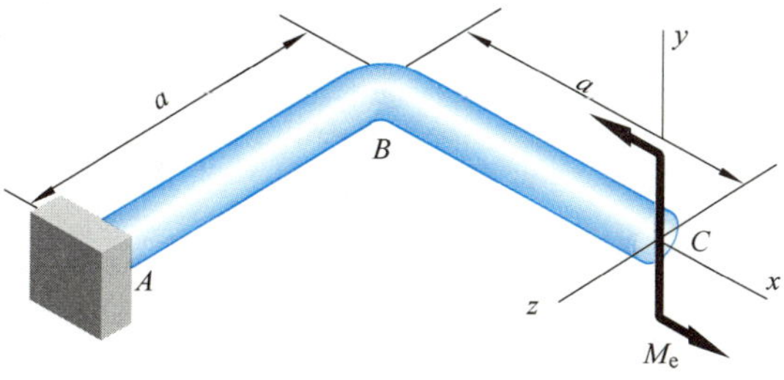

题 10-16 图

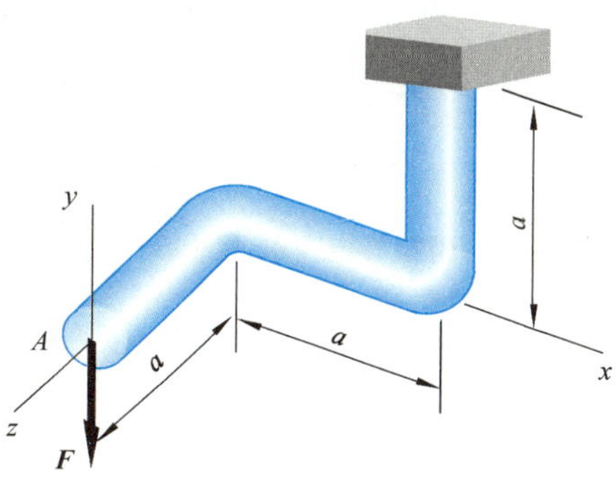

题 10-17 图

10-18 如题 10-18 图所示外伸梁，若在端面 1 处作用载荷 $M_e = 6\text{kN}\cdot\text{m}$，测得截面 2 处的挠度为 y_{21} =

0.45mm。欲使端面 1 产生转角 $\theta_{12}=0.015\text{rad}$（逆时针），那么在截面 2 处应加怎样的载荷？

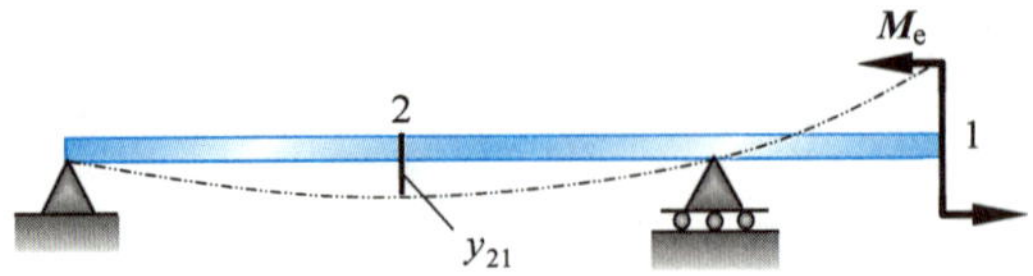

题 10-18 图

10-19　刚架各部分的 EI 相等，试求在题 10-19 图所示一对力 $\boldsymbol{F}$ 作用下及 A、B 两点间的相对位移及 A、B 两截面的相对转角。

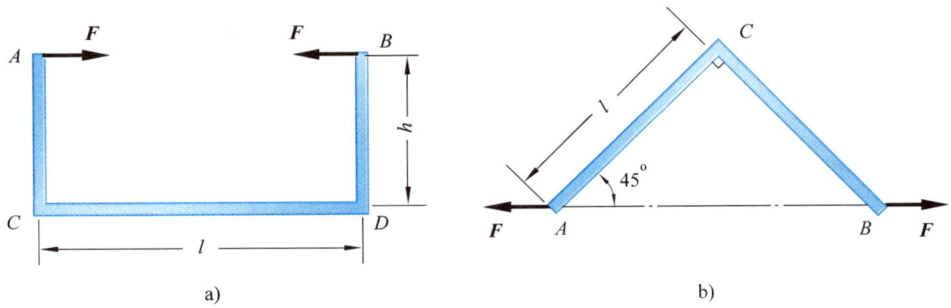

题 10-19 图

10-20　求题 10-20 图所示刚架铰链 C 点两侧截面的相对转角，EI 为常量。

10-21　如题 10-21 图所示，刚架各杆的 EI 为常数，不计剪力和轴力的影响，求 C 点处的垂直位移及左右两截面的相对转角。

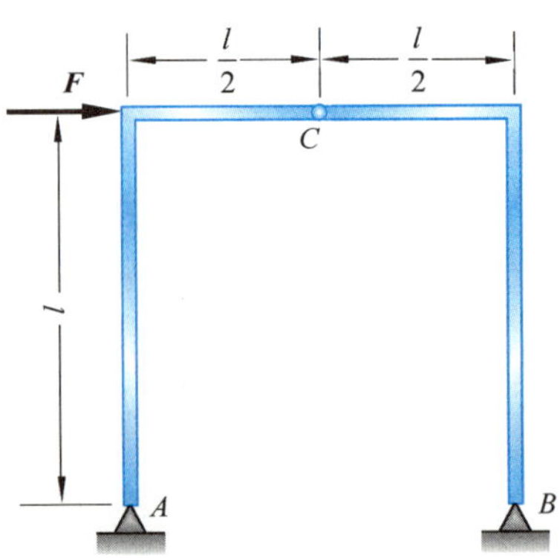

题 10-20 图

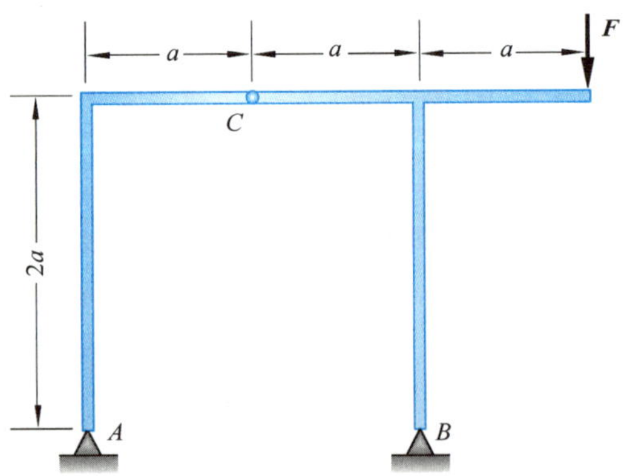

题 10-21 图

10-22　用互等定理求解题 10-3、10-4、10-5、10-6。

第 11 章 超静定结构

11.1 概述

有些结构中未知量数目多于有效静力平衡方程数目，未知量不能全部由平衡方程求出，这样的问题称为**超静定问题**（或静不定问题），这样的结构称作**超静定结构**。

前面曾讨论过简单的拉、压超静定及扭转超静定问题，本章将对超静定问题做进一步研究。

按杆件的变形形式可分为拉伸或压缩超静定（图 11-1a）、扭转超静定（图 11-1b）、弯曲超静定（图 11-1c）及组合变形的超静定（图 11-1d）。

若按未知力的性质分，有外力超静定结构，即仅通过支座约束力不能全部由静力平衡方程确定的问题，如图 11-1b、c 和 d 所示；也有内力超静定结构，即仅通过杆件的内力不能全由静力平衡方程确定的问题，如图 11-1a 所示桁架、图 11-1e 所示封闭框架；还有属于外力、内力超静定的混合问题，如图 11-1f 所示刚架结构。

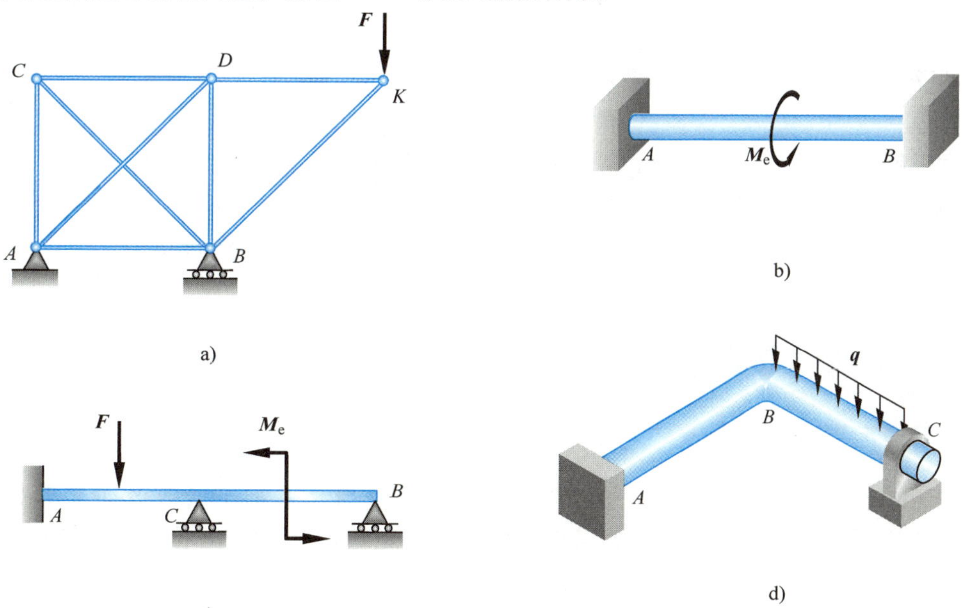

图 11-1

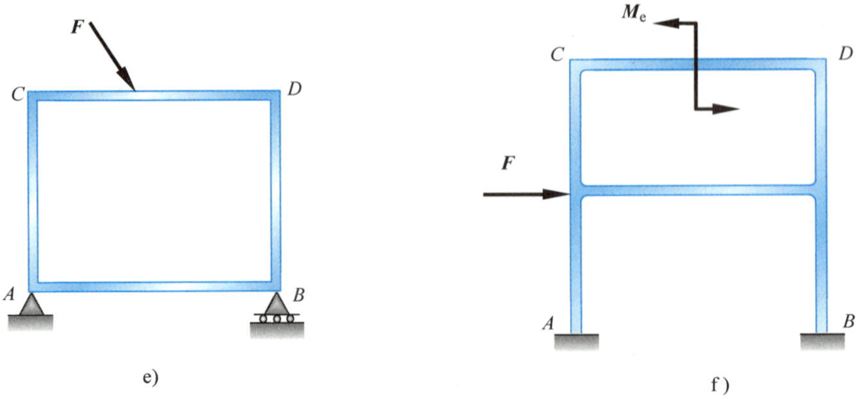

图 11-1（续）

工程中常应用超静定结构提高结构的强度和刚度。图 11-2a 为卧式铣床刀杆。铣刀杆工作时绕轴转动，考虑其横向弯曲时，左端与刚度很大的主轴以锥孔紧密配合，且用螺杆拉紧，刀杆与主轴之间在受力平面内不能发生相对转动和移动，因此铣刀杆左端可简化为固定端。这样，得到铣刀杆的受力简图如图 11-2b 所示。此梁的有效静力平衡方程只有 3 个，而未知力有 4 个（图 11-2c），这种未知力数目超过有效的静力平衡方程数目的梁称**超静定梁**，这类问题也称**弯曲超静定问题**。

本章以超静定梁为主，同时讨论超静定刚架、桁架以及组合变形结构的超静定问题。

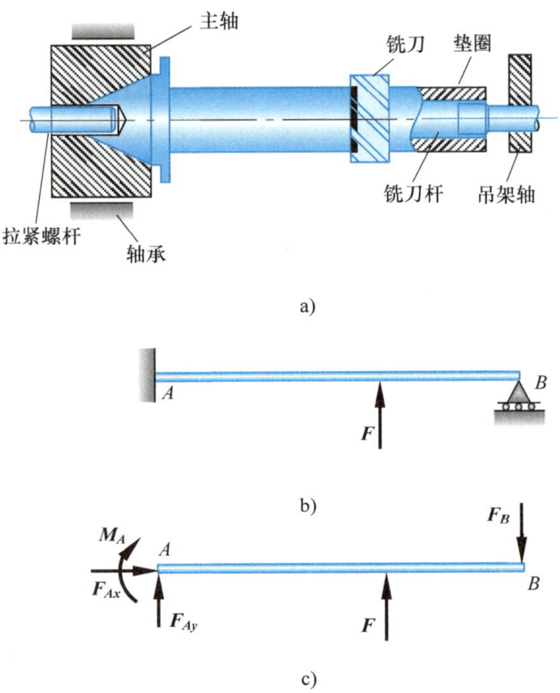

图 11-2

11.2 力法解超静定结构

11.2.1 超静定结构的解法

在静定结构中，约束力的数目是结构在载荷作用下维持几何不变或运动学不变所必需的，全部的约束力可由静力平衡方程求出；而在超静定结构中，出现了“**多余约束**”（对维持静力平衡而言），“多余约束”处增加了多余约束力，同时也提供了相应的**变形协调条件**，根据力与变形的物理关系，将此变形的几何方程转换成“**补充方程**”，与静力平衡方程联立求解，便可求出全部未知力（约束力）。即解决超静定问题必须同时考虑结构中的**静力平衡**

条件、变形协调条件和**物理条件**三方面才能解出全部的未知力。

在超静定结构分析中，通常采用**力法**和**位移法**两种基本求解方法。力法是以未知力作为基本未知量，位移法则是以未知位移作为基本未知量；同样都要同时考虑变形协调（变形和位移）关系，**建立几何方程**；考虑物理（力与变形）关系，**建立物理方程**；考虑静力平衡（主动力与未知力）关系，**建立平衡方程**。综合三方面方程，基本未知量可全部求解，解出基本未知量后再求其他未知量。本章仅讨论力法。

11.2.2　力法解超静定的步骤

1. 判定超静定次数

方法一：超静定次数 = 未知力数目 - 有效静力平衡方程数目

由此可判定图 11-3a 所示梁的超静定次数为 4 - 3 = 1（参考图 11-3b），一次超静定。

方法二：超静定次数 = “多余约束”数目

“多余约束”是相对于静定结构而言的，也就是超出了维持结构平衡所必需的约束，去掉这些“多余约束”就可**将超静定结构转化为静定结构**，这正是解决超静定问题的关键。

据此方法，去掉 B 支座（1 个约束力）后 AB 梁成为静定梁（图 11-3c），故图 11-3a 所示梁为一次超静定。

图 11-4a 所示结构同时存在外力（支座约束力）和内力（平面框架）超静定。去掉 C 支座（1 个外力约束），在平面框架 DE 段取一横截面将其截开，去掉 3 个内部约束（分别对应轴力 $\boldsymbol{F}_N$、剪力 $\boldsymbol{F}_Q$ 和弯矩 $\boldsymbol{M}$），如图 11-4b 所示，此时结构静定；超静定次数为 1 + 3 = 4，四次超静定。

显然，超静定次数 =“补充方程”数目。

2. 确定基本静定系

确定了超静定的次数后，即确定了“多余约束”的数目，去掉这些“多余约束”，原超静定结构就转换成了静定结构，把这个静定结构称为**静定基**。在静定基上，除原有载荷外，还应该用相应的约束力来代替被解除的“多余约束”，把静定基加上原载荷，再加上多余约束力称为原结构的**基本静定系**。

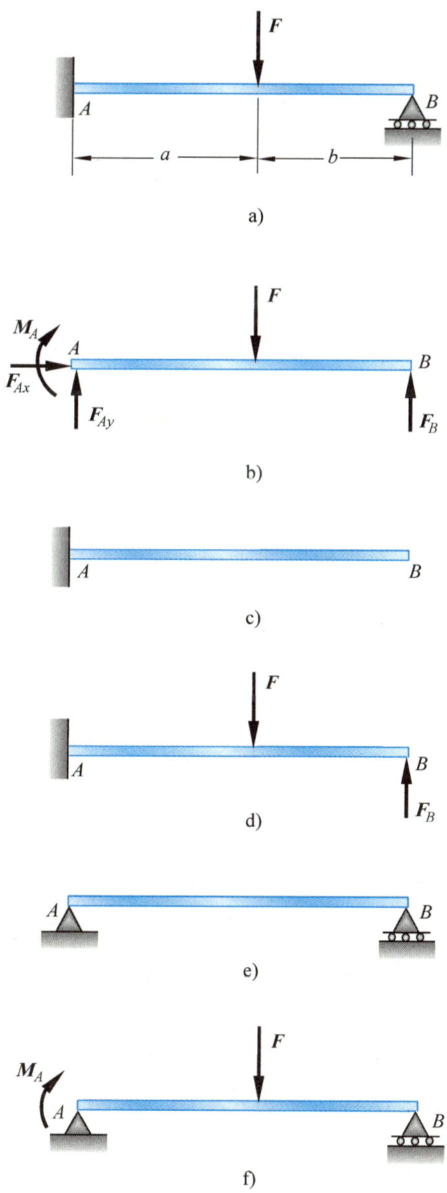

图　11-3

图 11-3a 所示超静定结构去掉“多余约束”B 支座后，变成悬臂梁（图 11-3c），其为原超静定结构的静定基。在静定基上，加上原载荷 $\boldsymbol{F}$，再加

上多余约束力 $\boldsymbol{F}_B$，得到原超静定结构的基本静定系（图 11-3d）。

图 11-4a 所示结构为四次超静定，去掉 C 支座，并在平面框架 DE 段取一横截面 I 将框架截开，去掉截面上的 3 个约束，原结构变成静定结构（图 11-4b），其为原超静定结构的静定基。在静定基上，加上原载荷 $\boldsymbol{F}$，再加上 C 处多余约束力 $\boldsymbol{F}_C$ 以及 DE 段截开的 I 面上的轴力 $\boldsymbol{F}_{\mathrm{N}}$ 、剪力 $\boldsymbol{F}_{\mathrm{Q}}$ 和弯矩 $\boldsymbol{M}$，得到原超静定结构的基本静定系（图11-4c）。

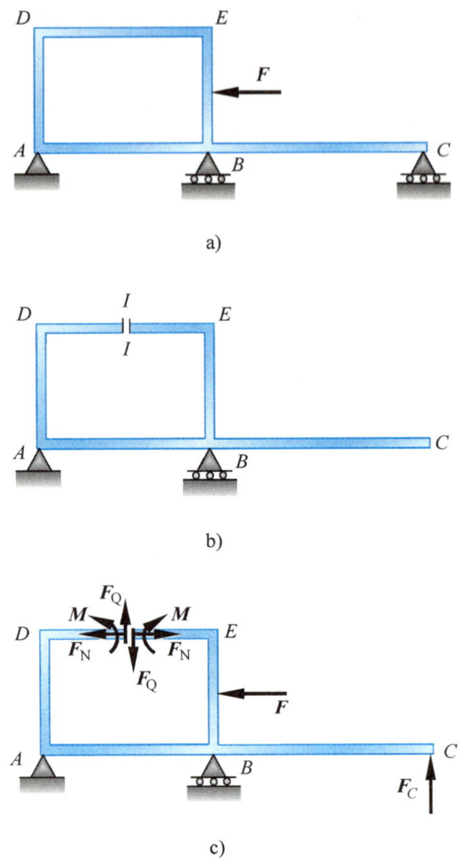

图 11-4

静定基的选取不是唯一的。例如图 11-3a 所示超静定结构，去掉固定端 A 处限制转动的“多余约束”，使固定端支座变为固定铰支座 A，原超静定梁成为简支梁（静定结构），如图 11-3e 所示，其亦为原结构的静定基。在此静定基上，加上原载荷 $\boldsymbol{F}$，再加上多余约束力 $\boldsymbol{M}_A$，可得到原超静定结构的另一个基本静定系（图 11-3f）。

选取静定基的原则是使得去掉“多余约束”处的变形协调方程简单，方程中的变形易求。

3. 建立“多余约束”处的变形协调方程

为使基本静定系与原超静定结构完全“相当”，还要使基本静定系在去掉“多余约束”处的位移与原超静定结构相同，这就是变形协调条件，由此写出的方程就是变形协调方程，亦称作**几何方程**。

如图 11-3d 所示基本静定系，去掉了 B 处限制铅垂位移的“多余约束”，其变形协调条件是：B 处挠度为零，其变形协调方程为

$$f_B = 0$$

图 11-3f 所示基本静定系，去掉了 A 处限制转动的“多余约束”，其变形协调条件是：A 处转角为零，其变形协调方程为

$$\theta_A = 0$$

图 11-4a 所示结构是四次超静定，其静定基如图 11-4c 所示，静定基中去掉了 4 个“多余约束”，相应有 4 个变形协调条件，分别为 C 处挠度 f_C 为零、在截开的 I 面处左右两边相对水平位移 $\bar{u}_I$、相对垂直线位移 $\bar{v}_I$ 及相对转动角位移 $\bar{\theta}_I$ 均为零，即

$$f_C = 0,\quad \bar{u}_I = 0,\quad \bar{v}_I = 0,\quad \bar{\theta}_I = 0$$

显然，满足了变形协调条件的基本静定系，其内力、应力和变形都与原超静定结构完全等价，故称作原超静定结构的**相当系统**。

4. 考虑物理关系建立补充方程

所谓物理关系就是要建立力与变形（位移）之间的关系（物理方程）。在研究了能量法之后，给求解力与变形（位移）之间的关系带来极大方便。可以根据基本静定系的特点选取能量法中的任一方法（单位载荷法、卡氏定理等）求解，当然也可以用基本方法（积分

法等）或查表计算位移。将物理方程代入几何方程即可得到补充方程。

以图 11-3d 所示结构为基本静定系的变形协调方程为

$$f_B = 0 \tag{a}$$

用叠加法（查表 6-1）或单位载荷法都可求得

$$f_B = \frac{F_B(a+b)^3}{3EI} - \frac{Fa^2}{6EI}(2a+3b)$$

代入式（a），便可求出

$$F_B = \frac{Fa^2}{2(a+b)^3}(2a+3b)$$

以图 11-3f 所示结构为基本静定系的变形协调方程为

$$\theta_A = 0 \tag{b}$$

用叠加法（查表 6-1）或单位载荷法都可求得

$$\theta_A = -\frac{M_A(a+b)}{3EI} - \frac{Fab(a+2b)}{6EI(a+b)}$$

代入式（b），可求出

$$M_A = -\frac{Fab(a+2b)}{2(a+b)^2}$$

$\boldsymbol{M}_A$为负号，说明$\boldsymbol{M}_A$的方向与图 11-3f 中所假设方向相反。

5. 进一步求解相当系统

利用静力平衡方程可求出基本静定系的其余约束力，进而可求出内力、应力以及变形（位移），从而进行强度和刚度计算。

【例 11-1】 图 11-5a 所示悬臂梁 AB 的抗弯刚度 $EI = 30\times10^3\text{N}\cdot\text{m}^2$，$l = 750\text{mm}$。弹簧 BC 刚度 $K = 175\times10^3\text{N/m}$。若梁与弹簧间有空隙 $\delta = 1.25\text{mm}$，当集中力 $F = 450\text{N}$ 作用于梁的自由端时，试求弹簧将分担多大的力？

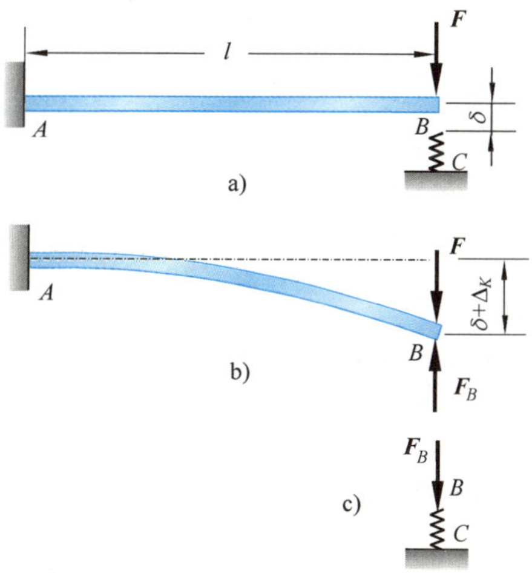

图 11-5

解： • 分析 AB 是否为超静定梁

假设 B 处没有弹簧，则在力 $\boldsymbol{F}$ 作用下 AB 梁在 B 处的挠度为（查表 6-1）

$$(f_B)_F = \frac{Fl^3}{3EI} = \frac{450\times0.75^3}{3\times30\times10^3}\text{m} = 2.1\times10^{-3}\text{m} = 2\text{mm} > \delta$$

所以，当有弹簧时 AB 为一次超静定问题。

• 去掉弹簧，选取基本静定系，如图 11-5b 所示

• B 处的变形协调方程为（图 11-5b）

$$f_B = \delta + \Delta_K$$

式中，Δ_K为弹簧产生的变形。

• 建立物理方程并代入几何方程，得补充方程并求解

由叠加法（查表 6-1）得

$$f_B = \frac{Fl^3}{3EI} - \frac{F_B l^3}{3EI}$$

弹簧变形为（图 11-5c）

$$\Delta_K = \frac{F_B}{K}$$

将 f_B、Δ_K 代入变形协调方程，整理得

$$F_B = \frac{Fl^3 - 3EI\delta}{\frac{3EI}{K} + l^3}$$

$$= \frac{450 \times 0.75^3 - 3 \times 30 \times 10^3 \times 1.25 \times 10^{-3}}{\frac{3 \times 30 \times 10^3}{175 \times 10^3} + 0.75^3} \text{N}$$

$$= 82.6\text{N}$$

弹簧分担了 82.6N 的力。

【例 11-2】 图 11-6a 所示梁的抗弯刚度 EI 为常数，$M_e = ql^2$，试求 C 截面的弯矩 M_C。

解： • 梁 AB 为一次超静定

• 去掉支座 B，选取基本静定系（图 11-6b）

• B 处的变形协调方程为

$$f_B = 0$$

• 建立物理方程并代入几何方程，得补充方程并求解

用图乘法求出 f_B 与力（$\boldsymbol{q}$、$\boldsymbol{M}_e$ 和 $\boldsymbol{F}_B$）之间的关系，即物理方程。分别画出梁在 $\boldsymbol{q}$、$\boldsymbol{M}_e$ 和 $\boldsymbol{F}_B$ 作用下的弯矩图（图 11-6c、d）；在 B 处加单位力 **1**（图 11-6e），并画出单位载荷 **1** 作用下的弯矩图（图 11-6f），将 M_{q,M_e}、M_{F_B} 分别与 $\overline{M}$ 图乘，得

$$f_B = \frac{1}{EI}\left(\frac{2}{3} \cdot \frac{ql^2}{8} \cdot l \cdot \frac{l}{2} + \frac{l}{2} \cdot F_B l \cdot \frac{2l}{3} \cdot 2 - \frac{l}{2} \cdot ql^2 \cdot \frac{2l}{3} - l \cdot ql^2 \cdot \frac{l}{2}\right)$$

$$= \frac{1}{EI}\left(\frac{2F_B l^3}{3} - \frac{19}{24}ql^4\right)$$

将 f_B 代入变形协调方程 $f_B = 0$，整理得

$$F_B = \frac{19}{16}ql$$

• 求 C 截面的弯矩 M_C

$$M_C = F_B l - M_e = \frac{19}{16}ql^2 - ql^2 = \frac{3}{16}ql^2$$

C 截面的弯矩为 $M_C = \frac{3}{16}ql^2$。

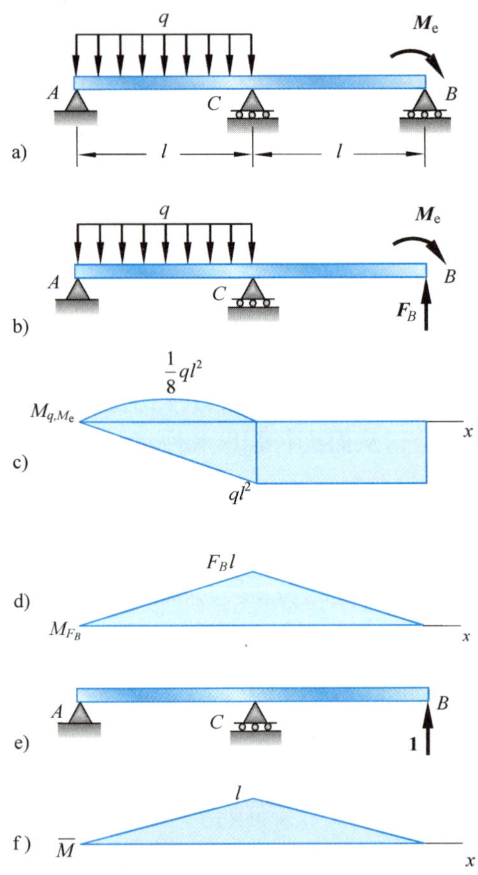

图 11-6

上述例题中“多余约束”处的变形协调条件，是在静定基的上原载荷和多余约束力共同引起的，这种方法又称**变形比较法**。对于简单（一次）超静定问题，特别是当结构有弹性多余约束、制造误差、轴承间隙及温度变化的特殊情况下，用变形比较法建立“多余约束”处的变形协调方程，往往比较方便。

11.3 力法正则方程

从以上的例题可以看出，用力法解简单超静定结构的方法及步骤都是类同的，而且简单易算。但对于较复杂的超静定结构，虽然基本方法及步骤仍然相同，但由于多余约束力及相应的变形协调条件较多，计算过程将很繁杂。为了能简化计算过程，可以将多余约束处的变形协调条件写得更有规律，即用力法建立规范化补充方程——**力法正则方程**。

11.3.1 一次超静定正则方程

为了把用力法建立的补充方程规范化，在力法正则方程中，用 X_i 表示多余约束力，一次超静定即 $\boldsymbol{X}_1$；二次超静定即 $\boldsymbol{X}_1$、$\boldsymbol{X}_2$，以此类推。用 Δ_{ij} 表示位移，第一个下标 i 表示位移发生于 X_i 的作用点且沿 $\boldsymbol{X}_i$ 方向；第二个下标 j 表示位移是哪个力（即 $\boldsymbol{X}_j$）引起的。

下面以图 11-7a 所示梁为例说明建立力法正则方程式的方法。

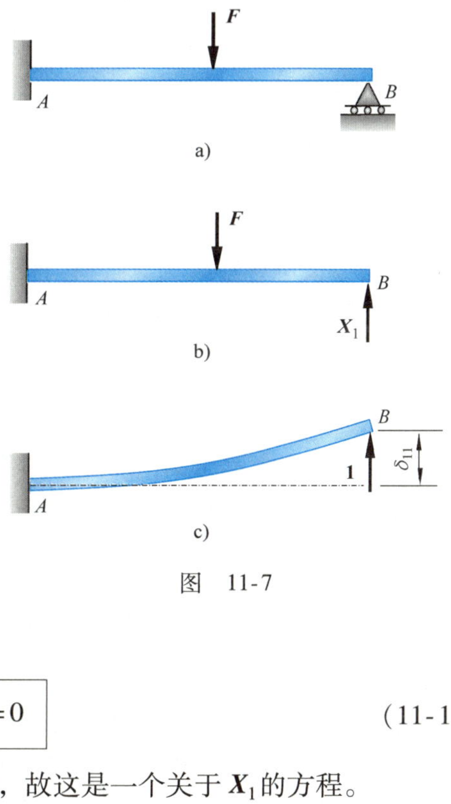

图　11-7

AB 梁为一次超静定。以 *B* 支座为多余约束，解除多余约束，以悬臂梁 *AB* 作为静定基，以 $\boldsymbol{X}_1$ 作为多余约束力，得基本静定系（图 11-7b），以 Δ_1 表示 *B* 端沿 $\boldsymbol{X}_1$ 方向的位移，则变形协调条件为

$$\Delta_1 = 0 \tag{a}$$

Δ_1 可以视为由两部分组成，一部分是静定基（悬臂梁）在 $\boldsymbol{F}$ 单独作用下引起的 Δ_{1F}；另一部分是 $\boldsymbol{X}_1$ 单独作用下引起的位移 Δ_{1X_1}，这样变形协调条件可以写成

$$\Delta_1 = \Delta_{1X_1} + \Delta_{1F} = 0 \tag{b}$$

在 $\boldsymbol{X}_1$ 作用点沿 $\boldsymbol{X}_1$ 方向加单位力 **1**（图 11-7c），那么由单位力 **1** 引起 $\boldsymbol{X}_1$ 方向的位移为 δ_{11}；在线弹性范围内，力与位移呈线性关系，故 $\boldsymbol{X}_1$ 力在 *B* 点沿 $\boldsymbol{X}_1$ 方向产生的位移 Δ_{1X_1} 是 δ_{11} 的 X_1 倍，即 $\Delta_{1X_1} = \delta_{11}X_1$。将其代入式（b），有

$$\boxed{\Delta_1 = \delta_{11}X_1 + \Delta_{1F} = 0} \tag{11-1}$$

注意到式（11-1）中，δ_{11} 是 X_1 的系数，Δ_{1F} 是常数项，故这是一个关于 $\boldsymbol{X}_1$ 的方程。

这种由力法建立的标准形式的补充方程称为**正则方程**。

一次超静定正则方程式（11-1）是力法正则方程式最简单的形式，只需计算系数 δ_{11} 和常数项 Δ_{1F} 就可以很容易地解出 X_1 来，即

$$X_1 = -\frac{\Delta_{1F}}{\delta_{11}}$$

11.3.2 高次超静定正则方程

当结构的超静定次数较高时，按上述方法得出的补充方程就成为以多余未知力为独立变量

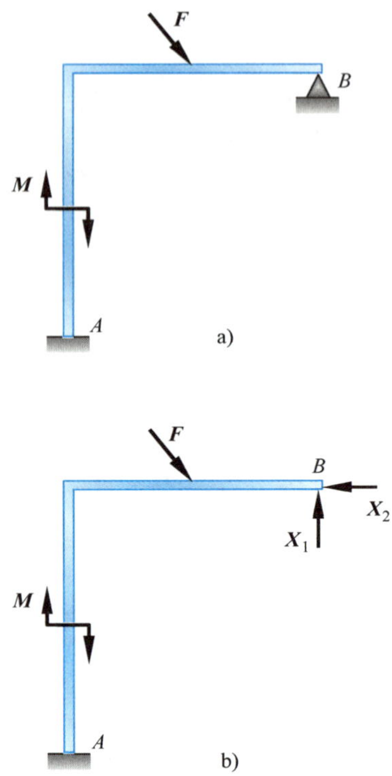

图 11-8

且具有标准形式的线性代数方程组。现以图 11-8a 所示平面刚架为例，说明如何建立高次超静定结构的正则方程。由受力分析可知，此平面刚架未知约束力有 5 个，而平衡方程仅有 3 个，所以为二次超静定结构。

解除 B 处支座的约束，得到原超静定结构的静定基，以多余约束力 $\boldsymbol{X}_1$、$\boldsymbol{X}_2$ 代替多余约束，加到静定基上（图 11-8b）。在载荷 $\boldsymbol{F}$、$\boldsymbol{M}$ 及各多余约束力 $\boldsymbol{X}_1$、$\boldsymbol{X}_2$ 共同作用下，B 处的变形协调条件为

$$\Delta_1=0,\quad \Delta_2=0 \tag{c}$$

式中，Δ_1、Δ_2 分别为在 $\boldsymbol{X}_1$、$\boldsymbol{X}_2$ 作用处沿 $\boldsymbol{X}_1$、$\boldsymbol{X}_2$ 方向上基本静定系的位移，实际上 Δ_1、Δ_2 即为广义力 $\boldsymbol{X}_1$ 和 $\boldsymbol{X}_2$ 相应方向上的广义位移。在静定基上 Δ_1 及 Δ_2 都应是载荷 $\boldsymbol{F}$、$\boldsymbol{M}$ 及各多余约束力 $\boldsymbol{X}_1$ 及 $\boldsymbol{X}_2$ 共同产生的广义位移，故根据叠加原理，式（c）可写成

$$\left.\begin{aligned}\Delta_1=\Delta_{1X_1}+\Delta_{1X_2}+\Delta_{1F}=0\\ \Delta_2=\Delta_{2X_1}+\Delta_{2X_2}+\Delta_{2F}=0\end{aligned}\right\} \tag{d}$$

在线弹性范围内，力与位移间呈线性关系。可将 $\boldsymbol{X}_1$、$\boldsymbol{X}_2$ 引起的广义位移写成为 $\boldsymbol{X}_1$、$\boldsymbol{X}_2$ 乘以其单位力引起的广义位移的形式，即将式（d）写成标准化方程：

$$\left.\begin{aligned}\Delta_1=\delta_{11}X_1+\delta_{12}X_2+\Delta_{1F}=0\\ \Delta_2=\delta_{21}X_1+\delta_{22}X_2+\Delta_{2F}=0\end{aligned}\right\} \tag{11-2}$$

此方程即为二次超静定结构的正则方程。

如将支座 B 换为固定端约束（图 11-9a），则结构变为三次超静定，解除支座 B 的三个约束，得静定基。以 $\boldsymbol{X}_1$、$\boldsymbol{X}_2$、$\boldsymbol{X}_3$ 代替多余约束（图 11-9b），则原刚架在固定端 B 处的变形协调条件是

$$\Delta_1=0,\quad \Delta_2=0,\quad \Delta_3=0 \tag{e}$$

式中，Δ_1 表示 B 点沿 $\boldsymbol{X}_1$ 方向的铅垂位移；Δ_2 表示 B 点沿 $\boldsymbol{X}_2$ 方向的水平位移；Δ_3 表示在力偶矩 $\boldsymbol{X}_3$ 作用处 B 截面的转角。在原约束条件下它们均等于零。按照前面推导公式的同样过程，式（e）可写成如下一组标准化补充方程式：

$$\left.\begin{aligned}\Delta_1=\delta_{11}X_1+\delta_{12}X_2+\delta_{13}X_3+\Delta_{1F}=0\\ \Delta_2=\delta_{21}X_1+\delta_{22}X_2+\delta_{23}X_3+\Delta_{2F}=0\\ \Delta_3=\delta_{31}X_1+\delta_{32}X_2+\delta_{33}X_3+\Delta_{3F}=0\end{aligned}\right\} \tag{11-3}$$

即为三次超静定结构的正则方程。

方程式中的九个系数 $\delta_{ij}(i=1,2,3;j=1,2,3)$ 和三个常数项 $\Delta_{iF}(i=1,2,3)$，都可用能量法求出。当多余约束处的变形情况均为零（刚性约束）时，正则方程组（11-3）可写成矩阵形式：

$$\begin{bmatrix} \delta_{11} & \delta_{12} & \delta_{13} \\ \delta_{21} & \delta_{22} & \delta_{23} \\ \delta_{31} & \delta_{32} & \delta_{33} \end{bmatrix} \begin{bmatrix} X_1 \\ X_2 \\ X_3 \end{bmatrix} + \begin{bmatrix} \Delta_{1F} \\ \Delta_{2F} \\ \Delta_{3F} \end{bmatrix} = 0 \tag{11-4}$$

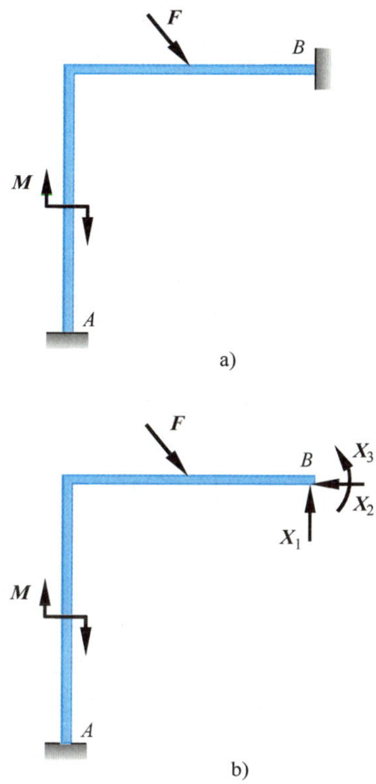

图　11-9

按上述原理可以把力法正则方程式推广到具有 n 个多余刚性约束的 n 次超静定结构，这时正则方程可写成下列形式：

$$\left.\begin{aligned} \Delta_1 &= \delta_{11}X_1 + \delta_{12}X_2 + \cdots + \delta_{1n}X_n + \Delta_{1F} = 0 \\ \Delta_2 &= \delta_{21}X_1 + \delta_{22}X_2 + \cdots + \delta_{2n}X_n + \Delta_{2F} = 0 \\ &\vdots \\ \Delta_n &= \delta_{n1}X_1 + \delta_{n2}X_2 + \cdots + \delta_{nn}X_n + \Delta_{nF} = 0 \end{aligned}\right\} \tag{11-5}$$

或把方程组（11-5）写成矩阵形式：

$$\begin{bmatrix} \delta_{11} & \delta_{12} & \cdots & \delta_{13} \\ \delta_{21} & \delta_{22} & \cdots & \delta_{23} \\ \vdots & \vdots & & \vdots \\ \delta_{n1} & \delta_{n2} & \cdots & \delta_{nn} \end{bmatrix} \begin{bmatrix} X_1 \\ X_2 \\ \vdots \\ X_n \end{bmatrix} + \begin{bmatrix} \Delta_{1F} \\ \Delta_{2F} \\ \vdots \\ \Delta_{nF} \end{bmatrix} = 0 \tag{11-6}$$

或记作

$$\sum_{j=1}^{n} (\delta_{ij}X_j + \Delta_{iF}) = 0 \quad (i = 1, 2, \cdots, n)$$

由位移互等定理知，方程组（11-5）的系数有下列关系：$\delta_{ij} = \delta_{ji}$（当 $i \neq j$），$\delta_{ii} > 0$（$i = 1, 2, \cdots, n$），所以式（11-6）的系数矩阵是对称矩阵。

11.3.3　几点说明

为了正确理解和运用力法正则方程，需着重说明以下几点：

（1）方程组中每个方程的物理意义是：在外界因素和全部多余未知力共同作用下的静定基中，沿每个多余未知力方向上与未知力相应的广义位移和超静定结构的相应位移相等。

（2）方程组中的各项位移 δ_{ij} 和 Δ_{iF} 均有两个角标，其中第一个角标表示产生该位移的位置和方向，第二个角标表示产生该位移的原因。例如，δ_{21} 表示在第二个多余约束处沿 $\boldsymbol{X}_2$ 方向由 $\boldsymbol{X}_1 = \boldsymbol{1}$ 的单位力引起的位移；Δ_{3F} 表示在第三个多余约束处沿 $\boldsymbol{X}_3$ 方向由结构原载荷引起的位移，以此类推。这些位移均为广义位移。

（3）方程组中，多余未知力项的系数

$$\delta_{ij} = \int_l \frac{\overline{M}_i(x)\overline{M}_j(x)}{EI}\mathrm{d}x \quad (i = 1, 2, \cdots, n; j = 1, 2, \cdots, n)$$

$$\begin{pmatrix} \delta_{11} & \delta_{12} & \cdots & \delta_{1n} \\ \delta_{21} & \delta_{22} & \cdots & \delta_{2n} \\ \vdots & \vdots & \vdots & \\ \delta_{n1} & \delta_{n2} & \cdots & \delta_{nn} \end{pmatrix}$$

称为系数矩阵（柔度矩阵）。主对角线上的元素 δ_{ii}（$i=1, 2, \cdots, n$）称为主系数。由单位载荷法容易证明，主系数恒为正值。主对角线以外的系数 $\delta_{ij}(i\neq j)$ 为副系数，它可为正值、负值，也可能为零。由位移互等定理可知 $\delta_{ij}=\delta_{ji}$，所以柔度矩阵为对称方阵。

（4）方程组中 Δ_{iF}（$i=1, 2, \cdots, n$）称为自由项。其物理意义是由外界因素（载荷、温度变化、制造误差等）在 $\boldsymbol{X}_i$ 处所产生的对应 $\boldsymbol{X}_i$ 的广义位移。所谓“外界因素”是泛指使结构发生变形的各种因素。例如外载荷、温度变化、制造误差以及弹性支座位移等，也就是相当系统上除未知力以外的其他因素。其方向与 $\boldsymbol{X}_i$ 方向相同或相反，故 Δ_{iF} 可正可负。

（5）若在弹性体内部去掉约束，则需加一对 $\boldsymbol{X}_i$ 约束力。

图 11-10a 所示梁，B 端为弹性支座，若解除弹性支座，以 AB 梁和弹簧共同作为静定基，以一对 $\boldsymbol{X}_1$ 代替多余约束（图 11-10b），建立 B 处的**相对位移**协调条件为

$$\Delta_1=0$$

即
$$\Delta_1=\delta_{11}X_1+\Delta_{1F}=0 \tag{f}$$

此时计算 δ_{11} 要加**一对单位力 1**。

当然也可取图 11-10c 所示基本静定系，建立 D 处绝对位移变形协调条件正则方程式为

$$\Delta_1=\delta_{11}X_1+\Delta_{1F}=0 \tag{g}$$

另外需要指出，这里系数 δ_{11}、Δ_{1F} 均指与广义力 $\boldsymbol{X}_1$ 相对应的广义位移；可以是线位移、角位移，也可以是相对的线位移、相对的角位移。δ_{11} 是广义力 $\boldsymbol{X}_1=\mathbf{1}$ 时在 $\boldsymbol{X}_1$ 处所产生的对应 $\boldsymbol{X}_1$ 的广义位移；Δ_{1F} 是所有外界因素（载荷、温度变化等）在 $\boldsymbol{X}_1$ 处所产生的对应 $\boldsymbol{X}_1$ 的广义位移。

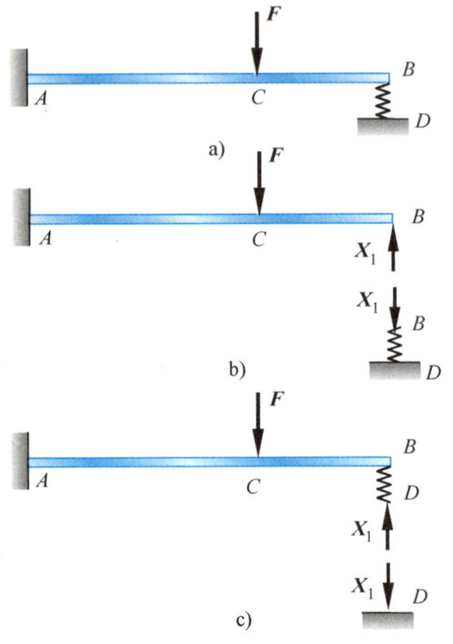

图 11-10

11.3.4 力法正则方程在解超静定问题中的应用

用力法正则方程求解超静定问题具体解题步骤如下：

（1）判定超静定次数；

（2）确定基本静定系；

（3）建立多余约束处的变形协调条件——正则方程；

（4）计算各系数 δ_{ij}、Δ_{iF}，代入正则方程，求解多余约束力；

（5）根据题目要求进一步求解相当系统。

下面通过例题来说明。

【例 11-3】 绘制图 11-11a 所示梁的弯矩图。已知 M_e、a、EI 为常数。

解：• 显然梁 AB 为一次超静定

• 去掉 B 支座，确定基本静定系（图 11-11b）

• 建立多余约束 B 处的正则方程

$$\delta_{11}X_1+\Delta_{1F}=0 \tag{h}$$

- 计算系数 δ_{11}、Δ_{1F}，求解 X_1

用图乘法求系数 δ_{11}、Δ_{1F}。绘制载荷引起的弯矩图 M_{M_e}（图 11-11c），沿 $\boldsymbol{X}_1$ 方向加单位力 **1**（图 11-11d），绘制 $\overline{M}$ 图（11-11e），则

$$\delta_{11}=\frac{\overline{\omega}\ \overline{M}_c}{EI}=\frac{1}{EI}\left(\frac{1}{2}\cdot 3a\cdot 3a\cdot\frac{2}{3}\cdot 3a\right)=\frac{9a^3}{EI}$$

$$\Delta_{1F}=\frac{\omega\overline{M}_c}{EI}=-\frac{1}{EI}(2a\cdot M_e\cdot 2a)=-\frac{4M_ea^2}{EI}$$

将 δ_{11}、Δ_{1F}代入式（h），得

$$X_1=-\frac{\Delta_{1F}}{\delta_{11}}=\frac{4M_e}{9a}(\uparrow)$$

- 绘制 M 图

利用静力平衡方程，求出 A 处约束力

$$F_{Ay}=\frac{4M_e}{9a}(\downarrow),\quad M_A=\frac{M_e}{3}\quad(\curvearrowleft)$$

绘出 M 图（图 11-11f）。

【例 11-4】 计算图 11-12a 所示桁架各杆的内力。设各杆的 $EA=$常数。

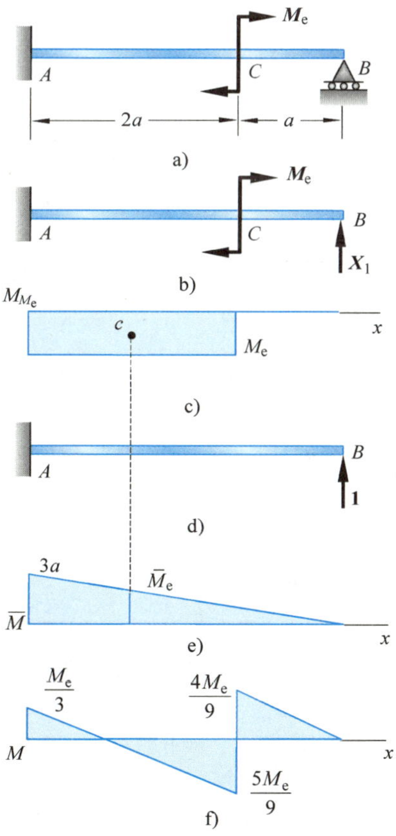

图　11-11

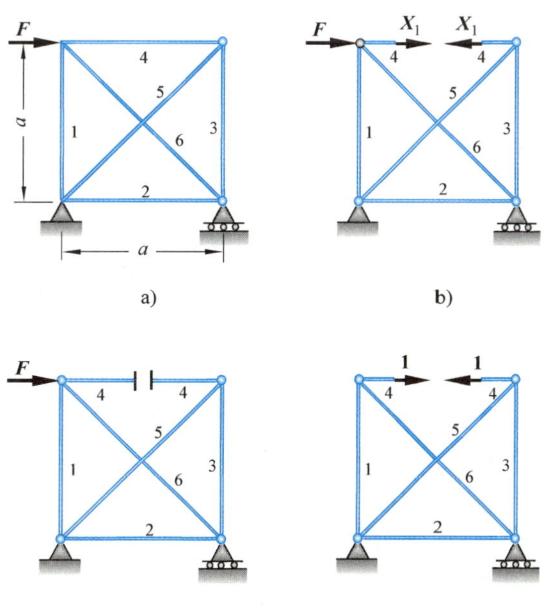

图　11-12

解： • 判断超静定次数

该桁架为简支，故外力为静定，而桁架内部有一个多余约束，为内力超静定。此结构为一次超静定。

• 确定基本静定系

先将六根杆件进行编号，将六根杆的任一根截开都可以变为静定的。这里以杆件 4 为多余约束，假想地把它切开即得到静定基，以一对多余约束力 $\boldsymbol{X}_1$ 代杆件 4 的内力，得基本静定系（图 11-12b）。

• 建立多余约束处的正则方程

$$\delta_{11}X_1+\Delta_{1F}=0 \tag{i}$$

Δ_{1F}表示静定基上只有载荷 $\boldsymbol{F}$ 作用时（图 11-12c）引起的沿 $\boldsymbol{X}_1$ 方向的相对位移，δ_{11}表示杆 4 切口两侧截面因单位力 $\mathbf{1}$（图 11-12d）引起的沿 $\boldsymbol{X}_1$ 方向的相对位移。由于杆件 4 实际上是连续的，故切口两侧截面的相对位移等于零。

• 计算 δ_{11}、Δ_{1F}，求解 $\boldsymbol{X}_1$

由图 11-12c 求出静定基在 $\boldsymbol{F}$ 力作用下各杆内力 F_{Ni}，由图 11-12d 求出在单位力 $\mathbf{1}$ 作用下各杆的内力 $\overline{F}_{Ni}$，为了计算方便，将其结果列入表 11-1 中。

应用单位载荷法

$$\delta_{11}=\sum_{i=1}^{6}\frac{\overline{F}_{Ni}\overline{F}_{Ni}l_i}{EA}=\frac{4(1+\sqrt{2})a}{EA}$$

$$\Delta_{1F}=\sum_{i=1}^{6}\frac{F_{Ni}\overline{F}_{Ni}l_i}{EA}=\frac{2(1+\sqrt{2})Fa}{EA}$$

将 δ_{11}、Δ_{1F}代入式（i），解出

$$X_1=-\frac{\Delta_{1F}}{\delta_{11}}=-\frac{2(1+\sqrt{2})Fa}{4(1+\sqrt{2})a}=-\frac{F}{2}\ (\leftarrow\rightarrow)$$

• 计算其他杆受力

求出 X_1后，由叠加原理可知，桁架内任一杆件的实际内力是 $F_{Ni}^F=F_{Ni}+\overline{F}_{Ni}X_i$。由此算出各杆在力 $\boldsymbol{F}$ 作用下各杆的实际内力（见表 11-1 的最后一列）。

表 11-1　单位力 1 作用下各杆的内力 $\overline{F}_{Ni}$

杆号	F_{Ni}	$\overline{F}_{Ni}$	l_i	$F_{Ni}\overline{F}_{Ni}l_i$	$\overline{F}_{Ni}\overline{F}_{Ni}l_i$	$F_{Ni}^F=F_{Ni}+\overline{F}_{Ni}X_i$
1	F	1	a	Fa	a	$F/2$
2	F	1	a	Fa	a	$F/2$
3	0	1	a	0	a	$-F/2$
4	0	1	a	0	a	$-F/2$
5	0	$-\sqrt{2}$	$\sqrt{2}a$	0	$2\sqrt{2}a$	$F/\sqrt{2}$
6	$-\sqrt{2}F$	$-\sqrt{2}$	$\sqrt{2}a$	$2\sqrt{2}Fa$	$2\sqrt{2}a$	$-F\sqrt{2}$
$\sum_{i=1}^{6}$				$(2+2\sqrt{2})Fa$	$4(1+\sqrt{2})a$	

【例 11-5】 刚架如图 11-13a 所示。试求刚架内最大弯矩 M_{max}，并绘制弯矩图。设 EI = 常数。

解： • 判断超静定次数

图 11-13a 所示刚架有 4 个约束力，平面刚架的有效静力平衡方程数目为 3，故此结构为一次超静定。

• 确定基本静定系

去掉支座 B 处铅垂方向的约束，代以多余约束力 $\boldsymbol{X}_1$，得基本静定系（图 11-13b）。

• 建立多余约束 B 处的正则方程

$$\delta_{11}X_1+\Delta_{1F}=0 \tag{j}$$

• 计算系数 δ_{11}、Δ_{1F}，求解 X_1

采用图乘法求 δ_{11} 和 Δ_{1F}。绘制原载荷 q 引起的弯矩图（图 11-13c），沿 $\boldsymbol{X}_1$ 方向加单位力 $\mathbf{1}$（图

11-13d)，并作单位载荷引起的弯矩图 $\overline{M}$（图 11-13e），则

$$\delta_{11} = \sum_{i=1}^{2} \frac{\omega_i \overline{M}_{ci}}{EI} = \frac{1}{EI}\left(2 \cdot \frac{l}{2} \cdot l \cdot \frac{2l}{3}\right) = \frac{2l^3}{3EI}$$

$$\Delta_{1F} = \sum_{i=1}^{2} \frac{\omega_i \overline{M}_{ci}}{EI} = -\frac{1}{EI}\left(\frac{l}{3} \cdot \frac{ql^2}{2} \cdot \frac{3l}{4} + \frac{l}{2} \cdot \frac{ql^2}{2} \cdot \frac{2l}{3}\right) = -\frac{7ql^4}{24EI}$$

将 δ_{11}、Δ_{1F}代入式（j），解得

$$X_1 = -\frac{\Delta_{1F}}{\delta_{11}} = \frac{7ql}{16}\ (\uparrow)$$

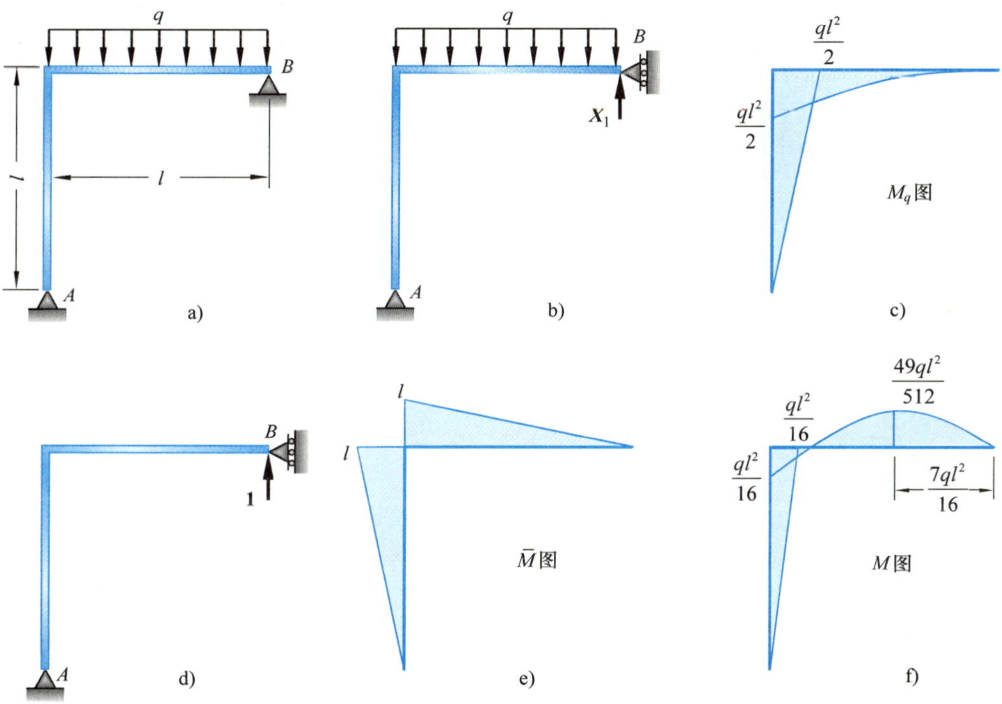

图　11-13

• 求 M_{max}，绘制弯矩图

利用平衡方程，求出支座 A 和 B 处的其他约束力

$$F_{Ax} = \frac{ql}{16}\ (\rightarrow),\quad F_{Ay} = \frac{9ql}{16}\ (\uparrow),\quad F_{Bx} = \frac{ql}{16}\ (\leftarrow)$$

水平梁上 $F_Q = 0$ 所在横截面弯矩最大

$$M_{max} = \frac{49ql^2}{512}$$

绘制弯矩图 M（图 11-13f）。

【例 11-6】 图 11-14a 所示悬臂梁 AD 和梁 BK 的抗弯刚度同为 $EI = 24 \times 10^6 \mathrm{N \cdot m^2}$，由钢杆 CD 相联接。$l = 2\mathrm{m}$，$A = 3 \times 10^{-4}\mathrm{m}^2$，$E = 200\mathrm{GPa}$。若 $F = 50\mathrm{kN}$，试求：杆 CD 受到了多大力的作用？

解：• 判断超静定次数

截开 CD 杆，原结构变为静定结构。故此结构为一次超静定。

• 确定基本静定系

截开 CD 杆，去掉了 CD 杆的约束，代以多余约束力 X_1（CD 杆为轴向拉压，故 X_1 为轴力），得基本静

定系（图 11-14b）。

- 建立多余约束处的正则方程

$$\delta_{11}X_1+\Delta_{1F}=0 \tag{k}$$

即 CD 杆在截开处上下两边由 $\boldsymbol{F}$ 和 $\boldsymbol{X}_1$ 引起的相对位移为 0。

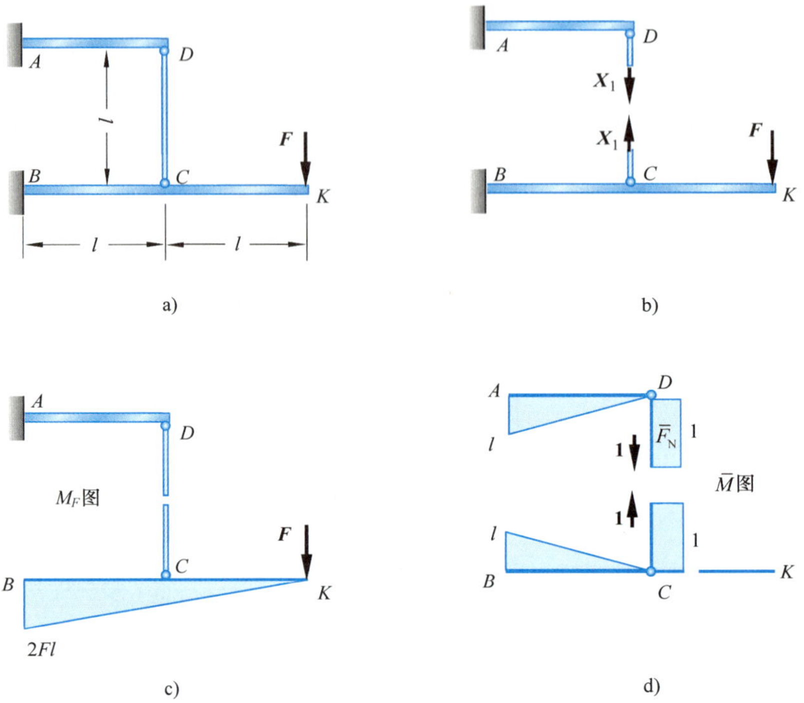

图 11-14

- 计算系数 δ_{11} 和 Δ_{1F}，求解 X_1

采用图乘法求 δ_{11} 和 Δ_{1F}。绘制原载荷 $\boldsymbol{F}$ 引起的弯矩图 M_F（图 11-14c），沿 $\boldsymbol{X}_1$ 方向加单位力 **1**，并作单位载荷引起的梁 AD 和梁 BE 的弯矩图 $\overline{M}$ 和 CD 杆的轴力图 $\overline{F}_{\mathrm{N}}$（图 11-14d），则

$$\delta_{11}=\sum_{i=1}^{2}\frac{\overline{\omega}_i\overline{M}_{ci}}{EI}+\frac{\overline{\omega}\,\overline{F}_{\mathrm{Nc}}}{EA}=\frac{1}{EI}\left(2\cdot\frac{1}{2}\cdot l\cdot l\cdot\frac{2}{3}\cdot l\right)+\frac{1}{EA}(l\cdot 1\cdot 1)=\frac{2l^3}{3EI}+\frac{l}{EA}$$

$$\Delta_{1F}=\frac{\omega\overline{M}_c}{EI}=\frac{\overline{\omega}M_c}{EI}=-\frac{1}{EI}\left(\frac{1}{2}\cdot l\cdot l\cdot\frac{5}{6}\cdot 2Fl\right)=-\frac{5Fl^3}{6EI}$$

将 δ_{11}、Δ_{1F} 代入式（k），解得

$$X_1=-\frac{\Delta_{1F}}{\delta_{11}}=\frac{\dfrac{5Fl^3}{6EI}}{\dfrac{2l^3}{3EI}+\dfrac{l}{EA}}=\frac{\dfrac{5\times50\times10^3\times2^3}{6\times24\times10^6}}{\dfrac{2\times2^3}{3\times24\times10^6}+\dfrac{2}{200\times10^9\times3\times10^{-4}}}\mathrm{N}=54.3\mathrm{kN}(\updownarrow)$$

CD 杆受到 54.3kN 的拉力作用。

【例 11-7】 求解图 11-15a 所示超静定刚架。设 EI 为常数。

解：• 判断超静定次数

去掉支座 B 的三个约束，原结构变为静定结构。故此结构为三次超静定。

- 确定基本静定系

去掉支座 B，代以多余约束力 $\boldsymbol{X}_1$、$\boldsymbol{X}_2$、$\boldsymbol{X}_3$，得基本静定系（图 11-15b）。

• 建立多余约束处的正则方程

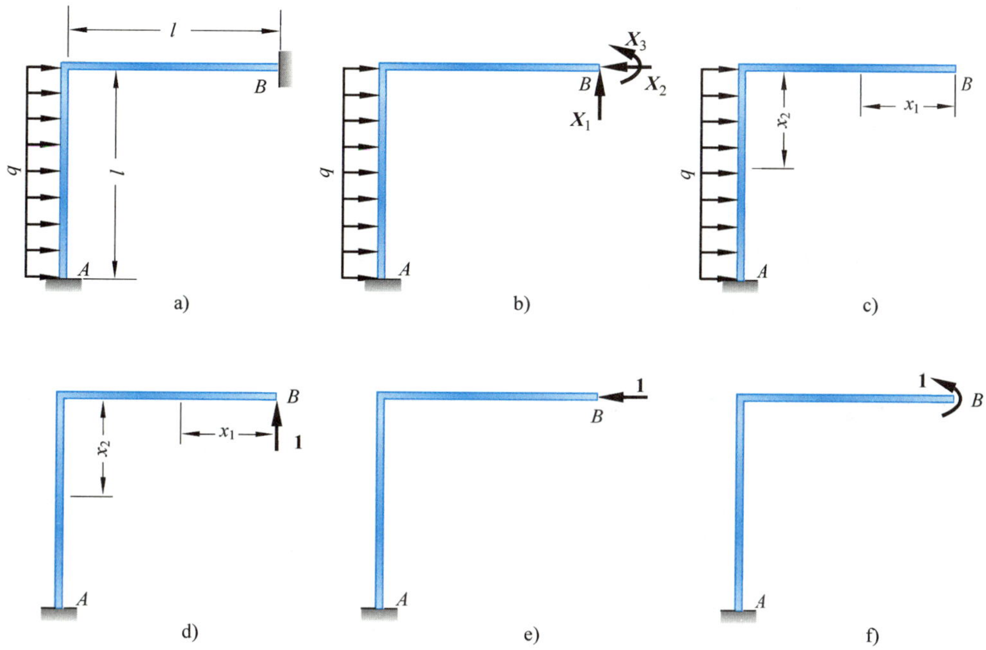

图　11-15

$$\left.\begin{aligned}\delta_{11}X_1+\delta_{12}X_2+\delta_{13}X_3+\Delta_{1F}=0\\ \delta_{21}X_1+\delta_{22}X_2+\delta_{23}X_3+\Delta_{2F}=0\\ \delta_{31}X_1+\delta_{32}X_2+\delta_{33}X_3+\Delta_{3F}=0\end{aligned}\right\}$$

• 计算各系数和常数项，求解 X_1、X_2、X_3

由图 11-15c、d、e 和 f，应用莫尔积分求系数

$$\delta_{11}=\int_l \frac{\overline{M}_1\overline{M}_1}{EI}\cdot dx=\frac{1}{EI}\int_0^l x_1\cdot x_1\cdot dx_1+\frac{1}{EI}\int_0^l l\cdot l\cdot dx_2=\frac{4l^3}{3EI}$$

$$\delta_{22}=\int_l \frac{\overline{M}_2\overline{M}_2}{EI}\cdot dx=\frac{1}{EI}\int_0^l x_2\cdot x_2\cdot dx_2=\frac{l^3}{3EI}$$

$$\delta_{33}=\int_l \frac{\overline{M}_3\overline{M}_3}{EI}\cdot dx=\frac{1}{EI}\int_0^l 1\cdot 1\cdot dx_1+\frac{1}{EI}\int_0^l 1\cdot 1\cdot dx_2=\frac{2l}{EI}$$

$$\delta_{12}=\delta_{21}=\int_l \frac{\overline{M}_1\overline{M}_2}{EI}\cdot dx=\frac{1}{EI}\int_0^l x_2\cdot l\cdot dx_2=\frac{l^3}{2EI}$$

$$\delta_{13}=\delta_{31}=\int_l \frac{\overline{M}_1\overline{M}_3}{EI}\cdot dx=\frac{1}{EI}\int_0^l x_1\cdot 1\cdot dx_1+\frac{1}{EI}\int_0^l l\cdot 1\cdot dx_2=\frac{3l^2}{2EI}$$

$$\delta_{23}=\delta_{32}=\int_l \frac{\overline{M}_2\overline{M}_3}{EI}\cdot dx=\frac{1}{EI}\int_0^l x_2\cdot 1\cdot dx_2=\frac{l^2}{2EI}$$

$$\Delta_{1F}=\int_l \frac{M\overline{M}_1}{EI}\cdot dx=-\frac{1}{EI}\int_0^l \frac{qx_2^2}{2}\cdot l\cdot dx_2=-\frac{ql^4}{6EI}$$

$$\Delta_{2F}=\int_l \frac{M\overline{M}_2}{EI}\cdot dx=-\frac{1}{EI}\int_0^l \frac{qx_2^2}{2}\cdot x_2\cdot dx_2=-\frac{ql^4}{8EI}$$

$$\Delta_{3F}=\int_l \frac{M\overline{M}_3}{EI}\cdot dx=-\frac{1}{EI}\int_0^l \frac{qx_2^2}{2}\cdot 1\cdot dx_2=-\frac{ql^3}{6EI}$$

把上面求出的系数和常数项代入正则方程，整理得

$$\left.\begin{aligned}8lX_1+3lX_2+9X_3&=ql^2\\12lX_1+8lX_2+12X_3&=3ql^2\\9lX_1+3lX_2+12X_3&=ql^2\end{aligned}\right\}$$

解此方程组，可得

$$X_1=-\frac{qa}{16}(\downarrow),\quad X_2=\frac{7qa}{16}(\leftarrow),\quad X_3=\frac{qa}{48}\quad(\llcorner\!\!\rightarrow)$$

由静力平衡方程可求出支座 A 的约束力，进一步可绘制弯矩图（略）。

11.4 对称性在分析超静定问题中的应用

由力法正则方程可以看出，若能使 $\boldsymbol{X}_i$ 中的某些未知力为零，便可大大减少计算工作量；同样，若能使 δ_{ij} 和 Δ_{iF} 的计算中某些系数为零或根据结构的某小部分便可算出 δ_{ij} 和 Δ_{iF}，同样可使问题求解大为简化。利用结构在几何、物理、载荷等方面的对称性，恰当地选择静定基便可达到上述目的。

11.4.1 对称结构受对称载荷或反对称载荷

对图 11-16a 所示结构，其在几何方面（即各杆的几何形状和支座情况）和物理方面（即材料的性质）都完全对称于某个轴（或平面），这个轴称为对称轴（或对称平面）。对称轴（或对称平面）通过的截面称为对称截面，即它的左半部可以看成是右半部分相对于对称平面的镜反映像。通常把这种结构称为对称结构。

所谓对称载荷是指这样的载荷：作用在对称结构左半部分上的所有外力正好是作用在其右半部分上的所有外力的镜反映像（图 11-16b）；而所谓反对称载荷则是指这样的载荷：作用在对称结构左半部分上的外力是作用在右半部分上的外力的镜反映像，但符号却相反（图11-16c）。

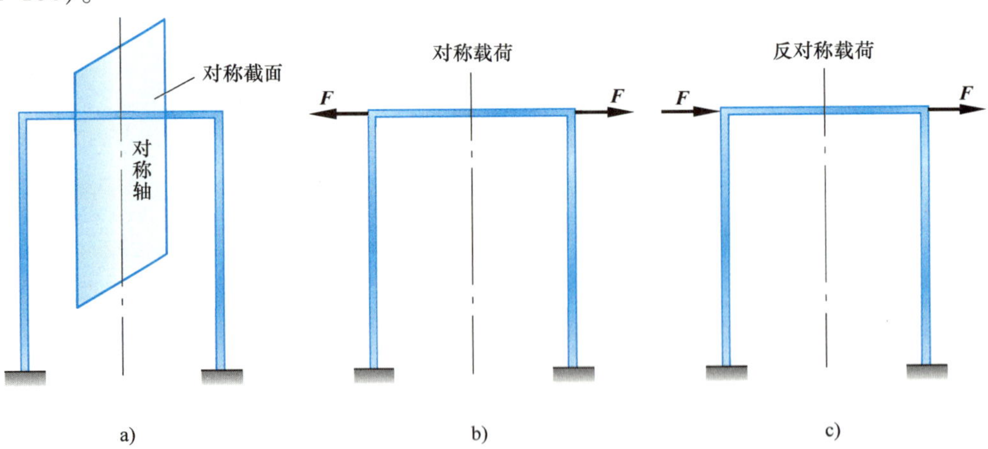

图 11-16

11.4.2　对称内力素及反对称内力素

与外力一样，杆件的内力也可分成对称内力素和反对称内力素。设空间力系某截面上的内力如图 11-17 所示。按照定义，弯矩 $\boldsymbol{M}_y$、$\boldsymbol{M}_z$ 和轴力 $\boldsymbol{F}_N$ 三个内力相对于截开面构成镜反映像，即为**对称内力素**。而扭矩 $\boldsymbol{M}_x$ 和两个剪力 $\boldsymbol{F}_{Qy}$、$\boldsymbol{F}_{Qz}$ 却与对应的力相对于截开面构成符号相反的镜反映像，即为**反对称内力素**。

对于平面结构杆件的任意横截面上，一般有轴力、剪力和弯矩（图 11-18）三个内力素。对所考察的截面来说，轴力 $\boldsymbol{F}_N$ 和弯矩 $\boldsymbol{M}$ 是对称内力素，剪力 $\boldsymbol{F}_Q$ 则是反对称内力素。

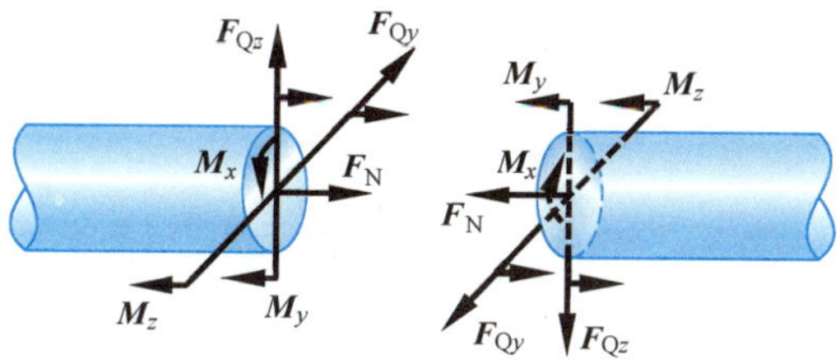

图　11-17

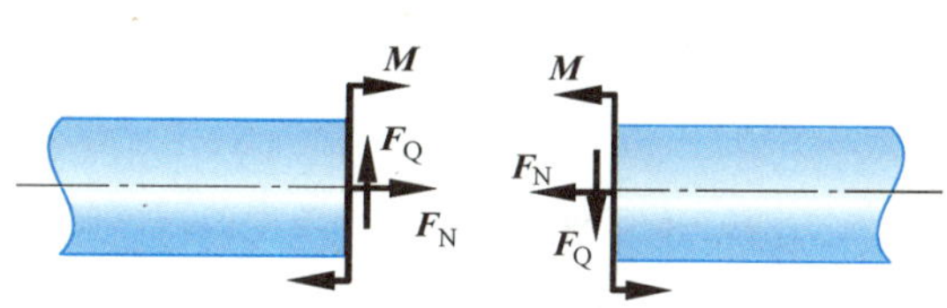

图　11-18

11.4.3　对称结构变形的对称性及反对称性

对称结构在对称载荷作用下，不会产生反对称的相对位移，它的约束力、内力及变形必然也是对称于对称面的。同样，对称结构在反对称载荷作用下，不会产生对称的位移，其约束力、内力及变形必然是反对称的。于是，不难得出下述的结论：对称结构受对称载荷，在对称截面内其转角 $\theta=0$；对称结构受反对称载荷，在对称截面内其挠度 $v=0$。即，对称结构在对称载荷作用下，在其对称截面上的反对称内力素为零；对称结构在反对称载荷作用下，在其对称截面上对称内力素为零。取一对称结构，例如取图 11-19a 所示的平面刚架。此刚架有三个多余约束，为三次超静定结构。如沿对称截面将它切开，就可解除三个多余约束得到静定基。三个多余约束力是对称截面上的轴力 $\boldsymbol{X}_1$、剪力 $\boldsymbol{X}_2$ 和弯矩 $\boldsymbol{X}_3$，如图 11-19b 所示。

解除多余约束处的变形协调条件是：上述切开截面的两侧相对的水平位移、垂直位移和相对转角都等于零。这三个条件写成正则方程就是

$$\left.\begin{aligned}\Delta_1=\delta_{11}X_1+\delta_{12}X_2+\delta_{13}X_3+\Delta_{1F}=0\\ \Delta_2=\delta_{21}X_1+\delta_{22}X_2+\delta_{23}X_3+\Delta_{2F}=0\\ \Delta_3=\delta_{31}X_1+\delta_{32}X_2+\delta_{33}X_3+\Delta_{3F}=0\end{aligned}\right\}\tag{a}$$

静定基在外载荷单独作用下的弯矩图 M_F 已表示于图 11-19c 中。令 $\boldsymbol{X}_1=\boldsymbol{1}$、$\boldsymbol{X}_2=\boldsymbol{1}$ 和 $\boldsymbol{X}_3=\boldsymbol{1}$，且各自单独作用时的弯矩图 $\overline{M}_1$、$\overline{M}_2$ 和 $\overline{M}_3$ 分别表示于图 11-19d、e、f 中。显然，由对称因素引起的弯矩图是对称的，而由反对称的因素引起的弯矩是反对称的（注意，这只有取如图 11-19b 的静定基才有可能）。利用图乘法计算时，这两种图形互乘时自然会得到零。但同时也要注意，对称图形乘对称图形，或者反对称图形乘反对称图形，结果并不为零，但计算时只需取一半图形计算然后乘以 2 即可，则有

$$\Delta_{2F}=\delta_{12}=\delta_{21}=\delta_{23}=\delta_{32}=0$$

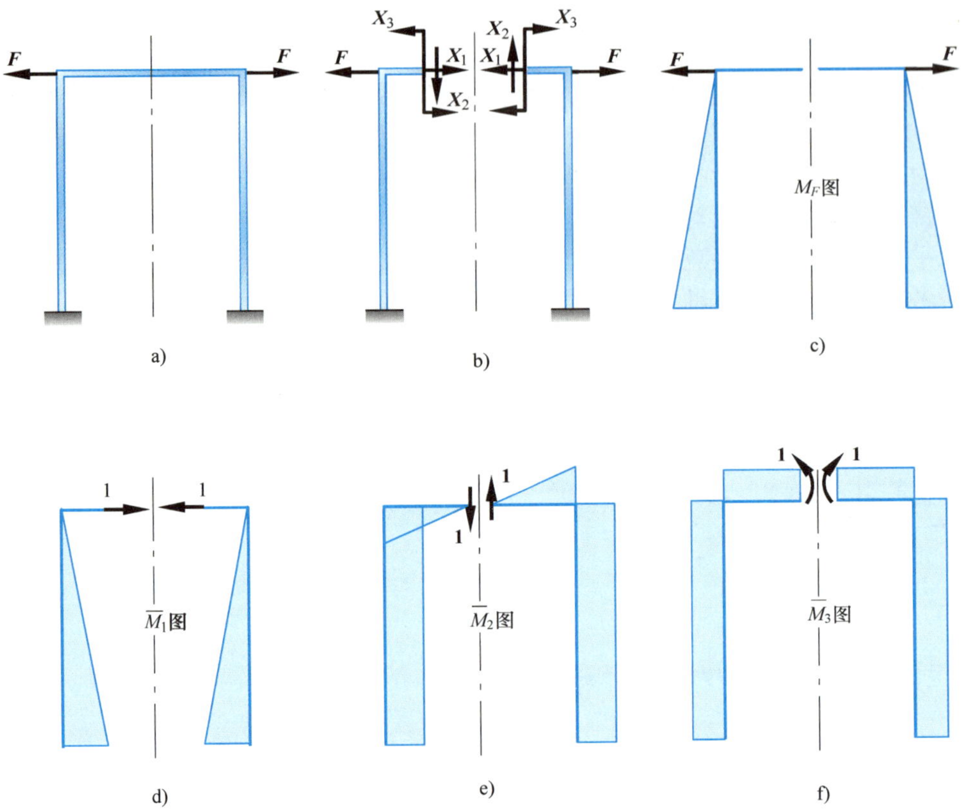

图 11-19

于是正则方程式（a）化为

$$\left.\begin{aligned}\delta_{11}X_1+\delta_{13}X_3&=-\Delta_{1F}\\ \delta_{31}X_1+\delta_{33}X_3&=-\Delta_{3F}\\ \delta_{22}X_2&=0\end{aligned}\right\}\tag{b}$$

这样，正则方程就分成两组：第一组是前面两式，包含两个对称的内力 $\boldsymbol{X}_1$ 和 $\boldsymbol{X}_3$（轴力和弯矩）；第二组就是第三式，它只包含反对称的内力 $\boldsymbol{X}_2$（剪力），且 $\boldsymbol{X}_2=0$。可见，当对称结构上受对称载荷作用时，在对称截面上，反对称内力素为零。这样，可把三次超静定问题化为二次超静定问题求解。

图 11-20a 是对称结构上受反对称载荷作用的平面刚架，仍为三次超静定结构。如仍沿对称面将刚架切开，即解除三个内部约束，得到静定基，并代以多余约束力 $\boldsymbol{X}_1$、$\boldsymbol{X}_2$、$\boldsymbol{X}_3$ 作用在静定基上，如图 11-20b 所示。这时正则方程仍为式（a）。但外载荷单独作用下的 $\boldsymbol{M}_F$ 图是反对称的（图 11-20c），而 $\overline{M}_1$、$\overline{M}_2$ 和 $\overline{M}_3$ 仍然如图 11-19d、e、f 所示。由于 $\boldsymbol{M}_F$ 是反对称而 $\overline{M}_1$ 图和 $\overline{M}_3$ 图是对称的，这就使得

$$\Delta_{1F}=\Delta_{3F}=\delta_{12}=\delta_{21}=\delta_{23}=\delta_{32}=0$$

于是正则方程化为

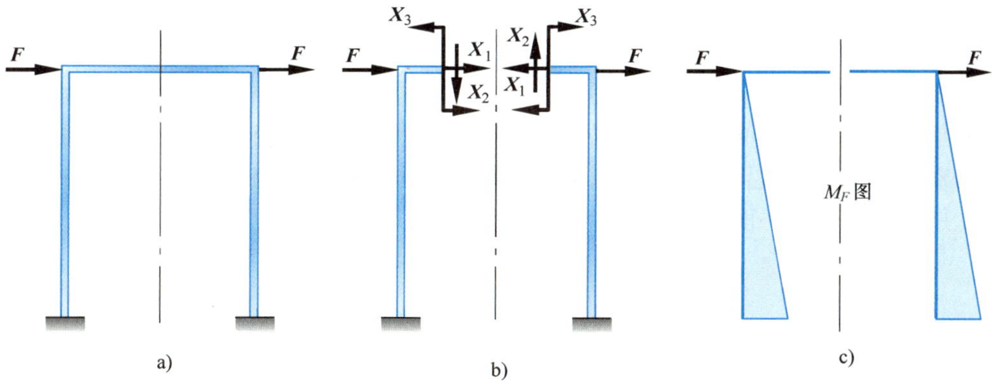

图 11-20

$$\left.\begin{aligned}\delta_{11}X_1+\delta_{13}X_3&=0\\ \delta_{31}X_1+\delta_{33}X_3&=0\\ \delta_{22}X_2&=-\Delta_{2F}\end{aligned}\right\}\tag{c}$$

前面两式是 $\boldsymbol{X}_1$ 和 $\boldsymbol{X}_3$ 的齐次方程组，显然有解 $X_1=X_3=0$。所以在对称结构上作用反对称载荷时，在对称截面上，对称内力素 $\boldsymbol{X}_1$ 和 $\boldsymbol{X}_3$（即轴力和弯矩）都等于零。这样，可把三次超静定结构化为一次超静定问题求解。

11.4.4 几点说明

（1）有些对称结构上的载荷既非对称，也非反对称的（图 11-21a），但可把它转化为对称和反对称的两种载荷的叠加（图 11-21b、c）。分别求出对称和反对称两种情况下的解，叠加后即为原载荷作用下的解。图 11-21 所示的三次超静定问题就可化为求解一个对称载荷作用（二次超静定）和一个反对称载荷作用（一次超静定）的问题，这使所求问题得到简化。

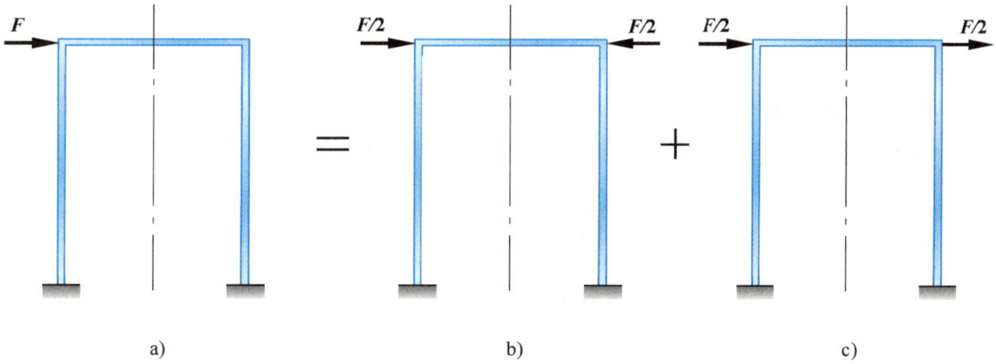

图 11-21

（2）如果刚架本身具有所谓几何反对称性质，如图 11-22 所示，则在此情况下，同样可运用对比刚架两半部分弯矩图特点的方法。由于正则方程组中的某些系数为零，使计算得到简化。这里不再详述，留给读者自行分析。

(3) 所有这些结论不仅适用于任意次数的平面超静定刚架，而且也适用于任意次数的空间超静定刚架。

(4) 作为空间系统一种特殊情况，若刚架在几何方面是一个平面的系统，但所受的外力作用在与刚架平面垂直的平面内（如图 11-23 所示例子），这种特殊的空间系统称为**平面-空间系统**。在线弹性且小变形情况下，这样的结构有一个特点，就是在刚架的所有横截面上，凡是作用在刚架平面内的内力素均等于零。

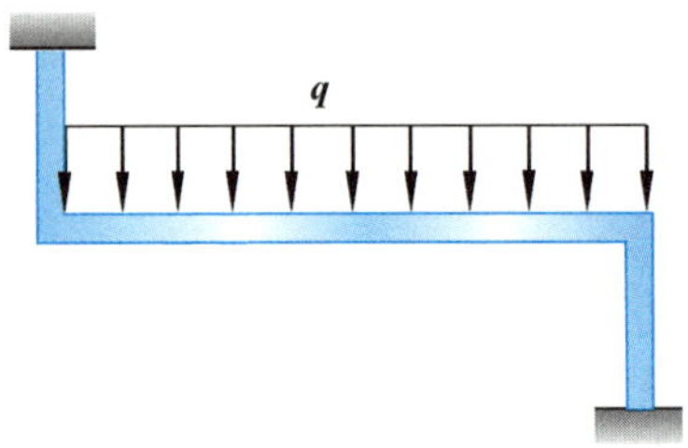

图 11-22

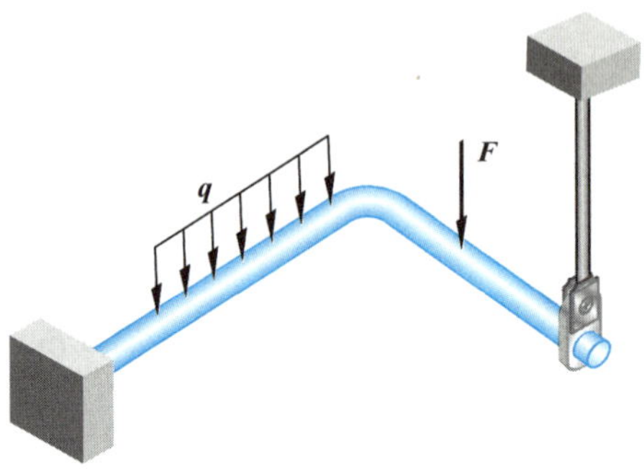

图 11-23

这个特点可以用前面证明对称和反对称的性质时所采用过的方法来证明。这里从略。

【例 11-8】 平面正方形封闭框架受力如图 11-24a 所示，已知 F、a、EI 为常量，试绘制刚架的 M 图。

解：• 判定超静定次数

平面的封闭框架，为三次内力超静定问题。

• 选取适当的静定基

此结构为对结构受对称载荷。有两个对称轴 y、z。先沿对称轴 z 截开，剪力为零，由于 y 轴为对称轴，截开面上的轴力和弯矩也是对称的。由平衡条件可求出轴力 $F_N = F/2$（可看作已知载荷），弯矩设为多余约束力 X_1（图 11-24b）。由于取一半对 y 轴仍然是对称的，可再沿对称面 A 截开，取原结构的 1/4 求解，将三次超静定化为一次超静定求解（图 11-24c）。

• 建立多余约束处的变形协调条件

截开的截面 B 为对称截面，而对称平面的转角为零，即 X_1 方向的转角为零，建立正则方程有

$$\delta_{11} X_1 + \Delta_{1F} = 0 \tag{d}$$

• 计算各系数，求解 X_1

应用图乘法，作载荷 $F/2$ 引起的弯矩图（图 11-24e），在 B 点沿 X_1 方向加单位力偶并绘制弯矩图（图 11-24f），则

$$\delta_{11} = \frac{\overline{\omega}\,\overline{M}_c}{EI} = \frac{1}{EI}(2 \cdot a \cdot 1 \cdot 1) = \frac{2a}{EI}$$

$$\Delta_{1F} = \frac{\omega \overline{M}_c}{EI} = \frac{1}{EI}\left(\frac{1}{2} \cdot a \cdot \frac{Fa}{2} \cdot 1\right) = \frac{Fa^2}{4EI}$$

将 δ_{11}、Δ_{1F} 代入式（d），得

$$X_1 = -\frac{\Delta_{1F}}{\delta_{11}} = -\frac{Fa}{8} \ (\hookleftarrow)$$

• 绘制 M 图（图 11-24d）

【例 11-9】 在等截面圆环直径 DB 的两端，沿直径作用一对方向相反的 $\boldsymbol{F}$ 力（图 11-25a），试求水平直径 DB 的长度变化。设 EI = 常数。

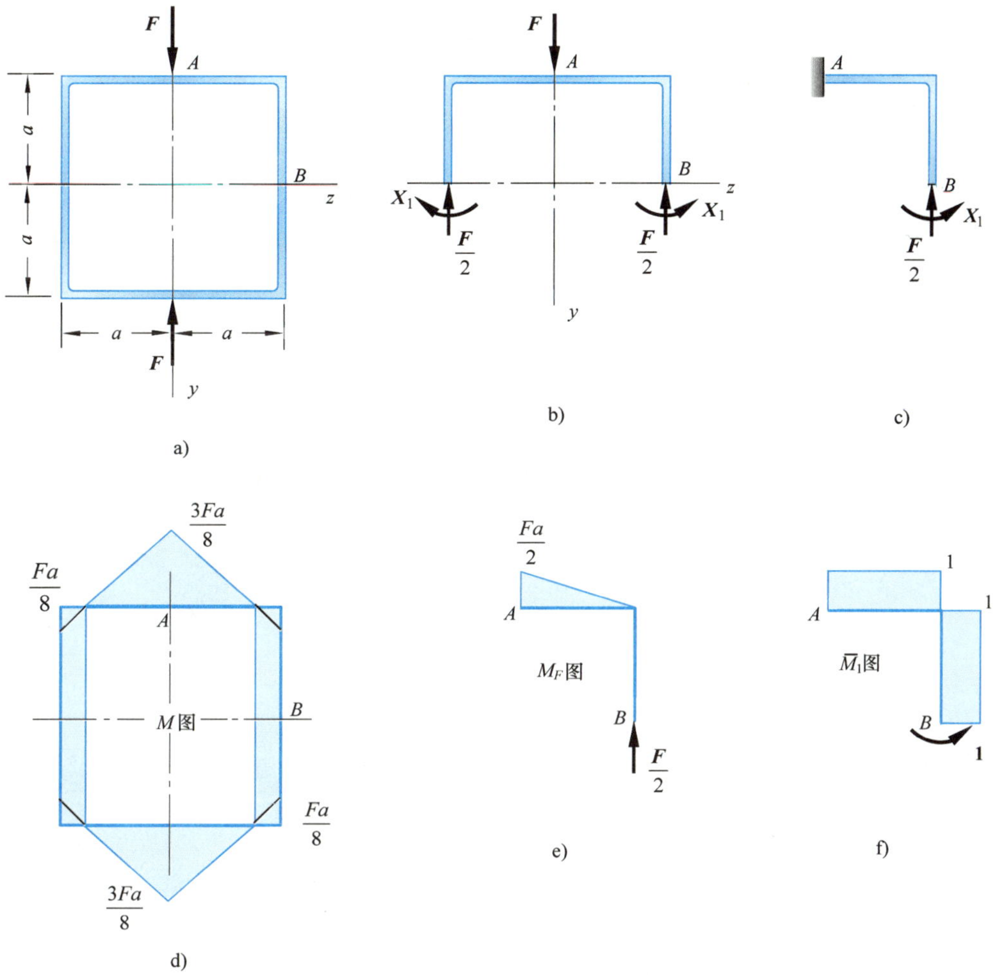

图　11-24

解： • 判定超静定次数

此问题为平面封闭圆环，显然为三次内力超静定结构。为了求得所需位移，必须先求出多余约束力。

• 确定基本静定系

此结构有两个对称轴 x、y，且对 x、y 轴结构和载荷是对称的。由于 x 轴是对称轴，故截面 B 和 D 上的剪力等于零；由于 y 轴是对称轴，故 B、D 截面上的轴力和弯矩也应对称，利用平衡条件可求出 $F_N=F/2$，故只有弯矩为多余约束力，记为 $\boldsymbol{X}_1$，如图 11-25b 所示。由于半圆对 y 轴仍然是对称的，可以取 1/4 圆来研究。由于对称截面 A 和 B 的转角皆等于零，可假想把 A 截面作为固定端，即取一端固定，一端自由的 1/4 圆悬臂梁作为原超静定结构的静定基（图 11-25c）。

• 建立多余约束处的变形协调条件

由于去掉多余约束处为对称平面，而对称平面的转角为零，故截面 B 的转角为零，即为去掉多余约束处的变形协调条件。由力法正则方程有

$$\delta_{11}X_1+\Delta_{1F}=0 \tag{e}$$

• 计算 δ_{11}、Δ_{1F}，求解 $\boldsymbol{X}_1$

式（e）中 Δ_{1F}是在静定基上只作用载荷 $F_N=F/2$ 时（图 11-25d）B 截面的转角；δ_{11}是令 $\boldsymbol{X}_1=\mathbf{1}$，且

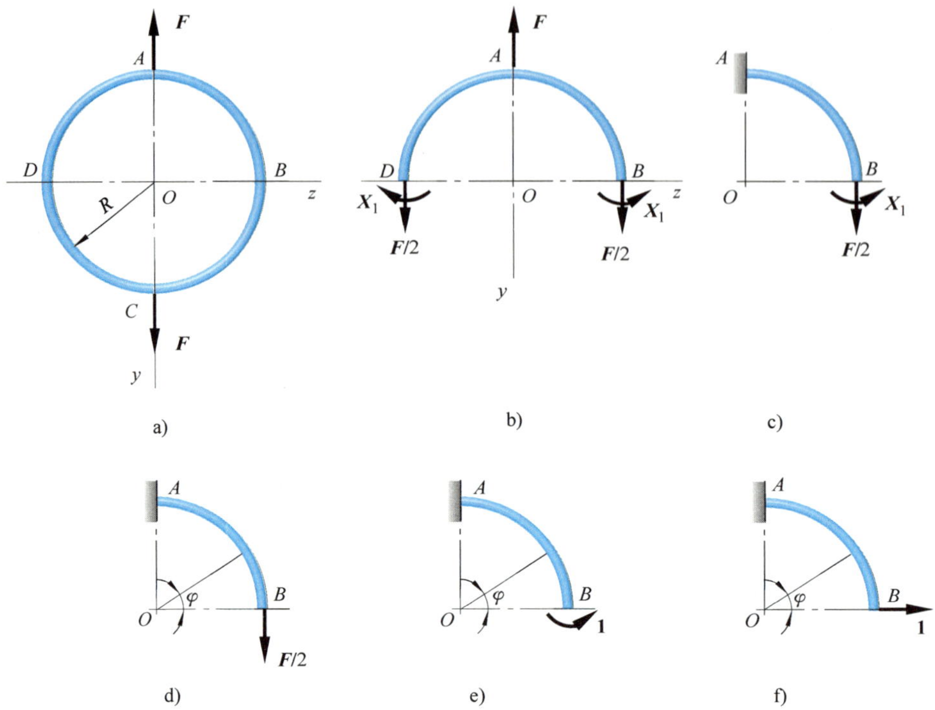

图 11-25

单独作用在静定基上时（图 11-25e）产生 B 截面的转角。

利用莫尔积分计算 δ_{11}、Δ_{1F}。由图 11-24d、e 分别列出

$$M(\varphi)=\frac{FR}{2}(1-\cos\varphi),\quad \overline{M}(\varphi)=-1$$

所以

$$\delta_{11}=\int_0^{\frac{\pi}{2}}\frac{\overline{M}(\varphi)\overline{M}(\varphi)}{EI}R\mathrm{d}\varphi=\int_0^{\frac{\pi}{2}}\frac{R}{EI}(-1)\cdot(-1)\mathrm{d}\varphi=\frac{\pi R}{2EI}$$

$$\Delta_{1F}=\int_0^{\frac{\pi}{2}}\frac{M(\varphi)\overline{M}(\varphi)}{EI}R\mathrm{d}\varphi=\int_0^{\frac{\pi}{2}}\frac{FR^2}{EI}(1-\cos\varphi)\cdot(-1)\mathrm{d}\varphi=-\frac{FR^2}{2EI}\left(\frac{\pi}{2}-1\right)$$

将 δ_{11}、Δ_{1F}代入式（e）中，并整理得

$$X_1=FR\left(\frac{1}{2}-\frac{1}{\pi}\right)$$

- 计算水平直径 DB 的长度变化

把求出的多余约束力 X_1 当作载荷与 $F_N=F/2$ 共同作用在静定基上为原超静定结构的相当系统，求解变形时完全可以在相当系统上进行。

计算在 $F_N=F/2$ 和 $X_1=FR\left(\frac{1}{2}-\frac{1}{\pi}\right)$共同作用下（图 11-25c）任意截面上的弯矩为

$$M(\varphi)=\frac{FR}{2}(1-\cos\varphi)-FR\left(\frac{1}{2}-\frac{1}{\pi}\right)=FR\left(\frac{1}{\pi}-\frac{1}{2}\cos\varphi\right)\quad(0\leqslant\varphi\leqslant\pi/2)$$

即为 1/4 圆环内的实际弯矩。

欲求水平直径的长度变化，只需在静定基上的 B 点沿水平方向加一单位力（图 11-25f）。其任意 φ 角处截面的弯矩为 $\overline{M}(\varphi)=-R\sin\varphi(0\leqslant\varphi\leqslant\pi/2)$，利用莫尔积分，并注意计算的变形时 y 轴的对称性，故有

$$\Delta_{DB}=\int\frac{M\overline{M}}{EI}R\mathrm{d}\varphi=-\frac{2}{EI}\int_0^{\frac{\pi}{2}}FR\left(\frac{1}{\pi}-\frac{1}{2}\cos\varphi\right)R\sin\varphi R\mathrm{d}\varphi=-\frac{2FR^3}{EI}\left(\frac{1}{\pi}-\frac{1}{4}\right)=-0.1366\frac{FR^3}{EI}\ (\rightarrow\leftarrow)$$

水平直径变短了 0.136 6 $\frac{FR^3}{EI}$。

【例 11-10】 求图 11-26a 所示刚架的支座约束力。

解：刚架有四个支座约束力，是一次超静定结构。

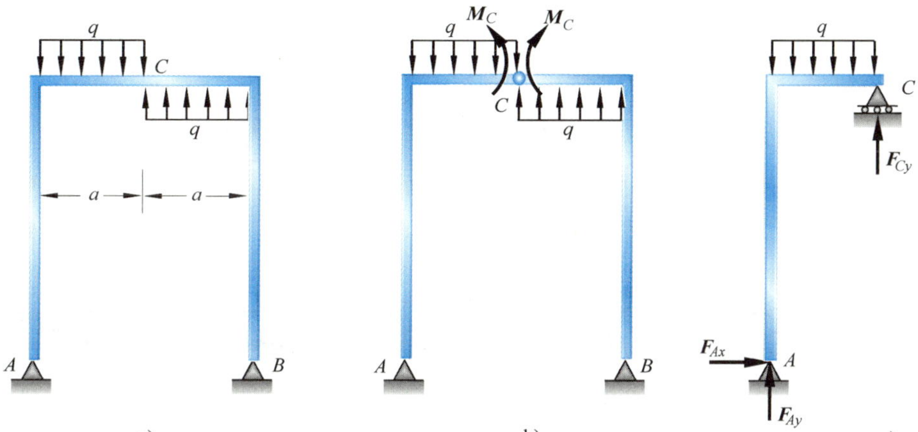

图 11-26

为得到基本静定系，可以沿截面 C 将刚架切开，再以铰链将两部分连接起来。这时以截面 C 上的弯矩 $\boldsymbol{M}_C$ 代替被解除的约束（图 11-26b）。但因结构上的载荷是反对称的，所以 $\boldsymbol{M}_C$ 应等于零，同时截面 C 上的轴力也等于零，就只剩下剪力。这样，刚架的左半部分就可简化成图 11-26c 所示情况，其支座约束力便可由平衡方程

$$\sum F_x = 0 \quad F_{Ax} = 0$$

$$\sum F_y = 0 \quad F_{Ay} + F_{Cy} - qa = 0$$

$$\sum M_A = 0 \quad F_{Cy}a - \frac{qa^2}{2} = 0$$

直接求出 $F_{Ax} = 0, \quad F_{Ay} = \frac{qa}{2}, \quad F_{Cy} = \frac{qa}{2}$

由静力平衡方程可求解 B 支座约束力（略）。

*11.5 多跨连续梁及三弯矩方程

为了减小直梁的弯曲变形和应力，工程上经常采用给梁增加支座的办法，即形成了多支座的超静定梁。例如，某大型螺丝磨床为保证水平空心丝杆的精度，就用了五个支座（图 11-27a）；又如有些六缸柴油机的凸轮轴连续通过七个轴承（图 11-27b）。像这类连续跨过一系列同一高度中间支座的多跨梁，在设计建筑结构和桥梁结构中得到广泛应用。

设多跨梁所有支座在同一水平线上（图 11-28a），且左边第一支座为固定铰支座，其余均为可动铰支座。这样，如果只有两端铰支座，它将是两端简支的静定梁。于是附加一个中间支座就增加了一个多余约束，超静定的次数就于中间支座的数目。根据附加支座数目的多少，这种梁可以是一次、二次以至 m 次超静定的。

计算这种梁时最好选用这样的静定基：在中间支座处将梁切开，安上铰链并加上成对的

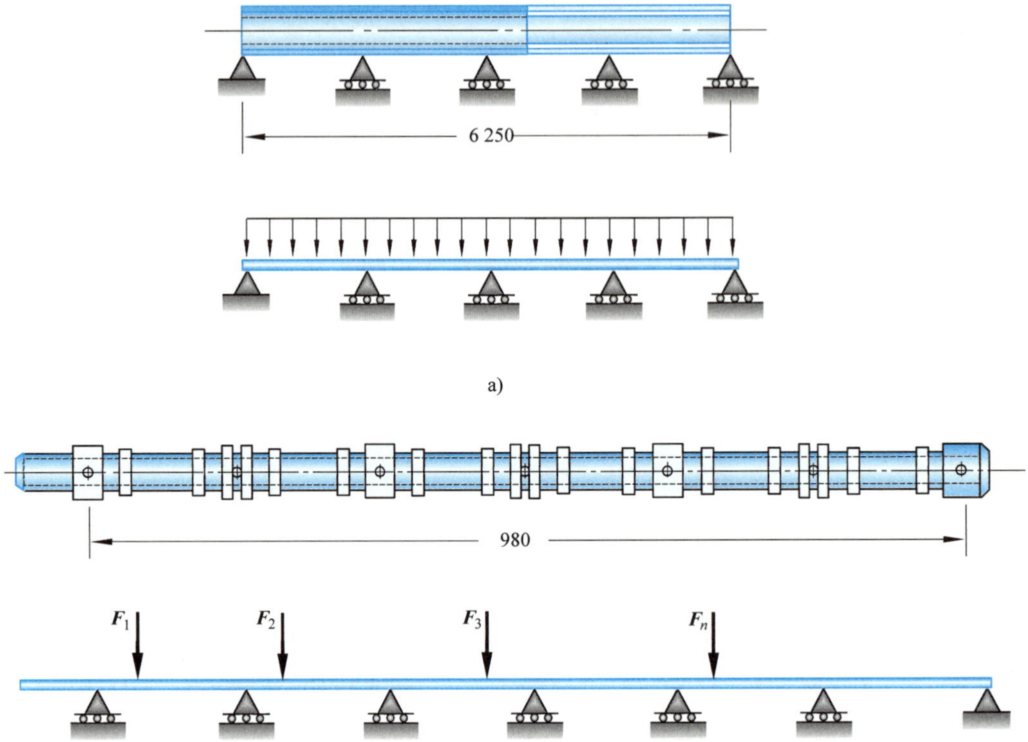

a)

b)

图 11-27

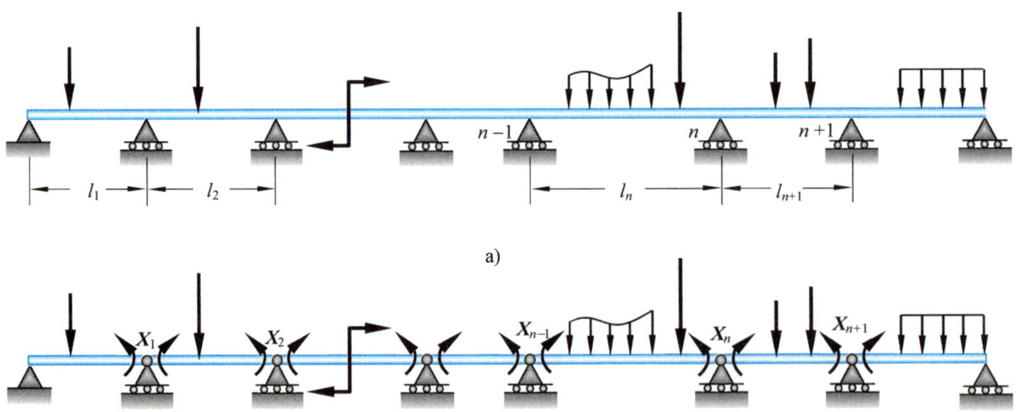

a)

b)

图 11-28

力矩 $\boldsymbol{X}_1$，$\boldsymbol{X}_2$，…，$\boldsymbol{X}_m$ 以代替被去掉的在相邻两跨之间的约束（图 11-28b）。设附加的力矩均为正。

对多跨梁的研究规定采取下述记号：从左到右把支座依次编号为 0，1，2，…（图 11-28a），把跨度长依次编号为 l_1，l_2，l_3，…。

取这样的静定基时，截开的中间支座两侧截面的相对转角均应为零。其正则方程组中的第 n 个方程

$$\Delta_n = \delta_{n1}X_1 + \delta_{n2}X_2 + \cdots + \delta_{n(n-1)}X_{n-1} + \delta_{nn}X_n + \delta_{n(n+1)}X_{n+1} + \cdots + \Delta_{nF} = 0 \qquad \text{(a)}$$

为求方程中的各个系数，画出与第 n 跨相邻的 l_n、l_{n+1} 两跨的放大图（图 11-29a）。分别取以简支梁作为静定基的基本静定系，如图 11-29b 所示；画出对应的给定载荷弯矩图 M_F（图 11-29c），以及单位力 **1** 作用的弯矩图 $\overline{M}_n(\boldsymbol{X}_n=\mathbf{1})$、$\overline{M}_{n-1}$（$\boldsymbol{X}_{n-1}=\mathbf{1}$）和 $\overline{M}_{n+1}$（$\boldsymbol{X}_{n+1}=1$）（图 11-29d、e、f）。很显然，除了 $\delta_{n(n-1)}$、δ_{nn}、$\delta_{n(n+1)}$ 和 Δ_{nF} 以外，方程（a）中的其他所有系数均为零。这是因为第 n 个单位力矩（$\boldsymbol{X}_n=\mathbf{1}$）只在 $n-1$、n 和 n、$n+1$ 两跨内引起弯矩；且同时在这两跨内引起弯矩的又只有第 $n-1$ 和第 $n+1$ 两个单位力矩（$\boldsymbol{X}_{n-1}=\mathbf{1}$，

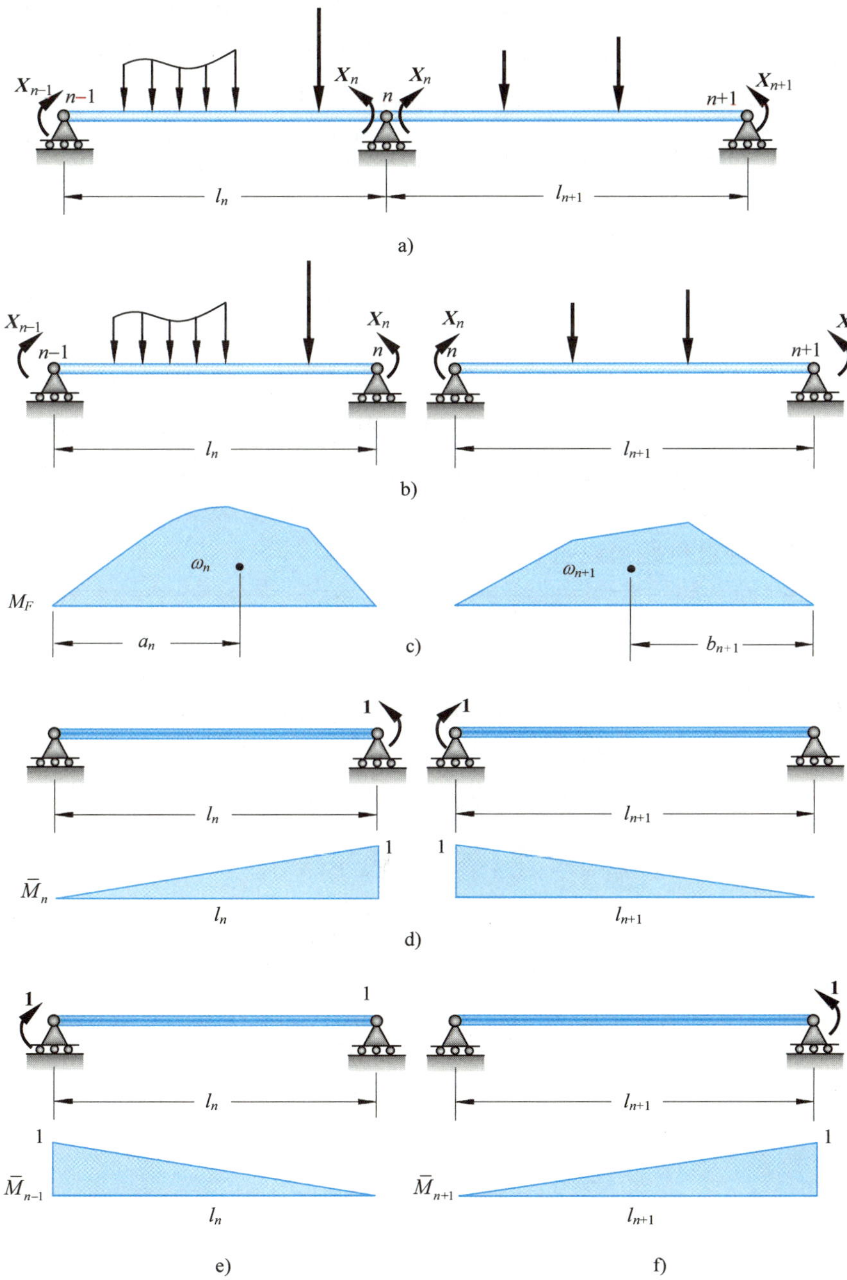

图　11-29

$X_{n+1}=1$）以及此两跨内给定的载荷。由此可以断定，除了 $\delta_{n(n-1)}$、δ_{nn}、$\delta_{n(n+1)}$ 和 Δ_{nF} 以外，所有其余的系数均等于零。

假定各跨的刚度 EI 都一样，根据图形互乘法，可得

$$\delta_{n(n-1)}=\frac{\overline{\omega}_{n-1}\overline{M}_{nc}}{EI}=\frac{l_n}{6EI},\qquad \delta_{nn}=\frac{\overline{\omega}_n\overline{M}_{nc}}{EI}+\frac{\overline{\omega}_{n+1}\overline{M}_{(n+1)c}}{EI}=\frac{1}{3EI}(l_n+l_{n+1})$$

$$\delta_{n(n+1)}=\frac{\overline{\omega}_{n+1}\overline{M}_{nc}}{EI}=\frac{l_{n+1}}{6EI},\qquad \Delta_{nF}=\frac{\omega_n\overline{M}_{nc}}{EI}+\frac{\omega_{n+1}\overline{M}_{(n+1)c}}{EI}=\frac{1}{EI}\left(\omega_n\frac{a_n}{l_n}+\omega_{n+1}\frac{b_{n+1}}{l_{n+1}}\right)$$

式中，ω_n 和 ω_{n+1}分别为第 n 和第 $n+1$ 跨上原载荷的弯矩图的面积；a_n表示跨度 l_n内弯矩图面积 ω_n 的形心到左端的距离；b_{n+1}表示跨度 l_{n+1}内弯矩图面积 ω_{n+1}的形心到右端的距离（图 11-29c）。此时力法的正则方程式（a）就变成下列形式：

$$X_{n-1}l_n+2X_n(l_n+l_{n+1})+X_{n+1}l_{n+1}+6\left(\frac{\omega_n a_n}{l_n}+\frac{\omega_{n+1}b_{n+1}}{l_{n+1}}\right)=0 \qquad (11\text{-}7)$$

如把弯矩的符号改写成 $X_{n-1}=M_{n-1}$，$X_n=M_n$，$X_{n+1}=M_{n+1}$，则式（11-7）可以写成

$$M_{n-1}l_n+2M_n(l_n+l_{n+1})+M_{n+1}l_{n+1}=-6\left(\frac{\omega_n a_n}{l_n}+\frac{\omega_{n+1}b_{n+1}}{l_{n+1}}\right) \qquad (11\text{-}8)$$

这个方程称为**三弯矩方程**。

对多跨梁的每一个中间支座都可以列出一个三弯矩方程，所以可能列出的方程式的数目恰好等于中间支座的数目，也就是等于超静定的次数；而且每一方程式中只含有三个多余约束力偶矩。解方程求出力矩以后，可把力矩作为载荷，则每一跨都可看作是静定的简支梁，进而便可求梁的内力、应力、变形。对于两端不是铰支座的多跨梁，在应用三弯矩方程时要进行一些处理，下面通过例题来说明。

【例 11-11】 绘制图 11-30a 所示等截面梁的剪力图和弯矩图。

解： 支座编号如图 11-30a 所示，$l_1=6\text{m}$，$l_2=5\text{m}$，$l_3=4\text{m}$，此结构为二次超静定，以支座 1、2 上两截面的约束力矩为多余约束，取静定基的每个跨度皆为简支梁，如图 11-30b 所示，这些简支梁在原来外载荷作用下的弯矩图如图 11-30c 所示。由此求得

$$\omega_1=\frac{1}{2}\times48\times6\text{kN}\cdot\text{m}^2=144\text{kN}\cdot\text{m}^2$$

$$\omega_2=\frac{2}{3}\times7.5\times5\text{kN}\cdot\text{m}^2=25\text{kN}\cdot\text{m}^2$$

$$\omega_3=\frac{1}{2}\times30\times4\text{kN}\cdot\text{m}^2=60\text{kN}\cdot\text{m}^2$$

并求出以上弯矩图面积的形心位置

$$a_1=\frac{6+2}{3}\text{m}=\frac{8}{3}\text{m}$$

$$a_2=b_2=\frac{5}{2}\text{m}$$

$$b_3=\frac{4+1}{3}\text{m}=\frac{5}{3}\text{m}$$

梁在左端有外伸部分，支座 0 上梁截面的弯矩为

$$M_0=-\frac{1}{2}\times2\times2^2\text{kN}\cdot\text{m}=-4\text{kN}\cdot\text{m}$$

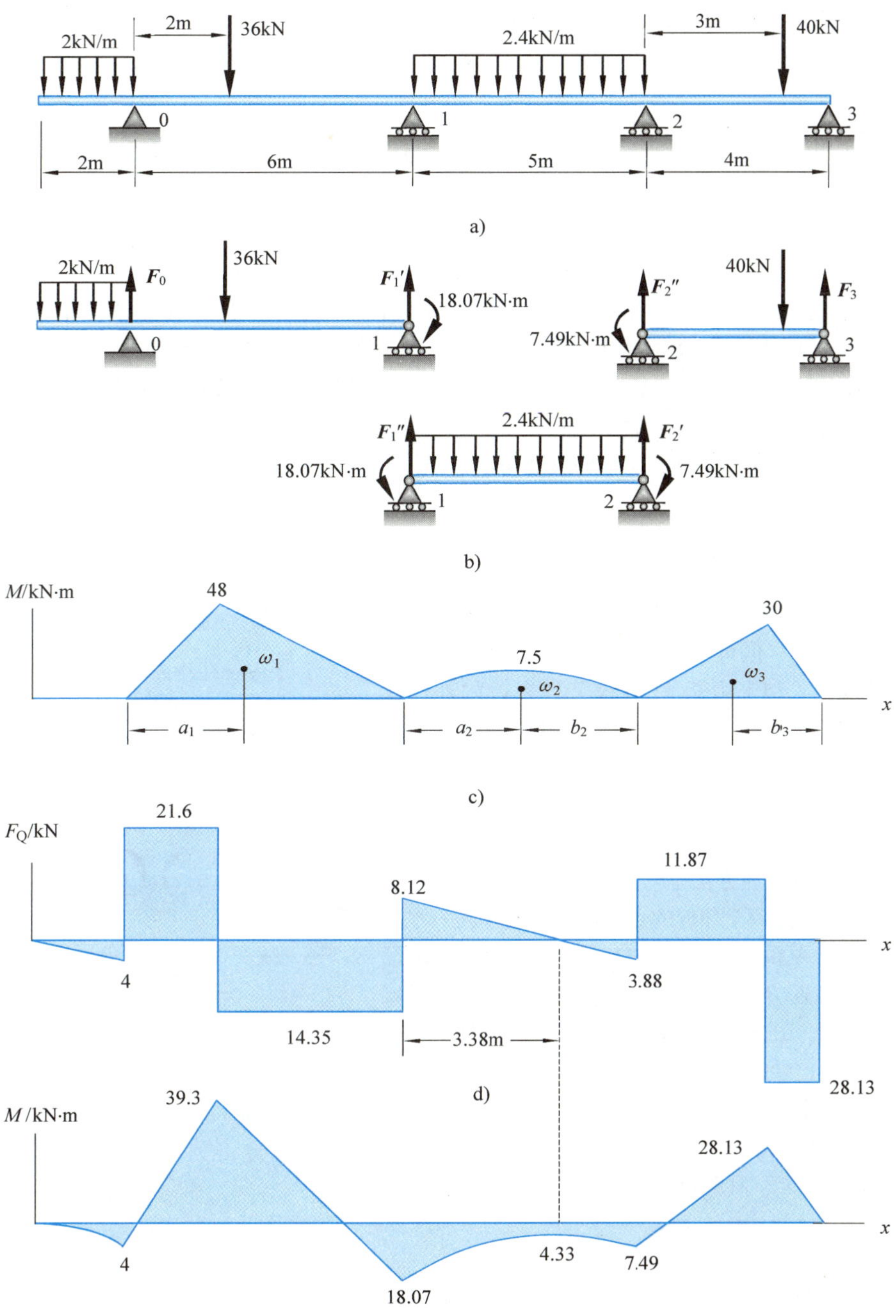

图　11-30

对跨度 l_1 和 l_2 写出三弯矩方程，这时 $n=1$，$M_{n-1}=M_0=-4\text{kN}\cdot\text{m}$，$M_n=M_1$，$M_{n+1}=M_2$，$l_n=l_1=6\text{m}$，$l_{n+1}=l_2=5\text{m}$，$a_n=a_1=8/3\text{m}$，$b_{n+1}=b_2=5/2\text{m}$。代入式（11-8），得

$$-4\times6+2M_1\times(6+5)+M_2\times5=\frac{6\times144\times8}{6\times3}-\frac{6\times25\times5}{5\times2}$$

再对跨度 l_2 和 l_3 写出三弯矩方程，这时 $n=2$，$M_{n-1}=M_1$，$M_n=M_2$，$M_{n+1}=M_3=0$，$l_n=l_2=5\text{m}$，

$l_{n+1}=l_3=4\text{m}$，$a_n=a_2=5/2\text{m}$，$b_{n+1}=b_3=5/3\text{m}$。代入式（11-8），得

$$M_1\times5+2M_2\times(5+4)+0\times4=-\frac{6\times25\times5}{5\times2}-\frac{6\times60\times5}{4\times3}$$

整理上面的两个三弯矩方程，得

$$22M_1+5M_2=-435\text{kN}\cdot\text{m}$$
$$5M_1+18M_2=-225\text{kN}\cdot\text{m}$$

解以上联立方程组，得

$$M_1=-18.07\text{kN}\cdot\text{m},\ M_2=-7.49\text{kN}\cdot\text{m}$$

求得 M_1 和 M_2 以后，连续梁三个跨度的受力情况如图 11-30b 所示。可以把它们看作是三个静定梁，而且载荷和端截面上的弯矩（多余约束力）都是已知的，即为原结构的相当系统。对每一跨都可以求出支座约束力并绘制剪力图和弯矩图，把这些图连接起来就是连续梁的剪力图和弯矩图（图 11-30d、e）。进一步可以进行强度和刚度计算。

【例 11-12】 试画出 11-31a 所示梁的弯矩图。

解：● 判定超静定次数

此梁可看作是悬臂梁（静定梁）增加了两个支座，故为二次超静定结构。

● 确定基本静定系

此梁的特点是右边有一外伸段而左边有一固定端，不满足连续梁的标准形式，但可以进行一些处理。将右端的 $\boldsymbol{F}$ 力移到右边支座处，加上力矩 Fl 以代替被去掉的外伸段（图 11-31b）；这个作用在支座上的力 $\boldsymbol{F}$ 只在求支座约束力时才起作用，并不会引起梁的弯矩。对于固定端则可用两个无限靠近的支座来代替，等于在左边添上了长度 $l_1=0$ 的一跨（图 11-31b）。

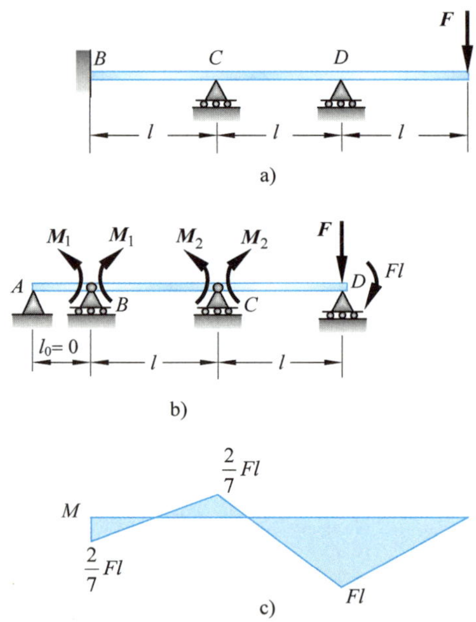

图 11-31

对固定端的这种处理方法是十分容易理解的。可以设想，梁的弹性曲线通过两个邻近的点，即通过处于同一水平线上的两个支座点 A 和 B（图 11-32）。随着跨度 l_1 逐渐缩短，弹性曲线在靠近 B 支座处的切线的倾角亦逐渐减少，取极限时则变为零。由此看来，引用零跨度就等于加上一个附加约束，它将制止梁的左端截面转动。因此，两个无限靠近的支座就具有固定端的性质。

● 建立多余约束处的三弯矩方程

对于 AB 和 BC 这一对跨度（图 11-31b），式（11-8）将为

$$2M_1(0+l)+M_2l=0$$

再考虑第二对跨度。可以把已知力的力矩 Fl 或看成是支座力矩，这时它就等于 $\boldsymbol{M}_{n+1}$ 即 $\boldsymbol{M}_3$；或看成是已知的外载荷。若看成外载荷要画出由 Fl 引起的弯矩图，并算出 $\omega_{n+1}=\omega_3$，$b_{n+1}=b_3$，但这时就要认为 $M_{n+1}=M_3=0$。

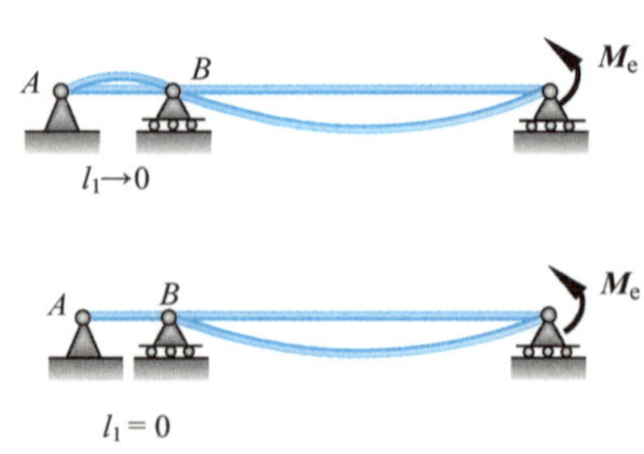

图 11-32

在这里把 Fl 考虑作支座力矩。这时由式（11-8）得出

$$M_1l+4M_2\cdot l-Fl^2=0$$

● 联立求解

联立求解所得到的两个三弯矩方程有

$$M_1=-\frac{1}{7}Fl,\quad M_2=\frac{2}{7}Fl$$

- 绘制弯矩图

求得 $\boldsymbol{M}_1$、$\boldsymbol{M}_2$后，可分别画出每一跨的弯矩图，然后连接起来就是连续梁的弯矩图（图 11-31c）。把求出的多余约束力偶和载荷共同作用在静定基上即为原超静定结构的相当系统。可根据具体问题的需要，进一步求解相当系统。

分析思考题

11-1　超静定结构中存在“多余”约束，为什么不去掉？这种“多余”意味着什么？

11-2　静定基的选择不是唯一的，是任意的吗？

11-3　选择静定基要注意哪些问题？有哪些技巧？

11-4　什么是力法？什么叫正则方程？力法正则方程中各符号的意义是什么？

11-5　超静定结构的次数与补充方程有何关系？

11-6　确定思考题 11-6 图所示空间结构超静定的次数，选取最简单的静定基，确定多余约束力，列出相应的变形协调条件。

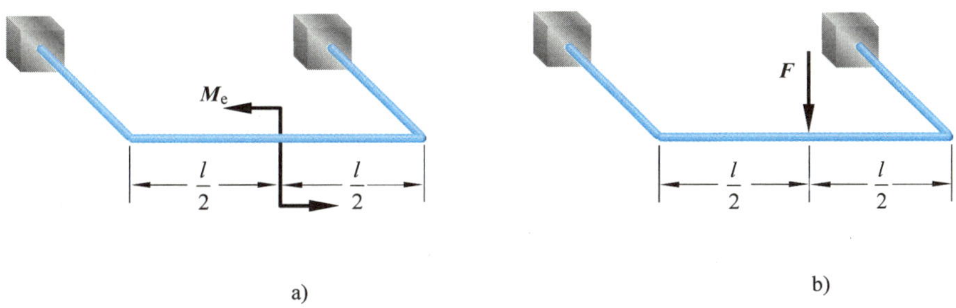

思考题 11-6 图

11-7　确定思考题 11-7 图所示平面结构超静定的次数，选取最简单的静定基，确定多余约束力，列出相应的变形协调条件。

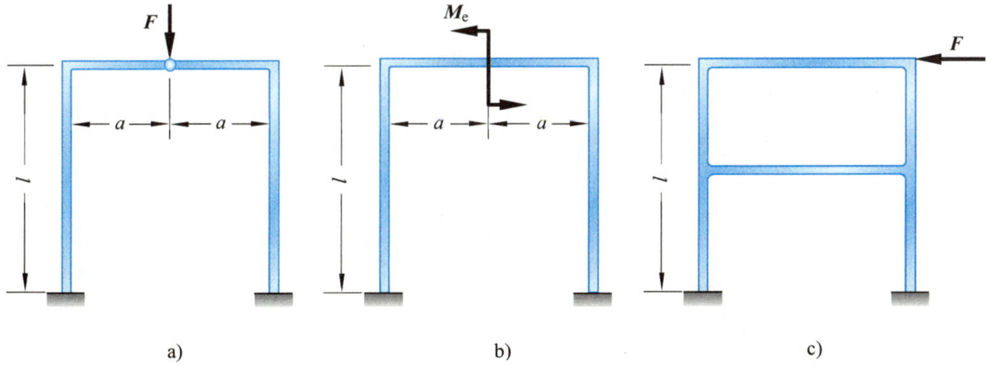

思考题 11-7 图

11-8　怎样判定超静定的次数？思考题 11-8 图所示结构是静定的还是超静定的。如是超静定，试判定其超静定的次数。

11-9　如思考题 11-9 图所示双跨超静定梁，试分别取出三种以上的静定基，并加上相应的多余的约束力；列出变形协调条件；比较选取哪种静定基计算较为简便。

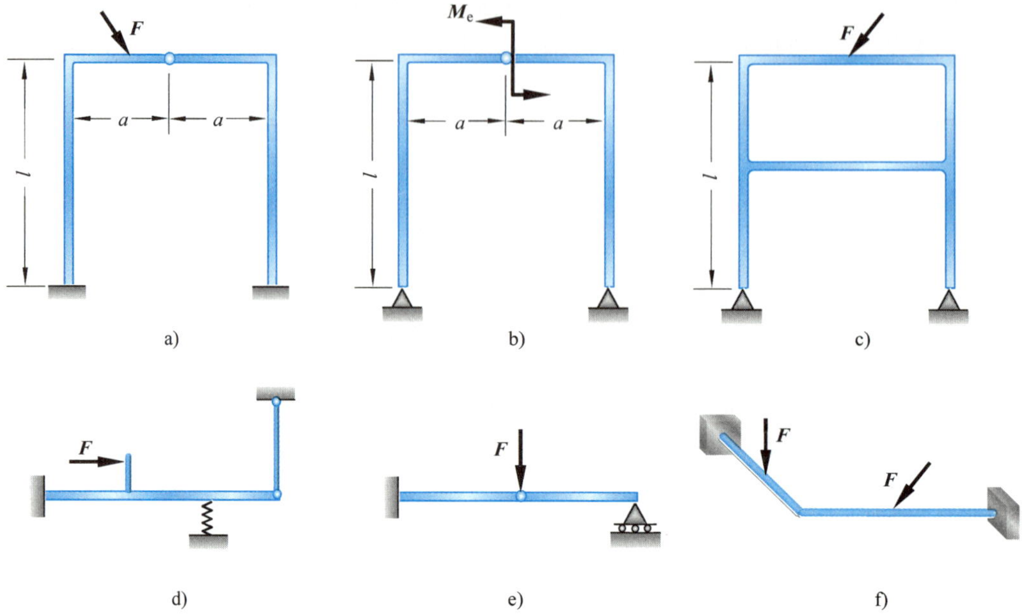

思考题 11-8

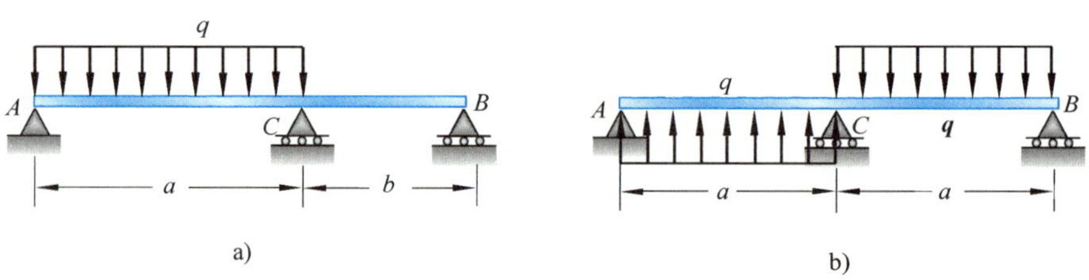

思考题 11-9

习 题

11-1 试求题 11-1 图所示各等直梁的支座约束力，并绘制梁的剪力图和弯矩图，设 EI = 常数。

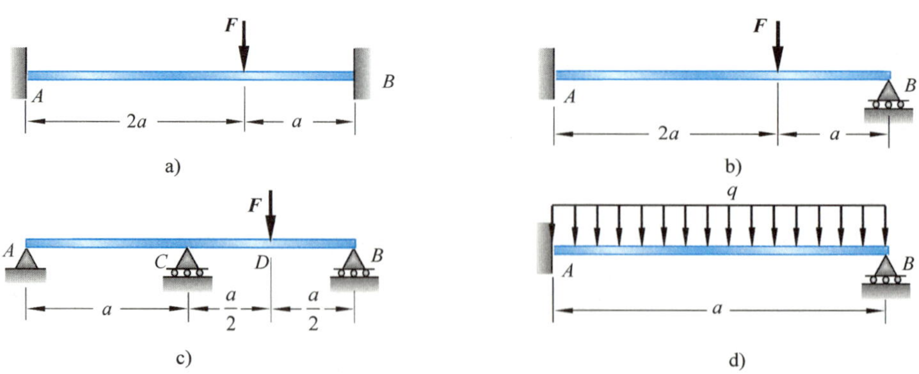

题 11-1 图

11-2　如题 11-2 图所示三支座等截面轴，由于制造不精确，轴承有高低。设 EI、δ 和 l 均为已知量，试求其最大弯矩。

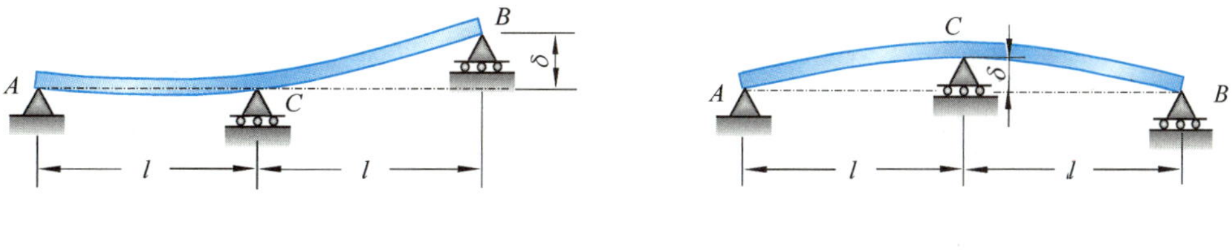

a)　　　　b)

题 11-2 图

11-3　题 11-3 图所示三支座等截面梁受均布载荷和集中力偶作用，$M_e = 2qa^2$。B 处为弹性支座，弹簧刚度为 K，梁的抗弯刚度为 EI，试求弹簧所受的力。

11-4　题 11-4 图所示二悬臂梁 AB 与 AC 在 C 处相接触。二梁 EI 相同，求在 $\boldsymbol{F}$ 力作用下接触点 C 处的约束力及 B 点的挠度。

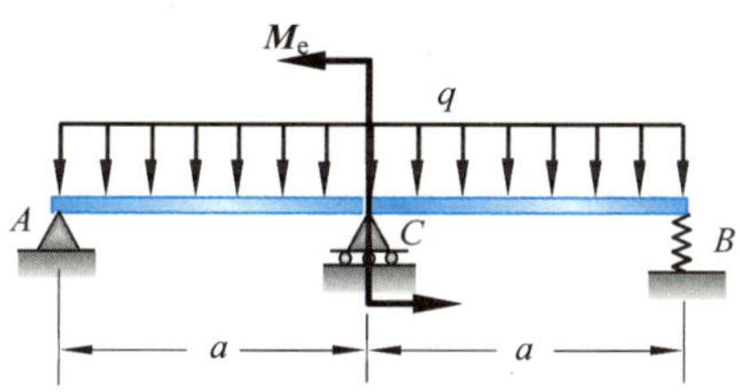

题 11-3 图

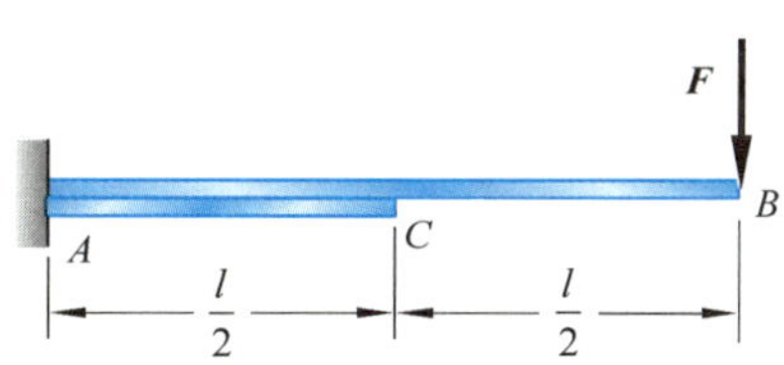

题 11-4 图

11-5　梁的受载情况如题 11-5 图所示。试根据对称性和中间铰的特点分析梁中央截面上的剪力和弯矩。

11-6　如题 11-6 所示为具有中间铰的两端固定梁，已知 q、EI、l，试绘制梁的剪力图和弯矩图。

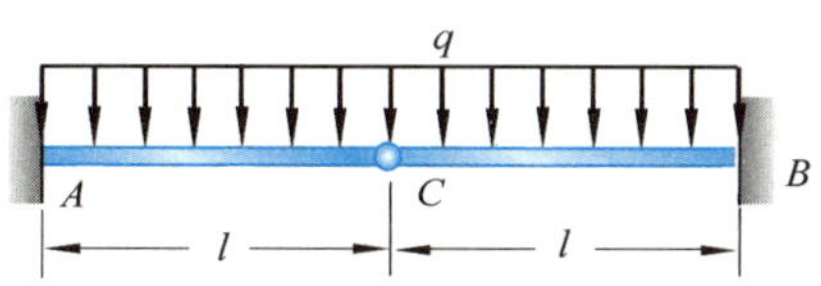

题 11-5 图

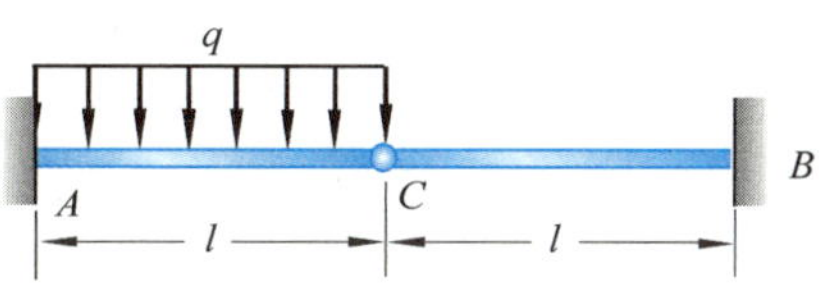

题 11-6 图

11-7　题 11-7 图所示杆系的材料相同，横截面面积相等，试求各杆的内力。

11-8　如题 11-8 图所示两梁的材料相同，截面惯性矩分别为 I_1 和 I_2，在无外载荷作用时两梁刚好接触。试求在力 $\boldsymbol{F}$ 作用下，二梁分别负担的载荷。

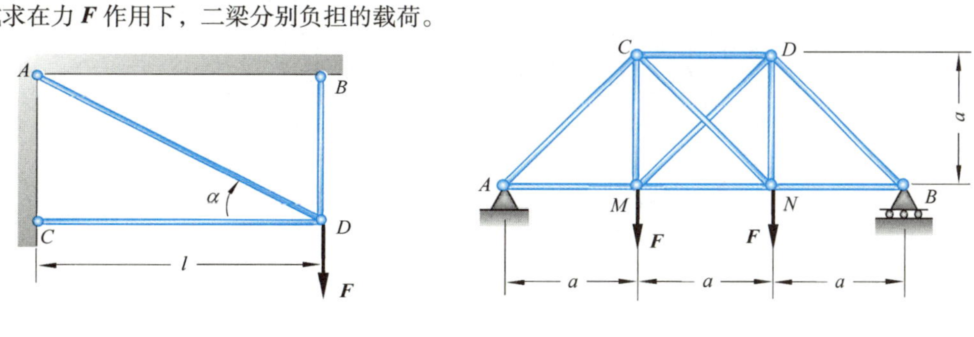

a)　　　　b)

题 11-7 图

11-9　如题 11-9 图所示，AB、CD 梁 EI 相同，未受外载荷时，两梁间有微小间隙 Δ、AB 梁受外力 $\boldsymbol{F}$ 后，$f_B>\Delta$，求两梁接触处的压力。

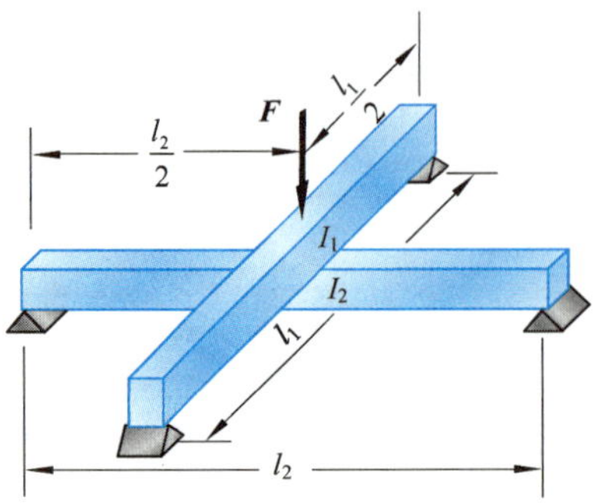

题 11-8 图

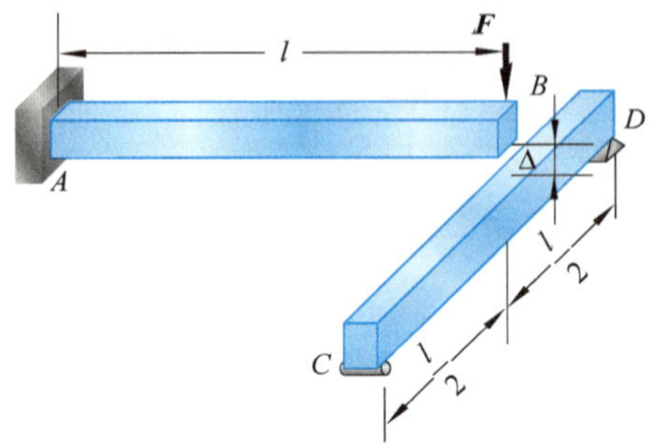

题 11-9 图

11-10　结构如题 11-10 图所示，AB 梁和 CD 杆的材料相同，且已知 $EI=EAl^2$，当外力 $\boldsymbol{F}$ 作用在 B 点时，试求：(1) CD 杆的内力；(2) 若 CD 杆温度又升高 ΔT（材料的线膨胀系数为 α），CD 杆的内力又为多少？

11-11　平面直角刚架 ABC 如题 11-11 图所示，$F=qa$，$EI=$常数，弹性支座 C 的刚度 $K=3EI/(2a^3)$ (N/m)，求 B 截面的弯矩 M_B。

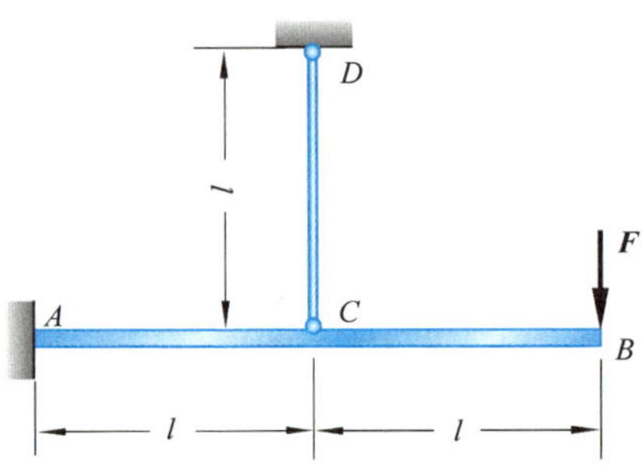

题 11-10 图

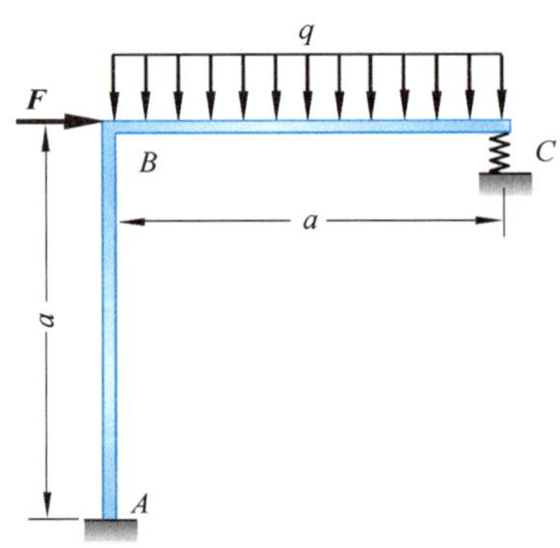

题 11-11 图

11-12　如题 11-12 图所示为 AB 梁和 5 根杆组成的结构，AB 梁的抗弯刚度 $EI=10^4\text{kN}\cdot\text{m}^2$，五根杆的抗拉、压刚度 $EA=15\times10^4\text{kN}$，$q=20\text{kN/m}$，试求各杆的轴力，并绘出 AB 梁的弯矩图。

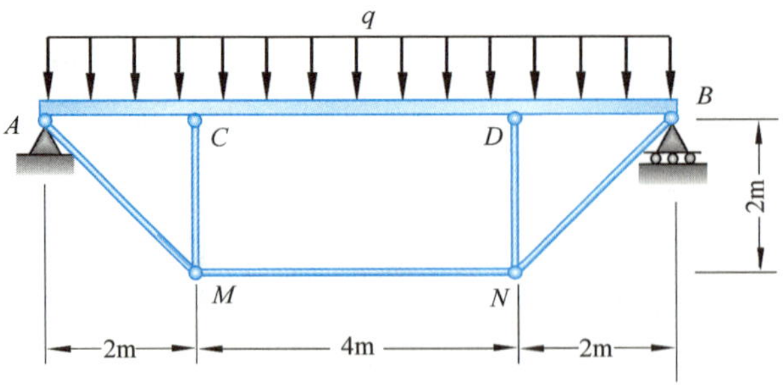

题 11-12 图

11-13　结构受力如题 11-13 图所示，设 $EI=a^2EA$，试求 C 截面的弯矩。

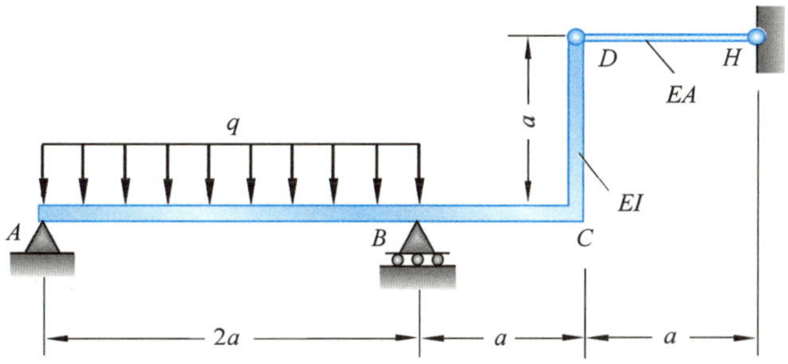

题 11-13 图

11-14　结构受载如题 11-14 图所示，已知 $F=100\text{kN}$，$l=1\text{m}$，$E=200\text{GPa}$，$A=2.5\times10^{-4}\text{m}^2$，$I=5Al^2/3$。求 AD 杆的应变。

11-15　两个相同半圆形曲杆（小曲率）和一直杆铰接，受力如题 11-15 图所示。曲杆的抗弯刚度为 EI，直杆的抗拉、压刚度为 EA。试求半圆形曲杆中的最大弯矩。

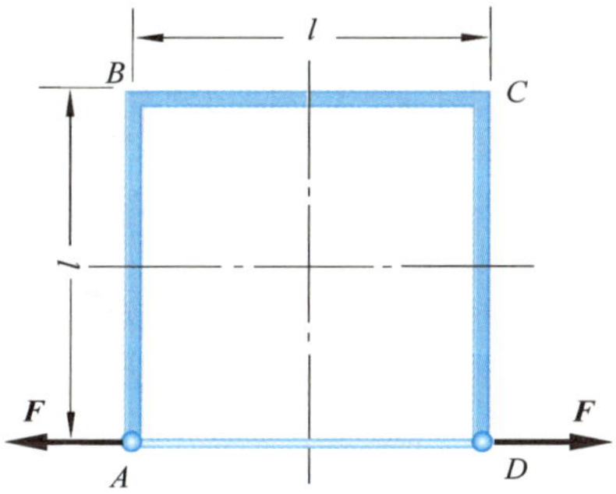

题 11-14 图

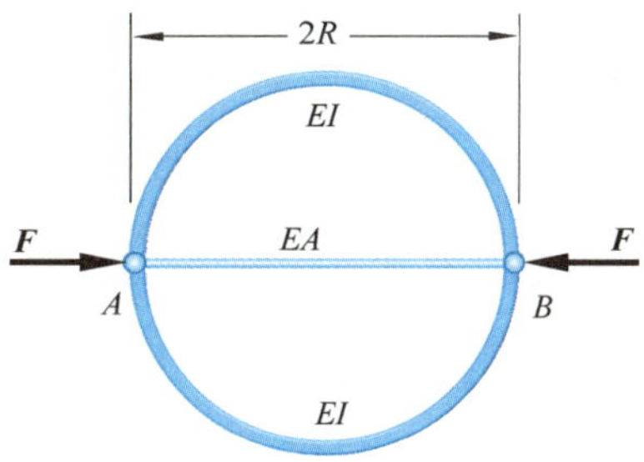

题 11-15 图

11-16　链条的一环如题 11-16 图所示。试求环内最大弯矩。

11-17　压力机机身或轧钢机机架可以简化成封闭的矩形刚架（题 11-17 图）。设刚架横梁的抗弯刚度 EI_1，立柱的抗弯刚度为 EI_2，试绘制刚架的弯矩图。

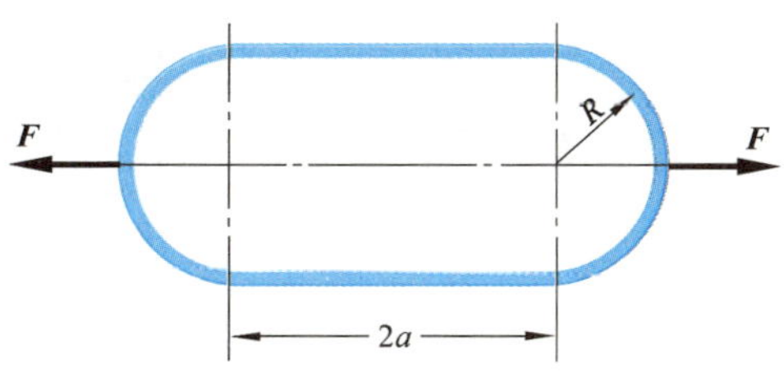

题 11-16 图

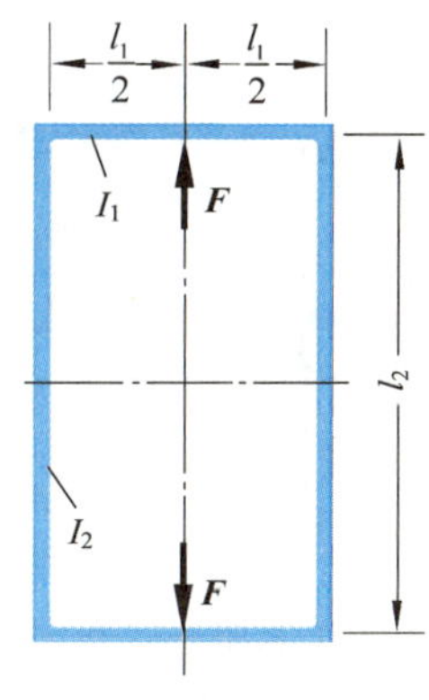

题 11-17 图

11-18　车床夹具如题 11-18 图所示，$EI=$常数。试求夹具 A 截面上的弯矩。

11-19　题 11-19 图所示折杆截面为圆形，直径 $d=2\text{cm}$，$a=0.2\text{m}$，$l=1\text{m}$，$F=650\text{N}$，$E=200\text{GPa}$，

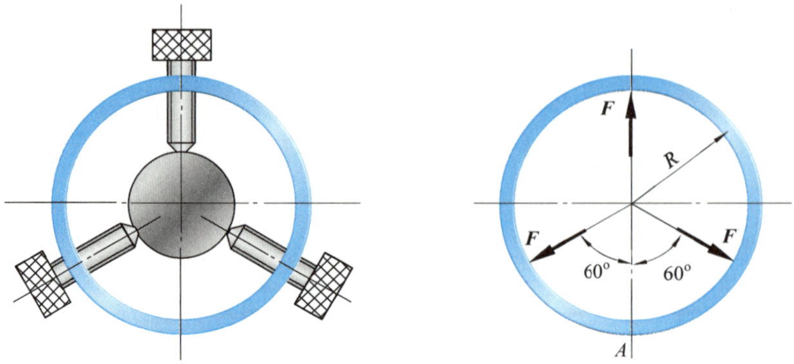

题 11-18 图

$G=80\text{GPa}$。试求 $\boldsymbol{F}$ 力作用点的垂直位移。

11-20　题 11-20 图所示刚架几何上以 C 为对称中心，试证明截面 C 上的轴力及剪力皆等于零。

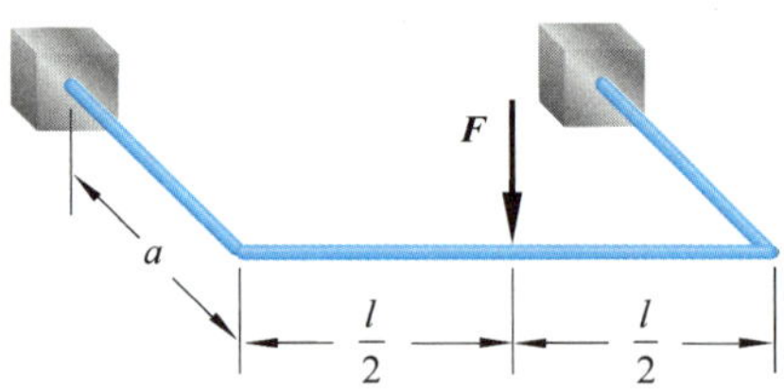

题 11-19 图

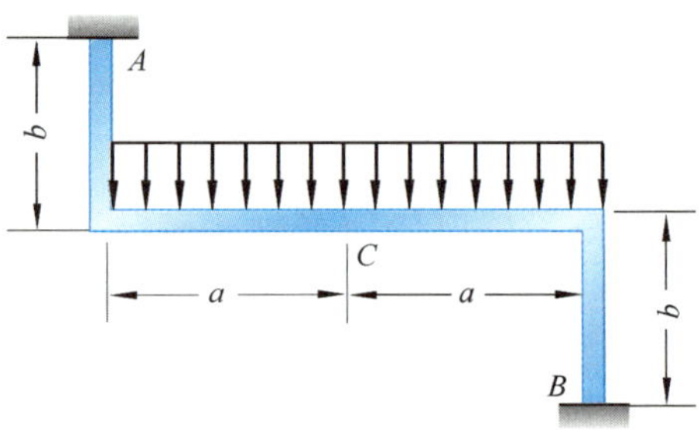

题 11-20 图

11-21　如题 11-21 图所示，正方形封闭刚架各段抗弯刚度相等，试根据对称性分析 A 截面的弯矩。

11-22　画出题 11-22 图所示超静定刚架的弯矩图。设 $EI=$ 常数。

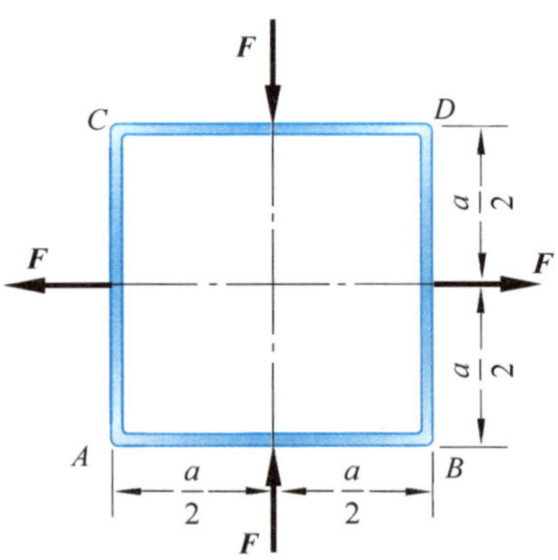

题 11-21 图

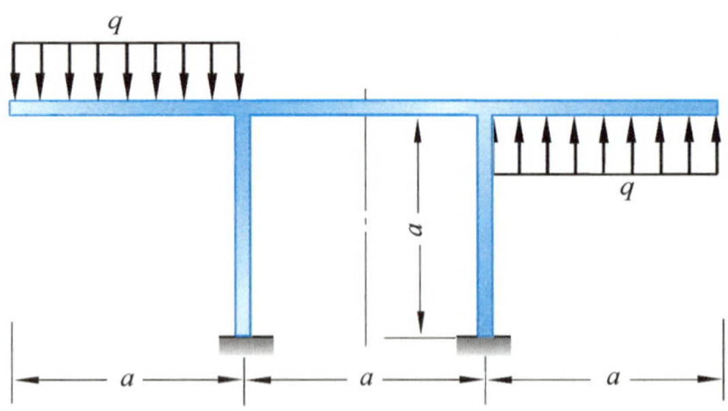

题 11-22 图

11-23　如题 11-23 图所示圆截面钢制曲拐，直径 $d=20\text{mm}$，$a=0.6\text{m}$，$b=0.3\text{m}$，C 端与钢丝相连，钢丝的横截面面积 $A=6.5\text{mm}^2$，长度 $l=4\text{m}$。曲拐和钢丝的弹性模量同为 $E=200\text{GPa}$，$G=84\text{GPa}$。若钢丝的温度降低 50℃，且 $\alpha=12.5\times10^{-6}℃^{-1}$，试求曲拐截面 A 的顶点的应力状态，给出相应应力的数值。

11-24　题 11-24 图所示水平曲拐 ABC 为圆截面折杆，在 C 端上方有一铅垂杆 DK，制造时 DK 杆短了 Δ。曲拐 AB 和 BC 段的抗扭刚度和抗弯刚度皆为 GI_P 和 EI，且 $GI_P=4EI/5$，DK 杆抗拉刚度为 EA，且 $EA=$

$2EI/(5a^2)$。试求：(1) 在 AB 段杆的 B 端加多大扭矩，才可使 C 点刚好与 D 点相接触？(2) 若 C、D 两点相接触，用铰链将 C、D 两点连在一起，再逐渐撤除所加扭矩，求 DK 杆内的轴力和曲拐固定端处 A 截面的内力。

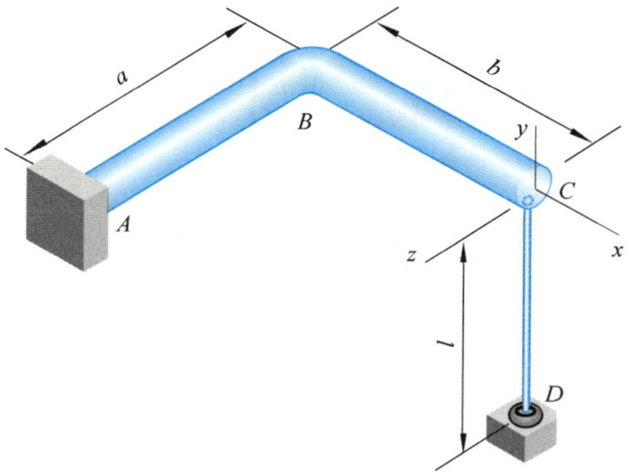

题 11-23 图

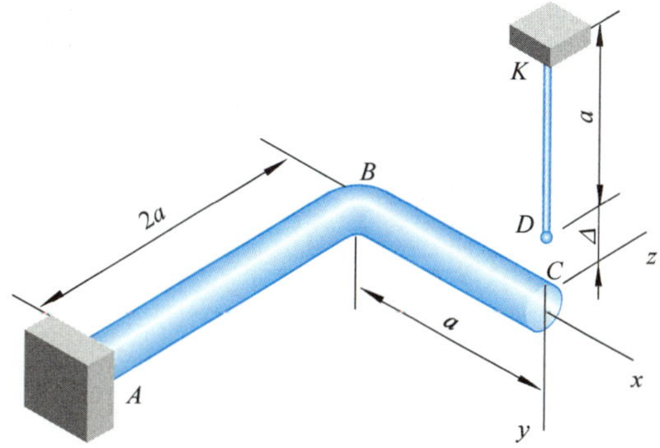

题 11-24 图

11-25　变截面双跨连续梁受力如题 11-25 图所示，设 $I_1 > I_2$，试讨论 C 支座处的约束力与其刚度之间的关系。

11-26　A 端固定，B 端铰支的等截面钢梁受力如题 11-26 图所示。为了提高结构的承载能力，有人认为适当改变 B 支座的高度可达到这一目的。试问这个建议是否可行？B 支座应抬高还是降低？改变多少使梁的承载能力最大？

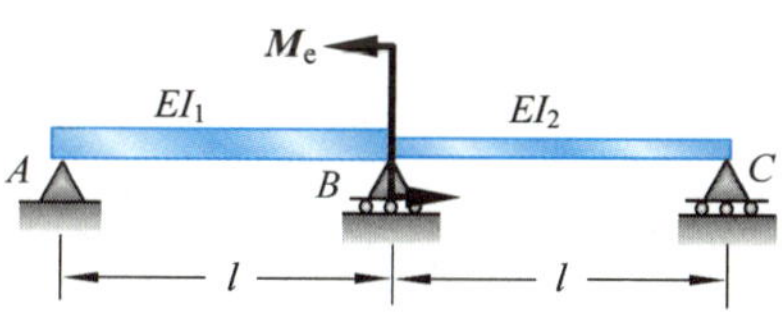

题 11-25 图

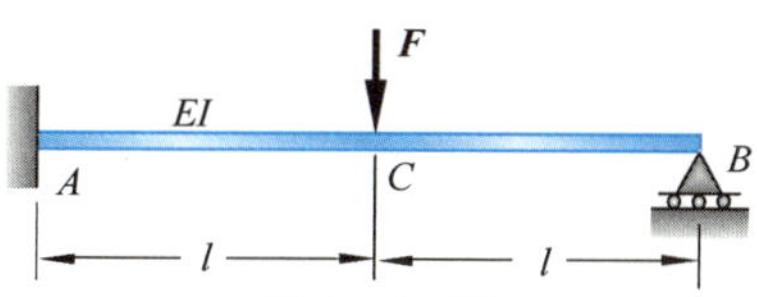

题 11-26 图

11-27　求题 11-27 图所示梁的 $|F_{Q\max}|$ 和 $|M_{\max}|$。设 EI = 常数。

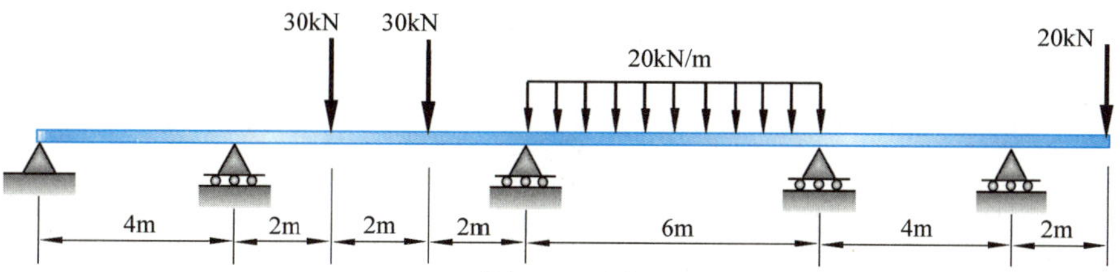

题 11-27 图

11-28　试绘制题 11-28 图所示连续梁的剪力图和弯矩图。设 EI = 常数。

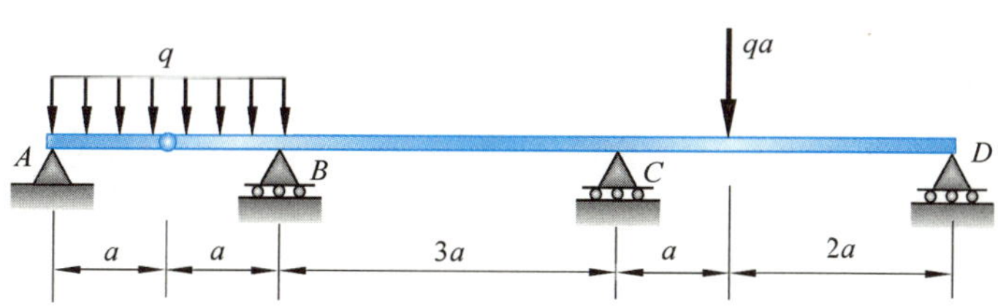

题 11-28 图

11-29 车床的主轴简化成直径 $d=90\text{mm}$ 的等截面轴，轴有三个轴承，在垂直平面内的受力情况如题 11-29 图所示。$\boldsymbol{F}_1$ 和 $\boldsymbol{F}_2$ 分别是传动力和切削力简化到轴线上的分力，且 $F_1=3.9\text{kN}$，$F_2=2.64\text{kN}$，若 $E=200\text{GPa}$，试求 D 点挠度。

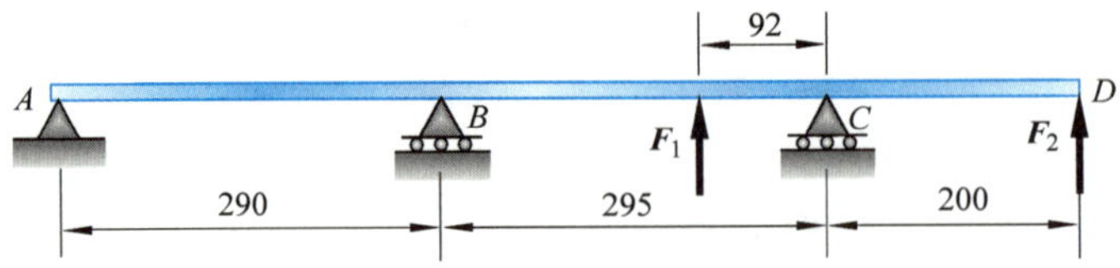

题 11-29 图

第 12 章 动载荷

12.1 概述

前面各章讨论的构件的应力和变形计算都是以静载荷作用为前提条件的。所谓静载荷，是指载荷缓慢地由零增加到某一定数值后保持不变或变动不显著（可忽略不计）。在静载荷作用下构件内各质点的加速度为零或微小到可忽略不计。由静载荷产生的应力，称为静应力。相反，如果加载有显著的加速度，使构件（或构件的一部分）有明显的加速度；或者构件本身运动，使载荷明显地随时间变化，此时构件所承受的载荷称为**动载荷**，构件在动载荷作用下产生的应力称为**动应力**。

例如，高速旋转的飞轮受到的离心惯性力；落锤打桩，在撞击瞬时桩所承受的冲击载荷；火车轮轴，虽然轴上作用载荷不变，但是轴本身在不停地转动，使轴上任意点的应力随时间做周期性变化。动载荷作用下构件产生的动应力、动变形以及破坏的现象与静载荷作用下有很大差异，这些差异对结构既有害又有利。如桥梁在振动载荷作用下发生的共振现象、汽车的急刹车等是有害的；而落锤打桩、跳水运动员借助跳板的动变形等是有利的。在工程中要利用有利的一面并控制有害的一面。对于受动载荷作用的构件要进行动强度计算。

实验结果表明，静载荷下服从胡克定律的材料，只要动应力不超过比例极限，在动载荷下胡克定律仍然有效，且动载荷作用和静载荷作用下材料的弹性模量相同。

本章主要讨论构件有加速度时及构件受冲击时的动应力计算。

12.2 构件有加速度时的动应力计算

12.2.1 动静法的应用

理论力学中介绍了动静法，即达朗贝尔原理。对做加速运动的质点系（构件），如假想地在每一质点上加上惯性力，则质点系上的原力系与惯性力系就组成了平衡力系。这样，就把动力学问题在形式上作为静力学问题来处理，这就是动静法。于是，前面关于静载荷下应力和变形的计算方法，也可直接用于动载荷作用下（增加了惯性力）的构件。

12.2.2 构件做等加速直线运动时动应力的计算

图 12-1a 表示一起重机以匀加速度 $\boldsymbol{a}$ 向上提升重物。已知钢绳的横截面积为 A，试求钢

绳的动应力。取重物为研究对象，并假想地加上惯性力 $F_g=\frac{G}{g}a$，且方向向下。则重力 $\boldsymbol{G}$、惯性力 $\boldsymbol{F}_g$ 和钢绳拉力 $\boldsymbol{F}_{Nd}$ 组成平衡力系（图 12-1b）。根据达朗贝尔原理，钢绳受动载荷时的拉力为

$$F_{Nd}=G+\frac{G}{g}a=G\left(1+\frac{a}{g}\right) \tag{a}$$

钢绳的动应力为

$$\sigma_d=\frac{G}{A}\left(1+\frac{a}{g}\right)=\sigma_{st}\left(1+\frac{a}{g}\right) \tag{b}$$

上式中，σ_{st} 为钢绳的静应力，令

$$K_d=1+\frac{a}{g} \tag{12-1}$$

K_d 称为**动荷系数**。

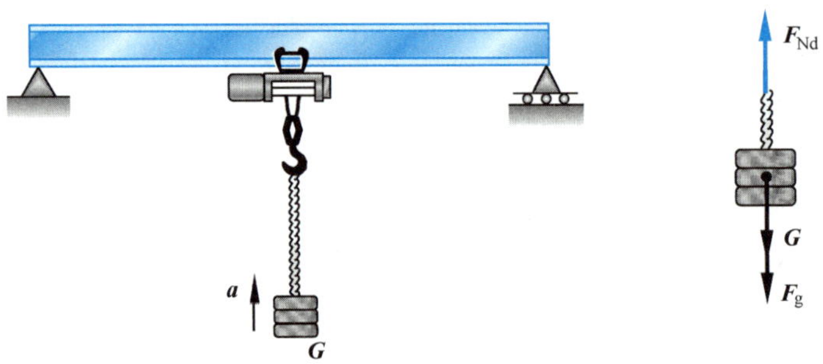

a)　　b)

图　12-1

于是式（b）可写成

$$\boxed{\sigma_d=K_d\sigma_{st}} \tag{12-2}$$

由上式知，构件在动载荷作用下的动应力为静载荷作用下的静应力的 K_d 倍。同理，内力、变形、位移都可写成此关系式，如 $F_d=K_dF_{st}$，$\Delta_d=K_d\Delta_{st}$。

建立动应力强度条件式，即

$$\boxed{\sigma_{d,max}=K_d\sigma_{st,max}\leqslant[\sigma]} \tag{12-3}$$

由于在动荷系数 K_d 中已经包含了动载荷的影响，所以 $[\sigma]$ 即为静载荷下的许用应力。

12.2.3　构件做等速转动时动应力的计算

设平均直径为 D 的薄壁圆环绕通过其圆心并垂直于环平面的轴做等速转动，如图 12-2a 所示。若圆环截面面积为 A，圆环材料单位体积重量为 ρg，角速度为 ω，求圆环内的正应力 σ_d。

圆环做等角速度 ω 转动，圆环内各质点只有向心加速度，圆环壁厚 t 相对平均直径 D 很小，可近似认为圆环内各点向心加速度 a_n 与圆环轴线各点向心加速度相等，为 $a_n=\omega^2D/2$。此圆环沿圆周单位长度质量为 ρA，相应的单位长度惯性力 $q_d=m\cdot a_n=\rho A\cdot\frac{\omega^2D}{2}$，其方向与

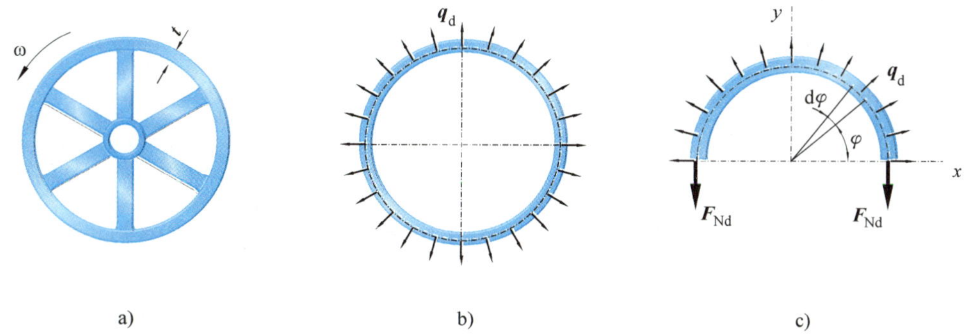

图 12-2

a_n相反，根据达朗贝尔原理，将沿圆环轴线均匀分布的惯性力 $\boldsymbol{q}_d$ 加到圆环轴线上（图 12-2b），就可按沿圆环轴线分布载荷 q_d 作用下静力平衡问题解决。

应用截面法，取半个圆环为研究对象（图 12-2c）。圆环横截面上只有正应力，可视为在横截面均匀分布，横截面内力为轴力，设为 F_{Nd}，由平衡方程 $\sum F_y = 0$,有

$$2F_{Nd} = \int_0^{\pi} q_d \cdot \frac{D}{2} \cdot \sin\varphi \cdot d\varphi = q_d D$$

将 q_d 代入上式，完成积分运算，可得

$$F_{Nd} = \frac{q_d D}{2} = \frac{\rho A \cdot \omega^2 \cdot D^2}{4} = \rho A v^2 \tag{c}$$

式中，$v = \omega D/2$ 为圆环轴线各点的线速度。于是圆环横截面上正应力为

$$\sigma_d = \frac{F_{Nd}}{A} = \frac{\rho A v^2}{A} = \rho v^2 \tag{d}$$

由上式可见，旋转薄壁圆环横截面正应力只与 ρ 和 v 有关，与横截面面积 A 无关，因此，不能用增大横截面面积的办法降低横截面上的动应力。

强度条件为

$$\sigma_d = \rho v^2 \leqslant [\sigma] \tag{e}$$

式中，$[\sigma]$ 为材料在静载荷作用下的许用应力。

从（d）、（e）两式可得

$$v \leqslant \sqrt{\frac{[\sigma]}{\rho}}, \quad \omega \leqslant \frac{2}{D}\sqrt{\frac{[\sigma]}{\rho}} \tag{f}$$

可见，为确保旋转圆环的强度，其旋转角速度或线速度要有一定限制，此限制数值即为工程中通称的“临界速度”。通常对机器中飞轮作初步设计时可不计轮辐影响，把轮缘视为旋转薄壁圆环进行计算。

对其他做匀加速运动的构件，同样也可使用动静法，在作用于构件上的原力系中加入惯性力系，然后按静力平衡处理，即可解决动应力的计算问题。

【例 12-1】 AB 轴的 B 端有质量很大的飞轮，如图 12-3 所示，与飞轮相比轴的质量可以忽略不计。轴的 A 端装有刹车离合器。飞轮转速 $n = 120\text{r/min}$，转动惯量 $I_x = 0.5\text{kN} \cdot \text{m} \cdot \text{s}^2$，轴直径 $d = 100\text{mm}$，刹车时若轴在 10s 内匀减速停止转动，求轴横截面上最大动应力。

解：• 加惯性力偶矩 $\boldsymbol{M}_{ed}$

飞轮与轴的转动角速度为

$$\omega_0=\frac{n\pi}{30}=\frac{120\pi}{30}\text{rad/s}=4\pi\ \text{rad/s}$$

当飞轮与轴同时做匀减速转动时，其角加速度为

$$\alpha=\frac{\omega_1-\omega_0}{t}=\frac{0-4\pi}{10}\text{rad/s}^2=-\frac{4\pi}{10}\text{rad/s}^2$$

按动静法，在飞轮上加上方向与 ε 反向的惯性力偶矩 M_{ed}，且

$$M_{ed}=-I_x\alpha=-0.5\times\left(-\frac{4\pi}{10}\right)\text{kN}\cdot\text{m}=\frac{\pi}{5}\text{kN}\cdot\text{m}$$

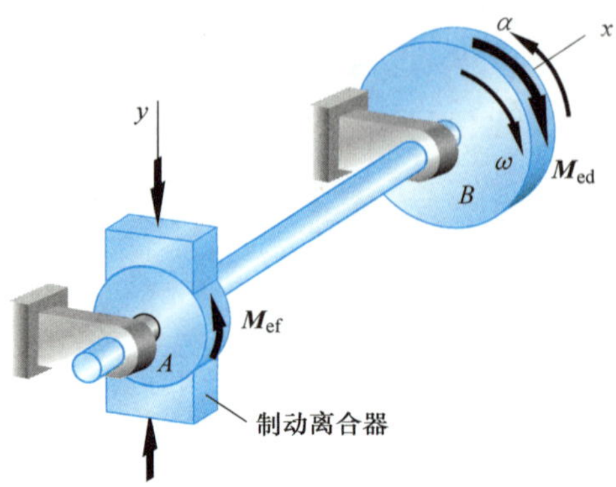

图 12-3

• 由平衡关系求摩擦力偶矩 $\boldsymbol{M}_{ef}$

设作用于 A 端的刹车摩擦力偶矩为 M_{ef}，由平衡方程 $\sum M_x=0$ 有

$$M_{ef}=M_{ed}=\frac{\pi}{5}\text{kN}\cdot\text{m}$$

AB 轴在力偶矩 $M_{ef}=M_{ed}$ 作用下，引起扭转变形，其横截面扭矩为

$$M_{xd}=M_{ed}=\frac{\pi}{5}\text{kN}\cdot\text{m}$$

• 横截面上最大扭转切应力为

$$\tau_{d,\max}=\frac{M_{xd}}{W_P}=\frac{\frac{\pi}{5}\cdot10^3}{\frac{\pi}{16}\cdot(100\times10^{-3})^3}\text{Pa}=3.2\text{MPa}$$

【例 12-2】 有一重为 $G=72\text{N}$ 的钢球装在长为 $l=1.2\text{m}$ 的钢丝 OB 的 B 端，以等角速度 $\omega=25\text{rad/s}$ 在光滑水平面绕 O 旋转（图 12-4）。若转臂重量不计，钢丝材料的许用应力为 $[\sigma]=120\text{MPa}$。试求钢丝 OB 的直径 d。

解：钢球旋转时向心加速度

$$a_n=l\omega^2$$

钢球离心惯性力为

$$F_d=ma_n=\frac{G}{g}l\omega^2$$

钢丝拉力

$$F_d=F_g$$

由强度条件

$$\sigma_d=\frac{F_d}{A}=\frac{4Gl\omega^2}{\pi d^2 g}\leqslant[\sigma]$$

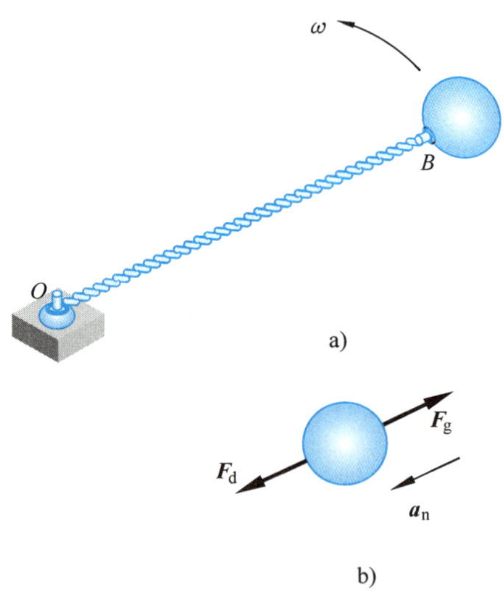

图 12-4

得

$$d\geqslant\sqrt{\frac{4Gl\omega^2}{\pi g[\sigma]}}=\sqrt{\frac{4\times72\times1.2\times25^2}{\pi\cdot9.8\times120\times10^6}}\text{m}=7.65\times10^{-3}\text{m}=7.65\text{mm}$$

钢丝 OB 直径取 $d=8\text{mm}$。

12.3 构件受冲击时的动应力计算

12.3.1 冲击问题的抽象

锻造时，锻锤在与锻件接触的非常短暂的时间内，速度发生很大的变化，这种现象称为**冲击或撞击问题**。工程中常见落锤打桩、金属冲压加工、高速转动的飞轮突然制动等，都属冲击问题。

以图 12-5 所示锻压设备为例，当锻锤（冲击物）以一定的速度作用到静止的锻件（被冲击物）上时，被冲击物锻件将受到很大的作用力（冲击载荷），被冲击物因冲击而引起的应力称为**冲击应力**（动应力）。

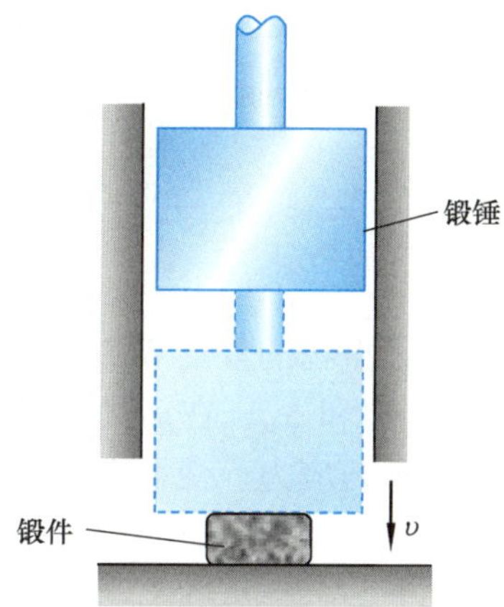

图　12-5

瞬间冲击过程中，冲击物得到很大的负加速度，对被冲击物（构件）施以很大惯性力，由于冲击物速度的显著变化时间极短，过程很复杂，因而加速度不易计算与测定，所以冲击问题难以用动静法计算，并且冲击物与被冲击物接触区局部的应力状态非常复杂，要从理论上精确计算冲击应力是十分困难的。工程中常采用偏于安全的**能量法**进行计算，用能量法计算时将冲击物和被冲击物看作**冲击系统**，并对其进行抽象：

- 视冲击物为计质量的刚体；
- 视被冲击物为不计质量的弹性体；
- 不考虑被冲击物在冲击过程中的塑性变形。

12.3.2 用能量法解冲击问题

下面以重量为 $\boldsymbol{G}$ 的冲击物和以不计质量的 AB 杆作为被冲击物组成的冲击系统（图 12-6a）为例，说明用能量法解冲击问题的基本原理。

冲击物具有动能和势能，根据上面的抽象，由能量守恒定律，认为：在冲击过程中，冲击物所减少的动能 ΔT 和势能 ΔV 应等于被冲击物所增加的弹性变形能 ΔU_d，即

$$\boxed{\Delta T+\Delta V=\Delta U_{d}} \tag{12-4}$$

该式就是用能量法解冲击问题的基本方程。从它出发，可以解决杆件各种变形形式的冲击问题，在不同形式的冲击问题中，仅仅是 ΔT、ΔV 及 ΔU_d 的表达式不同而已。

将此方程应用于（图 12-6a）所示冲击系统。经冲击物 $\boldsymbol{G}$ 冲击后，AB 杆的变形达到最大位移 Δ_d 时，相应的动载荷为 $\boldsymbol{F}_d$（图 12-6b），在材料服从胡克定律情况下，AB 杆的变形和载荷成正比（图 12-6c），由于冲击过程中 $\boldsymbol{F}_d$ 和 Δ_d 都是从零增加到最终值，完成的功为

$$W=\frac{1}{2}F_d\Delta_d$$

根据功能原理

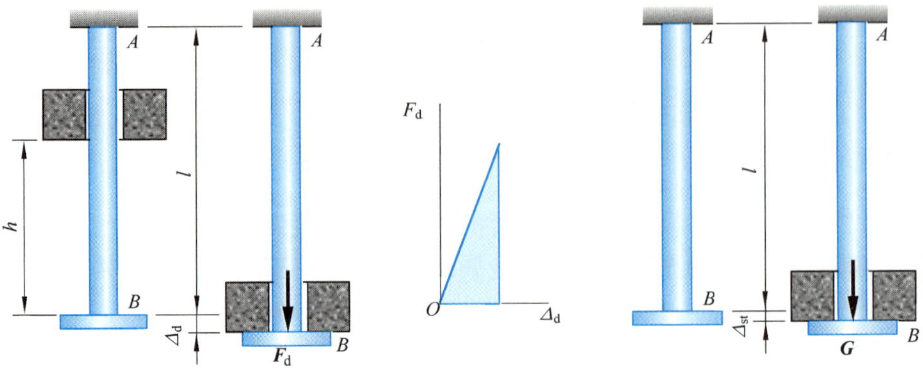

冲击前　　冲击后　　　　　　静载G作用

a)　　b)　　c)　　d)

图　12-6

$$\Delta U_d = W = \frac{1}{2}F_d\Delta_d \tag{a}$$

若设重物的重量 $\boldsymbol{G}$ 以静载荷形式作用于冲击点 B 处（图 12-5d），AB 杆的静应力和静变形为 σ_{st} 和 Δ_{st}；在动载荷 $\boldsymbol{F}_d$ 作用下，AB 杆的动应力和动变形为 σ_d 和 Δ_d，在线弹性范围内，载荷与应力、变形成正比，即

$$\frac{F_d}{G} = \frac{\sigma_d}{\sigma_{st}} = \frac{\Delta_d}{\Delta_{st}} = K_d \tag{b}$$

式中，K_d 称为**冲击动荷系数**。这样上式又可写成

$$\boxed{F_d = K_d G, \quad \sigma_d = K_d\sigma_{st}, \quad \Delta_d = K_d\Delta_{st}} \tag{12-5}$$

上式表明动荷系数 K_d 分别乘以静载荷 G、静应力 σ_{st} 和静变形 Δ_{st} 即为冲击时的动载荷 F_d、动应力 σ_d 和动变形 Δ_d。因此，求出动荷系数 K_d，冲击问题即可解决。

应该指出，上述能量方法是在实际工程中采用的偏于安全的近似方法，当被冲击物的质量较大时也需考虑其质量的影响。

12.3.3　几种典型冲击问题

1. 自由落体冲击

若冲击是由重为 $\boldsymbol{G}$ 的物体从高度 h 处自由落下（图 12-7a），则冲击过程中

$$\Delta T = 0$$

$$\Delta V = G(h + \Delta_d)$$

$$\Delta U_d = \frac{1}{2}F_d\Delta_d$$

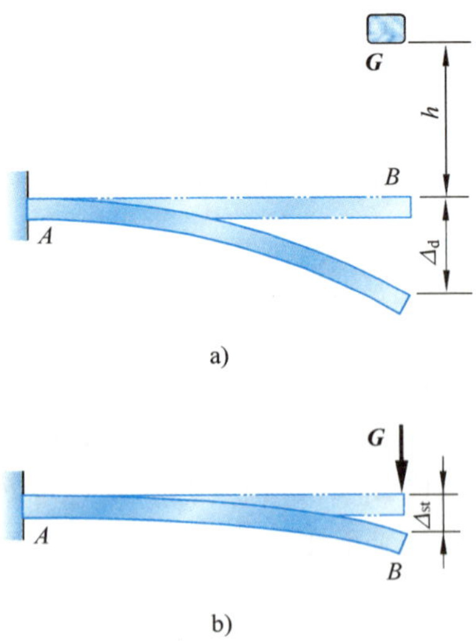

图　12-7

代入式（12-4），有

$$G(h + \Delta_d) = \frac{1}{2}F_d\Delta_d$$

由式（b）有

$$F_d = \frac{\Delta_d}{\Delta_{st}} G$$

则

$$G(h + \Delta_d) = \frac{\Delta_d^2}{2\Delta_{st}} G$$

即

$$\Delta_d^2 - 2\Delta_{st}\Delta_d - 2\Delta_{st}h = 0$$

解上式有

$$\Delta_d = \left(1 \pm \sqrt{1 + \frac{2h}{\Delta_{st}}}\right)\Delta_{st}$$

显然，为求得瞬时最大值 Δ_d，应保留根号前正值，于是得

$$K_d = \frac{\Delta_d}{\Delta_{st}} = 1 + \sqrt{1 + \frac{2h}{\Delta_{st}}} \tag{12-6}$$

K_d 就是**自由落体冲击时的动荷系数**。式中，Δ_{st}是把冲击物的重量 G 当作静载荷，沿冲击方向（垂直向下）加在冲击点上，使被冲击物的冲击点沿冲击方向产生的静位移（图12-7b）。

瞬时突加载荷 G 到被冲击构件上，相当于自由落体冲击 $h=0$ 的情况，由式（12-6）得 $K_d=2$，可见突加载荷产生的动载荷是静载荷的 2 倍。

2. 水平冲击

当重量为 G 的物体（冲击物）以水平速度 v 冲击到被冲击构件时（图 12-8a），在冲击过程中，不考虑势能的变化，即 $\Delta V=0$，动能的减少 $\Delta T = \frac{Gv^2}{2g}$，弹性体变形能的增加仍为

$$\Delta U_d = \frac{1}{2} F_d \Delta_d$$

由式（12-4），有

$$\frac{Gv^2}{2g} = \frac{1}{2} F_d \Delta_d$$

由式（b）$F_d = \frac{\Delta_d}{\Delta_{st}} G$，则

$$\frac{v^2}{g} = \frac{\Delta_d^2}{\Delta_{st}}$$

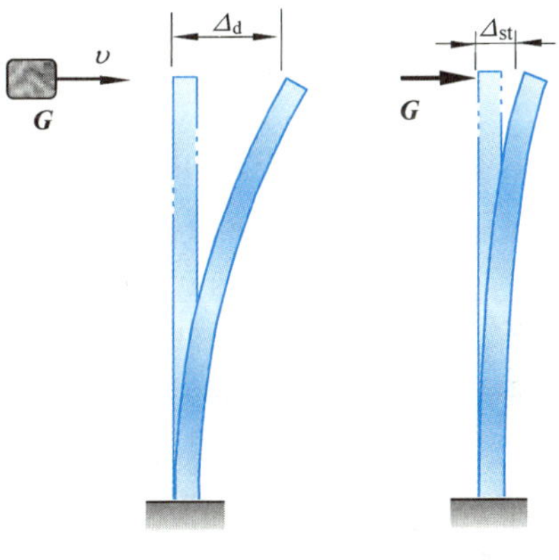

图 12-8

解得

$$\Delta_d = \sqrt{\frac{v^2}{g\Delta_{st}}}\Delta_{st}$$

所以

$$K_d = \frac{\Delta_d}{\Delta_{st}} = \sqrt{\frac{v^2}{g\Delta_{st}}} \tag{12-7}$$

K_d 就是**水平冲击时的动荷系数**。式中，Δ_{st}是将重量 G 当作静载荷，沿冲击方向（水平方向）作用在冲击点上，使被冲击物的冲击点沿冲击方向产生的静位移（图 12-8b）。

3. 具有水平初速度的有约束落体的冲击

重物 G 由连杆连接可绕 A 铰转动，如图12-9a所示，当冲击物 G 在铅垂位置以初始水平初速度 v 从高度 h 冲击梁 AB 时，冲击物

动能减少 $\qquad \Delta T=\dfrac{G}{2g}v^2$

势能减少 $\qquad \Delta V=G\ (h+\Delta_d)$

忽略杆 AG 的质量和变形，则被冲击梁 AB 的弹性变形能的增加为

$$\Delta U_d=\frac{1}{2}F_d\Delta_d=\frac{\Delta_d^2}{2\Delta_{st}}G$$

根据式（12-4），则有

$$\frac{G}{2g}v^2+G(h+\Delta_d)=\frac{\Delta_d^2}{2\Delta_{st}}G$$

经整理

$$\Delta_d=\left(1+\sqrt{1+\frac{v^2+2gh}{g\Delta_{st}}}\right)\Delta_{st}$$

引入记号

$$K_d=1+\sqrt{1+\frac{v^2+2gh}{g\Delta_{st}}} \qquad (12\text{-}8)$$

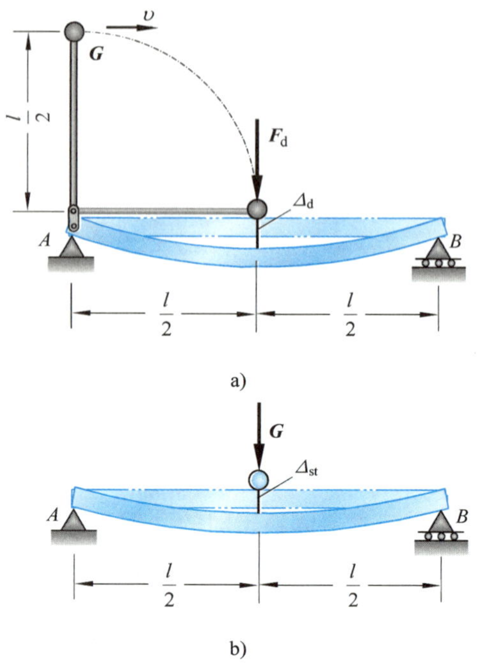

图 12-9

K_d 为此类冲击情况的冲击动荷系数。式中，Δ_{st} 为 G 作为静载荷作用于冲击点，被冲击梁在冲击点沿冲击方向的静位移，如图 12-9b 所示。

需强调指出，在推导上面几种冲击动荷系数 K_d 计算公式时，都应用了 F_d 与 Δ_d 呈线性关系的结论，因此这些计算 K_d 的公式只适用于线弹性结构。

【例 12-3】 已知某打桩机锤头重 $G=80\text{kN}$，从高度 $h=2\text{m}$ 处自由落下（图 12-10a），若钢管桩的静变形为 $\Delta_{st}=10\text{mm}$（图 12-10b），试求钢管桩受到的冲击载荷 F_d。

解： 自由落体冲击的动荷系数

$$K_d=1+\sqrt{1+\frac{2h}{\Delta_{st}}}=1+\sqrt{1+\frac{2\times2}{10\times10^{-3}}}=21$$

则冲击载荷 $\qquad F_d=K_dG=21\times80\times10^3\text{N}=1\ 680\text{kN}$

可见，打桩机、锻压、冲压机械和凿岩机等就是充分利用了冲击时产生的巨大冲击力。

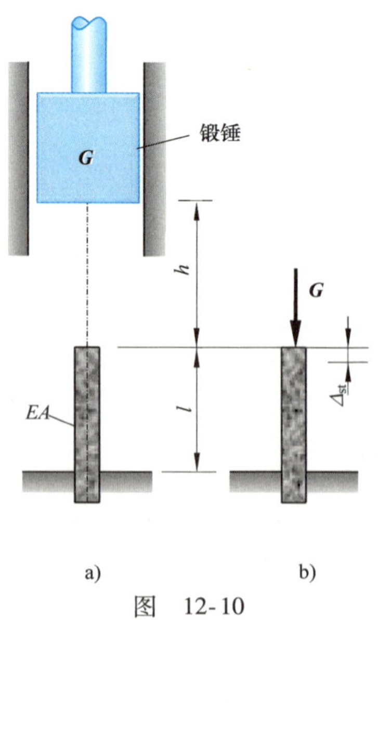

图 12-10

【例 12-4】 在图 12-11 中，两个材料相同且总长相等的杆，变截面杆的最小截面与等截面杆的截面相等，在相同的冲击载荷下，试比较两杆的最大动应力。

解： 在相同静载荷 G 作用下，两杆最大静应力相等，即

$$\sigma_{st,max}^{a}=\sigma_{st,max}^{b}$$

但两杆在静载荷 G 作用下的静变形不等，即

$$\Delta_{st}^{a} < \Delta_{st}^{b}$$

由式（12-7），可知二杆动荷系数不等，有

$$K_{d}^{a} > K_{d}^{b}$$

所以二杆最大动应力亦不等，有

$$\sigma_{d,max}^{a} > \sigma_{d,max}^{b}$$

由此可见，图 12-11 杆动荷系数越大，则动应力越大，削弱部分的长度 s 越小，静变形 Δ_{st} 越小，则动应力数值就更大。

【例 12-5】 图 12-12 所示两相同钢梁受重物 G 自由落体冲击，一梁支于刚性支座上，另一梁支于弹簧刚度 $K=1\text{kN/cm}$ 的弹簧支座上。已知 $l=3\text{m}$，$h=0.05\text{m}$，$G=1\text{kN}$，梁截面 $I=3\ 400\text{cm}^4$ 和 $W=309\text{cm}^3$，梁材料 $E=200\text{GPa}$。分别求两梁横截面最大正应力。

解：● 求 C 截面静挠度 Δ_{st}

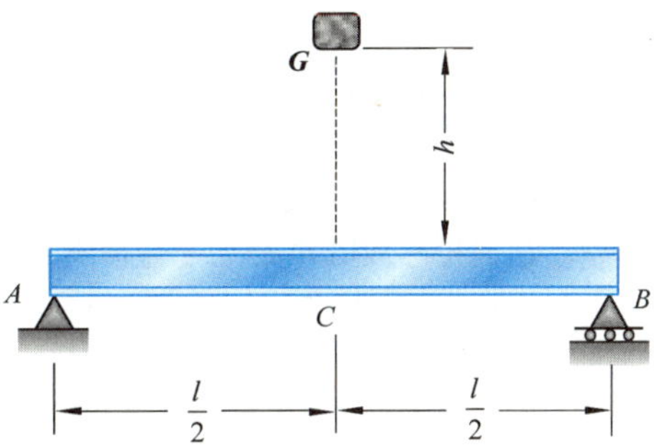

a)

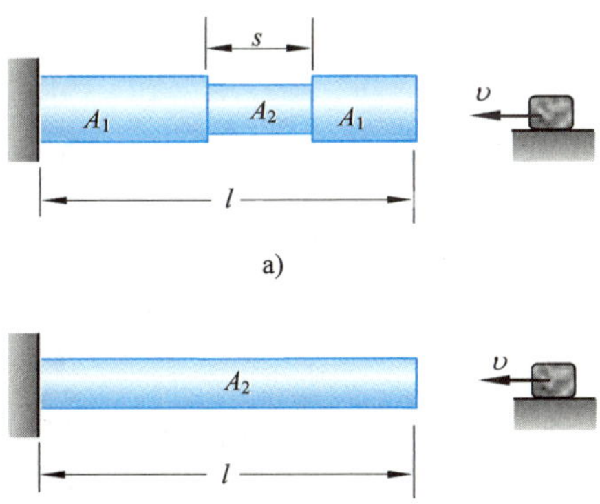

b)

图　12-11

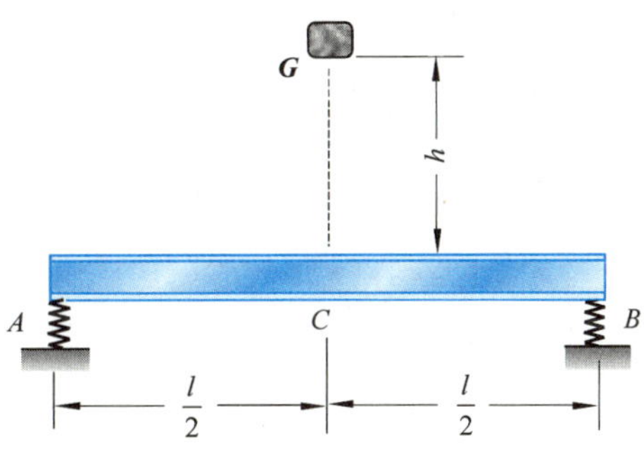

b)

图　12-12

对刚性支座梁

$$\Delta_{st} = \frac{Gl^3}{48EI} = \frac{1\ 000 \times 3^3}{48 \times 200 \times 10^9 \times 3\ 400 \times 10^{-8}}\text{m}$$
$$= 82.8 \times 10^{-6}\text{m}$$

对弹簧支座梁

$$\Delta_{st} = \frac{Gl^3}{48EI} + \frac{G}{2K} = \left(82.8 \times 10^{-6} + \frac{1\ 000}{2 \times 1\ 000} \times 10^{-2}\right)\text{m}$$
$$= 5\ 082 \times 10^{-6}\text{m}$$

● 求动荷系数 K_d

对刚性支座梁

$$K_d = 1 + \sqrt{1 + \frac{2h}{\Delta_{st}}} = 1 + \sqrt{1 + \frac{2 \times 0.05}{82.8 \times 10^{-6}}} = 34.8$$

对弹簧支座梁

$$K_d = 1 + \sqrt{1 + \frac{2h}{\Delta_{st}}} = 1 + \sqrt{1 + \frac{2 \times 0.05}{5\,082 \times 10^{-6}}} = 5.55$$

- 求最大正应力 $\sigma_{d,max}$

$$\sigma_{st,max} = \frac{M_{max}}{W} = \frac{Gl}{4W} = \frac{1\,000 \times 3}{4 \times 309 \times 10^{-6}} \text{Pa} = 2.43\text{MPa}$$

对刚性支座梁

$$\sigma_{d,max} = K_d \sigma_{st,max} = 34.8 \times 2.43\text{MPa} = 84.5\text{MPa}$$

对弹簧支座梁

$$\sigma_{d,max} = K_d \sigma_{st,max} = 5.55 \times 2.43\text{MPa} = 13.5\text{MPa}$$

本例表明，采用弹簧支座，可降低系统刚度，减小动荷系数，从而减小冲击动应力。

【例 12-6】 图 12-13a 所示 AC 杆在水平面内，绕通过 A 点的垂直轴以匀角速度 ω 转动。杆的 C 端有一重为 $\boldsymbol{G}$ 的集中质量。如因发生故障在 B 点卡住而突然停止转动，试求 AC 杆内的最大冲击应力。设 AC 杆的抗弯刚度为 EI，抗弯截面模量为 W，质量可以不计。

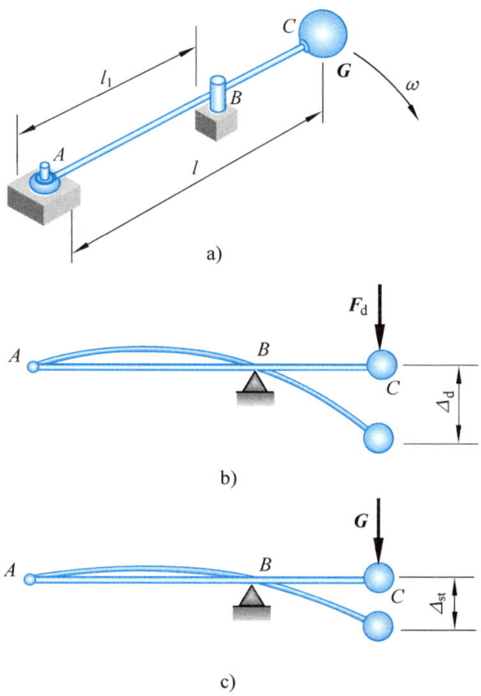

图 12-13

解： • 重物在冲击过程中所损失的能量 $\Delta T + \Delta V$

AC 杆将因突然停止转动而受到冲击，C 端重物的初速度原为 ωl，在冲击过程中，最终变为零。损失的动能为

$$\Delta T = \frac{1}{2}\frac{G}{g}(\omega l)^2$$

因为是在水平面运动，重物的势能没有变化，即 $\Delta V = 0$

- 杆件的弹性变形能 ΔU_d

AC 杆将因突然停止转动而受到冲击，发生弯曲变形

$$\Delta U_d = \frac{1}{2}F_d\Delta_d = \frac{1}{2}\frac{\Delta_d^2}{\Delta_{st}}G$$

- 应用 $\Delta T + \Delta V = \Delta U_d$，求动荷系数 K_d

$$\frac{1}{2}\frac{G}{g}(\omega l)^2 = \frac{1}{2}\frac{\Delta_d^2}{\Delta_{st}}G$$

整理得

$$K_d = \frac{\Delta_d}{\Delta_{st}} = \sqrt{\frac{\omega^2 l^2}{g\Delta_{st}}}$$

冲击应力

$$\sigma_d = K_d\sigma_{st} = \sqrt{\frac{\omega^2 l^2}{g\Delta_{st}}}\sigma_{st} \quad \text{(c)}$$

- 求出静载荷 $\boldsymbol{G}$ 作用下的静变形 Δ_{st}、最大静应力 σ_{st}

若 $\boldsymbol{G}$ 以静载方式作用于 C 端（图 12-13c），利用求弯曲变形的任一种方法（比如能量法或直接查表），可得 C 点的静位移

$$\Delta_{st} = \frac{Gl(l - l_1)^2}{3EI}$$

同时，在截面 B 上的最大静应力为

$$\sigma_{st} = \frac{M}{W} = \frac{G(l - l_1)}{W}$$

● 将静变形 Δ_{st} 和最大静应力 σ_{st} 代入式（c）中，求出最大冲击应力

$$\sigma_d = \frac{\omega}{W}\sqrt{\frac{3EIlG}{g}}$$

下面以例 12-1 题中的轴 AB 突然制动，来讨论**扭转冲击问题**。

【例 12-7】 已知 AB 轴长 $l=1$m，直径 $d=100$mm，材料的剪变模量 $G=80$GPa，转动角速度 $\omega=4\pi$ rad/s，$I_x=0.5$kN·m·s^2。试求当 AB 轴 A 端突然制动时（图 12-14），轴内的最大动应力。

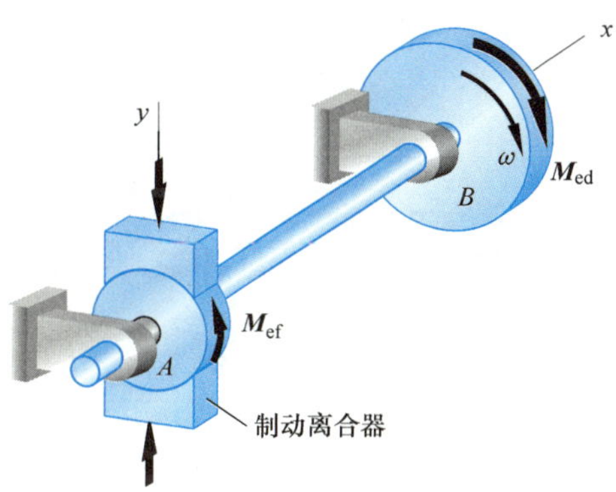

图 12-14

解：当 A 端突然制动时，由于 B 端飞轮具有很大的动能，所以轴 AB 将受到冲击，发生扭转变形。在冲击过程中，势能 ΔV 没有变化，飞轮角速度最终降低为零，它的动能减少为

$$\Delta T = \frac{1}{2}I_x\omega^2$$

而轴 AB 增加的扭转弹性变形能为

$$\Delta U_d = \frac{1}{2}M_{xd}\varphi_d = \frac{M_{xd}^2 l}{2GI_P}$$

应用 $\Delta T+\Delta V=\Delta U_d$，得

$$\frac{1}{2}I_x\omega^2 = \frac{M_{xd}^2 l}{2GI_P}$$

整理得

$$M_{xd} = \omega\sqrt{\frac{I_x GI_P}{l}}$$

轴内最大冲击切应力为

$$\tau_{d,max} = \frac{M_{xd}}{W_P} = \omega\sqrt{\frac{I_x GI_P}{lW_P^2}}$$

对圆轴，有

$$\frac{I_P}{W_P^2} = \frac{\pi d^4}{32}\cdot\left(\frac{16}{\pi d^3}\right)^2 = \frac{2}{A}$$

于是得

$$\tau_{d,max} = \omega\sqrt{\frac{2GI_x}{Al}} = 4\pi\sqrt{\frac{2\times80\times10^9\times0.5\times10^3}{1\times\frac{(100\times10^{-3})^2\pi}{4}}}\text{Pa} = 1\ 268\text{MPa}$$

由此可见，$\tau_{d,max}$ 与轴体积 Al 有关，Al 越大，$\tau_{d,max}$ 越小。

将本例所得结果与例 12-1 结果比较可知，突然制动时 $\tau_{d,max}$ 的值是 10s 内匀减速制动时 $\tau_{d,max}$ 的 396 倍。从而可见，突然制动而形成的扭转冲击对轴十分有害。

【例 12-8】 如图 12-15a 所示，已知 $EI=$常数，设 $ql^4=4hEI$，试求：AD 梁在静载荷 q 和自由落体冲击 G 共同作用下 D 点的挠度 f_D。其中 $G=ql$。

解：● 应用叠加法求 f_D（图 12-15b、f）

$$f_D = f_{D_{静载}} + f_{D_{动载}}$$

● 先求只在静载荷 q 单独作用时 $f_{D_{静载}}$（图 12-15b）

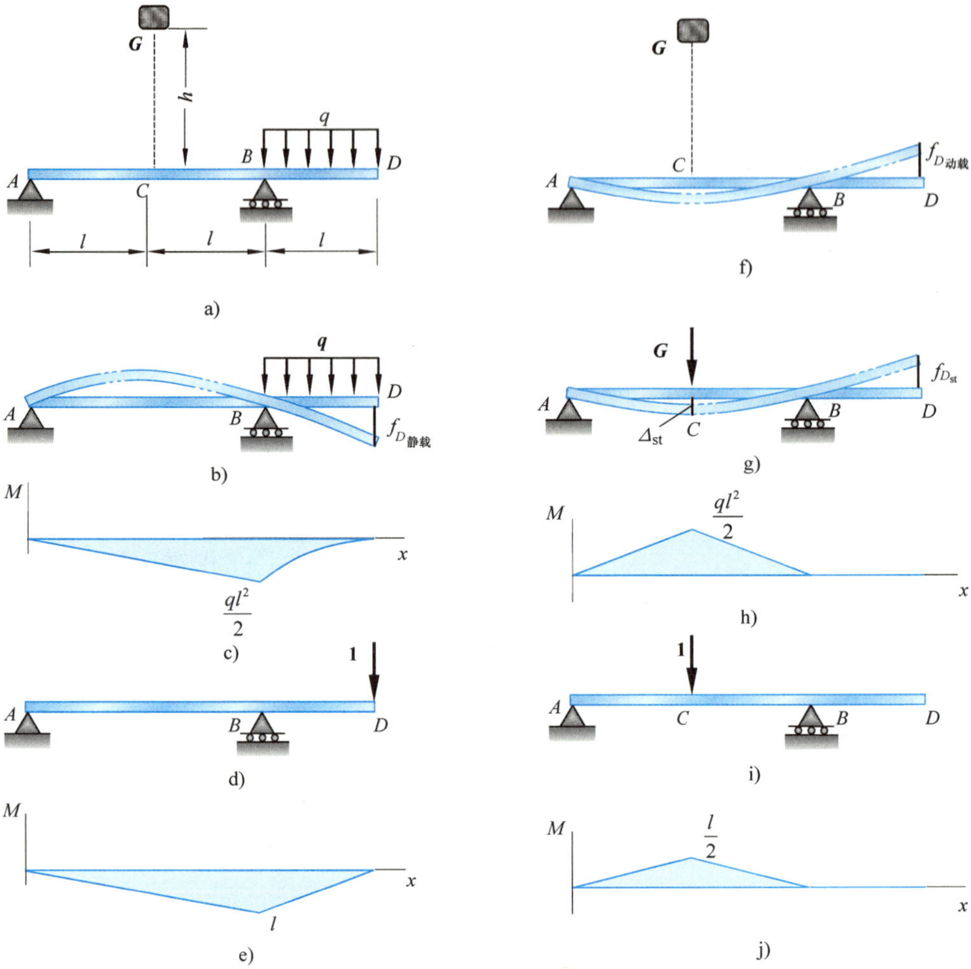

图 12-15

$$f_{D_{静载}} = \sum \frac{\omega_i \overline{M}_{Ci}}{EI} = \frac{1}{EI}\left(\frac{l}{3} \cdot \frac{ql^2}{2} \cdot \frac{3l}{4} + \frac{2l}{2} \cdot \frac{ql^2}{2} \cdot \frac{2l}{3}\right) = \frac{11ql^4}{24EI}\ (\downarrow)$$

- 再求只在动载荷 $\boldsymbol{G}$ 单独作用时 $f_{D_{动载}}$（图 12-15f）

$$\Delta_{st} = \sum \frac{\omega_i \overline{M}_{Ci}}{EI} = \frac{1}{EI}\left(2 \cdot \frac{l}{2} \cdot \frac{ql^2}{2} \cdot \frac{2}{3} \cdot \frac{l}{2}\right) = \frac{ql^4}{6EI}\ (\downarrow)$$

$$K_d = 1 + \sqrt{1 + \frac{2h}{\Delta_{st}}} = 1 + \sqrt{1 + \frac{2h \cdot 6EI}{ql^4}} = 3$$

冲击载荷 $\boldsymbol{G}$ 以静载荷作用在 C 点时，引起 D 点的静位移（图 12-15g）

$$f_{D_{st}} = \frac{\omega \overline{M}_C}{EI} = -\frac{1}{EI}\left(\frac{1}{2} \cdot \frac{ql^2}{2} \cdot 2l \cdot \frac{l}{2}\right) = -\frac{ql^4}{4EI}\ (\uparrow)$$

于是，得 D 点的冲击位移 $$f_{D_{动载}} = K_d f_{D_{st}} = -\frac{3ql^4}{4EI}\ (\uparrow)$$

- 叠加得 f_D

$$f_D = f_{D_{静载}} + f_{D_{动载}} = \frac{11ql^4}{24EI} - \frac{3ql^4}{4EI} = -\frac{7ql^4}{24EI} = -\frac{7}{6}h\ (\uparrow)$$

12.3.4　提高构件抗冲击能力的措施

从上面例题中明显看出，冲击载荷下冲击应力较之静应力高很多，所以在实际工程中采取相应措施，提高构件抗冲击能力，减小冲击应力，是十分必要的。

1. 尽可能增加构件的静变形

由式（12-6）~式(12-8）可见，增大构件的静变形 Δ_{st}，就可降低动载荷系数 K_d，从而降低冲击动应力和动变形。但是必须注意，往往增大静变形的同时，静应力也不可避免地随之增大，从而达不到降低动应力的目的。为达到增大静变形而又不使静应力增加，在工程上往往通过加设弹簧、橡胶坐垫或垫圈等方式实现，如火车车厢与轮轴之间安装压缩弹簧，汽车车架与轮轴之间安装蝶板弹簧等都是减小冲击动应力的有效措施，同时也起到了很好的缓冲作用。

2. 增加被冲击构件的体积

由例 12-7 可见，增大被冲击构件体积，可使动应力降低。受冲击载荷作用的汽缸盖固紧螺栓，由短螺栓（图 12-16a）改为相同直径长螺栓（图 12-16b），螺栓体积增大，则冲击动应力减小，从而提高螺栓抗冲击能力。

a)　　b)

图　12-16

3. 尽量避免采用变截面杆

由例 12-4 可知，变截面杆受冲击载荷作用是不利的，应尽量避免。对不可避免局部需削弱的构件，应尽量增加被削弱段长度。因此，工程中对一些受冲击的零件，如汽缸螺栓，不采用图 12-17a 所示的光杆部分直径大于螺纹内径的形状，而采用如图 12-17b 所示的光杆部分直径与螺纹内径相等或如图 12-17c 所示光杆段截面挖空削弱接近等截面的形状，使静变形 Δ_{st}增大，而静应力不变，从而降低动应力。

a)　　b)　　c)

图　12-17

12.4 冲击韧度

工程上，用来衡量材料抗冲击能力的指标，称为**冲击韧度**，记为 α_k。冲击韧度 α_k 由冲击试验确定。目前国内通用的冲击试验是用两端简支带切槽的标准试件进行的弯曲冲击试验。试验机、试验装置及试件示意图如图 12-18 所示。

试验时，将试件按切槽位于受拉一侧放置在试验机支架处。当重摆从一定高度自由落下将试件冲断时，试件所吸收的能量等于重摆所做的功 W，试件切槽处截面面积为 A，则材料的冲击韧度为

$$\alpha_k = \frac{W}{A} \tag{13-9}$$

其单位为 J/mm^2（焦/毫米^2）。

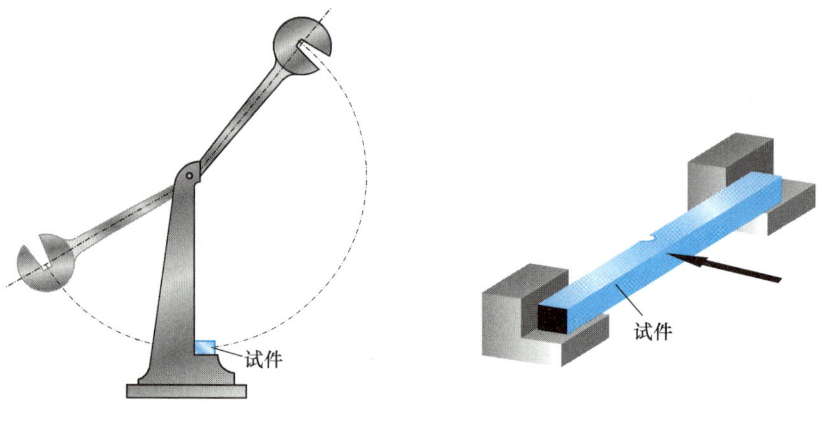

a) b)

图 12-18

冲击韧度只是一种衡量材料承受冲击能力以及对切口应力集中敏感程度的性能指标。α_k的数值与试件的形状、尺寸、支座条件及加载速度有关，所以只能作为比较材料抗冲击能力的一个相对性指标，不能直接用于构件的设计计算。

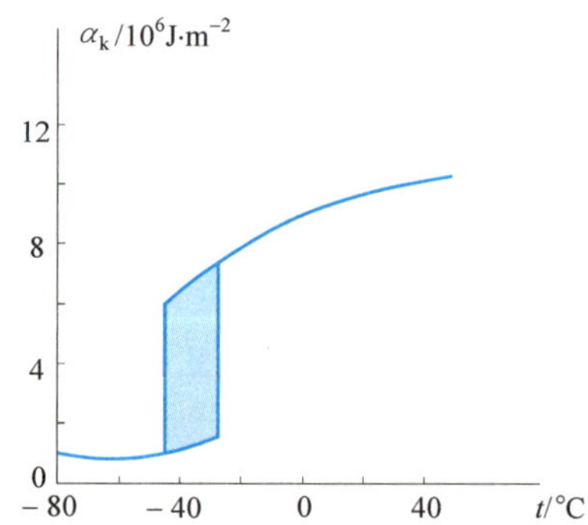

图 12-19

由试验结果得知，材料的 α_k 随温度的降低而减小，且在温度低于某一温度下，材料会突然变脆，即 α_k 突然降低，这种现象称为冷脆现象，使 α_k 突然下降的温度称为临界温度，如图 12-19 所示。由于低温冷脆现象的存在，因此要求在低温条件下工作的材料有足够大的冲击韧度值，以防止冷脆断裂发生。但也不是所有金属材料都存在冷脆现象，如铜、铝和某些高强度合金钢，在很大温度变化范围，α_k变化很小，并无明显低温冷脆现象。

分析思考题

12-1　何谓静载荷？何谓动载荷？二者有什么差别？

12-2　举例说明动载荷的利与害。

12-3　何谓动荷系数？它的物理意义是什么？

12-4　为什么转动的砂轮都有一定的临界转速限制？

12-5　在用能量法计算冲击应力时，进行了哪些假设？这些假设的作用是什么？

12-6　举例说明提高构件抗冲击能力的主要措施。

12-7 在垂直电梯内放置重量为 G 的重物，若电梯以重力加速度 g 下降，则重物对电梯的压力为多少？

12-8 何谓材料的冲击韧度？它与温度有什么关系？

习 题

12-1 如题 12-1 图所示，用两根直径相同的钢索以等加速度 $a=10\text{m/s}^2$ 起吊 32a 号工字钢，提升过程中工字钢维持水平，在不计钢索自重的情况下，求钢索轴力和工字钢内最大正应力。

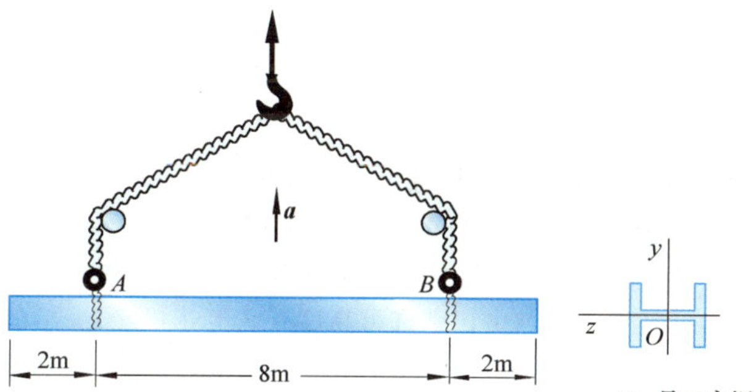

题 12-1 图

12-2 如题 12-2 图所示，起重机 A 自重 $G_1=20\text{kN}$，装在 2 根 32b 号工字钢组成梁上，保持铅垂起吊一重为 $G_2=60\text{kN}$ 的重物。若重物在第 1s 内以等加速上升 2.5m，试求绳内的拉力和梁内最大正应力。

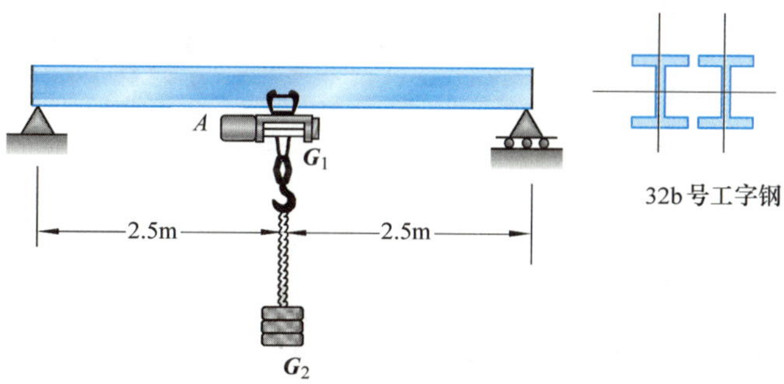

题 12-2 图

12-3 题 12-3 图所示钢质圆盘以 $\omega_0=40\text{rad/s}$ 等角速度旋转，盘上有一圆孔，试求轴内由于这一圆孔引起的最大正应力。材料密度 $\rho=7.8\text{g/cm}^3$。

12-4 题 12-4 图所示机车车轮以 $n=300\text{r/min}$ 的转速旋转。平行杆 AB 的横截面为矩形，$r=25\text{cm}$。试求平行杆最危险位置时杆内最大正应力。材料的密度 $\rho=7.8\text{g/cm}^3$。

12-5 重为 $G=0.5\text{kN}$ 重物自高度 $h=1\text{m}$ 处落下至圆盘 B 上，如题 12-5 图所示。圆盘固结于直径 $d=20\text{mm}$ 的圆截面杆下端，杆 AB 长 $l=2\text{m}$，试计算杆伸长及最大正应力。已知杆材料的 $E=200\text{GPa}$。

12-6 题 12-6 图所示飞轮的最大圆周速度 $v=25\text{m/s}$，材料的比重 $\rho=72.6\text{kN/m}^3$。若不计轮辐的影响，试求轮缘内的最大正应力。

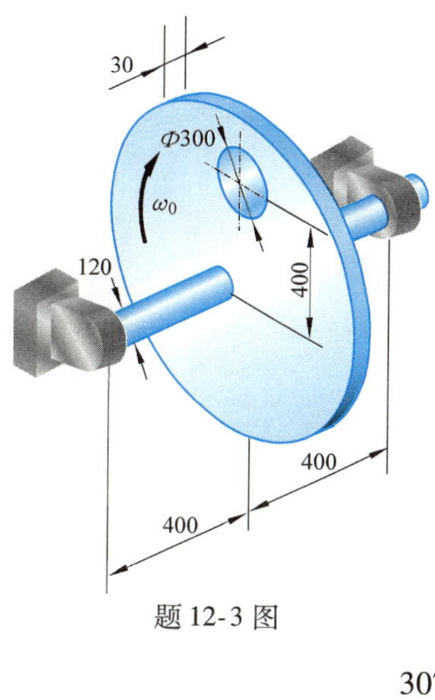

题 12-3 图

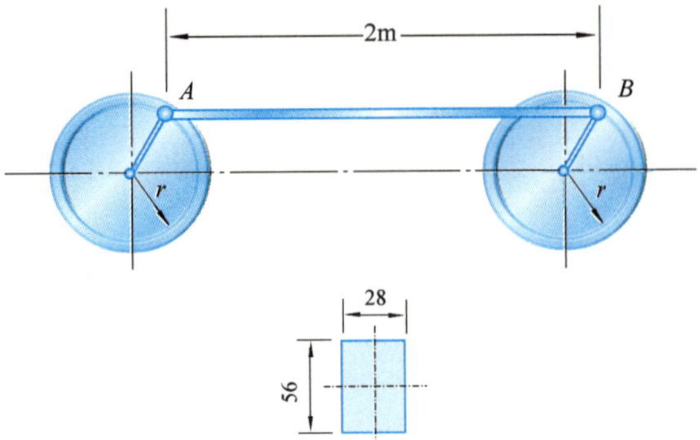

题 12-4 图

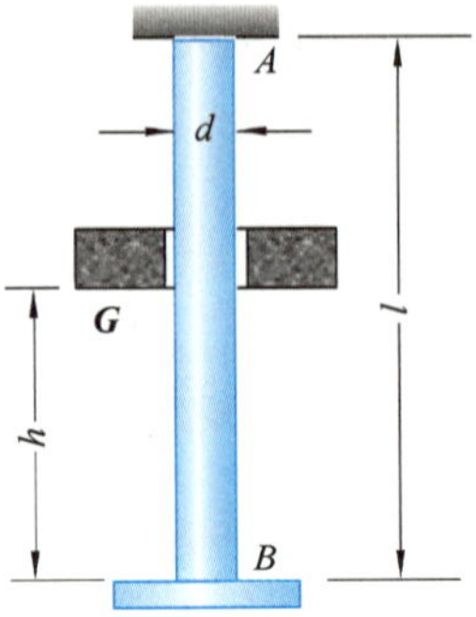

题 12-5 图

12-7 题 12-7 图所示钢杆的下端有一固定圆盘，盘上放置弹簧。弹簧在 1kN 的静载荷作用下缩短 0.625mm。钢杆的直径 $d=4\text{cm}$，$l=4\text{m}$，许用应力$[\sigma]=120\text{MPa}$，$E=200\text{GPa}$。若有重为 $G=15\text{kN}$ 的重物自由落下，求其许可的高度 h。又若没有弹簧，则许可高度 h 将等于多大?

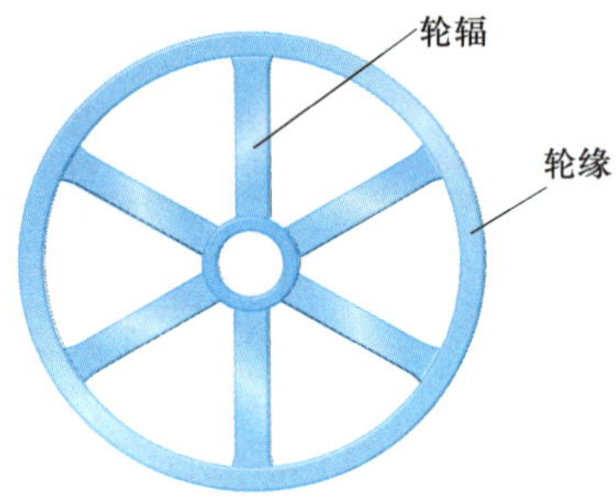

题 12-6 图

12-8 如题 12-8 图所示，重为 $\boldsymbol{G}$ 的重物自高度 h 下落冲击于梁上的 C 点，设梁的 E、I 及抗弯截面模量 W 皆为已知量，试求梁内最大正应力及梁跨度中点的挠度。

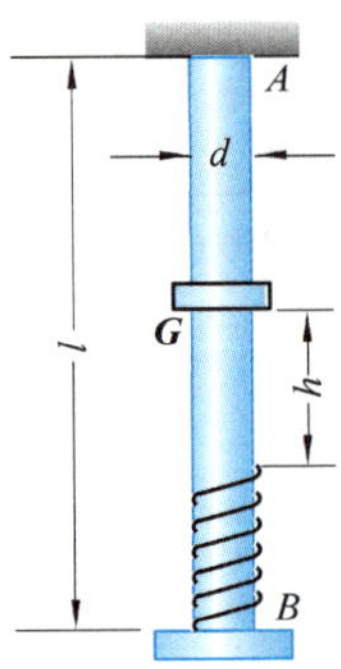

题 12-7 图

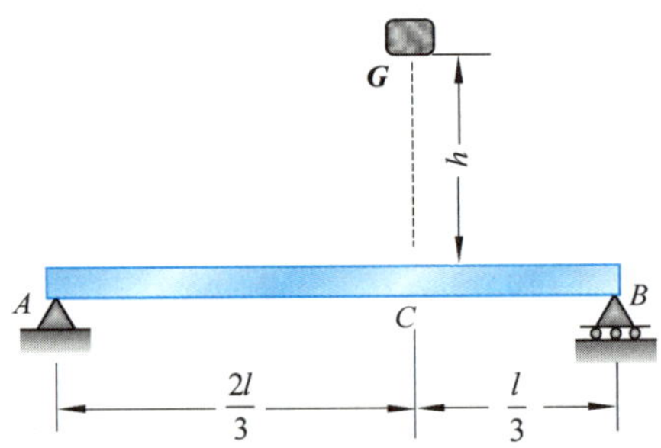

题 12-8 图

12-9 如题 12-9 图所示，钢制曲拐受重为 $\boldsymbol{G}_1$ 的重物自由降落冲击，用图示已知条件写出此冲击问题动荷系数的计算表达式。材料的弹性常数 E、G 为已知。

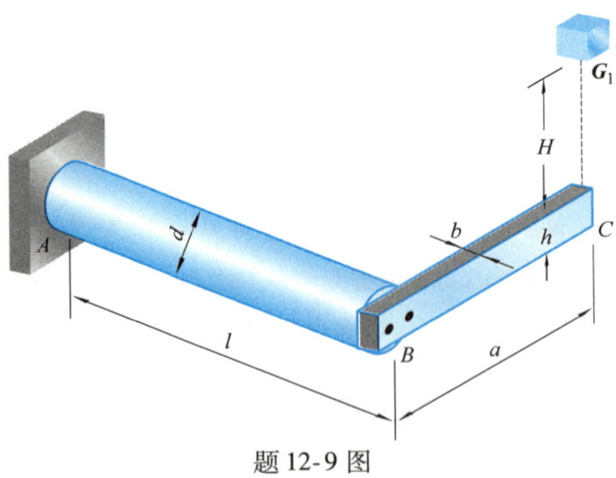

题 12-9 图

12-10　直径 $d=30\text{cm}$、长 $l=6\text{m}$ 的圆木桩，下端固定，上端受重为 $G=5\text{kN}$ 重锤作用，木材 $E_1=10\text{GPa}$，求题 12-10 图所示三种情况下木桩内最大正应力：（a）重锤以静载方式作用于桩顶上；（b）重锤从离桩顶 1m 的高度自由落下；（c）在桩顶放置直径为 15cm、厚度 2cm 橡皮垫，橡皮 $E_2=8\text{MPa}$，重锤从距橡皮垫顶面 1m 高度自由落下。

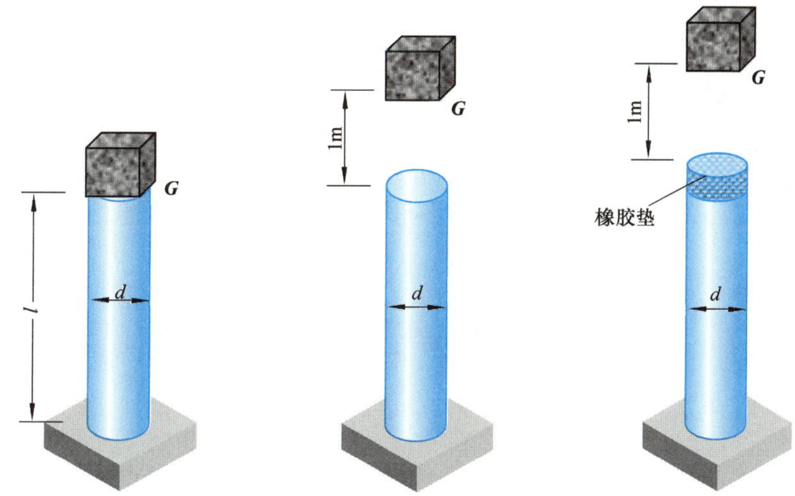

a)　　b)　　c)

题 12-10 图

12-11　速度为 v、重为 G 的重物，沿水平方向冲击于梁的 C 截面，如题 12-11 图所示。试求梁内最大正应力。设梁的抗弯刚度 EI 和抗弯截面模量 W 均为已知，并且设 $a=0.6l$。

12-12　题 12-12 图所示 AB 杆下端固定，长度为 l。在 C 点受到重为 G 沿水平运动的物体的冲击，当其与杆件接触时的速度为 v。设杆件的 E、I 及 W 皆为已知量，试求 AB 杆的最大正应力。

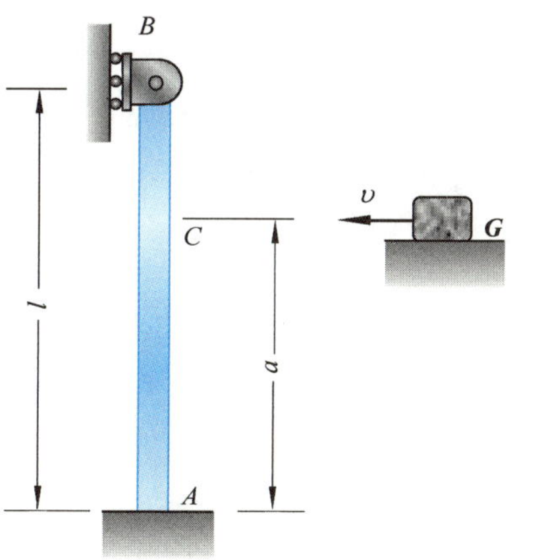

题 12-11 图

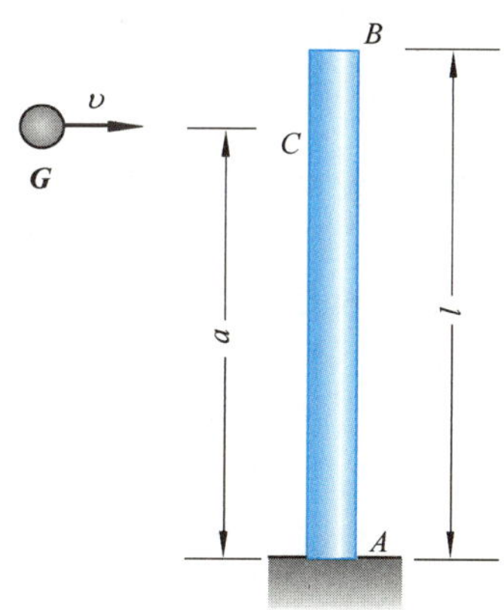

题 12-12 图

12-13　如题 12-13 图所示，重为 $G=1\text{kN}$ 的重物自高度 $h=10\text{cm}$ 处的自由落下，冲击 22a 号工字钢简支梁的中点。设梁长 $l=2\text{m}$，梁材料的 $E=200\text{GPa}$。求梁跨中点挠度及最大动应力。

12-14　如题 12-14 图所示，16 号工字钢左端铰支，右端置于螺旋弹簧上，弹簧共有 10 圈，其平均直径 $D=10\text{cm}$，簧丝的直径 $d=20\text{mm}$。若梁的许用应力 $[\sigma]=160\text{MPa}$，弹性模量 $E=200\text{GPa}$；弹簧的许用切应 $[\tau]=200\text{MPa}$，剪切弹性模量 $G=80\text{GPa}$，今有重量 $G_1=2\text{kN}$ 的重物从梁的跨度中点上方自由落下，试求

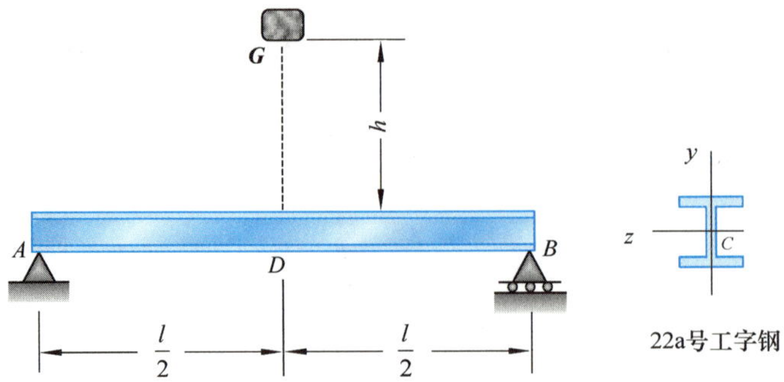

题 12-13 图

许可高度 h。

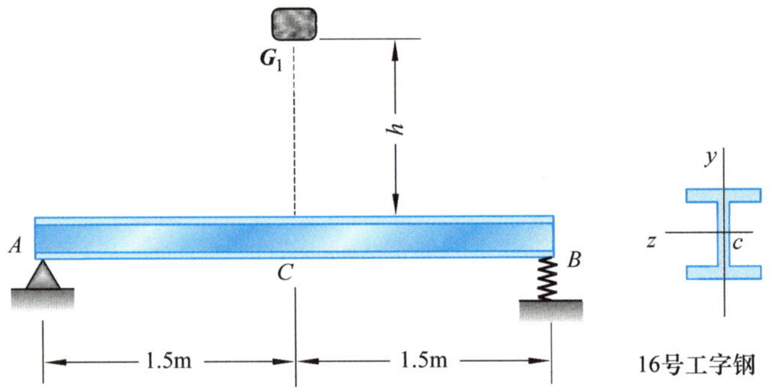

题 12-14 图

12-15 如题 12-15 图所示，平面曲拐钢轴的直径 $d=60\text{mm}$，$l=0.8\text{m}$，$a=0.3\text{m}$。材料的 $E=200\text{GPa}$，$G=80\text{GPa}$，许用应力 $[\sigma]=120\text{MPa}$。有一重物 G_0 自高度 $h=5\text{cm}$ 下落冲击 C 点，$G_0=100\text{N}$。试校核曲拐轴的强度。

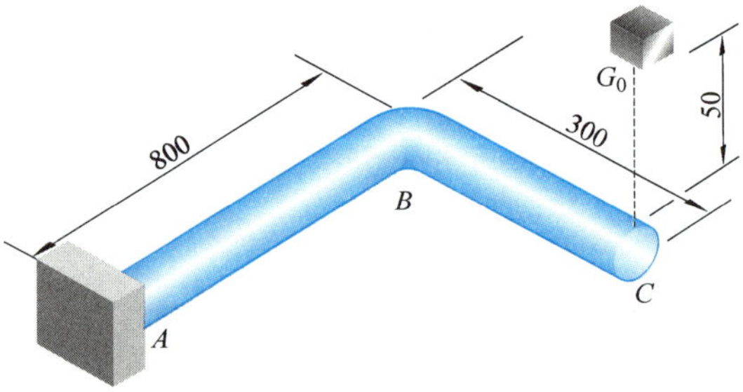

题 12-15 图

12-16 游泳池的跳板 AC 如题 12-16 图所示，材料的弹性模量 $E=10\text{GPa}$。若体重为 700N 的跳水运动员从 300mm 高处落到跳板上，试求跳板的最大正应力和跳板的最大挠度。

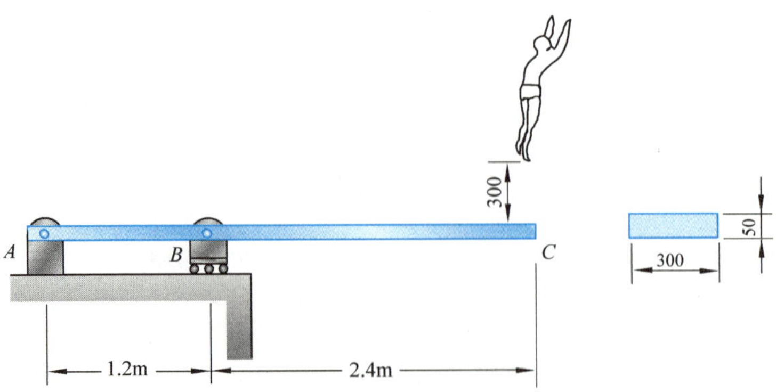

题 12-16 图

12-17　如题 12-17 图所示，重量为 **G** 的重物自高度 h 下落冲击刚架 C 点。已知刚架的 E、I_z 和 W_z，试求刚架内的最大正应力。

12-18　题 12-18 图所示卷扬机构中，起吊重物 $G_1=40\text{kN}$，以等加速度 $a=5\text{m/s}^2$ 向上运动。鼓轮重 $G_2=4\text{kN}$，鼓轮直径 $D=1.2\text{m}$。已知轴长 $l=1\text{m}$，轴材料许用应力 $[\sigma]=100\text{MPa}$。试按第三强度理论设计轴的直径 d。

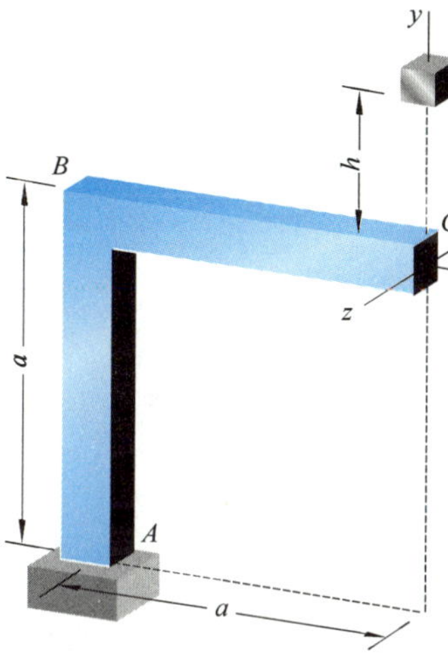

题 12-17 图

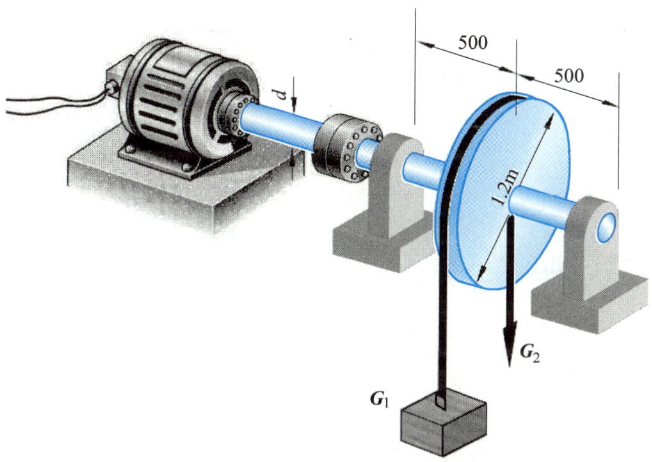

题 12-18 图

第 13 章 交变应力

13.1 概述

13.1.1 工程实例

工程中有些构件承受的载荷其大小、方向或位置等随时间做周期性的变化，如蒸汽机活塞杆、内燃机的连杆等；有的虽然载荷不随时间而改变，但构件本身在旋转，如图 13-1a 所示火车轮轴，若轴的直径为 d，轴的角速度为 ω，则轴横截面上边缘任一点 A 处（图 13-1b）的弯曲正应力为

$$\sigma = \frac{My}{I_z} = \frac{M}{I_z}\frac{d}{2}\sin\omega t$$

若将此式中 σ 与 t 的关系在 $\sigma - t$ 坐标系中用图线表示，即得到图 13-1c 中所示的正弦曲线。图中 t_1、t_2、t_3、t_4分别表示 A 点在图 13-1b 中所示位置 1、2、3、4 的时刻。

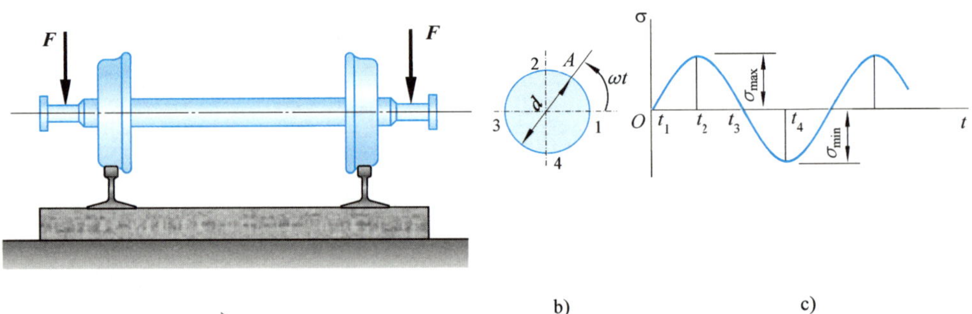

图 13-1

由此可见，车轴每旋转一圈，A 点的应力经历着如下的变化过程：$0 \to \sigma_{max} \to 0 \to \sigma_{min} \to 0$。应力每重复变化一次的过程，称为一个应力循环（图 13-1c）。随着车轴不停地旋转，A 点处的应力不断地重复上述循环做周期性的变化。这种随时间周期性交替变化的应力，称为**交变应力**。

又如齿轮上齿根某点 A（图 13-2a）。用 $\boldsymbol{F}$ 表示齿轮啮合时作用于轮齿上的力，齿轮每旋转一圈，轮齿啮合一次。啮合时 $\boldsymbol{F}$ 由零迅速增加到最大值，然后又减小为零，因而，齿

根 A 点的弯曲正应力 σ 也由零增加到某一最大值，再减小为零，齿轮不停地旋转，σ 也就不停地重复上述过程，σ 随时间 t 变化的曲线如图 13-2b 所示。

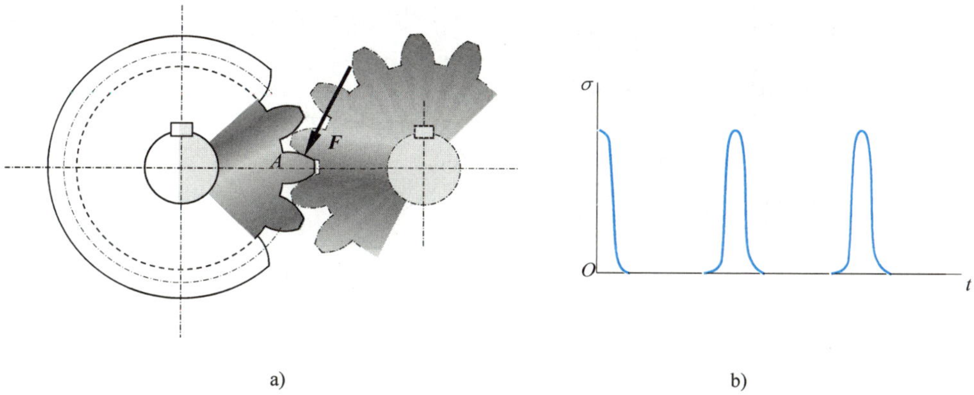

图 13-2

再有，当简支梁上因电动机转子偏心惯性力 $\boldsymbol{F}_d$ 作用而引起梁的强迫振动时（图 13-3a），其危险点应力随时间变化曲线如图 13-3b 所示。其中 σ_m 表示电动机重量 $\boldsymbol{G}$ 按静载方式作用于梁上引起的静应力，最大应力 σ_{max} 和最小应力 σ_{min} 分别表示梁在振动时最大和最小位移时的应力。

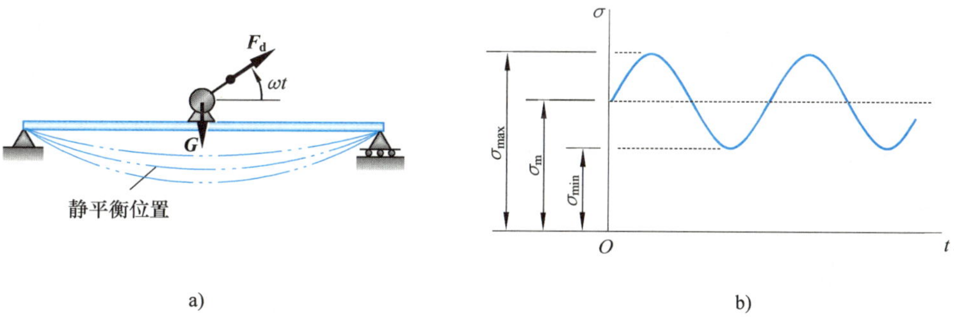

图 13-3

13.1.2 疲劳破坏及特点

以上各例均属应力随时间做周期性交替变化，统称为交变应力。实践表明，构件在交变应力作用下引起的破坏与静载荷作用下的破坏性质全然不同。承受交变应力作用的构件即使是用塑性材料制成的，虽然工作应力远低于材料的强度极限，但在经历一定的工作时间之后也可能发生突然断裂。在断裂前和脆性材料一样，无明显的塑性变形，这种破坏现象工程上常称为**疲劳破坏**。

图 13-4a 所示照片是构件在交变应力下破坏的断裂面。在断裂面示意图（图 13-4b）上可以看出明显的两个区域，一个是表面光滑的区域，一个是具有脆性破坏形状的粗粒状区域。

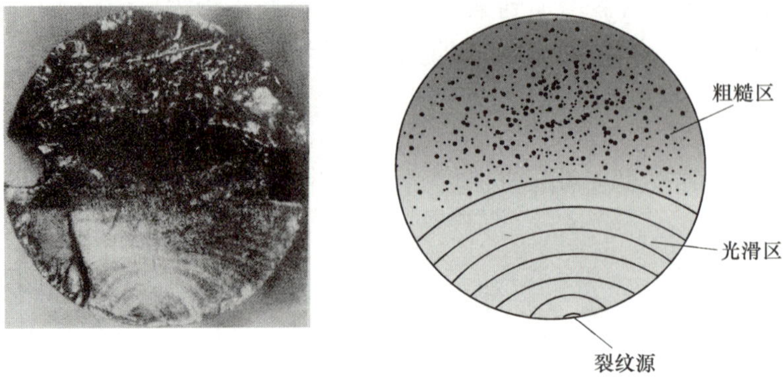

a)　　b)

图　13-4

13.1.3　引起疲劳破坏的原因

经过对大量构件多次观察研究，目前对这种现象的一般解释是：在交变应力作用下，由于构件外形和材料内部质地不均匀、有疵点，致使构件某些局部区域应力达到屈服应力，在交变应力作用下，在此局部区域将逐步形成极细小的微观裂纹，这就是图 13-4b 中所示的裂纹源。而裂纹尖端严重的应力集中又进一步导致裂纹在交变应力作用下不断向内部扩展。在裂纹扩展过程中，由于应力在交替变化，开裂的两个侧面将时而压紧时而张开，重复压紧作用的结果就逐渐形成断口表面的光滑区（图 13-4b）。另一方面，随着裂纹的不断扩展，截面面积也随之削弱。故当裂纹扩展到某一临界尺寸后，在交变载荷作用下，构件将沿着削弱的截面骤然发生脆性断裂，断口表面呈现粗糙颗粒状，即图 13-4b 所示的粗糙区。

13.1.4　疲劳破坏的危害

像飞机、汽车、火车等飞行、行走机械结构中的一些主要零部件以及连杆、传动轴等构件，它们的破坏多是由于疲劳而导致的。所以疲劳破坏也是构件破坏的主要形式之一。

由于疲劳破坏是由多种原因引起、在局部发生的，其过程是一个较长的裂纹萌生和逐渐扩展的过程，疲劳破坏又往往是在没有明显预兆情况下的突然断裂，像飞机失事、火车轮轴断裂及汽车发动机中的曲轴断裂等。另外，疲劳破坏是在应力低于强度极限，甚至低于屈服点下发生的，所以疲劳破坏与静应力下的破坏性质完全不同。鉴于疲劳破坏危害程度之大，影响疲劳破坏的因素之多，所以疲劳的有关问题已经引起人们的关注。对在交变应力下工作的零件，进行疲劳强度计算是非常必要的。

13.2　交变应力的有关参数

交变应力作用下材料的力学性能、构件破坏特点都与静应力作用下不同。图 13-1c、图 13-2b 和图 13-3b 表示的是应力 σ 随时间 t 变化的曲线关系，其中 σ 为广义应力，它可以是正应力 σ，也可以是切应力 τ。从三个曲线可以看出，它们分别代表不同的工况。各曲线的共性就是应力 σ（或 τ）随时间 t 按一定的规律呈周期性变化，其个性是每种工况下，最大

应力 σ_{max} 和最小应力 σ_{min} 以及它们的比例不同，最大值（或最小值）之间的间隔时间长短不同等。

13.2.1　描述交变应力的参数

图13-5表示应力随时间变化曲线的一般形式。应力从最大应力 σ_{max} 到最小应力 σ_{min}，再回到最大应力 σ_{max} 的过程称为一个应力循环。完成一个应力循环所需要的时间称为一个周期，记作 T。

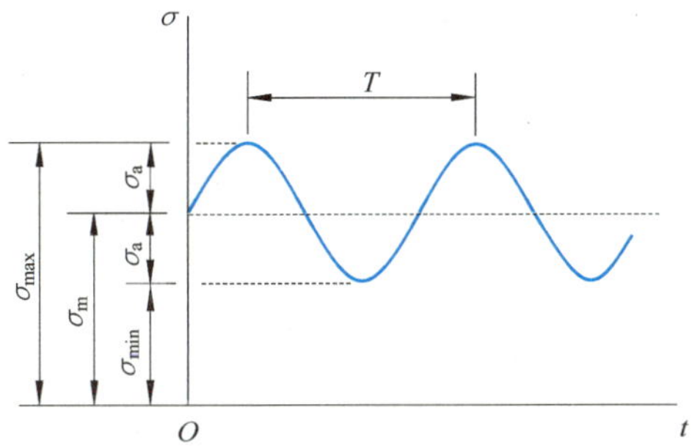

图　13-5

应注意：这里的 σ_{max} 和 σ_{min} 是指发生在构件横截面上的**同一点**处但在**不同时刻**的应力值，这里的 σ_{max} 与在同一时刻发生在构件同一横截面上的 σ_{max} 的含义不同（其 σ_{max} 的数值相同）。

1. 循环特征 r

应力循环中最小应力 σ_{min} 与最大应力 σ_{max} 的比值，称为循环特征，用 r 表示，即

$$r=\frac{\sigma_{min}}{\sigma_{max}} \tag{13-1}$$

循环特征 r 作为表示一个应力循环中应力变化的特性与程度，是研究交变应力时的重要参数。

2. 平均应力 σ_m

最大应力和最小应力的平均值称为平均应力，用 σ_m 表示，即

$$\sigma_m=\frac{\sigma_{max}+\sigma_{min}}{2}=\frac{1}{2}(1+r)\sigma_{max} \tag{13-2}$$

3. 应力幅 σ_a

最大应力和最小应力在平均应力上、下变化的幅度称之为应力幅，用 σ_a 表示，即

$$\sigma_a=\frac{\sigma_{max}-\sigma_{min}}{2}=\frac{1}{2}(1-r)\sigma_{max} \tag{13-3}$$

4. 最大应力 σ_{max} 和最小应力 σ_{min} 表示法

$$\sigma_{max}=\sigma_m+\sigma_a \tag{13-4}$$

$$\sigma_{min}=\sigma_m-\sigma_a \tag{13-5}$$

以上的5个参数 r、σ_m、σ_a、σ_{max}、σ_{min} 只有2个是独立的。平均应力可以看成是由静载荷引起的静应力，而应力幅则是交变应力中的动应力部分。

13.2.2　几种典型的交变应力

当循环特征 $r=-1$ 时称为**对称循环**，其余各种情况统称为**非对称循环**，$r=0$（或 $r=-\infty$）这种非对称循环又称为**脉动循环**。静应力可视为交变应力的特殊情形。几种典型的

交变应力 $\sigma-t$ 曲线及参数列表于 13-1 中。由表可以看出，非对称循环可看成是平均应力（静应力）与对称循环的叠加。

表 13-1　几种典型的交变应力 $\sigma-t$ 曲线及参数

循环类型	$\sigma-t$ 曲线	循环特征	σ_{max} 与 σ_{min}	σ_m 与 σ_a
对称循环	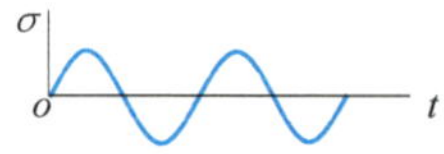	$r=-1$	$\sigma_{max}=-\sigma_{min}$	$\sigma_m=0$ $\sigma_a=\sigma_{max}$
脉动循环	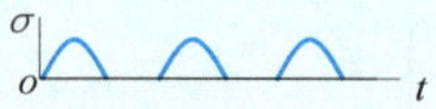	$r=0$	$\sigma_{max}>0$ $\sigma_{min}=0$	$\sigma_m=\sigma_a=\dfrac{\sigma_{max}}{2}$
	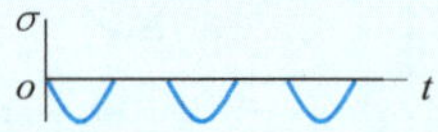	$r=-\infty$	$\sigma_{max}=0$ $\sigma_{min}<0$	$\sigma_a=-\sigma_m=-\dfrac{\sigma_{min}}{2}$
非对称循环	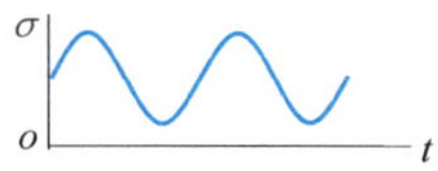	$-1<r<+1$	$\sigma_{max}=\sigma_m+\sigma_a$ $\sigma_{min}=\sigma_m-\sigma_a$	$\sigma_m=\dfrac{\sigma_{max}+\sigma_{min}}{2}$ $\sigma_a=\dfrac{\sigma_{max}-\sigma_{min}}{2}$
静应力	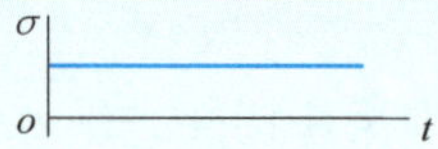	$r=+1$	$\sigma_{max}=\sigma_{min}$	$\sigma_a=0$ $\sigma_m=\sigma_{max}=\sigma_{min}$

实验表明，应力循环曲线的形状，对材料的交变应力作用下的疲劳强度无显著影响，只要 σ_{max} 和 σ_{min} 相同可不加区别。

实践证明，对称循环是交变应力中最危险的一种工况。

上面列举的各种交变应力中，其应力幅和平均应力均不随时间而改变，这种交变应力又称为常幅稳定交变应力。除此而外还有变幅稳定交变应力（图 13-6）和随机变化的不稳定交变应力等。

这里主要研究最基本的，即常幅稳定交变应力下构件的强度问题。

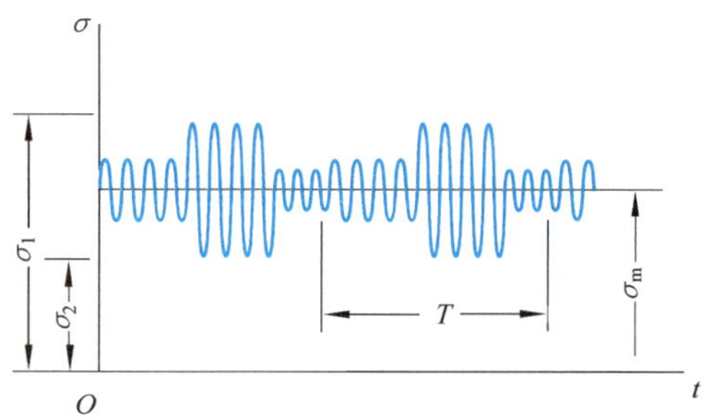

图　13-6

13.3 材料的持久极限

13.3.1　持久极限

对于在交变应力下工作的构件进行强度计算时，首先需要知道材料在交变应力下工作而不发生破坏的极限应力。实践表明，在交变应力下工作的构件，最大工作应力低于屈服极限也有可能发生疲劳破坏。因此，静载时测定的屈服点或强度极限已不能作为交变应力下的强度指标，必须专门测定在交变应力下能够正常工作而不发生破坏的的极限应力。试验表明，这个极限应力值受循环特征、材料、外形、绝对尺寸及表面加工等很多因素影响，因此在测定时必须用标准尺寸的光滑小试件。

承受交变应力的试件，在疲劳破坏前所历经的应力循环次数一般称之为**持久寿命**，用 N

表示。在上述的循环特征、材料等条件相同的情况下，试件持久寿命与最大应力有关。最大应力 σ_{max} 愈大，持久寿命就愈小；最大应力 σ_{max} 愈小，持久寿命就愈大。依次降低最大应力 σ_{max}，就可使寿命不断增加。当最大应力 σ_{max} 降到某一数值时，持久寿命 N 就可能增至"无限长"。通常将试件经受无限多次应力循环而不发生疲劳破坏的最大应力的最高限称为材料的**持久极限**，用 $\sigma_r(\tau_r)$ 表示。同一材料的持久极限数值随基本变形形式和循环特征的不同而不同，在同一种基本变形形式下的持久极限以对称循环（$r=-1$）时的持久极限为最低。所以通常都以对称循环交变应力下的持久极限即 $\sigma_{-1}(\tau_{-1})$ 作为材料在交变应力下的主要强度指标。

同一材料对称循环交变应力下持久极限 σ_{-1} 比静载荷时的强度极限 σ_b 要低得多。以低碳钢为例，在拉伸（压缩）、弯曲、扭转变形时持久极限与强度极限分别有如下关系：

拉伸（压缩）变形　　$\sigma_{-1}\approx 0.3\sigma_b$

弯曲变形　　$\sigma_{-1}\approx 0.4\sigma_b$

扭转变形　　$\tau_{-1}\approx 0.25\sigma_b$

13.3.2 对称循环时材料持久极限的测定

试验机：试验所用疲劳试验机的基本组成和工作原理如图 13-7 所示。这是一种纯弯曲式疲劳试验机，试件在试验机上承受纯弯曲，随着电机高速旋转，试件在不停地转动，试件横截面上任意点的应力值都在 σ_{max} 与 σ_{min} 应力之间交替呈正弦曲线变化（图 13-1c）。

标准试件：完成试验需要一组（6～8 根）材料、尺寸和表面磨光等完全相同的标准试件。

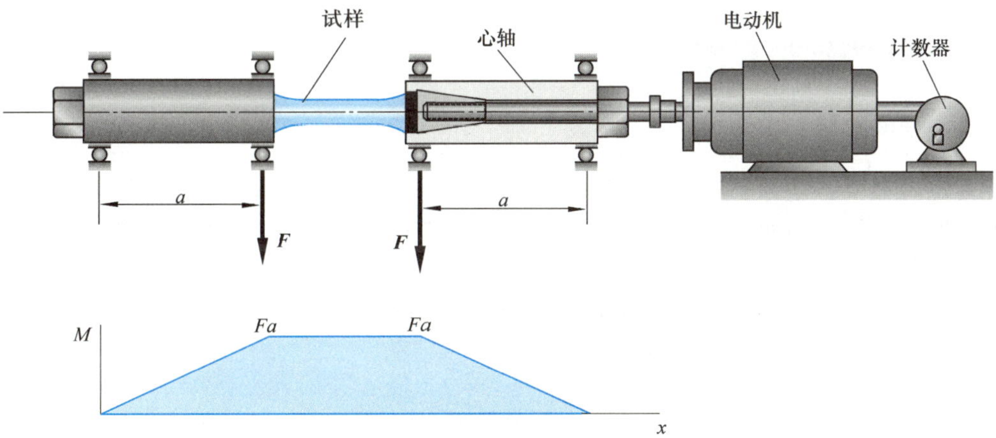

图 13-7

试验设计：试验设计主要是解决对 6～8 根试件每根加多大载荷的合理设计。对于低碳钢，第一根试件的循环应力的最大值约等于其强度极限的 60%～70%，循环 N_1 次断裂；第二根试件的循环应力的最大值比第一根试件的应力减 20～40MPa，循环 N_2 次断裂；依次降低每根试件的 σ_{max}，持久寿命 N 则随之逐次加长。

将各个对应的 $\sigma_{max,i}$ 和 N_i 画在以 σ_{max} 为纵坐标、试件循环次数 N 为横坐标的直角坐标系内，如图 13-8 所示曲线，习惯上称此曲线为**疲劳曲线**，也叫 ***S*－*N* 曲线**。但是试验不可能无限次进行，一般规定用一个循环次数 N_0 来代替"无限长"的持久寿命，这个 N_0 称为循环基数。由疲劳曲线可以明显看出：随 σ_{max} 减小 N 逐渐增大，当 $N\geqslant N_0$ 时，曲线趋近于水平，这时水平渐近线所对应的纵坐标 σ_{-1} 就是这种材料在**对称循环下的持久极限**。

图 13-8a 所示疲劳曲线上任意点 A 的纵、横坐标分别为 $\sigma_{max,A}$ 和 N_A，这表示循环应力最大值为 $\sigma_{max,A}$ 时，试件断裂前所经受的应力循环次数为 N_A，N_A 是在为 $\sigma_{max,A}$ 这个条件下的有限寿命，而 $\sigma_{max,A}$ 称为有限寿命 N_A 时材料的**条件持久极限**。

对应持久极限 σ_r 的寿命是无限寿命，所以持久极限定义为材料经无限次应力循环而不发生疲劳破坏的最大应力。

对于钢和铸铁等黑色金属材料，试件经受 10^7 次循环如果仍不断裂，则可认为再增加循环次数试件也不会断裂，所以通常就取 $N_0 = 2 \times 10^7$ 次作为循环基数，这一循环次数下不破坏时的最大应力作为条件持久极限，如图 13-8b 所示的疲劳曲线。有色金属的 $S-N$ 曲线无明显趋于水平的直线部分。通常规定一个循环基数，例如 $N_0 = 10^8$，把它对应的最大应力作为这类材料的条件持久极限。

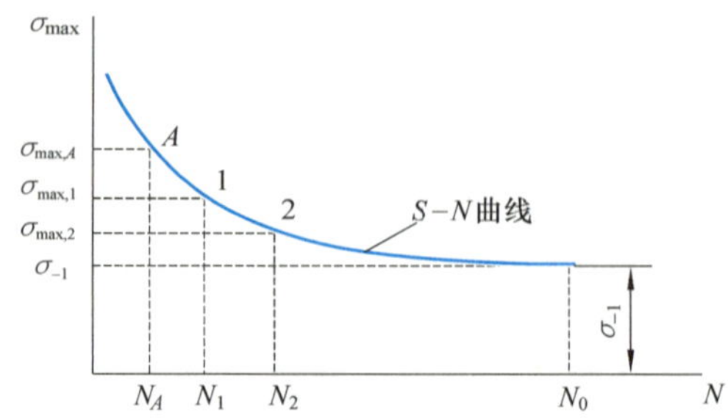

a)

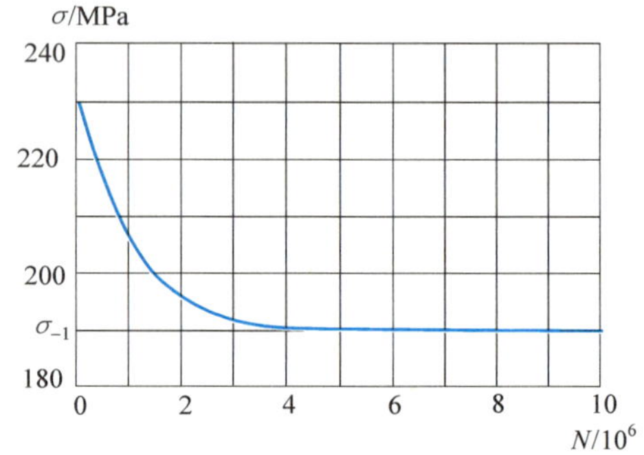

b)

图 13-8

13.4 构件的持久极限

13.4.1 载荷的性质与强度

在常温静载下，拉伸、压缩时用标准试件测定的材料的极限应力（低碳钢的屈服极限、铸铁的强度极限）可以直接作为构件的极限应力，但是，由于构件本身诸多因素对持久极限有影响，所以在交变应力作用下不能直接把用标准尺寸、光滑小试件测定的材料持久极限作为构件的持久极限。这就是载荷性质对材料强度的内在影响。

13.4.2 影响构件持久极限的因素

在交变应力作用下，实际构件的持久极限不但与材料有关，而且还受构件形状、尺寸大小、表面质量和其他一些因素的影响。因此，用光滑小试件测定的材料的持久极限 σ_{-1} 还不能代表实际构件的持久极限。下面介绍影响构件持久极限的几种主要因素。

1. 构件外形的影响

构件外形的突然变化，例如构件上有槽、孔、缺口、轴肩等，将引起应力集中。在应力集中的局部区域更易形成疲劳裂纹，使构件的持久极限显著降低。在对称循环下，若无应力集中的光滑试件的持久极限为 σ_{-1}，而有应力集中的试件的持久极限为 $(\sigma_{-1})_k$，则比值

$$K_\sigma = \frac{\sigma_{-1}}{(\sigma_{-1})_k} \tag{13-6}$$

称为**有效应力集中系数**。因为 σ_{-1} 大于 $(\sigma_{-1})_k$，所以 K_σ 大于 1。工程上为了使用方便，把关于有效应力集中系数的实验数据，整理成曲线或表格。图 13-9 ~ 图 13-11 就是这类曲线。

由图 13-9～图 13-11 可以看出，有效应力集中系数不但与构件形状、尺寸有关，而且与材料的强度极限 σ_b 亦即与材料的性质有关。有一些由理论应力集中系数估算出有效应力集中系数的经验公式，一般说，静载荷抗拉强度越高，有效应力集中系数就越大，即对应力集中越敏感。

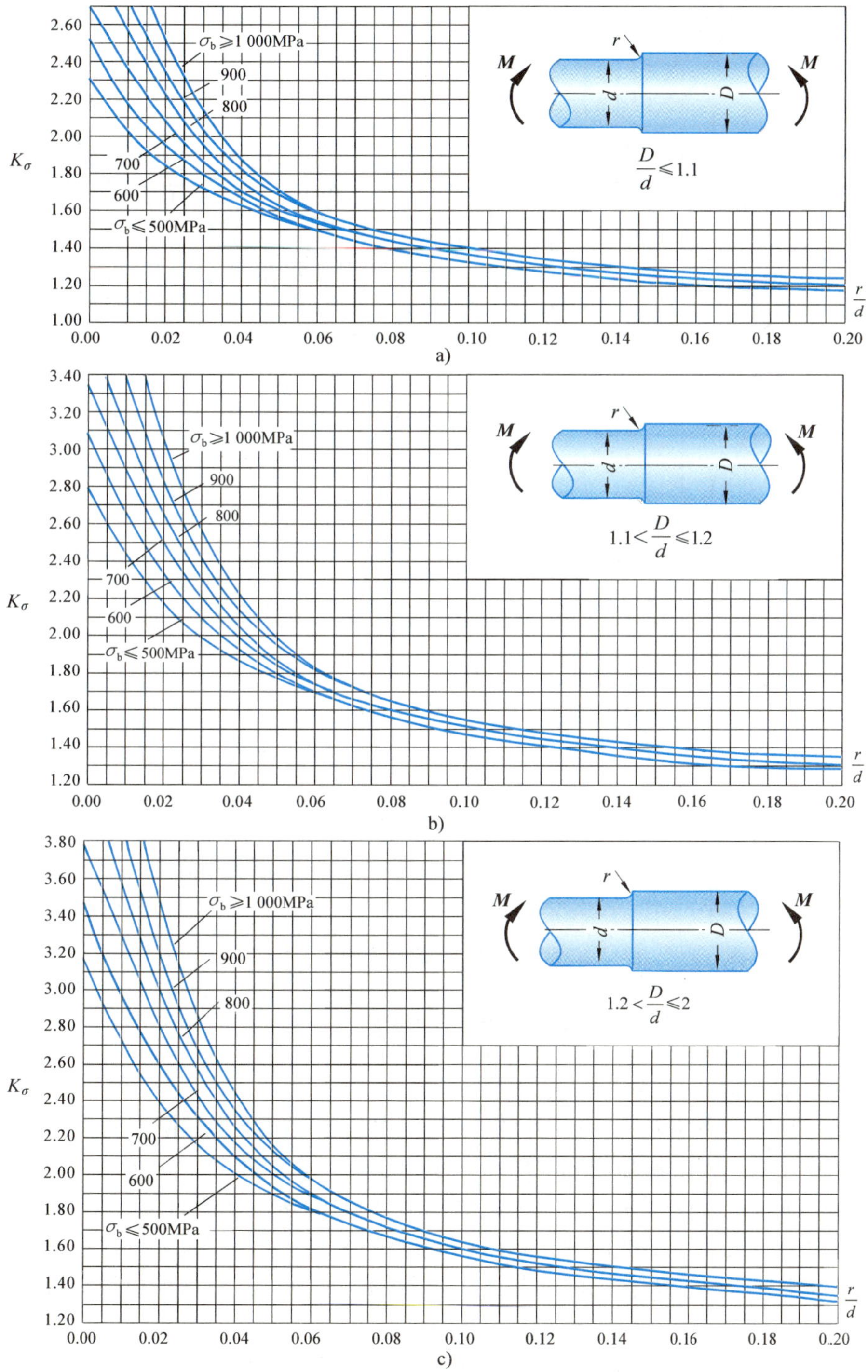

图　13-9

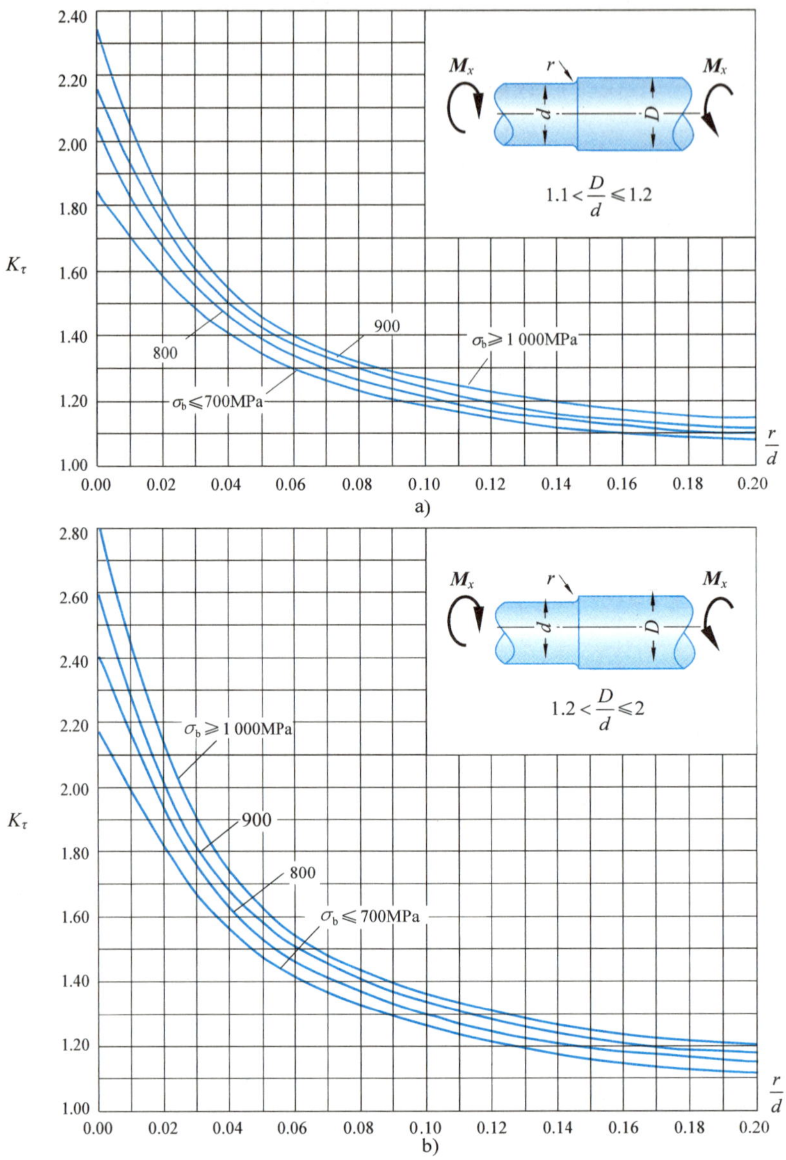

图 13-10

2. 构件尺寸的影响

持久极限一般是用直径为 7 ~ 10mm 的小试件测定的。在静强度相同的条件下随着试件横截面尺寸的增大，持久极限却相应地降低。现以图 13-12 中的两个受扭试件来说明。沿圆截面的半径，切应力是线性分布的，若两者最大切应力相等，显然有 $\alpha_1<\alpha_2$，即沿圆截面半径，大试件应力的衰减比小试件缓慢，因而大试件横截面上的高应力区比小试件的大。也就是说，大试件中处于高应力状态的晶粒比小试件的多，所以大试件形成疲劳裂纹的机会也就更多。

在对称循环下，若光滑小试件的持久极限为 σ_{-1}，光滑大试件的持久极限为 $(\sigma_{-1})_d$，则比值

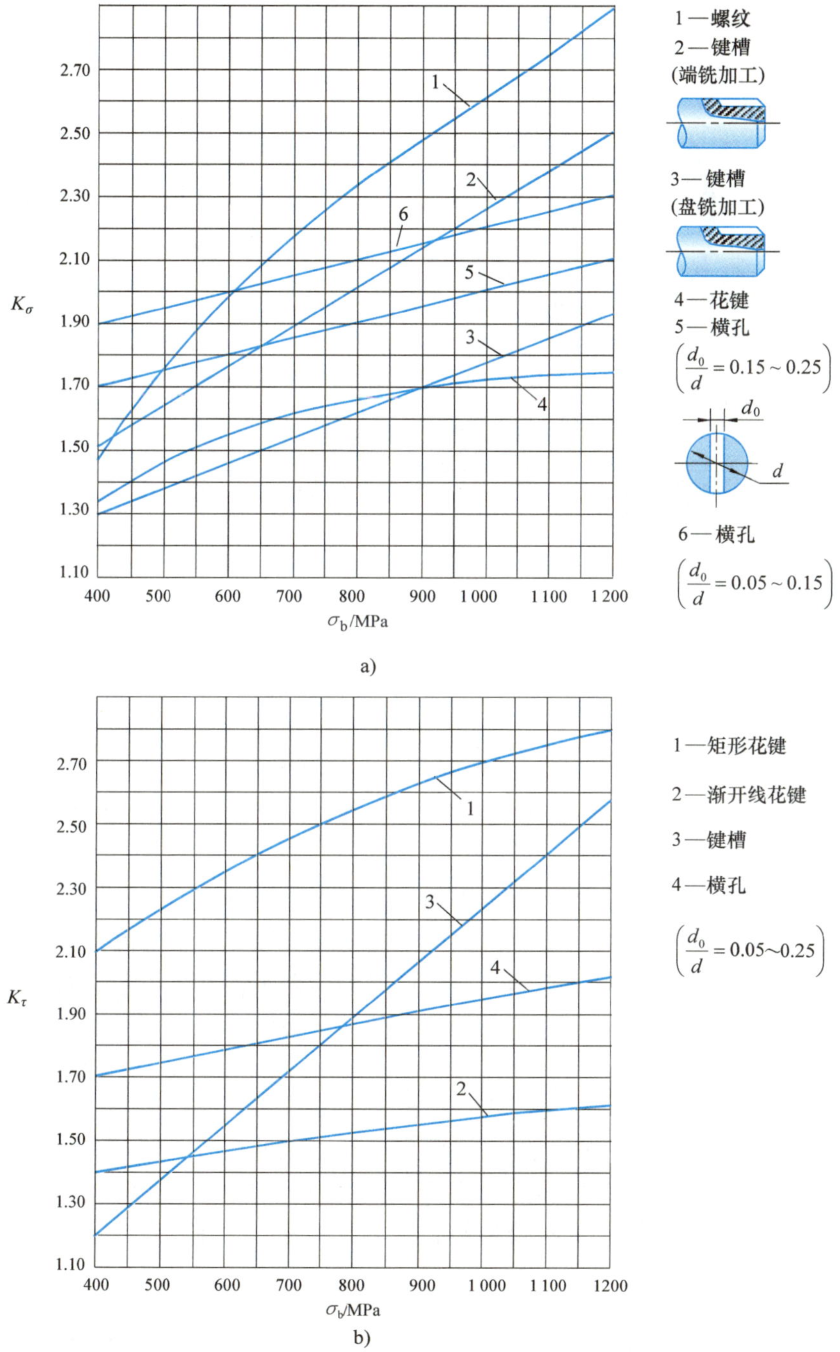

图 13-11

$$\varepsilon_\sigma=\frac{(\sigma_{-1})_d}{\sigma_{-1}} \tag{13-7}$$

称为**尺寸系数**，它的数值小于 1。常用钢材的尺寸系数列入表 13-2 中。

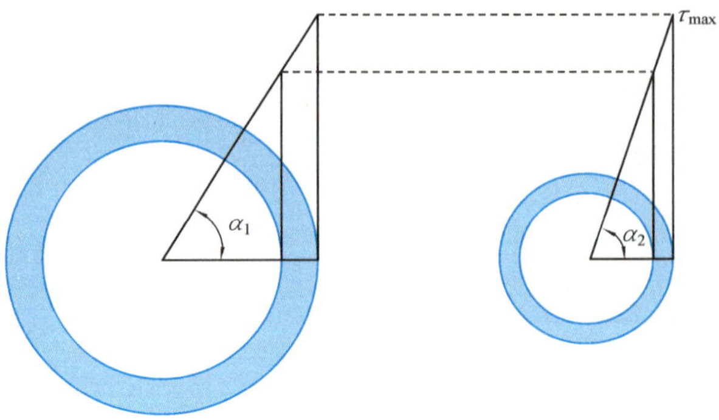

图 13-12

表 13-2 尺寸系数

直径 d/mm		>20~30	>30~40	>40~50	>50~60	>60~70
ε_σ	碳钢	0.91	0.88	0.84	0.81	0.78
	合金钢	0.83	0.77	0.73	0.70	0.68
各种钢 ε_τ		0.89	0.81	0.78	0.76	0.74
直径 d/mm		>70~80	>80~100	>100~120	>120~150	>150~500
ε_σ	碳钢	0.75	0.73	0.70	0.68	0.60
	合金钢	0.66	0.64	0.62	0.60	0.54
各种钢 ε_τ		0.73	0.72	0.70	0.68	0.60

3. 构件表面质量的影响

构件表面的加工质量对持久极限也有影响。例如当表面存在刀痕时，刀痕的根部将出现应力集中，因而降低了持久极限。反之，构件表面质量经强化方法提高后，其持久极限也就得到提高。表面质量对持久极限的影响，通常用**表面质量系数** β 来表示。若表面磨光的试件的持久极限为 σ_{-1}，表面为其他加工情况的构件的持久极限 $(\sigma_{-1})_\beta$，则

$$\beta=\frac{(\sigma_{-1})_\beta}{\sigma_{-1}} \tag{13-8}$$

当构件表面质量低于磨光的试件时，$\beta<1$；而表面经强化处理后，$\beta>1$。不同表面光洁度的表面质量系数列于表 13-3 中。可以看出，不同的表面加工质量，对高强度钢持久极限的影响更为明显，所以，对高强度钢要有较高的表面加工质量，才能充分发挥其高强度的作用。各种强化方法的表面质量系数列于表 13-4 中。

表 13-3 不同表面粗糙的表面质量系数 β

加工方法	轴表面粗糙度 R_a/μm	β		
		σ_b = 400MPa	σ_b = 800MPa	σ_b = 1 200MPa
磨削	0.4~0.2	1	1	1
车削	3.2~0.8	0.95	0.90	0.80
粗车	25~6.3	0.85	0.80	0.65
未加工	~	0.75	0.65	0.45

表 13-4　各种强化方法的表面质量系数 β

强化方法	心部强度 σ_b/MPa	β		
		光轴	低应力集中的轴 $K_\sigma \leqslant 1.5$	高应力集中的轴 $K_\sigma \leqslant 1.8 \sim 20$
高频淬火	600 ~ 800 800 ~ 1 000	1.5 ~ 1.7 1.3 ~ 1.5	1.6 ~ 1.7	2.4 ~ 2.8
氮化	900 ~ 1 200	1.1 ~ 1.25	1.5 ~ 1.7	1.7 ~ 2.1
渗碳	400 ~ 600 700 ~ 800 1 000 ~ 1 200	1.8 ~ 2.0 1.4 ~ 1.5 1.2 ~ 1.3	3 – 2	– – –
喷丸硬化	600 ~ 1 500	1.1 ~ 1.25	1.5 ~ 1.6	1.7 ~ 2.1
滚子滚压	600 ~ 1 500	1.1 ~ 1.3	1.3 ~ 1.5	1.6 ~ 2.0

注：这里给出的图、表仅为讨论时的一少部分参考值，具体设计计算时要查阅有关手册。

除上述三种影响因素外，构件的工作环境，如温度、介质及载荷频率等都会影响持久极限数值，这些可参考有关资料。

13.4.3　构件持久极限表达式

综合上述三种主要影响因素，即 K_σ、ε_σ 和 β，则在对称循环下，构件的持久极限应为

$$\sigma^0_{-1} = \frac{\varepsilon_\sigma \beta}{K_\sigma}\sigma_{-1} \tag{13-9}$$

式中，σ^0_{-1}表示受弯曲或拉压的对称循环交变应力构件的持久极限；σ_{-1}表示弯曲或拉压的对称循环交变应力材料的持久极限。

13.5　对称循环下构件的疲劳强度计算

对称循环下，将构件的持久极限 σ^0_{-1}除以安全系数 n 得许用应力为

$$[\sigma^0_{-1}] = \frac{\sigma^0_{-1}}{n}$$

则构件强度条件为

$$\sigma_{max} \leqslant [\sigma^0_{-1}]$$

或

$$\sigma_{max} \leqslant \frac{\sigma^0_{-1}}{n} \tag{a}$$

式中，σ_{max}是构件危险点的最大工作应力。

构件的强度条件也可以由安全系数的形式表达为

$$n_\sigma = \frac{\sigma^0_{-1}}{\sigma_{max}} \geqslant n \tag{b}$$

即

$$n_\sigma \geqslant n \tag{13-10}$$

式中，n_σ 和 n 分别为**构件工作安全系数**（实际的安全储备）和**规定的安全系数**（其值可参

考有关书籍）。

将式（13-9）代入式（b），经整理可得

$$n_\sigma=\frac{\sigma_{-1}}{\dfrac{K_\sigma}{\varepsilon_\sigma\beta}\sigma_{max}}\geqslant n \quad 或 \quad n_\tau=\frac{\tau_{-1}}{\dfrac{K_\tau}{\varepsilon_\tau\beta}\tau_{max}}\geqslant n \tag{13-11}$$

即为对称循环下构件疲劳强度的计算公式。

【例 13-1】 某减速器第一轴（图 13-13）键槽为端铣加工，$A-A$ 截面直径为 Φ50mm，弯矩 $M=860$N·m，轴材料为 Q275 钢，$\sigma_b=520$MPa，$\sigma_{-1}=220$MPa，若规定安全系数 $n=1.4$，试校核 $A-A$ 截面的疲劳强度。

解：计算轴在 $A-A$ 截面上的最大工作应力。若不计键槽对抗弯截面系数 W 的影响，则 $A-A$ 截面的抗弯截面系数为

$$W=\frac{\pi d^3}{32}=\frac{\pi\cdot(50\times10^{-3})^3}{32}\text{m}^3=12.3\times10^{-6}\text{m}^3$$

由于轴在不变弯矩 M 作用下旋转，故属对称循环，则

$$\sigma_{max}=-\sigma_{min}=\frac{M}{W}=\frac{860}{12.3\times10^{-6}}\text{Pa}=70\times10^6\text{Pa}=70\text{MPa}$$

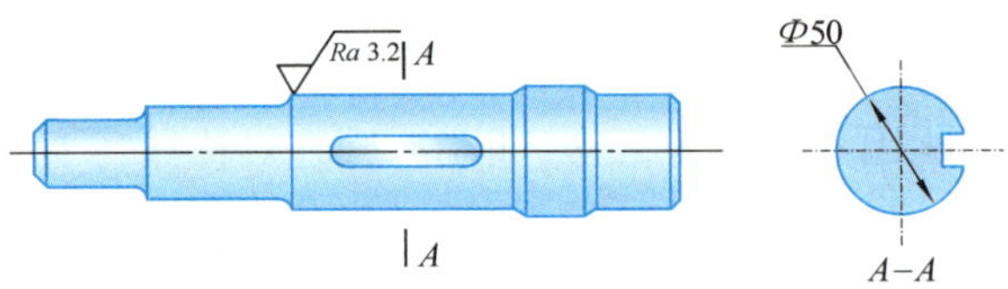

图 13-13

现在确定轴在 $A-A$ 截面上的各种影响系数 K_σ、ε_σ、β。由图 13-11a 中的曲线 2 查得端铣加工的键槽，当 $\sigma_b=520$MPa 时 $K_\sigma=1.65$。由表 13-2 查得 $\varepsilon_\sigma=0.84$，由表 13-3 用插入法得 $\beta=0.935$。

把上面查表得到的各种系数代入式（13-11），求出截面 $A-A$ 处的工作安全系数为

$$n_\sigma=\frac{\sigma_{-1}}{\dfrac{K_\sigma}{\varepsilon_\sigma\beta}\sigma_{max}}=\frac{220}{\dfrac{1.65}{0.84\times0.935}\times70}=1.5$$

因为 $n_\sigma=1.5>n=1.4$，故 $A-A$ 截面的疲劳强度是足够的。

13.6 持久极限曲线及其简化

13.6.1 材料的持久极限曲线

前面介绍的持久极限是在对称循环下，用标准试件测得的疲劳强度指标 σ_{-1}。在工程中，除对称循环外还有很多构件处于非对称循环状态下工作。同一种材料在不同的循环特征下要有不同的持久极限。用 σ_r 表示持久极限，脚标 r 代表循环特征，如脉动循环的 $r=0$，其持久极限就记为 σ_0。把包含对称循环和静载荷在内的所有不同 r 值的持久极限描绘成曲线称为**持久极限曲线**，也称**疲劳极限曲线**。

为了得到某种材料的持久极限曲线，必须用与测定对称循环持久极限 σ_{-1} 相似的方法，分别进行各种循环特征 r 的疲劳试验，得到相应的 $S-N$ 曲线。图13-14即为这种曲线的示意图。利用 $S-N$ 曲线便可确定不同 r 值的持久极限 σ_r。

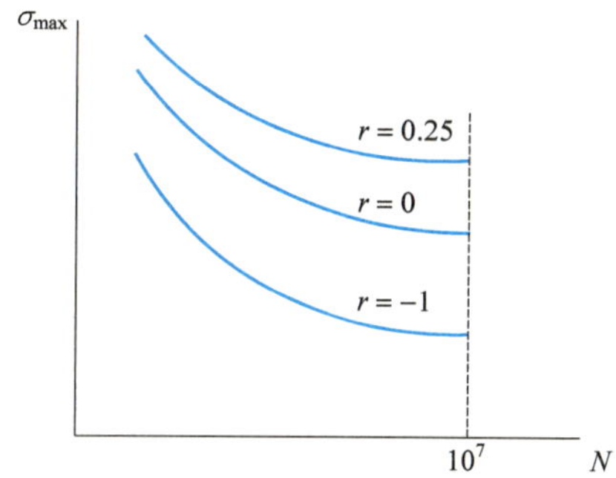

图 13-14

选取以平均应力 σ_m 为横轴，应力幅 σ_a 为纵轴的坐标系（图13-15）。对任一个应力循环，由它的 σ_m 和 σ_a 便可在坐标系中确定一个对应的 P 点。由式(13-4)知，若把一点的横、纵标值相加，就是该点所代表的应力循环的最大应力，即

$$\sigma_m + \sigma_a = \sigma_{max}$$

由原点到 P 点作射线 OP，其斜率为

$$\tan\alpha = \frac{\sigma_a}{\sigma_m} = \frac{\dfrac{\sigma_{max}-\sigma_{min}}{2}}{\dfrac{\sigma_{max}+\sigma_{min}}{2}} = \frac{1-r}{1+r} \tag{13-12}$$

可见，循环特征 r 相同的所有应力循环都在同一射线上。显然，只要 σ_{max} 不超过同一 r 下的持久极限 σ_r，就不会出现疲劳破坏。对任一循环特征 r 都有确定的与其持久极限相应的临界点，如 A、P'、C、B 等，把这些点连成一条曲线即为持久极限曲线。持久极限又可以看成是某种材料在各种不同循环特征下，经无数次循环而不发生破坏的一条等寿命临界曲线。这条曲线是对构件在非对称循环条件下进行疲劳强度计算的依据。

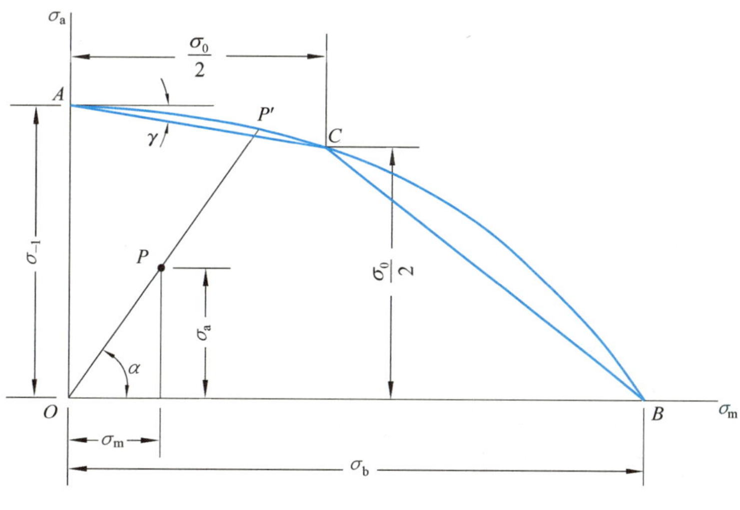

图 13-15

13.6.2 持久极限曲线的简化

要得到一种材料的持久极限曲线需较多的试验资料，所以工程中通常采用简化的持久极限曲线。最常用的简化是由对称循环、脉动循环和静载荷确定 A、C、B 点，称“三点式”的简化折线。用折线 ACB 代替原来的曲线（图13-15）。

由简化折线可推导出一种简便的计算公式，对非对称循环下的疲劳强度进行计算。设折线 AC 与水平线的倾角为 γ，其斜率可写成下式，并用 ψ_σ 表示：

$$\psi_\sigma = \tan\gamma = \frac{\sigma_{-1} - \dfrac{\sigma_0}{2}}{\dfrac{\sigma_0}{2}} \tag{13-13}$$

于是，AC 直线上各点的纵坐标 σ_{ra} 可由下式求得：

$$\sigma_{ra} = \sigma_{-1} - \psi_\sigma \cdot \sigma_{rm} \tag{13-14}$$

式中，ψ_σ 称为**敏感系数**。它的大小反映了非对称循环下材料持久极限 σ_{ra} 随循环特征 r 改变的程度。ψ_σ 的值与材料有关，表 13-5 的 ψ 可供参考。

表 13-5　敏感系数 ψ

变形形式	ψ	
	碳钢	合金钢
拉（压）或弯曲	0.10～0.20	0.20～0.30
扭转	0.05～0.10	0.10～0.15

上述简化折线只考虑了 $\sigma_m > 0$ 的情况。对于塑性材料可认为抗拉和抗压强度相等，在 $\sigma_m < 0$，即平均应力为压应力时，仍认为与 σ_m 为拉应力时相同。

13.7 非对称循环下构件的疲劳强度计算

13.7.1 构件的持久极限简化折线

上节介绍的持久极限及简化折线都是以标准的光滑小试件试验结果为依据的。对于工程实际构件尚需考虑各种影响因素对材料持久极限予以修正。实验结果表明，13.4 中所述诸因素只影响应力幅 σ_a，而对平均应力 σ_m 并无影响。所以当已知材料的持久极限曲线的简化折线 ACB 后，对 A、C 两点纵坐标分别乘以综合系数 $\varepsilon_\sigma\beta/K_\sigma$ 便可以得到 E、F 两点，如图 13-16 所示。将 E、F、B 连成的折线 EFB 即为**构件持久极限简化折线**。

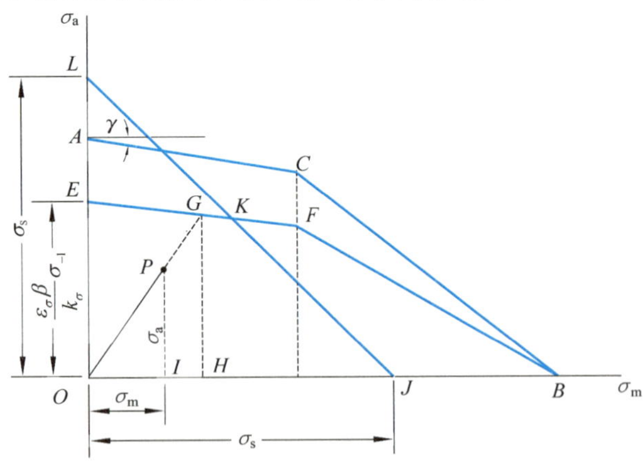

图　13-16

折线 EFB 上各点都是对应不同循环特征 r 时构件的持久极限，所以，EFB 又可看成是“临界线”。如果工作应力点位于线内各点处，则此构件工作是安全的；如果落在线外，则构件将会在未达到规定的寿命（N_0）时发生破坏。按无限寿命来衡量此构件是不安全的，或者说疲劳强度不足。

13.7.2　非对称循环下构件疲劳强度计算公式

上面给出的构件持久极限 EFB 使我们可以从图上来判定构件的疲劳强度是否足够。但是，并不能明确地给出构件对于疲劳强度破坏所具有的安全程度即安全系数有多大。下面将进一步导出非对称循环下构件疲劳强度的计算公式。

由工程实践可知，因疲劳而破坏的构件大多数是在对称循环和脉动循环这一段。若某构件工作时，危险点的工作应力在图 13-16 中以 P 点表示，即 P（σ_{m}，σ_{a}），危险点最大工作应力

$$\sigma_{\max}=\sigma_{\mathrm{a}}+\sigma_{\mathrm{m}} \tag{a}$$

将 OP 射线延长与 EF 线交于 G，则 G（$\sigma_{r\mathrm{m}}^{0}$，$\sigma_{r\mathrm{a}}^{0}$）点纵、横坐标和就代表与 P 点有相同循环特征的构件持久极限，即

$$\sigma_{r}^{0}=\sigma_{r\mathrm{a}}^{0}+\sigma_{r\mathrm{m}}^{0} \tag{b}$$

则此构件的工作安全系数可表示

$$n_{\sigma}=\frac{\sigma_{r}^{0}}{\sigma_{\max}}=\frac{\sigma_{r\mathrm{a}}^{0}+\sigma_{r\mathrm{m}}^{0}}{\sigma_{\mathrm{a}}+\sigma_{\mathrm{m}}} \tag{c}$$

又由△OPI∽△OGH 可知 $n_{\sigma}=\sigma_{r\mathrm{m}}/\sigma_{\mathrm{m}}$，则

$$\sigma_{r\mathrm{m}}^{0}=n_{\sigma}\sigma_{\mathrm{m}} \tag{d}$$

G 点纵坐标 $\sigma_{r\mathrm{a}}^{0}$可由 EF 直线方程写成 $y=Kx+b$ 形式，又引入 $\eta=\varepsilon_{\sigma}\beta/K_{\sigma}$，则

$$\sigma_{r\mathrm{a}}^{0}=\eta\sigma_{-1}-\eta\psi_{\sigma}\sigma_{r\mathrm{m}}^{0} \tag{e}$$

将（d）、（e）两式代入式（b），则 G 点所代表的构件持久极限为

$$\sigma_{r}^{0}=\sigma_{r\mathrm{a}}^{0}+\sigma_{r\mathrm{m}}^{0}=\eta\sigma_{-1}+n_{\sigma}\sigma_{\mathrm{m}}(1-\eta\psi_{\sigma}) \tag{f}$$

将式（f）代入式（c）整理可得

$$n_{\sigma}=\frac{\sigma_{-1}}{\dfrac{1}{\eta}\sigma_{\mathrm{a}}+\psi_{\sigma}\sigma_{\mathrm{m}}}\geqslant n$$

即

$$n_{\sigma}=\frac{\sigma_{-1}}{\dfrac{K_{\sigma}}{\varepsilon_{\sigma}\beta}\sigma_{\mathrm{a}}+\psi_{\sigma}\sigma_{\mathrm{m}}}\geqslant n \tag{g}$$

故建立非对称循环下的疲劳强度条件式为

$$\boxed{n_{\sigma}=\frac{\sigma_{-1}}{\dfrac{K_{\sigma}}{\varepsilon_{\sigma}\beta}\sigma_{\mathrm{a}}+\psi_{\sigma}\sigma_{\mathrm{m}}}\geqslant n}\quad 或\quad \boxed{n_{\tau}=\frac{\tau_{-1}}{\dfrac{K_{\tau}}{\varepsilon_{\tau}\beta}\tau_{\mathrm{a}}+\psi_{\tau}\tau_{\mathrm{m}}}\geqslant n} \tag{13-15}$$

式中，n_{σ}（或 n_{τ}）为构件的工作安全系数；n 为构件规定的安全系数。

13.7.3　屈服强度条件

处于交变应力作用的构件，危险点最大工作应力 $\sigma_{\max}$除满足疲劳强度条件外，还应该低于材料的屈服点 σ_{s}。当材料屈服时

$$\sigma_{\max}=\sigma_{\mathrm{a}}+\sigma_{\mathrm{m}}=\sigma_{\mathrm{s}} \tag{h}$$

图 13-16 中所示的 LJ 斜直线满足式（h），故 LJ 为塑性破坏的控制线。斜直线 LJ 与构件持

久极限简化折线交点为 K，显然，当构件危险点的工作应力对应点落在 EKJ 折线与坐标轴所围成的区域内时，构件既不发生疲劳破坏也不发生塑性破坏。

对 EKJ 折线的进一步分析可知，如果构件工作应力的循环特征 r 确定的射线与 KE 相交，则应对构件进行疲劳强度计算，按式（13-15）计算 n_σ。如果射线与直线 KJ 相交，则表示构件在疲劳强度破坏之前已发生塑性变形，应按静强度校核，强度条件是

$$n'_\sigma = \frac{\sigma_s}{\sigma_{max}} \geqslant n_s \tag{13-16}$$

一般是对 $r>0$ 的情况，应按上式进行补充静强度校核。

【例 13-2】 图 13-17 所示圆杆上有一个沿直径的贯穿圆孔，非对称交变弯矩为 $M_{max}=5M_{min}=502\text{N}\cdot\text{m}$。材料为合金钢，$\sigma_b=950\text{MPa}$，$\sigma_s=540\text{MPa}$，$\sigma_{-1}=430\text{MPa}$，$\psi_\sigma=0.2$。圆杆表面磨削加工。若规定安全系数 $n=2$，$n_s=1.5$，试校核此杆的强度。

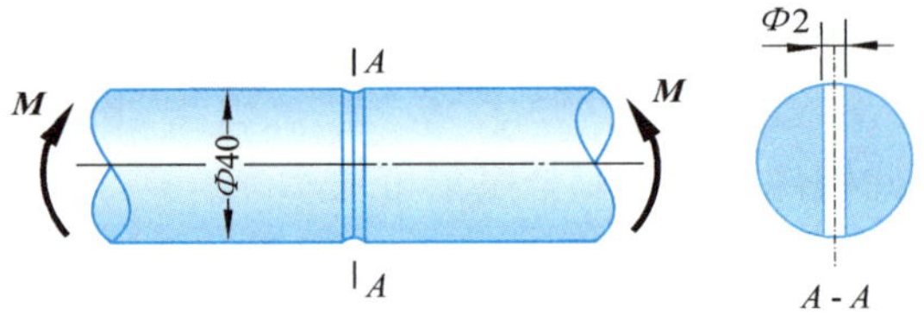

图 13-17

解：• 计算圆杆工作应力

$$W=\frac{\pi d^3}{32}=\frac{\pi\cdot(40\times10^{-3})^3}{32}\text{m}^3=6.28\times10^{-6}\text{m}^3$$

$$\sigma_{max}=\frac{M_{max}}{W}=\frac{502}{6.28\times10^{-6}}\text{Pa}=80\text{MPa}$$

$$\sigma_{min}=\frac{\sigma_{max}}{5}=16\text{MPa}$$

• 求循环特征 r 及 σ_m、σ_a

$$r=\frac{\sigma_{min}}{\sigma_{max}}=\frac{1}{5}=0.2$$

$$\sigma_m=\frac{\sigma_{max}+\sigma_{min}}{2}=\frac{80+16}{2}\text{MPa}=48\text{MPa}$$

$$\sigma_a=\frac{\sigma_{max}-\sigma_{min}}{2}=\frac{80-16}{2}\text{MPa}=32\text{MPa}$$

• 确定系数 K_σ、ε_σ、β

根据圆杆尺寸 $d_0/d=2/40=0.05$。由图 13-11a 中曲线 6 查得，当 $\sigma_b=950\text{MPa}$ 时，$K_\sigma=2.18$。由表 13-2 可查出 $\varepsilon_\sigma=0.77$，由表 13-3 查出 $\beta=1.0$。

• 疲劳强度校核

由式（13-15）计算 n_σ

$$n_\sigma=\frac{\sigma_{-1}}{\dfrac{K_\sigma}{\varepsilon_\sigma\beta}\sigma_a+\psi_\sigma\sigma_m}=\frac{430}{\dfrac{2.18}{0.77\times1}\times32+0.2\times48}=4.29$$

规定安全系数 $n=2$，所以满足 $n_\sigma>n$，故疲劳强度足够。

• 静强度校核

因为 $r=0.2>0$，所以需要校核静强度。由式（13-16）算出最大应力时屈服的工作安全系数为

$$n'_\sigma=\frac{\sigma_s}{\sigma_{max}}=\frac{540}{80}=6.75$$

规定安全系数 $n_s=1.5$，所以满足 $n'_\sigma>n_s$，所以也满足静强度条件。故此杆满足强度条件。

13.8 弯扭组合交变应力下构件的疲劳强度计算

13.8.1 概述

传动轴在工程中是一种最常见的构件，受力特点多为弯扭组合交变应力状态。由于转动，故弯曲正应力按对称循环变化。当轴正常工作时扭转切应力基本不变，但是由于机器时开时停，所以扭转切应力时有时无，故扭转切应力可视为脉动循环变化。此外，有的转轴例如滚弯机和起重机械中的一些转轴、洗衣机轮盘转轴等时而正转，时而反转，这时切应力可视为呈对称循环交替变化。

13.8.2 弯扭组合构件疲劳强度计算公式

钢质光滑小试件试验结果表明：在各种不同的弯矩与扭矩比值下，对称循环交变应力、弯扭同步联合作用时材料及构件持久极限曲线，是一个非常接近于椭圆的曲线，如图13-18所示的椭圆的1/4。若纵坐标为τ，横坐标为σ，则此曲线方程为

$$\left(\frac{\sigma_{rb}}{\sigma_{-1}}\right)^2+\left(\frac{\tau_{rt}}{\tau_{-1}}\right)^2=1 \tag{a}$$

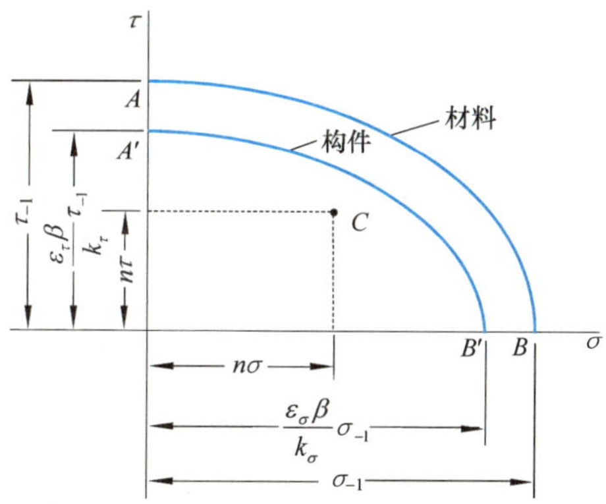

图 13-18

式中，σ_{rb}、τ_{rt}分别为光滑小试件在弯扭联合作用时的弯曲正应力持久极限和扭转切应力持久极限；σ_{-1}、τ_{-1}分别为弯曲和扭转单独作用时在对称循环下材料的持久极限。

应该指出，曲线AB中横坐标B点为σ_{-1}，代表只弯不扭时材料的持久极限；纵坐标A点为τ_{-1}，代表只扭不弯时材料的持久极限，而其他各点都代表对称循环下弯扭联合作用时的极限应力。此曲线主要是根据承受相位相同（即弯曲和扭转同时到达最大值）的对称循环弯扭组合交变应力光滑小试件而得出的，对于承受相位不同或非对称循环的弯扭组合交变应力时这个公式仍然适用，但一般说来偏于安全。

有了材料的弯扭组合交变应力的持久极限曲线AB，再进一步考虑构件外形引起的应力集中、构件绝对尺寸以及表面质量等各种因素的影响，即可画出构件的持久极限曲线，如图13-18中的$A'B'$。而此曲线所对应的方程可以将式（a）中的分子、分母分别乘以对应的综合系数$\varepsilon_\sigma\beta/K_\sigma$或$\varepsilon_\tau\beta/K_\tau$，于是式（a）可写成

$$\left(\frac{\dfrac{\varepsilon_\sigma\beta}{K_\sigma}\sigma_{rb}}{\dfrac{\varepsilon_\sigma\beta}{K_\sigma}\sigma_{-1}}\right)^2+\left(\frac{\dfrac{\varepsilon_\tau\beta}{K_\tau}\tau_{rt}}{\dfrac{\varepsilon_\tau\beta}{K_\tau}\tau_{-1}}\right)^2=1$$

$$\left(\frac{(\sigma_b)_d}{\dfrac{\varepsilon_\sigma\beta}{K_\sigma}\sigma_{-1}}\right)^2+\left(\frac{(\tau_t)_d}{\dfrac{\varepsilon_\tau\beta}{K_\tau}\tau_{-1}}\right)^2=1 \tag{b}$$

式中，$(\sigma_b)_d$、$(\tau_t)_d$分别代表构件持久极限中的弯曲正应力和扭转切应力。

显然，椭圆曲线 $A'B'$是表示构件在弯扭组合交变应力对称循环下的一条临界曲线。$A'B'$曲线内将是不引起疲劳破坏的范围。

疲劳构件的强度计算一般习惯用安全系数表达，弯扭组合交变应力亦同。若构件规定安全系数为 n，工作应力分别为 σ 和 τ，则 $n\sigma$ 和 $n\tau$ 定的点 C 应落在椭圆曲线 $A'B'$的内部，最多落在线上，于是弯扭组合作用时构件的安全与否要看是否满足

$$\left(\frac{n\sigma}{\dfrac{\varepsilon_\sigma\beta}{K_\sigma}\sigma_{-1}}\right)^2+\left(\frac{n\tau}{\dfrac{\varepsilon_\tau\beta}{K_\tau}\tau_{-1}}\right)^2\leqslant 1 \tag{c}$$

又，由式（13-11）可知

$$\frac{\sigma}{\dfrac{\varepsilon_\sigma\beta}{K_\sigma}\sigma_{-1}}=\frac{1}{\dfrac{\sigma_{-1}}{\dfrac{K_\sigma}{\varepsilon_\sigma\beta}\sigma}}=\frac{1}{n_\sigma} \tag{d}$$

$$\frac{\tau}{\dfrac{\varepsilon_\tau\beta}{K_\tau}\tau_{-1}}=\frac{1}{\dfrac{\tau_{-1}}{\dfrac{K_\tau}{\varepsilon_\tau\beta}\tau}}=\frac{1}{n_\tau} \tag{e}$$

式中，n_σ、n_τ 分别是单一弯曲和单一扭转时对称循环的工作安全系数。将式（d）、式（e）代入式（c），经整理得出

$$\frac{n_\sigma n_\tau}{\sqrt{n_\sigma^2+n_\tau^2}}\geqslant n \tag{f}$$

若把上式左端记作 $n_{\sigma\tau}$ 并作为构件在弯扭组合交变应力下的安全系数，则疲劳强度条件可写成

$$\boxed{n_{\sigma\tau}=\frac{n_\sigma n_\tau}{\sqrt{n_\sigma^2+n_\tau^2}}\geqslant n} \tag{13-17}$$

当弯曲正应力或扭转切应力按非对称循环变化时，仍按式（13-17）进行疲劳强度计算，但相应的 n_σ（n_τ）应由式（13-15）求出。

此外尚需控制构件的静载荷强度，此时屈服强度条件为

$$\boxed{n'_{\sigma\tau}=\frac{\sigma_s}{\sigma_r}\geqslant n} \tag{13-18}$$

式中，σ_r为按一定强度理论计算所得的危险点相当应力，例如按最大切应力强度理论 $\sigma_{r3}=\sqrt{\sigma_{max}^2+4\tau_{max}^2}$。

【例 13-3】 阶梯轴尺寸如图 13-19 所示。材料为合金钢，$\sigma_b=900\text{MPa}$，$\sigma_s=500\text{MPa}$，$\sigma_{-1}=410\text{MPa}$，$\tau_{-1}=240\text{MPa}$。作用于轴上的弯矩在 $-982\sim+982\text{N}\cdot\text{m}$ 之间变化，扭矩在 $0\sim1.5\text{kN}\cdot\text{m}$ 之间变化。若规定安全系数 $n=2$，试校核轴的强度（此轴为磨削加工）。

解： • 计算轴的工作应力

弯曲正应力 σ_{max}、σ_{min}和循环特征 r

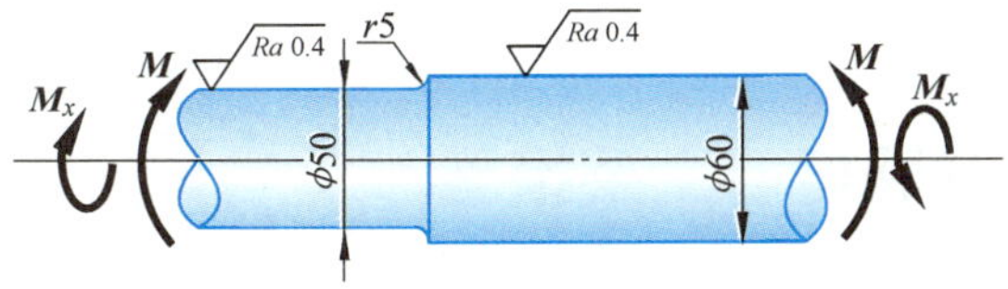

图 13-19

$$W=\frac{\pi d^3}{32}=\frac{\pi\cdot(50\times10^{-3})^3}{32}\text{m}^3=12.27\times10^{-6}\text{m}^3$$

$$\sigma_{\max}=-\sigma_{\min}=\frac{M_{\max}}{W}=\frac{982}{12.27\times10^{-6}}\text{Pa}=80\text{MPa}$$

$$r=\frac{\sigma_{\min}}{\sigma_{\max}}=-1$$

其次计算交变扭转切应力及其循环特征

$$W_{\text{P}}=\frac{\pi d^3}{16}=\frac{\pi\cdot(50\times10^{-3})^3}{16}\text{m}^3=24.5\times10^{-6}\text{m}^3$$

$$\tau_{\max}=\frac{M_{\max}}{W_{\text{P}}}=\frac{1\ 500}{24.5\times10^{-6}}\text{Pa}=61\text{MPa}$$

$$\tau_{\min}=0,\qquad r=0$$

$$\tau_{\text{a}}=30.5\text{MPa},\qquad \tau_{\text{m}}=30.5\text{MPa}$$

- 确定各种系数

有效应力集中系数 K_σ、K_τ：根据 $\sigma_{\text{b}}=900\text{MPa}$，$r/d=0.1$，$D/d=1.2$，由图 13-9b 查得 $K_\sigma=1.55$，由图 13-10d 查得 $K_\tau=1.24$。

尺寸系数 ε：由表 13-2 查得 $\varepsilon_\sigma=0.73$，$\varepsilon_\tau=0.78$。

表面质量系数 β：由表 13-3 查得 $\beta=1.0$。

参照表 13-5，取 $\psi_\tau=0.10$。

- 计算弯曲工作安全系数 n_σ 和扭矩工作安全系数 n_τ

因为弯曲正应力是对称循环，$r=-1$，故按式（13-11）计算 n_σ，即

$$n_\sigma=\frac{\sigma_{-1}}{\dfrac{K_\sigma}{\varepsilon_\sigma\beta}\sigma_{\max}}=\frac{410\times10^6}{\dfrac{1.55}{0.73\times1.0}\times80\times10^6}=2.41$$

扭转切应力是脉动循环，$r=0$，所以应按非对称循环计算，由式（13-15）计算其工作安全系数 n_τ，即

$$n_\tau=\frac{\tau_{-1}}{\dfrac{K_\tau}{\varepsilon_\tau\beta}\tau_{\text{a}}+\psi_\tau\tau_{\text{m}}}=\frac{240\times10^6}{\dfrac{1.24}{0.78\times1.0}\times30.5\times10^6+0.1\times30.5\times10^6}=4.60$$

- 计算弯扭组合交变应力下轴的工作安全系数 $n_{\sigma\tau}$

由式（13-19）得

$$n_{\sigma\tau}=\frac{n_\sigma n_\tau}{\sqrt{n_\sigma^2+n_\tau^2}}=\frac{2.41\times4.60}{\sqrt{2.41^2+4.60^2}}=2.15$$

- 计算静载荷强度

当 $\sigma_{\max}=80\text{MPa}$，$\tau_{\max}=61\text{MPa}$，按最大切应力理论，由式（13-18）得

$$n'_{\sigma\tau}=\frac{\sigma_{\text{s}}}{\sigma_{\text{r3}}}=\frac{500}{\sqrt{80^2+4\times61^2}}=3.44$$

由于 $n_{\sigma\tau}>n$，$n'_{\sigma\tau}>n$，所以轴是安全的。

13.9 提高构件疲劳强度的主要措施

从上面分析可知，疲劳裂纹的形成主要是在构件的表面和构件外形变化引起的应力集中的部位。所以应从减缓应力集中和提高表面质量入手来提高构件的持久极限。

13.9.1 减缓应力集中

为了消除或减缓应力集中，在构件设计时，构件外形应尽量避免出现方形直角（图13-20a）或带有尖角的孔和槽。阶梯轴在截面变化处要采用半径足够大的过渡圆角，如图13-20b所示。从图13-9所示的曲线可以明显看出，随着过渡圆角半径 r 的增大，有效应力集中系数迅速减小。

a)　　　b)

图 13-20

有些结构难以加大过渡圆角半径，这时在直径较大的轴上连接段附近开减荷槽（图13-21a）或退刀槽（图13-21b），这种做法可使应力集中明显减弱。

a)　　　b)

图 13-21

机械上轮毂与轴之间采取紧配合时，在轴与轮毂交界处轴的横截面上的局部应力也比较大，如果改用图13-22中所示的连接方式，将配合部分加粗，并引入圆角过渡，同时采用在毂上做减荷槽，以减少其刚度，使轴与毂交界处的应力集中降低。

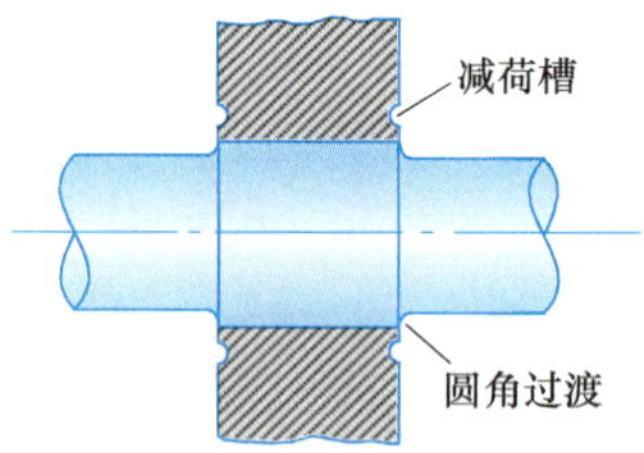

图 13-22

13.9.2 提高构件表层强度

提高表层强度可从两个方面实现。一是从加工入手提高表面加工质量。采取精细加工，降低表面粗糙度，尤其是对高强度钢更加重要，否则将体现不了高强度的优点。此外像焊接工艺中的缺陷，如夹渣、气孔、裂缝、未焊透等也将引起应力集中，所以在加工中应该特别注意加工质量。二是增强表层强度。对构件中应力集中的部位采取某些工艺措施，即表面热处理或化学处理，如表面高频淬火、渗碳、氮化等或表层用滚压，喷丸等冷加工的办法，这种方法的特点是使构件表层产生残余压应力，减少表面出现微裂纹机会，以提高构件的疲劳强度。

分析思考题

13-1　何谓交变应力？试举在工程实际中几种典型构件承受的交变应力的实例，并示意画出相应的$\sigma-t$曲线。

13-2　金属构件的疲劳破坏有哪些特点？即使是塑性材料最终也是脆性断裂，其原因何在？

13-3　r、σ_{max}、σ_{min}、σ_m、σ_a这5个参数都代表什么？它们之间存在什么关系？有几个是独立的？

13-4　何谓材料的持久极限，一般用什么表示？同一种材料是否只有一个持久极限？何谓构件的持久极限，一般用什么表示？二者有何差别？

13-5　影响构件持久极限的主要因素有哪些？这些影响因素对σ_a和σ_m都一样吗？

13-6　钢制光滑小试件的对称循环疲劳曲线（$S-N$曲线）是如何绘制出来的？大致形状如何？简述其物理意义。

13-7　材料持久极限曲线是如何绘制出来的？为什么要简化？简化有什么意义？

13-8　提高构件持久极限的主要措施有哪些？

13-9　试回答交变应力的最大应力σ_{max}与材料的σ_r有什么异同点？

13-10　试回答材料的疲劳曲线（$S-N$曲线）与材料持久极限曲线的区别与联系？

13-11　有效应力集中系数与理论应力集中系数的含义有什么不同？

习题

13-1　求题13-1图所示各循环下的循环特征、平均应力和应力幅。

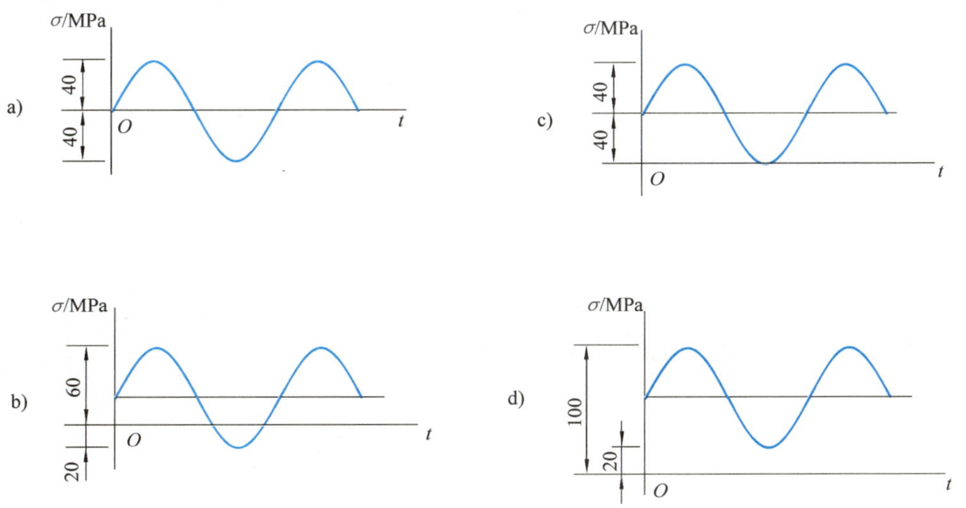

题13-1图

13-2　如题13-2图所示，重量为$\boldsymbol{G}$的物体通过轴承对圆轴作用一垂直方向的力$G=10\text{kN}$，而轴在±30°范围内往复摆动。已知材料$\sigma_s=340\text{MPa}$，$\sigma_b=600\text{MPa}$，$\sigma_{-1}=250\text{MPa}$，试求危险截面上1、2、3、4各点的应力变化的循环特征及工作安全系数（圆轴系碳钢，磨削加工，$\psi_\sigma=0.05$）。

13-3　钢制疲劳试件如题13-3图所示，粗细两段直径分别为$D=35\text{mm}$、$d=25\text{mm}$，过渡圆角半径$r=3\text{mm}$，$\sigma_b=600\text{MPa}$，该试件承受对称循环的轴向外力作用，表面为磨削加工，试确定试件的有效应力集中

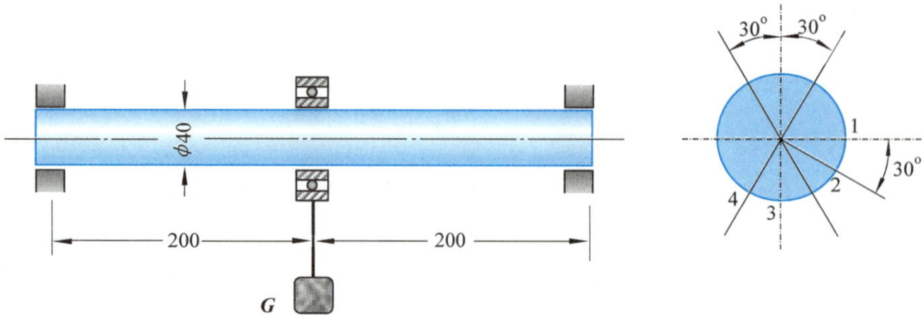

题 13-2 图

系数。

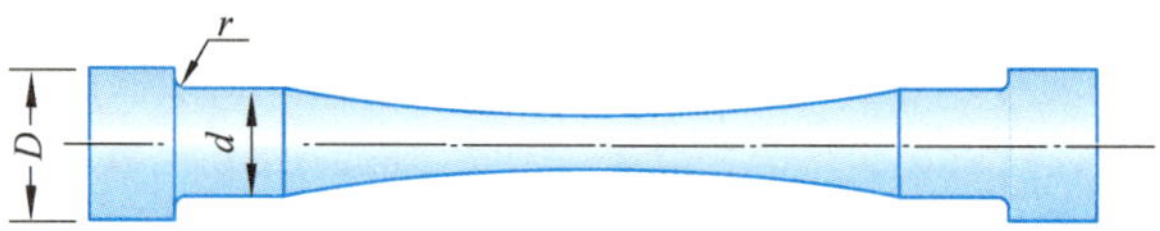

题 13-3 图

13-4 柴油发动机连杆大头螺钉在工作时受到的最大拉力 $F_{max}=58.3$kN，最小拉力 $F_{min}=55.8$kN，螺纹处内径 $d=11.5$mm。试求其平均应力、应力幅和循环特征，并绘出 $\sigma-t$ 曲线。

13-5 火车轮轴受力情况如题 13-5 图所示。$a=500$mm，$l=1\ 435$mm，轮轴中段直径 $d=15$cm。若 $F=50$kN，试求轮轴中段截面边缘上任一点的最大应力 σ_{max}、最小应力 σ_{min} 和循环特性 r，并绘出 $\sigma-t$ 曲线。

13-6 如题 13-6 图所示，电动机轴直径 $d=30$mm，轴上开有端铣加工的键槽，轴的材料为合金钢，$\sigma_b=750$MPa，$\tau_b=400$MPa，$\tau_s=260$MPa，$\tau_{-1}=190$MPa。轴在 $n=750$r/min 的转速下传递功率 $P=14.7$kW。该轴时而工作，时而停止，但没有反向旋转。轴表面经磨削加工，若规定安全系数 $n=2$，$n_s=1.5$，试校核轴的强度。

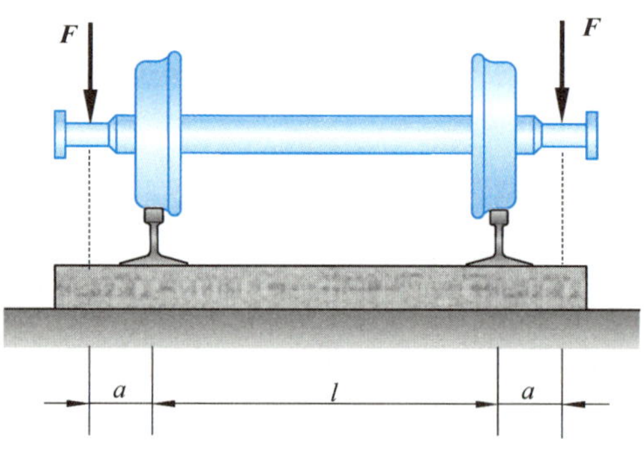

题 13-5 图

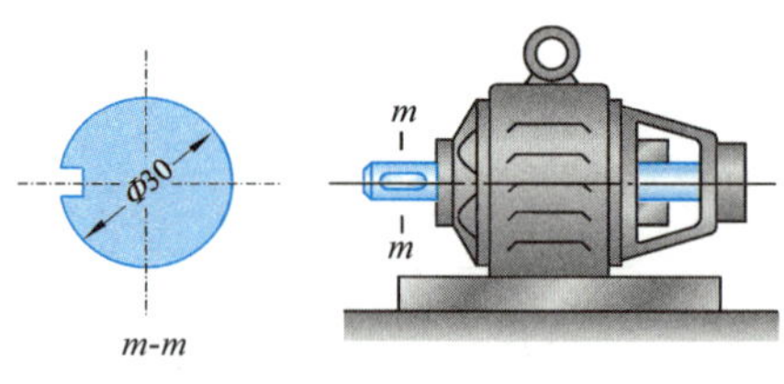

题 13-6 图

13-7 如题 13-7 图所示，带横孔的圆截面钢杆承受非对称循环的轴向外力作用，该力在 $0.2F$ 和 F 之间变化，若材料的强度极限 $\sigma_b=500$MPa，$\sigma_{-1}=150$MPa（拉压时），$\psi_\sigma=0.05$，规定的疲劳安全系数 $n=1.7$，表面为磨削加工，试计算外力 F 的最大允许值。

13-8 如题 13-8 图所示阶梯轴，$D=60$mm，$d=50$mm，过渡圆角半径 $r=5$mm，材料为合金钢，$\sigma_b=900$MPa，$\sigma_{-1}=400$MPa。承受对称弯矩作用，最大弯矩为 $M=1.1$kN·m，若规定安全系数 $n=2.0$。试校核此轴的疲劳强度（表面为磨削加工）。

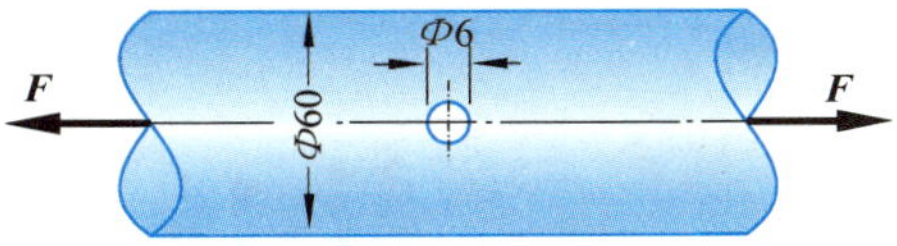

题 13-7 图

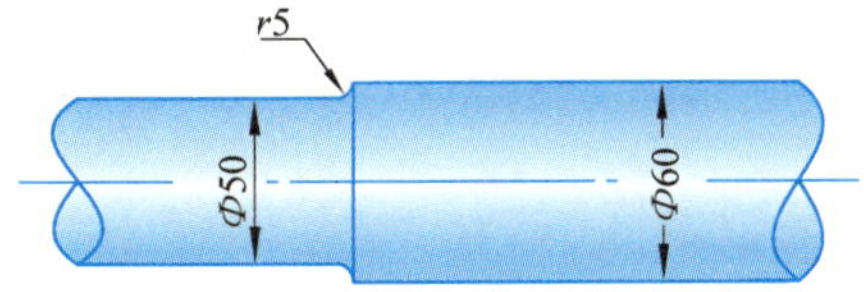

题 13-8 图

13-9　如题 13-9 图所示阶梯轴，$D = 60\text{mm}$，$d = 50\text{mm}$，承受交变弯曲载荷的作用，已知 $M_{max} = 3.8\text{kN}\cdot\text{m}$，$M_{min} = 1.1\text{kN}\cdot\text{m}$。材料的持久极限 $\sigma_{-1} = 400\text{MPa}$，强度极限 $\sigma_b = 900\text{MPa}$，屈服极限 $\sigma_s = 500\text{MPa}$，$\psi_\sigma = 0.10$，$r = 5\text{mm}$，构件规定安全系数为 1.5，试校核该轴的强度。

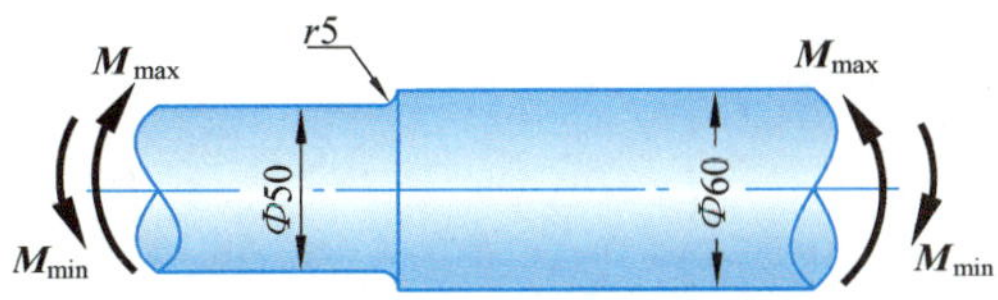

题 13-9 图

13-10　如题 13-10 图所示，直径 $D = 50\text{mm}$，$d = 40\text{mm}$，圆角半径 $r = 2\text{mm}$ 的阶梯轴，受交变弯矩和扭矩联合作用，弯曲正应力在 $\sigma_{max} = 50\text{MPa}$ 和 $\sigma_{min} = -50\text{MPa}$ 之间变化。切应力在 $\tau_{max} = 40\text{MPa}$ 和 $\tau_{min} = 20\text{MPa}$ 之间变化。轴的材料为碳钢，$\sigma_b = 550\text{MPa}$，$\sigma_{-1} = 220\text{MPa}$，$\tau_{-1} = 120\text{MPa}$，$\sigma_s = 300\text{MPa}$，$\tau_s = 180\text{MPa}$，$\psi_\tau = 0.1$，试求此轴的工作安全系数。设 $\beta = 1.0$。

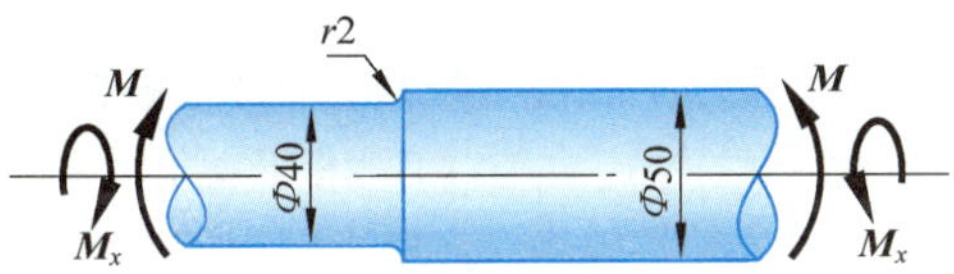

题 13-10 图

13-11　若习题 13-9 中的阶梯轴承受交变弯曲和扭转的联合作用，最大弯矩 $M_{max} = 1\text{kN}\cdot\text{m}$，按对称循环变化。扭转最大扭矩 $M_{x,max} = 1.2\text{kN}\cdot\text{m}$，按脉动循环变化。材料的 $\sigma_{-1} = 400\text{MPa}$，$\tau_{-1} = 230\text{MPa}$，$\sigma_s = 500\text{MPa}$，$\sigma_b = 900\text{MPa}$，$\psi_\sigma = 0.10$，$\psi_\tau = 0.05$，构件规定安全系数 $n = 2.0$，试对此轴进行疲劳强度较核。

第 14 章 压杆稳定

14.1 稳定的概念

14.1.1 问题的提出

材料力学的任务要求构件要有足够的承载能力。前面几章讨论了杆件的强度和刚度问题。在工程实际中，除了要求杆件要有足够的强度、刚度以外，还要有足够的稳定性。

先看一个实例，有一根 3cm × 0.5cm 矩形截面木杆，其压缩强度极限 $\sigma_{cb}=40\text{MPa}$，承受轴向压力，如图 14-1a 所示。根据实验可知，当杆很短时（高为 3cm 左右），将它压坏所需的压力 F_1 为

$$F_1=\sigma_{cb}\cdot A=40\times10^6\times3\times0.5\times10^{-4}\text{N}=6\text{kN}$$

但若杆较长时（如 1m），事实上只要用 $F_2=27.8\text{N}$ 的压力（可用后面的公式验证）就会使杆突然产生显著的弯曲变形而丧失其工作能力（图 14-1b）。在此例中，$\boldsymbol{F}_1$ 与 $\boldsymbol{F}_2$ 的数值相差很远，这说明，细长压杆的承载能力并不取决于其轴向压缩时的抗压强度，而是与它受压时突然变弯有关。细长杆受压时，其轴线不能维持原有直线形式的平衡状态而突然变弯这一现象称为丧失稳定，或称**失稳**。

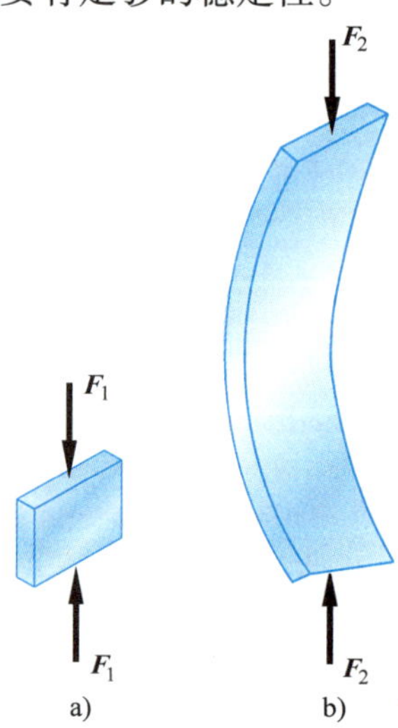

图 14-1

压杆失稳不仅使压杆本身失去了承载能力，而且会因局部构件的失稳而导致整个结构的破坏。这种破坏是突然发生的，往往会给工程结构或机械带来极大的损害。历史上由此造成的严重事故屡见不鲜，所以在设计受压构件时，必须保证它们具有**足够的稳定性**。

在工程实际中，有许多受压的构件是需要考虑其稳定性的。例如，内燃机配气机构中的挺杆（图 14-2a），在它推动摇臂打开气阀时，就受压力作用；又如磨床液压装置的活塞杆（图 14-2b），当驱动工作台向右移动时，油缸活塞上的压力和工作台的阻力使活塞杆受压缩。同样，内燃机（图 14-3）、空气压缩机、蒸汽机的连杆也是受压杆件；还有，桁架结构中的受压杆、建筑物中的柱等，都存在着稳定性的问题。

当然，失稳的现象并不限于压杆，如狭长的矩形截面梁在最大抗弯刚度平面内弯曲时，

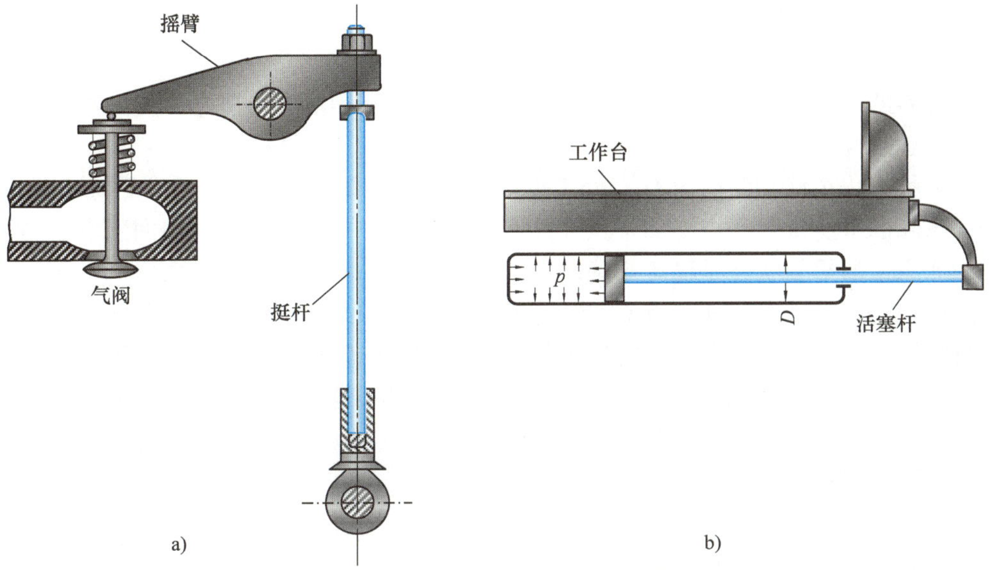

图　14-2

也会因载荷过大而突然向侧面扭曲从而偏离原有的平衡位置（图 14-4）；受外压作用的薄壁圆环，当外压过大时，其形状可能突然变成椭圆形（图 14-5）。

薄壁圆筒承受轴向压力或扭转时，也会丧失稳定而出现局部折皱的现象等，这些也都属稳定性不够或失稳问题。

结构中的压杆失稳，常常导致整体结构倒塌（如输电塔、塔吊、桥梁等），由此造成的破坏是毁灭性的。所以，在设计受压构件时，必须保证其具有足够的稳定性。

本章主要研究中心受压直杆（柱）的稳定问题，对于其他形式的稳定问题，可参阅有关专著。

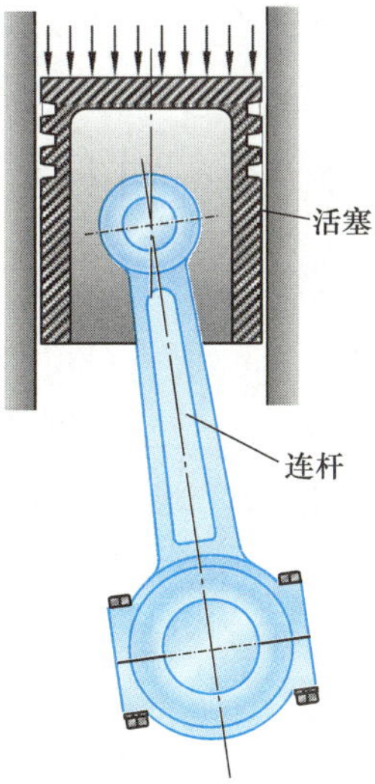

图　14-3

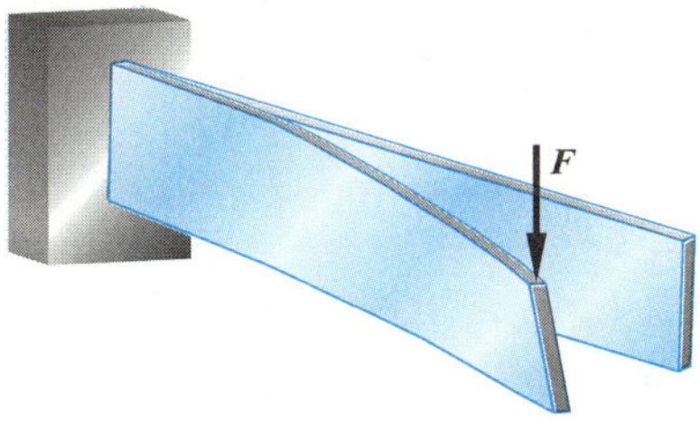

图　14-4

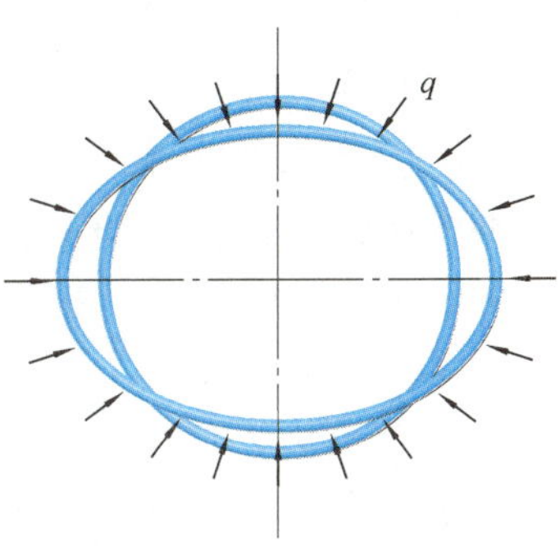

图　14-5

14.1.2　平衡的稳定性

任何物体的平衡状态都有稳定和不稳定的区别，为了弄清这一概念，借助于刚性小球的三种平衡状态来说明。

第一种状态，小球在凹面内 O 点处于平衡状态（图 14-6a）。如果小球受到轻微的干扰，使其偏离原来的平衡位置，当外加干扰去掉后，小球经过几次摆动，仍旧回到原来的平衡位置，称小球原来的平衡状态是**稳定平衡**。

第二种状态，小球在凸面顶点 O 处于平衡状态（图 14-6c），此时，只要对小球稍加干扰，它将继续下滚，不再回到原来的平衡位置，则称小球原来的平衡状态是**不稳定平衡**。

第三种状态，小球在光滑的水平面上 O 点处于平衡状态（图 14-6b）。小球在受到外力干扰偏离原来位置后，若去掉外加干扰，它将在新的位置 O_1 再次处于平衡，称小球原来的平衡状态是**随遇平衡**。

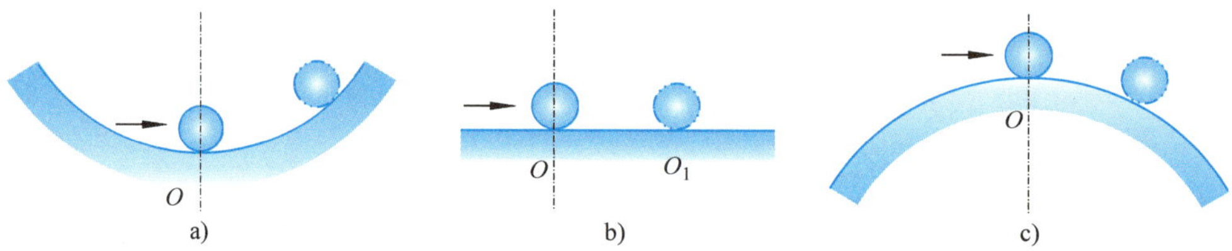

图　14-6

总之，要判别小球在原有位置 O 处的平衡状态是否稳定，必须对处于原有平衡状态的小球施加外界的干扰力，使小球从原有平衡位置处稍有偏离，然后再考察它是否有恢复的趋势或继续偏离的趋势，以区分小球原来所处的平衡是稳定的还是不稳定的。而随遇平衡是从稳定平衡变为不稳定平衡的过渡状态，称其为从稳定平衡到不稳定平衡之间的**临界状态**。

14.1.3　弹性压杆稳定平衡的临界力

对承受轴向压力的弹性直杆来说，其直线平衡状态也有是否稳定的问题。取一根两端铰支的理想压杆（由均质材料制成；杆轴线为直线且外力作用方向与轴线重合；无初曲率），如图 14-7a 所示，在轴向压力 F 由小变大的过程中，可以观察到压杆的两种平衡状态。

（1）当压力 F 小于某一极限值 F_{cr} 时，杆件一直保持直线平衡状态，即使加上横向干扰使其暂时发生轻微弯曲，干扰力解除后，受压杆仍回到原先直线状态（图 14-7b），这表明直线状态下的平衡是稳定的。

（2）当压力 F 增加到某一极限值 F_{cr} 时，压杆的直线平衡变得不稳定，将转变为曲线形状的平衡。这时如再用微小的横向干扰力使之发生轻微弯曲，干扰力解除后，受压杆件将保持曲线形状的平衡，不能恢复其原有的直线状态（图 14-7c）。

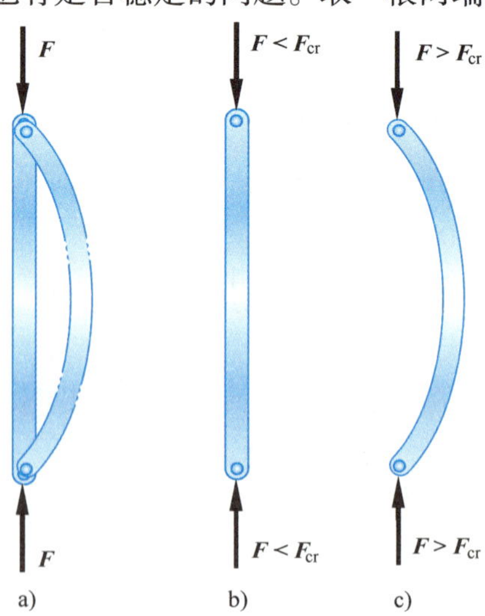

图　14-7

上述压力的极限值 F_{cr} 称为临界压力，简称为**临界力**。压杆丧失其直线状态的平衡而过渡为曲线平衡，称为丧失稳定，简称失稳。而受压杆在临界力作用下的微弯状态就是随遇平衡。显然，当杆件所受压力 F 小于压杆的临界力 F_{cr} 时，压杆的直线平衡状态是稳定的；当杆件所受压力 F 大于临界力 F_{cr} 时，则压杆失稳。可见，求解压杆的临界力 F_{cr} 是解决压杆稳定问题的关键。

14.2 细长压杆的临界力

14.2.1 根据压杆在微弯状态下的挠曲线近似微分方程求临界力

实验表明，压杆的临界力与压杆两端的支撑情况有关。下面分别讨论几个典型支座的细长压杆的临界力计算方法。

1. 两端铰支压杆的临界力

图 14-8a 所示细长直杆 AB，长为 l，两端为刚性的球铰支座。设该杆在 xy 平面内抗弯刚度最小，其值为 EI_{min}。两端的压力 $\boldsymbol{F}$ 沿杆的轴线作用，当压力 $F=F_{cr}$ 时，压杆处于随遇平衡状态。在微小的横向干扰之后，压杆即在微弯的状态下处于平衡。

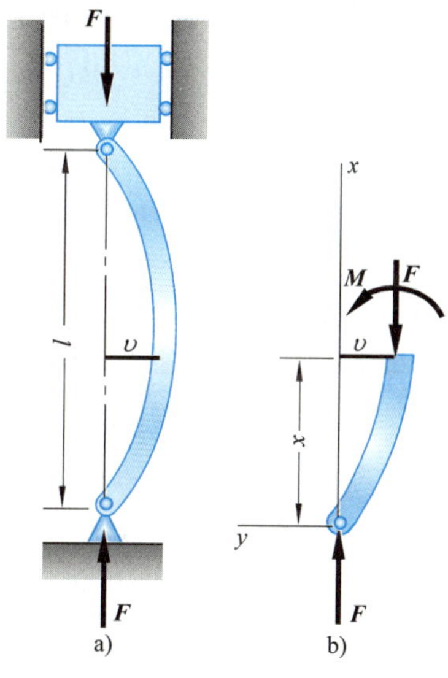

图 14-8

令距原点为 x 处的截面挠度为 v，则由图 14-8b 可知，该截面的弯矩为

$$M(x) = -F_{cr}v \tag{a}$$

注意，这时的平衡是据微弯状态下的轴线来列出的（原始尺寸原理已不适用）。式中，F_{cr} 是个不考虑正负号的绝对值，故在选定的坐标系中，当 v 为正值时 $M(x)$ 为负值，反之，当 v 为负值时 $M(x)$ 将为正值。为了使等式两边的符号一致，所以在式（a）的右端加上了负号。

当应力不超过比例极限时，在小变形情况下，挠曲线近似微分方程为

$$EIv'' = M(x)$$

即

$$EIv'' = -F_{cr}v \tag{b}$$

令

$$K^2 = \frac{F_{cr}}{EI} \tag{c}$$

则式（b）可写为

$$v'' + K^2 v = 0 \tag{d}$$

这是一个二阶齐次常微分方程，其通解为

$$v = C_1 \sin Kx + C_2 \cos Kx \tag{e}$$

式中，C_1 和 C_2 是两个待定的积分常数，由压杆的位移边界条件确定。

杆端的约束情况提供了两个边界条件：

当 $x=0$ 时，$v=0$，代入式（e），可确定 $C_2=0$；

当 $x=l$ 时，$v=0$，得到 $v=C_1\sin Kl=0$，即 $C_1=0$ 或 $\sin Kl=0$。

若取 $C_1=0$，则由式（e）可知 $v\equiv 0$，即压杆轴线上各点处的挠度都等于零，表明杆没有弯曲，这与杆在微弯状态保持平衡的前提相矛盾，因此，必须取

$$\sin Kl=0$$

满足这一条件的 Kl 值为

$$Kl=n\pi \quad (n=0,\ 1,\ 2,\ \cdots)$$

由此得到

$$K=\frac{n\pi}{l}$$

把上式中 K 代回式（c），求出

$$F_{cr}=\frac{n^2\pi^2EI}{l^2} \tag{f}$$

上式表明，压杆的临界力在理论上是多值的，在这些压力中，使杆件保持微弯的最小压力才是临界压力 F_{cr}。若取 $n=0$，则 $F_{cr}=0$，表示杆件上并无压力，自然与讨论的情况不符。这样，只有取 $n=1$，才使压力为最小值。

于是得临界力

$$F_{cr}=\frac{\pi^2EI}{l^2} \tag{14-1}$$

此式即为两端铰支细长压杆的临界力计算公式，这一公式是由著名数学家欧拉（L. Euler）最先导出的，故通常称为**两端铰支细长压杆的欧拉公式**。两端铰支压杆是工程中最常见的情况之一。例如，在 14.1 中提到的挺杆、活塞杆和桁架结构中的受压杆等，一般可简化成两端铰支杆。

几点讨论和说明：

（1）压杆总是在抗弯能力最弱的纵向平面内首先失稳，因此，当杆端各个方向的约束相同时（如球形铰支），欧拉公式中的 I 应取压杆横截面的最小惯性矩 I_{min}。

（2）在式（14-1）所决定的临界力 F_{cr} 作用下，由 $Kl=n\pi$，令 $n=1$ 得 $K=\pi/l$，这时式（e）为

$$v=C_1\sin Kx=C_1\sin\frac{\pi}{l}x \tag{g}$$

上式表明，两端铰支压杆的挠曲线是条半波的正弦曲线。式中的常数 C_1 是压杆跨长中点处的挠度，是一个任意微小数值。实际上，C_1 是可以确定的，如果用挠曲线的精确微分方程

$$\frac{v''}{[1+(v')^2]^{\frac{3}{2}}}=\frac{M(x)}{EI}=-\frac{F_{cr}}{EI}$$

可以导出当 $F\geqslant F_{cr}$ 时 C_1 与 F 之间一一对应的函数关系，从而可以确定 C_1 的数值。且由精确微分方程所得出的 F_{cr} 与式（14-1）是相同的。但从设计的角度来看，目的是要确定压杆在直线状态下稳定平衡的临界力，对失稳时的最大挠度 v_{max} 并不感兴趣，而采用近似微分方程确定临界力使得计算很简单。

（3）欧拉公式是压杆在理想的条件下得出的，即把实际压杆抽象化为“轴向中心受压直杆”时，可以找到最大挠度 v_{max} 与轴向压力 F 之间的理论关系，如图 14-9 所示的 OAB 曲

线。该曲线表明，当压力 F 超过 F_{cr} 时压杆才开始挠曲，并且，F 的微小增加将带来挠度的迅速增长。实际上，由于压杆轴线不可避免地存在着初曲率，以及压杆材料的不均匀性等各种因素的影响着初曲率，外力作用线不可能毫无偏差地与杆的轴线相重合；另外，由于压杆材料的不均匀性等各种因素的影响，压杆在较小的载荷作用下就开始弯曲了，只是当 F 低于 F_{cr} 时，弯曲增大比较缓慢，当 F 接近 F_{cr} 时，弯曲增长很快，如图14-9中的 OD 曲线所示。在小挠度的情况下，如果压杆愈接近理想模型的情况，则实际曲线 OD 与理论曲线 OAB 将愈为靠近，也都接近代表欧拉解的水平线 AC。所以，在小变形情况下由欧拉公式确定临界力才有实际意义。

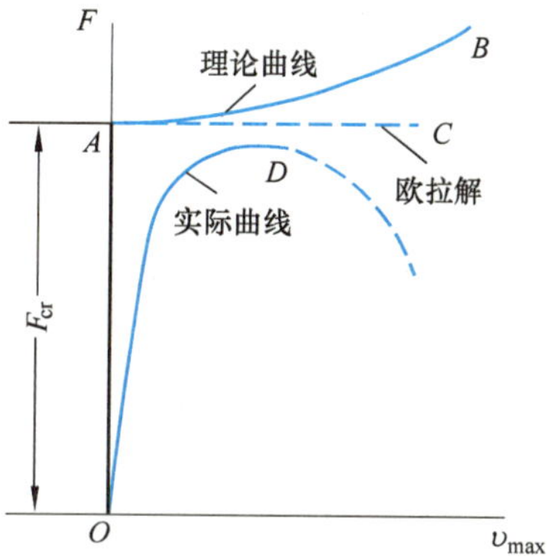

图 14-9

2. 两端固定压杆的临界力

设细长压杆的两端固定（图14-10a），轴线为直线，压力 F 与轴线重合。正如前面所讨论的两端铰支情况，当压力达到临界值时，压杆将由直线平衡状态转变为曲线平衡状态。使压杆保持微弯曲线平衡的最小压力即为临界力 F_{cr}。

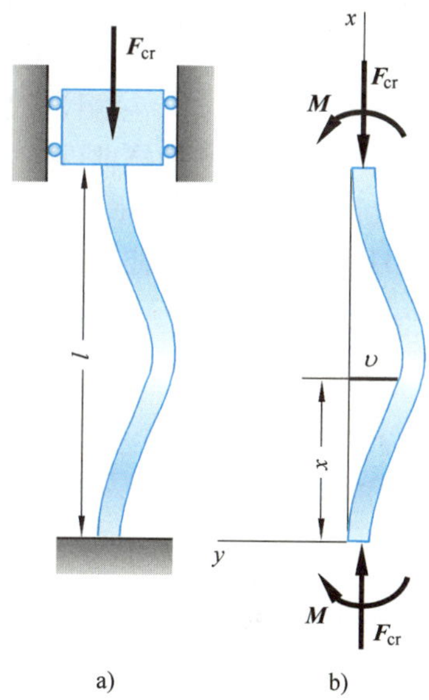

图 14-10

两端固定的压杆，由于变形对中点对称，上、下两端的反作用力偶矩同为 M，且水平约束力必皆为零。微弯状态下平衡的挠曲线及受力情况如图14-10示，挠曲线的微分方程为

$$EIv''=M(x)$$

$$M(x)=-F_{cr}v+M$$

即

$$EIv''=-F_{cr}v+M$$

引用记号 $K^2=F_{cr}/EI$，则有

$$v''+K^2v=\frac{M}{EI}$$

此微分方程的通解为

$$v=C_1\sin Kx+C_2\cos Kx+\frac{M}{F_{cr}} \tag{h}$$

v 的一阶导数为

$$v'=C_1K\cos Kx-C_2K\sin Kx \tag{i}$$

两端固定压杆的边界条件为

$x=0$ 时，$v=0$，$v'=0$；

$x=l$ 时，$v=0$，$v'=0$。

代入式（h）、式（i），有

$$C_2+\frac{M}{F_{cr}}=0$$

$$C_1K=0$$

$$C_1\sin Kl+C_2\cos Kl+\frac{M}{F_{cr}}=0$$

$$C_1K\sin Kl-C_2K\cos Kl=0 \tag{j}$$

由以上4个方程式可得出

$$\cos Kl-1=0,\quad \sin Kl=0$$

满足以上两式的根，除 $Kl=0$ 外，最小根为 $Kl=2\pi$，即

$$K=\frac{2\pi}{l}$$

将上式中 K 代入 $K^2=F_{cr}/EI$，求得

$$F_{cr}=\frac{4\pi^2EI}{l^2} \tag{14-2}$$

这就是**两端固定细长压杆的欧拉公式**。显然，其临界力是两端铰支细长压杆临界力的4倍。

3. 一端固定、一端铰支压杆的临界力

根据一端固定、一端铰支压杆的边界条件，设出其在微弯状态下平衡的挠曲线（图14-11a）。为使杆件平衡，上端铰支座应有横向约束力 F_{By}，计算简图如图14-11b所示。于是挠曲线的微分方程式为

$$EIv''=M(x)$$

$$M(x)=-F_{cr}v+F_{By}(l-x)$$

$$EIv''=-F_{cr}v+F_{By}(l-x)$$

引用记号 $K^2=F_{cr}/EI$，则有

$$v''+K^2v=\frac{F_{By}}{EI}(l-x)$$

此微分方程的通解为

$$v=C_1\sin Kx+C_2\cos Kx+\frac{F_{By}}{F_{cr}}(l-x) \tag{k}$$

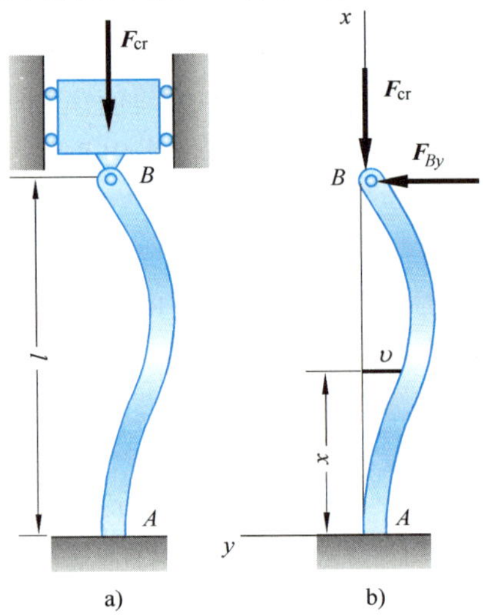

图 14-11

v 的一阶导数为

$$v'=C_1K\cos Kx-C_2K\sin Kx-\frac{F_{By}}{F_{cr}} \tag{l}$$

杆件的边界条件为

$x=0$ 时：$v=0$，$v'=0$；

$x=l$ 时：$v=0$。

代入式（k）、式（l），得到

$$C_2+\frac{F_{By}}{F_{cr}}l=0$$

$$C_1K-\frac{F_{By}}{F_{cr}}=0$$

$$C_1\sin Kl+C_2\cos Kl=0$$

这是关于 C_1、C_2 和 F_{By}/F_{cr} 的齐次线性方程组。因为 C_1、C_2 和 F_{By}/F_{cr} 不能皆等于零，即要求以上齐次线性方程组必须有非零的解，所以其系数行列式应等于零。故有

$$\begin{vmatrix} 0 & 1 & l \\ K & 0 & -1 \\ \sin Kl & \cos Kl & 0 \end{vmatrix} = 0$$

展开得

$$\tan Kl = Kl \tag{m}$$

这是一个超越方程，可用图解法求解。以 Kl 为横坐标，作直线 $y = Kl$ 和曲线 $y = \tan Kl$（图 14-12），其第一个交点的横坐标

$$Kl = 4.49$$

显然是满足式（m）的最小根。由此求得

$$F_{cr} = K^2 EI$$

即

$$F_{cr} = \frac{20.16EI}{l^2} \tag{14-3}$$

这就是**一端固定、一端铰支细长压杆的欧拉公式**。

以此类推，可对任意支撑情况的细长压杆，根据边界条件，设出其在微弯平衡下的挠曲线，利用挠曲线的微分方程，求出其计算临界力的欧拉公式。

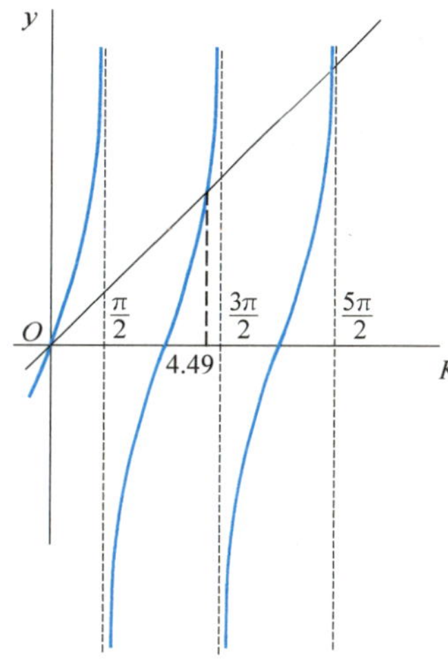

图　14-12

14.2.2　根据压杆在微弯状态下的挠曲线波形比较求临界力

比较三种典型支座压杆的欧拉公式，可以看出：三个公式的形式都一样，临界力与 EI 成正比，与 l^2 成反比，只相差一个系数。显然，此系数与挠曲线微弯的波形有关。以两端铰支压杆为例，在推导欧拉公式的过程中，如果将 $K = n\pi/l$ 中的 n 分别取 2，3，4，…各值，则得

$$K = \frac{2\pi}{l},\ K = \frac{3\pi}{l},\ K = \frac{4\pi}{l},\ \cdots$$

对应有

$$v = C_1 \sin \frac{2\pi}{l}x,\ C_1 \sin \frac{3\pi}{l}x,\ C_1 \sin \frac{4\pi}{l}x,\ \cdots$$

$$F_{cr} = \frac{4\pi^2 EI}{l^2},\ \frac{9\pi^2 EI}{l^2},\ \frac{16\pi^2 EI}{l^2},\ \cdots$$

可见，挠曲线将分别具有 2，3，4，…个半波的正弦曲线。$n = 1$ 时，挠曲绕形状如图 14-13a所示，图 14-13b、c、d 则分别表示 $n = 2$，3，4 时的挠曲线形状。

显然，如果在曲线的拐点处没有约束，那么图 14-13b、c、d 所示挠曲线一般不会出现。

从上面推导公式的过程可知，临界力同压杆微弯状态的挠曲线形状有关。杆端约束不同，自然会影响到挠曲线的形状及临界力的计算公式，但是，不论杆端具有何种约束条件，都可依照两端铰支压杆临界力公式的推导方法，导出相应的临界力的计算公式。即在 l 段内有一个半波的正弦曲线，挠曲线方程 $v = C_1 \sin(\pi x/l)$，临界力 $F_{cr} = \pi^2 EI/l^2$。同时，可以看出压杆的临界力与挠曲线的波形有关，因此用比较简单的类比波形的方法可导出几种常见约束条件下压杆的临界力计算公式。

1. 两端固定压杆的临界力

根据边界条件和结构的对称性设出其在微弯状态下平衡的挠曲线形状（图 14-14）。距两端各为 $l/4$ 的 C、D 两点的弯矩等于零［可用式（h）求得，当 $x=l/4$ 或 $3l/4$ 时，$M=0$）］，即 C、D 点是曲线的两个拐点。因而可以把这两点看作铰链，居于中间的 $l/2$ 长度内的挠曲线是正弦曲线的半波。也就是说，杆长为 l 的两端固定压杆的临界力与长度为 $l/2$ 的两端铰支压杆的临界力是相等的。在此情况下，仍可用两端铰支欧拉公式（14-1）计算，只是把该式中的 l 改变成现在的 $l/2$，即

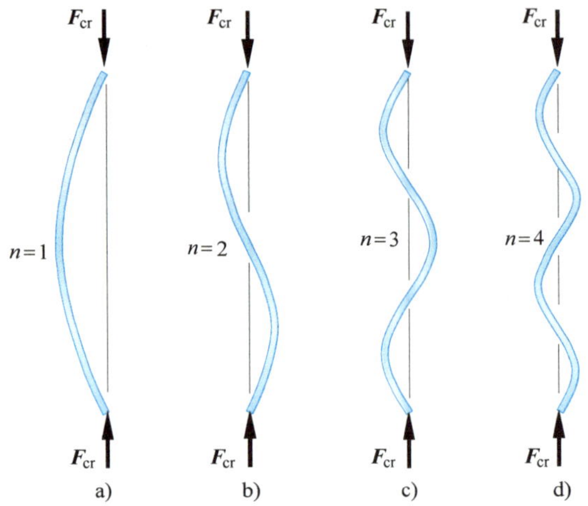

图 14-13

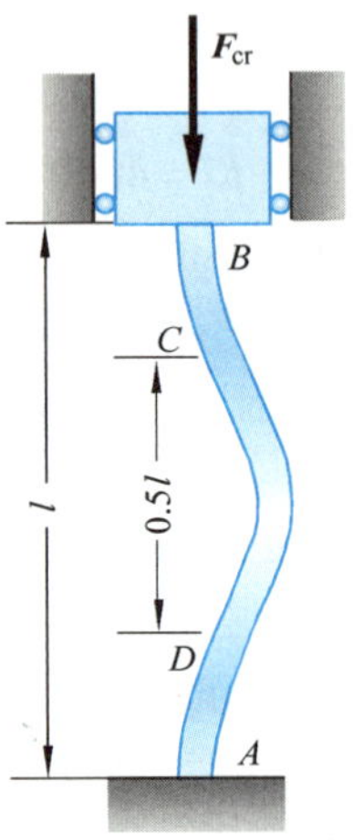

图 14-14

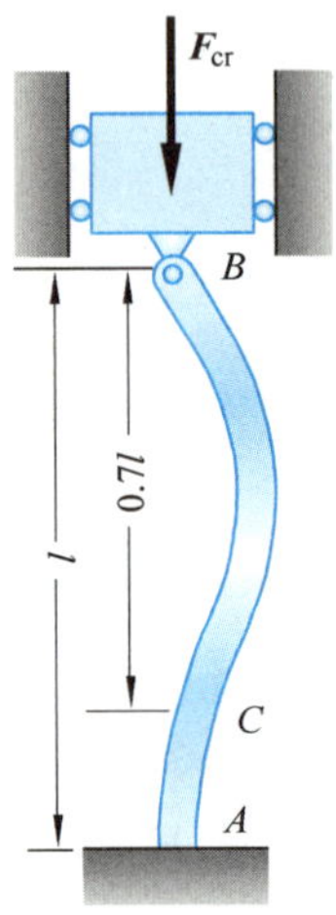

图 14-15

$$F_{cr}=\frac{\pi^2 EI}{\left(\frac{l}{2}\right)^2} \tag{14-4}$$

这与式（14-2）是完全一致的。

2. 一端固定、一端铰支压杆的临界力

根据边界条件设出其微弯状态下平衡的挠曲线（图 14-15）。对这种情况，C 为拐点，可近似地把大约长为 $0.7l$ 的 BC 部分看作是两端铰支压杆。应用两端铰支欧拉公式(14-1)，则有

$$F_{cr}\approx\frac{\pi^2 EI}{(0.7l)^2} \tag{14-5}$$

这与式（14-3）也是一样的，即

$$F_{cr}=\frac{20.16EI}{l^2}\approx\frac{\pi^2 EI}{(0.7l)^2}$$

3. 一端固定、一端自由压杆的临界力

根据边界条件设出其微弯状态下平衡的挠曲线（图 14-16）。如果用镜面反影的方法，将该压杆的挠曲线对固定端反影，即可得到半波长为 $2l$ 的正弦波曲线（图 14-14）。将其与两端铰支压杆形象地加以类比，显然杆长为 l 的一端固定、一端自由压杆的临界力应与杆长为 $2l$ 的两端铰支压杆的临界力是相等的，也就是相当于在 $2l$ 长内产生半个正弦波。由式（14-1）可得出相应的临界力为

$$F_{cr}=\frac{\pi^2 EI}{(2l)^2} \tag{14-6}$$

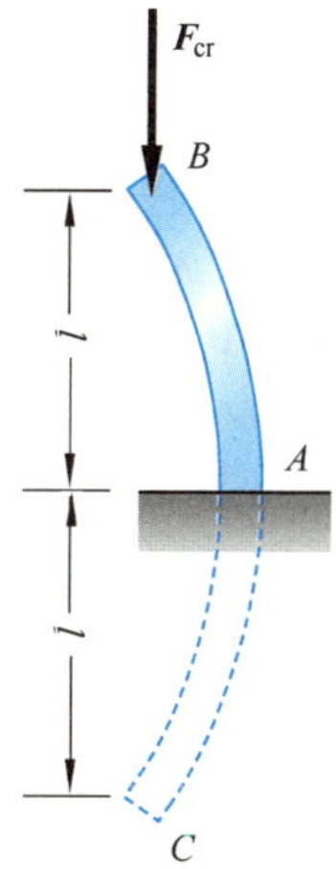

图　14-16

14.2.3　欧拉公式的普遍形式

从以上 4 种典型支撑压杆的临界力公式可以看出，不论是公式推导法还是波形比较法，所得到的欧拉公式可以统一写成

$$\boxed{F_{cr}=\frac{\pi^2 EI}{(\mu l)^2}} \tag{14-7}$$

这就是**欧拉公式的普遍形式**。式中，μ 称为**长度系数**，它与压杆的约束条件有关，与正弦半波的个数成反比；乘积 μl 称为**相当长度**，即压杆挠曲线正弦曲线的半波长度。可以看出，杆端约束越强，正弦半波的个数越多，则 μ 越小，临界力就越大。

为了便于查阅，现将常用的几种不同约束条件下的长度系数 μ 值列于表 14-1 内。

表 14-1　几种典型细长压杆的长度系数 μ

杆端约束情况	两端铰支	一端铰支 一端固定	两端固定	一端自由 一端固定	一端固定 一端可移动不可转动
挠曲线形状	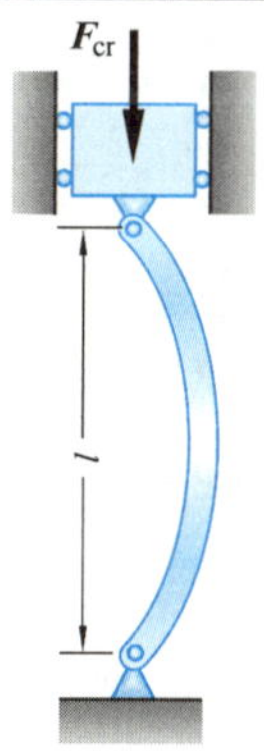	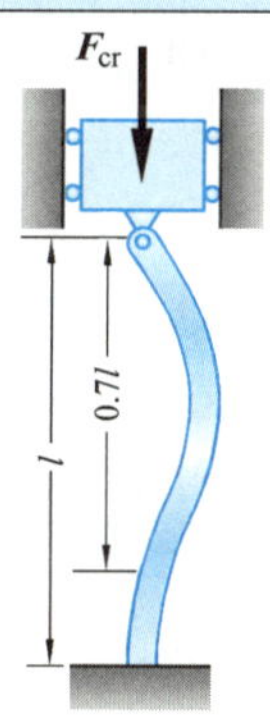	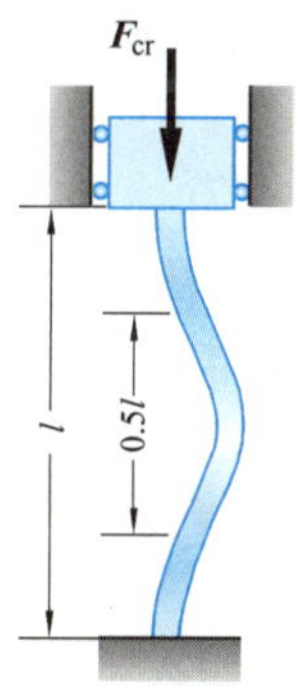	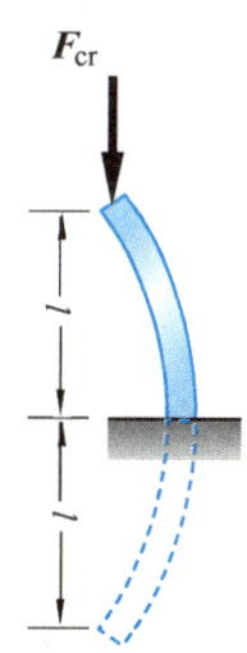	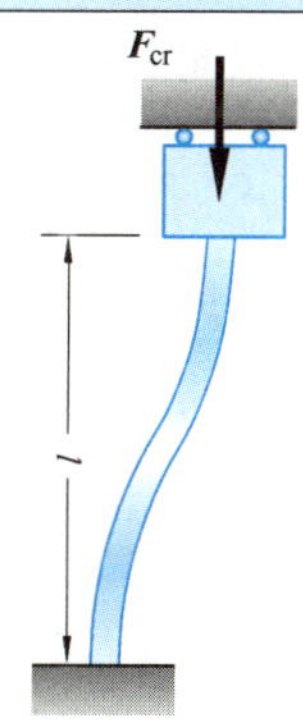
μ	1	0.7	0.5	2	1

应该指出，上表所列举的各种情况，长度系数 μ 都是按理想的约束情况下确定的。实际上，在工程中杆端的约束情况是极复杂的，有时很难简单地将其归结为哪一种理想约束情况，这就要看实际约束性质与哪种理想约束相近，或介于哪两种约束情况之间来定出 μ 的大小。在设计规范中，对其长度系数 μ 都做了相应的规定，可参阅有关设计规范的规定。

14.3　欧拉公式的适用范围　经验公式

14.3.1　临界应力和柔度的概念

把压杆的临界力除以压杆的横截面面积，所得到的应力称为**临界应力**，用 σ_{cr} 表示，即

$$\sigma_{cr}=\frac{F_{cr}}{A}=\frac{\pi^2 E}{(\mu l)^2}\cdot\frac{I}{A} \tag{a}$$

因为 $i=\sqrt{\dfrac{I}{A}}$ 为截面的惯性半径，是一个与截面形状和尺寸有关的几何量，将此关系式代入式（a），得

$$\sigma_{cr}=\frac{F_{cr}}{A}=\frac{\pi^2 E}{(\mu l)^2}\cdot i^2=\frac{\pi^2 E}{\left(\dfrac{\mu l}{i}\right)^2} \tag{b}$$

引入符号 λ，令

$$\boxed{\lambda=\frac{\mu l}{i}} \tag{14-8}$$

则临界应力为

$$\boxed{\sigma_{cr}=\frac{\pi^2 E}{\lambda^2}} \tag{14-9}$$

此式为欧拉公式的另一种形式。式中，$\lambda=\mu l/i$ 称为压杆的**柔度**（或长细比），是一个量纲为一的量，它集中反映了压杆约束、截面尺寸和形状及压杆长度对临界应力的影响。从式（14-9）可以看出，压杆的临界应力与柔度的平方成反比，柔度越大，则压杆的临界应力越低，压杆越容易失稳。因此，在压杆稳定问题中，柔度 λ 是一个重要的参数。当压杆的长度、截面、约束条件一定时，压杆的柔度是一个完全确定的量。

14.3.2 欧拉公式的适用范围

临界应力公式是在欧拉公式的基础上导出的，是用应力形式表示的欧拉公式。欧拉公式是由挠曲线近似微分方程推导而来，而材料服从胡克定律又是挠曲线近似微分方程的基础，因此，欧拉公式只有在临界应力不超过材料的比例极限 σ_P 时式（14-7）和式（14-9）才是正确的。令式（14-9）中的 σ_{cr} 小于 σ_P，得

$$\sigma_{cr}=\frac{\pi^2 E}{\lambda^2}\leqslant\sigma_P \quad 或 \quad \lambda^2\geqslant\frac{\pi^2 E}{\sigma_P} \tag{c}$$

由上式可求得对应于比例极限 σ_P 的柔度

$$\boxed{\lambda_P=\pi\sqrt{\frac{E}{\sigma_P}}} \tag{14-10}$$

于是，欧拉公式的应用范围又可表示为

$$\lambda\geqslant\lambda_P \tag{14-11}$$

满足上述条件的压杆称为**大柔度杆**或细长杆。因此，只有当压杆为大柔度杆时，用欧拉公式求得的临界应力（临界力）才是正确的。

从式（14-10）可知，λ_P 仅取决于压杆材料的力学性质，只与弹性模量 E 和比例极限 σ_P 有关。对于常用的 Q235 钢，$E=206\text{GPa}$，$\sigma_P=200\text{MPa}$，$\lambda_P=\pi\cdot\sqrt{206\times10^9/(200\times10^6)}\approx100$，也就是说，用 Q235 钢制成的压杆，其柔度 $\lambda\geqslant\lambda_P=100$ 时，才能用欧拉公式来计算临界应力。对于其他材料也可算出相应的 λ_P。

14.3.3　中、小柔度杆的临界应力

在工程实际中也经常遇到柔度小于 λ_P 的压杆，称中、小柔度杆或非细长杆。这类压杆的临界应力已经超过了材料的比例极限 σ_P，欧拉公式已不再适用，对于这样的压杆目前多采用建立在实验基础上的经验公式。

1. 直线公式

压杆的临界应力 σ_{cr} 与压杆柔度 λ 存在如下直线关系：

$$\boxed{\sigma_{cr}=a-b\lambda} \tag{14-12}$$

上述关系在 $\sigma_{cr}-\lambda$ 坐标系中用斜线 BC 表示（图 14-17）。式中，λ 为压杆的实际柔度；a 和 b 是与材料性质有关的常数，其单位都是 MPa。几种材料的 a、b 参考值可从表 14-2 中查得。上述经验公式也有一个适用范围，即应力不能超过材料的压缩极限应力 σ_{cu}。因为当 $\sigma_{cr}\geqslant\sigma_{cu}$ 时，压杆将因强度不够而失效。对于由塑性材料制成的压杆，则要求其临界应力不超过材料的屈服点 σ_s。即

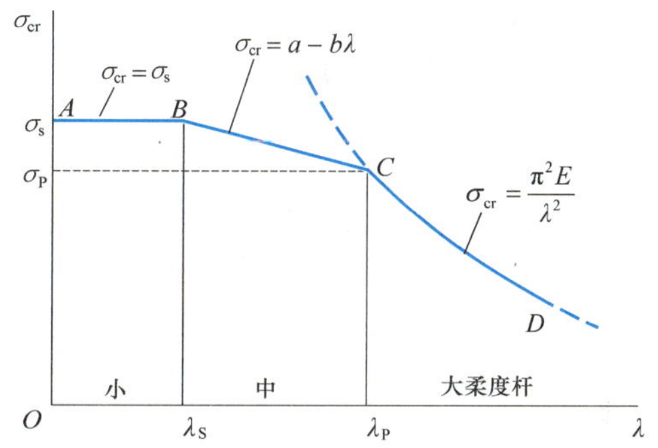

图　14-17

表 14-2　直线公式的系数 a 和 b

材料 σ_s、σ_b/MPa	a/MPa	b/MPa
Q235（$\sigma_s=235$　$\sigma_b\geqslant372$）	304	1.12
优质碳钢（$\sigma_s=306$　$\sigma_b\geqslant471$）	461	2.568
硅钢（$\sigma_s=353$　$\sigma_b\geqslant510$）	578	3.744
铬钼钢	980.7	5.296
铸铁	332.2	1.454
松木	28.7	0.19

$$\sigma_{cr}=a-b\lambda\leqslant\sigma_s$$

或

$$\lambda\geqslant\frac{a-\sigma_s}{b}$$

由上式即可求得对应于屈服点 σ_s 的柔度

$$\lambda_s=\frac{a-\sigma_s}{b} \tag{14-13}$$

上式即为应用直线经验公式的柔度最低值（图 14-17），也就是说当压杆的实际柔度 $\lambda\geqslant\lambda_s$ 时，直线公式才适用。对于 Q235 钢，$\sigma_s=235$MPa，$a=304$MPa，$b=1.12$MPa，可求得

$$\lambda_s=\frac{304-235}{1.12}\approx60$$

柔度 λ 在 λ_s 和 λ_P 之间（即 $\lambda_s\leqslant\lambda\leqslant\lambda_P$）的压杆称为**中柔度杆**或中长杆。对 Q235 钢，中柔度杆的 λ 在 60 到 100 之间。实验表明，这种压杆的破坏性质接近于大柔度杆，也有较明显

的失稳现象。

柔度较小（$\lambda<\lambda_s$）的压杆称为**小柔度杆**或短粗杆。对 Q235 钢来说，小柔度杆的 λ 在 0 到 60 之间。实验表明，这种压杆当应力达到屈服点 σ_s 时因发生屈服破坏，破坏时很难观察到失稳现象。这说明小柔度杆是因强度不足而破坏的，应该以屈服点 σ_s 作为极限应力；若在形式上作为稳定问题考虑，则可以认为临界力 $\sigma_{cr}=\sigma_s$，如图 14-17 上水平直线段 AB 所示。对于脆性材料（如铸铁）制成的压杆，则应取压缩强度极限 σ_{cb} 作为小柔度杆的临界应力。

2. 抛物线公式

工程实际中，对于中、小柔度压杆的临界应力也常采用如下经验公式：

$$\boxed{\sigma_{cr}=c-d\lambda^2} \tag{14-14}$$

式中，c、d 均为与材料有关的常数。如 Q235 钢，$c=235\text{MPa}$，$d=6.68\times10^{-3}\text{MPa}$。

由式（14-14）可以看出，临界应力 σ_{cr} 与柔度 λ 的关系为一抛物线。该抛物线与欧拉双曲线交于 K 点（图 14-18），抛物线 AK 对应于中、小柔度杆，双曲线 KD 对应大柔度杆。K 点的坐标与材料有关，对塑性材料，可取 $\sigma_K=0.5\sigma_s$，如 Q235 钢，可求出 $\lambda_K=\sqrt{2\pi^2E/\sigma_s}=132$。因此，抛物线公式的应用范围是 $\lambda\leqslant132$。当 $\lambda\geqslant132$ 时，则应用欧拉公式计算。

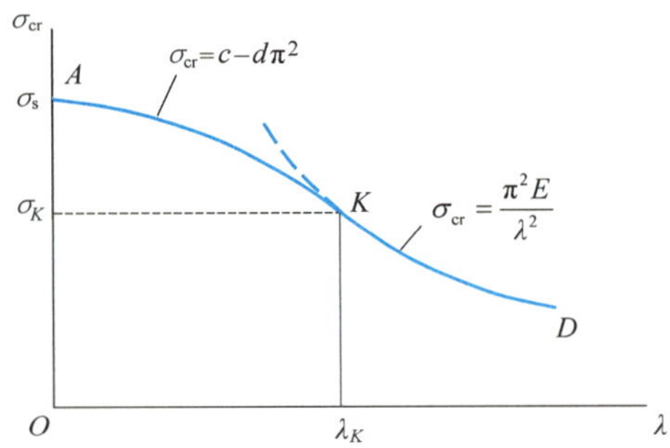

图　14-18

综上所述，相应于大、中、小柔度的三类压杆，其临界应力与柔度关系组成了临界应力总图。塑性材料的临界应力总图如图 14-17 所示。从图上明显地看出，小柔度杆的临界应力与 λ 无关，属强度问题；而大、中柔度杆的临界应力 σ_{cr} 则随 λ 的增加而减小。临界应力总图之内是既不发生强度破坏，又不发生失稳破坏的安全区域。

最后，需要说明的是临界力的大小是由压杆整体的变形所决定的。压杆上因存在钉孔或沟、槽等而造成的局部削弱对临界力的影响很小。因此，在求压杆的临界应力时，不论是用欧拉公式，还是用经验公式，一律采用未削弱的横截面形状和尺寸进行计算，而对局部削弱的横截面处一般还要进行其强度的校核。

【例 14-1】 图 14-19a、b 所示两根压杆，材料均为 Q235 钢，$E=206\text{GPa}$。图 a 中杆为圆截面，直径 $d=16\text{cm}$，杆长 $l_a=500\text{cm}$，两端为球铰支；图 b 中杆为矩形截面，边长 $b=20\text{cm}$，$h=30\text{cm}$，杆长 $l_b=900\text{cm}$，两端固定。试分别计算两杆的 F_{cr} 和临界应力 σ_{cr}。

解： • 求图 a 杆的临界力 F_{cr}、临界应力 σ_{cr}

先计算图 a 中杆的柔度，判定杆的类型。将 $\mu_a=1$、$l_a=500\text{cm}$、$i_a=d/4=4\text{cm}$ 代入柔度公式有

$$\lambda_a=\frac{\mu_a l_a}{i_a}=\frac{1\times500}{4}=125$$

对 Q235 钢，$\lambda_P\approx100$，$\lambda_a=125>\lambda_P$，故图 a 杆为大柔度杆。用欧拉公式计算临界应力，有

$$\sigma_{cr}=\frac{\pi^2E}{\lambda_a^2}=\frac{\pi^2\cdot206\times10^9}{125^2}\text{Pa}=130\text{MPa}$$

临界力为

$$F_{cr}=\sigma_{cr}A=\sigma_{cr}\frac{\pi d^2}{4}=130\times10^6\cdot\frac{\pi\cdot(16\times10^{-2})^2}{4}\text{N}=2\ 610\text{kN}$$

● 求图 b 杆的临界力 F_{cr}、临界应力 σ_{cr}

将 $\mu_b=0.5$、$l_b=900\text{cm}$ 以及

$$i_{b,\min}=\sqrt{\frac{I_{\min}}{A}}=\sqrt{\frac{hb^3}{12bh}}=\frac{b}{2\sqrt{3}}=5.77\text{cm}$$

代入柔度公式有

$$\lambda_b=\frac{\mu_b l_b}{i_{b,\min}}=\frac{0.5\times900}{5.77}=78$$

此时 $\lambda_b<\lambda_P$，对 Q235 钢，$\lambda_s=60$，$\lambda_s<\lambda_b<\lambda_P$，故图 b 杆为中柔度杆。可用经验公式（直线或抛物线公式）计算。现采用直线公式，有

$$\sigma_{cr}=a-b\lambda_b=(304-1.12\times78)\text{MPa}=216.6\text{MPa}$$

临界力为

$$F_{cr}=\sigma_{cr}\cdot A=\sigma_{cr}bh=216.6\times10^6\times2\times3\times10^{-2}\text{N}=13\times10^6\ \text{N}=13\ 000\text{kN}$$

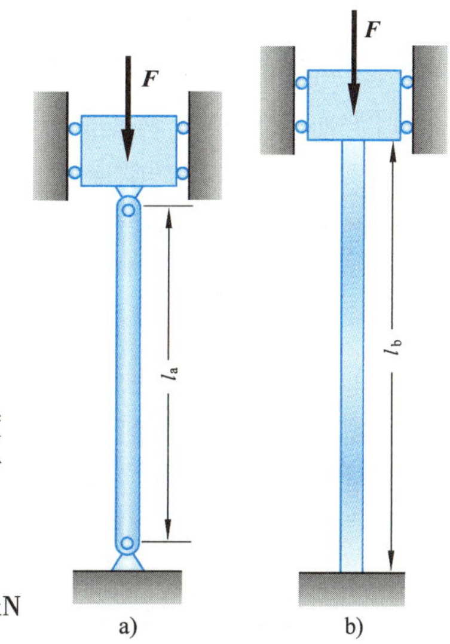

图　14-19

【例 14-2】 图 14-20 所示截面面积为 $12\times20\text{cm}^2$ 的矩形木柱，长度 $l=700\text{cm}$，两端为销轴联接。在最大刚度面内弯曲时可视为两端铰支（图 14-20a）；在最小刚度面内弯曲时可视为两端固定（图 14-20b）。木材的 $\sigma_P=20\text{MPa}$，$E=10\text{GPa}$，求木柱的临界力 F_{cr} 和临界应力 σ_{cr}。

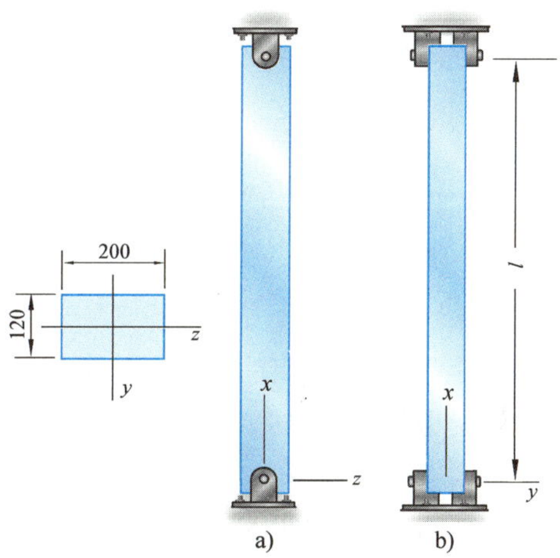

图　14-20

解： ● 计算两个主惯性平面内的柔度值，根据柔度判别木柱在哪个平面内失稳

最大刚度平面为 xz 面，$\mu_y=1$，$I_y=\frac{bh^3}{12}$

$$i_y=\sqrt{\frac{bh^3}{12}/bh}=\frac{h}{2\sqrt{3}}=5.77\text{cm}$$

$$\lambda_y=\frac{\mu_y l}{i_y}=\frac{1\times700}{5.77}=121$$

最小刚度平面为 xy 面，$\mu_z=0.5$，$I_z=\frac{hb^3}{12}$

$$i_z=\sqrt{\frac{hb^3}{12}/bh}=\frac{b}{2\sqrt{3}}=3.46\text{cm}$$

$$\lambda_z=\frac{\mu_z l}{i_z}=\frac{0.5\times700}{3.46}=101$$

由于 $\lambda_y>\lambda_z$，故木柱在最大刚度平面内失稳。

● 计算临界应力 σ_{cr}、临界力 F_{cr}

由式（14-10），有

$$\lambda_P=\pi\sqrt{\frac{E}{\sigma_P}}=\pi\sqrt{\frac{10\times10^9}{20\times10^6}}=70.2$$

因为 $\lambda_y=121>\lambda_P$，故用欧拉公式计算

$$\sigma_{cr}=\frac{\pi^2E}{\lambda_y^2}=\frac{\pi^2\cdot10\times10^9}{121^2}\text{Pa}=6.73\times10^6\text{Pa}=6.73\text{MPa}$$

临界力　$F_{cr}=\sigma_{cr}\cdot A=6.73\times10^6\times12\times20\times10^{-4}\text{N}=161\times10^3\text{N}=161\text{kN}$

14.3.4 关于失稳方向的讨论

（1）如果压杆在各纵向截面约束都相同，而压杆截面的主形心惯性矩 I 也都相同（如图 14-19a），则压杆在哪个方向失稳是随机的。

（2）如果压杆在两个互相垂直的主形心惯性平面（最大、最小刚度平面）内约束相同，而压杆横截面的两个主形心惯性矩 I 并不相同（如图 14-19b），则要取 I_{min} 来计算，压杆一定在 I_{min} 平面内失稳。

（3）若压杆在两个互相垂直的主形心惯性平面内的约束不同，当压杆截面的两个主形心惯性矩 I 相同时，压杆定在 μ_{max} 方向失稳（习题 14-4）；当压杆横截面的两个主形心惯性矩 I 也不相同（例 14-2）时，要取 λ_{max} 计算，压杆一定在 λ_{max} 平面内失稳。

14.4 压杆的稳定校核

根据以上几节的讨论，对各种柔度的压杆都可以求出临界压力 F_{cr}。对于工程实际中的压杆，要使其不丧失稳定而正常工作，必须使压杆所承受的轴向压力 F 小于该压杆的临界载荷 F_{cr}。为了使其具有足够的稳定性，还必须将临界力除以适当的规定安全系数 n_{st}，于是，压杆的稳定条件为

$$F \leqslant \frac{F_{cr}}{n_{st}} = [F_{cr}] \tag{14-15}$$

但在工程计算中，常把稳定条件式（14-15）改写成

$$\boxed{n = \frac{F_{cr}}{F} \geqslant n_{st}} \tag{14-16}$$

式中，F 为压杆的工作压力；F_{cr} 为压杆的临界载荷；n 为压杆的工作稳定安全系数；n_{st} 为压杆的规定稳定安全系数。利用式（14-16）进行稳定校核的方法称为**安全系数法**。

一般规定稳定安全系数 n_{st} 比强度安全系数要高，这是因为一些难以避免的因素，如杆件的初弯曲、压力的偏心、材料的不均匀和约束情况的非理想等都会严重地影响压杆的稳定性，降低临界压力的数值。而同样的这些因素，对杆件强度的影响就不那么严重。同时，柔度越大，上述因素的影响也越大，所以 n_{st} 的值也将随柔度 λ 的增大而提高。再有，规定的稳定安全系数还与压杆的工作条件有关，对不同的情况可查阅有关设计规范的规定。另外由压杆的失稳破坏特点所决定。因为压杆的失稳破坏是整体的，突然造成的危害是严重的，而强度破坏常是局部的，因此，规定稳定安全系数较强度安全系数要大。

与强度条件类似，压杆的稳定条件同样可以解决三类问题：

- 校核压杆的稳定性；
- 确定许用载荷；
- 利用稳定条件设计截面尺寸。

需要指出，利用稳定条件设计截面尺寸时，由于 λ 与截面尺寸有关，而必须由 λ 定出是哪类压杆，才能选择正确的公式。因此，往往采取试算法，即先由欧拉公式确定截面尺寸，然后再检查是否满足使用欧拉公式的条件。具体计算可参见例 14-6。

【例 14-3】 一千斤顶如图 14-21 所示，最大承重量 $F=100\text{kN}$，丝杆内径 $d_0=69\text{mm}$，顶起高度 $l=80\text{cm}$，丝杆材料为 Q235 钢，取稳定安全系数 $n_{st}=3.5$，试对起重螺杆进行稳定校核。（在计算惯性矩时用螺纹内径，螺纹影响可略去。）

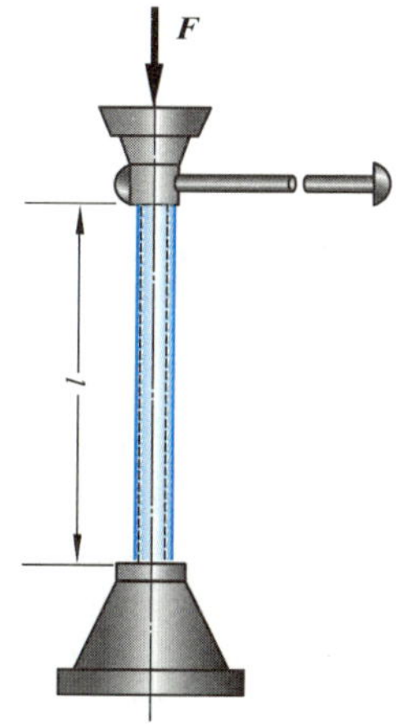

图　14-21

解：• 首先计算临界力 F_{cr}

螺杆下端固定，上端自由，故 $\mu=2$，$l=800\text{mm}$，$i=\sqrt{\dfrac{\pi d_0^4/64}{\pi d_0^2/4}}=\dfrac{d_0}{4}=\dfrac{69}{4}\text{mm}$，则

$$\lambda=\frac{\mu l}{i}=\frac{2\times 80}{\dfrac{69}{4}}=93$$

对 Q235 钢，$\lambda_P=100$，$\lambda_s=60$。所以 $\lambda_s<\lambda<\lambda_P$，故螺杆为中柔度杆。由直线经验公式并查表 14-2 有

$$F_{cr}=(a-b\lambda)A=(304-1.12\times 93)\times 10^6\times\frac{\pi\cdot(69\times 10^{-3})^{-2}}{4}\text{N}$$

$$=746.8\times 10^3\text{N}=746.8\text{kN}$$

• 计算安全系数 n，进行稳定校核

$$n=\frac{F_{cr}}{F}=\frac{746.8}{100}\approx 7.47>n_{st}=3.5$$

千斤顶螺杆满足稳定条件。

【例 14-4】 图 14-22 所示一转臂起重机架 ABC，其中 AB 为空心圆杆，$D=76\text{mm}$，$d=68\text{mm}$，BC 为实心杆，$D_1=20\text{mm}$。材料均为 Q235 钢，取强度安全系数 $n=1.5$，稳定安全系数 $n_{st}=4$。最大起重量 $G=20\text{kN}$，试校核此结构。

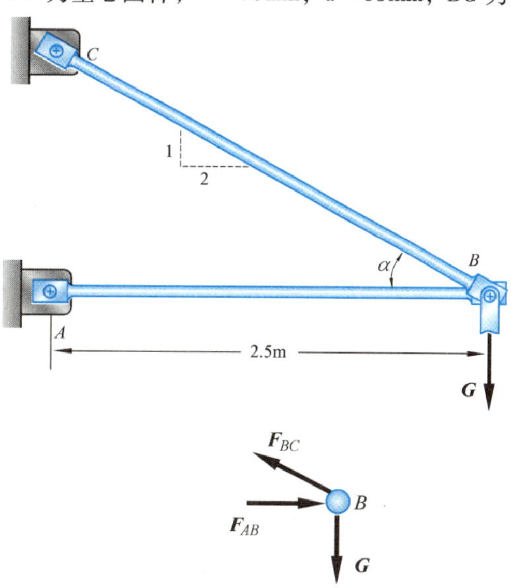

图　14-22

解：• 外力分析

取节点 B 为研究对象，进行受力分析，由平衡方程，可得

$$F_{BC}=\frac{G}{\sin\alpha}=\frac{20}{0.447}\text{N}=44.7\text{kN}\ (\text{拉})$$

$$F_{AB}=\frac{G}{\tan\alpha}=2\times 20\text{kN}=40\text{kN}\ (\text{压})$$

杆 AB 受压，需校核其稳定性；杆 BC 受拉，需校核强度。

• 校核杆 AB 的稳定性

（1）首先计算临界力

已知 $\mu=1$，$l=2.5\text{m}$，

$$i=\sqrt{\frac{I}{A}}=\sqrt{\frac{\pi(D^4-d^4)/64}{\pi(D^2-d^2)/4}}=\frac{D}{4}\sqrt{1+\left(\frac{d}{D}\right)^2}$$

$$=\frac{76}{4}\sqrt{1+\left(\frac{68}{76}\right)^2}\text{mm}=25.5\text{mm}$$

则

$$\lambda=\frac{\mu l}{i}=\frac{1\times 2.5\times 10^3}{25.5}=98$$

对 Q235 钢，$\lambda_P=100$，$\lambda_s=60$。所以 $\lambda_s<\lambda_b<\lambda_P$，故杆 AB 为中柔度杆。由直线经验公式并查表 14-2，得

$$F_{cr}=\sigma_{cr}A=(a-b\lambda)A$$
$$=(304-1.12\times98)\times10^6\cdot\frac{\pi\cdot(76^2-68^2)\times10^{-6}}{4}\text{N}$$
$$=175.6\times10^3\text{N}=175.6\text{kN}$$

（2）计算杆 AB 安全系数 n，进行稳定校核

$$n=\frac{F_{cr}}{F_{AB}}=\frac{175.6}{40}=4.39>n_{st}=4$$

杆 AB 满足稳定条件。

● 校核杆 BC 的强度

$$\sigma_{BC}=\frac{F_{NBC}}{A_{BC}}=\frac{F_{BC}}{A_{BC}}=\frac{44.7\times10^3}{\frac{\pi\cdot20^2\times10^{-6}}{4}}\text{Pa}=142.4\text{MPa}$$

查表 2-1，取 $\sigma_s=235\text{MPa}$，得 $[\sigma]=\frac{\sigma_s}{n}=\frac{235}{1.5}\text{MPa}=156.6\text{MPa}$

$\sigma_{BC}<[\sigma]$，杆 BC 满足强度条件，故此结构是安全的。

【例 14-5】 图 14-23 所示组合结构中，AB 为圆截面杆，直径 $d=80\text{mm}$，A 端固定，B 端球铰，BC 为正方形截面杆，边长 $a=70\text{mm}$，C 端亦为球铰。AB 杆和 BC 杆可各自独立发生变形，两杆材料均为 Q235 钢，$E=206\text{GPa}$。规定稳定安全系数 $n_{st}=2.5$，试确定此结构的许可载荷 $[F]$。

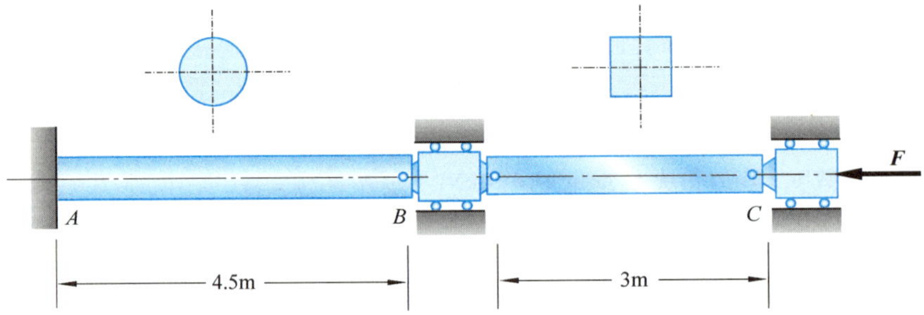

图 14-23

解： ● 杆 AB 受压，用稳定条件计算许可载荷 F_1

（1）计算杆 AB 临界力 F_{cr}

对于杆 AB，一端固定，一端铰支，$\mu=0.7$，$l_1=4.5\text{m}$，$i_y=\frac{d}{4}=\frac{80}{4}=20\text{mm}$，故

$$\lambda_{AB}=\frac{\mu l_1}{i}=\frac{0.7\times4.5}{20\times10^{-3}}=157.5$$

对于 Q235 钢，$\lambda_P\approx100$，因 $\lambda>\lambda_P$，所以杆 AB 为大柔度杆。由欧拉公式计算其临界力

$$F_{cr}=\sigma_{cr}A=\frac{\pi^2E}{\lambda^2}\cdot\frac{\pi d^2}{4}=\frac{\pi^3\cdot206\times10^9\times(80\times10^{-3})^2}{157.5^2\times4}\text{N}=412\times10^3\text{N}=412\text{kN}$$

（2）计算杆 AB 工作载荷 F_{AB}

对构件进行受力分析，易得 $F_{AB}=F$。

（3）用稳定条件计算杆 AB 的许可载荷 F_1

$$n=\frac{F_{cr}}{F_1}=\frac{412}{F_1}=n_{st}=2.5$$

得 $F_1=164.8\text{kN}$。

● 用杆 BC 的稳定条件确定许可载荷 F_2

(1) 计算杆 BC 临界力 F_{cr}

对于杆 BC，两端铰支，$\mu=1$，$l_2=3\text{m}$，$i=\sqrt{\dfrac{I}{A}}=\dfrac{a}{2\sqrt{3}}=\dfrac{70}{2\sqrt{3}}\text{mm}=20.2\text{mm}$，故

$$\lambda_{BC}=\frac{\mu l_2}{i}=\frac{1\times3\times10^3}{20.2}=148.5>\lambda_P$$

因此杆 BC 也是大柔度杆。由欧拉公式，有

$$F_{cr}=\sigma_{cr}A=\frac{\pi^2E}{\lambda^2}\cdot a^2=\frac{\pi^2\cdot206\times10^9\times(70\times10^{-3})^2}{148.5^2}\text{N}=451.2\times10^3\text{N}=451.2\text{kN}$$

(2) 计算杆 BC 工作载荷 F_{BC}

对构件进行受力分析，易得 $F_{BC}=F$。

(3) 用稳定条件计算杆 BC 的许可载荷 F_2

$$n=\frac{F_{cr}}{F_2}=\frac{451.2}{F_2}=n_{st}=2.5$$

得 $F_2=180.5\text{kN}$。

● 确定结构的许可载荷

结构的许可载荷　　$[F]=\min\{F_1,\ F_2\}=164.8\text{kN}$

【例 14-6】 图 14-24 所示某型平面磨床的工作台液压驱动装置。油缸活塞直径 $D=65\text{mm}$，油压 $p=1.2\text{MPa}$，活塞杆长度 $l=1.25\text{m}$，材料为 35 号优质碳素钢，$\sigma_P=220\text{MPa}$，$E=210\text{GPa}$，$n_{st}=6$。试确定活塞杆的直径。

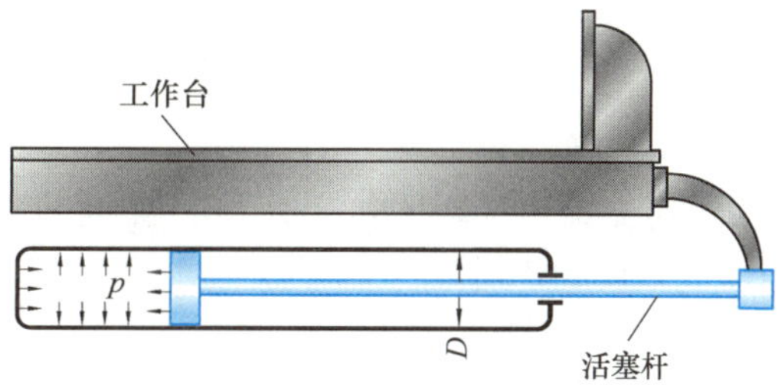

图　14-24

解： ● 计算活塞杆的临界压力 F_{cr}

由 $n=\dfrac{F_{cr}}{F}\geqslant n_{st}$，可得

$$F_{cr}\geqslant n_{st}F=6\times3\ 982\text{N}=23\ 892\text{N}$$

● 计算活塞杆承受的轴向压力 F

$$F=\frac{\pi D^2}{4}\cdot p=\frac{\pi\cdot(65\times10^{-3})^2}{4}\times1.2\times10^6\text{N}=3\ 928\text{N}$$

● 设计活塞杆直径

因为活塞杆的直径未知，无法求出活塞杆的柔度，也就不能判定用怎样的临界力公式进行计算。为此，可采用试算法，即先按欧拉公式设计活塞杆的直径，然后再检查是否满足欧拉公式的条件。

把活塞杆简化为两端铰支压杆（$\mu=1$）

$$F_{cr}=\frac{\pi^2EI}{(\mu l)^2}=\frac{\pi^2E\cdot\dfrac{\pi d^4}{64}}{l^2}\geqslant23\ 982\text{N}$$

$$d\geqslant\sqrt[4]{\frac{64F_{cr}l^2}{\pi^3E}}=\sqrt[4]{\frac{64\times23\ 892\times1.25^2}{\pi^3\cdot210\times10^9}}\text{m}=0.024\ 6\text{m}=24.6\text{mm}$$

取 $d=26\text{mm}$（取整取偶）。

● 检查是否满足欧拉公式的条件 $\lambda>\lambda_P$

用所得的 d 计算活塞杆的柔度

$$\lambda=\frac{\mu l}{i}=\frac{1\times1\ 250}{\dfrac{26}{4}}=192.3$$

对所用材料

$$\lambda_P = \pi\sqrt{\frac{E}{\sigma_P}} = \pi\sqrt{\frac{210\times10^9}{220\times10^6}} \approx 97$$

由于 $\lambda > \lambda_P$，所以用欧拉公式进行试算是正确的。

若设计出的 d，其 λ 不满足大柔度杆条件，则要重新设计。

【例 14-7】 结构及其受力如图 14-25 所示。已知 AB 为 14 号工字钢截面梁，$a=1.25\text{m}$；CD 为圆截面杆，直径 $d=20\text{mm}$，杆长 $l=550\text{mm}$。$F=25\text{kN}$，$\alpha=30°$，二杆材料均为 Q235 钢，$[\sigma]=160\text{MPa}$，规定的稳定安全系数 $n_{st}=2$。试校核结构是否安全。

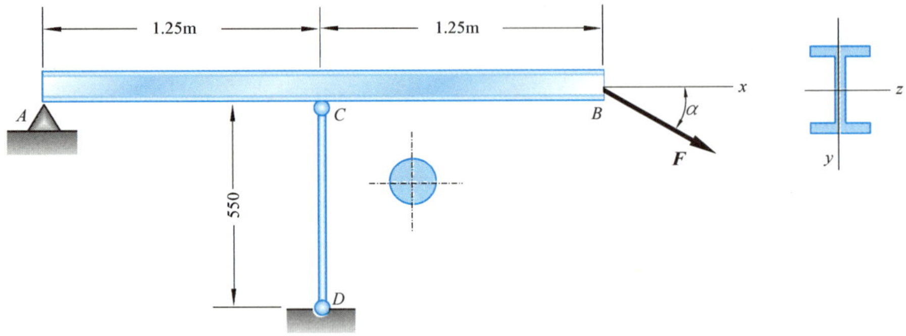

图 14-25

解： • 外力分析

结构包括梁 AB 和杆 CD，经外力分析，可知：梁 AB 为拉弯组合变形，属于强度问题；杆 CD 承受轴向压力，需进行稳定校核。

• 校核杆 CD 的稳定性

（1）计算临界力 F_{cr}

$$\lambda = \frac{\mu l}{i} = \frac{1\times550}{\frac{20}{4}} = 110$$

材料为 Q235，$\lambda_P=100$，由于 $\lambda > \lambda_P$，故由欧拉公式计算临界力 F_{cr}

$$F_{cr} = \sigma_{cr}A = \frac{\pi^2 E}{\lambda^2}\cdot\frac{\pi d^2}{4} = \frac{\pi^2\cdot206\times10^9}{110^2}\cdot\frac{\pi\cdot(20\times10^{-3})^2}{4}\text{N} = 52.8\text{kN}$$

（2）计算杆 CD 的工作载荷 F_{CD}

由 $\Sigma M_A=0$，得

$$F_{CD} = 2F\sin30° = 25\text{kN}$$

（3）校核杆 CD 的稳定性

$$n = \frac{F_{cr}}{F_{CD}} = \frac{52.8}{25} = 2.11 > n_{st} = 2$$

杆 CD 满足稳定条件。

• 校核梁 AB 的强度

轴向拉力为

$$F_N = F\cos30° = 25\times\frac{\sqrt{3}}{2} = 21.7\text{kN}$$

最大弯矩 M_{max} 在梁 AB 的中间截面处，其值为

$$M_{max} = F\sin30°\cdot a = 25\times\frac{1}{2}\times1.25\text{kN}\cdot\text{m} = 15.63\text{kN}\cdot\text{m}$$

由型钢表查出 14 号工字钢的抗弯截面模量 W_z 和截面面积 A 分别为

$$W_z = 102\text{cm}^3,\quad A = 21.5\text{cm}^2$$

故梁 AB 的最大正应力 σ_{max} 为

$$\sigma_{max}=\frac{F_N}{A}+\frac{M_{max}}{W_z}=\left(\frac{21.7\times10^3}{21.5\times10^{-4}}+\frac{15.63\times10^3}{102\times10^{-6}}\right)\text{Pa}=163.3\text{MPa}>[\sigma]$$

而

$$\frac{\sigma_{max}-[\sigma]}{[\sigma]}\times100\%=\frac{163.3-160}{160}\times100\%\approx2\%<5\%$$

梁 AB 仍可视为满足强度条件。所以，整个结构是安全的。

14.5 提高压杆稳定性的措施

要想提高压杆的稳定性，就得设法提高压杆的临界力。压杆的临界力是从稳定状态过渡到不稳定状态的极限载荷。临界力数值越高，则压杆的稳定性越好，承载能力越大。因此，如果想提高压杆的稳定性，就需从影响临界力的因素出发，探讨提高压杆稳定性的措施，设法提高其临界力的数值。

从临界力或临界应力的公式可以看出，影响临界力的主要因素不外乎有如下四个方面：压杆的截面形状、压杆的长度、支撑情况及材料性质。下面分别就各影响因素来讨论提高压杆稳定性的措施。

14.5.1 选择合理的压杆截面形状

由临界应力公式 $\sigma_{cr}=\pi^2E/\lambda^2$ 和经验公式 $\sigma_{cr}=a-b\lambda$ 或 $\sigma_{cr}=c-d\lambda^2$ 都可以看出，柔度 λ 越小，临界应力越高。而由公式 $\lambda=\mu l/i=\mu l/\sqrt{I/A}$ 来看，在压杆长度、约束以及横截面面积不变的情况下，增大惯性矩 I（即惯性半径 i）就能减小 λ，从而提高临界压力。可从以下几方面来考虑：

（1）在截面面积不变的情况下，可采用空心截面杆或采用型钢制成的组合截面杆。如将图 14-26a 所示截面改为图 14-26b 所示截面显然是一种合理的设计。工程建筑物中的柱和桥梁桁架中的压杆常用这类截面。同理，由 4 根角钢组成的起重臂（图 14-27），其 4 根角钢分散放置在截面的四角（图 14-27b），而不是集中放置在截面形心的附近（图 14-27c）。由型钢组成的桥梁桁架中的压杆或建筑物中的柱，也都是把型钢分开放置，如图 14-28 所示。但是，需要注意，不能过分追求增大 I 而使空心截面杆壁太薄，引起局部失稳；也不能使组合截面中各型钢之间距离过大，在此种情况下，各型钢作为独立的压杆，存在局部失稳问题，稳定性反而降低。由型钢组成的组合压杆，也要用足够强且尺寸较大的连接板（缀条）把分开放置的型钢连成一个整体，使其局部和整体的稳定性尽可能接近。

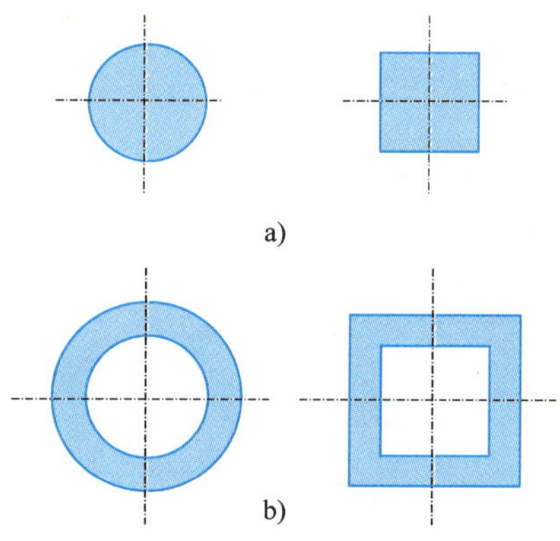

图 14-26

（2）如果压杆在各个纵向平面内的约束相同，即相当长度 μl 相同，应使截面对任一形心轴的 i 相等或接近相等。这时，可采用圆形、环形或正方形之类的截面，使压杆在任一纵

向平面内的柔度 λ 都相等或接近相等，从而使在任一纵向平面内有相等或接近相等的稳定性。对于用型钢组合截面的压杆，也应尽量采取措施，使其 $I_y=I_z$。如图 14-28 所示的用型钢组成的压杆，将二槽钢拉开合理的距离，使 $I_y=I_z$。

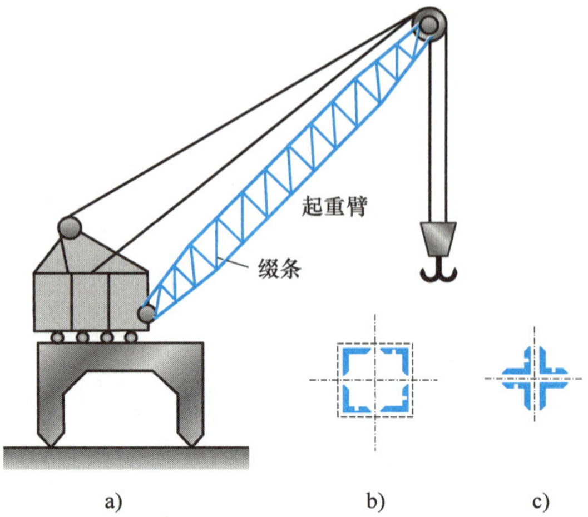

图 14-27

（3）若压杆在两互相垂直的主平面内支撑不同，即长度系数 μ 不相同，可采用矩形、工字形等 $I_y\neq I_z$ 的截面，使压杆在两个方向的柔度值相等或接近，从而使压杆在两个方向的稳定性相同或接近。例如，发动机的连杆，在摆动平面内，可简化为两端铰支座（图 14-29a），$\mu_1=1$；在垂直于摆动平面的平面内，可简化为两端固定（图 14-29b），$\mu_2=1/2$。为使在两个主惯性平面内的柔度接近相等，将连杆截面制成工字形，使连杆截面对两个主形心惯性轴 z 和 y 有不同的 i_z 和 i_y，且 $i_z>i_y$ 使得在两个主惯性平面内的柔度 $\lambda_1=\mu_1 l_1/i_z$ 和 $\lambda_2=\mu_2 l_2/i_y$ 接近相等。因 $\mu_1=1$，$\mu_2=1/2$，故 $i_z=\sqrt{I_z/A}\approx 2i_y=2\sqrt{I_y/A}$，$I_z=4I_y$，这样，连杆在两个主惯性平面内仍然可以有接近相等的稳定性。

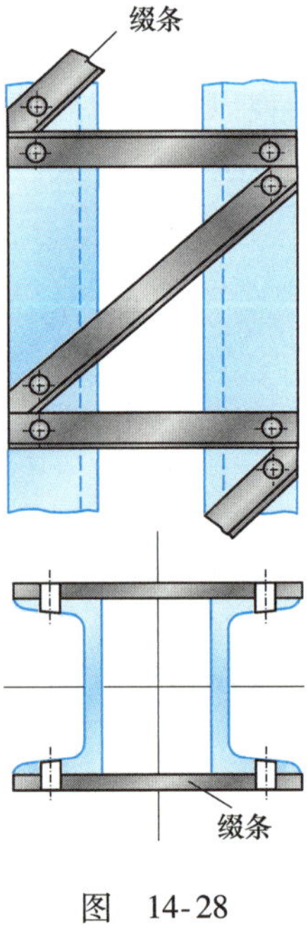

图 14-28

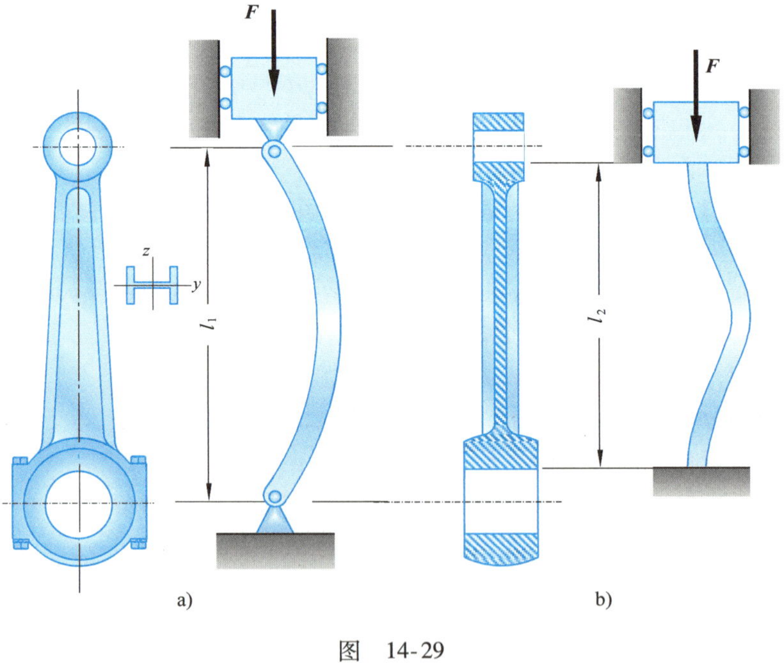

图 14-29

14.5.2 尽量减小压杆长度

由于临界力 F_{cr} 与杆长 l 的平方成反比，因此，在结构允许的情况下，应尽量减小压杆长度 l，这样可显著地提高压杆的稳定性。如果结构不允许减小杆长，也可用增加中间支座的办法使其跨长减小，达到提高稳定性的目的。例如图14-30所示两端铰支压杆的中点增加一个支撑，其临界力可增为原来的4倍。在大型车床的丝杆上设有数个中间支撑，其中一个重要的目的就是为了提高它的稳定性。

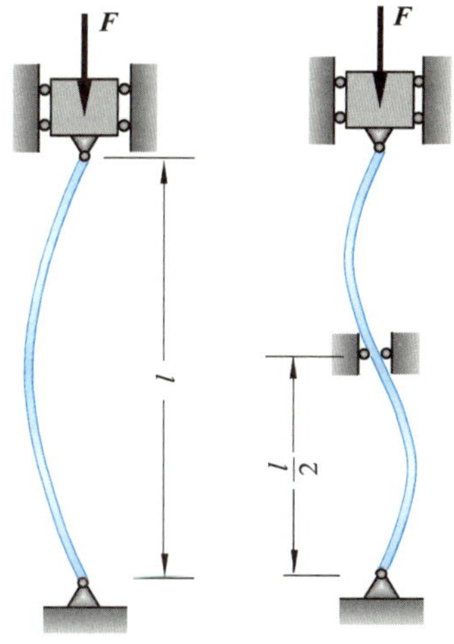

图 14-30

14.5.3 改善压杆的约束条件

从前边的讨论可以看出，杆端约束的类型决定着长度系数μ的数值，而F_{cr}与μ^2成反比，约束的刚性越强，μ就越小，临界力就越大。因此，通过增加约束刚性，可以达到提高稳定性的目的。如把两端铰支压杆改为两端固定，压杆的临界力将增大3倍。又如滑动轴承的长短对轴的约束也是不同的，滑动轴承较长，则约束接近固定端；轴承较短，则约束接近铰支。工程上规定，当轴承长$l>3d$时，按固定端考虑；当$l<1.5d$时，按铰支考虑。因此，在条件允许的情况下，适当地增加轴承长度也可提高压杆稳定性。对于用型钢组合的截面，连板与杆件焊接、铆接或用螺栓联接，都要保证具有足够的强度和刚度，保证不产生相对位移。为确保安全，往往把这些联接处都抽象为铰支。

14.5.4 合理选择压杆材料

（1）对于大柔度杆（$\lambda \geqslant \lambda_P$），由欧拉公式

$$F_{cr}=\frac{\pi^2 EI}{(\mu l)^2} \quad 和 \quad \sigma_{cr}=\frac{\pi^2 E}{\lambda^2}$$

可以看出，临界压力与材料性质有关的量仅为弹性模量E。显然，选择弹性模量E较大的材料可以提高细长压杆的临界力。但必须注意，由于各种钢材的E大致相等，介于200～210GPa，因此，试图用优质钢代替普通钢来改善细长压杆的稳定性将无济于事，只会造成材料的浪费。

（2）对于中柔度杆，在经验公式

$$\sigma_{cr}=a-b\lambda \quad 或 \quad \sigma_{cr}=c-d\lambda^2$$

中，系数a、b、c、d与材料的屈服点σ_s、强度极限σ_b有关，而各种钢材的σ_s、σ_b相差很大，材料强度越高，a、c越大，临界应力也越高。因此，对于中柔度压杆，选用高强度钢，将有助于提高压杆的稳定性。

（3）对于小柔度杆，其破坏的主要因素是强度问题，而优质钢材的强度高，因此，对于小柔度杆选用高强度钢可提高杆件的强度。

除以上几个方面外，有时甚至可以改变结构布局，将压杆改为拉杆。如将图14-31a所示的托架改成图14-31b的形式，即改变结构的受力情况。

总之，对一个具体的压杆，要注意结构的特点，从以上几方面出发，抓住其主要的方面，以最经济、有效的措施来提高压杆的稳定性。

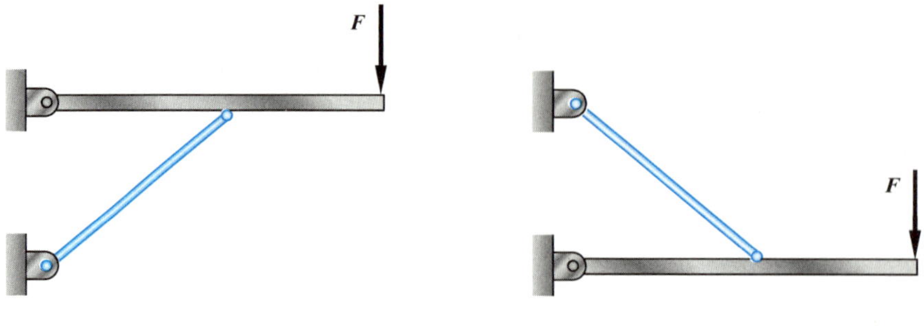

a)　　　　b)

图　14-31

分析思考题

14-1　构件的强度、刚度和稳定性有什么区别?

14-2　什么叫物体的稳定平衡、不稳定平衡和随遇平衡?

14-3　何谓压杆的稳定性? 压杆的平衡状态（形式）有几种?

14-4　压杆失稳所产生的弯曲变形与梁在横向力作用下产生的弯曲变形在性质上有何区别?

14-5　临界力的物理意义是什么? 它与哪些因素有关?

14-6　选择压杆的合理截面形状，有怎样的原则?

14-7　在对压杆进行稳定计算时，怎样判别压杆在哪个平面内失稳?

14-8　对于细长压杆，其临界应力愈大，它的稳定性就愈好；临界应力愈小，稳定性就愈差。这种说法对否?

习题

14-1　三根圆截面压杆，直径均为 $d=160\text{mm}$，材料为 Q235 钢，$E=200\text{GPa}$，$\sigma_s=235\text{MPa}$，$\sigma_P=200\text{MPa}$，两端均为铰支，长度分别为 l_1、l_2 和 l_3，且 $l_1=2l_2=4l_3=5\text{m}$。试求各杆的临界力 F_{cr}。

14-2　题 14-2 图所示空心圆截面压杆两端固定，压杆材料为 Q235 钢，$E=200\text{GPa}$，$\lambda_P=100$。设截面的内外径之比 $\alpha=d/D=1/2$，试求：(1) 压杆为大柔度杆时，杆长与外径 D 的最小比值，以及此时的临界载荷；(2) 若改此压杆为实心圆截面杆，而杆的材料、长度、杆端约束及临界载荷不改变，求此杆与空心圆截面杆的重量比。

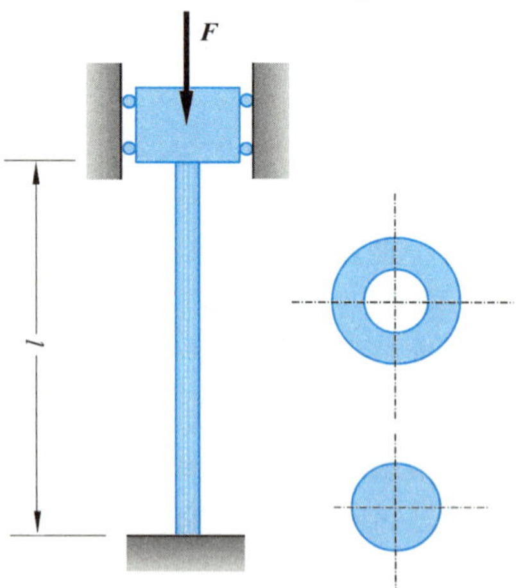

题 14-2 图

14-3　如题 14-3 图所示正方形桁架，五根杆均为直径 $d=5\text{cm}$ 的圆截面杆，材料为 Q235 钢，$E=200\text{GPa}$，$\sigma_P=200\text{MPa}$，$\sigma_s=240\text{MPa}$。(1) 试求结构的临界载荷；(2) 若载荷 $\boldsymbol{F}$ 方向相反，结构的临界载荷又为何值?

14-4　题 14-4 图所示活塞式空气压缩机连杆承受的最大压力 $F=80\text{kN}$，材料为 16Mn 钢。取稳定安全系数 $n_{st}=4$，试校核连杆的稳定性。从稳定的观点看，连杆截面是否合理? 可怎样改进?

14-5　题 14-5 图所示托架中，CD 杆视为刚性杆，AB 杆直径 $d=40\text{mm}$，材料为 Q235 钢，$E=200\text{GPa}$。（1）试求托架的临界载荷 F_{cr}；（2）若已知 $F=60\text{kN}$，AB 杆规定的稳定安全系数 $n_{st}=2$，试校核托架的稳定性。

14-6　某内燃机挺杆为空心圆截面，$D=10\text{mm}$，$d=7\text{mm}$，两端都是球形支座。挺杆承受载荷 $F=1.4\text{kN}$，材料为 Q235 钢，$E=206\text{GPa}$，杆长 $l=45.6\text{cm}$，取规定稳定安全系数 $n_{st}=3$，校核挺杆的稳定性。

14-7　如题 14-7 图所示托架，如长度 a 和细长压杆 AB 的截面保持不变，试根据稳定性计算 α 为何值时托架承载能力最大。

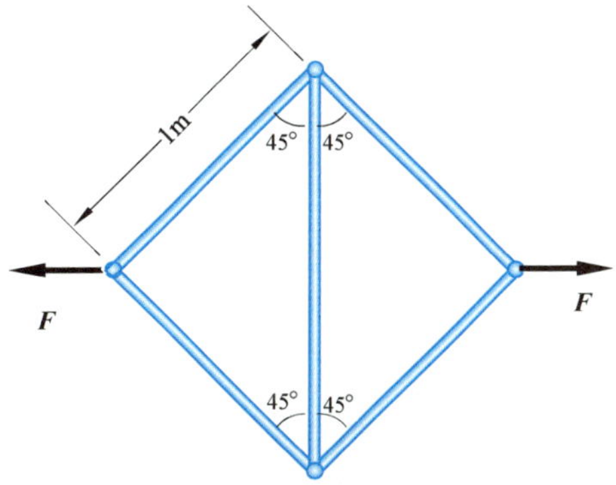

题 14-3 图

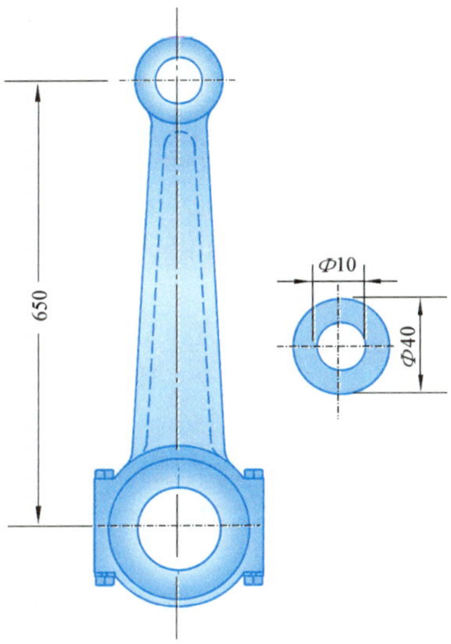

题 14-4 图

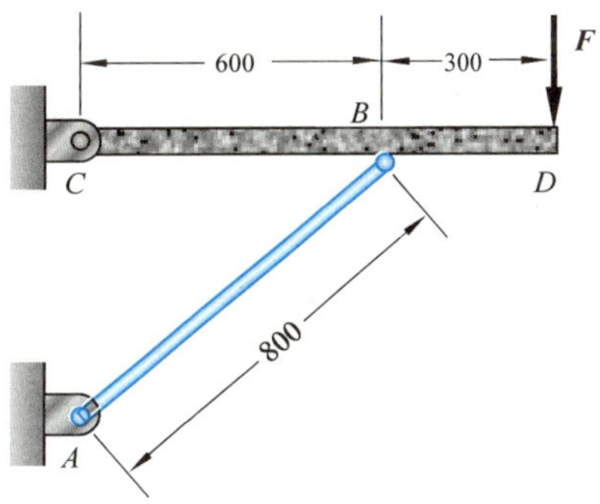

题 14-5 图

14-8　题 14-8 图所示结构中，刚性杆 AB，A 点为固定铰支，C、D 处与二细长杆铰接，已知二细长杆长为 l，抗弯刚度为 EI，试求当结构因细长杆失稳而丧失承载能力时，载荷 F 的临界值。

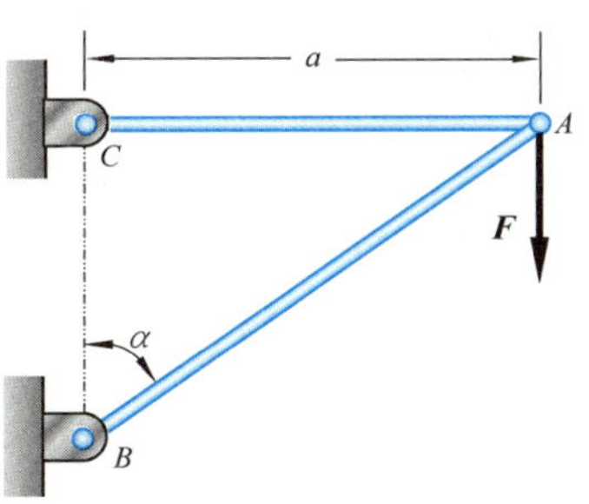

题 14-7 图

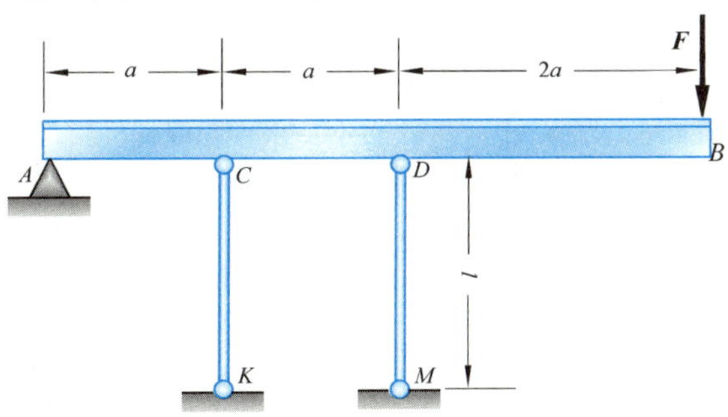

题 14-8 图

14-9　如题 14-9 图所示，10 号工字梁的 A 端固定，B 端铰支于空心钢管 BC 上。钢管的内径和外径分别为 $d=30\text{mm}$ 和 $D=40\text{mm}$，C 端亦为铰支。梁及钢管同为 Q235 钢。当重为 $G=300\text{N}$ 的重物落于梁的 B 端时，试校核 BC 杆的稳定性。规定稳定安全系数 $n_{st}=2.5$。

14-10　题14-10图所示压杆两端用柱形铰联接（在 xy 平面内视为两端铰支，在 xz 平面内视为两端固定）。杆的横截面为 $b \times h$ 的矩形截面。已知压杆材料为Q235钢，$E = 200\text{GPa}$，$\sigma_P = 200\text{MPa}$。（1）试求当 $b = 40\text{mm}$，$h = 60\text{mm}$，$l = 2.4\text{m}$ 时，压杆的临界载荷；（2）若使压杆在 xy、xz 两个平面内失稳的可能性相同，求 b 与 h 的比值。

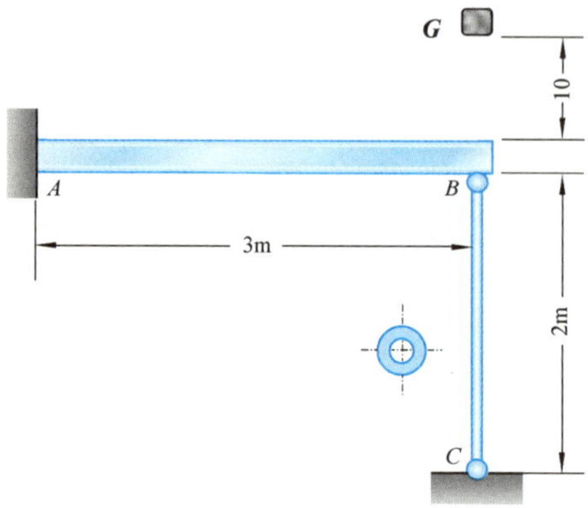

题14-9图

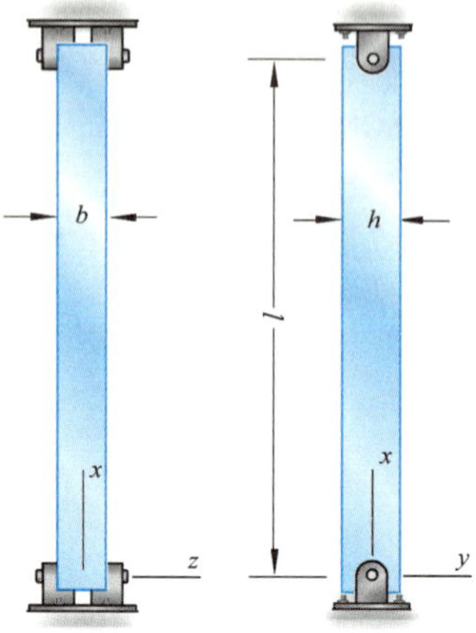

题14-10图

14-11　某液压机油缸柱塞如题14-11图所示。已知油压 $p = 32\text{MPa}$，柱塞直径 $d = 120\text{mm}$，伸入油缸的最大行程 $l = 1.6\text{m}$，材料为45号优质碳素钢，$E = 210\text{GPa}$。试求柱塞的工作安全系数。

14-12　如题14-12图所示，两端铰支的小型圆轴安装于框架中，轴长 $l = 150\text{mm}$，直径 $d = 6\text{mm}$，材料为Q275钢，$\sigma_P = 240\text{MPa}$，$E = 206\text{GPa}$。在温度为 $t_1 = -60℃$ 时进行装配，此时轴无初压力；当温度升到 $t_2 = +60℃$ 时，试校核该轴的稳定性。已知轴的线膨胀系数 $\alpha_1 = 1.25 \times 10^{-5}/℃$，框架的线膨胀系数 $\alpha_2 = 7.5 \times 10^{-6}/℃$，规定稳定安全系数 $n_{st} = 3$。（忽略框架各边的弯曲变形）。

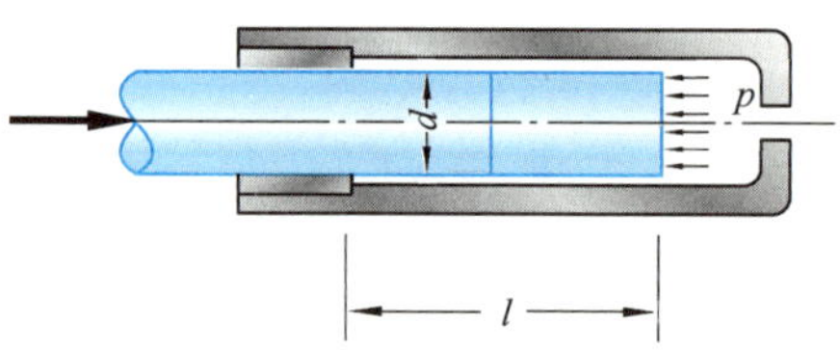

题14-11图

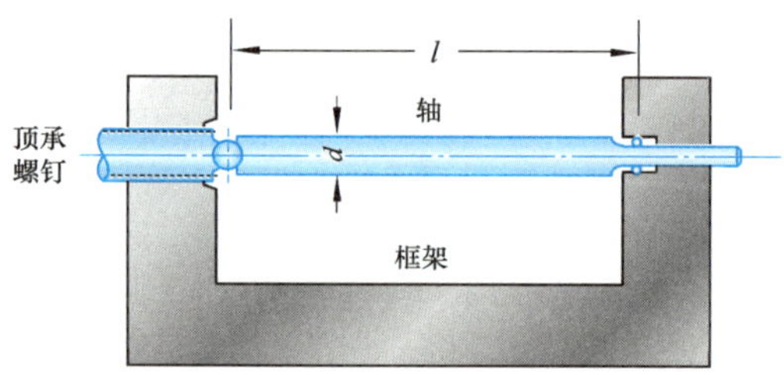

题14-12图

14-13　某轧钢车间使用的螺旋推钢机如题14-13图所示。推杆由丝杆通过螺母带动。已知推杆横截面直径 $d = 13\text{cm}$，材料为Q275钢。当推杆全部推出时，前端可能有微小侧移，故简化为一端固定、一端自由的压杆，这时推杆的伸出长度为最大值，且 $l_{max} = 3\text{m}$，取稳定安全系数 $n_{st} = 4$，试校核推杆的稳定性。

14-14　题14-14图所示的梁柱结构中，梁为16号工字钢，柱由两根 $63 \times 63 \times 10$ 的角钢组成。$q = 40\text{kN/m}$。二者材料均为Q235钢，$E = 200\text{GPa}$，$\sigma_P = 200\text{MPa}$，$\sigma_s = 240\text{MPa}$。取强度安全系数 $n = 1.4$，稳定安全系数 $n_{st} = 2$。试校核结构强度和稳定性。

14-15　如题14-15图所示，中心受压杆下端固定，上端铰支，杆长 $l = 6\text{m}$，材料为Q235钢，$\sigma_P = 200\text{MPa}$，$E = 206\text{GPa}$，杆截面由两个28a号槽钢组成，设安全系数 $n_{st} = 4$，当两个槽钢的腹板沿杆长固结在一起而成为工字钢截面时，（1）试求此杆的许可载荷 F；（2）若支承、杆长均不变，同时不改变槽钢型号的条件下，能否提高此杆的许可载荷？若能提高，试计算其许可载荷 F'。

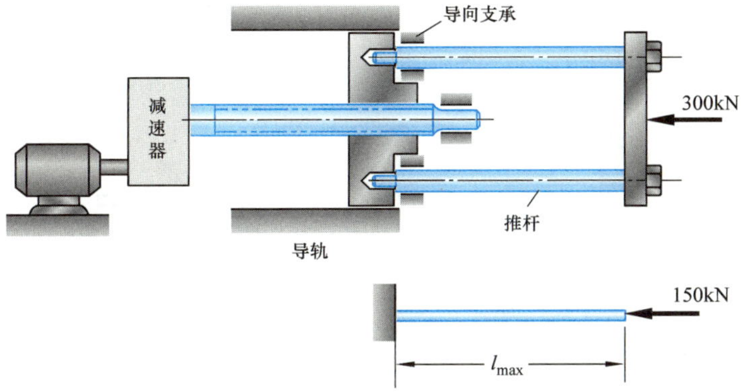

题 14-13 图

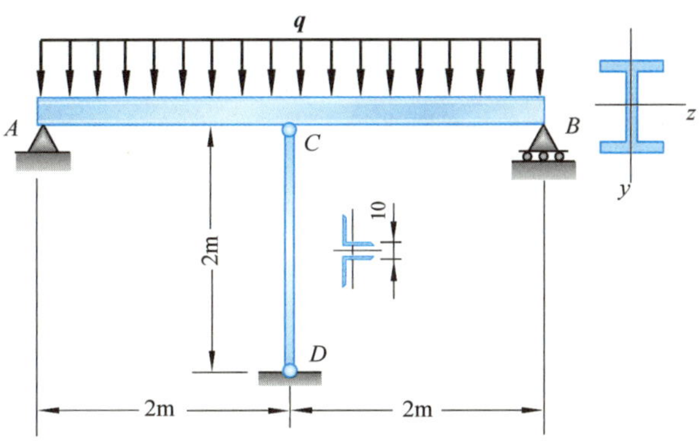

题 14-14 图

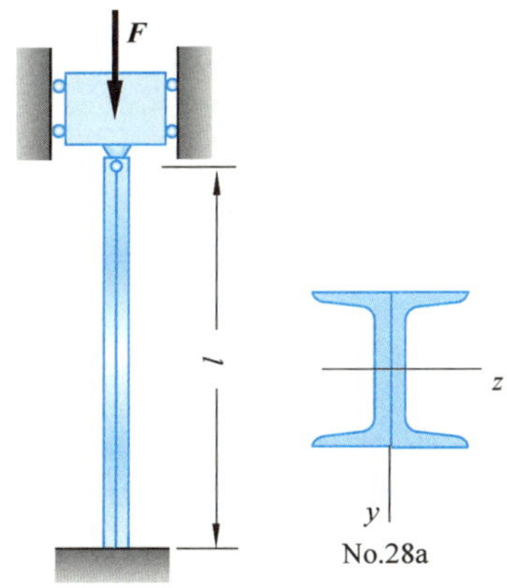

题 14-15 图

14-16　矩形截面杆 10cm × 8cm 两端固定，$l=5\text{m}$，材料为 Q235 钢，$E=200\text{GPa}$，线膨胀系数 $\alpha=1.25\times10^{-5}/℃$，当温度为 0℃时，没有初压力，问：(1) 当 $t=20℃$时，稳定的安全系数为多少？(2) 当温度升到多少时，结构将失稳？

14-17　题 14-17 图所示结构中，横梁 AB 为 T 形截面铸铁梁，$[\sigma_t]=40\text{MPa}$，$[\sigma_c]=120\text{MPa}$，$I_z=800\text{cm}^4$，$y_1=50\text{mm}$，$y_2=90\text{mm}$，O 为形心。CD 杆为 30mm × 50mm 的矩形截面，材料为 Q235 钢，$\sigma_s=240\text{MPa}$，$\sigma_P=200\text{MPa}$，$E=200\text{GPa}$。若取 $n_{st}=3$，$l=1\text{m}$，试求此结构的许可载荷 $[F]$。

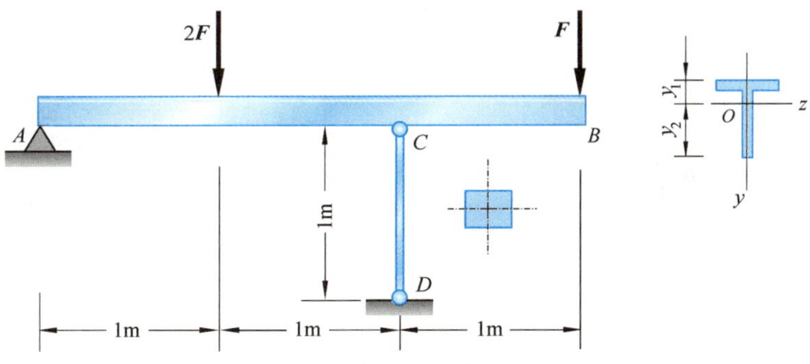

题 14-17 图

14-18　在题 14-18 图所示铰接杆系 ABC 中，AB 和 BC 皆为细长压杆，且截面相同，材料一样。若因在 ABC 平面内失稳而破坏，并规定 $0<\theta<\dfrac{\pi}{2}$，试确定 F 为最大值时的角 θ。

14-19　如题 14-19 图所示，万能铣床工作台升降丝杆的内径为 22mm，螺距 $s=5\text{mm}$。工作台升至最高位置时，$l=500\text{mm}$。丝杆钢材的 $E=210\text{GPa}$，$\sigma_s=300\text{MPa}$，$\sigma_P=260\text{MPa}$。若伞齿轮的传动比为 1∶2，即手轮旋转一周丝杆旋转半周，且手轮半径为 10cm，手轮上作用的最大圆周力为 200N，试求丝杆的工作安全系数。

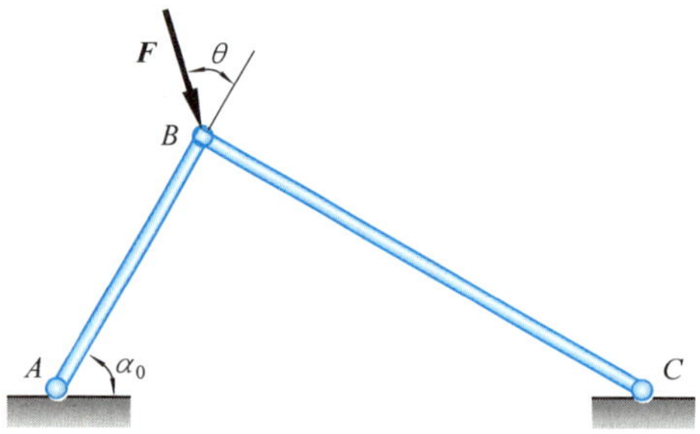

题 14-18 图

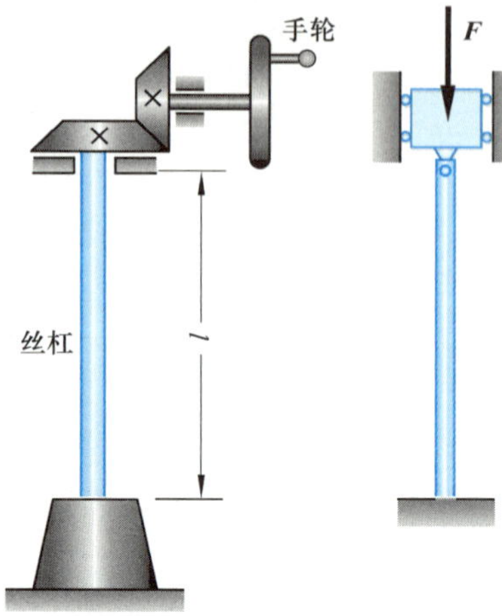

题 14-19 图

14-20　题 14-20 图 a 为万能试验机示意图，四根柱的长度为 $l=3\text{m}$，钢材的 $E=210\text{GPa}$。若 F 的最大许可值为 1 000kN，规定的安全系数为 $n_{st}=4$，试按稳定条件设计立柱的直径。

提示：立柱的下端是固定的，上端可水平移动，但不能转动。可简化为图 b 所示情况（长度系数 $\mu=1$）。

14-21　如题 14-21 图所示，组合截面柱由两个 32b 号槽钢组成，柱的总长 $l=8\text{m}$，柱的两端为铰支，$[\sigma]=160\text{MPa}$，铆钉孔的直径 $d=17\text{mm}$，$n_{st}=3$，试求：(1) 两槽钢的间距 b（要求组合柱失稳时，柔度 λ_z 与 λ_y 相同）；(2) 此组合柱的许可载荷 F；(3) 缀条之间的距离 a（要求局部稳定性与整个柱的稳定性相同，缀条对局部杆的约束可视为两端铰支）。

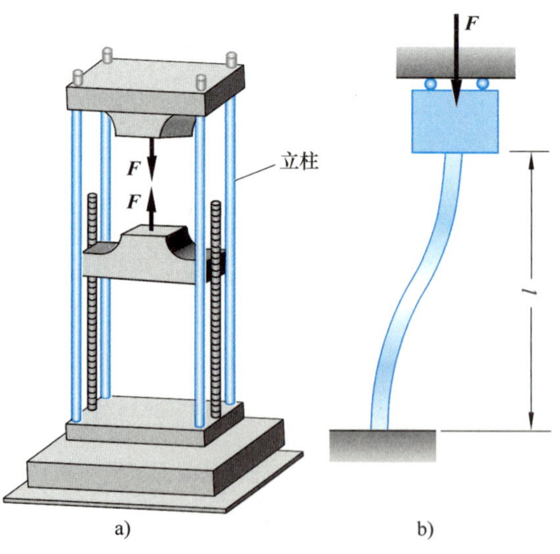

题 14-20 图

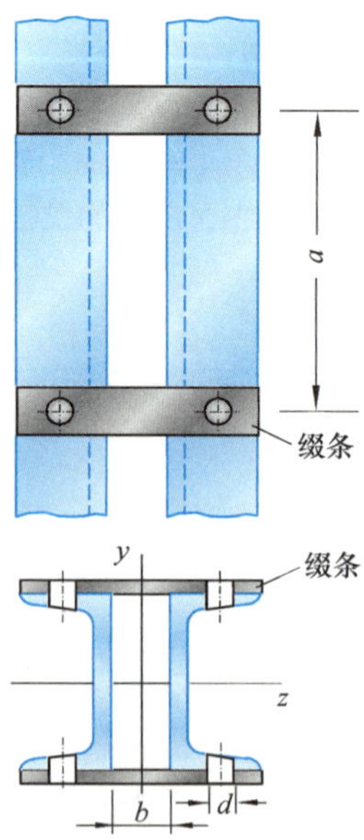

题 14-21 图

14-22　题 14-22 图所示结构中，AB 为 $b=40\text{mm}$、$h=60\text{mm}$ 的矩形截面，AC 及 CD 为 $d=40\text{mm}$ 的圆形截面，材料均为 Q235 钢，若取强度安全系数 $n=1.5$，规定稳定安全系数 $n_{st}=4$，试求许可载荷 $[F]$。

14-23　蒸汽机车的连杆如题 14-23 图所示，截面为工字型，材料为 Q235 碳钢。连杆所受最大轴向压力为 465kN。连杆在摆动平面（xy 面）内发生弯曲时，两端可认为铰支；而在与摆动平面垂直的 xz 面内发生弯曲时，两端可认为是固定端支座。试确定其工作安全系数。

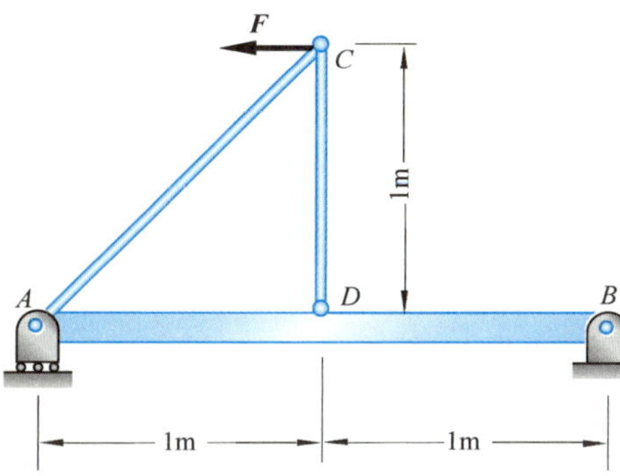

题 14-22 图

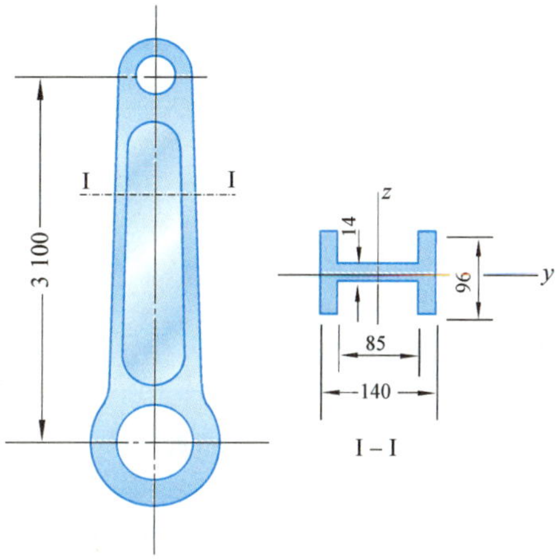

题 14-23 图

14-24　两端固定管道长为 2m，内径 $d=30\text{mm}$，外径 $D=40\text{mm}$。材料为 Q235 碳钢，$E=210\text{GPa}$，线膨胀系数 $\alpha=125\times10^{-7}/℃$。若安装管道时的温度为 10℃，试求不引起管道失稳的最高温度。

14-25　题 14-25 图所示结构中，AB 杆和 BC 杆为 Q235 钢管，外径 $D=120\text{mm}$，管壁厚 $t=10\text{mm}$。已知结构安全系数为 3.5，$\sigma_s=240\text{MPa}$，$\sigma_P=200\text{MPa}$，$E=206\text{GPa}$。试确定许可载重 G（不考虑绳）。

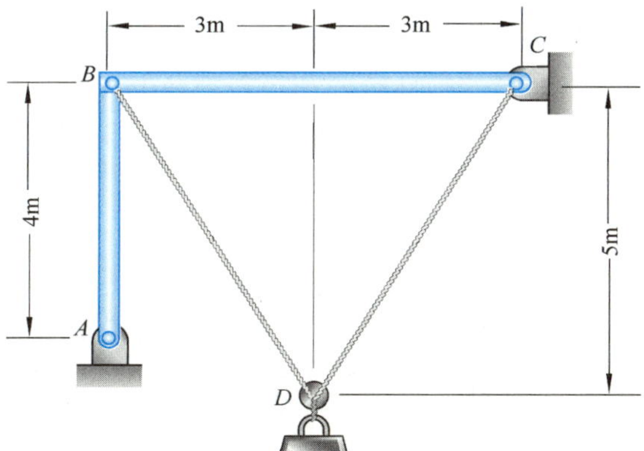

题 14-25 图

* 第 15 章 杆件的塑性变形

15.1 概述

15.1.1 工程中的塑性变形问题

工程问题中，绝大部分构件必须在弹性范围内工作，不允许出现塑性变形，即塑性变形是有害的；而金属的压力加工，则是利用了塑性变形不能恢复的性质，即塑性变形又是有利的。

前面主要讨论了杆件在弹性阶段内的变形和强度，而对塑性变形则很少论及。但工程中的有些问题必须考虑塑性变形，例如工件表层可能因加工引起的塑性变形，零件的某些部位也往往因应力过高而出现塑性变形；此外，对构件极限承载能力的计算和残余应力的研究，都需要塑性变形的知识。

塑性阶段内杆件的变形和应力要比弹性阶段复杂很多，本章仅讨论常温、静载下材料的一些塑性性质，杆件各种基本变形的塑性阶段和极限载荷的计算，应力非均匀分布的杆件因塑性变形而引起的残余应力等。至于对塑性变形更深入的讨论，应参考有关塑性力学的专著。

15.1.2 金属材料的塑性性质

金属材料的塑性性质是很复杂的，为了简化计算，在小变形范围内，将材料的应力、应变曲线进行一定的简化，下面介绍常用的 4 种简化方案。

1. 理想弹塑性材料

应力、应变关系如图 15-1a 所示。材料有较长的屈服阶段且应变并未超出这一阶段，或材料的强化程度不明显。

2. 刚塑性材料

应力、应变关系如图 15-1b 所示。材料的塑性变形较大，致使应变中的弹性部分可以略去不计。

3. 线性强化弹塑性材料

应力、应变关系如图 15-1c 所示。材料的强化阶段比较明显。

4. 线性强化刚塑性材料

应力、应变关系如图 15-1d 所示。材料的强化阶段比较明显，并忽略应变中的弹性

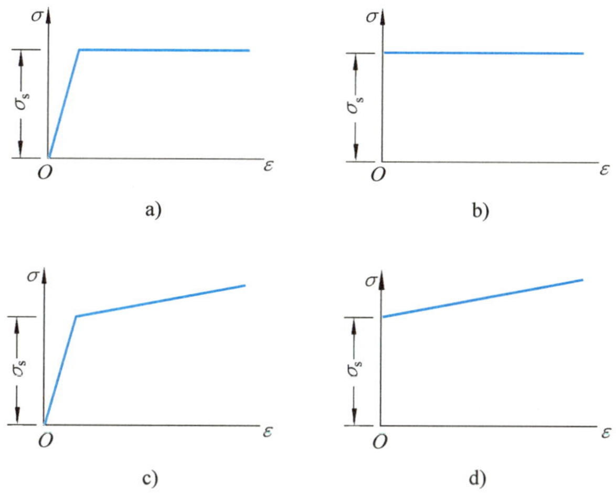

图　15-1

部分。

有时也将应力、应变关系近似地表示为幂函数

$$\sigma = c\varepsilon^n$$

式中，c 和 n 皆为常量。

15.2 拉伸和压缩杆系的塑性分析

15.2.1　静定杆系的极限载荷

在静定拉压杆系中，各杆的轴力皆可由平衡方程求出。杆件横截面上的应力是均匀分布的，随着载荷的增加，当应力最大的杆件达到 $\sigma_{max} = \sigma_s$ 时，将首先出现塑性变形，这时杆系也就丧失了承载能力。若材料为理想弹塑性材料，此时杆系的载荷就是极限载荷。所以，静定杆系的塑性分析是比较简单的。

15.2.2　超静定杆系的极限载荷

对于超静定定杆系，情况就不同了。现在以图 15-2 所示超静定杆系为例，说明超静定杆系的塑性分析。图中超静定杆系三杆材料相同，弹性模量均为 E，横截面积均为 A，求结构开始出现塑性变形时的载荷 F_I 和极限载荷 F_P。

杆系为一次超静定，可求得各杆的轴力分别是

$$F_{N1} = F_{N2} = \frac{F\cos^2\alpha}{1 + 2\cos^3\alpha} \tag{a}$$

$$F_{N3} = \frac{F}{1 + 2\cos^3\alpha} \tag{b}$$

由以上两式可见，$F_{N3} > F_{N1} = F_{N2}$，当载荷逐渐增加时，AB 杆的应力首先达到屈服点，此时的载荷即为结构开始出现塑性变形时的载荷 $\boldsymbol{F}_I$，由式（b）

$$F_{N3}=\sigma_s A=\frac{F_I}{1+2\cos^3\alpha}$$

解得

$$F_I=A\sigma_s(1+2\cos^3\alpha)$$

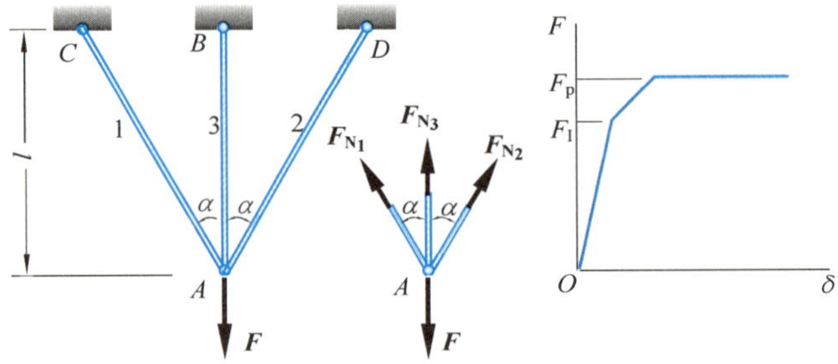

a) b)

图 15-2

AB 杆的应力已达到屈服点，但其余两杆的应力小于屈服点，仍然是弹性变形，整个结构并未丧失承载能力，可以继续增加载荷。若材料为理想弹塑性材料（图 15-1a），载荷$F>F_I$时，AB 杆的变形可以增大，但轴力保持为常量 $F_{N3}=A\sigma_s$。载荷 F 继续增加直至 AD、AC 杆的轴力 $F_{N1}=F_{N2}$也达到$A\sigma_s$时，整个结构都已进入塑性变形。在三根杆的应力都达到屈服点时无需再增加载荷，杆件可继续发生塑性变形，此时结构已失去了承载能力，相应的载荷即为结构的极限载荷 F_P。由节点 A 的平衡条件知

$$F_P=A\sigma_s+2A\sigma_s\cos\alpha=A\sigma_s(1+2\ \cos\alpha)$$

加载过程中，载荷 F 与 A 点位移 δ 之间的关系如图 15-2b 所示。载荷从 F_I到 F_P时，载荷 F 和位移 δ 的关系是斜直线。达到极限载荷后，F 与 δ 的关系变成水平线。

以上讨论了载荷从零加到极限载荷的全过程。如果只是求超静定杆系的极限载荷，则可以直接设各杆的应力都达到屈服点，各杆轴力都是极限值 $A\sigma_s$，由节点 A 的平衡方程直接求得极限载荷为

$$F_P=F_{N3}+2F_{N1}\cos\alpha=A\sigma_s+2A\sigma_s\cos\alpha$$

可见，超静定杆系极限载荷的确定反而比弹性分析简单。

结构开始出现塑性变形时的载荷 F_I是弹性分析时结构的许可载荷。按照许用应力法的观点，只要最大应力达到材料的屈服点，结构就失去了承载能力。但实际上除 AB 杆的应力达到 σ_s外，其余两杆的应力都小于 σ_s，整个结构仍可以继续工作。所以，考虑材料塑性变形时所求出的极限载荷 F_P要比开始出现屈服时的载荷 F_I大，从上面计算也可看出 $F_P>F_I$。这也说明：考虑材料塑性变形来计算极限载荷的方法，可以挖掘结构潜在的强度储备，提高结构的承载能力。

15.3 圆轴的塑性扭转

15.3.1 弹性范围内的最大扭矩

在线弹性阶段，圆轴扭转时横截面上的切应力沿半径按线性规律分布，即

$$\tau_\rho = \frac{M_x\rho}{I_P} \tag{a}$$

随着扭矩 M_x 的逐渐增加，截面边缘处的最大切应力首先达到剪切屈服点 τ_s（图 15-3a），设此时相应的扭矩为 M_{xI}，则由式（a）有

$$M_{xI} = \frac{\tau_s I_P}{r} = \frac{1}{2}\pi r^3 \tau_s = \frac{\pi d^3}{16}\tau_s \tag{15-1}$$

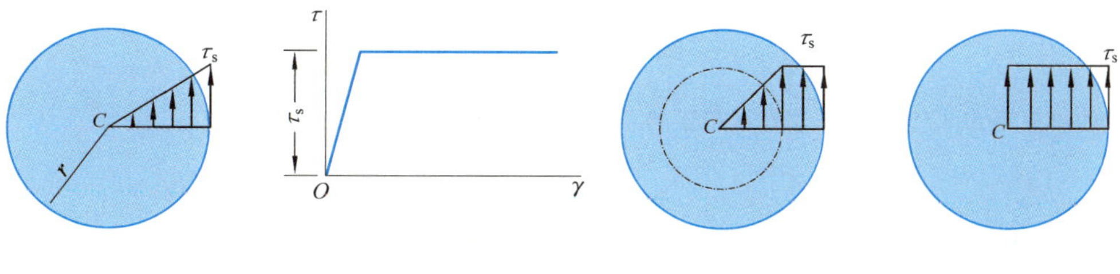

a) b) c) d)

图 15-3

即为弹性范围内的最大扭矩，也是开始出现屈服的扭矩。

15.3.2 极限扭矩

设切应力和切应变的关系也是理想弹塑性的（图 15-3b），当扭矩继续增加时，横截面上屈服区逐渐增大，且切应力保持为 τ_s，而弹性区域逐渐缩小（图 15-3c）。最后只剩下圆心周围一个很小的核心是弹性的。它抵抗外载荷的作用甚小，可以认为整个截面上切应力均匀分布（图 15-3d）。此时相应的扭矩即为极限扭矩 M_{xP}，其值为

$$M_{xP} = \int_A \rho\tau_s \mathrm{d}A \tag{b}$$

取 $\mathrm{d}A = 2\pi\rho\mathrm{d}\rho$ 代入上式积分后得到

$$M_{xP} = \frac{2}{3}\pi r^3 \tau_s = \frac{\pi d^3}{12}\tau_s = \frac{4}{3}M_{xI} \tag{15-2}$$

比较式（15-1）和式（15-2），可见从开始出现塑性变形到极限状态，扭矩增加了 1/3。

达到极限扭矩后，不需要再增加扭矩而轴的扭转变形将持续加大，此时轴已经丧失了承载能力。当然这只表示在 M_{xP} 方向丧失了承载能力，至于在相反的方向却并非如此。

【例 15-1】 理想弹塑性材料制成的圆轴，轴长为 l，半径为 R，横截面上扭矩为 M_x。轴处于弹塑性状态，且半径为 r_s 以内部分为弹性区，以外为塑性区（图 15-4b）。(1) 试写出确定弹性区半径 r_s 的方程（不必解出）。(2) 若 r_s 及剪切弹性模量 G 为已知，求 l 长两端面间的相对扭转角 φ。

解： • 确定弹性区半径 r_s

弹性区切应力组成的扭矩为

$$M_{xe} = \tau_s W_P = \tau_s \frac{\pi r_s^3}{2}$$

塑性区切应力组成的扭矩为

$$M_{xP} = \int_{r_s}^{R} \rho\tau_s 2\pi\rho\mathrm{d}\rho = 2\pi\tau_s\left(\frac{R^3}{3} - \frac{r_s^3}{3}\right)$$

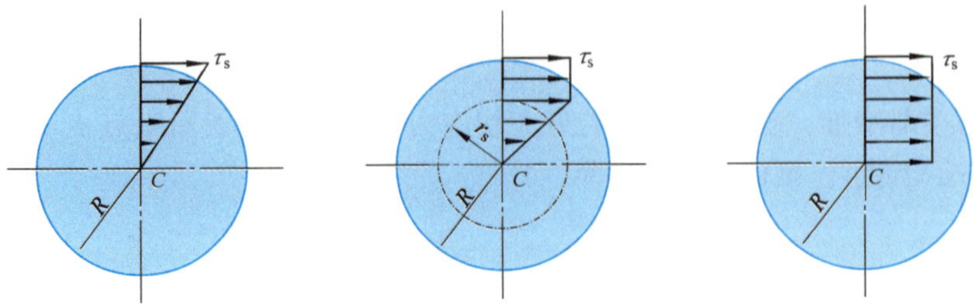

图 15-4

横截面上的总扭矩 M_x 应该是弹、塑性区扭矩的总和，所以有

$$M_x = M_{xe} + M_{xP}$$

即

$$M_x = \frac{1}{2}\pi\tau_s r_s^3 + \frac{2}{3}\pi\tau_s(R^3 - r_s^3) = \pi\tau_s\left[\frac{r_s^3}{2} + \frac{2}{3}(R^3 - r_s^3)\right] \tag{c}$$

式（c）即为确定弹性区半径 r_{s1} 的方程。利用式（c）可以解决以下问题：已知扭矩 M_x 时，可确定弹塑性区边界 r_s；已知 r_s 时，则可确定扭矩 M_x 的大小。同时从式（c）还可看出，当轴处于完全弹性和极限状态（图 15-4a），即 $r_s = R$ 时，有

$$M_{xe} = M_{x1} = \frac{1}{2}\pi R^3\tau_s$$

若轴处于完全塑性状态（图 15-4c），即 $r_s = 0$ 时，有

$$M_{xP} = \frac{2}{3}\pi R^3\tau_s$$

- 求 l 长两端截面间的相对扭转角 φ

此时轴的变形完全由弹性区控制，不必考虑塑性区，而弹性区半径为 r_s，对应的扭矩为 M_{xe}，所以扭转角 φ 为

$$\varphi = \frac{M_{xe}l}{GI_{PI}} = \frac{\frac{\pi r_s^3}{2}l\tau_s}{G\frac{\pi}{32}(2r_s)^4} = \frac{l\tau_s}{Gr_s}$$

15.4 梁在塑性弯曲下的强度

梁弯曲时，若在线弹性范围内，即使危险点的 σ_{max} 开始达到屈服点 σ_s，还不意味着整个截面丧失了承受载荷的能力。这是由于弯曲时横截面上的正应力是非均匀分布的，当边缘危险点应力达到屈服时，而截面其余部分尚在弹性范围内工作，故截面还有继续承受载荷的能力，而梁也不至于产生明显的塑性变形。

15.4.1 屈服弯矩和极限弯矩

设材料为理想的弹塑性材料（图 15-5a），梁在纯弯变形后的平面假设仍成立。对于图 15-5b 所示截面，当上边缘点的正应力等于材料的屈服点 σ_s 时，相应的弯矩称为**屈服弯矩**，记为 M_I，这也是弯曲正应力公式能使用的极限条件，即

$$\sigma_{max} = \frac{M_I y_{max}}{I_z} = \sigma_s$$

故

$$M_{\mathrm{I}}=\frac{I_z\sigma_s}{y_{max}} \qquad \text{(a)}$$

其中，I_z 为截面对中性轴 z 的惯性矩，y_{max}的截面上某一区域也达到屈服，然后，在中性轴另一侧的边缘处也达到屈服，其截面上的应力分布如图 15-5b 所示。由图可看出：此时截面上既有弹性变形区（靠中性轴）；又有上、下边缘处的塑性变形区。随着 M 的继续增加，截面上的塑性区不断加大，而弹性区逐渐减小。当截面应力分布达到图 15-5c 的状态时，截面各处都处于塑性状态，此时的截面已丧失了继续承受载荷的能力，其相应的弯矩称为**极限弯矩**，以 M_{P}表示。为了求出 M_{P}，应先求图 15-5c 所示状态时的中性轴位置。根据 $F_{\mathrm{N}}=\int_A \sigma \mathrm{d}A=0$，设中性轴一侧的受拉面积为 A_1，另一侧受压面积为 A_2（图 15-5c），则

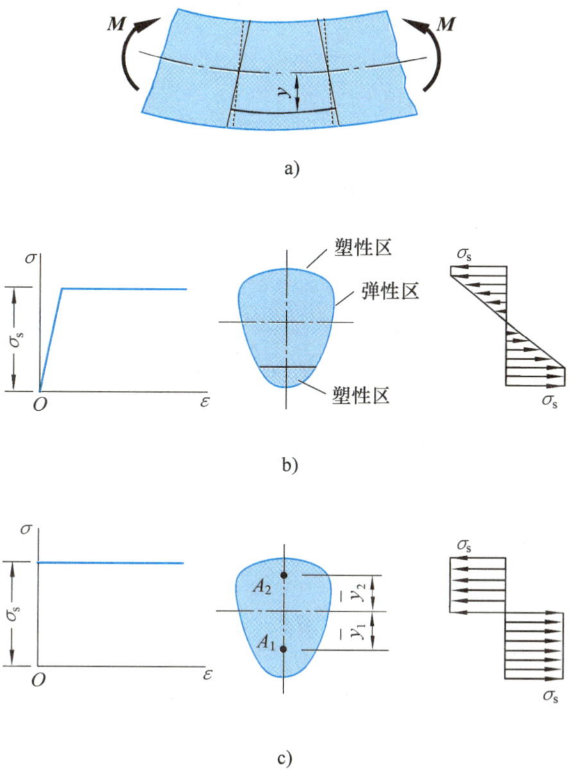

图 15-5

$$F_{\mathrm{N}}=\int_A \sigma \mathrm{d}A=\int_{A_1}\sigma_s \mathrm{d}A-\int_{A_2}\sigma_s \mathrm{d}A=\sigma_s(A_1-A_2)=0 \qquad \text{(b)}$$

即有 $A_1=A_2$。因 $A_1+A_2=A$，故

$$A_1=A_2=\frac{A}{2} \qquad (15\text{-}3)$$

可见，在极限弯矩情况下，中性轴把截面面积分成相等的两部分，因而它不一定过截面形心，只有中性轴是截面对称轴时，才过形心。显然，若中性轴是截面的非对称轴时，在截面弯矩由 M_{I}增至 M_{P}的过程中，中性轴位置便由过形心（M_{I}时）而逐渐变化到满足式(15-3)时的位置。

下面来求极限弯矩 M_{P}。由静力关系得

$$\begin{aligned}M_{\mathrm{P}}&=\int_A \sigma y \mathrm{d}A=\int_{A_1}\sigma_s y \mathrm{d}A+\int_{A_2}\sigma_s y \mathrm{d}A\\&=\sigma_s(A_1\bar{y}_1+A_2\bar{y}_2)=\frac{\sigma_s}{2}A(\bar{y}_1+\bar{y}_2)\end{aligned} \qquad (15\text{-}4)$$

式中，$\bar{y}_1$、$\bar{y}_2$ 分别为 A_1和 A_2的形心到中性轴的距离（图 15-5c）。

在式（15-4）中若令

$$Z_{\mathrm{P}}=\frac{A}{2}(\bar{y}_1+\bar{y}_2)$$

则式（15-4）成为

$$M_{\mathrm{P}}=Z_{\mathrm{P}}\sigma_s \qquad \text{(c)}$$

称 Z_{P}为**塑性系数**。

$$\frac{M_P}{M_I}=\frac{\frac{I_z}{y_{max}}}{Z_P}=f \tag{d}$$

称f为**形状系数**，它是由屈服弯矩到极限弯矩时，弯矩所增加的倍数。由式（d）可以看出：f的数值只取决于截面的形状和尺寸。

例如，对图 15-6 所示的矩形截面，M_I、M_P及f可计算如下：

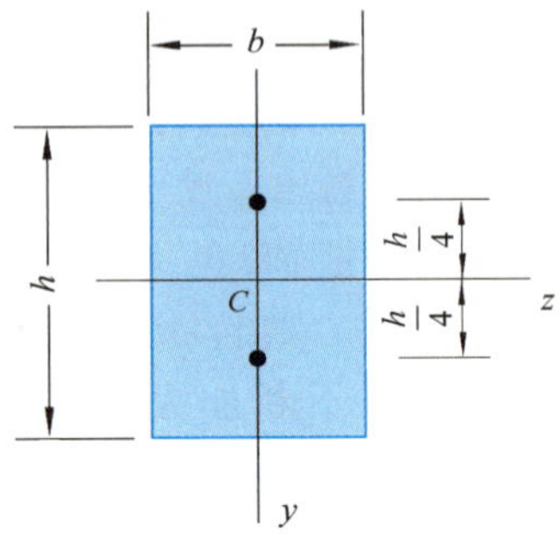

图 15-6

据式（a）得

$$M_I=\frac{I_z\sigma_s}{y_{max}}=\frac{bh^2}{6}\sigma_s$$

又

$$Z_P=\frac{A}{2}(\bar{y}_1+\bar{y}_2)=\frac{A}{2}\left(\frac{h}{4}+\frac{h}{4}\right)=\frac{bh^2}{4}$$

由式（c）得 $M_P=Z_P\sigma_s=\frac{bh^2}{4}\sigma_s$

由式（d）得 $f=\frac{M_P}{M_I}=\frac{\frac{I_z}{y_{max}}}{Z_P}=\frac{\frac{bh^2}{4}}{\frac{bh^2}{6}}=\frac{3}{2}$

对图 15-7 所示的圆形截面，其M_I、Z_P、M_P及f分别为

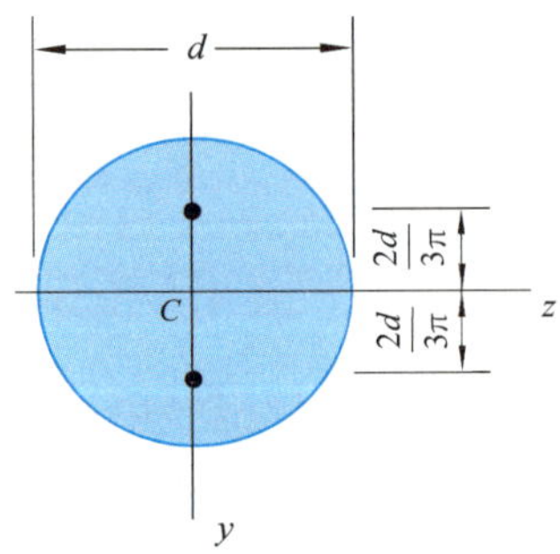

图 15-7

$$M_I=\frac{I_z\sigma_s}{y_{max}}=\frac{\pi d^3}{32}\sigma_s$$

$$Z_P=\frac{A}{2}(\bar{y}_1+\bar{y}_2)=\frac{\frac{\pi d^2}{4}}{2}\left(\frac{2d}{3\pi}+\frac{2d}{3\pi}\right)=\frac{d^3}{6}$$

$$M_P=Z_P\sigma_s=\frac{d^3}{6}\sigma_s$$

$$f=\frac{M_P}{M_I}=\frac{\frac{I_z}{y_{max}}}{Z_P}=\frac{\frac{d^3}{6}}{\frac{\pi d^3}{32}}=\frac{16}{3\pi}=1.7$$

15.4.2 屈服载荷与极限载荷、塑性铰的概念

考虑图 15-8a 所示的矩形截面简支梁。随着载荷 $\boldsymbol{F}$ 的不断增加，中间截面的上、下边缘点将开始屈服，使该截面的弯矩达到屈服弯矩 M_I，此时的相应载荷 $\boldsymbol{F}$ 便称为屈服载荷，以F_I表示。对图 15-8a 所示的梁，令

$$M_{max}=\frac{F_I l}{4}=M_I=\frac{bh^2}{6}\sigma_s$$

可得

$$F_I=\frac{2bh^2}{3l}\sigma_s$$

显然，F_I不仅与截面形状、尺寸及梁的材料有关，而且与梁的长度、载荷作用方式及支座设置方式有关。

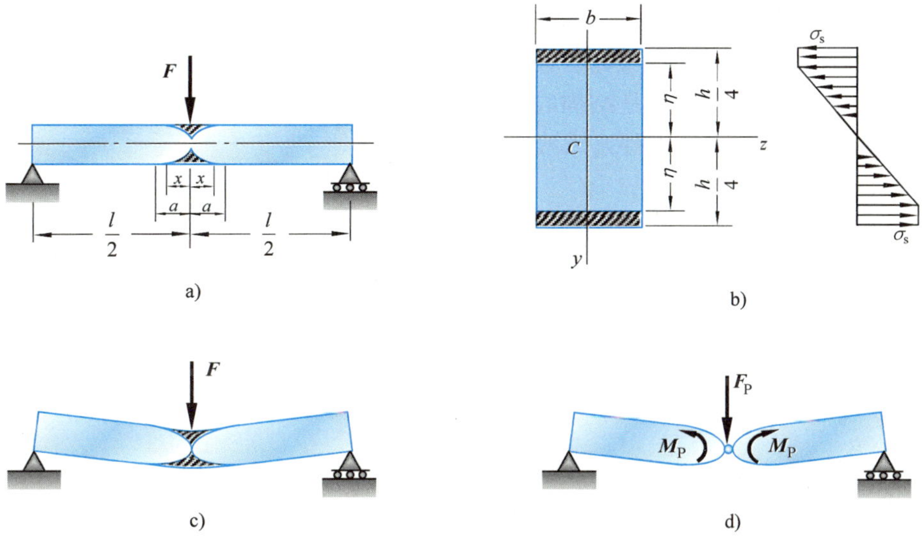

图　15-8

当 $M_{\mathrm{I}} < M < M_{\mathrm{P}}$时，不但中间截面上既有塑性区又有弹性区，而且在靠近此截面两侧的一定长度上，也要产生一定的塑性区。整个梁的塑性区形状如图 15-8a、b 所示。

当 $M_{\max} = M_{\mathrm{P}}$时，整个中间截面都是塑性区，此时的相应载荷称为**极限载荷**，以 F_{P}表示。令

$$M_{\max} = \frac{F_{\mathrm{P}} l}{4} = M_{\mathrm{P}} = \frac{3}{2} M_{\mathrm{I}} = \frac{3}{2} \cdot \frac{bh^2}{6} \sigma_{\mathrm{s}}$$

可得

$$F_{\mathrm{P}} = \frac{bh^2}{l} \sigma_{\mathrm{s}}$$

此时梁的塑性区形状（阴影区）如图 15-8c 所示。当达到此状态后，截面弯矩不能再增加，因而使该截面的转动已不受“限制”。这相当于该截面是一个受 F_{P}及 M_{P}作用的铰链（图 15-8d），称为**塑性铰**，该图所示的梁已是一个“机构”，它已丧失了继续承受载荷的能力。

和屈服载荷 F_{I}一样，结构的极限载荷不仅与截面形状、尺寸及材料有关，也与长度、载荷作用方式及支座设置形式有关。

对于静定的梁，只要有一个截面出现塑性铰，就意味着整个结构已丧失了继续承受载荷的能力，故达到此状态时的载荷便是极限载荷。但对于图 15-9a 所示的一次超静定梁，由于多余约束的存在，其极限状态的出现就不同了。图 15-9a 的梁其线弹性阶段弯矩图如图 15-9b 所示。由于 A 处的弯矩最大，故 $\boldsymbol{F}$ 增加时首先在 A 处出现塑性铰，使原

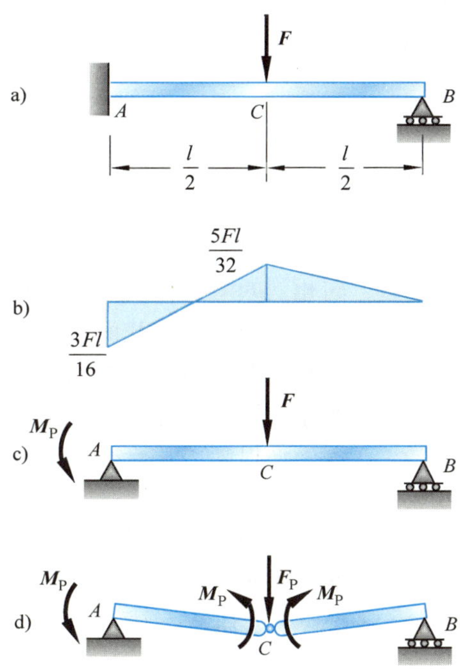

图　15-9

先的超静定结构变为图 15-9c 所示的静定结构，它并未丧失继续承载的能力。只有当载荷继续增加到使 C 截面也形成了塑性铰时，使结构相应于图 15-9d 的状态时，才是结构能承受载荷的极限状态，因而此时载荷才是结构的极限载荷 F_P。

根据图 15-9d 状态的平衡条件来求极限载荷 F_P。

由 BC 段的 $\sum M_C=0$，得

$$F_{By}=\frac{2M_P}{l}$$

再由整体的 $\sum M_C=0$，有

$$F_{By}l-F_P\frac{l}{2}+M_P=0$$

解出

$$F_P=\frac{6M_P}{l}$$

15.4.3 卸载后的残余应力

当梁产生塑性变形后，若将载荷完全卸去，根据卸载规律，其恢复的弹性变形是沿截面高度按直线规律而分布的，这种卸载后所恢复的弹性变形和原先加载过程中所产生的弹性变形并不相等，因而在卸载后，在截面上仍保持有弹性变形，与这种弹性变形相适应的应力便是**残余应力**。

以矩形截面梁为例，设某截面上的弯矩 M 为 $M_I<M<M_P$，其横截面上的应力分布如图15-10a 所示。现将 M 完全卸去，根据第 2 章所述卸载定律，其卸载过程是完全弹性的过程，如图 15-10b 所示。可将此过程当作 M 的反向线弹性加载，即卸载的应力分布是线性分布的，如图 15-10c 所示。

现将图 a 与图 c 叠加，便是卸载后的残余应力图（图 15-10d）。在卸载后，截面的弯矩为零，故截面上的残余应力是自身平衡的应力场。

对于具有残余应力的梁，若再作用一个与第一次加载方向相同的弯矩，设梁仍在线弹性范围内工作，则新增加的应力沿截面高度也是线性分布的，此应力与残余应力叠加的结果才是其总应力。如对于距中性轴最远处的纤维来说，其总应力下降了，因而便提高了开始达到屈服点时的载荷 F_I。

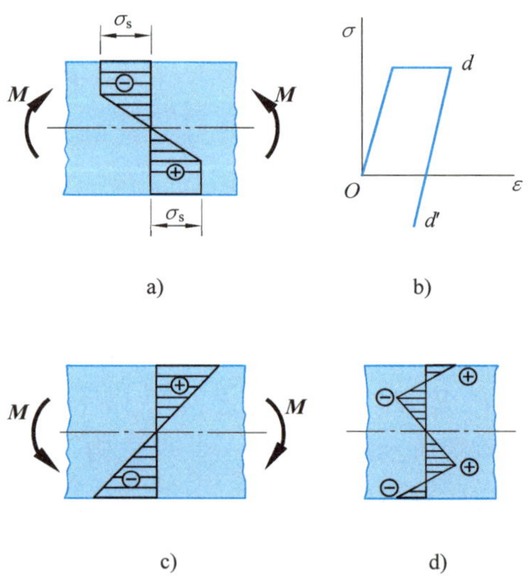

图 15-10

【例 15-2】 求矩形截面梁在 M_P卸载后的残余应力，设材料为理想材料。

解：• 画出加载到 M_P时的应力分布图（图 15-11a）。

• 反向加载 M_P（线弹性过程），其应力分布如图 15-11b 所示，此时边缘点的正应力为

$$\sigma_{max}=\frac{M_P}{W}=\frac{1.5M_I}{W}=1.5\sigma_s$$

● 将图 15-11a 和图 15-11b 应力图叠加，便得残余应力分布，如图 15-11c 所示。可见，最大残余应力可达 σ_s。

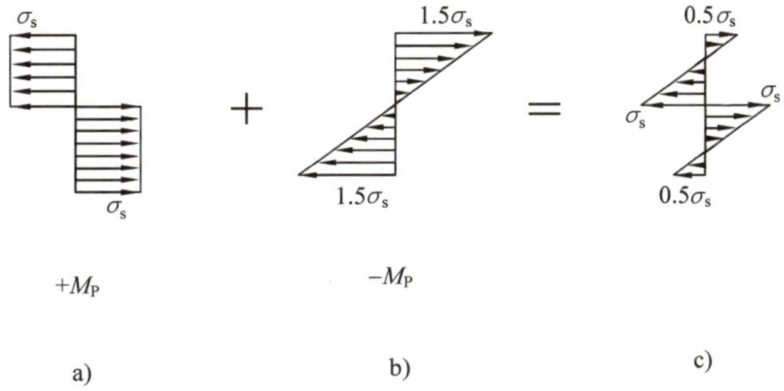

图　15-11

分析思考题

15-1　什么叫残余应力？

15-2　什么叫极限载荷？

15-3　对于理想塑性材料，等直圆轴的极限扭矩是刚开始出现塑性变形时扭矩的多少倍？

15-4　低碳在钢扭转实验中，设圆轴直径为 d，所测得的屈服扭矩为 M_{xs}，最大扭矩为 M_{xb}，试导出其剪切屈服点 τ_s、剪切强度极限 τ_b 的表达式。

15-5　在铸铁扭转实验中，设圆轴直径为 d，所测得的最大扭矩为 M_{xb}，试导出其剪切强度极限 τ_b 的表达式。

习题

15-1　题 15-1 图所示结构的水平杆为刚性杆，1、2 两杆由同一类型弹塑性材料制成，横截面面积皆为 A。试求使结构开始出现塑性变形的载荷 F_I 和极限载荷 F_P。

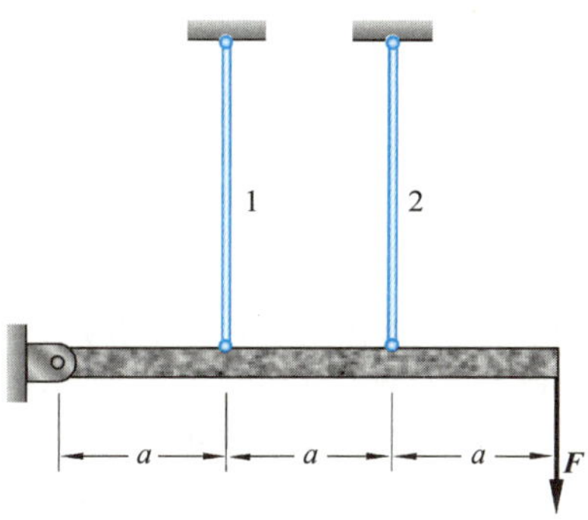

题 15-1 图

15-2　如题 15-2 图所示，杆件的上端固定，下端与固定支座间由 0.02mm 的间隙。材料为理想弹塑性材料。$E=200\text{GPa}$，$\sigma_s=220\text{MPa}$。杆件在 AB 部分的横截面面积为 200mm^2，BC 部分为 100mm^2。若作用于截面 B 上的载荷 $\boldsymbol{F}$ 从零开始逐渐增加到极限值，作图表示力 $\boldsymbol{F}$ 作用点位移 δ 与 $\boldsymbol{F}$ 的关系。

15-3　试求题 15-3 图所示结构开始出现塑性变形时的载荷 F_I 和极限载荷 F_P。设材料是理想弹塑性的，且各杆的材料相同，横截面面积皆为 A。

15-4　由理想弹塑性材料制成的圆轴，受扭时横截面上已形成塑性区，沿半径应力分布如题 15-4 图所示。试证明相应扭矩的表达式是

$$M_x=\frac{2}{3}\pi r^3\tau_s\left(1-\frac{c^3}{4r^3}\right)$$

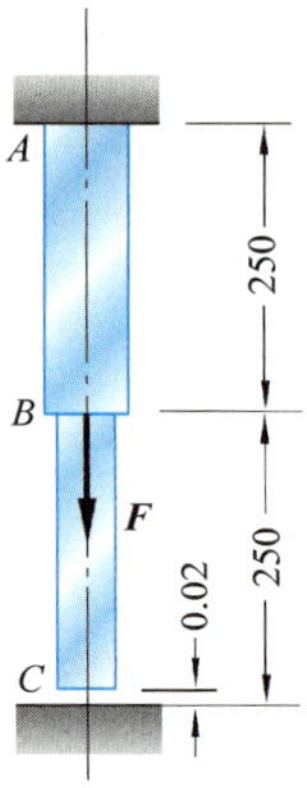

题 15-2 图

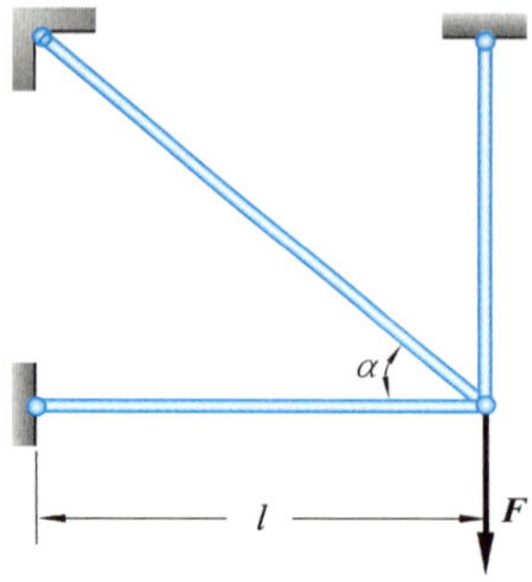

题 15-3 图

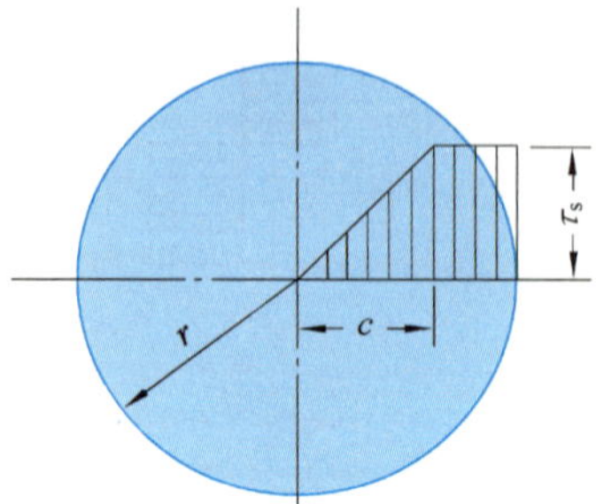

题 15-4 图

15-5　在题 15-5 图所示梁的截面 C 和 D 上，作用集中力 $\boldsymbol{F}$ 和 $\beta\boldsymbol{F}$，这里 β 是一个正系数，且 $0<\beta<1$，试求极限载荷 F_P。并问 β 为什么数值时，梁上的总载荷的极限值最大。

15-6　结构尺寸、受力如题 15-6 图所示，试求载荷的极限值。

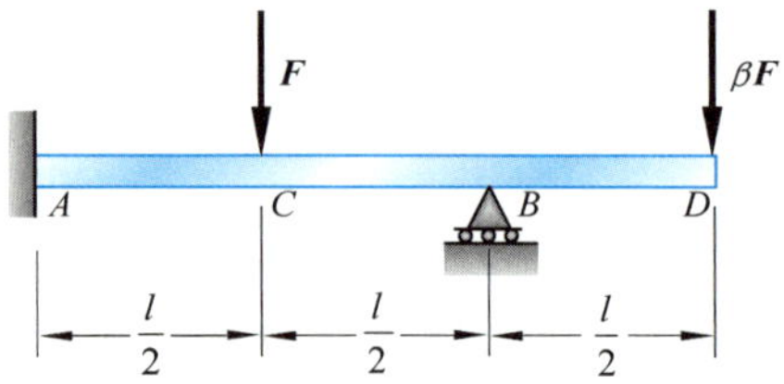

题 15-5 图

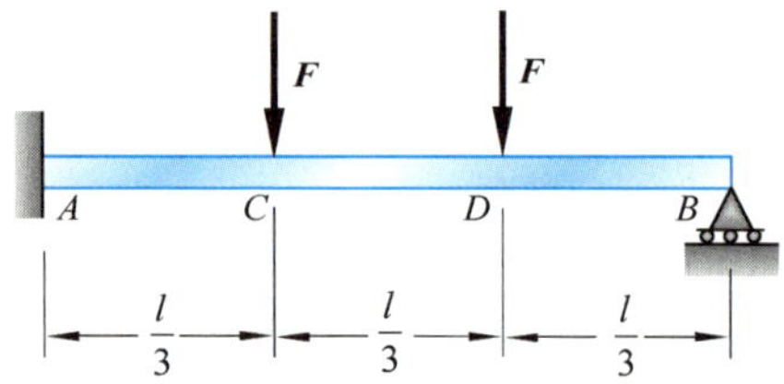

题 15-6 图

15-7　一理想弹塑性材料制成的等截面简支梁，其尺寸、受力如题 15-7 图所示。$\sigma_s=240\text{MPa}$，求此梁的极限载荷 F_P。

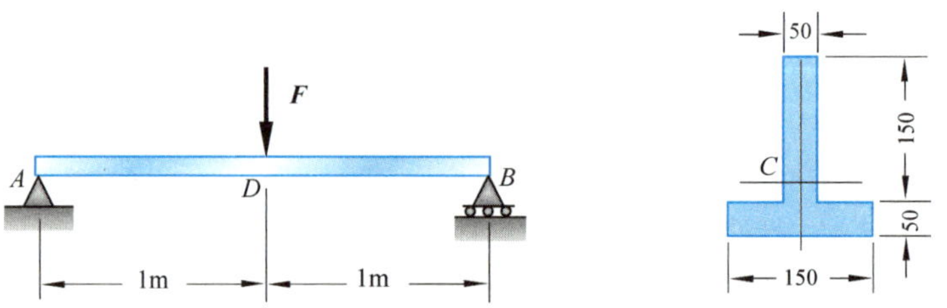

题 15-7 图

15-8　设材料受扭时，切应力和切应变关系如题 15-8 图所示，并可近似地表示为 $\tau^m=\beta\gamma$，其中 m 和 β 皆为常量。试导出实心圆轴扭转时应力和变形的计算公式。

15-9　如题 15-9 图所示，平均半径为 R 的薄壁环受沿直径的两个 $\boldsymbol{F}$ 力作用，试求极限载荷 F_P。

15-10　圆轴扭转达到极限状态后卸载，试求卸载后的残余应力。

15-11　由理想弹塑性材料制成的矩形截面梁，受到正弯矩 M 的作用，M 介于梁的屈服弯矩 M_I 和 M_P 之间。材料的屈服点为 σ_s。当卸去 M 后，梁的顶面纤维有 $\beta\sigma_s$ 的残余应力，试求：（1）此弯矩 M 为多少？（2）β 的范围是多少？

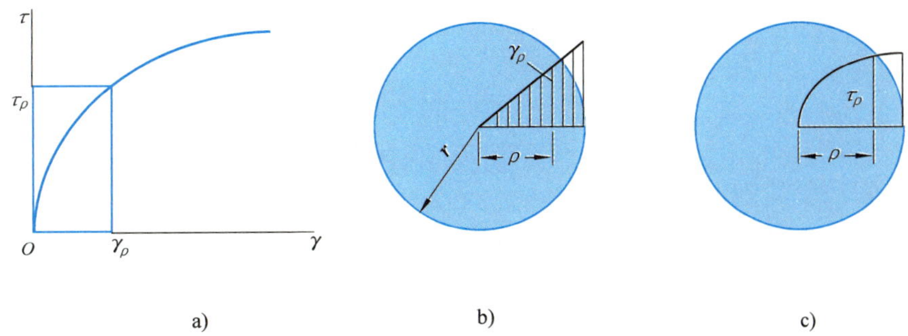

题 15-8 图

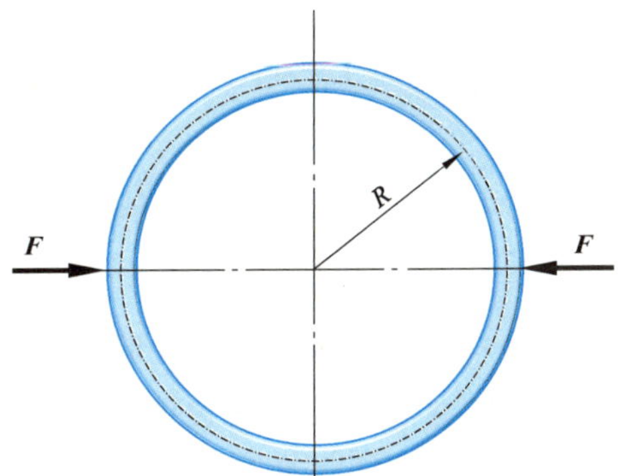

题 15-9 图

附　　录

附录 A　平面图形的几何性质

杆件横截面的尺寸和形状是影响其强度、刚度和稳定性的重要因素。本附录将杆件的横截面抽象为平面，讨论平面图形的几何性质。

A.1　静矩　形心

A.1.1　静矩

设任意平面图形（图 A-1），其面积为 A。在图形平面内取直角坐标 yOz。在图形内坐标为（y，z）处取微面积 $\mathrm{d}A$，定义

$$S_y = \int_A z\mathrm{d}A, \quad S_z = \int_A y\mathrm{d}A \tag{A-1}$$

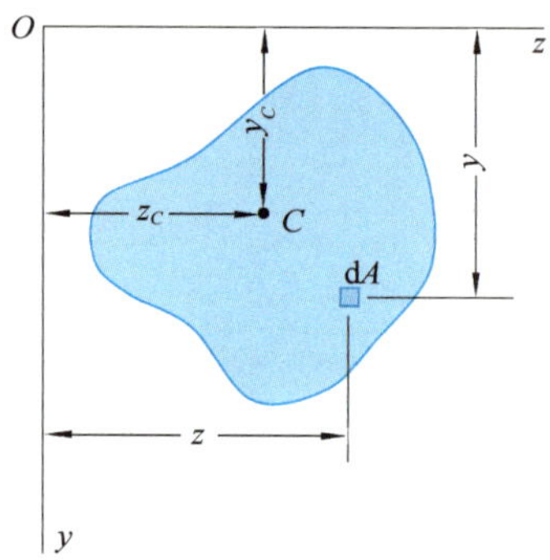

图　A-1

为整个图形对 y 轴或 z 轴的静矩。

由上式可见，平面图形的静矩是对某定轴而言的，同一图形对不同的坐标轴其静矩也就不同。静矩的量纲为长度的三次方，其数值可为正，可为负或为零。通过计算静矩可以确定平面图形的形心。

A.1.2　形心

设想有一个厚度很小的均质等厚薄板，薄板中间面的形状与图 A-1 中的平面图形相同，显然，在 yOz 坐标系中，上述均质薄板的重心与平面图形的形心有相同的坐标 y_C 或 z_C。根据静力学中的合力矩定理可得板重心的坐标 y_C 或 z_C 分别是

$$y_C = \frac{\int_A y\mathrm{d}A}{A}, \quad z_C = \frac{\int_A z\mathrm{d}A}{A} \tag{A-2}$$

这也就是确定平面图形的形心坐标的公式。

利用式（A-1）可以把式（A-2）改写成

$$y_C = \frac{S_z}{A}, \quad z_C = \frac{S_y}{A} \tag{A-3}$$

即把平面图形对 z 轴或 y 轴的静矩除以图形的面积 A，就得到图形形心的坐标 y_C 或 z_C。

式（A-3）改写为

$$S_y = Az_C, \quad S_z = Ay_C \tag{A-4}$$

这表明，平面图形对 y、z 轴的静矩分别等于图形面积 A 乘以形心的坐标 y_C 或 z_C。

A.1.3　讨论

由式（A-3）、式（A-4）可见，若 $S_z=0$，$S_y=0$，则 $y_C=0$，$z_C=0$。即若图形对某一轴的静矩等于零，则该轴必然通过图形的形心；反之，若某轴通过形心，则图形对该轴的静矩等于零。

当一个平面图形是由若干个简单图形（例如矩形、圆形、三角形等）组成时，由静矩的定义可知，图形各组成部分对某一轴的静矩的代数和等于整个图形对同一轴的静矩，即

$$S_y = \sum_{i=1}^{n} A_i z_{Ci}, \quad S_z = \sum_{i=1}^{n} A_i y_{Ci} \tag{A-5}$$

式中，A_i和y_{Ci}、z_{Ci}分别表示任一组成部分的面积及其形心的坐标；n表示图形由n个部分组成。由于图形的任一组成部分都是简单图形，其面积及形心坐标都不难确定，所以式（A-5）中的任一项都可由式（A-4）算出，其代数和即为整个组合图形的静矩。

若将式（A-5）中的S_z和S_y代入式（A-3），便得组合图形形心坐标的计算公式为

$$\boxed{y_C = \frac{\sum_{i=1}^{n} A_i y_{Ci}}{\sum_{i=1}^{n} A_i}, \quad z_C = \frac{\sum_{i=1}^{n} A_i z_{Ci}}{\sum_{i=1}^{n} A_i}} \tag{A-6}$$

【例 A-1】 图 A-2 所示半圆截面，半径为R，坐标轴y和z如图所示。试求该截面对z轴的静距S_z及形心C的坐标。

解： • 在y处取平行于z轴的狭长条作为微面积$\mathrm{d}A$，其z方向宽度为

$$2z = 2\sqrt{R^2 - y^2}$$

则
$$\mathrm{d}A = 2z \cdot \mathrm{d}y = 2\sqrt{R^2 - y^2}\mathrm{d}y$$

• 将$\mathrm{d}A$代入式（A-1），得半圆截面对z轴的静距

$$S_z = \int_A y\mathrm{d}A = \int_0^R 2y\sqrt{R^2 - y^2}\mathrm{d}y = \frac{2}{3}R^3$$

• 代入式（A-3），得

$$y_C = \frac{S_z}{A} = \frac{2R^3}{3} \cdot \frac{2}{\pi R^2} = \frac{4R}{3\pi}$$

并由图形的对称性可知$z_C = 0$。

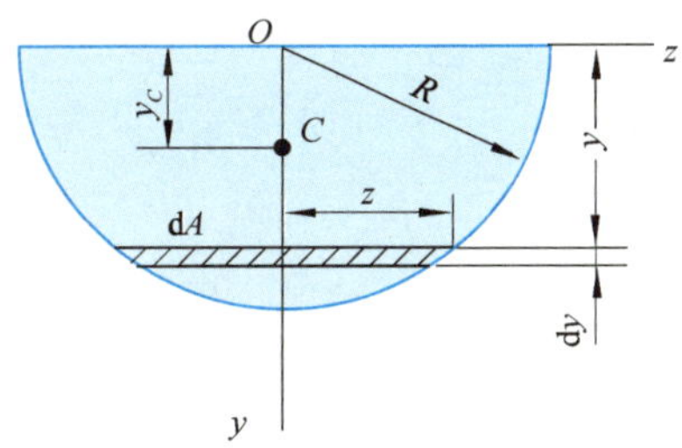

图　A-2

【例 A-2】 试确定图 A-3 所示组合截面形心C的位置。

解： • 选参考系yOz如图 A-3 所示，并将该组合截面分为Ⅰ和Ⅱ两个矩形。

• 由式（A-6）求y_C、z_C

$$y_C = \frac{\sum_{i=1}^{n} A_i y_{Ci}}{\sum_{i=1}^{n} A_i} = \frac{A_1 y_{C_1} + A_2 y_{C_2}}{A_1 + A_2}$$

$$= \frac{120 \times 10 \times 60 + (80 - 10) \times 10 \times 5}{120 \times 10 + (80 - 10) \times 10}\mathrm{mm} = 39.7\mathrm{mm}$$

$$z_C = \frac{\sum_{i=1}^{n} A_i z_{Ci}}{\sum_{i=1}^{n} A_i} = \frac{A_1 z_{C_1} + A_2 z_{C_2}}{A_1 + A_2}$$

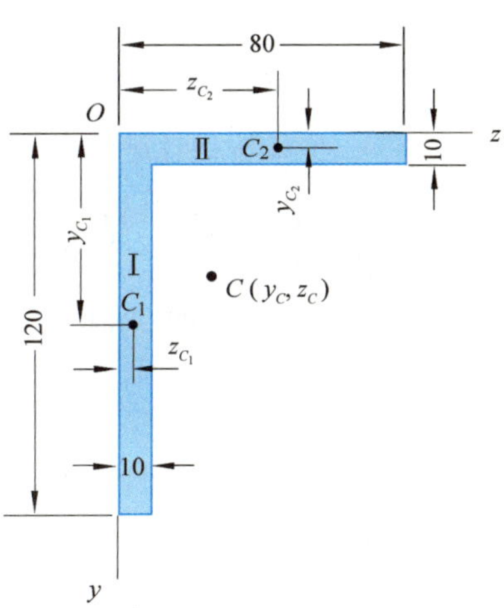

图　A-3

$$= \frac{120\times10\times5+(80-10)\times10\times(35+10)}{120\times10+(80-10)\times10}\text{mm}$$
$$= 19.7\text{mm}$$

A.2 惯性矩 惯性半径 惯性积

A.2.1 惯性矩

任意平面图形（图 A-4），在图形平面内取直角坐标系 yOz，并在图形坐标为（y，z）的任意一点处取微面积 $\mathrm{d}A$，定义

$$\boxed{I_y = \int_A z^2\mathrm{d}A,\quad I_z = \int_A y^2\mathrm{d}A} \tag{A-7}$$

为整个图形对 y 轴或 z 轴的惯性矩。

在式（A-7）中，由于 z^2 或 y^2 总是正的，所以 I_y 或 I_z 也恒为正值。惯性矩的量纲是长度的四次方。

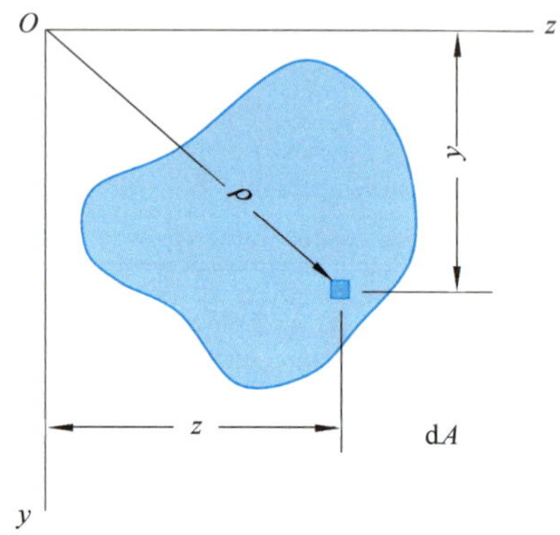

图 A-4

A.2.2 惯性半径

在应用中，有时把惯性矩写成图形面积 A 与某一长度的平方乘积，即

$$I_y = Ai_y^2,\quad I_z = Ai_z^2 \tag{A-8}$$

或改写成

$$\boxed{i_y = \sqrt{\frac{I_y}{A}},\quad i_z = \sqrt{\frac{I_z}{A}}} \tag{A-9}$$

式中，i_y 或 i_z 分别称为图形对 y 轴或对 z 轴的惯性半径。惯性半径的量纲就是 L（一个长度单位）。

A.2.3 极惯性矩

以 ρ 表示微面积 $\mathrm{d}A$ 到坐标原点 O 的距离，积分

$$\boxed{I_{\mathrm{P}} = \int_A \rho^2\mathrm{d}A} \tag{A-10}$$

定义为图形对坐标原点的极惯性矩。由图 A-4 可知 $\rho^2 = y^2 + z^2$，于是有

$$I_{\mathrm{P}} = \int_A \rho^2\mathrm{d}A = \int_A (z^2+y^2)\mathrm{d}A = \int_A z^2\mathrm{d}A + \int_A y^2\mathrm{d}A = I_y + I_z \tag{A-11}$$

所以，图形对任意一对互相垂直的轴的惯性矩之和等于它对该两轴交点的极惯性矩。

A.2.4 惯性积

在图 A-4 所示平面图形中，坐标为（y，z）的任一点处取微面积 $\mathrm{d}A$，定义

$$\boxed{I_{yz} = \int_A yz\mathrm{d}A} \tag{A-12}$$

为整个图形对 y、z 轴的惯性积。

由于坐标乘积 yz 可能为正，也可能为负，因此，I_{yz} 的数值可能为正，可能为负，也可能等于零。惯性积的量纲是长度四次方。

若坐标轴 y 或 z 中有一个是图形的对称轴，如图 A-5 中的 z 轴，这时必得

$$I_{yz} = \int_A yz\mathrm{d}A = 0$$

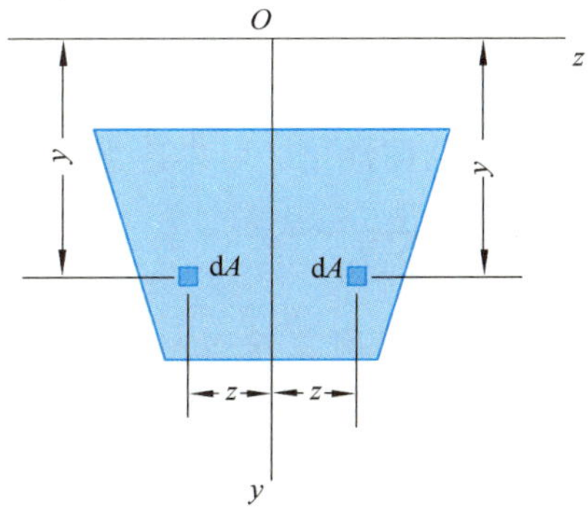

图　A-5

因此坐标系的两个坐标轴中只要一个为图形的对称轴，则图形对这一坐标系的惯性积等于零。

【例 A-3】　试计算矩形对其对称轴 y 和 z（图 A-6）的惯性矩。矩形的高为 h，宽为 b。

解：• 先求对 z 轴的惯性矩 I_z

取平行于 z 轴的狭长条作为微面积 $\mathrm{d}A$，则

$$\mathrm{d}A = b\mathrm{d}y$$

$$I_z = \int_A y^2 \mathrm{d}A = \int_{-\frac{h}{2}}^{\frac{h}{2}} by^2 \mathrm{d}y = \frac{bh^3}{12}$$

• 用相同的方法可求得

$$I_y = \frac{hb^3}{12}$$

【例 A-4】　计算图 A-7 所示截面对形心轴 y、z 的惯性矩和惯性半径。

解：• 由式（A-11），即

$$I_P = I_y + I_z$$

而在第 3 章中已知圆形截面对圆心 C 的极惯性矩为

$$I_P = \frac{\pi d^4}{32}$$

由对称关系，显然有

$$I_y = I_z = \frac{I_P}{2} = \frac{\pi d^4}{64}, \qquad i_y = i_z = \sqrt{\frac{I_y}{A}} = \frac{d}{4}$$

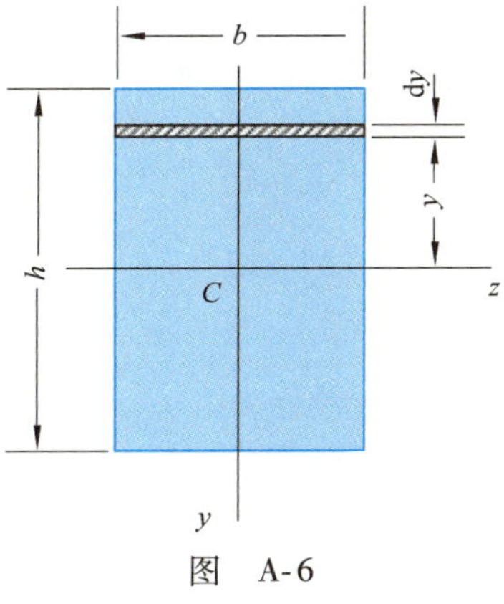

图　A-6

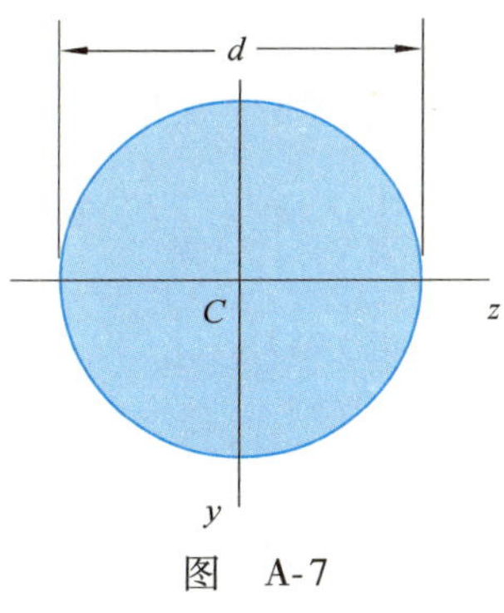

图　A-7

当一个平面图形是由若干个简单的图形组成时，根据惯性矩的定义可先算出每一个简单图形对同一轴的惯性矩，然后求其总和，即等于整个图形对于这一轴的惯性矩。可表达为

$$I_y = \sum_{i=1}^{n} I_{y_i}, \quad I_z = \sum_{i=1}^{n} I_{z_i} \tag{A-13}$$

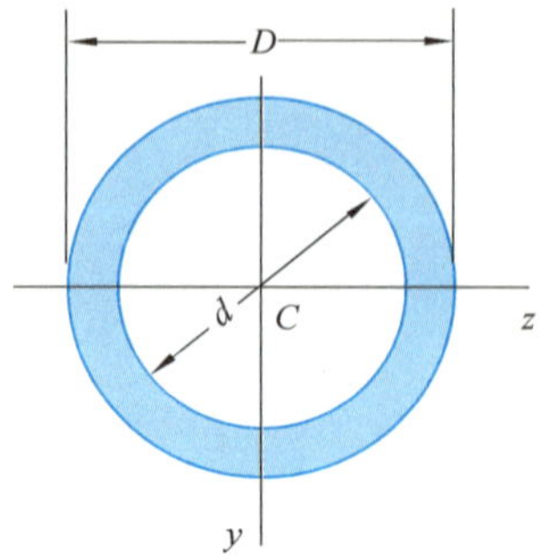

图 A-8

例如可以把图 A-8 所示空心圆看作是由直径为 D 的实心圆减去直径为 d 的圆，令 $\alpha = d/D$，由式（A-13），并使用例 A-4 所得结果即可求得

$$I_y = I_z = \frac{\pi D^4}{64} - \frac{\pi d^4}{64} = \frac{\pi D^4}{64}(1-\alpha^4)$$

A.3 平行移轴公式

由惯性矩和惯性积的定义可以看出，同一平面图形对于不同坐标轴的惯性矩和惯性积均不相同，但它们之间必然存在一定关系，本节研究同一平面图形对于两对平行坐标轴的惯性矩或惯性积的关系。即建立所谓平行移轴公式。

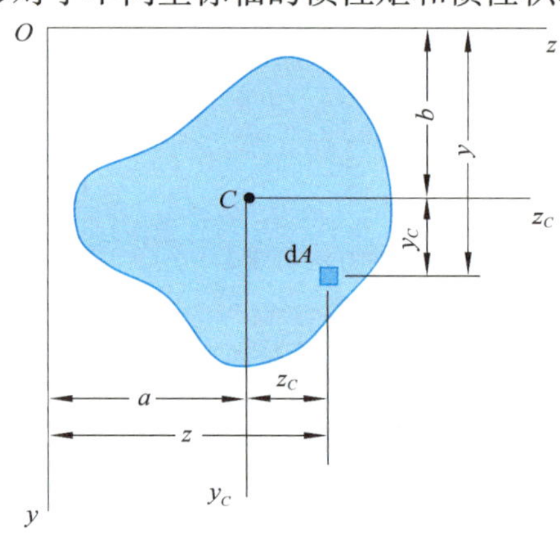

图 A-9

在图 A-9 中，C 为图形的形心，y_C 和 z_C 是通过形心的坐标轴。图形对于 y_C 和 z_C 轴的惯性矩 I_{y_C}、I_{z_C} 和惯性积 $I_{y_Cz_C}$ 分别为

$$I_{y_C} = \int_A z_C^2 \mathrm{d}A, \quad I_{z_C} = \int_A y_C^2 \mathrm{d}A, \quad I_{y_Cz_C} = \int_A y_C z_C \mathrm{d}A \tag{a}$$

若 y 轴平行于 y_C 轴，两轴间距离为 a；z 轴平行于 z_C 轴，两轴间轴距离为 b。图形对 y 轴、z 轴的惯性矩 I_y、I_z 和惯性积 I_{yz} 分别为

$$I_y = \int_A z^2 \mathrm{d}A, \quad I_z = \int_A y^2 \mathrm{d}A, \quad I_{yz} = \int_A yz \mathrm{d}A \tag{b}$$

由图 A-9 显然有

$$y = y_C + b, \qquad z = z_C + a$$

将上式代入式（b），得

$$\left.\begin{aligned} I_y &= \int_A z^2 \mathrm{d}A = \int_A (z_C + a)^2 \mathrm{d}A = \int_A z_C^2 \mathrm{d}A + 2a\int_A z_C \mathrm{d}A + a^2\int_A \mathrm{d}A \\ I_z &= \int_A y^2 \mathrm{d}A = \int_A (y_C + b)^2 \mathrm{d}A = \int_A y_C^2 \mathrm{d}A + 2b\int_A y_C \mathrm{d}A + b^2\int_A \mathrm{d}A \\ I_{yz} &= \int_A yz\mathrm{d}A = \int_A (y_C + b)(z_C + a)\mathrm{d}A \\ &= \int_A y_C z_C \mathrm{d}A + a\int_A y_C \mathrm{d}A + b\int_A z_C \mathrm{d}A + ab\int_A \mathrm{d}A \end{aligned}\right\} \tag{c}$$

式（c）中的 3 个积分分别为

$$\int_A y_C^2 \mathrm{d}A = I_{z_C},\quad \int_A z_C^2 \mathrm{d}A = I_{y_C}$$

$$\int_A y_C \mathrm{d}A = S_{z_C} = 0,\quad \int_A z_C \mathrm{d}A = S_{y_C} = 0（因 y_C, z_C 为形心轴）$$

$$\int_A \mathrm{d}A = A$$

由这些关系，式（c）可写为

同理

$$\boxed{\begin{aligned} I_y &= I_{y_C} + a^2 A \\ I_z &= I_{z_C} + b^2 A \\ I_{yz} &= I_{y_C z_C} + abA \end{aligned}} \tag{A-14}$$

式（A-14）即为惯性矩和惯性积的平行移轴公式。可见，对所有的平行轴而言，图形对形心轴的惯性矩取得最小值。

【例 A-5】 试计算图 A-10 所示图形对其形心轴 z_C 的惯性矩 I_{z_C}。

解：• 把图形看作是由两个矩形Ⅰ和Ⅱ所组成的，图形的形心必然在对称轴上。为了确定形心轴 z_C 的坐标 y_C，取通过矩形Ⅱ的形心且平行于底边的参考轴 z，则

$$y_C = \frac{A_1 y_{C_1} + A_2 y_{C_2}}{A_1 + A_2} = \frac{140 \times 20 \times 80 + 100 \times 20 \times 0}{140 \times 20 + 100 \times 20}\text{mm}$$

$$= 46.7\text{mm}$$

形心坐标 y_C 确定后，使用平行移轴公式分别算出矩形Ⅰ和Ⅱ对 z_C 轴的惯性矩，即

$$I_{z_C}^{\mathrm{I}} = \left(\frac{1}{12} \times 2 \times 14^3 + (8 - 4.67)^2 \times 2 \times 14\right)\text{cm}^4 = 768\text{cm}^4$$

$$I_{z_C}^{\mathrm{II}} = \left(\frac{1}{12} \times 10 \times 2^3 + 4.67^2 \times 10 \times 2\right)\text{cm}^4 = 443\text{cm}^4$$

整个图形对 z_C 轴的惯性矩应为

$$I_{z_C} = I_{z_C}^{\mathrm{I}} + I_{z_C}^{\mathrm{II}} = (768 + 443)\text{cm}^4 = 1\ 211\text{cm}^4$$

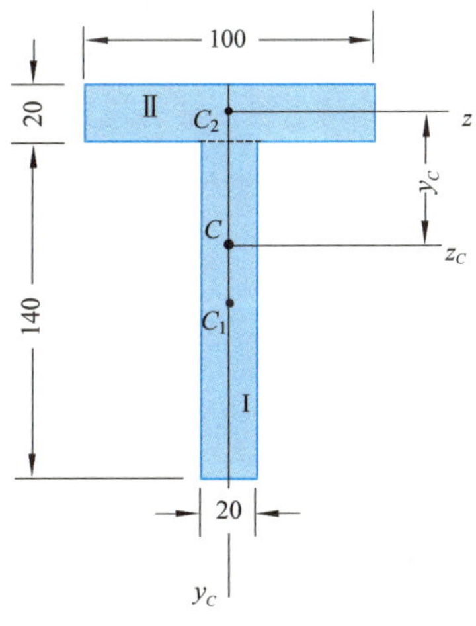

图　A-10

A.4　转轴公式　主惯性矩

图 A-11 所示为一平面图形，它对于通过其上任意一点的 y、z 两坐标轴的惯性矩 I_y、I_z 以及惯性积 I_{yz} 均为已知，现求在坐标轴旋转 α 角（规定逆时针旋转时为正）后对 y_1、z_1 轴的惯性矩和惯性积 I_{y_1}、I_{z_1}、$I_{y_1 z_1}$。

由图中可以看出，微面积 dA 的新坐标（y_1，z_1）与旧坐标（y，z）的关系为

$$y_1 = y\cos\alpha + z\sin\alpha,\qquad z_1 = z\cos\alpha - y\sin\alpha$$

经过坐标变换和三角变换，可得

$$\boxed{I_{y_1} = \frac{I_y + I_z}{2} + \frac{I_y - I_z}{2}\cos 2\alpha - I_{yz}\sin 2\alpha} \tag{A-15}$$

$$I_{z_1}=\frac{I_y+I_z}{2}-\frac{I_y-I_z}{2}\cos2\alpha+I_{yz}\sin2\alpha \quad (A\text{-}16)$$

$$I_{y_1z_1}=\frac{I_y-I_z}{2}\sin2\alpha+I_{yz}\cos2\alpha \quad (A\text{-}17)$$

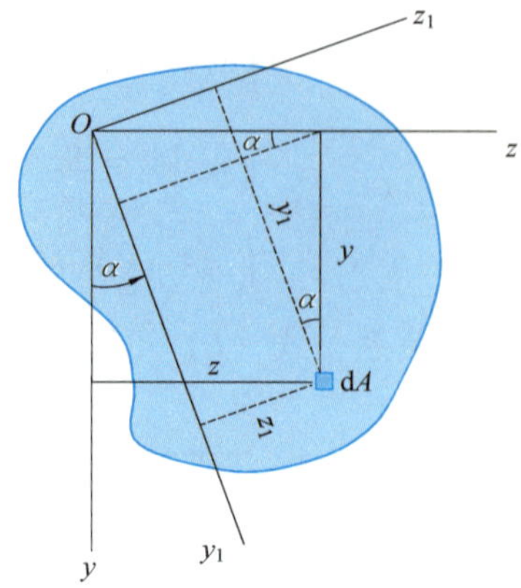

图 A-11

以上三式即为惯性矩和惯性积的转轴公式，表示了当坐标轴绕原点 O 旋转 α 角后惯性矩与惯性积随 α 的变化规律。

由式（A-17）可知，当坐标轴旋转时，惯性积 $I_{y_1z_1}$ 将随着 α 角周期性变化，且有正有负。因此，总可以找到一个特殊的角度 α_0，使图形对于 y_0、z_0 这对新坐标的惯性积等于零，这一对轴就称为**主惯性轴**。对主惯性轴的惯性矩称为**主惯性矩**。当这对轴的原点与图形的形心重合时，它们就称为**形心主惯性轴**。图形对于这一对轴的惯性矩就称为**形心主惯性矩**。如果这里所说的平面图形是杆件的横截面，则截面的形心主惯性轴与杆件的轴线所确定的平面称为**形心主惯性平面**。杆件横截面的形心主惯性轴、形心主惯性矩和杆件的形心主惯性平面，在杆件的弯曲理论中有重要意义。

现研究主惯性轴的位置，并给出主惯性矩的计算公式。设 α_0 为主惯性轴与原坐标之间的夹角，则将 α_0 代入式（A-17），并令其等于零，即

$$\frac{I_y-I_z}{2}\sin2\alpha_0+I_{yz}\cos2\alpha_0=0$$

由此求出

$$\tan2\alpha_0=-\frac{2I_{yz}}{I_y-I_z} \quad (A\text{-}18)$$

由上式解出的 α_0 可以确定一对主惯性轴的位置。将所得 α_0 代入式（A-15）、式（A-16），便可得主惯性矩 I_{y_0}、I_{z_0} 的计算公式：

$$\begin{aligned}I_{y_0}&=\frac{I_y+I_z}{2}+\frac{1}{2}\sqrt{(I_y-I_z)^2+4I_{yz}^2}\\ I_{z_0}&=\frac{I_y+I_z}{2}-\frac{1}{2}\sqrt{(I_y-I_z)^2+4I_{yz}^2}\end{aligned} \quad (A\text{-}19)$$

由式（A-15）、式（A-16）看出，I_{y_1}、I_{z_1} 是随 α 连续变化的，故必有极大值与极小值。根据连续函数在其一阶导数为零处有极值可确定：当 $\alpha=\alpha_1$ 时，惯性矩取极值，即

$$\frac{dI_{y_1}}{d\alpha}=-(I_y-I_z)\sin2\alpha_1-2I_{yz}\cos2\alpha_1=0$$

由此得出

$$\tan2\alpha_1=-\frac{2I_{yz}}{I_y-I_z}$$

比较上式和式（A-18）可知，$\alpha_1=\alpha_0$。此外，由式（A-11）知，图形对于坐标原点不变的任何一对正交轴的惯性矩之和为一常数，所以可得到以下结论：图形对过某点所有轴的**惯性矩中的极大值和极小值就是过该点主惯性轴的两个主惯性矩**。

分析思考题

A-1　什么叫平面图形对某轴的静矩？怎样利用静矩来确定图形的形心位置？为什么说图形对形心轴的静矩一定为零？

A-2　什么叫平面图形对某轴的惯性矩？它与哪些因素有关？

A-3　为什么说对所有的平行轴而言，对通过形心轴的惯性矩最小？

A-4　什么叫平面图形对一轴的惯性矩？它与哪些因素有关？

A-5　何谓主轴？何谓主惯性矩？

A-6　何谓形心主轴？何谓形心主惯矩？

A-7　矩形截面存在多少对主轴？多少对形心主轴？

A-8　正方形截面存在多少对主轴？多少对形心主轴？

习　题

A-1　确定题 A-1 图所示各图形形心的位置。

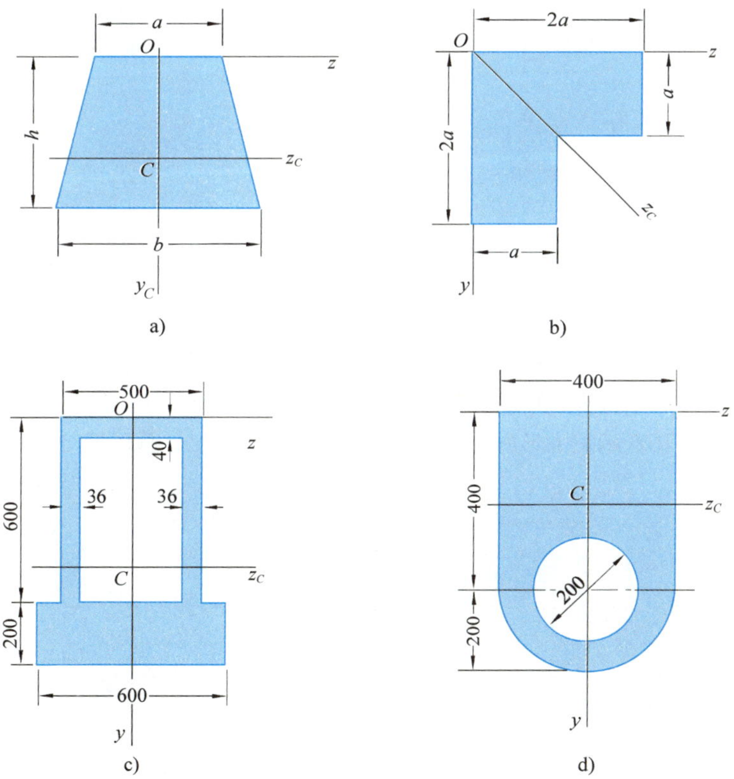

题 A-1 图

A-2　试计算习题 A-1 中各平面图形对形心轴的 z_C 的惯性矩。

A-3　计算题 A-3 图所示平面图形对形心轴的惯性半径。

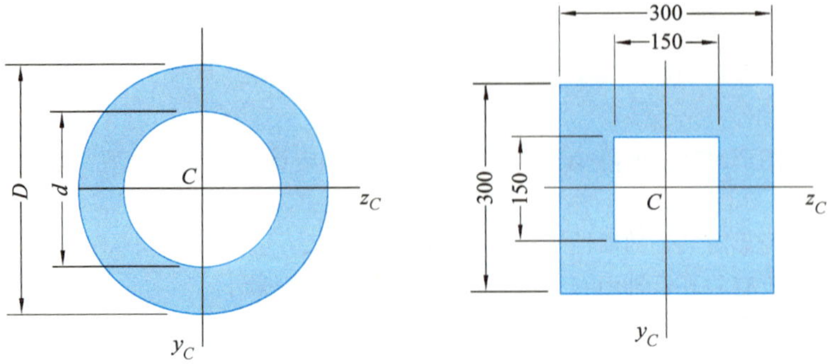

a) b)

题 A-3 图

A-4　试确定题 A-4 图所示平面图形的形心主惯性轴的位置，并求形心主惯性矩。

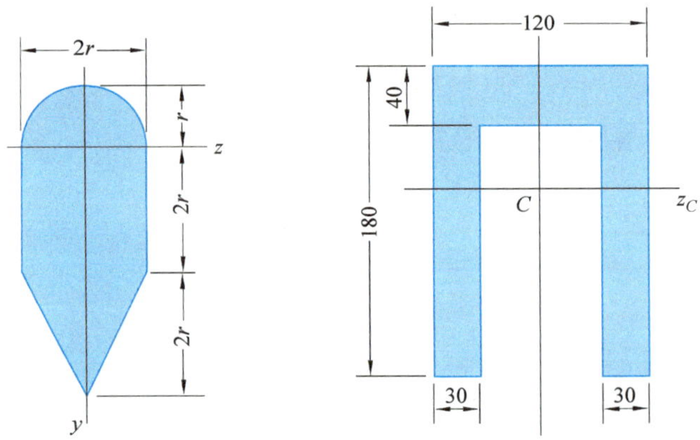

a) b)

题 A-4 图

A-5　试确定题 A-5 图所示平面图形的通过坐标原点 O 的主惯性轴的位置，并计算主惯性矩 I_{y_0} 和 I_{z_0}。

A-6　确定习题 A-5 中平面图形的形心主惯性轴的位置，并计算形心主惯性矩 I_{y_C} 和 I_{z_C} 值。

A-7　试证明题 A-7 图所示正方形所有形心轴均为形心主惯性轴，且图形对所有形心轴的惯性矩均相等。

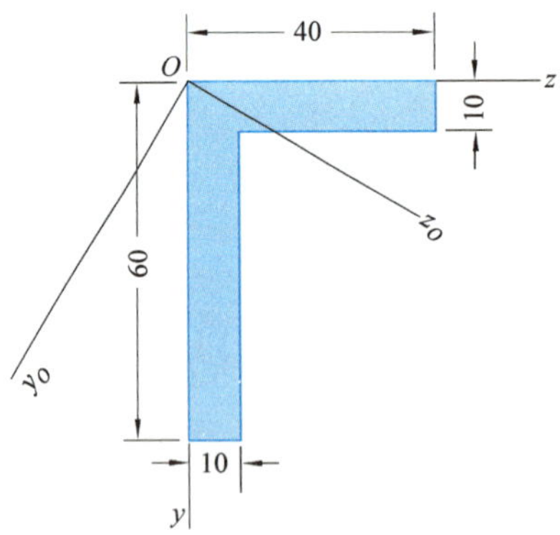

题 A-5 图

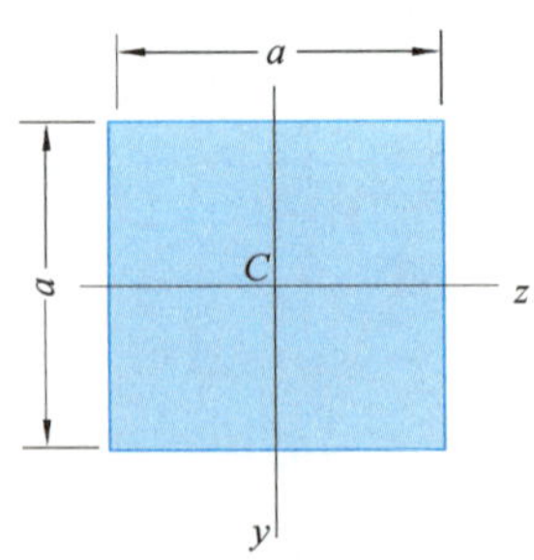

题 A-7 图

A-8　试计算题 A-8 图所示平面图形对 y 轴和 z 轴的惯性矩 I_y 和 I_z，并求惯性积 I_{yz}。

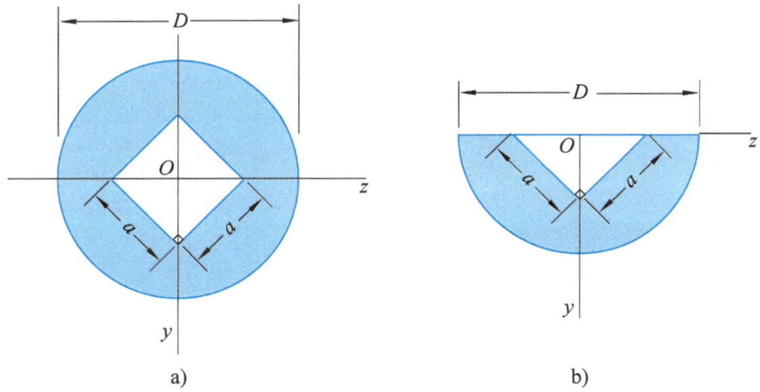

题 A-8 图

附录 B　型钢表（GB/T 706—2008）

表 B-1　热轧等边角钢

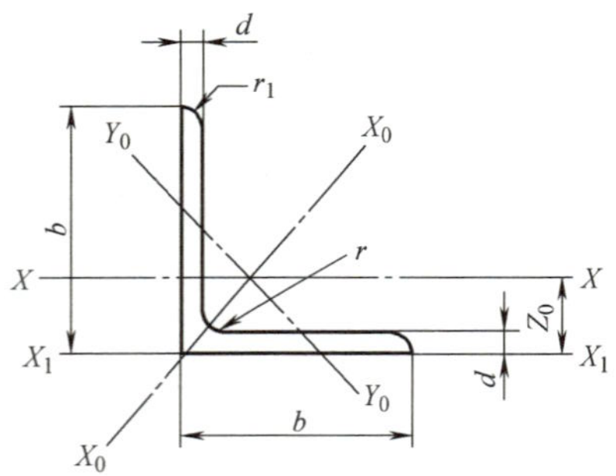

符号意义：

b——边宽
d——边厚
r——内圆弧半径
r_1——边端内弧半径
I——惯性矩
i——惯性半径
W——截面模数
Z_0——重心距离

型号	截面尺寸/mm			截面面积/cm^2	理论重量/(kg/m)	外表面积/(m^2/m)	惯性矩/cm^4				惯性半径/cm			截面模数/cm^3			重心距离/cm
	b	d	r				I_x	I_{x1}	I_{x0}	I_{y0}	i_x	i_{x0}	i_{y0}	W_x	W_{x0}	W_{y0}	Z_0
2	20	3	3.5	1.132	0.889	0.078	0.40	0.81	0.63	0.17	0.59	0.75	0.39	0.29	0.45	0.20	0.60
		4		1.459	1.145	0.077	0.50	1.09	0.78	0.22	0.58	0.73	0.38	0.36	0.55	0.24	0.64
2.5	25	3		1.432	1.124	0.098	0.82	1.57	1.29	0.34	0.76	0.95	0.49	0.46	0.73	0.33	0.73
		4		1.859	1.459	0.097	1.03	2.11	1.62	0.43	0.74	0.93	0.48	0.59	0.92	0.40	0.76
3.0	30	3	4.5	1.749	1.373	0.117	1.46	2.71	2.31	0.61	0.91	1.15	0.59	0.68	1.09	0.51	0.85
		4		2.276	1.786	0.117	1.84	3.63	2.92	0.77	0.90	1.13	0.58	0.87	1.37	0.62	0.89
3.6	36	3		2.109	1.656	0.141	2.58	4.68	4.09	1.07	1.11	1.39	0.71	0.99	1.61	0.76	1.00
		4		2.756	2.163	0.141	3.29	6.25	5.22	1.37	1.09	1.38	0.70	1.28	2.05	0.93	1.04
		5		3.382	2.654	0.141	3.95	7.84	6.24	1.65	1.08	1.36	0.70	1.56	2.45	1.00	1.07

4	40	3	5	2.359	1.852	0.157	3.59	6.41	5.69	1.49	1.23	1.55	0.79	1.23	2.01	0.96	1.09
		4		3.086	2.422	0.157	4.60	8.56	7.29	1.91	1.22	1.54	0.79	1.60	2.58	1.19	1.13
		5		3.791	2.976	0.156	5.53	10.74	8.76	2.30	1.21	1.52	0.78	1.96	3.10	1.39	1.17
4.5	45	3		2.659	2.088	0.177	5.17	9.12	8.20	2.14	1.40	1.76	0.89	1.58	2.58	1.24	1.22
		4		3.486	2.736	0.177	6.65	12.18	10.56	2.75	1.38	1.74	0.89	2.05	3.32	1.54	1.26
		5		4.292	3.369	0.176	8.04	15.2	12.74	3.33	1.37	1.72	0.88	2.51	4.00	1.81	1.30
		6		5.076	3.985	0.176	9.33	18.36	14.76	3.89	1.36	1.70	0.8	2.95	4.64	2.06	1.33
5	50	3	5.5	2.971	2.332	0.197	7.18	12.5	11.37	2.98	1.55	1.96	1.00	1.96	3.22	1.57	1.34
		4		3.897	3.059	0.197	9.26	16.69	14.70	3.82	1.54	1.94	0.99	2.56	4.16	1.96	1.38
		5		4.803	3.770	0.196	11.21	20.90	17.79	4.64	1.53	1.92	0.98	3.13	5.03	2.31	1.42
		6		5.688	4.465	0.196	13.05	25.14	20.68	5.42	1.52	1.91	0.98	3.68	5.85	2.63	1.46
5.6	56	3	6	3.343	2.624	0.221	10.19	17.56	16.14	4.24	1.75	2.20	1.13	2.48	4.08	2.02	1.48
		4		4.390	3.446	0.220	13.18	23.43	20.92	5.46	1.73	2.18	1.11	3.24	5.28	2.52	1.53
		5		5.415	4.251	0.220	16.02	29.33	25.42	6.61	1.72	2.17	1.10	3.97	6.42	2.98	1.57
		6		6.420	5.040	0.220	18.69	35.26	29.66	7.73	1.71	2.15	1.10	4.68	7.49	3.40	1.61
		7		7.404	5.812	0.219	21.23	41.23	33.63	8.82	1.69	2.13	1.09	5.36	8.49	3.80	1.64
		8		8.367	6.568	0.219	23.63	47.24	37.37	9.89	1.68	2.11	1.09	6.03	9.44	4.16	1.68
6	60	5	6.5	5.829	4.576	0.236	19.89	36.05	31.57	8.21	1.85	2.33	1.19	4.59	7.44	3.48	1.67
		6		6.914	5.427	0.235	23.25	43.33	36.89	9.60	1.83	2.31	1.18	5.41	8.70	3.98	1.70
		7		7.977	6.262	0.235	26.44	50.65	41.92	10.96	1.82	2.29	1.17	6.21	9.88	4.45	1.74
		8		9.020	7.081	0.235	29.47	58.02	46.66	12.28	1.81	2.27	1.17	6.98	11.00	4.88	1.78

(续)

型号	截面尺寸/mm			截面面积/cm^2	理论重量/(kg/m)	外表面积/(m^2/m)	惯性矩/cm^4				惯性半径/cm			截面模数/cm^3			重心距离/cm
	b	d	r				I_x	I_{x1}	I_{x0}	I_{y0}	i_x	i_{x0}	i_{y0}	W_x	W_{x0}	W_{y0}	Z_0
6.3	63	4	7	4.978	3.907	0.248	19.03	33.35	30.17	7.89	1.96	2.46	1.26	4.13	6.78	3.29	1.70
		5		6.143	4.822	0.248	23.17	41.73	36.77	9.57	1.94	2.45	1.25	5.08	8.25	3.90	1.74
		6		7.288	5.721	0.247	27.12	50.14	43.03	11.20	1.93	2.43	1.24	6.00	9.66	4.46	1.78
		7		8.412	6.603	0.247	30.87	58.60	48.96	12.79	1.92	2.41	1.23	6.88	10.99	4.98	1.82
		8		9.515	7.469	0.247	34.46	67.11	54.56	14.33	1.90	2.40	1.23	7.75	12.25	5.47	1.85
		10		11.657	9.151	0.246	41.09	84.31	64.85	17.33	1.88	2.36	1.22	9.39	14.56	6.36	1.93
7	70	4	8	5.570	4.372	0.275	26.39	45.74	41.80	10.99	2.18	2.74	1.40	5.14	8.44	4.17	1.86
		5		6.875	5.397	0.275	32.21	57.21	51.08	13.31	2.16	2.73	1.39	6.32	10.32	4.95	1.91
		6		8.160	6.406	0.275	37.77	68.73	59.93	15.61	2.15	2.71	1.38	7.48	12.11	5.67	1.95
		7		9.424	7.398	0.275	43.09	80.29	68.35	17.82	2.14	2.69	1.38	8.59	13.81	6.34	1.99
		8		10.667	8.373	0.274	48.17	91.92	76.37	19.98	2.12	2.68	1.37	9.68	15.43	6.98	2.03
7.5	75	5	9	7.412	5.818	0.295	39.97	70.56	63.30	16.63	2.33	2.92	1.50	7.32	11.94	5.77	2.04
		6		8.797	6.905	0.294	46.95	84.55	74.38	19.51	2.31	2.90	1.49	8.64	14.02	6.67	2.07
		7		10.160	7.976	0.294	53.57	98.71	84.96	22.18	2.30	2.89	1.48	9.93	16.02	7.44	2.11
		8		11.503	9.030	0.294	59.96	112.97	95.07	24.86	2.28	2.88	1.47	11.20	17.93	8.19	2.15
		9		12.825	10.068	0.294	66.10	127.30	104.71	27.48	2.27	2.86	1.46	12.43	19.75	8.89	2.18
		10		14.126	11.089	0.293	71.98	141.71	113.92	30.05	2.26	2.84	1.46	13.64	21.48	9.56	2.22
8	80	5		7.912	6.211	0.315	48.79	85.36	77.33	20.25	2.48	3.13	1.60	8.34	13.67	6.66	2.15
		6		9.397	7.376	0.314	57.35	102.50	90.98	23.72	2.47	3.11	1.59	9.87	16.08	7.65	2.19
		7		10.860	8.525	0.314	65.58	119.70	104.07	27.09	2.46	3.10	1.58	11.37	18.40	8.58	2.23
		8		12.303	9.658	0.314	73.49	136.97	116.60	30.39	2.44	3.08	1.57	12.83	20.61	9.46	2.27
		9		13.725	10.774	0.314	81.11	154.31	128.60	33.61	2.43	3.06	1.56	14.25	22.73	10.29	2.31
		10		15.126	11.874	0.313	88.43	171.74	140.09	36.77	2.42	3.04	1.56	15.64	24.76	11.08	2.35

9	90	6	10	10.637	8.350	0.354	82.77	145.87	131.26	34.28	2.79	3.51	1.80	12.61	20.63	9.95	2.44
		7		12.301	9.656	0.354	94.83	170.30	150.47	39.18	2.78	3.50	1.78	14.54	23.64	11.19	2.48
		8		13.944	10.946	0.353	106.47	194.80	168.97	43.97	2.76	3.48	1.78	16.42	26.55	12.35	2.52
		9		15.566	12.219	0.353	117.72	219.39	186.77	48.66	2.75	3.46	1.77	18.27	29.35	13.46	2.56
		10		17.167	13.476	0.353	128.58	244.07	203.90	53.26	2.74	3.45	1.76	20.07	32.04	14.52	2.59
		12		20.306	15.940	0.352	149.22	293.76	236.21	62.22	2.71	3.41	1.75	23.57	37.12	16.49	2.67
10	100	6	12	11.932	9.366	0.393	114.95	200.07	181.98	47.92	3.10	3.90	2.00	15.68	25.74	12.69	2.67
		7		13.796	10.830	0.393	131.86	233.54	208.97	54.74	3.09	3.89	1.99	18.10	29.55	14.26	2.71
		8		15.638	12.276	0.393	148.24	267.09	235.07	61.41	3.08	3.88	1.98	20.47	33.24	15.75	2.76
		9		17.462	13.708	0.392	164.12	300.73	260.30	67.95	3.07	3.86	1.97	22.79	36.81	17.18	2.80
		10		19.261	15.120	0.392	179.51	334.48	284.68	74.35	3.05	3.84	1.96	25.06	40.26	18.54	2.84
		12		22.800	17.898	0.391	208.90	402.34	330.95	86.84	3.03	3.81	1.95	29.48	46.80	21.08	2.91
		14		26.256	20.611	0.391	236.53	470.75	374.06	99.00	3.00	3.77	1.94	33.73	52.90	23.44	2.99
		16		29.627	23.257	0.390	262.53	539.80	414.16	110.89	2.98	3.74	1.94	37.82	58.57	25.63	3.06
11	110	7		15.196	11.928	0.433	177.16	310.64	280.94	73.38	3.41	4.30	2.20	22.05	36.12	17.51	2.96
		8		17.238	13.535	0.433	199.46	355.20	316.49	82.42	3.40	4.28	2.19	24.95	40.69	19.39	3.01
		10		21.261	16.690	0.432	242.19	444.65	384.39	99.98	3.38	4.25	2.17	30.68	49.42	22.91	3.09
		12		25.200	19.782	0.431	282.55	534.60	448.17	116.93	3.35	4.22	2.15	36.05	57.62	26.15	3.16
		14		29.056	22.809	0.431	320.71	625.16	508.01	133.40	3.32	4.18	2.14	41.31	65.31	29.14	3.24
12.5	125	8	14	19.750	15.504	0.492	297.03	521.01	470.89	123.16	3.88	4.88	2.50	32.52	53.28	25.86	3.37
		10		24.373	19.133	0.491	361.67	651.93	573.89	149.46	3.85	4.85	2.48	39.97	64.93	30.62	3.45
		12		28.912	22.696	0.491	423.16	783.42	671.44	174.88	3.83	4.82	2.46	41.17	75.96	35.03	3.53
		14		33.367	26.193	0.490	481.65	915.61	763.73	199.57	3.80	4.78	2.45	54.16	86.41	39.13	3.61
		16		37.739	29.625	0.489	537.31	1048.62	850.98	223.65	3.77	4.75	2.43	60.93	96.28	42.96	3.68

（续）

型号	截面尺寸/mm			截面面积/cm^2	理论重量/(kg/m)	外表面积/(m^2/m)	惯性矩/cm^4				惯性半径/cm			截面模数/cm^3			重心距离/cm
	b	d	r				I_x	I_{x1}	I_{x0}	I_{y0}	i_x	i_{x0}	i_{y0}	W_x	W_{x0}	W_{y0}	Z_0
14	140	10	14	27. 373	21. 488	0. 551	514. 65	915. 11	817. 27	212. 04	4. 34	5. 46	2. 78	50. 58	82. 56	39. 20	3. 82
		12		32. 512	25. 522	0. 551	603. 68	1099. 28	958. 79	248. 57	4. 31	5. 43	2. 76	59. 80	96. 85	45. 02	3. 90
		14		37. 567	29. 490	0. 550	688. 81	1284. 22	1093. 56	284. 06	4. 28	5. 40	2. 75	68. 75	110. 47	50. 45	3. 98
		16		42. 539	33. 393	0. 549	770. 24	1470. 07	1221. 81	318. 67	4. 26	5. 36	2. 74	77. 46	123. 42	55. 55	4. 06
15	150	8		23. 750	18. 644	0. 592	521. 37	899. 55	827. 49	215. 25	4. 69	5. 90	3. 01	47. 36	78. 02	38. 14	3. 99
		10		29. 373	23. 058	0. 591	637. 50	1125. 09	1012. 79	262. 21	4. 66	5. 87	2. 99	58. 35	95. 49	45. 51	4. 08
		12		34. 912	27. 406	0. 591	748. 85	1351. 26	1189. 97	307. 73	4. 63	5. 84	2. 97	69. 04	112. 19	52. 38	4. 15
		14		40. 367	31. 688	0. 590	855. 64	1578. 25	1359. 30	351. 98	4. 60	5. 80	2. 95	79. 45	128. 16	58. 83	4. 23
		15		43. 063	33. 804	0. 590	907. 39	1692. 10	1441. 09	373. 69	4. 59	5. 78	2. 95	84. 56	135. 87	61. 90	4. 27
		16		45. 739	35. 905	0. 589	958. 08	1806. 21	1521. 02	395. 14	4. 58	5. 77	2. 94	89. 59	143. 40	64. 89	4. 31
16	160	10	16	31. 502	24. 729	0. 630	779. 53	1365. 33	1237. 30	321. 76	4. 98	6. 27	3. 20	66. 70	109. 36	52. 76	4. 31
		12		37. 441	29. 391	0. 630	916. 58	1639. 57	1455. 68	377. 49	4. 95	6. 24	3. 18	78. 98	128. 67	60. 74	4. 39
		14		43. 296	33. 987	0. 629	1048. 36	1914. 68	1665. 02	431. 70	4. 92	6. 20	3. 16	90. 95	147. 17	68. 24	4. 47
		16		49. 067	38. 518	0. 629	1175. 08	2190. 82	1865. 57	484. 59	4. 89	6. 17	3. 14	102. 63	164. 89	75. 31	4. 55
18	180	12		42. 241	33. 159	0. 710	1321. 35	2332. 80	2100. 10	542. 61	5. 59	7. 05	3. 58	100. 82	165. 00	78. 41	4. 89
		14		48. 896	38. 383	0. 709	1514. 48	2723. 48	2407. 42	621. 53	5. 56	7. 02	3. 56	116. 25	189. 14	88. 38	4. 97
		16		55. 467	43. 542	0. 709	1700. 99	3115. 29	2703. 37	698. 60	5. 54	6. 98	3. 55	131. 13	212. 40	97. 83	5. 05
		18		61. 055	48. 634	0. 708	1875. 12	3502. 43	2988. 24	762. 01	5. 50	6. 94	3. 51	145. 64	234. 78	105. 14	5. 13

20	200	14	18	54.642	42.894	0.788	2103.55	3734.10	3343.26	863.83	6.20	7.82	3.98	144.70	236.40	111.82	5.46
		16		62.013	48.680	0.788	2366.15	4270.39	3760.89	971.41	6.18	7.79	3.96	163.65	265.93	123.96	5.54
		18		69.301	54.401	0.787	2620.64	4808.13	4164.54	1076.74	6.15	7.75	3.94	182.22	294.48	135.52	5.62
		20		76.505	60.056	0.787	2867.30	5347.51	4554.55	1180.04	6.12	7.72	3.93	200.42	322.06	146.55	5.69
		24		90.661	71.168	0.785	3338.25	6457.16	5294.97	1381.53	6.07	7.64	3.90	236.17	374.41	166.65	5.87
22	220	16	21	68.664	53.901	0.866	3187.36	5681.62	5063.73	1310.99	6.81	8.59	4.37	199.55	325.51	153.81	6.03
		18		76.752	60.250	0.866	3534.30	6395.93	5615.32	1453.27	6.79	8.55	4.35	222.37	360.97	168.29	6.11
		20		84.756	66.533	0.865	3871.49	7112.04	6150.08	1592.90	6.76	8.52	4.34	244.77	395.34	182.16	6.18
		22		92.676	72.751	0.865	4199.23	7830.19	6668.37	1730.10	6.78	8.48	4.32	266.78	428.66	195.45	6.26
		24		100.512	78.902	0.864	4517.83	8550.57	7170.55	1865.11	6.70	8.45	4.31	288.39	460.94	208.21	6.33
		26		108.264	84.987	0.864	4827.58	9273.39	7656.98	1998.17	6.68	8.41	4.30	309.62	492.21	220.49	6.41
25	250	18	24	87.842	68.956	0.985	5268.22	9379.11	8369.04	2167.41	7.74	9.76	4.97	290.12	473.42	224.03	6.84
		20		97.045	76.180	0.984	5779.34	10426.97	9181.94	2376.74	7.72	9.73	4.95	319.66	519.41	242.85	6.92
		24		115.201	90.433	0.983	6763.93	12529.74	10742.67	2785.19	7.66	9.66	4.92	377.34	607.70	278.38	7.07
		26		124.154	97.461	0.982	7238.08	13585.18	11491.33	2984.84	7.63	9.62	4.90	405.50	650.05	295.19	7.15
		28		133.022	104.422	0.982	7709.60	14643.62	12219.39	3181.81	7.61	9.58	4.89	433.22	691.23	311.42	7.22
		30		141.807	111.318	0.981	8151.80	15705.30	12927.26	3376.34	7.58	9.55	4.88	460.51	731.28	327.12	7.30
		32		150.508	118.149	0.981	8592.01	16770.41	13615.32	3568.71	7.56	9.51	4.87	487.39	770.20	342.33	7.37
		35		163.402	128.271	0.980	9232.44	18374.95	14611.16	3853.72	7.52	9.46	4.86	526.97	826.53	364.30	7.48

注：截面图中的 $r_1 = 1/3d$ 及表中 r 的数据用于孔型设计，不做交货条件。

表 B-2 热轧不等边角钢

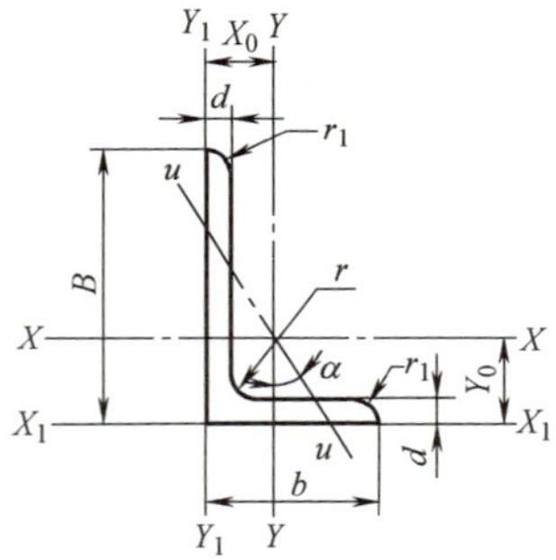

符号意义：

B——长边宽度　　b——短边宽度

d——边厚　　r——内圆弧半径

r_1——边端内弧半径　　I——惯性矩

i——惯性半径　　W——截面模数

X_0——重心距离　　Y_0——重心距离

型号	截面尺寸/mm				截面面积/cm²	理论重量/(kg/m)	外表面积/(m²/m)	惯性矩/cm⁴					惯性半径/cm			截面模数/cm³			tanα	重心距离/cm	
	B	b	d	r				I_x	I_{x1}	I_y	I_{y1}	I_u	i_x	i_y	i_u	W_x	W_y	W_u		X_0	Y_0
2.5/1.6	25	16	3	3.5	1.162	0.912	0.080	0.70	1.56	0.22	0.43	0.14	0.78	0.44	0.34	0.43	0.19	0.16	0.392	0.42	0.86
			4		1.499	1.176	0.079	0.88	2.09	0.27	0.59	0.17	0.77	0.43	0.34	0.55	0.24	0.20	0.381	0.46	1.86
3.2/2	32	20	3		1.492	1.171	0.102	1.53	3.27	0.46	0.82	0.28	1.01	0.55	0.43	0.72	0.30	0.25	0.382	0.49	0.90
			4		1.939	1.522	0.101	1.93	4.37	0.57	1.12	0.35	1.00	0.54	0.42	0.93	0.39	0.32	0.374	0.53	1.08
4/2.5	40	25	3	4	1.890	1.484	0.127	3.08	5.39	0.93	1.59	0.56	1.28	0.70	0.54	1.15	0.49	0.40	0.385	0.59	1.12
			4		2.467	1.936	0.127	3.93	8.53	1.18	2.14	0.71	1.36	0.69	0.54	1.49	0.63	0.52	0.381	0.63	1.32
4.5/2.8	45	28	3	5	2.149	1.687	0.143	445	9.10	1.34	2.23	0.80	1.44	0.79	0.61	1.47	0.62	0.51	0.383	0.64	1.37
			4		2.806	2.203	0.143	5.69	12.13	1.70	3.00	1.02	1.42	0.78	0.60	1.91	0.80	0.66	0.380	0.68	1.47
5/3.2	50	32	3	5.5	2.431	1.908	0.161	6.24	12.49	2.02	3.31	1.20	1.60	0.91	0.70	1.84	0.82	0.68	0.404	0.73	1.51
			4		3.177	2.494	0.160	8.02	16.65	2.58	4.45	1.53	1.59	0.90	0.69	2.39	1.06	0.87	0.402	0.77	1.60
5.6/3.6	56	36	3	6	2.743	2.153	0.181	8.88	17.54	2.92	4.70	1.73	1.80	1.03	0.79	2.32	1.05	0.87	0.408	0.80	1.65
			4		3.590	2.818	0.180	11.45	23.39	3.76	6.33	2.23	1.79	1.02	0.79	3.03	1.37	1.13	0.408	0.85	1.78
			5		4.415	3.466	0.180	13.86	29.25	4.49	7.94	2.67	1.77	1.01	0.78	3.71	1.65	1.36	0.404	0.88	1.82

6. 3/4	63	40	4	7	4. 058	3. 185	0. 202	16. 49	33. 30	5. 23	8. 63	3. 12	2. 20	1. 14	0. 88	3. 87	1. 70	1. 40	0. 398	0. 92	1. 87
			5		4. 993	3. 920	0. 202	20. 02	41. 63	6. 31	10. 86	3. 76	2. 00	1. 12	0. 87	4. 74	2. 07	1. 71	0. 396	0. 95	2. 04
			6		5. 908	4. 638	0. 201	23. 36	49. 98	7. 29	13. 12	4. 34	1. 96	1. 11	0. 86	5. 59	2. 43	1. 99	0. 393	0. 99	2. 08
			7		6. 802	5. 339	0. 201	26. 53	58. 07	8. 24	15. 47	4. 97	1. 98	1. 10	0. 86	6. 40	2. 78	2. 29	0. 389	1. 03	2. 12
7/4. 5	70	45	4	7. 5	4. 547	3. 570	0. 226	23. 17	45. 92	7. 55	12. 26	4. 40	2. 26	1. 29	0. 98	4. 86	2. 17	1. 77	0. 410	1. 02	2. 15
			5		5. 609	4. 403	0. 225	27. 95	57. 10	9. 13	15. 39	5. 40	2. 23	1. 28	0. 98	5. 92	2. 65	2. 19	0. 407	1. 06	2. 24
			6		6. 647	5. 218	0. 225	32. 54	68. 35	10. 62	18. 58	6. 35	2. 21	1. 26	0. 98	6. 95	3. 12	2. 59	0. 404	1. 09	2. 28
			7		7. 657	6. 011	0. 225	37. 22	79. 99	12. 01	21. 84	7. 16	2. 20	1. 25	0. 97	8. 03	3. 57	2. 94	0. 402	1. 13	2. 32
7. 5/5	75	50	5	8	6. 125	4. 808	0. 245	34. 86	70. 00	12. 61	21. 04	7. 41	2. 39	1. 44	1. 10	6. 83	3. 30	2. 74	0. 435	1. 17	2. 36
			6		7. 260	5. 699	0. 245	41. 12	84. 30	14. 70	25. 87	8. 54	2. 38	1. 42	1. 08	8. 12	3. 88	3. 19	0. 435	1. 21	2. 40
			8		9. 467	7. 431	0. 244	52. 39	112. 50	18. 53	34. 23	10. 87	2. 35	1. 40	1. 07	10. 52	4. 99	4. 10	0. 429	1. 29	2. 44
			10		11. 590	9. 098	0. 244	62. 71	140. 80	21. 96	43. 43	13. 10	2. 33	1. 38	1. 06	12. 79	6. 04	4. 99	0. 423	1. 36	2. 52
8/5	80	50	5		6. 375	5. 005	0. 255	41. 96	85. 21	12. 82	21. 06	7. 66	2. 56	1. 42	1. 10	7. 78	3. 32	2. 74	0. 388	1. 14	2. 60
			6		7. 560	5. 935	0. 255	49. 49	102. 53	14. 95	25. 41	8. 85	2. 56	1. 41	1. 08	9. 25	3. 91	3. 20	0. 387	1. 18	2. 65
			7		8. 724	6. 848	0. 255	56. 46	119. 33	46. 96	29. 82	10. 18	2. 54	1. 39	1. 08	10. 58	4. 48	3. 70	0. 384	1. 21	2. 69
			8		9. 867	7. 745	0. 254	62. 83	136. 41	18. 85	34. 32	11. 38	2. 52	1. 38	1. 07	11. 92	5. 03	4. 16	0. 381	1. 25	2. 73
9/5. 6	90	56	5	9	7. 212	5. 661	0. 287	60. 45	121. 32	18. 32	29. 53	10. 98	2. 90	1. 59	1. 23	9. 92	4. 21	3. 49	0. 385	1. 25	2. 91
			6		8. 557	6. 717	0. 286	71. 03	145. 59	21. 42	35. 58	12. 90	2. 88	1. 58	1. 23	11. 74	4. 96	4. 13	0. 384	1. 29	2. 95
			7		9. 880	7. 756	0. 286	81. 01	169. 60	24. 36	41. 71	14. 67	2. 86	1. 57	1. 22	13. 49	5. 70	4. 72	0. 382	1. 33	3. 00
			8		11. 183	8. 779	0. 286	91. 03	194. 14	27. 15	47. 98	16. 34	2. 85	1. 56	1. 21	15. 27	6. 41	5. 29	0. 380	1. 36	3. 04

（续）

型号	截面尺寸/mm				截面面积/cm^2	理论重量/(kg/m)	外表面积/(m^2/m)	惯性矩/cm^4					惯性半径/cm			截面模数/cm^3			tanα	重心距离/cm	
	B	b	d	r				I_x	I_{x1}	I_y	I_{y1}	I_u	i_x	i_y	i_u	W_x	W_y	W_u		X_0	Y_0
10/6.3	100	63	6	10	9.617	7.550	0.320	99.06	199.71	30.94	50.50	18.42	3.21	1.79	1.38	14.64	6.35	5.25	0.394	1.43	3.24
			7		11.111	8.722	0.320	113.45	233.00	35.26	59.14	21.00	3.20	1.78	1.38	16.88	7.29	6.02	0.394	1.47	3.28
			8		12.534	9.878	0.319	127.37	266.32	39.39	67.88	23.50	3.18	1.77	1.37	19.08	8.21	6.78	0.391	1.50	3.32
			10		15.467	12.142	0.319	153.81	333.06	47.12	85.73	28.33	3.15	1.74	1.35	23.32	9.98	8.24	0.387	1.58	3.40
10/8	100	80	6		10.637	8.350	0.354	107.04	199.83	61.24	102.68	31.65	3.17	2.40	1.72	15.19	10.16	8.37	0.627	1.97	2.95
			7		12.301	9.656	0.354	122.73	233.20	70.08	119.98	36.17	3.16	2.39	1.72	17.52	11.71	9.60	0.626	2.01	3.0
			8		13.944	10.946	0.353	137.92	266.61	78.58	137.37	40.58	3.14	2.37	1.71	19.81	13.21	10.80	0.625	2.05	3.04
			10		17.167	13.476	0.353	166.87	333.63	94.65	172.48	49.10	3.12	2.35	1.69	24.24	16.12	13.12	0.622	2.13	3.12
11/7	110	70	6		10.637	8.350	0.354	133.37	265.78	42.92	69.08	25.36	3.54	2.01	1.54	17.85	7.90	6.53	0.403	1.57	3.53
			7		12.301	9.656	0.354	153.00	310.07	49.01	80.82	28.95	3.53	2.00	1.53	20.60	9.09	7.50	0.402	1.61	3.57
			8		13.944	10.946	0.353	172.04	354.39	54.87	92.70	32.45	3.51	1.98	1.53	23.30	10.25	8.45	0.401	1.65	3.62
			10		17.167	13.476	0.353	208.39	443.13	65.88	116.83	39.20	3.48	1.96	1.51	28.54	12.48	10.29	0.397	1.72	3.70
12.5/8	125	80	7	11	14.096	11.066	0.403	227.98	454.99	74.42	120.32	43.81	4.02	2.30	1.76	26.86	12.01	9.92	0.408	1.80	4.01
			8		15.989	12.551	0.403	256.77	519.99	83.49	137.85	49.15	4.01	2.28	1.75	30.41	13.56	11.18	0.407	1.84	4.06
			10		19.712	15.474	0.402	312.04	650.09	100.67	173.40	59.45	3.98	2.26	1.47	37.33	16.56	13.64	0.404	1.92	4.14
			12		23.351	18.330	0.402	364.41	780.39	116.67	209.67	69.35	3.95	2.24	1.72	44.01	19.43	16.01	0.400	2.00	4.22
14/9	140	90	8	12	18.038	14.160	0.453	365.64	730.53	120.69	195.79	70.83	4.50	2.59	1.98	38.48	17.34	14.31	0.411	2.04	4.50
			10		22.261	17.475	0.452	445.50	913.20	140.03	245.92	85.82	4.47	2.56	1.96	47.31	21.22	17.48	0.409	2.12	4.58
			12		26.400	20.724	0.451	521.59	1096.09	169.79	296.89	100.21	4.44	2.54	1.95	55.87	24.95	20.54	0.406	2.19	4.66
			14		30.456	23.908	0.451	594.10	1279.26	192.10	348.82	114.13	4.42	2.51	1.94	64.18	28.54	23.52	0.403	2.27	4.74

15/9	150	90	8	12	18.839	14.788	0.473	442.05	898.35	122.80	195.96	74.14	4.84	2.55	1.98	43.86	17.47	14.48	0.364	1.97	4.92
			10		23.261	18.260	0.472	539.24	1122.85	148.62	246.26	89.86	4.81	2.53	1.97	53.97	21.38	17.69	0.362	2.05	5.01
			12		27.600	21.666	0.471	632.08	1347.50	172.85	297.46	104.95	4.79	2.50	1.95	63.79	25.14	20.80	0.359	2.12	5.09
			14		31.856	25.007	0.471	720.77	1572.38	195.62	349.74	119.53	4.76	2.48	1.94	73.33	28.77	23.84	0.356	2.20	5.17
			15		33.952	26.652	0.471	763.62	1684.93	206.50	376.33	126.67	4.74	2.47	1.93	77.99	30.53	25.33	0.354	2.24	5.21
			16		36.027	28.281	0.470	805.51	1797.55	217.07	403.24	133.72	4.73	2.45	1.93	82.60	32.27	26.82	0.352	2.27	5.25
16/10	160	100	10	13	23.315	19.872	0.512	668.69	1362.89	205.03	336.59	121.74	5.14	2.85	2.19	62.13	26.56	21.92	0.390	2.28	5.24
			12		30.054	23.592	0.511	784.91	1635.56	239.06	405.94	142.33	5.11	2.82	2.17	73.49	31.28	25.79	0.388	2.36	5.32
			14		34.709	27.247	0.510	896.30	1908.50	271.20	476.42	162.23	5.08	2.80	2.16	84.56	35.83	29.56	0.385	0.43	5.40
			16		29.281	30.835	0.510	1003.04	2181.79	301.60	548.22	182.57	5.05	2.77	2.16	95.33	40.24	33.44	0.382	2.51	5.48
18/11	180	110	10	14	28.373	22.273	0.571	956.25	1940.40	278.11	447.22	166.50	5.80	3.13	2.42	78.96	32.49	26.88	0.376	2.44	5.89
			12		33.712	26.440	0.571	1124.72	2328.38	325.03	538.94	194.87	5.78	3.10	2.40	93.53	38.32	31.66	0.374	2.52	5.98
			14		38.967	30.589	0.570	1286.91	2716.60	369.55	631.95	222.30	5.75	3.08	2.39	107.76	43.97	36.32	0.372	2.59	6.06
			16		44.139	34.649	0.569	1443.06	3105.15	411.85	726.46	248.94	5.72	3.06	2.38	121.64	49.44	40.87	0.369	2.67	6.14
20/12.5	200	125	12		37.912	29.761	0.641	1570.90	3193.85	483.16	787.74	285.79	6.44	3.57	2.74	116.73	49.99	41.23	0.392	2.83	6.54
			14		43.687	34.436	0.640	1800.97	3726.17	550.83	922.47	326.58	6.41	3.54	2.73	134.65	57.44	47.34	0.390	2.91	6.62
			16		49.739	39.045	0.639	2023.35	4258.88	615.44	1058.86	366.21	6.38	3.52	2.71	152.18	64.89	53.32	0.388	2.99	6.70
			18		55.526	43.588	0.639	2238.30	4792.00	677.19	1197.13	404.83	6.35	3.49	2.70	169.33	71.74	59.18	0.385	3.06	6.78

注：截面图中的 $r_1=1/3d$ 及表中 r 的数据用于孔型设计，不做交货条件。

表 B-3 热轧普通槽钢

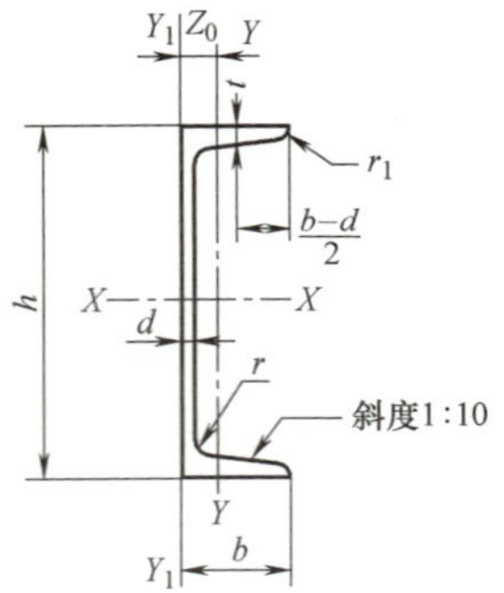

符号意义：

h——高度
b——腿宽
d——腰厚
t——平均腿厚
r——内圆弧半径
r_1——腿端圆弧半径
I——惯性矩
W——截面模数
i——惯性半径
Z_0——Y-Y 与 Y_1-Y_1 轴线间距离

型号	截面尺寸 /mm						截面面积 /cm²	理论重量 /(kg/m)	惯性矩 /cm⁴			惯性半径 /cm		截面模数 /cm³		重心距离 /cm
	h	b	d	t	r	r_1			I_x	I_y	I_{y1}	i_x	i_y	W_x	W_y	Z_0
5	50	37	4.5	7.0	7.0	3.5	6.928	5.438	26.0	8.30	20.9	1.94	1.10	10.4	3.55	1.35
6.3	63	40	4.8	7.5	7.5	3.8	8.451	6.634	50.8	11.9	28.4	2.45	1.19	16.1	4.50	1.36
6.5	65	40	4.3	7.5	7.5	3.8	8.547	6.709	55.2	12.0	28.3	2.54	1.19	17.0	4.59	1.38
8	80	43	5.0	8.0	8.0	4.0	10.248	8.045	101	16.6	37.4	3.15	1.27	25.3	5.79	1.43
10	100	48	5.3	8.5	8.5	4.2	12.748	10.007	198	25.6	54.9	3.95	1.41	39.7	7.80	1.52
12	120	53	5.5	9.0	9.0	4.5	15.362	12.059	346	37.4	77.7	4.75	1.56	57.7	10.2	1.62
12.6	126	53	5.5	9.0	9.0	4.5	15.692	12.318	391	38.0	77.1	4.95	1.57	62.1	10.2	1.59
14a	140	58	6.0	9.5	9.5	4.8	18.516	14.535	564	53.2	107	5.52	1.70	80.5	13.0	1.71
14b		60	8.0				21.316	16.733	609	61.1	121	5.35	1.69	87.1	14.1	1.67
16a	160	63	6.5	10.0	10.0	5.0	21.962	17.24	866	73.3	144	6.28	1.83	108	16.3	1.80
16b		65	8.5				25.162	19.752	935	83.4	161	6.10	1.82	117	17.6	1.75
18a	180	68	7.0	10.5	10.5	5.2	25.699	20.174	1270	98.6	190	7.04	1.96	141	20.0	1.88
18b		70	9.0				29.299	23.000	1370	111	210	6.84	1.95	152	21.5	1.84

20a	200	73	7.0	11.0	11.0	5.5	28.837	22.637	1780	128	244	7.86	2.11	178	24.2	2.01
20b		75	9.0				32.837	25.777	1910	144	268	7.64	2.09	191	25.9	1.95
22a	220	77	7.0	11.5	11.5	5.8	31.846	24.999	2390	158	298	8.67	2.23	218	28.2	2.10
22b		79	9.0				36.246	28.453	2570	176	326	8.42	2.21	234	30.1	2.03
24a	240	78	7.0	12.0	12.0	6.0	34.217	26.860	3050	174	325	9.45	2.25	254	30.5	2.10
24b		80	9.0				39.017	30.628	3280	194	355	9.17	2.23	274	32.5	2.03
24c		82	11.0				43.817	34.396	3510	213	388	8.96	2.21	293	34.4	2.00
25a	250	78	7.0				34.917	27.410	3370	176	322	9.82	2.24	270	30.6	2.07
25b		80	9.0				39.917	31.335	3530	196	353	9.41	2.22	282	32.7	1.98
25c		82	11.0				44.917	35.260	3690	218	384	9.07	2.21	295	35.9	1.92
27a	270	82	7.5	12.5	12.5	6.2	39.284	30.838	4360	216	393	10.5	2.34	323	35.5	2.13
27b		84	9.5				44.684	35.077	4690	239	428	10.3	2.31	347	37.7	2.06
27c		86	11.5				50.084	39.316	5020	261	467	10.1	2.28	372	39.8	2.03
28a	280	82	7.5				40.034	31.427	4760	218	388	10.9	2.33	340	35.7	2.10
28b		84	9.5				45.634	35.823	5130	242	428	10.6	2.30	366	37.9	2.02
28c		86	11.5				51.234	40.219	5500	268	463	10.4	2.29	393	40.3	1.95
30a	300	85	7.5	13.5	13.5	6.8	43.902	34.463	6050	260	467	11.7	2.43	403	41.1	2.17
30b		87	9.5				49.902	39.173	6500	289	515	11.4	2.41	433	44.0	2.13
30c		89	11.5				55.902	43.883	6950	316	560	11.2	2.38	463	46.4	2.09
32a	320	88	8.0	14.0	14.0	7.0	48.513	38.083	7600	305	552	12.5	2.50	475	46.5	2.24
32b		90	10.0				54.913	43.107	8140	336	593	12.2	2.47	509	49.2	2.16
32c		92	12.0				61.313	48.131	8690	374	643	11.9	2.47	543	52.6	2.09

（续）

型号	截面尺寸 /mm						截面面积 /cm²	理论重量 /(kg/m)	惯性矩 /cm⁴			惯性半径 /cm		截面模数 /cm³		重心距离 /cm
	h	b	d	t	r	r_1			I_x	I_y	I_{y1}	i_x	i_y	W_x	W_y	Z_0
36a	360	96	9.0	16.0	16.0	8.0	60.910	47.814	11900	455	818	14.0	2.73	660	63.5	2.44
36b		98	11.0				68.110	53.466	12700	497	880	13.6	2.70	703	66.9	2.37
36c		100	13.0				75.310	59.118	13400	536	948	13.4	2.67	746	70.0	2.34
40a	400	100	10.5	18.0	18.0	9.0	75.068	58.928	17600	592	1070	15.3	2.81	879	78.8	2.49
40b		102	12.5				83.068	65.208	18600	640	114	15.0	2.78	932	82.5	2.44
40c		104	14.5				91.068	71.488	19700	688	1220	14.7	2.75	986	86.2	2.42

注：表中 r、r_1 的数据用于孔型设计，不做交货条件。

表 B-4 热轧普通工字钢

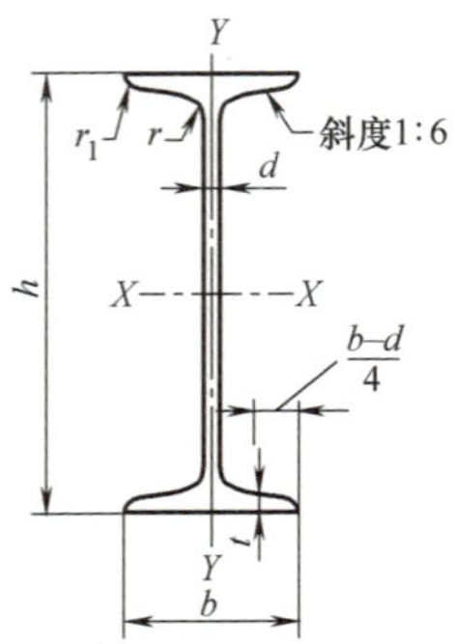

符号意义：
- h——高度
- b——腿宽
- d——腰厚
- t——平均腿厚
- r——内圆弧半径
- r_1——腿端圆弧半径
- I——惯性矩
- W——截面模数
- i——惯性半径

型号	截面尺寸/mm						截面面积 /cm²	理论重量 /(kg/m)	惯性矩/cm⁴		惯性半径/cm		截面模数/cm³	
	h	b	d	t	r	r_1			I_x	I_y	i_x	i_y	W_x	W_y
10	100	68	4.5	7.6	6.5	3.3	14.345	11.261	245	33.0	4.14	1.52	49.0	9.72
12	120	74	5.0	8.4	7.0	3.5	17.818	13.987	436	46.9	4.95	1.62	72.7	12.7

12.6	126	74	5.0	8.4	7.0	3.5	18.118	14.223	488	46.9	5.20	1.61	77.5	12.7
14	140	80	5.5	9.1	7.5	3.8	21.516	16.890	712	64.4	5.76	1.73	102	16.1
16	160	88	6.0	9.9	8.0	4.0	26.131	20.513	1130	93.1	6.58	1.89	141	21.2
18	180	94	6.5	10.7	8.5	4.3	30.756	24.143	1660	122	7.36	2.00	185	26.0
20a	200	100	7.0	11.4	9.0	4.5	35.578	27.929	2370	158	8.15	2.12	237	31.5
20b		102	9.0				39.578	31.069	2500	169	7.96	2.06	250	33.1
22a	220	110	7.5	12.3	9.5	4.8	42.128	33.070	3400	225	8.99	2.31	309	140.9
22b		112	9.5				46.528	36.524	3570	239	8.78	2.27	325	42.7
24a	240	116	8.0	13.0	10.0	5.0	47.741	37.477	4570	280	9.77	2.42	381	48.4
24b		118	10.0				52.541	41.245	4800	297	9.57	2.38	400	50.4
25a	250	116	8.0				48.541	38.105	5020	280	10.2	2.40	402	48.3
25b		118	10.0				53.541	42.030	5280	309	9.94	2.40	423	52.4
27a	270	122	8.5	13.7	10.5	5.3	54.554	42.825	6550	345	10.9	2.51	485	56.6
27b		124	10.5				59.954	47.064	6870	366	10.7	2.47	509	58.9
28a	280	122	8.5				55.404	43.492	7110	345	11.3	2.50	508	56.6
28b		124	10.5				61.004	47.888	7480	379	11.1	2.49	534	61.2
30a	300	126	9.0	14.4	11.0	5.5	61.254	48.084	8950	400	12.1	2.55	597	63.5
30b		128	11.0				67.254	52.794	9400	422	11.8	2.50	627	65.9
30c		130	13.0				73.254	57.504	9850	445	11.6	2.46	657	68.5
32a	320	130	9.5	15.0	11.5	5.8	67.156	52.717	11100	460	12.8	2.62	692	70.8
32b		132	11.5				73.556	57.741	11600	502	12.6	2.61	726	76.0
32c		134	13.5				79.956	62.765	12200	544	12.3	2.61	760	81.2

（续）

型号	截面尺寸/mm						截面面积/cm^2	理论重量/(kg/m)	惯性矩/cm^4		惯性半径/cm		截面模数/cm^3	
	h	b	d	t	r	r_1			I_x	I_y	i_x	i_y	W_x	W_y
36a	360	136	10.0	15.8	12.0	6.0	76.480	60.037	15800	552	14.4	2.69	875	81.2
36b		138	12.0				83.680	65.689	16500	582	14.1	2.64	919	84.3
36c		140	14.0				90.880	71.341	17300	612	13.8	2.60	962	87.4
40a	400	142	10.5	16.5	12.5	6.3	86.112	67.598	21700	660	15.9	2.77	1090	93.2
40b		144	12.5				94.112	73.878	22800	692	15.6	2.71	1140	96.2
40c		146	14.5				102.112	80.158	23900	727	15.2	2.65	1190	99.6
45a	450	150	11.5	18.0	13.5	6.8	102.446	80.420	32200	855	17.7	2.89	1430	114
45b		152	13.5				111.446	87.485	33800	894	17.4	2.84	1500	118
45c		154	15.5				120.446	94.550	35300	938	17.1	2.79	1570	122
50a	500	158	12.0	20.0	14.0	7.0	119.304	93.654	46500	1120	19.7	3.07	1860	142
50b		160	14.0				129.304	101.504	48600	1170	19.4	3.01	1940	146
50c		162	16.0				139.304	109.354	50600	1220	19.0	2.96	2080	151
55a	550	166	12.5	21.0	14.5	7.3	134.185	105.335	62900	1370	21.6	3.19	2290	164
55b		168	14.5				145.185	113.970	65600	1420	21.2	3.14	2390	170
55c		170	16.5				156.185	122.605	68400	1480	20.9	3.08	2490	175
56a	560	166	12.5				135.435	106.316	65600	1370	22.0	3.18	2340	165
56b		168	14.5				146.635	115.108	68500	1490	21.6	3.16	2450	174
56c		170	16.5				157.835	123.900	71400	1560	21.3	3.16	2550	183
63a	630	176	13.0	22.0	15.0	7.5	154.658	121.407	93900	1700	24.5	3.31	2980	193
63b		178	15.0				167.258	131.298	98100	1810	24.2	3.29	3160	204
63c		180	17.0				179.858	141.189	102000	1920	23.8	3.27	3300	214

注：表中 r、r_1 的数据用于孔型设计，不做交货条件。

附录 C　习题答案

第 1 章

1-1　(a) $\gamma=0$　　(b) $\gamma=-\alpha$

(c) $\gamma=-(\alpha+\beta)$

1-2　$F_{Qm-m}=1\text{kN}$，$M_{m-m}=1\text{kN}\cdot\text{m}$

$F_{Qn-n}=2\text{kN}$

1-3　(1) $F_{N1-1}=\dfrac{Fx}{l\sin\alpha}$，$F_{N2-2}=-\dfrac{Fx}{l}\cot\alpha$

$F_{Q2-2}=\dfrac{F}{l}(l-x)$，$M_{Q2-2}=\dfrac{Fx}{l}(l-x)$

(2) 当 F 作用在 B 点时，F_{N1-1} 取最大值，且为 $F_{N1-1,\max}=F/\sin\alpha$，而 F_{N2-2} 所受压力为最大值，且为 $F_{N2-2,\max}=-F\cot\alpha$；当 F 作用在 A 点时，F_{Q2-2} 取极值，且为 $F_{Q2-2,\max}=F$；

当 F 作用在 AB 中点时，M_{2-2} 取极值，且为 $M_{2-2,\max}=\dfrac{Fl}{4}$

1-4　$\varepsilon_m=\dfrac{\Delta l}{l}=5\times10^{-4}$

1-5　略

1-6　略

第 2 章

2-1　(a) $F_{N1-1}=50\text{kN}$，$F_{N2-2}=10\text{kN}$，

$F_{N3-3}=-20\text{kN}$

(b) $F_{N1-1}=F$，$F_{N2-2}=0$，$F_{N3-3}=F$

(c) $F_{N1-1}=0$，$F_{N2-2}=4F$，$F_{N3-3}=3F$

2-2　$\sigma=76.4\text{MPa}$

2-3　$\sigma_{\max}=67.8\text{MPa}$

2-4　$\sigma=35\text{MPa}$

2-5　$\sigma_1=127\text{MPa}$，$\sigma_2=63.7\text{MPa}$

2-6　$\tau_{\max}=63.7\text{MPa}$，$\sigma_{30^\circ}=95.6\text{MPa}$，

$\tau_{30^\circ}=55.2\text{MPa}$

2-7　螺栓内径 $d=24\text{mm}$

2-8　$d_{AB}=18\text{mm}$，$d_{BC}=d_{BD}\geqslant18\text{mm}$

2-9　$p=6.5\text{MPa}$

2-10　(1) $d_{\max}=17.8\text{mm}$

(2) $A_{CD}=833\text{mm}^2$

(3) $F_{\max}=15.7\text{kN}$

2-11　$F=40.4\text{kN}$

2-12　$\Delta l=0.075\text{mm}$

2-13　$\varepsilon=5\times10^{-4}$，$\sigma=100\text{MPa}$，$F=7.85\text{kN}$

2-14　(1) $l_{\max}=\Delta l_{AC}=\Delta l_{AB}+\Delta l_{BC}$

$$=\int_0^{l_1}\frac{F_{N1}(x)\mathrm{d}x}{E_1A_1}+\int_0^{l_2}\frac{F_{N2}(x)\mathrm{d}x}{E_2A_2}$$

$$=\frac{\gamma_1l_1^2}{2E_1}+\frac{\gamma_2l_2^2}{2E_1}+\frac{\gamma_2l_1l_2}{E_1}$$

(2) $\delta_C=\Delta l_{AC}$ (↓)

2-15　$\theta=54.8^\circ$

2-16　$x=\dfrac{ll_1E_2A_2}{l_1E_2A_2+l_2E_1A_1}$

2-17　$\sigma=151\text{MPa}$，$\delta_C=0.79\text{mm}$

2-18　不计自重时：

$U=64\text{J}$，$u=64\times10^3\text{J/m}^3$

考虑自重时：

$U=64.2\text{J}$，$u_{\max}=64.3\times10^3\text{J/m}^3$

2-19　$\delta_A=1.997\text{mm}$

2-20　$\delta_{AC}=0.683\times10^{-3}a$

2-21　$e=\dfrac{b(E_1-E_2)}{2(E_1+E_2)}$

2-22　$F_{N1}=F_{N2}=0.83F$（拉）

2-23　$K=0.729\text{kN/m}^3$，$\Delta l=1.97\text{mm}$

2-24　$F=698\text{kN}$

2-25　$F_{N1}=F_{N2}=\dfrac{F}{4}$（拉），

$F_{N3下}=-\dfrac{F}{4}$（压），$F_{N3上}=\dfrac{3}{4}F$（拉）

2-26　$F_{N1}=\dfrac{7}{12}F$，$F_{N2}=\dfrac{F}{3}$，$F_{N3}=\dfrac{F}{12}$

2-27　$\sigma_{上}=-66.7\text{MPa}$，$\sigma_{下}=-33.3\text{MPa}$

2-28　$F_{N1}=F_{N3}=5.33\text{kN}$（拉）

$F_{N2}=10.67\text{kN}$（压）

2-29　(1) $F=32\text{kN}$

(2) $\sigma_1=86\text{MPa}$，$\sigma_2=78\text{MPa}$

2-30　$F_{N1}=F_{N2}=\dfrac{E_1A_1E_3A_3\cos^2\alpha}{2E_1A_1\cos^3\alpha+E_3A_3}\cdot\dfrac{\delta}{l}$

$F_{N3}=\dfrac{2E_1A_1E_3A_3\cos^3\alpha}{2E_1A_1\cos^3\alpha+E_3A_3}\dfrac{\delta}{l}$

2-31　$\sigma_{\max}=150\text{MPa}$

2-32 $\sigma_1=73.5\text{MPa}$，$\sigma_2=235\text{MPa}$

2-33 $F_{N1}=\frac{1}{9}(F-10\alpha EA\Delta T)$（拉）

$F_{N2}=\frac{1}{9}(4F+5\alpha EA\Delta T)$（压）

2-34 $F=21.98\text{kN}$，

$\delta_D=2\Delta l=1.4\text{mm}$（↓）

2-35 $\sigma_{1杆}=39.6\text{MPa}$，$\sigma_{2杆}=102\text{MPa}$

$\sigma_{3杆}=72.9\text{MPa}$

第3章

3-1 略

3-2 略

3-3 （1）扭矩图上的最大扭矩为3 000N·m

（2）$\tau_{max}=15.3\text{MPa}$，发生在$BC$段

（3）$\varphi_{CD}=1.273\times10^{-3}\text{rad}$，$\varphi_{AD}=1.91\times10^{-3}\text{rad}$

3-4 （1）$\frac{d_1}{d_2}=\sqrt[3]{\frac{5}{3}}=1.86$

（2）$\frac{\varphi_1}{\varphi_2}=0.843\frac{l_1}{l_2}$

3-5 $\tau_{max}=19.2\text{MPa}<[\tau]$ 安全

3-6 $\tau_{AB,max}=16.2\text{MPa}<[\tau]$ 安全

$\tau_{H,max}=15.8\text{MPa}<[\tau]$ 安全

$\tau_{C,max}=15.01\text{MPa}<[\tau]$ 安全

3-7 $\tau_{AC,max}=49.4\text{MPa}<[\tau]$

$\tau_{DB}=21.3\text{MPa}<[\tau]$

$\theta_{max}=1.77(°)/\text{m}<[\theta]$ 安全

3-8 $d\geqslant21.7\text{mm}$，取$d=22\text{mm}$ $G=1\ 120\text{N}$

3-9 $d\geqslant32.2\text{mm}$，取$d=34\text{mm}$

3-10 $d\geqslant63\text{mm}$，取$d=64\text{mm}$

3-11 $d_1\geqslant45\text{mm}$，取$d_1=46\text{mm}$

$D_2\geqslant46\text{mm}$，取$D_2=46\text{mm}$

3-12 （1）$d_1\geqslant84.6\text{mm}$，取$d_1=86\text{mm}$

$d_2\geqslant74.5\text{mm}$，取$d_2=76\text{mm}$

（2）$d\geqslant84.6\text{mm}$，取$d=86\text{mm}$

（3）动轮1放在2~3之间较合理

3-13 略

3-14 $\varphi_B=\frac{\overline{m}l^2}{2GI_P}$

3-15 （1）$[M_e]=110\text{N}\cdot\text{m}$

（2）$\varphi=0.022\text{rad}$

3-16 $M_A=\frac{M_e b}{a+b}$，$M_B=\frac{M_e a}{a+b}$

3-17 圆形：$\tau'_{max}=37.1\text{MPa}$

方形：$\tau''_{max}=47.6\text{MPa}$

矩形：$\tau'''_{max}=57.4\text{MPa}$

3-18 长边中点：$\tau_{max}=29.6\text{MPa}$

短边中点：$\tau_1=21.9\text{MPa}$

3-19 （1）闭口情况下：$M_e=10.8\text{kN}\cdot\text{m}$

（2）开口情况下：$M_e=144\text{N}\cdot\text{m}$

3-20 $\tau_{max}=59\text{MPa}<[\tau]$ 安全

3-21 力偶矩的许可值$M_e=6.15\text{kN}\cdot\text{m}$

3-22 $\tau_{max}=25\text{MPa}$，$\varphi=0.0625\text{rad}$

3-23 $\tau_{max}=927\text{MPa}$，超过许用应力3%，故仍可使用

3-24 （1）$\tau_{max}=38.5\text{MPa}$

（2）$\tau_{max}=40.1\text{MPa}$

3-25 （1）$\tau_{max}=33.1\text{MPa}$

（2）$n=6.5$圈

3-26 $\tau_{max}=381\text{MPa}$，$\lambda=10.6\text{mm}$

3-27 弹簧所能承受的压力$F_1=3\ 070\text{N}$

3-28 $d\geqslant50\text{mm}$，取$d=50\text{mm}$

$b\geqslant100\text{mm}$，取$b=100\text{mm}$

3-29 $\tau=0.952\text{MPa}$，$\sigma_{bs}=7.41\text{MPa}$

3-30 $F\geqslant236\text{kN}$

3-31 $\sigma_{bs}=135\text{MPa}<[\sigma_{bs}]$ 安全

3-32 $[F]=1\ 100\text{kN}$

3-33 $\frac{d}{h}=2.4$

第4章

4-1 （a）$|F_Q|_{max}=\frac{2}{3}F$，$|M|_{max}=\frac{1}{3}Fa$

（b）$|F_Q|_{max}=0$，$|M|_{max}=M_e$

（c）$|F_Q|_{max}=qa$，$|M|_{max}=\frac{1}{2}qa^2$

（d）$|F_Q|_{max}=\frac{1}{2}qa$，$|M|_{max}=\frac{1}{8}qa^2$

（e）$|F_Q|_{max}=qa$，$|M|_{max}=\frac{3}{2}qa^2$

（f）$|F_Q|_{max}=F$，$|M|_{max}=2Fa$

（g）$|F_Q|_{max}=qa$，$|M|_{max}=\frac{3}{4}qa^2$

（h）$|F_Q|_{max}=qa$，$|M|_{max}=qa^2$

（i）$|F_Q|_{max}=qa$，$|M|_{max}=qa^2$

（j）$|F_Q|_{max}=\frac{3}{2}qa$，$|M|_{max}=qa^2$

(k) $|F_Q|_{max}=\frac{1}{3}q_0a$，$|M|_{max}=0.006\ 42qa^2$

(l) $|F_Q|_{max}=\frac{1}{3}q_0a$，$|M|_{max}=0.006\ 42qa^2$

4-2 (a) $F_{Q1}=-F$，$M_1=0$

$F_{Q2}=0$，$M_2=-Fa$

$F_{Q3}=0$，$M_3=0$

(b) $F_{Q1}=\frac{1}{3}F$，$M_1=\frac{2}{3}Fa$

$F_{Q2}=\frac{1}{3}F$，$M_2=-\frac{1}{3}Fa$

(c) $F_{Q1}=0$，$M_1=0$

$F_{Q2}=qa$，$M_2=\frac{1}{2}qa^2$

$F_{Q3}=qa$，$M_3=\frac{1}{2}qa^2$

(d) $F_{Q1}=\frac{5}{12}q_0a$，$M_1=\frac{5}{12}q_0a^2$

$F_{Q2}=-\frac{7}{12}q_0a$，$M_2=\frac{5}{12}q_0a^2$

$F_{Q3}=\frac{1}{2}q_0a$，$M_3=-\frac{1}{6}q_0a^2$

4-3 略

4-4 略

4-5 略

4-6 (a) $|M|_{max}=\frac{1}{2}qa^2$，(b) $|M|_{max}=Fa$，

(c) $|M|_{max}=\frac{1}{2}qa^2$，(d) $|M|_{max}=M_e$

4-7 (a) $|M|_{max}=Fa$，(b) $|M|_{max}=qa^2$，

(c) $|M|_{max}=\frac{1}{2}qa^2$，(d) $|M|_{max}=qa^2$

4-8 (1) 设 F 作用在距 A 支座为 x 的位置：

$F_{Ay}=\frac{F}{l}(l-x)$，$F_{By}=\frac{F}{l}x$

(2) 当 F 的作用位置趋近 A 支座，即 $x\to0$（或趋近 B 支座，即 $x\to l$）时，$|F_Q|_{max}=F$

当 $x=\frac{l}{2}$时，$|M|_{max}=\frac{1}{4}Fl$

4-9 略

4-10 略

4-11 略

第 5 章

5-1 $\sigma_{max}=100\text{MPa}$

5-2 实心轴 $\sigma_{max}=159\text{MPa}$

空心轴 $\sigma_{max}=93.6\text{MPa}$

空心轴截面比实心轴截面的最大应力减小了 41%

5-3 $x_{max}=5.33\text{m}$

5-4 (1) $b\geqslant\frac{2(F_1-F)l}{F_1}$

(2) $F_1=2F$

5-5 $\tau'_1=\tau'_2=0.267\text{MPa}$

$F_{Q1}x=F_{Q2}x=26.7\text{kN}$

5-6 $\sigma_{max}=200\text{MPa}$

5-7 $\tau_{max}=11.6\text{MPa}$

5-8 $\sigma_{max}=82.8\text{MPa}$

5-9 $\sigma_{t,max}=73.5\text{MPa}$（$C$ 截面下边缘）

$\sigma_{c,max}=147\text{MPa}$（$A$ 截面下边缘）

5-10 $\sigma_{max}=72.6\text{MPa}<[\sigma]$

$\tau_{max}=17.5\text{MPa}<[\tau]$ 安全

5-11 $\sigma_{max}=197\text{MPa}<[\sigma]$ 安全

5-12 $b=510\text{mm}$

5-13 $[F]=44.3\text{kN}$

5-14 $M_z=10.7\text{kN}$

5-15 $F_N=81.5\text{kN}$

5-16 $\sigma_{t,max}=119\text{MPa}$，$\sigma_{c,max}=969\text{MPa}$

5-17 $h_1=\sqrt{\frac{3q}{b[\sigma]}}l$，$h_2=\sqrt{\frac{3q}{b[\sigma]}}l_1$

$l_1=\frac{l}{2}$

5-18 $\sigma_{max}=142\text{MPa}$，$\tau_{max}=18.1\text{MPa}$

5-19 $\tau_{max}=\frac{F_Q}{\pi R_0t}$

5-20 28a 号工字钢，$\tau_{max}=13.9\text{MPa}<[\tau]$ 安全

5-21 $W_z\geqslant187.5\text{cm}^3$选 18 号工字钢

5-22 $a=\frac{lW_2}{W_1+W_2}$

5-23 $[F]=3.75\text{kN}$

5-24 $s\leqslant170\text{mm}$

5-25 $\tau=16.2\text{MPa}<[\tau]$ 安全

5-26 $\sigma_{max}^{木}=7.3\text{MPa}$（压）

$\sigma_{max}^{钢}=79\text{MPa}$（拉）

5-27 $M_1=\frac{(D^4-d^4)ql^2}{4(2D^4-d^4)}$

$M_2=\frac{d^4ql^2}{8(2D^4-d^4)}$

5-28 略

5-29 $a=\frac{b(2h+3b)}{2h+6b}$

5-30 $F_{Qx}=\frac{3q}{4h}(l-x)x$

5-31 $a=1.385\text{m}$

5-32 $h:b=\sqrt{2}\approx1.5$

5-33 $h=\sqrt{\frac{3q}{b[\sigma]}x}$

第 6 章

6-1 (a) $\theta_A=\frac{M_e l}{6EI}$ (↻), $f_{l/2}=\frac{M_e l^2}{16EI}$ (↓)

(b) $\theta_A=\frac{3ql^3}{128EI}$ (↻), $f_{l/2}=\frac{5ql^4}{768EI}$ (↓)

6-2 $f_A=\frac{Fa}{48EI}(3l^2-16al-16a^2)$

$\theta_A=\frac{F}{48EI}(24a^2+16al-3l^2)$

6-3 $f_C=\frac{13M_e l^2}{72EI_z}$ (↑)

6-4 $\theta_A=\frac{7q_0l^3}{360EI}$ (↻), $\theta_B=\frac{q_0l^3}{45EI}$ (↺)

$f_{max}=6.52\times10^{-3}\frac{q_0l^4}{EI}$ (↓)

6-5 $f_A=\left[\frac{(l+a)a^2}{3EI}+\frac{(l+a)^2}{Kl^2}\right]F$ (↓)

6-6 (a) $f_A=\frac{ql^4}{16EI}$ (↑), $\theta_B=\frac{ql^3}{12EI}$ (↺)

(b) $f_A=\frac{Fa}{6EI}(3b^2+6ab+2a^2)$ (↓)

$\theta_B=\frac{Fa(2b+a)}{2EI}$ (↺)

6-7 (a) $|\theta|_{max}=\frac{5Fl^2}{16EI}$, $|f|_{max}=\frac{3Fl^3}{16EI}$

(b) $|\theta|_{max}=\frac{5Fl^3}{128EI}$, $|f|_{max}=\frac{3Fl^3}{256EI}$

6-8 (a) $f_C=\frac{Fa^3}{3EI}$ (↑), $\theta_B=\frac{2Fa^2}{3EI}$ (↻)

(b) $f_C=\frac{5Fa^3}{6EI}$ (↓), $\theta_B=\frac{5Fa^2}{6EI}$ (↺)

6-9 $\frac{a}{l}=\frac{2}{3}$

6-10 $|f|_{max}=\frac{39Fl^3}{1024EI}$

6-11 $f_B=8.21\text{mm}$ (↓)

6-12 $f_E=\frac{17Fa^3}{48EI}$ (↓)

6-13 梁左端作用有 $M_e=q_0l^2$ (↓)

$F_{Ay}=\frac{5}{6}q_0l$ (↓)，全梁上有线性分布荷载 $q(x)=\frac{q_0}{l}x$ (↓)（q_0 为右端最大值），梁右端作用有 $F_{By}=\frac{4}{3}q_0l$ (↑)

6-14 外伸梁（右端伸出 a），在长度 a 上有布荷载 q (↓)

6-15 (a) $v=\frac{Fx^3}{3EI}$

(b) $v=\frac{Fx^2(l-x)^2}{3EIl}$

6-16 $|f|_{max}=12.6\text{mm}<[f]$ 安全

6-17 $b=\sqrt{a}$

第 7 章

7-1 (a) $\sigma_1=0, \sigma_2=0$,

$\sigma_3=-50\text{MPa}, \tau_{max}=25\text{MPa}$

(b) $\sigma_1=30\text{MPa}$, $\sigma_2=0$, $\sigma_3=-20\text{MPa}$,

$\tau_{max}=25\text{MPa}$

7-2 (a) $\sigma_{45°}=30\text{MPa}$, $\tau_{45°}=30\text{MPa}$

(b) $\sigma_{45°}=-50\text{MPa}$, $\tau_{45°}=0$

(c) $\sigma_{45°}=-20\text{MPa}$, $\tau_{45°}=30\text{MPa}$

7-3 $\sigma_1=121.7\text{MPa}$, $\sigma_2=0$, $\sigma_3=-33.7\text{MPa}$

7-4 (1) 略

(2) $\sigma_1=56.1\text{MPa}$, $\sigma_2=0$, $\sigma_3=-16.1\text{MPa}$,

$\tau_{max}=36.1\text{MPa}$

7-5 A 点 $\sigma_1=14.75\text{MPa}$, $\sigma_2=0$,

$\sigma_3=-2.53\text{MPa}$

B 点 $\sigma_1=6.11\text{MPa}$, $\sigma_2=0$,

$\sigma_3=-6.11\text{MPa}$

7-6 $\sigma_1=2\text{MPa}$, $\sigma_2=0$, $\sigma_3=-6.11\text{MPa}$

7-7 (1) 略

(2) 1 点：$\sigma_1=0$, $\sigma_2=0$, $\sigma_3=-40\text{MPa}$

2 点：$\sigma_1=1.7\text{MPa}$, $\sigma_2=0$,

$\sigma_3=-21.7\text{MPa}$

3 点：$\sigma_1=8\text{MPa}$, $\sigma_2=0$,

$\sigma_3=-8\text{MPa}$

4 点：$\sigma_1=21.7\text{MPa}$, $\sigma_2=0$,

$\sigma_3=-1.7\text{MPa}$

5 点：$\sigma_1=40\text{MPa}$, $\sigma_2=0$, $\sigma_3=0$

7-8 $\sigma_y=30\text{MPa}$

7-9 $\sigma_{45°} = -10\text{MPa}$，$\tau_{45°} = 50\text{MPa}$

7-10 $\sigma_1 = 72.1\text{MPa}$，$\sigma_2 = 0$，$\sigma_3 = -56.3\text{MPa}$

7-11 $\varepsilon_{max} = 296 \times 10^{-6}$

7-12 （a）$\sigma_1 = 51.1\text{MPa}$，$\sigma_2 = 0$，
$\sigma_3 = -41.1\text{MPa}$，$\tau_{max} = 46.1\text{MPa}$
（b）$\sigma_1 = 80\text{MPa}$，$\sigma_2 = 50\text{MPa}$，
$\sigma_3 = -50\text{MPa}$，$\tau_{max} = 65\text{MPa}$
（c）$\sigma_1 = 57.7\text{MPa}$，$\sigma_2 = 50\text{MPa}$，
$\sigma_3 = -27.7\text{MPa}$，$\tau_{max} = 42.7\text{MPa}$

7-13 $G = 80.2\text{GPa}$

7-14 $\sigma_x = 59.1\text{MPa}$，$\sigma_y = -59.1\text{MPa}$

7-15 $\sigma_1 = \sigma_2 = -30\text{MPa}$，$\sigma_3 = -70\text{MPa}$

7-16 若 $\sigma > \tau$，$\sigma = 3\tau/2$；若 $\sigma < \tau$，$\sigma = 0$；
若 $\sigma = \tau$，不可能同时屈服

7-17 $F = 12.5\text{kN}$

7-18 $F_{Ay} = \dfrac{2bhE\varepsilon_{-45°}}{3(1+\mu)}$

7-19 按第三强度理论计算 $p = 1.037\text{MPa}$，按第四强度理论计算 $p = 1.198\text{MPa}$

第 8 章

8-1 （a）$\sigma_{max} = \dfrac{6Fl}{bh}\left(\dfrac{1}{h} + \dfrac{2}{b}\right)$

（b）$\sigma_{max} = \dfrac{18Fl}{a}$

（c）$\sigma_{max} = \dfrac{32\sqrt{5}Fl}{\pi d^3}$

8-2 8 倍

8-3 （a）$\sigma_{t,max} = 6.75\text{MPa}$，$\sigma_{c,max} = 6.99\text{MPa}$
（b）、（c）略

8-4 $\sigma_{max} = \dfrac{4ql}{bh}$，$\Delta = -\dfrac{ql^2}{Ebh}$

8-5 选 16 号工字钢

8-6 $[F] = 30\text{kN}$

8-7 （1）$\sigma_{t,max} = 1\text{MPa}$，$\sigma_{c,max} = 26\text{MPa}$
（2）向下调整偏心距 $e = 87\text{mm}$

8-8 取 $d = 42\text{MPa}$

8-9 $\sigma_{r4} = 40.4\text{MPa} < [\sigma]$ 安全

8-10 $[l] = 0.54\text{m}$

8-11 按第三强度理论计算 $d = 75\text{mm}$

8-12 （1）$\sigma_1 = 3.13\text{MPa}$，$\sigma_2 = 0$，
$\sigma_3 = -0.23\text{MPa}$，$\tau_{max} = 1.68\text{MPa}$
（2）$\sigma_{r3} = 3.33\text{MPa} < [\sigma]$ 安全

8-13 不计带轮重量，按第三强度理论计算 $d \geqslant 48\text{mm}$；考虑带轮重量，按第三强度理论计算 $d \geqslant 50\text{mm}$

8-14 $\sigma_{r4} = 54.4\text{MPa} < [\sigma]$ 安全

8-15 $\sigma_{r4} = 89.2\text{MPa} < [\sigma]$ 安全

8-16 按第三强度理论计算 $d \geqslant 65.8 \times 10^{-3}\text{m}$，取 $d = 66\text{mm}$

8-17 $\sigma_{r3} = 142.5\text{MPa}$

8-18 按第四强度理论 $\sigma_{r4} = 151.2\text{MPa} > [\sigma]$ 所以 AB 段不安全

8-19 按第三强度理论计算 $d \geqslant 31.4\text{mm}$
取 $d = 32\text{mm}$

8-20 $|\sigma_c|_{max} = 96\text{MPa} < [\sigma]$，梁满足强度要求

8-21 $F = 174.5\text{kN}$

8-22 按第三强度理论 $\sigma_{r3} = 99\text{MPa} < [\sigma]$ 所以该结构安全

8-23 按第三强度理论计算 $d \geqslant 0.0756\text{m}$ 取 $d = 76\text{mm}$

第 9 章

9-1 $F = 54.2\text{kN}$

9-2 $\sigma = -186\text{MPa}$

9-3 $\sigma_\theta = 96\text{MPa}$，$\sigma_r = -16\text{MPa}$

9-4 $M_x = 318\text{kN} \cdot \text{m}$

9-5 $F = -530\text{kN}$

9-6 $\sigma_1 = 54.4\text{MPa}$，$\sigma_2 = 0$，
$\sigma_3 = -24.4\text{MPa}$，$\alpha = 5°41'$

9-7 $\sigma_1 = -26.4\text{MPa}$，$\sigma_2 = 0$，$\sigma_3 = -71\text{MPa}$
$\alpha = 5°9'$

9-8 $\sigma = 112\text{MPa}$

9-9 $\sigma_t = 88\text{MPa}$

9-10 $F_1 = 1\,005\text{kN}$，$F_2 = 91.6\text{kN}$

9-11 略

第 10 章

10-1 $U = 0.957\dfrac{F^2 l}{EA}$

10-2 $U = 60.4 \times 10^{-3}\text{J}$

10-3 $f_C = \dfrac{5Fa^3}{3EI}$（↓），$\theta_B = \dfrac{4Fa^2}{3EI}$（顺时针）

10-4 $f_D = \dfrac{5Fl^3}{384EI}$（↓），$\theta_D = \dfrac{Fl^2}{12EI}$（顺时针）

10-5 $f_C=\frac{2qa^4}{3EI}$ (↓)

10-6 $f_C=\frac{qa^4}{48EI}$ (↑), $\theta_B=\frac{5qa^3}{24EI}$ (逆时针)

10-7 $u_A=\frac{3Fl}{EA}$ (→)

10-8 $u_C=3.83\frac{Fl}{EA}$ (←), $f_C=\frac{Fl}{EA}$ (↑)

10-9 $\theta=\frac{1}{EI}\left(-\frac{3Fl^2}{32}+\frac{ql^3}{6}\right)$ ()()

10-10 $f_D=21.1\text{mm}$ (←)

$\theta_D=0.0117\text{rad}$ (顺时针)

10-11 $u_A=0.833\text{cm}$

10-12 在缺口两截面处加一对力偶矩，$M_e=\frac{EI}{2\pi R}$

$\Delta\theta$ ()()

10-13 $\bar{\Delta}=\frac{32FR^3}{d^4}\left(\frac{2}{E}+\frac{3}{G}\right)$ (相对错开)

10-14 $f_C=\frac{Fl^3}{6EI}+\frac{3Fl}{4EA}$ (↓)

10-15 $f_C=0.6\text{mm}$ (↓)

10-16 $\Delta_{Cy}=\frac{32M_e a^2}{\pi d^4}\left(\frac{1}{E}+\frac{1}{G}\right)$ (↑)

$\theta_{Cx}=\frac{64M_e a}{\pi d^4}\left(\frac{1}{E}+\frac{1}{2G}\right)$ (逆时针)

10-17 $f_A=\frac{32Fa^3}{\pi d^4}\left(\frac{16}{3E}+\frac{1}{G}\right)+\frac{4Fa}{E\pi d^2}$ (↓)

10-18 $F_A=200\text{kN}$ (↓)

10-19 (a) $\bar{\Delta}_{AB}=\frac{Fh^2}{3EI}(2h+3l)$ (→←),

$\theta_{AB}=\frac{Fh}{EI}(h+l)$

(b) $\bar{\Delta}_{AB}=\frac{Fl^3}{3EI}$ (↔), $\theta_{AB}=\frac{\sqrt{2}Fl^2}{2EI}$

10-20 $\bar{\theta}_C=0$

10-21 $v_C=\frac{Fa^3}{3EI}$ (↑), $\bar{\theta}_C=\frac{2Fa^2}{3EI}$ ()()

10-22 略

第 11 章

11-1 (a) $M_A=\frac{2}{9}Fa$, $M_B=\frac{4}{9}Fa$

$F_{Ay}=\frac{7}{27}F$, $F_{By}=\frac{20}{27}F$

(b) $F_{By}=\frac{14}{27}F$, $M_A=\frac{4}{9}Fa$

(c) $F_{Cy}=\frac{11}{16}F$, $M_D=\frac{13}{64}Fa$

(d) $F_{By}=\frac{3}{8}qa$, $M_A=\frac{1}{8}qa^2$

11-2 (a) $M_B=\frac{3EI}{2l^2}\delta$

(b) $M_B=-\frac{3EI}{l^2}\delta$

11-3 $F_{By}=\frac{5kqa^4}{8ka^3+12EI}$

11-4 $F_{Cy}=\frac{5}{4}F$, $f_B=\frac{13Fl^3}{64EI}$ (↓)

11-5 $F_{QC}=0$, $M_C=0$

11-6 $|F_Q|_{max}=\frac{13}{16}ql$, $|M|_{max}=\frac{5}{16}ql^2$

11-7 (a) $F_{AD}=\frac{F\sin^2\alpha}{1+\cos^3\alpha+\sin^3\alpha}$

$F_{BD}=\frac{F(1+\cos^3\alpha)}{1+\cos^3\alpha+\sin^3\alpha}$

$F_{CD}=-\frac{F\sin^2\alpha\cdot\cos\alpha}{1+\cos^3\alpha+\sin^3\alpha}$

(b) $F_{AC}=F_{BD}=-\sqrt{2}F$

$F_{AM}=F_{NB}=F$

$F_{CM}=F_{MN}=F_{DN}=\frac{1+2\sqrt{2}}{2(1+\sqrt{2})}F$

$F_{CN}=F_{DM}=\frac{\sqrt{2}}{2(1+\sqrt{2})}F$

$F_{CD}=-\frac{3+2\sqrt{2}}{2(1+\sqrt{2})}F$

11-8 $F_1=\frac{I_1 l_2^3}{I_1 l_2^3+I_2 l_1^3}F$

11-9 $X_1=\frac{16}{17}\left(F-\frac{3EI\Delta}{l^3}\right)$

11-10 (1) $F_{CD}=\frac{5}{8}F$

(2) $F_{CD}=\frac{5}{8}F-\frac{3}{4}\alpha\Delta TEA$

11-11 $M_B=\frac{qa^2}{16}$

11-12 $F_{MN}=F_{CM}=F_{DN}=67.2\text{kN}$

$F_{AM}=F_{BN}=95\text{kN}$, $M_C=-14.4\text{kN}\cdot\text{m}$

11-13 $M_C=\frac{qa^2}{9}$

11-14 $\varepsilon_{AD}=1\,000\times10^{-6}$

11-15 $M_{max}=\frac{4I\cdot FR}{8I+\pi R^2 A}$

11-16 $M_{max}=\dfrac{FR\ (R+a)}{\pi R+2a}$

11-17 $M_{max}=\dfrac{Fl_1}{8}\left(1+\dfrac{I_1l_2}{I_1l_2+I_2l_1}\right)$

11-18 $M_A\approx0.1\ FR$ 曲率变小

11-19 $f=4.86\text{mm}$

11-20 C 截面 $F_N=F_Q=0$

$M_C=-\dfrac{a+3b}{6\ (a+b)}qa^2$

11-21 $M_A=0$

11-22 $F_{Qmax}=\dfrac{6}{7}qa$，$M_{max}=\dfrac{1}{2}qa^2$

11-23 $\sigma_A=19.5\text{MPa}$，$\tau_A=4.996\text{MPa}$

11-24 （1）$M_e=\dfrac{2EI\Delta}{5a^2}$

（2）$F_{NDK}=\dfrac{EI\Delta}{8a^3}$，$F_{QAy}=\dfrac{EI\Delta}{8a^3}$（↓）

$M_{Az}=-\dfrac{EI\Delta}{8a^2}$，$M_{Ax}=\dfrac{EI\Delta}{4a^2}$

11-25 略

11-26 将 B 支座抬高 $\Delta_B=\dfrac{Fl^3}{18EI}$

11-27 $F_{Qmax}=66.21\text{kN}$，$M_{max}=64.6\text{kN}\cdot\text{m}$

11-28 $F_A=\dfrac{qa}{2}$（↑），$F_B=\dfrac{197}{108}qa$（↑）

$F_C=\dfrac{19}{54}qa$（↑），$F_D=\dfrac{35}{108}qa$（↑）

$M_B=-qa^2$，$M_C=-\dfrac{qa^2}{36}$

11-29 $f_D=0.0199\text{mm}$（↑）

第 12 章

12-1 $F_{Nd}=6.2\text{kN}$，$\sigma_{d,max}=88\text{MPa}$

12-2 $F_{Nd}=90.6\text{kN}$，$\sigma_{d,max}=90\text{MPa}$

12-3 $\sigma_{d,max}=12.5\text{MPa}$

12-4 $\sigma_{d,max}=107\text{MPa}$

12-5 $(\Delta l)_d=5.6\text{mm}$，$\sigma_d=565\text{MPa}$

12-6 $\sigma_{d,max}=4.63\text{MPa}$

12-7 有弹簧时 $h=384\text{mm}$

无弹簧时 $h=9.7\text{mm}$

12-8 $\sigma_{d,max}=\dfrac{2Gl}{9W}\left(1+\sqrt{1+\dfrac{243EIh}{2Gl^3}}\right)$

$f_d=\dfrac{23Gl^3}{1\,296EI}\left(1+\sqrt{1+\dfrac{243EIh}{2Gl^3}}\right)$

12-9 $K_d=1+\sqrt{1+\dfrac{2H}{\Delta_{st}}}$ 其中

$\Delta_{st}=\dfrac{32G_1a^2l}{G\pi d^4}+\dfrac{64G_1l^3}{3E\pi d^4}+\dfrac{4G_1a^3}{Ebh^3}$

12-10 （a）$\sigma_{st}=0.0707\text{MPa}$

（b）$\sigma_d=15.4\text{MPa}$

（c）$\sigma_d=3.7\text{MPa}$

12-11 $\sigma_{d,max}=\sqrt{\dfrac{3.05EIGv^2}{glW^2}}$

12-12 $\sigma_{d,max}=\sqrt{\dfrac{3EIGv^2}{gaW^2}}$

12-13 $f_d=2.24\text{mm}$，$\sigma_{d,max}=148\text{MPa}$

12-14 $h=24.3\text{mm}$

12-15 $\sigma_{r3,d}=91.6\text{MPa}<[\sigma]$ 安全

12-16 $\sigma_{d,max}=43\text{MPa}$，$f_{d,max}=496\text{mm}$

12-17 $\sigma_{d,max}=\dfrac{Ga}{W_z}\left(1+\sqrt{1+\dfrac{3hEI_z}{2Ga^3}}\right)$

12-18 $d=160\text{mm}$

第 13 章

13-1 （a）$r=-1$，$\sigma_m=0$，$\sigma_a=40\text{MPa}$

（b）$r=-\dfrac{1}{3}$，$\sigma_m=20\text{MPa}$，$\sigma_a=40\text{MPa}$

（c）$r=0$，$\sigma_m=40\ \text{MPa}$，$\sigma_a=40\text{MPa}$

（d）$r=\dfrac{1}{5}$，$\sigma_m=60\text{MPa}$，$\sigma_a=40\text{MPa}$

13-2 1 点：$r=-1$，$n_\sigma=2.76$

2 点：$r=0$，$n_\sigma=3.05$

3 点：$r=0.87$，$n_\sigma=12.9$，$n'_\sigma=2.14$

4 点：$r=0.5$，$n_\sigma=4.9$，$n'_\sigma=2.14$

13-3 $K_\sigma=1.525$

13-4 $\sigma_m=549\text{MPa}$，$\sigma_a=12\text{MPa}$，$r=0.957$

13-5 $\sigma_{max}=-\sigma_{min}=75.5\text{MPa}$ $r=-1$

13-6 $n_\tau=5.06>n$ 疲劳强度安全

$n'_\tau=7.37>n_s$ 屈服强度安全

13-7 $F_{max}=219\text{kN}$

13-8 $n_\sigma=2.1>n$ 安全

13-9 $n_\sigma=1.6>n$ 疲劳强度安全

$n'_\sigma=1.61>n$ 屈服强度安全

13-10 $n_{\sigma\tau}=1.82$，$n'_{\sigma\tau}=3.18$

13-11 $n_{\sigma\tau}=2.14>n$，$n'_{\sigma\tau}=3.92>n$ 安全

第 14 章

14-1 杆 1：$F_{cr}=2\,540\text{kN}$

杆 2：$F_{cr}=4\ 705\text{kN}$

杆 3：$F_{cr}=4\ 725\text{kN}$

14-2 （1）$\dfrac{l}{D}=65$，$F_{cr}=47.4D^2\times 10^3\text{kN}$

（2）$\dfrac{G_{实}}{G_{空}}=2.35$

14-3 （1）$F_{cr}=303\text{kN}$

（2）$F_{cr}=471\text{kN}$

14-4 $n=4.22>4$ 满足稳定条件

14-5 （1）$F_{cr}=119\text{kN}$

（2）$n=1.98<n_{st}$不满足稳定条件

14-6 $n=2.59<3$ 不满足稳定条件

14-7 $\alpha=54.7°$

14-8 $F_{cr}=\dfrac{3\pi^2 EI}{4l^2}$

14-9 $n=2.41<n_{st}$ 不满足稳定条件

14-10 （1）$F_{cr}=246.5\text{kN}$

（2）$\dfrac{b}{h}=\dfrac{1}{2}$

14-11 $n=5.69$

14-12 $n=1.64<n_{st}$不安全

14-13 $n=5.38>n_{st}$安全

14-14 $\sigma_{max}=79.8\text{MPa}\leqslant[\sigma]$ 满足强度条件

$n=2.34>n_{st}$ 满足稳定条件

14-15 （1）$F=221.5\text{kN}$

（2）$F'=1\ 281\text{kN}$

14-16 （1）$n=3.34$

（2）$T=67℃$

14-17 $[F]=6.4\text{kN}$

14-18 $\theta=\arctan(\cot^2\alpha_0)$

14-19 $n=2.25$

14-20 $d=9.7\text{cm}$

14-21 （1）$b=19.5\text{cm}$

（2）$[F]=844\text{kN}$

（3）$a=162\text{cm}$

14-22 $[F]=7.4\text{kN}$

14-23 $n=3.27$

14-24 $T=91.7℃$

14-25 $G=283\text{kN}$

第 15 章

15-1 $F_{\text{I}}=\dfrac{5}{6}\sigma_s A$，$F_P=\sigma_s A$

15-2 $F_0=3.2\text{kN}$，$\delta_0=0.02\text{mm}$

$F_{\text{I}}=64.4\text{kN}$，$\delta_{\text{I}}=0.275\text{mm}$

$F_P=66\text{kN}$，$\delta_P=0.295\text{mm}$

15-3 $F_{cr}=\dfrac{\sigma_s A(1+\cos^3\alpha+\sin^3\alpha)}{1+\cos^3\alpha}$

$F_P=\sigma_s A(1+\sin\alpha)$

15-4 略

15-5 $\beta\geqslant\dfrac{1}{4}$时 $F_P=\dfrac{2M_P}{\beta l}$

$\beta\leqslant\dfrac{1}{4}$时 $F_P=\dfrac{6M_P}{(1-\beta)l}$

$\beta=1/4$ 时极限值最大

15-6 $F_P=\dfrac{4}{l}M_P$

15-7 $F_P=360\text{kN}$

15-8 $\tau_\rho=\dfrac{M_x}{2\pi r^2}\cdot\dfrac{3m+1}{m}\left(\dfrac{\rho}{r}\right)^{\frac{1}{m}}$

$\tau_{max}=\dfrac{M_x r}{I_P}\cdot\dfrac{3m+1}{4m}$

$\varphi=\dfrac{1}{B}\left(\dfrac{M_x r}{I_P}\cdot\dfrac{3m+1}{4m}\right)^m\dfrac{r}{l}$

15-9 $F_P=4M_P/R$

15-10 残余应力，圆轴中心处为 τ_s，边缘处为 $\dfrac{1}{3}\tau_s$

15-11 (1)$M=M_{\text{I}}(1+\beta)$ (2)$0\leqslant\beta\leqslant\dfrac{M}{M_P}-1$

附录 A

A-1 （a）$y_C=\dfrac{a+2b}{3(a+b)}h$，$z_C=0$

（b）$y_C=z_C=\dfrac{5}{6}a$

（c）$y_C=539\text{mm}$，$z_C=0$

（d）$y_C=261\text{mm}$，$z_C=0$

A-2 （a）$I_{z_C}=\dfrac{(a^2+4ab+b^2)}{36(a+b)}$

（b）$I_{z_C}=\dfrac{5}{4}a^4$

（c）$I_{z_C}=1\ 190\times 10^3\text{cm}$

（d）$I_{z_C}=600\times 10^3\text{cm}$

A-3 （a）$i_y=i_z=\dfrac{D}{4}\sqrt{1+\alpha^2}\left(\alpha=\dfrac{d}{D}\right)$

（b）$i_{yz}=96.8\text{mm}$

A-4 （a）$y_C=2.85r$，$z_C=0$，$I_y=2.06r^4$，

$I_{z_C}=10.38r^4$

（b）$y_C=103\text{mm}$，$z_C=0$，$I_y=2\ 340\text{cm}^4$，

$I_{z_C}=3\ 910\text{cm}^4$

A-5 $\alpha_0=-13°30'$或$76°30'$，$I_{y_0}=19.9\text{cm}^4$，

$I_{z_0}=76.1\text{cm}^4$

A-6 $\alpha_0=22°30'$或$112°30'$，$I_{y_C}=6.61\text{cm}^4$，

$I_{z_C}=34.9\text{cm}^4$

A-7 略

A-8 （a）$I_z=\dfrac{\pi d^4}{64}-\dfrac{a^4}{12}$，$I_{yz}=0$

（b）$I_z=\dfrac{\pi d^4}{128}-\dfrac{a^4}{24}$，$I_{yz}=0$

参 考 文 献

[1] 刘鸿文. 材料力学 [M]. 北京：高等教育出版社，2017.
[2] 俞茂宏. 材料力学 [M]. 北京：高等教育出版社，2015.
[3] 聂毓琴，孟广伟. 材料力学 [M]. 北京：机械工业出版社，2009.
[4] 范钦珊. 材料力学 [M]. 北京：高等教育出版社，2000.
[5] 吴家龙. 弹性力学 [M]. 上海：同济大学出版社，1987.
[6] 苏翼林. 材料力学 [M]. 北京：人民教育出版社，1980.
[7] Ferdinand P Beer，E Russell Johnston，John T Dewolf，等. 材料力学（英文版·原书第6版）[M]. 北京：机械工业出版社，2013.